中 外 物 理 学 精 品 书 系

本 书 出 版 得 到 “ 国 家 出 版 基 金 ” 资 助

中 外 物 理 学 精 品 书 系

前 沿 系 列 · 5 6

高等量子力学

（第四版）

杨泽森　编著

图书在版编目(CIP)数据

高等量子力学 / 杨泽森编著. —4版. —北京：北京大学出版社，2019.12

(中外物理学精品书系. 前沿系列)

ISBN 978-7-301-29989-0

Ⅰ. ①高… Ⅱ. ①杨… Ⅲ. ①量子力学－研究生－教材 Ⅳ. ①O413.1

中国版本图书馆CIP数据核字(2018)第239577号

书　　名 高等量子力学（第四版）
GAODENG LIANGZI LIXUE (DI-SI BAN)

著作责任者 杨泽森 编著

责任编辑 顾卫宇

标准书号 ISBN 978-7-301-29989-0

出版发行 北京大学出版社

地　　址 北京市海淀区成府路205号 100871

网　　址 http://www.pup.cn 新浪微博：@北京大学出版社

电子信箱 zpup@pup.cn

电　　话 邮购部 010-62752015 发行部 010-62750672
编辑部 010-62752021

印 刷 者 北京中科印刷有限公司

经 销 者 新华书店

787毫米×960毫米 16开本 31.25印张 590千字

1991年7月第1版 1995年9月第2版 2007年5月第3版

2019年12月第4版 2019年12月第1次印刷

定　　价 85.00元

“中外物理学精品书系”

（二期）

编　委　会

序　言

物理学是研究物质、能量以及它们之间相互作用的科学。她不仅是化学、生命、材料、信息、能源和环境等相关学科的基础，同时还与许多新兴学科和交叉学科的前沿紧密相关。在科技发展日新月异和国际竞争日趋激烈的今天，物理学不再囿于基础科学和技术应用研究的范畴，而是在国家发展与人类进步的历史进程中发挥着越来越关键的作用。

我们欣喜地看到，改革开放四十年来，随着中国政治、经济、科技、教育等各项事业的蓬勃发展，我国物理学取得了跨越式的进步，成长出一批具有国际影响力的学者，做出了很多为世界所瞩目的研究成果。今日的中国物理，正在经历一个历史上少有的黄金时代。

在我国物理学科快速发展的背景下，近年来物理学相关书籍也呈现百花齐放的良好态势，在知识传承、学术交流、人才培养等方面发挥着无可替代的作用。然而从另一方面看，尽管国内各出版社相继推出了一些质量很高的物理教材和图书，但系统总结物理学各门类知识和发展，深入浅出地介绍其与现代科学技术之间的渊源，并针对不同层次的读者提供有价值的学习和研究参考，仍是我国科学传播与出版领域面临的一个富有挑战性的课题。

为积极推动我国物理学研究、加快相关学科的建设与发展，特别是集中展现近年来中国物理学者的研究水平和成果，北京大学出版社在国家出版基金的支持下于 2009 年推出了“中外物理学精品书系”，并于 2018 年启动了书系的二期项目，试图对以上难题进行大胆的探索。书系编委会集结了数十位来自内地和香港顶尖高校及科研院所的知名学者。他们都是目前各领域十分活跃的知名专家，从而确保了整套丛书的权威性和前瞻性。

这套书系内容丰富、涵盖面广、可读性强，其中既有对我国物理学发展的梳理和总结，也有对国际物理学前沿的全面展示。可以说，“中外物理学精品书系”力图完整呈现近现代世界和中国物理科学发展的全貌，是一套目前国内为数不多的兼具学术价值和阅读乐趣的经典物理丛书。

“中外物理学精品书系”的另一个突出特点是，在把西方物理的精华要义“请进来”的同时，也将我国近现代物理的优秀成果“送出去”。物理学在世界范围内的重要性不言而喻。引进和翻译世界物理的经典著作和前沿动态，可以满足当前国内物理教学和科研工作的迫切需求。与此同时，我国的物理学研究数十年来取得了长足发展，一大批具有较高学术价值的著作相继问世。这套丛书首次成规模地将中国物理学者的优秀论著以英文版的形式直接推向国际相关研究的主流领域，使世界对中国物理学的过去和现状有更多、更深入的了解，不仅充分展示出中国物理学研究和积累的“硬实力”，也向世界主动传播我国科技文化领域不断创新发展的“软实力”，对全面提升中国科学教育领域的国际形象起到一定的促进作用。

习近平总书记在 2018 年两院院士大会开幕会上的讲话强调，“中国要强盛、要复兴，就一定要大力发展科学技术，努力成为世界主要科学中心和创新高地”。中国未来的发展在于创新，而基础研究正是一切创新的根本和源泉。我相信，在第一期的基础上，第二期“中外物理学精品书系”会努力做得更好，不仅可以使所有热爱和研究物理学的人们从中获取思想的启迪、智力的挑战和阅读的乐趣，也将进一步推动其他相关基础科学更好更快地发展，为我国的科技创新和社会进步做出应有的贡献。

“中外物理学精品书系”编委会主任
中国科学院院士，北京大学教授
王恩哥
2018 年 7 月于燕园

内 容 简 介

本书旨在帮助学完大学量子力学课程的读者加强理论基础和掌握基本方法以及熟识部分专题性内容，其前身是国内首份高等量子力学教材。前八章中的基本部分从 1962 年在北京大学物理系开设高等量子力学课程以来，即以讲义形式被多所院校采用。作者根据长期教学实践的经验和学科的发展，对书稿进行了多次修改，内容和章节也有所增加，第三版增加了量子电动力学，共十一章。经过此次改写(见前言中的说明)，本版仍然包含十一章。

对于原理、概念和方法的讲解都注重准确性和系统性。关于量子化理论，从最基本的内容直到 Dirac 方法和路径积分，作了系统的讲解，阐明其一般原则以及在粒子系统和场中的具体运用。对于电子场-电磁场系统，按照 BPHZ 方法讲述格林函数的重正化，并且阐述了运用 Dyson-Schwinger 积分方程进行 R 减除的方法。进而借助 Feynman 形式的规范确定项和路径积分方法，构造有效哈密顿量算符和散射矩阵，以及求出用截腿重正化格林函数表示散射矩阵元的一般公式。

物理类研究生、理论物理青年科学研究人员和量子力学教师均可用本书作为学习量子力学、量子电动力学或进修提高的参考书。第一至第八章的基本部分可作为高等量子力学课程的教材。

第四版前言

本版的主要变化是改写了第三版的第一、第二、第三和第十一章，以及第四章第 4 节 (内容为非相对论玻色场、费米场的量子化) 和第八章第 11 节 (内容为 Dirac 场的量子化). 在阐述量子力学的原理和概念时，和以前的版本一样，是以 P. A. M. Dirac 的《量子力学原理》为依据的，并且从教学的考虑着重参考了 L. D. Landau 和 E. M. Lifshitz 合著的《量子力学》. 第十一章 (内容为量子电动力学) 仍然延续第三版的构想，用“重正化场函数”作为基本变量表示出含有任意实参量 ξ 的有效拉氏函数 $\mathcal{L}_{\text{eff}}$, 按照 BPHZ 方法讲述格林函数的重正化，以及使用代表观察值的质量和电荷参量 m, e, 借助 $\xi=1$ 的重正化格林函数生成泛函的路径积分构造有效哈密顿量算符和散射矩阵 (不涉及传统的渐近理论), 并且根据近期的工作 (见第 347 页的脚注), 对全章主要内容和方法进行全面的改写.

本书原则上按照原来文字书写外国人名，至于玻色统计法、费米统计法，以及泡利原理、哈密顿量等名词，则采用中文名称.

本书的责任编辑顾卫宇老师严谨细致的作风，以及邓卫真、王正行、吴崇试和程希有等同事的热心帮助，使排版工作十分顺利，作者表示诚挚的感谢.

杨 泽 森

2019 年 8 月于北京大学

第三版前言摘录

本版增加了篇幅较大的第十一章，同时对第一至第十章的内容作了一些修改，并且重新进行了校对．以前采用的几率一词已改为概率．在第二版前言中已经说明，本书在阐述量子力学的原理和概念时，是以 P. A. M. Dirac 的《量子力学原理》为依据的，但从教学的观点考虑，在第一至第三章中，关于状态的描述采取了从位形空间的波函数到态矢量空间的途径；关于波函数的统计诠释、叠加原理和力学量的算符等方面，在讲法上着重参考了 L. D. Landau 和 E. M. Lifshitz 合著的《量子力学》．

第十一章的主题是针对电子场 - 电磁场系统讲述电动力学理论的量子化和重正化的方法和概念．我们根据 Bogoliubov-Parasiuk 定理论证理论的可重正性．在构造散射矩阵方面，也着重参考了 Bogoliubov 及其合作者的著作，但是仍然以原始的拉氏函数和量子化方法为依据，以及在表达方式上顾及通常的习惯．在理论方法和基本工具的讲解以及实际演算的各个有关部分还参考了 Lifshitz-Pitaevskii 、Itzykson-Zuber 、Bjorken-Drell 、朱洪元、杨炳麟、戴元本等人的场论著作以及一些作者原来的论文．

本版仍然用 LaTeX系统排版，Feynman 图的 Tex 文件是用作图软件 AXO-DRAW 编写的．作者的同事邓卫真、吴崇试、程檀生、朱世琳、程希有以及本版责任编辑顾卫宇女士给予了多方面的帮助，使此项工作顺利完成．理论物理专业博士生未微、王丰林为本书第二版进行了比较细致的勘误工作，使本版避免了这些错误．作者在此一并致谢．还要再次感谢第二版的责任编辑周月梅老师和参与排版的同事们，这次对第一至第十章的修改正是借助该版的 CTX 文件完成的．

杨 泽 森

2007 年 2 月于北京大学

第二版前言摘录

这是作者的《高等量子力学》一书的修订和扩充. 读者对象主要是物理教师、青年科学研究人员和研究生. 第一至第八章可作为研究生课程的教材. 北京大学物理系从1962年起为六年制理论物理学生开设高等量子力学, 这八章中最基本的内容即包含在作者当时为本课程编写的讲义中. 随着开设本门课程的兄弟院校的不断增多, 该讲义被十分广泛地用作教材和参考书, 并从中得到改进. 从1978年以来又作了多次修改和扩充. 本书在内容选择上, 旨在帮助学完了大学量子力学课程的读者加强理论基础和掌握基本方法. 在讲课和初次自学时, 宜于在前八章内进行选择, 可根据教学或自学的要求, 删除较困难的部分, 集中精力于基本内容.

本书在阐述量子力学的原理和概念时, 是以 P. A. M. Dirac 的《量子力学原理》为依据的, 但从教学的观点改变了某些内容的表达形式, 这种做法在 L. D. Landau 和 E. M. Lifshitz 合著的《量子力学》中已有很好的范例. 在本书第一至第三章中, 关于状态的描述采取了从位形空间的波函数到态矢量空间的途径; 在讲述波函数的统计诠释、叠加原理和力学量的算符等方面, 着重参考了 L. D. Landau 和 E. M. Lifshitz 的上述著作.

本书对于量子化的一般原则和方法有比较系统的讲解, 针对粒子系统和场的情形, 对于通常的正则量子化的基本内容和处理受约束系统的 Dirac 方法以及路径积分方法, 作了充分的阐述.

本版是在责任编辑周月梅女士负责下由作者的同事和助手们用 LaTeX 系统进行排版的. 在此谨向周月梅女士和担任排版工作的王玉成博士、卢兰春博士等多位朋友, 朱世琳等博士研究生以及帮助作者完成加工和整理等项工作的周治宁、邓卫真、张建玮等同事们表示诚挚的感谢. 本书用 LaTeX 系统进行排版, 是作者的女儿杨槟和她的同事张玉志博士积极建议的结果, 他们还在工作条件和汉字自动录入等方面提供了重要的帮助, 使此项工作能够顺利完成. 中国科学院科技期刊编辑培训部承担了胶片的制作. 作者也在此一并致谢.

杨 泽 森

1995 年 4 月于北京大学

目　录

第一章　叠加原理和波函数的统计诠释 ······ 1

§1　波函数 ······ 1

§2　叠加原理 ······ 3

§3　波函数按任意力学量值谱的分解和物理诠释 ······ 5

§4　态矢量 ······ 10

§5　力学量的算符和本征值方程 ······ 13

§6　一般形式的统计诠释. 波函数概念的扩充 ······ 17

参考文献 ······ 20

第二章　态矢量和线性算符的表示 ······ 22

§1　态矢量的正交完备组作为完整力学量的本征矢量集 ······ 22

§2　表象及表象变换 ······ 23

参考文献 ······ 25

第三章　运动方程和量子条件 ······ 26

§1　Schrödinger 绘景的运动方程 ······ 26

§2　Heisenberg 绘景和相互作用绘景 ······ 28

§3　在笛卡儿坐标下的动量算符和量子条件 ······ 32

§4　角动量、自旋和哈密顿量算符 ······ 36

§5　坐标动量测不准关系和能量测不准关系 ······ 39

§6　由算符 $\{\hat{a}_j^\dagger \hat{a}_j\}$ 代表的完整力学量 ······ 43

§7　量子条件的一般形式 (一) 正则变量对应于量子力学算符的情形 ······ 48

§8　量子条件的一般形式 (二) 坐标为连续实变量时的动量算子 ······ 50

§9　量子化中的广义协变性条件. 位形空间弯曲情形的哈密顿量算符 ······ 53

§ 10 混合态的统计算符 (密度矩阵) 和运动方程 …… 59
§ 11 向经典力学极限的过渡 …… 64
参考文献 …… 68
第四章 玻色统计法与费米统计法. 二次量子化理论 …… 70
§ 1 玻色统计法与费米统计法 …… 70
§ 2 相同玻色子系统的二次量子化理论 …… 72
§ 3 相同费米子系统的二次量子化理论 …… 84
§ 4 波场量子化的观点 …… 92
参考文献 …… 98
第五章 时空对称性 …… 99
§ 1 Wigner 定理 …… 99
§ 2 时间平移. 空间平移 …… 106
§ 3 空间转动 …… 109
§ 4 空间反射 …… 114
§ 5 时间反演 …… 118
参考文献 …… 125
第六章 角动量理论 …… 126
§ 1 角动量算符的本征值和本征态. $\mathcal{D}^j(g)$ 矩阵 …… 126
§ 2 两个角动量的耦合. Clebsch-Gordan 系数 …… 131
§ 3 $\mathcal{D}^j(g)$ 矩阵的性质 …… 138
§ 4 三个角动量的耦合. Racah 系数 …… 154
§ 5 不可约张量 …… 158
参考文献 …… 167
第七章 形式散射理论 …… 168
§ 1 散射问题的初值方法. 波算符 …… 168
§ 2 散射截面公式 …… 173
§ 3 散射矩阵 …… 175
参考文献 …… 182
第八章 Dirac 方程 …… 183
§ 1 Klein-Gordon 方程与 Dirac 方程 …… 183
§ 2 Dirac 方程在正常洛伦兹变换下的协变性 …… 188
§ 3 空间轴的转动与 Dirac 粒子的自旋 …… 195
§ 4 空间反射 …… 196

§ 5 由 $\psi(x), \overline{\psi}(x)$ 及 γ^μ 组成的张量 …… 197
§ 6 时间反演 …… 199
§ 7 平面波解. 库仑中心场中的电子态. 负能态问题 …… 202
§ 8 电荷共轭 (正反粒子共轭) …… 210
§ 9 低能近似 …… 211
§ 10 标量场的量子化 …… 216
§ 11 Dirac 场的量子化 …… 229
参考文献 …… 238

第九章 具有奇异拉格朗日函数的系统的正则方程及其量子化 …… 239
§ 1 约束条件. 从拉格朗日方程到正则方程的过渡 …… 239
§ 2 Dirac 括号 …… 244
§ 3 量子化 …… 246
§ 4 具有奇异拉格朗日函数的场 …… 248
§ 5 Dirac 方法对自由电磁场的应用 …… 253
§ 6 Dirac 方法对 SU_3 规范场的应用 …… 261
§ 7 将 Dirac 方法用于光前坐标下的 Dirac 场 …… 269
参考文献 …… 275

第十章 路径积分 …… 277
§ 1 在有限维位形空间的路径积分. 虚时间方法 …… 277
§ 2 在有限维相空间的路径积分 …… 297
§ 3 在 a^* 表象的路径积分 …… 302
§ 4 在非相对论二次量子化理论中的玻色 Φ 场的路径积分 …… 312
§ 5 对 c 数费米变量的积分 …… 314
§ 6 相同费米子系统的 b^* 表象 …… 317
§ 7 在非相对论二次量子化理论中的费米 Φ 场的路径积分 …… 321
§ 8 自由电子场格林函数生成泛函的路径积分 …… 324
§ 9 自由电磁场格林函数生成泛函的路径积分 …… 328
§ 10 旋量电动力学格林函数生成泛函的路径积分 …… 334
§ 11 色动力学格林函数生成泛函的路径积分 …… 338
参考文献 …… 346

第十一章 量子电动力学 ······ 347
§ 1 经典场的能量动量和角动量 ······ 348
§ 2 作为基本变量的“重正化场函数” ······ 354
§ 3 Feynman 图 ······ 362
§ 4 正规图形和正规顶角函数. Ward-Takahashi 恒等式 ······ 370
§ 5 重正化 ······ 385
§ 6 Pauli-Villars 正规化和维数正规化 ······ 401
§ 7 散射初末态. 物理态矢量空间 ······ 420
§ 8 以“重正化场函数”为基本变量的算符描述 ······ 436
§ 9 散射矩阵 ······ 446
§ 10 简单初末态之间的散射矩阵元及其 Feynman 图 ······ 461
§ 11 电子的反常磁矩 ······ 467
§ 12 红外发散的消除 ······ 470
§ 13 类氢原子能级的 Lamb 移位 ······ 477
参考文献 ······ 481

第一章　叠加原理和波函数的统计诠释

§1　波 函 数

本书前七章以及后面章节的部分内容属于非相对论量子力学的范围. 非相对论性条件是指光速可看成无限大的速度, 因此粒子之间的相互作用可认为是瞬时传播的, 而且相互作用不引起粒子的消失或新粒子的产生, 故在描述粒子系统的运动时, 只涉及该系统的力学量. 第八章包括单电子的 Dirac 理论以及自由标量场和 Dirac 场的量子化. 第九章至第十一章分别讲述受约束系统的 Dirac 量子化、路径积分以及旋量电动力学理论的量子化和重正化.

在由经典物理学向量子力学的转变中, W. Heisenberg, M. Born 和 P. Jordan 于 1925 年创立了第一个量子力学理论框架, 即所谓"矩阵力学"[5−7]. 稍后又出现了 P. A. M. Dirac 的"量子代数理论"[8,9] 以及 E. Schrödinger 的"波动力学"[11−14]. 在"矩阵力学"中假定微观粒子的坐标动量和所有力学量都用厄米矩阵代表, 并将矩阵的本征值解释为相应力学量在特定状态下的观察值. 系统的运动过程被描述为力学量的矩阵随时间的演化, 而且决定时间演化的方程式基本上保持着非相对论的经典力学的运动方程的原有形式. 坐标动量的对易关系式也正是在矩阵力学中首次确立的. 关于矩阵力学理论中引导出这种对易关系式的 Born-Jordan 方法的评述, 可参看文献 [3, 4]. "量子代数理论" 亦即 " q 数理论", 其中用 " q 数" 代表力学量. 系统的运动过程也被描述为力学量随时间的演化. 波动力学是 Schrödinger 发展德布罗意物质粒子的波动性的观念和德布罗意波的假设[10] 而创立的, 其中用波函数随时间的演化描述物质粒子的运动. Schrödinger 曾想借助最初找到的相对论形式的单粒子波动方程建立他的波动力学, 此方程能够给出氢原子光谱的一种精细结构, 但是不正确. 他放弃了该相对论波动方程, 而用其非相对论近似作为波动力学的运动方程.

初看起来颇不相同的矩阵力学, q 数理论和波动力学很快被证实是由经典理论按照同样的原则"量子化"而形成的同一种理论形式, 不过直到 Born 在 1926 年 6 月提出统计诠释[15], 才弄清楚波函数的基本含义. 设无自旋单

粒子处在波函数为 $\psi(x,y,z)$ 的状态，要测量粒子的坐标．按照 Born 统计诠释，除非 $\psi(x,y,z)$ 的非零值集中在一点，单次测量的结果是无法预言的，但是将测量重复足够多次 (都是测量粒子在状态 ψ 下的坐标)，那么发现坐标值为 (x,y,z) 的概率密度正比于 $|\psi(x,y,z)|^2$．在波函数 $\psi(x,y,z)$ 可以并且已经归一的情形，$|\psi(x,y,z)|^2\,\mathrm{d}x\mathrm{d}y\mathrm{d}z$ 是发现粒子处在点 (x,y,z) 的无限小体元 $\mathrm{d}x\mathrm{d}y\mathrm{d}z$ 内的概率．如果 $\psi(x,y,z)$ 没有或者不可归一，则所说的概率是相对的．在认知矩阵力学、q 数理论和波动力学互相等价以及 Born 关于 Schrödinger 波函数的统计诠释的基础上，泡利采用反对称波函数重新表述了不相容原理，Heisenberg 从坐标动量的对易关系和粒子波动性的分析提出了他的测不准原理．关于半整数自旋粒子的费米统计法以及关于整数自旋粒子的玻色统计法形成了两类基本的统计法，于是 N. Bohr 和 Born 的研究组以及 Dirac 等人构建了量子力学的逻辑体系．Dirac 如 Heisenberg 所说，是阐明完整的量子力学体系的领头人．Dirac 还为了寻找单电子的相对论性 Schrödinger 方程而在 1928 年建立了 Dirac 方程[16]．在该方程获得成功后，量子力学理论主要是沿着相对论性理论的方向发展以及用于基本相互作用和新物质形态的研究，同时量子化的理论和方法也不断改进．

本书关于量子力学理论的逻辑结构的表述，是以 Dirac 的《量子力学原理》[1] 为依据的，也着重参考 Landau 和 Lifshitz 的《量子力学》[2]．基于教学的考虑，将首先用位形空间的波函数代表量子力学系统的纯粹态 (或简称纯态)，在不特别指明的情形，都是用状态随时间的演化代表运动过程．稍后再兼用 Dirac 的“态矢量”．简单地说状态时即是指由确定波函数或态矢量代表的纯粹态，非纯粹态将另外提及．位形空间的波函数常被简记为 $\varPsi(q)$ 或 $\varPsi(q,\sigma)$，宗量 (q) 是全体粒子的笛卡儿坐标 $(\boldsymbol{r}_1,\boldsymbol{r}_2,\cdots,\boldsymbol{r}_N)$．当粒子有自旋时，波函数宗量中的 (σ) 是自旋的分量 $(\sigma_1,\sigma_2,\cdots)$．微观粒子的空间位置仍然由三个坐标决定，笛卡儿坐标在量子力学中仍然是粒子的最基本的力学量．此外从经典对应的考虑，量子力学系统也应该具有动量、角动量和能量等力学量．粒子的自旋是经典力学中没有的力学量，而且在非相对论量子力学中是根据观测数据唯象地引进的．

经典力学系统的力学量在一定状态下的观察值，即是在该状态的值，是完全确定的．量子力学系统的力学量，至少从理论上说也可以通过测量而获得其观测值．但是，根据获得成功的量子力学理论，量子力学系统的力学量在确定状态下的观察值一般不是确定的．详细些说，如果重复地在给定的状态下测量力学量 F，每次都得到 f_0，就说该状态是系统的力学量 F 具有确定值 f_0 的状态．设想 $\varPsi_{f_0},\varPsi_{f_1}$ 都代表同一系统某时刻的可能状态，两者分别表示

F 具有确定值 f_0 和 f_1, 而 $f_0 \neq f_1$, 那么按照即将阐明的叠加原理 (下节), 在 Ψ_{f_0} 与 Ψ_{f_1} 之和代表的状态下测量 F, 结果是 f_0 或者 f_1, 即是说在重复测量中有时得到 f_0, 有时得到 f_1. 可见，在随意选定的状态下测量某力学量，各次得到的结果可以很不一致. 当然也意味着处在一定状态的微观粒子一般不具有确定的坐标或动量，更不用设想沿用轨道运动的观念. 约定能够作为力学量 F 的测量结果的每个值都称为 F 的允许值，简单地说力学量的值时都是指允许值. 量子力学理论自然会包含力学量的允许值的一般预言. 粒子的笛卡儿坐标和相应的正则动量的允许值的集合都被直接认定是全体实数，自旋通常被类比作内禀角动量，这里暂不说明而认为自旋分量的允许值是离散的.

如果不限于关注单次测量, 而考虑在确定的状态下重复测量系统的力学量 F 的结果, 那么作为一种自然规律, 只要重复测量的次数足够多, 则获得各种 F 值的概率是确定的. 后面将阐明如何根据波函数或态矢量预言在其描述的状态下发现各种力学量的允许值的概率. 在论述中将以叠加原理以及初始的 Born 诠释所包含的一部分有普遍意义的内容作为依据. 这部分内容包括: (1) 当波函数乘以非零常数时，仍然代表原来的状态. (2) 当系统处在波函数为 $\Psi(q,\sigma)$ 的状态时，测量任何力学量获得每一种结果的相对概率，都可以由 $\Psi(q,\sigma)$ 和 $\Psi^*(q',\sigma')$ 构成的齐次双线性式 $\sum_{\sigma,\sigma'}\int\Psi^*(q',\sigma')\varphi(q',\sigma';q,\sigma)\Psi(q,\sigma)\mathrm{d}q\mathrm{d}q'$ 表示，其中函数 φ 与 Ψ 无关. (3) 测量一种力学量获得各种结果的相对概率的和，可以用 Ψ 的模平方 (即 $\sum_\sigma|\Psi(q,\sigma)|^2$ 在整个位形空间的积分) 代表.

§2 叠加原理

叠加原理的内容可叙述如下 (见本章末所引 Dirac 和 Landau-Lifshitz 的著作): (1) 在一个系统某一时刻的一切可能波函数的集合中，任意两个波函数 $\Psi_A(q,\sigma)$ 与 $\Psi_B(q,\sigma)$ 的线性组合 (以复常数为组合系数) 都属于该集合，而测量任何力学量在这种叠加波函数代表的状态下的值时，只可能获得在 Ψ_A 或 Ψ_B 下该测量能够获得的结果. (2) 对应于在 Ψ 下测量任何力学量能够获得的每一种结果, Ψ 中有一个确定的叠加成分代表该测量只能获得这种结果的状态，在剔除这一成分后的波函数代表的状态下不可能获得该测量结果. (3) 如果系统在一初始时刻处在纯粹态，那么在其自然发展中的每一时刻都处在纯粹态，而且波函数之间的线性关系不随时间改变. 已经说过，所谓某状态是力学量 F 具有确定值 f_0 的状态，意思是在该状态下测量 F 总是得到 f_0, 而不能获得其他结果. 设 $\Psi_{A(f_0)}$ 和 $\Psi_{B(f_0)}$ 都代表某系统的力学量 F 具有确定值 f_0 的状态，那么两者的线性组合只要不是零，就仍然代表力学量 F 具有确定值 f_0 的状态，因为按照第一项内容，在该状态下测量 F 时，不可能获得 f_0

之外的结果. 再设一组波函数 $\Psi_{f_1}, \Psi_{f_2}, \Psi_{f_3}, \cdots$ 分别代表力学量 F 具有确定值 $\{f_1, f_2, f_3, \cdots\}$ 的状态, 而这些 F 值互不相同, 那么由第一项内容知道这些波函数是线性无关的. 也容易理解, 由两个或者更多这样的波函数做成的线性组合, 都不可能代表 F 具有确定值的状态. 例如, 以非零的组合系数 a_1 和 a_2 将 Ψ_1, Ψ_2 组成 Ψ_{12}, 于是在 Ψ_{12} 下测量 F 能够得到 f_1 或者 f_2. 如果又要求 Ψ_{12} 代表 F 值为 f_1 的状态, 那么由于 $\Psi_{12} - a_1\Psi_1 = a_2\Psi_2$, 即是要求 Ψ_2 代表 F 值是 f_1 的状态, 这当然是不对的. 同样地, Ψ_{12} 不可能代表 F 值为 f_2 的状态. 根据第一项和第二项所述, 还可以将一个系统的波函数按照任一力学量的允许值进行分解 (见下节). 第三项内容指出波函数随时间的演化应满足的条件. 例如说, 在寻找未知的运动方程时应该保证这项条件得到满足 (见第三章 §1).

容易验证, 一个系统在一定时刻的可能波函数, 连同恒等于零的"波函数"的集合, 按照其加法运算以及数乘运算, 构成复数域上的线性空间, 它也称为该系统的波函数空间. 恒等于零的波函数可以作为叠加成分或叠加结果出现, 其本身不代表任何状态. 波函数空间也有内积运算. 波函数 Ψ_A 与 Ψ_B 的内积由下式定义:

$$(\Psi_A, \Psi_B) = \sum_\sigma \int \Psi_A^*(q,\sigma)\,\Psi_B(q,\sigma)\mathrm{d}q\,.$$

其中积分遍及的范围是整个位形空间. 这显然符合如下的条件 (α 和 β 是任意常复数):

$$(\Psi_A, \Psi_B)^* = (\Psi_B, \Psi_A)\,,$$

$$(\Phi, \alpha\Psi_A + \beta\Psi_B) = \alpha(\Phi, \Psi_A) + \beta(\Phi, \Psi_B)\,,$$

$$(\alpha\Psi_A + \beta\Psi_B, \Phi) = \alpha^*(\Psi_A, \Phi) + \beta^*(\Psi_B, \Phi)\,,$$

$$(\Psi, \Psi) \geqslant 0\,,$$

在最后的条件中, (Ψ, Ψ) 只当 Ψ 是"零波函数"时等于零. 内积等于零的两个波函数被称为是互相正交的, 也说相应的两个状态互相正交.

例题 求在 $\Psi = a\psi_{f_0}(q,\sigma) + b\psi_N(q,\sigma)$ 下测量 F 获得 f_0 的概率, 其中 a, b 是复常数, ψ_{f_0} 代表 F 具有确定值 f_0 的态, 即测量 F 会获得确定值 f_0 的态, 而在 ψ_N 代表的状态下测量 F 不可能获得 f_0. 假定 ψ_{f_0} 与 ψ_N 是可归一的.

用 $W_{f_0}(F, \Psi)$ 和 $W_N(F, \Psi)$ 分别表示发现 F 值为 f_0 和不能获得 f_0 的相对概率, 它们可由 $\Psi(q,\sigma)$ 和 $\Psi^*(q',\sigma')$ 的双线性型表示出来, 故

$$W_{f_0}(F, \Psi) = A_{11}\, a^*a + A_{12}\, a^*b + A_{12}^*\, ab^* + A_{22}\, b^*b\,,$$

$$W_N(F,\Psi) = B_{11}\,a^*a + B_{12}\,a^*b + B_{12}^*\,ab^* + B_{22}\,b^*b\,,$$

其中各系数 A_{11} 等与 a, b 无关. 当 a 等于零时, W_{f_0} 应该等于零, 可见 $A_{22}=0$, 同理有 $B_{11}=0$, 由此以及概率的非负性质知道 $A_{12}=B_{12}=0$, 而且 A_{11} 及 B_{22} 是正实数. 这两项相对概率的和可以用 Ψ 的模平方代表, 故

$$A_{11}\,a^*a + B_{22}\,b^*b = \; a^*a\,(\psi_{f_0},\psi_{f_0}) + b^*b\,(\psi_N,\psi_N) + a^*b\,(\Psi_{f_0},\psi_N) + b^*a\,(\psi_N,\Psi_{f_0})\,.$$

由于 a 与 b 的任意性, 得

$$\begin{aligned}
&(\Psi_{f_0},\psi_N) = 0\,,\\
&W_{f_0}(F,\Psi) = (a\Psi_{f_0}, a\Psi_{f_0})\,,\\
&W_N(F,\Psi) = (b\psi_N, b\psi_N)\,.
\end{aligned}$$

即是说, 波函数 ψ_{f_0} 与 ψ_N 是互相正交的, 在由两个这样的可归一波函数叠加成的 $\Psi(q,\sigma)=a\psi_{f_0}(q,\sigma)+b\psi_N(q,\sigma)$ 下, 发现 F 值是 f_0 的相对概率是 $(a\psi_{f_0}, a\psi_{f_0})$, $(b\psi_N, b\psi_N)$ 代表获得 F 的其他值的相对概率的和.

§ 3 波函数按任意力学量值谱的分解和物理诠释

现在讨论任意波函数按任意力学量的值谱的分解以及如何表示各种测量结果的概率. 一个力学量的允许值 (能够作为测量结果的实数) 的集合称为它的值谱. 设 $\{f_0\}$ 及 $\{f'\}$ 分别代表力学量 F 的值谱中的分立部分和连续部分, 在波函数 Ψ 代表的状态下测量 F 时原则上有可能获得其任一种值, 因此按照叠加原理, 可以唯一地将 Ψ 分解为

$$\Psi(q,\sigma) = \sum_{f_0}\Psi_{[f_0]}(q,\sigma) + \int \Psi_{[f']}(q,\sigma)\mathrm{d}f' \tag{1}$$

$$= \sum_{f_0}\Psi_{[f_0]}(q,\sigma) + \sum_{s}\Psi_{[s]}(q,\sigma)\,, \tag{2}$$

$$\Psi_{[s]}(q,\sigma) = \int_{\Delta_s}\Psi_{[f']}(q,\sigma)\mathrm{d}f'\,. \tag{3}$$

这是 Ψ 按力学量 F 的值谱分解的公式, 其中 $\Psi_{[f_0]}$ 和 $\Psi_{[f']}$ 分别是 Ψ 中属于 F 取确定值 f_0 和 f' 的成分, Δ_s 是连续谱中包含点 f_s 的一个长度近乎零的微小区间, 不同的 s 标记不同的区间, 对 s 的求和遍及全部连续谱. 在 Ψ 的这种分解式中不能存在剩余项, 因为在剩余项代表的状态下测量 F 获得值谱中任何值的概率都是零, 如果这种项不是零就意味着 F 不是可观察量.

由第二节的例子知道, Ψ 的上述分解式中对应于不同 f_0 和 f_0' 的 $\Psi_{[f_0]}$ 与 $|\Psi_{[f_0']}$, 如果确实存在就是互相正交的. 对应于不相交的区间 Δ_s 和 $\Delta_{s'}$ 的 $\Psi_{[s']}$ 和 $\Psi_{[s']}$, 以及 $\Psi_{[f_0]}$ 与 $\Psi_{[s]}$, 也是如此. 因此总是有

$$\begin{aligned}(\Psi_{[f_0]},\Psi_{[f_0']})&=0,\quad 当\ f_0\neq f_0',\\(\Psi_{[s]},\Psi_{[s']})&=0,\quad 当\ s\neq s',\\(\Psi_{[s]},\Psi_{[f_0]})&=0,\end{aligned}\tag{4}$$

其中后面两行相当于

$$(\Psi_{[f']},\Psi_{[f'']})=0,\quad 当\ f'\neq f'',\tag{5}$$

$$(\Psi_{[f']},\Psi_{[f_0]})=0.\tag{6}$$

假定 $\Psi_{[f_0]}$ 和 $\{\Psi-\Psi_{[f_0]}\}$ 不是零, 设想系统处在如下波函数代表的状态:

$$\Psi'(q,\sigma)=a\Psi_{[f_0]}(q,\sigma)+b\{\Psi(q,\sigma)-\Psi_{[f_0]}(q,\sigma)\},$$

其中 a 和 b 是任意常复数. 用 $W_{f_0}(F,\Psi')$ 代表在此状态下发现 F 的值是 f_0 的相对概率. 在第二项代表的状态下测量 F 不可能获得 f_0, 故由第二节的例子知道,

$$W_{f_0}(F,\Psi)=a\,a^*(\Psi_{[f_0]},\Psi_{[f_0]}),$$

而 Ψ' 在 $a=b=1$ 时即是 Ψ, 可见在 Ψ 下发现 F 的值是 f_0 的相对概率是

$$W_{f_0}(F,\Psi)=(\Psi_{[f_0]},\Psi_{[f_0]})=(\Psi,\Psi_{[f_0]}).\tag{7}$$

类似地, 在 Ψ 下发现 F 的值处在小区间 Δ_s 的相对概率可以表示为

$$W_{\Delta_s}(F,\Psi)=(\Psi_{[s]},\Psi_{[s]})=(\Psi,\Psi_{[s]}).\tag{8}$$

即是说, 当系统处在波函数为 Ψ 的状态时, Ψ 按力学量 F 的值谱的分解式中 $\Psi_{[f_0]}$ 项的模平方是测量 F 获得 f_0 的相对概率, $\int_{\Delta_s}\Psi_{[f']}\mathrm{d}f'$ 项的模平方是发现 F 值处在连续谱的小区间 Δ_s 内的相对概率. 稍后还将借助力学量的算符重写公式 (7) 和 (8). 在以上的讨论中, 把 Ψ 设想为可归一的, 不可归一的波函数可换成适当的可归一波函数的极限.

为了便于叙述, 以后也使用力学量的本征函数、本征值和本征态等术语. 所谓力学量 F 的本征态, 即是 F 具有确定值的态. 说波函数 Φ 是力学量 F 的本征函数, 意思是 Φ 代表的状态是 F 的本征态. 例如 Ψ 按 F 的值谱分解

式中的 $\Psi_{[f_0]}$ 是 F 的属于本征值 f_0 的本征函数，$\Psi_{[f']}$ 是 F 的属于本征值 f' 的本征函数. 既然系统的每个波函数 Ψ 都可以按 F 的值谱分解，也就表明，任一力学量的全部独立“本征函数”都构成该系统的波函数空间的完备组. 叠加原理的这个推论代表着力学量的一个普遍性质. 实际上，由系统的整个波函数空间的波函数按 F 的值谱的分解式中属于一种本征值的所有波函数的集合，形成一个子空间，它自然具有由线性独立波函数组成的基. 只要给属于每一种 F 值的子空间都选定一种基，那么组成各子空间的基的波函数的全体，即是整个波函数空间的由 F 的独立本征函数构成的一种完备组.

除了单个力学量，也需要知道如何表示多个互相独立的相容力学量以及一组完整力学量的测量结果的概率. 说某系统的一组力学量是相容的，意思是它们的全部独立的“共同本征函数”构成系统的波函数空间的完备组. 而所谓一组力学量的共同本征函数，即是在它代表的状态下，这组力学量的每一个都具有确定的值，或者简单地说，这组力学量具有确定的值. 相容力学量又称为可同时测量的，不是相容的力学量则称为不可同时测量的. 一组相容力学量的成员如果没有函数关系，就说是相互独立的. 一组相互独立的相容力学量，如果它们在每一个共同本征态的值都决定了该状态，就称为一组完整力学量. 显然，一组完整力学量的共同本征态可用相应的本征值来标记，两个不同的共同本征态至少使这组力学量中的一个取不同值，因此是互相正交的. 这里暂时限于分析由粒子的笛卡儿坐标组成的相容和完整力学量，后面再借助力学量的算符进行一般的讨论 (§5 和 §6).

首先看看作一维运动的无自旋单粒子的波函数 $\phi(x)$ 按笛卡儿坐标值的分解，并计算发现坐标值处于一个小区间内的相对概率. 由于坐标的值谱被认定为全部实数，$\phi(x)$ 按坐标值的分解式是：

$$\phi(x) = \int_{-\infty}^{\infty} \mathrm{d}x'\, \phi_{[x']}(x) = \sum_s \phi_{[s]}(x),$$

$$\phi_{[s]}(x) = \int_{\Delta_s} \mathrm{d}x'\, \phi_{[x']}(x).$$

其中 $\phi_{[x']}(x)$ 代表坐标具有确定值 x' 的态，Δ_s 是包含 x_s 的一个长度近乎零的微小区间，可见

$$\phi_{[x']}(x) = \phi(x')\delta(x - x'),$$

$$\phi_{[s]}(x) = \int_{\Delta_s} \mathrm{d}x'\, \phi(x')\delta(x - x').$$

在现在的一维情形，表示坐标 X 具有确定值 x' 的波函数 $\phi_{[x']}(x)$ 就其物理含

义而言已经被 x' 决定，它等价于具有特定归一系数的如下波函数：

$$\phi_{x'}(x) = \delta(x - x') .$$

波函数集合 $\{\phi_{x'}\}$ 当然构成作一维运动的无自旋单粒子波函数空间的一种基，而且满足标准正交归一条件

$$(\phi_{x'}, \phi_{x''}) = \delta(x' - x'') .$$

在 ϕ 下发现坐标值处于包含 x_s 的小区间 δ_s 内的相对概率是

$$W_{\delta_s}(X, \phi) = \int_{-\infty}^{\infty} \mathrm{d}x\, \phi^*_{[s]}(x)\phi(x) = \int_{\delta_s} \mathrm{d}x'\, \phi^*(x')\phi(x') .$$

由波函数 $\phi_{x'}(x)$ 代表的粒子坐标具有确定值 x' 的状态是不能真正实现的，因为 x' 只是理论上能够与周围的坐标值区别开来. 不过这样的波函数等价于可归一的 $\int_\delta \mathrm{d}x''\, \phi_{x''}(x)$ 在积分区间收缩于一点 x' 时的极限. 由此容易证实，在 $\phi_{x'}$ 下发现坐标值是 x 的 (绝对) 概率密度等于 $\delta(x' - x)$.

作三维运动的无自旋单粒子的任意波函数 $\psi(x, y, z)$ 按 X 值的分解式是：

$$\psi(x, y, z) = \int_{-\infty}^{\infty} \mathrm{d}x'\, \psi_{[x']}(x', y, z) ,$$
$$\psi_{[x']}(x, y, z) = \delta(x - x')\psi(x', y, z) .$$

$\psi_{[x']}(x, y, z)$ 代表 X 具有确定值 x' 的态，将它按 Y 值分解得

$$\psi_{[x']}(x, y, z) = \int_{-\infty}^{\infty} \mathrm{d}y'\, \psi_{[x'y']}(x', y', z) ,$$
$$\psi_{[x'y']}(x, y, z) = \delta(x - x')\delta(y - y')\psi(x', y', z) .$$

由于 $\psi_{[x']}(x, y, z)$ 的宗量 x 已经分离到因子 $\delta(x - x')$, $\psi_{[x'y']}(x, y, z)$ 除了代表 Y 具有确定值 y' 的态，也代表 X 具有确定值 x' 的态，即是说它代表 X 和 Y 的共同本征状态. 再将它按 Z 值分解得

$$\psi_{[x'y']}(x, y, z) = \int_{-\infty}^{\infty} \mathrm{d}y'\, \psi_{[x'y'z']}(x, y, z) ,$$
$$\psi_{[x'y']}(x, y, z) = \delta(x - x')\delta(y - y')\delta(z - z')\psi(x', y', z') .$$

$\psi_{[x'y'z']}(x, y, z)$ 代表粒子的三个坐标 X,Y 和 Z 的的共同本征态，这些坐标分别具有确定值 x', y' 和 z'. 这样任意波函数按 (X, Y, Z) 值的分解式可以写作：

$$\psi(\boldsymbol{r}) = \int \mathrm{d}\boldsymbol{r}'\, \psi_{[\boldsymbol{r}']}(\boldsymbol{r}) ,$$

其中

$$\psi_{[\boldsymbol{r}']}(\boldsymbol{r}) = \psi_{\boldsymbol{r}'}(\boldsymbol{r})\psi(\boldsymbol{r}'),$$
$$\psi_{\boldsymbol{r}'}(\boldsymbol{r}) = \delta(\boldsymbol{r}-\boldsymbol{r}') = \delta(x-x')\delta(y-y')\delta(z-z').$$

$\psi_{\boldsymbol{r}'}(\boldsymbol{r})$ 代表粒子的坐标值是 $\boldsymbol{r}'$ 的状态，就其物理含义而言已经被 $\boldsymbol{r}'$ 决定，其集合 $\{\psi_{\boldsymbol{r}'}\}$ 当然构成作三维运动的无自旋单粒子波函数空间的一种基，并且满足标准的正交归一条件：

$$(\psi_{\boldsymbol{r}'}, \psi_{\boldsymbol{r}''}) = \delta(\boldsymbol{r}'-\boldsymbol{r}'').$$

设 Δ_s 是包含点 $\boldsymbol{r}_s$ 的微小体元，令

$$\psi_{[s]}(\boldsymbol{r}) = \int_{\Delta_s} \mathrm{d}\boldsymbol{r}'\, \psi_{\boldsymbol{r}'}(\boldsymbol{r})\psi(\boldsymbol{r}'),$$
$$\psi'(\boldsymbol{r}) = a\,\psi_{[s]}(\boldsymbol{r}) + b\left\{\psi(\boldsymbol{r}) - \psi_{[s]}(\boldsymbol{r})\right\},$$

其中 a, b 是任意常复数. 用 $W_{\Delta_s}(X,Y,Z,\psi')$ 代表在 ψ' 下发现力学量 (X,Y,Z) 的值处于 Δ_s 内部的相对概率，按照 §2 例题的方法可求得

$$W_{\Delta_s}(X,Y,Z,\psi') = a^*a\,(\psi_{[s]}, \psi_{[s]}).$$

令 $a=b=1$, 即得在 ψ' 下发现 (X,Y,Z) 的值处于 Δ_s 内部的相对概率

$$W_{\Delta_s}(X,Y,Z,\psi) = (\psi_{[s]}, \psi_{[s]}) = (\psi_{[s]}, \psi) = \int_{\Delta_s} \mathrm{d}\boldsymbol{r}'\, |\psi(\boldsymbol{r}')|^2.$$

由于一个粒子的力学量 (X,Y,Z) 具有构成波函数空间的基的共同本征函数，它们是一组相容力学量. 这三者是相互独立的，亦即没有函数关系. 此外，由于 (X,Y,Z) 的每一个共同本征态都被它们在该状态的值决定，它们是描述粒子的空间运动的一组完整力学量. (X^2,Y,Z) 是一组相互独立的相容力学量，但不是完整的. 同理，一个坐标就是描述无自旋单粒子一维运动的完整力学量，而 X^2 则不是.

对于有自旋的单粒子, (X,Y,Z) 和一个自旋分量一起才构成完整力学量. 任意波函数 $\psi(\boldsymbol{r},\sigma)$ 按这组力学量的值的分解式是：

$$\psi(\boldsymbol{r},\sigma) = \sum_{\sigma'} \int \mathrm{d}\boldsymbol{r}'\, \psi_{[\boldsymbol{r}'\sigma']}(\boldsymbol{r},\sigma),$$

其中

$$\psi_{[\boldsymbol{r}'\sigma']}(\boldsymbol{r},\sigma) = \psi_{\boldsymbol{r}'}(\boldsymbol{r})\chi_{\sigma'}(\sigma)\,\psi(\boldsymbol{r}',\sigma').$$

$$\chi_{\sigma'}(\sigma) = \delta_{\sigma,\sigma'} .$$

在 ψ 下发现粒子自旋分量为 σ' 而坐标值处在小体元 Δ_s 内的相对概率是

$$\begin{aligned} W_{\sigma',\Delta_s}(X,Y,Z,\psi) &= \int_{\Delta_s} \mathrm{d}\boldsymbol{r}' (\psi_{[\boldsymbol{r}'\sigma']},\psi) \\ &= \int_{\Delta_s} \mathrm{d}\boldsymbol{r}'\, \psi^*(\boldsymbol{r}',\sigma')\psi(\boldsymbol{r}',\sigma') . \end{aligned}$$

对于不包含相同粒子的多粒子系统，将各粒子的完整力学量合并起来当然是全系统的一组完整力学量．按照前面说过的记号，用 (q) 和 σ 分别简记全部粒子的笛卡儿坐标以及自旋 z 分量 $(\sigma_1,\sigma_2,\cdots)$, 那么与单粒子情形类似，$|\Psi(q,\sigma)|^2\,\mathrm{d}q$ 是在波函数为 $\Psi(q,\sigma)$ 的状态下发现系统的位形点在 (q) 附近的体元 $\mathrm{d}q$ 内而各粒子的自旋 z 分量为 σ 的相对概率．至于含有相同粒子的系统，由于波函数和力学量受到相应的限制，使得这些相同粒子的单体力学量不是整个系统的可观察量，因而不能用 (q,σ) 的一种值表示一种测量结果．后面还有针对相同粒子系统的进一步讨论．

§4 态矢量

现在扼要说明 Dirac 的记号和运算规则．在 Dirac 的记号下用 ket 矢量代表状态，一个系统在一定时刻的可能状态的 ket 矢量集合连同零矢量构成与该系统的波函数空间结构相同的 ket 矢量空间．这意味着

(1) 能够确立 ket 矢量与波函数的一一对应关系，使得波函数 $\Psi(q,\sigma)$ 和相应的 ket 矢量 $|\Psi\rangle$ 代表相同的状态．

(2) ket 矢量的线性组合是 ket 矢量，对应于波函数的同样的线性组合：

$$C_1|\Psi_A\rangle + C_2|\Psi_B\rangle \longleftrightarrow C_1\Psi_A(q,\sigma) + C_2\Psi_B(q,\sigma) ,$$

即是说，ket 矢量的任意线性组合仍然是 ket 矢量，并且对应于波函数的同样的线性组合 (C_1 和 C_2 是任意复数).

(3) ket 矢量的内积等于相应的波函数的内积：

$$\big(|\Psi_A\rangle\,,|\Psi_B\rangle\big) = \big(\Psi_A\,,\Psi_B\big) .$$

例如，在无自旋单粒子一维运动的情形，设 ket 矢量 $|\phi_{x'}\rangle$ 代表坐标值是 x' 的态，并且相应的波函数是

$$\phi_{x'}(x) = \delta(x-x') .$$

由此有

$$\big(|\psi_{x''}\rangle\,,|\psi_{x'}\rangle\big) = \int_{-\infty}^{\infty} \mathrm{d}x\,\psi^*_{x''}(x)\psi_{x'}(x) = \delta(x''-x')\,,$$

$$\psi_{x'}(x) = \big(|\psi_x\rangle\,,|\psi_{x'}\rangle\big)\,.$$

任意波函数 $\phi(x)$ 可以表示为 $\psi_{x'}(x)$ 的如下线性组合

$$\phi(x) = \int_{-\infty}^{\infty} \mathrm{d}x'\,\phi_{x'}(x)\phi(x')\,,$$

故相应于 $\phi(x)$ 的 ket 矢量 $|\phi\rangle$ 是

$$|\phi\rangle = \int_{-\infty}^{\infty} \mathrm{d}x'\,|\phi_{x'}\rangle\,\phi(x')\,.$$

这也表明，全部 $|\phi_{x'}\rangle$ 构成 ket 矢量空间的一种正交标准基．将此式逆过来又得知，相应于任意 ket 矢量 $|\phi\rangle$ 的波函数是

$$\phi(x) = \big(|\phi_x\rangle\,,|\phi\rangle\big)\,.$$

再看无自旋单粒子三维运动的情形，设 ket 矢量 $|\psi_{\boldsymbol{r}'}\rangle$ 代表坐标值是 $\boldsymbol{r}'$ 的态，并且相应的波函数是：$\psi_{\boldsymbol{r}'}(\boldsymbol{r}) = \delta(\boldsymbol{r}-\boldsymbol{r}')$，于是

$$\big(|\psi_{\boldsymbol{r}}\rangle\,,|\psi_{\boldsymbol{r}'}\rangle\big) = \delta(\boldsymbol{r}-\boldsymbol{r}')\,.$$

任意波函数 $\psi(\boldsymbol{r})$ 可以表示为

$$\psi(\boldsymbol{r}) = \int \mathrm{d}\boldsymbol{r}'\,\psi_{\boldsymbol{r}'}(\boldsymbol{r})\psi(\boldsymbol{r}')\,,$$

故相应的 ket 矢量是

$$|\psi\rangle = \int \mathrm{d}\boldsymbol{r}\,|\psi_{\boldsymbol{r}}\rangle\,\psi(\boldsymbol{r})\,.$$

这也表明，全部 $|\psi_{\boldsymbol{r}'}\rangle$ 构成 ket 矢量空间的一种正交标准基．反之，相应于任意 ket 矢量 $|\psi\rangle$ 的波函数是：$\psi(\boldsymbol{r}) = \big(|\psi_{\boldsymbol{r}}\rangle\,,|\psi\rangle\big)$.

类似地，设 ket 矢量 $|\psi_{\boldsymbol{r}'\sigma'}\rangle$ 代表有自旋的单粒子坐标值是 $\boldsymbol{r}'$ 而自旋分量为 σ' 的态，并且相应的波函数是

$$\psi_{\boldsymbol{r}'\sigma'}(\boldsymbol{r},\sigma) = \psi_{\boldsymbol{r}'}(\boldsymbol{r})\chi_{\sigma'}(\sigma) = \delta(\boldsymbol{r}-\boldsymbol{r}')\,\delta_{\sigma,\sigma'}\ .$$

于是

$$\big(|\psi_{\boldsymbol{r}\sigma}\rangle\,,|\psi_{\boldsymbol{r}'\sigma'}\rangle\big) = \delta(\boldsymbol{r}-\boldsymbol{r}')\,\delta_{\sigma,\sigma'}\ .$$

相应于任意波函数 $\psi(\boldsymbol{r},\sigma)$ 的 ket 矢量是

$$|\psi\rangle=\sum_{\sigma}\int \mathrm{d}\boldsymbol{r}\,|\psi_{\boldsymbol{r},\sigma}\rangle\,\psi(\boldsymbol{r},\sigma)\,.$$

全部 $|\psi_{\boldsymbol{r}'\sigma'}\rangle$ 构成 ket 矢量空间的一种正交标准基，相应于任意 ket 矢量 $|\psi\rangle$ 的波函数是

$$\psi(\boldsymbol{r},\sigma)=\left(|\psi_{\boldsymbol{r},\sigma}\rangle\,,|\psi\rangle\right).$$

多粒子系统的波函数 $\Psi(q,\sigma)$ 可以表示为单粒子波函数的积的线性组合，将其中各个单粒子波函数换成相应的 ket 矢量就得到 $\Psi(q,\sigma)$ 的 ket 矢量．反之，多粒子系统的 ket 矢量 $|\Psi\rangle$ 可以表示为单粒子 ket 矢量的积的线性组合，将其中各个单粒子 ket 矢量换成相应的波函数，就得到 $|\Psi\rangle$ 的波函数．

任何线性空间都有相应的对偶空间，亦即原空间上线性型的集合形成的线性空间．在 Dirac 记号下的 bra 矢量是 ket 矢量空间上的线性型，或者说是将 ket 矢量对应于复数的线性映射，用向左的半括号代表．例如 ket 矢量空间上的线性型 ϕ 可以写成 bra 矢量 $\langle\phi|$．其次，ket 矢量 $|\Psi_B\rangle$ 在映射 ϕ 下所成的复数 $\phi(|\Psi_B\rangle)$ 被看成是 $\langle\phi|$ 与 $|\Psi_B\rangle$ 的数量积，记为 $\langle\phi|\cdot|\Psi_B\rangle$ 或 $\langle\phi|\Psi_B\rangle$．在给定的 $|\Psi_A\rangle$ 下，$(|\Psi_A\rangle|,|\Psi_B\rangle)$ 是 $|\Psi_B\rangle$ 的一个确定的线性函数，因此存在由 $|\Psi_A\rangle$ 决定的 bra 矢量 $\langle\Psi_A|$ 使得下式对于所有 $|\Psi_B\rangle$ 成立：

$$\langle\Psi_A|\cdot|\Psi_B\rangle=(|\Psi_A\rangle\,,|\Psi_B\rangle)\,,$$

容易看出，这样的 bra 矢量 $\langle\Psi_A|$ 是唯一的．反之，给定 bra 矢量 $\langle\Psi_A|$, 满足这种条件的 $|\Psi_A\rangle$ 是唯一的．这种一一对应关系，称为 ket 矢量与 bra 矢量之间的"共轭"关系．用记号 $\overline{|\Psi\rangle}$ 表示 $|\Psi\rangle$ 的共轭，$\overline{\langle\Psi|}$ 表示 $\langle\Psi|$ 的共轭，于是

$$\overline{|\Psi\rangle}=\langle\Psi|,\qquad \overline{\langle\Psi|}=|\Psi\rangle,\qquad \overline{\overline{|\Psi\rangle}}=|\Psi\rangle,\qquad \overline{\overline{\langle\Psi|}}=\langle\Psi|\,.$$

如果用 $\overline{C}$ 代表复数 C 的共轭 C^*, 则有

$$\overline{C|\Psi\rangle}=\overline{C}\;\overline{|\Psi\rangle}=\overline{C}\,\langle\Psi|,\qquad \overline{C_1|\Psi_A\rangle+C_2|\Psi_B\rangle}=\overline{C_1}\;\overline{|\Psi_A\rangle}+\overline{C_2}\;\overline{|\Psi_B\rangle}\,.$$

$$\overline{\langle\Psi_A|\Psi_B\rangle}=\langle\Psi_B|\Psi_A\rangle=\overline{|\Psi_B\rangle}\cdot\overline{\langle\Psi_A|}=\overline{|\Psi_B\rangle}\;\overline{\langle\Psi_A|}\,.$$

ket 矢量 $|\Psi_A\rangle$ 和 bra 矢量 $\langle\Psi_B|$ 的并矢积 $|\Psi_A\rangle\langle\Psi_B|$ 可以看成 ket 矢量空间上的线性算符，运算规则是：

$$|\Psi_A\rangle\langle\Psi_B|(|\Psi\rangle)=|\Psi_A\rangle\langle\Psi_B|\Psi\rangle\,.$$

ket 矢量空间上的线性算符的一般定义是将 ket 矢量对应于 ket 矢量的线性映射. 即是说, 线性算符 L 作用于任意 ket 矢量 $|\Psi\rangle$ 的结果仍然是 ket 矢量, 按照 Dirac 的记号记作 $L\,|\Psi\rangle$. 而且 L 作用于线性组合 $C_1\,|\Psi_A\rangle+C_2\,|\Psi_B\rangle$ 的结果等于 $C_1L\,|\Psi_A\rangle+C_2L\,|\Psi_B\rangle$. 类似地, bra 矢量空间上的线性算符是将 bra 矢量对应于 bra 矢量的线性映射. 实际上, ket 矢量空间上的线性算符在适当规定其作用于 bra 矢量的定义之后, 又可以看成 bra 矢量空间上的线性算符. 在 Dirac 的方法中, 线性算符 L 作用于 bra 矢量 $\langle\Psi|$ 变成 bra 矢量 $(\langle\Psi|)L$, 简记为 $\langle\Psi|L$, 使得 $(\langle\Psi|L)\cdot|\Psi_C\rangle=\langle\Psi|\cdot(L|\Psi_C\rangle)$ 对于任意 ket 矢量 $|\Psi_C\rangle$ 成立. 满足这种条件的 $\langle\Psi|L$ 是唯一的. 以后可以将 $\langle\Psi|L\cdot|\Psi_C\rangle$ 以及 $\langle\Psi|\cdot L|\Psi_C\rangle$ 简写成 $\langle\Psi|L|\Psi_C\rangle$. 对于并矢有 : $(\langle\Psi|)|\Psi_A\rangle\langle\Psi_B|\cdot|\Psi_C\rangle=\langle\Psi|\cdot|\Psi_A\rangle\langle\Psi_B|\Psi_C\rangle=\langle\Psi|\Psi_A\rangle\langle\Psi_B|\cdot|\Psi_C\rangle$. 故

$$(\langle\Psi|)|\Psi_A\rangle\langle\Psi_B|=\langle\Psi|\Psi_A\rangle\langle\Psi_B|\,.$$

两个线性算符 L_1 和 L_2 的积也是线性算符, L_1L_2 作用于 $|\Psi\rangle$ 的结果等于 L_1 作用于 $L_2\,|\Psi\rangle$ 得出的 ket 矢量. L_1L_2 通常不等于 L_2L_1, 如果 L_1L_2 等于 L_2L_1, 就说 L_1 和 L_2 可对易或者对易. 当作线性算符看待的复数当然和其他线性算符对易.

既然线性算符 L 作用于 $\langle\Psi|$ 形成的 bra 矢量 $\langle\Psi|\,L$ 是 $\langle\Psi|$ 的线性函数, ket 矢量 $\overline{\langle\Psi|\,L}$ 就是 $|\Psi\rangle$ 的线性函数, 因而可以看成 $|\Psi\rangle$ 被一个线性算符作用的结果. 即存在唯一的线性算符 $\overline{L}$ 使下式对于任意 $|\Psi\rangle$ 成立:

$$\overline{L}|\Psi\rangle=\overline{\langle\Psi|\,L}\,,$$

算符 $\overline{L}$ 也常记作 $L^\dagger$, 称为 L 的共轭或者厄米共轭. 由此又有

$$\begin{aligned}
&\overline{|\Psi_A\rangle\langle\Psi_B|}|\Psi\rangle=\overline{\langle\Psi|\Psi_A\rangle\langle\Psi_B|}=|\Psi_A\rangle\langle\Psi_B|\Psi\rangle\,,\\
&\overline{L_1\,L_2}|\Psi\rangle=\overline{\langle\Psi|L_1\,L_2}=\overline{L_2}\;\overline{\langle\Psi|L_1}=\overline{L_2}\;\overline{L_1}|\Psi\rangle\,,\\
&\overline{\overline{L}}=L\,,\quad \overline{L_1\,L_2}=\overline{L_2}\;\overline{L_1}\,,\quad \overline{|\Psi_A\rangle\langle\Psi_B|}=|\Psi_B\rangle\langle\Psi_A|\,.
\end{aligned}$$

这样, 只要 A_1, A_2 和 A_1A_2 是由 ket 矢量、bra 矢量、复数以及线性算符经过相乘相加形成的有意义的表达式, 就有

$$\overline{A_1A_2}=\overline{A_2}\;\overline{A_1}\,.$$

§ 5　力学量的算符和本征值方程

与波函数按力学量 F 的值谱分解的本章 (1) 式相应的态矢量分解式是

$$|\Psi\rangle=\sum_{f_0}|\Psi_{[f_0]}\rangle+\int|\Psi_{[f']}\rangle\mathrm{d}f'\,,\tag{9}$$

其中右边各个成分线性地依赖于 $|\Psi\rangle$, 因此必定存在由力学量 F 决定的线性算符 $\widehat{F}$ 使得

$$\sum_{f_0} f_0|\Psi_{[f_0]}\rangle+\int f'|\Psi_{[f']}\rangle\mathrm{d}f'=\widehat{F}|\Psi\rangle\,. \tag{10}$$

$\widehat{F}$ 称为力学量 F 的算符. 在不发生混淆的场合，也会用相同的记号代表力学量和它的算符. 我们来验证，在 f_0,f' 为实数的条件下，$\widehat{F}$ 是厄米算符. 设 $|\Phi\rangle$ 是所研究的系统的另一个任意的 ket 矢量，于是也可以唯一地分解为

$$|\Phi\rangle=\sum_{f_0}|\Phi_{[f_0]}\rangle+\sum_{s}|\Phi_{[s]}\rangle=\sum_{f_0}|\Phi_{[f_0]}\rangle+\int|\Phi_{[f']}\rangle\mathrm{d}f'\,,$$

$$|\Phi_{[s]}\rangle=\int_{\Delta_s}|\Phi_{[f']}\rangle\mathrm{d}f'\,,$$

各记号不必再作说明, $|\Psi_{[f_0]}\rangle$ 或 $|\Phi_{f_0}\rangle$ 按 F 的值谱的分解式只包含其自身，故

$$\widehat{F}|\Psi_{[f_0]}\rangle=f_0\,|\Psi_{[f_0]}\rangle\,,\quad \widehat{F}|\Phi_{[f_0]}\rangle=f_0\,|\Phi_{[f_0]}\rangle\,.$$

$|\Psi_{[s]}\rangle$ 或 $|\Phi_s\rangle$ 在 Δ_s 非常小时近似地代表力学量取确定值的态，故

$$\widehat{F}|\Psi_{[f']}\rangle=f'\,|\Psi_{[f']}\rangle\,,\quad \widehat{F}|\Phi_{[f']}\rangle=f'\,|\Phi_{[f']}\rangle\,,$$

由 $\langle\Phi|\widehat{F}|\Psi\rangle-\overline{\langle\Psi|\widehat{F}|\Phi\rangle}$ 等于

$$\sum_{f_0,f_0'}(\Phi_{[f_0]},\Psi_{[f_0']})(f_0'-f_0)+\iint(\Phi_{[f']},\Psi_{[f'']})(f''-f')\mathrm{d}f'\mathrm{d}f''=0\,,$$

得

$$\langle\Phi|(\widehat{F}-\overline{\widehat{F}})|\Psi\rangle=0\,.$$

既然 $(\widehat{F}-\overline{\widehat{F}})|\Psi\rangle$ 与任意 ket 矢量的内积等于零，它即是零 ket 矢，故

$$\overline{\widehat{F}}=\widehat{F}\,. \tag{11}$$

所以，任何一种力学量都对应于一个线性厄米算符.

容易证明, $\widehat{F}|\Psi\rangle$ 与 $|\Psi\rangle$ 的内积就是在状态 Ψ 下测量 F 的结果按相对概率构成的平均值. 用 F_{av} 代表这样的平均值，则

$$F_{av}=\sum_{f_0}f_0\,W_{f_0}(F,\Psi)+\sum_{s}f_s\,W_{\Delta_s}(F,\Psi)\,, \tag{12}$$

其中第二项是对来自趋于零的间隔 Δ_s 的贡献求和，而 f_s 是 Δ_s 内的 F 值. 在 §3 已经给出

$$W_{f_0}(F,\Psi)=\langle\Psi|\Psi_{[f_0]}\rangle\,,\qquad W_{\Delta_s}(F,\Psi)=\langle\Psi|\Psi_{[s]}\rangle\,,$$

因此 (12) 式右边等于 $\sum_{f_0}\langle\Psi|\widehat{F}|\Psi_{[f_0]}\rangle+\int \mathrm{d}f'\langle\Psi|\widehat{F}|\Psi_{[f']}\rangle$, 故

$$F_{av}=\langle\Psi|\widehat{F}|\Psi\rangle\,. \tag{13}$$

我们将不管 $|\Psi\rangle$ 是否已经归一或者能否归一，而把 F_{av} 称为 F 或算符 $\widehat{F}$ 在 $|\Psi\rangle$ 下的平均值，有时为了提醒注意，也加上引号写成"平均值". 当然它只在 $|\Psi\rangle$ 已经归一使得 W_{f_0} 和 W_{Δ_s} 是绝对概率时才是真正的平均值. 在量子力学中已经抛弃了每种力学量在每个状态都有一定值的经典观念，与力学量的经典值对应的量就是它的算符的平均值.

显然 $\delta_{f_0,\widehat{F}}$ 和 $\delta(f'-\widehat{F})$ 作用于 $|\Psi\rangle$ 的结果是

$$\delta_{f_0,\widehat{F}}\,|\Psi\rangle=|\Psi_{[f_0]}\rangle\,, \tag{14}$$

$$\delta(f'-\widehat{F})\,|\Psi\rangle=|\Psi_{[f']}\rangle\,. \tag{15}$$

可见以前所述正交关系和 $W_{f_0}(F,\Psi)$, $W_{\Delta_s}(F,\Psi)$ 的表达式可以写成

$$\langle\Psi_{[f_0]}|\Psi_{[f_0']}\rangle=\delta_{f_0,f_0'}\langle\Psi|\delta_{f_0,\widehat{F}}\,|\Psi\rangle\,,\qquad \langle\Psi_{[f_0]}|\Psi_{[f']}\rangle=0\,, \tag{16}$$

$$\langle\Psi_{[f']}|\Psi_{[f'']}\rangle=\delta(f'-f'')\langle\Psi|\delta(f'-\widehat{F})\,|\Psi\rangle\,, \tag{17}$$

$$W_{f_0}(F,\Psi)=\langle\Psi|\delta_{f_0,\widehat{F}}\,|\Psi\rangle\,, \tag{18}$$

$$W_{\Delta_s}(F,\Psi)=\int_{\Delta_s}\mathrm{d}f'\langle\Psi|\delta(f'-\widehat{F})\,|\Psi\rangle\,. \tag{19}$$

算符 $\delta_{f_0,\widehat{F}}$ 和 $\int_{\Delta_s}\mathrm{d}f'\delta(f'-\widehat{F})$ 都是一种投影算符，将它们分别记为 P_{f_0} 和 P_s, 则有

$$P_{f_0}P_{f_0'}=P_{f_0}\delta_{f_0,f_0'}\,,\qquad P_sP_{s'}=P_s\delta_{s,s'}\,,\qquad \overline{P}_{f_0}=P_{f_0}\,,\qquad \overline{P}_s=P_{s'}\,.$$

当 $|\Psi\rangle$ 遍及整个 ket 矢量空间时，$\delta_{f_0,\widehat{F}}\,|\Psi\rangle$ 形成 F 值等于 f_0 的子空间，即 F 有确定值 f_0 的所有 ket 矢量的线性组合. 类似地，$\int_{\Delta_s}\mathrm{d}f'\delta(f'-\widehat{F})$ 从整个 ket 矢量空间挑选出 F 值处在间隔 Δ_s 的子空间. $|\Psi\rangle$ 按照 F 的谱值分解的公式可以表示为单位算符 $\widehat{1}$ 按照这些投影算符分解的如下公式：

$$\widehat{1}=\sum_{f_0}\delta_{f_0,\widehat{F}}+\int\mathrm{d}f'\delta(f'-\widehat{F})\,. \tag{20}$$

借助力学量的算符还可以建立它的本征值方程. 设 $|\Psi_f\rangle$ 代表力学量 F 取确定值 f 的态，不管 f 属于分立谱或者属于连续谱，下式都成立：

$$\widehat{F}|\Psi_f\rangle=f|\Psi_f\rangle\,. \tag{21}$$

这种方程式即是力学量 F 或算符 $\widehat{F}$ 的本征值方程，表明 F 取确定值 f 的 ket 矢量 $|\Psi_f\rangle$ 即是 $\widehat{F}$ 的属于本征值 f 的本征 ket 矢量. 如果用适当的方法确定了算符 $\widehat{F}$, 就可以求解它的本征值方程而确定值谱 (本征值的集合) 和本征 ket 矢量. 算符 $\widehat{F}$ 的厄米性保证不出现复数的本征值，还保证属于它的不同本征值的 ket 矢量互相正交. 不过在给定了某力学量的算符的一种表达式之后，它的本征值方程可能有一些不代表任何状态的解，在这种情况下需要根据物理上的考虑来挑选合理的解.

一组相容力学量的本征值方程是其共同本征 ket 矢满足的方程组. 例如，设 (F,G,L) 是某系统的相容的力学量，其算符是 $(\widehat{F},\widehat{G},\widehat{G})$, 而 $\{|\psi_\lambda\rangle\}$ 是它们的共同本征 ket 矢构成的完备组，于是属于本征值 $(f_\lambda,g_\lambda,l_\lambda)$ 的共同本征 ket 矢满足如下的本征值方程组：

$$\widehat{F}|\psi_\lambda\rangle = f_\lambda\,|\psi_\lambda\rangle\,, \qquad \widehat{G}|\psi_\lambda\rangle = g_\lambda\,|\psi_\lambda\rangle\,, \qquad \widehat{L}|\psi_\lambda\rangle = l_\lambda\,|\psi_\lambda\rangle\,.$$

比较 F 和 G 的算符的积 $\widehat{F}\widehat{G}$ 和 $\widehat{G}\widehat{F}$ 作用于 $|\psi_s\rangle$ 的结果，显然有

$$\widehat{F}\widehat{G}|\psi_\lambda\rangle = \widehat{G}\widehat{F}|\psi_\lambda\rangle\,.$$

此式对于完备组 $\{|\psi_\lambda\rangle\}$ 成立，可见 $\widehat{F}\widehat{G}=\widehat{G}\widehat{F}$. 同样地， $\widehat{G}\widehat{L}=\widehat{L}\widehat{G}$, $\widehat{L}\widehat{F}=\widehat{F}\widehat{L}$. 即是说，相容力学量的算符是对易的.

反之，如果一组力学量的算符两两对易，必定是相容的. 设力学量 F 与 G 的算符 $\widehat{F}$ 与 $\widehat{G}$ 是对易的，将 F 的属于本征值 f 的本征 ket 矢 $|\Psi_f\rangle$ 按 G 值分解得到

$$|\Psi_f\rangle = \sum_{g_0} \delta_{g_0,\widehat{G}}|\Psi_f\rangle + \int \mathrm{d}g'\,\delta(g'-\widehat{G})\,|\Psi_f\rangle\,,$$

由于 $\widehat{F}$ 与 $\widehat{G}$ 对易，$\delta_{g_0,\widehat{G}}|\Psi_f\rangle$ 和 $\delta(g'-\widehat{G})|\Psi_f\rangle$ 也是 F 的属于本征值 f 的本征 ket 矢. 因此 F 的每一个本征 ket 矢都可表示为 (F,G) 的共同本征 ket 矢的叠加. 这样，由于 F 的全体独立本征态的 ket 矢是完备的，即可推知 (F,G) 的全体独立共同本征 ket 矢也是完备的，即 (F,G) 相容. 显然这样的证明也适用于多个力学量. 综上所述，一组力学量相容的必要和充分条件是其算符两两对易.

既然如此，一个系统的一组相容力学量，就可以由相应的一组相互对易的厄米算符代表. 如果这样一组厄米算符是相互独立的，而且在其每一个共同本征态的本征值都确定了该状态，就代表一组完整力学量. 容易理解，一个系统的一组完整力学量形成极大相容集. 假设力学量 F 与一组完整力学量 $\{\alpha\}$ 相容，则 F 与 $\{\alpha\}$ 的每一个共同本征态都被 $\{\alpha\}$ 在该状态的值决定，因

此 F 的值也被决定了．可见与一组完整力学量相容的力学量必定是这组力学量的若干个成员的函数，这即是完整力学量形成极大相容集的意思．也可以反过来证明，形成极大相容集的一组独立力学量是完整的．假定 $\{\alpha\}$ 是一组形成极大相容集的独立力学量，试设想其具有属于同一本征值 (α') 的多个独立的共同本征 ket 矢量，可认为是互相正交的．从中选取 $|\Psi_{a'}^{(1)}\rangle$ 和 $|\Psi_{a'}^{(2)}\rangle$，定义一个厄米算符 $\widehat{F}$，使 $\widehat{F}|\Psi_{a'}^{(1)}\rangle$ 等于 $|\Psi_{a'}^{(2)}\rangle$，$\widehat{F}|\Psi_{a'}^{(2)}\rangle$ 等于 $|\Psi_{a'}^{(1)}\rangle$，而每个与 $|\Psi_{a'}^{(1)}\rangle$ 及 $|\Psi_{a'}^{(2)}\rangle$ 都正交的 ket 矢在 $\widehat{F}$ 作用后都变为零．于是 $\widehat{F}$ 与 $\{\alpha\}$ 的每个算符都可对易．但 $\{\alpha\}$ 形成极大相容集，故 $\widehat{F}$ 只能是 $\{\alpha\}$ 的算符的若干个成员的函数，所以 $\{\alpha\}$ 的每一个共同本征态都是力学量 F 的本征态，因而 $|\Psi_{a'}^{(1)}\rangle$ 和 $|\Psi_{a'}^{(2)}\rangle$ 也代表 F 的本征态．可见不能假设 $\{\alpha\}$ 具有属于同一本征值的多个独立的共同本征态．即是说，$\{\alpha\}$ 是一组完整力学量．

根据一些基本原理和辅助论据来确定重要力学量的算符，对于量子力学理论的表述和实际应用都是十分重要的．鉴于算符的平均值对应着力学量的经典值，在量子力学中一般地假定，一个力学量的算符作为一些基本力学量的算符的函数，与经典力学中的形式相似．所谓确定一个力学量的算符，通常就是选定一组具有已知算符的基本力学量，并根据经典力学的函数形式把该力学量的算符表示成这组基本力学量的算符的函数．不过，由于算符之间一般是不可对易的，借助经典力学量的函数关系，经常是不能完全确定它们的算符的函数关系．此外，在给定一个算符之后，也常常不容易检验是否具有构成波函数空间的完备组的本征函数，所以在确定稍为复杂的算符时就可能含有假定的因素．

§6　一般形式的统计诠释．　波函数概念的扩充

借助单位算符的分解式 (20) 的多重积可以确定任意态矢量按一组独立的相容力学量的值谱分解的公式．例如，设 (F,G) 是某系统的相容独立力学量，可以用 $\left(\sum_{f_0}\delta_{f_0,\widehat{F}}+\int \mathrm{d}f'\delta(f'-\widehat{F})\right)$ 和 $\left(\sum_{g_0}\delta_{g_0,\widehat{G}}+\int \mathrm{d}g'\delta(g'-\widehat{G})\right)$ 的积将 $|\Psi\rangle$ 分解为：

$$|\Psi\rangle=\sum_{f_0g_0}|\Psi_{[f_0g_0]}\rangle+\sum_{f_0}\int \mathrm{d}g'|\Psi_{[f_0g']}\rangle+\sum_{g_0}\int \mathrm{d}f'|\Psi_{[f'g_0]}\rangle+\iint \mathrm{d}f'\mathrm{d}g'|\Psi_{[f'g']}\rangle\,, \quad (22)$$

其中

$$|\Psi_{[f_0g_0]}\rangle=\delta_{f_0,\widehat{F}}\,\delta_{g_0,\widehat{G}}\,|\Psi\rangle\,,\qquad |\Psi_{[f_0g']}\rangle=\delta_{f_0,\widehat{F}}\,\delta(g'-\widehat{G})\,|\Psi\rangle\,,$$
$$|\Psi_{[f'g_0]}\rangle=\delta(f'-\widehat{F})\,\delta_{g_0,\widehat{G}}\,|\Psi\rangle\,,\qquad |\Psi_{[f'g']}\rangle=\delta(f'-\widehat{F})\,\delta(g'-\widehat{G})\,|\Psi\rangle\,.$$

这些成分都代表 F 和 G 的共同本征态，因此它们满足

$$\begin{aligned}
&\langle\Psi_{[f_0g_0]}|\Psi_{[f_0'g_0']}\rangle=\delta_{f_0,f_0'}\delta_{g_0,g_0'}\langle\Psi|\delta_{f_0,\widehat{F}}\,\delta_{g_0,\widehat{G}}\,|\Psi\rangle\,,\\
&\langle\Psi_{[f_0g']}|\Psi_{[f_0'g'']}\rangle=\delta_{f_0,f_0'}\delta(g'-g'')\langle\Psi|\delta_{f_0,\widehat{F}}\,\delta(g'-\widehat{G})\,|\Psi\rangle\,,\\
&\langle\Psi_{[f'g_0]}|\Psi_{[f''g_0']}\rangle=\delta(f'-f'')\delta_{g_0,g_0'}\langle\Psi|\delta(f'-\widehat{F})\delta_{g_0,\widehat{G}}\,|\Psi\rangle\,,\\
&\langle\Psi_{[f'g']}|\Psi_{[f''g'']}\rangle=\delta(f'-f'')\delta(g'-g'')\langle\Psi|\delta(f'-\widehat{F})\,\delta(g'-\widehat{G})\,|\Psi\rangle\,,\\
&\cdots
\end{aligned}$$

设 $Q(\widehat{F},\widehat{G})$ 是 $\widehat{F}$ 和 $\widehat{F}$ 的任意函数形成的厄米算符，于是

$$\begin{aligned}
\langle\Psi|Q(\widehat{F},\widehat{G})|\Psi\rangle=&\sum_{f_0g_0}Q(f_0,g_0)\langle\Psi|\delta_{f_0,\widehat{F}}\,\delta_{g_0,\widehat{G}}\,|\Psi\rangle\\
&+\cdots\,.
\end{aligned}\tag{23}$$

可见，在状态 $|\Psi\rangle$ 下发现 (F,G) 的值是 (f_0,g_0) 的相对概率等于

$$W_{(f_0,g_0)}(F,G,\Psi)=(\Psi_{[f_0g_0]},\Psi_{[f_0g_0]})=(\Psi_{[f_0g_0]},\Psi)\,.\tag{24}$$

涉及连续谱的概率公式也可写成类似的形式．以上的论述也可以推广于多个相容力学量的情形．

设 $\{\widehat{\alpha}\}$ 是某系统的一组含 v 个独立成员的完整力学量的算符 $(\widehat{\alpha}_1,\cdots,\widehat{\alpha}_v)$．用 $|\Psi_{\alpha_1\cdots\alpha_v}\rangle$ 或者 $|\Psi_{\alpha_1,\cdots,\alpha_v}\rangle$ 代表它们的属于本征值 $(\alpha_1,\cdots,\alpha_v)$ 的非零共同本征 ket 矢．为了简化记号，也将其简记为 $|\Psi_\alpha\rangle$，其中 α 代表 $(\alpha_1,\alpha_2,\cdots,\alpha_v)$．$|\Psi_\alpha\rangle$ 满足的本征方程组是

$$\widehat{\alpha}_r|\Psi_\alpha\rangle=\alpha_r\,|\Psi_\alpha\rangle\,,$$

或简写作

$$\widehat{\alpha}\,|\Psi_\alpha\rangle=\alpha\,|\Psi_\alpha\rangle\,.$$

由于 $\{\widehat{\alpha}\}$ 代表一组完整的力学量，$|\Psi_\alpha\rangle$ 除归一系数外，已被这组力学量和 α 决定．这样的全部独立的态矢量构成系统的态矢量空间的正交基．由连续参量的值代表的单个态矢量只是理论上能够与邻近的态矢量区别来，实际上不代表能够严格实现的状态，也就不能真正归一．但是将这种态矢量在一个体元内对全部连续本征值积分后，则能够归一．因此可以假定现在这组态矢量满足如下的标准正交归一条件：

$$\langle\Psi_\alpha|\Psi_{\alpha'}\rangle=\delta(\alpha,\alpha')\,,\tag{25}$$

$$\delta(\alpha,\alpha')=\prod_{r=1}^{v}(\alpha_r|\alpha_r')\,,\tag{26}$$

其中 $(c|d)$ 随 c 和 d 都是离散的或者都属于连续区间的实数而代表 Kronecker 符号 δ_{cd} 或 δ 函数 $\delta(c-d)$. 在其他情形 (只有 c 或者 d 是离散的), $(c|d)$ 等于零. 于是

$$\alpha_r\,\delta(\alpha,\alpha')=\alpha'_r\,\delta(\alpha,\alpha'),\quad \alpha\,\delta(\alpha,\alpha')=\alpha'\,\delta(\alpha,\alpha').$$

$\{|\Psi_\alpha\rangle\}$ 的正交归一和完备性质意味着

$$\sum\int\cdots\int \mathrm{d}\alpha\,|\Psi_{\alpha_1,\cdots,\alpha_v}\rangle\langle\Psi_{\alpha_1,\cdots,\alpha_v}|=\widehat{1},\tag{27}$$

其中的求和遍及 $(\alpha_1,\cdots,\alpha_v)$ 的离散值，积分遍及它们的连续区间. 以后常将单位算符的这种表达式简记为

$$\sum_\alpha|\Psi_\alpha\rangle\langle\Psi_\alpha|=\widehat{1},\tag{28}$$

这样的求和即是 (27) 式中的求和兼积分. 由此以及 (25) 式可得

$$|\Psi_{\alpha'}\rangle=\sum_\alpha|\Psi_\alpha\rangle\langle\Psi_\alpha|\Psi_{\alpha'}\rangle=|\Psi_{\alpha'}\rangle\sum_\alpha\delta(\alpha,\alpha'),$$
$$\sum_\alpha\delta(\alpha,\alpha')=1.$$

比较算符 $|\Psi_\alpha\rangle\langle\Psi_\alpha|$ 和 $\delta(\alpha,\widehat{\alpha})$ 作用于 $|\Psi_{\alpha'}\rangle$ 的结果，还可看出

$$|\Psi_\alpha\rangle\langle\Psi_\alpha|=\delta(\alpha,\widehat{\alpha}),\tag{29}$$
$$\sum_\alpha\delta(\alpha,\widehat{\alpha})=\widehat{1}.\tag{30}$$

借助公式 (28) 和 (29), 可将任意态矢量按 $(\alpha_1,\cdots,\alpha_v)$ 的值谱分解的表达式写成

$$|\Psi\rangle=\sum_\alpha|\Psi_\alpha\rangle\langle\Psi_\alpha|\Psi\rangle=\sum_\alpha\delta(\alpha,\widehat{\alpha})|\Psi\rangle.\tag{31}$$

设 $(\alpha_1,\cdots,\alpha_v)$ 是 $(\widehat{\alpha}_1,\cdots,\widehat{\alpha}_v)$ 的值谱的一个离散点，而 $\langle\Psi_\alpha|\Psi\rangle$ 不等于零. 令

$$|\Psi'\rangle=a\,|\Psi_{\alpha_1,\cdots,\alpha_v}\rangle+b\left\{|\Psi\rangle-|\Psi_{\alpha_1,\cdots,\alpha_v}\rangle\right\},$$

其中 a, b 是任意常复数. 依照 §2 的例题和 §3 的方法可求得在 $|\Psi'\rangle$ 下发现力学量 $\{\widehat{\alpha}\}$ 的值等于 $(\alpha_1,\cdots,\alpha_v)$ 的相对概率，由此令 $a=b=1$, 即得知在 $|\Psi\rangle$ 下发现 $\{\widehat{\alpha}\}$ 的这种值的相对概率等于

$$W_{(\alpha,\Psi)}=|\langle\Psi_{\alpha_1,\cdots,\alpha_v}|\Psi\rangle|^2.\tag{32}$$

由于 $\{\widehat{\alpha}\}$ 代表一组完整力学量，这也即是发现系统处于 $|\Psi_{\alpha_1,\cdots,\alpha_v}\rangle$ 的相对概率．类似地，设 Δ 是包含 $(\widehat{\alpha}_1,\cdots,\widehat{\alpha}_v)$ 的值谱的离散点 $(\alpha_1,\cdots,\alpha_v)$ 的微小区域，而 $\langle\Psi_\alpha|\Psi\rangle$ 不等于零．令

$$|\Psi_{[\Delta]}\rangle = \int_\Delta \mathrm{d}\alpha\,|\Psi_\alpha\rangle\langle\Psi_\alpha|\Psi\rangle\,,$$
$$|\Psi'\rangle = a\,|\Psi_{[\Delta]}\rangle + b\left\{|\Psi\rangle - |\Psi_{[\Delta]}\rangle\right\},$$

这里的 $\mathrm{d}\alpha$ 和 (27) 式的记号一样，是对连续本征值积分的体元．求得在 $|\Psi'\rangle$ 下发现 $\{\widehat{\alpha}\}$ 值处于其值谱的点 $(\alpha_1,\cdots,\alpha_v)$ 的微小区域的相对概率，再令 $a=b=1$，即得知在 $|\Psi\rangle$ 下发现这组力学量的值处于该微小区域的相对概率等于

$$W_{(\Delta)}(\alpha,\Psi) = \int_\Delta \mathrm{d}\alpha\,|\langle\Psi_\alpha|\Psi\rangle|^2 = \int_\Delta \mathrm{d}\alpha\,\langle\Psi|\delta(\alpha,\widehat{\alpha})|\Psi\rangle\,, \tag{33}$$

这也即是发现系统处于 $|\Psi_{\alpha_1,\cdots,\alpha_v}\rangle$ 的微小区域的相对概率．以上的结论当然也可以从 $\{\widehat{\alpha}\}$ 的任意函数表示的厄米算符 $F(\widehat{\alpha})$ 的如下平均值公式得出：

$$\langle\Psi|F(\widehat{\alpha})|\Psi\rangle = \sum_\alpha F(\alpha)|\langle\psi_\alpha|\Psi\rangle|^2 = \sum_\alpha F(\alpha)\langle\Psi|\delta(\alpha,\widehat{\alpha})|\Psi\rangle\,.$$

这里顺便提醒一下，说发现 $\{\widehat{\alpha}\}$ 取值的概率和概率分布，自然是相对于这组力学量的值谱而言的．相应地，应该相对于一定的态矢量完备组谈论系统被发现处在什么状态的概率和概率分布．

在给定的正交归一完备组 $\{|\Psi_\alpha\rangle\}$ 下，概率幅 $\langle\Psi_\alpha|\Psi\rangle$ 作为 $(\alpha_1,\cdots,\alpha_v)$ 的函数有一一对应于态矢量 $|\Psi\rangle$，这种函数以复常数为系数构成的任意线性组合对应于态矢量的同样的线性组合，而且态矢量的内积 $\langle\Psi_A|\Psi_B\rangle = \sum_\alpha \left(\langle\Psi_\alpha|\Psi_A\rangle\right)^*\langle\Psi_\alpha|\Psi_B\rangle$．因此函数 $\langle\Psi_\alpha|\Psi\rangle$ 即是 $|\Psi\rangle$ 在以这个完备组为基矢的表象的波函数，可以称为 $|\Psi\rangle$ 在 α 表象的波函数．

统计诠释也是量子力学的基本原理，以上关于建立概率表达式的说明是引导性的．

参考文献

[1] DIRAC P A M. The principles of quantum mechanics. 4th ed. New York: Oxford University Press, 1982.

[2] LANDAU L D, LIFSHITZ E M. Quantum mechanics. 3rd ed. Oxford: Pergamon Press, 1977.

[3] YANG ZESEN (杨泽森). Modified Born-Jordan method for constructing the commutation relation of coordinate and momentum. e-print arXiv:1103.1446v1[quant-ph] 8 Mar 2011.

[4] FEDAK W A, PRENTIS J J. The 1925 Born and Jordan paper " On quantum mechanics ". Am. J. Phys., 2009, 77: 128-139.

部分历史文献

[5] HEISENBERG W. Zeits. f. Phys., 1925, 33: 879-893.

[6] BORN M, JORDAN P. Zeits. f. Phys., 1925, 34: 858-888.

[7] BORN M, HEISENBERG W, JORDAN P. Zeits. f. Phys., 1925, 34: 557-615.

[8] DIRAC P A M. Proc. Roy. Soc. (London), 1925, A109: 642-653.

[9] DIRAC P A M. Proc. Roy. Soc. (London), 1926, A112: 661.

[10] DE BROGLIE L. Annales de Physique, 1925, 3(10): 22-128.

[11] SCHRÖDINGER E. Ann. der Phys., 1926, 79:361-376.

[12] SCHRÖDINGER E. Ann. der Phys., 1926, 79:489-527.

[13] SGHRÖDINGER E. Ann. der Phys., 1926, 80:437-490.

[14] SCHRÖDINGER E. Ann. der Phys., 1926, 81:109-139.

[15] BORN M. Zeits. f. Phys., 1926, 38: 803-827.

[16] HEISENBERG W. Zeits. f. Phys., 1927, 43: 172-198.

[17] DIRAC P A M. Proc. Roy. Soc. (London), 1928, A117: 610.

第二章　态矢量和线性算符的表示

§1 态矢量的正交完备组作为完整力学量的本征矢量集

现在来证明，一个系统的任何一组正交完备的态矢量都可以看成该系统的一组完整力学量的共同本征矢量. 设 $\{|\Phi_{\lambda_1\lambda_2\cdots\lambda_v}\rangle\}$ 构成由 v 个实参量 $(\lambda_1,\lambda_2,\cdots,\lambda_v)$ 标记的一组正交完备的态矢量. 这里也按照上章的方法将参量 $(\lambda_1,\lambda_2,\cdots,\lambda_v)$ 简记为 λ. 规定这组态矢量满足通常的标准正交归一条件：

$$\langle\Phi_\lambda|\Phi_{\lambda'}\rangle=\delta(\lambda,\lambda'), \tag{1}$$

右边的记号已经在上节用过，即

$$\delta(\lambda,\lambda')=\prod_{r=1}^{v}(\lambda_r\,|\lambda_r'). \tag{2}$$

其中 $(c|d)$ 随 c 和 d 都是离散的或者都属于连续区间的实数而代表 Kronecker 符号 δ_{cd} 或 δ 函数 $\delta(c-d)$. 在其他情形 (只有 c 或者 d 是离散的), $(c|d)$ 等于零. 于是

$$\lambda_r\,\delta(\lambda,\lambda')=\lambda_r'\,\delta(\lambda,\lambda'),\qquad \lambda\,\delta(\lambda,\lambda')=\lambda'\,\delta(\lambda,\lambda').$$

$\{|\Phi_\lambda\rangle\}$ 的正交归一和完备性质意味着

$$\sum_\lambda|\Phi_\lambda\rangle\langle\Phi_\lambda|=\widehat{1}, \tag{3}$$

即是

$$\sum\int\cdots\int\mathrm{d}\lambda\,|\Phi_{\lambda_1,\cdots,\lambda_v}\rangle\langle\Phi_{\lambda_1,\cdots,\lambda_v}|=\widehat{1}, \tag{4}$$

这里的求和遍及 $(\lambda_1,\lambda_2,\cdots,\lambda_v)$ 的离散值，积分遍及这些量的连续区间. 由此以及 (1) 式可得

$$|\Phi_{\lambda'}\rangle=\sum_\lambda|\Phi_\lambda\rangle\langle\Phi_\lambda|\Phi_{\lambda'}\rangle=|\Phi_{\lambda'}\rangle\sum_\lambda\delta(\lambda,\lambda').$$

故

$$\sum_{\lambda} \delta(\lambda, \lambda') = 1\,.$$

按照下式定义 v 个相互对易的线性厄米算符：

$$\widehat{\Lambda}_r = \sum_{\lambda} \lambda_r |\Phi_\lambda\rangle\langle\Phi_\lambda|\,, \tag{5}$$

可看出，完备组 $\{|\Phi_{\lambda_1,\lambda_2\cdots,\lambda_v}\rangle\}$ 正好代表 $(\widehat{\Lambda}_1,\cdots,\widehat{\Lambda}_v)$ 的独立共同本征态的集合. 这 v 个算符显然代表一组完整力学量，即一组独立的相容力学量，并且在每一个共同本征态的值都决定了该状态. 与上章 (29),(30) 式相似的公式是

$$|\Phi_\lambda\rangle\langle\Phi_\lambda| = \delta(\lambda, \widehat{\Lambda})\,, \tag{6}$$

$$\sum_{\lambda} \delta(\lambda, \widehat{\Lambda}) = \widehat{1}\,. \tag{7}$$

§ 2　表象和表象变换

与通常的线性空间的情形相似，在态矢量空间中选定一种基将 ket 矢量表示成这种基的的线性组合，则一定的组合系数代表一定的 ket 矢量，相应地，一个线性算符可用一个“矩阵”来代表. 像这样将 ket 矢量和线性算符表示为数组的方法，也称为采用一定的表象将 ket 矢量和线性算符表示为数组. 构成态空间的一种基的 ket 矢量则称为这种基的基本 ket 矢，或称为由这种基形成的表象的基本 ket 矢. 满足标准正交归一条件的基称为正交标准基，相应的表象称为正交表象. 通常情形都是选取正交表象，但有时采用非正交表象更为方便. 虽然不同的表象在理论上是等效的，在处理特定问题时，应尽量选取便利的表象.

设 $\{|\Psi_\alpha\rangle\}$ 代表上章 §6 所说的一组完整力学量的算符 $(\widehat{\alpha}_1,\cdots,\widehat{\alpha}_v)$ 的全部独立非零共同本征 ket 矢. α 代表本征值 $(\alpha_1,\cdots,\alpha_v)$. 因此这些 ket 矢量构成态矢量的正交完备组. 假定已经满足标准正交归一条件

$$\langle\Psi_\alpha|\Psi_{\alpha'}\rangle = \delta(\alpha, \alpha')\,,$$

于是有

$$\sum_{\alpha} |\Psi_\alpha\rangle\langle\Psi_\alpha| = \widehat{1}\,,$$

可以约定，以这样的 $\{|\Psi_\alpha\rangle\}$ 作为基本 ket 矢的表象称为 α 表象. 将这个单位算符作用于 $|\Psi\rangle$, 就得到后者按 $|\Psi_\alpha\rangle$ 的展开式

$$|\Psi\rangle = \sum_\alpha |\Psi_\alpha\rangle\langle\Psi_\alpha|\Psi\rangle\,. \tag{8}$$

此展开式中的系数 $\langle\Psi_\alpha|\Psi\rangle$ 给出了 $|\Psi\rangle$ 在 α 表象下的表示，这个量作为 α 的函数就是 $|\Psi\rangle$ 在 α 表象的波函数.

将单位算符 $\sum_\alpha |\Psi_\alpha\rangle\langle\Psi_\alpha|$ 置于线性算符 L 的左边和右边，就得到后者按并矢 $|\Psi_\alpha\rangle\langle\Psi_{\alpha'}|$ 的展开式

$$L = \sum_{\alpha\alpha'} |\Psi_\alpha\rangle\langle\Psi_{\alpha'}|L_{\alpha\alpha'}\,, \qquad L_{\alpha\alpha'} = \langle\Psi_\alpha|L|\Psi_{\alpha'}\rangle\,. \tag{9}$$

其中的系数 $L_{\alpha\alpha'}$ 给出了算符 L 在 α 表象下的表示，以 (α,α') 为“行列指标”的矩阵 $(L_{\alpha\alpha'})$ 称为 L 在 α 表象的矩阵.

线性算符和它的厄米共轭的矩阵元之间有如下的关系

$$(\overline{L})_{\alpha\alpha'} = \overline{\langle\Psi_{\alpha'}|L|\Psi_\alpha\rangle} = (L_{\alpha'\alpha})^*\,, \tag{10}$$

因此对于厄米算符 V, 得到

$$V_{\alpha\alpha'} = (V_{\alpha'\alpha})^*\,. \tag{11}$$

如果 $|\Psi_\alpha\rangle$ 代表厄米算符 V 的属于本征值 v_α 的本征态，则

$$V = \sum_\alpha v_\alpha\,|\Psi_\alpha\rangle\langle\Psi_\alpha|\,, \tag{12}$$

并且说 V 在 α 表象的矩阵是对角化的.

态矢量的内积，算符对态矢量的作用，以及算符积可借助 α 表象的波函数和矩阵表示如下：

$$\langle\Psi_A|\Psi_B\rangle = \sum_\alpha \langle\Psi_A|\Psi_\alpha\rangle\langle\Psi_\alpha|\Psi\rangle\,, \tag{13}$$

$$\langle\Psi_\alpha|L|\Psi\rangle = \sum_{\alpha'} \langle\Psi_\alpha|L|\Psi_{\alpha'}\rangle\langle\Psi_{\alpha'}|\Psi\rangle\,, \tag{14}$$

$$\langle\Psi|L|\Psi_\alpha\rangle = \sum_{\alpha'} \langle\Psi|\Psi_{\alpha'}\rangle\langle\Psi_{\alpha'}|L|\Psi_\alpha\rangle\,, \tag{15}$$

$$\langle\Psi_\alpha|RL|\Psi_{\alpha''}\rangle = \sum_{\alpha'} \langle\Psi_\alpha|R|\Psi_{\alpha'}\rangle\langle\Psi_{\alpha'}|L|\Psi_{\alpha''}\rangle\,, \tag{16}$$

这些公式中的每一个都是在适当的位置引入单位算符 $\sum\limits_{\alpha}|\Psi_\alpha\rangle\langle\Psi_\alpha|$ 而形成的. (16) 式表明, 两个算符的积对应着它们的矩阵按相同次序构成的矩阵积. 如果设想用波函数的值排成的“单列阵”来代表 ket 矢量, 并且把内积也写成矩阵积的形式, 则 bra 矢应该用相应的 ket 矢的单列阵的转置复共轭来代表 (因此是“单行阵”). 在这种理解下, (13) —(16) 式可看作矩阵方程.

表象变换公式也可借助这样的单位算符直接写出. 设 $\{|\Phi_\lambda\rangle\}$ 是另一种正交表象 (姑且说 λ 表象) 的基本态矢量, 满足上节 (1) 式的正交归一条件

$$\langle\Phi_\lambda|\Phi_{\lambda'}\rangle = \delta(\lambda,\lambda'), \tag{17}$$

于是

$$\sum_{\lambda}|\Phi_\lambda\rangle\langle\Phi_\lambda| = \widehat{1}, \tag{18}$$

$$|\Psi\rangle = \sum_{\lambda}|\Phi_\lambda\rangle\langle\Phi_\lambda|\Psi\rangle, \tag{19}$$

$$L = \sum_{\lambda\lambda'}|\Phi_\lambda\rangle\langle\Phi_\lambda|L|\Phi_{\lambda'}\rangle\langle\Phi_{\lambda'}|. \tag{20}$$

$\langle\Phi_\lambda|\Psi\rangle$ 及 $\langle\Phi_\lambda|L|\Phi_{\lambda'}\rangle$ 分别代表 $|\Psi\rangle$ 和 L 在 λ 表象的波函数和矩阵元, 它们的表象变换公式如下

$$\langle\Phi_\lambda|\Psi\rangle = \sum_{\alpha}\langle\Phi_\lambda|\Psi_\alpha\rangle\langle\Psi_\alpha|\Psi\rangle, \tag{21}$$

$$\langle\Phi_\lambda|L|\Phi_{\lambda'}\rangle = \sum_{\alpha\alpha'}\langle\Phi_\lambda|\Psi_\alpha\rangle\langle\Psi_\alpha|L|\Psi_{\alpha'}\rangle\langle\Psi_{\alpha'}|\Phi_{\lambda'}\rangle, \tag{22}$$

$$\langle\Psi_\alpha|\Psi\rangle = \sum_{\lambda}\langle\Psi_\alpha|\Phi_\lambda\rangle\langle\Phi_\lambda|\Psi\rangle, \tag{23}$$

$$\langle\Psi_\alpha|L|\Psi_{\alpha'}\rangle = \sum_{\lambda\lambda'}\langle\Psi_\alpha|\Phi_\lambda\rangle\langle\Phi_\lambda|L|\Phi_{\lambda'}\rangle\langle\Phi_{\lambda'}|\Psi_{\alpha'}\rangle. \tag{24}$$

如果知道了 α 表象和 λ 表象的所有基本矢量之间的内积, 就可以实现这两种表象之间的变换.

参考文献

[1] DIRAC P A M. The principles of quantum mechanics.4th ed. New York: Oxford University Press, 1982.

第三章　运动方程和量子条件

§ 1　Schrödinger 绘景的运动方程

绘景是指描述系统的运动过程的一种方式，所谓 Schrödinger 绘景，意思是将系统的运动过程表示为波函数或态矢量随时间的变化．系统在一定时刻的态矢量是对该时刻的状态的完整描述，当然意味着它也决定了在自然发展中到达的其他时刻的状态．而按照叠加原理关于纯粹态时间演化的内容，态矢量之间的线性关系在随时间自然演化的过程中保持不变，因此系统在不受干扰的条件下的运动过程可以用一个线性算符 $T(t,t_0)$ 来描写

$$|\Psi(t)\rangle = T(t,t_0)|\Psi(t_0)\rangle\,, \tag{1}$$

其中 $|\Psi(t_0)\rangle$ 与 $|\Psi(t)\rangle$ 分别为时刻 t_0 和 t 的态矢量．$T(t,t_0)$ 也称为 Schrödinger 绘景的时间演化算符．以后简单说到态矢量即是指 ket 矢量，并且将线性算符 L 的厄米共轭记为 $L^\dagger$. 算符 $T(t,t_0)$ 与 $|\Psi(t_0)\rangle$ 无关，与 $T(t_0,t)$ 互逆，并满足

$$T(t,t) = 1\,, \tag{2}$$

$$T(t,t_1)T(t_1,t_0) = T(t,t_0)\,. \tag{3}$$

其次为了保证概率守恒，又应满足

$$\big(T(t,t_0)\big)^\dagger T(t,t_0) = 1\,. \tag{4}$$

由于 $T(t,t_0)$ 有逆，这个条件表明它又是幺正算符，即

$$\big(T(t,t_0)\big)^\dagger = \big(T(t,t_0)\big)^{-1} = T(t_0,t)\,. \tag{5}$$

如果将坐标自旋表象的矩阵元 $\langle q\sigma|T(t,t_0)|q_0\sigma_0\rangle$ 写成 $K(q\sigma t, q_0\sigma_0 t_0)$, 则由 (1) 式得出：

$$\Psi(q\sigma,t) = \sum_{\sigma_0}\int K(q\sigma t, q_0\sigma_0 t_0)\Psi(q_0\sigma_0,t_0)\mathrm{d}q\,. \tag{6}$$

函数 $K(q\sigma t, q_0\sigma_0 t_0)$ 就是系统从时刻 t_0 和位形点 (q_0, σ_0) 演化到时刻 t 而被发现处于位形点 (q, σ) 一个单位体元的概率幅. 当它为已知函数时, 就可以用 (6) 式描写波函数随时间的演化.

根据 (1) 式和 (3) 式可得 $\frac{\partial|\Psi(t')\rangle}{\partial t'} = \frac{\partial T(t',t)}{\partial t'}|\Psi(t)\rangle$. 令 $t' \to t$ 有

$$\mathrm{i}\frac{\partial|\Psi(t)\rangle}{\partial t} = \widehat{M}(t)|\Psi(t)\rangle\,, \tag{7}$$

其中

$$\widehat{M}(t) = \mathrm{i}\left[\frac{\partial T(t',t)}{\partial t'}\right]_{t'\to t}\,, \tag{8}$$

显然 $\widehat{M}(t)$ 是厄米算符, 即

$$\left(\widehat{M}(t)\right)^{\dagger} = \widehat{M}(t)\,. \tag{9}$$

具有已知算符 $\widehat{M}(t)$ 的方程 (7) 可以当作系统的运动方程 (所谓已知的算符, 即是知道它作用于态矢量时如何导致新的态矢量). 值得注意, 运动方程是态矢量关于时间的一阶微分方程, 这正是由于一定时刻的态矢量代表系统在该时刻的状态, 因而也决定了它在该时刻的时间导数. 算符 $\widehat{M}(t)$ 的线性性质和 $T(t,t_0)$ 一样来自叠加原理, 它的厄米性则是 $T(t,t_0)$ 的幺正性的必要条件, 也是概率守恒的必要和充分条件.

确定一个力学量的算符的最为习惯的方法是将它表示为一组能够表达各种力学量的已知基本算符的函数. 前面已经指出, 按照经典对应的精神, 假定每个力学量的算符作为基本力学量的算符的函数, 与经典力学的函数关系相似. 因此, 为了确定算符 $\widehat{M}$, 首先要弄清楚什么是与 $\widehat{M}$ 对应的经典力学量. 这个问题的答案要由一个基本原理来给出, 现在作一引导性说明. 设 $|\Psi(t)\rangle$ 随时间 t 的变化代表系统的一个可能运动过程. 即是说 $|\Psi(t)\rangle$ 代表时刻 t 的状态而且随 t 的变化满足由正确的 $\widehat{M}(t)$ 决定的方程 (7). 当 t 改变一个无穷小量 Δ 时, 有

$$\begin{aligned}
&|\Psi(t-\Delta)\rangle \approx |\Psi(t)\rangle + \mathrm{i}\Delta\widehat{M}(t)|\Psi(t)\rangle\,,\\
&\langle\Psi(t)|\Psi(t-\Delta)\rangle \approx \langle\Psi(t)|\Psi(t)\rangle + \mathrm{i}\Delta\langle\Psi(t)\widehat{M}(t)|\Psi(t)\rangle + \cdots\,.
\end{aligned}$$

如果系统具有时间平移不变性 (即: 只要态矢量 $|\Psi(t)\rangle$ 满足方程 (7), 则 $|\Psi(t)\rangle \equiv |\Psi(t-\Delta)\rangle$ 也满足), 那么此式右边也与 t 无关, 从而 $\langle\Psi(t)|\widehat{M}(t)|\Psi(t)\rangle$ 与时间无关, 即 $\widehat{M}$ 是一个守恒量的算符 (所谓守恒量, 是指它的平均值与时间无关). 由于 $T(t,t_0)$ 是相乘性算符, 因此 $\widehat{M}$ 是相加性的, 而经典力学的一个相加性物理量, 如果当系统具有时间平移不变性就是守恒量, 则它必定是哈密顿量

(不计常数因子), 可见与 $\widehat{M}$ 对应的经典量在表示为正则变量的函数时，应正比于哈密顿量.

在量子力学中，正是一般地假定，$\widehat{M}$ 是哈密顿量算符 $\widehat{H}$ 与一个常数因子的积，用 $\hbar$ 代表这个因子，则运动方程如下

$$\mathrm{i}\hbar\frac{\partial}{\partial t}|\Psi(t)\rangle = \widehat{H}(t)|\Psi(t)\rangle\,, \tag{10}$$

其中 $\hbar$ 要根据理论与实验结果的比较来确定 (见 §3), 这种形式的运动方程称为 Schrödinger 绘景的运动方程或 Schrödinger 方程. 实际上一种量子理论总是由已知或拟设的经典理论量子化而成的，通常形式的量子化的第一个步骤是借助经典理论求出哈密顿量和其他重要力学量的表达式，把它们表示为一组正则变量或者其他形式的基本变量的函数. 第二个步骤是确定这些基本变量的算符，从而确定各种力学量的算符，并借助哈密顿量算符建立运动方程. 像这样实现从经典理论到量子理论的转变的方法称为正则量子化. 基本变量的算符满足一组称为基本量子条件的关系式，它们代表量子力学的另一个基本原理. 不过可以指出，建立量子条件所依据的原则是保证能够从量子力学的运动方程推导出与经典运动方程类似的方程式，或者说保证力学量的算符在 Heisenberg 绘景的运动方程与相应的经典运动方程相似 (见下节). 就这种较广泛的观点而言，无论是对粒子系统还是玻色场和费米场的情形，量子化的方法是相同的. 不过经典力学中的正则变量或者其他基本变量只是描写粒子的空间运动，而相应的量子理论却需要考虑自旋自由度，因此要根据实验资料直接确定自旋算符和哈密顿量中依赖于自旋的成分，同时根据自旋值来确定粒子遵从玻色统计或费米统计. 在场论的情形 (基本变量是场函数), 则能够在经典理论中顾及各种自由度，并且量子条件本身就包含着统计法.

实现量子化的另一种重要方法, 是所谓路径积分方法. 对于粒子系统, 这就是通过对位形空间或相空间中的路径积分来决定 (6) 式中的函数 $K(q\sigma t, q_0\sigma_0 t_0)$. 对于场的情形，只是要把 $(\boldsymbol{r},\sigma)$ 换成场的位形坐标，由位形空间或相空间中的路径积分决定态矢量的时间变化的方法仍然和粒子的情形相同. 在第十章将讲述这种方法.

§ 2 Heisenberg 绘景和相互作用绘景

前面说明了， Schrödinger 绘景意味着将运动过程完全表示为态矢量随时间的演化，运动方程是指描写态矢量随时间演化的 Schrödinger 方程，坐标、动量和自旋等基本变量的算符是与时间无关的. 一种力学量如果表达为基本

变量的函数时不显含时间，其算符就与时间无关. 实际上，只有力学量的平均值或者各种特定测量值的概率才能与实验结果比较 (力学量的允许值以及发现各种值的概率也可以看作平均值)，因此，能够与 Schrödinger 绘景等价地表达力学量的平均值和概率的其他绘景原则上也是允许的.

设 $|\Psi(t)\rangle$ 是时刻 t 的 Schrödinger 态矢量，于是力学量的平均值或者相对概率可借助相应的算符表示为算符的平均值

$$\overline{F} = \langle\Psi(t)|\widehat{F}|\Psi(t)\rangle. \tag{11}$$

这里的的平均值是以相对概率为权重来定义的，即是不管 $|\Psi(t)\rangle$ 是否为归一态矢量. 力学量 F 在 Schrödinger 绘景的算符，简记为 $\widehat{F}$. 所谓 Heisenberg 绘景就是把系统的运动过程完全表示为各种力学量的算符随时间的变化，而把态矢量固定为一特定时刻的 Schrödinger 态矢量. 现在把这个时刻选为 t_1, 于是

$$|\Psi^{(\mathrm{h})}\rangle = |\Psi(t_1)\rangle. \tag{12}$$

借助本章 §1 中的时间演化算符，可将 Schrödinger 态矢量 $|\Psi(t_1)\rangle$ 表示为

$$|\Psi(t_1)\rangle = T(t_1,t)|\Psi(t)\rangle\,,$$

因此，

$$|\Psi^{(\mathrm{h})}\rangle = T(t_1,t)|\Psi(t)\rangle\,. \tag{13}$$

用这样的态矢量来写出 (11) 式中的平均值就有

$$\langle\Psi(t)|\widehat{F}|\Psi(t)\rangle = \langle\Psi^{(\mathrm{h})}|\widehat{F}^{(\mathrm{h})}(t)|\Psi^{(\mathrm{h})}\rangle,$$

其中

$$\widehat{F}^{(\mathrm{h})}(t) = T(t_1,t)\widehat{F}T(t,t_1)\,. \tag{14}$$

(13) 及 (14) 式就是 Heisenberg 绘景的态矢量和算符与 Schrödinger 绘景的态矢量和算符的对应关系，它实际上保证了对应的矩阵元完全相同，即

$$\langle\Psi_A^{(\mathrm{h})}|\widehat{F}^{(\mathrm{h})}(t)|\Psi_B^{(\mathrm{h})}\rangle = \langle\Psi_A(t)|\widehat{F}|\Psi_B(t)\rangle\,. \tag{15}$$

在 Heisenberg 绘景下，系统的运动方程是指各种 Heisenberg 算符随时间变化所遵守的方程式. 根据 (14) 式求时间微商，注意

$$\mathrm{i}\hbar\frac{\partial T(t,t_1)}{\partial t} = \widehat{H}(t)T(t,t_1),$$

得出

$$\frac{\mathrm{d}}{\mathrm{d}t}\widehat{F}^{(\mathrm{h})}(t)=T(t_1,t)\frac{\partial\widehat{F}}{\partial t}T(t,t_1)+\frac{1}{\mathrm{i}\hbar}[\widehat{F}^{(\mathrm{h})}(t),\widehat{H}^{(\mathrm{h})}(t)],$$

这里 $\widehat{H}(t)$ 和 $\widehat{H}^{(\mathrm{h})}(t)$ 分别是 Schrödinger 绘景和 Heisenberg 绘景的哈密顿量算符. 显然，当 $\widehat{F}$ 是一组基本正则变量的算符 $(\widehat{q}_j,\widehat{p}_k)$ 的函数时，$\widehat{F}^{(\mathrm{h})}(t)$ 是对应的 Heisenberg 算符 $(\widehat{q}_j^{(\mathrm{h})},\widehat{p}_k^{(\mathrm{h})})$ 的同样的函数，即

$$\widehat{F}^{(\mathrm{h})}(\widehat{q}^{(\mathrm{h})},\widehat{p}^{(\mathrm{h})},t)=\Big[\widehat{F}(\widehat{q},\widehat{p},t)\Big]_{\substack{\widehat{q}\to\widehat{q}^{(\mathrm{h})}\\ \widehat{p}\to\widehat{p}^{(\mathrm{h})}}}.$$

因此

$$T(t_1,t)\frac{\partial\widehat{F}}{\partial t}T(t,t_1)=\frac{\partial}{\partial t}\widehat{F}^{(\mathrm{h})}(\widehat{q}^{(\mathrm{h})},\widehat{p}^{(\mathrm{h})},t),$$

其中 $\widehat{q}_j^{(\mathrm{h})}(t)$, $\widehat{q}_k^{(\mathrm{h})}(t)$ 与 $\widehat{q}_j$, $\widehat{p}_k$ 符合 (14) 式的一般关系

$$\widehat{q}_j^{(\mathrm{h})}(t)=T(t_1,t)\widehat{q}_jT(t,t_1),$$

$$\widehat{p}_j^{(\mathrm{h})}(t)=T(t_1,t)\widehat{p}_jT(t,t_1).$$

故得到

$$\frac{\mathrm{d}}{\mathrm{d}t}\widehat{F}^{(\mathrm{h})}(t)=\frac{\partial}{\partial t}\widehat{F}^{(\mathrm{h})}(\widehat{q}^{(\mathrm{h})},\widehat{p}^{(\mathrm{h})},t)+\frac{1}{\mathrm{i}\hbar}[\widehat{F}^{(\mathrm{h})}(t),\widehat{H}^{(\mathrm{h})}(t)],\tag{16}$$

这即是 Heisenberg 绘景的运动方程，简称为 Heisenberg 方程. 对于正则变量的算符，有

$$\frac{\mathrm{d}}{\mathrm{d}t}\widehat{q}_j^{(\mathrm{h})}(t)=\frac{1}{\mathrm{i}\hbar}[\widehat{q}_j^{(\mathrm{h})}(t),\widehat{H}^{(\mathrm{h})}(t)],\tag{17}$$

$$\frac{\mathrm{d}}{\mathrm{d}t}\widehat{p}_j^{(\mathrm{h})}(t)=\frac{1}{\mathrm{i}\hbar}[\widehat{p}_j^{(\mathrm{h})}(t),\widehat{H}^{(\mathrm{h})}(t)].\tag{18}$$

Heisenberg 绘景这一术语与历史上的矩阵力学有关. 在 Heisenberg 和 Born 等人创立的“矩阵力学”中，运动方程就是力学量的矩阵随时间演化的方程式，并且形式上与非相对论的经典力学的运动方程相似.

除了 Schrödinger 绘景与 Heiseberg 绘景外，另一类重要的绘景是所谓相互作用绘景，其特点扼要地说就是使哈密顿量 $\widehat{H}$ 中某个相互作用项 V 决定态矢量随时间的演化，而 $H_0=\widehat{H}-V$ 则决定力学量的算符随时间的演化. 为了方便，假定 H_0 不依赖于时间，用 $|\psi^{(\mathrm{I})}(t)\rangle$ 及 $\widehat{F}_{\mathrm{I}}(t)$ 分别代表在这种绘景下时

刻 t 的态矢量和算符，它们与对应的 Schrödinger 绘景的态矢量和算符的关系定义如下：

$$|\psi^{(\mathrm{I})}(t)\rangle = \mathrm{e}^{\mathrm{i}H_0(t-t_1)/\hbar}|\Psi(t)\rangle\,, \tag{19}$$

$$\widehat{F}_{\mathrm{I}}(t) = \mathrm{e}^{\mathrm{i}H_0(t-t_1)/\hbar}\widehat{F}\mathrm{e}^{-\mathrm{i}H_0(t-t_1)/\hbar}\,. \tag{20}$$

(19) 式表明，如果从 t_1 到 t 不存在相互作用，则 $|\psi^{(\mathrm{I})}(t)\rangle$ 保持为 $|\Psi(t_1)\rangle$. (20) 式表明，相互作用不影响 $\widehat{F}_{(\mathrm{I})}(t)$ 随时间的演化. 此两式保证了对应的矩阵元完全相同，即

$$\langle\psi_A^{(\mathrm{I})}(t)|\widehat{F}_{\mathrm{I}}(t)|\psi_B^{(\mathrm{I})}(t)\rangle = \langle\Psi_A(t)|\widehat{F}|\Psi_B(t)\rangle\,.$$

相互作用绘景的运动方程包括态矢量随时间演化以及力学量的算符随时间演化遵从的方程式. 从 (20) 式可知，$\widehat{F}^{(\mathrm{I})}(t)$ 随时间的演化与 Heisenberg 算符相似，只是哈密顿量被 H_0 代替了. 即

$$\frac{\mathrm{d}}{\mathrm{d}t}\widehat{F}_{\mathrm{I}}(t) = \frac{\partial\widehat{F}_{\mathrm{I}}(t)}{\partial t} + \frac{1}{\mathrm{i}\hbar}\left[\widehat{F}_{\mathrm{I}}(t), H_0\right], \tag{21}$$

这是算符的运动方程. 将 $\widehat{q}_j, \widehat{p}_k$ 在相互作用绘景的算符表示成

$$\widehat{q}_j^{(\mathrm{I})}(t) = \mathrm{e}^{\mathrm{i}H_0(t-t_1)/\hbar}\widehat{q}_j\mathrm{e}^{-\mathrm{i}H_0(t-t_1)/\hbar}\,,$$

$$\widehat{p}_k^{(\mathrm{I})}(t) = \mathrm{e}^{\mathrm{i}H_0(t-t_1)/\hbar}\widehat{p}_k\mathrm{e}^{-\mathrm{i}H_0(t-t_1)/\hbar}\,.$$

则 (21) 式中 $\frac{\partial\widehat{F}_{\mathrm{I}}(t)}{\partial t}$ 的意思是把 $\widehat{F}_{\mathrm{I}}(t)$ 看成是 $\widehat{q}_j^{(\mathrm{I})}(t)$, $\widehat{p}_k^{(\mathrm{I})}(t)$ 以及 t 的函数而对 t 求偏微商.

$|\psi^{(\mathrm{I})}(t)\rangle$ 的运动方程可由 (19) 式求时间微商得出，结果为

$$\mathrm{i}\hbar\frac{\partial}{\partial t}|\psi^{(\mathrm{I})}(t)\rangle = V_{\mathrm{I}}(t)|\psi^{(\mathrm{I})}(t)\rangle\,, \tag{22}$$

$$V_{\mathrm{I}}(t) = \mathrm{e}^{\mathrm{i}H_0(t-t_1)/\hbar}V\mathrm{e}^{-\mathrm{i}H_0(t-t_1)/\hbar}\,. \tag{23}$$

$|\psi^{(\mathrm{I})}(t)\rangle$ 随时间的演化也可表示为

$$|\psi^{(\mathrm{I})}(t)\rangle = U(t,t_0)|\psi^{(\mathrm{I})}(t_0)\rangle\,, \tag{24}$$

$$U(t,t_0) = \mathrm{e}^{\mathrm{i}H_0(t-t_1)/\hbar}T(t,t_0)\mathrm{e}^{-\mathrm{i}H_0(t_0-t_1)/\hbar}\,. \tag{25}$$

由此及 $T(t,t_0)$ 的性质可求得

$$U(t,t) = 1, \tag{26}$$

$$U(t_1,t_2)U(t_2,t_3) = U(t_1,t_3)\,, \tag{27}$$

$$U(t,t_0)^\dagger = U(t,t_0)^{-1} = U(t_0,t)\,. \tag{28}$$

$U(t,t_0)$ 随 t 及 t_0 的演化满足如下的微分方程和积分方程

$$\left.\begin{aligned} \mathrm{i}\hbar\frac{\partial}{\partial t}U(t,t_0) &= V_{\mathrm{I}}(t)U(t,t_0)\,, \\ -\mathrm{i}\hbar\frac{\partial}{\partial t}U(t,t_0) &= U(t,t_0)V_{\mathrm{I}}(t_0)\,, \end{aligned}\right\} \tag{29}$$

$$\left.\begin{aligned} U(t,t_0) &= 1+\frac{1}{\mathrm{i}\hbar}\int_{t_0}^{t}V_{\mathrm{I}}(t')U(t',t_0)\mathrm{d}t'\,, \\ U(t,t_0) &= 1+\frac{1}{\mathrm{i}\hbar}\int_{t_0}^{t}U(t,t_0')V_{\mathrm{I}}(t_0')\mathrm{d}t_0'\,. \end{aligned}\right\} \tag{30}$$

如果 $\widehat{H}$ 也与时间无关，则 $T(t,t_0)$ 与 $U(t,t_0)$ 可形式地写成

$$T(t,t_0)=\mathrm{e}^{-\mathrm{i}\widehat{H}(t-t_0)/\hbar}\,, \tag{31}$$

$$U(t,t_0)=\mathrm{e}^{-\mathrm{i}H_0(t-t_1)/\hbar}\mathrm{e}^{-\mathrm{i}\widehat{H}(t-t_0)/\hbar}\mathrm{e}^{-\mathrm{i}H_0(t_0-t_1)/\hbar}. \tag{32}$$

Schrödinger 绘景主要是在非相对论理论中采用， Heisenberg 绘景和相互作用绘景都是在相对论场论中较为常用. 本书的非相对论部分 (除了第七章) 基本上是默认地采用 Schrödinger 绘景.

§ 3　在笛卡儿坐标下的动量算符和量子条件

粒子的笛卡儿坐标的算符已经知道，现在以无自旋单粒子为例，对坐标动量算符遵从的量子条件作一种引导性说明. 设 $H_{\mathrm{c}}(\boldsymbol{r},\boldsymbol{p},t)$ 是经典哈密顿量，Schrödinger 绘景的坐标、动量和经典哈密顿量算符分别是 $\widehat{\boldsymbol{r}}$, $\widehat{\boldsymbol{p}}$ 和 $\widehat{H}(\widehat{\boldsymbol{r}},\widehat{\boldsymbol{p}},t)$, 再设力学量 F 的经典函数和 Schrödinger 算符分别是 $F_{\mathrm{c}}(\boldsymbol{r},\boldsymbol{p},t)$ 和 $\widehat{F}(\widehat{\boldsymbol{r}},\widehat{\boldsymbol{p}},t)$.

如上节所述，$\widehat{F}$ 在 $|\Psi(t)\rangle$ 下的平均值即是 Heisenberg 算符 $\widehat{F}^{(\mathrm{h})}(t)$ 在 $|\Psi^{(\mathrm{h})}\rangle$ 下的平均值，而

$$\widehat{F}^{(\mathrm{h})}(t)=T(t,t_1)^{\dagger}\,\widehat{F}(\widehat{\boldsymbol{r}},\widehat{\boldsymbol{p}},t)T(t,t_1)=\widehat{F}(\widehat{\boldsymbol{r}}^{(\mathrm{h})}(t),\widehat{\boldsymbol{p}}^{(\mathrm{h})}(t),t)\,, \tag{33}$$

$$\widehat{\boldsymbol{r}}^{(\mathrm{h})}(t)=T(t,t_1)^{\dagger}\,\widehat{\boldsymbol{r}}\,T(t,t_1)\,, \tag{34}$$

$$\widehat{\boldsymbol{p}}^{(\mathrm{h})}(t)=T(t,t_1)^{\dagger}\,\widehat{\boldsymbol{p}}\,T(t,t_1)\,. \tag{35}$$

随着 $\widehat{\boldsymbol{r}}^{(\mathrm{h})}$ 和 $\widehat{\boldsymbol{p}}^{(\mathrm{h})}$ 换成经典坐标和动量， $\widehat{F}^{(\mathrm{h})}(t)$ 和 $\widehat{H}^{(\mathrm{h})}(t)$ 自然应该变成相应的经典函数， $\widehat{F}^{(\mathrm{h})}(t)$ 的 Heisenberg 方程

$$\frac{\mathrm{d}}{\mathrm{d}t}\widehat{F}^{(\mathrm{h})}(t)=\frac{\partial}{\partial t}\widehat{F}^{(\mathrm{h})}(\widehat{\boldsymbol{r}}^{(\mathrm{h})}(t),\widehat{\boldsymbol{p}}^{(\mathrm{h})}(t),t)+\frac{1}{\mathrm{i}\hbar}\big[\widehat{F}^{(\mathrm{h})}(t)\,,\widehat{H}^{(\mathrm{h})}(t)\big]$$

就变成经典运动方程 (带下标 “ c ” 的方括号是泊松括号).

$$\frac{\mathrm{d}}{\mathrm{d}t}F_{\mathrm{c}}(\boldsymbol{r},\boldsymbol{p},t)=\frac{\partial}{\partial t}F_{\mathrm{c}}(\boldsymbol{r},\boldsymbol{p},t)+\left[F_{\mathrm{c}}(\boldsymbol{r},\boldsymbol{p},t)\,,H_{\mathrm{c}}(\boldsymbol{r},\boldsymbol{p},t)\right]_{c}\,,$$

因此量子条件应当保证

$$\left(\frac{1}{\mathrm{i}\hbar}\left[\widehat{F}^{(\mathrm{h})}(t)\,,\widehat{H}^{(\mathrm{h})}(t)\right]\right)_{\mathrm{c}}=\left[F_{\mathrm{c}}(\boldsymbol{r},\boldsymbol{p},t)\,,H_{\mathrm{c}}(\boldsymbol{r},\boldsymbol{p},t)\right]_{c}\,,\tag{36}$$

其中左边代表与大括号内的量子力学算符相应的经典量.

参照历史上矩阵力学采用的量子条件, 我们看看如下的算符方程式能否使 (36) 式成立

$$\frac{1}{\mathrm{i}\hbar}\left[\widehat{x}_{l}^{(\mathrm{h})}(t)\,,\widehat{p}_{j}^{(\mathrm{h})}(t)\right]=\left[x_{l}\,,p_{j}\right]_{c}=\delta_{lj}\,,\tag{37}$$

$$\frac{1}{\mathrm{i}\hbar}\left[\widehat{x}_{l}^{(\mathrm{h})}(t)\,,\widehat{x}_{j}^{(\mathrm{h})}(t)\right]=\left[x_{l}\,,x_{j}\right]_{c}=0\,,\tag{38}$$

$$\frac{1}{\mathrm{i}\hbar}\left[\widehat{p}_{l}^{(\mathrm{h})}(t)\,,\widehat{p}_{j}^{(\mathrm{h})}(t)\right]=\left[p_{l}\,,p_{j}\right]_{c}=0\,,\tag{39}$$

显然, 这些方程式能够保证实函数 $f(\boldsymbol{p},t)$ 和 $u(\boldsymbol{r},t)$ 满足

$$\left(\frac{1}{\mathrm{i}\hbar}\left[\widehat{x}_{l}^{(\mathrm{h})}(t)\,,f(\widehat{\boldsymbol{p}}^{(\mathrm{h})}(t),t)\right]\right)_{\mathrm{c}}=\left[x_{l}\,,f(\boldsymbol{p},t)\right]_{c}\,,\tag{40}$$

$$\left(\frac{1}{\mathrm{i}\hbar}\left[\widehat{p}_{j}^{(\mathrm{h})}(t)\,,u(\widehat{\boldsymbol{r}}^{(\mathrm{h})}(t),t)\right]\right)_{\mathrm{c}}=\left[p_{j}\,,u(\boldsymbol{r},t)\right]_{c}\,,\tag{41}$$

这里, $(x_l\,,p_j)$ 是非相对论记号, 例如 (x_1,p_2) 即是 (x,p_y). 注意 $H_{\mathrm{c}}(\boldsymbol{r},\boldsymbol{p},t)$ 和 $F_{\mathrm{c}}(\boldsymbol{r},\boldsymbol{p},t)$ 的表达式可以想象成和算符表达式一样的形式 (各项都保持算符表达式的相应因子和排序), 而量子括号和泊松括号遵从相似的运算规则. 只要将 $\left[\widehat{F}^{(\mathrm{h})}(t)\,,\widehat{H}^{(\mathrm{h})}(t)\right]/(\mathrm{i}\hbar)$ 化简到所有非零量子括号都只包含坐标或者动量的 Heisenberg 算符的一次幂, 那么由 (37)—(41) 式知道, 所得的表达式随着各项趋于经典量而变成 $\left[F_{\mathrm{c}}(\boldsymbol{r},\boldsymbol{p},t)\,,H_{\mathrm{c}}(\boldsymbol{r},\boldsymbol{p},t)\right]_{c}$. (37)—(39) 式既然包含着 (40) 和 (41) 式, 也就足以保证 (36) 式成立, 使得每种力学量的 Heisenberg 方程对应着它在经典力学中的运动方程. 从这样的论证还可以看出, (37)—(39) 式也保证下式对于任意力学量 $F(\boldsymbol{r},\boldsymbol{p},t)$ 和 $G(\boldsymbol{r},\boldsymbol{p},t)$ 成立,

$$\left(\frac{1}{\mathrm{i}\hbar}\left[\widehat{F}^{(\mathrm{h})}(t)\,,\widehat{G}^{(\mathrm{h})}(t)\right]\right)_{\mathrm{c}}=\left[F_{\mathrm{c}}(\boldsymbol{r},\boldsymbol{p},t)\,,H_{\mathrm{c}}(\boldsymbol{r},\boldsymbol{p},t)\right]_{c}\,.\tag{42}$$

(37)—(39) 式正是量子力学的 Heisenberg 绘景下的坐标动量量子条件. 量

子条件是量子力学的基本原理之一， Schrödinger 绘景的相应条件是：

$$
\left.\begin{aligned}
&\frac{\mathrm{d}}{\mathrm{d}t}\widehat{x}_l=\frac{\mathrm{d}}{\mathrm{d}t}\widehat{p}_j=0\,,\\
&\frac{1}{\mathrm{i}\hbar}\big[\widehat{x}_l\,,\widehat{p}_j\big]=\big[x_l\,,p_j\big]_c=\delta_{lj}\,,\\
&\frac{1}{\mathrm{i}\hbar}\big[\widehat{x}_l\,,\widehat{x}_j\big]=\big[x_l\,,x_j\big]_c=0\,,\\
&\frac{1}{\mathrm{i}\hbar}\big[\widehat{p}_l\,,\widehat{p}_j\big]=\big[p_l\,,p_j\big]_c=0\,.
\end{aligned}\right\}\tag{43}
$$

下面给出动量算符的一种常用表示．用 $|\boldsymbol{r}\rangle$ 代表无自旋粒子坐标值为 $\boldsymbol{r}$ 的满足标准正交归一条件的态 (前面的 $|\psi_{\boldsymbol{r}}\rangle$), 即

$$
\widehat{\boldsymbol{r}}|\boldsymbol{r}\rangle=\boldsymbol{r}|\boldsymbol{r}\rangle\,,\qquad\int\mathrm{d}\boldsymbol{r}\,|\boldsymbol{r}\rangle\langle\boldsymbol{r}|=\widehat{1}\,,
$$

由 $(\widehat{x}_j-x_j)\widehat{p}_l|\boldsymbol{r}\rangle=\mathrm{i}\hbar\,|\boldsymbol{r}\rangle\delta_{jl}$ 以及 $\widehat{x}_j\frac{\partial}{\partial x_l}|\boldsymbol{r}\rangle=x_j\frac{\partial}{\partial x_l}|\boldsymbol{r}\rangle+|\boldsymbol{r}\rangle\delta_{lj}$, 得

$$
\Big(\widehat{x}_j-x_j\Big)\Big(\widehat{p}_l|\boldsymbol{r}\rangle-\mathrm{i}\hbar\frac{\partial}{\partial x_l}|\boldsymbol{r}\rangle\Big)=0\,.
$$

可见 $\widehat{p}_l|\boldsymbol{r}\rangle-\mathrm{i}\hbar\frac{\partial}{\partial x_l}|\boldsymbol{r}\rangle$ 代表 $\widehat{x}_j$ 值为 x_j 的态，故

$$
\widehat{p}_l|\boldsymbol{r}\rangle=\mathrm{i}\hbar\frac{\partial}{\partial x_l}|\boldsymbol{r}\rangle+|\boldsymbol{r}\rangle f_l(\boldsymbol{r})\,,
$$

借此写出矩阵元 $\langle\boldsymbol{r}'|\widehat{p}_l|\boldsymbol{r}\rangle$, 得到

$$
\begin{aligned}
\langle\boldsymbol{r}'|\widehat{p}_l|\boldsymbol{r}\rangle&=\mathrm{i}\hbar\frac{\partial}{\partial x_l}\delta(\boldsymbol{r}'-\boldsymbol{r})+\delta(\boldsymbol{r}'-\boldsymbol{r})f_l(\boldsymbol{r})\,,\\
\langle\boldsymbol{r}|\overline{\widehat{p}}_l|\boldsymbol{r}'\rangle&=-\mathrm{i}\hbar\frac{\partial}{\partial x_l}\delta(\boldsymbol{r}'-\boldsymbol{r})+\delta(\boldsymbol{r}'-\boldsymbol{r})f_l^*(\boldsymbol{r})\,.
\end{aligned}
$$

注意 $\widehat{p}_l$ 是厄米算符，所以 $f_l(\boldsymbol{r})$ 是实函数．再令 $|\boldsymbol{r}\rangle\!\rangle=\mathrm{e}^{-\mathrm{i}\gamma}|\boldsymbol{r}\rangle$, 而 $\gamma(\boldsymbol{r})$ 满足 $\hbar\frac{\partial\gamma}{\partial x_l}=f_l$ 即得 $\widehat{p}|\boldsymbol{r}\rangle\!\rangle=\mathrm{i}\hbar\frac{\partial}{\partial x_l}|\boldsymbol{r}\rangle\!\rangle$. 即是说，可以选取 $|\boldsymbol{r}\rangle$ 的相因子，使得

$$
\widehat{p}_l|\boldsymbol{r}\rangle=\mathrm{i}\hbar\frac{\partial}{\partial x_l}|\boldsymbol{r}\rangle\,,\qquad\langle\boldsymbol{r}|\widehat{p}_l=-\mathrm{i}\hbar\frac{\partial}{\partial x_l}\langle\boldsymbol{r}|\,,\tag{44}
$$

这即是 Dirac 所称的 Schrödinger 表示．记住 $|\psi\rangle$ 在坐标表象的波函数 $\psi(\boldsymbol{r})$ 等于 $\langle\boldsymbol{r}|\psi\rangle$, 故

$$
\langle\boldsymbol{r}|\widehat{\boldsymbol{p}}|\psi\rangle=-\mathrm{i}\hbar\nabla\psi(\boldsymbol{r})\,.\tag{45}
$$

这是借助坐标表象表达动量算符的基本公式．即是说，算符 $\widehat{\boldsymbol{p}}$ 的作用于波函数 $\psi(\boldsymbol{r})$ 的微分算子是 $(-\mathrm{i}\hbar\nabla)$.

设 $|\boldsymbol{p}\rangle$ 代表单粒子动量值为 $\boldsymbol{p}$ 的态，于是 $\psi_{\boldsymbol{p}}(\boldsymbol{r})=\langle\boldsymbol{r}|\widehat{\boldsymbol{p}}\rangle$ 是相应的波函数，坐标表象的动量本征值方程如下

$$-\mathrm{i}\hbar\nabla\psi_{\boldsymbol{p}}(\boldsymbol{r})=\boldsymbol{p}\psi_{\boldsymbol{p}}(\boldsymbol{r}), \tag{46}$$

可以选取常系数，使

$$\psi_{\boldsymbol{p}}(\boldsymbol{r})=\frac{1}{(2\pi\hbar)^{3/2}}\mathrm{e}^{\mathrm{i}\boldsymbol{p}\cdot\boldsymbol{r}/\hbar}, \tag{47}$$

动量本征值 $\boldsymbol{p}$ 的三个分量都被认定可以取任何实数. (29) 式中的常系数保证如下的标准正交归一条件成立

$$\int\psi_{\boldsymbol{p}}^*(\boldsymbol{r})\psi_{\boldsymbol{p}'}(\boldsymbol{r})\mathrm{d}\boldsymbol{r}=\delta(\boldsymbol{p}-\boldsymbol{p}').$$

因此 $\{|\boldsymbol{p}\rangle\}$ 构成 ket 矢空间的标准正交基，满足

$$\langle\boldsymbol{p}|\boldsymbol{p}'\rangle=\delta(\boldsymbol{p}-\boldsymbol{p}'),\qquad\int\mathrm{d}\boldsymbol{p}|\boldsymbol{p}\rangle\langle\boldsymbol{p}|=\widehat{1}.$$

德布罗意最初提出粒子的波动性观念时 (1923 年), 就假定动量为 $\boldsymbol{p}$ 的粒子的物质波以 (47) 式的 $\psi_{\boldsymbol{p}}(\boldsymbol{r})$ 为空间因子，其中 $\hbar$ 是约化 Planck 常数 ($\hbar=h/2\pi$). 虽然在量子力学理论中不再采用原来的物质波观念，但是关于粒子的动量与波矢的德布罗意关系 (即波矢 $=\boldsymbol{p}/\hbar$) 是与实验事实相符的，所以出现在量子条件和运动方程中的 $\hbar$ 就是约化 Planck 常数.

既然完备组 $\{|\boldsymbol{p}\rangle\}$ 的每个 $|\boldsymbol{p}\rangle$ 代表的态被 $\boldsymbol{p}$ 决定，一个粒子的三个动量分量 (p_x,p_y,p_z) 就是描述其空间运动的一组完整力学量. $\langle\boldsymbol{p}|\psi\rangle$ 作为 $\boldsymbol{p}$ 的函数即是 $|\psi\rangle$ 在动量表象的波函数. $|\langle\boldsymbol{p}|\psi\rangle|^2\mathrm{d}\boldsymbol{p}$ 是在 $|\psi\rangle$ 下发现粒子的动量值处于 $(\boldsymbol{p},\mathrm{d}\boldsymbol{p})$ 的相对概率. 由于 $\langle\boldsymbol{p}|\boldsymbol{r}\rangle=\langle\boldsymbol{r}|\boldsymbol{p}\rangle^*$, 得出

$$\langle\boldsymbol{p}|\widehat{x_l}|\psi\rangle=\int\mathrm{d}\boldsymbol{r}\langle\boldsymbol{p}|\widehat{x_l}|\boldsymbol{r}\rangle\langle\boldsymbol{r}|\psi\rangle=\mathrm{i}\hbar\frac{\partial}{\partial p_l}\langle\boldsymbol{p}|\psi\rangle. \tag{48}$$

这是借助动量表象表达坐标算符的基本公式. 即是说，算符 $\widehat{x_l}$ 的作用于波函数 $\psi(\boldsymbol{p})$ 的微分算子是 $\mathrm{i}\hbar\frac{\partial}{\partial p_l}$.

在粒子有自旋的情形，(p_x,p_y,p_z) 以及自旋分量构成描述其空间自旋态的完整力学量. 对于不包含相同粒子的多粒子系统，全部粒子的动量分量 $p_1,p_2,\cdots$ 以及自旋分量 $(\sigma_1,\sigma_2,\cdots)$ 当然构成一种完整力学量. 设 $|p_1,p_2,\cdots(\sigma)\rangle$ 是系统的动量自旋表象符合标准正交归一条件的基本 ket 矢量，于是

$$\widehat{p_j}\,|p_1,p_2,\cdots,(\sigma)\rangle=p_j\,|p_1,p_2,\cdots,(\sigma)\rangle, \tag{49}$$

$$\langle p_1,p_2,\cdots,(\sigma)|p_1',p_2',\cdots,(\sigma')\rangle=\delta_{\sigma\sigma'}\delta(p_1-p_1')\delta(p_2-p_2')\cdots, \tag{50}$$

$$\sum_\sigma\int\prod_j\mathrm{d}p_j\,|p_1,p_2,\cdots,(\sigma)\rangle\langle p_1,p_2,\cdots,(\sigma)|=\widehat{1}. \tag{51}$$

$|\langle p_1,p_2,\cdots,(\sigma)|\Psi\rangle|^2\prod_j \mathrm{d}p_j$ 是在 $|\Psi\rangle$ 下发现粒子的自旋分量为 (σ) 而动量值处于点 $(p_1,p_2,\cdots)$ 的积分元 $\prod_j \mathrm{d}p_j$ 的相对概率.

§4 角动量、自旋和哈密顿量算符

4.1 角动量算符和自旋算符

借助粒子的坐标算符和动量算符，可以确定空间运动的角动量算符，也称为轨道角动量算符，对于单个粒子，有

$$\widehat{\boldsymbol{l}}=\widehat{\boldsymbol{r}}\times\widehat{\boldsymbol{p}}=-\widehat{\boldsymbol{p}}\times\widehat{\boldsymbol{r}},\tag{52}$$

这是形式上的写法，实际上是指角动量的三个分量具有如下的表达式

$$\left.\begin{aligned}\widehat{l}_x&=\widehat{y}\widehat{p}_z-\widehat{z}\widehat{p}_y\,,\\\widehat{l}_y&=\widehat{z}\widehat{p}_x-\widehat{x}\widehat{p}_z\,,\\\widehat{l}_z&=\widehat{x}\widehat{p}_y-\widehat{y}\widehat{p}_x\,,\end{aligned}\right\}\tag{53}$$

在右边每项中的两个因子都是可对易的，因此可按任意次序排列，正是因为这样，公式 (52) 中的两种写法没有区别. 根据坐标动量的量子条件直接验证可知

$$\widehat{l}_z^{\dagger}=\widehat{l}_z\,,\qquad\widehat{l}_y^{\dagger}=\widehat{l}_y,\qquad\widehat{l}_x^{\dagger}=\widehat{l}_x\,,\tag{54}$$

$$[\widehat{l}_x,\widehat{l}_y]=\mathrm{i}\hbar\,\widehat{l}_z\,,\qquad[\widehat{l}_y,\widehat{l}_z]=\mathrm{i}\hbar\,\widehat{l}_x\,,\qquad[\widehat{l}_z,\widehat{l}_x]=\mathrm{i}\hbar\,\widehat{l}_y\,.\tag{55}$$

多粒子系统的总轨道角动量算符是各粒子的轨道角动量之和

$$\widehat{\boldsymbol{L}}=\sum_k\widehat{\boldsymbol{l}}_k\,,\tag{56}$$

它的三个分量也满足 (54) 及 (55) 式. 算符 $\widehat{\boldsymbol{p}}$ 只是在没有磁场时才代表通常的动量，这里的角动量算符也是在这种情形下才代表通常的角动量. 根据角动量算符的厄米性和对易关系式可以证明，它的每个分量的允许值都只能是 $\hbar$ 的整数倍或半整数倍 (见第六章)，但是对于轨道角动量来说只能是整数倍 (见本章 §5)，这样也保证空间运动的波函数是粒子位置的单值函数.

实验表明，自旋是内禀角动量，当粒子具有自旋时，系统的总角动量是总轨道角动量与总自旋之和. 自旋算符是空间平移不变的，在空间转动、反射及时间反演下的行为可仿照轨道角动量的性质来确定. 实际上每一类角动

量都决定相应的自由度的转动算符，自旋则决定自旋态的转动算符，这将在第五章说明．这里暂且仿照轨道角动量，认定粒子的自旋算符 $(\widehat{S}_x, \widehat{S}_y, \widehat{S}_z)$ 也满足 (54) 和 (55) 式，即

$$\widehat{S}_x^\dagger = \widehat{S}_x\,, \qquad \widehat{S}_y^\dagger = \widehat{S}_y\,, \qquad \widehat{S}_z^\dagger = \widehat{S}_z\,. \tag{57}$$

$$[\widehat{S}_x, \widehat{S}_y] = \mathrm{i}\hbar\,\widehat{S}_z\,, \quad [\widehat{S}_y, \widehat{S}_z] = \mathrm{i}\hbar\,\widehat{S}_x\,, \quad [\widehat{S}_z, \widehat{S}_x] = \mathrm{i}\hbar\,\widehat{S}_y\,. \tag{58}$$

再设自旋算符与空间自由度的算符是可对易的，于是这些公式也适用于粒子的总角动量或者多粒子系统的总角动量．

最后，特别给出自旋为 1/2 的粒子的自旋态和自旋算符的表示．所谓粒子的自旋是 1/2, 即是每个自旋投影都只取 $\pm\hbar/2$ 的值，电子、中子和质子等就是这种粒子．由于 $\widehat{S}_x^2, \widehat{S}_y^2, \widehat{S}_z^2$ 都等于 $\hbar^2/4$, 故

$$\widehat{S}_x^2 + \widehat{S}_y^2 + \widehat{S}_z^2 = \frac{3}{4}\hbar^2\,. \tag{59}$$

令 $\boldsymbol{\sigma} \equiv 2\widehat{\boldsymbol{S}}/\hbar$, 则

$$\sigma_x^2 = \sigma_y^2 = \sigma_z^2 = 1\,, \tag{60}$$

$$\sigma_x^\dagger = \sigma_x, \qquad \sigma_y^\dagger = \sigma_y, \qquad \sigma_z^\dagger = \sigma_z\,, \tag{61}$$

$$[\sigma_x\,, \sigma_y] = 2\mathrm{i}\sigma_z\,, \quad [\sigma_y\,, \sigma_z] = 2\mathrm{i}\sigma_x\,, \quad [\sigma_z\,, \sigma_x] = 2\mathrm{i}\sigma_y\,. \tag{62}$$

分别用 σ_x 左乘和右乘 (62) 式中第一式并相加，可看出 σ_x 与 σ_z 是互相反对易的，类似地，σ_x 与 σ_y, σ_y 与 σ_z 也是反对易的，故

$$\left.\begin{aligned} \sigma_x\sigma_y + \sigma_y\sigma_x = 0\,, \\ \sigma_y\sigma_z + \sigma_z\sigma_y = 0\,, \\ \sigma_z\sigma_x + \sigma_x\sigma_z = 0\,. \end{aligned}\right\} \tag{63}$$

由 (62) 及 (63) 式又有

$$\sigma_x\sigma_y = \mathrm{i}\sigma_z\,, \qquad \sigma_y\sigma_z = \mathrm{i}\sigma_x\,, \qquad \sigma_z\sigma_x = \mathrm{i}\sigma_y\,. \tag{64}$$

设 $|\chi_+\rangle$ 及 $|\chi_-\rangle$ 分别代表 σ_z 值为 1 和 -1 的自旋态，即

$$\sigma_z|\chi_\pm\rangle = \pm|\chi_\pm\rangle. \tag{65}$$

适当选择 $|\chi_\pm\rangle$ 的常系数可使如下的关系式成立

$$(\sigma_x \pm \mathrm{i}\sigma_y)|\chi_\pm\rangle = 0\,, \tag{66}$$

$$\sigma_x \mp \mathrm{i}\sigma_y)|\chi_\mp\rangle = 2|\chi_\pm\rangle\,,$$

$$\langle\chi_+|\chi_+\rangle = \langle\chi_-|\chi_-\rangle = 1, \tag{67}$$

以这样的 $|\chi_\pm\rangle$ 为基时，基矢和 $\sigma_x,\sigma_y,\sigma_z$ 的矩阵为

$$\chi_+ = \begin{pmatrix} 1 \\ 0 \end{pmatrix}, \quad \chi_- = \begin{pmatrix} 0 \\ 1 \end{pmatrix}, \tag{68}$$

$$\sigma_x = \begin{pmatrix} 0 & 1 \\ 1 & 0 \end{pmatrix}, \quad \sigma_y = \begin{pmatrix} 0 & -\mathrm{i} \\ \mathrm{i} & 0 \end{pmatrix}, \quad \sigma_z = \begin{pmatrix} 1 & 0 \\ 0 & -1 \end{pmatrix}. \tag{69}$$

这里我们同时用 $\sigma_x,\sigma_y,\sigma_z$ 来代表矩阵，它们常称为泡利矩阵.

4.2 哈密顿量算符的例子

在许多重要情形，粒子系统的拉格朗日函数和哈密顿量具有如下的形式

$$L(x,\dot{x},t) = \frac{1}{2}\sum_k m_k(\dot{\boldsymbol{r}}_k)^2 - V(\boldsymbol{r}_1,\boldsymbol{r}_2,\cdots,t), \tag{70}$$

$$H_\mathrm{c}(x,p,t) = \sum_k \frac{p_k^2}{2m_k} + V(\boldsymbol{r}_1,\boldsymbol{r}_2,\cdots,t). \tag{71}$$

将 H_c 中的坐标和动量换成它们的算符就得到哈密顿量算符

$$\widehat{H}(\widehat{x},\widehat{p},t) = \sum_k \frac{\widehat{p}_k^2}{2m_k} + V(\boldsymbol{r}_1,\boldsymbol{r}_2,\cdots,t). \tag{72}$$

对于在电磁场中运动的带电粒子，拉格朗日函数含有 $\dot{\boldsymbol{r}}$ 的一次项，$m\dot{\boldsymbol{r}}$ 不再是正则动量. 考虑单粒子情形，设拉格朗日函数为

$$L(x,\dot{x},t) = \frac{m}{2}(\dot{\boldsymbol{r}})^2 + \frac{q}{c}\dot{\boldsymbol{r}}\cdot\boldsymbol{A}(\boldsymbol{r},t) - q\phi(\boldsymbol{r},t), \tag{73}$$

其中 c 为光速，q 是粒子的电荷，$\boldsymbol{A}$ 和 ϕ 是电磁场的势函数. 与 x_j 相应的正则动量为

$$p_j = \frac{\partial L(x,\dot{x},t)}{\partial \dot{x}_j} = m\dot{x}_j + \frac{q}{c}A_j\,. \tag{74}$$

因此

$$H_\mathrm{c}(x,p,t) = \sum_j p_j\dot{x}_j - L = \frac{1}{2m}\sum_j\left(p_j - \frac{e}{c}A_j\right)^2 + e\phi(\boldsymbol{r},t)\,, \tag{75}$$

$$\widehat{H}(\widehat{x},\widehat{p},t) = \frac{1}{2m}\sum_j\left(\widehat{p}_j - \frac{q}{c}A_j(\widehat{\boldsymbol{r}},t)\right)^2 + q\phi(\widehat{\boldsymbol{r}},t)\,. \tag{76}$$

对于在电磁场中运动的电子，还要考虑它的固有磁矩与磁场的作用能

$$-\frac{e\hbar}{2mc}(\boldsymbol{\sigma}\cdot\overrightarrow{\mathcal{H}}) = -\boldsymbol{\mu}_s\cdot\overrightarrow{\mathcal{H}}\,, \tag{77}$$

$$\boldsymbol{\mu}_s = \frac{e}{mc}\widehat{\boldsymbol{s}}, \tag{78}$$

$\widehat{s}$ 是电子的自旋算符, $\overrightarrow{\mathcal{H}}$ 是作用于电子的磁场, e 是电子的电荷 (电子的 e 是负的), $\boldsymbol{\mu}_s$ 是固有磁矩. 这样的作用能以及电子的自旋和固有磁矩最初是唯象地引进的. 而 $\widehat{s}$ 的投影只取 $\pm\hbar/2$ 两种值, 以及 (77) 式中的比例系数是 e/mc, 都是根据实验来确定的 (比例系数 e/mc 是轨道角动量情形的两倍). 由 (75) 和 (76) 式, 得到如下的哈密顿量算符

$$\widehat{H}(\widehat{x},\widehat{p},t)=\frac{1}{2m}\sum_j\left(\widehat{p}_j-\frac{e}{c}A_j(\widehat{\boldsymbol{r}},t)\right)^2+e\phi(\widehat{\boldsymbol{r}},t)-\frac{e\hbar}{2mc}\boldsymbol{\sigma}\cdot\overrightarrow{\mathcal{H}}. \tag{79}$$

由于 $\overrightarrow{\mathcal{H}}=\mathrm{rot}\boldsymbol{A}$, 又可以改写成

$$\widehat{H}(\widehat{x},\widehat{p},t)=\frac{1}{2m}\left\{\sum_j\sigma_j\left(\widehat{p}_j-\frac{e}{c}A_j(\widehat{\boldsymbol{r}},t)\right)\right\}^2+e\phi(\widehat{\boldsymbol{r}},t)\,. \tag{80}$$

用这样的哈密顿量算符确定的 Schrödinger 方程又称为泡利方程.

§ 5　坐标动量测不准关系和能量测不准关系

5.1　坐标动量测不准关系

用 $(x_1,x_2,\cdots,x_s)$ 及 $(p_1,p_2,\cdots,p_s)$ 代表系统的笛卡儿坐标和相应的正则动量, 这里只考虑空间运动, 假定各粒子都只有空间自由度, 此外为了不涉及与相同粒子的不可分辨性有关的问题, 再假定粒子是各不相同的. 根据 (47) 式, 第一号动量取确定值 p_1 的状态的波函数具有如下的形式

$$\Psi_{(p_1)}(x_1,x_2,\cdots,x_s)=\varphi_{p_1}(x_1)\phi(x_2,x_3,\cdots,x_s)\,,$$
$$\varphi_{p_1}(x_1)\propto \mathrm{e}^{\mathrm{i}p_1x_1/\hbar}\,.$$

不管 p_1 的值如何, 这样的态显然不能使第一号坐标也具有确定值, 而且重复测量这个坐标的值, 会发现所得结果形成均匀的概率分布. 由此可看到互为正则共轭的变量的一个突出的特点：一般的不相容力学量虽然不具有构成完备组的共同本征态, 但可能具有一些共同本征态, 而像 $\widehat{x}_j$ 与 $\widehat{p}_j$ 这样两个量则不具有任何共同本征态.

设 $\overline{x}_j$ 与 $\overline{p}_j$ 代表真正的平均值, 即

$$\bar{x}_j\langle\Psi|\Psi\rangle=\langle\Psi|\widehat{x}_j|\Psi\rangle,\quad \bar{p}_j\langle\Psi|\Psi\rangle=\langle\Psi|\widehat{p}_j|\Psi\rangle\,.$$

在本节的讨论中凡是在有必要的地方都假定 $|\Psi\rangle$ 是可归一的, 我们已经知道这不带来实质性的限制. 根据以上所述, 不存在使 $(\widehat{x}_j-\overline{x}_j)^2$ 及 $(\widehat{p}_j-\overline{p}_j)^2$ 的

平均值同时为零的状态，如果其中一个等于零则另一个就是无穷大．为了估计这两者的积的量级，可以从 $\{\lambda(\widehat{x}_j-\overline{x}_j)+\mathrm{i}(\widehat{p}_j-\overline{p}_j)\}|\Psi\rangle$ 的长度 $I(\lambda)$ 为正数出发，设 λ 为实数，于是

$$I(\lambda)\lambda^2\langle\Psi|(\widehat{x}_j-\bar{x}_j)^2|\Psi\rangle+\langle\Psi|(\widehat{p}_j-\bar{p}_j)^2|\Psi\rangle-\lambda\hbar\langle\Psi|\Psi\rangle$$

$$=\langle\Psi|(\widehat{x}_j-\bar{x}_j)^2|\Psi\rangle\left(\lambda-\frac{\hbar}{2}\frac{\langle\Psi|\Psi\rangle}{\langle\Psi|(\widehat{x}_j-\bar{x}_j)^2|\Psi\rangle}\right)^2$$
$$+\langle\Psi|(\widehat{p}_j-\bar{p}_j)^2|\Psi\rangle-\frac{\hbar^2}{4}\frac{\langle\Psi|\Psi\rangle}{\langle\Psi|(\widehat{x}_j-\bar{x}_j)^2|\Psi\rangle}\geqslant 0\,,$$

故

$$\langle\Psi|(\widehat{x}_j-\bar{x}_j)^2|\Psi\rangle\langle\Psi|(\widehat{p}_j-\bar{p}_j)^2|\Psi\rangle\geqslant\frac{\hbar^2}{4}\langle\Psi|\Psi\rangle\,,\tag{81}$$

或

$$\Delta x_j\Delta p_j\geqslant\frac{\hbar}{2}\,,\tag{82}$$

其中

$$\Delta x_j\equiv\sqrt{\langle\Psi|(\widehat{x}_j-\bar{x}_j)^2|\Psi\rangle/\langle\Psi|\Psi\rangle}\,,\tag{83}$$

$$\Delta p_j\equiv\sqrt{\langle\Psi|(\widehat{p}_j-\bar{p}_j)^2|\Psi\rangle/\langle\Psi|\Psi\rangle}\,.\tag{84}$$

不等式 (82) 就是坐标动量测不准关系的标准形式．Δx_j 的值表现出在 $|\Psi\rangle$ 下重复测量坐标 x_j 得出的结果的集中或分散程度 (对平均值的偏离)，Δp_j 的值表现出在 $|\Psi\rangle$ 下重复测量动量 p_j 得出的结果的集中或分散程度．(82) 式表明 Δx_j 与 Δp_j 的积不能小于常数 $\hbar/2$. 如果在某个状态下 Δx_j 非常小，那么 Δp_j 就非常大，反过来也是这样．只有当 $\hbar$ 能够看成可忽略的小量时，才能实现 x_j 与 p_j 都近似地具有确定值的状态．

(82) 式只是强调 Δx_j 与 Δp_j 的积有一个不是零的下限，当然允许一些状态使两者都非常大．另外，可能在某状态下坐标 x_j 的分布范围不是很宽，但是概率分布函数随 $|x_j-\overline{x}_j|$ 的增大下降不够急速，使得按 (83) 式计算的 Δx_j 很大 (见本小节习题)．Δx_j 的情形也类似．还要注意，公式 (82) 也不能按照量子条件的形式随意搬用，而应该弄清楚是否具备在它的推导过程中所要求的条件．实际上从 (82) 式本身也可以看出一些局限性．例如对于角度坐标 φ 来说，它的值永远是有限的，所以在它的正则动量的本征态下也不会出现无限大的偏差，可见，至少对于 Δp_φ 相当小的态，类似于 (82) 式的条件不能成立．

我们也可以从其他的观点引进类似于 Δx 与 Δp 的量并对它们的积作出量级估计. 注意单自由度波函数 $\varphi(x)=\langle x|\varphi\rangle$ 满足 $\frac{\partial}{\partial x}\varphi(x)=\langle x|\mathrm{i}\widehat{p}/\hbar|\varphi\rangle$, 故

$$\varphi(x-\delta)=\langle x|\mathrm{e}^{-\mathrm{i}\widehat{p}\delta/\hbar}|\varphi\rangle\,.$$

对于系统的任意波函数 $\Psi(x_1,\cdots,x_j,\cdots)$, 有

$$\Psi(x_1,\cdots,x_j-\delta,\cdots)=\langle x_1,x_2,\cdots|\mathrm{e}^{-\mathrm{i}\widehat{p}_j\delta/\hbar}|\Psi\rangle\,. \tag{85}$$

假定 $|\Psi\rangle$ 是归一的, 于是 $\langle\Psi|\delta(x-\widehat{x}_j)|\Psi\rangle\mathrm{d}x$ 是在 $|\Psi\rangle$ 下发现 x_j 的值处在 x 附近的积分元 $\mathrm{d}x$ 内的概率, $|\langle\Psi|\mathrm{e}^{-\mathrm{i}\widehat{p}_j\delta/\hbar}|\Psi\rangle|^2$ 是在 $\mathrm{e}^{-\mathrm{i}\widehat{p}_js/\hbar}|\Psi\rangle$ 下发现力学量 $|\Psi\rangle\langle\Psi|$ 的值等于 1 的概率. 设想 $\langle\Psi|\delta(x-\widehat{x}_j)\Psi\rangle$ 当和只当 x 处在长度为 Δx 的间隔之内时显著地不等于零, 那么可以用 Δx 估计 x_j 的测量值的不确定性, 而且按照 (85) 式, 随着 δ 从零增大而超过 Δx, $|\langle\Psi|\mathrm{e}^{-\mathrm{i}\widehat{p}_j\delta/\hbar}|\Psi\rangle|^2$ 就从 1 下降达到零. 因此可以用如下的量 Δs 估计 Δx 的量级:

$$\Delta s=\int_0^\infty|\langle\Psi|\mathrm{e}^{-\mathrm{i}\widehat{p}_js/\hbar}|\Psi\rangle|^2\mathrm{d}s\,,$$

如果 $|\Psi\rangle$ 非常接近 $\widehat{p}_j$ 的本征态, 则被积函数非常接近于 1(几乎与 δ 无关), Δs 自然非常大. 代入

$$\mathrm{e}^{-\mathrm{i}\widehat{p}_js/\hbar}=\int_{-\infty}^\infty\mathrm{d}p\mathrm{e}^{-\mathrm{i}ps/\hbar}\delta(p-\widehat{p}_j)\,,$$

得到

$$\Delta s=\pi\hbar\int_{-\infty}^\infty\mathrm{d}p|\langle\Psi|\delta(p-\widehat{p}_j)|\Psi\rangle|^2\,, \tag{86}$$

$\langle\Psi|\delta(p-\widehat{p}_j)|\Psi\rangle\mathrm{d}p$ 即是在 $|\Psi\rangle$ 下发现 $\widehat{p}_j$ 值在 p 附近的积分元 $\mathrm{d}p$ 内的概率. 仿照单自由度情形估计 $\langle\Psi|\delta(p-\widehat{p}_j)|\Psi\rangle$ 的量级 (参看本小节习题), 设想这个量在长度为 Δp 的间隔之外等于零, 在该间隔内与 p 无关, 因而 $\approx 1/\Delta p$(因为态矢量 $|\Psi\rangle$ 是归一的), 于是

$$\int_{-\infty}^\infty\mathrm{d}p|\langle\Psi|\delta(p-\widehat{p}_j)|\Psi\rangle|^2\approx\frac{1}{\Delta p}\,.$$

故

$$\Delta s\Delta p\sim\hbar\,. \tag{87}$$

这也意味着, 在坐标 x 的一个间隔 Δs 内测量粒子的动量分量 p_x, 能够达到的精度不超过 $\hbar/\Delta s$ 的量级.

习题　对如下的单自由度波函数 (已归一) 计算 Δs:

$$\varphi(x)=\frac{1}{\sqrt{2k}}\int_{-k}^{k}\frac{1}{\sqrt{2\pi\hbar}}\mathrm{e}^{\mathrm{i}px/\hbar}\mathrm{d}p\qquad(k>0)\,.$$

解

$$\Delta s=\int_0^\infty|\langle\varphi|\mathrm{e}^{-\mathrm{i}ps/\hbar}|\varphi\rangle|^2\mathrm{d}s=\pi\hbar\int_{-k}^{k}|\langle\varphi|\delta(p-\widehat{p})|\varphi\rangle|^2\mathrm{d}p\,.$$

而

$$\langle\varphi|\delta(p-\widehat{p})|\varphi\rangle=\frac{1}{2k}\int_{-k}^{k}\int_{-k}^{k}\mathrm{d}p'\mathrm{d}p''\delta(p'-p'')\delta(p-p')=\frac{1}{2k}\int_{-k}^{k}\mathrm{d}p'\delta(p-p')\,.$$

故

$$\Delta s=\frac{\pi\hbar}{(2k)^2}\int_{-k}^{k}\mathrm{d}p=\pi\hbar/2k\,.$$

但是按照公式 $\overline{(\widehat{x}-\bar{x})^2}=\int_{-\infty}^{\infty}x^2|\varphi(x)|^2\mathrm{d}x$, $|\varphi(x)|^2=\frac{\hbar}{k\pi}\left\{\frac{\sin(kx/\hbar)}{x}\right\}^2$ 随 $|x|$ 的增大没有充分急速地下降，得 $\overline{(\widehat{x}-\bar{x})^2}=\infty$.

5.2　能量测不准关系

时间不是力学量，所谓能量测不准关系并不是坐标动量之间那种测不准关系，但是由于态矢量随时间的演化由 Schrödinger 方程决定，也存在与 (87) 相似的关系式. 设哈密顿量算符 $\widehat{H}$ 作为坐标动量算符的函数不含时间，因此系统从状态 $|\varPsi\rangle$ 出发，经过时间 t 就处在状态 $\mathrm{e}^{-\mathrm{i}\widehat{H}t/\hbar}|\varPsi\rangle$. 如果当 t 达到某个有限值以后，系统的态矢量几乎与原来的态矢量 $|\varPsi\rangle$ 正交，就可以说系统在状态 $|\varPsi\rangle$ 逗留了一段有限的时间，当然，$|\varPsi\rangle$ 越接近 $\widehat{H}$ 的本征态，逗留时间就越长. 我们可以用如下的参量 Δt 代表逗留时间的量级

$$\Delta t=\int_0^\infty|\langle\varPsi|\mathrm{e}^{-\mathrm{i}\widehat{H}t/\hbar}|\varPsi\rangle|^2\mathrm{d}t,\tag{88}$$

这里假定 $|\varPsi\rangle$ 是归一的. $|\langle\varPsi|\mathrm{e}^{-\mathrm{i}\widehat{H}t/\hbar}|\varPsi\rangle|^2$ 代表在 $\mathrm{e}^{-\mathrm{i}\widehat{H}t/\hbar}|\varPsi\rangle$ 下发现力学量 $|\varPsi\rangle\langle\varPsi|$ 等于 1 的概率. 代入

$$\mathrm{e}^{-\mathrm{i}\widehat{H}t/\hbar}=\int_{-\infty}^{\infty}\mathrm{d}E\mathrm{e}^{-\mathrm{i}Et/\hbar}\delta(E-\widehat{H}),\tag{89}$$

有

$$\Delta t=\pi\hbar\int_{-\infty}^{\infty}\mathrm{d}E|\langle\varPsi|\delta(E-\widehat{H})|\varPsi\rangle|^2\,.\tag{90}$$

设想 $\langle\Psi|\delta(E-\widehat{H})|\Psi\rangle$ 在一个长度为 ΔE 的间隔之外等于零，在该间隔内与 E 无关，因而 $\approx 1/\Delta E$, 于是

$$\int_{-\infty}^{\infty}\mathrm{d}E|\langle\Psi|\delta(E-\widehat{H})|\Psi\rangle|^2\approx\frac{1}{\Delta E}.$$

故

$$\Delta E\Delta t\sim\hbar,\tag{91}$$

这也意味着，在时间间隔 Δt 内测量能量，能够达到的精度不超过 $\hbar/\Delta t$ 的量级. 对于能级有一定宽度 Γ 的似稳态，也可根据此式估计它的寿命 τ 与 Γ 的积的量级. 即

$$\Gamma\tau\sim\hbar.\tag{92}$$

§ 6　由算符 $\{\widehat{a}_j^\dagger\widehat{a}_j\}$ 代表的完整力学量

如前所述，一个只包含不同粒子的系统的全部笛卡儿坐标或全部动量，都是描述空间运动的完整力学量，其中每个量的值谱都是全体实数. 现在讨论另一种有普遍意义的完整力学量，它们由 $\{\widehat{a}_j^\dagger\widehat{a}_j\}$ 代表，其中 $\widehat{a}_j$ 及 $\widehat{a}_j^\dagger$ 是如下的算符

$$\widehat{a}_j=\frac{1}{\sqrt{2}}\Big(\beta_j\widehat{x}_j+\frac{\mathrm{i}}{\hbar\beta_j}\widehat{p}_j\Big),\tag{93}$$

$$\widehat{a}_j^\dagger=\frac{1}{\sqrt{2}}\Big(\beta_j\widehat{x}_j-\frac{\mathrm{i}}{\hbar\beta_j}\widehat{p}_j\Big),\tag{94}$$

β_j 是具有坐标倒数量纲的正常数，$\{\widehat{a}_j^\dagger\widehat{a}_j\}$ 显然是一组互相独立和互相可对易的厄米算符，由坐标动量之间的对易关系可得出

$$[\widehat{a}_j,\widehat{a}_k]=0,\quad [\widehat{a}_j,\widehat{a}_k^\dagger]=\delta_{jk}.\tag{95}$$

既然如此，只要讨论一个自由度的 $\widehat{a}^\dagger\widehat{a}$ 就可以了解全组 $\{\widehat{a}_j^\dagger\widehat{a}_j\}$. 现在选定一个坐标 $\widehat{x}$ 和相应的正则动量 $\widehat{p}$, 于是

$$\widehat{a}=\frac{1}{\sqrt{2}}\Big(\beta\widehat{x}+\frac{\mathrm{i}}{\hbar\beta}\widehat{p}\Big),\tag{96}$$

$$\widehat{a}^\dagger=\frac{1}{\sqrt{2}}\Big(\beta\widehat{x}-\frac{\mathrm{i}}{\hbar\beta}\widehat{p}\Big),\tag{97}$$

$$\widehat{a}\widehat{a}^\dagger-\widehat{a}^\dagger\widehat{a}=1.\tag{98}$$

设 $|n\rangle$ 代表 $\widehat{a}^\dagger\widehat{a}$ 的本征 ket 矢量，本征值为 n, 于是

$$\widehat{a}^\dagger\widehat{a}|n\rangle = n|n\rangle, \tag{99}$$

由此及 (98) 式有

$$\widehat{a}\widehat{a}^\dagger|n\rangle = (n+1)|n\rangle\,, \tag{100}$$

$$\widehat{a}^\dagger\widehat{a}(\widehat{a}^\dagger|n\rangle) = (n+1)\widehat{a}^\dagger|n\rangle\,, \tag{101}$$

$$\widehat{a}^\dagger\widehat{a}(\widehat{a}|n\rangle) = (n-1)\widehat{a}|n\rangle\,. \tag{102}$$

从 (102) 式看到，只要 $\widehat{a}|n\rangle$ 不是零矢量，它就仍然是 $\widehat{a}^\dagger\widehat{a}$ 的本征 ket 矢，本征值等于 $(n-1)$. 由于 $\widehat{a}^\dagger\widehat{a}$ 不能有负的本征值，应存在非负整数 k, 使得 $\widehat{a}^k|n\rangle \neq 0$, 而 $\widehat{a}^{k+1}|n\rangle = 0$. 这表明 $\widehat{a}^k|n\rangle$ 是 $\widehat{a}^\dagger\widehat{a}$ 的本征值为零的本征 ket 矢，因而又有 $n=k$. 可见， $\widehat{a}^\dagger\widehat{a}$ 具有零本征值，而且非零本征值只能是正整数. $\widehat{a}^\dagger|0\rangle$ 显然不是零 (根据 (101) 式), 因此是 $\widehat{a}^\dagger\widehat{a}$ 的本征值为 1 的本征 ket 矢，继续以 $\widehat{a}^\dagger$ 作用即可推知: $\widehat{a}^\dagger\widehat{a}$ 的值谱是全部非负整数, $(\widehat{a}^\dagger)^n|0\rangle$ 属于本征值 n. ket 矢 $|0\rangle$ 当然符合如下的条件

$$\widehat{a}|0\rangle = 0\,. \tag{103}$$

设 $\psi_0(x)$ 是 $|0\rangle$ 在坐标表象的波函数. 借助 (96) 式可把条件 (103) 写成如下的微分方程

$$\left(\frac{\partial}{\partial x} + \beta^2 x\right)\psi_0(x) = 0\,,$$

其解为

$$\psi_0(x) = \left(\frac{\beta}{\sqrt{\pi}}\right)^{\frac{1}{2}}\exp\left\{-\frac{1}{2}\beta^2x^2\right\}, \tag{104}$$

这是已经归一的波函数. 再设 $|0\rangle$ 也是归一的，即

$$\langle 0|0\rangle = 1, \tag{105}$$

由于 $n=0$ 的独立 ket 矢只有一个，它必定正比于 $\widehat{a}^n|n\rangle$, 可知 n 为任何正整数的 ket 矢 $|n\rangle$ 也只有一个，即 $(\widehat{a}^\dagger)^n|0\rangle$, 其归一形式可选为

$$|n\rangle = \frac{1}{\sqrt{n!}}(\widehat{a}^\dagger)^n|0\rangle\,. \tag{106}$$

由此有

$$\widehat{a}|n\rangle = \sqrt{n}|n-1\rangle\,, \tag{107}$$

$$\widehat{a}^\dagger|n\rangle = \sqrt{n+1}|n+1\rangle\,, \tag{108}$$

$$\langle n|n'\rangle = \delta_{nn'}\,. \tag{109}$$

可以直接证明, $\{|n\rangle\}$ 构成一维运动的 ket 矢量的完备组. 对任意 $|\Psi\rangle$, 令

$$|R_m\rangle = |\Psi\rangle - \sum_{n=0}^{m} |n\rangle\langle n|\Psi\rangle\,,$$

显然它与 $|0\rangle, |1\rangle, \cdots, |m\rangle$ 都正交, 在这样的 ket 矢量张成的子空间中, $\hat{a}^\dagger\hat{a}$ 在归一 ket 矢量下的平均值不会小于 $m+1$, 因此

$$\langle R_m|\hat{a}^\dagger\hat{a}|R_m\rangle \geqslant (m+1)\langle R_m|R_m\rangle\,,$$

其中等号只对于 $|R_m\rangle \propto |m+1\rangle$ 成立. 另外由 $|R_m\rangle$ 的表达式以及 (99), (109) 式有

$$\langle R_m|\hat{a}^\dagger\hat{a}|R_m\rangle = \langle\Psi|\hat{a}^\dagger\hat{a}|\Psi\rangle - \sum_{n=0}^{m} n|\langle n|\Psi\rangle|^2\,,$$

得到

$$\langle\Psi|\hat{a}^\dagger\hat{a}|\Psi\rangle \geqslant (m+1)\langle R_m|R_m\rangle\,,$$

即

$$\langle R_m|R_m\rangle \leqslant \frac{1}{m+1}\langle\Psi|\hat{a}^\dagger\hat{a}|\Psi\rangle\,,$$

故

$$\lim_{m\to\infty}\langle R_m|R_m\rangle = 0\,,$$

这即是 $\{|n\rangle\}$ 的完备性. 这也表明, $\hat{a}^\dagger\hat{a}$ 确是代表一维运动的完整力学量.

现在求 $|n\rangle$ 在坐标表象和动量表象的波函数 $\psi_n(x)$. 根据 (97) 和 (106) 式有

$$\psi_n(x) = \frac{1}{\sqrt{n!}}\left\{\frac{1}{\sqrt{2}}\left(\beta x - \frac{1}{\beta}\frac{\partial}{\partial x}\right)\right\}^n \psi_0(x)\,,$$

由

$$\frac{\partial}{\partial x}\left\{\mathrm{e}^{-\beta^2x^2/2}f(x)\right\} = \left(-\beta^2 x f(x) + \frac{\partial f}{\partial x}\right)\mathrm{e}^{-\beta^2x^2/2}\,,$$

得

$$\frac{1}{\sqrt{2}}\Big(\beta\,x - \frac{1}{\beta}\frac{\partial}{\partial x}\Big)f(x) = \mathrm{e}^{\beta^2x^2/2}\Big(\frac{-1}{\sqrt{2}\beta}\frac{\partial}{\partial x}\Big)\,\mathrm{e}^{-\beta^2x^2/2}f(x)\,,$$

$$\left\{\frac{1}{\sqrt{2}}\Big(\beta\,x - \frac{1}{\beta}\frac{\partial}{\partial x}\Big)\right\}^n f(x) = \mathrm{e}^{\beta^2x^2/2}\left(\frac{-1}{\sqrt{2}\beta}\frac{\partial}{\partial x}\right)^n \mathrm{e}^{-\beta^2x^2/2}f(x)\,. \tag{110}$$

因此

$$\psi_n(x) = \frac{1}{\sqrt{n!}}\mathrm{e}^{\beta^2x^2/2}\left(\frac{1}{\sqrt{2}\beta}\frac{\partial}{\partial x}\right)^n \psi_0(x)\mathrm{e}^{-\beta^2x^2/2}\,. \tag{111}$$

类似地，设 $|n\rangle$ 在动量表象的波函数是 $\phi_n(p)$, 由 (97) 和 (106) 式有

$$\begin{aligned}\phi_n(p) &= \frac{1}{\sqrt{n!}}\left\{\frac{1}{\sqrt{2}}\left(\mathrm{i}\hbar\beta\frac{\partial}{\partial p} - \mathrm{i}\frac{1}{\hbar\beta}p\right)\right\}^n \phi_0(p) \\ &= \frac{(-\mathrm{i})^n}{\sqrt{n!}}\left\{\frac{1}{\sqrt{2}}\left(\alpha p - \frac{1}{\alpha}\frac{\partial}{\partial p}\right)\right\}^n \phi_0(p)\,,\end{aligned}$$

其中

$$\alpha = \frac{1}{\hbar\beta}\,, \tag{112}$$

或

$$\phi_n(p) = \frac{(-\mathrm{i})^n}{\sqrt{n!}}\mathrm{e}^{\alpha^2p^2/2}\left(-\frac{1}{\sqrt{2}\alpha}\frac{\partial}{\partial p}\right)^n \phi_0(p)\mathrm{e}^{-\alpha^2p^2/2}\,, \tag{113}$$

$\phi_0(p)$ 也可由条件 (103) 求出，即

$$\phi_0(p) = C\mathrm{e}^{-\alpha^2p^2/2}\,,$$

常数因子 C 的绝对值为 $(\alpha/\sqrt{\pi})^{1/2}$, 其相因子应与下式一致

$$\phi_0(p) = \int_{-\infty}^{\infty}\psi_p^*(x)\psi_0(x)\mathrm{d}x\,.$$

由此和习惯采用的 $\psi_p^*(x) = \mathrm{e}^{-\mathrm{i}xp/\hbar}/\sqrt{2\pi\hbar}$, 得

$$C = \frac{1}{\sqrt{2\pi\hbar}}\int_{-\infty}^{\infty}\psi_0(x)\mathrm{d}x = \left(\frac{\alpha}{\sqrt{\pi}}\right)^{1/2}.$$

故

$$\phi_0(p) = \left(\frac{\alpha}{\sqrt{\pi}}\right)^{1/2}\mathrm{e}^{-\alpha^2p^2/2}\,. \tag{114}$$

把 (113), (114) 式与 (111), (104) 式比较可看出，将 $\psi_n(x)$ 的表达式乘 $(-\mathrm{i})^n$ 再将其中的 x 及 β 分别换为 p 及 α, 就是 $\phi_n(p)$.

利用算符 $\{\widehat{a}_j\}$ 也可以构成其他的与 $\{\widehat{a}_j^\dagger\widehat{a}_j\}$ 类似的完整力学量. 对于单粒子的三个空间自由度，借助

$$\begin{aligned}\widehat{a}_x &= \frac{1}{\sqrt{2}}\Big(\beta\widehat{x} + \frac{\mathrm{i}}{\hbar\beta}\widehat{p}_x\Big)\,, \\ \widehat{a}_y &= \frac{1}{\sqrt{2}}\Big(\beta\widehat{y} + \frac{\mathrm{i}}{\hbar\beta}\widehat{p}_y\Big)\,, \\ \widehat{a}_z &= \frac{1}{\sqrt{2}}\Big(\beta\widehat{z} + \frac{\mathrm{i}}{\hbar\beta}\widehat{p}_z\Big)\,,\end{aligned}$$

定义

$$
A_1 = -\frac{1}{\sqrt{2}}(\widehat{a}_x - \mathrm{i}\widehat{a}_y)\,,
$$
$$
A_{-1} = \frac{1}{\sqrt{2}}(\widehat{a}_x + \mathrm{i}\widehat{a}_y)\,, \quad A_0 = \widehat{a}_z\,,
$$

容易证实

$$
[A_\mu, A_\nu] = 0, \quad [A_\mu, A_\nu^\dagger] = \delta_{\mu\nu}\,, \quad (\mu, \nu = 0\,, \pm 1)
$$
$$
[A_1^\dagger A_1, A_{-1}^\dagger A_{-1}] = [A_0^\dagger A_0, A_{\pm 1}^\dagger A_{\pm} 1] = 0\,,
$$
$$
L_z = \hbar(A_1^\dagger A_1 - A_{-1}^\dagger A_{-1})\,.
$$

而且 $(A_1^\dagger A_1, A_0^\dagger A_0, A_{-1}^\dagger A_{-1})$ 的本征值 (n_1, n_0, n_{-1}) 是非负整数，这三个量构成单粒子轨道运动的另外一组完整力学量，即它们的全体独立共同本征态 $\{|n_1, n_0, n_{-1}\rangle\}$ 构成轨道运动状态的完备组．由前面的结果又知道：

$$
|n_1, n_0, n_{-1}\rangle = \frac{1}{\sqrt{n_1! n_0! n_{-1}!}}(A_1^\dagger)^{n_1}(A_0^\dagger)^{n_0}(A_{-1}^\dagger)^{n_{-1}}|0,0,0\rangle,
$$

其中，$|0,0,0\rangle$ 也是 $(\widehat{a}_x^\dagger \widehat{a}_x, \widehat{a}_y^\dagger \widehat{a}_y, \widehat{a}_z^\dagger \widehat{a}_z)$ 的共同本征态，本征值是 $(0,0,0)$, 相应的波函数是

$$
\psi_{000}(x,y,z) = \left(\frac{\beta}{\sqrt{\pi}}\right)^{3/2} \exp\left\{-\frac{1}{2}\beta^2 r^2\right\}.
$$

由于 L_z 在 $\{|n_1, n_0, n_{-1}\rangle\}$ 下的本征值是 $(n_1 - n_{-1})\hbar$, 而这种态构成轨道运动状态的完备组，也就说明 L_z 的本征值只能是 $\hbar$ 的正、负整数倍或者等于零，并且每个这样的数都是 L_z 的本征值．$\widehat{\boldsymbol{r}} \times \widehat{\boldsymbol{p}}$ 的不同分量当然具有相同的本征值集合．

习题　求 $\widehat{x}^2$ 及 $\widehat{p}^2$ 在 $|n\rangle$ 下的平均值．

解　由

$$
\widehat{x} = \frac{1}{\sqrt{2}\beta}(\widehat{a} + \widehat{a}^\dagger)\,, \quad \widehat{p} = \frac{-\mathrm{i}\,\hbar\beta}{\sqrt{2}}(\widehat{a} - \widehat{a}^\dagger)\,,
$$

得

$$
\langle n|\widehat{x}^2|n\rangle = \frac{1}{2\beta^2}(2n+1)\,,
$$
$$
\langle n|\widehat{p}^2|n\rangle = \frac{1}{2\alpha^2}(2n+1)\,.
$$

§7 量子条件的一般形式 (一) 正则变量对应于量子力学算符的情形

经典力学中的正则变量是一种很广泛的概念，其中有些量虽然可以用来表达各种力学量和实现量子化，但可能有些坐标或动量不能看作量子力学中的力学量，不能用作用于态矢量空间的算符与之对应. 在本节和下一节将讲述两类典型的量子条件，本节考虑基本正则变量中每一个都具有相应的量子力学算符的情形，下一节则考虑坐标是连续实数，但是可能没有相应的量子力学算符的情形. 现在的问题不涉及粒子的自旋，在这两节都假定粒子是没有自旋的，也仍然不考虑涉及相同粒子的问题.

设 $(q_1, q_2, \cdots, q_s)$ 和 $(p_1, p_2, \cdots, p_s)$ 是系统的一组正则变量， p_j 是相应于 q_j 的正则动量，于是 $F_{\mathrm{c}}(q, p, t)$ 满足的经典正则方程为

$$\dot{F}_{\mathrm{c}}(q,p,t) = \frac{\partial F_{\mathrm{c}}(q,p,t)}{\partial t} + \left[F_{\mathrm{c}}(q,p,t), H_{\mathrm{c}}\right]_c ,$$

其中 $H_{\mathrm{c}}(q, p, t)$ 是经典哈密顿量，带下标 c 的方括号是经典泊松括号，即

$$[F_{\mathrm{c}}, G_{\mathrm{c}}]_c = \sum_j \left\{ \frac{\partial F}{\partial q_j}\frac{\partial G}{\partial p_j} - \frac{\partial F}{\partial p_j}\frac{\partial G}{\partial q_j} \right\}.$$

再用记号 $(\widehat{q}_1, \cdots, \widehat{q}_s)$ 及 $(\widehat{p}_1, \cdots, \widehat{p}_s)$ 代表在 Schrödinger 绘景的坐标和动量算符 (只当有可能发生混淆时，才采用其他记号). 哈密顿量和 $F_{\mathrm{c}}(q, p, t)$ 的算符记为 $\widehat{H}(\widehat{q}, \widehat{p}, t)$ 和 $\widehat{H}(\widehat{q}, \widehat{p}, t)$. 即便 $(\widehat{q}_1, \cdots, \widehat{q}_s)$ 不是各粒子的笛卡儿坐标， §3 的引导性说明仍然适用. Schrödinger 绘景一般形式的量子条件如下

$$\frac{\mathrm{d}\widehat{q}_j}{\mathrm{d}t} = \frac{\mathrm{d}\widehat{p}_j}{\mathrm{d}t} = 0 , \tag{115}$$

$$\widehat{q}_j^{\dagger} = \widehat{q}_j, \quad \widehat{p}_j^{\dagger} = \widehat{p}_j , \tag{116}$$

$$\widehat{q}_j\widehat{q}_k - \widehat{q}_k\widehat{q}_j = 0 , \tag{117}$$

$$\widehat{p}_j\widehat{p}_k - \widehat{p}_k\widehat{p}_j = 0 , \tag{118}$$

$$\widehat{q}_j\widehat{p}_k - \widehat{p}_k\widehat{q}_j = \mathrm{i}\hbar\delta_{jk} . \tag{119}$$

量子条件只是给出一组基本变量的算符之间的关系. 但是当哈密顿量和各种力学量通过这组变量表达的函数为已知时，这组变量的含义也就确定了，因此根据这些函数关系和量子条件，除了算符的排列次序等问题可能引起一些不确定性之外，原则上可以确定不甚复杂的力学量的算符.

像上一节 (93), (94) 式那样的复变量也是重要的基本变量. 现在对于一般的正则变量, 令

$$a_j = \frac{1}{\sqrt{2}}\left(\beta_j q_j + \frac{\mathrm{i}}{\hbar\beta_j}p_j\right), \tag{120}$$

$$a_j^* = \frac{1}{\sqrt{2}}\left(\beta_j q_j - \frac{\mathrm{i}}{\hbar\beta_j}p_j\right), \tag{121}$$

其中 β_j 是正常数并且使 $\beta_j q_j$ 无量纲. 由 (q_j, p_j) 的经典正则运动方程, 可将 a_j 的运动方程写成

$$\mathrm{i}\hbar\dot{a}_j = \frac{\partial H_\mathrm{c}(a^*, a, t)}{\partial a_j^*}, \tag{122}$$

其中对复变量的微商理解为

$$\delta F(a^*, a, t) = \sum_j \delta a_j \frac{\partial F(a^*, a, t)}{\partial a_j} + \sum_j \delta a_j^* \frac{\partial F(a^*, a, t)}{\partial a_j^*}.$$

例如,

$$\frac{\partial a_k^*}{\partial a_j} = 0, \quad \frac{\partial a_k}{\partial a_j^*} = 0,$$
$$\frac{\partial a_k}{\partial a_j} = \delta_{jk}, \quad \frac{\partial a_k^*}{\partial a_j^*} = \delta_{jk}.$$

由于 a_j 代表了 (q_j, p_j), 不应该说 a_j 是坐标而 $\mathrm{i}\hbar a_j^*$ 是动量. 方程组 (122) 也可以写成修正的哈密顿原理的形式

$$\left.\begin{aligned}&\delta\int_{t_1}^{t_2}\left\{\mathrm{i}\hbar\sum_j a_j^*\dot{a}_j - H_\mathrm{c}(a^*, a, t)\right\}\mathrm{d}t = 0\\&(\delta a_j(t_1) = \delta a_j(t_2) = 0).\end{aligned}\right\} \tag{123}$$

其中的 $a_j^*\dot{a}_j$ 等于 $p_j\dot{q}_j$ 加无用的时间微商项. 在变分时, $a(t_1)$ 及 $a(t_2)$ 是固定的, 而且它们必须代表一条真实路径的两个端点.

设 $\widehat{a}_j$ 及 $\widehat{a_j^*}$ 分别是 a_j 及 a_j^* 的算符 (Schrödinger 绘景), 于是由 (120) 和 (121) 式得到

$$\widehat{a}_j = \frac{1}{\sqrt{2}}\left(\beta_j\widehat{q}_j + \frac{\mathrm{i}}{\hbar\beta_j}\widehat{p}_j\right), \tag{124}$$

$$\widehat{a_j^*} = \frac{1}{\sqrt{2}}\left(\beta_j\widehat{q}_j - \frac{\mathrm{i}}{\hbar\beta_j}\widehat{p}_j\right) = \widehat{a}_j^\dagger. \tag{125}$$

因此由 $\widehat{a}_j$, $\widehat{a}_k^\dagger$ 表达的量子条件是

$$a_j \to \widehat{a}_j, \quad a_j^* \to \widehat{a}_j^\dagger, \tag{126}$$

$$\frac{\mathrm{d}\widehat{a}_j}{\mathrm{d}t} = \frac{\mathrm{d}\widehat{a}_k^\dagger}{\mathrm{d}t} = 0, \tag{127}$$

$$\widehat{a}_j\widehat{a}_k - \widehat{a}_k\widehat{a}_j = 0, \tag{128}$$

$$\widehat{a}_j\widehat{a}_k^\dagger - \widehat{a}_k^\dagger\widehat{a}_j = \delta_{jk}. \tag{129}$$

这和 (115)—(119) 式一样，是通常的正则量子化的量子条件，而所谓 paraquantization 则为量子条件保留多种候选者 (参看 [4,5]).

§ 8 量子条件的一般形式 (二) 坐标为连续实变量时的动量算子

本节讨论的问题与自旋无关，假定系统是由没有自旋的不同粒子组成的. 当系统的笛卡儿坐标或者连续的广义坐标 (后者可能不具有相应的量子力学算符) 被用作波函数的宗量时，可以用坐标的适当函数和微分算子表达正则动量和各种力学量. 按照前面的说明，在用笛卡儿坐标 $(x_1, \cdots, x_s)$ 作为自由度数为 s 的系统的波函数的宗量，而用 $\prod_k \mathrm{d}x_k$ 作为波函数的内积的积分体元的情形 (也说成权重函数恒等于 1), 就将动量的算子写成 $-\mathrm{i}\hbar\frac{\partial}{\partial x_k}$. 有必要时也可以采用一个平滑和恒正的 $W(x) = W(x_1, \cdots)$ 作为权重函数，即是用 $W(x)\prod_k \mathrm{d}x_k$ 作为波函数内积的积分体元. 于是在波函数 $\Phi(x)$ 代表的状态下发现系统的坐标值在 (x) 附近 $\prod_k \mathrm{d}x_k$ 内的相对概率为 $|\Phi(x)|^2 W(x)\prod_k \mathrm{d}x_k$. 由

$$\int\cdots\int\prod_k \mathrm{d}x_k \Psi_A^*(x)\Psi_B(x) = \int\cdots\int W(x)\prod_k \mathrm{d}x_k \Phi_A^*(x)\Phi_B(x),$$

$$\int\cdots\int\prod_k \mathrm{d}x_k \Psi_A^*(x)\Big(-\mathrm{i}\hbar\frac{\partial}{\partial x_k}\Big)\Psi_B(x) = \int\cdots\int W(x)\prod_k \mathrm{d}x_k \Phi_A^*(x)\widehat{P}_k\Phi_B(x),$$

$$\Psi_A(x) = \sqrt{W(x)}\Phi_A(x), \qquad \Psi_B(x) = \sqrt{W(x)}\Phi_B(x),$$

得到

$$\widehat{P}_k = \frac{1}{\sqrt{W(x)}}\Big(-\mathrm{i}\hbar\frac{\partial}{\partial x_k}\Big)\sqrt{W(x)}. \tag{130}$$

这即是在笛卡儿坐标和权重函数 $W(x)$ 下的动量算子的表达式，其厄米性质意味着

$$\Big(-\mathrm{i}\hbar\frac{\partial}{\partial x_k}\Big)^\dagger = \frac{1}{W(x)}\Big(-\mathrm{i}\hbar\frac{\partial}{\partial x_k}\Big)W(x).$$

现在设连续实变量 $(q_1, q_2, \cdots, q_s)$ 是由经典拉格朗日函数为 $L(x, \dot{x})$ 的系统的笛卡儿坐标作如下的点变换形成的广义坐标：

$$x_k = x_k(q_1, q_2, \cdots, q_s), \qquad q_j = q_j(x_1, x_2, \cdots, x_s).$$

用小写字母 p_j 代表共厄于 q_j 的动量. 注意 $\dot{x}_k = \sum_j \frac{\partial x_k}{\partial q_j}\dot{q}_j$ 得到

$$p_j = \frac{\partial L}{\partial \dot{q}_j} = \sum_k \frac{\partial L}{\partial \dot{x}_k}\frac{\partial \dot{x}_k}{\partial \dot{q}_j} = \sum_k p_k \frac{\partial x_k}{\partial q_j}. \tag{131}$$

由此和 (130) 式可知, 在以 $(q_1, \cdots, q_s)$ 作为波函数的宗量以及用 $W(x(q))\prod_k \mathrm{d}x_k$ 作为表示波函数内积的积分元的情形, 相应于 p_j 的 (厄米) 算子是

$$\begin{aligned}\widehat{p}_j &= \frac{1}{2}\sum_k \frac{1}{\sqrt{W}}\Big(-\mathrm{i}\hbar\frac{\partial}{\partial x_k}\Big)\sqrt{W}\frac{\partial x_k}{\partial q_j} + \frac{1}{2}\frac{1}{\sqrt{W}}\Big(-\mathrm{i}\hbar\frac{\partial}{\partial q_j}\Big)\sqrt{W}\\ &= \Big(-\mathrm{i}\hbar\frac{\partial}{\partial q_j}\Big) + \Big(-\mathrm{i}\hbar\frac{\partial \ln\sqrt{W}}{\partial q_j}\Big) + \frac{(-\mathrm{i}\hbar)}{2}\sum_k \frac{\partial}{\partial x_k}\Big(\frac{\partial x_k}{\partial q_j}\Big).\end{aligned} \tag{132}$$

这里要引用一下行列式的微分公式. 设 (B) 是以 B_{ki} 为第 k 行第 i 列元素的 s 阶矩阵, 其行列式记为 $|B|$ 或者 $\det(B)$. 于是 B_{ki} 在 $|B|$ 中的代数余子式等于 $|B|(B^{-1})_{ik}$, 其中 $(B^{-1})_{ik}$ 是 (B) 的逆矩阵的第 i 行第 k 列元素. 因此, 将行列式 $|B|$ 的所有元素都增加一个微分项并按照这些微分展开, 则 $\mathrm{d}B_{kl}$ 项是 $\mathrm{d}B_{kl}|B|(B^{-1})_{lk}$. 即是说,

$$\frac{\mathrm{d}|B|}{|B|} = \mathrm{d}\ln|\det(B)| = \sum_{kl}(B^{-1})_{lk}\mathrm{d}B_{kl}. \tag{133}$$

令 $B_{ki} = \frac{\partial x_k}{\partial q_i}$(故 $(B^{-1})_{ik} = \frac{\partial q_i}{\partial x_k}$), 得

$$\frac{\partial \ln|\det(B)|}{\partial q_j} = \sum_{kl}\frac{\partial q_l}{\partial x_k}\frac{\partial}{\partial q_j}\Big(\frac{\partial x_k}{\partial q_l}\Big) = \sum_k \frac{\partial}{\partial x_k}\Big(\frac{\partial x_k}{\partial q_j}\Big).$$

因此可以将 (132) 式以及体元 $W\prod_l \mathrm{d}x_l$ 写成

$$\begin{aligned}\widehat{p}_j &= \frac{1}{\sqrt{W|\det(B)|}}\Big(-\mathrm{i}\hbar\frac{\partial}{\partial q_j}\Big)\sqrt{W|\det(B)|},\\ W\prod_k \mathrm{d}x_k &= W|\det(B)|\prod_l \mathrm{d}q_l.\end{aligned}$$

如果想要选取 $w(q)$ 作为权重函数, 只需令 $W = w(q)|\det(B)|^{-1}$. 所以在用广义坐标 $(q_1, \cdots, q_s)$ 作为波函数的宗量, 而波函数的内积的积分体元是 $w(q)\prod_l \mathrm{d}q_l$

的情形，共轭于 q_j 的动量的算子是

$$\widehat{p}_j = \frac{1}{\sqrt{w}}\Big(-\mathrm{i}\hbar\frac{\partial}{\partial q_j}\Big)\sqrt{w}\,. \tag{134}$$

当然允许选择 $w(q)$ 恒等于 1. 而且只要认定在波函数内积的积分体元是 $\prod_l \mathrm{d}q_l$ 的情形，选取 $\widehat{p}_j = -\mathrm{i}\hbar\frac{\partial}{\partial q_j}$, 也就知道任意权重函数下的 (134) 式.

对于以连续实变量 $(q_1,\cdots,q_s)$ 为广义坐标而不管是否有笛卡儿坐标的系统，给定拉格朗日函数后，也可以定义其共轭动量 $(p_1,\cdots,p_s)$ 以及用这些坐标动量表示各种经典力学量. 在过渡到量子力学理论时，虽然广义坐标可以没有相应的量子力学算子，但是动量算子与被其作用的波函数的宗量 q_j 必须保证：

$$\widehat{p}_j^{\dagger} = \widehat{p}_j\,,\quad [\widehat{p}_j\,,\widehat{p}_l] = 0\,,\quad [q_j\,,\widehat{p}_l] = \mathrm{i}\hbar\,\delta_{jl}\,.$$

显然 (134) 式符合这种要求. 此外，对于任意力学量 $F(q,p,t)$ 和 $G(q,p,t)$ 随 (134) 式表示的动量算子而形成的算子 $\widehat{F}$ 和 $\widehat{G}$, 都能够依照 §3 的方法证实与 (37) 式相似的公式成立，从而保证每种力学量的 Heisenberg 方程对应着它在经典力学中的运动方程. 所以 (134) 式作为 $\widehat{p}_j$ 的表达式与系统是否有笛卡儿坐标无关.

最后特别提一下坐标算子. 形式上可以引用一个记号 $\widetilde{q}_j$ 代表坐标 q_j 的“线性算子”，其定义是 $\widetilde{q}_j\Phi(q)$ 等于 $q_j\Phi(q)$. 如果 q_j 乘于任何时刻的波函数时，结果仍然是该时刻的波函数，则 $\widetilde{q}_j$ 代表作用于波函数空间的算符. 问题在于，有些坐标可能不具有这种性质. 如果 q_j 乘于波函数时，结果不是波函数，那么用坐标和正则动量算子表示作用于波函数空间的各种算子时，$\widetilde{q}_j$ 只能出现在适当的函数中. 在这种受限制的理解下，也可以形式上把 $\widetilde{q}_j$ 说成是“线性厄米算子”，但始终要记住，$\widetilde{q}_j$ 在其他情形不代表作用于波函数空间的算符.

习题　设 (r,θ,φ) 是单粒子的球极坐标，求相应的共轭动量 p_r, p_θ 和 p_φ 的算子.

解　根据 (131) 式和 $x = r\sin\theta\cos\varphi, y = r\sin\theta\sin\varphi, z = r\cos\theta$, 以 (r,θ,φ) 作为波函数的宗量，而波函数内积的积分体元是 $\mathrm{d}r\mathrm{d}\theta\mathrm{d}\phi$ 时，所求的算子是

$$\widehat{p}_r = -\mathrm{i}\hbar\frac{\partial}{\partial r}\,,\quad \widehat{p}_\theta = -\mathrm{i}\hbar\frac{\partial}{\partial \theta}\,,\quad \widehat{p}_\varphi = -\mathrm{i}\hbar\frac{\partial}{\partial \varphi}\,,$$

如果用 $\mathrm{d}x\mathrm{d}y\mathrm{d}z = r^2\sin\theta\mathrm{d}r\mathrm{d}\theta\mathrm{d}\phi$ 作为波函数内积的积分体元，则

$$\widehat{p}_r = \frac{1}{\sqrt{r^2\sin\theta}}\Big(-\mathrm{i}\hbar\frac{\partial}{\partial r}\Big)\sqrt{r^2\sin\theta} = -\mathrm{i}\hbar\Big(\frac{\partial}{\partial r}+\frac{1}{r}\Big),$$

$$\widehat{p}_\theta = \frac{1}{\sqrt{r^2\sin\theta}}\Big(-\mathrm{i}\hbar\frac{\partial}{\partial \theta}\Big)\sqrt{r^2\sin\theta},$$

$$\widehat{p}_\varphi = \frac{1}{\sqrt{r^2\sin\theta}}\Big(-\mathrm{i}\hbar\frac{\partial}{\partial \varphi}\Big)\sqrt{r^2\sin\theta} = -\mathrm{i}\hbar\frac{\partial}{\partial\varphi}.$$

§ 9　量子化中的广义协变性条件．位形空间弯曲情形的哈密顿量算符

9.1　量子化中的广义协变性条件

当系统的经典力学量比较复杂时，通常难以确定相应的量子力学算子．只考虑坐标动量的排列次序，并不能找到适当的规则或者建立合理的条件．本节仍然假定系统只包含没有自旋的不同粒子，而扼要阐述广义协变性条件的重要作用，并说明动量幂次不超过 2 的力学量，即使二次项的系数是坐标的复杂函数，也能够借助广义协变性条件和其他标准条件，确定其算子 (详细的论证见文献 [4])．

量子力学理论当然也要保证物理内容与坐标的选择无关，力学量的算子的选取应符合这一要求，从而导致这里所说的量子化中的广义协变性条件：一个给定力学量的算子在给定状态下的矩阵元与坐标的选择无关，亦即在任意坐标变换下保持不变．沿用上节的记号，设系统的经典拉氏函数和哈密顿量为 $L(q,\dot q,t)$ 及 $H(q,p,t)$，其中 q，p 代表广义坐标 q_1，q_2，$\cdots q_s$ 和正则动量 p_1，$p_2,\cdots,p_s$．在坐标变换

$$q_k \to q_k'(q_1,q_2,\cdots,q_s,t)$$

之下，新的正则动量和哈密顿量为

$$p_l' = \frac{\partial L}{\partial \dot q_l'} = \sum_k \frac{\partial \dot q_k}{\partial \dot q_l'}\frac{\partial L}{\partial \dot q_k} = \sum_k \frac{\partial q_k}{\partial q_l'}p_k, \tag{135}$$

$$H'(q',p',t) = H(q,p,t) - \sum_k \dot q_k p_k + \sum_l \dot q_l' p_l'.$$

注意 $\dot q_l' = \frac{\partial q_l'(q,t)}{\partial t} + \sum_k \frac{\partial q_l'}{\partial q_k}\dot q_k$，得到

$$H'(q',p',t) = H(q,p,t) + \sum_l \frac{\partial q_l'(q,t)}{\partial t}p_l'. \tag{136}$$

从 (135) 式看到，经典正则动量构成协变向量. 再将哈密顿量按动量的幂次展开，用 H_n 代表 n 次项，则由 (136) 式得

$$H'_n(q',p',t) = H_n(q,p,t) \quad (n \neq 1) .$$

即是说，哈密顿量中的 $n \neq 1$ 的部分是标量. 当只考虑不含时间的坐标变换时，H_1 也是标量.

如果某力学量在坐标 (q) 下由函数 $F(q,p)$ 表示，那么在坐标 (q') 下由如下的函数 $F'(q',p')$ 表示：

$$F'\big(q'(q), p'(q,p)\big) = F(q,p) .$$

可见，力学量总是由标量函数表示的. 例如，一个在坐标 (q) 下由 p_1 代表的力学量，那么它的一般表达式是标量函数 $\sum\limits_l f'^l_{(1)}(q')p'_l$. 其中 $f'^l_{(1)}(q')$ 构成逆变向量，它在坐标 (q) 下等于 $\delta_{1,l}$. 现在假设力学量 F 由标量函数 $F(q,p,t)$ 表示，$\widehat{F}(q,\widehat{p},t)$ 是相应的算子，于是广义协变性条件意味着，对于任意的状态 A 与 B, 都有

$$\int W'(q',t)\mathrm{d}q'\varPhi'^*_A(q',t)\widehat{F}'(q',\widehat{p}',t)\varPhi'_B(q',t) = \int W(q,t)\mathrm{d}q\varPhi^*_A(q,t)\widehat{F}(q,\widehat{p},t)\varPhi_B(q,t) ,$$

其中，$\varPhi'_A(q',t)$，$\varPhi'_B(q',t)$ 和 $\widehat{F}'(q',\widehat{p}',t)$ 是在坐标 (q') 和权重函数 $W'(q',t)$ 下的波函数和算子. 显然，广义协变性条件又可说成：在限制 $W(q,t)\mathrm{d}q$ 为不变的积分体元时，被积函数

$$\varPhi^*_A(q,t)\widehat{F}(q,\widehat{p},t)\varPhi_B(q,t)$$

是标量函数. 这时波函数是标量函数，因此要求力学量的算子作用于波函数的结果仍然是标量函数.

现在从广义协变性的观点求由正则动量的齐次线性式代表的力学量 $F_1(q,p)$ 的算子. 设 $F_1(q,p) = \sum\limits_k f^k(q)p_k$, 其算子是 $\widehat{F}_1$. 由于系数 $f^k(q)$ 和权重函数 $W(q,t)$ 是实的，虚数 i 只能通过 $\{-\mathrm{i}\hbar\partial/\partial q_l\}$ 出现在 $\widehat{F}_1$ 中，可见 $\widehat{F}_1$ 正比于 $-\mathrm{i}\hbar$. 在不变的积分体元 $W(q,t)\mathrm{d}q$ 下，标量函数 $\widehat{F}_1\varPhi$ 只能由 $\partial\varPhi/\partial q_k$ 与向量耦合或者用标量函数乘 $\varPhi$ 来构成，而包含 $\partial\varPhi/\partial q_k$ 的项必须是 $\sum\limits_k f^k(q)\Big(-\mathrm{i}\hbar\frac{\partial}{\partial q_k}\Big)\varPhi$, 故

$$\widehat{F}_1\varPhi = \sum_k f^k(q)\Big(-\mathrm{i}\hbar\frac{\partial}{\partial q_k}\Big)\varPhi - \mathrm{i}\hbar B(q)\varPhi ,$$

其中 $B(q)$ 是实的标量函数. 考虑到 $\widehat{F}_1$ 的厄米性，最后得到

$$\widehat{F}_1 = \frac{1}{2}\sum_k f^k(q)\Big(-\mathrm{i}\hbar\frac{\partial}{\partial q_k}\Big) + \frac{1}{2}\sum_k \Big(-\mathrm{i}\hbar\frac{\partial}{\partial q_k}\Big)^{\dagger} f^k(q) .$$

这也可以看成对上节内容的一种补充说明．由于这种公式的特殊结构，它适用于任意的积分体元．

9.2　位形空间弯曲情形的哈密顿量算子

设系统的经典拉氏函数是

$$L(q,\dot{q},t)=\frac{1}{2}\sum_{kl}M_{kl}(q,t)\dot{q}_k\dot{q}_l+\sum_{l}G_l(q,t)\dot{q}_l-V(q,t)\,,\tag{137}$$

其中 $V(q,t)$ 是势能函数，矩阵 (M) 是对称和正定的，$G_l(q,t)$ 是实函数．正则动量 p_l 和哈密顿量 $H_{\rm c}(q,p,t)$ 为

$$p_l=\frac{\partial L}{\partial\dot{q}_l}=\sum_{k}M_{kl}(q,t)\dot{q}_k+G_l(q,t)\,,\tag{138}$$

$$H_{\rm c}(q,p,t)=\frac{1}{2}\sum_{kl}(M^{-1})_{kl}(p_k-G_k)(p_l-G_l)+V(q,t)\,,\tag{139}$$

其中 $(M^{-1})_{kl}$ 表示 M^{-1} 的元素．按 p_k 的方幂写出 $H_{\rm c}(q,p,t)$ 得

$$H_{\rm c}(q,p,t)=H_2(q,p,t)+H_1(q,p,t)+V(q,t)+\frac{1}{2}\sum_{kl}(M^{-1})_{kl}G_kG_l\,.\tag{140}$$

$$H_1(q,p,t)=-\sum_{kl}(M^{-1})_{kl}G_kp_l\,,$$

$$H_2(q,p,t)=\frac{1}{2}\sum_{kl}(M^{-1})_{kl}\,p_kp_l\,.$$

不含 p_l 的项的算子当然保持经典函数的形式，$\widehat{H}_1$ 的算子是

$$\widehat{H}_1(q,\widehat{p},t)=-\frac{1}{2}\Big\{\sum_{kl}(M^{-1})_{kl}G_k\widehat{p}_l+\sum_{kl}\widehat{p}_l(M^{-1})_{kl}G_k\Big\}\,,$$

我们的问题归结为求哈密顿量中的二次项 $H_2(q,p,t)$ 的算子．将 $(M^{-1})_{kl}$ 记为 g^{kl}，于是

$$H_2(q,p,t)=\frac{1}{2}\sum_{kl}g^{kl}p_kp_l\,.$$

记住，H_2 是标量，系数 g^{kl} 构成逆变对称张量．我们所说的位形空间弯曲情形意思是不存在使 $g^{kl}=\delta_{kl}$ 的坐标，确切地说，以 M_{kl} 为测度张量的黎曼空间是弯曲的．实际上，需要把求 H_2 的算子的问题与求用任意二次齐次式表示的力学量的算子的问题结合起来研究，才能有效地运用各种标准条件．后

一种表达式可写成

$$F_2(q,p,t)=\frac{1}{2}\sum_{kl}f^{kl}(q,t)p_kp_l\,,$$

其中 f^{kl} 也构成逆变对称张量，但其矩阵不限制为非奇异的.

下面将需要用到的各项标准条件列举出来：

(1) 力学量的量子力学算子是厄米的.

(2) 加法原则：两个力学量的和的算子等于两者的算子的和.

(3) 广义协变性条件.

(4) 对于具有如下的经典哈密顿量的自由粒子

$$h_2=\frac{1}{2m}\left(p_x^2+p_y^2+p_z^2\right),$$

$(l_z)^2$ 的算子等于 l_z 的算子的平方，其中 l_z 是角动量沿 z 轴方向的投影.

(5) 对于一个限制在固定球面上运动的“自由粒子”，其动能算子与 $(l_z)^2$ 的算子对易. 这里 l_z 是在以球心为原点的坐标系的角动量沿 z 轴方向的投影.

为了便于讨论，我们选 $|M(q,t)|^{1/2}$ 作为权重函数，这里 $|M(q,t)|$ 代表矩阵 (M) 的行列式. 于是积分体元 $|M(q,t)|^{1/2}\mathrm{d}q$ 在坐标变换下不变，波函数是标量函数，p_k 的算子是

$$\widehat{p}_k^{(M)}=\widehat{p}_k^{(M)\dagger}=|M(q,t)|^{-1/4}\Big(-\mathrm{i}\hbar\frac{\partial}{\partial q_k}\Big)|M(q,t)|^{1/4}\,. \tag{141}$$

广义协变性条件要求算子 $\widehat{F}_2$ 和 $\widehat{H}_2$ 作用于波函数的结果仍然是标量函数. 由于系数 f^{kl} 和权重函数是实的，虚数 i 只能通过 $\{-\mathrm{i}\hbar\partial/\partial q_l\}$ 出现在力学量的算子中，可见 $\widehat{F}_2$ 和 $\widehat{H}_2$ 正比于 $(-\mathrm{i}\hbar)^2$. 显然 $\widehat{F}_2\varPhi$ 包含 $\varPhi$ 的微商不高于二次，而二次微商项是已知的. 因此，按照 $\varPhi$ 的微商次数列出有

$$\begin{aligned}\widehat{F}_2\varPhi=&\frac{(-\mathrm{i}\hbar)^2}{2}\sum_{kl}f^{kl}(q,t)\frac{\partial^2}{\partial q_k\partial q_l}\varPhi\\&+(-\mathrm{i}\hbar)\sum_k A_k(q,t)\Big(-\mathrm{i}\hbar\frac{\partial}{\partial q_k}\Big)\varPhi\\&+(-\mathrm{i}\hbar)^2b_0(f)\varPhi,\end{aligned}$$

其中 $b_0(f)$ 和 $A_k(q,t)$ 是实函数. 根据二次微商项的表达式，顾及 $\widehat{F}_2(q,\widehat{p},t)$ 的厄米性质和坐标动量排序的观点，构造对于坐标变换保持不变的

$$\int|M(q,t)|^{1/2}\mathrm{d}q\,\varPhi_A^*(q,t)\widehat{F}_2(q,\widehat{p},t)\varPhi_B(q,t)\,,$$

结果只能是

$$\int |M|^{1/2}\mathrm{d}q\,\frac{1}{2}\sum_{kl}\Big(-\mathrm{i}\hbar\,\frac{\partial\Phi_A)}{\partial q_k}\Big)^* f^{kl}(q,t)\Big(-\mathrm{i}\hbar\,\frac{\partial\Phi_B}{\partial q_l}\Big)$$
$$=\int |M|^{1/2}\mathrm{d}q\,\Phi_A^*\,\frac{1}{2}\sum_{kl}\Big(-\mathrm{i}\hbar\,\frac{\partial}{\partial q_k}\Big)^\dagger f^{kl}(q,t)\Big(-\mathrm{i}\hbar\,\frac{\partial}{\partial q_l}\Big)\Phi_B\,.$$

其中 $\left(-\mathrm{i}\hbar\,\frac{\partial}{\partial q_k}\right)^\dagger$ 的表达式可以从 (141) 式求出，即

$$\Big(-\mathrm{i}\hbar\frac{\partial}{\partial q_k}\Big)^\dagger=|M(q,t)|^{-1/2}\Big(-\mathrm{i}\hbar\frac{\partial}{\partial q_k}\Big)|M(q,t)|^{1/2}\,. \tag{142}$$

另外，为了证实 H_2 的算子不包含文献中曾被多次研究而结论不同的标量曲率项，可以将 $\widehat{F}_2$ 的表达式写作

$$\widehat{F}_2=\frac{1}{2}\sum_{kl}\Big(-\mathrm{i}\hbar\frac{\partial}{\partial q_k}\Big)^\dagger f^{kl}(q,t)\Big(-\mathrm{i}\hbar\frac{\partial}{\partial q_l}\Big)+(-\mathrm{i}\hbar)^2B_0(f)\,, \tag{143}$$

$B_0(f)$ 是实函数．为了符合广义协变性条件和加法原则，$B_0(f)$ 必须是标量函数并且线性地依赖于 f^{kl}．其次，由于 F_2 是动量的二次齐次式，$B_0(f)$ 是由关于 $q_1, q_2,\cdots,q_s$ 的微商的二次项构成的．

将 (143) 式用于 H_2 得到

$$\widehat{H}_2=\frac{1}{2}\sum_{kl}\Big(-\mathrm{i}\hbar\frac{\partial}{\partial q_k}\Big)^\dagger g^{kl}(q,t)\Big(-\mathrm{i}\hbar\frac{\partial}{\partial q_l}\Big)+(-\mathrm{i}\hbar)^2B_0(g)\,. \tag{144}$$

当以 M_{kl} 为测度张量的黎曼空间不弯曲时，$B_0(g)$ 恒等零，在普遍情形，$B_0(g)$ 由此测度张量及其不高于二阶的微商构成并且是 Riemann-Christoffel 张量的齐次函数．这样的标量函数是唯一的．即是空间的标量曲率．用 R 来代表，就得到 $B_0(g)=\alpha R$, 其中 α 是待定的数值常数．用 R_{kl} 代表二阶曲率张量，则标量曲率 R 可以表示为

$$R=\sum_{kl}g^{kl}R_{kl}\,,$$

$B_0(f)$ 可以用张量 f^{kl} 及其协变微商和张量 M_{kl}, R_{kl} 来构成．其一般形式可以写成

$$B_0(f)=\alpha\sum_{kl}f^{kl}R_{kl}+\beta\sum_{kl}(f^{kl})_{;l;k}\,,$$

其中 β 也是待定的数值常数．$(f^{kl})_{;l';k'}$ 代表 f^{kl} 在以 M_{kl} 为测度张量的黎曼空间的协变微商．在文献 [4] 中，借助上面列出的第 (4) 及第 (5) 项标准条件

证明, α 和 β 都等于 0, 因此最后得到

$$\widehat{H}_2=\frac{1}{2}\sum_{kl}\Big(-\mathrm{i}\hbar\frac{\partial}{\partial q_k}\Big)^{\dagger}g^{kl}(q,t)\Big(-\mathrm{i}\hbar\frac{\partial}{\partial q_l}\Big), \tag{145}$$

$$\widehat{F}_2=\frac{1}{2}\sum_{kl}\Big(-\mathrm{i}\hbar\frac{\partial}{\partial q_k}\Big)^{\dagger}f^{kl}(q,t)\Big(-\mathrm{i}\hbar\frac{\partial}{\partial q_l}\Big). \tag{146}$$

按照 (141) 式将 $\Big(-\mathrm{i}\hbar\frac{\partial}{\partial q_k}\Big)$ 写成 $|M(q,t)|^{1/4}\,\widehat{p}_k^{(M)}|M(q,t)|^{-1/4}$, 则有

$$\widehat{H}_2^{(M)}=\frac{1}{2}\sum_{kl}|M|^{-1/4}\widehat{p}_k^{(M)}|M|^{1/2}\,(M^{-1})_{kl}\,\widehat{p}_l^{(M)}|M|^{-1/4}, \tag{147}$$

$$\widehat{F}_2^{(M)}=\frac{1}{2}\sum_{kl}|M|^{-1/4}\widehat{p}_k^{(M)}|M|^{1/2}\,f^{kl}\,\widehat{p}_l^{(M)}|M|^{-1/4}. \tag{148}$$

相应于 (140) 式的哈密顿量算子如下

$$\begin{aligned}\widehat{H}=\frac{1}{2}\sum_{kl}&|M|^{-1/4}(\widehat{p}_k^{(M)}-G_k)|M|^{1/2}\\&\times(M^{-1})_{kl}(\widehat{p}_l^{(M)}-G_l)|M|^{(-1/4)}+V(q,t).\end{aligned} \tag{149}$$

以上给出了以 $|M(q,t)|^{1/2}$ 作为权重函数时的 $\widehat{H}_2$ 和 $\widehat{F}_2$ 等算子的表达式, 由此也可以直接写出其他权重函数下的表达式. 例如在权重函数恒等于 1 的情形, 类似于 $\widehat{p}_k$ 等于 $-\mathrm{i}\hbar\frac{\partial}{\partial q_k}=|M|^{1/4}\widehat{p}_k^{(M)}|M|^{-1/4}$, 有

$$\widehat{H}_2=|M|^{1/4}\widehat{H}_2^{(M)}|M|^{-1/4},\quad \widehat{F}_2=|M|^{1/4}\widehat{F}_2^{(M)}|M|^{-1/4}.$$

即

$$\widehat{H}_2=\sum_{kl}|M|^{-1/4}\widehat{p}_k|M|^{1/2}\,(M^{-1})_{kl}\,\widehat{p}_l|M|^{-1/4}, \tag{150}$$

$$\widehat{F}_2=\sum_{kl}|M|^{-1/4}\widehat{p}_k|M|^{1/2}\,f^{kl}\,\widehat{p}_l|M|^{-1/4}. \tag{151}$$

再如权重函数是 $w(q_1,\cdots,q_s)$ 的情形 ($\widehat{p}_k^{(w)}$ 等于 $w^{-1/2}\Big(-\mathrm{i}\hbar\frac{\partial}{\partial q_k}\Big)w^{1/2}$), 有

$$\widehat{H}_2^{(w)}=w^{-1/2}\,\widehat{H}_2\,w^{1/2},\quad \widehat{F}_2^{(w)}=w^{-1/2}\,\widehat{F}_2\,w^{1/2}.$$

这里的 $\widehat{H}_2$ 和 $\widehat{F}_2$ 的表达式已由 (150) 和 (151) 式给出. 故得

$$\widehat{H}_2^{(w)}=\sum_{kl}|M|^{-1/4}\widehat{p}_k^{(w)}|M|^{1/2}\,(M^{-1})_{kl}\,\widehat{p}_l^{(w)}|M|^{-1/4}, \tag{152}$$

$$\widehat{F}_2^{(w)}==\sum_{kl}|M|^{-1/4}\widehat{p}_k^{(w)}|M|^{1/2}\,f^{kl}\,\widehat{p}_l^{(w)}|M|^{-1/4}. \tag{153}$$

值得提醒一下，在采用依赖于时间的权重函数时，需要适当修改描述波函数时间演化的 Schrödinger 方程的形式. 按照上面的记号，用 $\widehat{H}(t)$ 和 $\Phi(q,t)$ 代表在恒等于 1 的权重函数下的哈密顿量算子和波函数， Schrödinger 方程自然是

$$\mathrm{i}\hbar\frac{\partial}{\partial t}\Phi(q,t)=\widehat{H}(t)\,\Phi(q,t)\,.$$

借助 $\widehat{H}^{(w)}=w^{-1/2}\,\widehat{H}\,w^{1/2}$ 和 $\Phi^{(w)}(q,t)=w^{-1/2}\,\Phi(q,t)$ 将它写成权重函数为 w 的 Schrödinger 方程，得到

$$\mathrm{i}\hbar\frac{\partial}{\partial t}\Big(w^{1/2}\,\Phi^{(w)}(q,t)\Big)=w^{1/2}\,\widehat{H}^{(w)}\,\Phi^{(w)}(q,t)\,.$$

所以只要 w 依赖于时间，就不能保持 Schrödinger 方程的习惯形式. 当然波函数的内积和力学量的矩阵元都与权重函数的选择无关.

§ 10　混合态的统计算符 (密度矩阵) 和运动方程

如前面所述，量子力学系统的纯粹态或纯态是可以用一个态矢量或波函数代表的态. 按照叠加原理和统计诠释，在 $|\varPsi\rangle$ 下测量系统的任何力学量 F 获得离散值 f_0 的相对概率是算符 $\delta_{f_0\widehat{F}}$ 的 “平均值” $\langle\varPsi|\delta_{f_0\widehat{F}}|\varPsi\rangle$, 而测量结果在连续区域中包含 f 的微小范围的相对概率是 $\langle\varPsi|\mathrm{d}f\,\delta(f-\widehat{F})|\varPsi\rangle$, 这两者即是

$$\mathrm{Sp}\big(\delta_{f_0\widehat{F}}\{|\varPsi\rangle\langle\varPsi|\}\big)\,,\qquad \mathrm{Sp}\big(\mathrm{d}f\,\delta(f-\widehat{F})\{|\varPsi\rangle\langle\varPsi|\}\big)\,,$$

记号 Sp 表示对算符的对角矩阵元求和 (包括对连续指标的积分). 对于独立而相容的一组力学量 $(F,G,\cdots)$, 如第一章 §6 所说，可由这组力学量的任意实函数的算符 $Q(\widehat{F},\widehat{G},\cdots)$ 的 “平均值” 公式推知测量结果的概率. 例如，由

$$\big(Q(\widehat{F},\widehat{G},\cdots)\big)_{av}=\sum_{f_0\,g_0\,\cdots}Q(f_0,g_0,\cdots)\big(\delta_{f_0\widehat{F}}\delta_{g_0\widehat{G}}\cdots\big)_{av}+\cdots\,,$$

可知, $\big(\delta_{f_0\widehat{F}}\delta_{g_0\widehat{G}}\cdots\big)_{av}=\mathrm{Sp}\big(\delta_{f_0\widehat{F}}\delta_{g_0\widehat{G}}\cdots\{|\varPsi\rangle\langle\varPsi|\}\big)$ 是在 $|\varPsi\rangle$ 下测量 $(F,G,\cdots)$ 获得离散值 $(f_0,g_0,\cdots)$ 的相对概率.

为了将表示完整力学测量结果的概率公式写成这种形式，设 $\{|\varPsi_{\alpha_1,\cdots,\alpha_v}\rangle\}$ 是任意一组正交完备态矢量. 沿用第一章 §6 的记号，将 $(\alpha_1,\cdots)$ 简记为 α. 规定这组态矢量满足

$$\langle\varPsi_\alpha|\varPsi_{\alpha'}\rangle=\delta(\alpha,\alpha')\,,$$

右边的记号也在以前用过了. 于是

$$\sum\int\cdots\int\mathrm{d}\alpha\,|\varPsi_{\alpha_1,\cdots,\alpha_v}\rangle\langle\varPsi_{\alpha_1,\cdots,\alpha_v}|=\widehat{1},$$

其中的求和遍及 $(\alpha_1,\cdots,\alpha_v)$ 的离散值,积分遍及这些量的连续区间. 当 $(\alpha_1,\cdots)$ 的值属于离散区域时, 算符 $|\Psi_\alpha\rangle\langle\Psi_\alpha|$ 的 "平均值" $\langle\Psi|\{|\Psi_\alpha\rangle\langle\Psi_\alpha|\}|\Psi\rangle$ 是在 $|\Psi\rangle$ 下测量算符为 $(\widehat{\alpha}_1,\cdots,\widehat{\alpha}_v)$ 的一组完整力学量获得 $(\alpha_1,\cdots)$ 的相对概率, 亦即处在 $|\Psi\rangle$ 的系统被发现在 $|\Psi_\alpha\rangle$ 的相对概率. 这个量即是

$$\big(|\Psi_\alpha\rangle\langle\Psi_\alpha|\big)_{av}=\mathrm{Sp}\big(|\Psi_\alpha\rangle\langle\Psi_\alpha|\,\{|\Psi\rangle\langle\Psi|\}\big)\,.$$

当 $(\alpha_1,\cdots,\alpha_v)$ 中有一些量的值属于连续区域时, 则 $\mathrm{d}\alpha\,\langle\Psi|\{|\Psi_\alpha\rangle\langle\Psi_\alpha|\}|\Psi\rangle$ 是测量这组完整力学量的结果处在连续区域中包含 $(\alpha_1,\cdots)$ 的一个微小范围的相对概率, 亦即系统被发现处于 $|\Psi_{\alpha_1,\cdots,\alpha_v}\rangle$ 的微小区域的相对概率. 这个量即是

$$\big(\mathrm{d}\alpha\,|\Psi_\alpha\rangle\langle\Psi_\alpha|\big)_{av}=\mathrm{Sp}\big(\mathrm{d}\alpha\,|\Psi_\alpha\rangle\langle\Psi_\alpha|\,\{|\Psi\rangle\langle\Psi|\}\big)\,.$$

其中 $\mathrm{d}\alpha$ 代表 $(\alpha_1,\cdots,\alpha_v)$ 中的连续量的微分的积. 要记住第一章 §6 末的说明, 即必须相对于一定的态矢量完备组谈论系统被发现处在什么态的概率和概率分布.

量子力学系统的混合态或统计态是用统计算符代表的. 统计算符必须是没有负本征值的厄米算符, 其习惯名称是密度矩阵. 不妨将统计算符在一定表象的矩阵称为密度矩阵. 所谓系统处在由统计算符 ρ 代表的状态, 可以理解为系统按一定的概率分布处在一组使 ρ 对角化的正交完备的纯态. 详细些说即是:

(1) 利用一组使 ρ 对角化并且满足第二章 §1 (1) 和 (3) 式的正交完备态矢量 $\{|\Phi_{\lambda_1,\cdots,\lambda_v}\rangle\}$ 可将 ρ 表示成 $\sum_\lambda\rho_\lambda\,|\Phi_\lambda\rangle\langle\Phi_\lambda|$, 亦即

$$\rho=\sum\int\cdots\int\mathrm{d}\lambda\;\rho_{(\lambda_1,\cdots,\lambda_v)}\,|\Phi_{\lambda_1,\cdots,\lambda_v}\rangle\langle\Phi_{\lambda_1,\cdots,\lambda_v}|\,,\tag{154}$$

其中的求和遍及 $(\lambda_1,\lambda_2,\cdots,\lambda_v)$ 的离散值, 积分遍及这些量的连续区间. 在这样的表示下, $\rho_{(\lambda_1,\cdots,\lambda_v)}$ 是系统处在 $(\lambda_1,\cdots,\lambda_v)$ 取离散值的纯态 $|\Phi_\lambda\rangle$ 的相对概率, $\mathrm{d}\lambda\,\rho_{(\lambda_1,\cdots,\lambda_v)}$, 是系统处在含 $|\Psi_\lambda\rangle$ 的微小区域的相对概率, 其中 $\mathrm{d}\lambda$ 是 $(\lambda_1,\cdots,\lambda_v)$ 中的连续量的微分的积. 所以任意力学量 F 在混合态 ρ 下的 "平均值" 都是 F 在各个纯态 $|\Phi_\lambda\rangle$ 的 "平均值" 以 ρ_λ 或者 $\mathrm{d}\lambda\,\rho_\lambda$ 为权重的统计平均值. 即

$$\big(\widehat{F}\big)_{av}=\sum\int\cdots\int\mathrm{d}\lambda\;\rho_\lambda\,\langle\Phi_\lambda|\widehat{F}|\Phi_\lambda\rangle=\mathrm{Sp}\big(\widehat{F}\,\rho\big)\,,\tag{155}$$

或者

$$\big(\widehat{F}\big)_{av}=\sum_{f_0}f_0\,\mathrm{Sp}\big(\delta_{f_0\widehat{F}}\,\rho\big)+\int\mathrm{d}f\,f\,\mathrm{Sp}\big(\delta(f-\widehat{F})\,\rho\big)\,.\tag{156}$$

其中 $\mathrm{Sp}\big(\delta_{f_0\widehat{F}}\,\rho\big)$ 是获得离散值 f_0 的相对概率，而测量结果在连续区域中包含 f 的微小范围的相对概率是 $\mathrm{Sp}\big(\mathrm{d}f\,(\delta(f-\widehat{F})\,\rho\big)$. 在混合态的带引号的平均值只在 ρ 满足归一条件 $\mathrm{Sp}(\rho)=1$ 时代表真正的平均值. 显然，统计算符为 $|\varPsi\rangle\langle\varPsi|$ 的混合态即是态矢量为 $|\varPsi\rangle$ 的纯态. 与态矢量的情形相似，在理论上也允许有不可归一的统计算符. 而且可以按照适当的极限观点，借助可归一的统计算符来处理涉及不可归一的统计算符的问题.

(2) 对于独立而相容的一组力学量 $(F,G,L,\cdots)$, 也可由这组力学量的任意实函数的算符 $Q(\widehat{F},\widehat{G},\widehat{L},\cdots)$ 的“平均值”公式推知测量结果的概率. 例如在 ρ 下测量 $(F,G,L,\cdots)$ 获得离散值 $(f_0,g_0,l_0,\cdots)$ 的相对概率是

$$\big(\delta_{f_0\widehat{F}}\delta_{g_0\widehat{G}}\delta_{l_0\widehat{L}\cdots}\big)_{av}=\mathrm{Sp}\big(\delta_{f_0\widehat{F}}\delta_{g_0\widehat{G}}\delta_{l_0\widehat{L}}\cdots\{\rho\}\big)\,. \tag{157}$$

(3) 当 $(\alpha_1,\cdots)$ 的值属于离散区域时, 在混合态 ρ 下测量算符为 $(\widehat{\alpha}_1,\cdots,\widehat{\alpha}_v)$ 的完整力学量获得 $(\alpha_1,\cdots)$ 的相对概率是

$$\big(|\varPsi_\alpha\rangle\langle\varPsi_\alpha|\big)_{av}=\mathrm{Sp}\big(|\varPsi_\alpha\rangle\langle\varPsi_\alpha|\,\rho\big)\,, \tag{158}$$

这也即是处在 ρ 的系统被发现处在 $|\varPsi_{\alpha_1,\cdots}\rangle$ 的相对概率.

(4) 当 $(\alpha_1,\cdots)$ 中有一些量的值属于连续区域时，测量结果在连续区域中包含 $(\alpha_1,\cdots)$ 的一个微小范围的相对概率是

$$\big(\mathrm{d}\alpha\,|\varPsi_\alpha\rangle\langle\varPsi_\alpha|\big)_{av}=\mathrm{Sp}\big(\mathrm{d}\alpha\,|\varPsi_\alpha\rangle\langle\varPsi_\alpha|\,\rho\big)\,, \tag{159}$$

这即是处在 ρ 的系统被发现处于包含 $|\varPsi_{\alpha_1,\cdots,\alpha_v}\rangle$ 的微小区域的相对概率，其中 $\mathrm{d}\alpha$ 也如前面所说，是 $(\alpha_1,\cdots)$ 中的连续量的微分的积.

混合态也可以有一种比较直观的理解. 把要研究的系统 S 看成一个大系统 $S\oplus\overline{S}$ 的子系统，在 $S\oplus\overline{S}$ 的一定的纯态 $|\phi(S\overline{S})\rangle\!\rangle$ 下重复测量 S 的任何力学量获得各种结果的概率都是确定的，这意味着 S 处在一定的混合态. 设 $\{|\varPsi_{\alpha_1,\cdots,\alpha_v}\rangle\}$ 是系统 S 的如上面所说的正交完备态矢量，将 $|\phi(S\overline{S})\rangle\!\rangle$ 分解为

$$|\phi(S\overline{S})\rangle\!\rangle=\sum_\alpha|\varPsi_\alpha\rangle|\varphi_\alpha(\overline{S})\rangle\,, \tag{160}$$

其中 $|\varphi_\alpha(\overline{S})\rangle$ 是 $\overline{S}$ 的态矢量. 故在 $|\phi(S\overline{S})\rangle\!\rangle$ 下测量系统 S 的 (任意) 力学量 F 获得的“平均值”是

$$\langle\!\langle\phi(S\overline{S})|\widehat{F}|\phi(S\overline{S})\rangle\!\rangle=\sum_{\alpha\alpha'}\langle\varPsi_\alpha|\widehat{F}|\varPsi_{\alpha'}\rangle\langle\varphi_\alpha(\overline{S})|\varphi_{\alpha'}(\overline{S})\rangle\,. \tag{161}$$

按照下式定义线性厄米算符

$$\rho=\sum_{\alpha\alpha'}|\Psi_\alpha\rangle\langle\Psi'_\alpha|\langle\varphi_{\alpha'}(\overline{S})|\varphi_\alpha(\overline{S})\rangle\,. \tag{162}$$

则 $\langle\varphi_\alpha(\overline{S})|\varphi_{\alpha'}(\overline{S})\rangle$ 等于 $\langle\Psi_{\alpha'}|\rho|\Psi_\alpha\rangle$, 所以 (161) 式给出

$$\langle\!\langle\phi(S\overline{S})|\widehat{F}|\phi(S\overline{S})\rangle\!\rangle=\mathrm{Sp}\big(\widehat{F}\,\rho\big)\,. \tag{163}$$

即是说，当大系统 $S\oplus\overline{S}$ 处在态矢量为 $|\varphi(S\overline{S})\rangle\!\rangle$ 的纯态时， S 处在由 (162) 式的统计算符 ρ 代表的混合态.

现在借助这种观点来引导出混合态的运动方程，即在系统的自然发展中统计算符随时间演化的量子 Liouville 方程. 设想系统 S 在初始时刻 t_0 处在大系统 $S\oplus\overline{S}$ 的纯粹态 $|\phi_0(S\overline{S})\rangle\!\rangle$ 下形成的混合态，统计算符是 ρ_0. 约定 $|\phi_0(S\overline{S})\rangle\!\rangle$ 和 ρ_0 是 (160) 式的 $|\phi(S\overline{S})\rangle\!\rangle$ 和 (162) 式的 ρ. 假定在 t_0 以后的时间，大系统以及 S 都是自然发展的 (这意味着在 $t>t_0$ 以后 S 与 $\overline{S}$ 之间不存在相互作用)，故系统 $S\oplus\overline{S}$ 在时刻 t 的态矢量为

$$|\phi_t(S\overline{S})\rangle\!\rangle=T(t,t_0)\,T_{\overline{S}}(t,t_0)|\phi_0(S\overline{S})\rangle\!\rangle\quad(t>t_0)\,,$$

其中 $T(t,t_0)$ 及 $T_{\overline{S}}(t,t_0)$ 分别是描写 S 及 $\overline{S}$ 的态矢量随时间自然发展的算符. 在 $|\phi_t(S\overline{S})\rangle\!\rangle$ 下，S 所处的状态就是它从时刻 t_0 自然地发展到时刻 t 的状态. 系统 S 的 (任意) 力学量 F 在 $|\phi_t(S\overline{S})\rangle\!\rangle$ 下的“平均值”是

$$\begin{aligned}\langle\!\langle\phi_t(S\overline{S})|\widehat{F}|\phi_t(S\overline{S})\rangle\!\rangle&=\langle\!\langle\phi_0(S\overline{S})|T(t_0,t)\,\widehat{F}\,T(t,t_0)|\phi_0(S\overline{S})\rangle\!\rangle\\&=\sum_{\alpha\alpha'}\langle\Psi_\alpha|T(t_0,t)\,\widehat{F}\,T(t,t_0)|\Psi_{\alpha'}\rangle\langle\Psi_{\alpha'}|\rho_0|\Psi_\alpha\rangle\,.\end{aligned}$$

此式右边可改写成

$$\mathrm{Sp}\big(T(t_0,t)\,\widehat{F}\,T(t,t_0)\,\rho_0\big)=\mathrm{Sp}\big(\widehat{F}\,T(t,t_0)\,\rho_0\,T(t_0,t)\big)\,,$$

因此

$$\langle\!\langle\phi_t(S\overline{S})|\widehat{F}|\phi_t(S\overline{S})\rangle\!\rangle=\mathrm{Sp}\big(\widehat{F}\,\rho(t)\big)\,, \tag{164}$$

$$\rho(t)=T(t,t_0)\,\rho_0\,T(t_0,t)\,. \tag{165}$$

$\rho(t)$ 即是系统 S 在时刻 t 的统计算符. 借助 (165) 式求时间微商并利用 $T(t,t_0)$ 的微分方程可得

$$\mathrm{i}\hbar\frac{\partial}{\partial t}\rho(t)=\widehat{H}(t)\rho(t)-\rho(t)\widehat{H}(t)\,, \tag{166}$$

其中 $\widehat{H}(t)$ 是系统 S 的哈密顿量算符. 这个方程式就是统计算符的运动方程, 它是与经典 Liouville 方程相应的量子力学方程式.

习题 设系统处在如下的统计算符 ρ 代表的状态:

$$\rho = a\,|\Psi_\alpha\rangle\langle\Psi_\alpha| + b\,|\Psi_\beta\rangle\langle\Psi_\beta|,$$

其中 a 与 b 都是正数并且 $a+b=1$, $|\Psi_\alpha\rangle$ 与 $|\Psi_\beta\rangle$ 是两个线性无关并且归一的态矢量, 但不是互相正交的. (1) 求在 ρ 下发现系统处在 $|\Psi_\alpha\rangle$ 的概率. (2) 用 $|\Psi_\alpha\rangle$ 与 $|\Psi_\beta\rangle$ 的线性组合构成正交归一并且使 ρ 对角化的态矢量 $|\Phi_1\rangle$ 与 $|\Phi_2\rangle$.

解 (1) 由于 $\mathrm{Sp}(\rho) = a\,\mathrm{Sp}(|\Psi_\alpha\rangle\langle\Psi_\alpha|) + b\,\mathrm{Sp}(|\Psi_\beta\rangle\langle\Psi_\beta|) = 1$, 故相对一组含有 $|\Psi_\alpha\rangle$ 的正交完备态矢量而言, 发现系统处在 $|\Psi_\alpha\rangle$ 的概率是

$$W_\alpha = \mathrm{Sp}\big(|\Psi_\alpha\rangle\langle\Psi_\alpha|\rho\big) = a + b\,|\langle\Psi_\alpha|\Psi_\beta\rangle|^2\,.$$

类似地, 相对于含有 $|\Psi_\beta\rangle$ 的正交完备态矢量而言, 发现系统处在 $|\Psi_\beta\rangle$ 的概率是

$$W_\beta = b + a\,|\langle\Psi_\alpha|\Psi_\beta\rangle|^2\,.$$

既然 $|\Psi_\alpha\rangle$ 与 $|\Psi_\beta\rangle$ 不正交, 它们不能是相同的正交完备组的成员. 在计算 W_α 时, 需要顾及 $|\Psi_\beta\rangle$ 的贡献. 而在计算 W_β 时, 要顾及 $|\Psi_\alpha\rangle$ 的贡献. 因此这两项概率的和不是 1.

(2) 定义正交归一的态矢量 $|\phi_1\rangle$ 和 $|\phi_2\rangle$:

$$\begin{aligned}
|\phi_1\rangle &= |\Psi_\alpha\rangle\,,\\
|\phi_2\rangle &= \frac{\big(1 - |\Psi_\alpha\rangle\langle\Psi_\alpha|\big)|\Psi_\beta\rangle}{\sqrt{1 - |\langle\Psi_\alpha|\Psi_\beta\rangle|^2}}\,.
\end{aligned}$$

将所求的态矢量 $|\Phi_1\rangle$ 和 $|\Phi_2\rangle$ 表示成

$$\begin{aligned}
|\Phi_1\rangle &= X_1\,|\phi_1 + X_2\,|\phi_2\rangle\,,\\
|\Phi_2\rangle &= Y_1\,|\phi_1 + Y_2\,|\phi_2\rangle\,.
\end{aligned}$$

由 $\rho\,|\Phi_1\rangle = \rho_1\,|\Phi_1\rangle$ 和 $\rho\,|\Phi_2\rangle = \rho_2\,|\Phi_2\rangle$ 可以求得

$$\begin{aligned}
\rho_1 &= \frac{1}{2} + \frac{(a-b)}{2}\sqrt{1 + \frac{4ab}{(a-b)^2}|\langle\Psi_\alpha|\Psi_\beta\rangle|^2}\,,\\
X_2 &= \left(\frac{\rho_{21}}{\rho_1 - \rho_{22}}\right)X_1\,,\\
|X_1|^2 &= \frac{(\rho_1 - \rho_{22})^2}{(\rho_1 - \rho_{22})^2 + |\rho_{12}|^2}\,,
\end{aligned}$$

以及

$$\rho_2 = 1-\rho_1 = \frac{1}{2}+\frac{(b-a)}{2}\sqrt{1+\frac{4ab}{(a-b)^2}|\langle\Psi_\alpha|\Psi_\beta\rangle|^2}\,,$$
$$Y_1 = \Big(\frac{\rho_{12}}{\rho_2-\rho_{11}}\Big)Y_2\,,$$
$$|Y_2|^2 = \frac{(\rho_2-\rho_{11})^2}{(\rho_2-\rho_{11})^2+|\rho_{21}|^2}\,.$$

以上各式包含的 ρ 的矩阵元的表达式如下：

$$\rho_{11} = \langle\phi_1|\rho|\phi_1\rangle = a+b\,|\langle\Psi_\alpha|\Psi_\beta\rangle|^2\,,$$
$$\rho_{12} = \langle\phi_1|\rho|\phi_2\rangle = b\,\langle\Psi_\alpha|\Psi_\beta\rangle\sqrt{1-|\langle\Psi_\alpha|\Psi_\beta\rangle|^2}\,,$$
$$\rho_{21} = \langle\phi_2|\rho|\phi_1\rangle = \rho_{12}^*\,,$$
$$\rho_{22} = \langle\phi_2|\rho|\phi_2\rangle = b-b\,|\langle\Psi_\alpha|\Psi_\beta\rangle|^2\,.$$

§ 11 向经典力学极限的过渡

虽然量子力学的观念和原理与经典力学极不相同，但是运动方程和量子条件以及构成力学量的算符的原则又体现着经典对应的精神，当 $\hbar$ 可以看作可忽略的小量时，有可能用坐标动量都近似地具有确定值的波函数即经典波包来描写粒子按经典轨道的运动. 这就要求 Schrödinger 方程保证，当 $\hbar$ 趋于零时，经典波包随时间的演化保持为经典波包，而且坐标动量值近似地满足经典运动方程. 现在来证明这一点.

现在只需要考虑空间自由度 (自旋随 $\hbar\to 0$ 而消失). 设 $(q_1,q_2,\cdots,q_s)$ 是独立的坐标，$\Phi(q_1,\cdots,t)$ 和 $W(q_1,\cdots,t)$ 分别代表系统在时刻 t 的波函数和权重函数，于是 $|\Phi(q,t)|^2W(q,t)\mathrm{d}q$ 代表在时刻 t(在状态 $\Phi(q,t)$ 下) 发现坐标值在 $(q_1,q_2,\cdots,q_s)$ 附近的体元 $\mathrm{d}q$ 的相对概率. 如 §8 和 §9 所述，正则动量的算子和 Schrödinger 方程应该写成

$$\widehat{p}_j = W(q,t)^{-1/2}\Big(-\mathrm{i}\hbar\frac{\partial}{\partial q_j}\Big)W(q,t)^{1/2}\,, \tag{167}$$

$$\mathrm{i}\hbar\frac{\partial}{\partial t}\{W(q,t)^{1/2}\Phi(q,t)\} = W(q,t)^{1/2}\,\widehat{H}(q,\widehat{p},t)\Phi(q,t)\,. \tag{168}$$

$\widehat{H}(q,\widehat{p},t)$ 是系统的哈密顿量算子. 设 $W(q,t)^{1/2}\Phi(q,t)$ 的模和相角分别是 $A(q,t)$

和 $S(q,t)/\hbar$, 则

$$W(q,t)^{1/2}\varPhi(q,t)=A(q,t)\mathrm{e}^{\mathrm{i}S(q,t)/\hbar}\,, \tag{169}$$

$$\widehat{p}_j\varPhi(q,t)=\varPhi(q,t)\left\{\frac{\mathrm{i}\hbar}{A}\frac{\partial A}{\partial q_j}+\frac{\partial S}{\partial q_j}\right\}, \tag{170}$$

$$\mathrm{i}\hbar\frac{\partial}{\partial t}\left\{W(q,t)^{1/2}\varPhi(q,t)\right\}=W(q,t)^{1/2}\varPhi(q,t)\left\{\frac{\mathrm{i}\hbar}{A}\frac{\partial A}{\partial t}-\frac{\partial S}{\partial t}\right\}. \tag{171}$$

由此及 (168) 式得出

$$\frac{\mathrm{i}\hbar}{A}\frac{\partial A}{\partial t}-\frac{\partial S}{\partial t}=\varPhi(q,t)^{-1}\widehat{H}(q,\widehat{p},t)\varPhi(q,t)\,. \tag{172}$$

现在假定 $\hbar$ 可以看作极为微小的量，而且如下的条件成立：

$$\left|\frac{1}{A}\frac{\partial A}{\partial q_j}\right|\ll\frac{1}{\hbar}\left|\frac{\partial S(q,t)}{\partial q_j}\right|. \tag{173}$$

这时由 (170) 式可知，$\varPhi(q,t)$ 被 $\widehat{p}_j$ 作用的结果近似地等于被 $\partial S/\partial q_j$ 乘，把算子 $\widehat{H}(q,\widehat{p},t)$ 按 $(\widehat{p}_j-\partial S/\partial q_j)$ 的方幂展开，注意它的厄米性，准至一次项得到

$$\begin{aligned}\widehat{H}(q,\widehat{p},t)\varPhi(q,t)\approx{}&H_{\mathrm{c}}(q,p,t)\varPhi(q,t)\\&+\frac{1}{2}\sum_j\left\{(\widehat{p}_j-p_j)\frac{\partial H_{\mathrm{c}}(q,p,t)}{\partial p_j}+\mathrm{h.c.}\right\}\varPhi(q,t)\,,\end{aligned} \tag{174}$$

$$p_l\equiv\frac{\partial S}{\partial q_l}\,. \tag{175}$$

(174) 式中的 h.c. 表示取厄米共轭. $H_{\mathrm{c}}(q,p,t)$ 即是哈密顿量算子 $\widehat{H}(q,\widehat{p},t)$ 随各个 $\widehat{p}_j$ 换为 p_j 而成的函数，因此它作为 (q_j,p_i) 的函数正是系统的经典哈密顿量 (如果仍然含有 $\hbar$, 就在其中令 $\hbar$ 为零). (174)) 式的最末项可改写为

$$\begin{aligned}&\frac{1}{2}\sum_j\left\{\left[(\widehat{p}_j-p_j),\frac{\partial H_{\mathrm{c}}(q,p,t)}{\partial p_j}\right]\right\}\varPhi(q,t)+\sum_j\frac{\partial H_{\mathrm{c}}(q,p,t)}{\partial p_j}\left(-\frac{\mathrm{i}\hbar}{A}\frac{\partial A}{\partial q_j}\right)\varPhi(q,t)\\&\qquad=-\frac{\mathrm{i}\hbar}{2A^2}\varPhi(q,t)\sum_j\frac{\partial}{\partial q_j}\left\{A^2\frac{\partial H_{\mathrm{c}}(q,p,t)}{\partial p_j}\right\}.\end{aligned}$$

因此在准到 $\hbar$ 的一次项时，(172) 式给出

$$\frac{\mathrm{i}\hbar}{A}\frac{\partial A}{\partial t}-\frac{\partial S}{\partial t}=H_{\mathrm{c}}(q,p,t)-\frac{\mathrm{i}\hbar}{2A^2}\sum_j\frac{\partial}{\partial q_j}\left\{A^2\frac{\partial H_{\mathrm{c}}(q,p,t)}{\partial p_j}\right\}. \tag{176}$$

比较此式两边的实虚部可求得 S 和 A^2 遵守的方程式，即

$$-\frac{\partial S}{\partial t}=H_{\mathrm{c}}\Big(q,\frac{\partial S}{\partial q},t\Big)\,, \tag{177}$$

$$\frac{\partial A^2}{\partial t}=-\sum_j\frac{\partial}{\partial q_j}\left\{A^2\frac{\partial H_{\mathrm{c}}(q,p,t)}{\partial p_j}\right\}_{p_l=\partial S/\partial q_l}\,. \tag{178}$$

(177) 式是系统的作用量函数 $S(q,t)$ 满足的由经典哈密顿量决定的微分方程，它即是经典力学中的哈密顿 - 雅可比方程. 按照经典理论，在系统的位形空间的概率密度随时间演化的方程式是 $\frac{\partial\rho_{\mathrm{c}}(q,t)}{\partial t}=-\sum\limits_j\frac{\partial}{\partial q_j}(\rho_{\mathrm{c}}\,\dot{q}_j)$，其中 $\dot{q}_j$ 是广义速度，它作为 (q,t) 的函数正是 $\left(\frac{\partial H_{\mathrm{c}}(q,p,t)}{\partial p_j}\right)_{p_l=\partial S/\partial q_l}$. 当波函数已经归一时，$A^2$ 是在状态 $\Phi(q,t)$ 下发现系统处在点 $(q_1,q_2,\cdots,q_s)$ 的概率密度. 所以 (178) 式表明，坐标的概率分布遵从经典力学的定律. 上面从 Schrödinger 方程推导 (177), (178) 式时，引用了 (173) 式的条件，这是要求 $A(q,t)$ 随 q 的变化足够缓慢，即当 q_j 改变一个“波长” $\hbar/p_j$ 时，A 的改变甚小于它本身的值，或者说，当 A 随 q 显示出一些改变时 (也是相对它本身的值而言), 作用量 S 的改变甚大于 $\hbar$. 在这样的条件下， Schrödinger 方程就可用式 (177) 和 (178) 来代替，$A\mathrm{e}^{\mathrm{i}S/\hbar}$ 称为类经典波函数.

类经典波函数的经典性质正是在于：由它确定的坐标值的概率分布随时间的演化遵守经典定律，这一般都不意味着经典轨道运动，有些类经典波函数甚至代表 Schrödinger 方程的精确解，自由粒子的德布罗意波就是这种例子. 要用 (177) 和 (178) 式描述经典轨道运动，必须挑选它们的经典波包解. 如果在某个初始时刻实现了一个经典波包，那么由方程 (177) 及 (178) 可证明，该波包在 (173) 式成立的时间内仍然是经典波包，而且坐标和动量值满足经典正则方程. 假定在初始波包中 A^2 只在一个足够狭小的区域不为零，而且动量值的分布也足够集中，随着时间的演化只要条件 (173) 式仍然成立，则 (178) 式表明 A^2 只在一个运动的狭小区域内不为零. 系统在时刻 t 的坐标和动量值可表示为 (设波函数已归一)

$$\begin{aligned}
q_j(t)&=\int W(q',t)\mathrm{d}q'|\Phi(q',t)|^2q'_j=\int q'_jA^2(q',t)\mathrm{d}q'\,,\\
p_j(t)&=\int W(q',t)\mathrm{d}q'\Phi^*(q',t)\widehat{p}_j\Phi(q',t)\\
&\approx\int\frac{\partial S(q',t)}{\partial q'_j}A^2(q',t)\mathrm{d}q'=\frac{\partial S(q,t)}{\partial q_j}\,.
\end{aligned}$$

求 $q_j(t)$ 的时间微商有

$$\dot{q}_j(t) = -\sum_l \int q'_j \mathrm{d}q' \frac{\partial}{\partial q'_l} \left\{ A^2(q',t) \left(\frac{\partial H_{\mathrm{c}}(q',p',t)}{\partial p'_l} \right)_{p'=\partial S(q',t)/\partial q'} \right\},$$

即

$$\dot{q}_j(t) = \frac{\partial H_{\mathrm{c}}(q,p,t)}{\partial p_j}, \tag{179}$$

其中各个 p_l 即是 $\partial S(q,t)/\partial q_l$. 再用这个结果求 p_j 的时间微商得

$$\begin{aligned}
\dot{p}_j(t) &= \frac{\mathrm{d}}{\mathrm{d}t} \frac{\partial S(q,t)}{\partial q_j} = \frac{\partial}{\partial t} \frac{\partial S(q,t)}{\partial q_j} + \sum_l \frac{\partial^2 S(q,t)}{\partial q_l \partial q_j} \dot{q}_l \\
&= -\frac{\partial H_{\mathrm{c}}(q,\partial S/\partial q,t)}{\partial q_j} + \sum_l \frac{\partial^2 S(q,t)}{\partial q_l \partial q_j} \frac{\partial H_{\mathrm{c}}(q,p,t)}{\partial p_l} \\
&= -\frac{\partial H_{\mathrm{c}}(q,p,t)}{\partial q_j},
\end{aligned} \tag{180}$$

最后一行的量是在确定的 $(p_1, p_2, \cdots, p_s)$ 下对于 q_j 的偏微商.

在以上的讨论中认定系统的状态是纯粹态，实际上也可从混合态的观点得出同样的结果. 我们可以按照 §10 的方法把研究的系统的混合态看成是它在一个扩大系统的一定纯粹态下所处的状态，对于大系统仍然按照以上的方法处理，于是得到适合于大系统的哈密顿 - 雅可比方程和概率分布的运动方程，以及关系式 (175). 由于从初始时刻以后，我们所研究的系统与扩大的部分没有相互作用，所以总的作用量是这两个部分的作用量之和，并且各自遵从其相应的哈密顿 - 雅可比方程. 概率分布是这两个部分的概率分布之积，并且各自遵从由相应的作用量函数确定的方程 (178), 两个部分的正则动量和作用量函数之间的关系也和 (175) 式相同，唯一要改变的是把方程 (178) 中的 A^2 直接换成概率分布函数. 推导 (179), (180) 式的方法也不变，只是要用特殊的统计算符代替经典波包来描写经典轨道运动.

习题　证明任意力学量的算子 $\widehat{F}(q,\widehat{p},t)$ 与 $\widehat{G}(q,\widehat{p},t)$ 的对易关系式在经典波包下的平均值按 $\hbar$ 的方幂展开时，最低次项等于经典泊松括号乘以 $\mathrm{i}\hbar$.

解　设 $\varPhi(q,t)$ 是经典波包 (已经归一), 用 q_j^{c}, p_j^{c} 代表坐标、动量在时刻 t 的平均值

$$\begin{aligned}
q_j^{\mathrm{c}}(t) &= \int W(q,t) \varPhi^*(q,t) q_j \varPhi(q,t) \mathrm{d}q = \int q_j A^2(q,t) \mathrm{d}q, \\
p_j^{\mathrm{c}}(t) &= \int W(q,t) \varPhi^*(q,t) \widehat{p}_j \varPhi(q,t) \mathrm{d}q.
\end{aligned}$$

由于 $\Phi(q,t)$ 是经典波包，它表示系统以 $(q^{\mathrm{c}},p^{\mathrm{c}})$ 为坐标和动量的近似确定值. 把 $W(q,t)^{1/2}\Phi(q,t)$ 写成 $A(q,t)\mathrm{e}^{\mathrm{i}S(q,t)/\hbar}$ (见 (169) 式), 令 $p_j\equiv\partial S(q,t)/\partial q_j$, 则

$$(\widehat{p}_j-p_j)\Phi(q,t)=-\frac{\mathrm{i}\hbar}{A}\frac{\partial A}{\partial q_j}\Phi(q,t)\,.$$

因此为了把 $[\widehat{F},\widehat{G}]$ 的平均值计算到 $\hbar$ 的一次项，把 $\widehat{F}$ 及 $\widehat{G}$ 按 $(\widehat{p}_j-p_j)$ 的方幂展开保留到一次项即可. 故

$$\widehat{F}(q,\widehat{p},t)\approx F_{\mathrm{c}}(q,p,t)+\frac{1}{2}\sum_j\left\{(\widehat{p}_j-p_j)\frac{\partial F_{\mathrm{c}}}{\partial p_j}+\frac{\partial F_{\mathrm{c}}}{\partial p_j}(\widehat{p}_j-p_j)\right\},$$

$$\widehat{G}(q,\widehat{p},t)\approx G_{\mathrm{c}}(q,p,t)+\frac{1}{2}\sum_j\left\{(\widehat{p}_j-p_j)\frac{\partial G_{\mathrm{c}}}{\partial p_j}+\frac{\partial G_{\mathrm{c}}}{\partial p_j}(\widehat{p}_j-p_j)\right\},$$

$$\left[\widehat{F}(q,\widehat{p},t)\,,\widehat{G}(q,\widehat{p},t)\right]\approx\mathrm{i}\hbar\sum_j\left\{\frac{\partial F_{\mathrm{c}}}{\partial q_j}\frac{\partial G_{\mathrm{c}}}{\partial p_j}-\frac{\partial F_{\mathrm{c}}}{\partial p_j}\frac{\partial G_{\mathrm{c}}}{\partial q_j}\right\}.$$

这三个等式中的 F_{c} 和 G_{c} 即是 $F_{\mathrm{c}}(q,p,t)$ 和 $G_{\mathrm{c}}(q,p,t)$, 最后面的等式的平均值给出

$$\begin{aligned}\overline{[\widehat{F},\widehat{G}]}&=\int W(q,t)\mathrm{d}q\Phi^*(q,t)[\widehat{F}(q,\widehat{p},t),\widehat{G}(q,\widehat{p},t)]\Phi(q,t)\\&=\mathrm{i}\hbar\int\mathrm{d}qA^2(q)\sum_j\left\{\frac{\partial F_{\mathrm{c}}(q,p,t)}{\partial q_j}\frac{\partial G_{\mathrm{c}}(q,p,t)}{\partial p_j}-\frac{\partial F_{\mathrm{c}}(q,p,t)}{\partial p_j}\frac{\partial G_{\mathrm{c}}(q,p,t)}{\partial q_j}\right\},\end{aligned}$$

即

$$\overline{[\widehat{F},\widehat{G}]}\approx\mathrm{i}\hbar\sum_j\left\{\frac{\partial F_{\mathrm{c}}(q^{\mathrm{c}},p^{\mathrm{c}},t)}{\partial q_j^{\mathrm{c}}}\frac{\partial G_{\mathrm{c}}(q^{\mathrm{c}},p^{\mathrm{c}},t)}{\partial p_j^{\mathrm{c}}}-\frac{\partial F_{\mathrm{c}}(q^{\mathrm{c}},p^{\mathrm{c}},t)}{\partial p_j^{\mathrm{c}}}\frac{\partial G_{\mathrm{c}}(q^{\mathrm{c}},p^{\mathrm{c}},t)}{\partial q_j^{\mathrm{c}}}\right\}.$$

参考文献

[1] DIRAC P A M. The principles of quantum mechanics. 4th ed. New York: Oxford University Press, 1982.

[2] PAULI W. Pauli lectures on physics: 5. wave mechanics. Massachussets: MIT Press, 1973.

[3] LANDAU L D, LIFSHITZ E M. Quantum mechanics. 3rd ed. Oxford: Pergamon Press, 1977.

[4] GREEN H S. Phys. Rev., 1953, A90: 2701.

[5] OHNUKI Y, KAMEFUCHI S. Quantum field theory and parastatistics. New York: University of Tokyo Press, 1982.

[6] YANG ZESEN, LI XIANHUI, QI HUI, DENG WEIZHEN (杨泽森，李先卉，齐辉，邓卫真). Phys. Rev., 1993, A47: 2574.

第四章　玻色统计法与费米统计法．二次量子化理论

§ 1　玻色统计法与费米统计法

早在 1924 年，玻色就提出了玻色统计法，其中认为，相同粒子是不可分辨的，而同时处在一个单粒子态上的粒子的数目则不受限制．所谓不可分辨是指粒子的交换不改变总系统的状态．1925 年，泡利提出了关于电子的不相容原理，即不能有两个或更多的电子同时处在同一个态．不久费米 (1926 年) 根据这一原理以及相同粒子的不可分辨性建立了费米统计法．实验表明，具有整数的自旋值 (以 $\hbar$ 为单位) 的粒子遵从玻色统计，具有半整数自旋的粒子则遵从费米统计，直到现在未曾发现同时违反这两种统计法的微观粒子．因此，微观粒子按照统计法而分成玻色子和费米子．

相同粒子的不可分辨性与不相容原理都是与经典力学相抵触的，量子力学则可以容纳不可分辨性，并由此自然地得出只有玻色统计和费米统计的结论．这里要注意，粒子相同当然是不可分辨性的前提，但没有理论上的理由断言相同粒子是不可分辨的，现在要做的事情是把不可分辨性当作原理而考察它对于多粒子系统的波函数产生的限制．用 $\Psi(\xi_1,\xi_2,\cdots,\xi_N)$ 代表 N 个相同粒子的波函数，其中 (ξ) 包括空间坐标和自旋变数．在交换粒子时状态保持不变，因而波函数只能改变一个常数因子，即

$$\Psi(\xi_1,\xi_2,\cdots,\xi_N)=\lambda_{12}\Psi(\xi_2,\xi_1,\cdots,\xi_N),\quad |\lambda_{12}|=1. \tag{1}$$

再交换这对粒子，得出 $\lambda_{12}^2=1$, 故

$$\lambda_{12}=\pm 1\,, \tag{2}$$

注意

$$\Psi(\xi_1,\xi_2,\xi_3,\cdots,\xi_N)=\lambda_{13}\Psi(\xi_3,\xi_2,\xi_1,\cdots,\xi_N)=\lambda_{23}\lambda_{12}\lambda_{23}\Psi(\xi_3,\xi_2,\xi_1,\cdots,\xi_N),$$

可见

$$\lambda_{12} = \lambda_{13} = \lambda_{14} = \cdots \lambda_{1N}.$$

同样推下去，可知总波函数只能是全对称或全反对称的. 再由叠加原理推知，对一定系统来说，波函数空间或者只包含全对称波函数，或者只包含全反对称波函数，而且 λ_{ij} 的值与 N 的大小无关. 因此波函数的对称或反对称的性质取决于粒子的类型. 按照粒子的这个性质，可以把它们分成两类，一类粒子的多体波函数是全对称的，另一类粒子的多体波函数是全反对称的.

既然如此，由相同粒子组成的系统的波函数空间的算符，必须对粒子交换保持不变，因为不符合这个要求的算符作用于全对称波函数或全反对称波函数的结果，将不再是全对称或全反对称的. 特别是如果哈密顿量算符在粒子交换下没有不变性，那么全对称或全反对称波函数随着时间的变化将会变成不再是全对称或全反对称的.

由全对称波函数描写的粒子显然不遵从泡利不相容原理. 例如一种最简单的全对称波函数是

$$\psi_a(\xi_1)\psi_a(\xi_2)\cdots\psi_a(\xi_N),$$

这个波函数表示任意 N 个粒子处在同一个单粒子态 ψ_a 上，可见这种类型的粒子是玻色子. 不难看出，表示系统中有两个或多个相同粒子处在同一个单粒子态的波函数对于这些粒子的交换必然是对称的，因此与系统的全反对称波函数正交，即是说，在全反对称波函数描写的状态下发现两个或多个粒子处于同一个单粒子态的概率等于零. 可见由全反对称波函数描述的粒子遵从泡利不相容原理，因此是费米子. 总之，以相同粒子的不可分辨性为依据，量子力学能够表明，微观粒子可分成玻色子和费米子两种类型，由相同玻色子组成的系统用全对称波函数描述，由相同费米子组成的系统则用全反对称波函数描述. 至于粒子遵从的统计法与自旋值的关系，在非相对论性量子力学中，则当作经验事实看待. 当各粒子几乎是按经典轨道运动时，可不考虑不可分辨性，无论是玻色统计或费米统计，都等价于经典统计.

最后，让我们用单粒子波函数的积来构成较简单的全对称和全反对称波函数. 设 $\psi_1, \psi_2, \cdots$ 是正交归一的单体波函数，用它们的积可构成一个 N 体函数

$$\underbrace{\{\psi_1(\xi_1)\cdots\psi_1(\xi_{N_1})\}}_{N_1\text{ 个因子}}\underbrace{\{\psi_2(\xi_{N_1+1})\cdots\psi_2(\xi_{N_1+N_2})\}}_{N_2\text{ 个因子}}\cdots\underbrace{\{\psi_k\cdots\psi_k(\xi_N)\}}_{N_k\text{ 个因子}},$$

它表示第 1 至第 N_1 号粒子处在 ψ_1 上，第 N_1+1 至第 N_1+N_2 号粒子处在 ψ_2 上，$\cdots(\sum\limits_j N_j = N)$，它不是全对称的. 交换不同 ψ_j 之间的粒子号码，可得到

$N!/(N_1!N_2!\cdots N_k!)$ 个正交归一的项，相加起来就是全对称波函数，其归一形式为

$$\Psi_{N_1N_2\cdots N_k}(\xi_1,\cdots,\xi_N)=\sqrt{\left(\frac{N_1!\cdots N_k!}{N!}\right)}$$
$$\times\sum_{P_{\rm E}}P_{\rm E}\{\psi_1(\xi_1)\cdots\psi_1(\xi_{N_1})\}\{\psi_2(\xi_{N_1+1})\cdots\psi_2(\xi_{N_1+N_2})\}\cdots\{\psi_k\cdots\psi_k(\xi_N)\},\quad(3)$$

其中 $P_{\rm E}$ 是关于不同 ψ_j 上的粒子号码的置换算符．求和遍及所有这样的置换．这样的波函数表示有 N_1 个粒子处在 ψ_1, N_2 个粒子处在 $\psi_2,\cdots\cdots,N_k$ 个粒子处在 ψ_k. 全对称波函数总是可以表示为这种类型的波函数的叠加．

从 N 个正交归一的单体波函数 $\psi_{i_1},\psi_{i_2},\cdots,\psi_{i_N}$ 作出积

$$\psi_{i_1}(\xi_1)\psi_{i_2}(\xi_2)\cdots\psi_{i_N}(\xi_N),$$

再对 N 个粒子的号码进行置换，可得 $N!$ 个正交归一的积，把由奇置换给出的积乘以 -1, 然后把这 $N!$ 加起来就得到一个全反对称波函数，记为

$$\Psi_{\{1_{i_1}1_{i_2}\cdots1_{i_N}\}}(\xi_1,\xi_2,\cdots,\xi_N)=\frac{1}{\sqrt{N!}}\sum_P(-1)^{[P]}P\psi_{i_1}(\xi_1)\psi_{i_2}(\xi_2)\cdots\psi_{i_N}(\xi_N),\quad(4)$$

其中 P 是 N 个粒子号码的置换算符，$[P]$ 按照置换的奇偶性而取奇数或偶数，求和遍及一切不同的置换．一般的全反对称波函数可以表示为这种类型的波函数的叠加．例如

$$\Psi_{\{1_41_51_6\}}(\xi_1,\xi_2,\xi_3)=\frac{1}{\sqrt{3!}}\sum_P(-1)^{[P]}P\psi_4(\xi_1)\psi_5(\xi_2)\psi_6(\xi_3),$$

$$\Psi_{\{1_41_61_5\}}(\xi_1,\xi_2,\xi_3)=\frac{1}{\sqrt{3!}}\sum_P(-1)^{[P]}P\psi_4(\xi_1)\psi_6(\xi_2)\psi_5(\xi_3)=-\Psi_{\{1_41_51_6\}}(\xi_1,\xi_2,\xi_3).$$

§2　相同玻色子系统的二次量子化理论

根据上节所述，对于由相同微观粒子组成的系统，只要选定一组正交归一和完备的单体波函数 $\{\psi_1,\psi_2,\cdots\}$, 并且按照统计法的要求构成如 (3) 式或 (4) 式所示的基本波函数，就可以用它们的叠加表示任意波函数．这种基本波函数是由处在 $\psi_1,\psi_2,\cdots$ 上的粒子数目 $N_1,N_2,\cdots$ 来表示的，因此有可能建立一种数学形式，使这些数目变成力学量 $\widehat{n}_1,\widehat{n}_2,\cdots$ 的本征值，这意味着，$\widehat{n}_1,\widehat{n}_2,\cdots$ 的全部不同本征 ket 矢就代表总粒子数取一切值的系统的全部独立

态矢量，以它们为基矢的线性空间是一个广义态矢量空间，具有一定总粒子数的系统的态矢量只是形成其中的一个子空间 (总粒子数不同的基矢互相正交). 在这种基矢之间可以通过 $N_1, N_2, \cdots$ 值的增减而相互变换，这种增减又可以用粒子数的产生和湮灭算符来描写，因此作用于广义态矢量空间的各种算符都可以用粒子数的产生和湮灭算符表示出来. 所谓二次量子化理论就是把粒子数看作力学量并以粒子的产生、湮灭算符为基本算符的理论形式. 对于只研究粒子总数守恒的非相对论量子力学来说，二次量子化理论是通常的理论的改写，它对于含有很多相同粒子的系统有十分广泛的应用，在相对论性场论中，由于必须把粒子数当作力学量来处理，这种理论形式变成了场的量子理论的基本形式. 这里只讲非相对论二次量子化理论，本节讲玻色子系统的情形.

2.1　粒子数基矢和广义态矢量空间

设 $\{\psi_i(\xi)\}$ 是一组正交归一和完备的单粒子波函数，记住 ξ 同时代表空间坐标和自旋变数， i 同时代表空间及自旋态的量子数. 为了方便，假设 i 的数值是分立的，并把它们按 $1,2,3\cdots$ 编号. 从这组单体波函数中取出 $\psi_{i_1}, \psi_{i_2}, \cdots, \psi_{i_N}$(允许重复), 经过对称化就可得到 N 体基本波函数. 在固定 N 时，不同的取法给出互相正交的基本波函数. 例如由 ψ_4 与 ψ_4 给出的两体基本波函数是 $\psi_4(\xi_1)\psi_4(\xi_2)$, 表示两个粒子都在 ψ_4. 又如，由 ψ_1, ψ_3 和 ψ_4 给出的三体基本波函数

$$\begin{aligned}&\frac{1}{\sqrt{6}}\Big\{\psi_1(\xi_1)\psi_3(\xi_2)\psi_4(\xi_3)+\psi_1(\xi_1)\psi_3(\xi_3)\psi_4(\xi_2)+\psi_1(\xi_2)\psi_3(\xi_1)\psi_4(\xi_3)\\&+\psi_1(\xi_2)\psi_3(\xi_3)\psi_4(\xi_1)+\psi_1(\xi_3)\psi_3(\xi_1)\psi_4(\xi_2)+\psi_1(\xi_3)\psi_3(\xi_2)\psi_4(\xi_1)\Big\}\end{aligned}$$

表示 ψ_1,ψ_3 和 ψ_4 各有一粒子. 一般地，只要把各个 ψ_i 出现的次数 N_i 给定了，则相应的基本波函数就确定了. 形式上可认为每个 ψ_i 都出现，但 N_i 的值可以是 0. 因此基本波函数可写成

$$\begin{aligned}&\varPsi_{N_1N_2\cdots}(\xi_1,\xi_2,\cdots,\xi_N)\\&=\sqrt{\frac{N_1!N_2!\cdots}{N!}}\sum_{P_{\mathrm{E}}}P_{\mathrm{E}}\{\underbrace{\psi_1(\xi_1)\cdots\psi_1(\xi_1)}_{N_1\text{ 个}}\}\{\underbrace{\psi_2(\xi_{N_1+1})\cdots\psi_2}_{N_2\text{ 个}}\}\cdots,\end{aligned}$$

其中每个 N_i 的允许值都是包括 0 在内的一切非负整数. 这些量的物理意义是：当系统处在 $\varPsi_{N_1N_2\cdots}$ 所代表的状态时， $N_1, N_2, \cdots$ 分别是处在 $\psi_1, \psi_2, \cdots$ 的粒子的数目. 对于特定的 N 体系统来说，满足条件 $\sum\limits_i N_i = N$ 的全部基本波

函数 $\Psi_{N_1N_2\cdots}(\xi_1,\xi_2,\cdots,\xi_N)$ 构成波函数空间的正交归一完备组，因此任意 N 体波函数 Ψ 可表示为

$$\Psi(\xi_1,\xi_2,\cdots,\xi_N)=\sum_{N_1N_2\cdots}\Psi_{N_1N_2\cdots}(\xi_1,\cdots,\xi_N)C(N_1,N_2,\cdots),$$

系数 $C(N_1,N_2,\cdots)$ 本来只在条件 $\sum\limits_i N_i=N$ 下才有定义，但我们认为它对于每个 N_i 的一切允许值都有定义，只是当 $\sum\limits_i N_i$ 不等于 N 时其值为零，即

$$C(N_1,N_2,\cdots)=\begin{cases}(\Psi_{N_1N_2\cdots},\Psi), & \text{当}\sum\limits_i N_i=N;\\ 0, & \text{当}\sum\limits_i N_i\neq N.\end{cases}$$

因此对于上面的展开式中的求和范围不必加以限制. 这样定义的 $C(N_1,N_2,\cdots)$ 可以称为 Ψ 在 $(N_1N_2\cdots)$ 表象的波函数或简单地说是 Ψ 在粒子数表象的波函数，其模平方代表在 Ψ 下发现系统处在 $\Psi_{N_1N_2\cdots}$ 的概率，而且 Ψ_A 与 Ψ_B 的内积可表示为

$$(\Psi_A,\Psi_B)=\sum_{N_1N_2\cdots}C_A^*(N_1,N_2,\cdots)C_B(N_1,N_2,\cdots).$$

值得注意，当 Ψ_A 与 Ψ_B 属于粒子总数不同的系统时，这个内积公式仍然有意义 (这时结果为零)，这正是粒子数表象的波函数的特殊之点 (用 ξ 表象的波函数无法建立这样的内积概念).

显然，基本波函数 $\Psi_{N_1'N_2'\cdots}$ 在粒子数表象的波函数为

$$C_{N_1'N_2'\cdots}(N_1,N_2,\cdots)=\delta_{N_1'N_1}\delta_{N_2'N_2}\delta_{N_3'N_3}\cdots,$$

它们之间的内积是

$$\sum_{N_1N_2\cdots}C^*_{N_1'N_2'\cdots}(N_1,N_2,\cdots)C_{N_1''N_2''\cdots}(N_1,N_2,\cdots)=\delta_{N_1'N_1''}\delta_{N_2'N_2''}\cdots.$$

这些基本波函数的全体代表总粒子数取一切值的系统的全部独立波函数 (空系统的波函数是 $C_{0_10_2\cdots}(N_1,N_2,\cdots)=\delta_{0N_1}\delta_{0N_2}\cdots$. 我们把这些波函数的任意线性组合所成的线性空间称为广义波函数空间 (于是每一个具有一定粒子总数的系统的波函数只形成其中的一个子空间)，其中任何两个广义波函数的内积仍按上面的方法定义. 为了方便，再让广义波函数空间对应于一个广义 ket

矢量空间，对应关系如下

$$
\begin{aligned}
&C_{N_1'N_2'\cdots}(N_1,N_2,\cdots) \longleftrightarrow |N_1'N_2'\cdots\rangle\,,\\
&\alpha C_{N_1'N_2'\cdots}(N_1,N_2,\cdots)+\beta C_{N_1''N_2''\cdots}(N_1,N_2,\cdots)\\
&\qquad \longleftrightarrow \alpha|N_1'N_2'\cdots\rangle+\beta|N_1''N_2''\cdots\rangle\,,\\
&\langle N_1'N_2'\cdots|N_1''N_2''\cdots\rangle\\
&\qquad =\sum_{N_1N_2\cdots} C_{N_1'N_2'\cdots}(N_1,N_2,\cdots)C_{N_1''N_2''\cdots}(N_1,N_2,\cdots)\\
&\qquad =\delta_{N_1'N_1''}\delta_{N_2'N_2''}\cdots\,.
\end{aligned}\tag{5}
$$

由于符合条件 $\sum\limits_i N_i=N$ 的全部 $|N_1N_2\cdots\rangle$ 对于总粒子数为 N 的态矢量是完备的，故当 $N_1,N_2,\cdots$ 取一切非负整数时，全体 $|N_1N_2\cdots\rangle$ 构成广义态矢量空间的完备组，所以有

$$
\sum_{N_1N_2\cdots}|N_1N_2\cdots\rangle\langle N_1N_2\cdots|=1\,.\tag{6}
$$

基本 ket 矢 $|N_1N_2\cdots\rangle$ 就是广义态矢量的粒子数表象的基矢，可简称为粒子数基矢．一个任意态矢量 $|\Psi\rangle$ 在粒子数表象的波函数可表示为

$$
C(N_1,N_2,\cdots)=\langle N_1N_2\cdots|\Psi\rangle\,.\tag{7}
$$

从不同的单体正交完备波函数出发，当然会得到不同的粒子数基矢，它们之间的关系由相应的单体波函数之间的关系决定 (见下小节).

2.2　产生和湮灭算符

由于 $(N_1N_2\cdots)$ 的全部允许值决定一组正交归一和完备的基本 ket 矢 $|N_1N_2\ \cdots\rangle$, 这组 ket 矢可以看作广义态矢量空间的一组算符的共同本征 ket 矢，而 $N_1N_2\cdots$ 是各个算符的本征值．设 $\widehat{n}_1,\widehat{n}_2,\cdots$ 是这样的算符，于是

$$
\widehat{n}_i|N_1N_2\cdots\rangle=N_i|N_1N_2\cdots\rangle\,.
$$

利用 (6) 式得

$$
\widehat{n}_i=\sum_{N_1N_2\cdots}N_i|N_1N_2\cdots\rangle\langle N_1N_2\cdots|\,,\tag{8}
$$

它称为处在 ψ_i 上的粒子数算符．容易证明，这是一组厄米和互相对易的算符，即

$$
\widehat{n}_i^\dagger=\widehat{n}_i\,,
$$

$$[\widehat{n}_i,\widehat{n}_j]=0\,.$$

这正是各个 ψ_i 上的粒子数目构成完整力学量的所必须具有的性质.

(8) 式又可写成

$$\widehat{n}_i=a_i^\dagger a_i\,, \tag{9}$$

其中

$$a_i=\sum_{N_1N_2\cdots}\sqrt{N_i}|N_1N_2\cdots(N_i-1)\cdots\rangle\langle N_1N_2\cdots N_i\cdots|, \tag{10}$$

$$\begin{aligned}a_i^\dagger&=\sum_{N_1N_2\cdots}\sqrt{N_i}|N_1N_2\cdots N_i\cdots\rangle\langle N_1N_2\cdots(N_i-1)\cdots|\\&=\sum_{N_1N_2\cdots}\sqrt{N_i+1}|N_1N_2\cdots(N_i+1)\cdots\rangle\langle N_1N_2\cdots N_i\cdots|\,.\end{aligned} \tag{11}$$

这些算符的意义是十分显然的, a_i 是湮灭一个处在 ψ_i 上的粒子的算符, 即是说, 如果被它作用的态是 $\widehat{n}_i$ 的本征态, 属于本征值 N_i', 那么受作用之后, 仍然是 $\widehat{n}_i$ 的本征态, 属于本征值 $N_i'-1$, 即是在 ψ_i 上的粒子数目减少了 1. 类似地, $a_i^\dagger$ 是产生出一个处在 ψ_i 上的粒子的算符. (10) 及 (11) 式也可写成

$$a_i|N_1N_2\cdots N_i\cdots\rangle=\sqrt{N_i}|N_1N_2\cdots(N_i-1)\cdots\rangle\,, \tag{10'}$$

$$a_i^\dagger|N_1N_2\cdots N_i\cdots\rangle=\sqrt{N_i+1}|N_1N_2\cdots(N_i+1)\cdots\rangle\,, \tag{11'}$$

产生及湮灭算符所遵循的对易关系, 可从 (10),(11) 式或 (10′), (11′) 式直接推导出来:

$$[a_i,a_j^\dagger]=\delta_{ij}\,, \tag{12}$$

$$[a_i,a_j]=[a_i^\dagger,a_j^\dagger]=0\,. \tag{13}$$

这些对易关系具有非常基本的意义.

利用公式 (11′), 可把基本态矢量写成

$$|N_1N_2\cdots\rangle=\frac{(a_1^\dagger)^{N_1}}{\sqrt{N_1!}}\frac{(a_2^\dagger)^{N_2}}{\sqrt{N_2!}}\cdots|0\rangle\,, \tag{14}$$

其中, $|0\rangle$ 是 $|0_10_2\cdots0_i\cdots\rangle$ 的简写, 表示任何一个 ψ_i 上都没有粒子.

现在我们来证明, 可以通过产生及湮灭算符来表达基本算符

$$|N_1N_2\cdots\rangle\langle N_1'N_2'\cdots|\,,$$

因之可以表达任何算符. 为此, 只需考虑一个特殊的基本算符 $|0\rangle\langle 0|$ (由 (14) 式即可看出这点). 把 $|0\rangle\langle 0|$ 作用于任意的基矢, 有

$$\begin{aligned}|0\rangle\langle 0|N_1N_2\cdots\rangle &= |0\rangle\delta_{0N_1}\delta_{0N_2}\cdots\delta_{0N_i}\cdots\\ &= |N_1N_2\cdots\rangle\delta_{0N_1}\delta_{0N_2}\cdots\delta_{0N_i}\cdots\\ &= \delta_{0\widehat{n}_1}\delta_{0\widehat{n}_2}\cdots\delta_{0\widehat{n}_i}\cdots|N_1N_2\cdots\rangle\,,\end{aligned}$$

故

$$|0\rangle\langle 0| = \delta_{0\widehat{n}_1}\delta_{0\widehat{n}_2}\cdots\delta_{0\widehat{n}_i}\cdots\,,$$

其中, $\widehat{n}_1,\widehat{n}_2,\cdots$ 是粒子数算符.

以上的描述, 对于任何一套 $\psi_i(\xi)$ 而言都同样是正确的. 当然, 从不同的完备组出发, 将会得到不同的产生算符和湮灭算符, 但是容易证明, $\sum\limits_i\psi_i(\xi)a_i$ 或者它的共轭 $\sum\limits_i\psi_i^*(\xi)a_i^\dagger$ 是与完备组的选择无关的, 而且分别是湮灭和产生一个处在 ξ 点的粒子的算符. 令

$$\Phi(\xi) = \sum_i\psi_i(\xi)a_i\,,$$

于是

$$\Phi(\xi)^\dagger = \sum_i\psi_i^*(\xi)a_i^\dagger\,. \tag{15}$$

把 $\Phi(\xi_0)^\dagger|0\rangle$ 在 ξ 表象的波函数写出来, 就是

$$\sum_i\psi_i^*(\xi_0)\psi_i(\xi) = \delta(\xi_0-\xi)\,,$$

这是空间坐标的 δ 函数与自旋变数的 δ 符号的乘积. 可见 $\Phi(\xi_0)^\dagger$ 是在 ξ_0 点产生出一个粒子的算符. 相应地, $\Phi(\xi_0)$ 是在 ξ_0 点湮灭一个粒子的算符, $\Phi(\xi)^\dagger\Phi(\xi)$ 代表 ξ 点的数密度算符. 与 (12),(13) 式相当的对易关系是

$$[\Phi(\xi),\Phi(\xi')^\dagger] = \delta(\xi-\xi')\,,$$

$$[\Phi(\xi),\Phi(\xi')] = [\Phi(\xi)^\dagger,\Phi(\xi')^\dagger] = 0\,. \tag{16}$$

现在来求产生和湮灭算符随单体完备组的变换公式. 设从一个新的正交归一完备组 $\varphi_j(\xi)$ 出发得到的产生及湮灭算符为 $b_j^\dagger$ 及 b_j, 由于

$$\sum_j\varphi_j(\xi)b_j = \sum_i\psi_i(\xi)a_i\,,$$

以 φ_j^* 遍乘，并对 ξ 中的坐标变数积分且对其自旋变数求和，即得

$$b_j = \sum_i \langle\varphi_j|\psi_i\rangle a_i\,, \quad b_j^\dagger = \sum_i \langle\psi_i|\varphi_j\rangle a_i^\dagger\,, \tag{17}$$

这就是所需要的关系式.

2.3 各类算符的表达式．广义 Schrödinger 方程

下面给出各类算符通过产生及湮灭算符表达的公式.

(1)“单体”型算符

设

$$F = \sum_{p=1}^{N} f(p)\,, \tag{18}$$

其中，$f(p)$ 只涉及第 p 号粒子的变数，各个 f 对于所属粒子的变数的依赖关系完全相同．我们来证明 F 可表示成

$$\widehat{F} = \sum_{ik} \langle i|f|k\rangle a_i^\dagger a_k\,, \tag{19}$$

其中，$\langle i|f|k\rangle$ 代表 $\int \mathrm{d}\xi\psi_i^*(\xi)f\psi_k(\xi)$.

先考虑一种最简单的情形．设 f 是厄米算符，而且 ψ_k 是 f 的本征态，使得

$$f\psi_k = f_k\psi_k\,,$$

于是 $\widehat{F}|N_1N_2\cdots\rangle$ 等于

$$(N_1f_1 + N_2f_2 + \cdots)|N_1N_2\cdots\rangle = \left(\sum_k f_k\widehat{n}_k\right)|N_1N_2\cdots\rangle\,.$$

所以 $\widehat{F} = \sum\limits_k f_k a_k^\dagger a_k$, 这是公式 (19) 的一个特例．再考虑 ψ_k 不是 f 的本征态的情形，仍假定 f 是厄米算符，因之总存在一个正交归一完备组 φ_j, 它们是 f 的本征态，使得 $f\varphi_j = f_j'\varphi_j$, 于是 $\widehat{F} = \sum\limits_j f_j' b_j^\dagger b_j$, 把公式 (17) 代进来就得到公式 (19). 如果 f 不是厄米算符，它总是可以看成两个厄米算符的线性组合，这样就普遍地证明了 (19) 式.

根据公式 (15), 可以把 (19) 式写成与单体完备组的选择无关的形式，

$$\widehat{F} = \int \mathrm{d}\xi \varPhi(\xi)^\dagger f \varPhi(\xi)\,. \tag{20}$$

(2) "两体" 型算符

设

$$G=\sum_{p<q}^{N} g(p,q)=\frac{1}{2}\sum_{p\neq q}^{N} g(p,q),$$

其中 $g(p,q)$ 只依赖于第 p 及第 q 号粒子的变数，各个 g 对于所属粒子的变数的依赖关系完全相同，而且 $g(p,q)=g(q,p)$. 直接引用公式 (19) 就可以证明

$$\widehat{G}=\frac{1}{2}\sum_{iklm}\langle ik|g|lm\rangle a_i^{\dagger}a_k^{\dagger}a_m a_l, \tag{21}$$

其中, $\langle ik|g|lm\rangle$ 代表

$$\int\int \mathrm{d}\xi_1\mathrm{d}\xi_2\psi_i^*(\xi_1)\psi_k^*(\xi_2)g(1,2)\psi_l(\xi_1)\psi_m(\xi_2).$$

设想将 $g(p,q)$ 按粒子号码 p,q 分离开来，令

$$g(p,q)=\sum_t u_t(p)v_t(q)+\sum_t u_t(q)v_t(p),$$

于是

$$\widehat{G}=\sum_t \widehat{U}_t\widehat{V}_t-\sum_{q=1}^{N}\sum_t u_t(q)v_t(q), \tag{21$'$}$$

其中 $\widehat{U}_t=\sum\limits_{p=1}^{N} u_t(p), \widehat{V}_t=\sum\limits_{p=1}^{N} v_t(p)$, 利用 (19) 式及 (12),(13) 式，得

$$\widehat{U}_t\widehat{V}_t=\sum_{im}\langle i|u_t v_t|m\rangle a_i^{\dagger}a_m+\sum_{iklm}\langle i|u_t|l\rangle\langle k|v_t|m\rangle a_i^{\dagger}a_k^{\dagger}a_m a_l,$$

代回 (21′) 式中，单体项刚好相消，于是

$$\widehat{G}=\sum_{iklm}\sum_t\langle i|u_t|l\rangle\langle k|v_t|m\rangle a_i^{\dagger}a_k^{\dagger}a_m a_l.$$

把 i 与 k 交换, l 与 m 交换，得到 $\widehat{G}$ 的另一种表达式. 再把两种表达式相加，除以 2, 就得出 (21) 式.

写成与单体完备组的选择无关的形式，有

$$\widehat{G}=\int\int \mathrm{d}\xi_1\mathrm{d}\xi_2\Phi(\xi_1)^{\dagger}\Phi(\xi_2)^{\dagger}g(1,2)\Phi(\xi_2)\Phi(\xi_1). \tag{22}$$

在公式 (21) 及 (22) 中，把产生算符与产生算符交换位置，或把湮灭算符与湮灭算符交换位置，都不引起改变. 现在所选的次序比较容易记忆，而且可以使这些公式与费米子的公式具有相同的形式.

(3)"n 体"型算符

设 $w(p_1,p_2,\cdots,p_n)$ 是依赖于第 p_1 号，第 p_2 号，$\cdots\cdots$ 及第 p_n 号粒子的变数的算符，而且对于这 n 个号码的任何置换都具有对称性，再设

$$W=\sum_{p_1<p_2\cdots<p_n}^{N} w(p_1,p_2,\cdots,p_n)\,,$$

则有

$$\widehat{W}=\frac{1}{n!}\sum_{\substack{i_1i_2\cdots i_n\\ i_1'i_2'\cdots i_n'}}\langle i_1i_2\cdots i_n|w|i_1'i_2'\cdots i_n'\rangle\, a_{i_1}^{\dagger}a_{i_2}^{\dagger}\cdots a_{i_n}^{\dagger}a_{i_n'}^{\dagger}\cdots a_{i_2'}a_{i_1'}\,, \tag{23}$$

或

$$\widehat{W}=\frac{1}{n!}\int\cdots\int \mathrm{d}\xi_1\cdots\mathrm{d}\xi_n\,\varPhi(\xi_1)^{\dagger}\cdots\varPhi(\xi_n)^{\dagger}w(1,2,\cdots,n)\varPhi(\xi_n)\cdots\varPhi(\xi_1)\,. \tag{24}$$

从公式 (19)—(24) 看到，通常的算符过渡到用产生和湮灭算符表达的形式后，适用于含有任何数目粒子的系统．这很自然，事实上产生及湮灭算符的概念本身就是借助于“广义”的态空间而建立起来的．其次在这些公式中，每一项所包含的产生算符的数目都等于湮灭算符的数目，这也是很自然的，因为，在非相对论量子力学中，任何一个力学量的算符作用于系统的任何状态的结果，都属于原来的系统的态空间，因之决不能使粒子数目增加或减少，所以，它过渡到用产生和湮灭算符表达的形式后必须与总粒子数算符对易．

借助 (19)—(21) 式可把 Schrödinger 方程和其他方程式过渡到对于含有任何数目的粒子的系统都适用的形式．设 T 代表单个粒子的动能算符，U 代表势能算符，w 代表两个粒子的相互作用势能的算符，如果多体作用不存在，则总哈密顿量算符可以通过产生及湮灭算符表示成

$$H=\sum_{ii'}\langle i|T+U|i'\rangle a_i^{\dagger}a_{i'}+\frac{1}{2}\sum_{iki'k'}\langle ik|w|i'k'\rangle a_i^{\dagger}a_k^{\dagger}a_{k'}a_{i'}\,, \tag{25}$$

或

$$H=\int \mathrm{d}\xi\varPhi(\xi)^{\dagger}(T+U)\varPhi(\xi)+\frac{1}{2}\int\int \mathrm{d}\xi_1\mathrm{d}\xi_2\varPhi(\xi_1)^{\dagger}\,\varPhi(\xi_2)^{\dagger}w(1,2)\,\varPhi(\xi_2)\,\varPhi(\xi_1). \tag{26}$$

Schrödinger 方程为

$$\mathrm{i}\hbar\frac{\partial}{\partial t}\varPsi(t)=H\varPsi(t)\,. \tag{27}$$

这里，不管粒子总数是多少．当然，在研究一个特定的系统时，$\varPsi(t)$ 就被限制为总粒子数为一定 N 值的状态，即是说，如果 $\varPsi(t_0)$ 是某个总粒子数为 N

的系统在 t_0 时刻的态矢量，那么，由 (27) 式确定的 $\Psi(t)$ 也属于这个 N 值 (注意 $\sum_i a_i^\dagger a_i$ 与 H 对易).

2.4 二次量子化理论的完整形式

现在要证明，根据 Schrödinger 方程 (27) 和各种力学量算符表达式 (20),(22) 和 (24) 等以及对易关系 (16), 加上量子力学的其他原理，构成描述相同玻色子系统的完整理论．它称为玻色子系统的二次量子化理论．

为了方便，仍借助分立的单体完备组 $\{\psi_i\}$ 来进行讨论．令

$$\left.\begin{aligned} a_i &= \int \psi_i^*(\xi)\Phi(\xi)\mathrm{d}\xi\,, \\ a_i^\dagger &= \int \psi_i(\xi)\Phi(\xi)^\dagger\mathrm{d}\xi\,, \end{aligned}\right\} \tag{28}$$

则可由 (16) 式推出 (12), (13) 式，并由 (20), (22), (24) 推出 (19), (21) 及 (23) 式．我们要证明的是：$a_i^\dagger a_i$ 是 ψ_i 上的粒子数算符，$a_i^\dagger$ 及 a_i 分别是产生及湮灭算符，而且，玻色统计法已被 $a_i, a_j^\dagger$ 遵守的对易关系概括．

根据 $a_i, a_j^\dagger$ 遵守的对易关系可得出

$$[a_i^\dagger a_i, a_j^\dagger] = a_i^\dagger \delta_{ij}\,, \tag{29}$$

$$[a_i^\dagger a_i, a_j] = -a_i \delta_{ij}\,, \tag{30}$$

$$[a_i^\dagger a_i, a_j^\dagger a_j] = 0\,. \tag{31}$$

(29), (30) 式表明当 $j \neq i$ 时 $a_j, a_j^\dagger$ 都与 $a_i^\dagger a_i$ 可对易．(31) 式表明各个 $a_i^\dagger a_i$ 互相可对易．由于各种力学量都可以用 $a_i, a_j^\dagger$ 表示，而与所有 $a_i^\dagger a_i$ 都对易的力学量只能是后者的函数，可见全部 $a_i^\dagger a_i$ 代表一组完整力学量．现在求这组完整力学量的本征值及本征态，为此可直接搬用第三章 §5 的方法．用 β_i 代表 $a_i^\dagger a_i$ 的本征值，$|\beta_1\beta_2\cdots\rangle$ 代表全部 $a_i^\dagger a_i$ 的共同本征 ket 矢，于是

$$a_i^\dagger a_i|\beta_1\beta_2\cdots\rangle = \beta_i|\beta_1\beta_2\cdots\rangle\,, \tag{32}$$

$$a_i a_i^\dagger|\beta_1\beta_2\cdots\rangle = (\beta_i+1)|\beta_1\beta_2\cdots\rangle\,, \tag{33a}$$

$$a_i^\dagger a_i(a_i^\dagger|\beta_1\beta_2\cdots\rangle) = (\beta_i+1)a_i^\dagger|\beta_1\beta_2\cdots\rangle\,, \tag{33b}$$

$$a_i^\dagger a_i(a_i|\beta_1\beta_2\cdots\rangle) = (\beta_i-1)a_i|\beta_1\beta_2\cdots\rangle\,. \tag{33c}$$

由 (33c) 式看出，只要 $a_i|\beta_1\beta_2\cdots\rangle$ 不是零 ket 矢，它就仍然是 $a_i^\dagger a_i$ 的本征 ket 矢，属于本征值 (β_i-1). 由于 $a_i^\dagger a_i$ 不能有负本征值，应存在非负整数 k, 使得

$$(a_i)^k|\beta_1\beta_2\cdots(\beta_i)\cdots\rangle\neq 0\,,$$

$$(a_i)^{k+1}|\beta_1\beta_2\cdots(\beta_i)\cdots\rangle=0\,,$$

这表明 $(a_i)^k|\beta_1\beta_2\cdots(\beta_i)\cdots\rangle$ 是 $a_i^\dagger a_i$ 的本征 ket 矢，第 i 号本征值是 0(其他 $a_j^\dagger a_j$ 的本征值不改变), 因而又说明原来的 β_i 就是 k. 可见 $a_i^\dagger a_i$ 具有零本征值，而且非零本征值只能是正整数. 显然 $(a_i)^\dagger|\beta_1\beta_2\cdots(0_i)\cdots\rangle$ 不是零 (根据 (33b) 式), 因此是 $a_i^\dagger a_i$ 的本征 ket 矢，第 i 号本征值是 1. 继续以 $a_i^\dagger$ 作用之，可以推知 $a_i^\dagger a_i$ 的值谱是全部非负整数，而 $(a_i^\dagger)^{\beta_i}|\beta_1\beta_2\cdots(0_i)\cdots\rangle$ 是 $a_i^\dagger a_i$ 的本征值为 β_i 的本征 ket 矢. 所有 $\beta_1,\beta_2,\cdots$ 都是 0 的 ket 矢 $|0\rangle$ 当然满足条件

$$a_i|0\rangle=0\,.$$

当 $|0\rangle$ 归一后，可把归一的 $|\beta_{i_1}\beta_{i_2}\cdots\rangle$ 表示为

$$\frac{(a_{i_1}^\dagger)^{\beta_{i_1}}}{\sqrt{\beta_{i_1}!}}\frac{(a_{i_2}^\dagger)^{\beta_{i_2}}}{\sqrt{\beta_{i_2}!}}\cdots|0\rangle\,.$$

由于 $a_i^\dagger$ 的排列次序可以随意改变，这即是

$$|\beta_1\beta_2\cdots\rangle=\frac{(a_1^\dagger)^{\beta_1}}{\sqrt{\beta_1!}}\frac{(a_2^\dagger)^{\beta_2}}{\sqrt{\beta_2!}}\cdots|0\rangle\,.$$

为了弄清楚 $a_i^\dagger$ 的意义，我们来研究 $a_i^\dagger|0\rangle$. 考虑单体型的力学量的算符

$$F=\sum_{ik}\langle\psi_i|f|\psi_k\rangle a_i^\dagger a_k\,,$$

其中 f 在态 ψ_k 下取确定值 f_k, 于是

$$F=\sum_k f_k a_k^\dagger a_k\,,$$

$$Fa_i^\dagger|0\rangle=f_i a_i^\dagger|0\rangle\,.$$

对于在 ψ_k 下有确定值的任何 f 都是如此，所以 $a_i^\dagger|0\rangle$ 代表有一个粒子处在 ψ_i 的态. 即是说，$a_i^\dagger$ 是产生一个处在 ψ_i 上的粒子的产生算符，因而 a_i 是相应的湮灭算符，$a_i^\dagger a_i$ 是处在 ψ_i 上的粒子数算符，由此也了解了 β_i 的物理意义，即：当系统处在状态 $|\beta_1\beta_2\cdots\rangle$ 时，就有 β_i 个粒子处在 ψ_i.

由于各个 ψ_i 上的粒子数确定了系统的状态，可见粒子遵从不可分辨原理. 其次，各个 ψ_i 上的粒子数可以任意多，说明粒子是玻色子.

现在把由相同的玻色子构成的力学系统的二次量子化描述方法，扼要叙述如下：任意选择一个单体正交归一完备组 ψ_i, 使一切算符都借助 (19),(21) 及 (23) 式过渡到由 a_i 及 $a_j^\dagger$ 表达的形式，同时要求 a_i 及 $a_j^\dagger$ 遵从对易关系 (12) 及 (13) (这与公式 (20), (22), (24) 及对易关系 (16) 包含着相同的内容). 这样，$a_i^\dagger a_i$ 的本征值就代表处在 ψ_i 上的粒子数目，$a_i^\dagger$ 及 a_i 分别是产生及湮灭一个处在 ψ_i 上的粒子的算符. 粒子遵从玻色统计法的事实已由对易关系 (12) 及 (13) 所保证. 任何一个状态 Ψ 都可以看作"粒子数"本征态的叠加,"粒子数表象"波函数的意义与通常一样按玻恩统计诠释来理解. 状态的时间演化由 (25),(27) 式所表达的 Schrödinger 方程来描述. 与量子力学的普通形式比较起来，二次量子化形式除了在实际运用上的优点之外，有两个特点：(1) 在普通形式下，粒子遵从玻色统计法的事实 (波函数的对称性) 不能从方程式的求解中得出，而必须作为独立的条件来处理. 但是，在二次量子化形式下，如上所述，已经被对易关系所概括. (2) 在二次量子化形式下，一切力学量的算符都表示成与系统的总粒子数无关的形式，适用于含有任何数目粒子的系统. 因之，所有的方程式也都如此. 总粒子数不同的系统的差别可完全归结为状态的差别 (再提醒一下，在非相对论范围内，所有力学量的算符都与总粒子数算符对易，不能引起属于不同总粒子数的状态之间的跃迁). 在上述两方面，二次量子化方法扩充了量子力学的数学形式.

二次量子化方法当然也可用粒子数表象的波函数及对这种波函数运算的算符来表述，即状态 Ψ 由其波函数 $C(N_1, N_2, \cdots)$ 表示，产生、湮灭算符被表示为作用于 $C(N_1, N_2, \cdots)$ 的算符 $A^\dagger, A$, 其定义为

$$\left.\begin{aligned}\langle N_1N_2\cdots|a_i^\dagger|\Psi\rangle &= A_i^\dagger\langle N_1N_2\cdots|\Psi\rangle,\\ \langle N_1N_2\cdots|a_i|\Psi\rangle &= A_i\langle N_1N_2\cdots|\Psi\rangle,\end{aligned}\right\} \tag{34}$$

即

$$\left.\begin{aligned}A_i^\dagger C(N_1,\cdots,N_i,\cdots) &= \sqrt{N_i}C(N_1,\cdots,(N_i-1),\cdots),\\ A_iC(N_1,\cdots,N_i,\cdots) &= \sqrt{N_i+1}C(N_1,\cdots,(N_i+1),\cdots).\end{aligned}\right\} \tag{35}$$

应当注意,在 $C(N_1, N_2, \cdots)$ 中的 $N_1, N_2, \cdots$ 是波函数的宗量,所以受算符 $A_i^\dagger$ 作用之后, N_i 减少 1. 受 A_i 作用后,则 N_i 增加 1. 为了把这一点看得更明白些,最好是把 (35) 式应用到特殊的波函数 $C_{N_1'N_2'\cdots}(N_1, N_2, \cdots)$, 由 $C_{N_1'N_2'\cdots N_i'\cdots}(N_1, \cdots, (N_i-1), \cdots) = C_{N_1'N_2'\cdots(N_i'+1)\cdots}(N_1, N_2, \cdots)$ 知道，宗量 N_i 减少 1, 相当于本征值 N_i' 增

加 1. 反之, N_i 增加 1 相当于 N_i' 减 1. 故由 (35) 式有

$$A_i^\dagger C_{N_1'\cdots N_i'\cdots}(N_1,N_2,\cdots)=\sqrt{N_i'+1}C_{N_1'\cdots(N_i'+1)\cdots}(N_1,N_2,\cdots),$$

$$A_i C_{N_1'\cdots N_i'\cdots}(N_1,N_2,\cdots)=\sqrt{N_i'}C_{N_1'\cdots(N_i'-1)\cdots}(N_1,N_2,\cdots).$$

为了使各种算符过渡到对波函数 $C(N_1,N_2,\cdots)$ 实行运算的算符, 只需在公式 (19), (23) 及 (15) 式中把 a_i 及 $a_i^\dagger$ 换成 A_i 及 $A_j^\dagger$, 对易关系也具有 (12),(13) 或 (16) 式的形式.

现在, Schrödinger 方程 (27) 应表示为

$$\mathrm{i}\hbar\frac{\partial}{\partial t}C(N_1,N_2,\cdots,t)=\mathcal{H}C(N_1,N_2,\cdots,t), \tag{27'}$$

$$\mathcal{H}=\sum_{ii'}\langle i|T+U|i'\rangle A_i^\dagger A_{i'}+\frac{1}{2}\sum_{iki'k'}\langle ik|w|i'k'\rangle A_i^\dagger A_k^\dagger A_{k'}A_{i'}.$$

§3　相同费米子系统的二次量子化理论

3.1　粒子数基矢和广义态矢量空间

和 §2 一样, 设 $\{\psi_i\}$ 是一组正交归一和完备的单粒子波函数, 并把指标 i 的值编号为 $1,2,3,\cdots$. 任取其中 N 个不同的 ψ_i 都可按 (4) 式构成 N 体的基本反对称波函数. 在标记这种基本波函数时, 既要说明哪些态有粒子, 也要使正负号确定下来. 我们约定 $\varPsi_{N_{i_1}N_{i_2}\cdots}(\xi_1,\xi_2,\cdots,\xi_N)$ 代表如下波函数: 下标表明 ψ_i 上有 N_i 个粒子 (N_i 是 1 或 0). 其次, 如果在无限重数组 $(N_{i_1}N_{i_2}\cdots)$ 中抛开取值为零的所有 N_i 后得到的 N 重数组是 $(N_{j_1}N_{j_2}\cdots N_{j_N})$, 则

$$\varPsi_{N_{i_1}N_{i_2}\cdots}(\xi_1,\xi_2,\cdots,\xi_N)=\frac{1}{\sqrt{N!}}\sum_P(-1)^{[P]}P\psi_{j_1}(\xi_1)\psi_{j_2}(\xi_2)\cdots\psi_{j_N}(\xi_N).$$

例如

$$\frac{1}{\sqrt{2}}\{\psi_1(\xi_1)\psi_2(\xi_2)-\psi_1(\xi_2)\psi_2(\xi_1)\}$$

记为

$$\varPsi_{N_1N_2N_3\cdots}(\xi_1,\xi_2),\qquad N_1=N_2=1,N_3=\cdots=0,$$

而

$$\frac{1}{\sqrt{2}}\{\psi_2(\xi_1)\psi_1(\xi_2)-\psi_2(\xi_2)\psi_1(\xi_1)\}$$

记为

$$\Psi_{N_2N_1N_3\cdots}(\xi_1,\xi_2)\,,\qquad N_1=N_2=1,N_3=\cdots=0\,,$$

当变换各个 N_i 在下标中的次序时，当然有

$$\begin{aligned}&\Psi_{N_1N_2N_3\cdots}(\xi_1,\xi_2,\cdots,\xi_N)\\&\quad=(-1)^{N_lN_{l-1}}\Psi_{N_1N_2\cdots N_lN_{l-1}N_{l+1}\cdots}(\xi_1,\xi_2,\cdots,\xi_N)\\&\quad=(-1)^{N_l\sum\limits_{j=1}^{l-1}N_j}\Psi_{N_1N_2\cdots N_lN_{l-1}N_{l+1}\cdots}(\xi_1,\xi_2,\cdots,\xi_N)\,.\end{aligned}\tag{36}$$

满足条件 $\sum N_i=N$ 的全部基本波函数构成 N 体全反对称波函数的正交归一完备组，因此，任意 N 体波函数 $\Psi(\xi_1,\xi_2,\cdots,\xi_N)$ 可表示为

$$\Psi(\xi_1,\xi_2,\cdots,\xi_N)=\sum_{N_1N_2\cdots}\Psi_{N_1N_2\cdots}(\xi_1,\xi_2,\cdots,\xi_N)C(N_1,N_2,\cdots)\,.$$

与玻色子系统的情形相似，可以认为 $C(N_1,N_2,\cdots)$ 对于每个 N_i 的一切值都有定义，只是当 $\sum\limits_i N_i$ 不等于 N 时其值为零，即

$$C(N_1,N_2,\cdots)=\begin{cases}(\Psi_{N_1N_2\cdots},\Psi), & \text{当}\sum\limits_i N_i=N;\\[2ex] 0, & \text{当}\sum\limits_i N_i\neq N.\end{cases}$$

这样的 $C(N_1,N_2,\cdots)$ 称为 Ψ 在 $(N_1N_2\cdots)$ 表象的波函数或简称为粒子数表象的波函数. 两个波函数的内积可用粒子数表象表示为

$$\sum_{N_1N_2\cdots}C_A^*(N_1,N_2,\cdots)C_B(N_1,N_2,\cdots)\,.\tag{37}$$

基本波函数 $\Psi_{N_1'N_2'\cdots}(\xi_1,\xi_2,\cdots,\xi_N)$ 在粒子数表象的波函数为

$$C_{N_1'N_2'\cdots}(N_1,N_2,\cdots)=\delta_{N_1'N_1}\delta_{N_2'N_2}\cdots\,.$$

这种波函数的全体代表总粒子数取一切值的系统的全部独立波函数，我们把这些波函数的线性组合所成的线性空间称为广义波函数空间，其中任何两个波函数的内积都按 (37) 式定义. 广义态矢量空间的概念也和前面一样，它和广义波函数空间之间的对应关系如下

$$\begin{aligned}&C_{N_1'N_2'\cdots}(N_1,N_2,\cdots)\longleftrightarrow|N_1'N_2'\cdots\rangle,\\&\alpha\,C_{N_1'N_2'\cdots}(N_1,\cdots)+\beta\,C_{N_1''N_2''\cdots}(N_1,\cdots)\longleftrightarrow\alpha\,|N_1'N_2'\cdots\rangle+\beta\,|N_1''N_2''\cdots\rangle,\\&\langle N_1'N_2'\cdots|N_1''N_2''\cdots\rangle=\sum_{N_1N_2\cdots}C^*_{N_1'N_2'\cdots}(N_1,N_2,\cdots)C_{N_1''N_2''\cdots}(N_1,N_2,\cdots)\\&\qquad\qquad\qquad\quad=\delta_{N_1'N_1''}\delta_{N_2'N_2''}\cdots\,.\end{aligned}\tag{38}$$

由 (36) 式可知

$$
\begin{aligned}
&|N_1N_2\cdots N_l\cdots\rangle \\
&\qquad=(-1)^{N_lN_{l-1}}|N_1N_2\cdots N_lN_{l-1}N_{l+1}\cdots\rangle \\
&\qquad=(-1)^{N_l\sum\limits_{j=1}^{l-1}N_j}|N_lN_1N_2\cdots N_{l-1}N_{l+1}\cdots\rangle\,. \qquad (39)
\end{aligned}
$$

当各个 N_i 都遍及 0 与 1 时，全体 $|N_1N_2\cdots\rangle$ 构成广义态矢量空间的正交归一完备组，故

$$
\sum_{N_1N_2\cdots}=|N_1N_2\cdots\rangle\langle N_1N_2\cdots|=1\,. \qquad (40)
$$

基本 ket 矢 $|N_1N_2\cdots\rangle$ 就是广义态矢量空间的粒子数表象的基矢或称为粒子数基矢，态矢量 $|\Psi\rangle$ 在粒子数表象的波函数为

$$
C(N_1,N_2,\cdots)=\langle N_1N_2\cdots|\Psi\rangle\,. \qquad (41)
$$

3.2 产生和湮灭算符

基本 ket 矢 $|N_1N_2\cdots\rangle$ 可以看作广义态矢量空间的一组算符 $\widehat{n}_1,\widehat{n}_2,\cdots$ 的共同本征 ket 矢，而 N_i 是 $\widehat{n}_i$ 的本征值，即

$$
\widehat{n}_i|N_1N_2\cdots N_i\cdots\rangle=N_i|N_1N_2\cdots N_i\cdots\rangle\,, \qquad (42)
$$

故

$$
\widehat{n}_i=\sum_{N_1N_2\cdots}N_i|N_1N_2\cdots\rangle\langle N_1N_2\cdots|\,. \qquad (43)
$$

由于各个 N_i 的可能值都是 0 与 1, 故 (43) 式又可写成

$$
\widehat{n}_i=\sum_{N_1N_2\cdots}|N_1N_2\cdots 1_i\cdots\rangle\langle N_1N_2\cdots 1_i\cdots|\,. \qquad (43')
$$

显然,

$$
\widehat{n}_i^\dagger=\widehat{n}_i\,,\qquad [\widehat{n}_i,\widehat{n}_{i'}]=0\,. \qquad (44)
$$

为了引入产生及湮灭算符，需要注意到公式 (39). 与 §2 的公式 (11′) 相对应，可以用下式作为产生算符的定义

$$
\begin{aligned}
&a_i^\dagger|N_1N_2\cdots N_{i-1}0_iN_{i+1}\cdots\rangle=(-1)^{\sum\limits_{l=1}^{i-1}N_l}|N_1N_2\cdots N_{i-1}1_iN_{i+1}\cdots\rangle\,, \qquad (45)\\
&a_i^\dagger|N_1N_2\cdots 1_i\cdots\rangle=0\,.
\end{aligned}
$$

或借助 (40) 式写成

$$a_i^\dagger = \sum_{N_1 N_2 \cdots} (-1)^{\sum_{l=1}^{i-1} N_l} |N_1 N_2 \cdots 1_i \cdots\rangle\langle N_1 N_2 \cdots 0_i \cdots| \,. \tag{46}$$

对此式取厄米共轭，就得到湮灭算符

$$a_i = \sum_{N_1 N_2 \cdots} (-1)^{\sum_{l=1}^{i-1} N_l} |N_1 N_2 \cdots 0_i \cdots\rangle\langle N_1 N_2 \cdots 1_i \cdots| \,. \tag{47}$$

显然，由 (43′) 式看出

$$\widehat{n}_i = a_i^\dagger a_i \,, \tag{48}$$

从 (46), (47) 式可以求出产生、湮灭算符满足的反对易关系

$$a_i a_j^\dagger + a_j^\dagger a_i = \delta_{ij} \,,$$
$$a_i a_j + a_j a_i = a_i^\dagger a_j^\dagger + a_j^\dagger a_i^\dagger = 0 \,.$$

按照习惯用 $[A, B]_+$ 代表 $AB + BA$, 于是

$$[a_i, a_j^\dagger]_+ = \delta_{ij} \,, \tag{49}$$

$$[a_i, a_j]_+ = [a_i^\dagger, a_j^\dagger]_+ = 0 \,. \tag{50}$$

要特别注意，属于不同 i 的产生算符或湮灭算符不是相互对易而是反对易，而且 $(a_i^\dagger)^2$ 或 $(a_i)^2$ 等于 0, 这来自费米子系统的总波函数对于粒子交换的反对称性.

以下的处理与玻色子系统的情形完全类似, 某些重复性步骤, 将被省略.

利用公式 (45) 可把基本态矢量写成

$$|N_1 N_2 \cdots\rangle = (a_1^\dagger)^{N_1} (a_2^\dagger)^{N_2} \cdots |0\rangle \,. \tag{51}$$

如果改变 $N_1 N_2 \cdots$ 的安排次序，则有

$$|N_2 N_1 \cdots\rangle = (a_2^\dagger)^{N_2} (a_1^\dagger)^{N_1} \cdots |0\rangle$$

等等. 任何一个基本算符 $|N_1 N_2 \cdots\rangle\langle N_1' N_2' \cdots|$ 都可通过产生及湮灭算符来表达，因之，任何算符也如此. 再按下式引入 $\varPhi(\xi)$ 及其厄米共轭

$$\varPhi(\xi) = \sum_i \psi_i(\xi) a_i \,, \qquad \varPhi(\xi)^\dagger = \sum_i \psi_i^*(\xi) a_i^\dagger \,. \tag{52}$$

它们与完备组 $\psi_i(\xi)$ 的选择无关，分别是湮灭和产生一个处在 ξ 点的粒子的算符．$\Phi(\xi)^\dagger\Phi(\xi)$ 代表 ξ 点的数密度算符．与 (49),(50) 式相当的反对易关系为

$$\left.\begin{aligned}&[\Phi(\xi),\Phi(\xi')^\dagger]_+=\delta(\xi-\xi'),\\&[\Phi(\xi),\Phi(\xi')]_+=[\Phi(\xi)^\dagger,\Phi(\xi')^\dagger]_+=0.\end{aligned}\right\}\tag{53}$$

如果从一个新的完备组 $\varphi_j(\xi)$ 出发，相应的产生及湮灭算符为 $b_j^\dagger$ 及 b_j, 则有

$$\left.\begin{aligned}b_j&=\sum_i\langle\varphi_j|\psi_i\rangle a_i,\\b_j^\dagger&=\sum_i\langle\psi_i|\varphi_j\rangle a_i^\dagger.\end{aligned}\right\}\tag{54}$$

3.3　各类算符的表达式．广义 Schrödinger 方程

下面给出各类算符通过产生及湮灭算符来表达的公式．

(1) “单体” 型算符

设

$$F=\sum_{p=1}^N f(p),$$

其中 $F(p)$ 只涉及第 p 号粒子的变数，各个 F 对于所属粒子的变数的依赖关系完全相同，则

$$\widehat{F}=\sum_{i,k}\langle i|f|k\rangle a_i^\dagger a_k,\tag{55}$$

或

$$\widehat{F}=\int\mathrm{d}\xi\Phi(\xi)^\dagger f\Phi(\xi).\tag{56}$$

在 (55) 式中，$\langle i|f|k\rangle$ 代表 $\int\mathrm{d}\xi\psi_i^*(\xi)f\psi_k(\xi)$.

(2)“两体” 型算符

设

$$G=\sum_{p<q}^N g(p,q)=\frac{1}{2}\sum_{p\neq q}^N g(p,q),$$

其中 $g(p,q)$ 只依赖于第 p 及第 q 号粒子的变数，各个 g 对于所属粒子的变数的依赖关系完全相同，而且 $g(p,q)=g(q,p)$, 则

$$\widehat{G}=\frac{1}{2}\sum_{iklm}\langle ik|g|lm\rangle a_i^\dagger a_k^\dagger a_m a_l,\tag{57}$$

或

$$\widehat{G}=\frac{1}{2}\int\int \mathrm{d}\xi_1\mathrm{d}\xi_2\Phi(\xi_1)^\dagger\Phi(\xi_2)^\dagger g(1,2)\Phi(\xi_2)\Phi(\xi_1)\,. \tag{58}$$

在 (57) 式中, $\langle ik|g|lm\rangle$ 代表

$$\int\int \mathrm{d}\xi_1\mathrm{d}\xi_2\psi_i(\xi_1)^*\psi_k(\xi_2)^*g(1,2)\psi_l(\xi_1)\psi_m(\xi_2)\,,$$

如果需要在这些公式中改变产生及湮灭算符的次序，就要注意它们的反对易规则.

(3)"n 体" 型算符

设 $w(p_1,p_2,\cdots,p_n)$ 是依赖于第 p_1 号，第 p_2 号，…… 及第 n 号粒子的变数的算符，而且对这 n 个号码的任何置换都是对称的，则

$$W=\sum_{p_1<p_2\cdots<p_n} w(p_1,p_2,\cdots,p_n)\,,$$

而

$$\widehat{W}=\frac{1}{n!}\sum_{\substack{i_1i_2\cdots i_n\\ i_1'i_2'\cdots i_n'}}\langle i_1i_2\cdots i_n|w|i_1'i_2'\cdots i_n'\rangle\, a_{i_1}^\dagger a_{i_2}^\dagger\cdots a_{i_n}^\dagger a_{i_n'}\cdots a_{i_2'}a_{i_1'} \tag{59}$$

$$=\frac{1}{n!}\int\cdots\int \mathrm{d}\xi_1\cdots\mathrm{d}\xi_n\,\Phi(\xi_1)^\dagger\cdots\Phi(\xi_n)^\dagger w(1,2,\cdots,n)\Phi(\xi_n)\cdots\Phi(\xi_1). \tag{60}$$

我们看到，所有通常的算符过渡到用产生和湮灭算符表达的形式时，均不再依赖于粒子总数 N, 而且与 $\sum\limits_i a_i^\dagger a_i$ 对易.

借助算符的这种表达式，可把 Schrödinger 方程和其他方程式过渡到对于含有任何数目的粒子的系统都适用的形式. 设 T 代表单个粒子的动能算符，U 代表势能算符, w 代表两个粒子的相互作用势能算符，如果多体作用不存在，则总哈密顿量算符可写成

$$H=\sum_{ii'}\langle i|T+U|i'\rangle a_i^\dagger a_{i'}+\frac{1}{2}\sum_{iki'k'}\langle ik|w|i'k'\rangle a_i^\dagger a_k^\dagger a_{k'}a_{i'} \tag{61}$$

$$=\int \mathrm{d}\xi\Phi(\xi)^\dagger(T+U)\Phi(\xi)+\frac{1}{2}\int\int \mathrm{d}\xi_1\mathrm{d}\xi_2\,\Phi(\xi_1)^\dagger\Phi(\xi_2)^\dagger\, w(1,2)\,\Phi(\xi_2)\Phi(\xi_1). \tag{62}$$

Schrödinger 方程为

$$\mathrm{i}\hbar\frac{\partial}{\partial t}\Psi(t)=H\Psi(t)\,. \tag{63}$$

在研究一个特定的系统时, $\Psi(t)$ 就被限制为总粒子数目为一定 N 值的状态.

3.4 二次量子化理论的完整形式

现在要证明, 根据 Schrödinger 方程 (63) 和各种力学量算符表达式 (56),(58) 等以及反对易关系 (53), 加上量子力学的其他原理, 构成描述相同费米子系统的完整理论. 它称为费米子系统的二次量子化理论. 令

$$a_i = \int \psi_i^*(\xi)\varPhi(\xi)\mathrm{d}\xi\,, \quad a_i^\dagger = \int \psi_i(\xi)\varPhi(\xi)^\dagger \mathrm{d}\xi\,, \tag{64}$$

则可由 (53) 式推出 (49) 及 (50) 式, 并由 (56),(58) 及 (60) 式推出 (55),(57) 及 (59) 式. 我们要证明的是: $a_i^\dagger a_i$ 是处在 ψ_i 的粒子数算符, $a_i^\dagger$ 及 a_i 分别是产生及湮灭一个处在 ψ_i 的粒子的算符, 而且费米统计法已被 $a_i, a_j^\dagger$ 的反对易关系式概括.

根据 $a_i, a_j^\dagger$ 所遵从的反对易关系式得出

$$[a_i^\dagger a_i, a_j^\dagger] = a_i^\dagger \delta_{ij}, \tag{65}$$

$$[a_i^\dagger a_i, a_j] = -a_i \delta_{ij}, \tag{66}$$

$$[a_i^\dagger a_i, a_j^\dagger a_j] = 0\,. \tag{67}$$

这些不带特别标记的方括号代表通常的对易关系式. (65) 及 (66) 式表明, 当 $j \neq i$ 时, $a_j^\dagger$ 及 a_j 都与 $a_i^\dagger a_i$ 对易, (67) 式表明 $a_1^\dagger a_1, a_2^\dagger a_2, \cdots$ 互相对易. 由于各种力学量都可以用 $a_i, a_j^\dagger$ 表示, 而与所有 $a_i^\dagger a_i$ 都对易的力学量必定是 $a_1^\dagger a_1, a_2^\dagger a_2, \cdots$ 的函数, 可见全部 $a_i^\dagger a_i$ 代表一组完整力学量. 现在求这组完整力学量的本征值及本征态, 设 $|\beta_1\beta_2\cdots\rangle$ 代表全部 $a_i^\dagger a_i$ 的共同本征态, 假定已经归一, 其中 β_i 代表 $a_i^\dagger a_i$ 的本征值, 于是

$$a_i^\dagger a_i|\beta_1\beta_2\cdots\rangle = \beta_i|\beta_1\beta_2\cdots\rangle\,, \tag{68}$$

$$a_i a_i^\dagger|\beta_1\beta_2\cdots\rangle = (1-\beta_i)|\beta_1\beta_2\cdots\rangle\,. \tag{69}$$

若 $a_i|\beta_1\beta_2\cdots\rangle = 0$, 则 (68) 式表明 $\beta_i = 0$, 若 $a_i|\beta_1\beta_2\cdots\rangle \neq 0$, 则由 $a_i(a_i|\beta_1\beta_2\cdots\rangle) = 0$ 看出 $a_i|\beta_1\beta_2\cdots\rangle$ 是 $a_i^\dagger a_i$ 的本征态而本征值为零, 总之存在 $a_i^\dagger a_i$ 的本征值为零的态. 其次, 若 $a_i^\dagger|\beta_1\beta_2\cdots\rangle = 0$ 则 (69) 式表明 $\beta_i = 1$, 若 $a_i^\dagger|\beta_1\beta_2\cdots\rangle \neq 0$ 则由 $a_i^\dagger(a_i^\dagger|\beta_1\beta_2\cdots\rangle) = 0$ 看出 $a_i^\dagger|\beta_1\beta_2\cdots\rangle$ 是 $a_i^\dagger a_i$ 的本征态而本征值为 1. 总之存在 $a_i^\dagger a_i$ 的本征值为 1 的态. 再由 $(a_i^\dagger a_i)^2 = a_i^\dagger a_i$ 得出 $\beta_i^2 = \beta_i$, 这表明 $a_i^\dagger a_i$ 不具有 0 和 1 以外的本征值. 综上所述, 每个 $a_i^\dagger a_i$ 的本征值都是 0 和 1, 并且有

$$a_i|\beta_1\beta_2\cdots(\beta_i=0)\cdots\rangle = 0\,, \quad a_i|\beta_1\beta_2\cdots(\beta_i=1)\cdots\rangle \propto |\beta_1\beta_2\cdots(\beta_i=0)\cdots\rangle\,,$$

$$a_i^\dagger|\beta_1\beta_2\cdots(\beta_i=1)\cdots\rangle = 0\,, \quad a_i^\dagger|\beta_1\beta_2\cdots(\beta_i=0)\cdots\rangle \propto |\beta_1\beta_2\cdots(\beta_i=1)\cdots\rangle\,.$$

用 $|0\rangle$ 代表所有 β_i 都是 0 的态，当它归一后，可把归一的 $|\beta_{i_1}\beta_{i_2}\cdots\rangle$ 表示为

$$(a_{i_1}^\dagger)^{\beta_{i_1}}(a_{i_2}^\dagger)^{\beta_{i_2}}\cdots|0\rangle\,.$$

特别是

$$|\beta_1\beta_2\cdots\rangle=(a_1^\dagger)^{\beta_1}(a_2^\dagger)^{\beta_2}\cdots|0\rangle\,. \tag{70}$$

由于 $a_i^\dagger$ 与 $a_j^\dagger$ 反对易，有

$$|\beta_1\beta_2\cdots\rangle=(-1)^{\beta_i\sum\limits_{l=1}^{i-1}\beta_l}|\beta_i\beta_1\beta_2\cdots\beta_{i-1}\beta_{i+1}\cdots\rangle\,,$$

$$a_i^\dagger|\beta_1\beta_2\cdots(\beta_i=0)\cdots\rangle=(-1)^{\sum\limits_{l=1}^{i-1}\beta_l}|\beta_1\beta_2\cdots(\beta_i=1)\cdots\rangle\,.$$

再考虑到力学量所相应的算符的表达式就可知道，当系统处在 $|\beta_1\beta_2\ \cdots\rangle$ 时，β_i 就代表处在 ψ_i 上的粒子数目．因此，$a_i^\dagger$ 及 a_i 分别是产生及湮灭一个处于 ψ_i 的粒子的算符．

显然，由算符公式 (56),(58) 和 (60) 以及反对易关系式 (53)(或 (55), (57), (59) 及 (49), (50)) 所表征的力学系统是相同的费米子构成的系统．因为，当各个 ψ_i 上的粒子数给定之后，总系统的状态也已确定 (只是态矢量有一未定符号), 这表明粒子是相同的；其次，各个 ψ_i 上的粒子数只能是 0 或 1, 在 (70) 式中变换各个 $(a_i^\dagger)^{\beta_i}$ 的安排次序时，符合公式 (38), 可见粒子是费米子．

现在把由相同的费米子构成的力学系统的二次量子化描述方法扼要叙述如下：任意选择一个单体正交归一完备组 ψ_i, 使一切算符都借助 (55), (57), (59) 式过渡到由 a_i 及 $a_i^\dagger$ 表达的形式，同时要求 a_i 及 $a_i^\dagger$ 遵从反对易关系 (49), (50) (如上面所证明的，这与公式 (56), (58), (60) 及反对易关系 (53) 有相同的内容). 这样 $a_i^\dagger a_i$ 的本征值就代表处在 ψ_i 上的粒子数目，$a_i^\dagger$ 及 a_i 分别是产生及湮灭一个处在 ψ_i 上的粒子的算符，粒子遵从费米统计法的事实已由反对易关系 (49),(50) 保证．任意状态 $\varPsi$ 可以看作 “粒子数” 本征态的叠加, “粒子数表象” 波函数仍然按玻恩统计诠释来理解．状态的时间演化由 (61)—(63) 表达的 Schrödinger 方程描述．二次量子化方法在下述两方面扩充了量子力学的数学形式：(1) 粒子遵从费米统计法的事实被反对易关系所概括；(2) 一切力学量的算符都表示成与系统的总粒子数无关的形式，适用于含有任何数目粒子的系统，因此所有的方程式也都如此．

当然，也可以采用粒子数表象的波函数及对这种波函数运算的算符来表达二次量子化方法．状态 $\varPsi$ 由相应的波函数 $C(N_1,\cdots)$ 表达，产生及湮灭算符应表示为对 $C(N_1,\cdots)$ 作用的算符，用 $A^\dagger$ 及 A 代表之，则

$$\langle N_1N_2\cdots|a_i^\dagger|\varPsi\rangle=A_i^\dagger\langle N_1N_2\cdots|\varPsi\rangle\,, \tag{71a}$$

$$\langle N_1 N_2 \cdots | a_i | \Psi \rangle = A_i \langle N_1 N_2 \cdots | \Psi \rangle \,, \tag{71b}$$

即

$$A_i^\dagger C(N_1, N_2, \cdots, N_i, \cdots) = \begin{cases} (-1)^{\sum\limits_{l=1}^{i-1} N_l} C(N_1, N_2, \cdots, 0_i, \cdots), & 当 N_i = 1; \\ 0, & 当 N_i = 0. \end{cases}$$

$$A_i C(N_1, N_2, \cdots, N_i, \cdots) = \begin{cases} 0, & 当 N_i = 1; \\ (-1)^{\sum\limits_{l=1}^{i-1} N_l} C(N_1, N_2, \cdots, 1_i, \cdots), & 当 N_i = 0. \end{cases}$$

或

$$A_i^\dagger C(N_1, N_2, \cdots, N_i, \cdots) = \delta_{1N_i} (-1)^{\sum\limits_{l=1}^{i-1} N_l} C(N_1, N_2, \cdots, (N_i - 1), \cdots), \tag{72a}$$

$$A_i C(N_1, N_2, \cdots, N_i, \cdots) = \delta_{0N_i} (-1)^{\sum\limits_{l=1}^{i-1} N_l} C(N_1, N_2, \cdots, (N_i + 1), \cdots) \,. \tag{72b}$$

在 (55), (57), (59) 以及 (49), (50) 式中把 a_i 及 $a_j^\dagger$ 换成 A_i 及 $A_j^\dagger$, 就得到在这种描述下力学量的公式以及基本反对易关系式.

现在 Schrödinger 方程为

$$\mathrm{i}\hbar \frac{\partial}{\partial t} C(N_1, N_2, \cdots, t) = \mathcal{H} C(N_1, N_2, \cdots, t) \,, \tag{63$'$}$$

其中

$$\mathcal{H} = \sum_{ii'} \langle i | T + U | i' \rangle A_i^\dagger A_{i'} + \frac{1}{2} \sum_{iki'k'} \langle ik | w | i'k' \rangle A_i^\dagger A_k^\dagger A_{k'} A_{i'} \,.$$

§ 4 波场量子化的观点

在本节中要把相同玻色子系统的二次量子化理论看成是玻色型经典 Φ 场按照 (12), (13) 或 (16) 式所示的量子条件进行量子化的结果, 相同费米子系统的二次量子化理论则是费米型经典 Φ 场按照 (49), (50) 或 (53) 式的量子条件进行量子化的结果. 这种观点和相关的经验对于相对论场论也有借鉴作用. 本节将用更明显的记号区别经典量和算符, Φ 场的经典场函数及其复共轭记作 $\Phi_{\mathrm{c}}(\xi, t)$ 和 $\Phi_{\mathrm{c}}^*(\xi, t)$, 其 Schrödinger 算符记作 $\widehat{\Phi}(\xi)$ 和 $\widehat{\Phi}^\dagger(\xi)$. H_{c}, F_{c} 等代表经典哈密顿量和其他经典量, 相应的算符记为 $\widehat{H}$ 和 $\widehat{F}$. 频繁使用的经典变量 (a_j, a_k^*) 则省写附标 “ c ”, 其算符记作 $\widehat{a}_j, \widehat{a}_k^\dagger$.

4.1 玻色 Φ 场的量子化

为了方便, 可以将经典场函数 $\Phi_{\mathrm{c}}(\xi, t)$ 展开为

$$\Phi_{\mathrm{c}}(\xi, t) = \sum_j a_j(t) \psi_j(\xi), \tag{73}$$

把 j 值看成场的自由度的标记. 现在认定 $\{a_j(t)\}$ 和 $\Phi_{\mathrm{c}}(\xi, t)$ 一样完整地描述了 Φ 场在时刻 t 的状态, 场的哈密顿量和其他力学量的经典表达式由相应的算符表达式随着 $\widehat{\Phi}(\xi)$ 和 $\widehat{\Phi}^\dagger(\xi)$ 换成经典量来确定. 还需要弄清楚 $a_j(t)$ 或 $\Phi_{\mathrm{c}}(\xi, t)$ 遵守的经典运动方程.

按照第三章的说明, 量子条件应该保证 Heisenberg 绘景的运动方程随着 $\widehat{\Phi}(\xi)$ 和 $\widehat{\Phi}^\dagger(\xi)$ 换成经典量变成相应的经典运动方程, 因此借助二次量子化理论给出的哈密顿量算符的一般表达式以及量子条件, 就可以由 $\widehat{a}_j^{(\mathrm{h})}$ 的 Heisenberg 方程求出 a_j 的经典运动方程. 根据 (25) 及 (12), (13) 式将哈密顿量算符和量子条件重写为

$$\widehat{H} = \sum_{ii'} \langle i|T + U|i'\rangle\, \widehat{a}_i^\dagger\, \widehat{a}_{i'} + \frac{1}{2} \sum_{i\,k\,i'\,k'} \langle i\,k|w|i'\,k'\rangle\, \widehat{a}_i^\dagger\, \widehat{a}_k^\dagger\, \widehat{a}_{k'}\, \widehat{a}_{i'}\,, \tag{74}$$

$$[\widehat{a}_i, \widehat{a}_j^\dagger] = \delta_{ij}\,, \qquad [\widehat{a}_i, \widehat{a}_j] = [\widehat{a}_i^\dagger, \widehat{a}_j^\dagger] = 0\,. \tag{75}$$

其中 $\langle i\,k|w|i'\,k'\rangle$ 除符合 $\widehat{H}$ 的厄米性条件外, 在 $(i\,k)$ 交换或 $(i'\,k')$ 交换下不变. 对变量 (a_j, a_k^*) 求微商的规则已经在 §3 说明, 例如由

$$H_{\mathrm{c}} = \sum_{ii'} \langle i|T + U|i'\rangle\, a_i^*\, a_{i'} + \frac{1}{2} \sum_{i\,k\,i'\,k'} \langle i\,k|w|i'\,k'\rangle\, a_i^*\, a_k^*\, a_{k'}\, a_{i'}\,,$$

得到

$$\frac{\partial H_{\mathrm{c}}(a^*, a)}{\partial a_j^*} = \sum_{i'} \langle j|T + U|i'\rangle\, a_{i'} + \sum_{k\,i'\,k'} \langle j\,k|w|i'\,k'\rangle\, a_k^*\, a_{k'}\, a_{i'}\,.$$

直接计算可知

$$[\widehat{a}_j, \widehat{H}] = \sum_{i'} \langle j|T + U|i'\rangle\, \widehat{a}_{i'} + \sum_{k\,i'\,k'} \langle j\,k|w|i'\,k'\rangle\, \widehat{a}_k^\dagger\, \widehat{a}_{k'}\, \widehat{a}_{i'}\,.$$

这个量的 Heisenberg 算符是

$$\big([\widehat{a}\,, \widehat{H}]\big)^{(\mathrm{h})} = \sum_{i'} \langle j|T + U|i'\rangle\, \widehat{a}_{i'}^{(\mathrm{h})} + \sum_{k\,i'\,k'} \langle j\,k|w|i'\,k'\rangle\, \widehat{a}_k^{\dagger(h)}\, \widehat{a}_{k'}^{(\mathrm{h})}\, \widehat{a}_{i'}^{(\mathrm{h})}\,.$$

相应的经典量是

$$\sum_{i'}\langle j|T+U|i'\rangle\, a_{i'}+\sum_{k\,i'\,k'}\langle j\,k|w|i'\,k'\rangle\, a_k^*\, a_{k'}\, a_{i'}\,,$$

它正是 $\partial H_{\rm c}(a^*,a)/\partial a_j^*$, 所以 a_j 满足的经典运动方程是

$$\mathrm{i}\hbar\,\dot a_j=\frac{\partial H_{\rm c}(a^*,a)}{\partial a_j^*}\,. \tag{76}$$

实际上，以上的论据也适用对于含有多体项的哈密顿量.

与 §3 相似，方程组 (76) 可以从如下的修正的哈密顿原理求出：

$$\left.\begin{aligned}&\delta\int_{t_1}^{t_2}\left\{\mathrm{i}\hbar\sum_j a_j^*\dot a_j-H_{\rm c}\right\}\mathrm{d}t=0\\&(\delta a_j(t_1)=\delta a_j(t_2)=0)\,.\end{aligned}\right\} \tag{77}$$

由于 $\sum_j a_j^*\dot a_j$ 等于 $\int\mathrm{d}\xi\,\varPhi_{\rm c}^*(\xi,t)\dot\varPhi_{\rm c}(\xi,t)$, 可将此式改写为

$$\left.\begin{aligned}&\delta\int_{t_1}^{t_2}\mathrm{d}t\left\{\int\mathrm{i}\hbar\,\varPhi_{\rm c}^*(\xi,t)\dot\varPhi_{\rm c}(\xi,t)\mathrm{d}\xi-H_{\rm c}\right\}=0\\&(\delta\varPhi_{\rm c}(\xi,t_1)=\delta\varPhi_{\rm c}(\xi,t_2)=0)\,,\end{aligned}\right\} \tag{78}$$

因此，以 $\varPhi_{\rm c}(\xi,t)$ 作为基本变量 (用 ξ 的值标记自由度) 的经典运动方程变成

$$\mathrm{i}\hbar\,\dot\varPhi_{\rm c}(\xi,t)=\frac{\delta H_{\rm c}}{\delta\varPhi_{\rm c}^*(\xi,t)}\,, \tag{79}$$

其中的变分运算满足

$$\begin{aligned}&\delta H_{\rm c}=\int\mathrm{d}\xi'\left\{\delta\varPhi_{\rm c}^*(\xi',t)\frac{\delta H_{\rm c}}{\delta\varPhi_{\rm c}^*(\xi',t)}+\delta\varPhi_{\rm c}(\xi',t)\frac{\delta H_{\rm c}}{\delta\varPhi_{\rm c}(\xi',t)}\right\},\\&\frac{\delta\varPhi_{\rm c}(\xi,t)}{\delta\varPhi_{\rm c}(\xi',t)}=\delta(\xi-\xi')\,.\end{aligned}$$

根据如上所述的玻色 $\varPhi$ 场的经典理论和 (75) 式的量子条件进行量子化，当然能够构成相同玻色子系统的二次量子化理论，不过，需要遵守一种特定的规则，即是让经典量的表达式保持 $\varPhi_{\rm c}$ 处于所有 $\varPhi_{\rm c}^*$ 的右边而随这些场函数变成算符. 在经由这样的量子化形成的量子理论中，$\varPhi$ 场的 Schrödinger 方程被理解为相同玻色子系统的广义 Schrödinger 方程，场的态矢量空间理解为前面所说的广义态矢量空间. 表明 $\varPhi$ 场存在一个属于第 i 类自由度量子的状

态，现在表示一个处在 ψ_i 的粒子．量子的产生、湮灭算符即是粒子的产生、湮灭算符．玻色统计法已经被 $\hat{a}_j, \hat{a}_k^\dagger$ 的对易关系所概括．特别提一下，既然经典变量 $\Phi_c(\xi,t)$ 或 $\{a_j(t)\}$ 是描述 Φ 场的完整变量，亦即代表了全部坐标和动量，算符集 $\{\hat{a}_j^\dagger \hat{a}_j\}$ 就代表 Φ 场的量子理论的一组完整变量．

这种量子化即是正则量子化，只要仿照 §3 定义 (q_j, p_j)：

$$a_j = \frac{1}{\sqrt{2}}\left(q_j + \frac{\mathrm{i}}{\hbar}p_j\right),$$
$$a_j^* = \frac{1}{\sqrt{2}}\left(q_j - \frac{\mathrm{i}}{\hbar}p_j\right).$$

这里约定 q_j 无量纲 (dimensionless), 即可将 (76) 式改写成 (q_j, p_k) 的正则运动方程，而量子条件 (75) 即是 $[\hat{q}_j, \hat{p}_k] = \mathrm{i}\hbar$. 我们还可以设想：如果知道某玻色场的经典运动方程能够用它的独立和完整的变量 $\{a_j^*, a_k\}$ 以及哈密顿量 $E_c(a^*, a)$ 表示为

$$\mathrm{i}\hbar\, \dot{a}_j = \frac{\partial E_c(a^*, a)}{\partial a_j^*}.$$

试问是否应该按照 (75) 式所示的量子条件进行量子化？由于这样的量子条件保证 Heisenberg 运动方程随着 $\{a_j^*, a_k\}$ 换成经典量而变成经典运动方程，依据正则量子化的精神，答案是肯定的．

4.2　费米 Φ 场的量子化

和玻色场的情形相似,将经典场函数 $\Phi_c(\xi,t)$ 展开为 $\Phi_c(\xi,t) = \sum_j a_j(t)\psi_j(\xi)$, 认定 $a_j(t)$ 和 $\Phi_c(\xi,t)$ 一样完整地描述了场在时刻 t 的状态，场的经典哈密顿量 H_c 和其他力学量的经典表达式也由相应的算符表达式随 $\Phi(\xi)$ 换成 $\Phi_c(\xi,t)$ 而确定．此外借助二次量子化理论给出的哈密顿量算符的一般表达式以及量子条件，可以由 $\hat{a}_j^{(\mathrm{h})}$ 的 Heisenberg 方程求出 a_j 的经典运动方程．

暂且假定只考虑至两体相互作用，根据 (61) 及 (49), (50) 式将哈密顿量算符和量子条件重写为

$$\hat{H} = \sum_{ii'} \langle i|T+U|i'\rangle\, \hat{a}_i^\dagger \hat{a}_{i'} + \frac{1}{2}\sum_{i\,k\,i'\,k'} \langle i\,k|w|i'\,k'\rangle\, \hat{a}_i^\dagger \hat{a}_k^\dagger \hat{a}_{k'} \hat{a}_{i'}, \tag{80}$$

$$[\hat{a}_i, \hat{a}_j^\dagger]_+ = \delta_{ij}, \qquad [\hat{a}_i, \hat{a}_j]_+ = [\hat{a}_i^\dagger, \hat{a}_j^\dagger]_+ = 0. \tag{81}$$

其中 $\langle i\,k|w|i'\,k'\rangle$ 除符合 $\hat{H}$ 的厄米性条件外，在 $(i\,k)$ 交换或 $(i'\,k')$ 交换下变号．由于算符 $(\hat{a}_i, \hat{a}_j^\dagger)$ 满足这样的反对易关系，需要假定经典变量 (a_j, a_k^*) 不是普

通的数，而是互相反对易的量，或者说是 Grassmann 代数的生成元，而且随着量子化变成作用于广义态矢量空间的线性算符．这种变量被非零复数乘后仍然是原来类型的量，被 0 乘后变为 0 元．为了保持 $(a_j^* a_j)^* = a_j^* a_j$，要求如下的规则成立

$$(a_j^* a_k)^* = a_k^* a_j \,. \tag{82}$$

一般的规则是

$$(F(a^*,a)G(a^*,a))^* = (G(a^*,a))^*(F(a^*,a))^* \,. \tag{83}$$

对 $(a_j^* a_k)$ 求左微商的规则是

$$\delta F(a^*,a) = \sum_j \delta a_j^* \frac{\partial F(a^*,a)}{\partial a_j^*} + \sum_k \delta a_k \frac{\partial F(a^*,a)}{\partial a_k} \,. \tag{84}$$

要注意 $(\delta a_j^*,\ \delta a_k)$ 是与 $(a_j^*,\ a_k)$ 同类的量，它们互相反对易而且和 $(a_j^*,\ a_k)$ 反对易．由此得出

$$\begin{aligned}
&\frac{\partial a_j}{\partial a_k^*} = \frac{\partial a_k^*}{\partial a_j} = 0 \,, \qquad \frac{\partial a_j}{\partial a_j} = \frac{\partial a_j^*}{\partial a_j^*} = 1 \,, \\
&\frac{\partial (a_j\, a_k)}{\partial a_j} = -\frac{\partial (a_k\, a_j)}{\partial a_j} = a_k \,, \\
&\frac{\partial (a_j^*\, a_k)}{\partial a_k} = -a_j^* \,, \qquad \frac{\partial (a_k\, a_j^*)}{\partial a_j^*} = -a_k \,.
\end{aligned}$$

再由

$$H_{\mathrm{c}} = \sum_{ii'} \langle i|T+U|i'\rangle\, a_i^*\, a_{i'} + \frac{1}{2} \sum_{i\,k\,i'\,k'} \langle i\,k|w|i'\,k'\rangle\, a_i^*\, a_k^*\, a_{k'}\, a_{i'} \,,$$

得到

$$\frac{\partial H_{\mathrm{c}}(a^*,a)}{\partial a_j^*} = \sum_{i'} \langle j|T+U|i'\rangle\, a_{i'} + \sum_{k\,i'\,k'} \langle j\,k|w|i'\,k'\rangle\, a_k^*\, a_{k'}\, a_{i'} \,.$$

直接计算可知

$$[\widehat{a}_j, \widehat{H}] = \sum_{i'} \langle j|T+U|i'\rangle\, \widehat{a}_{i'} + \sum_{k\,i'\,k'} \langle j\,k|w|i'\,k'\rangle\, \widehat{a}_k^\dagger\, \widehat{a}_{k'}\, \widehat{a}_{i'} \,.$$

这个量的 Heisenberg 算符是

$$\left([\widehat{a}\,, \widehat{H}]\right)^{(\mathrm{h})} = \sum_{i'} \langle j|T+U|i'\rangle\, \widehat{a}_{i'}^{(\mathrm{h})} + \sum_{k\,i'\,k'} \langle j\,k|w|i'\,k'\rangle\, \widehat{a}_k^{\dagger(h)}\, \widehat{a}_{k'}^{(\mathrm{h})}\, \widehat{a}_{i'}^{(\mathrm{h})} \,.$$

相应的经典量是

$$\sum_{i'}\langle j|T+U|i'\rangle\, a_{i'}+\sum_{k\, i'\, k'}\langle j\, k|w|i'\, k'\rangle\, a_k^*\, a_{k'}\, a_{i'}\,,$$

它是 $\partial H_{\mathrm{c}}(a^*,a)/\partial a_j^*$, 所以 a_j 满足的经典运动方程是

$$\mathrm{i}\hbar\, \dot{a}_j=\frac{\partial H_{\mathrm{c}}(a^*,a)}{\partial a_j^*}\,. \tag{85}$$

实际上，以上的论据对于含有多体项的哈密顿量也适用. 这样的经典运动方程与正则方程相似，而且可以从如下的修正的哈密顿原理求出：

$$\left.\begin{aligned}&\delta\int_{t_1}^{t_2}\left\{\mathrm{i}\hbar\sum_j a_j^*\dot{a}_j-H_{\mathrm{c}}\right\}\mathrm{d}t=0\\&(\delta a_j(t_1)=\delta a_j(t_2)=0)\,.\end{aligned}\right\} \tag{86}$$

由于 $\sum_j a_j^*\dot{a}_j$ 等于 $\int \mathrm{d}\xi\, \Phi_{\mathrm{c}}^*(\xi,t)\dot{\Phi}_{\mathrm{c}}(\xi,t)$, 可将此式改写为

$$\left.\begin{aligned}&\delta\int_{t_1}^{t_2}\mathrm{d}t\left\{\int \mathrm{i}\hbar\, \Phi_{\mathrm{c}}^*(\xi,t)\dot{\Phi}_{\mathrm{c}}(\xi,t)\mathrm{d}\xi-H_{\mathrm{c}}\right\}=0\\&(\delta\Phi_{\mathrm{c}}(\xi,t_1)=\delta\Phi_{\mathrm{c}}(\xi,t_2)=0)\,,\end{aligned}\right\} \tag{87}$$

因此，以 $\Phi_{\mathrm{c}}(\xi,t)$ 作为基本变量的经典运动方程变成

$$\mathrm{i}\hbar\, \dot{\Phi}_{\mathrm{c}}(\xi,t)=\frac{\delta H_{\mathrm{c}}}{\delta\Phi_{\mathrm{c}}^*(\xi,t)}\,, \tag{88}$$

其中的变分运算满足

$$\begin{aligned}&\delta H_{\mathrm{c}}=\int \mathrm{d}\xi'\left\{\delta\Phi_{\mathrm{c}}^*(\xi',t)\frac{\delta H_{\mathrm{c}}}{\delta\Phi_{\mathrm{c}}^*(\xi',t)}+\delta\Phi_{\mathrm{c}}(\xi',t)\frac{\delta H_{\mathrm{c}}}{\delta\Phi_{\mathrm{c}}(\xi',t)}\right\},\\&\frac{\delta\Phi_{\mathrm{c}}(\xi,t)}{\delta\Phi_{\mathrm{c}}(\xi',t)}=\delta(\xi-\xi')\,.\end{aligned}$$

根据如上所述的费米 Φ 场的经典理论和 (81) 式的量子条件进行量子化，当然能够构成相同费米子系统的二次量子化理论，不过，需要遵守一种特定的规则，即是让经典量的表达式保持 Φ_{c} 处于所有 Φ_{c}^* 的右边而随这些场函数变成算符. 完成量子化后，Φ 场的 Schrödinger 方程被理解为相同费米子系统的广义 Schrödinger 方程，场的态矢量空间理解为前面所说的广义态矢量空间. 表明 Φ 场存在一个属于第 i 类自由度量子的状态，现在表示一个处在 ψ_i 的粒

子．量子的产生、湮灭算符即是粒子的产生、湮灭算符．费米统计法已经被 $\widehat{a}_j, \widehat{a}_k^\dagger$ 的对易关系所概括．特别提一下，既然经典变量 $\Phi_{\mathrm{c}}(\xi,t)$ 或 $\{a_j(t)\}$ 是描述 Φ 场的完整变量，算符集 $\{\widehat{a}_j^\dagger \widehat{a}_j\}$ 就代表 Φ 场的量子理论的一组完整变量．

这种量子化也属于正则量子化，a_j 起着坐标和动量的作用．如果知道某种费米场的经典运动方程能够用它的独立和完整的变量 $\{a_j^*, a_k\}$ 以及哈密顿量 $E_{\mathrm{c}}(a^*,a)$ 表示为

$$\mathrm{i}\hbar\,\dot{a}_j = \frac{\partial E_{\mathrm{c}}(a^*,a)}{\partial a_j^*}\,.$$

试问是否应该按照 (81) 式所示的量子条件进行量子化？由于这样的量子条件保证 Heisenberg 运动方程随着 $\{a_j^*, a_k\}$ 换成经典量而变成经典运动方程，依据正则量子化的精神，答案是肯定的．

参考文献

[1] LANDAU L D, LIFSHITZ E M. Quantum mechanics. 3rd ed. Oxford: Pergamon Press, 1977.

第五章 时空对称性

时空对称性是最普遍的对称性，它相当于不同惯性参考系在表达物理规律上的等价性. 这意味着物理规律的表述对洛伦兹变换或伽利略变换的不变性. 这个关于时空性质的原理，在非相对论量子力学中用于孤立系统时，可归结为 Schrödinger 方程对伽利略变换的不变性. 当限于静止的惯性参考系时，这即是时间的均匀性，空间的均匀性和各向同性. 其扩充含义还包括时间正反方向对称性和空间左右对称性. 如果系统不是孤立的，则不变性的范围受到外场的限制，当外场对某一类时空变换保持不变时，运动方程也保持相应的不变性. 其次，从经典力学已经知道，在许多重要情形，运动方程的一定不变性导致相应的守恒定律，在量子力学中也有对应的内容. 虽然时空对称性原理在经典力学中早已知道，但在量子力学中，它与新的概念和原理相结合，成了运用于微观领域的量子力学原理. 本章不讨论一般的伽利略变换，而是就非相对论量子力学情形给出时空平移、空间转动、反射、时间反演等基本的时空变换以及相应的不变性的表述.

§ 1 Wigner 定理

设 $|\Psi(t)\rangle$ 是在原来选定的参考系表达的系统在时刻 t 的态矢量 (Schrödinger 绘景), 它随时间的变化描述一种可能的运动过程 (满足 Schrödinger 方程). 再考虑一个新的惯性参考系，它与旧参考系之间的时空坐标变换如下

$$(x, y, z, t) \xrightarrow{A} (x', y', z', t'), \tag{1}$$

这是同一事件在两个参考系中的时空坐标之间的关系. 假定由原参考系下的 $|\Psi(t)\rangle$ 代表的状态在新参考系下的态矢量是 $|\Psi'(t')\rangle$, 则应有

$$|\Psi'(t')\rangle = \Lambda_{(A)}\,|\Psi(t)\rangle, \tag{2}$$

这式子表示出由于参考系的变换而导致的态矢量变换，其中 (x') 与 (x) 是系

统的相同位形点对新旧参考系的空间坐标，t' 与 t 是相同时刻在新旧参考系中的时间坐标. 算符 Λ 不应事先假定是线性的.

$|\Psi'(t')\rangle$ 随 t' 的变化满足在新参考系写出的 Schrödinger 方程. 如果系统是孤立的，而且不涉及空间反射或时间反演，则在新旧参考系下的 Schrödinger 方程完全相同，这是时间均匀性、空间均匀性和各向同性的表现. 此外也暂认定孤立系统的 Schrödinger 方程在空间反射或时间反演变换下保持不变. 因此，对于孤立系统来说，我们又可以把 $|\Psi'(t')\rangle$ 看作旧参考系下 Schrödinger 方程的另一个解，它代表系统的另一种可能的运动过程对于旧的参考系而言的态矢量. 这时 t' 是被当作相对于旧参考系的时间坐标看待的，新的运动过程可称为旧的运动过程的 (A) 变换. 这种把 $|\Psi(t)\rangle$ 到 $|\Psi'(t')\rangle$ 的变换看作是运动过程的替换的观点 (不改变参考系), 称为主动观点，而原来的即态矢量的变换来自参考系的变换 (运动过程不改变) 的观点，则称为被动观点. 从主动观点看待 (2) 式时 t' 与 t 都是对旧参考系来说的，当然不再代表相同的时间. 对于非孤立系统，仍然可以采用主动观点，即按这种方法定义运动过程的 (A) 变换，但这时要注意，一种可能的运动过程经过 (A) 变换之后，一般都不再代表原系统的可能运动过程，换成被动观点的说法，就是非孤立系统的运动方程会因参考系的不同而改变形式. 在后面各节 (以及本书的非相对论部分), 我们都采用主动观点来叙述.

利用 (1) 式确定 t 作为 t' 的函数，可把 $|\Psi(t)\rangle$ 表示为 $|\Psi(t(t'))\rangle$, 于是

$$|\Psi'(t')\rangle = \Lambda\,|\Psi(t(t'))\rangle\,. \tag{3}$$

我们已经约定不讨论一般的伽利略变换，如果变换 (A) 只是将时间的值平移 Δ, 使得在原参考系下时间值是 t 的事件相对于新参考系的时间是 $t' = t + \Delta$, 则此式表明

$$|\Psi^{\Delta}(t')\rangle = |\Psi(t(t'))\rangle = |\Psi(t' - \Delta)\rangle\,,$$

在主动观点下，t' 已被解释为相对于原参考系的时空坐标，更自然的写法是

$$|\Psi^{\Delta}(t)\rangle = |\Psi(t - \Delta)\rangle\,. \tag{4}$$

如果变换 (A) 只代表坐标架的平移、转动或反射 $(t' = t)$, 则可把 (3) 式表示为

$$|\Psi'(t')\rangle = \overline{\Lambda}\,|\Psi(t')\rangle\,,$$

在主动观点下，t' 已被解释为相对于原参考系的时空坐标，此式表明原来的运动过程和它的 (A) 变换过程在时刻 t' 的态矢量之间的关系，可写成

$$|\Psi'(t)\rangle = \overline{\Lambda}\,|\Psi(t)\rangle\,.$$

我们将 $|\Psi(t)\rangle$ 描写的运动过程的空间平移、空间转动和空间反射依次写成

$$\left.\begin{aligned}|\Psi^{\delta}(t)\rangle &= U(\delta)\,|\Psi(t)\rangle\,,\\ |\Psi^{g}(t)\rangle &= D(g)\,|\Psi(t)\rangle\,,\\ |\widehat{\Psi}_P(t)\rangle &= P\,|\Psi(t)\rangle\,.\end{aligned}\right\} \tag{5}$$

其中 δ 是坐标原点移动的矢量距离，g 代表转动参量，后面有更详细的讨论.

当 (A) 变换是单纯的时间反演时 $(t'=-t,\ x'=x)$, (3) 式表明

$$|\widehat{\Psi}_T(t')\rangle = T\,|\Psi(-t')\rangle\,,$$

T 称为时间反演算符. 在采用被动观点时，此式左边的 t' 与右边的 $(-t')$ 是同一时间的不同记法，而在主动观点下则被解释为相对于原参考系的不同时间. 现在将此式写成

$$|\widehat{\Psi}_T(t)\rangle = T\,|\Psi(-t)\rangle\,, \tag{6}$$

$|\Psi'(t)\rangle$ 代表的运动过程与 $|\Psi(t)\rangle$ 代表的过程是互逆的，其中一个称为另一个的时间反演过程. (5),(6) 式的 U, D, P 和 T 分别称为空间平移算符、空间转动算符、空间反射算符和时间反演算符.

这里应该记住时间反演变换的特殊之处. 当 (A) 是时间反演变换时，需要将 $T\,|\Psi(-t)\rangle$ 当作 $|\Psi'(t)\rangle$ 才能形成时间反演过程. 这与经典力学的情形是相似的. 一个经典质点在时间 Δt 内的运动过程及其逆过程，在 Δt 趋于零时变成两个互为时间反演的状态，这是位置相同而动量相反的两个状态. 如果设想把质点在一个经典运动过程中各个位置上的动量反号，却不改变时间进行方向，则当然不能形成一个新的运动过程，因为这是要求质点沿着与其速度相反的方向移动.

一个系统的任一态矢量 $|\Phi\rangle$ 都可以看成一个运动过程在 $t=0$ 的态矢量从而决定该过程任意时间的态矢量 $|\Phi(t)\rangle$, 于是按照 (4),(5),(6) 式，这个过程经受 A 变换而形成的新过程在 $t=0$ 的态矢量是

$$\left.\begin{aligned}|\Phi^{\Delta}\rangle &= |\Psi(-\Delta)\rangle\,,\\ |\Phi^{\delta}(0)\rangle &= U(\delta)\,|\Phi\rangle\,,\\ |\Phi^{g}(0)\rangle &= D(g)\,|\Phi\rangle\,,\\ |\widehat{\Phi}_P(0)\rangle &= P\,|\Phi\rangle\,,\\ |\widehat{\Phi}_T(0)\rangle &= T\,|\Phi\rangle\,.\end{aligned}\right\} \tag{7}$$

(6),(7) 式表达任意 $|\Phi\rangle$ 经受上述 A 变换而变成的态矢量.

时间平移变换自然是线性的，也是幺正的. 这是叠加原理和 Schrödinger 方程的显然推论. 为了便于讨论各种时空变换以及某些其他变换的线性或反线性的问题，让我们阐明一个一般性的定理 (Wigner,1932 年 [3]). 这一定理的内容可以表述如下: 施行于一定系统的整个态空间的可逆而且保持态矢量内积绝对值的变换，实质上只能是幺正的或反幺正的. 更详细地说，对于任何一个满足这种条件的变换，总是可以找出一个幺正或反幺正的新变换，使得每一态矢量在新旧变换下形成的两种态矢量，只有相因子的差别. 所谓反幺正变换即是将整个态空间变成自身而且使态矢量的内积变成其复共轭的可逆变换. 特别提醒一下: (1) 时空变换是使系统的整个态矢量空间变成自身的可逆变换，这可以认为是自明的 . (2) 时空变换使任意两个态矢量的内积的绝对值保持不变. 设态矢量 $|\Psi\rangle$ 在上述某个 A 变换下变成 $|\Psi'\rangle$, 可以从被动观点将它们理解为相同状态的不同记法，在约定相同的归一条件之后，同一个力学量的平均值也相同. 例如，再设态矢量 $|\Phi\rangle$ 在该变换下变成 $|\Phi'\rangle$, 于是 $\widehat{F}=|\Phi\rangle\langle\Phi|$ 与 $\widehat{F}'=|\Phi'\rangle\langle\Phi'|$ 可以从被动观点理解为相同力学量的算符，故 $\langle\Psi'|\widehat{F}'|\Psi'\rangle=\langle\Psi|\widehat{F}|\Psi\rangle$. 亦即 $|\langle\Psi'|\Phi'\rangle|=|\langle\Psi|\Phi\rangle|$. 可见，时空变换符合 Wigner 定理的全部条件.

下面给出这个定理的证明 (方法上与原文献有些差别). 假设给定了一个施行于一定系统的整个态空间的可逆变换，它保证任何两个态矢量 $|\Psi\rangle$, $|\Phi\rangle$ 的内积和变换后的态矢量 $|\Psi'\rangle$, $|\Phi'\rangle$ 的内积具有相同的绝对值，即

$$|\langle\Psi'|\Phi'\rangle|=|\langle\Psi|\Phi\rangle|. \tag{8}$$

任意选取一组正交归一和完备的基矢 $\{|\psi_1\rangle,|\psi_2\rangle,|\psi_3\rangle,\cdots\}$, 在所说的变换下，显然得到一组对应的正交归一和完备的基矢 $\{|\psi_1'\rangle,|\psi_2'\rangle,\cdots\}$. 由条件 (8) 可知 $|\psi_1\rangle+|\psi_m\rangle(m=2,3,\cdots)$ 在变换之后，不可能含有 $|\psi_1'\rangle$ 与 $|\psi_m'\rangle$ 以外的成分，因此

$$(|\psi_1\rangle+|\psi_m\rangle)'=\alpha_1|\psi_1'\rangle+\alpha_m|\psi_m'\rangle,$$

其中

$$\alpha_1=\langle\psi_1'|\cdot(|\psi_1\rangle+|\psi_m\rangle)',\quad \alpha_m=\langle\psi_m'|\cdot(|\psi_1\rangle+|\psi_m\rangle)'.$$

再次利用条件 (8) 可知 $|\alpha_m|=|\alpha_1|=1$, 把 α_m/α_1 看作相因子而吸收到 $|\psi_m'\rangle$ 中就有

$$(|\psi_1\rangle+|\psi_m\rangle)'=\alpha_1(|\psi_1''\rangle+|\psi_m''\rangle), \tag{9}$$

其中

$$|\psi_n''\rangle\equiv\frac{\alpha_n}{\alpha_1}|\psi_n'\rangle\quad(n=1,2,\cdots). \tag{10}$$

由此确定的 $\{|\psi_1''\rangle, |\psi_2''\rangle, |\psi_3''\rangle, \cdots\}$ 也是正交归一和完备的, 因此构成新的基矢.

对于任意 l 与 m, $(|\psi_l\rangle + |\psi_m\rangle)'$ 不含 $|\psi_l'\rangle$ 与 $|\psi_m'\rangle$ 以外的成分, 因此是 $|\psi_l'\rangle$ 与 $|\psi_m'\rangle$ 的组合, 按照 (10) 式, 也是 $|\psi_l''\rangle$ 与 $|\psi_m''\rangle$ 的组合, 即

$$(|\psi_l\rangle + |\psi_m\rangle)' = d_l|\psi_l''\rangle + d_m|\psi_m''\rangle\,.$$

我们要进一步证明 $d_m = d_l$. 当 $l=1$ 或 $m=1$ 时, 已有 (9) 式, $l=m$ 的情形也无需考虑, 可约定 $l>1$ 和 $m>1$ 而 $l \neq m$. 由

$$\begin{aligned}(|\psi_1\rangle + |\psi_l\rangle + |\psi_m\rangle)' &= a(|\psi_1\rangle + |\psi_l\rangle)' + b|\psi_m''\rangle \\ &= c(|\psi_1\rangle + |\psi_m\rangle)' + d|\psi_l''\rangle = e(|\psi_l\rangle + |\psi_m\rangle)' + f|\psi_1''\rangle\,,\end{aligned}$$

有

$$\begin{aligned}a\alpha_1(|\psi_1''\rangle + |\psi_l''\rangle) + b|\psi_m''\rangle &= c\alpha_1'(|\psi_1''\rangle + |\psi_m''\rangle) + d|\psi_l''\rangle \\ &= e(d_l|\psi_l''\rangle + d_m|\psi_m''\rangle) + f|\psi_1''\rangle\,.\end{aligned}$$

按约定, $1, l, m$ 是互不相同的指标, 因此

$$ed_l = d = a\alpha_1, \quad ed_m = c\alpha_1' = b, \quad f = c\alpha_1' = a\alpha_1\,.$$

这表明 d_l 与 d_m 相等, 即对任意的 l, m 都有

$$(|\psi_l\rangle + |\psi_m\rangle)' = d_l(|\psi_l'' + |\psi_m''\rangle)\,. \tag{11}$$

实际上, 还同时证明了, 当 $1, l, m$ 互不相同时, 有

$$(|\psi_1\rangle + |\psi_l\rangle + |\psi_m\rangle)' = f(|\psi_1''\rangle + |\psi_l''\rangle + |\psi_m''\rangle)\,.$$

考虑任一个态矢量 $|\Psi\rangle$, 设

$$|\Psi\rangle = x_1|\psi_1\rangle + x_2|\psi_2\rangle + x_3|\psi_3\rangle + \cdots\,, \tag{12}$$

于是

$$|\Psi'\rangle = x_1'|\psi_1''\rangle + x_2'|\psi_2''\rangle + x_3'|\psi_3''\rangle + \cdots\,. \tag{13}$$

而 $|x_m'| = |x_m|$, 求 (13) 与 (11) 式的内积并取绝对值. 由 (8) 式知 $|x_l + x_m| = |x_l' + x_m'|$, 即

$$x_l^* x_m + x_m^* x_l = x_l'^* x_m' + x_m'^* x_l'\,,$$

用 $x_l'x_m'$ 遍乘此式，再把 $x_l'^*x_l', x_m'^*x_m'$ 分别换成 $x_l^*x_l$ 及 $x_m^*x_m$, 得出

$$(x_lx_m' - x_l'x_m)(x_l^*x_m' - x_l'x_m^*) = 0\,.$$

由此引出两种可能的关系式

(i) $x_lx_m' = x_l'x_m\,;$

(ii) $x_l^*x_m' = x_l'x_m^*\,.$

可以进一步断定，对于不为零的复系数 $x_l, x_m, x_n, \cdots$, 只要 $x_l', x_m', x_n', \cdots$ 中有一对满足 (i) 中的关系式，其余每一对也满足此式. 我们用反证法，假定 (x_m', x_l') 满足 (i) 而 (x_n', x_l') 满足 (ii), 于是

$$\frac{x_m}{x_m'} = \frac{x_l}{x_l'}\,, \tag{A$_1$}$$

$$\frac{x_n^*}{x_n'} = \frac{x_l^*}{x_l'}\,. \tag{B$_1$}$$

注意 (x_n', x_m') 也只能是或者满足 (i) 式或者满足 (ii) 式，如果满足 (i), 即 $(x_n/x_n') = (x_m/x_m')$, 利用 (A$_1$) 式消去 (x_m, x_m'), 得到与 (B$_1$) 式矛盾的结果. 如果 (x_n', x_m') 满足 (ii), 即 $(x_m/x_m') = (x_n/x_n')$, 利用 (B$_1$) 式消去 (x_n^*, x_n'), 得到与 (A$_1$) 式矛盾的结果，即是说，(A$_1$) 与 (B$_1$) 不相容，原假设不能成立，所以，只能是 (x_m', x_l') 与 (x_n', x_l') 或者同时满足 (i), 或者同时满足 (ii). 这又导致全体非零 $x_l', x_m', x_n', \cdots$ 应满足下列两类关系式之一

(i′) $\dfrac{x_l}{x_l'} = \dfrac{x_m}{x_m'} = \dfrac{x_n}{x_n'} = \cdots = \mathrm{e}^{\mathrm{i}\alpha},$

(ii′) $\dfrac{x_l^*}{x_l'} = \dfrac{x_m^*}{x_m'} = \dfrac{x_n^*}{x_n'} = \cdots = \mathrm{e}^{\mathrm{i}\beta},$

其中 $\mathrm{e}^{\mathrm{i}\alpha}, \mathrm{e}^{\mathrm{i}\beta}$ 与标号 l, m, n 无关. 在变换给定之后，复系数 $x_l, x_m, x_n, \cdots$ 的改变 (代表 $\varPsi$ 的更换) 不可能引起 (i′) 与 (ii′) 所示的两类关系式之间的过渡，因此这两类关系式代表着两类变换，现在分别进行讨论.

(i′) 在第一种情形，有 $x_m' = \mathrm{e}^{-\mathrm{i}\alpha}x_m$, 故 (13) 式变为

$$\mathrm{e}^{\mathrm{i}\alpha}|\varPsi'\rangle = x_1|\psi_1''\rangle + x_2|\psi_2''\rangle + x_3|\psi_3''\rangle + \cdots\,. \tag{14}$$

按下式定义变换算符 U

$$U|\varPsi\rangle = \mathrm{e}^{\mathrm{i}\alpha}|\varPsi'\rangle\,, \tag{15}$$

对于 $|\psi_m\rangle$, 由 $|\psi_m'\rangle = x_m'|\psi_m''\rangle$ 以及 $x_m = 1$ 有

$$U|\psi_m\rangle = |\psi_m''\rangle\,.$$

因此 (12) 和 (14) 式给出

$$U\sum_n x_n|\psi_n\rangle = \sum_n x_n U|\psi_n\rangle\,.$$

对任意态矢量 $|\Psi_A\rangle = \sum_n a_n|\psi_n\rangle$ 和 $|\Psi_B\rangle = \sum_n b_n|\psi_n\rangle$, 显然有

$$U(a|\Psi_A\rangle + b|\Psi_B\rangle) = \sum_n (aa_n + bb_n)U|\psi_n\rangle = aU|\Psi_A\rangle + bU|\Psi_B\rangle\,, \tag{16}$$

这表明 U 是线性算符. 此外, 注意 $\langle\psi''_l|\psi''_n\rangle = \delta_{ln}$, 可求得

$$\overline{U|\Psi_A\rangle}\cdot(U|\Psi_B\rangle) = \sum_n a_n^* b_n = \langle\Psi_A|\Psi_B\rangle\,. \tag{17}$$

即是说, 变换 $|\Psi\rangle \to |\Psi'\rangle$ 实质上是将整个态空间变成自身而且使态矢量的内积保持不变的可逆变换.

(ii′) 在第二种情形, 有 $x'_m = \mathrm{e}^{-\mathrm{i}\beta}x_m^*$, 故

$$\mathrm{e}^{\mathrm{i}\beta}|\Psi'\rangle = x_1^*|\psi''_1\rangle + x_2^*|\psi''_2\rangle + x_3^*|\psi''_3\rangle + \cdots\,. \tag{18}$$

定义如下的算符 R

$$R\,|\Psi\rangle = \mathrm{e}^{\mathrm{i}\beta}|\Psi'\rangle\,, \tag{19}$$

则

$$R\,|\psi_n\rangle = |\psi''_n\rangle\,, \tag{20}$$

$$R\sum_n x_n|\psi_n\rangle = \sum_n x_n^* R\,|\psi_n\rangle\,. \tag{21}$$

由此可证明, 对于任意的态矢量 $|\Psi_A\rangle, |\Psi_B\rangle$ 和任意常数 a, b, 有

$$R\,(a|\Psi_A\rangle + b|\Psi_B\rangle) = a^* R\,|\Psi_A\rangle + b^* R\,|\Psi_B\rangle\,,$$

具有这种性质的算符 R 称为反线性算符. 再求 $R\,|\Psi_A\rangle$ 与 $R\,|\Psi_B\rangle$ 的内积, 得到

$$\overline{R\,|\Psi_A\rangle}\cdot(R\,|\Psi_B\rangle) = \langle\Psi_A|\Psi_B\rangle^*\,, \tag{22}$$

前面说过, 将整个态空间变成自身而且使态矢量的内积变成其复共轭的可逆变换是反幺正的. 因此变换 $|\Psi\rangle \to |\Psi'\rangle$ 实质上是反幺正的. 综合以上两种情形, 就证明了 Wigner 定理.

习题 根据 (22) 式证明对任意线性算符 Q, 有

$$\Big(R\,Q\,R^{-1}\Big)^\dagger = R\,Q^\dagger\,R^{-1}\,.$$

解 $R\,Q\,R^{-1}$ 是线性算符，对任意态矢量 $|\Psi_A\rangle$ 和 $|\Psi_B\rangle$ 有

$$\begin{aligned}
\langle\Psi_A|\Big(R\,Q\,R^{-1}\Big)^{\dagger}|\Psi_B\rangle &= \overline{R\,Q\,R^{-1}\Psi_A\rangle}\cdot|\Psi_B\rangle \\
&= \Big(\overline{Q\,R^{-1}\Psi_A\rangle}\cdot R^{-1}|\Psi_B\rangle\Big)^{*} = \Big(\overline{R^{-1}\Psi_A\rangle}\cdot Q^{\dagger}\,R^{-1}|\Psi_B\rangle\Big)^{*} \\
&= \overline{|\Psi_A\rangle}\cdot\Big(R\,Q^{\dagger}\,R^{-1}\Big)|\Psi_B\rangle = \langle\Psi_A|\Big(R\,Q^{\dagger}\,R^{-1}\Big)|\Psi_B\rangle\,.
\end{aligned}$$

§ 2 时间平移. 空间平移

2.1 时间平移

用 $H(t)$ 代表系统的哈密顿量算符，假设 $|\Psi(t)\rangle$ 是在时刻 t 的态矢量，并且随 t 的变化描写一种可能的运动过程，于是

$$\mathrm{i}\hbar\frac{\partial}{\partial t}|\Psi(t)\rangle = H(t)|\Psi(t)\rangle\,. \tag{23}$$

设想这个过程各状态出现的时间整体地推迟了一个间隔 Δ, 这个设想的“运动过程”不一定代表原系统的可能运动过程，它称为原来运动过程的时间平移，而时刻 t 的态矢量是

$$|\Psi^{\Delta}(t)\rangle = |\Psi(t-\Delta)\rangle = T(t-\Delta,t)|\Psi(t)\rangle\,. \tag{24}$$

态矢量 $|\Psi^{\Delta}(t)\rangle$ 又称为 $|\Psi(t)\rangle$ 在时间平移 Δ 下变成的态矢量，算符 $T(t,t_0)$ 是第三章 §1 引进的时间演化算符.

由于 $T(t,t_0)$ 是幺正算符，所以决定时间平移的算符是幺正的. 鉴于这个性质的重要性，再把第三章讲过的论据重述如下：

(1) 根据叠加原理，$T(t,t_0)$ 是线性算符.

(2) 按照 $T(t,t_0)$ 的含义，它是有逆的 (当 t 及 t_0 都取有限值时).

(3) 概率守恒的要求导致 $(T(t,t_0))^{\dagger}T(t,t_0)$ 恒等于 1 .

如果从本章 §1 的一般定理来考虑，关键之点在于 $T(t,t_0)$ 不是反线性的. 对于其他的变换也要处理类似的问题，后面采用的论证变换算符的幺正性的方法也都适用于时间平移的情形.

如果系统不受外界作用，或者外场是与时间无关的，则时间的均匀性要求运动方程具有时间平移不变性，即是说，只要 $|\Psi(t)\rangle$ 满足 (23) 式，则 $|\Psi^{\Delta}(t)\rangle$ 也满足. 这时，如第三章已经指出的，系统的能量是守恒量，即 $\frac{\mathrm{d}}{\mathrm{d}t}\langle\Psi(t)|H(t)|\Psi(t)\rangle = 0$, 这又相当于

$$\frac{\partial H(t)}{\partial t} = 0\,.$$

现在采用的是 Schrödinger 绘景，坐标和动量的算符不含时间，所以此式意味着，孤立的或者只受到与时间无关的外场作用的系统，哈密顿量算符作为坐标和动量算符的函数与时间无关．这时 $T(t-\Delta,t)$ 可写成 $\mathrm{e}^{\mathrm{i}H\Delta/\hbar}$.

2.2 空间平移

空间平移的概念，也可从对应的经典观点帮助理解．设有一个质点在无穷短的时间 Δt 内从点 $\boldsymbol{r}$ 移动到点 $\boldsymbol{r}+\Delta\boldsymbol{r}$, 再设想这个运动过程经受一个空间平移，而平移的距离是 δ, 于是被平移后的运动过程变成从点 $\boldsymbol{r}+\delta$ 经过 Δt 时间到达点 $\boldsymbol{r}+\delta+\Delta\boldsymbol{r}$. 令 $\Delta t\to 0$ 即可看出两个过程的起始状态有相同的动量，所以质点的状态 $(\boldsymbol{r},\boldsymbol{p})$ 在空间平移 δ 时变为 $(\boldsymbol{r}+\delta,\boldsymbol{p})$. 由此可给出量子力学中的空间平移概念的含义，即态矢量 $|\Psi\rangle$ 在空间平移 δ 时变为符合如下条件的态矢量 $|\Psi^{\delta}\rangle$

$$\langle\Psi^{\delta}|\Psi^{\delta}\rangle=\langle\Psi|\Psi\rangle\,, \tag{25}$$

$$\langle\Psi^{\delta}|\widehat{\boldsymbol{r}}_k|\Psi^{\delta}\rangle=\langle\Psi|\widehat{\boldsymbol{r}}_k+\delta|\Psi\rangle\,, \tag{26}$$

$$\langle\Psi^{\delta}|\widehat{\boldsymbol{p}}_k|\Psi^{\delta}\rangle=\langle\Psi|\widehat{\boldsymbol{p}}_k|\Psi\rangle\,, \tag{27}$$

其中 $\widehat{\boldsymbol{r}}_k$ 及 $\widehat{\boldsymbol{p}}_k$ 分别为第 k 号粒子的坐标和正则动量的算符．用 $\widehat{\boldsymbol{s}}_k$ 代表第 k 号粒子的自旋算符，由于自旋是内禀角动量，不受空间平移的影响，故

$$\langle\Psi^{\delta}|\widehat{\boldsymbol{s}}_k|\Psi^{\delta}\rangle=\langle\Psi|\widehat{\boldsymbol{s}}_k|\Psi\rangle\,. \tag{28}$$

态矢量 $|\Psi\rangle$ 在空间平移 δ 下变成的态矢量 $|\Psi^{\delta}\rangle$ 可表示为

$$|\Psi^{\delta}\rangle=U(\delta)|\Psi\rangle\,, \tag{29}$$

借助连续参量 δ 很容易看出 $U(\delta)$ 不是反线性算符．试假定 $U(\delta)$ 在某个 δ 值下是反线性算符，于是当 δ 改变一个无穷小量时仍然是反线性的，因而当 $\delta=0$ 时也是如此．但 $U(0)$ 实际上是一个常数，所以原假定不能成立，因此可适当选择常数因子使 $U(\delta)$ 是幺正的．显然可以规定当 $\delta=0$ 时 $|\Psi^{\delta}\rangle$ 即是 $|\Psi\rangle$. 于是

$$U(\delta)^{\dagger}U(\delta)=U(\delta)U(\delta)^{\dagger}=1\,, \tag{30}$$

$$U(0)=1\,, \tag{31}$$

条件 (25) 已经包含于 (30) 式，而 (26), (27) 和 28) 式给出

$$U(\delta)^{\dagger}\widehat{\boldsymbol{r}}_kU(\delta)=\widehat{\boldsymbol{r}}_k+\delta, \tag{32}$$

$$U(\delta)^{\dagger}\widehat{\boldsymbol{p}}_k U(\delta)=\widehat{\boldsymbol{p}}_k\,, \tag{33}$$

$$U(\delta)^{-1}\widehat{\boldsymbol{s}}_k U(\delta)=\widehat{\boldsymbol{s}}_k\,. \tag{34}$$

我们来看看，这些条件是否决定了 $U(\delta)$. 如果算符 $U_1(\delta)$ 和 $U_2(\delta)$ 都满足 (30)—(34) 式，则 $U_1(\delta)\cdot U_2(\delta)^{-1}$ 与每个 $\widehat{\boldsymbol{r}}_k$ 及 $\widehat{\boldsymbol{p}}_k$ 都可互相对易，而自旋本来不受空间平移的影响，所以 $U_1(\delta)U_2(\delta)^{-1}$ 与任何力学量的算符都可互相对易，因而是一个常数. 再由 (31) 式可看出，这个常数的模是 1. 即是说，根据 (30)—(34) 式可在一个任意相因子的限度内决定算符 $U(\delta)$. 根据 (32),(34) 式，单粒子坐标和自旋投影的共同本征矢量 $|\boldsymbol{r},\sigma\rangle$ 在空间平移 δ 时变为 $|\boldsymbol{r}+\delta,\sigma\rangle$ 和一个任意相因子的积，约定这个相因子等于 1 (此为补充规定), 于是

$$|\boldsymbol{r},\sigma\rangle^{\delta}=|\boldsymbol{r}+\boldsymbol{\delta},\sigma\rangle=\sum_{n=0}^{\infty}\frac{1}{n!}(-\mathrm{i}\,\delta\cdot\nabla)^n|\boldsymbol{r},\sigma\rangle\,.$$

可见

$$U(\delta)=\mathrm{e}^{-\mathrm{i}\boldsymbol{\delta}\cdot\widehat{\boldsymbol{P}}/\hbar}\,, \tag{35}$$

其中 $\widehat{\boldsymbol{P}}$ 是系统的总动量算符.

现在说明力学量的算符的空间平移的概念. 力学量 F 的算符 $\widehat{F}$ 在空间平移 δ 时变成的算符 $\widehat{F}^{\delta}$ 由下式定义

$$\widehat{F}^{\delta}|\Psi^{\delta}\rangle=(\widehat{F}|\Psi\rangle)^{\delta}\,, \tag{36}$$

即

$$\widehat{F}^{\delta}=U(\delta)\widehat{F}U(\delta)^{\dagger}\,. \tag{37}$$

这种定义又可用矩阵元的关系式表示为

$$\langle\Psi_A^{\delta}|\widehat{F}^{\delta}|\Psi_B^{\delta}\rangle=\langle\Psi_A|\widehat{F}|\Psi_B\rangle\,. \tag{38}$$

由 (32)—(34) 式得到

$$\widehat{\boldsymbol{r}}_k^{\delta}=\widehat{\boldsymbol{r}}_k-\boldsymbol{\delta}\,. \tag{39a}$$

$$\widehat{\boldsymbol{p}}_k^{\delta}=\widehat{\boldsymbol{p}}_k\,, \tag{39b}$$

$$\widehat{\boldsymbol{s}}_k^{\delta}=\widehat{\boldsymbol{s}}_k\,. \tag{39c}$$

对于 ($\widehat{\boldsymbol{r}}_k$, $\widehat{\boldsymbol{p}}_k$, $\widehat{\boldsymbol{s}}_k$) 的函数 $F(\widehat{\boldsymbol{r}},\ \widehat{\boldsymbol{p}},\ \widehat{\boldsymbol{s}})$, 有

$$F^{\delta}=F(\widehat{\boldsymbol{r}}^{\delta},\widehat{\boldsymbol{p}}^{\delta},\widehat{\boldsymbol{s}}^{\delta})\,. \tag{40}$$

设 $|\Psi(t)\rangle$ 代表系统在时刻 t 的态矢量，并且随 t 的变化描写一种可能的运动过程，它的空间平移是指一个设想的以 $|\Psi^{\delta}(t)\rangle$ 即 $U(\delta)|\Psi(t)\rangle$ 为时刻 t 的态矢量的“运动过程”，它不一定代表原系统的可能运动过程. 如果系统不受外界作用，则空间的均匀性要求运动方程具有空间平移不变性，即任何一个可能的运动过程的空间平移都是原来系统的可能运动过程. 在这个条件下，系统的总动量是守恒量，即 $\frac{\mathrm{d}}{\mathrm{d}t}\langle\Psi(t)|\widehat{\boldsymbol{P}}|\Psi(t)\rangle=0$. 这相当于

$$[\widehat{\boldsymbol{P}},H]=0,$$

即是说，孤立系统的 H 应该是空间平移不变的.

§3　空间转动

这里只需要考虑空间绕原点的转动. 以 $\boldsymbol{n}$ 代表转轴，θ 代表转角，$g(\boldsymbol{n},\theta)\boldsymbol{r}$ 代表位置矢量 $\boldsymbol{r}$ 在空间转动 $(\boldsymbol{n},\theta)$ 时变成的新矢量. 如果把 $\boldsymbol{r}$ 表示为三行单列矩阵，则 $g(\boldsymbol{n},\theta)$ 可用 3×3 的幺模实正交矩阵代表. 这时用同样的记号 $g(\boldsymbol{n},\theta)$ 代表相应的矩阵. 设 $\boldsymbol{j}_1,\boldsymbol{j}_2$ 和 $\boldsymbol{j}_3$ 分别是沿 x,y 和 z 轴正向的单位矢量，则表示转动 $g(\boldsymbol{j}_1,\alpha_1)$, $g(\boldsymbol{j}_2,\alpha_2)$ 以及 $g(\boldsymbol{j}_3,\alpha_3)$ 的矩阵如下：

$$g(\boldsymbol{j}_1,\alpha_1)=\begin{pmatrix}1&0&0\\0&\cos\alpha_1&-\sin\alpha_1\\0&\sin\alpha_1&\cos\alpha_1\end{pmatrix},$$

$$g(\boldsymbol{j}_2,\alpha_2)=\begin{pmatrix}\cos\alpha_2&0&\sin\alpha_2\\0&1&0\\-\sin\alpha_2&0&\cos\alpha_2\end{pmatrix},$$

$$g(\boldsymbol{j}_3,\alpha_3)=\begin{pmatrix}\cos\alpha_3&-\sin\alpha_3&0\\\sin\alpha_3&\cos\alpha_3&0\\0&0&1\end{pmatrix}.$$

设有一个质点在无穷短的时间 Δt 内从点 $\boldsymbol{r}$ 移动到点 $\boldsymbol{r}+\Delta\boldsymbol{r}$, 再设想这个运动过程经受一个空间转动 g, 于是转动后的运动过程是从点 $g\boldsymbol{r}$ 经过 Δt 时间到达点 $(g\boldsymbol{r}+g\Delta\boldsymbol{r})$, 这个过程与原过程的矢径和平均速度都相差转动 g. 令 Δt 趋于零就可以看出，两个过程的初始矢径和动量都是相差转动 g. 所以，质点的状态 $(\boldsymbol{r},\boldsymbol{p})$ 在空间转动 g 下变为 $(g\boldsymbol{r},g\boldsymbol{p})$. 相应地，量子力学的态矢量 $|\Psi\rangle$ 在空间转动 g 下变为符合如下条件的态矢量 $|\Psi^g\rangle$

$$\langle\Psi^g|\Psi^g\rangle=\langle\Psi|\Psi\rangle, \tag{41}$$

$$\langle\Psi^g|\widehat{\boldsymbol{r}}_k|\Psi^g\rangle=\langle\Psi|g\widehat{\boldsymbol{r}}_k|\Psi\rangle, \tag{42}$$

$$\langle\Psi^g|\widehat{\boldsymbol{p}}_k|\Psi^g\rangle=\langle\Psi|g\widehat{\boldsymbol{p}}_k|\Psi\rangle. \tag{43}$$

粒子的自旋算符与坐标或者动量算符是可对易的，而且在空间转动下的性质应该与轨道角动量相同．注意

$$\langle\Psi^g|\widehat{\boldsymbol{r}}_k\times\widehat{\boldsymbol{p}}_k|\Psi^g\rangle=\langle\Psi|(g\widehat{\boldsymbol{r}}_k)\times(g\widehat{\boldsymbol{p}}_k)|\Psi\rangle=\langle\Psi|g(\widehat{\boldsymbol{r}}_k\times\widehat{\boldsymbol{p}}_k)|\Psi\rangle,$$

应要求

$$\langle\Psi^g|\widehat{\boldsymbol{s}}_k|\Psi^g\rangle=\langle\Psi|g\widehat{\boldsymbol{s}}_k|\Psi\rangle. \tag{44}$$

与空间平移的情形相似，可以规定当转角 $\theta=0$ 时，$|\Psi^g\rangle$ 就是 $|\Psi\rangle$. 而且存在如下的幺正算符 $D(g)$(称为空间转动算符), 使得

$$|\Psi^g\rangle=D(g)|\Psi\rangle, \tag{45}$$

$$D(g(\boldsymbol{n},0))=1, \tag{46}$$

$$D(g)^\dagger D(g)=D(g)D(g)^\dagger=1, \tag{47}$$

$$D(g)^\dagger\widehat{\boldsymbol{r}}_k D(g)=g\widehat{\boldsymbol{r}}_k, \tag{48}$$

$$D(g)^\dagger\widehat{\boldsymbol{p}}_k D(g)=g\widehat{\boldsymbol{p}}_k, \tag{49}$$

$$D(g)^\dagger\widehat{\boldsymbol{s}}_k D(g)=g\widehat{\boldsymbol{s}}_k. \tag{50}$$

如果算符 $D_1(g)$ 与 $D_2(g)$ 都满足 (45)—(50) 式，则 $D_1(g)D_2(g)^{-1}$ 与任何力学量的算符都可对易，因此它只能是一个模为 1 的常数，可见 (45)—(50) 式已在一个相因子的限度内决定了算符 $D(g)$. 由此又可知，$D(g_1g_2)$ 与 $D(g_1)D(g_2)$ 只能有相因子的差别，因此可再规定

$$D(g_1g_2)=D(g_1)D(g_2). \tag{51}$$

根据 (48) 式，单粒子坐标的本征矢量 $|\boldsymbol{r}\rangle$ 在空间转动 $g(\boldsymbol{n},\theta)$ 时变为 $|g\,\boldsymbol{r}\rangle$ 和一个任意相因子的积，约定这个相因子等于 1(补充规定), 于是

$$|\boldsymbol{r}\rangle^g=|g\,\boldsymbol{r}\rangle\,.$$

由此直接计算可得 (见习题 1):

$$|g\boldsymbol{r}\rangle=\mathrm{e}^{-\mathrm{i}\theta\boldsymbol{n}\cdot\widehat{\boldsymbol{l}}/\hbar}|\boldsymbol{r}\rangle\,.$$

可见，无自旋单粒子的转动算符是 $\mathrm{e}^{-\mathrm{i}\theta\boldsymbol{n}\cdot\widehat{\boldsymbol{l}}/\hbar}$, 其中 $\widehat{\boldsymbol{l}}$ 是轨道角动量算符. 对于一般的多粒子系统，假定 $|\varPsi(t)\rangle$ 随时间的变化代表系统的一种可能的运动过程，设想这个过程中各时刻的态经受同一个空间转动，于是当转角 θ 趋于零时有

$$D(g)|\varPsi(t)\rangle \approx |\varPsi(t)\rangle + \theta\Big(\frac{\partial D(\boldsymbol{n},\theta')}{\partial\theta'}\Big)_0|\varPsi(t)\rangle, \tag{52}$$

$$\langle\varPsi(t)|D(g)|\varPsi(t)\rangle \approx \langle\varPsi(t)|\varPsi(t)\rangle + \theta\langle\varPsi(t)|\Big(\frac{\partial D(\boldsymbol{n},\theta')}{\partial\theta'}\Big)_0|\varPsi(t)\rangle.$$

由此看出，如果系统对于空间绕 $\boldsymbol{n}$ 轴的转动是不变的 (即是只要 $|\varPsi(t)\rangle$ 代表可能的运动过程，则 $D(\boldsymbol{n},\theta)|\varPsi(t)\rangle$ 也代表该系统的一种可能的运动过程), 则厄米算符 $-\mathrm{i}(\partial D(\boldsymbol{n},\theta)/\partial\theta)_0$ 代表守恒量. 这个相加性的而且只要系统在空间绕 $\boldsymbol{n}$ 转动下不变就保持守恒的量，应当是系统的总角动量沿 $\boldsymbol{n}$ 的投影 (不计常因子), 故

$$\Big(\frac{\partial D(\boldsymbol{n},\theta')}{\partial\theta'}\Big)_0 = \mathrm{i}\alpha\boldsymbol{n}\cdot\widehat{\boldsymbol{J}}, \tag{53}$$

其中 $\widehat{\boldsymbol{J}}$ 是总角动量算符. 与无自旋系统比较知道 $\alpha = -1/\hbar$, 由此以及 (51) 式得出

$$\frac{\partial D(\boldsymbol{n},\theta)}{\partial\theta} = \big(-\mathrm{i}\,\boldsymbol{n}\cdot\widehat{\boldsymbol{J}}/\hbar\big)\,D(\boldsymbol{n},\theta)\,,$$

故

$$D(\boldsymbol{n},\theta) = \mathrm{e}^{-\mathrm{i}\theta\boldsymbol{n}\cdot\widehat{\boldsymbol{J}}/\hbar}. \tag{54}$$

为了便于求出总角动量投影的对易关系，可以将 $g(\boldsymbol{n},\theta)$ 写成

$$g(\boldsymbol{n},\theta) = \mathrm{e}^{-\mathrm{i}\,\theta\boldsymbol{n}\cdot\boldsymbol{I}}\,,$$

于是

$$g(\boldsymbol{i},\alpha_1) = \mathrm{e}^{-\mathrm{i}\,\alpha_1 I_1}\,,\quad g(\boldsymbol{j},\alpha_2) = \mathrm{e}^{-\mathrm{i}\,\alpha_2 I_2}\,,\quad g(\boldsymbol{k},\alpha_3) = \mathrm{e}^{-\mathrm{i}\,\alpha_3 I_3}\,.$$

类似地

$$D(\boldsymbol{i},\alpha_1) = \mathrm{e}^{-\mathrm{i}\,\alpha_1\widehat{J}_1/\hbar},\quad D(\boldsymbol{j},\alpha_2) = \mathrm{e}^{-\mathrm{i}\,\alpha_2\widehat{J}_2/\hbar},\quad D(\boldsymbol{k},\alpha_3) = \mathrm{e}^{-\mathrm{i}\,\alpha_3\widehat{J}_3/\hbar}\,.$$

在无穷小的 α_1 和 α_2 下，准至最低级项有

$$\begin{aligned}&[g(\boldsymbol{i},\alpha_1), g(\boldsymbol{j},\alpha_2)] \approx -\alpha_1\alpha_2[I_1, I_2]\,,\\ &\big[D(\boldsymbol{i},\alpha_1), D(\boldsymbol{j},\alpha_2)\big] \approx -\alpha_1\alpha_2\big[\widehat{J}_1/\hbar\,, \widehat{J}_2/\hbar\big]\,.\end{aligned}$$

故

$$
\begin{aligned}
&g(\boldsymbol{i},-\alpha_1)g(\boldsymbol{j},-\alpha_2)g(\boldsymbol{i},\alpha_1)g(\boldsymbol{j},\alpha_2)\\
&\qquad = 1+g(\boldsymbol{i},-\alpha_1)g(\boldsymbol{j},-\alpha_2)\left[g(\boldsymbol{i},\alpha_1),g(\boldsymbol{j},\alpha_2)\right]\approx 1-\alpha_1\alpha_2[I_1,I_2]\,,\\
&D(\boldsymbol{i},-\alpha_1)D(\boldsymbol{j},-\alpha_2)D(\boldsymbol{i},\alpha_1)D(\boldsymbol{j},\alpha_2)\approx 1-\alpha_1\alpha_2\big[J_1/\hbar\,,J_2/\hbar\big]\,.
\end{aligned}
$$

由于矩阵 I_1, I_2 和 I_3 满足 (见习题 3)

$$
I_1I_2-I_2I_1=\mathrm{i}\,I_3\,,\quad I_2I_3-I_3I_2=\mathrm{i}\,I_1\,,\quad I_3I_1-I_1I_3=\mathrm{i}\,I_2\,,
$$

得到

$$
\begin{aligned}
&g(\boldsymbol{i},-\alpha_1)g(\boldsymbol{j},-\alpha_2)g(\boldsymbol{i},\alpha_1)g(\boldsymbol{j},\alpha_2)\approx g(\boldsymbol{k},\alpha_1\alpha_1)\,,\\
&D(\boldsymbol{i},-\alpha_1)D(\boldsymbol{j},-\alpha_2)D(\boldsymbol{i},\alpha_1)D(\boldsymbol{j},\alpha_2)\approx D(\boldsymbol{k},\alpha_1\alpha_2)\,,
\end{aligned}
$$

比较后一等式两边的 $\alpha_1\alpha_2$ 项可知

$$
-\alpha_1\alpha_2\big[\widehat{J}_1/\hbar\,,\widehat{J}_2/\hbar\big]=-\mathrm{i}\alpha_1\alpha_2\widehat{J}_3/\hbar\,.
$$

显然，也可以将 $(\widehat{J}_1,\widehat{J}_2,\widehat{J}_3)$ 的排序换成 $(\widehat{J}_2,\widehat{J}_3,\widehat{J}_1)$ 或 $(\widehat{J}_3,\widehat{J}_1,\widehat{J}_2)$. 故

$$
\left.\begin{aligned}
[\widehat{J}_1,\widehat{J}_2]&=\mathrm{i}\hbar\,\widehat{J}_3\,,\\
[\widehat{J}_2,\widehat{J}_3]&=\mathrm{i}\hbar\,\widehat{J}_1\,,\\
[\widehat{J}_3,\widehat{J}_1]&=\mathrm{i}\hbar\,\widehat{J}_2\,.
\end{aligned}\right\}\tag{55}
$$

各种不同自由度的转动算符当然互相可对易，因此 $D(\boldsymbol{n},\theta)$ 可以看作空间因子与自旋因子之积，或者看作系统中各个粒子的转动算符之积. 无论是轨道角动量或自旋，也无论是单粒子或多粒子角动量，都遵从同样的对易关系. 设算符 $\widehat{S}_1$,$\widehat{S}_2$ 和 $\widehat{S}_3$ 代表单粒子或多粒子系统的自旋沿 $\boldsymbol{i}$,$\boldsymbol{j}$ 和 $\boldsymbol{k}$ 方向的投影，则

$$
\left.\begin{aligned}
[\widehat{S}_1,\widehat{S}_2]&=\mathrm{i}\hbar\,\widehat{S}_3\,,\\
[\widehat{S}_2,\widehat{S}_3]&=\mathrm{i}\hbar\,\widehat{S}_1\,,\\
[\widehat{S}_3,\widehat{S}_1]&=\mathrm{i}\hbar\,\widehat{S}_2\,.
\end{aligned}\right\}\tag{56}
$$

总角动量的基本特点是只要系统在空间转动下不变就保持守恒. 其次，各种角动量都通过转动算符决定态矢量中相应因子的空间转动，所以自旋即是通过转动算符决定态矢量中相应的自旋部分的转动性质的角动量.

现在说明力学量的算符的空间转动的概念. 力学量 F 的算符 $\widehat{F}$ 在空间转动 g 时变成的算符 $\widehat{F}^g$ 由下式定义

$$\widehat{F}^g|\Psi^g\rangle = (\widehat{F}|\Psi\rangle)^g\,, \tag{57}$$

即

$$\widehat{F}^g = D(g)\widehat{F}\big(D(g)\big)^\dagger\,. \tag{58}$$

这种定义又可以用矩阵元表示为

$$\langle\Psi_A^g|\widehat{F}^g|\Psi_B^g\rangle = \langle\Psi_A|\widehat{F}|\Psi_B\rangle\,. \tag{59}$$

由 (58) 以及 (48)—(50) 式得出

$$\widehat{\boldsymbol{r}}_k^g = g^{-1}\widehat{\boldsymbol{r}}_k\,, \tag{60}$$

$$\widehat{\boldsymbol{p}}_k^g = g^{-1}\widehat{\boldsymbol{p}}_k\,, \tag{61}$$

$$\widehat{\boldsymbol{s}}_k^g = g^{-1}\widehat{\boldsymbol{s}}_k\,. \tag{62}$$

对于 $(\widehat{\boldsymbol{r}}_k,\ \widehat{\boldsymbol{p}}_k,\ \widehat{\boldsymbol{s}}_k)$ 的函数 $F(\widehat{\boldsymbol{r}},\ \widehat{\boldsymbol{p}},\ \widehat{\boldsymbol{s}})$, 有

$$F^g = F(g^{-1}\widehat{\boldsymbol{r}}, g^{-1}\widehat{\boldsymbol{p}}, g^{-1}\widehat{\boldsymbol{s}})\,. \tag{63}$$

按照前面的说明, 如果 $|\Psi(t)\rangle$ 代表系统在时刻 t 的态矢量, 并且随时间 t 的变化描写一种可能的运动过程, 则它的空间转动过程是一个设想的以 $D(g)|\Psi(t)\rangle$ 为时刻 t 的态矢量的"运动过程", 它不一定代表原系统的可能运动过程. 在系统不受外界作用或者外场对于空间绕原点的转动是不变的情形, 空间的各向同性的性质才保证任何一个可能的运动过程的空间转动也是原来系统的可能运动过程, 从而

$$\mathrm{i}\,\hbar\frac{\partial}{\partial t}D(g)|\Psi(t)\rangle = H\,D(g)|\Psi(t)\rangle\,,$$

这意味着哈密顿量算符应该是转动不变的, 即 $D(g)\,H = H\,D(g)$ 或 $[\widehat{\boldsymbol{J}}, H] = 0$. 在这种条件下, 系统的总角动量是守恒量.

习题 1 证明 $|g\boldsymbol{r}\rangle = \mathrm{e}^{-\mathrm{i}\theta\boldsymbol{n}\cdot\widehat{\boldsymbol{l}}/\hbar}|\boldsymbol{r}\rangle$.

解 用转轴 $\boldsymbol{n}$ 为 z 轴正向的坐标系, 把 $|\boldsymbol{r}\rangle$ 写成 $|x, y, z\rangle$ 则

$$|g\boldsymbol{r}\rangle = |u, v, z\rangle\,,$$

其中 $u = x\cos\theta - y\sin\theta, v = x\sin\theta + y\cos\theta$. 故

$$\frac{\mathrm{d}}{\mathrm{d}\theta}|u, v, z\rangle = \Big(\frac{\partial u}{\partial\theta}\frac{\partial}{\partial u} + \frac{\partial v}{\partial\theta}\frac{\partial}{\partial v}\Big)|u, v, z\rangle = \Big(-v\frac{\partial}{\partial u} + u\frac{\partial}{\partial v}\Big)|u, v, z\rangle\,.$$

实际上 $\left(-v\frac{\partial}{\partial u}+u\frac{\partial}{\partial v}\right)$ 与转角 θ 无关，因此得

$$\frac{\mathrm{d}}{\mathrm{d}\theta}|u,v,z\rangle=\left(x\frac{\partial}{\partial y}-y\frac{\partial}{\partial x}\right)|u,v,z\rangle\,,$$

$$|u,v,z\rangle=\exp\left\{\theta\left(x\frac{\partial}{\partial y}-y\frac{\partial}{\partial x}\right)\right\}|x,y,z\rangle\,.$$

由 $\widehat{\boldsymbol{p}}|\boldsymbol{r}\rangle=\mathrm{i}\hbar\nabla|\boldsymbol{r}\rangle$，有

$$\left(x\frac{\partial}{\partial y}-y\frac{\partial}{\partial x}\right)|\boldsymbol{r}\rangle=-\frac{\mathrm{i}}{\hbar}\boldsymbol{n}\cdot\widehat{\boldsymbol{l}}|\boldsymbol{r}\rangle\,,$$

故

$$|g\boldsymbol{r}\rangle=\mathrm{e}^{-\mathrm{i}\theta\boldsymbol{n}\cdot\widehat{\boldsymbol{l}}/\hbar}|\boldsymbol{r}\rangle\,.$$

习题 2 根据转动算符的表达式证明，单粒子的动量本征态 $|\boldsymbol{p}\rangle$ 在空间转动 g 时变为 $|g\boldsymbol{p}\rangle$.

解 由 $(\langle\boldsymbol{r}|)^g\cdot(|\boldsymbol{p}\rangle)^g=\langle\boldsymbol{r}|\boldsymbol{p}\rangle$，有 $\langle g\boldsymbol{r}|\cdot(|\boldsymbol{p}\rangle)^g=\langle\boldsymbol{r}|\boldsymbol{p}\rangle$，由于 $\boldsymbol{r}$ 的任意性，得

$$\langle\boldsymbol{r}|\cdot(|\boldsymbol{p}\rangle)^g=\langle g^{-1}\boldsymbol{r}|\boldsymbol{p}\rangle=\langle\boldsymbol{r}|g\boldsymbol{p}\rangle\,,$$

可见 $(|\boldsymbol{p}\rangle)^g=|g\boldsymbol{p}\rangle$.

习题 3 求矩阵 I_1, I_2 和 I_3 的对易关系.

解 由 $g(\boldsymbol{i},\alpha_1)\approx1-\mathrm{i}\,\alpha_1I_1$, $g(\boldsymbol{j},\alpha_2)\approx1-\mathrm{i}\,\alpha_2I_2$ 以及 $g(\boldsymbol{k},\alpha_3)\approx1-\mathrm{i}\,\alpha_3I_3$，得到

$$I_1=\begin{pmatrix}0&0&0\\0&0&-\mathrm{i}\\0&\mathrm{i}&0\end{pmatrix},\quad I_2=\begin{pmatrix}0&0&\mathrm{i}\\0&0&0\\-\mathrm{i}&0&0\end{pmatrix},\quad I_3=\begin{pmatrix}0&-\mathrm{i}&0\\\mathrm{i}&0&0\\0&0&0\end{pmatrix}.$$

$$I_1I_2-I_2I_1=\mathrm{i}\,I_3\,,\quad I_2I_3-I_3I_2=\mathrm{i}\,I_1\,,\quad I_3I_1-I_1I_3=\mathrm{i}\,I_2\,.$$

§ 4 空间反射

4.1 态矢量及算符在空间反射下的变换

设有一个作经典运动的质点在无限短时间 Δt 内从点 $\boldsymbol{r}$ 移动到 $\boldsymbol{r}+\Delta\boldsymbol{r}$，如果这个位置变动过程经受一个对于坐标原点的空间反射，就变成另一过程：质点在 Δt 时间内从点 $-\boldsymbol{r}$ 移动到 $-\boldsymbol{r}-\Delta\boldsymbol{r}$. 令 $\Delta t\to0$ 就可看出，质点的状态

$(\boldsymbol{r},\boldsymbol{p})$ 在空间反射下变为 $(-\boldsymbol{r},-\boldsymbol{p})$. 由此也给出了量子力学中空间反射概念的含义. 为了简化记号, 在本节中把态矢量 $|\Psi\rangle$ 在空间对坐标原点反射下变成的态矢量记作 $|\widehat{\Psi}\rangle$, 其基本性质是:

$$\langle\widehat{\Psi}|\widehat{\Psi}\rangle=\langle\Psi|\Psi\rangle,\quad \langle\widehat{\Psi}|\widehat{\boldsymbol{r}}_k|\widehat{\Psi}\rangle=-\langle\Psi|\widehat{\boldsymbol{r}}_k|\Psi\rangle,$$
$$\langle\widehat{\Psi}|\widehat{\boldsymbol{p}}_k|\widehat{\Psi}\rangle=-\langle\Psi|\widehat{\boldsymbol{p}}_k|\Psi\rangle,\quad \langle\widehat{\Psi}|\widehat{\boldsymbol{s}}_k|\widehat{\Psi}\rangle=\langle\Psi|\widehat{\boldsymbol{s}}_k|\Psi\rangle,$$

其中关于自旋的条件是仿照 $\widehat{\boldsymbol{r}}\times\widehat{\boldsymbol{p}}$ 的性质给出的. $|\widehat{\Psi}\rangle$ 可以写成 $P|\Psi\rangle$, 其中 P 是幺正或反幺正算符, 因此由这些条件可得

$$P^{-1}\widehat{\boldsymbol{r}}_kP=-\widehat{\boldsymbol{r}}_k,\tag{64}$$

$$P^{-1}\widehat{\boldsymbol{p}}_kP=-\widehat{\boldsymbol{p}}_k,\tag{65}$$

$$P^{-1}\widehat{\boldsymbol{s}}_kP=\widehat{\boldsymbol{s}}_k.\tag{66}$$

由 (64) 与 (65) 式计算坐标、动量的对易关系以及由 (66) 式计算自旋投影的对易关系都得到 $P^{-1}(\mathrm{i})P=\mathrm{i}$. 因此 P 不是反线性算符, 可选定为幺正算符, 即

$$P^{\dagger}=P^{-1}.\tag{67}$$

在粒子有其他自由度的情形, 即使认定态矢量经过空间反射之后, 还是代表原系统的一种状态, 根据条件 (64)—(65) 以及 (67) 式还不足以确定空间反射算符 P. 因为粒子可能具有受空间反射影响的内禀性质. 所谓内禀宇称就是在宇称守恒的情形用来描写粒子的内禀态的空间反射性质的物理量. 关于这种物理量的有效范围和取值, 需要针对各类粒子以及根据有关的实验资料来作出判断.

力学量的算符 $\widehat{F}$ 在空间反射下变成的算符 $\widehat{F}^{(p)}$ 按下式定义

$$P\widehat{F}=\widehat{F}^{(p)}P,$$

即

$$\widehat{F}^{(p)}=P\widehat{F}P^{\dagger}.\tag{68}$$

与此等效的矩阵元表达式为

$$\langle\widehat{\Psi}_A|\widehat{F}^{(p)}|\widehat{\Psi}_B\rangle=\langle\Psi_A|\widehat{F}|\Psi_B\rangle.$$

在非相对论量子力学范围内, 各种力学量的算符都可以表示为坐标、动量及自旋算符的函数 (在引入同位旋来描写中子和质子时, 力学量也可以依

赖于同位旋), 在这些基本算符中, 只有与轨道运动有关的坐标和动量受到空间反射的影响. 我们用 $\varPi$ 代表描写轨道自由度的空间反射的算符, 这时有

$$\varPi^\dagger\varPi = \varPi\varPi^\dagger = 1\,, \tag{69}$$

$$\varPi^\dagger\widehat{\boldsymbol{r}}_k\varPi = -\widehat{\boldsymbol{r}}_k\,, \tag{70}$$

$$\varPi^\dagger\widehat{\boldsymbol{p}}_k\varPi = -\widehat{\boldsymbol{p}}_k\,, \tag{71}$$

$$\varPi^\dagger\widehat{\boldsymbol{s}}_k\varPi = \widehat{\boldsymbol{s}}_k\,, \tag{72}$$

$$\varPi\varPi = 1\,. \tag{73}$$

$\varPi$ 称为轨道运动的宇称算符, 由 (69)—(73) 式可在一个不定正负号的限度内确定它. 我们借助坐标算符的本征态规定

$$\varPi|\boldsymbol{r}_1,\boldsymbol{r}_2\cdots\rangle = |-\boldsymbol{r}_1,-\boldsymbol{r}_2\cdots\rangle\,, \tag{74}$$

这意味着

$$\langle\boldsymbol{r}_1\boldsymbol{r}_2\cdots|\varPi\varPsi\rangle = \varPsi(-\boldsymbol{r}_1,-\boldsymbol{r}_2,\cdots)\,. \tag{75}$$

对于由 $(\widehat{\boldsymbol{r}}_k,\ \widehat{\boldsymbol{p}}_k,\ \widehat{\boldsymbol{s}}_k)$ 构成的算符 F, 有

$$\varPi F(\widehat{\boldsymbol{r}}_k,\widehat{\boldsymbol{p}}_k,\widehat{\boldsymbol{s}}_k)\varPi^\dagger = PF(\widehat{\boldsymbol{r}}_k,\widehat{\boldsymbol{p}}_k,\widehat{\boldsymbol{s}}_k)P^\dagger = F(-\widehat{\boldsymbol{r}}_k,-\widehat{\boldsymbol{p}}_k,\widehat{\boldsymbol{s}}_k)\,. \tag{76}$$

4.2 宇称守恒定律

宇称作为守恒量, 最初是从原子能级跃迁的所谓 Laporte 选择定则中认识到的, Laporte 选择定则来源于原子的 Schrödinger 方程在空间反射下的不变性 (Wigner, 1927 年), 这种不变性实际上是原子中电子轨道运动的 $\varPi$ 与哈密顿量对易的结果. 由于 $\varPi^2=1$, $\varPi$ 只有两种本征值, 即 $\varPi'=\pm1$, 因此原子的能级可分为偶宇称 $(\varPi'=+1)$ 及奇宇称 $(\varPi'=-1)$ 两类.

后来, 宇称守恒被逐渐接受为普遍的定律. 即认为, 不管相互作用的类型如何, 孤立系统的哈密顿量总是与空间反射算符对易的. 特别是对于相互作用尚不了解的情形, 总是把宇称守恒定律当作寻求相互作用规律的指导原则之一.

在宇称守恒的前提之下, 还可以借助实验上观察到的各种跃迁过程来推断出粒子的内禀宇称. 我们来看看质子、中子和 π 介子. 质子、中子的自旋是 $1/2$, π 介子的自旋是 0. 通常约定, 质子的内禀宇称为 $\varPi_\mathrm{p}=+1$. 再根据中子质子的相似性规定两者的内禀宇称相同, 即 $\varPi_\mathrm{n}=\varPi_\mathrm{p}=+1$. 再来看 π^- 介

子，当 π^- 介子被氘核捕获形成 π^- 介原子时，通过发射光子很快就转入 S 轨道，然后衰变为两个中子. 现在分析这个衰变过程 $(\mathrm{d}\pi^- \to \mathrm{nn})$ 来推断 π^- 介子的内禀宇称 (对 $\mathrm{d}\pi^-$ 质心坐标系用角动量及宇称守恒定律). 在初态中，π^- 介原子的总角动量等于氘核的自旋，故 $I=1$. 而 π^- 对于氘核的轨道运动宇称是偶的，而且氘核中的质子中子相对运动的宇称也是偶的，因此总宇称是 $\Pi_{\mathrm{p}}\Pi_{\mathrm{n}}\Pi_{\pi}=\Pi_{\pi^-}$. 在末态中，为了满足泡利原理并保证角动量等于 1，排除了两个中子自旋反平行的可能性 (因为这时泡利原理要求相对运动的 $l'=$ 偶数，而角动量守恒要求 $l'=1$)，可见两个中子自旋是平行的，泡利原理要求 $l'=$ 奇数，因此根据宇称守恒要求推知 $\Pi_{\pi^-}=-1$. 类似的分析表明 π^0 及 π^+ 介子的宇称也是 -1 .

但是到了 1955 年，人们从 θ^+ 及 τ^+ 粒子的性质看到了宇称不守恒的可能性. 这两种粒子有不同的衰变方式

$$
\begin{aligned}
\theta^+ &\longrightarrow \pi^+ + \pi^0 ,\\
\tau^+ &\longrightarrow \pi^+ + \pi^+ + \pi^- ,
\end{aligned}
$$

其余各方面都表现出它们是相同的粒子. 可是如果按照宇称守恒的原则来推断它们的内禀宇称，就会得到 $\Pi_{\theta^+}=-\Pi_{\tau^+}$. 鉴于这种情形，李政道、杨振宁 (1956 年) 重新分析了原子物理和核物理中有关宇称守恒的实验证据，发现在电磁作用和核作用领域，宇称守恒原则是以很高的精确度成立的. 但是在弱作用领域，并不存在这种证据，他们提出，θ^+ 和 τ^+ 是相同的粒子 (后来称为 K^+ 介子)，而宇称守恒原则在弱作用领域是不成立的. 他们还建议用若干类实验来作出判断. 吴健雄等人 (1957 年) 用极化钴源所作的 β 衰变实验，第一次证实了李 - 杨关于弱作用领域宇称不守恒的论点.

在本节末所附示图中 (此图引自文献 [7])，I 代表极化钴源中母核自旋的取向，q_β 代表放出的 β 粒子的运动方向. 如果认为在空间反射下，β 粒子变为 β 粒子 (只是运动方向相反)，钴核变为钴核，那么空间的反射对称性就意味着在相对核自旋取向为 θ 角处射出的 β 粒子流的强度与在 $\pi-\theta$ 角处射出的强度相等，然而实际上却观察到很大的向前与向后不对称性. 这就毫无怀疑地证实 β 衰变过程是破坏宇称守恒原则的.

宇称守恒原则虽然只是在弱作用领域失效，但引起了一个带普遍性的问题：空间“本身”是否不具有左右对称性？ (左右对称性等价于反射对称性.) 这里值得注意的是，过去预先认定，在空间反射下某些物理量改变了，但是粒子仍然保持为原来的粒子，系统的状态在空间反射下仍然变成原系统的状态. 如果这种想法本来就不正确，那就不能从宇称不守恒断定空间是左右不

对称的. 例如, 如果在空间反射下, 钴核和 β 粒子不保持为钴核和 β 粒子, 那么即使空间具有左右对称性, 也无从断言 θ 角处的 β 粒子流的强度与 $\pi-\theta$ 处的强度相同. 朗道曾提出, 粒子在空间反射下应变为它的反粒子, 因此空间的左右对称性表现为物理规律在联合反演下的不变性, 所谓联合反演, 是由宇称变换与粒子 - 反粒子变换的积来代表的. 从 K^0 的衰变的分析中已经找到破坏联合反演不变性以及时间反演不变性的证据.

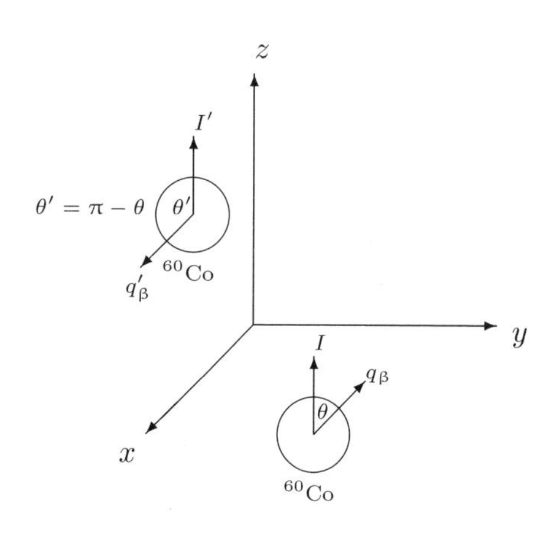

§ 5 时间反演

5.1 态矢量及算符在时间反演下的变换

设有一个作经典运动的质点在无限短时间 Δt 内从点 $\boldsymbol{r}$ 移动到 $\boldsymbol{r}+\Delta\boldsymbol{r}$, 这个位置变动过程的逆过程是: 质点在 Δt 时间内从点 $\boldsymbol{r}+\Delta\boldsymbol{r}$ 移动到 $\boldsymbol{r}$, 令 $\Delta t\to 0$, 则这两个过程的起始状态就是互为时间反演的态, 所以质点的状态 $(\boldsymbol{r},\boldsymbol{p})$ 在时间反演下变为 $(\boldsymbol{r},-\boldsymbol{p})$. 由此也给出了量子力学中时间反演概念的含义. 在本节中, 把态矢量 $|\Psi\rangle$ 在时间反演下变成的态矢量记作 $|\widehat{\Psi}\rangle$, 于是

$$
\begin{aligned}
&\langle\widehat{\Psi}|\widehat{\Psi}\rangle=\langle\Psi|\Psi\rangle\,, \quad \langle\widehat{\Psi}|\widehat{\boldsymbol{r}}_k|\widehat{\Psi}\rangle=\langle\Psi|\widehat{\boldsymbol{r}}_k|\Psi\rangle\,,\\
&\langle\widehat{\Psi}|\widehat{\boldsymbol{p}}_k|\widehat{\Psi}\rangle=-\langle\Psi|\widehat{\boldsymbol{p}}_k|\Psi\rangle\,, \quad \langle\widehat{\Psi}|\widehat{\boldsymbol{s}}_k|\widehat{\Psi}\rangle=-\langle\Psi|\widehat{\boldsymbol{s}}_k|\Psi\rangle\,,
\end{aligned}
$$

其中关于自旋的条件是仿照 $\widehat{\boldsymbol{r}}\times\widehat{\boldsymbol{p}}$ 的性质给出的. 可以将 $|\widehat{\Psi}\rangle$ 写成 $T|\Psi\rangle$, 而 T

是幺正或反幺正算符，因此由这些条件得出

$$T^{-1}\widehat{\boldsymbol{r}}_k T = \widehat{\boldsymbol{r}}_k\,, \tag{77}$$

$$T^{-1}\widehat{\boldsymbol{p}}_k T = -\widehat{\boldsymbol{p}}_k\,, \tag{78}$$

$$T^{-1}\widehat{\boldsymbol{s}}_k T = -\widehat{\boldsymbol{s}}_k\,. \tag{79}$$

根据 (77) 与 (78) 式计算坐标、动量的对易关系以及根据 (79) 式计算自旋投影的对易关系可知，T 作用于空间态或自旋态时都是反线性算符，因此可选定为反幺正的，即

$$\langle T\Psi_A|T\Psi_B\rangle = \langle\Psi_A|\Psi_B\rangle^*\,, \tag{80}$$

其中记号 $\langle T\Psi_A|$ 的意义已经在前面解释过，即代表 $T|\Psi_A\rangle$ 的共轭.

在这里我们遇到了实际的反线性算符. 这种算符与被它作用的态矢量中的复常数因子是不可对易的. 或者说，这样的复常数变成了与反线性算符不可对易的算符 (态矢量的加法关系仍然保持着). 不用说，从属于不同自由度的算符，永远是可互相对易的，同样，从属于一定自由度的时间反演算符与被当作从属于别的自由度的算符的复常数是互相对易的，那么，当一个含有多类自由度的态矢量被乘上一个复常数时，怎么知道这个复常数是从属于哪一部分自由度的？其实答案是简单的，如果不涉及反线性算符的作用，可以完全不谈这种从属关系，也可随便指定一种从属关系. 当涉及反线性算符的作用时就不可不谈了，但还是可以随便指定一种从属关系. 举例说，一个粒子的时间反演算符总是可以看作两个因子的积 T_0T_s, 其中 T_0 只作用于轨道自由度，因此对于自旋自由度不具有反线性特点, T_s 只作用于自旋态，对于空间自由度不具有反线性特点. 假定 a 是当作这个粒子的态空间中的算符看待的复常数，于是 $T_0T_sa = a^*T_0T_s$, 如果要分别说出 T_0 及 T_s 对 a 的影响，就应事先指定 a 与两类自由度之间的关系. 可以指定 a 属于轨道自由度 (这时它与 T_s 对易), 也可以指定它属于自旋自由度 (这时它与 T_0 对易), 还可以指定 a 的一个因子属于轨道自由度，另一个因子属于自旋自由度. 类似地，多粒子系统的时间反演算符可以看作由各个粒子的时间反演算符构成的积，当系统的态矢量被乘上一个复数时，可以把这个复数看成是其中任一个粒子的算符，也可以把它分解为若干个因子，而把每个因子都看作某个粒子的算符.

与空间反射的情形相似, (77)—(79) 式没有涉及时间反演对于更加复杂的物理量的影响. 按照本来的理解，一个状态经过时间反演之后，还是代表原系统的一种可能状态. 在非相对论性量子力学领域内，只有坐标、动量、自旋是基本力学量 (或者再扩充到包括中子质子的同位旋), 其他力学量都可以

用这些基本力学量表示出来. 如果假定 T 只描写空间 - 自旋自由度的时间反演性质, 则由 (77)—(80) 式可在一个未定相因子的限度内确定算符 T.

对于由 $(\widehat{\boldsymbol{r}}_k, \widehat{\boldsymbol{p}}_k, \widehat{\boldsymbol{s}}_k)$ 构成的算符 F, 有

$$TF(\widehat{\boldsymbol{r}}_k, \widehat{\boldsymbol{p}}_k, \widehat{\boldsymbol{s}}_k, \mathrm{i})T^{-1} = F(\widehat{\boldsymbol{r}}_k, -\widehat{\boldsymbol{p}}_k, -\widehat{\boldsymbol{s}}_k, -\mathrm{i}), \tag{81}$$

显然 T^2 是一个与任何 F 都对易的幺正算符. 按假定 T 只涉及空间 - 自旋自由度, 因此 T^2 是常数. 而且 $(T^2)^2 = T(T^2)T = T^2(T^2)^*$, 即 T^2 等于 $(T^2)^*$. 再由 (80) 式有

$$\langle T^2\Psi_A|T^2\Psi_B\rangle = \langle T\Psi_A|T\Psi_B\rangle^* = \langle\Psi_A|\Psi_B\rangle\,,$$

即 T^2 与 $(T^2)^*$ 的积等于 1. 可见 $T^2 = \pm1$, 这与 T 本身的未定相因子的选择没有关系. 其次, 由叠加原理知道, 对于一定的系统, T^2 只能取一种值. 先看看无自旋的单个粒子的 T^2 值等于什么. 这时可以用 $\boldsymbol{r}$ 的本征态 $|\boldsymbol{r}\rangle$ 作为完备组, 在 T 变换下有

$$|\widehat{\boldsymbol{r}}\rangle = C|\boldsymbol{r}\rangle, \quad |C| = 1\,,$$

再变一次得

$$|\widehat{\widehat{\boldsymbol{r}}}\rangle = C^*C|\boldsymbol{r}\rangle = |\boldsymbol{r}\rangle\,.$$

这说明对于没有自旋的粒子, $T^2 = 1$. 当粒子有自旋时, 可以用 $|nljm\rangle$ 作为完备组, 其中 l 是轨道角动量平方 $\boldsymbol{l}^2$ 的量子数, jm 是总角动量平方 $\boldsymbol{j}^2$ 及投影 j_z 的量子数, n 为径向量子数. nl 及 j 值都不受空间转动和 T 变换的影响. 为了与以后的记号相一致, 假定已对一定 nlj 下的 $2j+1$ 个基矢规定了相对相因子 (参看第六章), 使下式成立

$$j_\pm|nljm\rangle = |nljm\pm1\rangle\sqrt{(j\mp m)(j\pm m+1)}, \tag{82}$$

其中

$$j_\pm = j_x \pm \mathrm{i}j_y.$$

设 $D(y,\pi)$ 是空间绕 y 轴转动 180° 时的转动算符. 由角动量的转动和时间反演性质有

$$D(y,\pi)\boldsymbol{j} = g(y,-\pi)\boldsymbol{j}D(y,\pi), \tag{83}$$

$$T\boldsymbol{j} = -\boldsymbol{j}T. \tag{84}$$

由此可以证明, $D(y,\pi)T$ 是与 $j_\pm$ 对易的, 因此 $|nljm\rangle$ 被 $D(y,\pi)T$ 作用之后, 仍然满足 (82) 式, 故

$$D(y,\pi)T|nljm\rangle = a|nljm\rangle\,, \tag{85}$$

$$|a| = 1. \tag{86}$$

再用 $D(y,\pi)T$ 作用于 (85) 式两边，注意 T 与 $D(y,\pi)T$ 对易有

$$D(y,2\pi)T^2|nljm\rangle = a^*a|nljm\rangle = |nljm\rangle\,,$$

即

$$T^2|nljm\rangle = D(y,2\pi)|nljm\rangle\,. \tag{87}$$

当空间绕某一轴转动 2π 时，角动量量子数 j 为整数的态矢量保持不变，j 为半奇数的态矢量则改变其正负号，而 j 是整数或半奇数是由自旋来决定的. 结论是：当粒子的自旋为整数时，T^2 等于 1；当自旋为半奇数时，T^2 等于 -1. 把这个结论用于多粒子系统是直截了当的. 总系统的 T 算符是各个粒子的 T 算符的积，每个粒子的 T 算符又是轨道自由度与自旋自由度的 T 算符的积，轨道自由度的 T^2 永远等于 1，自旋为 s 的粒子的 T^2 则等于 $(-1)^{2s}$. 由此可见，总系统的 T^2 等于 $(-1)^{2\sum_i s_i}$.

为了实际使用的方便，让我们针对几类最重要的基本波函数的相因子作一些规定，借此实现对 T 算符的相因子的适当限制，使这些基本波函数和相应的基矢在 T 变换下的行为比较简单一些. 此外，还希望以此作为示例，阐明处理这个问题的方法. 首先考虑单个粒子，我们要讨论的最基本的基矢包括 $|\boldsymbol{r}\rangle$, $|\boldsymbol{p}\rangle$, $|nlm\rangle$, χ_{sm_s}, 其中 $|nlm\rangle$ 是 $\boldsymbol{l}^2$ 及 l_z 的本征态，n 是转动不变的量子数. 其余三类基矢曾多次用到，不再说明.

关于基矢 $|\boldsymbol{r}\rangle$ 及 $|\boldsymbol{p}\rangle$, 我们要求内积 $\langle\boldsymbol{r}|\boldsymbol{p}\rangle$ 的表达式为

$$\langle\boldsymbol{r}|\boldsymbol{p}\rangle = \frac{1}{(2\pi\hbar)^{3/2}}\mathrm{e}^{\mathrm{i}\boldsymbol{p}\cdot\boldsymbol{r}/\hbar}\,. \tag{88}$$

这是对相因子的一种规定 (把常因子取为负的也行，为了确定起见，这里取为正的). (88) 式符合如下的归一条件

$$\langle\boldsymbol{r}|\boldsymbol{r}'\rangle = \delta(\boldsymbol{r}-\boldsymbol{r}')\,, \tag{89}$$

$$\langle\boldsymbol{p}|\boldsymbol{p}'\rangle = \delta(\boldsymbol{p}-\boldsymbol{p}')\,. \tag{90}$$

以 T_0 作用于 $|\boldsymbol{r}\rangle$ 及 $|\boldsymbol{p}\rangle$ 有

$$|\widehat{\boldsymbol{r}}\rangle = T_0|\boldsymbol{r}\rangle = \alpha(\boldsymbol{r})|\boldsymbol{r}\rangle\,,\qquad |\widehat{\boldsymbol{p}}\rangle = T_0|\boldsymbol{p}\rangle = \beta(\boldsymbol{p})|-\boldsymbol{p}\rangle\,,$$

其中 α 和 β 的模都是 1. 由此得出

$$\langle\boldsymbol{p}|\widehat{\boldsymbol{r}}\rangle = \alpha(\boldsymbol{r})\langle\boldsymbol{p}|\boldsymbol{r}\rangle\,,\qquad \langle\boldsymbol{r}|\widehat{\boldsymbol{p}}\rangle = \beta(\boldsymbol{r})\langle\boldsymbol{r}|-\boldsymbol{p}\rangle\,,$$

由于 $T_0^2=1$, 故 $\langle \boldsymbol{r}|\widehat{\boldsymbol{p}}\rangle=\langle \widehat{\boldsymbol{r}}|\boldsymbol{p}\rangle^*=\langle \boldsymbol{p}|\widehat{\boldsymbol{r}}\rangle$. 可见 $\alpha(\boldsymbol{r})=\beta(\boldsymbol{p})$, 这又说明它们是与 $\boldsymbol{r},\boldsymbol{p}$ 无关的. 把这个常数吸收到 T_0 的定义中，有

$$T_0|\boldsymbol{r}\rangle=|\boldsymbol{r}\rangle\,, \tag{91}$$

$$T_0|\boldsymbol{p}\rangle=|-\boldsymbol{p}\rangle\,, \tag{92}$$

这是在 (88) 式的基础上加入的对于 T_0 的相因子的一种限制.

有了以上的规定之后，可以通过 $\langle \boldsymbol{r}|nljm\rangle$ 的相因子选择使 $T_0|nlm\rangle$ 符合较简单的相因子规则，因为

$$T_0|nlm\rangle=T_0\int \mathrm{d}\boldsymbol{r}|\boldsymbol{r}\rangle\langle \boldsymbol{r}|nlm\rangle=\int \mathrm{d}\boldsymbol{r}|\boldsymbol{r}\rangle\langle \boldsymbol{r}|nlm\rangle^*\,. \tag{93}$$

关于 $\langle \boldsymbol{r}|nljm\rangle$ 的相因子选择，一直有数种不同的习惯，这里我们规定取如下的形式

$$\langle \boldsymbol{r}|nlm\rangle=R_{nl}(r)(\mathrm{i})^l\mathrm{Y}_{lm}(\theta,\varphi)\,, \tag{94}$$

其中

$$R_{n\ l}(r)=R^*_{n\ l}(r)\,, \tag{95}$$

假定已正交归一化

$$\int \langle \boldsymbol{r}|nlm\rangle^*\langle \boldsymbol{r}|n'l'm'\rangle\mathrm{d}\boldsymbol{r}=\delta_{nn'}\delta_{ll'}\delta_{mm'}\,. \tag{96}$$

由 (94) 式及 (95) 式，有

$$\langle \boldsymbol{r}|nlm\rangle^*=\langle \boldsymbol{r}|nl-m\rangle(-1)^{l+m}\,, \tag{97}$$

代回 (93) 式中，有

$$T_0|nlm\rangle=|nl-m\rangle(-1)^{l+m}\,. \tag{98}$$

现在讨论自旋自由度，关于自旋态的基矢 χsm_s, 和通常一样只要求它们的相对相角符合如下的关系

$$s_\pm\chi sm_s=\chi sm_{s\pm1}\sqrt{(s\mp m_s)(s\pm m_s+1)}\,. \tag{99}$$

和前面的情形一样，$D_s(y,\pi)T_s$ 是与算符 $s_\pm$ 对易的，因此

$$D_s(y,\pi)T_s\chi sm_s=r\chi sm_s\,,$$

其中系数 r 与 m_s 无关，而且其模为 1, 因此可以把它吸收到 T_s 的定义中，这样就有

$$T_s\chi sm_s=D_s(y,-\pi)\chi sm_s\,, \tag{100}$$

这是在 (99) 式的基础上加入的对于 T_s 的相因子的一种限制.

借助以上结果可以处理更为普遍的角动量基矢, 为此, 注意 $|nl-m\rangle(-1)^{l+m}$ 就是 $D_0(y,-\pi)|nlm\rangle$, 因此 (98) 式也可写成

$$T_0|nlm\rangle = D_0(y,-\pi)|nlm\rangle\,. \tag{101}$$

由 (100) 和 (101) 式又有

$$T(|nlm\rangle\chi_{sm_s}) = D(y,-\pi)|nlm\rangle\chi_{sm_s}\,. \tag{102}$$

由此可见, 对于由 $|nlm_l\rangle\chi_{sm_s}$ 作通常的角动量耦合构成基矢 $|nljm\rangle$ 之后 (耦合系数是实的), 其 T 变换性质如下

$$T|nljm\rangle = D(y,-\pi)|nljm\rangle = |nlj-m\rangle(-1)^{j+m}\,. \tag{103}$$

这个式子比前面的 (85) 式少了一个相因子 a, 这就是以上规定导致的结果.

最后, 假定在条件 (102) 或 (103) 式得到满足的情况下借助实系数构成多粒子的角动量本征态 $|\alpha IM\rangle$, 其中 α 代表转动不变量的量子数, 而且在 $J_\pm = J_x \pm \mathrm{i}J_y$ 的作用下满足如下的关系

$$J_\pm|\alpha IM\rangle = |\alpha IM\pm 1\rangle\sqrt{(I\mp M)(I\pm M+1)}\,, \tag{104}$$

那么, $|\alpha IM\rangle$ 的 T 变换公式为

$$T|\alpha IM\rangle = D(y,-\pi)|\alpha IM\rangle = |\alpha I-M\rangle(-1)^{I+M}\,. \tag{105}$$

具有这样的时间反演性质的角动量本征态有一些特殊的优点. 例如说, 一个时间反演不变及转动不变的算符 W 在这种态矢量间的矩阵元永远是实的, 这可从下面的两个等式看出:

$$\begin{aligned}
\langle\widehat{\alpha IM}|W|\widehat{\alpha' IM}\rangle &= \langle\alpha I-M|W|\alpha' I-M\rangle = \langle\alpha IM|W|\alpha' IM\rangle\,,\\
\langle\widehat{\alpha IM}|W|\widehat{\alpha' IM}\rangle &= \langle\widehat{\alpha IM}|T\,W|\alpha' IM\rangle = \big(\langle\alpha IM|W|\alpha' IM\rangle\big)^*\,.
\end{aligned}$$

顺便提醒一下, 由于 T 是反线性算符, 不要根据诸如 (103),(105) 之类的关系式把 T 与 $D(y,-\pi)$ 混同, 或者根据 (81) 式把 T_0 与单位算符混同. 换一种说法就是 T 与算符 $|A\rangle\langle B|$ 不能按通常的规则相乘. 当 T 与 $|A\rangle$, $|B\rangle$ 从属于相同的自由度时, 有

$$\begin{aligned}
&T(|A\rangle\langle B|) \neq (T|A\rangle)\langle B|\,,\\
&T(|A\rangle\langle B|)|C\rangle = T(|A\rangle\langle B|C\rangle) = (T|A\rangle)\langle B|C\rangle^*\,.
\end{aligned}$$

5.2 时间反演不变性

设 $\boldsymbol{r}(t)$ 随 t 的变化代表一质点的经典运动的一种可能的运动过程，即满足牛顿运动方程. 那么如下图所示，将这个过程的所有状态都作时间反演，而且把所属的时间变号，则得到反演态的一种时间依赖关系，可表示为

$$\boldsymbol{r}'(t) = \boldsymbol{r}(-t), \quad \boldsymbol{p}'(t) = -\boldsymbol{p}(-t)\,.$$

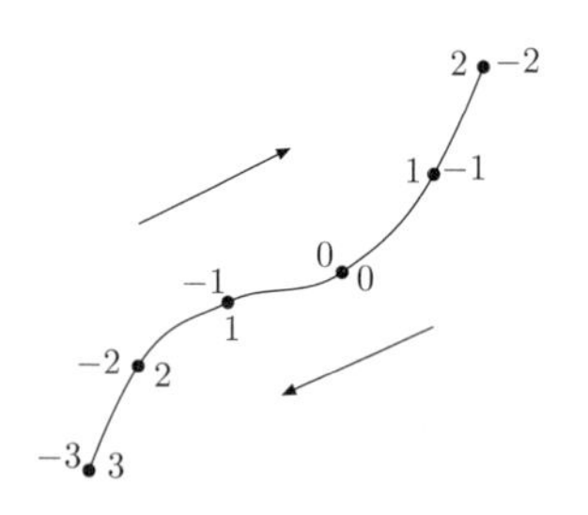

(图中各点旁边所示的数字代表质点达到该点的时间)

类似地，设 $\varPsi(t)$ 随 t 的变化代表系统的一种可能的运动过程，即

$$\mathrm{i}\hbar\frac{\partial}{\partial t}\varPsi(t) = H\varPsi(t).$$

设想把这个过程的所有状态都换成其时间反演态并把所属的时间反号 (根据本章 §1 公式 (6)), 就得到反演态的一种时间依赖关系 $T\varPsi(-t)$, 我们要问，如果系统是孤立的，是否 $\varPsi'(t) \equiv T\varPsi(-t)$ 代表它的一种可能的运动过程？对 $\varPsi'(t)$ 直接求时间微商有

$$\begin{aligned}\mathrm{i}\hbar\frac{\partial}{\partial t}\varPsi'(t) &= \mathrm{i}\hbar T\frac{\partial}{\partial t}\varPsi(-t) = T\left\{(-\mathrm{i}\hbar)\frac{\partial}{\partial t}\varPsi(-t)\right\} \\ &= T\{H\varPsi(-t)\}\,.\end{aligned}$$

所以上面的问题变为：哈密顿量 H 是否具有 T 不变性 (也即 TH 是否等于 HT).

在通常的量子力学范围内，孤立系统的 Schrödinger 方程是 T 不变的，这可以从相互作用的表达式中直接看出来，在核物理中，关于核力的知识还不够完善, T 不变性对于寻求核力位势和分析核态性质以及分析反应过程等起着十分广泛的作用 (由于 T 不是线性算符, T 不变性的物理推论不是用守恒量表达的).

自从发现弱作用破坏宇称守恒原则之后，关于 T 不变性对于各类基本相互作用的有效性问题受到了注意. 如前节提到的，已从 K^0 介子的衰变中发现破坏这种不变性的证据.

参考文献

[1] DIRAC P A M. The principles of quantum mechanics. 4th ed. New York: Oxford University Press, 1982.

[2] LANDAU L D, LIFSHITZ E M. Quantum mechanics. 3rd ed. Oxford: Pergamon Press, 1977.

[3] WIGNER E P. Got. Nachr.(Math. Naturwiss. K1asse), 1932, 31: 546.

[4] LEE T D, YANG C N. Phys. Rev., 1956, 104: 254.

[5] WU C S, et al. Phys. Rev., 1957, 105: 1413.

[6] CHRISTENSEN J H, et al. Phys. Rev. Lett., 1964, 13: 138.

[7] BOHR A, MOTTELSON B R. Nuclear structure: Vol.1. New York: W.A. Benjamin,INC., 1969.

第六章　角动量理论

§1　角动量算符的本征值和本征态. $\mathcal{D}^j(g)$ 矩阵

这里只是一般地讨论角动量的本征值以及按照这些值把态矢量分类的问题. 我们用 J_x, J_y 及 J_z 代表角动量算符沿着不动坐标系的三个坐标轴方向的分量 (以 $\hbar$ 为单位), 由它们决定的矢量则记为 $\boldsymbol{J}$, 可以设想为单粒子的轨道角动量、自旋角动量、总角动量或者许多粒子的这类算符之和，但是在一般性讨论中只涉及角动量算符的厄米性及其遵从的对易关系：

$$
\begin{gathered}
J_x^{\dagger} = J_x,\quad J_y^{\dagger} = J_y,\quad J_z^{\dagger} = J_z\,,\\
[J_x,\ J_y] = \mathrm{i}J_z\,,\quad [J_y,\ J_z] = \mathrm{i}J_x\,,\quad [j_z,\ J_x] = \mathrm{i}J_y\,.
\end{gathered}
\tag{1}
$$

由于角动量沿不同方向的分量互不对易，所以一般都不能同时取确定值，只能分别地考虑各分量的本征态. 但容易证明, $\boldsymbol{J}^2$ 与任一分量都对易，这个算符可以认为是 $\boldsymbol{J}$ 沿任何三个正交方向的分量的平方和，特别是

$$
\boldsymbol{J}^2 = (J_x)^2 + (J_y)^2 + (J_z)^2\,. \tag{2}
$$

我们可以研究 $\boldsymbol{J}^2$ 与 $\boldsymbol{J}$ 的一个分量的共同本征态，为确定起见，下面选定 z 分量 J_z，由于不同方向只差一个空间转动，所以 J_z 的每个本征值也都是其他分量的本征值，而且任何一个分量的本征态都可以由 J_z 的本征态经受空间转动得出.

设 $\psi(J^2m)$ 是 $\boldsymbol{J}^2$ 及 J_z 的一个共同本征态, J^2 及 m 为相应的本征值，即

$$
\begin{gathered}
\boldsymbol{J}^2\psi(J^2m) = J^2\psi(J^2m)\,,\\
J_z^2\psi(J^2m) = m\psi(J^2m)\,.
\end{gathered}
$$

由 (2) 式看出,

$$J^2 \geqslant m^2 \,, \tag{3}$$

这是非零的共同本征态必须满足的条件. 令

$$J_\pm = J_x \pm \mathrm{i} J_y \,, \tag{4}$$

$$J_\pm^\dagger = J_\mp \,, \tag{5}$$

则

$$[\boldsymbol{J}^2,\ J_\pm] = 0 \,,$$

$$[J_z,\ J_\pm] = \pm J_\pm \,, \tag{6}$$

$$\boldsymbol{J}^2 = J_- J_+ + J_z(J_z+1) \,, \tag{7}$$

$$\boldsymbol{J}^2 = J_+ J_- + J_z(J_z-1) \,. \tag{8}$$

由 (6) 式可得

$$\begin{aligned} \boldsymbol{J}^2 J_\pm \psi(J^2 m) &= J^2 J_\pm \psi(J^2 m) \,, \\ J_z J_\pm \psi(J^2 m) &= (m \pm 1) J_\pm \psi(J^2 m) \,, \end{aligned}$$

可见, $J_+\psi(J^2m)$ 或 $J_-\psi(J^2m)$ 如果不是零, 则也是 $\boldsymbol{J}^2$ 及 J_z 的共同本征态, 分别属于本征值 $(J^2, m+1)$ 和 $(J^2, m-1)$. 递推下去, 如果 $J_+^k\psi(J^2m)$ 不是零, 则仍是这类本征态, 属于本征值 $(J^2, m+k)$. 类似地, 若 $(J_-)^\sigma\psi(J^2m)$ 不是零, 就属于本征值 $(J^2, m-\sigma)$. 由于 (3) 式的限制, 对于每个 $\psi(J^2m)$ 都存在非负整数 $\overline{k}$ 及 $\underline{k}$ 使得

$$\left.\begin{aligned} &(J_+)^{\overline{k}}\psi(J^2m) \neq 0 \,, \quad J_+(J_+)^{\overline{k}}\psi(J^2m) = 0 \,, \\ &(J_-)^{\underline{k}}\psi(J^2m) \neq 0 \,, \quad J_-(J_-)^{\underline{k}}\psi(J^2m) = 0 \,. \end{aligned}\right\} \tag{9}$$

即是说, $\psi(J^2m)$ 在 J_+, J_- 的作用下形成属于同一个 J^2 值的一列非零态矢量

$$(J_-)^{\underline{k}}\psi(J^2m),\ \cdots,\ J_-\psi(J^2m),\ \psi(J^2m),\ J_+\psi(J^2m),\ \cdots,\ (J_+)^{\overline{k}}\psi(J^2m)\,, \tag{10}$$

它们的 J_z 值如下

$$(m-\underline{k}), \cdots, (m-1), m, m+1, \cdots, (m+\overline{k}) \,, \tag{11}$$

其中 $(m-\underline{k})$ 和 $(m+\overline{k})$ 由下列条件决定

$$J^2-(m-\underline{k})(m-\underline{k}-1)=0\ ,$$

$$J^2-(m+\overline{k})(m+\overline{k}+1)=0\ ,$$

可见 $(m+\overline{k})$ 与 $(m-\underline{k})$ 都取决于 J^2 而与 m 无关. 把这两个式子相减得出

$$(\overline{k}+\underline{k}+1)[(m+\overline{k})+(m-\underline{k})]=0\ ,$$

故

$$(m-\underline{k})=-(m+\overline{k})\ . \tag{12}$$

这表明 $2m$ 是整数，而且 $2(m+\overline{k})+1$ 是 (10) 式中的非零态矢量的数目. 通常习惯把 $m+\overline{k}$ 写成 j, 于是 $j-m=\overline{k}$, $J^2=j(j+1)$. 我们将把 j 称为 $\boldsymbol{J}^2$ 的量子数，并将 $\psi(J^2m)$ 写成 $\psi(jm)$, 于是 (10) 式中所列的即是如下的 $(2j+1)$ 个态矢量

$$(J_-)^{j+m}\psi(jm),\cdots,J_-\psi(jm),\psi(jm),J_+\psi(jm),\cdots,(J+)^{j-m}\psi(jm)\ , \tag{13}$$

它们的 J_z 值为

$$-j,\cdots,(m-1),m,(m+1),\cdots,j\ . \tag{14}$$

综上所述，得到如下的结论：(i) 违反条件 $2m=$ 整数的 J_z 本征态，或者违反条件 $2j+1=$ 正整数的 $\boldsymbol{J}^2$ 本征态，或者违反条件 $j-m=$ 非负整数的 $\boldsymbol{J}^2,J_z$ 本征态，都不能存在; (ii) $\boldsymbol{J}^2,J_z$ 的每一个 (共同) 本征矢量 $\psi(jm)$ 在 J_+, J_- 的作用下都形成 (13) 式的 $2j+1$ 个非零态矢量. 如果对于某个 j 值，确是存在 $J^2=j(j+1)$ 的 $\boldsymbol{J}^2$ 本征态，就说这个 j 值是 $\boldsymbol{J}^2$ 的量子数的真正允许值. 这时必定存在 $J^2=j(j+1)$ 的 $\boldsymbol{J}^2,J_z$ 本征态 (否则，就表明在这样的 $\boldsymbol{J}^2$ 本征态下发现任何 $\boldsymbol{J}^2,J_z$ 本征态的概率都是零，这与 $\boldsymbol{J}^2,J_z$ 本征态的完备性相抵触). 所以第 (ii) 项意味着，当 j 是 $\boldsymbol{J}^2$ 的量子数的真正允许值时，存在 J_z 取 (14) 式中的每一种值的 $\boldsymbol{J}^2,J_z$ 本征态. 以上的讨论只涉及 J_x,J_y,J_z 的厄米性和它们的对易关系式，在讨论特定的角动量时，应该根据进一步的知识弄清楚 $\boldsymbol{J}^2$ 的量子数的真正允许值. 例如，对于粒子的轨道角动量，j 不能是半整数，但所有非负整数都是允许的. 对于电子自旋，j 的允许值是 1/2 .

在以下的讨论中，我们经常引用一组与 $\boldsymbol{J}^2$ 及 J_z 一起构成完整组的算符，并假定这些算符是转动不变的 (只是为了方便)，它们的量子数简记为 η，属于一定 ηjm 的归一化本征态记为 $|\eta jm\rangle$. 由于 J_+ 不改变 η 和 j, 故有

$$J_\pm|\eta jm\rangle=C_\pm|\eta jm\pm1\rangle\ ,$$

其中 $C_\pm$ 是常数，为了使 $|\eta jm\pm 1\rangle$ 与 $|\eta jm\rangle$ 有相同的长度，应令

$$|C_\pm|^2 = j(j+1) - m(m\pm 1)\ ,$$

关于 $C_\pm$ 的不定相因子，大家都已经习惯采用 Condon-Shortly 的规定，使 $C_\pm$ 总是正数，即

$$C_\pm = \sqrt{j(j+1)-m(m\pm 1)} = \sqrt{(j\mp m)(j\pm m+1)}\ , \tag{15}$$

故

$$J_\pm|\eta jm\rangle = \sqrt{(j\mp m)(j\pm m+1)}\ |\eta jm\pm 1\rangle\ . \tag{16}$$

由此，对于真正归一的基矢 $|\eta jm\rangle$, 可直接写出 $J_\pm$ 的非零矩阵元，即

$$\langle\eta jm+1|J_+|\eta jm\rangle = \sqrt{(j-m)(j+m+1)}\ , \tag{17}$$

$$\langle\eta jm-1|J_-|\eta jm\rangle = \sqrt{(j+m)(j-m+1)}\ , \tag{18}$$

应当注意，这些矩阵元是与 η 无关的．从 (16) 式还可得出

$$|\eta jm\rangle = \sqrt{\frac{(j+m)!}{(2j)!(j-m)!}}(J_-)^{j-m}|\eta jj\rangle\ , \tag{19}$$

及

$$|\eta jm\rangle = \sqrt{\frac{(j-m)!}{(2j)!(j+m)!}}(J_+)^{j+m}|\eta j-j\rangle\ . \tag{20}$$

可以证明，任何一个转动不变的算符 K 在 ηjm 表象中的非零矩阵元，均与 m 无关．因为，按假设有 $[K,\ \boldsymbol{J}]=0$ ，而

$$\begin{aligned}\langle\eta jm\pm 1|K|\eta' jm\pm 1\rangle &= \frac{\langle\eta jm|J_\mp K|\eta' jm\pm 1\rangle}{\sqrt{(j\mp m)(j\pm m+1)}}\\ &= \frac{\langle\eta jm|KJ_\mp|\eta' jm\pm 1\rangle}{\sqrt{(j\mp m)(j\pm m+1)}} = \langle\eta jm|K|\eta' jm\rangle\ .\end{aligned} \tag{21}$$

用完全相同的方法可证明，如果 $\{\psi_{jm}\}$ 及 $\{\Phi_{jm}\}$ 代表 $\boldsymbol{J}^2$ 及 J_z 的两组本征态，分别满足公式 (16), 那么，由 ψ 与 Φ 构成的非零内积与 m 无关，即

$$\langle\psi_{jm}|\Phi_{jm}\rangle = \langle\psi_{jm\pm 1}|\Phi_{jm\pm 1}\rangle\ . \tag{22}$$

下面讨论角动量本征态的空间转动性质．如第五章所述，当空间绕原点作转动 $g(\boldsymbol{n},\theta)$ 时，原来由态矢量 Ψ 代表的状态，变成由新矢量 Ψ^g 代表的状

态：$\Psi^g = D(g)\Psi$，而 $D(g) = \mathrm{e}^{-\mathrm{i}\boldsymbol{n}\cdot\boldsymbol{J}\theta}$，$\boldsymbol{J}$ 为系统的总角动量．所以 Ψ 变为 Ψ^g 是通过 $\boldsymbol{J}$ 的作用来达到的．

设 $\{\psi_{jm}\}_{m=-j,\cdots,j}$ 是 $\boldsymbol{J}^2$ 及 J_z 的本征态，并满足公式 (16)：

$$J_{\pm}\psi_{jm} = \sqrt{(j \mp m)(j \pm m + 1)}\,\psi_{jm\pm 1}\,. \tag{23}$$

这些矢量张成的 $2j+1$ 维空间 R_j 显然是转动不变的，而且它的任何更小的子空间都不再是转动不变的．因为 R_j 内的矢量在 J_x，J_y 或 J_z 作用后仍在 R_j 内，所以是转动不变的．其次，从 R_j 的任何一个矢量出发，都可以经过 J_+ 及 J_- 的若干次作用而得到 $2j+1$ 个 ψ_{jm}，所以在 R_j 内不存在更小的转动不变子空间．

还可以反过来说，一个 f 维转动不变的空间 R 如果不具有更小的转动不变子空间，则必属于一定 j 值，$j = (f-1)/2$，并总是可以建立一组满足 (16) 式的基矢 $\{\psi_{jm}\}$，其中 m 为 J_z 的量子数．假设在空间 R 中可以找到两种不同的 j 值 j_1 与 j_2，那么，从两个分别属于 j_1 及 j_2 的右矢 ψ_{j_1} 及 Φ_{j_2} 出发，经过 J_+ 及 J_- 的若干次作用，就可以找到两组满足 (16) 式的右矢 $\{\psi_{j_1m_1}\}$ 和 $\{\Phi_{j_2m_2}\}$，其中 m_1 及 m_2 为 J_z 的量子数，这两组矢量各自张成 R 的一个转动不变子空间，由于 R 并不具有更小的转动不变子空间，故只能有一种 j 值．由于同样的原因，j 不能小于 $(f-1)/2$，此外，从维数的考虑知道 $j = (f-1)/2$．

现在写出 $\boldsymbol{J}^2, J_z$ 的本征右矢 ψ_{jm} 在空间转动下的变换公式．利用 $J_{\pm}$ 的作用构成一组满足 (16) 式的 $\psi_{jm'}$，则它们张成转动不变的子空间，故

$$\psi^g_{jm} = \sum_{m'} \psi_{jm'}\mathcal{D}^j_{m'm}(g)\,, \tag{24}$$

系数 $\mathcal{D}^j_{mm'}(g)$ 只与 $jm'm$ 和 $g(\boldsymbol{n},\theta)$ 有关而不依赖于 ψ_{jm} 的更多的性质．按一定的次序以 m' 为行指标，m 为列指标把 $\mathcal{D}^j_{m'm}(g)$ 排成的 $(2j+1)\times(2j+1)$ 矩阵，称为 $\mathcal{D}^j(g)$ 矩阵或转动矩阵，例如采用 m, m' 值下降的次序，则与第 n 行第 n' 列对应的 (m, m') 值为 $m = j+1-n, m' = j+1-n'$．

反之，可以证明，如果 $\{\Phi_{jm}\}_{m=-j,\cdots,j}$ 在空间转动下按转动矩阵变换，即

$$\mathrm{e}^{-\mathrm{i}\boldsymbol{n}\cdot\boldsymbol{J}\theta}\Phi_{jm} = \sum_{m'} \Phi_{jm'}\mathcal{D}^j_{m'm}(g)\,, \tag{25}$$

那么，Φ_{jm} 必定是 $\boldsymbol{J}^2, J_z$ 的本征矢量，jm 为相应的量子数，而且符合 (16) 式的关系．为此，对 (25) 式求 θ 微商，再令 $\theta \to 0$ 得出

$$-\mathrm{i}J_n\Phi_{jm} = \sum_{m'} \Phi_{jm'}\left(\frac{\partial \mathcal{D}^j_{m'm}(g)}{\partial\theta}\right)_{\theta=0}\,, \tag{26}$$

故

$$J_+\Phi_{jm}=\sum_{m'}\Phi_{jm'}\left\{\mathrm{i}\left(\frac{\partial\mathcal{D}^j_{m'm}(\boldsymbol{i},\theta)}{\partial\theta}\right)_{\theta=0}-\left(\frac{\partial\mathcal{D}^j_{m'm}(\boldsymbol{j},\theta)}{\partial\theta}\right)_{\theta=0}\right\}, \tag{27}$$

$$J_-\Phi_{jm}=\sum_{m'}\Phi_{jm'}\left\{\mathrm{i}\left(\frac{\partial\mathcal{D}^j_{m'm}(\boldsymbol{i},\theta)}{\partial\theta}\right)_{\theta=0}+\left(\frac{\partial\mathcal{D}^j_{m'm}(\boldsymbol{j},\theta)}{\partial\theta}\right)_{\theta=0}\right\}. \tag{28}$$

借助定义 $\mathcal{D}^j(g)$ 矩阵的 (24) 式可求得

$$\mathrm{i}\left(\frac{\partial\mathcal{D}^j_{m'm}(\boldsymbol{i},\theta)}{\partial\theta}\right)_{\theta=0}-\left(\frac{\partial\mathcal{D}^j_{m'm}(\boldsymbol{j},\theta)}{\partial\theta}\right)_{\theta=0}=\delta_{m',m+1}\sqrt{(j-m)(j+m+1)}, \tag{29}$$

$$\mathrm{i}\left(\frac{\partial\mathcal{D}^j_{m'm}(\boldsymbol{i},\theta)}{\partial\theta}\right)_{\theta=0}+\left(\frac{\partial\mathcal{D}^j_{m'm}(\boldsymbol{j},\theta)}{\partial\theta}\right)_{\theta=0}=\delta_{m',m-1}\sqrt{(j+m)(j-m+1)}, \tag{30}$$

代回上面 (27),(28) 式得出

$$J_+\Phi_{jm}=\Phi_{jm+1}\sqrt{(j-m)(j+m+1)}, \tag{31}$$

$$J_-\Phi_{jm}=\Phi_{jm-1}\sqrt{(j+m)(j-m+1)}, \tag{32}$$

即是说，Φ_{jm} 满足 (16) 式的关系，因此是 $\boldsymbol{J}^2, J_z$ 的本征矢量，jm 是相应的量子数.

§ 2　两个角动量的耦合. Clebsch-Gordan 系数

设 $\boldsymbol{J}_1$ 及 $\boldsymbol{J}_2$ 是两个互相可对易的角动量算符，例如，两个系统的角动量或者同一系统的轨道角动量和自旋角动量等. 以 $\boldsymbol{J}$ 代表 $\boldsymbol{J}_1$ 与 $\boldsymbol{J}_2$ 之和，即

$$\boldsymbol{J}=\boldsymbol{J}_1+\boldsymbol{J}_2,\quad [\boldsymbol{J}_1,\ \boldsymbol{J}_2]=0\,. \tag{33}$$

要想知道 $\boldsymbol{J}_1$ 及 $\boldsymbol{J}_2$ 的大小和方向都给定后，$\boldsymbol{J}$ 的大小和方向如何，就属于角动量耦合问题，即是要弄清楚在 $\boldsymbol{J}_1^2, J_{1z}, \boldsymbol{J}_2^2, J_{2z}$ 的本征态 $\Phi^{(1)}_{j_1m_1^0}\Phi^{(2)}_{j_2m_2^0}$ 下能够发现的 $\boldsymbol{J}^2, J_z$ 值以及相应的概率幅. 我们用 J 代表 $\boldsymbol{J}^2$ 的量子数，M 代表 J_z 的本征值，于是在 $\Phi^{(1)}_{j_1m_1^0}$ 与 $\Phi^{(2)}_{j_2m_2^0}$ 的积代表的态下，$M=m_1^0+m_2^0$, J 一般有若干种值. 更广泛一点的角动量耦合问题是问在 $\boldsymbol{J}_1$ 及 $\boldsymbol{J}_2$ 的大小给定后 J, M 值如何，也即是决定在状态 $\Phi^{(1)g}_{j_1m_1^0}\times\Phi^{(2)g'}_{j_2m_2^0}$ 下能够发现的 J, M 值和相应的概率幅，其中 $\Phi^{(1)g}_{j_1m_1^0}$ 及 $\Phi^{(2)g'}_{j_2m_2^0}$ 分别是 $\Phi^{(1)}_{j_1m_1^0}$ 和 $\Phi^{(2)}_{j_2m_2^0}$ 经受任意的转动 g,g' 后变成的态矢

量. 这又相当于对 $(2j_1+1)\times(2j_2+1)$ 个 $\Phi^{(1)}_{j_1m_1}\Phi^{(2)}_{j_2m_2}$ 来决定能够发现的 $\boldsymbol{J}^2, J_z$ 值和概率幅，其中 $\Phi^{(1)}_{j_1m_1}$ 代表满足 (16) 式的 $2j_1+1$ 个 $\boldsymbol{J}_1^2, J_{1z}$ 本征矢量，$\Phi^{(2)}_{j_2m_2}$ 代表满足 (16) 式的 $2j_2+1$ 个 $\boldsymbol{J}_2^2, J_{2z}$ 本征矢量，在一定 j_1, j_2 下的 $\Phi^{(1)}_{j_1m_1}\Phi^{(2)}_{j_2m_2}$ 张成一个 $(2j_1+1)(2j_2+1)$ 维转动不变子空间 $R^{j_1j_2}$, 它们也称为 $R^{j_1j_2}$ 的非耦合基矢或旧基矢，需要解决的问题是构成 $R^{j_1j_2}$ 的一组代表 $\boldsymbol{J}^2, J_z$ 的本征态的新基矢 (也称为耦合基矢), 新旧基矢之间的变换矩阵的元素就是所要求的概率幅. 又可以说，$\boldsymbol{J}_1$ 与 $\boldsymbol{J}_2$ 耦合的问题可归结为把 $R^{j_1j_2}$ 分解为不可约的转动不变子空间的直和，并且在各个不可约不变子空间中建立 J_z 有确定值的基矢. 为了方便，这里不考虑相同粒子系统的统计法带来的限制，并且假定 $\Phi^{(1)}_{j_1m_1}$ 及 $\Phi^{(2)}_{j_2m_2}$ 可以真正归一而且已经归一.

用 $\bar{j}$ 代表 j_1, j_2 中的较大者，$\underline{j}$ 代表较小者，并把 $M=m_1+m_2$ 的值排成 $2\underline{j}+1$ 行 $2\bar{j}+1$ 列的表，在每行中自左而右依次写上 $\bar{j}, \bar{j}-1, \cdots$, 再在每列中自上而下依次加入 $\underline{j}, \underline{j}-1, \cdots$, 如下表所示. 我们看到，$R^{j_1j_2}$ 中最大的 M 值是 $\overline{J}=j_1+j_2$. 其次 $M=\overline{J}$ 的旧基矢数目是 1, 因而新基矢数目也是 1, $M=\overline{J}-1$ 的旧基矢和新基矢的数目都是 2，递推下去可知，当 S 是不大于 $2\underline{j}$ 的非负整数时，$M=\overline{J}-S$ 的旧基矢和新基矢的数目都是 $S+1$, 而 $M=\overline{J}-2\underline{j}$(即 $\bar{j}-\underline{j}$) 的旧基矢和新基矢的数目都是 $2\underline{j}+1$.

$M=\overline{J}$　　$M=\overline{J}-1$　　$M=\overline{J}-2$

$\bar{j}+\underline{j}$	$\bar{j}-1+\underline{j}$	$\bar{j}-2+\underline{j}$	$\cdots$	$-\bar{j}+\underline{j}$
$\bar{j}+\underline{j}-1$	$\bar{j}-1+\underline{j}-1$	$\bar{j}-2+\underline{j}-1$	$\cdots$	$-\bar{j}+\underline{j}-1$
$\bar{j}+\underline{j}-2$	$\bar{j}-1+\underline{j}-2$	$\bar{j}-2+\underline{j}-2$	$\cdots$	$-\bar{j}+\underline{j}-2$
$\vdots$	$\vdots$	$\vdots$	$\cdots$	$\vdots$
$\bar{j}-\underline{j}$	$\bar{j}-1-\underline{j}$	$\bar{j}-2-\underline{j}$	$\cdots$	$-\bar{j}-\underline{j}$

根据这种表格可以弄清楚 $R^{j_1j_2}$ 中有哪些 J 值以及每个 J 值的不可约不变子空间有多少个，为此只要注意表中 M 值为非负数的部分就够了. 由于 $R^{j_1j_2}$ 是转动不变的，表中的最大 M 值即是 $R^{j_1j_2}$ 中的最大 J 值，因此 $M=\overline{J}$ 的一个唯一的新基矢属于 $J=\overline{J}$, 故 $R^{j_1j_2}$ 中 J 值为 $\overline{J}$ 的转动不变子空间 $R^{j_1j_2\overline{J}}$ 的数目是 1. 既如此，$M=\overline{J}-1$ 的两个新基矢当然属于 $J=\overline{J}$ 及 $J=\overline{J}-1$, 可见 $M=\overline{J}-1$ 而 $J=\overline{J}-1$ 的新基矢只有一个，因此存在一个 $R^{j_1j_2\overline{J}-1}$. 递推下去可知当 S 是不大于 $2\underline{j}$ 的非负整数时，$M=\overline{J}-S$ 的 $S+1$ 个新基矢分别

属于 $J=\overline{J},\overline{J}-1,\cdots,\overline{J}-S$. 这说明 $M=\overline{J}-S$ 而 $J=\overline{J}-S$ 的新基矢只有一个, 因此存在一个 $R^{j_1j_2\overline{J}-S}$. 这样就知道, $R^{j_1j_2}$ 中属于 $J=\overline{J},\overline{J}-1,\cdots,\overline{J}-2\underline{j}$ 的转动不变子空间是存在的, 而且对于其中每种 J 值都只有一个这样的子空间, 即

$$R^{j_1j_2}=R^{j_1j_2\overline{J}}\oplus R^{j_1j_2\overline{J}-1}\oplus\cdots\oplus R^{j_1j_2\overline{J}-2\underline{j}}\oplus\cdots.$$

从新基矢的数目可知, $R^{j_1j_2}$ 中不存在比 $\overline{J}-2\underline{j}$ (即 $|j_1-j_2|$) 更小的 J 值, 即

$$\sum_{J=\overline{j}-\underline{j}}^{\overline{J}}(2J+1)=(2\overline{j}+1)(2\underline{j}+1)\,, \tag{34}$$

因此, $R^{j_1j_2}$ 不含有比 $R^{j_1j_2\overline{J}-2\underline{j}}$ 的维数更小的转动不变子空间, 最后得到

$$R^{j_1j_2}=R^{j_1j_2\overline{J}}\oplus R^{j_1j_2\overline{J}-1}\oplus\cdots\oplus R^{j_1j_2\overline{J}-2\underline{j}}\,. \tag{35}$$

既然属于每种 JM 值的基矢只有一个, 可把它记为 $\varPhi^{(12)}_{j_1j_2JM}$ 并表示为

$$\varPhi^{(12)}_{j_1j_2JM}=\sum_{m_1m_2}\varPhi^{(1)}_{j_1m_1}\varPhi^{(2)}_{j_2m_2}\langle j_1m_1j_2m_2|j_1j_2JM\rangle\,, \tag{36}$$

每个 J 下的 $2J+1$ 个 $\varPhi^{(12)}_{j_1j_2JM}$ 都满足 (16) 式的关系. 组合系数 $\langle j_1m_1j_2m_2|j_1j_2JM\rangle$ 就是新旧基矢之间的变换矩阵的元素. 为了完全确定这些组合系数, 规定它们是实数, 并且引入如下的补充条件:

$$\text{(i)}\quad \varPhi^{(12)}_{j_1j_2\overline{J}\,\overline{J}}=\varPhi^{(1)}_{j_1j_1}\varPhi^{(2)}_{j_2j_2}\qquad(\text{即 }\langle j_1j_1j_2j_2|j_1j_2\overline{J}\,\overline{J}\rangle=1). \tag{37}$$

$$\text{(ii)}\quad \text{当}J'=J\pm1\text{时},\ \langle\varPhi^{(12)}_{j_1j_2J'M}|J_{1z}|\varPhi^{(12)}_{j_1j_2JM}\rangle\geqslant0\,. \tag{38}$$

根据 (i), $\varPhi^{(12)}_{j_1j_2\overline{J}\,\overline{J}}$ 是确定的, 可用 (16) 式求出全部 $\varPhi^{(12)}_{j_1j_2\overline{J}M}$, 故 $\langle j_1m_1j_2m_2|j_1j_2\overline{J}M\rangle$ 完全确定. 为了求出 $J=\overline{J}-1$ 的新基矢, 可先求 $\varPhi^{(12)}_{j_1j_2\overline{J}-1\overline{J}-1}$. 由 $J_+\varPhi^{(12)}_{j_1j_2\overline{J}-1\overline{J}-1}=0$ 和归一条件可把 $\varPhi^{(12)}_{j_1j_2\overline{J}-1\overline{J}-1}$ 确定到只差正负号的程度, 再借助补充条件 (ii) 即可把它完全确定. $J=\overline{J}-1$ 的其余基矢可由 (16) 式推出. 照这样继续做下去, 所有新的基矢都能够求出.

新旧基矢之间的变换矩阵的元素又称为 Clebsch-Gordan 系数 (C-G 系数), 在文献或书籍中, 这系数的写法颇多, 以下我们用 $\langle j_1j_2JM|m_1m_2\rangle$ 来代表 $\langle j_1m_1j_2m_2|j_1j_2JM\rangle$. 后面将会遇到 C-G 系数的广泛运用. 根据 (36) 式, 在两个角动量耦合的问题中, $|\langle j_1j_2JM|\ m_1m_2\rangle|^2$ 就是在 $\varPhi^{(1)}_{j_1m_1}\varPhi^{(2)}_{j_2m_2}$ 下发现总角动量平方及 z 分量的量子数为 JM 的概率. C-G 系数又称为向量耦合系数, 它

还有另一种常用记法叫做 $3j$ 系数，其定义如下

$$\begin{pmatrix} j_1 & j_2 & j_3 \\ m_1 & m_2 & m_3 \end{pmatrix} = (-1)^{j_1-j_2-m_3}\frac{1}{\sqrt{2j_3+1}}\langle j_1m_1j_2m_2|j_1j_2j_3-m_3\rangle\ . \tag{39}$$

现在，把 Clebsch-Gordan 系数的若干重要性质列举出来.

(1) 非零必要条件

(i) 由于 $\varPhi^{(1)}_{j_1m_1}\varPhi^{(2)}_{j_2m_2}$ 是 J_z 的本征态，属于本征值 m_1+m_2，若 $M\neq m_1+m_2$，则 $\langle j_1j_2JM|m_1m_2\rangle=0$.

(ii) 在 $\varPhi^{(1)}_{j_1m_1}\varPhi^{(2)}_{j_2m_2}$ 下不可能发现比 $|m_1+m_2|$ 更小的 J 值 (因为 M 值已等于 m_1+m_2)，故

$$当\ J<|m_1+m_2|\ 时，\langle j_1j_2JM|m_1m_2\rangle=0.$$

(iii) 由 j_1 及 j_2 耦合成的 J 值只能是 $(j_1+j_2),\cdots,|j_1-j_2|$，故当 j_1j_2J 不满足这个三角形条件时，$\langle j_1j_2JM|m_1m_2\rangle=0$，通常用 $\delta(j_1j_2J)=1$ 代表 j_1j_2J 满足三角形条件，而 $\delta(j_1j_2J)=0$ 代表不满足三角条件 (注意 $\delta(j_1j_2J)=\delta(j_2j_1J)=\delta(Jj_1j_2)$)，因此

$$\langle j_1j_2JM|m_1m_2\rangle=\langle j_1j_2JM|m_1m_2\rangle\delta(j_1j_2J).$$

(2) 实数和幺正性质

$$\langle j_1j_2JM|m_1m_2\rangle=\langle j_1j_2JM|m_1m_2\rangle^*=\langle m_1m_2|j_1j_2JM\rangle\ , \tag{40}$$

$$\sum_{J,M}\langle j_1j_2JM|m_1'm_2'\rangle\langle j_1j_2JM|m_1m_2\rangle=\delta_{m_1m_1'}\delta_{m_2m_2'}\ , \tag{41}$$

$$\sum_{m_1,m_2}\langle j_1j_2J'M'|m_1m_2\rangle\langle j_1j_2JM|m_1m_2\rangle=\delta_{JJ'}\delta_{MM'}\ . \tag{42}$$

(3) 递推性质

分别以 $J_\pm=J_{1\pm}+J_{2\pm}$ 作用于 (36) 式，注意公式 (16) 得出

$$\begin{aligned}&\sqrt{(J-M)(J+M+1)}\langle j_1j_2JM+1|m_1m_2\rangle\\&\qquad=\sqrt{(j_1+m_1)(j_1-m_1+1)}\langle j_1j_2JM|m_1-1m_2\rangle\\&\qquad\quad+\sqrt{(j_2+m_2)(j_2-m_2+1)}\langle j_1j_2JM|m_1m_2-1\rangle\ ,\end{aligned} \tag{43}$$

$$\begin{aligned}&\sqrt{(J+M)(J-M+1)}\langle j_1j_2JM-1|m_1m_2\rangle\\&\qquad=\sqrt{(j_1-m_1)(j_1+m_1+1)}\langle j_1j_2JM|m_1+1m_2\rangle\\&\qquad\quad+\sqrt{(j_2-m_2)(j_2+m_2+1)}\langle j_1j_2JM|m_1m_2+1\rangle\ .\end{aligned} \tag{44}$$

(43) 及 (44) 式都是属于同一个 J 的 Clebsch-Gordan 系数之间的递推关系. 下面给出一个关于不同 J 的递推公式. 为此, 考虑下式

$$J_{1z}\Phi^{(1)}_{j_1m_1}\Phi^{(2)}_{j_2m_2}=m_1\Phi^{(1)}_{j_1m_1}\Phi^{(2)}_{j_2m_2},$$

根据 (36) 式有

$$\sum_{J',M'}J_{1z}\Phi_{j_1j_2J'M'}\langle j_1j_2J'M'|m_1m_2\rangle=m_1\sum_{J'M'}\langle j_1j_2J'M'|m_1m_2\rangle\Phi_{j_1j_2J'M'},$$

以 $\Phi_{j_1j_2JM}$ “左乘” 之, 有

$$\begin{aligned}&\sum_{J'}\langle\Phi_{j_1j_2JM}|J_{1z}|\Phi_{j_1j_2J'M}\rangle\langle j_1j_2J'M|m_1m_2\rangle\\&\qquad=m_1\langle\Phi_{j_1j_2JM}|\Phi_{j_1j_2JM}\rangle\langle j_1j_2JM|m_1m_2\rangle.\end{aligned}$$

可以证明, 只当 $J'=J, J\pm1$ 时 J_{1z} 的矩阵元才不为零, 因此

$$\begin{aligned}&\left\{\frac{\langle\Phi_{j_1j_2JM}|J_{1z}|\Phi_{j_1j_2(J-1)M}\rangle}{\langle\Phi_{j_1j_2JM}|\Phi_{j_1j_2JM}\rangle}\right\}\langle j_1j_2J-1M|m_1m_2\rangle\\&\quad=\left\{m_1-\frac{\langle\Phi_{j_1j_2JM}|J_{1z}|\Phi_{j_1j_2JM}\rangle}{\langle\Phi_{j_1j_2JM}|\Phi_{j_1j_2JM}\rangle}\right\}\langle j_1j_2JM|m_1m_2\rangle\\&\qquad-\left\{\frac{\langle\Phi_{j_1j_2JM}|J_{1z}|\Phi_{j_1j_2(J+1)M}\rangle}{\langle\Phi_{j_1j_2JM}|\Phi_{j_1j_2JM}\rangle}\right\}\langle j_1j_2J+1M|m_1m_2\rangle,\end{aligned}\tag{45}$$

这就是我们所需要的公式, 其中左边的因子 $\frac{\langle J|J_{1z}|J-1\rangle}{\langle J|J\rangle}$ 及右边的因子 $\frac{\langle J|J_{1z}|J+1\rangle}{\langle J|J\rangle}$ 可以在符号不定的限度内直接计算出来, 结果只与角动量的量子数有关, 再利用补充条件 (38) 就可确定其符号. 右端的另一个因子 $\langle J|J_{1z}|J\rangle/\langle J|J\rangle$ 则可完全确定地计算出来 (公式 (45) 所涉及的证明和计算可以应用本章 §5 的方法处理).

应该注意到, 借助递推公式 (44),(45) 以及补充条件 (37), (38) 即可把所有的 Clebsch-Gordan 系数计算出来. 因为利用 (37) 式作为出发点, 借助 (44) 式可得出 $J=j_1+j_2$ 的各个系数, 然后借助 (45) 式 (在 (38) 式的帮助下) 即可得出较小的 J 的各个系数.

(4) Clebsch-Gordan 系数的对称性

(i) 如果作为出发点的基矢写成 $\Phi^{(2)}_{j_2m_2}\Phi^{(1)}_{j_1m_1}$, 则按上面的方法, 新基矢为

$$\Phi^{(21)}_{j_2j_1JM}=\sum_{m_2m_1}\langle j_2j_1JM|m_2m_1\rangle\Phi^{(2)}_{j_2m_2}\Phi^{(1)}_{j_1m_1},\tag{46}$$

它与前面的 $\Phi^{(12)}_{j_1j_2JM}$ 都是由同一套旧基矢做成的, 而且属于 $\boldsymbol{J}_1^2, \boldsymbol{J}_2^2, \boldsymbol{J}^2, J_z$ 的同样的量子数, 两者只能差一个常系数. 事实上, 在构成新基矢的步骤中,

除了补充条件 (38) 以外，第一类和第二类自由度总是处在对称的地位，再由 (40)—(42) 式知道，$\Phi^{(21)}_{j_2j_1JM}$ 与 $\Phi^{(12)}_{j_1j_2JM}$ 只可能有正负号的差别. 在按照 (46) 式构成 $\Phi^{(21)}_{j_2j_1JM}$ 时，显然应当把补充条件 (38) 换成

$$\langle\Phi^{(21)}_{j_2j_1J'M}|J_{2z}|\Phi^{(21)}_{j_2j_1JM}\rangle_{J'=J\pm1} = -\langle\Phi^{(21)}_{j_2j_1J'M}|J_{1z}|\Phi^{(21)}_{j_2j_1JM}\rangle_{J'=J\pm1} \geqslant 0\,, \tag{38'}$$

以 J_- 接连作用于 $\Phi^{(21)}_{j_2j_1\overline{J}\,\overline{J}} = \Phi^{(12)}_{j_1j_2\overline{J}\,\overline{J}}$，得出 $\Phi^{(21)}_{j_2j_1\overline{J}M} = \Phi^{(12)}_{j_1j_2\overline{J}M}$. 由此以及 (38′) 式知道 $\langle\Phi^{(12)}_{j_1j_2\overline{J}M}|J_{1z}|\Phi^{(21)}_{j_2j_1\overline{J}-1,M}\rangle \leqslant 0$, 可见 $\Phi^{(21)}_{j_2j_1\overline{J}-1,M}$ 不是 $\Phi^{(12)}_{j_1j_2\overline{J}-1,M}$，而是 $-\Phi^{(12)}_{j_1j_2\overline{J}-1,M}$. 继续下去，就有 $\Phi^{(21)}_{j_2j_1\overline{J}-k,M} = (-1)^k\Phi^{(12)}_{j_1j_2\overline{J}-k,M}$，于是得到

$$\Phi^{(12)}_{j_1j_2JM} = (-1)^{j_1+j_2-J}\Phi^{(21)}_{j_2j_1JM}\,, \tag{47}$$

$$\langle j_1j_2JM|m_1m_2\rangle = (-1)^{j_1+j_2-J}\langle j_2j_1JM|m_2m_1\rangle\,. \tag{48}$$

(ii) 由于 $(-1)^{j_2+m_2}\langle j_2Jj_1m_1|-m_2M\rangle$ 与 $\langle j_1j_2JM|m_1m_2\rangle$ 满足同样的递推公式 (43) 或 (44), 故两者只能相差一个与 m_1,m_2,M 无关的系数，即

$$\langle j_1j_2JM|m_1m_2\rangle = C(-1)^{j_2+m_2}\langle j_2Jj_1m_1|-m_2M\rangle\,. \tag{49}$$

两边自乘后对 m_1,m_2,M 求和，得 $|C|^2=(2J+1)/(2j_1+1)$, 再利用 (48) 式及补充条件 (38), 知道 $C>0$ (本章末所注明的 Edmonds 的书中第 42 页有详细的推导). 用类似的方法还可以得到其他关系式，于是

$$\begin{aligned}\langle j_1j_2JM|m_1m_2\rangle &= (-1)^{j_2+m_2}\left(\frac{2J+1}{2j_1+1}\right)^{1/2}\langle j_2Jj_1m_1|-m_2M\rangle\\ &= (-1)^{j_1-m_1}\left(\frac{2J+1}{2j_2+1}\right)^{1/2}\langle Jj_1j_2m_2|M-m_1\rangle\,.\end{aligned} \tag{50}$$

把 (49) 式连用三次，即得

$$\langle j_1j_2JM|m_1m_2\rangle = (-1)^{j_1+j_2-J}\langle j_1j_2J-M|-m_1-m_2\rangle\,. \tag{51}$$

由此及 (48),(49) 式又有

$$\begin{aligned}&\langle j_1j_2JM|m_1m_2\rangle\\ &\quad= (-1)^{j_2+m_2}\left(\frac{2J+1}{2j_1+1}\right)^{1/2}\langle Jj_2j_1-m_1|-Mm_2\rangle\,.\end{aligned} \tag{52}$$

如果 j_1,j_2 中有一个为 0，例如 $j_2=0$，则 $\Phi^{(12)}_{j_10j_1j} = \Phi^{(1)}_{j_1j_1}\Phi^{(2)}_{00}$, 因而 $\Phi^{(12)}_{j_10j_1M} = \Phi^{(1)}_{j_1M}\Phi^{(2)}_{00}$. 故

$$\langle j_10JM|m_10\rangle = \langle 0j_1JM|0m_1\rangle = \delta_{Jj_1}\delta_{Mm_1}\,. \tag{53}$$

于是，由 (49) 式又有

$$\begin{aligned}\langle j_1 j_2 00|m_1 m_2\rangle &= (-1)^{j_2+m_2}\left(\frac{1}{2j_1+1}\right)^{1/2}\delta_{j_1 j_2}\delta_{m_1-m_2}\\ &= (-1)^{j_1-m_1}\left(\frac{1}{2j_1+1}\right)^{1/2}\delta_{j_1 j_2}\delta_{m_1-m_2}\,. \end{aligned}\tag{54}$$

采用 $3j$ 系数的记号比较容易记住对称关系:

$$\begin{pmatrix} j_1 & j_2 & j_3\\ m_1 & m_2 & m_3\end{pmatrix} = \begin{pmatrix} j_2 & j_3 & j_1\\ m_2 & m_3 & m_1\end{pmatrix} = \begin{pmatrix} j_3 & j_1 & j_2\\ m_3 & m_1 & m_2\end{pmatrix},$$

$$\begin{aligned}(-1)^{j_1+j_2+j_3}\begin{pmatrix} j_1 & j_2 & j_3\\ m_1 & m_2 & m_3\end{pmatrix} &= \begin{pmatrix} j_2 & j_1 & j_3\\ m_2 & m_1 & m_3\end{pmatrix} = \begin{pmatrix} j_1 & j_3 & j_2\\ m_1 & m_3 & m_2\end{pmatrix}\\ &= \begin{pmatrix} j_3 & j_2 & j_1\\ m_3 & m_2 & m_1\end{pmatrix} = \begin{pmatrix} j_1 & j_2 & j_3\\ -m_1 & -m_2 & -m_3\end{pmatrix}.\end{aligned}$$

下面给出 Clebsch-Gordan 系数的表达式，由于推导过程颇长，只写出最后结果

$$\begin{aligned}\langle j_1 j_2 JM|m_1 m_2\rangle &= \delta_{m,m_1+m_2}\sqrt{\frac{(J+M)!(J-M)!(2J+1)}{(J+j_1+j_2+1)!}}\\ &\times\sqrt{\frac{(J+j_1-j_2)!(J-j_1+j_2)!(j_1+j_2-J)!}{(j_1-m_1)!(j_1+m_1)!(j_2-m_2)!(j_2+m_2)!}}\\ &\times\sum_K\frac{(-1)^{K+j_2+m_2}(J+j_2+m_1-K)!(j_1-m_1+K)!}{(J-j_1+j_2-K)!(J+M-K)!K!(K+j_1-j_2-M)!}\,.\end{aligned}\tag{55}$$

这个公式是 Wigner 在 1931 年利用 $\mathcal{D}$ 矩阵的直积的分解公式推导出来的. 在对 K 求和时，需要保持每一个阶乘符号内的数目为正整数或零. Racah 在 1942 年以及后来其他人利用递推公式推导出形式上更为对称的表达式，这里不一一列举了. 这样复杂的表达式不便于在人工计算中使用，对于寻找一些关系式或借助程序进行计算则十分有用. 文献中有一些数值表，也有一些适用于特别场合的比较简单的公式.

小结: 两个给定大小的角动量耦合的问题的基本内容是把 $R^{j_1 j_2}$ 分解为一系列基本的转动不变子空间 $R_J^{j_1 j_2}$，并建立新基矢 $\{\Phi^{(12)}_{j_1 j_2 JM}\}$, Clebsch-Gordan 系数是处理这个问题的基本工具.

§ 3　$\mathcal{D}^j(g)$ 矩阵的性质

3.1　$\mathcal{D}^j(g)$ 作为转动群 (O_3^+) 的表示

一个集合形成一个群的意思是: (i) 有一种叫做乘法的运算, 使得任何两个元素的积也是集合中的元素; (ii) 集合中存在单位元素, 使得任何元素被单位元素左乘或右乘时都不变; (iii) 每个元素都有逆元素, 使得任何元素与自己的逆元素的积都等于单位元素; (iv) 乘法满足结合律.

所谓某个群 A(元素为 a) 的一个 n 维表示, 是指从群 A 到一个以 $n\times n$ 矩阵为元素的群的一种对应 $a\rightarrow M(a)$, 这个对应需符合如下的条件: (1) 对于 A 的单位元素 a_0, $M(a_0)$ 是一个单位矩阵; (2)A 中任两个元素的积 a_1a_2 所对应的矩阵 $M(a_1a_2)$ 等于 $M(a_1)$ 与 $M(a_2)$ 按同样次序作成的矩阵积, 即 $M(a_1a_2)=M(a_1)M(a_2)$. 这里条件 (2) 加上 $M(A)$ 是群的条件包含着 (1) , 反之, 条件 (1) 及 (2) 包含 $M(A)$ 是群的条件. 如果对于每个 a, $M(a)$ 都是幺正矩阵, 就说表示是幺正的. 如果 $a\rightarrow M(a)$ 与 $a\rightarrow N(a)$ 构成群 A 的两个同阶表示, 而且存在一个与 a 无关的非奇异矩阵 Q , 使得对于每个 a 都有 $QM(a)Q^{-1}=N(a)$, 就说这两个表示是等阶的.

我们已经知道, 空间的转动是矢量空间中一个特殊的正交变换, 前面用过的 $g(\boldsymbol{n},\theta)$ 就是这种正交变换的矩阵. 每一个 g 都是行列式为 1 的实正交矩阵. 反之, 每一个行列式为 1 的实正交矩阵 (O_3^+ 矩阵) 都代表一个转动. 另外, 两个 O_3^+ 矩阵的积仍然是一个 O_3^+ 矩阵. 这不过是说, 两次接连施行的转动的结果可以用一次转动来达到. 如果考察全体 O_3^+ 矩阵的集合, 那么, 这个集合在矩阵乘法下构成一个群, 称为转动群 (通常记为 O_3^+ 群或 R_3 群. 群的单位元素是一个 3×3 单位矩阵, 每个元素的逆都是它自己的逆矩阵). 转动群的元素可用参量 $(\boldsymbol{n},\theta)$ 来确定, 也可以用三个欧拉角作为新的参量, 所以转动群是含有三个参量的连续群.

在 §1 中, 我们用 $\mathcal{D}^j(g)$ 矩阵来描写角动量本征态的转动性质, 在那里已经着重指出, 一组符合条件 (16) 的角动量本征态的转动性质取决于角动量量子数, 因此 $\mathcal{D}^j(g)$ 矩阵取决于 g 及 j. 现在要进一步指出, 在每一个 j 值下 (严格地说在每个整数的 j 值下) 从转动群到 $\mathcal{D}^j$ 矩阵集的对应

$$g\longrightarrow \mathcal{D}^j(g)\,, \tag{56}$$

都构成转动群的 $2j+1$ 维表示. 我们来检查一下是否合乎群表示的条件. 当 j 为整数, 则 $\mathcal{D}^j(g)$ 的矩阵元是 $(\boldsymbol{n},\theta)$ 的单值函数, $\mathcal{D}^j(g(\boldsymbol{n},0))$ 是 $2j+1$ 行 $2j+1$

列的单位矩阵. 另外, 根据

$$D(g_1g_2) = D(g_1)D(g_2)\ ,$$

有

$$\mathcal{D}^j_{mm'}(g_1g_2) = \sum_{m''} \mathcal{D}^j_{mm''}(g_1)\mathcal{D}^j_{m''m'}(g_2)\ , \tag{57}$$

或

$$\mathcal{D}^j(g_1g_2) = \mathcal{D}^j(g_1)\mathcal{D}^j(g_2)\ . \tag{58}$$

所以, 群表示的条件是得到满足的.

上面的讨论形式上也可用到 j 为半奇数的情形, 不过这时 $\mathcal{D}^j(\boldsymbol{n},\theta)$ 的矩阵元是 $(\boldsymbol{n},\theta)$ 的双值函数, 例如 $\mathcal{D}^j_{mm}(\boldsymbol{z},0)=1$ 而 $\mathcal{D}^j_{mm}(\boldsymbol{z},2\pi)$ 的值是 $(-1)^{2j}=-1$, 但 $g(\boldsymbol{n},2\pi)$ 本来与 $g(\boldsymbol{n},0)$ 是一样的, 既然如此, 对于任意的 $(\boldsymbol{n},\theta)$, $\mathcal{D}^j_{mm}(\boldsymbol{n},\theta)$ 都有两个值, 两者只有正负号的差别. 严格说来, 当 j 为半奇数时, 对应 (56) 已不是转动群的表示, 通常称为转动群的双值表示.

3.2 幺正性. 不可约性

从 $D(g)$ 算符的幺正性可直接看出 $\mathcal{D}^j(g)$ 是幺正矩阵. 若 $|nljm\rangle$ 是真正归一的基本 ket 矢, 则

$$\begin{aligned}\left[\mathcal{D}^j(g)^\dagger\right]_{mm'} &= \mathcal{D}^{j^*}_{m'm}(g) = \langle\eta jm'|D(g)|\eta jm\rangle^* \\ &= \langle\eta jm|D(g)^\dagger|\eta jm'\rangle\ ,\end{aligned}$$

$$\begin{aligned}\left[\mathcal{D}^j(g)^\dagger\mathcal{D}^j(g)\right]_{mm''} &= \sum_{m'}\langle\eta jm|D(g)^\dagger|\eta jm'\rangle\langle\eta jm'|D(g)|\eta jm''\rangle \\ &= \langle\eta jm|D(g)^\dagger D(g)|\eta jm''\rangle = \delta_{mm''}\ ,\end{aligned}$$

故

$$\mathcal{D}^j(g)^\dagger\mathcal{D}^j(g) = \mathcal{D}^j(g)\mathcal{D}^j(g)^\dagger = 1\ . \tag{59}$$

即是说, 在每个 g 下, $\mathcal{D}^j(g)$ 都是幺正矩阵, 所以 (56) 式所表达的对应给出了转动群的幺正表示.

不可约性是指 (56) 式所给出的表示的不可约性. 这是矩阵集 $\mathcal{D}^j(O_3^+)$ 的性质, 不是对个别矩阵来说的. 让我们提及一下群表示可约不可约性的一般定义. 设从群 A 到某矩阵群的对应 $a\to M(a)$ 构成群 A 的 k 维表示, 每个矩阵可看成是作用于一个 k 维线性空间 R 上的一个线性变换 $G(a)$, 被它作用的

“向量”是单列阵 (这个线性空间称为表示空间). 如果存在维数小于 k 的在 $M(A)$ 作用下不变的子空间 h，就说表示是可约的，否则称为不可约的. (所谓 h 在 $M(A)$ 作用下不变，意思是说，h 中任一个单列阵，被 $M(A)$ 中任一矩阵作用之后，结果仍是 h 中的单列阵，这样的 h 又称为该表示的不变子空间.) 如果表示是可约的，即是说存在上述不变子空间 h，设其维数 $l<k$，那么在 h 中选好基之后，就可以用一个 $l\times l$ 矩阵 $N(a)$ 来代表线性变换 $G(a)$，容易证明 $a\to N(a)$ 也给出群 A 的一个表示. 这是由原表示在不变子空间 h 上诱导出来的. 如果原来的表示是幺正的，就可以把 $M(a)$ 看成幺正变换 $G(a)$ 在正交归一基中的矩阵. 当找到一个 $M(a)$ 不变子空间 h 时，可以把 R 分解成 h 与一个正交于 h 的子空间 h':$R=h\oplus h'$ 且 $h\perp h'$. 这时 h' 也是一个 $M(a)$ 不变子空间，因此原来的表示在 h' 上也诱导出一个表示 $a\to N'(a)$，这时我们说表示 $a\to M(a)$ 分解成两个表示的直和. 显然 h 及 h' 中的基总是可以选成正交归一的，这样 $N(a)$ 及 $N'(a)$ 都是幺正矩阵，再把 h 中的基与 h' 中的基合并起来，作为 R 中的新基，那么 $G(a)$ 在新基中的矩阵是准对角形式的幺正矩阵

$$\begin{pmatrix} N(a) & 0 \\ 0 & N'(a) \end{pmatrix}. \tag{60}$$

另一方面，按照假设，$N(a)$ 是 $G(a)$ 在原来的正交归一基中的矩阵. 我们知道，新基和老基之间可用幺正变换联系起来，而这个变换也就给出了矩阵 $M(a)$ 与上述准对角矩阵之间的联系. 因此，用纯粹的矩阵形式来表达时，一个幺正表示 $a\to M(a)$ 的可约性意味着，存在与 a 无关的幺正矩阵 U，使得矩阵集 $M(A)$ 中的每个矩阵都变成如 (60) 所示的准对角形式，即

$$UM(a)U^{-1}=\begin{pmatrix} N(a) & 0 \\ 0 & N'(a) \end{pmatrix}. \tag{61}$$

现在回到 (56) 式所示的转动群的表示，我们要证明这是一个不可约表示. 为此，我们把 $\mathcal{D}^j(g)$ 看成是作用于一个 $2j+1$ 维复欧氏空间 R 中的幺正变换，然后证明它在这个空间中的不变子空间也是 $2j+1$ 维的. 即是说不存在更小的不变子空间. 令

$$I_n=\mathrm{i}\left[\frac{\partial}{\partial\theta}\mathcal{D}^j(\boldsymbol{n},\theta)\right]_{\theta=0},$$

于是

$$\mathcal{D}^j(\boldsymbol{n},\theta)=\mathrm{e}^{-\mathrm{i}I_n\theta}\quad(I_n^\dagger=I_n).$$

从 $\mathcal{D}^j(g)$ 的定义可以看出

$$(I_n)_{mm'} = \langle \eta jm|J_n|\eta jm'\rangle \, .$$

由此可见, I_x, I_y, I_z 之间遵守角动量的对易关系. 定义

$$I_{\pm} = I_x \pm \mathrm{i} I_y \, , \quad \boldsymbol{I}^2 = (I_x)^2 + (I_y)^2 + (I_z)^2 \, ,$$

则

$$\begin{aligned}
&(I_{\pm})_{mm'} = \langle \eta jm|I_{\pm}|\eta jm'\rangle = \delta_{mm'\pm 1}\sqrt{(j \mp m')(j \pm m' + 1)} \, . \\
&(I_z)_{mm'} = m\delta_{mm'} \, , \\
&(\boldsymbol{I}^2)_{mm'} = j(j+1)\delta_{mm'} \, .
\end{aligned}$$

仿照本章 §1 的办法, 可构成 $\boldsymbol{I}^2, I_z$ 的共同本征向量 (写成单列阵), 现在 $\boldsymbol{I}^2$ 的量子数已被固定为 j, 因此, 共有 $2j+1$ 个本征向量 e_m, $m = -j, -j+1, \cdots, j$, 它们可以归一化, 并通过相因子的选择使下式成立

$$I_{\pm} e_m = \sqrt{(j \mp m)(j \pm m + 1)}\, e_{m\pm 1} \, . \tag{16'}$$

由于 e_m 的独立个数与空间 R 的维数一样, 故它们可作为 R 的基, 设 e 是一个任意的单列阵, 用 e_m 的线性组合写成

$$e = \sum_m f_m e_m \, .$$

以 I_+ 及 I_- 重复地作用于 e , 构成 I_+e, I_-e, $I_+^2 e$, I_+I_-e, $I_-^2 e$, $\cdots$, 由 (16′) 式可知, 只要原来的 e 不是 0 向量, 总是可以用这种办法找到 $2j+1$ 个线性无关的向量, 这意味着, 在 R 中不存在维数更低的能在 (I_x, I_y, I_z) 作用下保持不变的子空间. 这也就表明 R 是 $\mathcal{D}^j(g)$ 的最小的不变子空间, 因此, $g \to \mathcal{D}^j(g)$ 构成 O_3^+ 的一个 $2j+1$ 维不可约表示.

最后, 讲一下转动群的一般表示分解为不可约表示的问题, 需要强调的是, 分解的结果总是得出若干种由 $\mathcal{D}^j(g)$ 构成的不可约表示. 为了方便, 假定表示是幺正的. 设 $g \to \varGamma(g)$ 构成 O_3^+ 的 k 维幺正表示, 于是

$$\varGamma(\boldsymbol{n}, \theta) = 1_k \, , \tag{62}$$

$$\varGamma(g)^{\dagger}\varGamma(g) = \varGamma(g)\varGamma(g)^{\dagger} = 1_k \, , \tag{63}$$

$$\varGamma(g_1)\varGamma(g_2) = \varGamma(g_1 g_2) \, , \tag{64}$$

其中 1_k 是 $k\times k$ 单位矩阵．令

$$I_n = \mathrm{i}\left[\frac{\partial}{\partial\theta}\Gamma(\boldsymbol{n},\theta)\right]_{\theta=0}\ , \tag{65}$$

则

$$\Gamma(\boldsymbol{n},\theta) = \mathrm{e}^{-\mathrm{i}I_n\theta}\ , \tag{66}$$

I_n 是 $k\times k$ 厄米矩阵．根据 (64), (66) 式可以知道 I_x, I_y, I_z 遵守角动量的对易关系．令

$$I_\pm = I_x \pm \mathrm{i}I_y\ ,\qquad \boldsymbol{I}^2 = (I_x)^2+(I_y)^2+(I_z)^2\ .$$

我们把 $\Gamma(g)$ 看成是作用于一个 k 维复欧氏空间 Q 中的幺正变换 $G(g)$, 仿照本章 §1 的办法，可构成 $\boldsymbol{I}^2, I_z$ 的共同本征向量 $e(\alpha jm)$, 其中 α 用来区别具有相同 jm 值的不同本征向量，假定它不受 $I_\pm$ 作用的影响，并假定相角条件 (16) 及正交归一条件均已得到满足 (这些假定都是允许的)

$$I_\pm e(\alpha jm) = \sqrt{(j\mp m)(j\pm m+1)}\,e(\alpha jm\pm 1)\ ,$$

$$e(\alpha' jm)^\dagger e(\alpha jm) = \delta_{\alpha\alpha'}\ ,$$

其中 $e(\alpha' jm)^\dagger$ 代表 $e(\alpha' jm)$ 的厄米共轭，因此是单行阵．根据 I_x, I_y, I_z 的对易关系，只能说 j 的许可值是 $0, 1/2, 1, 3/2, 2, \cdots$, 至于 j 的实际取值范围以及在给定的 j 下有多少个 α 值，后面还要提到，现在要指出，对于任何实际出现的 j 及 α 值，都有

$$e(\alpha jm)^\dagger\Gamma(g)e(\alpha jm) = \mathcal{D}^j_{mm'}(g)\ .$$

即是说，当我们考虑到一切实际出现的 (αj) 值，把 $\{e(\alpha jm)\}$ 作为空间 Q 的正交归一基时，幺正变换 $G(\alpha)$ 的矩阵是由各种 j 值的 $\mathcal{D}^j(g)$ 矩阵构成的准对角形式．我们把准对角形式的矩阵写成

$$\Big[\underbrace{\mathcal{D}^0\mathcal{D}^0\cdots}_{s_0\text{个}}\ \underbrace{\mathcal{D}^{1/2}\mathcal{D}^{1/2}\cdots}_{s_{1/2}\text{个}}\ \underbrace{\mathcal{D}^j\mathcal{D}^j\cdots}_{s_j\text{个}}\Big]\ , \tag{67}$$

其中每个 $\mathcal{D}^j$ 都可能有重复， (67) 式中用 s_j 代表明 $\mathcal{D}^j$ 的重复的次数，也就是在实际出现的一定 j 下的 α 值的个数．对于实际上不出现的 j 值，应取相应的 s_j 为零．由于 (67) 式与原来的 $\Gamma(g)$ 可以看作幺正变换 $G(g)$ 在不同基中的矩阵，因此又可以说，存在一个与 g 无关的 $k\times k$ 幺正矩阵 C ，使得

$$C\,\Gamma(g)\,C^\dagger = \Big[\underbrace{\mathcal{D}^0(g)\cdots,}_{s_0\text{个}}\ \underbrace{\mathcal{D}^{1/2}(g)\cdots,}_{s_{1/2}\text{个}}\ \underbrace{\mathcal{D}^j(g)\cdots,}_{s_j\text{个}}\cdots\Big]\ , \tag{68}$$

对两边取对角和可得

$$\operatorname{tr}\Gamma(g)=\sum_j s_j \operatorname{tr}\mathcal{D}^j(g)\,.$$

由于 $\operatorname{tr}\mathcal{D}^j(g)$ 作为群 O_3^+ 上的函数对于不同 j 值有正交性 (参看后面)，只要知道了 $\Gamma(g)$ 就能够唯一地确定 s_j.

由 (68) 式可以看到，当 $g\to\Gamma(g)$ 是 O_3^+ 的不可约的幺正表示时，存在一个与 g 无关的幺正矩阵，使 $C\Gamma(g)C^\dagger$ 就是 $\mathcal{D}^j(g)$, j 由表示的维数决定.

3.3　$\mathcal{D}^j(g)$ 矩阵直积的分解

用 $\Gamma^{j_1j_2}(g)$ 代表两个 $\mathcal{D}^j(g)$ 矩阵的直积

$$\Gamma^{j_1j_2}(g)=\mathcal{D}^{j_1}(g)\otimes\mathcal{D}^{j_1}(g)\,,$$

容易验证，$g\to\Gamma^{j_1j_2}(g)$ 构成转动群的一个 $(2j_1+1)(2j_2+1)$ 维表示，除了有一个 j 等于零的情形，这个表示是可约的. 现在我们要把它分解为由若干种 $\mathcal{D}^j(g)$ 构成的不可约表示，即求出公式 (68) 中的各个 s_j 以及幺正矩阵 C. 在前面讨论 $\Gamma(g)$ 的分解时，我们利用了 $\boldsymbol{I}^2, I_z$ 的共同本征向量 $e(\alpha jm)$, 对于现在的 $\Gamma^{j_1j_2}(g)$ 而言，上节中的耦合基矢 $\Phi_{j_1j_2JM}$ 就是这样的本征向量，它们与非耦合基矢的关系已经知道了，因此直接采用上节的结果就可以得出答案.

保持上节的记号，设 $\boldsymbol{J}$ 代表两个互相对易的角动量 $\boldsymbol{J}_1$ 与 $\boldsymbol{J}_2$ 的和，$\Phi^{(1)}_{j_1m_1}$ 是 $\boldsymbol{J}_1^2, J_{1z}$ 的本征态，$\Phi^{(2)}_{j_2m_2}$ 是 $\boldsymbol{J}_2^2\,, J_{2z}$ 的本征态，分别满足如下的相角条件

$$J_{1\pm}\Phi^{(1)}_{j_1m_1}=\sqrt{(j_1\mp m_1)(j_1\pm m_1+1)}\,\Phi^{(1)}_{j_1m_1\pm1}\,,$$

$$J_{2\pm}\Phi^{(2)}_{j_2m_2}=\sqrt{(j_2\mp m_2)(j_2\pm m_2+1)}\,\Phi^{(2)}_{j_2m_2\pm1}\,,$$

利用 Clebsch-Gordan 系数构成耦合基矢

$$\Phi_{j_1j_2JM}=\sum_{m_1m_2}\Phi^{(1)}_{j_1m_1}\Phi^{(2)}_{j_2m_2}\langle j_1m_1j_2m_2|j_1j_2JM\rangle\,. \tag{69}$$

它们也符合同样的相角条件

$$J_\pm\Phi_{j_1j_2JM}=\sqrt{(J\mp M)(J\pm M+1)}\Phi_{j_1j_2JM\pm1}\,.$$

(69) 式的逆是

$$\Phi^{(1)}_{j_1m_1}\Phi^{(2)}_{j_2m_2}=\sum_{JM}\Phi_{j_1j_2JM}\langle j_1m_1j_2m_2|j_1j_2JM\rangle\,.$$

在转动 g 时，有

$$\sum_{m_1'm_2'} \Phi^{(1)}_{j_1m_1'}\Phi^{(2)}_{j_2m_2'}\mathcal{D}^{j_1}_{m_1'm_1}(g)\mathcal{D}^{j_2}_{m_2'm_2}(g)$$
$$=\sum_{JM'M}\Phi_{j_1j_2JM'}\mathcal{D}^J_{M'M}(g)\langle j_1m_1j_2m_2|j_1j_2JM\rangle\,,$$

再把 (69) 代进来，比较两边的系数有

$$\mathcal{D}^{j_1}_{m_1m_1'}(g)\mathcal{D}^{j_2}_{m_2m_2'}(g)$$
$$=\sum_{JMM'}\langle j_1m_1j_2m_2|JM\rangle\mathcal{D}^J_{MM'}(g)\langle j_1m_1'j_2m_2'|JM'\rangle\,.$$

这就是我们要求的分解公式，J 代表由 j_1,j_2 耦合而成的角动量. 即 $J=|j_1-j_2|,\ |j_1-j_2|+1,\ \cdots,j_1+j_2$, 对于这个范围内的每个 J 值，$\mathcal{D}^J(g)$ 都出现一次.

3.4 $\mathcal{D}(g)$ 函数的正交性

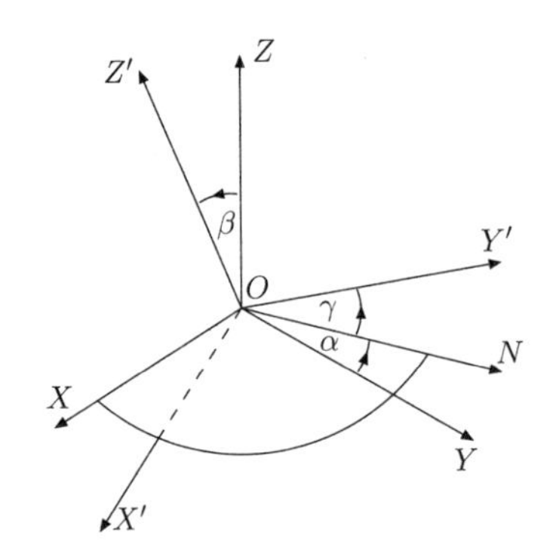

现在用欧拉角来描述空间转动. 上图表示当空间转动 g 时，跟着转动的坐标架从 $OXYZ$ 的方位变到 $OX'Y'Z'$ 的方位，ON 在 OXY 平面与 $OX'Y'$ 平面的交线上. (α,β,γ) 称为 g 的欧拉角. 用 $\boldsymbol{k},\boldsymbol{j},\boldsymbol{j}_N$, $\boldsymbol{k}'$ 和 $\boldsymbol{j}'$ 代表 OZ,OY,ON,OZ' 和 OY' 方向的单位矢量，可将转动 $g(\alpha,\beta,\gamma)$ 看作按以下次序施行的三次转动的总结果：

(i) 绕 $\boldsymbol{k}$ 转 α 角 (使 $\boldsymbol{j}$ 变成 $\boldsymbol{j}_N$),

(ii) 绕 $\boldsymbol{j}_N$ 转 β 角 (使 $\boldsymbol{k}$ 变成 $\boldsymbol{k}'$),

(iii) 再绕 $\boldsymbol{k}'$ 转 γ 角 (使 $\boldsymbol{j}_N$ 变成 $\boldsymbol{j}'$).

即 $g(\alpha,\beta,\gamma)$ 等于 $g(\boldsymbol{k}',\gamma)g(\boldsymbol{j}_N,\beta)g(\boldsymbol{k},\alpha)$. 注意 $g(\boldsymbol{j}_N,\beta)g(\boldsymbol{k},\alpha)$ 等于 $g(\boldsymbol{k},\alpha)g(\boldsymbol{j},\beta)$,

继续作类似的处理或者直接看图，又可得出

$$g(\alpha,\beta,\gamma)=g(\boldsymbol{k},\alpha)g(\boldsymbol{j},\beta)g(\boldsymbol{k},\gamma)\ . \tag{70}$$

表示转动 $g(\boldsymbol{k},\alpha)$ 等的矩阵可以根据前一章的相应公式写出，例如

$$g(\boldsymbol{k},\alpha)=\begin{pmatrix}\cos\alpha & -\sin\alpha & 0\\ \sin\alpha & \cos\alpha & 0\\ 0 & 0 & 1\end{pmatrix},$$

$$g(\boldsymbol{j},\beta)=\begin{pmatrix}\cos\beta & 0 & \sin\beta\\ 0 & 1 & 0\\ -\sin\beta & 0 & \cos\beta\end{pmatrix}.$$

借助 (70) 式，可把算符 D 和矩阵 $\mathcal{D}^j$ 写成

$$D(g)=\mathrm{e}^{-\mathrm{i}J_z\alpha}\,\mathrm{e}^{-\mathrm{i}J_y\beta}\,\mathrm{e}^{-\mathrm{i}J_z\gamma}\ , \tag{71}$$

$$\mathcal{D}^j_{m'm}(\alpha,\beta,\gamma)=\mathrm{e}^{-\mathrm{i}m'\alpha}\,d^j_{m'm}(\beta)\,\mathrm{e}^{-\mathrm{i}m\gamma}\ , \tag{72}$$

其中 $d^j_{m'm}(\beta)$ 可利用归一基矢 $|\eta jm\rangle$ 表示为

$$d^j_{m'm}(\beta)=\langle\eta jm'|\mathrm{e}^{-\mathrm{i}J_y\beta}|\eta jm\rangle\ . \tag{73}$$

$\mathrm{i}J_y$ 在 $|\eta jm\rangle$ 表象中的矩阵元是实数，因此 $d^j_{m'm}(\beta)$ 是 β 的实函数，即

$$d^{j*}_{m'm}(\beta)=d^j_{m'm}(\beta)\ . \tag{74}$$

由此又得到

$$d^j_{m'm}(-\beta)=d^j_{mm'}(\beta)\ . \tag{75}$$

下面证明 $\mathcal{D}^j_{m'm}(\alpha,\beta,\gamma)$ 函数的正交性. 我们把在 g 的欧拉角 (α,β,γ) 附近的体积元 $\sin\beta\mathrm{d}\beta\mathrm{d}\alpha d\gamma$ 简单地记为 $\mathrm{d}g$, 用 $f(g)$ 代表 $g(\alpha,\beta,\gamma)$ 的函数，$\int f(g)\mathrm{d}g$ 代表

$$\int_0^{2\pi}\mathrm{d}\alpha\int_0^{\pi}\mathrm{d}\beta\int_0^{2\pi}\mathrm{d}\gamma f(g)\sin\beta,$$

可以证明对于任何一个转动 g_0, 下式成立：

$$\int f(g,g_0)\mathrm{d}g=\int f(gg_0)\mathrm{d}g=\int f(g)\mathrm{d}g\,. \tag{76}$$

按照 $\mathcal{D}^j_{m'm}(g)$ 的定义，对于归一的基矢 $|\eta jm\rangle$，有

$$\mathcal{D}^{j_1}_{m_1'm_1}(g)=\langle\eta_1j_1m_1'|D(g)|\eta_1j_1m_1\rangle\ ,\qquad \mathcal{D}^{j_2}_{m_2'm_2}(g)=\langle\eta_2j_2m_2'|D(g)|\eta_2j_2m_2\rangle\ .$$

$$\int\mathcal{D}^{j_1*}_{m_1'm_1}(g)\mathcal{D}^{j_2}_{m_2'm_2}(g)\mathrm{d}g=\langle\eta_1j_1m_1|P|\eta_2j_2m_2\rangle=\langle\eta_2j_2m_2'|Q|\eta_1j_1m_1'\rangle\ ,$$

其中

$$P=\int\mathrm{d}gD(g)^\dagger|\eta_1j_1m_1'\rangle\langle\eta_2j_2m_2'|D(g),\quad Q=\int\mathrm{d}gD(g)|\eta_2j_2m_2\rangle\langle\eta_1j_1m_1|D(g)^\dagger\ .$$

利用 (76) 式可证明，算符 P 及 Q 是转动不变的，故

$$\langle\eta_1j_1m_1|P|\eta_2j_2m_2\rangle=\delta_{j_1j_2}\delta_{m_1m_2}\langle\eta_1j_1j_1|P|\eta_2j_1j_1\rangle\ ,$$

$$\langle\eta_2j_2m_2'|Q|\eta_1j_1m_1'\rangle=\delta_{j_1j_2}\delta_{m_1'm_2'}\langle\eta_2j_1j_1|Q|\eta_1j_1j_1\rangle\ ,$$

因此

$$\int\mathcal{D}^{j_1*}_{m_1'm_1}(g)\mathcal{D}^{j_2}_{m_2'm_2}(g)\mathrm{d}g=C(j_1)\delta_{j_1j_2}\delta_{m_1'm_2'}\delta_{m_1m_2}\ ,$$

其中 $C(j_1)$ 与 m_1,m_2,m_1',m_2' 无关 (也与 η_1,η_2 无关). 故

$$\begin{aligned}C(j_1)=&\int\mathcal{D}^{j_1*}_{m_1'm_1}(g)\mathcal{D}^{j_1}_{m_1'm_1}(g)\mathrm{d}g\\=&\frac{1}{2j_1+1}\sum_{m_1}\int\mathcal{D}^{j_1*}_{m_1'm_1}(g)\mathcal{D}^{j_1}_{m_1'm_1}(g)\mathrm{d}g=\frac{1}{2j_1+1}\int\mathrm{d}g=\frac{8\pi^2}{2j_1+1}\ .\end{aligned}$$

代入上式，得

$$\int\mathcal{D}^{j_1*}_{m_1'm_1}(g)\mathcal{D}^{j_2}_{m_2'm_2}(g)\mathrm{d}g=\frac{8\pi^2}{2j_1+1}\delta_{j_1j_2}\delta_{m_1'm_2'}\delta_{m_1m_2}\ ,\tag{77}$$

这是 $\mathcal{D}$ 函数的正交归一公式.

令 $m_1'=m_1$, $m_2'=m_2$, 再对 m_1 及 m_2 求和，则

$$\int\left\{\mathrm{tr}\,\mathcal{D}^{j}(g)\right\}^*\left\{\mathrm{tr}\,\mathcal{D}^{j}(g)\right\}\mathrm{d}g=8\pi^2\delta_{j'j}\ ,\tag{78}$$

这是 $\mathrm{tr}\,\mathcal{D}^j(g)$ 的正交归一公式.

3.5 $\mathcal{D}^j(g)$ 的表达式

在用欧拉角 α,β,γ 表达空间转动时，$\mathcal{D}^j_{m'm}(\alpha,\beta,\gamma)$ 的 α，γ 部分是非常简单的因子，需要求的是 β 部分的因子 $d^j_{m'm}(\beta)$. 在有关书籍中可以查到各种不同的方法，我们在这里用的是比较简单的代数方法.

设 $a_1^\dagger, a_2^\dagger$ 是两个互相对易的产生算符，a_1, a_2 及 $|0\rangle$ 为相应的湮灭算符和“真空态”，即是说，

$$a_1|0\rangle = a_2|0\rangle = 0\ , \tag{79}$$

$$a_i a_j^\dagger - a_j^\dagger a_i = \delta_{ij}\ , \tag{80}$$

$$a_i a_j - a_j a_i = a_i^\dagger a_j^\dagger - a_j^\dagger a_i^\dagger = 0\ . \tag{81}$$

由此构成如下的算符 J_x, J_y, J_z:

$$\left.\begin{aligned} J_x &= \frac{1}{2}(a_1^\dagger a_2 + a_2^\dagger a_1) = J_x^\dagger\ , \\ J_y &= \frac{1}{2\mathrm{i}}(a_1^\dagger a_2 - a_2^\dagger a_1) = J_y^\dagger\ , \\ J_z &= \frac{1}{2}(a_1^\dagger a_1 - a_2^\dagger a_2) = J_z^\dagger\ . \end{aligned}\right\} \tag{82}$$

再令 $J_\pm = J_x \pm \mathrm{i}J_y$, 又有

$$J_+ = a_1^\dagger a_2\ , \qquad J_- = a_2^\dagger a_1\ , \tag{83}$$

和

$$\left.\begin{aligned} &[J_+,\ a_1^\dagger] = 0\ , \qquad [J_+,\ a_2^\dagger] = a_1^\dagger\ , \\ &[J_-,\ a_1^\dagger] = a_2^\dagger\ , \qquad [J_-,\ a_2^\dagger] = 0\ . \end{aligned}\right\} \tag{84}$$

顺便说明一下，如果愿意，我们可以从任一个实际的含有相同玻色子的系统的产生算符中，取两个作为 $a_1^\dagger$ 及 $a_2^\dagger$ ，把满足 (79) 式的任一个状态取作 $|0\rangle$. 也可以从一个二维或三维谐振子中，选取 x 方向的振动量子的产生湮灭算符作为 $a_1^\dagger$ 及 a_1, 取 y 方向的振动量子的算符作为 $a_2^\dagger$ 及 a_2 ，而以零点振动态作为 $|0\rangle$. 我们所重视的是由 (82) 式定义的三个厄米算符的对易关系以及它们与 $a_1^\dagger, a_2^\dagger$ 之间的对易关系.

借助 (79), (80), (81) 以及 (84) 式，很容易构成 J^2, J_z 的共同本征态

$$|jm\rangle = \frac{(a_1^\dagger)^{j+m}(a_2^\dagger)^{j-m}}{\sqrt{(j+m)!(j-m)!}}|0\rangle\ . \tag{85}$$

利用 (83),(84) 式作直接验证可知，同一个 j 下的各个态满足下列关系

$$J_\pm|jm\rangle = |jm\pm1\rangle\sqrt{(j\mp1)(j\pm m+1)}\ , \tag{86}$$

这样就可以知道 $|jm\rangle$ 在 $\mathrm{e}^{-\mathrm{i}J_y\beta}$ 作用下，必然是按 $d^j(\beta)$ 变换的，即

$$\mathrm{e}^{-\mathrm{i}J_y\beta}|jm\rangle = \sum_{m'}|jm'\rangle d^j_{m'm}(\beta)\ . \tag{87}$$

借此可以方便地求出 $d^j_{m'm}(\beta)$. 由 (85) 式，有

$$\mathrm{e}^{-\mathrm{i}J_y\beta}|jm\rangle = \frac{(a'^{\dagger}_1)^{j+m}(a'^{\dagger}_2)^{j-m}}{\sqrt{(j+m)!(j-m)!}}|0\rangle\ , \tag{88}$$

其中

$$a'^{\dagger}_1 = \mathrm{e}^{-\mathrm{i}J_y\beta}a^{\dagger}_1\mathrm{e}^{\mathrm{i}J_y\beta}, \quad a'^{\dagger}_2 = \mathrm{e}^{-\mathrm{i}J_y\beta}a^{\dagger}_2\mathrm{e}^{\mathrm{i}J_y\beta}\ , \tag{89}$$

对 β 求微商，利用 (84) 式，有

$$\frac{\mathrm{d}}{\mathrm{d}\beta}a'^{\dagger}_1 = \frac{1}{2}a'^{\dagger}_2, \quad \frac{\mathrm{d}}{\mathrm{d}\beta}a'^{\dagger}_2 = -\frac{1}{2}a'^{\dagger}_1 .$$

由此及 $\beta = 0$ 时的初条件可求得

$$a'^{\dagger}_1 = a^{\dagger}_1\cos\frac{\beta}{2} + a^{\dagger}_2\sin\frac{\beta}{2}, \quad a'^{\dagger}_2 = -a^{\dagger}_1\sin\frac{\beta}{2} + a^{\dagger}_2\cos\frac{\beta}{2}\ ,$$

代回 (88) 式并与 (87) 式比较，即得到

$$\begin{aligned} d^j_{m'm}(\beta)\sqrt{\frac{(j+m)!(j-m)!}{(j+m')!(j-m')!}} &= \sum_{\sigma}\begin{pmatrix} j+m \\ j-m'-\sigma \end{pmatrix}\begin{pmatrix} j-m \\ \sigma \end{pmatrix} \\ &\times(-1)^{j-m-\sigma}\left(\cos\frac{\beta}{2}\right)^{2\sigma+m'+m}\left(\sin\frac{\beta}{2}\right)^{2j-2\sigma-m'-m} . \end{aligned} \tag{90}$$

有时把 $d^j_{m'm}(\beta)$ 写成下面的形式也有方便之处

$$d^j_{m'm}(\beta)\sqrt{\frac{(j-m)!(j+m)!}{(j+m')!(j-m')!}}$$

$$= \frac{(-1)^{j-m}}{(\sqrt{2})^{2j}(j-m')!}(1-\mu)^{\frac{m-m'}{2}}(1+\mu)^{-\frac{m'+m}{2}} \times \frac{\mathrm{d}^{j-m'}}{\mathrm{d}\mu^{j-m'}}\left[(1-\mu)^{j-m}(1+\mu)^{j+m}\right] \tag{91a}$$

$$= (-1)^{m'-m}\left(\sin\frac{\beta}{2}\right)^{m'-m}\left(\cos\frac{\beta}{2}\right)^{m+m'} \times \mathrm{P}^{(m'-m,m'+m)}_{j-m'}(\mu)\ , \tag{91b}$$

式中 $\mu = \cos\beta$. $\mathrm{P}^{(\alpha,\beta)}_n$ 是雅可比 (Jacobi) 多项式，其表达式为

$$\mathrm{P}^{(\alpha,\beta)}_n(x) = \frac{(-1)^n}{2^n n!}(1-x)^{-\alpha}(1+x)^{-\beta}\frac{\mathrm{d}^n}{\mathrm{d}x^n}\left[(1-x)^{\alpha+n}(1+x)^{\beta+n}\right] \tag{92}$$

$$= 2^{-n}\sum_{\nu=0}^{n}\begin{pmatrix} n+\alpha \\ \nu \end{pmatrix}\begin{pmatrix} n+\beta \\ n-\nu \end{pmatrix}(x-1)^{n-\nu}(x+1)^{\nu} . \tag{93}$$

当 $x=1$ 时有 $\mathrm{P}_n^{(\alpha,\beta)}(1)=\begin{pmatrix} n+\alpha \\ n \end{pmatrix}$, 在 x 变号时，有

$$\mathrm{P}_n^{(\alpha,\beta)}(-x)=(-1)^n\mathrm{P}_n^{(\beta,\alpha)}(x)\ .$$

广义勒让德 (Legendre) 多项式可借助雅可比多项式表示为

$$\mathrm{P}_l^m(x)=\frac{(l+m)!}{2^m l!}(1-x^2)^{m/2}\mathrm{P}_{l-m}^{(m,m)}(x)\ .$$

由式 (90) 和 (91) 式看出

$$d^j_{m'm}(\beta)=(-1)^{m'-m}d^j_{mm'}(\beta)\ , \tag{94}$$

$$d^j_{m'm}(\pi)=(-1)^{j-m}\delta_{m'-m}\ , \tag{95a}$$

$$d^j_{m'm}(-\pi)=(-1)^{j+m}\delta_{m'-m}\ . \tag{95b}$$

利用 (95a) 得出 $d^j_{m'm}(\beta+2\pi)=(-1)^{2j}d^j_{m'm}(\beta)$, 所以当 j 为半奇数时，$d^j_{m'm}(\beta)$ 是 β 的双值函数，两个数值相差一个负号. 类似地，$\mathrm{e}^{-\mathrm{i}m\alpha}$ 是 α 的双值函数，$\mathcal{D}^j_{m'm}(\alpha,\beta,\gamma)$ 也是 (α,β,γ) 的双值函数.

由 (94), (95) 式又有

$$d^j_{m'm}(\pi+\beta)=\sum_{m''}d^j_{m'm''}(\pi)d^j_{m''m}(\beta)=(-1)^{j+m'}d^j_{-m'm}(\beta)\ , \tag{96a}$$

$$d^j_{m'm}(\pi-\beta)=(-1)^{j+m'}d^j_{-m'm}(-\beta)=(-1)^{j+m'}d^j_{m\,-m'}(\beta)\ , \tag{96b}$$

$$\begin{aligned} d^j_{m'm}(\beta)&=\sum_{m''}d^j_{m'm''}(\beta+\pi)d^j_{m''m}(-\pi) \\ &=(-1)^{j+m}d^j_{m'-m}(\beta+\pi)=(-1)^{m'-m}d^j_{-m'-m}(\beta)\ . \end{aligned} \tag{96c}$$

由以上关系，可得出 $\mathcal{D}^j_{m'm}$ 的各种对称性，例如，由 (96a) 及 (96b)) 有

$$\begin{aligned} \mathcal{D}^j_{m'm}(\alpha,\beta+\pi,\gamma)&=\mathrm{e}^{-\mathrm{i}m'\alpha}d^j_{m'm}(\beta+\pi)\mathrm{e}^{-\mathrm{i}m\gamma} \\ &=(-1)^{j+m'}\mathrm{e}^{-\mathrm{i}m'\alpha}d^j_{-m'm}(\beta)\mathrm{e}^{-\mathrm{i}m\gamma} \\ &=(-1)^{j+m'}\mathcal{D}^j_{-m'm}(-\alpha,\beta,\gamma)\ . \end{aligned} \tag{97}$$

由 (96c) 式有

$$\begin{aligned} \mathcal{D}^{j*}_{m'm}(\alpha,\beta,\gamma)&=\mathrm{e}^{\mathrm{i}m'\alpha}d^j_{m'm}(\beta)\mathrm{e}^{\mathrm{i}m\gamma} \\ &=(-1)^{m'-m}\mathrm{e}^{\mathrm{i}m'\alpha}d^j_{-m'-m}(\beta)\mathrm{e}^{\mathrm{i}m\gamma} \\ &=(-1)^{m'-m}\mathcal{D}^j_{-m'-m}(\alpha,\beta,\gamma)\ . \end{aligned} \tag{98}$$

当 j 为整数, m' 或 m 为零时, 由 (91) 式有

$$d^l_{0m}(\beta)=\left[\frac{(l-m)!}{(l+m)!}\right]^{\frac{1}{2}}\mathrm{P}^m_l(\cos\beta)\ , \tag{99}$$

$$\mathcal{D}^j_{00}(\alpha,\beta,\gamma)=d^l_{00}(\beta)=\mathrm{P}_l(\cos\beta)\ , \tag{100}$$

$$\mathcal{D}^j_{0m}(\alpha,\beta,\gamma)=\mathrm{e}^{-\mathrm{i}m'\gamma}d^l_{0m}(\beta)=(-1)^m\left(\frac{4\pi}{2l+1}\right)^{1/2}\mathrm{Y}^*_{lm}(\beta,\gamma)\ . \tag{101}$$

由此及 (94) 式又得

$$\mathcal{D}^l_{m0}(\alpha,\beta,\gamma)=\mathrm{e}^{-\mathrm{i}m\alpha}d^l_{m0}(\beta)=\left(\frac{4\pi}{2l+1}\right)^{1/2}\mathrm{Y}^*_{lm}(\beta,\alpha)\ . \tag{102}$$

可见, (57) 式在 $j=$ 整数及 $m'=m=0$ 时变为通常的球谐函数叠加公式, 而公式

$$\mathcal{D}^{j_1}_{m'_1m_1}(g)\mathcal{D}^{j_2}_{m'_2m_2}(g)=\sum_{J=|j_1-j_2|}^{j_1+j_2}\sum_{M'M}\langle j_1j_2JM'|m'_1m'_2\rangle\mathcal{D}^J_{M'M}(g)\langle j_1j_2JM|m_1m_2\rangle$$

在 $m'_1=m'_2=0$ 或 $m_1=m_2=0$ 时化为球谐函数的积的分解公式.

3.6 $\mathcal{D}$ 函数作为转动波函数

考虑物体绕坐标原点的转动, 并且采用本体坐标架的三个欧拉角作为描写转动的力学变量. 如果所有粒子都没有自旋, 则它们的波函数可以看成欧拉角 α,β,γ 以及一些转动不变量 S 的函数 $\varPsi(g(\alpha,\beta,\gamma),S)$, 这里 $g(\alpha,\beta,\gamma)$ 用来表明本体坐标架的方位 $\boldsymbol{e}_1,\boldsymbol{e}_2,\boldsymbol{e}_3$ 与固定坐标架的 $\boldsymbol{i}_1,\boldsymbol{i}_2,\boldsymbol{i}_3$ 之间的关系:

$$\left.\begin{aligned}\boldsymbol{e}_1&=g(\alpha,\beta,\gamma)\boldsymbol{i}_1\ ,\\ \boldsymbol{e}_2&=g(\alpha,\beta,\gamma)\boldsymbol{i}_2\ ,\\ \boldsymbol{e}_3&=g(\alpha,\beta,\gamma)\boldsymbol{i}_3\ .\end{aligned}\right\} \tag{103}$$

当系统含有自旋自由度时, 可在特定含义下使用这种描写方法. 按照 (103) 式可把 $\varPsi(g(\alpha,\beta,\gamma),S)$ 设想为 $\varPsi(\boldsymbol{e}_1,\boldsymbol{e}_2,\boldsymbol{e}_3,S)$, 由此容易看出它在空间转动下的变换性质. 平常的波函数 $\varPsi(\boldsymbol{r})$ 在空间转动 $(\boldsymbol{n},\theta)$ 时变成 $\varPsi(g(\boldsymbol{n},-\theta)\boldsymbol{r})$, 把 $\boldsymbol{e}_1,\boldsymbol{e}_2,\boldsymbol{e}_3$ 比作 $\boldsymbol{r}$, 可知 $\varPsi(g(\alpha,\beta,\gamma),S)$ 在空间转动 $(\boldsymbol{n},\theta)$ 时变为 $\varPsi(g(\boldsymbol{n},-\theta)g(\alpha,\beta,\gamma),S)$, 即是说

$$\mathrm{e}^{-\mathrm{i}\theta\boldsymbol{n}\cdot\boldsymbol{I}}\varPsi(g(\alpha,\beta,\gamma),S)=\varPsi(g(\boldsymbol{n},-\theta)g(\alpha,\beta,\gamma),S)\ , \tag{104}$$

其中 $\boldsymbol{I}$ 是系统的角动量算符, 它的各个分量被表示为关于 α,β,γ 的微分算子.

现在看看角动量的本征函数对于 (α,β,γ) 的依赖关系. 设 $\Psi_{IM}(g(\alpha,\beta,\gamma),S)$ 是 $\boldsymbol{I}^2, I_z$ 的本征函数, 对不同 M 值符合如下条件

$$I_\pm \Psi_{IM}(g(\alpha,\beta,\gamma) = \Psi_{IM\pm 1}(g(\alpha,\beta,\gamma),S)\sqrt{(I\mp M)(I\pm M+1)}\,, \tag{105}$$

于是

$$\Psi_{IM}(g(\boldsymbol{n},-\theta)g(\alpha,\beta,\gamma),S) = \sum_{M'} \Psi_{IM'}(g(\alpha,\beta,\gamma),S)\mathcal{D}^I_{M'M}(\boldsymbol{n},\theta)\,, \tag{106}$$

这里不再出现微分算子, 直接令 $g(\boldsymbol{n},\theta)$ 趋于 $g(\alpha,\beta,\gamma)$ 有

$$\Psi_{IM}(0,S) = \sum_{M'} \Psi_{IM'}(g(\alpha,\beta,\gamma),S)\mathcal{D}^I_{M'M}(\alpha,\beta,\gamma)\,, \tag{107}$$

这里的 $\Psi_{IM'}(0,S)$ 描写与转动无关的“内部”性质. 借助 $\mathcal{D}$ 矩阵的幺正性得出

$$\Psi_{IM}(g(\alpha,\beta,\gamma),S) = \sum_{K} \mathcal{D}^{I^*}_{MK}(\alpha,\beta,\gamma)\Psi_{IK}(0,S)\,. \tag{108}$$

由此可见, $\mathcal{D}^{I^*}_{MK}(\alpha,\beta,\gamma)$ 就是具有确定角动量 IM 的转动态的波函数. 关于 K, 下面即将指出, 它是 $\boldsymbol{e}_3\cdot\boldsymbol{I}$ 的量子数, 这个量涉及系统的内部性质, 一般不是守恒量.

下面特别讨论一下 $\boldsymbol{I}$ 沿三个本体坐标轴 $\boldsymbol{e}_k$ 的投影 Q_k:

$$Q_k \equiv \boldsymbol{e}_k\cdot\boldsymbol{I} = e_{kx}I_x + e_{ky}I_y + e_{kz}I_z\,. \tag{109}$$

由于 α,β,γ 是力学变量, 这些算符已不是普通的角动量算符. 不过, 仍可借助 I_x, I_y, I_z 来研究它们. 根据前面的讨论可知

$$\mathrm{e}^{-\mathrm{i}\theta\boldsymbol{n}\cdot\boldsymbol{I}}\mathcal{D}^{I^*}_{MK}(\alpha,\beta,\gamma) = \sum_{M'} \mathcal{D}^{I^*}_{M'K}(\alpha,\beta,\gamma)\mathcal{D}^I_{M'M}(\boldsymbol{n},\theta)\,, \tag{110}$$

$$I_n\mathcal{D}^{I^*}_{MK}(\alpha,\beta,\gamma) = \sum_{M'} \mathcal{D}^{I^*}_{M'K}(\alpha,\beta,\gamma)\langle\eta IM'|J_n|\eta IM\rangle\,, \tag{111}$$

其中第二式右边的因子是已知的, 现在随意地借用一组基矢 $|\eta IM\rangle$ 及相应的角动量算符 $\boldsymbol{J}$ 来表达. 分别取 $\boldsymbol{n}$ 为 x,y,z 轴的方向, 结合 (109) 式, 可从 (111) 式得

$$Q_k\mathcal{D}^{I^*}_{MK}(\alpha,\beta,\gamma) = \sum_{M'} \mathcal{D}^{I^*}_{M'K}(\alpha,\beta,\gamma)\langle\eta IM'|\{g(\alpha,\beta,\gamma)\boldsymbol{i}_k\}\cdot\boldsymbol{J}|\eta IM\rangle\,.$$

这可改写为

$$Q_k \mathcal{D}^{I^*}_{MK}(\alpha,\beta,\gamma)=\sum_{K'}\mathcal{D}^{I^*}_{MK'}(\alpha,\beta,\gamma)\langle\eta IK|J_k|\eta IK'\rangle\ , \tag{112}$$

其中

$$J_k=\boldsymbol{i}_k\cdot\boldsymbol{J}\ .$$

利用 (111) 及 (112) 式可以证明

$$[I_n,\ Q_k]=0\ , \tag{113}$$

即是说由于 α,β,γ 是力学变量，Q_k 是转动不变的算符. 由 (112) 式还可证明

$$[Q_1,\,Q_2]=-\mathrm{i}Q_3\ ,\quad [Q_2,\,Q_3]=-\mathrm{i}Q_1\ ,\quad [Q_3,\,Q_1]=-\mathrm{i}Q_2\ , \tag{114}$$

$$Q_3\mathcal{D}^{I^*}_{MK}(\alpha,\beta,\gamma)=K\mathcal{D}^{I^*}_{MK}(\alpha,\beta,\gamma)\,, \tag{115}$$

$$Q_{\mp}\mathcal{D}^{I^*}_{MK}(\alpha,\beta,\gamma)=\mathcal{D}^{I^*}_{MK\pm1}(\alpha,\beta,\gamma)\sqrt{(I\mp K)(I\pm K+1)}\,, \tag{116}$$

其中

$$Q_{\pm}=Q_1\pm\mathrm{i}Q_2\,. \tag{117}$$

我们看到，$\mathcal{D}^{I^*}_{MK}(\alpha,\beta,\gamma)$ 中的 K 是 Q_3 的量子数，Q_1, Q_2, Q_3 之间的对易关系与角动量投影之间的对易关系有点相似，但有重要差别. 还看到，Q_+ 的作用不是使 K 值上升 1，而是下降 1，反之，Q_- 则使 K 值上升 1, 不过我们可以借助如下的简单变换把对易关系改造成角动量算符的对易关系，令

$$P_1=Q_1,\quad P_2=-Q_2,\quad P_3=Q_3\,, \tag{118}$$

$$P_{\pm}\equiv P_1\pm\mathrm{i}P_2\,, \tag{119}$$

于是 (113)—(116) 式就给出

$$[I_n,\ P_k]=0\,, \tag{120}$$

$$[P_1,\ P_2]=\mathrm{i}P_3\ ,\quad [P_2,\ P_3]=\mathrm{i}P_1\ ,\quad [P_3,\ P_1]=\mathrm{i}P_2\,, \tag{121}$$

$$P_3\mathcal{D}^{I^*}_{MK}(\alpha,\beta,\gamma)=K\mathcal{D}^{I^*}_{MK}(\alpha,\beta,\gamma)\,, \tag{122}$$

$$P_{\mp}\mathcal{D}^{I^*}_{MK}(\alpha,\beta,\gamma)=\mathcal{D}^{I^*}_{MK\pm1}(\alpha,\beta,\gamma)\sqrt{(I\mp K)(I\pm K+1)}\,. \tag{123}$$

所以 P_1, P_2, P_3 构成转动群的无穷小算子，(122) 及 (123) 式表明，$\mathcal{D}^{I^*}_{MK}(\alpha,\beta,\gamma)$ 代表 P^2 及 P_3 的本征态，量子数为 I,K，而 $P^2=P_1^2+P_2^2+P_3^2$. 这又说明 P^2 与 $\boldsymbol{I}^2$ 相同. 这些结果可概括为变换式

$$\mathrm{e}^{-\mathrm{i}\theta\boldsymbol{n}\cdot\boldsymbol{P}}\mathcal{D}^{I^*}_{MK}(\alpha,\beta,\gamma)=\sum_{K'}\mathcal{D}^{I^*}_{MK'}(\alpha,\beta,\gamma)\mathcal{D}^{I}_{K'K}(\boldsymbol{n},\theta)\ , \tag{124}$$

其中

$$\boldsymbol{n}\cdot\boldsymbol{P}\equiv n_xP_1+n_yP_2+n_zP_3\,. \tag{125}$$

让我们小结一下. 作为转动波函数的 $\mathcal{D}^{I^*}_{MK}(\alpha,\beta,\gamma)$ 是 $\boldsymbol{I}^2(=Q^2)$, I_z 及 Q_3 的共同本征函数, 量子数分别为 I,M,K, 在空间转动下按 (110) 式变换, 在 $\mathrm{e}^{-\mathrm{i}\theta\boldsymbol{n}\cdot\boldsymbol{P}}$ 作用下按 (124) 式变换.

最后, 我们来求出微分算子 I_x, I_y, I_z 及 Q_1, Q_2, Q_3 的明显形式, 按下式定义 $\alpha'',\beta'',\gamma''$:

$$g(\alpha'',\beta'',\gamma'')=g(\boldsymbol{n},-\theta)g(\alpha,\beta,\gamma)\,, \tag{126}$$

固定 $\boldsymbol{n}$ 及 α,β,γ, 在 (104) 式两边对 θ 微商, 再令 $\theta\to0$, 得

$$-\mathrm{i}\boldsymbol{n}\cdot\boldsymbol{I}=\left(\frac{\partial\alpha''}{\partial\theta}\right)_0\frac{\partial}{\partial\alpha}+\left(\frac{\partial\beta''}{\partial\theta}\right)_0\frac{\partial}{\partial\beta}+\left(\frac{\partial\gamma''}{\partial\theta}\right)_0\frac{\partial}{\partial\gamma}\,. \tag{127}$$

类似地, 对 (126) 式两边求微商有

$$\begin{aligned}\left[\frac{\partial g(\boldsymbol{n},-\theta)}{\partial\theta}\right]_0 g(\alpha,\beta,\gamma)=&\left(\frac{\partial\alpha''}{\partial\theta}\right)_0\frac{\partial}{\partial\alpha}g(\alpha,\beta,\gamma)\\&+\left(\frac{\partial\beta''}{\partial\theta}\right)_0\frac{\partial}{\partial\beta}g(\alpha,\beta,\gamma)+\left(\frac{\partial\gamma''}{\partial\theta}\right)_0\frac{\partial}{\partial\gamma}g(\alpha,\beta,\gamma)\,.\end{aligned} \tag{128}$$

由此可对任何 $\boldsymbol{n}$ 求出各个系数 $\left(\frac{\partial\alpha''}{\partial\theta}\right)_0$, $\left(\frac{\partial\beta''}{\partial\theta}\right)_0$, $\left(\frac{\partial\gamma''}{\partial\theta}\right)_0$. 下表列出 $\boldsymbol{n}$ 沿三个坐标轴时的系数, 把这些系数代到 (127) 式可求出 I_x, I_y, I_z. 再利用 (109) 式即可求出 Q_1, Q_2, Q_3.

$\boldsymbol{n}$	$\left(\frac{\partial\alpha''}{\partial\theta}\right)_0$	$\left(\frac{\partial\beta''}{\partial\theta}\right)_0$	$\left(\frac{\partial\gamma''}{\partial\theta}\right)_0$
$\boldsymbol{i}_1$	$\cos\alpha\,\cot\beta$	$\sin\alpha$	$-\frac{\cos\alpha}{\sin\beta}$
$\boldsymbol{i}_2$	$\sin\alpha\,\cot\beta$	$-\cos\beta$	$-\frac{\sin\alpha}{\sin\beta}$
$\boldsymbol{i}_3$	-1	0	0

$$I_x=-\mathrm{i}\left\{-\cos\alpha\cot\beta\frac{\partial}{\partial\alpha}-\sin\alpha\frac{\partial}{\partial\beta}+\frac{\cos\alpha}{\sin\beta}\frac{\partial}{\partial\gamma}\right\}\,, \tag{129}$$

$$I_y=-\mathrm{i}\left\{-\sin\alpha\cot\beta\frac{\partial}{\partial\alpha}+\cos\alpha\frac{\partial}{\partial\beta}+\frac{\sin\alpha}{\sin\beta}\frac{\partial}{\partial\gamma}\right\}\,, \tag{130}$$

$$I_z=-\mathrm{i}\frac{\partial}{\partial\alpha}\,, \tag{131}$$

$$Q_1 = -\mathrm{i}\left\{-\frac{\cos\gamma}{\sin\beta}\frac{\partial}{\partial\alpha} + \sin\gamma\frac{\partial}{\partial\beta} + \cot\beta\cos\gamma\frac{\partial}{\partial\gamma}\right\}, \tag{132}$$

$$Q_2 = -\mathrm{i}\left\{\frac{\sin\gamma}{\sin\beta}\frac{\partial}{\partial\alpha} + \cos\gamma\frac{\partial}{\partial\beta} - \cot\beta\sin\gamma\frac{\partial}{\partial\gamma}\right\}, \tag{133}$$

$$Q_3 = -\mathrm{i}\frac{\partial}{\partial\gamma}. \tag{134}$$

§ 4 三个角动量的耦合. Racah 系数

这小节简略地讲述一下三个角动量耦合的问题. 设 $\boldsymbol{J}_1$, $\boldsymbol{J}_2$ 及 $\boldsymbol{J}_3$ 是两两对易的角动量算符, 属于三类不相关的自由度. 以 $\boldsymbol{J}$ 代表它们的和

$$\boldsymbol{J} = \boldsymbol{J}_1 + \boldsymbol{J}_2 + \boldsymbol{J}_3. \tag{135}$$

与前面一样, 设 $\{\varPhi^{(1)}_{j_1m_1}\}$ 是 $\boldsymbol{J}_1^2, J_{1z}$ 的 $(2j_1+1)$ 个本征矢量, j_1, m_1 为相应的量子数, 它们之间满足关系式 (16), 即

$$J_{1\pm}\varPhi^{(1)}_{j_1m_1} = \sqrt{(j_1\mp m_1)(j_1\pm m_1+1)}\,\varPhi^{(1)}_{j_1m_1\pm1}. \tag{136}$$

同样, 设 $\{\varPhi^{(2)}_{j_2m_2}\}$ 及 $\{\varPhi^{(3)}_{j_3m_3}\}$ 代表类似的矢量. 以

$$\{\varPhi^{(1)}_{j_1m_1}\varPhi^{(2)}_{j_2m_2}\varPhi^{(3)}_{j_3m_3}\}$$

为基矢张成一个 $(2j_1+1)(2j_2+1)(2j_3+1)$ 维空间, 我们要构成这个空间的新基矢, 使之是 $\boldsymbol{J}^2, J_z$ 的本征矢量. 显然, 直接用两个角动量耦合的方法就可以解决这个问题. 这里要注意, 把三个角动量耦合问题化成两个角动量耦合问题的方式有三种.

(1) 可按 $\boldsymbol{J}_1+\boldsymbol{J}_2=\boldsymbol{J}_{12}$, $\boldsymbol{J}_{12}+\boldsymbol{J}_3=\boldsymbol{J}$ 的方式进行.即是说,先由 $\{\varPhi^{(1)}_{j_1m_1}\varPhi^{(2)}_{j_2m_2}\}$ 组成 $\{\varPhi^{(12)}_{j_1j_2J_{12}M_{12}}\}$, 然后由 $\{\varPhi^{(12)}_{j_1j_2J_{12}M_{12}}\}$ 与 $\{\varPhi^{(3)}_{j_3m_3}\}$ 组成 $\{\varPhi^{(12)3}_{j_1j_2(J_{12})j_3JM}\}$, 而

$$\varPhi^{(12)}_{j_1j_2J_{12}M_{12}} = \sum_{m_1m_2}\varPhi^{(1)}_{j_1m_1}\varPhi^{(2)}_{j_2m_2}\langle j_1j_2J_{12}M_{12}|m_1m_2\rangle, \tag{137}$$

$$\varPhi^{(12)3}_{j_1j_2(J_{12})j_3JM} = \sum_{M_{12}m_3}\varPhi^{(12)}_{j_1j_2J_{12}M_{12}}\varPhi^{(3)}_{j_3m_3}\langle J_{12}j_3JM|M_{12}m_3\rangle. \tag{138}$$

在 (138) 式右边, 我们把 J_{12} 放在圆括号内, 表示它由其前面的 j_1, j_2 耦合出来再与 j_3 耦合. 此式表示出所需要的新基矢, 它是 $\boldsymbol{J}_1^2$, $\boldsymbol{J}_2^2$, $\boldsymbol{J}_3^2$, $\boldsymbol{J}_{12}^2$ 以及 $\boldsymbol{J}^2, J_z$ 的

共同本征矢量．在一定的 j_1, j_2, J_{12}, j_3 及 J 下的 $(2J+1)$ 个基矢满足 (16) 式．在固定的 j_1, j_2 下， $J_{12} = j_1 + j_2,\ j_1 + j_2 - 1,\ \cdots,\ |j_1 - j_2|$, 在固定的 J_{12} 及 j_3 下， $J = J_{12} + j_3,\ J_{12} + j_3 - 1,\ \cdots,\ |J_{12} - j_3|$. 容易证明，在固定的 j_1, j_2 及 j_3 下，由 (138) 式得到的矢量，刚好是 $(2j_1+1)(2j_2+1)(2j_3+1)$ 个．

(2) 也可按 $\boldsymbol{J}_2 + \boldsymbol{J}_3 = \boldsymbol{J}_{23},\ \boldsymbol{J}_1 + \boldsymbol{J}_{23} = \boldsymbol{J}$ 的方式进行耦合，由此组成的新基矢为

$$\varPhi^{1(23)}_{j_1, j_2 j_3 (J_{23}) JM} = \sum_{m_1 M_{23}} \langle j_1 J_{23} JM | m_1 M_{23} \rangle \varPhi^{(1)}_{j_1 m_1} \varPhi^{(23)}_{j_2 j_3 J_{23} M_{23}} , \tag{139}$$

其中

$$\varPhi^{(23)}_{j_2 j_3 J_{23} M_{23}} = \sum_{m_2 m_3} \langle j_2 j_3 J_{23} M_{23} | m_2 m_3 \rangle \varPhi^{(2)}_{j_2 m_2} \varPhi^{(3)}_{j_3 m_3} . \tag{140}$$

由 (139) 式也得到 $(2j_1+1)(2j_2+1)(2j_3+1)$ 个基矢，它们是 $\boldsymbol{J}_1^2, \boldsymbol{J}_2^2, \boldsymbol{J}_3^2, \boldsymbol{J}_{23}^2$ 及 $\boldsymbol{J}^2, J_z$ 的共同本征矢量，满足 (16) 式．

(3) 又可按 $\boldsymbol{J}_1 + \boldsymbol{J}_3 = \boldsymbol{J}_{13},\ \boldsymbol{J}_{13} + \boldsymbol{J}_2 = \boldsymbol{J}$ 的方式进行耦合，这与上面的情形类似．

这样，无论按哪一种方式进行，都可直接利用 Clebsch-Gordan 系数来完成．剩下的问题是要研究不同耦合方式的基矢之间的变换．不同的耦合方式的基矢之间的变换矩阵是幺正的，也是实的，因为每种耦合基矢与旧基矢之间的变换矩阵都是如此．对于上述第一和第二种方式有

$$\varPhi^{1(23)}_{j_1, j_2 j_3 (J_{23}) JM} = \sum_{J_{12}} \varPhi^{(12)3}_{j_1 j_2 (J_{12}) j_3 JM} \langle j_1 j_2 (J_{12}) j_3 J | j_1, j_2 j_3 (J_{23}) J \rangle , \tag{141}$$

$$\varPhi^{(12)3}_{j_1 j_2 (J_{12}) j_3 JM} = \sum_{J_{23}} \varPhi^{1(23)}_{j_1, j_2 j_3 (J_{23}) JM} \langle j_1, j_2 j_3 (J_{23}) J | j_1 j_2 (J_{12}) j_3 J \rangle . \tag{142}$$

在变换系数中没有写上 M, 因为两类基矢都满足 (16) 式,变换系数与 M 无关.这些系数是实数，故 $\langle j_1 j_2 (J_{12}) j_3 J | j_1, j_2 j_3 (J_{23}) J \rangle$ 等于 $\langle j_1, j_2 j_3 (J_{23}) J | j_1 j_2 (J_{12}) j_3 J \rangle$. Racah 引入一种所谓 W 系数，被称为 Racah 系数，其定义为

$$\langle j_1 j_2 (J_{12}), j_3 J | j_1, j_2 j_3 (J_{23}) J \rangle = \sqrt{(2J_{12}+1)(2J_{23}+1)} W(j_1 j_2 J J_3; J_{12} J_{23}) . \tag{143}$$

更方便的记号是 Wigner 的“ $6j$ ”符号，其定义为

$$\begin{aligned} &\langle j_1 j_2 (J_{12}), j_3 J | j_1, j_2 j_3 (J_{23}) J \rangle \\ &\quad = (-1)^{j_1+j_2+j_3+J} \sqrt{(2J_{12}+1)(2J_{23}+1)} \begin{Bmatrix} j_1 & j_2 & J_{12} \\ j_3 & J & J_{23} \end{Bmatrix} . \end{aligned} \tag{144}$$

即

$$\begin{Bmatrix} j_1 & j_2 & J_{12} \\ j_3 & J & J_{23} \end{Bmatrix} = (-1)^{j_1+j_2+j_3+J} W(j_1j_2Jj_3; J_{12}J_{23}) \,. \tag{145}$$

由定义 (141) 可得出 Racah 系数通过 Clebsch-Gordan 系数的表达式

$$\begin{Bmatrix} j_1 & j_2 & J_{12} \\ j_3 & J & J_{23} \end{Bmatrix} = \frac{(-1)^{j_1+j_2+j_3+J}}{\sqrt{(2J_{12}+1)(2J_{23}+1)}} \sum_{m_1m_2m_3} \sum_{M_{12}M_{23}} \langle j_1j_2J_{12}M_{12}|m_1m_2\rangle$$

$$\times \langle J_{12}j_3JM|M_{12}m_3\rangle \langle j_2j_3J_{23}M_{23}|m_2m_3\rangle \langle j_1J_{23}JM|m_1M_{23}\rangle \,. \tag{146}$$

在这个表达式中，涉及了对各个角动量投影及 Clebsch-Gordan 系数的求和，而 Racah 系数本身是不依赖于任何一个投影的. 在实际问题中计算的许多量都只与所涉及的角动量的大小有关，而与角动量投影无关，或者能够把依赖于投影的因子简单地分离出来，结果常常遇到 Racah 系数以及由之构成的另一些系数，因此应当直接研究这些系数，而不应总是还原为 Clebsch-Gordan 系数.

下面把 Racah 系数的若干重要性质列举出来.

(1) 非零必要条件

由 (144) 或 (146) 式可以看出，必须满足四种三角形条件. 和 §2 一样，我们用 $\delta(j_1j_2J_{12}) = 1$ 或 0 来表示 (j_1, j_2, J_{12}) 满足或不满足角动量耦合的三角形条件，于是

$$\begin{Bmatrix} j_1 & j_2 & J_{12} \\ j_3 & J & J_{23} \end{Bmatrix} = \delta(j_1j_2J_{12})\delta(J_{12}j_3J)\delta(j_2j_3J_{23})\delta(j_1j_{23}J) \times \begin{Bmatrix} j_1 & j_2 & J_{12} \\ j_3 & J & J_{23} \end{Bmatrix}. \tag{147}$$

(2) 正交性

由变换矩阵 $\langle j_1j_2(J_{12}), j_3J|j_1, j_2j_3(J_{23})J\rangle$ 的实正交性质有

$$\sum_j (2j+1)(2j''+1) \begin{Bmatrix} j_1 & j_2 & j' \\ j_3 & j_4 & j \end{Bmatrix} \begin{Bmatrix} j_1 & j_2 & j'' \\ j_3 & j_4 & j \end{Bmatrix} = \delta_{j'j''} \,. \tag{148}$$

(3) 对称性 (由 (146) 及 Clebsch-Gordan 系数的对称性得出)

(i) 在 $\{|||\}$ 的三列之间的任何对换都不改变 $6j$ 符号的数值. 即

$$\begin{Bmatrix} j_1 & j_2 & j_3 \\ j_4 & j_5 & j_6 \end{Bmatrix} = \begin{Bmatrix} j_2 & j_1 & j_3 \\ j_5 & j_4 & j_6 \end{Bmatrix} = \begin{Bmatrix} j_1 & j_3 & j_2 \\ j_4 & j_6 & j_5 \end{Bmatrix}$$

$$= \begin{Bmatrix} j_3 & j_2 & j_1 \\ j_6 & j_5 & j_4 \end{Bmatrix} = \begin{Bmatrix} j_2 & j_3 & j_1 \\ j_5 & j_6 & j_4 \end{Bmatrix} = \begin{Bmatrix} j_3 & j_1 & j_2 \\ j_6 & j_4 & j_5 \end{Bmatrix}. \tag{149}$$

(ii) 对换其中两列的上下位置，不影响 $6j$ 符号的数值，如：

$$\left\{\begin{matrix} j_1 & j_2 & j_3 \\ j_4 & j_5 & j_6 \end{matrix}\right\} = \left\{\begin{matrix} j_1 & j_5 & j_6 \\ j_4 & j_2 & j_3 \end{matrix}\right\}. \tag{150}$$

(4) Racah 系数与 Clebsch-Gordan 系数的关系的其他形式

(i) $\langle j_1 j_2 J_{12}, m_1+m_2|m_1 m_2\rangle\langle J_{12} j_3 JM|m_1+m_2, M-m_1-m_2\rangle$

$$= \sum_{J_{23}}(-1)^{j_1+j_2+j_3+J}\sqrt{(2J_{12}+1)(2J_{23}+1)}\left\{\begin{matrix} j_1 & j_2 & J_{12} \\ j_3 & J & J_{23} \end{matrix}\right\}$$

$$\times\langle j_1 J_{23} JM|m_1, M-m_1\rangle\ \langle j_2 j_3 J_{23} M-m_1|m_2, M-m_1-m_2\rangle. \tag{151}$$

(ii) $(-1)^{j_1+j_2+j_3+J}\sqrt{(2J_{12}+1)(2J_{23}+1)}$

$$\times\left\{\begin{matrix} j_1 & j_2 & J_{12} \\ j_3 & J & J_{23} \end{matrix}\right\}\langle j_1 J_{23} JM|m_1, M-m_1\rangle$$
$$= \sum_{m_2}\langle j_1 j_2 J_{12} m_1+m_2|m_1, m_2\rangle\ \langle J_{12} j_3 JM|m_1+m_2, M-m_1-m_2\rangle$$
$$\times\ \langle j_2 j_3 J_{23} M-m_1|m_2, M-m_1-m_2\rangle. \tag{152}$$

(5) 求和规则

(i) 由

$$\langle j_1 j_2(J_{12}) j_3 J|j_2, j_3 j_1(J_{31})J\rangle$$
$$= \sum_{J_{23}}\langle j_1 j_2 J_{12} j_3 J|j_1, j_2 j_3(J_{23})J\rangle\ \langle j_1, j_2 j_3(J_{23})J|j_2, j_3 j_1(J_{31})J\rangle,$$

得出

$$\sum_{J_{23}}(-1)^{J_{23}+J_{31}+J_{12}}(2J_{23}+1)\left\{\begin{matrix} j_1 & j_2 & J_{12} \\ j_3 & J & J_{23} \end{matrix}\right\}\left\{\begin{matrix} j_2 & j_3 & J_{23} \\ j_1 & J & J_{31} \end{matrix}\right\}$$
$$= \left\{\begin{matrix} j_3 & j_1 & J_{31} \\ j_2 & J & J_{12} \end{matrix}\right\}. \tag{153}$$

(ii) 对四个角动量耦合的变换系数作类似的考虑有

$$\sum_{J_{124}}(-1)^{j_1+j_2+j_{12}+j_3+j_{23}+j_4+j_{14}+j_{123}+J+J_{124}}$$

$$\times(2J_{124}+1)\begin{Bmatrix} j_1 & j_2 & j_{12} \\ J_{124} & j_4 & j_{14} \end{Bmatrix}\begin{Bmatrix} j_2 & j_3 & j_{23} \\ J & j_{14} & J_{124} \end{Bmatrix}\begin{Bmatrix} j_{12} & j_3 & j_{123} \\ J & j_4 & J_{124} \end{Bmatrix}$$

$$=\begin{Bmatrix} j_1 & j_2 & j_{12} \\ j_3 & j_{123} & j_{23} \end{Bmatrix}\begin{Bmatrix} j_{23} & j_1 & j_{123} \\ j_4 & J & j_{14} \end{Bmatrix}. \tag{154}$$

当 $6j$ 系数的 6 个角动量中有一个为零时，有如下的结果

$$\begin{Bmatrix} j_1 & j_2 & 0 \\ j_3 & J & J_{23} \end{Bmatrix}=\delta_{j_1j_2}\delta_{j_3J}\begin{Bmatrix} j_1 & j_1 & 0 \\ J & J & J_{23} \end{Bmatrix}$$

$$=\frac{(-1)^{J_{23}+j_2+j_3}}{\sqrt{(2j_2+1)(2j_3+1)}}\delta_{j_1j_2}\delta_{j_3J}\,. \tag{155}$$

Racah 在 1942 年由 (146) 式及 Clebsch-Gordan 系数的表达式推导出 Racah 系数的明显表达式. Schwinger 又在 1952 年用另外的方法推导过. 结果为

$$\begin{Bmatrix} j_1 & j_2 & j_3 \\ l_1 & l_2 & l_3 \end{Bmatrix}=\sum_k\frac{(-1)^k(k+1)!}{(k-j_1-j_2-j_3)!(k-j_1-l_2-l_3)!}$$

$$\times\frac{1}{(k-l_1-j_2-l_3)!(k-l_1-l_2-j_3)!(j_1+j_2+l_1+l_2-k)!}$$

$$\times\frac{\Delta(j_1j_2j_3)\Delta(j_1l_2l_3)\Delta(l_1j_2l_3)\Delta(l_1l_2j_3)}{(j_2+j_3+l_2+l_3-k)!(j_3+j_1+l_3+l_1-k)!}, \tag{156}$$

其中

$$\Delta(abc)=\sqrt{\frac{(a+b-c)!(a-b+c)!(-a+b+c)!}{(a+b+c+1)!}}\,. \tag{157}$$

在文献和书籍中，可以查到 Racah 系数数值表和适用于特殊场合的表达式.

§ 5 不可约张量

角动量投影密切地联系着空间取向，所以算符在角动量表象中的矩阵元与角动量投影的依赖关系具有几何特性，可根据算符的转动性质来确定.

Racah 已建立了处理这个问题的系统方法. 角动量表象十分常用, 而且许多重要的物理量本来不依赖于角动量投影, 或者依赖关系比较简单, 所以 Racah 方法是很有用的. 本节讲述这种方法的基础.

定义：设有 $(2k+1)$ 个算符 $\{T(kq)\}, q=-k,\cdots,k$ ，如果在空间转动下按照 $\mathcal{D}^k$ 矩阵变换，即

$$D(g)T(kq)D(g)^{\dagger}=\sum_{q'}T(kq')\mathcal{D}^k_{q'q}(g)\,, \tag{158}$$

则说这组算符构成转动群的 k 秩不可约张量. $T(kq)$ 为张量的 q 分量. 显然，以坐标算符为宗量的 l 阶立体球谐函数构成 l 秩不可约张量，因为

$$D(g)\mathcal{Y}_{lm}(\widehat{\boldsymbol{r}})D(g)^{\dagger}=\mathcal{Y}_{lm}(g^{-1}\widehat{\boldsymbol{r}})=\sum_{m'}\mathcal{Y}_{lm'}(\widehat{\boldsymbol{r}})\mathcal{D}^l_{m'm}(g)\,. \tag{159}$$

当 $l=1$ 时，得到由坐标算符构成的 1 秩不可约张量 $\{r(1m)\}, m=1,0,-1$. $r(1m)$ 与 $\mathcal{Y}_{lm}(\widehat{\boldsymbol{r}})$ 有一常系数的差别，表达式为

$$r(1\pm 1)=\mp\frac{1}{\sqrt{2}}(\widehat{x}\pm \mathrm{i}\,\widehat{y}),\quad r(10)=\widehat{z}, \tag{160}$$

一般地，如果算符 A_x, A_y, A_z 构成笛卡儿矢量，则有相应的 1 秩不可约张量

$$A(1\pm 1)=\mp\frac{1}{\sqrt{2}}(A_x\pm \mathrm{i}A_y),\qquad A(10)=A_z\,. \tag{161}$$

任何一个量子力学算符 f 都可看作由不可约张量算符的分量组合而成. 取一组完备的态矢量 $|\eta jm\rangle$(假设已正交归一) ，则

$$f=\sum_{\eta'j'm'}\sum_{\eta jm}\langle\eta'j'm'|f|\eta jm\rangle|\eta'j'm'\rangle\langle\eta jm|\,. \tag{162}$$

而基本算符 $|\eta'j'm'\rangle\langle\eta jm|$ 的变换式为

$$D(g)|\eta'j'm'\rangle\langle\eta jm|D(g)^{\dagger}=\sum_{m_1'm_1}|\eta'j'm_1'\rangle\langle\eta jm_1|\mathcal{D}^{j'}_{m_1'm'}(g)\mathcal{D}^{j^*}_{m_1m}(g)\,,$$

即

$$\begin{aligned}&D(g)|\eta'j'm'\rangle\langle\eta jm|D(g)^{\dagger}\\&\quad=\sum_{m_1'm_1}|\eta'j'm_1'\rangle\langle\eta jm_1|\mathcal{D}^{j'}_{m_1'm'}(g)\mathcal{D}^{j}_{-m_1-m}(g)(-1)^{m_1-m}\,.\end{aligned} \tag{163}$$

由此可见，利用 Clebsch-Gordan 系数可组合出 J 秩不可约张量

$$u^{\eta'\eta}(j'jJM) = \sum_{m'm} |\eta'j'm'\rangle\langle\eta jm|(-1)^{j-m}\langle j'jJM|m' - m\rangle \ . \tag{164}$$

逆过来得

$$|\eta'j'm'\rangle\langle\eta jm| = \sum_{JM} u^{\eta'\eta}(j'jJM)(-1)^{j-m}\langle j'jJM|m' - m\rangle \ . \tag{165}$$

这就完成了证明. 在这里，我们遇到了 Clebsch-Gordan 系数的另一类基本应用，即经由 (164) 式构成不可约张量以及经由 (165) 式把 $|\eta'j'm'\rangle\langle\eta jm|$ 按不可约张量来分解.

定义不可约张量的 (158) 式可以表达为另一种形式. 对转动角 θ 微分，再令它趋于零，则有

$$[J_n,\ T(kq)] = \sum_{q'} T(kq')\langle\alpha kq'|I_n|\alpha kq\rangle \ . \tag{158'}$$

这里 $|\alpha kq\rangle$ 及 $\boldsymbol{I}$ 是随意借用的角动量基矢及相应的角动量算符. 和以前一样，令 $J_\pm = J_x \pm \mathrm{i}J_y$, 有

$$[J_\pm,\ T(kq)] = T(kq \pm 1)\sqrt{(k \mp q)(k \pm q + 1)}\ , \tag{166}$$

以及

$$[J_z,\ T(kq)] = qT(kq) \ . \tag{167}$$

Racah 原来就是用 (166) 及 (167) 式 (相当于 (158′) 式) 来定义不可约张量算符的. 要证明这两种定义方法的等价性，只需从 (158′) 式推出 (158) 式. 令

$$T'(kq) = D(g)T(kq)D(g)^\dagger \ ,$$

于是

$$\frac{\partial}{\partial\theta}T'(kq) = D(g)[-\mathrm{i}J_n,\ T(kq)]\, D(g)^\dagger \ ,$$

利用 (158′) 式可把右边化为

$$\sum_{q'} T'(kq')\langle\alpha kq'| - \mathrm{i}I_n|\alpha kq\rangle \ .$$

重复下去，可得出

$$\left[\frac{\partial^m T'(kq)}{\partial\theta^m}\right]_{\theta=0} = \sum_{q'} T(kq')\langle\alpha kq'|(-\mathrm{i}I_n)^m|\alpha kq\rangle \ .$$

可见

$$T'(kq) = \sum_{q'} T(kq')\langle \alpha kq'|\mathrm{e}^{-\mathrm{i}I_n\theta}|\alpha kq\rangle = \sum_{q'} T(kq')\mathcal{D}^k_{q'q}(g) \ .$$

现在看看不可约张量算符对被作用的态矢量的角动量的影响. 把 $T(kq)$ 作用于角动量为 0 的态 $|\eta 00\rangle$, 如果结果不为 0, 那么就得出角动量为 k 、投影为 q 的态. 可见 $T(kq)$ 把一个“长度”为 k 、投影为 q 的角动量传递给被它作用的态. 对于 $T(kq)|\eta jm\rangle$, 由 (167) 式看出

$$J_z T(kq)|\eta jm\rangle = (m+q)T(kq)|\eta jm\rangle \ . \tag{168}$$

根据 (158) 式有

$$\begin{aligned} D(g)T(kq)|\eta jm\rangle &= \sum_{q'} T(kq')\mathcal{D}^k_{q'q}(g)D(g)|\eta jm\rangle \\ &= \sum_{q'm'} T(kq')|\eta jm'\rangle\mathcal{D}^k_{q'q}(g)\mathcal{D}^j_{m'm}(g) \ . \end{aligned} \tag{169}$$

由此并注意 $\mathcal{D}$ 矩阵的直积的分解规则可知，在 $T(kq)|\eta jm\rangle$ 中有可能发现的 $\boldsymbol{J}^2$ 的量子数 j' 的取值范围，由 (kjj') 的三角形条件以及 $j' \geqslant |m+q|$ 的条件决定. 用 Clebsch-Gordan 系数进行组合，可构成具有一定 $j'm'$ 的态矢量

$$(T\eta)j'm'\rangle = \sum_{qm} T(kq)|\eta jm\rangle\langle kjj'm'|kqjm\rangle \ . \tag{170}$$

对于 $|(T\eta)j'm'\rangle \neq 0$ 的每个 j', 由 $m' = -j', \cdots, j'$ 给出 $2j'+1$ 个非零态矢量，它们满足关系式 (16)

$$J_\pm|(T\eta)j'm'\rangle = |(T\eta)j'm'\pm 1\rangle\sqrt{(j'\mp m')(j'\pm m'+1)} \ . \tag{171}$$

把 (170) 式逆过来有

$$T(kq)|\eta jm\rangle = \sum_{j'm'} |(T\eta)j'm'\rangle\langle kqjm|j'm'\rangle \ . \tag{172}$$

这里我们又遇到了 Clebsch-Gordan 系数的一类新的基本应用，即经由 (170) 式把 $T(kq)|\eta jm\rangle$ 组合成角动量的本征态以及经由 (172) 式而把 $T(kq)|\eta jm\rangle$ 按角动量的的本征态分解.

借助 (172) 式，可把 $T(kq)$ 的矩阵元表示为

$$\langle \eta'j'm'|T(kq)|\eta jm\rangle = \langle \eta'j'm'|(T\eta)j'm'\rangle\langle kqjm|j'm'\rangle \ .$$

由于 $|\eta'j'm'\rangle$ 及 $|(T\eta)j'm'\rangle$ 都满足 (16) 式 (也即 (171) 式)，所以 $\langle\eta'j'm'|(T\eta)j'm'\rangle$ 与 m' 无关，因此上式可写成

$$\langle\eta'j'm'|T(kq)|\eta jm\rangle = \frac{(\eta'j'||T(k)||\eta j)}{\sqrt{2j'+1}}\langle jmkq|j'm'\rangle\,. \tag{173}$$

这样引进的因子 $(\eta'j'||T(k)||\eta j)$ 称为不可约张量 $T(kq)$ 在 ηjm 表象的约化矩阵元. 这个公式称为 Wigner-Eckart 定理，它把 $T(kq)$ 的矩阵元对于 $m'qm$ 的依赖关系分离出来，由一个 Clebsch-Gordan 系数描写. 按照这个结果，我们只要对一定的 $(m'qm)$ 值求出一个非零矩阵元，就知道了一切 $(m'qm)$ 值下的非零矩阵元. 这里说明一下，关于约化矩阵元 $(\eta'j'||T(k)||\eta j)$, 我们采用了 Bohr-Mottelson(1969) 的定义，这可以使 (173) 式便于记忆. Racah 原来定义的约化矩阵元与这里的定义相差一个相因子 $(-1)^{2k}$. 在本章末所引的 Edmonds(1957) 的书中，用的是 Racah 的定义.

按照 (173) 式，矩阵元 $\langle\eta'j'm'|T(kq)|\eta jm\rangle$ 的角动量选择定则 (三角形条件及投影条件) 已包含在 Clebsch-Gordan 系数中. 当然满足选择定则的某些 j' 值也可能并不出现. 特别是，总角动量算符 $\boldsymbol{J}$ 永远不能改变量子数 j, 因此由它组成的任何不可约张量都是如此 (这种张量作用于角动量为 0 的态时，结果总是零).

现在讨论把两类不可约张量的积分解为不可约张量的问题. 设 $\{T(k_1q_1)\}$ 及 $\{U(k_2q_2)\}$ 分别代表 k_1 及 k_2 秩不可约张量. 它们的积给出 $(2k_1+1)(2k_2+1)$ 个算符 $\{T(k_1q_1)U(k_2q_2)\}$. 在空间转动下，这组算符显然是按 $\mathcal{D}^{k_1}$ 与 $\mathcal{D}^{k_2}$ 的直积变换的，借助 Clebsch-Gordan 系数进行组合，就可以把它按照不可约张量来分解. 由

$$\begin{aligned}D(g)T(k_1q_1)U(k_2q_2)D(g)^\dagger &= D(g)T(k_1q_1)D(g)^\dagger D(g)U(k_2q_2)D(g)^\dagger \\ &= \sum_{q_1'q_2'} T(k_1q_1')U(k_2q_2')\mathcal{D}^{k_1}_{q_1'q_1}(g)\mathcal{D}^{k_2}_{q_2'q_2}(g)\,,\end{aligned}$$

可知对于满足三角形条件 $\delta(k_1k_2k)=1$ 的每个 k 值，都可按下式组成 k 秩不可约张量

$$[T(k_1)\times U(k_2)]^k_q = \sum_{q_1q_2} T(k_1q_1)U(k_2q_2)\langle k_1q_1k_2q_2|kq\rangle\,, \tag{174}$$

它们满足

$$D(g)[T(k_1)\times U(k_2)]^k_q D(g)^\dagger = \sum_{q'}[T(k_1)\times U(k_2)]^k_{q'}\mathcal{D}^k_{q'q}(g)\,.$$

把 (174) 式逆过来有

$$T(k_1q_1)U(k_2q_2) = \sum_{kq}[T(k_1) \times U(k_2)]_q^k \langle k_1q_1k_2q_2|kq\rangle\,. \tag{175}$$

在这里, 我们又遇到了 Clebsch-Gordan 系数的一类新的基本应用, 即经由 (174) 式把 $T(k_1q_1)U(k_2q_2)$ 组成各种积张量, 以及经由 (175) 式把 $T(k_1q_1)U(k_2q_2)$ 分解为不可约张量. 这与两个角动量耦合问题中旧基矢与新基矢之间的变换是完全相似的. 不过要注意, $[T(k_1)\times U(k_2)]_q^k$ 一般都与 $[U(k_2)\times T(k_1)]_q^k$ 有很大的差别, 只当 $T(k_1)$ 与 $U(k_2)$ 对易时, 两者才有简单的关系. 即当 $[T(k_1q_1),\, U(k_2q_2)] = 0$ 时, 有

$$[T(k_1) \times U(k_2)]_q^k = (-1)^{k-k_1-k_2}[U(k_2) \times T(k_1)]_q^k\,. \tag{176}$$

对于两个同秩不可约张量 $T(kq_1)$ 与 $U(kq_2)$, 最低秩的积张量是零秩. 在 (174) 中代入 $\langle kq_1kq_2|00\rangle$ 的值, 得出

$$[T(k) \times U(k)]_0^0 = \frac{1}{\sqrt{2k+1}}\sum_q(-1)^{k-q}T(kq)U(k-q)\,, \tag{177}$$

不用说它是转动不变的. 关于这种零秩张量, 有若干种不同的记号, 有的书上把 k 为整数时的 $\sum_q(-1)^qT(kq)U(k-q)$ 叫做 $T(k)$ 与 $U(k)$ 的标量积, 又有的书上把 $\sum_q(-1)^qT(kq)U(k-q)$ 叫做内积, 为简便起见可直接采用 (177) 式, 而不再引用新的名称和记法.

现在举一个关于张量积的分解的简单例子. 设 $\boldsymbol{A}$ 与 $\boldsymbol{B}$ 是可对易矢量, 于是 $\{A_iB_j\}$ 构成一个笛卡儿张量, 要把它分解为不可约张量, 可先把 $\boldsymbol{A}$, $\boldsymbol{B}$ 换成不可约张量 $\{A(1q_1)\}$ 及 $\{B(1q_2)\}$, 然后按上述方法处理. 由 (174) 式, 得出三类不可约张量

$$[A(1) \times B(1)]_q^2 = \sum_{q_1q_2}A(1q_1)B(1q_2)\langle 1q_11q_2|2q\rangle\,, \tag{178a}$$

$$[A(1) \times B(1)]_q^1 = \sum_{q_1q_2}A(1q_1)B(1q_2)\langle 1q_11q_2|1q\rangle\,, \tag{178b}$$

$$[A(1) \times B(1)]_0^0 = \frac{-1}{\sqrt{3}}\sum_q(-1)^qA(1q)B(1-q)\,, \tag{178c}$$

其中 0 秩张量相当于 $\boldsymbol{A}\cdot\boldsymbol{B}$, 即

$$[A(1) \times B(1)]_0^0 = \frac{-1}{\sqrt{3}}\boldsymbol{A}\cdot\boldsymbol{B}\,. \tag{179}$$

1 秩张量正比于 $\boldsymbol{A}\times\boldsymbol{B}$, 2 秩张量相当于 $\{A_iB_j\}$ 中的对称无迹部分. 如果在 (178a) 中令 $\boldsymbol{A}=\boldsymbol{B}=\widehat{\boldsymbol{r}}$, 则结果正比于 $\mathcal{Y}_{2q}(\widehat{\boldsymbol{r}})$.

下面写出 (174) 式的约化矩阵元. 根据 (173) 式，并利用 Racah 系数与 Clebsch-Gordan 系数的关系可求得

$$(\eta'j'||[T(k_1)\times U(k_2)]^k||\eta j)=(-1)^{k+j+j'}\sqrt{2k+1}\\ \times\sum_{\eta''j''}\begin{Bmatrix}k_1 & k_2 & k\\ j & j' & j''\end{Bmatrix}(\eta'j'||T(k_1)||\eta''j'')(\eta''j''||U(k_2)||\eta j)\,. \tag{180}$$

用于 (177) 式有

$$(\eta'j'||[T(k)\times U(k)]^0||\eta j)=\delta_{j'j}\frac{1}{\sqrt{(2k+1)(2j+1)}}\\ \times\sum_{\eta''j''}(-1)^{k+j''-j}(\eta'j'||T(k)||\eta''j'')(\eta''j''||U(k)||\eta j)\,. \tag{181}$$

在应用中常遇到 T 与 U 从属于两部分不同自由度的情形. 设 $T(k_1)$ 只作用于 $|\eta_1j_1\eta_2j_2JM\rangle$ 中 η_1j_1 所属的自由度， $U(k_2)$ 只作用于另一部分自由度，则有如下的公式

$$(\eta_1'j_1'\eta_2'j_2'J||[T(k_1)\times U(k_2)]^k||\eta_1j_1\eta_2j_2J)=\sqrt{(2J'+1)(2J+1)(2k+1)}\\ \times\begin{Bmatrix}j_1' & j_1 & k_1\\ j_2' & j_2 & k_2\\ J' & J & k\end{Bmatrix}(\eta_1'j_1'||T(k_1)||\eta_1j_1)(\eta_2'j_2'||U(k_2)||\eta_2j_2)\,, \tag{182}$$

这里的“ $9j$ ”符号可由 Racah 系数表示. 即

$$\begin{Bmatrix}j_{11} & j_{12} & j_{13}\\ j_{21} & j_{22} & j_{23}\\ j_{31} & j_{32} & j_{33}\end{Bmatrix}=\sum_k(-1)^{2k}(2k+1)\begin{Bmatrix}j_{11} & j_{21} & j_{31}\\ j_{32} & j_{33} & k\end{Bmatrix}\\ \times\begin{Bmatrix}j_{12} & j_{22} & j_{32}\\ j_{21} & k & j_{23}\end{Bmatrix}\begin{Bmatrix}j_{13} & j_{23} & j_{33}\\ k & j_{11} & j_{12}\end{Bmatrix}. \tag{183}$$

它具有如下的对称性:

$$\begin{Bmatrix} a & b & e \\ c & d & e' \\ f & f' & g \end{Bmatrix} = \begin{Bmatrix} a & c & f \\ b & d & f' \\ e & e' & g \end{Bmatrix}$$

$$= (-1)^{\sigma} \begin{Bmatrix} c & d & e' \\ a & b & e \\ f & f' & g \end{Bmatrix} = (-1)^{\sigma} \begin{Bmatrix} f & f' & g \\ c & d & e' \\ a & b & e \end{Bmatrix}, \tag{184}$$

其中 $\sigma = a+b+c+d+e+e'+f+f'+g$. 当 9 个 j 中有一个为 0 时, $\{9j\}$ 简化为一个 $\{6j\}$. 这时下面的九种写法没有差别:

$$\begin{Bmatrix} a & b & e \\ c & d & e \\ f & f & 0 \end{Bmatrix} = \begin{Bmatrix} 0 & e & e \\ f & d & b \\ f & c & a \end{Bmatrix} = \begin{Bmatrix} e & 0 & e \\ c & f & a \\ d & f & b \end{Bmatrix}$$

$$= \begin{Bmatrix} f & f & 0 \\ d & c & e \\ b & a & e \end{Bmatrix} = \begin{Bmatrix} f & b & d \\ 0 & e & e \\ f & a & c \end{Bmatrix} = \begin{Bmatrix} a & f & c \\ e & 0 & e \\ b & f & d \end{Bmatrix}$$

$$= \begin{Bmatrix} b & a & e \\ f & f & 0 \\ d & c & e \end{Bmatrix} = \begin{Bmatrix} e & d & c \\ e & b & a \\ 0 & f & f \end{Bmatrix} = \begin{Bmatrix} c & e & d \\ a & e & b \\ f & 0 & f \end{Bmatrix},$$

所以只需要写出一个公式:

$$\begin{Bmatrix} a & b & e \\ c & d & e \\ f & f & 0 \end{Bmatrix} = \frac{(-1)^{b+c+e+f}}{\sqrt{(2e+1)(2f+1)}} \begin{Bmatrix} a & b & e \\ d & c & f \end{Bmatrix}.$$

在 (182) 式中取 k 为零得

$$(\eta_1' j_1' \eta_2 j_2 J' || T(k) || \eta_1 j_1 \eta_2 j_2 J)$$

$$= \delta_{J'J} (-1)^{j_1 + j_2' + J + k} \sqrt{\frac{2J+1}{2k+1}} \begin{Bmatrix} j_1' & j_2' & J \\ j_2 & j_1 & k \end{Bmatrix}$$

$$\times (\eta_1' j_1' || T(k) || \eta_1 j_1)(\eta_2' j_2' || U(k) || \eta_2 j_2). \tag{185}$$

把 (182) 式分别用于 $U\equiv 1$ 及 $T\equiv 1$ 的情形，则

$$
\begin{aligned}
&(\eta_1'j_1'\eta_2 j_2 J'||T(k)||\eta_1 j_1\eta_2 j_2 J)\\
&\quad=(-1)^{j_1'+j_2+J+k}\sqrt{(2J'+1)(2J+1)}\left\{\begin{matrix} j_1' & J' & j_2\\ J & j_1 & k\end{matrix}\right\}(\eta_1'j_1'||T(k)||\eta_1 j_1), \quad (186)
\end{aligned}
$$

$$
\begin{aligned}
&(\eta_1 j_1\eta_2' j_2' J'||U(k)||\eta_1 j_1\eta_2 j_2 J)\\
&\quad=(-1)^{j_1+j_2+J'+k}\sqrt{(2J'+1)(2J+1)}\left\{\begin{matrix} j_2' & J' & j_1\\ J & j_2 & k\end{matrix}\right\}(\eta_2'j_2'||U(k)||\eta_2 j_2). \quad (187)
\end{aligned}
$$

在原子物理和分子物理方面的工作中，常采用所谓等效算符方法，其依据就是算符的张量性质. 设我们要计算 1 秩张量 $A(1,q)$ 的 $j=j'$ 的矩阵元，由 Wigner-Eckart 定理有

$$
\langle\eta'jm'|A(1q)|\eta jm\rangle=\frac{1}{\sqrt{2j+1}}(\eta'j||A(1)||\eta j)\langle jm1q|jm'\rangle\ ,
$$

另一方面，对于由角动量 $\boldsymbol{J}$ 形成的 $J(1q)$ ，有

$$
\langle\eta jm'|J(1q)|\eta jm\rangle=\frac{1}{\sqrt{2j+1}}(\eta j||J(1)||\eta j)\langle jm1q|jm'\rangle\ ,
$$

故

$$
\langle\eta'jm'|A(1q)|\eta jm\rangle=\frac{(\eta'j||A(1)||\eta j)}{(\eta j||J(1)||\eta j)}\langle\eta jm'|J(1q)|\eta jm\rangle\ .
$$

由 (181) 式有

$$
\begin{aligned}
\langle\eta'j'm'|[J(1)\times A(1)]^0_0|\eta jm\rangle&=\frac{1}{\sqrt{2j+1}}(\eta'j||[J(1)\times A(1)]^0||\eta j)\\
&=\frac{-1}{(2j+1)\sqrt{3}}(\eta'j||J(1)||\eta'j)(\eta'j||A(1)||\eta j)\ ,
\end{aligned}
$$

这给出

$$
\begin{aligned}
(\eta j||J(1)||\eta j)^2&=-\sqrt{3}(2j+1)\langle\eta jm|[J(1)\times J(1)]^0_0|\eta jm\rangle\\
&=(2j+1)(j(j+1))\ ,
\end{aligned}
$$

$$
\begin{aligned}
\frac{(\eta'j||A(1)||\eta j)}{(\eta j||J(1)||\eta j)}&=-\sqrt{3}\frac{\langle\eta'jm|[J(1)\times A(1)]^0_0|\eta jm\rangle}{j(j+1)}\\
&=\frac{\langle\eta'jm|\boldsymbol{J}\cdot\boldsymbol{A}|\eta jm\rangle}{j(j+1)},
\end{aligned}
$$

最后得到

$$\langle \eta' jm'|A(1q)|\eta jm\rangle = \frac{\langle \eta' jj|\boldsymbol{J}\cdot\boldsymbol{A}|\eta jj\rangle}{j(j+1)}\langle \eta jm'|J(1q)|\eta jm\rangle \ , \tag{188}$$

或

$$\langle \eta' jm'|\boldsymbol{A}|\eta jm\rangle = \frac{\langle \eta' jj|\boldsymbol{J}\cdot\boldsymbol{A}|\eta jj\rangle}{j(j+1)}\langle \eta jm'|\boldsymbol{J}|\eta jm\rangle \ . \tag{189}$$

即是说，在计算这类矩阵元时，可把算符 $\boldsymbol{A}$ 换成

$$\frac{\langle \eta' jj|\boldsymbol{J}\cdot\boldsymbol{A}|\eta jj\rangle}{j(j+1)}\boldsymbol{J} \ .$$

参考文献

[1] CONDON E U, SHORTLEY G H. The theory of atomic spectra. London: Cambridge University Press, 1957: Chapter 3, §1, §2, §3, §6, §8.

[2] EDMONDS A R. Angular momentum in quantum mechanics. Princeton NJ: Princeton University Press, 1960.

[3] BOHR A, MOTTELSON B R. Nuclear structure:Vol.1. New York: Benjamin, INC. 1969: Appendix of Chapter 1.

第七章　形式散射理论

§1　散射问题的初值方法. 波算符

假定入射粒子流不太强而且靶物质的厚度充分小，因而可把散射过程看成是独立发生的两体碰撞过程，此外假定碰撞过程不导致粒子的内部激发. 我们一律采用质心坐标系进行讨论，设 μ 代表约化质量，V 是相互作用势，$\widehat{\boldsymbol{p}}$ 是相对运动的动量算符，于是描述相对运动的 Schrödinger 方程为

$$\mathrm{i}\hbar\frac{\partial}{\partial t}\Psi(t)=H\Psi(t), \tag{1}$$

其中

$$H=H_0+V, \tag{2}$$

$$H_0=\frac{\widehat{\boldsymbol{p}}^2}{2\mu}. \tag{3}$$

所谓初值方法就是根据方程 (1) 和适当的初始条件来确定碰撞问题的解. 由于初始波包（碰撞之前）具有几乎确定的动量值，散射解几乎是 H 的精确本征态，因此又可以把问题归结为在适当边条件下求 H 的本征态. 这两类方法分别称为时间相关和时间无关方法，这里讲的是时间相关方法也即初值方法，由此确定了正确解之后当然也确定了时间无关方法的边条件.

现在说明如何引入适当的初始条件. 为了简便，假定 V 是短程势，即是说，当两个粒子尚未充分接近或碰撞后离开很远时， V 都等于零. 如果设想 V 本来不存在，则 $\Psi(t)$ 应该是具有很确切的动量的自由运动的波包，其空间部分为

$$\phi_0(\boldsymbol{r},t)=\int C(\boldsymbol{p},\boldsymbol{p}_0,\Delta\boldsymbol{p}_0)\frac{1}{(2\pi\hbar)^{3/2}}\exp\{\mathrm{i}(\boldsymbol{p}\cdot\boldsymbol{r}-E(p)t)/\hbar\}\mathrm{d}\boldsymbol{p}, \tag{4}$$

它满足

$$\mathrm{i}\hbar\frac{\partial}{\partial t}\phi_0(\boldsymbol{r},t)=H_0\phi_0(\boldsymbol{r},t). \tag{5}$$

在 (4) 式中, $E(p)=p^2/2\mu$, 而 $p=|\boldsymbol{p}|$. $C(\boldsymbol{p},\boldsymbol{p}_0,\Delta\boldsymbol{p}_0)$ 只当 $\boldsymbol{p}$ 处在 $\boldsymbol{p}_0$ 附近一个很小范围 $\Delta\boldsymbol{p}_0$ 之内时才明显地不为零, 并随 $\Delta\boldsymbol{p}_0\to 0$ 而趋于极限 $\delta(\boldsymbol{p}-\boldsymbol{p}_0)$, 这时 (4) 式就变为德布罗意波, 由于 $\Delta\boldsymbol{p}_0$ 很小, 在不引起含糊时总是可以令它趋于 0, 因此波包的细节是无关重要的, 这里只用到它的某些普遍性质, 即它具有有限的空间范围, 其中心以 $\boldsymbol{p}_0/\mu$ 的速度移动, $t=0$ 时中心到达 $\boldsymbol{r}=0$ 处. 我们想象地追溯到很远的过去, 在某个负时刻 T 以前, 其中心在 r 很大的地方, 表示两粒子还没有接近到 V 的作用范围, 这时 $\phi_0(\tau)$ 就是 $\Psi(\tau)$ 的空间部分, 即

$$\Psi(\tau)=\phi_0(\tau)\chi_\nu \qquad (\tau\leqslant T). \tag{6}$$

如果以 T 作为起始时刻, 则初条件是 $\Psi(T)=\phi_0(T)\chi_\nu$ (χ_ν 代表初始自旋态), 因此可把 $\Psi(t)$ 表示为

$$\Psi(t)=\mathrm{e}^{-\mathrm{i}H(t-T)/\hbar}\phi_0(T)\chi_\nu. \tag{7}$$

实际上不必让 T 明显地出现, 因为从更早的时刻 τ 到时刻 T 的状态变化既可以说是由 H_0 决定, 也可以说是由 H 决定, 所以 $\phi_0(T)\chi_\nu$ 也可表示为 $\mathrm{e}^{-\mathrm{i}H(\tau-T)/\hbar}\Psi(\tau)$, 故 (7) 式又可以写作

$$\Psi(t)=\mathrm{e}^{-\mathrm{i}H(t-\tau)/\hbar}\phi_0(\tau)\chi_\nu \qquad (\tau\leqslant T). \tag{8}$$

现在可令 $\tau\to-\infty$, 于是

$$\Psi(t)=\mathrm{e}^{-\mathrm{i}Ht/\hbar}\Psi(0), \tag{9}$$

而

$$\Psi(0)=\lim_{\tau\to-\infty}\mathrm{e}^{\mathrm{i}H\tau/\hbar}\phi_0(\tau)\chi_\nu=\lim_{\tau\to-\infty}U(0,\tau)\phi_0(0)\chi_\nu, \tag{10}$$

其中

$$U(0,\tau)=\mathrm{e}^{\mathrm{i}H\tau/\hbar}\mathrm{e}^{-\mathrm{i}H_0\tau/\hbar}. \tag{11}$$

这是在相互作用为 V 的相互作用绘景下将 τ 时刻态矢量变为 0 时刻态矢量的算符. 由

$$U(0,\tau)=1+\frac{1}{\mathrm{i}\hbar}\int_\tau^0 \mathrm{d}t_1\mathrm{e}^{\mathrm{i}Ht_1/\hbar}V\mathrm{e}^{-\mathrm{i}H_0t_1/\hbar}, \tag{12}$$

得

$$U(0,-\infty)=1+\frac{1}{\mathrm{i}\hbar}\int_{-\infty}^0 \mathrm{d}t_1\mathrm{e}^{\mathrm{i}Ht_1/\hbar}V\mathrm{e}^{-\mathrm{i}H_0t_1/\hbar}. \tag{13}$$

令

$$\xi(t)=\begin{cases}0, & \text{当 } t>0;\\ 1, & \text{当 } t<0,\end{cases} \tag{14}$$

则

$$U(0,-\infty)=1+\frac{1}{\mathrm{i}\hbar}\int_{-\infty}^{\infty}\mathrm{d}t_1\xi(t_1)\mathrm{e}^{\mathrm{i}Ht_1/\hbar}V\mathrm{e}^{-\mathrm{i}H_0t_1/\hbar}, \tag{15}$$

利用

$$\xi(t_1)\mathrm{e}^{\mathrm{i}Ht_1/\hbar}=\frac{\mathrm{i}}{2\pi}\lim_{\varepsilon\to0^+}\int_{-\infty}^{\infty}\mathrm{d}E\frac{\mathrm{e}^{\mathrm{i}Et_1/\hbar}}{E-H+\mathrm{i}\varepsilon}, \tag{16}$$

有

$$U(0,-\infty)=1+\lim_{\varepsilon\to0^+}\int_{-\infty}^{\infty}\mathrm{d}E\frac{1}{E-H+\mathrm{i}\varepsilon}V\delta(E-H_0),$$

即

$$U(0,-\infty)=\int\mathrm{d}E\varOmega(E)\delta(E-H_0), \tag{17}$$

其中

$$\varOmega(E)=\lim_{\varepsilon\to0^+}\varOmega_\varepsilon(E). \tag{18}$$

而

$$\varOmega_\varepsilon(E)=1+\frac{1}{E-H+\mathrm{i}\varepsilon}V, \tag{19}$$

把 (17) 及 (4) 式代回 (10) 式得到

$$\varPsi(0)=\int\mathrm{d}\boldsymbol{p}C(\boldsymbol{p},\boldsymbol{p}_0,\Delta\boldsymbol{p}_0)\psi_{\boldsymbol{p}\nu}^{(+)}, \tag{20}$$

其中

$$\psi_{\boldsymbol{p}\nu}^{(+)}=U(0,-\infty)|\boldsymbol{p}\rangle\chi_\nu=\varOmega(E(p))|\boldsymbol{p}\rangle\chi_\nu. \tag{21}$$

当 $\Delta\boldsymbol{p}_0\to0$ 时得到 (20) 式的极限形式

$$\varPsi(0)\to\psi_{\boldsymbol{p}\nu}^{(+)}. \tag{22}$$

以上借助于过去时刻的初条件确定了描写散射过程的 $U(0,-\infty)\varPsi_0(0)$, 其极限形式是 $U(0,-\infty)\mid\boldsymbol{p}\rangle\chi_\nu$. 下面还要说明由将来时刻的“初条件”确定的态矢量的重要作用, 后一种态矢量的极限形式是

$$\psi_{\boldsymbol{p}\nu}^{(-)}=U(0,\infty)|\boldsymbol{p}\rangle\chi_\nu, \tag{23}$$

算符 $U(0,\infty)$ 也可按前面的方法表示为

$$U(0,\infty)=\int \mathrm{d}E\widehat{\Omega}(E)\delta(E-H_0)\,, \tag{24}$$

其中

$$\widehat{\Omega}(E)=\lim_{\varepsilon\to 0^+}\widehat{\Omega}_\varepsilon(E)\,, \tag{25}$$

$$\widehat{\Omega}_\varepsilon(E)=1+\frac{1}{E-H-\mathrm{i}\varepsilon}V\,. \tag{26}$$

故

$$\psi_{\boldsymbol{p}\nu}^{(-)}=\widehat{\Omega}_\varepsilon(E(p))|\boldsymbol{p}\rangle\chi_\nu\,. \tag{27}$$

算符 $U(0,-\infty)$ 与 $U(0,\infty)$ 称为 Mϕller 波算符.

从 (18), (19) 以及 (25), (26) 式看出，$\psi_{\boldsymbol{p}\nu}^{(+)}$ 及 $\psi_{\boldsymbol{p}\nu}^{(-)}$ 都是 H 的本征态，能量为 $E(p)=p^2/2\mu$，即

$$H\psi_{\boldsymbol{p}\nu}^{(+)}=E(p)\psi_{\boldsymbol{p}\nu}^{(+)}\,, \tag{28}$$

$$H\psi_{\boldsymbol{p}\nu}^{(-)}=E(p)\psi_{\boldsymbol{p}\nu}^{(-)}\,. \tag{29}$$

这两类本征态在相对距离 r 很大时有不同的渐近式， $\mathrm{e}^{-\mathrm{i}E(p)t/\hbar}\psi_{\boldsymbol{p}\nu}^{(+)}$ 是平面波加扩张球面波（参看下节），而 $\mathrm{e}^{-\mathrm{i}E(p)t/\hbar}\psi_{\boldsymbol{p}\nu}^{(-)}$ 则有平面波加收缩球面波的形式. 即

$$\psi_{\boldsymbol{p}\nu}^{(+)}(\boldsymbol{r})\xrightarrow{r\text{甚大}}\frac{1}{(2\pi\hbar)^{3/2}}\left(\mathrm{e}^{\mathrm{i}\boldsymbol{p}\cdot\boldsymbol{r}/\hbar}\chi_\nu+\frac{\mathrm{e}^{\mathrm{i}kr}}{r}\sum_{\nu'}f_{\nu'\nu}(\theta,\varphi)\chi_{\nu'}\right), \tag{30}$$

$$\psi_{\boldsymbol{p}\nu}^{(-)}(\boldsymbol{r})\xrightarrow{r\text{甚大}}\frac{1}{(2\pi\hbar)^{3/2}}\left(\mathrm{e}^{\mathrm{i}\boldsymbol{p}\cdot\boldsymbol{r}/\hbar}\chi_\nu+\frac{\mathrm{e}^{-\mathrm{i}kr}}{r}\sum_{\nu'}g_{\nu'\nu}(\theta,\varphi)\chi_{\nu'}\right), \tag{31}$$

其中 $k=p/\hbar$. 因此，$\psi_{\boldsymbol{p}\nu}^{(+)}$ 及 $\psi_{\boldsymbol{p}\nu}^{(-)}$ 又常称为“射出”及“射入”本征态. 通常处理散射问题采用的时间无关方法或定态方法，就是以 $|\,\boldsymbol{p}_0\rangle\chi_\nu$ 为入射波，以 (30) 式中的渐近形式为边条件，通过求解不含时间的 Schrödinger 方程 (28) 来确定散射振幅 $f_{\nu'\nu}(\theta,\varphi)$.

把 (21) 及 (23) 式代入 (28) 及 (29) 式中，注意 $|\boldsymbol{p}\rangle\chi_\nu$ 是 H_0 的属于本征值 $E(p)$ 本征态，其集合构成完备组，可得到

$$HU(0,\pm\infty)=U(0,\pm\infty)H_0\,. \tag{32}$$

现在来证明由 (21) 及 (23) 式定义的射出、射入本征态是正交归一的. 为此，考虑两个入射波包 $\phi(T)\chi_\nu$ 和 $\phi'(T)\chi_{\nu'}$, 按照 (7) 式有

$$\langle\Psi'(0)|\Psi(0)\rangle = \langle\phi'(0)\chi_{\nu'}|\phi(0)\chi_\nu\rangle\,. \tag{33}$$

令 $\phi(0)\chi_\nu$ 及 $\phi'(0)\chi_{\nu'}$ 趋于极限 $|\,\boldsymbol{p}\nu\rangle$ 及 $|\,\boldsymbol{p}'\nu'\rangle$, 得出

$$\langle\psi^{(+)}_{\boldsymbol{p}'\nu'}|\psi^{(+)}_{\boldsymbol{p}\nu}\rangle = \langle\boldsymbol{p}'\nu'|\boldsymbol{p}\nu\rangle = \delta(\boldsymbol{p}'-\boldsymbol{p})\delta_{\nu'\nu}\,. \tag{34a}$$

记住 $|\boldsymbol{p}\rangle\chi_\nu$ 的集合构成完备组，此式可用波算符表示为

$$U(-\infty,0)U(0,-\infty) = 1\,. \tag{34b}$$

类似地有

$$\langle\psi^{(-)}_{\boldsymbol{p}'\nu'}|\psi^{(-)}_{\boldsymbol{p}\nu}\rangle = \langle\boldsymbol{p}'\nu'|\boldsymbol{p}\nu\rangle = \delta(\boldsymbol{p}'-\boldsymbol{p})\delta_{\nu'\nu}\,, \tag{35a}$$

或

$$U(\infty,0)\,U(0,\infty) = 1\,. \tag{35b}$$

对于在一种反幺正变换下不变的理论，可以将 (35b) 式理解为 (34b) 式在该变换下的结果. 现在约定本章所讨论的理论是时间反演不变的， H 和 H_0 在时间反演下都不变，于是 (T 是时间反演算符):

$$T\,U(\pm\infty,0)T^{-1} = U(\mp\infty,0)\,,\quad T\,U(0,\pm\infty)T^{-1} = U(0,\mp\infty)\,. \tag{36}$$

故 (35b) 与 (34b) 式互为对方的时间反演.

$U(0,t_0)$ 本来是幺正算符，但是由 (34) 和 (35) 式不足以断定波算符是否是幺正的. 如果 H 除了有散射本征态之外，还有其他的本征态，则 $\{\psi^{(+)}_{\boldsymbol{p}\nu}\}$ 或者 $\{\psi^{(-)}_{\boldsymbol{p}\nu}\}$ 都不构成完备组，从而波算符不是幺正的算符. 不过由于全部 $|\Psi^{(+)}_{\boldsymbol{p}\nu}\rangle$ 所张成的子空间和它们的时间反演态张成的子空间相同，也和全部 $|\Psi^{(-)}_{\boldsymbol{p}\nu}\rangle$ 所张成的子空间相同，得到

$$\sum_\nu\int \mathrm{d}\boldsymbol{p}|\psi^{(+)}_{\boldsymbol{p}\nu}\rangle\langle\psi^{(+)}_{\boldsymbol{p}\nu}| = \sum_\nu\int \mathrm{d}\boldsymbol{p}|\psi^{(-)}_{\boldsymbol{p}\nu}\rangle\langle\psi^{(-)}_{\boldsymbol{p}\nu}|\,, \tag{37}$$

亦即

$$U(0,-\infty)U(-\infty,0) = U(0,\infty)U(\infty,0)\,. \tag{38}$$

此式以及 (34b) 和 (35b) 式表明， $U(\pm\infty,\mp\infty)$ 是幺正算符 :

$$U(-\infty,\infty)U(\infty,-\infty) = U(\infty,-\infty)U(-\infty,\infty) = 1\,. \tag{39}$$

§2 散射截面公式

从 (9) 及 (20) 式出发，可以从跃迁概率的观点求出截面公式，为此应在有关的时间微分完成之后，再令 $\Delta \boldsymbol{p}_0 \to 0$.

$\Psi(t)$ 可以写作

$$\Psi(t) = \Psi_0(t) + u(t), \tag{40}$$

其中 $\Psi_0(t)$ 代表未经散射的入射波包，$u(t)$ 代表散射波. $\Psi_0(t)$ 的极限形式为

$$\Psi_0(t) \to \mathrm{e}^{-\mathrm{i}E_0 t/\hbar}|\boldsymbol{p}_0\rangle\chi_\nu, \tag{41}$$

其中

$$E_0 = \frac{p_0^2}{2\mu}. \tag{42}$$

在 t 时刻附近每单位时间内散射到自旋态 $\chi_{\nu'}$ 而动量在 $\boldsymbol{p}$ 与 $\boldsymbol{p}+\mathrm{d}\boldsymbol{p}$ 之间的状态的 (相对) 概率为

$$w_{\boldsymbol{p}\nu'}\mathrm{d}\boldsymbol{p} = \frac{\partial}{\partial t}|\langle \boldsymbol{p}\nu'|u(t)\rangle|^2\mathrm{d}\boldsymbol{p}. \tag{43}$$

相应的有效散射截面为

$$\sigma_{\nu\nu'}(\theta,\phi)\mathrm{d}\Omega = \frac{(2\pi\hbar)^3}{v_0}\mathrm{d}\Omega\int_0^\infty w_{\boldsymbol{p}\nu'}p^2\mathrm{d}p, \tag{44}$$

其中 (θ,φ) 代表 $\boldsymbol{p}$ 的方向，v_0 即 $|p_0|/\mu$.

由 (40) 式有

$$\dot{u}(t) = \frac{1}{\mathrm{i}\hbar}\Big\{H\Psi(t) - H_0\Psi_0(t)\Big\} = \frac{1}{\mathrm{i}\hbar}\Big\{V\Psi(t) + H_0 u(t)\Big\}, \tag{45}$$

$$\begin{aligned}\frac{\partial}{\partial t}|\langle \boldsymbol{p}\nu'|u(t)\rangle|^2 &= \langle u(t)|\boldsymbol{p}\nu'\rangle\langle \boldsymbol{p}\nu'|\dot{u}(t)\rangle + \text{C.C.}\\ &= \frac{1}{\mathrm{i}\hbar}\langle u(t)|\boldsymbol{p}\nu'\rangle\langle \boldsymbol{p}\nu'|V\Psi(t)\rangle + \text{C.C.},\end{aligned}$$

其中用“ C.C. ”表示复数共轭. 令 $\Delta \boldsymbol{p}_0 \to 0$, 即 $\Psi_0(t)$ 采取 (41) 式中的极限形式，得出

$$\frac{\partial}{\partial t}|\langle \boldsymbol{p}\nu'|u(t)\rangle|^2 \longrightarrow \frac{1}{\mathrm{i}\hbar}\langle \boldsymbol{p}_0\nu|\{\Omega(E_0)^\dagger - 1\}|\boldsymbol{p}\nu'\rangle\langle \boldsymbol{p}\nu'|V|\psi^{(+)}_{\boldsymbol{p}_0\nu}\rangle + \text{C.C.}. \tag{46}$$

根据 (19) 式，有

$$\Omega_\varepsilon(E_0) = 1 + \frac{1}{E_0 - H_0 + \mathrm{i}\varepsilon}V\Omega_\varepsilon(E_0), \tag{47}$$

注意

$$\lim_{\varepsilon\to 0^+}\frac{1}{E_0-H_0\pm\mathrm{i}\varepsilon}=\frac{\mathcal{P}}{E_0-H_0}\mp\mathrm{i}\pi\delta(E_0-H_0)\,, \tag{48}$$

其中记号 $\mathcal{P}$ 表示在积分中取主值. 因此

$$\langle\boldsymbol{p}_0\nu|\{\varOmega(E_0)^\dagger-1\}|\boldsymbol{p}\nu'\rangle=\langle\psi^{(+)}_{\boldsymbol{p}_0\nu}|V|\boldsymbol{p}\nu'\rangle\left\{\frac{\mathcal{P}}{E_0-E(p)}+\mathrm{i}\pi\delta(E_0-E(p))\right\}\,, \tag{49}$$

$$\frac{\partial}{\partial t}|\langle\boldsymbol{p}\nu'|u(t)\rangle|^2\to\frac{2\pi}{\hbar}|\langle\boldsymbol{p}\nu'|V|\psi^{(+)}_{\boldsymbol{p}_0\nu}\rangle|^2\delta(E_0-E(p))\,. \tag{50}$$

故

$$w_{\boldsymbol{p}_0\nu,\boldsymbol{p}\nu'}\mathrm{d}\boldsymbol{p}=\frac{2\pi}{\hbar}|\langle\boldsymbol{p}\nu'|V|\psi^{(+)}_{\boldsymbol{p}_0\nu}\rangle|^2\delta(E_0-E(p))\mathrm{d}\boldsymbol{p}\,. \tag{51}$$

$$\sigma_{\nu\nu'}(\theta,\varphi)=16\pi^4\mu^2\hbar^2\left|\langle\boldsymbol{p}\nu'|V|\psi^{(+)}_{\boldsymbol{p}_0\nu}\rangle\right|^2_{p=p_0}\,. \tag{52}$$

求截面公式的另一种方法, 是根据射出本征态 $\psi^{(+)}_{\boldsymbol{p}_0\nu}$ 的渐近式确定散射振幅 $f_{\nu'\nu}(\theta,\varphi)$(这时把入射波取为极限形式 $|\,\boldsymbol{p}_0\rangle\chi_\nu$), $\psi^{(+)}_{\boldsymbol{p}_0\nu}$ 可以写成

$$\psi^{(+)}_{\boldsymbol{p}_0\nu}=\lim_{\varepsilon\to 0^+}\psi^{(+)}_{\boldsymbol{p}_0\nu}(\varepsilon)\,. \tag{53}$$

由 (19) 式得到 Lippmann-Schwinger 方程

$$\psi^{(+)}_{\boldsymbol{p}_0\nu}(\varepsilon)=|\boldsymbol{p}_0\rangle\chi_\nu+\frac{1}{E_0-H_0+\mathrm{i}\varepsilon}V\psi^{(+)}_{\boldsymbol{p}_0\nu}(\varepsilon)\,, \tag{54}$$

$$\psi^{(+)}_{\boldsymbol{p}_0\nu}(\varepsilon,\boldsymbol{r})=\langle\boldsymbol{r}|\boldsymbol{p}_0\rangle\chi_\nu+\int\langle\boldsymbol{r}|\frac{1}{E_0-H_0+\mathrm{i}\varepsilon}|\boldsymbol{r}'\rangle V(\boldsymbol{r}')\psi^{(+)}_{\boldsymbol{p}_0\nu}(\varepsilon,\boldsymbol{r}')\mathrm{d}\boldsymbol{r}'\,, \tag{55}$$

其中 $\langle\boldsymbol{r}|(E_0-H_0+\mathrm{i}\varepsilon)^{-1}|\boldsymbol{r}'\rangle$ 在 $\varepsilon\to 0^+$ 时是自由粒子的格林函数:

$$\lim_{\epsilon\to 0^+}\langle\boldsymbol{r}|\frac{1}{E_0-H_0+\mathrm{i}\varepsilon}|\boldsymbol{r}'\rangle=\frac{-\mu}{2\pi\hbar^2}\frac{\mathrm{e}^{\mathrm{i}k_0|\boldsymbol{r}-\boldsymbol{r}'|}}{|\boldsymbol{r}-\boldsymbol{r}'|}\,, \tag{56}$$

其中 $k_0=|\boldsymbol{p}_0|/\hbar$. 因此 (55) 式给出

$$\psi^{(+)}_{\boldsymbol{p}_0\nu}(\boldsymbol{r})=\langle\boldsymbol{r}|\boldsymbol{p}_0\rangle\chi_\nu-\frac{\mu}{2\pi\hbar^2}\int\frac{\mathrm{e}^{\mathrm{i}k_0|\boldsymbol{r}-\boldsymbol{r}'|}}{|\boldsymbol{r}-\boldsymbol{r}'|}V(\boldsymbol{r}')\psi^{(+)}_{\boldsymbol{p}_0\nu}(\boldsymbol{r}')\mathrm{d}\boldsymbol{r}'\,. \tag{57}$$

对 $\boldsymbol{r}'$ 积分的范围受到 $V(\boldsymbol{r}')$ 的短程性的限制, 因此当 r 充分大时可把指数函数中的 $|\boldsymbol{r}-\boldsymbol{r}'|$ 换成 $\boldsymbol{r}-\boldsymbol{r}^0\cdot\boldsymbol{r}'$, 而且把 $(|\boldsymbol{r}-\boldsymbol{r}'|)^{-1}$ 换成 $1/r$, 故

$$\begin{aligned}\psi^{(+)}_{\boldsymbol{p}_0\nu}(\boldsymbol{r})-\langle\boldsymbol{r}|\boldsymbol{p}_0\rangle\chi_\nu&\xrightarrow{r\,\text{甚大}}-\frac{\mu}{2\pi\hbar^2}\frac{\mathrm{e}^{\mathrm{i}k_0r}}{r}\int\mathrm{e}^{-\mathrm{i}k_0\boldsymbol{r}^0\cdot\boldsymbol{r}'}V(\boldsymbol{r}')\psi^{(+)}_{\boldsymbol{p}_0\nu}(\boldsymbol{r}')\mathrm{d}\boldsymbol{r}'\\&=\frac{1}{(2\pi\hbar)^{3/2}}\frac{\mathrm{e}^{\mathrm{i}k_0r}}{r}\left\{-4\pi^2\hbar\mu\sum_{\nu'}\chi_{\nu'}\langle\boldsymbol{p}\nu'|V|\psi^{(+)}_{\boldsymbol{p}_0\nu}\rangle\Big|_{p=p_0,\,\boldsymbol{p}^0=\boldsymbol{r}^0}\right\}.\end{aligned} \tag{58}$$

由此可见

$$f_{\nu'\nu}(\theta,\varphi) = -4\pi^2\hbar\mu\langle \boldsymbol{p}\nu'|V|\psi^{(+)}_{\boldsymbol{p}_0\nu}\rangle_{p=p_0}\,, \tag{59}$$

其中 (θ,φ) 代表 $\boldsymbol{p}$ 的方向．在定义 (θ,φ) 时通常是以 $\boldsymbol{p}_0$ 的方向为 z 轴方向，由 (59) 式以及 $|f_{\nu'\nu}(\theta,\varphi)|^2=\sigma_{\nu\nu'}(\theta,\varphi)$，当然也得出 (52) 式．从 $\psi^{(+)}_{\boldsymbol{p}\nu}$ 与 $\psi^{(-)}_{\boldsymbol{p}\nu}$ 的定义又得出

$$\langle \boldsymbol{p}'\nu'|V|\psi^{(+)}_{\boldsymbol{p}\nu}\rangle_{p'=p} = \langle \psi^{(-)}_{\boldsymbol{p}'\nu'}|V|\boldsymbol{p}\nu\rangle_{p'=p}\,, \tag{60}$$

$$f_{\nu'\nu}(\theta,\varphi) = -4\pi^2\hbar\mu\langle \psi^{(-)}_{\boldsymbol{p}\nu'}|V|\boldsymbol{p}_0\nu\rangle_{p=p_0}\,. \tag{61}$$

最后，我们来证明向前弹性振幅与总截面之间的一个简单关系．类似于 (43), (44) 式，由 $|\boldsymbol{p}_0\rangle\chi_\nu$ 入射 (求解定态方程时的入射波) 的总截面为

$$\sigma_{\mathrm{T}} = \frac{(2\pi\hbar)^3}{v_0}\frac{\partial}{\partial t}\langle u(t)|u(t)\rangle\,, \tag{62}$$

而

$$\begin{aligned}\frac{\partial}{\partial t}\langle u(t)|u(t)\rangle &= \langle u(t)|\dot{u}(t)\rangle + \text{C.C.} = \frac{\langle u(t)|V\varPsi(t)+H_0|u(t)\rangle}{\mathrm{i}\hbar} + \text{C.C.}\\ &= \frac{\langle u(t)|V|\varPsi(t)\rangle}{\mathrm{i}\hbar} + \text{C.C.} = \frac{\mathrm{i}}{\hbar}\langle \varPsi_0(t)|V|\varPsi(t)\rangle + \text{C.C.}.\end{aligned}$$

取极限有

$$\frac{\partial}{\partial t}\langle u(t)|u(t)\rangle \to -\frac{2}{\hbar}\mathrm{Im}\langle \boldsymbol{p}_0\nu|V|\psi^{(+)}_{\boldsymbol{p}_0\nu}\rangle\,, \tag{63}$$

其中 Im 代表取虚部．把这个结果代回 (62) 式，得

$$\sigma_{\mathrm{T}} = \frac{4\pi}{k_0}\mathrm{Im}f_{\nu\nu}(\boldsymbol{p}_0,\boldsymbol{p}_0)\,, \tag{64}$$

其中 $f_{\nu\nu}(\boldsymbol{p}_0,\boldsymbol{p}_0)$ 是散射角为零 (向前) 的弹性振幅，这个结果被称为光学定理．

§3　散 射 矩 阵

3.1　相互作用绘景回顾

在第三章已经说明了描写系统的运动过程的几种不同方式，即 Schrödinger 绘景、Heisenberg 绘景和相互作用绘景，通常也称为 Schrödinger 表象、Heisenberg 表象和相互作用表象． Schrödinger 绘景的特点是：作用于态矢量空间的坐标和正则动量的算符与时间无关．因此，任何力学量，如果在经典力学中作为

坐标和动量的函数是不显含时间的，则相应的作用于态矢量空间的量子力学算符与时间无关. 如果用波函数代表状态，就只有选择与时间无关的权重函数，才能使动量算子与时间无关，为了方便，现在采用态矢量的形式. 本章暂且专用 $\Phi(t)$ 代表相互作用绘景的态矢量，再假定在 Schrödinger 绘景下的哈密顿量算符 H 和相互作用项 V 是与时间无关的，并把 $\Phi(t)$ 与相应的 Schrödinger 态矢量 $\Psi(t)$ 的关系规定如下 (即在第三章 (19) 式中令 $t_1=0$)

$$\Phi(t)=\mathrm{e}^{\mathrm{i}H_0t/\hbar}\Psi(t)\,, \tag{65}$$

其中

$$H_0\equiv H-V\,. \tag{66}$$

与 Schrödinger 绘景的算符 L 相应的相互作用绘景的算符 $L_{\mathrm{I}}(t)$ 则为

$$L_{\mathrm{I}}(t)=\mathrm{e}^{\mathrm{i}H_0t/\hbar}L\mathrm{e}^{-\mathrm{i}H_0t/\hbar}\,. \tag{67}$$

$\Psi(t)$ 与 $\Psi(t_0)$ 的关系由算符 $T(t,t_0)=\mathrm{e}^{-\mathrm{i}H(t-t_0)/\hbar}$ 决定，由此及 (65) 式知道，$\Phi(t)$ 与 $\Phi(t_0)$ 的关系如下

$$\Phi(t)=U(t,t_0)\Phi(t_0)\,, \tag{68}$$

其中

$$U(t,t_0)=\mathrm{e}^{\mathrm{i}H_0t/\hbar}\mathrm{e}^{-\mathrm{i}H(t-t_0)/\hbar}\mathrm{e}^{-\mathrm{i}H_0t_0/\hbar}\,, \tag{69}$$

它有如下的性质

$$U(t,t)=1\,, \tag{70}$$

$$U(t,t_1)U(t_1,t_0)=U(t,t_0)\,, \tag{71}$$

$$U(t,t_0)^\dagger=U(t_0,t)=U(t,t_0)^{-1}\,, \tag{72}$$

$$\mathrm{i}\hbar\frac{\partial}{\partial t}U(t,t_0)=V_{\mathrm{I}}(t)U(t,t_0)\,, \tag{73}$$

$$-\mathrm{i}\hbar\frac{\partial}{\partial t_0}U(t,t_0)=U(t,t_0)V_{\mathrm{I}}(t_0)\,, \tag{74}$$

$$U(t,t_0)=1+\frac{1}{\mathrm{i}\hbar}\int_{t_0}^{t}\mathrm{d}t'V_{\mathrm{I}}(t')U(t',t_0)\,, \tag{75}$$

$$U(t,t_0)=1+\frac{1}{\mathrm{i}\hbar}\int_{t_0}^{t}\mathrm{d}t'U(t,t')V_{\mathrm{I}}(t')\,, \tag{76}$$

$$V_{\mathrm{I}}(t)=\mathrm{e}^{\mathrm{i}H_0t/\hbar}V\mathrm{e}^{-\mathrm{i}H_0t/\hbar}\,. \tag{77}$$

3.2 散射矩阵

(1) 定义

散射矩阵习惯上指算符 $U(\infty,-\infty)$, 可以称为散射算符, 即

$$S = U(\infty,-\infty) = \lim_{t\to+\infty}\left(\lim_{t_0\to-\infty} U(t,t_0)\right). \tag{78}$$

又可用波算符写成

$$S = U(\infty,0)U(0,-\infty). \tag{79}$$

为了便于了解这样定义的散射算符的意义, 可以再看看 § 1 的 (8) 式与 (10) 式

$$\Psi(0) = \mathrm{e}^{\mathrm{i}H\tau/\hbar}\phi_0(\tau)\chi_\nu, \tag{80}$$

$$\Psi(0) = U(0,-\infty)\phi_0(0)\chi_\nu. \tag{81}$$

(80) 式说明, 从 Schrödinger 绘景看来, $\Psi(0)$ 是由很远的过去时刻 $(\tau < T)$ 中心在很远处的波包 $\phi_0(\tau)\chi_\nu$ 按 Schrödinger 方程所描写的时间演化而形成的. (81) 式则说明, 从相互作用绘景看来, $\Psi(0)$ 是由 $-\infty$ 时刻的中心在 $r=0$ 处的波包 $\phi_0(0)\chi_\nu$ 按方程 (73) 所描写的时间演化而形成的. 后一种观点不涉及时间 τ, 比较方便. 而且如前面已经指出的, 在求 $\Psi(0)$ 或在其他不引起含混的情形, 可在 (81) 式中直接令 $\phi_0(0)\chi_\nu$ 趋于它的极限形式 $|\boldsymbol{p}_0\rangle\chi_\nu$. 现在进一步考察向将来时间的发展. Schrödinger 绘景的情形由 (8) 式代表, 即

$$\Psi(t) = \mathrm{e}^{-\mathrm{i}H(t-\tau)/\hbar}\phi_0(\tau)\chi_\nu. \tag{82}$$

在相互作用绘景则是

$$\Phi(t) = U(t,-\infty)\phi_0(0)\chi_\nu. \tag{83}$$

当 t 取充分大正值时, $\Psi(t)$ 又代表中心在很远处的波包, 短程的相互作用势 V 又不发生作用了, $\Psi(t)$ 再往后随时间的变化, 实质上是由 H_0 决定的, 这一性质用 (82) 式表达不甚方便, 但是相互作用绘景的 (83) 式当 t 充分大时, 已经接近 $t\to\infty$ 的极限

$$\Phi(\infty) = U(\infty,-\infty)\phi_0(0)\chi_\nu.$$

所以散射算符包含着散射问题的全部知识.

(2) 散射矩阵的对称性

(i) 转动不变性 (来自 H 的转动不变性).

(ii) 时间反演性质.

由于 $U(0,\pm\infty)$ 在时间反演下变为 $U(0,\mp\infty)$，有

$$TS = TU(\infty,0)U(0,-\infty) = U(-\infty,0)U(0,\infty)T\,,$$

即

$$TST^{-1} = S^{\dagger}. \tag{84}$$

(iii) 与 H_0 的对易关系.

由 (32) 式有

$$H_0S = U(\infty,0)HU(0,-\infty) = U(\infty,0)U(0,-\infty)H_0\,,$$

即

$$H_0S = SH_0\,. \tag{85}$$

(iv) 幺正性.

前面已经说明 $U(\infty,-\infty)$ 是幺正算符，即

$$S^{\dagger}\,S = U(-\infty,\infty)\,U(\infty,-\infty) = 1\,,$$

$$S\,S^{\dagger} = U(\infty,-\infty)\,U(-\infty,\infty) = 1\,.$$

或

$$\sum_{\nu''}\int \mathrm{d}\boldsymbol{p}''\langle \boldsymbol{p}\nu|S^{\dagger}|\boldsymbol{p}''\nu''\rangle\langle \boldsymbol{p}''\nu''|S|\boldsymbol{p}'\nu'\rangle = \delta(\boldsymbol{p}-\boldsymbol{p}')\delta_{\nu\nu'}\,,$$

$$\sum_{\nu''}\int \mathrm{d}\boldsymbol{p}''\langle \boldsymbol{p}\nu|S|\boldsymbol{p}''\nu''\rangle\langle \boldsymbol{p}''\nu''|S^{\dagger}|\boldsymbol{p}'\nu'\rangle = \delta(\boldsymbol{p}-\boldsymbol{p}')\delta_{\nu\nu'}\,.$$

(3) 散射矩阵元与散射振幅的关系

按照 (79) 与 (21),(23) 式，有

$$\langle \boldsymbol{p}'\nu'|S|\boldsymbol{p}\nu\rangle = \langle \psi^{(-)}_{\boldsymbol{p}'\nu'}|\psi^{(+)}_{\boldsymbol{p}\nu}\rangle\,. \tag{86}$$

而

$$\begin{aligned}|\psi^{(+)}_{\boldsymbol{p}\nu}\rangle - |\psi^{(-)}_{\boldsymbol{p}\nu}\rangle &= \lim_{\varepsilon\to 0^+}\left(\frac{1}{E(p)-H+\mathrm{i}\varepsilon} - \frac{1}{E(p)-H-\mathrm{i}\varepsilon}\right)V|\boldsymbol{p}\nu\rangle \\ &= -2\pi\mathrm{i}\,\delta(E(p)-H)V|\boldsymbol{p}\nu\rangle\,,\end{aligned}$$

因此

$$\begin{aligned}\langle \boldsymbol{p}'\nu'|S|\boldsymbol{p}\nu\rangle &= \delta(\boldsymbol{p}'-\boldsymbol{p})\delta_{\nu'\nu} - 2\pi\mathrm{i}\langle \boldsymbol{p}'\nu'|V|\psi^{(+)}_{\boldsymbol{p}\nu}\rangle\delta(E(p')-E(p)) \\ &= \delta(\boldsymbol{p}'-\boldsymbol{p})\delta_{\nu'\nu} - 2\pi\mathrm{i}\langle \psi^{(-)}_{\boldsymbol{p}'\nu'}|V|\boldsymbol{p}\nu\rangle\delta(E(p')-E(p))\,,\end{aligned}$$

或

$$\begin{aligned}\langle \boldsymbol{p}'\nu'|(S-1)|\boldsymbol{p}\nu\rangle &= -2\pi\mathrm{i}\langle \boldsymbol{p}'\nu'|V|\psi^{(+)}_{\boldsymbol{p}\nu}\rangle\delta(E(p')-E(p)) \\ &= -2\pi\mathrm{i}\langle \psi^{(-)}_{\boldsymbol{p}'\nu'}|V|\boldsymbol{p}\nu\rangle\delta(E(p')-E(p))\,.\end{aligned}$$

与前节散射振幅的公式 (59) 比较得到

$$\langle \boldsymbol{p}\nu'|(S-1)|\boldsymbol{p}_0\nu\rangle = \frac{\mathrm{i}}{2\pi\hbar\mu} f_{\nu'\nu}(\boldsymbol{p},\boldsymbol{p}_0)\delta(E(p)-E_0)\,. \tag{87}$$

(4) 互逆定理

把 $|\boldsymbol{p}\nu\rangle$ 的时间反演态 $T|\boldsymbol{p}\nu\rangle$ 记作 $|\widehat{\boldsymbol{p}}\widehat{\nu}\rangle$, 由 (84) 式有

$$\langle \boldsymbol{p}'\nu'|S|\boldsymbol{p}\nu\rangle = \langle \boldsymbol{p}'\nu'|T^{-1}S^\dagger T|\boldsymbol{p}\nu\rangle = \langle \widehat{\boldsymbol{p}}'\widehat{\nu}'|S^\dagger|\widehat{\boldsymbol{p}}\widehat{\nu}\rangle^*\,,$$

即

$$\langle \boldsymbol{p}'\nu'|S|\boldsymbol{p}\nu\rangle = \langle \widehat{\boldsymbol{p}}\widehat{\nu}|S|\widehat{\boldsymbol{p}}'\widehat{\nu}'\rangle\,. \tag{88}$$

这个结果称为互逆定理，它表明从 $\boldsymbol{p}\nu$ 到 $\boldsymbol{p}'\nu'$ 的过程与从 $\widehat{\boldsymbol{p}}'\widehat{\nu}'$ 到 $\widehat{\boldsymbol{p}}\widehat{\nu}$ 的过程具有相同的概率幅，即

$$[f_{\nu'\nu}(\boldsymbol{p}',\boldsymbol{p})]_{p'=p} = [f_{\widehat{\nu}\widehat{\nu}'}(\widehat{\boldsymbol{p}},\widehat{\boldsymbol{p}'})]_{p'=p}\ . \tag{89}$$

(5) 角动量表象中的散射矩阵 (无自旋情形)

在粒子没有自旋的情形，$\boldsymbol{l}^2$ 及 l_z 是守恒量，因此可按确定的 lm 值研究分波的散射. 角动量表象的基矢可选为

$$|klm\rangle = k(\hbar)^{3/2}(-\mathrm{i})^l\int \mathrm{d}\Omega_p|\boldsymbol{p}\rangle \mathrm{Y}_{lm}(\boldsymbol{p}^0)\,. \tag{90}$$

这是 $H_0,\boldsymbol{l}^2,l_z$ 的共同本征态，本征值分别为 $E(p),l(l+1)$ 及 m，这种基矢的正交归一条件如下

$$\langle k'l'm'|klm\rangle = \delta(k'-k)\delta_{l'l}\delta_{m'm}\,. \tag{91}$$

把 (90) 式逆过来得出

$$|\boldsymbol{p}\rangle = (\hbar)^{-3/2}\frac{1}{k}\sum_{lm}(\mathrm{i})^l \mathrm{Y}^*_{lm}(\boldsymbol{p}^0)|klm\rangle\,. \tag{92}$$

算符 S 与 $H_0, \boldsymbol{l}^2, l_z$ 都对易，因此 $|klm\rangle$ 是 S 的本征态：

$$S|klm\rangle = S_l(k)|klm\rangle . \tag{93}$$

在定态方法中所说的散射矩阵，是对一定的能量和总角动量建立的，在无自旋的情形，就是 S 算符的一个本征值 $S_l(k)$.

下面求出散射振幅通过 $S_l(k)$ 表达的公式. 设 $|\boldsymbol{p}_0\rangle$ 为定态方程中的入射平面波，于是散射振幅为

$$[f(\boldsymbol{p}, \boldsymbol{p}_0)]_{p=p_0} = -2\pi\hbar\mu\mathrm{i}\int\langle\boldsymbol{p}|(S-1)|\boldsymbol{p}_0\rangle\mathrm{d}E(p) . \tag{94}$$

注意

$$\mathrm{Y}_{lm}(0,0) = \delta_{m0}\sqrt{\frac{2l+1}{4\pi}},$$

以 $\boldsymbol{p}_0$ 的方向为 z 轴方向时，由 (92) 式得出

$$|\boldsymbol{p}_0\rangle = (\hbar)^{-3/2}\frac{1}{k_0}\sum_l |k_0 l0\rangle(\mathrm{i})^l\sqrt{\frac{2l+1}{4\pi}} . \tag{95}$$

把 (92), (93) 及 (95) 式代入 (94) 式中得到

$$f(\theta) = \frac{1}{2\mathrm{i}k_0}\sum_l (2l+1)(S_l(k_0)-1)\mathrm{P}_l(\cos\theta) , \tag{96}$$

其中 θ 是散射角.

如果把 (96) 式代回 $\psi_{\boldsymbol{p}_0}^{(+)}(\boldsymbol{r})$ 的渐近式中 (见 (30) 式)，就可以看出，$S_l(k_0)$ 描写 l 分波在相互作用下的相角移动，即

$$\psi_{\boldsymbol{p}_0}^{(+)}(\boldsymbol{r}) \xrightarrow{r\text{ 甚大}} \frac{1}{(2\pi\hbar)^{3/2}}\sum_l (\mathrm{i})^l\sqrt{2l+1}\frac{1}{2k\mathrm{i}r} \times \left\{S_l(k_0)\mathrm{e}^{\mathrm{i}(kr-l\pi/2)} - \mathrm{e}^{-\mathrm{i}(kr-l\pi/2)}\right\}\mathrm{P}_l(\cos\theta) . \tag{97}$$

这说明 $S_l(k_0)$ 与 l 分波的相移 $\delta_l(k_0)$ 有如下的关系

$$S_l(k_0) = \mathrm{e}^{2\mathrm{i}\delta_l(k_0)} ,$$

S 的幺正性意味着 δ_l 为实数. 如果 $S_l(k)$ 恒等于 1, 则 (97) 式是 $\langle\boldsymbol{r}|\boldsymbol{p}_0\rangle$ 的渐近式，$f(\theta)$ 恒等于零. 对于短程势 V，只有某个 l 值以下的分波受到相互作用的影响 (l 的截止值与入射能有关). 因此只有这些分波对 (96) 式中的求和有实际贡献. 特别是当入射能量很低时，只需计及 l 值很低的分波.

(6) 角动量表象的散射矩阵 (有自旋情形)

设 $|\boldsymbol{p}_0\rangle\chi_{\sigma q}$ (也简写作 $|\boldsymbol{p}_0\sigma q\rangle$) 代表定态方法中的入射波，其中 σ 是两个碰撞粒子的耦合自旋，q 是 $\boldsymbol{\sigma}$ 的投影的量子数．$\boldsymbol{l}$ 或 $\boldsymbol{\sigma}$ 一般不是守恒量，但 $\boldsymbol{J}=\boldsymbol{l}+\boldsymbol{\sigma}$ 是守恒量，因此可按确定的 JM 值 ($\boldsymbol{J}^2$ 及 J_z 的量子数) 研究分波的散射．角动量表象的基矢可选为

$$|kl\sigma JM\rangle=\sum_{mq}|klm\rangle\chi_{\sigma q}\langle lm\sigma q|l\sigma JM\rangle\,.$$

于是

$$\langle k'l'\sigma'I'M'|kl\sigma JM\rangle=\delta(k'-k)\delta_{l'l}\delta_{\sigma'\sigma}\delta_{J'J}\delta_{M'M}\,.$$

算符 S 与 $\boldsymbol{J}$ 及 H_0 都对易，因此有

$$S|kl\sigma JM\rangle=\sum_{l'\sigma'}|kl'\sigma'JM\rangle S^J_{l'\sigma',l\sigma}(k)\,.$$

定态方法中所说的散射矩阵，就是在一定的 (k,J) 下由 $S^J_{l'\sigma',l\sigma}(k)$ 构成的矩阵 (以 $l'\sigma'$ 为行指标，$l\sigma$ 为列指标)．当 V 包含非有心成分时，l 不再是对角指标，但是 H 的反射不变性导致一种关于 l 的选择定则，即只当 $\Delta l=$ 偶数时，$S^J_{l'\sigma',l\sigma}(k)$ 才可能不为零．

为了求出散射振幅与 $S^J_{l'\sigma',l\sigma}$ 的关系，只需把 (87) 式中的 $|\boldsymbol{p}\nu\rangle$ 表达成：

$$|\boldsymbol{p}\sigma q\rangle=(\hbar)^{-3/2}\frac{1}{k}\sum_{JM}\sum_{lm}(\mathrm{i})^l\,\mathrm{Y}^*_{lm}(\boldsymbol{p}^0)\langle lm\sigma q|l\sigma JM\rangle|kl\sigma JM\rangle\,.$$

结果为

$$\begin{aligned}f_{\sigma'q',\sigma q}(\theta,\varphi)&=-2\pi\hbar\mu\mathrm{i}\int\langle\boldsymbol{p}\sigma'q'|(S-1)|\boldsymbol{p}^0\sigma q\rangle\mathrm{d}E(p)\\&=\frac{\sqrt{\pi}}{2k}\sum_{JM}\sum_{ll'm'}(\mathrm{i})^{l'-l}\sqrt{2l+1}\langle l0\sigma q|JM\rangle\\&\qquad\times\langle l'm'\sigma'q'|JM\rangle(S^J_{l'\sigma',l\sigma}(k_0)-\delta_{l'l}\delta_{\sigma'\sigma})\mathrm{Y}_{l'm'}(\theta,\phi)\,.\end{aligned}$$

这里仍以 $\boldsymbol{p}_0$ 方向为 z 轴方向，(θ,φ) 代表散射方向．

和前面类似，把这种表达式代回 $\psi^{(+)}_{\boldsymbol{p}_0\sigma q}(\boldsymbol{r})$ 的渐近式中 ((30) 式) 就可以看出，$S^J_{l'\sigma',l\sigma}(k_0)$ 描写相互作用对于 $l\sigma JM$ 分波中扩张球面波的影响，即

$$\begin{aligned}\psi^{(+)}_{\boldsymbol{p}_0\sigma q}(\boldsymbol{r})\xrightarrow{r\text{甚大}}&\frac{1}{(2\pi\hbar)^{3/2}}\left(\frac{\sqrt{\pi}}{\mathrm{i}k_0r}\right)\sum_{JM}\sum_{l}(\mathrm{i})^l\sqrt{2l+1}\langle l0\sigma q|JM\rangle\\&\times\left\{\sum_{l'\sigma'}S^J_{l'\sigma',l\sigma}(k_0)\mathrm{e}^{\mathrm{i}(k_0r-\frac{l'\pi}{2})}\mathcal{Y}_{l'\sigma'JM}-\mathrm{e}^{-\mathrm{i}(k_0r-\frac{l\pi}{2})}\mathcal{Y}_{l\sigma JM}\right\}.\end{aligned}$$

其中

$$\mathcal{Y}_{l\sigma JM} = \sum_{mq} \mathrm{Y}_{lm}(\theta,\varphi)\chi_{\sigma q}\langle lm\sigma q|JM\rangle\,.$$

参考文献

[1] LANDAU L D, LIFSHITZ E M. Quantum mechanics. 3rd ed. Oxford: Pergamon Press, 1977.

[2] LIPPMANN B A, SCHWINGER J. Phys. Rev., 1950, 79: 469.

[3] GELL-MANN M, GOLDBERGER M L. Phys. Rev., 1953, 91: 398.

[4] MESSIAH A. Quantum mechanics: Vol.2. Amsterdam: North-Holland Publishing Company, 1962.

[5] SCHIFF L J. Quantum mechanics. 3rd ed. New York: McGraw-Hill, 1968.

第八章　Dirac 方程

Dirac 方程最初是作为单电子的相对论性 Schrödinger 方程而建立的，但由此不能构成自身完全一致的理论．后来发展了量子场论，Dirac 方程被当作量子化前的 Dirac 场的运动方程．在这里我们首先按早期的观点来讲述 Dirac 方程，然后扼要讲一下自由 Klein-Gordon 场和 Dirac 场的量子化．

§ 1　Klein-Gordon 方程与 Dirac 方程

1.1　Klein-Gordon 方程

现在试着按早期的观点寻找单粒子的相对论性 Schrödinger 方程．首先考虑自由粒子，假定具有一定动量 $\boldsymbol{p}$ 和能量 $E(p)$ 的粒子的波函数仍然是德布罗意平面波

$$\psi_{\boldsymbol{p}}(\boldsymbol{x},t)=u(\boldsymbol{p})\mathrm{e}^{\mathrm{i}\,\boldsymbol{p}\cdot\boldsymbol{x}/\hbar-\mathrm{i}E(p)t/\hbar}, \tag{1}$$

这里把 $u(\boldsymbol{p})$ 理解为一个单列阵，暂不管它应当包含多少行．需要注意的是，能量 $E(p)$ 不能再用牛顿力学中的表达式，而应当用相对论公式

$$E(p)=\sqrt{c^2\boldsymbol{p}^2+m^2c^4}, \tag{2}$$

其中 m 是粒子的静止质量，这意味着代表动量算符的微分算子仍然是

$$\widehat{\boldsymbol{p}}=-\mathrm{i}\hbar\nabla\,.$$

关于哈密顿量，根据 (1), (2) 式可以试用

$$\sqrt{c^2(-\mathrm{i}\hbar\nabla)^2+m^2c^4}\,.$$

由此得出自由粒子的 Schrödinger 方程为

$$\mathrm{i}\hbar\frac{\partial}{\partial t}\psi(\boldsymbol{x},t)=\sqrt{c^2(-\mathrm{i}\hbar\nabla)^2+m^2c^4}\;\psi(\boldsymbol{x},t)\,. \tag{3}$$

但是在这样的方程式中，关于空间和时间的微分算子处在不对等的地位，这使它不具有明显洛伦兹不变的形式．如果再求一次时间微商就得到

$$\left\{\frac{1}{c^2}\frac{\partial^2}{\partial t^2}-\nabla^2+\left(\frac{mc}{\hbar}\right)^2\right\}\psi(\boldsymbol{x},t)=0\,. \tag{4}$$

这正是 Schrödinger 在发展非相对论 Schrödinger 方程时提出的相对论方程，后来习惯称为 Klein-Gordon 方程．由于时间和空间的微分算子处在对等地位，Klein-Gordon 方程能够写成明显的洛伦兹不变形式，但是由于包含 ψ 的二阶时间微商，由一定初始时刻的 ψ 不足以决定另一时刻的 ψ, 所以它不能当作相对论 Schrödinger 方程，而在后来已被当作自由 Klein-Gordon 场的经典运动方程．

1.2 Dirac 方程

为了建立只含一阶时间微商和具有明显洛伦兹不变形式的单粒子方程，Dirac 提出，空间微商也应当是一阶的，因此可把方程式写成

$$\mathrm{i}\hbar\frac{\partial}{\partial t}\psi(\boldsymbol{x},t)=\left\{\sum_{k=1}^{3}c\alpha^k\left(-\mathrm{i}\hbar\frac{\partial}{\partial x^k}\right)+mc^2\beta\right\}\psi(\boldsymbol{x},t)\,, \tag{5}$$

其中 $\psi(\boldsymbol{x},t)$ 理解为 N 行单列阵，$\alpha^1,\alpha^2,\alpha^3$ 及 β 是与 $(\boldsymbol{x},t)$ 无关的 $N\times N$ 矩阵，(x^1,x^2,x^3) 即是 (x,y,z), 这意味着采用如下的哈密顿量算子

$$H=\sum_k c\alpha^k\left(-\mathrm{i}\hbar\frac{\partial}{\partial x^k}\right)+mc^2\beta\,. \tag{6}$$

为了保证具有 (1) 式和符合条件 (2) 的解，H 应满足如下的条件

$$H\psi_{\boldsymbol{p}}(\boldsymbol{x},t)=\sqrt{c^2(-\mathrm{i}\hbar\nabla)^2+m^2c^4}\;\psi_{\boldsymbol{p}}(\boldsymbol{x},t).$$

现在不能保证 $\psi_{\boldsymbol{p}}(\boldsymbol{x},t)$ 构成 $\psi(\boldsymbol{x},t)$ 的完备组，因为 $E(p)$ 是由开平方得到的，其中负值已被抛弃 (见 (2) 式)，因此这个条件不意味着 $\sqrt{c^2(-\mathrm{i}\hbar\nabla)^2+m^2c^4}$ 就是 H. 而如果不事先抛弃负的 $E(p)$ 值，就不会发生不完备的问题，即 H^2 必须满足如下的条件

$$H^2=c^2(-\mathrm{i}\hbar\nabla)^2+m^2c^4.$$

即是说，方程 (5) 的解必须满足 Klein-Gordon 方程．由此可求出矩阵 α^k,β 满

足的条件

$$\begin{aligned}c^2(-\mathrm{i}\hbar\nabla)^2+m^2c^4=&\sum_{kk'}c^2\alpha^k\alpha^{k'}\Big(-\mathrm{i}\hbar\frac{\partial}{\partial x^k}\Big)\Big(-\mathrm{i}\hbar\frac{\partial}{\partial x^{k'}}\Big)+m^2c^4\beta^2\\&+mc^3\sum_k(\alpha^k\beta+\beta\alpha^k)\Big(-\mathrm{i}\hbar\frac{\partial}{\partial x^k}\Big)\\=&\frac{1}{2}\sum_{kk'}c^2(\alpha^k\alpha^{k'}+\alpha^{k'}\alpha^k)\Big(-\mathrm{i}\hbar\frac{\partial}{\partial x^k}\Big)\Big(-\mathrm{i}\hbar\frac{\partial}{\partial x^{k'}}\Big)+m^2c^4\beta^2\\&+mc^3\sum_k(\alpha^k\beta+\beta\alpha^k)\Big(-\mathrm{i}\hbar\frac{\partial}{\partial x^k}\Big).\end{aligned}$$

由此得到

$$\alpha^k\alpha^{k'}+\alpha^{k'}\alpha^k=2\delta_{kk'},\quad \alpha^k\beta+\beta\alpha^k=0,\quad \beta^2=1. \tag{7}$$

另外，为了保证 H 是厄米的，要求 α^k 及 β 是厄米矩阵，即

$$(\alpha^k)^\dagger=\alpha^k,\quad \beta^\dagger=\beta. \tag{8}$$

由满足条件 (7), (8) 的矩阵 $\alpha^1,\alpha^2,\alpha^3,\beta$ 决定的方程 (5) 称为自由粒子的 Dirac 方程. 把它当作单粒子的相对论性 Schrödinger 方程时，采用了如下的概率密度和概率流密度公式

$$\rho(x)=\widetilde{\psi}^*(x)\psi(x)=\sum_\alpha\psi_\alpha^*\psi_\alpha, \tag{9}$$

$$j^k(x)=c\widetilde{\psi}^*(x)\alpha^k\psi(x), \tag{10}$$

式中的记号 $\widetilde{\psi}^*$ 表示对 N 行单列阵 ψ 取转置复共轭，亦即厄米共轭，得到的是单行 N 列阵. (ρ,j^k) 是满足连续性方程的，即

$$\frac{\partial\rho}{\partial t}+\sum_k\frac{\partial}{\partial x^k}j^k=0.$$

在后面将看到 (§5), $c\rho$ 和 j^k 组成洛伦兹矢量. 把 Dirac 方程当作单电子 Schrödinger 方程的观点获得了很大的成功，也遇到原则性困难，这在后面还要讲到.

1.3　α^k,β 及 γ^μ 矩阵

矩阵 α^k 及 β 可以用如下的 γ^μ 来代替

$$\gamma^0=\beta, \tag{11}$$

$$\gamma^k=\beta\alpha^k\quad(k=1,2,3), \tag{12}$$

显然 γ^0 是厄米的，γ^k 是反厄米的，并且

$$
\begin{aligned}
&(\gamma^\mu)^\dagger = \gamma^0\gamma^\mu\gamma^0, \\
&\gamma^\mu\gamma^\nu + \gamma^\nu\gamma^\mu = 2g^{\mu\nu},
\end{aligned} \tag{13}
$$

其中 $g^{\mu\nu}$ 是闵可夫斯基空间的度规张量的逆变分量，非零的分量为

$$
g^{00} = 1, \quad g^{kk'} = -\delta_{kk'}. \tag{14}
$$

由 $\gamma^0, \gamma^1, \gamma^2, \gamma^3$ 可以做成 16 种线性独立的积

最高重积：$\gamma_5 = \mathrm{i}\gamma^0\gamma^1\gamma^2\gamma^3$,

三重积：$\gamma_5\gamma^\mu \quad (\mu = 0, 1, 2, 3)$,

二重积：$\gamma^\mu\gamma^\nu \quad (\mu \neq \nu)$,

一重积：γ^μ,

零重积：$1 \quad ((\gamma^0)^2 = -(\gamma^k)^2 = 1)$.

这 16 个矩阵的线性组合张成一个 16 维线性空间，而且在矩阵乘法下构成一个代数. 这个代数的不可约表示 (在等价意义下只有一种) 是 4×4 矩阵表示. 在以后的讨论中，我们将用 γ^μ 在这个不可约表示下的矩阵来代表它自身，并保持同样的记号. 等价表示的矩阵只确定到一个相似变换，我们把 γ^k 及 β 选为如下的厄米矩阵

$$
\boldsymbol{\alpha} = \begin{pmatrix} 0 & \boldsymbol{\sigma} \\ \boldsymbol{\sigma} & 0 \end{pmatrix}, \quad \beta = \begin{pmatrix} \boldsymbol{I} & 0 \\ 0 & -\boldsymbol{I} \end{pmatrix}, \tag{15}
$$

其中 $\boldsymbol{\alpha}$ 是 $\alpha^1, \alpha^2, \alpha^3$ 的简写，$\boldsymbol{\sigma}$ 代表三个 2×2 泡利矩阵

$$
\sigma_x = \begin{pmatrix} 0 & 1 \\ 1 & 0 \end{pmatrix}, \quad \sigma_y = \begin{pmatrix} 0 & -\mathrm{i} \\ \mathrm{i} & 0 \end{pmatrix}, \quad \sigma_z = \begin{pmatrix} 1 & 0 \\ 0 & -1 \end{pmatrix}. \tag{16}
$$

(15) 式中的 $\boldsymbol{I}$ 是 2×2 单位矩阵. 这时 $\gamma^1, \gamma^2, \gamma^3$ 可简写成

$$
\boldsymbol{\gamma} = \begin{pmatrix} 0 & \boldsymbol{\sigma} \\ -\boldsymbol{\sigma} & 0 \end{pmatrix}, \tag{17}
$$

由于指定了 $N=4$, ψ 及其厄米共轭都包含四个分量：

$$\psi(x)=\begin{pmatrix}\psi_1(x)\\ \psi_2(x)\\ \psi_3(x)\\ \psi_4(x)\end{pmatrix}, \tag{18}$$

$$\widetilde{\psi}^*(x)=(\psi_1^*(x),\psi_2^*(x),\psi_3^*(x),\psi_4^*(x)). \tag{19}$$

再用 x^0 代表 ct, 于是 $(x^0,\boldsymbol{x})$ 组成一个洛伦兹矢量 x^μ, 其协变分量为 $x_\mu\equiv g_{\mu\nu}x^\nu=(x^0,-\boldsymbol{x})$, 协变矢量 $\partial/\partial x^\mu$ 和相应的逆变分量 $\partial/\partial x_\mu$ 将简记为

$$\partial_\mu\equiv\Big(\frac{1}{c}\frac{\partial}{\partial t},\nabla\Big),\qquad \partial^\mu\equiv\Big(\frac{1}{c}\frac{\partial}{\partial t},-\nabla\Big).$$

利用这种记号可把 Dirac 方程写成

$$\Big(\mathrm{i}\gamma^\mu\partial_\mu-\frac{mc}{\hbar}\Big)\psi(x)=0, \tag{20}$$

其厄米共轭给出

$$\mathrm{i}\partial_\mu\overline{\psi}(x)\gamma^\mu+\frac{mc}{\hbar}\overline{\psi}(x)=0, \tag{21}$$

其中

$$\overline{\psi}(x)\equiv\widetilde{\psi}^*(x)\gamma^0. \tag{22}$$

(20) 式和 (21) 式都是 Dirac 方程的常用形式.

1.4　有电磁场时的 Dirac 方程

为了写出有电磁场时的 Dirac 方程，试看相对论经典力学中带电粒子的哈密顿量的表达式

无电磁场情形：　$H_\mathrm{c}=\sqrt{c^2\boldsymbol{p}^2+m^2c^4}$,

有电磁场情形：　$H_\mathrm{c}=\sqrt{c^2(\boldsymbol{p}-\frac{e}{c}\boldsymbol{A})^2+m^2c^4}+e\Phi$,

其中 $(\Phi,\boldsymbol{A})$ 是电磁场的标势和矢势，e 是粒子的电荷 (对于电子来说，等于 $-|e|$), $\boldsymbol{p}$ 是相应于 $\boldsymbol{r}$ 的正则动量. 因此在有电磁场时，应把 (6) 式中的哈密顿量算子换成

$$H=c\boldsymbol{\alpha}\cdot\Big(-\mathrm{i}\hbar\nabla-\frac{e}{c}\boldsymbol{A}\Big)+mc^2\beta+e\Phi. \tag{23}$$

即是说，Dirac 方程应为

$$\mathrm{i}\hbar\frac{\partial}{\partial t}\psi(x)=\Big\{c\boldsymbol{\alpha}\cdot\Big(-\mathrm{i}\hbar\nabla-\frac{e}{c}\boldsymbol{A}\Big)+mc^2\beta+e\Phi\Big\}\psi(x). \tag{24}$$

用 $A^\mu(x)$ 代表 $(\Phi(x), \boldsymbol{A}(x))$，它是一个洛伦兹矢量，相应的协变分量是 $A_\mu(x) = (\Phi(x), -\boldsymbol{A}(x))$. 于是 (24) 式可改写成

$$\left\{\mathrm{i}\gamma^\mu\left(\partial_\mu + \frac{\mathrm{i}e}{\hbar c}A_\mu(x)\right) - \frac{mc}{\hbar}\right\}\psi(x) = 0\,. \tag{25}$$

即是说，只要把无电磁场情形的 Dirac 方程中的 ∂_μ 换成

$$\partial_\mu + \frac{\mathrm{i}e}{\hbar c}A_\mu(x)\,,$$

就得出有电磁场时的 Dirac 方程，(25) 式的厄米共轭给出：

$$\mathrm{i}\left(\partial_\mu - \frac{\mathrm{i}e}{\hbar c}A_\mu(x)\right)\overline{\psi}(x)\gamma^\mu + \frac{mc}{\hbar}\overline{\psi}(x) = 0\,. \tag{26}$$

§ 2 Dirac 方程在正常洛伦兹变换下的协变性

2.1 正常和非正常洛伦兹变换

按照相对论原理，不同惯性参考系在表述物理规律上是等价的，惯性参考系之间的变换是洛伦兹变换，所以自由粒子的 Dirac 方程在洛伦兹变换下应保持原有的形式，在有电磁场时应当是洛伦兹协变的，现在来看看这个要求是否得到满足.

设在惯性参考系 K 中，时空点的坐标为 $x^\mu = (ct, \boldsymbol{x})$, 所谓正常洛伦兹变换由下列两个条件表征：

(i) 保持 $c^2(\Delta t)^2 - (\Delta x)^2 - (\Delta y)^2 - (\Delta z)^2$ 不变；

(ii) 能够连续过渡到恒等变换.

当说到更为广泛的洛伦兹变换时就意味着只符合条件 (i). 用实矩阵 Λ 描写坐标变换，则

$$\begin{pmatrix} x'^0 \\ x'^1 \\ x'^2 \\ x'^3 \end{pmatrix} = \Lambda \begin{pmatrix} x^0 \\ x^1 \\ x^2 \\ x^3 \end{pmatrix} + \begin{pmatrix} b^0 \\ b^1 \\ b^2 \\ b^3 \end{pmatrix}, \tag{27}$$

这表示，在参考系 K 中坐标为 x^μ 的点相对于参考系 K' 的坐标为 x'^μ. 条件

(i) 相当于

$$\widetilde{\Lambda}\begin{pmatrix}1&0&0&0\\0&-1&0&0\\0&0&-1&0\\0&0&0&-1\end{pmatrix}\Lambda=\begin{pmatrix}1&0&0&0\\0&-1&0&0\\0&0&-1&0\\0&0&0&-1\end{pmatrix},\tag{28}$$

其中 $\widetilde{\Lambda}$ 代表 Λ 的转置矩阵. 对此式两边取行列式得

$$(\det\Lambda)^2=1.\tag{29}$$

如果按照 $\det\Lambda=1$ 或 -1 把变换 (27) 分成两类, 则这两类变换之间不能连续过渡. 此外, 对 (28) 式取矩阵指标为 (0,0) 的元素, 可得 $(\Lambda_0^0)^2-\sum_k(\Lambda_0^k)^2=1$, 即

$$(\Lambda_0^0)^2=1+\sum_k(\Lambda_0^k)^2,\tag{30}$$

其中 Λ_0^k 是矩阵 Λ 的 $(k,0)$ 元素 (即第 $k+1$ 行第一列的元素). (30) 式表明 $\Lambda_0^0\geqslant 1$ 或者 $\Lambda_0^0\leqslant -1$. 以此为标准又可把变换 (27) 分成另外的两类, 它们之间也不能连续过渡. 因此, 按照 $\det\Lambda$ 的正负号与 Λ_0^0 的正负号可把满足条件 (i) 的变换分为四片互不连接的变换, 只有 $\det\Lambda=1$ 而且 $\Lambda_0^0\geqslant 1$ 的情形代表正常洛伦兹变换. 只满足 (i) 的一般洛伦兹变换可以看作由下列三种基本变换中若干个变换做成的积变换.

第一种, 正常洛伦兹变换:

$$\det\Lambda=1,\quad \Lambda_0^0\geqslant 1.\tag{31}$$

第二种, 空间轴反向:

$$t'=t,\quad x'=-x,\quad y'=-y,\quad z'=-z$$

$$(\det\Lambda=-1,\quad \Lambda_0^0=1).\tag{32}$$

第三种, 时间轴反向:

$$t'=-t,\ x'=x,\ y'=y,\ z'=z$$

$$(\det\Lambda=-1,\ \Lambda_0^0=-1).\tag{33}$$

一个洛伦兹变换如果不合乎 $\det\Lambda$ 及 Λ_0^0 都取正号的条件, 就称为非正常的. 全部正常洛伦兹变换构成正常洛伦兹群, 把它扩大到包括空间反射变换时,

仍然构成一个群，全部的洛伦兹变换 (只满足条件 (i)) 当然也构成一个群. 下面将证明 Dirac 方程对于正常洛伦兹变换是协变的，稍后还要讨论它对于非正常洛伦兹变换的协变性.

2.2 在正常洛伦兹变换下的协变性

完整的讨论应当包括四维坐标原点的平移，为了简便，这里只讨论齐次变换，即 (27) 式中的 b^0, b^1, b^2, b^3 等于零. 因此 (27) 式变为

$$x'^{\mu} = \Lambda^{\mu}_{\nu} x^{\nu} . \tag{34}$$

前面的条件 (i) 变为

$$ct'^2 - x'^2 - y'^2 - z'^2 = ct^2 - x^2 - y^2 - z^2, \tag{35}$$

条件 (28) 及 (31) 则保持原样. 现在设想从惯性参考系 K 变换到 K'，假定在 K 中由 ψ 代表的运动过程在 K' 中由 ψ' 代表，于是 $\psi'(x')$ 与 $\psi(x)$ 应当有如下的关系

$$\psi'(x') = S\psi(x), \tag{36}$$

其中 x' 与 x 是同一时空点在两个参考系中的坐标，S 是依赖于变换 Λ 的 4×4 矩阵. 如果 S 永远是单位矩阵，那就表明粒子或者没有内部自由度，或者这种自由度的力学变数与四维坐标架的取向无关. 如果 S 不恒为单位矩阵，就说明粒子有内部自由度，而且其力学变数与坐标架的取向有关. Dirac 方程的协变性意味着，借助变换 (36) 能够从原参考系 (K) 中的 Dirac 方程变换到新参考系 (K') 中的 Dirac 方程. 反之，如果不存在符合这种要求的 S，那就表明该方程没有所要求的协变性.

只要 S 存在，它必然有逆矩阵，因此由 (25) 及 (36) 式得到

$$\left\{\mathrm{i}\gamma^{\mu}\left(\partial_{\mu} + \frac{\mathrm{i}e}{\hbar c}A_{\mu}(x)\right) - \frac{mc}{\hbar}\right\}S^{-1}\psi'(x') = 0 .$$

以 S 乘之得

$$\left\{\mathrm{i}S\gamma^{\nu}S^{-1}\left(\partial_{\nu} + \frac{\mathrm{i}e}{\hbar c}A_{\nu}(x)\right) - \frac{mc}{\hbar}\right\}\psi'(x') = 0 .$$

注意

$$\partial_{\nu} = \frac{\partial x'^{\mu}}{\partial x^{\nu}}\partial'_{\mu} = \Lambda^{\mu}_{\nu}\partial'_{\mu},$$

$$A_{\nu}(x) = \Lambda^{\mu}_{\nu}A'_{\mu}(x'),$$

可得

$$\left\{\mathrm{i}S\gamma^\nu S^{-1}\Lambda_\nu^\mu\left(\partial'_\mu+\frac{\mathrm{ie}}{\hbar c}A'_\mu(x')\right)-\frac{mc}{\hbar}\right\}\psi'(x')=0\,,$$

可见，S 应当满足如下的条件

$$\Lambda_\nu^\mu S\gamma^\nu S^{-1}=\gamma^\mu\,, \tag{37}$$

即

$$S^{-1}\gamma^\mu S=\Lambda_\nu^\mu\gamma^\nu\,. \tag{38}$$

那么，符合这种条件的 S 是否存在，能够确定到什么程度？

令

$$\Gamma^\mu(\Lambda)\equiv\Lambda_\nu^\mu\gamma^\nu,$$

则

$$\Gamma^\mu(\Lambda)\Gamma^{\mu'}(\Lambda)+\Gamma^{\mu'}(\Lambda)\Gamma^\mu(\Lambda)=2\Lambda_\nu^\mu\Lambda_{\nu'}^{\mu'}g^{\nu\nu'}.$$

由条件 (28) 有

$$\Lambda\begin{pmatrix}1&0&0&0\\0&-1&0&0\\0&0&-1&0\\0&0&0&-1\end{pmatrix}\widetilde{\Lambda}=\begin{pmatrix}1&0&0&0\\0&-1&0&0\\0&0&-1&0\\0&0&0&-1\end{pmatrix}, \tag{39}$$

取此式两边的 (μ,μ') 元素得

$$\Lambda_\nu^\mu\Lambda_{\nu'}^{\mu'}g^{\nu\nu'}=g^{\mu\mu'},$$

故

$$\Gamma^\mu(\Lambda)\Gamma^{\mu'}(\Lambda)+\Gamma^{\mu'}(\Lambda)\Gamma^\mu(\Lambda)=2g^{\mu\mu'}. \tag{40}$$

这说明 $\gamma^\mu\to\Gamma^\mu(\Lambda)$ 构成前面所说的由 γ^μ 的 16 种积形成的代数的一个表示．由于 Γ^μ 也是 4 行 4 列矩阵，这个表示是不可约的，因此与前面给出的表示等价，所以使 γ^μ 变为 $\Gamma^\mu(\Lambda)$ 的相似变换是存在的，这样就证明了符合条件 (38) 的 $S(\Lambda)$ 是存在的，它决定 ψ 在洛伦兹变换下的性质．ψ 的这种变换性质表明，它是与张量不同的协变量，有时称为“ Dirac 旋量”，或“四分量旋量”．

显然，在给定 Λ 后，根据 (38) 式只能在一个任意系数的限度内确定 S，现在对这个系数的选择作一些约定．取 (38) 式的厄米共轭，有

$$S^\dagger\gamma^0\gamma^\mu\gamma^0(S^\dagger)^{-1}=\Lambda_\nu^\mu\gamma^0\gamma^\nu\gamma^0.$$

利用 $(\gamma^0)^\dagger = \gamma^0$ 及 $(\gamma^0)^2 = 1$, 可改写为

$$(\gamma^0 S^\dagger \gamma^0)\gamma^\mu(\gamma^0 S^\dagger \gamma^0)^{-1} = \Lambda^\mu_\nu \gamma^\nu.$$

由于 (38) 式把 $S(\Lambda)$ 确定到一个任意系数，故

$$\gamma^0 S^\dagger \gamma^0 = bS^{-1},$$

或

$$S^\dagger = b\gamma^0 S^{-1}\gamma^0,$$

其中 b 是常数，而且由 $b\gamma^0 = S^\dagger\gamma^0 S$ 还可看出它是实数. 又由于

$$\begin{aligned} S^\dagger S &= b\gamma^0 S^{-1}\gamma^0 S = b\gamma^0 \Lambda^0_\nu \gamma^\nu \\ &= b\Lambda^0_0 + b\gamma^0 \sum_k \Lambda^0_k \gamma^k, \end{aligned} \tag{41}$$

在两边取矩阵迹 (注意 $\gamma^0\gamma^k$ 是无迹的) 得 $b\Lambda^0_0 > 0$. 所以当 Λ^0_k 等于零时，就能够通过选择 S 的系数使之成为幺正矩阵. 对于一般的正常洛伦兹变换, Λ^0_k 不等于零，但是 b 是正数，可把 $S/\sqrt{b}$ 定义为新的 S，这时有

$$S^\dagger = \gamma^0 S^{-1}\gamma^0. \tag{42}$$

这可以作为 S 的补充条件，由它和 (38) 式能够把 $S(\Lambda)$ 确定到一个任意相因子. 在这个条件下， (41) 式变为

$$S^\dagger S = \Lambda^0_0 + \gamma^0 \sum_k \Lambda^0_k \gamma^k.$$

由于 $(\Lambda^0_0)^2 = 1 + \sum\limits_k (\Lambda^0_k)^2$，所以 $\Lambda^0_k = 0$ 的正常洛伦兹变换的 S 是幺正矩阵.

关于 S 的相因子，还可以加以限制. 对 (38) 式取复共轭得

$$(S^*)^{-1}(\gamma^\mu)^* S^* = \Lambda^\mu_\nu (\gamma^\nu)^*, \tag{43}$$

由于 $(\gamma^\mu)^*$ 也满足 (13) 式，必有非奇异矩阵 B 使得

$$(\gamma^\mu)^* = B\gamma^\mu B^{-1}. \tag{44}$$

因为 γ^0 及 γ^k 分别是厄米和反厄米的，所以 $(\gamma^0)^*$ 及 $(\gamma^k)^*$ 分别是厄米和反厄米的，因此可限制 B 是幺正的，即

$$B^\dagger = B^{-1}. \tag{45}$$

由 (44),(45) 式能够把 B 确定到一个与 γ^μ 无关的任意相因子，故

$$B = \lambda\gamma^0\gamma^1\gamma^3, \quad |\lambda| = 1. \tag{46}$$

利用 (44) 式可把 (43) 式改写为

$$(B^{-1}S^*B)^{-1}\gamma^\mu(B^{-1}S^*B) = \Lambda^\mu_\nu\gamma^\nu.$$

这说明, $(B^{-1}S^*B)$ 与 S 只差一个常系数,利用 (42) 及 (44) 式改写矩阵 $(B^{-1}S^*B)$ 的厄米共轭可得

$$\begin{aligned}(B^{-1}S^*B)^\dagger &= B^{-1}(\gamma^0S^{-1}\gamma^0)^*B \\ &= \gamma^0B^{-1}(S^*)^{-1}B\gamma^0 = \gamma^0(B^{-1}S^*B)^{-1}\gamma^0\,.\end{aligned}$$

可见，当 S 满足补充条件 (42) 时, $B^{-1}S^*B$ 也满足该条件，这时 $B^{-1}S^*B$ 与 S 只差一个相因子，即

$$B^{-1}S^*B = \mathrm{e}^{\mathrm{i}\varphi}S.$$

因此，把 $\mathrm{e}^{\mathrm{i}\varphi/2}S$ 看作新的 S 就有

$$B^{-1}S^*B = S, \tag{47}$$

或

$$S^* = \gamma^0\gamma^1\gamma^3S\gamma^3\gamma^1\gamma^0. \tag{47$'$}$$

这也可以作为 S 的补充条件. 方程式 (38) 以及补充条件 (42) 、 (47) 能够在一个不定正负号的限度内确定 $S(\Lambda)$ ，它们也保证了对应于全体正常洛伦兹变换的 S 的集合构成一个群. 顺便指出，当 Λ 连续过渡到单位矩阵时，条件 (42) 和 (47) 都可以保持下来.

由 ψ 的变换规则，可决定 $\overline{\psi}(x)$ 的变换规则. 按照 (22) 式，有

$$\overline{\psi'}(x') = \widetilde{\psi'}^*(x')\gamma^0 = \widetilde{\psi}^*(x)S^\dagger\gamma^0 = \overline{\psi}(x)\gamma^0S^\dagger\gamma^0.$$

由此及 (42) 式得出

$$\overline{\psi'}(x') = \overline{\psi}(x)S^{-1}\,. \tag{48}$$

下面求出无穷小正常洛伦兹变换的 $S(\Lambda)$ (任意正常洛伦兹变换都可由一系列无穷小变换来达到). 在无穷小洛伦兹变换下有

$$x'^\mu \approx x^\mu + \varepsilon^\mu_\nu x^\nu, \tag{49}$$

其中，ε^{μ}_{ν} 是无穷小量．由条件 (35) 得出

$$g_{\mu\lambda}\varepsilon^{\lambda}_{\nu} + g_{\nu\lambda}\varepsilon^{\lambda}_{\mu} = 0, \tag{50}$$

其中 $g_{\mu\lambda}$ 是度规张量的 $\mu\lambda$ 分量．令

$$\varepsilon_{\mu\nu} \equiv g_{\mu\lambda}\varepsilon^{\lambda}_{\nu}, \tag{51}$$

于是 (50) 式变为

$$\varepsilon_{\mu\nu} + \varepsilon_{\nu\mu} = 0, \tag{52}$$

所以 $\varepsilon_{\mu\nu}$ 代表 6 个 参量．规定 $S(\Lambda)$ 在 $\varepsilon_{\mu\nu} = 0$ 时是单位矩阵，得

$$S(\Lambda) \approx 1 + T(\varepsilon), \quad S^{-1}(\Lambda) \approx 1 - T(\varepsilon), \tag{53}$$

其中 $T(\varepsilon)$ 的矩阵元是一级无穷小量，把 (53) 式代到 (38) 式得出

$$\begin{aligned}
&(1 - T(\varepsilon))\gamma^{\mu}(1 + T(\varepsilon)) \approx \gamma^{\mu} + \varepsilon^{\mu}_{\nu}\gamma^{\nu}, \\
&\gamma^{\mu}T(\varepsilon) - T(\varepsilon)\gamma^{\mu} = \varepsilon^{\mu}_{\nu}\gamma^{\nu}.
\end{aligned} \tag{54}$$

方程式 (54) 把 $T(\varepsilon)$ 决定到一个与 γ^{μ} 无关的相加常数，其解为

$$T(\varepsilon) = \frac{1}{8}\varepsilon_{\mu\nu}(\gamma^{\mu}\gamma^{\nu} - \gamma^{\nu}\gamma^{\mu}) + d(\text{常数}).$$

补充条件 (42) 给出

$$T^{\dagger}(\varepsilon) = -\gamma^{0}T(\varepsilon)\gamma^{0},$$

从而要求 $d^* = -d$. 补充条件 (47′) 给出

$$T^{*}(\varepsilon) = \gamma^{0}\gamma^{1}\gamma^{3}T(\varepsilon)\gamma^{3}\gamma^{1}\gamma^{0},$$

即要求

$$d = d^* = -d = 0,$$

最后得到

$$T(\varepsilon) = \frac{1}{8}\varepsilon_{\mu\nu}(\gamma^{\mu}\gamma^{\nu} - \gamma^{\nu}\gamma^{\mu}), \tag{55}$$

$$S(\Lambda) \approx 1 + \frac{1}{8}\varepsilon_{\mu\nu}(\gamma^{\mu}\gamma^{\nu} - \gamma^{\nu}\gamma^{\mu}). \tag{56}$$

§ 3　空间轴的转动与 Dirac 粒子的自旋

根据 Dirac 波函数在空间坐标架转动下的变换性质，可以证明遵守 Dirac 方程的粒子具有 1/2 的自旋. 空间坐标架的转动 (时间轴不动) 属于正常洛伦兹变换的特殊情况，即

$$\Lambda = \begin{pmatrix} 1 & 0 & 0 & 0 \\ 0 & & & \\ 0 & & \boxed{R} & \\ 0 & & & \end{pmatrix}, \tag{57}$$

其中 R 是 3×3 的幺模实正交矩阵，如果 R 表示坐标架以某个方向 $\boldsymbol{n}$ 为转动轴旋转一个无穷小角度 $-\Delta\theta$, 则

$$R = \begin{pmatrix} 1 & \varepsilon^1_2 & \varepsilon^1_3 \\ \varepsilon^2_1 & 1 & \varepsilon^2_3 \\ \varepsilon^3_1 & \varepsilon^3_2 & 1 \end{pmatrix}, \tag{58}$$

$$\left.\begin{aligned} \varepsilon^1_2 &= -\varepsilon^2_1 = -\Delta\theta n_z, \\ \varepsilon^2_3 &= -\varepsilon^3_2 = -\Delta\theta n_x, \\ \varepsilon^3_1 &= -\varepsilon^1_3 = -\Delta\theta n_y, \end{aligned}\right\} \tag{59}$$

或

$$\left.\begin{aligned} &\varepsilon_{12} = -\varepsilon_{21} = g_{11}\varepsilon^1_2 = \Delta\theta n_z, \\ &\varepsilon_{23} = -\varepsilon_{32} = \Delta\theta n_x, \\ &\varepsilon_{31} = -\varepsilon_{13} = \Delta\theta n_y, \end{aligned}\right\} \tag{60}$$

故

$$S \approx 1 + \frac{1}{4}\varepsilon_{kj}\gamma^k\gamma^j = 1 - \frac{\mathrm{i}}{2}\Delta\theta\boldsymbol{n}\cdot\overrightarrow{\Sigma}, \tag{61}$$

$$\Sigma_x = \mathrm{i}\gamma^2\gamma^3 = \begin{pmatrix} \sigma_x & 0 \\ 0 & \sigma_x \end{pmatrix}, \tag{62}$$

$$\Sigma_y = \mathrm{i}\gamma^3\gamma^1 = \begin{pmatrix} \sigma_y & 0 \\ 0 & \sigma_y \end{pmatrix}, \tag{63}$$

$$\Sigma_z = \mathrm{i}\gamma^1\gamma^2 = \begin{pmatrix} \sigma_z & 0 \\ 0 & \sigma_z \end{pmatrix}, \tag{64}$$

即

$$\vec{\Sigma}=\begin{pmatrix}\boldsymbol{\sigma} & 0\\ 0 & \boldsymbol{\sigma}\end{pmatrix}. \tag{65}$$

这就证明了当空间坐标架绕 $\boldsymbol{n}$ 轴转 $-\Delta\theta$ 角时, Dirac 波函数按下式变换

$$\psi'(\boldsymbol{x}',t)\approx\Big(1-\frac{\mathrm{i}}{2}\Delta\theta\boldsymbol{n}\cdot\vec{\Sigma}\Big)\psi(R^{-1}\boldsymbol{x}',t). \tag{66}$$

所以 $\frac{1}{2}\Sigma_x,\frac{1}{2}\Sigma_y$ 及 $\frac{1}{2}\Sigma_z$ 就是粒子的自旋算符的三个分量的矩阵, 它们是满足角动量的对易关系的厄米矩阵, 并且

$$\Sigma_x^2=\Sigma_y^2=\Sigma_z^2=1, \tag{67}$$

$$\Big(\frac{1}{2}\vec{\Sigma}\Big)^2=\frac{3}{4}. \tag{68}$$

因此遵守 Dirac 方程的粒子具有 1/2 的自旋. 在非相对论量子力学中, 虽然根据实验事实知道电子、质子等具有 1/2 的自旋, 但无法给出理论解释.

当空间坐标架转动有限的 $-\theta$ 角时, 由 (66) 式得出

$$\psi'(\boldsymbol{x}',t)=\mathrm{e}^{-\frac{1}{2}\mathrm{i}\,\theta\boldsymbol{n}\cdot\vec{\Sigma}}\psi(R^{-1}\boldsymbol{x}',t) \tag{69}$$

$$=\Big(\cos\frac{\theta}{2}-\mathrm{i}\,\boldsymbol{n}\cdot\vec{\Sigma}\sin\frac{\theta}{2}\Big)\psi(R^{-1}\boldsymbol{x}',t). \tag{70}$$

如果 $\theta=2\pi$ 就有 $\psi'(\boldsymbol{x}',t)=-\psi(\boldsymbol{x},t)$.

§ 4 空间反射

空间反射是只将参考系的三个空间轴反向的变换 (使右 (左) 手坐标架变成左 (右) 手坐标架), 于是在参考系 K 中坐标为 x 的点相对于由空间反射而成的参考系 K' 的坐标是如下的 x':

$$x'^0=x^0,\quad x'^k=-x^k, \tag{71}$$

即

$$\Lambda_0^0=1,\ \Lambda_k^j=-\delta_{jk},\ \Lambda_k^0=\Lambda_0^k=0. \tag{72}$$

再设在 K 中由 ψ 描写的运动过程在 K' 中由 ψ' 描写, 则相同时空点的 $\psi'(x')$ 与 $\psi(x)$ 的关系如下

$$\psi'(x')=S_p\psi(x), \tag{73}$$

与正常洛伦兹变换的情形相似，为了保证 Dirac 方程对于空间反射的协变性，S_p 应满足如下的方程式

$$S_p^{-1}\gamma^\mu S_p = \Lambda^\mu_\nu \gamma^\nu. \tag{74}$$

把 (72) 式代进来得

$$S_p^{-1}\gamma^0 S_p = \gamma^0, \quad S_p^{-1}\gamma^k S_p = -\gamma^k. \tag{75}$$

由此能够把 S_p 确定到一个任意系数

$$S_p = \eta_p \gamma^0, \tag{76}$$

其中 η_p 与 γ^μ 无关，把这个系数限制为相因子就可以使 S_p 是幺正矩阵，即

$$\eta_p^* \eta_p = 1, \tag{77}$$

$$S_p^\dagger = S_p^{-1}. \tag{78}$$

其次，取 (76) 式的复共轭，有

$$S_p^* = \eta_p^* (\gamma^0)^* = \eta_p^* B \gamma^0 B^{-1},$$

故

$$B^{-1} S_p^* B = \eta_p^* \eta_p^{-1} S_p. \tag{79}$$

这表明，再引入像 (47) 式那样的补充条件也是允许的 (这将把 η_p 限制为 ± 1)，不过现在的 Λ 是固定的，S_p 满足的方程式及补充条件都不存在向恒等洛伦兹变换的情形连续过渡的问题，所以也允许引入不同于 (47) 式的补充条件，这里不作进一步的讨论.

在空间反射下，$\overline{\psi}(x)$ 的变换规则是

$$\overline{\psi'}(x') = \widetilde{\psi'}^*(x')\gamma^0 = \widetilde{\psi}^* S_p^\dagger \gamma^0,$$

即

$$\overline{\psi'}(x') = \overline{\psi}(x) S_p^{-1}. \tag{80}$$

§ 5　由 $\psi(x), \overline{\psi}(x)$ 及 γ^μ 组成的张量

对应于 γ^μ 的 16 种线性独立的积，可做成如下的五类张量：

标量 (S)： $\overline{\psi}(x)\psi(x)$.

矢量 (V)： $\overline{\psi}(x)\gamma^\mu\psi(x)$.

反对称张量 (T)： $\overline{\psi}(x)\gamma^\mu\gamma^\nu\psi(x) \quad (\mu\neq\nu)$.

赝标量 (P)： $\overline{\psi}(x)\gamma_5\psi(x)$ $(\gamma_5 = \mathrm{i}\gamma^0\gamma^1\gamma^2\gamma^3)$.

赝矢量 (A)： $\overline{\psi}(x)\gamma_5\gamma^\mu\psi(x)$.

这些量在正常洛伦兹变换下和空间反射下的性质如下：

$$\overline{\psi'}(x')\psi'(x') = \overline{\psi}(x)\psi(x), \tag{81}$$

$$\overline{\psi'}(x')\gamma^\mu\psi'(x') = \Lambda^\mu_\nu\overline{\psi}(x)\gamma^\nu\psi(x), \tag{82}$$

$$\overline{\psi'}(x')\gamma^\mu\gamma^\nu\psi'(x') = \Lambda^\mu_\lambda\Lambda^\nu_\sigma\overline{\psi}(x)\gamma^\lambda\gamma^\sigma\psi(x) \quad (\mu\neq\nu), \tag{83}$$

$$\overline{\psi'}(x')\gamma_5\psi'(x') = (\det\Lambda)\overline{\psi}(x)\gamma_5\psi(x), \tag{84}$$

$$\overline{\psi'}(x')\gamma_5\gamma^\mu\psi'(x') = (\det\Lambda)\Lambda^\mu_\nu\overline{\psi}(x)\gamma_5\gamma^\nu\psi(x), \tag{85}$$

其中 x' 表示 $x'^\mu = \Lambda^\mu_\nu x^\nu$. (81) 及 (82) 式是显然的，下面证明其他公式. 由 (38) 式有 $S(\Lambda)^{-1}\gamma^\mu\gamma^\nu S(\Lambda) = \Lambda^\mu_\lambda\Lambda^\nu_\sigma\gamma^\lambda\gamma^\sigma$. 而右边的 λ,σ 相同的项为 (根据 (28) 式)

$$\sum_\lambda \Lambda^\mu_\lambda\Lambda^\nu_\lambda g^{\lambda\lambda} = \Lambda^\mu_\lambda\Lambda^\nu_\sigma g^{\lambda\sigma} = g^{\mu\nu},$$

可见， $\mu\neq\nu$ 的 $\overline{\psi}(x)\gamma^\mu\gamma^\nu\psi(x)$ 组成反对称张量. 为了明显地剔除 $\mu=\nu$ 的成分，可将此张量改写为

$$\overline{\psi}(x)\frac{1}{2}(\gamma^\mu\gamma^\nu - \gamma^\nu\gamma^\mu)\psi(x).$$

再看下式：

$$S(\Lambda)^{-1}\gamma^0\gamma^1\gamma^2\gamma^3 S(\Lambda) = \Lambda^0_\mu\Lambda^1_\nu\Lambda^2_\lambda\Lambda^3_\sigma\gamma^\mu\gamma^\nu\gamma^\lambda\gamma^\sigma,$$

这里不必考虑等号右边的指标 $\mu\nu\lambda\sigma$ 发生重复的项，例如，当 $\mu\nu$ 重复时，就出现一个因子 $\Lambda^0_\mu\Lambda^1_\nu g^{\mu\nu}$ ，它显然等于零，因此每个有贡献的项中的 $\gamma^\mu\gamma^\nu\gamma^\lambda\gamma^\sigma$ 经过重排之后都是 $\pm\gamma^0\gamma^1\gamma^2\gamma^3$. 计及重排引起的正负号就有

$$\Lambda^0_\mu\Lambda^1_\nu\Lambda^2_\lambda\Lambda^3_\sigma\gamma^\mu\gamma^\nu\gamma^\lambda\gamma^\sigma = \gamma^0\gamma^1\gamma^2\gamma^3(\det\Lambda),$$

$$S(\Lambda)^{-1}\gamma_5 S(\Lambda) = \gamma_5(\det\Lambda). \tag{86}$$

由此可得出 (84) 式. 对于正常洛伦兹变换，Λ 的行列式是 1 ，这时 $\overline{\psi}(x)\gamma_5\psi(x)$ 像标量一样地变换，但是在空间反射下，$\det\Lambda$ 是 -1 ，因此 $\overline{\psi}(x)\gamma_5\psi(x)$ 被称为赝标量. 其次，从 (86) 式还可直接看出 (85) 式. 也是根据变换式中的因子 $\det\Lambda$, $\overline{\psi}(x)\gamma_5\gamma^\mu\psi(x)$ 被称为赝矢量.

§ 6　时间反演

对于原来的参考系 K 而言坐标为 x 的点，在经时间轴反向而成的参考系 K' 中的坐标是如下的 x':

$$x'^0=-x^0,\quad x'^k=x^k. \tag{87}$$

相应的 Λ 矩阵为

$$\Lambda_0^0=-1,\ \ \Lambda_k^j=\delta_{jk},\ \ \Lambda_k^0=\Lambda_0^k=0. \tag{88}$$

设在 K 中由 ψ 描写的物理过程在 K' 中由 ψ' 描写，而相同时空点的 $\psi'(x')$ 与 $\psi(x)$ 的关系为

$$\psi'(x')=T\psi(x). \tag{89}$$

这相当于

$$\psi'(\boldsymbol{x},t)=T\psi(\boldsymbol{x},-t). \tag{90}$$

由于 T 代表反线性变换，我们把它写成一个特殊的反线性算符 θ 与另一个矩阵 U 的积

$$T=\theta U, \tag{91}$$

其中 θ 作用于 ψ 时，等于对 ψ 取复共轭，即

$$\theta\psi=\psi^*, \tag{92}$$

故

$$T\psi=U^*\psi^*, \tag{93}$$

$$\theta^2=1. \tag{94}$$

由 (89) 及 (90) 式有

$$\psi(x)=T^{-1}\psi'(x')=U^{-1}\theta\psi'(x'),$$

代入 (25) 式得出

$$\left\{\mathrm{i}\gamma^\mu\Big(\partial_\mu+\frac{\mathrm{i}e}{\hbar c}A_\mu(x)\Big)-\frac{mc}{\hbar}\right\}U^{-1}\theta\psi'(x')=0\,,$$

或

$$\left\{-\mathrm{i}\theta U\gamma^\mu\Big(\partial_\mu+\frac{\mathrm{i}e}{\hbar c}A_\mu(x)\Big)U^{-1}\theta-\frac{mc}{\hbar}\right\}\psi'(x')=0\,.$$

可见，为了保证 Dirac 方程在时间反演下是协变的，矩阵 U 应满足如下的条件

$$\theta U\gamma^\mu\Big(\partial_\mu+\frac{\mathrm{i}e}{\hbar c}A_\mu(x)\Big)U^{-1}\theta=-\gamma^\mu\Big(\partial'_\mu+\frac{\mathrm{i}e}{\hbar c}A'_\mu(x')\Big)\,.$$

注意 $(\varPhi,\boldsymbol{A})$ 在时间反演下的变换式是

$$\varPhi'(x')=\varPhi(x),\quad \boldsymbol{A}'(x')=-\boldsymbol{A}(x),$$

得

$$\begin{aligned}&\theta U\gamma^\mu\Big(\partial_\mu+\frac{\mathrm{i}e}{\hbar c}A_\mu(x)\Big)U^{-1}\theta\\&\qquad=-\gamma^0\Big(-\partial_0+\frac{\mathrm{i}e}{\hbar c}A_0(x)\Big)-\sum_k\gamma^k\Big(\partial_k-\frac{\mathrm{i}e}{\hbar c}A_k(x)\Big)\,,\\&U\gamma^\mu\Big(\partial_\mu+\frac{\mathrm{i}e}{\hbar c}A_\mu(x)\Big)U^{-1}\\&\qquad=-(\gamma^0)^*\Big(-\partial_0-\frac{\mathrm{i}e}{\hbar c}A_0(x)\Big)-\sum_k(\gamma^k)^*\Big(\partial_k+\frac{\mathrm{i}e}{\hbar c}A_k(x)\Big)\,.\end{aligned}$$

这要求 $U\gamma^0U^{-1}=(\gamma^0)^*$，$U\gamma^kU^{-1}=-(\gamma^k)^*$, 即

$$(U\gamma^0)\gamma^\mu(U\gamma_0)^{-1}=(\gamma^\mu)^*. \tag{95}$$

由此能够把 U 确定到一个与 γ^μ 无关的任意系数，故

$$U\propto B\gamma^0. \tag{96}$$

因此可以把 U 限制为幺正矩阵，这时有

$$U=\lambda_u\gamma^1\gamma^3,\quad |\lambda_u|=1, \tag{97}$$

$$T=\theta U=\lambda_u^*(\gamma^1)^*(\gamma^3)^*\theta=\lambda_u^*\gamma^1\gamma^3\theta. \tag{98}$$

由此有

$$T^2=\gamma^1\gamma^3\theta\theta\gamma^1\gamma^3=\gamma^1\gamma^3\gamma^1\gamma^3=-1. \tag{99}$$

$\overline{\psi}$ 的变换式可用 U 的转置决定．由

$$\overline{\psi'}(x')=\widetilde{\psi'}^*(x')\gamma^0\,,\quad \psi'(x')=U^*\psi^*(x)\,,$$

得

$$\overline{\psi'}(x')=(\widetilde{\psi}^*(x)\widetilde{U}^*)^*\gamma^0\,,$$

即

$$\overline{\psi'}(x') = \widetilde{\psi}(x)\widetilde{U}\gamma^0 . \tag{100}$$

现在举例说明前面的五类张量在时间反演下的变换规则. 由 (89) 及 (100) 式有

$$\overline{\psi'}(x')\psi'(x') = \widetilde{\psi}(x)\widetilde{U}\gamma^0\theta U\psi(x) = \widetilde{\psi}(x)\theta U^{-1}(\gamma^0)^* U\psi(x) = (\widetilde{\psi}^*(x)U^{-1}(\gamma^0)^* U\psi(x))^* .$$

借助矩阵的厄米共轭运算有

$$(\widetilde{\psi}^*(x)U^{-1}(\gamma^0)^* U\psi(x))^* = \widetilde{\psi}^*(x)U^{-1}(\gamma^{0\dagger})^* U\psi(x) = \widetilde{\psi}^*(x)U^{-1}(\gamma^0)^* U\psi(x) .$$

由于 U 与 $B\gamma^0$ 只差一个常系数，故

$$U^{-1}(\gamma^0)^* U = \gamma^0 B^{-1}(\gamma^0)^* B\gamma^0 = \gamma^0\gamma^0\gamma^0 = \gamma^0,$$

$$\overline{\psi'}(x')\psi'(x') = \overline{\psi}(x)\psi(x). \tag{101}$$

类似地，$\overline{\psi'}(x')\gamma^\mu\psi'(x')$ 可表示为

$$\begin{aligned}\widetilde{\psi}\widetilde{U}\gamma^0\gamma^\mu\theta U\psi(x) &= \widetilde{\psi}(x)\theta U^{-1}(\gamma^0\gamma^\mu)^* U\psi(x) = (\widetilde{\psi}^*(x)U^{-1}(\gamma^0\gamma^\mu)^* U\psi(x))^* \\ &= \widetilde{\psi}^*(x)U^{-1}(\gamma^{\mu\dagger}\gamma^0)^* U\psi(x) = \widetilde{\psi}^*(x)U^{-1}(\gamma^0\gamma^\mu)^* U\psi(x) ,\end{aligned}$$

其中的 $U\,U^{-1}$ 可以换成 $B\gamma^0$ 及 $\gamma^0 B^{-1}$，故

$$U^{-1}(\gamma^0\gamma^\mu)^* U = \gamma^0 B^{-1}(\gamma^0\gamma^\mu)^* B\gamma^0 = \gamma^0(\gamma^0\gamma^\mu)\gamma^0 ,$$

$$\overline{\psi'}(x')\gamma^\mu\psi'(x') = \overline{\psi}(x)\gamma^0\gamma^\mu\gamma^0\psi(x). \tag{102}$$

其他量的变换式也可按同样的方法求出，下面列出结果：

$$\overline{\psi'}(x')\psi'(x') = \overline{\psi}(x)\psi(x), \quad \overline{\psi'}(x')\gamma^0\psi'(x') = \overline{\psi}(x)\gamma^0\psi(x),$$

$$\overline{\psi'}(x')\gamma^k\psi'(x') = -\overline{\psi}(x)\gamma^k\psi(x), \quad \overline{\psi'}(x')\gamma^0\gamma^k\psi'(x') = \overline{\psi}(x)\gamma^0\gamma^k\psi(x),$$

$$\overline{\psi'}(x')\gamma^j\gamma^k\psi'(x') = -\overline{\psi}(x)\gamma^j\gamma^k\psi(x), \quad \overline{\psi'}(x')\gamma_5\psi'(x') = \psi(x)\gamma_5\psi(x),$$

$$\overline{\psi'}(x')\gamma_5\gamma^0\psi'(x') = \psi(x)\gamma_5\gamma^0\psi(x), \quad \overline{\psi'}(x')\gamma_5\gamma^k\psi'(x') = -\psi(x)\gamma_5\gamma^k\psi(x).$$

这里提醒一下，本书在本章 §11 之前，Dirac 波函数的分量是当作普通函数看待的，其时间反演变换式不能直接过渡到量子场论的算符公式. 例如说，如果将 (89), (100) 式看成是算符公式，就无法得出 (101) 和 (102) 式.

§7 平面波解. 库仑中心场中的电子态. 负能态问题

7.1 平面波解

自由粒子具有一定动量和能量的 Dirac 波函数是如 (1) 式所示的四分量波函数:

$$\psi(x)=u(\boldsymbol{p})\mathrm{e}^{\mathrm{i}(\boldsymbol{p}\cdot\boldsymbol{x}-Et)/\hbar}, \tag{103}$$

能量 E 是哈密顿量 H 的本征值, 即

$$H\psi(x)=E\psi(x), \tag{104}$$

$$H=c\boldsymbol{\alpha}\cdot\widehat{\boldsymbol{p}}+mc^2\beta, \tag{105}$$

其中 $\widehat{\boldsymbol{p}}$ 是动量算子. 把 $\boldsymbol{\alpha}$ 矩阵的表达式 (14) 代入, 有

$$H=\begin{pmatrix} mc^2 & c\boldsymbol{\sigma}\cdot\widehat{\boldsymbol{p}} \\ c\boldsymbol{\sigma}\cdot\widehat{\boldsymbol{p}} & -mc^2 \end{pmatrix}. \tag{106}$$

由于 Dirac 粒子有半个单位的自旋, 所以在一定的动量及能量之下, 有两个独立状态, 我们可以用自旋在动量方向的投影来标记这两个状态. 这是因为 $\overrightarrow{\Sigma}\cdot\widehat{\boldsymbol{p}}$ 与 $\widehat{\boldsymbol{p}}$, H 都是对易的. 为了证明这一点, 把 $\overrightarrow{\Sigma}\cdot\widehat{\boldsymbol{p}}$ 写成

$$\overrightarrow{\Sigma}\cdot\widehat{\boldsymbol{p}}=\begin{pmatrix} \boldsymbol{\sigma}\cdot\widehat{\boldsymbol{p}} & 0 \\ 0 & \boldsymbol{\sigma}\cdot\widehat{\boldsymbol{p}} \end{pmatrix}. \tag{107}$$

由此有

$$H(\overrightarrow{\Sigma}\cdot\widehat{\boldsymbol{p}})=(\overrightarrow{\Sigma}\cdot\widehat{\boldsymbol{p}})H=\begin{pmatrix} mc^2\boldsymbol{\sigma}\cdot\widehat{\boldsymbol{p}} & c\widehat{\boldsymbol{p}}^2 \\ c\widehat{\boldsymbol{p}}^2 & -mc^2\boldsymbol{\sigma}\cdot\widehat{\boldsymbol{p}} \end{pmatrix}.$$

(103) 式中 $\psi(x)$ 的形式已保证了它是 $\widehat{\boldsymbol{p}}$ 的本征函数, 它同时又是 H 及 $\overrightarrow{\Sigma}\cdot\widehat{\boldsymbol{p}}$ 的本征函数就意味着

$$\begin{pmatrix} mc^2-E & c\boldsymbol{\sigma}\cdot\boldsymbol{p} \\ c\boldsymbol{\sigma}\cdot\boldsymbol{p} & -mc^2-E \end{pmatrix}u(\boldsymbol{p})=0, \tag{108}$$

$$\Sigma_e u(\boldsymbol{p})=\pm u(\boldsymbol{p}), \tag{109}$$

其中

$$\Sigma_e=\overrightarrow{\Sigma}\cdot\boldsymbol{e}, \tag{110}$$

$$\boldsymbol{e} = \boldsymbol{p}/|\boldsymbol{p}|\,. \tag{111}$$

能量本征值 E 由方程组 (108) 有非零解的条件给出，即

$$\det\begin{pmatrix} mc^2 - E & c\boldsymbol{\sigma}\cdot\boldsymbol{p} \\ c\boldsymbol{\sigma}\cdot\boldsymbol{p} & -mc^2 - E \end{pmatrix} = 0,$$

或

$$(m^2c^4 + c^2|\boldsymbol{p}|^2 - E^2)^2 = 0.$$

对于一定的 $\boldsymbol{p}$, 有两种 E 值，即 $|E|$ 与 $-|E|$ ，而

$$|E| = \sqrt{m^2c^4 + c^2|\boldsymbol{p}|^2}, \tag{112}$$

对于一定的 $\boldsymbol{p},E$, 有两种 Σ_e 值, 即 1 与 -1. 因此在一定 $\boldsymbol{p}$ 下有四个独立状态. 关于负能态在物理上引起什么问题，在后面再讨论.

由 Σ_e 的两种值标记的正能量的两个态 ψ_{I} 和 ψ_{II} 以及负能量的两个态 ψ_{III} 和 ψ_{IV} 的性质如下表所示.

	ψ_{I}	ψ_{II}	ψ_{III}	ψ_{IV}
$\boldsymbol{p}$	$\boldsymbol{p}$	$\boldsymbol{p}$	$\boldsymbol{p}$	$\boldsymbol{p}$
H	$\|E\|$	$\|E\|$	$-\|E\|$	$-\|E\|$
Σ_e	$+1$	-1	$+1$	-1

为了便于写出 $u_{\mathrm{I}}(\boldsymbol{p}), u_{\mathrm{II}}(\boldsymbol{p}), u_{\mathrm{III}}(\boldsymbol{p}), u_{\mathrm{IV}}(\boldsymbol{p})$ 的表达式, 用 (θ,φ) 描写 $\boldsymbol{p}$ 的方向, 即

$$\left.\begin{aligned} p_x &= |\boldsymbol{p}|\sin\theta\cos\varphi\,, \\ p_y &= |\boldsymbol{p}|\sin\theta\sin\varphi\,, \\ p_z &= |\boldsymbol{p}|\cos\theta\,. \end{aligned}\right\} \tag{113}$$

于是

$$\sigma_e = D(g_0)\sigma_z D(g_0)^\dagger\,, \tag{114}$$

其中

$$g_0 = g(\boldsymbol{j}_3,\varphi)g(\boldsymbol{j}_2,\theta), \tag{115}$$

$$D(g_0) = \mathrm{e}^{-\mathrm{i}\,\sigma_z\frac{\varphi}{2}}\mathrm{e}^{-\mathrm{i}\,\sigma_y\frac{\theta}{2}}\,. \tag{116}$$

g_0 即是把 z 轴方向变到 $\boldsymbol{e}$ 方向的一个转动：

$$\boldsymbol{e} = g_0\, \boldsymbol{z}^0. \tag{117}$$

由 (114) 式有

$$\Sigma_e = \begin{pmatrix} D(g_0)\sigma_z D(g_0)^\dagger & 0 \\ 0 & D(g_0)\sigma_z D(g_0)^\dagger \end{pmatrix}. \tag{118}$$

因此，(109) 式的两类解的一般形式为

$$u\uparrow(\boldsymbol{p}) = \begin{pmatrix} A\chi_+ \\ B\chi_+ \end{pmatrix} \quad (\Sigma_e \to +1), \tag{119}$$

$$u\downarrow(\boldsymbol{p}) = \begin{pmatrix} A'\chi_- \\ B'\chi_- \end{pmatrix} \quad (\Sigma_e \to -1), \tag{120}$$

其中 A, B, A', B' 是任意常数，$\chi_\pm$ 的定义是

$$\chi_+(\boldsymbol{p}) = D(g_0)\begin{pmatrix} 1 \\ 0 \end{pmatrix}, \tag{121a}$$

$$\chi_-(\boldsymbol{p}) = D(g_0)\begin{pmatrix} 0 \\ 1 \end{pmatrix}. \tag{121b}$$

显然

$$\sigma_e\chi_\pm(\boldsymbol{p}) = \pm\chi_\pm(\boldsymbol{p}), \tag{122}$$

把 (119), (120) 式代回 (108) 式中有

$$\text{(i)}\quad (c\boldsymbol{\sigma}\cdot\boldsymbol{p})A_1\chi_+ - (mc^2 + |E|)B_1\chi_+ = 0,$$

$$\text{(ii)}\quad (c\boldsymbol{\sigma}\cdot\boldsymbol{p})A_2\chi_- - (mc^2 + |E|)B_2\chi_- = 0,$$

$$\text{(iii)}\quad (mc^2 + |E|)A_3\chi_+ + (c\boldsymbol{\sigma}\cdot\boldsymbol{p})B_3\chi_+ = 0,$$

$$\text{(iv)}\quad (mc^2 + |E|)A_4\chi_- + (c\boldsymbol{\sigma}\cdot\boldsymbol{p})B_4\chi_- = 0.$$

利用 (122) 式化简，并按 $u(\boldsymbol{p})^\dagger u(\boldsymbol{p}) = 1$ 归一，最后得到

$$u_{\mathrm{I}}(\boldsymbol{p}) = \sqrt{\frac{mc^2 + |E|}{2|E|}}\begin{pmatrix} \chi_+(\boldsymbol{p}) \\ \frac{c|\boldsymbol{p}|}{mc^2+|E|}\chi_+(\boldsymbol{p}) \end{pmatrix}, \tag{123}$$

$$u_{\text{II}}(\boldsymbol{p})=\sqrt{\frac{mc^2+|E|}{2|E|}}\begin{pmatrix}\chi_-(\boldsymbol{p})\\ \frac{-c|\boldsymbol{p}|}{mc^2+|E|}\chi_-(\boldsymbol{p})\end{pmatrix},\tag{124}$$

$$u_{\text{III}}(\boldsymbol{p})=\sqrt{\frac{mc^2+|E|}{2|E|}}\begin{pmatrix}\frac{-c|\boldsymbol{p}|}{mc^2+|E|}\chi_+(\boldsymbol{p})\\ \chi_+(\boldsymbol{p})\end{pmatrix},\tag{125}$$

$$u_{\text{IV}}(\boldsymbol{p})=\sqrt{\frac{mc^2+|E|}{2|E|}}\begin{pmatrix}\frac{c|\boldsymbol{p}|}{mc^2+|E|}\chi_-(\boldsymbol{p})\\ \chi_-(\boldsymbol{p})\end{pmatrix}.\tag{126}$$

利用 $D(g_0)$ 的矩阵，可将 $\chi_\pm(\boldsymbol{p})$ 表示为

$$\chi_+(\boldsymbol{p})=\begin{pmatrix}\mathrm{e}^{-\mathrm{i}\varphi/2}\cos\frac{1}{2}\theta\\ \mathrm{e}^{\mathrm{i}\varphi/2}\sin\frac{1}{2}\theta\end{pmatrix},$$

$$\chi_-(\boldsymbol{p})=\begin{pmatrix}-\mathrm{e}^{-\mathrm{i}\varphi/2}\sin\frac{1}{2}\theta\\ \mathrm{e}^{\mathrm{i}\varphi/2}\cos\frac{1}{2}\theta\end{pmatrix}.$$

7.2　库仑中心场中的电子态

电子在正的点电荷 $Z|e|$ 产生的库仑场中运动的哈密顿量为

$$H=c\boldsymbol{\alpha}\cdot\widehat{\boldsymbol{p}}+mc^2\beta+V(r),\tag{127}$$

$$V(r)=-\frac{Ze^2}{r},\tag{128}$$

求这种哈密顿量的本征态，相当于假定原子核固定于坐标原点而求类氢原子的本征态．这个假定造成一定的误差，但可以把电子质量 m 换成相应的折合质量而使误差大为缩小．

对于哈密顿量 (127)，总角动量及宇称都是守恒量，这些量的算符是

$$\boldsymbol{J}=\boldsymbol{L}+\frac{1}{2}\overrightarrow{\Sigma},\tag{129}$$

$$\widehat{\mathcal{P}}=\beta\Pi,\tag{130}$$

其中 $\boldsymbol{L}$ 及 Π 代表电子轨道运动的角动量和宇称算符．

$\widehat{\mathcal{P}}$，$\boldsymbol{J}^2$ 及 J_z 的共同本征函数可写成

$$\psi_{P'JM}=\begin{pmatrix}\frac{F(r)}{r}\mathscr{Y}_{lJM}\\ \\ \frac{\mathrm{i}G(r)}{r}\mathscr{Y}_{l'JM}\end{pmatrix},\tag{131}$$

其中

$$\left\{\begin{array}{l} l = J \pm 1/2, \\ l' = J + (J - l) = 2J - l, \end{array}\right. \tag{132}$$

$$\mathscr{Y}_{lJM} = \sum_{mm_s} \mathrm{Y}_{lm}(\theta, \varphi)\chi_{m_s}\langle lm\tfrac{1}{2}m_s|JM\rangle, \tag{133}$$

χ_{m_s} 是 σ_z 的两分量本征“函数”，即

$$\sigma_z\chi_{m_s} = 2m_s\chi_{m_s} \quad (m_s = \pm 1/2). \tag{134}$$

以 $\widehat{\mathcal{P}}$ 作用于 (131) 式，有

$$\widehat{\mathcal{P}}\psi_{P'JM} = \beta \begin{pmatrix} (-1)^l \frac{F(r)}{r}\mathscr{Y}_{lJM} \\ \\ (-1)^{l'} \frac{\mathrm{i}G(r)}{r}\mathscr{Y}_{l'JM} \end{pmatrix},$$

即

$$\widehat{\mathcal{P}}\psi_{P'JM} = \begin{pmatrix} (-1)^l \frac{F(r)}{r}\mathscr{Y}_{lJM} \\ \\ (-1)^{l'+1} \frac{\mathrm{i}G(r)}{r}\mathscr{Y}_{l'JM} \end{pmatrix}.$$

由于 $2J+1$ 是偶数，故 $(-1)^{l'+1} = (-1)^l$ ，即

$$\widehat{\mathcal{P}}\psi_{P'JM} = P'\psi_{P'JM}, \tag{135}$$

$$P' = (-1)^l.$$

把 (131) 式中的 l 写成 $J + \frac{\lambda}{2}$, 并把 $\psi_{P'JM}$ 写成 $\psi_{\lambda JM}$ ，则以上各式变为

$$\psi_{\lambda JM} = \begin{pmatrix} \frac{F(r)}{r}\mathscr{Y}_{lJM} \\ \\ \frac{\mathrm{i}G(r)}{r}\mathscr{Y}_{l'JM} \end{pmatrix}, \tag{136}$$

$$\left.\begin{array}{l} l = J + \dfrac{\lambda}{2} \quad (\lambda = \pm 1), \\ l' = J - \dfrac{\lambda}{2}, \end{array}\right\} \tag{137}$$

$$\widehat{\mathcal{P}}\psi_{\lambda JM} = (-1)^{J+\frac{\lambda}{2}}\psi_{\lambda JM}. \tag{138}$$

径向函数 $F(r), G(r)$ 以及能量本征值由 H 的本征值方程决定

$$H\psi_{\lambda JM} = E\psi_{\lambda JM}. \tag{139}$$

关于 H 中的 $\boldsymbol{\alpha}\cdot\widehat{\boldsymbol{p}}$ 可用如下的方法处理：

$$(\boldsymbol{\alpha}\cdot\boldsymbol{r})(\boldsymbol{\alpha}\cdot\widehat{\boldsymbol{p}})=(\overrightarrow{\Sigma}\cdot\boldsymbol{r})(\overrightarrow{\Sigma}\cdot\widehat{\boldsymbol{p}})=\boldsymbol{r}\cdot\widehat{\boldsymbol{p}}+\mathrm{i}\hbar\overrightarrow{\Sigma}\cdot\boldsymbol{L}.$$

令

$$\alpha_r=\frac{\boldsymbol{\alpha}\cdot\boldsymbol{r}}{r},$$

有

$$r\alpha_r(\boldsymbol{\alpha}\cdot\widehat{\boldsymbol{p}})=\hbar r\Big(-\mathrm{i}\frac{\partial}{\partial r}\Big)+\mathrm{i}\hbar\overrightarrow{\Sigma}\cdot\boldsymbol{L},$$

或

$$(\boldsymbol{\alpha}\cdot\widehat{\boldsymbol{p}})=\alpha_r\hbar\Big(-\mathrm{i}\frac{\partial}{\partial r}+\frac{\mathrm{i}}{r}\overrightarrow{\Sigma}\cdot\boldsymbol{L}\Big).\tag{140}$$

利用

$$\overrightarrow{\Sigma}\cdot\boldsymbol{L}=J(J+1)-\frac{3}{4}-\boldsymbol{L}^2$$

及 (137) 式，可求得

$$(\overrightarrow{\Sigma}\cdot\boldsymbol{L})\psi_{\lambda JM}=-\psi_{\lambda JM}-\frac{\lambda}{2}(2J+1)\beta\psi_{\lambda JM}.\tag{141}$$

把 (140) 及 (141) 式代回 (139) 式得到

$$\Big[\hbar c\Big(-\frac{\mathrm{i}}{r}\frac{\partial}{\partial r}+\frac{\mathrm{i}\lambda}{r}\Big(J+\frac{1}{2}\Big)\beta\Big)\alpha_r+mc^2\beta+V(r)\Big]\psi_{\lambda JM}=E\psi_{\lambda JM}.\tag{142}$$

为了作进一步的化简，需要求出 $\alpha_r\psi_{\lambda JM}$，由 α_r 的定义有

$$\alpha_r\psi_{\lambda JM}=\begin{pmatrix}\frac{\mathrm{i}G(r)}{r}\sigma_r\mathscr{Y}_{l'JM}\\ \\ \frac{F(r)}{r}\sigma_r\mathscr{Y}_{lJM}\end{pmatrix},\tag{143}$$

其中 l 与 l' 由 (137) 式决定，由于 α_r 与 β 反对易又与 Π 反对易，因而与 $\widehat{\mathcal{P}}$ 是对易的，故

$$\widehat{\mathcal{P}}\alpha_r\psi_{\lambda JM}=(-1)^{J+\frac{\lambda}{2}}\alpha_r\psi_{\lambda JM}.\tag{144}$$

这表明

$$\sigma_r\mathscr{Y}_{l'JM}=A\mathscr{Y}_{lJM},\tag{145}$$

$$\sigma_r\mathscr{Y}_{lJM}=B\mathscr{Y}_{l'JM},\tag{146}$$

其中 A 与 B 是与 θ,φ,M 无关的系数，可表示为

$$A=\int \mathscr{Y}^{\dagger}_{lJM}\sigma_r\mathscr{Y}_{l'JM}\mathrm{d}\Omega,$$

$$B=\int \mathscr{Y}^{\dagger}_{l'JM}\sigma_r\mathscr{Y}_{lJM}\mathrm{d}\Omega.$$

由 $\mathscr{Y}_{lJM}$ 的定义知道，A 与 B 都是实数，因此又有 $A=B$, 如果再以 σ_r 作用于 (145) 式的两边，还可以看出 $AB=1$, 可见 $A^2=1$, 为了完全确定 A, 可以在 (145) 式中令 $\theta=0$(这时 $\sigma_r\to\sigma_z$)，由此得出

$$A=B=-1. \tag{147}$$

因此 (143) 式给出

$$\alpha_r\psi_{\lambda JM}=\begin{pmatrix} -\frac{\mathrm{i}G(r)}{r}\mathscr{Y}_{lJM} \\ \\ -\frac{F(r)}{r}\mathscr{Y}_{l'JM}\end{pmatrix}. \tag{148}$$

代入 (142) 式中，即得 $F(r)$ 与 $G(r)$ 满足的耦合微分方程

$$\Big[-\frac{\mathrm{d}}{\mathrm{d}r}+\frac{\lambda(J+1/2)}{r}\Big]G(r)+\frac{1}{\hbar c}(mc^2-E+V(r))F(r)=0, \tag{149}$$

$$\Big[\frac{\mathrm{d}}{\mathrm{d}r}+\frac{\lambda(J+1/2)}{r}\Big]F(r)+\frac{1}{\hbar c}(-mc^2-E+V(r))G(r)=0. \tag{150}$$

对于非束缚态，能量 E 可取大于 mc^2 或小于 $-mc^2$ 的任意值. 对于束缚态，能量本征值可表示为

$$E(n,J)=\frac{mc^2}{\sqrt{1+\frac{Z^2(e^2/\hbar c)^2}{(n-\varepsilon_J)^2}}}, \tag{151}$$

其中

$$\varepsilon_J=\Big(J+\frac{1}{2}\Big)-\sqrt{\Big(J+\frac{1}{2}\Big)^2-Z^2\Big(\frac{e^2}{\hbar c}\Big)^2}, \tag{152}$$

$$n=1,2,3,\cdots \tag{153}$$

$$J=\frac{1}{2},\frac{3}{2},\cdots,\Big(n-\frac{1}{2}\Big), \tag{154}$$

$$\lambda=\begin{cases} \pm 1, & \text{当}J<n-\frac{1}{2}; \\ -1, & \text{当}J=n-\frac{1}{2}. \end{cases} \tag{155}$$

用于描写类氢原子的能级时，把电子质量换成折合质量 μ，变为

$$E(n,J)=\frac{\mu c^2}{\sqrt{1+\frac{Z^2(e^2/\hbar c)^2}{(n-\varepsilon_J)^2}}}. \tag{156}$$

在非相对论量子力学中，类氢原子的能级完全由 n 决定，现在由一定 n 值标志的能级则随角动量 J 的值有所不同，这个现象叫做能级的精细结构，是一种相对论效应. $(e^2/\hbar c) \approx 1/137$ 称为精细结构常数. 对于 $Z^2 \ll (137)^2$ 的类氢原子，近似地有

$$E(n,J) \approx \mu c^2 \left\{1 - \frac{Z^2(e^2/\hbar c)^2}{2n^2} - \frac{Z^4(e^2/\hbar c)^4}{2n^4}\left(\frac{n}{J+1/2} - \frac{3}{4}\right) + \cdots\right\}, \quad (157)$$

其中第一项来自静止质量，第二项描写非相对论极限下类氢原子的能级 (与 c 无关)，第三项是描写精细结构的主要项. 这个结果与类氢原子的实验能级符合得很好.

不过，随着实验精确度的提高，又发现了这种理论结果与实验数据之间的差异. 这种差异在氢原子 $n=2$ 能级的精细结构上表现得非常明显. 在非相对论性理论中，氢原子的 $n=2$ 的三个能级 $2S_{1/2}, 2P_{1/2}, 2P_{3/2}$ 是重合的，根据由 Dirac 方程得出的上述公式，$J=3/2$ 的能级比 $J=1/2$ 的两个能级高一些，至于 $J=1/2$ 的两个能级则仍然是重合的. 但 Lamb 等人 (1947 年) 的实验结果指出，这两个能级之间有一定的距离，即 $2P_{1/2}$ 能级略低于 $2S_{1/2}$ 能级，这个现象称为兰姆移位 (Lamb shift). 它的理论解释已在量子电动力学中给出.

7.3 负能态问题

我们已经看到，自由电子除了具有能量高于 mc^2 的正能状态之外，还有低于 $-mc^2$ 的负能态. 在库仑中心场 $-Ze^2/r$ 中的电子，也具有低于 $-mc^2$ 的负能态. 这种负能态的存在引起物理解释上的严重困难. 例如，在电磁场干扰下，电子可以向负能态跃迁. 由于能量没有最小值，向较低态的跃迁将是无止境的. 这样，稳定或准稳定的态都无法存在. 由于负能态引起的这一类困难称为负能困难，Dirac(1931 年) 为了避免这种困难，提出了电子海的观念，即假定物理上的真空状态相当于所有负能态都已按照泡利原理而全部填满，正能态则完全空着. 这样的电子海不贡献能量、动量、电荷、引力作用等. 相应地物理上的单电子意味着除所有负能态均已填满之外，有一个电子处在正能态，能量、电荷、动量等都是由这个电子贡献的. 而且由于泡利原理的限制，这个电子不会向负能态跃迁.

按照这样的电子海观念，如果负能态中有一个态空着，则这个空穴贡献一定的正能量、正电荷以及一些其他物理量. 例如，当 ψ_{III} 态空着时，效果上等于存在一个带正电的所谓正电子，其能量为 $+|E|$，电荷为 $+|e|$，动量为 $-\boldsymbol{p}$，等等. 一般地，对于遵守 Dirac 方程的任何粒子而言，空着的负能态就意

味着反粒子. 如果由于相互作用使负能态中埋没着的粒子跃迁到正能态, 那就意味着正反粒子对的产生. 反之, 当正能态的粒子跃迁到某个空着的负能态时, 就发生正反粒子对的湮没. 在 Dirac 提出上述假定之后不久, 确实发现了正电子. 随后, 电子 - 正电子对的产生和湮没现象也在实验上观察到了, 这是物理学上的重大进展 (目前已经观察到多种反粒子).

在电子海的观念中, 电子是正面描述的对象, 而正电子则处于空穴的地位, 显得不十分自然. 不过我们也可以从正电子的 Dirac 方程出发, 把电子置于空穴的地位. 这样把两种描述方法合起来看, 电子与正电子的地位还是对等的.

然而, 电子海的观念本身就与 Dirac 方程作为单电子的 Schrödinger 方程的观点不相符, 所以不应把这种理论结构推得太远. 但是, 它对于建立进一步的理论有极重要的指导作用.

§ 8 电荷共轭 (正反粒子共轭)

已经指出, 把 Dirac 方程看作粒子的 Schrödinger 方程时, 相应的反粒子处在空穴的地位, 也可以对反粒子作正面的描述而使粒子处在空穴的地位. 假设粒子是带电的, 电荷为 e, 于是相应的反粒子的电荷是 $-e$, 设 $\varphi(x)$ 是反粒子的 Dirac 波函数, 故运动方程为

$$\left\{\mathrm{i}\gamma^\mu\Big(\partial_\mu - \frac{\mathrm{i}e}{\hbar c}A_\mu(x)\Big) - \frac{mc}{\hbar}\right\}\varphi(x) = 0\,. \tag{158}$$

现在要建立一种联系正反粒子波函数的变换. 设 $\psi(x)$ 是粒子的波函数, 而 $\psi^*(x)$ 被某矩阵 $\varGamma$ 作用后变为反粒子的波函数, 记为

$$\psi'(x) = \varGamma\psi^*(x), \tag{159}$$

把 $\psi(x) = (\varGamma^*)^{-1}\psi^{*\prime}(x)$ 代到方程 (25) 中得到

$$\left\{\mathrm{i}\gamma^\mu\Big(\partial_\mu + \frac{\mathrm{i}e}{\hbar c}A_\mu(x)\Big) - \frac{mc}{\hbar}\right\}(\varGamma^*)^{-1}\psi^{*\prime}(x) = 0,$$

取复共轭并用 $\varGamma$ 乘后得出

$$\left\{-\mathrm{i}\varGamma(\gamma^\mu)^*\varGamma^{-1}\Big(\partial_\mu - \frac{\mathrm{i}e}{\hbar c}A_\mu(x)\Big) - \frac{mc}{\hbar}\right\}\psi'(x) = 0\,.$$

为了变成 (158) 式的形式, $\varGamma$ 必须满足

$$\varGamma(\gamma^\mu)^*\varGamma^{-1} = -\gamma^\mu,$$

即

$$\Gamma^{-1}\gamma^{\mu}\Gamma = -(\gamma^{\mu})^{*}. \tag{160}$$

这样的 Γ 是存在的并且能够确定到一个与 γ^{μ} 无关的系数. 注意 γ_5 与 γ^{μ} 反对易而且 $\gamma_5 = \gamma_5^{-1}$ ，有

$$(\gamma^5\Gamma)^{-1}\gamma^{\mu}(\gamma^5\Gamma) = (\gamma^{\mu})^{*},$$

可见 $\Gamma \propto \gamma_5 B^{-1} \propto \gamma^2$. 适当限制 Γ 的常系数可以使它是幺正矩阵, 现在按习惯写成

$$\Gamma = \mathrm{i}\eta_c\gamma^2, \quad |\eta_c| = 1,$$

粒子的波函数 $\psi(x)$ 与反粒子波函数 $\Gamma\psi^{*}(x)$ 之间的变换称为电荷共轭或正反粒子共轭. 通常把 (159) 式写作

$$\psi'(x) = \eta_c C\widetilde{\overline{\psi}}(x), \tag{161}$$

其中

$$C = \mathrm{i}\gamma^2\gamma^0 . \tag{162}$$

容易证明, (161) 式的逆变换也是有同样的形式. 取 (161) 式的复共轭, 注意 $(\gamma^2)^{*} = -\gamma^2$ 得出

$$\psi^{*\prime}(x) = (\mathrm{i}\eta_c\gamma^2\psi^{*}(x))^{*} = \mathrm{i}\eta_c^{*}\gamma^2\psi(x),$$

故

$$\psi(x) = \mathrm{i}\eta_c\gamma^2\psi^{*\prime}(x) = \eta_c C\widetilde{\overline{\psi'}}(x). \tag{163}$$

§ 9 低 能 近 似

9.1 Dirac 波函数在低能极限下的大分量和小分量

这里讨论 Dirac 方程的正能解在低能极限下的性质. 先看平面波解, 其一般形式是本章 § 7 中的 $\psi_{\mathrm{I}}(x)$ 与 $\psi_{\mathrm{II}}(x)$ 的叠加, 因而可写成

$$\psi_{\boldsymbol{p}}(x) = N\begin{pmatrix} \chi \\ \frac{c\boldsymbol{\sigma}\cdot\boldsymbol{p}}{mc^2+|E|}\chi \end{pmatrix} \mathrm{e}^{\mathrm{i}(\boldsymbol{p}\cdot\boldsymbol{x}-|E|t)/\hbar},$$

其中 χ 是两行单列阵, 当能量接近于静止能量 mc^2 时, $c|\boldsymbol{p}| \ll mc^2$, 所以 $\psi_{\boldsymbol{p}}(x)$ 的前两个分量是大分量, 后两个分量是小分量.

在有电磁场时，哈密顿量为 $H = c\boldsymbol{\alpha}\cdot\left(-\mathrm{i}\hbar\nabla - \frac{e}{c}\boldsymbol{A}\right) + mc^2\beta + e\Phi$, 即

$$H = \begin{bmatrix} mc^2 + e\Phi & c\boldsymbol{\sigma}\cdot\left(-\mathrm{i}\hbar\nabla - \frac{e}{c}\boldsymbol{A}\right) \\ c\boldsymbol{\sigma}\cdot\left(-\mathrm{i}\hbar\nabla - \frac{e}{c}\boldsymbol{A}\right) & -mc^2 + e\Phi \end{bmatrix}.$$

令

$$\psi(x) = \begin{pmatrix} \Psi_a(x) \\ \Psi_b(x) \end{pmatrix}, \tag{164}$$

其中 $\Psi_a(x)$ 代表 $\psi(x)$ 的前两个分量，$\Psi_b(x)$ 代表后两个分量. 为了简便，考虑静止场的能量本征值方程

$$(mc^2 + e\Phi)\Psi_a + c\boldsymbol{\sigma}\cdot\left(-\mathrm{i}\hbar\nabla - \frac{e}{c}\boldsymbol{A}\right)\Psi_b = E\Psi_a\,, \tag{165}$$

$$c\boldsymbol{\sigma}\cdot\left(-\mathrm{i}\hbar\nabla - \frac{e}{c}\boldsymbol{A}\right)\Psi_a - (mc^2 - e\Phi)\Psi_b = E\Psi_b\,. \tag{166}$$

令

$$W = E - mc^2,$$

则

$$e\Phi\Psi_a + c\boldsymbol{\sigma}\cdot\left(-\mathrm{i}\hbar\nabla - \frac{e}{c}\boldsymbol{A}\right)\Psi_b = W\Psi_a\,, \tag{167}$$

$$c\boldsymbol{\sigma}\cdot\left(-\mathrm{i}\hbar\nabla - \frac{e}{c}\boldsymbol{A}\right)\Psi_a = (2mc^2 + W - e\Phi)\Psi_b\,, \tag{168}$$

由 (168) 式可把 Ψ_b 写成

$$\Psi_b = \frac{1}{2mc^2 + W - e\Phi}c\boldsymbol{\sigma}\cdot\left(-\mathrm{i}\hbar\nabla - \frac{e}{c}\boldsymbol{A}\right)\Psi_a\,. \tag{169}$$

在低能极限下，$W, e\Phi, eA^k$ 以及 $c|\boldsymbol{p}|$ 都甚小于静止能量，因此 Ψ_a 是大分量，Ψ_b 是小分量. 如果在 (169) 式分母中只保留 $2mc^2$ 项，则

$$\Psi_b \approx \frac{1}{2mc}\boldsymbol{\sigma}\cdot\left(-\mathrm{i}\hbar\nabla - \frac{e}{c}\boldsymbol{A}\right)\Psi_a\,. \tag{170}$$

9.2 泡利方程. 电子的磁矩

利用近似公式 (170) 消去 (167) 式中的小分量 Ψ_b, 可得大分量 Ψ_a 所遵从的本征值方程

$$\left\{\frac{1}{2mc}\left[\boldsymbol{\sigma}\cdot\left(-\mathrm{i}\hbar\nabla - \frac{e}{c}\boldsymbol{A}\right)\right]^2 + e\Phi\right\}\Psi_a = W\Psi_a\,. \tag{171}$$

花括号内的算符是厄米的，而且在现在的近似下，积分 $\int \mathrm{d}^3x\widetilde{\Psi_a^*}(\boldsymbol{x},t)\Psi_a(\boldsymbol{x},t)$ 等于 $\int \mathrm{d}^3x\widetilde{\psi^*}(\boldsymbol{x},t)\psi(\boldsymbol{x},t)$, 与时间无关，故 (171) 式即是非相对论极限下的能量本征值方程，哈密顿量算子可写成

$$H_{\mathrm{NR}}=\frac{1}{2m}\Big(-\mathrm{i}\hbar\nabla-\frac{e}{c}\boldsymbol{A}\Big)^2+e\Phi-\frac{e\hbar}{2mc}\boldsymbol{\sigma}\cdot\overrightarrow{\mathcal{H}}\,, \tag{172}$$

其中 $\overrightarrow{\mathcal{H}}$ 代表 $\nabla\times\boldsymbol{A}$，即由 $\boldsymbol{A}$ 决定的磁场强度. (172) 式正是泡利二分量理论中的哈密顿量，方程式 (171) 就是泡利方程. 这里要强调的是，这种结果是作为 Dirac 方程的极限推导出来的.

(172) 式的末项代表粒子的自旋磁矩与磁场的作用能，故粒子的自旋磁矩算符是

$$\boldsymbol{\mu}_{\mathrm{s}}=\frac{e\hbar}{2mc}\boldsymbol{\sigma}. \tag{173}$$

即是说，带电的 Dirac 粒子的自旋磁矩与自旋角动量的比值等于轨道运动的磁矩与轨道角动量的比值的两倍，磁矩值正好是一个玻尔磁子，与电子及 μ 介子的实验值符合得很好. 这也是 Dirac 方程的重要成果之一. 电子和 μ 介子的磁矩的实验值分别是 $(1+a_{\mathrm{e}})\frac{e\hbar}{2mc}$ 和 $(1+a_{\mu})\frac{e\hbar}{2m'c}$, 其中

$$a_{\mathrm{e}}=1\ 159\ 652\ 359(282)\times10^{-12},\qquad a_{\mu}=1\ 165\ 922(9)\times10^{-9},$$

括号中的数字表示不确定部分，$a_{\mathrm{e}}\cdot e\hbar/2mc$ 及 $a_{\mu}\cdot e\hbar/2m'c$ 称为反常磁矩. 根据量子电动力学能够非常精确地计算出 a_{e} 及 a_{μ} 的值. 但是质子磁矩的实验值近似地等于 $2.79\cdot|e|\hbar/2Mc$, 而且不带电的中子也具有 $\approx -1.91\cdot|e|\hbar/2Mc$ 的磁矩 (实验值)，这当然是由于这些粒子的内部结构造成的.

在非相对论极限下计算各种物理量时，都是在适当阶段消去波函数中的小分量，而用大分量和作用于大分量的算符来表示.

9.3　原子哈密顿量中的核自旋项

现在求出原子中一个电子与核自旋的作用项. 用 $\overrightarrow{\mathcal{M}}$ 代表核自旋的磁矩，并假定原子核固定于坐标原点，于是与 $\overrightarrow{\mathcal{M}}$ 相应的矢势是

$$\boldsymbol{A}_{\mathrm{N}}=\frac{\overrightarrow{\mathcal{M}}\times\boldsymbol{r}}{r^3}, \tag{174}$$

这使 (172) 式的哈密顿量含有如下两个附加项 (略去 $\overrightarrow{\mathcal{M}}$ 的二次项)

$$\Delta a = -\frac{e}{2mc}(\widehat{\boldsymbol{p}}\cdot\boldsymbol{A}_{\rm N}+\boldsymbol{A}_{\rm N}\cdot\widehat{\boldsymbol{p}})$$

$$= -\frac{e}{mc}\boldsymbol{A}_{\rm N}\cdot\widehat{\boldsymbol{p}} = -\frac{e\hbar}{mc}\frac{\overrightarrow{\mathcal{M}}\cdot\boldsymbol{L}}{r^3}, \tag{175}$$

$$\Delta b = -\frac{e\hbar}{2mc}\boldsymbol{\sigma}\cdot\overrightarrow{\mathcal{H}}_{\rm N} = -\boldsymbol{\mu}_{\rm s}\cdot\overrightarrow{\mathcal{H}}_{\rm N}, \tag{176}$$

其中 $\overrightarrow{\mathcal{H}}_{\rm N}$ 代表 $\overrightarrow{\mathcal{M}}$ 产生的磁场的强度

$$\overrightarrow{\mathcal{H}}_{\rm N} = \nabla\times\boldsymbol{A}_{\rm N}, \tag{177}$$

以此代入 (176) 式化简后得出

$$\Delta b = -\frac{8\pi}{3}(\overrightarrow{\mathcal{M}}\cdot\boldsymbol{\mu}_{\rm s})\delta(\boldsymbol{r}) - \frac{1}{r^3}\{3(\overrightarrow{\mathcal{M}}\cdot\boldsymbol{r}^0)(\boldsymbol{\mu}_{\rm s}\cdot\boldsymbol{r}^0) - \overrightarrow{\mathcal{M}}\cdot\boldsymbol{\mu}_{\rm s}\}, \tag{178}$$

Δa 及 Δb 是原子的非相对论哈密顿量中描写能级的超精细结构的主要项.

9.4 在静电场中的自旋轨道耦合项和类 Darwin 项

在静电场情形，泡利哈密顿量变为不含自旋的哈密顿量

$$H_{\rm NR} = \frac{\widehat{\boldsymbol{p}}^2}{2m} + V, \tag{179}$$

$$V = e\Phi. \tag{180}$$

为了求出相对论修正，需要对 (169) 式作更精确的处理. 令

$$\Psi_b \approx \frac{1}{2mc}\Big(1+\frac{V-W}{2mc^2}\Big)\boldsymbol{\sigma}\cdot\widehat{\boldsymbol{p}}\Psi_a, \tag{181}$$

以此代入 (167) 式中得

$$\Big\{\frac{1}{2m}(\boldsymbol{\sigma}\cdot\widehat{\boldsymbol{p}})^2 + \frac{1}{4m^2c^2}(\boldsymbol{\sigma}\cdot\widehat{\boldsymbol{p}})(V-W)(\boldsymbol{\sigma}\cdot\widehat{\boldsymbol{p}}) + V\Big\}\Psi_a = W\Psi_a. \tag{182}$$

这个方程不能直接看成修正形式的泡利方程，因为左边仍然含有 W, 而在现在的近似级别下，不能忽略 Ψ_b 对 $\int {\rm d}^3x\widetilde{\psi}^*(\boldsymbol{x},t)\psi(\boldsymbol{x},t)$ 的贡献，所以 Ψ_a 的归一积分不是与时间无关的. 准到 $(mc)^{-2}$ 项，有

$$\int {\rm d}^3x\widetilde{\psi}^*(\boldsymbol{x},t)\psi(\boldsymbol{x},t) = \int {\rm d}^3x\widetilde{\Psi}_a^*(\boldsymbol{x},t)\Psi_a(\boldsymbol{x},t) + (2mc)^{-2}\int {\rm d}^3x\widetilde{\Psi}_a^*(\boldsymbol{x},t)\widehat{\boldsymbol{p}}^2\Psi_a(\boldsymbol{x},t).$$

因此，如下的 Ψ 具有与时间无关的归一积分

$$\Psi \propto \left(1 + \frac{1}{8m^2c^2}\widehat{\boldsymbol{p}}^2\right)\Psi_a\,. \tag{183}$$

利用

$$\Psi_a \propto \left(1 - \frac{1}{8m^2c^2}\widehat{\boldsymbol{p}}^2\right)\Psi\,, \tag{184}$$

可把 (182) 式写成

$$\left\{\frac{1}{2m}\widehat{\boldsymbol{p}}^2 + \frac{1}{4m^2c^2}(\boldsymbol{\sigma}\cdot\widehat{\boldsymbol{p}})(V-W)(\boldsymbol{\sigma}\cdot\widehat{\boldsymbol{p}}) + V\right\}\left(1 - \frac{1}{8m^2c^2}\widehat{\boldsymbol{p}}^2\right)\Psi = W\left(1 - \frac{1}{8m^2c^2}\widehat{\boldsymbol{p}}^2\right)\Psi.$$

用 $\left(1-\widehat{\boldsymbol{p}}^2/(8m^2c^2)\right)$ 乘后变为

$$\left\{\frac{1}{2m}\widehat{\boldsymbol{p}}^2 - \frac{1}{8m^3c^2}\widehat{\boldsymbol{p}}^4 + \frac{1}{4m^2c^2}(\boldsymbol{\sigma}\cdot\widehat{\boldsymbol{p}})(V-W)(\boldsymbol{\sigma}\cdot\widehat{\boldsymbol{p}}) + V - \frac{1}{8m^2c^2}\left(V\widehat{\boldsymbol{p}}^2 + \widehat{\boldsymbol{p}}^2 V\right)\right\}\Psi$$
$$= W\left(1 - \frac{1}{4m^2c^2}\widehat{\boldsymbol{p}}^2\right)\Psi\,,$$

即

$$H'_{\rm NR}\Psi = W\,\Psi\,. \tag{185}$$

这就是修正的定态泡利方程，算符 $H'_{\rm NR}$ 是修正的哈密顿量：

$$H'_{\rm NR} = H_{\rm NR} - \frac{1}{8m^3c^2}\widehat{\boldsymbol{p}}^4 + \frac{1}{4m^2c^2}(\boldsymbol{\sigma}\cdot\widehat{\boldsymbol{p}})V(\boldsymbol{\sigma}\cdot\widehat{\boldsymbol{p}}) - \frac{1}{8m^2c^2}\left(V\widehat{\boldsymbol{p}}^2 + \widehat{\boldsymbol{p}}^2 V\right).$$

利用

$$\left[V, \widehat{\boldsymbol{p}}^2\right] = \hbar^2(\Delta V) + 2\mathrm{i}\hbar(\nabla V)\cdot\widehat{\boldsymbol{p}},$$
$$(\boldsymbol{\sigma}\cdot\widehat{\boldsymbol{p}})V = V(\boldsymbol{\sigma}\cdot\widehat{\boldsymbol{p}}) + \boldsymbol{\sigma}\cdot[\widehat{\boldsymbol{p}}, V],$$
$$(\boldsymbol{\sigma}\cdot\widehat{\boldsymbol{p}})V(\boldsymbol{\sigma}\cdot\widehat{\boldsymbol{p}}) = V\widehat{\boldsymbol{p}}^2 - \mathrm{i}\hbar(\nabla V)\cdot\widehat{\boldsymbol{p}} + \hbar\boldsymbol{\sigma}\cdot(\nabla V)\times\widehat{\boldsymbol{p}},$$

得到

$$H'_{\rm NR} - H_{\rm NR} = -\frac{1}{8m^3c^2}\widehat{\boldsymbol{p}}^4 + \frac{\hbar}{4m^2c^2}\boldsymbol{\sigma}\cdot(\nabla V)\times\widehat{\boldsymbol{p}} + \frac{\hbar^2}{8m^2c^2}\Delta V\,, \tag{186}$$

此式显示出三个修正项, 第一项是对动能 $\widehat{\boldsymbol{p}}^2/2m$ 的修正, 第二项是自旋轨道耦合项,即是运动的磁矩与电场的作用能,最末项只对于存在产生场 Φ 的电荷的点才不为零. 例如在点电荷 $Z|e|$ 产生的库仑场下，$\Delta V = 4\pi Ze^2\delta^3(\boldsymbol{r})$(C.G.Darwin, 1928 年).

对于中心场，代入

$$\nabla V(r) = \boldsymbol{r}^0\frac{\mathrm{d}V(r)}{\mathrm{d}r}\,,$$

(186) 式变为

$$H'_{\mathrm{NR}}=H_{\mathrm{NR}}-\frac{1}{8m^3c^2}\widehat{\boldsymbol{p}}^4+\frac{\hbar^2}{4m^2c^2}\frac{1}{r}\frac{\mathrm{d}V(r)}{\mathrm{d}r}\boldsymbol{\sigma}\cdot\boldsymbol{L}+\frac{\hbar^2}{8m^2c^2}\Delta V, \tag{187}$$

其中 $\boldsymbol{L}$ 是以 $\hbar$ 为单位的轨道角动量算符，即

$$\boldsymbol{L}=-\mathrm{i}\boldsymbol{r}\times\nabla.$$

上面假定了 $|W-V|\ll 2mc^2$，而把 $(1+(W-V)/2mc^2)^{-1}$ 展开，实际上在原子的 S 态，电子有较大的机会接近原子核从而破坏这个条件. 本来 $\boldsymbol{\sigma}\cdot\boldsymbol{L}$ 对 S 态没有贡献，但是当电子接近核时，$V(r)$ 具有 $-Ze^2/r$ 的形式，故 $V'(r)|\Psi|^2/r$ 的积分是发散的. 这时只要注意 $V'(r)$ 来自 $(1+(W-V)/2mc^2)^{-1}$ 的微商，而后一微商是有限的，就仍然可以保持自旋轨道耦合项的形式，同时规定它对原子的 S 态没有贡献.

§ 10 标量场的量子化

将相对论性场论量子化，意味着把粒子描写为场的量子而建立能够描述微观现象和处理粒子在相互作用中产生和湮灭的理论. 本节讨论自由标量场的量子化，在方法上对于下一节也有示范作用.

所谓标量场除了指场函数在正常洛伦兹变换下保持不变之外，在通常情形还意味着，自由场的每个实分量 $\phi(x)$ 都有如下的拉氏函数

$$L(\phi,\dot{\phi})=\frac{1}{2}\int\mathrm{d}^3x\{\dot{\phi}^2(\boldsymbol{x},t)-c^2(\nabla\phi(\boldsymbol{x},t))^2-c^2\mu^2\phi^2(\boldsymbol{x},t)\}, \tag{188}$$

其中 μ 是取正值的参量，c 为光速. 如果场函数在空间反射下变号就称为赝标量场，下面将不作这样的区分. 首先讨论场函数只有一个实分量 $\phi(\boldsymbol{x},t)$ 的情形，这时称为实标量场. 拉氏函数的这种形式也表明，$\phi(\boldsymbol{x},t)$ 代表玻色场，它的值不是互相反对易的量，而是普通的数. 由这个拉氏函数求得的运动方程即是 Klein-Gordon 方程

$$\ddot{\phi}(\boldsymbol{x},t)=(c^2\nabla^2-c^2\mu^2)\phi(\boldsymbol{x},t), \tag{189a}$$

也可以用拉氏函数密度 $\mathcal{L}$，将 $L(\phi,\dot{\phi})$ 和运动方程写成

$$L(\phi,\dot{\phi})=\int\mathrm{d}^3x\mathcal{L}(\phi(\boldsymbol{x},t),\partial\phi(\boldsymbol{x},t)),$$

$$\partial_\mu\frac{\partial\mathcal{L}}{\partial(\partial_\mu\phi(x))}=\frac{\partial\mathcal{L}}{\partial\phi(x)}. \tag{189b}$$

运动方程包含 $\phi(\boldsymbol{x},t)$ 的二阶时间微商 (因为拉氏函数包含 $\dot{\phi}$ 的二次项), 所以 $\phi(\boldsymbol{x},t)$ 是场的广义坐标, $\boldsymbol{x}$ 的值是自由度的标记. 相应的正则动量 $\Pi(\boldsymbol{x},t)$ 是

$$\Pi(\boldsymbol{x},t) \equiv \frac{\delta L}{\delta\dot{\phi}(\boldsymbol{x},t)} = \dot{\phi}(\boldsymbol{x},t)\,. \tag{190}$$

全部独立的广义坐标和相应的正则动量完整地描述了经典 ϕ 场在时间 t 的状态. 用这些量表示的正则运动方程可以写成如下的形式 :

$$\dot{\phi}(\boldsymbol{x},t) = \frac{\delta H_{\rm c}(\phi,\Pi)}{\delta\Pi(\boldsymbol{x},t)} = [\phi(\boldsymbol{x},t), H_{\rm c}]_c\,, \tag{191a}$$

$$\dot{\Pi}(\boldsymbol{x},t) = -\frac{\delta H_{\rm c}(\phi,\Pi)}{\delta\phi(\boldsymbol{x},t)} = [\Pi(\boldsymbol{x},t), H_{\rm c}]_c\,, \tag{191b}$$

其中, 哈密顿量 $H_{\rm c}(\phi,\Pi)$ 为

$$H_{\rm c}(\phi,\Pi) = \frac{1}{2}\int {\rm d}^3x\big\{\Pi^2(\boldsymbol{x},t) + c^2(\nabla\phi(\boldsymbol{x},t))^2 + c^2\mu^2\phi^2(\boldsymbol{x},t)\big\}\,. \tag{192}$$

带有下标 “ c ” 的方括号代表以 $\{\phi(\boldsymbol{x}),\varphi(\boldsymbol{x}')\}$ 为基本变量的泊松括号. 在 (190) 和 (191a, b) 式中的微商记号表示泛函微商, 例如

$$\frac{\delta\phi(\boldsymbol{x}',t)}{\delta\phi(\boldsymbol{x},t)} = \delta(\boldsymbol{x}'-\boldsymbol{x})\,,$$

$$\frac{\delta\nabla'\phi(\boldsymbol{x}',t)}{\delta\phi(\boldsymbol{x},t)} = \nabla'\delta(\boldsymbol{x}'-\boldsymbol{x})\,.$$

设原参考系 (K) 作无限小的平移, 使坐标为 x^μ 的点相对于新参考系 (K') 的坐标变为

$$x'^\mu \approx x^\mu + \epsilon^\mu\,,$$

其中 ϵ^μ 为无限小实常数. 在时空平移下, 对新参考系而言的场函数 ϕ' 满足

$$\phi'(x') = \phi(x)\,. \tag{193}$$

而 $\mathcal{L}$ 的时空平移不变性意味着

$$\mathcal{L}\big(\phi'(x'),\partial'\phi'(x')\big) = \mathcal{L}\big(\phi(x),\partial\phi(x)\big)\,.$$

将 x' 的函数 $\mathcal{L}\big(\phi'(x'),\partial'\phi'(x')\big)$ 在 x 附近展开, 准确到 ϵ^μ 的一级项, 得出

$$\mathcal{L}\big(\phi'(x'),\partial'\phi'(x')\big) \approx \mathcal{L}\big(\phi'(x),\partial\phi'(x)\big) + \epsilon^\mu\partial_\mu\mathcal{L}\big(\phi(x),\partial\phi(x)\big)\,.$$

由 (193) 式有

$$
\begin{aligned}
&\phi'(x^\mu+\epsilon^\mu)=\phi(x^\mu)\,,\\
&\phi'(x)\approx\phi(x)-\epsilon^\mu\partial_\mu\phi(x)\,,\\
&\partial_\nu\phi'(x)\approx\partial_\nu\phi(x)-\epsilon^\mu\partial_\mu\partial_\nu\phi(x)\,.
\end{aligned}
$$

故

$$
\begin{aligned}
\mathcal{L}\big(\phi'(x'),\partial'\phi'(x')\big)\approx\mathcal{L}\big(\phi(x),\partial\phi(x)\big)&\\
+\epsilon^\mu\partial_\mu\mathcal{L}-\epsilon^\mu\partial_\mu\phi(x)\frac{\partial\mathcal{L}}{\partial\phi(x)}&-\epsilon^\mu\big(\partial_\mu\partial_\nu\phi(x)\big)\frac{\partial\mathcal{L}}{\partial(\partial_\nu\phi(x))}\,.
\end{aligned}
$$

可见

$$
\epsilon^\mu\partial_\mu\phi(x)\frac{\partial\mathcal{L}}{\partial\phi(x)}+\epsilon^\mu\big(\partial_\mu\partial_\nu\phi(x)\big)\frac{\partial\mathcal{L}}{\partial(\partial_\nu\phi(x))}-\epsilon^\mu\partial_\mu\mathcal{L}=0\,.
$$

利用运动方程得出

$$
\begin{aligned}
&\epsilon^\mu\partial_\mu\phi(x)\partial_\nu\Big(\frac{\partial\mathcal{L}}{\partial(\partial_\nu\phi(x))}\Big)\\
&\qquad+\epsilon^\mu\partial_\nu\partial_\mu\phi(x)\frac{\partial\mathcal{L}}{\partial(\partial_\nu\phi(x))}-\epsilon^\mu\partial_\mu\mathcal{L}=0\,.
\end{aligned}
$$

即

$$
\epsilon^\mu\partial_\nu\Big(\partial_\mu\phi(x)\frac{\partial\mathcal{L}}{\partial(\partial_\nu\phi(x))}\Big)-\epsilon^\mu\partial_\mu\mathcal{L}=0\,.
$$

或

$$
\partial_\nu T^{\mu\nu}=0\,, \tag{194}
$$

其中

$$
T^{\mu\nu}=\partial^\mu\phi(x)\frac{\partial\mathcal{L}}{\partial(\partial^\nu\phi(x))}-g^{\mu\nu}\mathcal{L}\,, \tag{195}
$$

这表明 $\int \mathrm{d}^3x\,T^{\mu0}=P^\mu$ 是守恒量. P^0 即是 ϕ 场的能量, 故动量的分量是

$$
P^l=\int\mathrm{d}^3x\Big\{\partial^l\phi(x)\frac{\partial\mathcal{L}}{\partial(\partial^0\phi(x))}\Big\}. \tag{196}
$$

再设参考系作无限小的齐次洛伦兹变换, 使坐标为 x_μ 的点相对于新参考系的坐标变为

$$
x'_\mu\approx x_\mu+\epsilon_{\mu\nu}\,x^\nu\,,
$$

其中 $\epsilon_{\mu\nu}$ 为无限小实常数，满足 $\epsilon_{\mu\nu}+\epsilon_{\nu\mu}=0$. 对于新参考系而言的场函数 ϕ' 满足

$$\phi'(x')=\phi(x)\,, \tag{197}$$

而 $\mathcal{L}$ 的洛伦兹不变性意味着

$$\mathcal{L}\big(\phi'(x'),\partial'\phi'(x')\big)=\mathcal{L}\big(\phi(x),\partial\phi(x)\big)\,.$$

将 $\mathcal{L}\big(\phi'(x'),\partial'\phi'(x')\big)$ 在 $x'=x$ 附近展开，准确到 $\epsilon_{\mu\nu}$ 的一级项得到

$$\mathcal{L}\big(\phi'(x'),\partial'\phi'(x')\big)\approx\mathcal{L}\big(\phi'(x),\partial\phi'(x)\big)+\epsilon_{\mu\lambda}\,x^{\lambda}\partial^{\mu}\mathcal{L}\big(\phi(x),\partial\phi(x)\big)\,.$$

由 (197) 式有

$$\phi'(x)\approx\phi(x)-\epsilon_{\mu\nu}x^{\nu}\,\partial^{\mu}\phi(x)\,,\qquad \partial^{\nu}\phi'(x)\approx\partial^{\nu}\phi(x)-\epsilon_{\mu\lambda}\,\partial^{\nu}\big(x^{\lambda}\,\partial^{\mu}\phi(x)\big)\,.$$

故

$$\begin{aligned}\mathcal{L}\big(\phi'(x'),\partial'\phi'(x')\big)\approx{}&\mathcal{L}\big(\phi(x),\partial\phi(x)\big)+\epsilon_{\mu\lambda}\,x^{\lambda}\,\partial^{\mu}\mathcal{L}+\big\{-\epsilon_{\mu\lambda}x^{\lambda}\partial^{\mu}\phi(x)\big\}\frac{\partial\mathcal{L}}{\partial\phi(x)}\\&+\big\{-\epsilon_{\mu\lambda}\,\partial^{\nu}\big(x^{\lambda}\,\partial^{\mu}\phi(x)\big)\big\}\frac{\partial\mathcal{L}}{\partial(\partial^{\nu}\phi(x))}\,.\end{aligned}$$

由此以及运动方程可得

$$\partial^{\nu}\Big\{-\epsilon_{\mu\lambda}x^{\lambda}\partial^{\mu}\phi(x)\frac{\partial\mathcal{L}}{\partial(\partial^{\nu}\phi(x))}\Big\}+\epsilon_{\mu\lambda}\,x^{\lambda}\,\partial^{\mu}\mathcal{L}=0\,.$$

注意 $\epsilon_{\mu\lambda}$ 对于 μ,λ 的交换是反对称的，即得

$$\partial_{\nu}\mathcal{M}^{\nu\mu\lambda}=0\,, \tag{198}$$

其中

$$\mathcal{M}^{\nu\mu\lambda}=x^{\mu}\,T^{\lambda\nu}-x^{\lambda}\,T^{\mu\nu}\,.$$

(198) 式表明，$\int\mathrm{d}^3x\,\mathcal{M}^{0\mu\lambda}$ 是守恒量. 当 μ 和 λ 限制为 1,2,3 时，只有三个独立分量：

$$M^{kl}=\int\mathrm{d}^3x\Big\{x^k\,T^{l0}-x^l\,T^{k0}\Big\}\,. \tag{199}$$

$\mathrm{d}^3x\,T^{k0}$ 是体元 d^3x 对动量分量 P^k 所作的贡献，可见 M^{kl} 代表 ϕ 场的角动量分量.

为了方便，可以将 $\phi(\boldsymbol{x},t)$ 和 $\Pi(\boldsymbol{x},t)$ 按照 $-\mathrm{i}\hbar\nabla$ 的本征函数展开成如下形式，而把 $a(\boldsymbol{k},t)$ 看作基本变量

$$\phi(\boldsymbol{x},t)=\frac{1}{(2\pi)^{3/2}}\int\mathrm{d}^3k\sqrt{\frac{\hbar}{2\omega_k}}\left\{a(\boldsymbol{k},t)\,\mathrm{e}^{\mathrm{i}\,\boldsymbol{k}\cdot\boldsymbol{x}}+a^*(\boldsymbol{k},t)\mathrm{e}^{-\mathrm{i}\,\boldsymbol{k}\cdot\boldsymbol{x}}\right\},$$

$$\Pi(\boldsymbol{x},t)=\frac{-\mathrm{i}}{(2\pi)^{3/2}}\int\mathrm{d}^3k\sqrt{\frac{\hbar\omega_k}{2}}\left\{a(\boldsymbol{k},t)\,\mathrm{e}^{\mathrm{i}\,\boldsymbol{k}\cdot\boldsymbol{x}}-a^*(\boldsymbol{k},t)\mathrm{e}^{-\mathrm{i}\,\boldsymbol{k}\cdot\boldsymbol{x}}\right\}.$$

其中 $\omega_k=\sqrt{c^2\mu^2+c^2k^2}$. 这里引用 $\hbar$ 是为了设定 $a(\boldsymbol{k},t)$ 的量纲. 在本节和下一节，我们用 k 代表三维矢量 $\boldsymbol{k}$ 的长度 $|\boldsymbol{k}|$. 令

$$\Phi(\boldsymbol{x},t)=\frac{1}{(2\pi)^{3/2}}\int\mathrm{d}^3k\,a(\boldsymbol{k},t)\,\mathrm{e}^{\mathrm{i}\,\boldsymbol{k}\cdot\boldsymbol{x}},\tag{200}$$

其复共轭给出

$$\Phi^*(\boldsymbol{x},t)=\frac{1}{(2\pi)^{3/2}}\int\mathrm{d}^3k\,a^*(\boldsymbol{k},t)\,\mathrm{e}^{-\mathrm{i}\,\boldsymbol{k}\cdot\boldsymbol{x}}.\tag{201}$$

于是 ϕ 和 Π 可用 Φ 及 Φ^* 表示为

$$\phi(\boldsymbol{x},t)=\sqrt{\frac{\hbar}{2}}(c^2\mu^2-c^2\nabla^2)^{-1/4}\{\Phi^*(\boldsymbol{x},t)+\Phi(\boldsymbol{x},t)\},\tag{202}$$

$$\Pi(\boldsymbol{x},t)=\mathrm{i}\sqrt{\frac{\hbar}{2}}(c^2\mu^2-c^2\nabla^2)^{1/4}\{\Phi^*(\boldsymbol{x},t)-\Phi(\boldsymbol{x},t)\}.\tag{203}$$

反之有

$$\Phi(\boldsymbol{x},t)=\frac{1}{\sqrt{2\hbar}}(c^2\mu^2-c^2\nabla^2)^{1/4}\phi(\boldsymbol{x},t)+\frac{1}{\sqrt{2\hbar}}\mathrm{i}\,(c^2\mu^2-c^2\nabla^2)^{-1/4}\Pi(\boldsymbol{x},t).\tag{204}$$

这类公式中的 $(c^2\mu^2-c^2\nabla^2)^{1/4}$ 等算子的定义可借助 ∇^2 的本征函数集给出，例如

$$(c^2\mu^2-c^2\nabla^2)^{1/4}\mathrm{e}^{\mathrm{i}\,\boldsymbol{k}\cdot\boldsymbol{x}}=(c^2\mu^2+c^2k^2)^{1/4}\mathrm{e}^{\mathrm{i}\,\boldsymbol{k}\cdot\boldsymbol{x}}.$$

当然也可以用 $\Phi(\boldsymbol{x},t)$ 作为基本变量. 将 H_c 看作 Φ^*,Φ 的泛函，可求得这种变量的运动方程. 由

$$\frac{\delta H_\mathrm{c}(\Phi^*,\Phi)}{\delta\Phi^*(\boldsymbol{x},t)}=\int\mathrm{d}^3x'\left\{\frac{\delta H_\mathrm{c}(\phi,\Pi)}{\delta\phi(\boldsymbol{x}',t)}\frac{\delta\phi(\boldsymbol{x}',t)}{\delta\Phi^*(\boldsymbol{x},t)}+\int\frac{\delta H_\mathrm{c}(\phi,\Pi)}{\delta\Pi(\boldsymbol{x}',t)}\frac{\delta\Pi(\boldsymbol{x}',t)}{\delta\Phi^*(\boldsymbol{x},t)}\right\},$$

此式右边即是

$$\begin{aligned}&-\int\mathrm{d}^3x'\dot{\Pi}(\boldsymbol{x}',t)\sqrt{\frac{\hbar}{2}}(c^2\mu^2-c^2\nabla'^2)^{-1/4}\delta(\boldsymbol{x}-\boldsymbol{x}')\\&+\int\mathrm{d}^3x'\dot{\phi}(\boldsymbol{x}',t)\mathrm{i}\sqrt{\frac{\hbar}{2}}(c^2\mu^2-c^2\nabla'^2)^{1/4}\delta(\boldsymbol{x}-\boldsymbol{x}')=\mathrm{i}\,\hbar\dot{\Phi}(\boldsymbol{x},t).\end{aligned}$$

故得

$$i\hbar\dot{\Phi}(\boldsymbol{x},t)=\frac{\delta H_{\mathrm{c}}(\Phi^*,\Phi)}{\delta\Phi^*(\boldsymbol{x},t)},\tag{205}$$

而

$$H_{\mathrm{c}}(\Phi^*,\Phi)=\int \mathrm{d}^3x\,\Phi^*(\boldsymbol{x},t)\big(\hbar\sqrt{c^2\mu^2-c^2\nabla^2}\big)\Phi(\boldsymbol{x},t)\,.\tag{206}$$

(205) 式实际上是用变量 $\Phi(\boldsymbol{x},t)$ 表示的正则方程. $\Phi(\boldsymbol{x},t)$ 或者 $a(\boldsymbol{k},t)$ 都不仅仅代表 ϕ 场的坐标, 而是代表了坐标和正则动量 (参看第三章 § 6 及第四章 §4). ϕ 场的动量和角动量的经典表达式可借助能量动量张量求出, 结果可写成

$$\boldsymbol{P}=\int \mathrm{d}^3x\,\Phi^*(\boldsymbol{x},t)(-i\hbar\nabla)\Phi(\boldsymbol{x},t),\tag{207}$$

$$\boldsymbol{G}=\int \mathrm{d}^3x\,\Phi^*(\boldsymbol{x},t)(-i\hbar\boldsymbol{x}\times\nabla)\Phi(\boldsymbol{x},t).\tag{208}$$

参照第三章关于正则对易关系的引导性说明, 容易理解如下的条件能够保证 ϕ,Π 的 Heisenberg 方程具有和经典理论的相应方程相似的形式：

$$\widehat{\phi}(\boldsymbol{x})\widehat{\Pi}(\boldsymbol{x}')-\widehat{\Pi}(\boldsymbol{x}')\widehat{\phi}(\boldsymbol{x})=i\hbar\big[\phi(\boldsymbol{x},t),\Pi(\boldsymbol{x}',t)\big]_c\,,$$

$$\widehat{\phi}(\boldsymbol{x})\widehat{\phi}(\boldsymbol{x}')-\widehat{\phi}(\boldsymbol{x}')\widehat{\phi}(\boldsymbol{x})=i\hbar\big[\phi(\boldsymbol{x},t),\Pi(\boldsymbol{x}',t)\big]_c\,,$$

$$\widehat{\Pi}(\boldsymbol{x})\widehat{\Pi}(\boldsymbol{x}')-\widehat{\Pi}(\boldsymbol{x}')\widehat{\Pi}(\boldsymbol{x})=i\hbar\big[\phi(\boldsymbol{x},t),\Pi(\boldsymbol{x}',t)\big]_c\,.$$

其中 $\widehat{\phi}(\boldsymbol{x}),\widehat{\Pi}(\boldsymbol{x}')$ 是正则变量 (ϕ,Π) 在 Schrödinger 绘景的算符. 这组条件即是 ϕ 场的 Schrödinger 绘景的量子条件. 现在重写于下：

$$\frac{\mathrm{d}}{\mathrm{d}t}\widehat{\phi}(\boldsymbol{x})=\frac{\mathrm{d}}{\mathrm{d}t}\widehat{\Pi}^\dagger(\boldsymbol{x})=0\,,\tag{209}$$

$$\big[\widehat{\phi}(\boldsymbol{x}),\widehat{\phi}(\boldsymbol{x}')\big]=\big[\widehat{\Pi}(\boldsymbol{x}),\widehat{\Pi}(\boldsymbol{x}')\big]=0,\tag{210}$$

$$\big[\widehat{\phi}(\boldsymbol{x}),\widehat{\Pi}(\boldsymbol{x}')\big]=i\hbar\delta(\boldsymbol{x}-\boldsymbol{x}'),\tag{211}$$

$$\widehat{\phi}^\dagger(\boldsymbol{x})=\widehat{\phi}(\boldsymbol{x}),\tag{212}$$

$$\widehat{\Pi}^\dagger(\boldsymbol{x})=\widehat{\Pi}(\boldsymbol{x}).\tag{213}$$

用 $a(\boldsymbol{k})$ 和 $a^*(\boldsymbol{k})$ 的算符表示则是

$$\frac{\mathrm{d}}{\mathrm{d}t}\widehat{a}(\boldsymbol{k})=\frac{\mathrm{d}}{\mathrm{d}t}\widehat{a}^\dagger(\boldsymbol{k})=0\,,\tag{214}$$

$$\big[\widehat{a}(\boldsymbol{k})\ ,\ \widehat{a}(\boldsymbol{k}')\big]=\big[\widehat{a}^\dagger(\boldsymbol{k})\ ,\ \widehat{a}^\dagger(\boldsymbol{k}')\big]=0\,,\tag{215}$$

$$\big[\widehat{a}(\boldsymbol{k})\ ,\ \widehat{a}^\dagger(\boldsymbol{k}')\big]=\delta(\boldsymbol{k}-\boldsymbol{k}')\,,\tag{216}$$

故

$$\widehat{\Phi}(\boldsymbol{x})=\frac{1}{(2\pi)^{3/2}}\int \mathrm{d}^3k\,\widehat{a}(\boldsymbol{k})\mathrm{e}^{\mathrm{i}\,\boldsymbol{k}\cdot\boldsymbol{x}}\,, \tag{217}$$

$$\widehat{\Phi}^{\dagger}(\boldsymbol{x})=\frac{1}{(2\pi)^{3/2}}\int \mathrm{d}^3k\,\widehat{a}^{\dagger}(\boldsymbol{k})\mathrm{e}^{-\mathrm{i}\,\boldsymbol{k}\cdot\boldsymbol{x}}, \tag{217'}$$

$$\widehat{\phi}(\boldsymbol{x})=\frac{1}{(2\pi)^{3/2}}\int \mathrm{d}^3k\sqrt{\frac{\hbar}{2\omega_k}}\Big(\widehat{a}(\boldsymbol{k})\mathrm{e}^{\mathrm{i}\,\boldsymbol{k}\cdot\boldsymbol{x}}+\widehat{a}^{\dagger}(\boldsymbol{k})\mathrm{e}^{-\mathrm{i}\,\boldsymbol{k}\cdot\boldsymbol{x}}\Big), \tag{218}$$

$$\widehat{\Pi}(\boldsymbol{x})=\frac{-\mathrm{i}}{(2\pi)^{3/2}}\int \mathrm{d}^3k\sqrt{\frac{\hbar\omega_k}{2}}\Big(\widehat{a}(\boldsymbol{k})\mathrm{e}^{\mathrm{i}\,\boldsymbol{k}\cdot\boldsymbol{x}}-\widehat{a}^{\dagger}(\boldsymbol{k})\mathrm{e}^{-\mathrm{i}\,\boldsymbol{k}\cdot\boldsymbol{x}}\Big), \tag{219}$$

量子条件当然也可归结为

$$\frac{\mathrm{d}}{\mathrm{d}t}\widehat{\Phi}(\boldsymbol{x})=0\,, \tag{220}$$

$$\frac{\mathrm{d}}{\mathrm{d}t}\widehat{\Phi}^{\dagger}(\boldsymbol{x})=0\,, \tag{221}$$

$$\big[\widehat{\Phi}(\boldsymbol{x}),\widehat{\Phi}(\boldsymbol{x}')\big]=0\,, \tag{222}$$

$$\big[\widehat{\Phi}(\boldsymbol{x}),\widehat{\Phi}^{\dagger}(\boldsymbol{x}')\big]=\delta(\boldsymbol{x}-\boldsymbol{x}')\,. \tag{223}$$

力学量的 (经典) 表达式与量子条件都与自由玻色子的非相对论二次量子化理论相似 (参看第四章 §4), 所以场的量子是静止质量为 $\mu\hbar/c$ 的玻色子, $\widehat{a}^{\dagger}(\boldsymbol{k})$ 和 $\widehat{a}(\boldsymbol{k})$ 分别是产生和湮灭一个量子的算符. 单个量子在非二次量子化理论中的动量和能量算子分别是 $-\mathrm{i}\hbar\nabla$ 和 $\hbar\sqrt{c^2\mu^2-c^2\nabla^2}$, 场的角动量完全来自量子的轨道运动, 即这种量子是自旋为零的粒子. 现在也仿效非相对论二次量子化方法的 Φ 场理论, 认定没有量子的态对于物理量没有贡献, 故哈密顿量、动量和角动量的算符选为:

$$\widehat{H}=\int \mathrm{d}^3k\,\big(\hbar\,\omega_k\,\widehat{a}^{\dagger}(\boldsymbol{k})\,\widehat{a}(\boldsymbol{k})\big) \tag{224}$$

$$=\int \mathrm{d}^3x\,\widehat{\Phi}^{\dagger}(\boldsymbol{x})\big(\hbar\sqrt{c^2\mu^2-c^2\nabla^2}\big)\widehat{\Phi}(\boldsymbol{x})\,, \tag{225}$$

$$\widehat{\boldsymbol{P}}=\int \mathrm{d}^3k\,\big(\hbar\,\boldsymbol{k}\;\widehat{a}^{\dagger}(\boldsymbol{k})\,\widehat{a}(\boldsymbol{k})\big) \tag{226}$$

$$=\int \mathrm{d}^3x\,\widehat{\Phi}^{\dagger}(\boldsymbol{x},t)(-\mathrm{i}\hbar\nabla)\widehat{\Phi}(\boldsymbol{x},t)\,, \tag{227}$$

$$\widehat{\boldsymbol{G}}=\int \mathrm{d}^3k\,\mathrm{d}^3k'\,\boldsymbol{G}(\boldsymbol{k},\boldsymbol{k}')\,\widehat{a}^{\dagger}(\boldsymbol{k})\,\widehat{a}(\boldsymbol{k}') \tag{228}$$

$$=\int \mathrm{d}^3x\,\widehat{\Phi}^{\dagger}(\boldsymbol{x},t)(-\mathrm{i}\hbar\,\boldsymbol{x}\times\nabla)\widehat{\Phi}(\boldsymbol{x},t)\,. \tag{229}$$

$$\boldsymbol{G}(\boldsymbol{k},\boldsymbol{k}')=\frac{1}{(2\pi)^3}\int \mathrm{d}^3x\,\mathrm{e}^{-\mathrm{i}\,\boldsymbol{k}\cdot\boldsymbol{x}}(-\mathrm{i}\hbar\,\boldsymbol{x}\times\nabla)\,\mathrm{e}^{\mathrm{i}\,\boldsymbol{k}'\cdot\boldsymbol{x}}. \tag{230}$$

设态矢量 $|0\rangle$ 满足 $\widehat{a}(\boldsymbol{k})|0\rangle = 0$, 那么

$$\widehat{H}\,\widehat{a}^{\dagger}(\boldsymbol{k})|0\rangle = \hbar\,\omega_k\,\widehat{a}^{\dagger}(\boldsymbol{k})|0\rangle\,,$$
$$\widehat{\boldsymbol{P}}\,\widehat{a}^{\dagger}(\boldsymbol{k})|0\rangle = \hbar\,\boldsymbol{k}\,\widehat{a}^{\dagger}(\boldsymbol{k})|0\rangle\,,$$

所以 $|0\rangle$ 代表没有量子的状态, $\widehat{a}^{\dagger}(\boldsymbol{k})$ 是产生一个能量为 $\hbar\omega_k$ 而动量为 $\hbar\boldsymbol{k}$ 的量子的算符, $\widehat{a}(\boldsymbol{k})$ 是相应的湮灭算符. 也意味着这样的量子所代表的粒子在坐标表象的波函数是 $\psi_{\boldsymbol{k}}(\boldsymbol{x}) = (\sqrt{2\pi})^{-3}\mathrm{e}^{\mathrm{i}\,\boldsymbol{k}\cdot\boldsymbol{x}}$.

现在简略地谈谈 $\widehat{\phi}, \widehat{\Pi}$ 的 Heisenberg 算符. 由于哈密顿量算符不显含时间, Heisenberg 算符 $\widehat{a}^{(\mathrm{h})}(\boldsymbol{k},t), \widehat{a}^{\dagger(\mathrm{h})}(\boldsymbol{k},t)$, $\widehat{\phi}^{(\mathrm{h})}(\boldsymbol{x},t)$ 和 $\widehat{\Pi}^{(\mathrm{h})}(\boldsymbol{x},t)$ 即是

$$\begin{aligned}
\widehat{a}^{(\mathrm{h})}(\boldsymbol{k},t) &= \mathrm{e}^{\mathrm{i}\,\widehat{H}\,t/\hbar}\,\widehat{a}(\boldsymbol{k})\,\mathrm{e}^{-\mathrm{i}\,\widehat{H}\,t/\hbar} = \widehat{a}(\boldsymbol{k})\,\mathrm{e}^{-\mathrm{i}\,\omega_k\,t}\,,\\
\widehat{a}^{\dagger(\mathrm{h})}(\boldsymbol{k},t) &= \mathrm{e}^{\mathrm{i}\,\widehat{H}\,t/\hbar}\,\widehat{a}^{\dagger}(\boldsymbol{k})\,\mathrm{e}^{-\mathrm{i}\,\widehat{H}\,t/\hbar} = \widehat{a}^{\dagger}(\boldsymbol{k})\,\mathrm{e}^{\mathrm{i}\,\omega_k\,t}\,,\\
\widehat{\phi}^{(\mathrm{h})}(\boldsymbol{x},t) &= \mathrm{e}^{\mathrm{i}\,\widehat{H}\,t/\hbar}\,\widehat{\phi}(\boldsymbol{x})\,\mathrm{e}^{-\mathrm{i}\,\widehat{H}\,t/\hbar}\\
&= \frac{1}{(2\pi)^{3/2}}\int \mathrm{d}^3k\sqrt{\frac{\hbar}{2\omega_k}}\Big\{\widehat{a}(\boldsymbol{k})\,\mathrm{e}^{\mathrm{i}\,\boldsymbol{k}\cdot\boldsymbol{x}-\mathrm{i}\,\omega_k\,t} + \widehat{a}^{\dagger}(\boldsymbol{k})\mathrm{e}^{-\mathrm{i}\,\boldsymbol{k}\cdot\boldsymbol{x}+\mathrm{i}\,\omega_k\,t}\Big\}\,,\\
\widehat{\Pi}^{(\mathrm{h})}(\boldsymbol{x},t) &= \mathrm{e}^{\mathrm{i}\,\widehat{H}\,t/\hbar}\,\widehat{\phi}(\boldsymbol{x})\,\mathrm{e}^{-\mathrm{i}\,\widehat{H}\,t/\hbar}\\
&= \frac{-\mathrm{i}}{(2\pi)^{3/2}}\int \mathrm{d}^3k\sqrt{\frac{\hbar\,\omega_k}{2}}\Big\{\widehat{a}(\boldsymbol{k})\,\mathrm{e}^{\mathrm{i}\,\boldsymbol{k}\cdot\boldsymbol{x}-\mathrm{i}\,\omega_k\,t} - \widehat{a}^{\dagger}(\boldsymbol{k})\mathrm{e}^{-\mathrm{i}\,\boldsymbol{k}\cdot\boldsymbol{x}+\mathrm{i}\,\omega_k\,t}\Big\}.
\end{aligned}$$

显然 $\widehat{\phi}^{(\mathrm{h})}(\boldsymbol{x},t)$ 的 Heisenberg 运动方程正是经典 ϕ 场的运动方程. 容易验证如下的方程式成立:

$$\mathrm{i}\,\hbar\,\frac{\partial\widehat{\phi}^{(\mathrm{h})}}{\partial x^{\mu}} = \big[\widehat{\phi}^{(\mathrm{h})}(x)\,,\widehat{P}_{\mu}\big]\,, \tag{231}$$

$$\mathrm{i}\,\hbar\,\frac{\partial\widehat{\Pi}^{(\mathrm{h})}(x)}{\partial x^{\mu}} = \big[\widehat{\Pi}^{(\mathrm{h})}(x)\,,\widehat{P}_{\mu}\big]\,, \tag{232}$$

$$\widehat{\phi}^{(\mathrm{h})}(x+\epsilon) = \mathrm{e}^{\mathrm{i}\,\epsilon^{\mu}P_{\mu}/\hbar}\,\widehat{\phi}^{(\mathrm{h})}(x)\,\mathrm{e}^{-\mathrm{i}\,\epsilon^{\mu}P_{\mu}/\hbar}\,, \tag{233}$$

$$\widehat{\Pi}^{(\mathrm{h})}(x+\epsilon) = \mathrm{e}^{\mathrm{i}\,\epsilon^{\mu}P_{\mu}/\hbar}\,\widehat{\Pi}^{(\mathrm{h})}(x)\,\mathrm{e}^{-\mathrm{i}\,\epsilon^{\mu}P_{\mu}/\hbar}\,. \tag{234}$$

其中 (x) 代表 $(\boldsymbol{x},t)$, 简记为 (x^{μ}),$(x+\epsilon)$ 代表 $(x^{\mu}+\epsilon^{\mu})$,$\widehat{P}_0$ 代表 $\widehat{H}$. 根据 (233) 和 (234) 式, 可以 (像非相对论情形那样) 认定, 如果原参考系 K 经受前面所说的时空平移, 使坐标为 x^{μ} 的点在新参考系 K' 中的坐标是 $x'^{\mu} = x^{\mu}+\epsilon^{\mu}$, 则 $\widehat{\phi}^{(\mathrm{h})}(x+\epsilon)$ 和 $\widehat{\Pi}^{(\mathrm{h})}(x+\epsilon)$ 是新参考系 K' 中 (x) 点的 $\widehat{\phi}$ 和 $\widehat{\Pi}$ 的 Heisenberg 算符 $\widehat{\phi}^{(\mathrm{h})\epsilon}(x)$ 和 $\widehat{\Pi}^{(\mathrm{h})\epsilon}(x)$. 而在原参考系中由 Heisenberg 态矢量 $|\Psi^{(\mathrm{h})}\rangle$ 代表的状态在新参考系 K' 中的 Heisenberg 态矢量是

$$|\Psi^{(\mathrm{h})\epsilon}\rangle = \exp\big\{\mathrm{i}\,\epsilon^{\mu}\,P_{\mu}/\hbar\big\}\,|\Psi^{(\mathrm{h})}\rangle\,. \tag{235}$$

这样就保证 (参看文献 [4])

$$\langle\Psi_A^{(\mathrm{h})\epsilon}|\widehat{\phi}^{(\mathrm{h})\epsilon}(x)|\Psi_B^{(\mathrm{h})\epsilon}\rangle=\langle\Psi_A^{(\mathrm{h})}|\widehat{\phi}^{(\mathrm{h})}(x)|\Psi_B^{(\mathrm{h})}\rangle\,,\tag{236}$$

$$\langle\Psi_A^{(\mathrm{h})\epsilon}|\widehat{\Pi}^{(\mathrm{h})\epsilon}(x)|\Psi_B^{(\mathrm{h})\epsilon}\rangle=\langle\Psi_A^{(\mathrm{h})}|\widehat{\Pi}^{(\mathrm{h})}(x)|\Psi_B^{(\mathrm{h})}\rangle\,.\tag{237}$$

仅空间坐标架平移到新位置使每一点的空间坐标增量是 $(\delta^1,\delta^2,\delta^3)$ 时，空间平移算符是

$$U(\delta)=\exp\big\{-\mathrm{i}\,\delta\cdot\widehat{\boldsymbol{P}}/\hbar\big\}\,.\tag{238}$$

如果参考系 K 经受齐次洛伦兹变换，使坐标为 x^μ 的点在参考系 K' 中的坐标是 $x'_\mu=x_\mu+\epsilon_{\mu\nu}x^\nu$, 而在参考系 K 中由 Heisenberg 态矢量 $|\Psi_A^{(\mathrm{h})}\rangle$ 和 $|\Psi_B^{(\mathrm{h})}\rangle$ 代表的状态在参考系 K' 中的 Heisenberg 态矢量是 $|\Psi_A^{(\mathrm{h})\epsilon}\rangle$ 和 $|\Psi_B^{(\mathrm{h})\epsilon}\rangle$, 则应当保证 (参看 [4])

$$\langle\Psi_A^{(\mathrm{h})\epsilon}|\widehat{\phi}^{(\mathrm{h})}(x_\mu+\epsilon_{\mu\nu}x^\nu)|\Psi_B^{(\mathrm{h})\epsilon}\rangle=\langle\Psi_A^{(\mathrm{h})}|\widehat{\phi}^{(\mathrm{h})}(x_\mu)|\Psi_B^{(\mathrm{h})}\rangle\,,\tag{239}$$

$$\langle\Psi_A^{(\mathrm{h})\epsilon}|\widehat{\Pi}^{(\mathrm{h})}(x_\mu+\epsilon_{\mu\nu}x^\nu)|\Psi_B^{(\mathrm{h})\epsilon}\rangle=\langle\Psi_A^{(\mathrm{h})}|\widehat{\Pi}^{(\mathrm{h})}(x_\mu)|\Psi_B^{(\mathrm{h})}\rangle\,.\tag{240}$$

这表明 $\widehat{\phi}^{(\mathrm{h})}(x_\mu+\epsilon_{\mu\nu}x^\nu)$ 和 $\widehat{\Pi}^{(\mathrm{h})}(x_\mu+\epsilon_{\mu\nu}x^\nu)$ 是新参考系 K' 中 (x_μ) 点的 $\widehat{\phi}$ 和 $\widehat{\Pi}$ 的 Heisenberg 算符 $\widehat{\phi}^{(\mathrm{h})\epsilon}(x_\mu)$ 和 $\widehat{\Pi}^{(\mathrm{h})\epsilon}(x_\mu)$, 由此也可以确定态矢量的变换公式. 现在限于求转动算符. 按照以前的记号 (本章 §3), 当参考系 K 作齐次洛伦兹变换的参量 $\epsilon_{\mu\nu}$ 限制如下时

$$\left.\begin{aligned}\varepsilon_{12}&=-\varepsilon_{21}=\Delta\theta n_z,\\ \varepsilon_{23}&=-\varepsilon_{32}=\Delta\theta n_x,\\ \varepsilon_{31}&=-\varepsilon_{13}=\Delta\theta n_y,\end{aligned}\right\}$$

该变换归结为空间坐标架绕原点和转轴 $\boldsymbol{n}$ 旋转 $-\Delta\theta$, 使空间坐标为 $\boldsymbol{x}$ 的点在参考系 K' 中的坐标是 $g(\boldsymbol{n},\Delta\theta)\boldsymbol{x}$. 设这样的转动使参考系 K 中由 Heisenberg 态矢量 $|\Psi_A^{(\mathrm{h})}\rangle$ 和 $|\Psi_B^{(\mathrm{h})}\rangle$ 代表的状态在参考系 K' 中的态矢量是 $|\Psi_A^{(\mathrm{h})g}\rangle$ 和 $|\Psi_B^{(\mathrm{h})g}\rangle$, 于是 (239) 和 (240) 式给出

$$\langle\Psi_A^{(\mathrm{h})g}|\widehat{\phi}^{(\mathrm{h})}(g(\boldsymbol{n},\Delta\theta)\boldsymbol{x},t)|\Psi_B^{(\mathrm{h})g}\rangle=\langle\Psi_A^{(\mathrm{h})}|\widehat{\phi}^{(\mathrm{h})}(\boldsymbol{x},t)|\Psi_B^{(\mathrm{h})}\rangle\,,\tag{241}$$

$$\langle\Psi_A^{(\mathrm{h})g}|\widehat{\Pi}^{(\mathrm{h})}(g(\boldsymbol{n},\Delta\theta)\boldsymbol{x},t)|\Psi_B^{(\mathrm{h})g}\rangle=\langle\Psi_A^{(\mathrm{h})}|\widehat{\Pi}^{(\mathrm{h})}(\boldsymbol{x},t)|\Psi_B^{(\mathrm{h})}\rangle\,.\tag{242}$$

由于

$$\widehat{\phi}^{(\mathrm{h})}(g(\boldsymbol{n},\Delta\theta)\boldsymbol{x},t)=\mathrm{e}^{-\mathrm{i}\,\Delta\theta\boldsymbol{n}\cdot\widehat{\boldsymbol{G}}/\hbar}\,\widehat{\phi}^{(\mathrm{h})}(x)\,\mathrm{e}^{\mathrm{i}\,\Delta\theta\boldsymbol{n}\cdot\widehat{\boldsymbol{G}}/\hbar}\,,\tag{243}$$

$$\widehat{\Pi}^{(\mathrm{h})}(g(\boldsymbol{n},\Delta\theta)\boldsymbol{x},t)=\mathrm{e}^{-\mathrm{i}\,\Delta\theta\boldsymbol{n}\cdot\widehat{\boldsymbol{G}}/\hbar}\,\widehat{\Pi}^{(\mathrm{h})}(x)\,\mathrm{e}^{\mathrm{i}\,\Delta\theta\boldsymbol{n}\cdot\widehat{\boldsymbol{G}}/\hbar}\,,\tag{244}$$

可见由原参考系中的态矢量 $|\Psi^{(\mathrm{h})}\rangle$ 代表的状态在新参考系中的态矢量是

$$|\Psi^{(\mathrm{h})g}\rangle = \exp\big\{-\mathrm{i}\,\Delta\theta\boldsymbol{n}\cdot\widehat{\boldsymbol{G}}/\hbar\big\}\,|\Psi^{(\mathrm{h})}\rangle\,. \tag{245}$$

再看 Klein-Gordon 方程在什么条件下可以看成无自旋单粒子的 Schrödinger 方程. 无自旋单粒子的动量本征态 $\widehat{a}^{\dagger}(\boldsymbol{k})|0\rangle$ 的集合当然构成单体态的完备组，即任意的单粒子态矢量可以表示为

$$|\phi\rangle = \int \mathrm{d}^3k\,\widehat{a}^{\dagger}(\boldsymbol{k})|0\rangle\,C(\boldsymbol{k})\,.$$

以此作为 $t=0$ 时刻的态矢量，则

$$\begin{aligned}|\phi(t)\rangle &= \int \mathrm{d}^3k\,\mathrm{e}^{-\mathrm{i}\,\widehat{H}\,t/\hbar}\,\widehat{a}^{\dagger}(\boldsymbol{k})|0\rangle\,C(\boldsymbol{k})\\ &= \int \mathrm{d}^3k\,\widehat{a}^{\dagger}(\boldsymbol{k})|0\rangle\,C(\boldsymbol{k})\mathrm{e}^{-\mathrm{i}\,\omega_k\,t}\,.\end{aligned}$$

即是说，按照 ϕ 场的量子理论，$|\phi(t)\rangle$ 遵从的 Schrödinger 方程如下

$$\mathrm{i}\hbar\,\frac{\partial}{\partial t}|\phi(t)\rangle = \widehat{H}\,|\phi(t)\rangle\,.$$

所以 $|\phi(t)\rangle$ 的 Schrödinger 波函数是

$$\begin{aligned}\phi^{(\mathrm{s})}(\boldsymbol{x},t) &= \int \mathrm{d}^3k\,\psi_{\boldsymbol{k}}(\boldsymbol{x},t)\,C(\boldsymbol{k})\,,\\ \psi_{\boldsymbol{k}}(\boldsymbol{x},t) &= \frac{1}{\sqrt{(2\pi)^3}}\mathrm{e}^{\mathrm{i}\,\boldsymbol{k}\cdot\boldsymbol{x}-\mathrm{i}\,\omega_k\,t}\,.\end{aligned}$$

$\phi^{(\mathrm{s})}(\boldsymbol{x},t)$ 确实是 (189) 式的 Klein-Gordon 方程的解，但是作为其叠加成分的波函数 $\psi_{\boldsymbol{k}}(\boldsymbol{x},t)$ 是该方程的正频解. 因此，为了将 Klein-Gordon 看成无自旋单粒子的 Schrödinger 方程，必须限于采用只包含正频成分的解.

下面扼要讨论一下复标量场的量子化. 这里说的复标量场的场函数 $\phi(\boldsymbol{x},t)$ 含有两个具有相同 μ 的实标量函数 $\phi_1(\boldsymbol{x},t)$ 及 $\phi_2(\boldsymbol{x},t)$, 而且自由场的拉氏函数可写成场 ϕ_1 与 ϕ_2 的拉氏函数之和：

$$\phi(\boldsymbol{x},t) = \frac{1}{\sqrt{2}}\{\phi_1(\boldsymbol{x},t) + \mathrm{i}\,\phi_2(\boldsymbol{x},t)\}, \tag{246}$$

$$\begin{aligned}L(\phi,\dot{\phi}) = \frac{1}{2}\int \mathrm{d}^3x\big\{\dot{\phi}_1^2(\boldsymbol{x},t) - c^2(\nabla\phi_1(\boldsymbol{x},t))^2 - c^2\mu^2\phi_1^2(\boldsymbol{x},t)\big\}\\ +\frac{1}{2}\int \mathrm{d}^3x\big\{\dot{\phi}_2^2(\boldsymbol{x},t) - c^2(\nabla\phi_2(\boldsymbol{x},t))^2 - c^2\mu^2\phi_2^2(\boldsymbol{x},t)\big\}\,.\end{aligned} \tag{247}$$

由于

$$L(\phi,\dot{\phi})=\int \mathrm{d}^3x\big\{c^2\,\partial_\mu\phi^*(\boldsymbol{x},t)\partial^\mu\phi(\boldsymbol{x},t)-c^2\mu^2\,\phi^*(\boldsymbol{x},t)\phi(\boldsymbol{x},t)\big\}\,,$$

$\phi(\boldsymbol{x},t)$ 的运动方程也是 Klein-Gordon 方程

$$\ddot{\phi}(\boldsymbol{x},t)=(c^2\nabla^2-c^2\mu^2)\phi(\boldsymbol{x},t)\,. \tag{248}$$

哈密顿量是场 ϕ_1 与 ϕ_2 的哈密顿量之和

$$\begin{aligned}
&H_{\mathrm{c}}(\phi_1,\phi_2,\mathit{\Pi}_1,\mathit{\Pi}_2)\\
&\quad=\frac{1}{2}\int \mathrm{d}^3x\big\{\mathit{\Pi}_1^2(\boldsymbol{x},t)+c^2(\nabla\phi_1(\boldsymbol{x},t))^2+c^2\mu^2\phi_1^2(\boldsymbol{x},t)\big\}\\
&\qquad+\frac{1}{2}\int \mathrm{d}^3x\big\{\mathit{\Pi}_2^2(\boldsymbol{x},t)+c^2(\nabla\phi_2(\boldsymbol{x},t))^2+c^2\mu^2\phi_2^2(\boldsymbol{x},t)\big\}\,,
\end{aligned} \tag{249}$$

其中

$$\mathit{\Pi}_1(\boldsymbol{x},t)=\frac{\delta L}{\delta\dot{\phi}_1(\boldsymbol{x},t)}=\dot{\phi}_1(\boldsymbol{x},t)\,,$$

$$\mathit{\Pi}_2(\boldsymbol{x},t)=\frac{\delta L}{\delta\dot{\phi}_2(\boldsymbol{x},t)}=\dot{\phi}_2(\boldsymbol{x},t)\,.$$

令

$$\begin{aligned}
\mathit{\Phi}_1(\boldsymbol{x},t)&=\frac{1}{\sqrt{2\hbar}}\,(c^2\mu^2-c^2\nabla^2)^{1/4}\phi_1(\boldsymbol{x},t)\\
&\quad+\frac{1}{\sqrt{2\hbar}}\,\mathrm{i}\,(c^2\mu^2-c^2\nabla^2)^{-1/4}\mathit{\Pi}_1(\boldsymbol{x},t)\,,\\
\mathit{\Phi}_2(\boldsymbol{x},t)&=\frac{1}{\sqrt{2\hbar}}\,(c^2\mu^2-c^2\nabla^2)^{1/4}\phi_2(\boldsymbol{x},t)\\
&\quad+\frac{1}{\sqrt{2\hbar}}\,\mathrm{i}(c^2\mu^2-c^2\nabla^2)^{-1/4}\mathit{\Pi}_2(\boldsymbol{x},t)\,,
\end{aligned}$$

则运动方程可以写成

$$\mathrm{i}\hbar\,\dot{\mathit{\Phi}}_1(\boldsymbol{x},t)=\frac{\delta H_{\mathrm{c}}(\mathit{\Phi}_1^*,\mathit{\Phi}_2^*,\mathit{\Phi}_1,\mathit{\Phi}_2)}{\delta\mathit{\Phi}_1^*(\boldsymbol{x},t)}\,,$$

$$\mathrm{i}\hbar\,\dot{\mathit{\Phi}}_2(\boldsymbol{x},t)=\frac{\delta H_{\mathrm{c}}(\mathit{\Phi}_1^*,\mathit{\Phi}_2^*,\mathit{\Phi}_1,\mathit{\Phi}_2)}{\delta\mathit{\Phi}_2^*(\boldsymbol{x},t)}\,.$$

而

$$
\begin{aligned}
& H_{\mathrm{c}}(\Phi_1^*, \Phi_2^*, \Phi_1, \Phi_2) \\
&\quad = \int \mathrm{d}^3 x \Phi_1^*(\boldsymbol{x}, t)\big(\hbar\sqrt{c^2\mu^2 - c^2\nabla^2}\big)\Phi_1(\boldsymbol{x}, t) \\
&\qquad + \int \mathrm{d}^3 x \Phi_2^*(\boldsymbol{x}, t)\big(\hbar\sqrt{c^2\mu^2 - c^2\nabla^2}\big)\Phi_2(\boldsymbol{x}, t) .
\end{aligned}
$$

动量和角动量的表达式是

$$
\begin{aligned}
\boldsymbol{P} &= \int \mathrm{d}^3 x\, \Phi_1^*(\boldsymbol{x}, t)(-\mathrm{i}\hbar\nabla)\Phi_1(\boldsymbol{x}, t) \\
&\quad + \int \mathrm{d}^3 x\, \Phi_2^*(\boldsymbol{x}, t)(-\mathrm{i}\hbar\nabla)\Phi_2(\boldsymbol{x}, t) , \\
\boldsymbol{G} &= \int \mathrm{d}^3 x\, \Phi_1^*(\boldsymbol{x}, t)\boldsymbol{x} \times (-\mathrm{i}\hbar\nabla)\Phi_1(\boldsymbol{x}, t) \\
&\quad + \int \mathrm{d}^3 x\, \Phi_2^*(\boldsymbol{x}, t)\boldsymbol{x} \times (-\mathrm{i}\hbar\nabla)\Phi_2(\boldsymbol{x}, t) .
\end{aligned}
$$

已经知道，如果只是将 ϕ 当成两种实场进行量子化，则 Φ_1^* 及 Φ_2^* 的算符分别是场 ϕ_1 和 ϕ_2 的产生一个处在点 $\boldsymbol{x}$ 的量子的算符，这两种场的量子都是质量为 $\mu\hbar/c$ 自旋为零的玻色子．现在要强调的是当 $\phi(\boldsymbol{x}, t)$ 作为一个整体经受 $U(1)$ 或 $O(2)$ 变换时，拉氏函数密度保持不变．这个变换可表示为

$$
\phi(\boldsymbol{x}, t) \to \phi'(\boldsymbol{x}, t) = \mathrm{e}^{\mathrm{i}\,\theta}\phi(\boldsymbol{x}, t) ,
$$

或

$$
\begin{pmatrix} \phi_1 \\ \phi_2 \end{pmatrix} \to \begin{pmatrix} \phi_1' \\ \phi_2' \end{pmatrix} = \begin{pmatrix} \cos\theta & -\sin\theta \\ \sin\theta & \cos\theta \end{pmatrix} \begin{pmatrix} \phi_1 \\ \phi_2 \end{pmatrix} ,
$$

其中 θ 是与 $(\boldsymbol{x}, t)$ 无关的任意角度．相应于这个不变性，存在如下的连续性方程 (也可根据运动方程来验证)

$$
\frac{\partial}{\partial t}\rho(\boldsymbol{x}, t) + \nabla \cdot \boldsymbol{j} = 0 ,
$$

其中

$$
\begin{aligned}
\rho &= \mathrm{i}\hbar\{\phi^*\dot{\phi} - \dot{\phi}\phi^*\} , \\
\boldsymbol{j} &= -\mathrm{i}\hbar c^2\{\phi^*\nabla\phi - (\nabla\phi^*)\phi\} .
\end{aligned}
$$

因此 $\int \mathrm{d}^3\boldsymbol{x}\rho(\boldsymbol{x}, t)$ 是守恒荷，它可表示为

$$
Q = \frac{1}{2}\int \mathrm{d}^3 x\big\{(\Phi_1 + \mathrm{i}\Phi_2)^*(\Phi_1 + \mathrm{i}\Phi_2) - (\Phi_1 - \mathrm{i}\Phi_2)^*(\Phi_1 - \mathrm{i}\Phi_2)\big\} .
$$

设 q 取 $+1$ 与 -1 两种值，并令

$$\varPhi(q,\boldsymbol{x},t)=\frac{1}{\sqrt{2}}\{\varPhi_1(\boldsymbol{x},t)+\mathrm{i}q\varPhi_2(\boldsymbol{x},t)\},$$

则

$$Q=\sum_q\int \mathrm{d}^3x\{q\,\varPhi^*(q,\boldsymbol{x},t)\varPhi(q,\boldsymbol{x},t)\},$$

$$H_\mathrm{c}=\sum_q\int \mathrm{d}^3x\,\varPhi^*(q,\boldsymbol{x},t)(\hbar\sqrt{c^2\mu^2-c^2\nabla^2})\varPhi(q,\boldsymbol{x},t),$$

$$\boldsymbol{P}=\sum_q\int \mathrm{d}^3x\,\varPhi^*(q,\boldsymbol{x},t)(-\mathrm{i}\hbar\nabla)\varPhi(q,\boldsymbol{x},t),$$

$$\boldsymbol{G}=\sum_q\int \mathrm{d}^3x\,\varPhi^*(q,\boldsymbol{x},t)(-\mathrm{i}\hbar\boldsymbol{x}\times\nabla)\varPhi(q,\boldsymbol{x},t),$$

$$\phi(\boldsymbol{x},t)=\sqrt{\frac{\hbar}{2}}(c^2\mu^2-c^2\nabla^2)^{-1/4}\{\varPhi(1,\boldsymbol{x},t)+\varPhi^*(-1,\boldsymbol{x},t)\},$$

$$\mathrm{i}\hbar\dot{\varPhi}(q,\boldsymbol{x},t)=\frac{\delta H_\mathrm{c}(\varPhi^*,\varPhi)}{\delta\varPhi^*(q,\boldsymbol{x},t)}.$$

Schrödinger 绘景的量子条件可用 $\varPhi(q,\boldsymbol{x},t)$ 及 $\varPhi^*(q,\boldsymbol{x},t)$ 的算符表示为

$$\varPhi(q,\boldsymbol{x},t)\to\widehat{\varPhi}(q,\boldsymbol{x}),$$

$$\varPhi^*(q,\boldsymbol{x},t)\to\widehat{\varPhi}^\dagger(q,\boldsymbol{x}),$$

$$\frac{\mathrm{d}}{\mathrm{d}t}\widehat{\varPhi}(q,\boldsymbol{x})=\frac{\mathrm{d}}{\mathrm{d}t}\widehat{\varPhi}^\dagger(q,\boldsymbol{x})=0,$$

$$\widehat{\varPhi}(q,\boldsymbol{x})\widehat{\varPhi}(q',\boldsymbol{x}')-\widehat{\varPhi}(q',\boldsymbol{x}')\widehat{\varPhi}(q,\boldsymbol{x})=0,$$

$$\widehat{\varPhi}(q,\boldsymbol{x})\widehat{\varPhi}^\dagger(q',\boldsymbol{x}')-\widehat{\varPhi}^\dagger(q',\boldsymbol{x}')\widehat{\varPhi}(q,\boldsymbol{x})=\delta_{qq'}\delta(\boldsymbol{x}-\boldsymbol{x}').$$

$\widehat{\varPhi}^\dagger(q,\boldsymbol{x})$ 是产生 ϕ 场的一个处在点 $\boldsymbol{x}$ 并且 Q 值等于 q 的量子的算符，$\widehat{\varPhi}(q,\boldsymbol{x})$ 是相应的湮灭算符.

两种只以守恒荷的相反值相区别的粒子称为相反的粒子. 所以由两个具有相同 μ 的实场组成的复标量场的量子按照 q 值区分为相反的粒子，它们的质量为 $\mu\hbar/c$, 自旋为零. 例如 π^+ 与 π^- 介子就被看成这样的正反粒子，它们以相反的电荷相区别，$\overline{\mathrm{K}^0}$ 与 K^0(不带电) 也被看成正反粒子，它们具有相反的奇异荷.

$\widehat{\Phi}(q,\boldsymbol{x})$ 的傅氏展开给出

$$\widehat{\Phi}(q,\boldsymbol{x})=\frac{1}{(2\pi)^{3/2}}\int \mathrm{d}^3k\,\widehat{a}_q(\boldsymbol{k})\mathrm{e}^{\mathrm{i}\,\boldsymbol{k}\cdot\boldsymbol{x}},$$

$$\widehat{\Phi}^{\dagger}(q,\boldsymbol{x})=\frac{1}{(2\pi)^{3/2}}\int \mathrm{d}^3k\,\widehat{a}_q^{\dagger}(\boldsymbol{k})\mathrm{e}^{-\mathrm{i}\,\boldsymbol{k}\cdot\boldsymbol{x}},$$

$$\widehat{\phi}(\boldsymbol{x})=\frac{1}{(2\pi)^{3/2}}\int \mathrm{d}^3k\sqrt{\frac{\hbar}{2\omega_k}}\left(\widehat{a}_1(\boldsymbol{k})\mathrm{e}^{\mathrm{i}\,\boldsymbol{k}\cdot\boldsymbol{x}}+\widehat{a}_{-1}^{\dagger}(\boldsymbol{k})\mathrm{e}^{-\mathrm{i}\,\boldsymbol{k}\cdot\boldsymbol{x}}\right),$$

$$\left[\widehat{a}_q(\boldsymbol{k}),\widehat{a}_{q'}(\boldsymbol{k}')\right]=0,$$

$$\left[\widehat{a}_q(\boldsymbol{k}),\widehat{a}_{q'}^{\dagger}(\boldsymbol{k}')\right]=\delta_{qq'}\delta(\boldsymbol{k}-\boldsymbol{k}'),$$

$$\widehat{Q}=\sum_q\int \mathrm{d}^3k\,q\,\widehat{a}_q^{\dagger}(\boldsymbol{k})\widehat{a}_q(\boldsymbol{k}),$$

$$\widehat{H}=\sum_q\int \mathrm{d}^3k\,\hbar\omega_k\,\widehat{a}_q^{\dagger}(\boldsymbol{k})\widehat{a}_q(\boldsymbol{k}),$$

$$\widehat{\boldsymbol{P}}=\sum_q\int \mathrm{d}^3k\,\hbar\boldsymbol{k}\,\widehat{a}_q^{\dagger}(\boldsymbol{k})\widehat{a}_q(\boldsymbol{k}),$$

$$\widehat{\boldsymbol{G}}=\sum_q\int \mathrm{d}^3k\int \mathrm{d}^3k'\,\boldsymbol{G}(\boldsymbol{k},\boldsymbol{k}')\widehat{a}_q^{\dagger}(\boldsymbol{k})\widehat{a}_q(\boldsymbol{k}').$$

$\widehat{a}_q^{\dagger}(\boldsymbol{k})$ 即是产生一个能量为 $\hbar\omega_k$, 动量为 $\hbar\boldsymbol{k}$, Q 值为 q 的量子的算符. 态矢量 $\mathrm{e}^{-\mathrm{i}\,\widehat{H}t/\hbar}\widehat{a}_q^{\dagger}(\boldsymbol{k})|0\rangle$ 的 Schrödinger 波函数 (按 $\delta(\boldsymbol{k}-\boldsymbol{k}')$ 归一) 为

$$\phi_{\boldsymbol{k}1}(\boldsymbol{x},t)=\frac{1}{(2\pi)^{3/2}}\,\mathrm{e}^{\mathrm{i}\left(\boldsymbol{k}\cdot\boldsymbol{x}-\omega_k t\right)},$$

$$\phi_{\boldsymbol{k}-1}(\boldsymbol{x},t)=\frac{1}{(2\pi)^{3/2}}\,\mathrm{e}^{\mathrm{i}\left(\boldsymbol{k}\cdot\boldsymbol{x}-\omega_k t\right)}.$$

它们都是方程 (248) 的解.

单个的实场的量子没有正反之分, 但也可以采用正反粒子的概念同时认定反粒子也即是正粒子.

§ 11 Dirac 场的量子化

现在将 Dirac 方程看成一种经典场 (Dirac 场) 的运动方程, 经过量子化形成自由电子和正电子的量子理论. 于是场函数是四分量旋量 $\psi(\boldsymbol{x},t)$, 运动方程

即是

$$\mathrm{i}\hbar\frac{\partial}{\partial t}\psi(\boldsymbol{x},t)=(-\mathrm{i}\hbar\, c\,\boldsymbol{\alpha}\cdot\nabla+mc^2\beta)\psi(\boldsymbol{x},t), \tag{250}$$

其中 m 是正数，当作参量看待，c 是光速，矩阵 $\boldsymbol{\alpha}$ 及 β 即是前面说明过的 4×4 矩阵．在齐次洛伦兹变换之下，ψ 的变换式为

$$\begin{gathered}\psi'(x')=S(\Lambda)\psi(x)\,,\\ S^{-1}(\Lambda)\gamma^{\mu}S(\Lambda)=\Lambda^{\mu}_{\nu}\gamma^{\nu}\,.\\ (x'^{\mu}=\Lambda^{\mu}_{\nu}x^{\nu})\end{gathered}$$

既然运动方程只含 ψ 的一阶时间微商，$\psi(\boldsymbol{x},t)$ 的初值决定了以后时刻的值，所以它不只是代表场的坐标，而是同时起着坐标和动量的作用．为了保证电子遵从费米统计，ψ 的分量应该是费米型 c 数变量，在量子化之前是互相反对易的．对于普通的 c 数，记号 * 表示取复数共轭，对于量子力学算符记号 * 不进行运作．但是需要记住，对费米 c 数的积施行这个运算时，应该像对算符积取厄米共轭一样改变因子的顺序．参量 e 按习惯认定是一个电子的电荷值 $-|e|$. 运动方程也可用如下的作用量推导出来

$$I=\int_{t_1}^{t_2}\left\{\int \mathrm{d}^3x\,\mathrm{i}\hbar\,\widetilde{\psi}^*(\boldsymbol{x},t)\psi(\boldsymbol{x},t)-H_{\mathrm{c}}\right\}\mathrm{d}t\,. \tag{251}$$

其中 H_{c} 是场的“经典”哈密顿量，

$$H_{\mathrm{c}}=\int \mathrm{d}^3x\widetilde{\psi}^*(\boldsymbol{x},t)\{-\mathrm{i}\hbar\, c\,\boldsymbol{\alpha}\cdot\nabla+mc^2\beta\}\psi(\boldsymbol{x},t)\,. \tag{252}$$

场的动量和角动量的经典表达式可以用类似上节的方法求得．结果是：

$$\boldsymbol{P}_{\mathrm{c}}=\int \mathrm{d}^3x\widetilde{\psi}^*(\boldsymbol{x},t)(-\mathrm{i}\hbar\nabla)\psi(\boldsymbol{x},t), \tag{253}$$

$$\boldsymbol{G}_{\mathrm{c}}=\int \mathrm{d}^3x\widetilde{\psi}^*(\boldsymbol{x},t)\Big(-\mathrm{i}\hbar\boldsymbol{x}\times\nabla+\frac{\hbar}{2}\overrightarrow{\Sigma}\Big)\psi(\boldsymbol{x},t)\,, \tag{254}$$

其中

$$\overrightarrow{\Sigma}=\begin{pmatrix}\boldsymbol{\sigma} & 0\\ 0 & \boldsymbol{\sigma}\end{pmatrix}.$$

推导这些公式的方法可以从第十一章 §1 查到．此外我们知道，存在如下的连续性方程

$$\frac{\partial\rho}{\partial t}+\nabla\cdot\boldsymbol{j}=0, \tag{255}$$

$$\rho(\boldsymbol{x},t)=\widetilde{\psi}^*(\boldsymbol{x},t)\psi(\boldsymbol{x},t), \tag{256}$$

$$\boldsymbol{j}=c\widetilde{\psi}^*(\boldsymbol{x},t)\boldsymbol{\alpha}\,\psi(\boldsymbol{x},t). \tag{257}$$

前面已经指出，把 Dirac 方程看成单粒子 Schrödinger 方程，结果不能完全自相一致．现在的 ψ 是场函数，(255) 式是电荷的连续性方程，总电荷为

$$Q_{\mathrm{c}}=\int \mathrm{d}^3x\,\widetilde{\psi}^*(\boldsymbol{x},t)\psi(\boldsymbol{x},t). \tag{258}$$

为了方便，可以将 $\psi(\boldsymbol{x},t)$ 按照 $\{c\boldsymbol{\alpha}\cdot(-\mathrm{i}\hbar\nabla)+mc^2\beta\}$ 的本征函数展开，而把展开系数作为新的基本变量．借助本章 §7 列出的 (123), (124) 式可以将这个算子以及 $-\mathrm{i}\hbar\nabla, \left(-\mathrm{i}\hbar\nabla\cdot\overrightarrow{\Sigma}\right)$ 的本征值分别是 $\hbar\omega_k, \hbar\boldsymbol{k}$ 和 $\lambda\hbar|\boldsymbol{k}|$ 的共同本征函数写成 $u_\lambda(\boldsymbol{k})\psi_{\boldsymbol{k}}(\boldsymbol{x})$. 这里的 $\hbar\boldsymbol{k}$ 即是 §7 的 $\boldsymbol{p}$, 故

$$\left(-\mathrm{i}\hbar\nabla\right)u_\lambda(\boldsymbol{k})\psi_{\boldsymbol{k}}(\boldsymbol{x})=\hbar\boldsymbol{k}\,u_\lambda(\boldsymbol{k})\psi_{\boldsymbol{k}}(\boldsymbol{x}), \tag{259}$$

$$\left(-\mathrm{i}\hbar\nabla\cdot\overrightarrow{\Sigma}\right)u_\lambda(\boldsymbol{k})\psi_{\boldsymbol{k}}(\boldsymbol{x})=\lambda\hbar\,|\boldsymbol{k}|u_\lambda(\boldsymbol{k})\psi_{\boldsymbol{k}}(\boldsymbol{x}), \tag{260}$$

$$\left(c\boldsymbol{\alpha}\cdot(-\mathrm{i}\hbar\nabla)+mc^2\beta\right)u_\lambda(\boldsymbol{k})\psi_{\boldsymbol{k}}(\boldsymbol{x})=\hbar\omega_k\,u_\lambda(\boldsymbol{k})\psi_{\boldsymbol{k}}(\boldsymbol{x}), \tag{261}$$

$$u_\lambda(\boldsymbol{k})=\frac{1}{\sqrt{2\omega_k(\mu c+\omega_k)}}\begin{pmatrix}(\mu c+\omega_k)\,\chi_\lambda(\boldsymbol{k})\\ c\,\lambda|\boldsymbol{k}|\;\chi_\lambda(\boldsymbol{k})\end{pmatrix}, \tag{262}$$

其中 $\psi_{\boldsymbol{k}}(\boldsymbol{x})$ 即是 $(\sqrt{2\pi})^{-3}\mathrm{e}^{\mathrm{i}\boldsymbol{k}\cdot\boldsymbol{x}}$. $\lambda=\pm1, \omega_k=\sqrt{\mu^2c^2+c^2|\boldsymbol{k}|^2}$, $\mu=\frac{mc}{\hbar}$. χ_λ 满足 $\widetilde{\chi}_\lambda^*(\boldsymbol{k})\chi_{\lambda'}(\boldsymbol{k})=\delta_{\lambda\lambda'}, \boldsymbol{\sigma}\cdot\boldsymbol{k}\chi_\lambda(\boldsymbol{k})=\lambda|\boldsymbol{k}|\chi_\lambda(\boldsymbol{k})$, 其表达式可由 (121a, b) 看出，$u_\lambda(\boldsymbol{k})$ 和 $u_\lambda(\boldsymbol{k})\psi_{\boldsymbol{k}}(\boldsymbol{x})$ 的正交归一条件是：

$$\widetilde{u}_\lambda^*(\boldsymbol{k})u_{\lambda'}(\boldsymbol{k})=\delta_{\lambda\lambda'}, \tag{263}$$

$$\int \mathrm{d}^3x\,\widetilde{u}_\lambda^*(\boldsymbol{k})\psi_{\boldsymbol{k}}^*(\boldsymbol{x})\,u_{\lambda'}(\boldsymbol{k}')\psi_{\boldsymbol{k}'}(\boldsymbol{x})=\delta_{\lambda\lambda'}\delta(\boldsymbol{k}-\boldsymbol{k}'). \tag{264}$$

由方程式 (259)—(261) 取复数共轭，注意 $\boldsymbol{\alpha}, \overrightarrow{\Sigma}$ 的复数共轭可以表示为

$$\overrightarrow{\Sigma}^*=-\varGamma_0^{-1}\overrightarrow{\Sigma}\,\varGamma_0,\quad \boldsymbol{\alpha}^*=\varGamma_0^{-1}\boldsymbol{\alpha}\,\varGamma_0,\quad \varGamma_0=\mathrm{i}\,\beta\,\alpha_y,$$

其中 α_y 是 $\boldsymbol{\alpha}$ 的 y 分量故与 β 反对易，得到

$$(-\mathrm{i}\hbar\nabla)\,\varGamma_0\,u_\lambda^*(\boldsymbol{k})\psi_{\boldsymbol{k}}^*(\boldsymbol{x})=-\hbar\boldsymbol{k}\,\varGamma_0\,u_\lambda^*(\boldsymbol{k})\psi_{\boldsymbol{k}}^*(\boldsymbol{x}), \tag{265}$$

$$\overrightarrow{\Sigma}\cdot(-\mathrm{i}\hbar\nabla)\,\varGamma_0\,u_\lambda^*(\boldsymbol{k})\psi_{\boldsymbol{k}}^*(\boldsymbol{x})=\lambda\hbar\,|\boldsymbol{k}|\,\varGamma_0\,u_\lambda^*(\boldsymbol{k})\psi_{\boldsymbol{k}}^*(\boldsymbol{x}), \tag{266}$$

$$\{c\boldsymbol{\alpha}\cdot(-\mathrm{i}\hbar\nabla)+mc^2\beta\}\,\varGamma_0\,u_\lambda^*(\boldsymbol{k})\psi_{\boldsymbol{k}}^*(\boldsymbol{x})=-\hbar\omega_k\,\varGamma_0\,u_\lambda^*(\boldsymbol{k})\psi_{\boldsymbol{k}}^*(\boldsymbol{x}). \tag{267}$$

$\Gamma_0\, u_\lambda^*(\boldsymbol{k})$ 和 $\Gamma_0\, u_\lambda^*(\boldsymbol{k})\psi_{\boldsymbol{k}}^*(\boldsymbol{x})$ 满足如下的正交归一条件

$$\big(\Gamma_0\, u_\lambda^*(\boldsymbol{k})\big)^\dagger \Gamma_0\, u_{\lambda'}^*(\boldsymbol{k}) = \big(u_\lambda^*(\boldsymbol{k})\big)^\dagger u_{\lambda'}^*(\boldsymbol{k}) = \delta_{\lambda\lambda'}\,, \tag{263$'$}$$

$$\int \mathrm{d}^3x\, \big(\Gamma_0\, u_\lambda^*(\boldsymbol{k})\big)^\dagger \psi_{\boldsymbol{k}}(\boldsymbol{x})\, \Gamma_0\, u_{\lambda'}^*(\boldsymbol{k}')\psi_{\boldsymbol{k}'}^*(\boldsymbol{x}) = \delta_{\lambda\lambda'}\delta(\boldsymbol{k}-\boldsymbol{k}')\,. \tag{268}$$

显然 $\{u_\lambda(\boldsymbol{k})\psi_{\boldsymbol{k}}(\boldsymbol{x})\}$ 和 $\{\Gamma_0\, u_\lambda^*(\boldsymbol{k})\psi_{\boldsymbol{k}}^*(\boldsymbol{x})\}$ 分别代表 $\{c\,\alpha\cdot(-\mathrm{i}\hbar\nabla)+mc^2\beta\}$ 的本征值是正数和负数的全部本征函数. 这两类本征函数之间的正交性意味着

$$u_\lambda^\dagger(\boldsymbol{k})\,\Gamma_0\, u_{\lambda'}^*(-\boldsymbol{k}) = \big(\Gamma_0\, u_\lambda^*(\boldsymbol{k})\big)^\dagger\, u_{\lambda'}(-\boldsymbol{k}) \;= 0\,. \tag{269}$$

而全部独立本征函数的完备性条件则可以表示为

$$\begin{aligned}\int \mathrm{d}^3k\, \psi_{\boldsymbol{k}}^*(\boldsymbol{x}')\psi_{\boldsymbol{k}}(\boldsymbol{x})\Big\{\sum_\lambda u_\lambda(\boldsymbol{k})\, u_\lambda^\dagger(\boldsymbol{k}) + \sum_\lambda \Gamma_0\, u_\lambda^*(-\boldsymbol{k})\,\big(\Gamma_0\, u_\lambda^*(-\boldsymbol{k})\big)^\dagger\Big\}&\\ = I_4\,\delta(\boldsymbol{x}-\boldsymbol{x}')\,,&\end{aligned} \tag{270}$$

其中 I_4 是四行四列的单位矩阵. 这种条件相当于

$$\sum_\lambda u_\lambda(\boldsymbol{k})\, u_\lambda^\dagger(\boldsymbol{k}) + \sum_\lambda \Gamma_0\, u_\lambda^*(-\boldsymbol{k})\,\big(\Gamma_0\, u_\lambda^*(-\boldsymbol{k})\big)^\dagger = I_4\,. \tag{270$'$}$$

因此 $\psi(x,t)$, $\widetilde{\psi}^*(\boldsymbol{x},t)$ 可以表示为

$$\begin{aligned}\psi(\boldsymbol{x},t) &= \sum_\lambda \int \mathrm{d}^3k\, b(\boldsymbol{k}\lambda,t)\, u_\lambda(\boldsymbol{k})\psi_{\boldsymbol{k}}(\boldsymbol{x})\\ &\quad + \sum_\lambda \int \mathrm{d}^3k\, d^*(\boldsymbol{k}\lambda,t)\, \Gamma_0\, u_\lambda^*(\boldsymbol{k})\psi_{\boldsymbol{k}}^*(\boldsymbol{x}) \qquad (271)\\ &= \Phi_b(\boldsymbol{x},t) + \Gamma_0\, \Phi_d^*(\boldsymbol{x},t), \qquad (272)\end{aligned}$$

$$\widetilde{\psi}^*(\boldsymbol{x},t) = \widetilde{\Phi}_b^*(\boldsymbol{x},t) + \widetilde{\Phi}_d(\boldsymbol{x},t)\Gamma_0^{-1}\,, \tag{273}$$

$$\Phi_b(\boldsymbol{x},t) = \sum_\lambda \int \mathrm{d}^3k\, b(\boldsymbol{k}\lambda,t)\, u_\lambda(\boldsymbol{k})\psi_{\boldsymbol{k}}(\boldsymbol{x})\,, \tag{274}$$

$$\Phi_d(\boldsymbol{x},t) = \sum_\lambda \int \mathrm{d}^3k\, d(\boldsymbol{k}\lambda,t)\, u_\lambda(\boldsymbol{k})\psi_{\boldsymbol{k}}(\boldsymbol{x})\,. \tag{275}$$

由此可以将 (252)—(254) 和 (256) 式写成

$$\begin{aligned}Q_\mathrm{c} &= \sum_\lambda \int \mathrm{d}^3k\, e\,\big\{b^*(\boldsymbol{k}\lambda,t)b(\boldsymbol{k}\lambda,t) - d^*(\boldsymbol{k}\lambda,t)d(\boldsymbol{k}\lambda,t)\big\}\\ &= \int \mathrm{d}^3x\, \widetilde{\Phi}_b^*(\boldsymbol{x},t)\Phi_b(\boldsymbol{x},t) - \int \mathrm{d}^3x\, \widetilde{\Phi}_d^*(\boldsymbol{x},t)\, \Phi_d(\boldsymbol{x},t)\,,\end{aligned} \tag{276}$$

$$
\begin{aligned}
H_{\mathrm{c}} &= \sum_{\lambda}\int \mathrm{d}^3k\,\hbar\omega_k\left\{b^*(\boldsymbol{k}\lambda,t)b(\boldsymbol{k}\lambda,t)+d^*(\boldsymbol{k}\lambda,t)d(\boldsymbol{k}\lambda,t)\right\}\\
&= \int \mathrm{d}^3x\,\widetilde{\varPhi}_b^*(\boldsymbol{x},t)(\hbar\sqrt{c^2\mu^2-c^2\nabla^2})\,\varPhi_b(\boldsymbol{x},t)\\
&\quad+\int \mathrm{d}^3x\,\widetilde{\varPhi}_d^*(\boldsymbol{x},t)(\hbar\sqrt{c^2\mu^2-c^2\nabla^2})\varPhi_d(\boldsymbol{x},t)\,,
\end{aligned}\tag{277}
$$

$$
\begin{aligned}
\boldsymbol{P}_{\mathrm{c}} &= \sum_{\lambda}\int \mathrm{d}^3k\,\hbar\boldsymbol{k}\left\{b^*(\boldsymbol{k}\lambda,t)b(\boldsymbol{k}\lambda,t)+d^*(\boldsymbol{k}\lambda,t)d(\boldsymbol{k}\lambda,t)\right\}\\
&= \int \mathrm{d}^3x\,\widetilde{\varPhi}_b^*(\boldsymbol{x},t)(-\mathrm{i}\hbar\nabla)\varPhi_b(\boldsymbol{x},t)+\int \mathrm{d}^3x\,\widetilde{\varPhi}_d^*(\boldsymbol{x},t)(-\mathrm{i}\hbar\nabla)\varPhi_d(\boldsymbol{x},t)\,,
\end{aligned}\tag{278}
$$

$$
\begin{aligned}
\boldsymbol{G}_{\mathrm{c}} &= \int \mathrm{d}^3x\,\widetilde{\varPhi}_b^*(\boldsymbol{x},t)\Big(-\mathrm{i}\hbar\boldsymbol{x}\times\nabla+\frac{\hbar}{2}\overrightarrow{\varSigma}\Big)\varPhi_b(\boldsymbol{x},t)\\
&\quad+\int \mathrm{d}^3x\,\widetilde{\varPhi}_d^*(\boldsymbol{x},t)\Big(-\mathrm{i}\hbar\boldsymbol{x}\times\nabla+\frac{\hbar}{2}\overrightarrow{\varSigma}\Big)\varPhi_d(\boldsymbol{x},t)\,.
\end{aligned}\tag{279}
$$

用 $b(\boldsymbol{k}\lambda)$, $d(\boldsymbol{k}\lambda)$ 和它们的“复共轭”表示的运动方程可以写成

$$
\mathrm{i}\hbar\frac{\partial}{\partial t}b(\boldsymbol{k}\lambda,t)=\frac{\delta H_{\mathrm{c}}}{\delta b^*(\boldsymbol{k}\lambda,t)}\,,\quad \mathrm{i}\hbar\frac{\partial}{\partial t}d(\boldsymbol{k}\lambda,t)=\frac{\delta H_{\mathrm{c}}}{\delta d^*(\boldsymbol{k}\lambda,t)}\,.\tag{280}
$$

这些方程式的“复共轭”自然是 $b^*(\boldsymbol{k}\lambda), d^*(\boldsymbol{k}\lambda)$ 的运动方程. 对费米型变量的“微商”的含义, 可以按照下式理解:

$$
\begin{aligned}
&\delta H_{\mathrm{c}}(b,d,b^*,d^*)\\
&\quad=\sum_{\lambda}\int \mathrm{d}^3k\left\{\delta b(\boldsymbol{k}\lambda,t)\frac{\delta H_{\mathrm{c}}}{\delta b(\boldsymbol{k}\lambda,t)}+\delta d(\boldsymbol{k}\lambda,t)\frac{\delta H_{\mathrm{c}}}{\delta d(\boldsymbol{k}\lambda,t)}\right.\\
&\qquad\left.+\delta b^*(\boldsymbol{k}\lambda,t)\frac{\delta H_{\mathrm{c}}}{\delta b*(\boldsymbol{k}\lambda,t)}+\delta d^*(\boldsymbol{k}\lambda,t)\frac{\delta H_{\mathrm{c}}}{\delta d^*(\boldsymbol{k}\lambda,t)}\right\}.
\end{aligned}\tag{281}
$$

根据运动方程 (280), Schrödinger 绘景的量子条件可表示为:

$$
b(\boldsymbol{k}\lambda)\to\widehat{b}(\boldsymbol{k}\lambda)\,,\quad b^*(\boldsymbol{k}\lambda)\to\widehat{b}^\dagger(\boldsymbol{k}\lambda)\,,\tag{282}
$$

$$
d(\boldsymbol{k}\lambda)\to\widehat{d}(\boldsymbol{k}\lambda)\,,\quad d^*(\boldsymbol{k}\lambda)\to\widehat{d}^\dagger(\boldsymbol{k}\lambda)\,,\tag{283}
$$

$$
\frac{\mathrm{d}}{\mathrm{d}t}\widehat{b}(\boldsymbol{k}\lambda)=\frac{\mathrm{d}}{\mathrm{d}t}\widehat{b}^\dagger(\boldsymbol{k}\lambda)=\frac{\mathrm{d}}{\mathrm{d}t}\widehat{d}(\boldsymbol{k}\lambda)=\frac{\mathrm{d}}{\mathrm{d}t}\widehat{d}^\dagger(\boldsymbol{k}\lambda)=0\,,\tag{284}
$$

$$
\widehat{b}(\boldsymbol{k}\lambda)\,\widehat{b}^\dagger(\boldsymbol{k}'\lambda')+\widehat{b}^\dagger(\boldsymbol{k}'\lambda')\widehat{b}(\boldsymbol{k}\lambda)=\delta_{\lambda\lambda'}\delta(\boldsymbol{k}-\boldsymbol{k}')\,,\tag{285}
$$

$$
\widehat{d}(\boldsymbol{k}\lambda)\,\widehat{d}^\dagger(\boldsymbol{k}'\lambda')+\widehat{d}^\dagger(\boldsymbol{k}'\lambda')\widehat{d}(\boldsymbol{k}\lambda)=\delta_{\lambda\lambda'}\delta(\boldsymbol{k}-\boldsymbol{k}')\,,\tag{286}
$$

$$\widehat{b}(\boldsymbol{k}\lambda)\widehat{b}(\boldsymbol{k}'\lambda')+\widehat{b}(\boldsymbol{k}'\lambda')\widehat{b}(\boldsymbol{k}\lambda)$$

$$=\widehat{d}(\boldsymbol{k}\lambda)\widehat{d}(\boldsymbol{k}'\lambda')+\widehat{d}(\boldsymbol{k}'\lambda')\widehat{d}(\boldsymbol{k}\lambda)=0\,, \tag{287}$$

$$\widehat{b}(\boldsymbol{k}\lambda)\widehat{d}(\boldsymbol{k}'\lambda')+\widehat{d}(\boldsymbol{k}'\lambda')\widehat{b}(\boldsymbol{k}\lambda)$$

$$=\widehat{b}(\boldsymbol{k}\lambda)\widehat{d}^{\dagger}(\boldsymbol{k}'\lambda')+\widehat{d}^{\dagger}(\boldsymbol{k}'\lambda')\widehat{b}(\boldsymbol{k}\lambda)=0\,. \tag{288}$$

下面将算符 $\widehat{b}(\boldsymbol{k}\lambda),\widehat{d}(\boldsymbol{k}\lambda)$ 简写成 $b(\boldsymbol{k}\lambda),d(\boldsymbol{k}\lambda)$, 故场函数的算符是

$$\begin{aligned}\widehat{\psi}(\boldsymbol{x})&=\sum_{\lambda}\int\mathrm{d}^3k\,\{b(\boldsymbol{k}\lambda)u_{\lambda}(\boldsymbol{k})\psi_{\boldsymbol{k}}(\boldsymbol{x})+\,d^{\dagger}(\boldsymbol{k}\lambda)\varGamma_0\,u_{\lambda}^*(\boldsymbol{k})\psi_{\boldsymbol{k}}^*(\boldsymbol{x})\}\\&=\widehat{\varPhi}_b(\boldsymbol{x})+\varGamma_0\,\widetilde{\widehat{\varPhi}}{}_d^{\dagger}(\boldsymbol{x})\,.\end{aligned} \tag{289}$$

其中

$$\widehat{\varPhi}_b(\boldsymbol{x})=\sum_{\lambda}\int\mathrm{d}^3k\,b(\boldsymbol{k}\lambda)\,u_{\lambda}(\boldsymbol{k})\psi_{\boldsymbol{k}}(\boldsymbol{x})\,, \tag{290}$$

$$\widehat{\varPhi}_d(\boldsymbol{x})=\sum_{\lambda}\int\mathrm{d}^3k\,d(\boldsymbol{k}\lambda)\,u_{\lambda}(\boldsymbol{k})\psi_{\boldsymbol{k}}(\boldsymbol{x})\,. \tag{291}$$

$$\widetilde{\widehat{\varPhi}}{}_d^{\dagger}(\boldsymbol{x})=\sum_{\lambda}\int\mathrm{d}^3k\,d^{\dagger}(\boldsymbol{k}\lambda)\,u_{\lambda}^*(\boldsymbol{k})\psi_{\boldsymbol{k}}^*(\boldsymbol{x})\,. \tag{292}$$

当然也可以用 $\widehat{\psi}(\boldsymbol{x})$ 的分量表达量子条件. 设四个四行单列阵 W_s 满足 $W_s^{\dagger}\,W_{s'}=\delta_{ss'}$, 而 $\widehat{\psi}(\boldsymbol{x})=\sum_s W_s^{\dagger}\widehat{\psi}(\boldsymbol{x})_s$, 于是

$$\begin{aligned}\widehat{\psi}_s(\boldsymbol{x})=W_s^{\dagger}\,\widehat{\psi}(\boldsymbol{x})&=\sum_{\lambda}\int\mathrm{d}^3k\,b(\boldsymbol{k}\lambda)\,W_s^{\dagger}\,u_{\lambda}(\boldsymbol{k})\psi_{\boldsymbol{k}}(\boldsymbol{x})\\&\quad+\sum_{\lambda}\int\mathrm{d}^3k\,d^{\dagger}(\boldsymbol{k}\lambda)\,W_s^{\dagger}\,\varGamma_0\,u_{\lambda}^*(\boldsymbol{k})\psi_{\boldsymbol{k}}^*(\boldsymbol{x})\,.\end{aligned} \tag{293}$$

由此和 (270) 式可求得

$$\widehat{\psi}_s(\boldsymbol{x})\,\widehat{\psi}_{s'}^{\dagger}(\boldsymbol{x}')+\widehat{\psi}_{s'}^{\dagger}(\boldsymbol{x}')\,\widehat{\psi}_s(\boldsymbol{x})=\delta_{ss'}\delta(\boldsymbol{x}-\boldsymbol{x}')\,, \tag{294}$$

$$\widehat{\psi}_s(\boldsymbol{x})\,\widehat{\psi}_{s'}(\boldsymbol{x}')+\widehat{\psi}_{s'}(\boldsymbol{x}')\,\widehat{\psi}_s(\boldsymbol{x})=0\,. \tag{295}$$

(276)—(279) 的形式与量子条件都与自由费米子的非相对论二次量子化理论相似, 所以 $b^{\dagger}(\boldsymbol{k},\lambda)$ 和 $b^{\dagger}(\boldsymbol{k},\lambda)$ 是产生一个量子的算符, $b^{\dagger}(\boldsymbol{k},\lambda)$ 和 $b^{\dagger}(\boldsymbol{k},\lambda)$ 是相应的湮灭算符. 单个量子在非二次量子化的理论中的动量算子和 Dirac 自旋矩阵分别是 $-\mathrm{i}\hbar\nabla$ 和 $\frac{\hbar}{2}\overrightarrow{\varSigma}$. 这两类量子代表静止质量为 $\mu\hbar/c$ 的互为正反

的费米子. 与上节 ϕ 场的情形相似, Dirac 场的没有量子的态对于物理量应该不作贡献, 故守恒荷、哈密顿量、动量和角动量的算符选为:

$$Q=\sum_{\lambda}\int \mathrm{d}^3k\, e\left\{b^\dagger(\boldsymbol{k}\lambda)b(\boldsymbol{k}\lambda)-d^\dagger(\boldsymbol{k}\lambda)d(\boldsymbol{k}\lambda)\right\}$$

$$=\int \mathrm{d}^3x\,\widehat{\Phi}_b^\dagger(\boldsymbol{x})\widehat{\Phi}_b(\boldsymbol{x})-\int \mathrm{d}^3x\,\widehat{\Phi}_d^\dagger(\boldsymbol{x})\,\Phi_d(\boldsymbol{x})\,, \tag{296}$$

$$H=\sum_{\lambda}\int \mathrm{d}^3k\,\hbar\omega_k\left\{b^\dagger(\boldsymbol{k}\lambda)b(\boldsymbol{k}\lambda)+d^\dagger(\boldsymbol{k}\lambda)d(\boldsymbol{k}\lambda)\right\}$$

$$=\int \mathrm{d}^3x\,\widehat{\Phi}_b^\dagger(\boldsymbol{x})(\hbar\sqrt{c^2\mu^2-c^2\nabla^2})\,\widehat{\Phi}_b(\boldsymbol{x})$$

$$+\int \mathrm{d}^3x\,\widehat{\Phi}_d^\dagger(\boldsymbol{x})(\hbar\sqrt{c^2\mu^2-c^2\nabla^2})\widehat{\Phi}_d(\boldsymbol{x})\,, \tag{297}$$

$$\boldsymbol{P}=\sum_{\lambda}\int \mathrm{d}^3k\,\hbar\boldsymbol{k}\left\{b^\dagger(\boldsymbol{k}\lambda)b(\boldsymbol{k}\lambda)+d^\dagger(\boldsymbol{k}\lambda)d(\boldsymbol{k}\lambda)\right\}$$

$$=\int \mathrm{d}^3x\,\widehat{\Phi}_b^\dagger(\boldsymbol{x})(-\mathrm{i}\hbar\,\nabla)\widehat{\Phi}_b(\boldsymbol{x})+\int \mathrm{d}^3x\,\widehat{\Phi}_d^\dagger(\boldsymbol{x})(-\mathrm{i}\hbar\,\nabla)\widehat{\Phi}_d(\boldsymbol{x})\,, \tag{298}$$

$$\boldsymbol{G}=\int \mathrm{d}^3x\,\widehat{\Phi}_b^\dagger(\boldsymbol{x})\Big(-\mathrm{i}\hbar\boldsymbol{x}\times\nabla+\frac{\hbar}{2}\overrightarrow{\Sigma}\Big)\widehat{\Phi}_b(\boldsymbol{x})$$

$$+\int \mathrm{d}^3x\,\widehat{\Phi}_d^\dagger(\boldsymbol{x})\Big(-\mathrm{i}\hbar\boldsymbol{x}\times\nabla+\frac{\hbar}{2}\overrightarrow{\Sigma}\Big)\widehat{\Phi}_d(\boldsymbol{x})\,. \tag{299}$$

设态矢量 $|0\rangle$ 满足 $b(\boldsymbol{k}\lambda)|0\rangle=d(\boldsymbol{k}\lambda)|0\rangle=0$, $\langle 0|0\rangle=1$, 那么

$$\begin{aligned}
&Q\,|0\rangle=H\,|0\rangle=\boldsymbol{P}\,|0\rangle=0\,,\\
&Q\,b^\dagger(\boldsymbol{k}\lambda)|0\rangle=\mathrm{e}\,b^\dagger(\boldsymbol{k}\lambda)|0\rangle\,,\\
&Q\,d^\dagger(\boldsymbol{k}\lambda)|0\rangle=-\mathrm{e}\,d^\dagger(\boldsymbol{k}\lambda)|0\rangle\,,\\
&H\,b^\dagger(\boldsymbol{k}\lambda)|0\rangle=\hbar\,\omega_k\,b^\dagger(\boldsymbol{k}\lambda)|0\rangle\,,\\
&H\,d^\dagger(\boldsymbol{k}\lambda)|0\rangle=\hbar\,\omega_k\,d^\dagger(\boldsymbol{k}\lambda)|0\rangle\,,\\
&\boldsymbol{P}\,b^\dagger(\boldsymbol{k}\lambda)|0\rangle=\hbar\,\boldsymbol{k}\,b^\dagger(\boldsymbol{k}\lambda)|0\rangle\,,\\
&\boldsymbol{P}\,d^\dagger(\boldsymbol{k}\lambda)|0\rangle=\hbar\,\boldsymbol{k}\,d^\dagger(\boldsymbol{k}\lambda)|0\rangle\,.
\end{aligned}$$

设 $\boldsymbol{G}_s$ 是 $\boldsymbol{G}$ 的来自 $\overrightarrow{\Sigma}$ 的部分, 即

$$\frac{2\boldsymbol{G}_s}{\hbar}=\sum_{\lambda\lambda'}\int \mathrm{d}^3k\,b^\dagger(\boldsymbol{k}\lambda)b(\boldsymbol{k}\lambda')\,u_\lambda^\dagger(\boldsymbol{k})\overrightarrow{\Sigma}\,u_{\lambda'}(\boldsymbol{k})$$

$$+\sum_{\lambda\lambda'}\int \mathrm{d}^3k\,d^\dagger(\boldsymbol{k}\lambda)d(\boldsymbol{k}\lambda')\,u_\lambda^\dagger(\boldsymbol{k})\overrightarrow{\Sigma}\,u_{\lambda'}(\boldsymbol{k})\,.$$

故

$$\left(\frac{2\boldsymbol{G}_s\cdot\boldsymbol{P}}{\hbar^2|\boldsymbol{k}|}\right)b^\dagger(\boldsymbol{k}\lambda)|0\rangle=\lambda\, b^\dagger(\boldsymbol{k}\lambda)|0\rangle\,,$$
$$\left(\frac{2\boldsymbol{G}_s\cdot\boldsymbol{P}}{\hbar^2|\boldsymbol{k}|}\right)d^\dagger(\boldsymbol{k}\lambda)|0\rangle=\lambda\, d^\dagger(\boldsymbol{k}\lambda)|0\rangle\,.$$

所以将 Dirac 场的量子理论用于电子正电子系统时，$|0\rangle$ 代表既没有电子也没有正电子的状态. $b^\dagger(\boldsymbol{k}\lambda)|0\rangle$ 和 $b^\dagger(\boldsymbol{k}\lambda)$ 分别是产生和湮灭一个能量为 $E=\hbar\omega_k$ 动量为 $\hbar\boldsymbol{k}$ 而螺旋性为 λ 的电子的算符，$d^\dagger(\boldsymbol{k}\lambda)|0\rangle$ 和 $d^\dagger(\boldsymbol{k}\lambda)$ 分别是产生和湮灭一个能量为 $E=\hbar\omega_k$ 动量为 $\hbar\boldsymbol{k}$ 而螺旋性为 λ 的正电子的算符. 这表明单电子态矢量 $b^\dagger(\boldsymbol{k}\lambda)|0\rangle$ 或正电子态矢量 $d^\dagger(\boldsymbol{k}\lambda)|0\rangle$ 代表着波函数是 $u_\lambda(\boldsymbol{k})\,\psi_{(k)}(\boldsymbol{x})$ 的状态.

现在略提一下 Heisenberg 绘景. 与 $b(\boldsymbol{k}\lambda)\,,d(\boldsymbol{k}\lambda)$ 和 $b^\dagger(\boldsymbol{k}\lambda)\,,d^\dagger(\boldsymbol{k}\lambda)$ 相应的 Heisenberg 算符是

$$\begin{aligned}
b^{(\mathrm{h})}(\boldsymbol{k}\lambda,t)&=\mathrm{e}^{\mathrm{i}H\,t/h}b(\boldsymbol{k}\lambda)\mathrm{e}^{-\mathrm{i}H\,t/h}=b(\boldsymbol{k}\lambda)\mathrm{e}^{-\mathrm{i}\,\omega_k\,t}\,,\\
d^{(\mathrm{h})}(\boldsymbol{k}\lambda,t)&=\mathrm{e}^{\mathrm{i}H\,t/h}b(\boldsymbol{k}\lambda)\mathrm{e}^{-\mathrm{i}H\,t/h}=d(\boldsymbol{k}\lambda)\mathrm{e}^{-\mathrm{i}\,\omega_k\,t}\,,\\
b^{(\mathrm{h})\dagger}(\boldsymbol{k}\lambda,t)&=b^\dagger(\boldsymbol{k}\lambda)\mathrm{e}^{\mathrm{i}\,\omega_k\,t}\,,\\
d^{(\mathrm{h})\dagger}(\boldsymbol{k}\lambda,t)&=d^\dagger(\boldsymbol{k}\lambda)\mathrm{e}^{\mathrm{i}\,\omega_k\,t}\,.
\end{aligned}$$

因此 Heisenberg 绘景的场函数算符可以表示为

$$\begin{aligned}
\widehat{\psi}^{(\mathrm{h})}(x)=&\sum_\lambda\int\mathrm{d}^3k\,b(\boldsymbol{k}\lambda)\,u_\lambda(\boldsymbol{k})\psi_{\boldsymbol{k}}(\boldsymbol{x})\mathrm{e}^{-\mathrm{i}\,\omega_k\,t}\\
&+\sum_\lambda\int\mathrm{d}^3k\,d^\dagger(\boldsymbol{k}\lambda,t)\mathit{\Gamma}_0\,u_\lambda^*(\boldsymbol{k})\psi_{\boldsymbol{k}}^*(\boldsymbol{x})\mathrm{e}^{\mathrm{i}\,\omega_k\,t}\,.
\end{aligned}\tag{300}$$

$\widehat{\psi}^{(\mathrm{h})}(x)$ 的 Heisenberg 运动方程保持着原来的 Dirac 方程的形式. 这也意味着，各种力学量的 Heisenberg 运动方程与量子化前的经典理论中的相应方程具有相似的形式. 容易验证如下的方程式成立：

$$\mathrm{i}\,\hbar\,\frac{\partial\widehat{\psi}^{(\mathrm{h})}(x)}{\partial x^\mu}=\left[\widehat{\psi}^{(\mathrm{h})}(x)\,,\widehat{P}_\mu\right],\tag{301}$$

$$\mathrm{i}\,\hbar\,\frac{\partial\widehat{\psi}^{(\mathrm{h})\dagger}(x)}{\partial x^\mu}=\left[\widehat{\psi}^{(\mathrm{h})\dagger}(x)\,,\widehat{P}_\mu\right],\tag{302}$$

$$\widehat{\psi}^{(\mathrm{h})}(x+\epsilon)=\mathrm{e}^{\mathrm{i}\,\epsilon^\mu P_\mu/\hbar}\,\psi^{(\mathrm{h})}(x)\,\mathrm{e}^{-\mathrm{i}\,\epsilon^\mu P_\mu/\hbar}\,,\tag{303}$$

$$\psi^{(\mathrm{h})\dagger}(x+\epsilon)=\mathrm{e}^{\mathrm{i}\,\epsilon^\mu P_\mu/\hbar}\,\widehat{\psi}^{(\mathrm{h})\dagger}(x)\,\mathrm{e}^{-\mathrm{i}\,\epsilon^\mu P_\mu/\hbar}\,.\tag{304}$$

因此，与上节 (237) 式相似，如果原参考系经受时空平移，使坐标为 x^μ 的点在新参考系中的坐标是 $x'^\mu = x^\mu + \epsilon^\mu$, 那么由原参考系中的态矢量 $|\Psi^{(\mathrm{h})}\rangle$ 代表的状态在新参考系中的态矢量是

$$|\Psi^{(\mathrm{h})\epsilon}\rangle = \exp\big\{\mathrm{i}\,\epsilon^\mu P_\mu/\hbar\big\}\,|\Psi^{(\mathrm{h})}\rangle\,. \tag{305}$$

如果参考系 K 经受齐次洛伦兹变换，使坐标为 x^μ 的点在参考系 K' 中的坐标是 $x'_\mu = x_\mu + \epsilon_{\mu\nu}x^\nu$, 则经典场函数的变换式是 $\psi'(x') = S\,\psi'(x)$ (本章 §2 (56) 式), 而在参考系 K 中由 Heisenberg 态矢量 $|\Psi_A^{(\mathrm{h})}\rangle$ 和 $|\Psi_B^{(\mathrm{h})}\rangle$ 代表的状态在参考系 K' 中的 Heisenberg 态矢量是 $|\Psi_A^{(\mathrm{h})\epsilon}\rangle$ 和 $|\Psi_B^{(\mathrm{h})\epsilon}\rangle$, 则应当保证 (参看 [4])

$$\langle\Psi_A^{(\mathrm{h})\epsilon}|S^{-1}\,\widehat{\psi}^{(\mathrm{h})}(x_\mu + \epsilon_{\mu\nu}x^\nu)|\Psi_B^{(\mathrm{h})\epsilon}\rangle = \langle\Psi_A^{(\mathrm{h})}|\widehat{\psi}^{(\mathrm{h})}(x_\mu)|\Psi_B^{(\mathrm{h})}\rangle\,. \tag{306}$$

即是说 $S^{-1}\widehat{\psi}^{(\mathrm{h})}(x_\mu + \epsilon_{\mu\nu}x^\nu)$ 是参考系 K' 中 (x_μ) 点的 $\widehat{\psi}$ 的 Heisenberg 算符 $\widehat{\psi}^{(\mathrm{h})\epsilon}(x_\mu)$. 现在限于求转动算符. 按照前面的说明，当参考系 K 的齐次洛伦兹变换被限制为空间坐标架绕原点和转轴 $\boldsymbol{n}$ 旋转 $-\Delta\theta$, 使空间坐标为 $\boldsymbol{x}$ 的点在参考系 K' 中的坐标是 $g(\boldsymbol{n},\Delta\theta)\boldsymbol{x}$, 而参考系 K 中由 Heisenberg 态矢量 $|\Psi_A^{(\mathrm{h})}\rangle$ 和 $|\Psi_B^{(\mathrm{h})}\rangle$ 代表的状态在参考系 K' 中的态矢量是 $|\Psi_A^{(\mathrm{h})g}\rangle$ 和 $|\Psi_B^{(\mathrm{h})g}\rangle$, 则 (306) 式给出

$$\langle\Psi_A^{(\mathrm{h})g}|S^{-1}\,\widehat{\psi}^{(\mathrm{h})}(g(\boldsymbol{n},\Delta\theta)\boldsymbol{x},t)|\Psi_B^{(\mathrm{h})g}\rangle = \langle\Psi_A^{(\mathrm{h})}|\widehat{\psi}^{(\mathrm{h})}(\boldsymbol{x},t)|\Psi_B^{(\mathrm{h})}\rangle\,. \tag{307}$$

算符 $S^{-1}\,\widehat{\psi}^{(\mathrm{h})}(g(\boldsymbol{n},\Delta\theta)\boldsymbol{x},t)$ 可以借助 Dirac 场的总角动量算符 $\boldsymbol{G}$ 表示为

$$S^{-1}\,\widehat{\psi}^{(\mathrm{h})}(g(\boldsymbol{n},\Delta\theta)\boldsymbol{x},t) = \mathrm{e}^{-\mathrm{i}\,\Delta\theta\boldsymbol{n}\cdot\boldsymbol{G}/\hbar}\,\widehat{\psi}^{(\mathrm{h})}(x)\,\mathrm{e}^{\mathrm{i}\,\Delta\theta\boldsymbol{n}\cdot\widehat{\boldsymbol{G}})/\hbar}\,. \tag{308}$$

由此可知，原参考系中的态矢量 $|\Psi^{(\mathrm{h})}\rangle$ 代表的状态在新参考系中的态矢量是

$$|\Psi^{(\mathrm{h})g}\rangle = \exp\big\{-\mathrm{i}\,\Delta\theta\boldsymbol{n}\cdot\boldsymbol{G}/\hbar\big\}\,|\Psi^{(\mathrm{h})}\rangle\,. \tag{309}$$

以上扼要阐述了自由 Dirac 场的量子化. Dirac 为了寻找单电子的相对论 Schrödinger 方程而在 1928 年提出了 Dirac 方程，由于认为 $\{\sum_k c\alpha^k(-\mathrm{i}\hbar\frac{\partial}{\partial x^k}) + mc^2\beta\}$ 的负本征值代表负能量，曾经遇到“负能困难”，迫使 Dirac 依据泡利原理提出电子海的观念，而将电子海中的空穴解释为带正电的粒子，后来被确认为 1932 年发现的正电子. 但是电子海的观念本身就表明，将 Dirac 方程看成单电子相对论波函数的 Schrödinger 方程，缺乏逻辑上的一致性. 将正电子的 Dirac 方程看成单体相对论波函数的 Schrödinger 方程，也是如此. 在量子场论中，泡利原理已经在量子化时顾及，在完成量子化后， Dirac 方程被当成场算符 $\widehat{\psi}^{(\mathrm{h})}(\boldsymbol{x},t)$ 的 Heisenberg 运动方程. $\widehat{\psi}^{(\mathrm{h})}(\boldsymbol{x},t)$ 的正频部分是电子的湮灭算

符，负频部分则是正电子的产生算符．当然也可以按照同样的方法对待正电子的 Dirac 方程，于是在量子化之后，正电子场的 Heisenberg 算符 $\widehat{\phi}^{(\mathrm{h})}(\boldsymbol{x},t)$ 的正频部分是正电子的湮灭算符，负频部分是电子的产生算符．而且它的电荷共轭 $\Gamma_0\widetilde{\phi}^{(\mathrm{h})}(x)$ 是电子场的 Heisenberg 算符．总之按照量子场论，将 Dirac 方程当成单电子或正电子的 Schrödinger 方程，都只能选取正频成分的通常 c 数解作为波函数，没有所谓“负能困难”．玻色场的 Heisenberg 算符的正频部分也是粒子的湮灭算符，负频部分是反粒子的产生算符 (可以有些粒子即是其反粒子). 将场的经典运动方程当成单粒子的 Schrödinger 方程时，也只能选取正频成分的通常 c 数解作为波函数．

历史上 Jordon 和 Wigner 于 1928 年首次根据费米统计采用反对易关系进行了 Dirac 场的量子化 (见文献 [6]).

参考文献

[1] DIRAC P A M. The principles of quantum mechanics. 4th ed. New York: Oxford University Press, 1958.

[2] MESSIAH A. Quantum mechanics: Vol.2. Amsterdam: North-Holland Publishing Company, 1962.

[3] BERESTETSKII V B, LIFSHITZ E M, PITAEVSKII L P. Relativistic quantum theory: Part 1. Oxford: Pergamon Press, 1971.

[4] BJORKEN J D, DRELL S D. Relativistic quantum fields. New York: McGraw-Hill, 1965.

[5] ITZYKSON C, ZUBER J-B. Quantum field theory. New York: McGraw-Hill, 1980.

[6] JORDAN P, WIGNER E P. Zeits. f. Phys., 1928, 47:631.

第九章　具有奇异拉格朗日函数的系统的正则方程及其量子化

本章讲述关于建立具有奇异拉氏函数的系统的正则方程和进行量子化的一般方法. 所谓奇异的拉氏函数, 意思是根据它所定义的正则动量不能唯一地确定广义速度作为动量和坐标的函数, 因此不能按照通常的方法使拉格朗日形式的运动方程过渡到正则形式和进行量子化. 电磁场、引力场和非阿贝尔规范场都是具有奇异拉氏函数的典型系统. 为了便于叙述, 我们将借助于假设的具有有限自由度和奇异拉氏函数的系统来讲述方法的要点, 然后推广到具有连续无限自由度的场, 并以电磁场和 SU_3 规范场作为范例, 说明方法的实际运用.

§ 1　约束条件. 从拉格朗日方程到正则方程的过渡

为了简便,假定拉氏函数 $L(q,\dot{q})$ 不显含时间,记号 q 代表坐标 $(q_1,q_2,\cdots,q_s)$, $\dot{q}$ 代表相应的广义速度, 它们的值是普通的数. 拉氏形式的运动方程为

$$\frac{\mathrm{d}}{\mathrm{d}t}\frac{\partial L}{\partial \dot{q}_j}=\frac{\partial L}{\partial q_j}\quad (j=1,2,\cdots,s), \tag{1}$$

正则动量 $(p_1,p_2,\cdots,p_s)$ 和通常一样定义

$$p_j=\frac{\partial L}{\partial \dot{q}_j}, \tag{2}$$

现在假定从方程组 (2) 不能唯一地确定广义速度作为 (q,p) 的函数, 即假定 L 是奇异的. 在现在所考虑的自由度数有限的情形, 这意味着由它的二级微商 $\partial^2 L/\partial\dot{q}_j\partial\dot{q}_k$ 构成的 s 阶矩阵是奇异的, 因此可以从方程组 (2) 中求出若干个只含 (q,p) 的条件. 设共有 M 个独立的条件

$$\phi_m(q,p)=0,\qquad m=1,2,\cdots,M, \tag{3}$$

它们是从正则动量的定义产生的 (未涉及运动方程)，被称为初约束条件，习惯上也把表达约束条件的 $\phi_m(q,p)$ 称为约束.

定义如下的 H_c(以下约定，指标重复时暗含求和):

$$H_c = p_j\dot{q}_j - L(q,\dot{q}), \tag{4}$$

于是

$$\delta H_c = \delta p_j\dot{q}_j + p_j\delta\dot{q}_j - \frac{\partial L}{\partial q_j}\delta q_j - \frac{\partial L}{\partial \dot{q}_j}\delta\dot{q}_j, \tag{5}$$

其中含 $\delta\dot{q}_j$ 的项相消了 (根据方程组 (2)). 可见能够把 H_c 表示为 (q,p) 的函数，但是初约束的存在使这种表达式不是唯一的. 一个 $H_c(q,p)$ 加上 $\phi_m(q,p)$ 的任意线性式，都可作为新的 $H_c(q,p)$，它作为 (q,p) 的函数的变分为

$$\delta H_c(q,p) = \frac{\partial H_c}{\partial q_j}\delta q_j + \frac{\partial H_c}{\partial p_j}\delta p_j,$$

由此以及 (1), (2), (3) 和 (5) 式得到

$$\left.\begin{aligned}&\left(\frac{\partial H_c}{\partial q_j} + \dot{p}_j\right)\delta q_j + \left(\frac{\partial H_c}{\partial p_j} - \dot{q}_j\right)\delta p_j = 0,\\ &\phi_m(q,p) \approx 0, \quad m = 1,2,\cdots,M.\end{aligned}\right\} \tag{6}$$

在求 H_c 对于 (q,p) 的偏微商时，是把 (q,p) 当作“独立”变量看待的，没有顾及约束条件的限制，而约束条件中的等号则稍加弱化. 后面还会将这样的等号用于所有依赖于约束条件的方程式. 引入拉氏乘子 u_m 可把运动方程写成

$$\left.\begin{aligned}\dot{q}_j &= \frac{\partial H_c(q,p)}{\partial p_j} + u_m\frac{\partial \phi_m}{\partial p_j},\\ -\dot{p}_j &= \frac{\partial H_c(q,p)}{\partial q_j} + u_m\frac{\partial \phi_m}{\partial q_j},\\ \phi_{m'}(q,p) &\approx 0, \quad m' = 1,2,\cdots,M.\end{aligned}\right\} \tag{7}$$

如果用 M 个函数 $C_m(q,p)$ 构成 $\widetilde{H}_c = H_c + C_m(q,p)\phi_m$, 以之作为新的 H_c, 则运动方程可写成

$$\begin{aligned}\dot{q}_j &= \frac{\partial \widetilde{H}_c}{\partial p_j} + \widetilde{u}_m\frac{\partial \phi_m}{\partial p_j},\\ -\dot{p}_j &= \frac{\partial \widetilde{H}_c}{\partial q_j} + \widetilde{u}_m\frac{\partial \phi_m}{\partial q_j},\\ \phi_{m'} &\approx 0.\end{aligned}$$

拉氏乘子所受的限制取决于运动方程本身，所以这个方程组与方程组 (7) 没有差别.

把 (q,p) 看作基本变量时的泊松括号像通常一样定义

$$[f(q,p),g(q,p)]_c=\frac{\partial f}{\partial q_j}\frac{\partial g}{\partial p_j}-\frac{\partial f}{\partial p_j}\frac{\partial g}{\partial q_j}. \tag{8}$$

由于 ϕ_m 是约束，对 $u_m\phi_m$ 求偏微商时，u_m 像是常数一样，因此方程组 (7) 又可写成

$$\left.\begin{aligned}&\dot{q_j}=[q_j,H_{\rm c}+u_m\phi_m]_c\,,\\&\dot{p_j}=[p_j,H_{\rm c}+u_m\phi_m]_c\,,\\&\phi_{m'}\approx 0\,.\end{aligned}\right\} \tag{9}$$

用 (q,p) 的函数 $g(q,p)$ 表示的运动方程为 (假定 g 不显含时间)

$$\left.\begin{aligned}&\dot{g}=[g,H_{\rm c}]_c+u_m[g,\phi_m]_c,\\&\phi_{m'}\approx 0.\end{aligned}\right\} \tag{10}$$

由于这里的泊松括号是把 (q,p) 看作基本变量而建立的，凡是依赖于约束条件而成立的等式都不应在泊松括号下引用. 不能在泊松括号下引用的方程式将称为弱方程，在必要时就把弱方程中的等号写成“$\approx$”，或称为弱等号. 约束条件本身当然是弱方程. 可以在泊松括号下引用的方程将称为强方程.

把初约束条件和运动方程结合起来，有可能产生新的约束条件，这种新条件称为次约束条件. 约束条件在全部时间都成立，所以每个约束 ϕ 的时间微商都应该等于零，由此得出所谓自洽条件

$$[\phi_{m'},H_{\rm c}+u_m\phi_m]_c=0\,.$$

如果这种自洽条件又产生只含 (q,p) 的方程，那么又给出约束条件，照这样重复下去，就能够产生全部约束条件. 假设共有 L 个独立的次约束条件

$$\varPhi_l\approx 0,\quad l=1,2,\cdots,L, \tag{11}$$

于是全部约束及其满足的自洽性条件如下

$$[\phi_{m'},H_{\rm c}+u_m\phi_m]_c=0, \tag{12a}$$

$$[\varPhi_{l'},H_{\rm c}+u_m\phi_m]_c=0, \tag{12b}$$

$$\phi_{m'}\approx 0,\quad m'=1,2,\cdots,M, \tag{12c}$$

$$\varPhi_{l'}\approx 0,\quad l'=1,2,\cdots,L. \tag{12d}$$

在全部约束条件 (12c) 及 (12d) 之下，(12a) 及 (12b) 式中代表约束条件的方程式已经变成自动成立的等式，其余 (不能归结为约束条件的) 方程式则是对于系数 u_m 的限制，符合这种要求的 u_m 当然是存在的，否则就会表明 $L(q,\dot{q})$ 不能作为拉氏函数，而这种情况应预先排除.

在找出全部约束之后，当然可以把它们都当作 (6) 式中的附加条件而把运动方程重写为

$$\left.\begin{aligned}\dot{q}_j &= [q_j, H_c + v_m\phi_m + w_l\Phi_l]_c\,,\\ \dot{p}_j &= [p_j, H_c + v_m\phi_m + w_l\Phi_l]_c\,,\\ \phi_{m'} &\approx 0, \qquad \Phi_{l'} \approx 0\,,\end{aligned}\right\} \tag{13}$$

其中 v_m 及 w_l 都是拉氏乘子. 这时自洽条件为

$$\left.\begin{aligned}&[\phi_{m'}, H_c + v_m\phi_m + w_l\Phi_l]_c = 0\,,\\ &[\Phi_{l'}, H_c + v_m\phi_m + w_l\Phi_l]_c = 0\,,\\ &\phi_{m'} \approx 0, \qquad \Phi_{l'} \approx 0\,.\end{aligned}\right\} \tag{14}$$

次约束也可以根据初约束和拉氏运动方程来找到，由此得出全部独立的约束之后，即可直接写出 (13) 和 (14) 式 (不需要经过方程组 (7)) . 当把运动方程写成 (13) 式时，H_c 的选择允许有更大的任意性，即可以加上 ϕ_m, Φ_l 的任意线性式.

为了便于作进一步的讨论，需要按照 Dirac 的方法把表达为 (q,p) 的函数的力学量区分为两类. 与每个约束的泊松括号都弱等于零的量称为第一类量，不属第一类的量就称为第二类量. 对于约束也作这种分类，一个约束同时是第一类量时称为第一类约束，否则称为第二类约束. 一组第二类约束的齐次线性式可能变成第一类约束. 当我们知道了全部独立的约束之后，如果发现有第二类约束存在，可以用它们的独立的齐次线性式来代替，使尽可能多的约束归入第一类，而只让不能归入第一类的独立的齐次线性式保留为第二类. 现在假定 $\psi_1, \psi_2, \cdots, \psi_{L+M}$ 代表全部独立的约束，而且其中第二类约束的任何齐次线性式都不会变成第一类约束，于是运动方程和自洽性条件可写成

$$\left.\begin{aligned}&\dot{g}(q,p) = [g(q,p), H_c + \lambda_n\psi_n]_c\,,\\ &\psi_{n'} \approx 0\,,\end{aligned}\right\} \tag{13$'$}$$

$$\left.\begin{aligned}&[\psi_{n'}, H_c + \lambda_n\psi_n]_c = 0\,,\\ &\psi_{n'} \approx 0\,.\end{aligned}\right\} \tag{14$'$}$$

设 $\psi_\alpha^{(1)}$ 及 $\psi_\beta^{(2)}$ 分别代表 $\{\psi_n\}$ 中的第一类和第二类约束，于是 (14′) 式对于 $H_c+\sum_n\lambda_n\psi_n$ 中 $\psi_\alpha^{(1)}$ 的系数没有限制，用 $\lambda_\beta^{(1)}$ 代表这些系数. $\psi_\beta^{(2)}$ 的系数 $\lambda_\beta^{(2)}$ 所受的限制归结为

$$\left.\begin{aligned}&[\psi_\alpha^{(1)},H_c]_c=0\,,\\&\sum_{\beta'}[\psi_\beta^{(2)},\psi_{\beta'}^{(2)}]_c\lambda_{\beta'}^{(2)}+[\psi_\beta^{(2)},H_c]_c=0\,,\\&\psi_n\approx 0,\end{aligned}\right\}\tag{15}$$

其中第一行必定是在约束条件下自动成立的等式，可以抛弃，第二行则是 $\lambda_{\beta'}^{(2)}$ 满足的方程组. 按假定，$\{\psi_\beta^{(2)}\}$ 的任何齐次线性式都不能变为第一类约束，而且代表了全部的第二类约束. 这时可以引用 Dirac 证明的如下定理：$\psi_\beta^{(2)}$ 之间的泊松括号构成一个非奇异矩阵. 令

$$C_{\beta\beta'}=[\psi_\beta^{(2)},\psi_{\beta'}^{(2)}]_c\,,\tag{16}$$

由 $C_{\beta\beta'}$ 构成的矩阵 C 是反对称的，而反对称非奇异矩阵的阶数必为偶数，即是说 $\psi_\beta^{(2)}$ 的个数是偶数. 既然 C 是非奇异矩阵，当 H_c 以及 $\{\psi_n\}$ 给定之后，系数 $\lambda_\beta^{(2)}$ 是唯一确定的，即

$$\lambda_\beta^{(2)}=(C^{-1})_{\beta'\beta}[\psi_{\beta'}^{(2)},H_c]_c\;.\tag{17}$$

综上所述，正则方程的一般形式如下

$$\left.\begin{aligned}&\dot g(q,p)=[g,H]_c\,,\\&\psi_n\approx 0\,,\end{aligned}\right\}\tag{18}$$

$$H=H_c+\lambda_\beta^{(2)}\psi_\beta^{(2)}+\lambda_\alpha^{(1)}\psi_\alpha^{(1)}\,.\tag{19}$$

方程组 (18) 就是广义的正则方程，H 是广义哈密顿量，$\lambda_\beta^{(2)}$ 由 (17) 式确定，$\lambda_\alpha^{(1)}$ 是任意的系数. 如果把 $\psi_\alpha^{(1)}$ 和 $\psi_\beta^{(2)}$ 的线性式 $\mu_\alpha^{(1)}\psi_\alpha^{(1)}+\mu_\alpha^{(2)}\psi_\alpha^{(2}$ 加到 H_c 中构成 H_c'，那么以它作为新的 H_c 构成 (19) 式的哈密顿量时有

$$H'=H_c'+\lambda_\beta'^{(2)}\psi_\beta^{(2)}+\lambda_\alpha'^{(1)}\psi_\alpha^{(1)},$$

其中

$$\lambda_\beta'^{(2)}=(C^{-1})_{\beta'\beta}[\psi_{\beta'}^{(2)},H_c']_c=\lambda_\beta^{(2)}-\mu_\beta^{(2)}.$$

故

$$\begin{aligned}&H_c'+\lambda_\beta'^{(2)}\psi_\beta^{(2)}=H_c+\lambda_\beta^{(2)}\psi_\beta^{(2)}+\mu_\alpha^{(1)}\psi_\alpha^{(1)},\\&H'=H_c+\lambda_\beta^{(2)}\psi_\beta^{(2)}+(\lambda_\alpha'^{(1)}+\mu_\alpha^{(1)})\psi_\alpha^{(1)}.\end{aligned}$$

即是说，用不同的 H_c 构造 (19) 式的哈密顿量，相当于把任意项 $\lambda_\alpha^{(1)}\psi_\alpha^{(1)}$ 换成同一形式的任意项，所以只当存在第一类约束时，正则方程才具有不确定性. 如果只有 $2K$ 个独立的第二类约束而没有第一类约束，就表明系统的自由度数等于 $s-K$，或者说有 K 对坐标动量是其余 $(s-K)$ 对的函数，这时，从全部 (q,p) 在某一时刻的初值出发 (当然应与约束条件一致)，能够借助运动方程确定以后时刻的全部 (q,p) 值. 另一方面，如果存在第一类约束，则由于运动方程含有任意项，从全部 (q,p) 的一定初值出发，根据运动方程无法确定以后时刻的 (q,p). 在这种情况下，如果额外补充一些适当的约束条件，以保证对于包括原有的约束和这些外加约束的全部约束而言，不再存在第一类约束，那就像是只存在第二类约束的情形一样了. 关于这点，规范场提供了重要的范例. 规范不变性导致第一类约束 (参看本章 §5, §6)，而通常的规范条件加上相应的自洽性条件就构成所需要的外加约束条件.

如果在构造 (19) 式的哈密顿量时，H_c 是一个第一类量 H'_c, 那么由 (17) 式知道相应的 $\chi_\beta^{(2)}$ 等于零，因此广义哈密顿量为

$$H = H'_\text{c} + \chi_\alpha^{(1)}\psi_\alpha^{(1)}. \tag{20}$$

如果本来没有第二类约束，则由 (4) 式和初约束条件选出的每一个 H_c 都是第一类量. 在一般情形，这样求出的任一个 H_c 都可以加上初约束的适当线性式而变成第一类量 (根据 (12a) 及 (12b) 式).

§2　Dirac 括号

Dirac 引进了一种修正的泊松括号，被称为 Dirac 括号，(q,p) 的任意函数 $\xi(q,p),\eta(q,p)$ 之间的 Dirac 括号记为 $[\xi,\eta]_D$, 其定义如下

$$[\xi,\eta]_D = [\xi,\eta]_c - [\xi,\psi_\beta^{(2)}]_c(C^{-1})_{\beta\beta'}[\psi_{\beta'}^{(2)},\eta]_c, \tag{21}$$

其中 $[\xi,\ \eta]_c$ 等是上节说明的泊松括号，$\psi_\beta^{(2)}$ 是第二类约束，C 是以 $[\psi_\beta^{(2)},\ \psi_{\beta'}^{(2)}]_c$ 为元素的矩阵. 要特别注意关于 $\psi_\beta^{(2)}$ 的规定，即它们的任意线性式都不会变成第一类约束，因此 C 的逆矩阵是存在的. 下面把这种修正的泊松括号的若干重要性质列举出来.

(i) $[\xi,\eta]_D = -[\eta,\xi]_D\,.$ (22)

(ii) $[\xi,a_1\eta_1+a_2\eta_2]_D = a_1[\xi,\eta_1]_D + a_2[\xi,\eta_2]_D\,.$ (a_1,a_2为常数) (23)

(iii) $[[\eta_1,\eta_2]_D,\eta_3]_D + [[\eta_2,\eta_3]_D,\eta_1]_D + [[\eta_3,\eta_1]_D,\eta_2]_D = 0\,.$ (24)

(iv) $[\xi,\eta_1\eta_2]_D=[\xi,\eta_1]_D\eta_2+\eta_1[\xi,\eta_2]_D$. (25)

(v) 当不存在第二类约束时， $[\xi,\eta]_D=[\xi,\eta]_c$.

(vi) $[g(q,p),\psi_\beta^{(2)}]_D=0$. (26)

(vii) 当 $f(q,p)$ 是第一类量时， $[f,\ g]_D\approx[f,\ g]_c$.

(viii) 当 $\{\psi_\beta^{(2)}\}$ 被它们的全部独立线性式 $\{\varphi_\beta^{(2)}\}$ 取代时，借助 $\{\varphi_\beta^{(2)}\}$ 建立的 Dirac 括号与原来的 Dirac 括号弱相等.

以上 (i),(ii) 及 (iv),(v) 各项性质可直接看出，第 (iii) 项也容易验证. 下面给出 (vi)—(viii) 项的证明. 对于任意 $g(q,p)$ 有

$$\begin{aligned}[g,\psi_\beta^{(2)}]_D&=[g,\psi_\beta^{(2)}]_c-[g,\psi_{\beta_1}^{(2)}]_c(C^{-1})_{\beta_1\beta'}C_{\beta'\beta}\\&=[g,\phi_\beta^{(2)}]_c-[g,\phi_\beta^{(2)}]_c=0.\end{aligned}$$

当 $f(q,p)$ 是第一类量时，有

$$[g,f]_D=[g,f]_c-[g,\psi_\beta^{(2)}]_c(C^{-1})_{\beta\beta'}[\psi_{\beta'}^{(2)},f]_c\approx[g,f]_c.$$

为了证明第 (viii) 项，把 $\varphi_\beta^{(2)}$ 写成

$$\varphi_\beta^{(2)}=\Gamma_{\beta\beta'}(q,p)\psi_{\beta'}^{(2)},$$

由 $\Gamma_{\beta\beta'}$ 构成的矩阵 Γ 当然是非奇异的. 令

$$(C_\varphi)_{\beta\beta'}\equiv[\varphi_\beta^{(2)},\varphi_{\beta'}^{(2)}]_c, \tag{27}$$

于是

$$(C_\varphi)_{\beta\beta'}\approx\Gamma_{\beta\beta_1'}C_{\beta_1\beta_1'}\Gamma_{\beta_1'\beta'},$$

即

$$C_\varphi\approx\Gamma C\widetilde{\Gamma}.$$

故

$$\begin{aligned}&[\xi,\varphi_\beta^{(2)}]_c(C_\varphi^{-1})_{\beta\beta'}[\varphi_{\beta'}^{(2)},\eta]_c\\&\approx[\xi,\psi_\beta^{(2)}]_c(\widetilde{\Gamma}C_\varphi^{-1}\Gamma)_{\beta\beta'}[\eta,\psi_{\beta'}^{(2)}]_c\\&\approx[\xi,\psi_\beta^{(2)}]_c(C^{-1})_{\beta\beta'}[\eta,\psi_{\beta'}^{(2)}]_c.\end{aligned} \tag{28}$$

这表明，用 $\{\psi_\beta^{(2)}\}$ 定义的 $\{\xi,\ \eta\}_D$ 弱等于用 $\{\varphi_\beta^{(2)}\}$ 定义的 $[\xi,\ \eta]_D$. 值得强调一下，(26) 式表明，在 Dirac 括号下可直接引用第二类约束条件，或者说，第二类约束条件可看作强方程.

根据 (26) 式可把方程组 (19) 改写为

$$\left.\begin{aligned}&\dot{g}=[g,H_{\mathrm{c}}+\lambda_\alpha^{(1)}\psi_\alpha^{(1)}]_D,\\&\psi_\alpha^{(1)}\approx 0,\\&\psi_\beta^{(2)}=0.\end{aligned}\right\}\tag{29}$$

这是用 Dirac 括号表示的广义正则方程.

§ 3 量子化

3.1 只存在第一类约束的情形

当只有第一类约束而没有第二类约束时，可以采用挑选物理态的方法进行量子化，其要点是：抛开约束条件，把 (q,p) 当作独立变量进行量子化，q_j,p_k 的算符的对易关系式和通常一样，但要求态矢量被每种约束的算符作用后都变为零，合乎这种要求的态矢量称为物理的态矢量. 两个约束之间的泊松括号由于弱等于零，所以强等于约束的线性式. 既然如此，各个约束的算符作用于物理态矢量时是互相可对易的，因此关于物理态矢量的定义是自相一致的，全部物理态矢量的集合构成一个物理态子空间. H 和 H_{c} 的算符 $\widehat{H}$ 和 $\widehat{H}_{\mathrm{c}}$ 作用于物理态子空间时，结果相同，所以 $\widehat{H}_{\mathrm{c}}$ 即是哈密顿量算符. 由于 H_{c} 是第一类量，所以约束是守恒量，物理态子空间在时间演化过程中保持为物理态子空间.

另一类途径是加入额外的约束条件，使得在原来的约束条件以及外加的约束条件之下，所有约束都是第二类的，然后按下面叙述的方法处理.

3.2 只存在第二类约束的情形

再考虑没有第一类约束而存在 $2K$ 个独立的第二类约束的情形，用 $\psi_\beta^{(2)}$ 代表约束，运动方程可用 Dirac 括号表示为

$$\dot{g}=[g,H_{\mathrm{c}}]_D,\tag{30a}$$

$$\psi_\beta^{(2)}(q,p)=0,\quad \beta=1,2,\cdots,2K.\tag{30b}$$

这时独立自由度数是 $(s-K)$，假设 $x_1,x_2\cdots$ 及 $y_1,y_2\cdots$ 是一组独立的正则坐标和动量，于是 q_j 及 p_k 可表示为 (x,y) 的函数

$$q_j=q_j(x,y),\qquad p_j=p_j(x,y).$$

约束条件已经满足，所以 (30a) 给出通常形式的正则方程，这说明 $[g,\ H_{\mathrm{c}}]_D$ 等于用独立的正则变量定义的普通泊松括号，即

$$[g, H_{\mathrm{c}}]_D = \frac{\partial g}{\partial x_j}\frac{\partial H_{\mathrm{c}}}{\partial y_j} - \frac{\partial g}{\partial y_j}\frac{\partial H_{\mathrm{c}}}{\partial x_j},$$

$H_{\mathrm{c}}(x, y)$ 就是系统的哈密顿量．既然如此，在过渡到量子理论时，$[g, H_{\mathrm{c}}]_D$ 的算符就是

$$\frac{1}{\mathrm{i}\hbar}\left(\widehat{g}\left\{H_{\mathrm{c}}\right\}_{\mathrm{QM}} - \left\{H_{\mathrm{c}}\right\}_{\mathrm{QM}}\widehat{g}\right),$$

即

$$\left\{[g, H_{\mathrm{c}}]_D\right\}_{\mathrm{QM}} = \frac{1}{\mathrm{i}\hbar}\left(\widehat{g}\left\{H_{\mathrm{c}}\right\}_{\mathrm{QM}} - \left\{H_{\mathrm{c}}\right\}_{\mathrm{QM}}\widehat{g}\right), \tag{31}$$

其中 $\widehat{g}$ 和 $\left\{H_{\mathrm{c}}\right\}_{\mathrm{QM}}$ 分别代表 g 和 H_{c} 的量子力学算符，左边代表 $[g, H_{\mathrm{c}}]_D$ 的算符．关系式 (31) 是按照以前多次说明的原则来建立的，这个原则相当于：使量子力学的 Heisenberg 方程与经典力学的正则方程具有相似的形式．(以上假定由约束条件定义的流形具有全局性坐标，实际上可以借助局部坐标来进行讨论．)

如果真是选出了独立的正则变量，那么量子化方法就和通常一样，但是实际上常常需要借助原来的 (q, p) 进行量子化．由于把 $[g, H_{\mathrm{c}}]_D$ 化简为 q_j, p_k 以及它们的 Dirac 括号的规则与化简 $[\widehat{q}, \{H_{\mathrm{c}}\}_{\mathrm{QM}}]$ 的规则相同，而且 (q, p) 在量子化之前是普通的数，所以用 (q, p) 表达的量子条件如下 (Schrödinger 绘景)：

$$q_j \longrightarrow \widehat{q}_j, \quad p_j \longrightarrow \widehat{p}_j, \tag{32}$$

$$\widehat{q}_j^{\dagger} = \widehat{q}_j, \quad \widehat{p}_j^{\dagger} = \widehat{p}_j, \tag{33}$$

$$\frac{\mathrm{d}\widehat{q}_j}{\mathrm{d}t} = \frac{\mathrm{d}\widehat{p}_j}{\mathrm{d}t} = 0, \tag{34}$$

$$[\widehat{q}_j, \widehat{q}_k] = \mathrm{i}\hbar\left\{[q_j, q_k]_D\right\}_{\mathrm{QM}}, \tag{35}$$

$$[\widehat{p}_j, \widehat{p}_k] = \mathrm{i}\hbar\left\{[p_j, p_k]_D\right\}_{\mathrm{QM}}, \tag{36}$$

$$[\widehat{q}_j, \widehat{p}_k] = \mathrm{i}\hbar\left\{[q_j, p_k]_D\right\}_{\mathrm{QM}}. \tag{37}$$

如果 q, p 的 Dirac 括号仍然依赖于 (q, p)，则一般是难于使用这样的量子条件 (见本章 §6)．

3.3　存在第一类及第二类约束的情形

这时，如果引用适当的外加约束条件，使得对于全部约束条件而言不再存在第一类约束，则问题归结为 3.2 小节处理过的没有第一类约束的情形．

如果保留一些第一类约束，而用第二类约束建立 C 矩阵和 Dirac 括号，就只有第二类约束条件可以当作强方程看待，这时可以借助第二类约束条件 (假设共有 $2K$ 个) 引进 $2(s-K)$ 个正则变量 (x,y), 使得

$$q_j = q_j(x,y)\,,\quad p_j = p_j(x,y)\,,$$

于是运动方程可表示为

$$\dot{g}(x,y) = \frac{\partial g}{\partial x_j}\frac{\partial H}{\partial y_j} - \frac{\partial g}{\partial y_j}\frac{\partial H}{\partial x_j}, \tag{38}$$

$$\psi_\alpha^{(1)}(x,y) \approx 0, \tag{39}$$

其中

$$H = H_{\mathrm{c}}(x,y) + \lambda_\alpha^{(1)}\psi_\alpha^{(1)}(x,y). \tag{40}$$

(38) 式右边即是以 (x,y) 为基本变量的普通泊松括号，但这些新变量受到第一类约束条件 (39) 的限制，所以问题归结为 3.1 小节讨论过的只有第一类约束的情形.

§ 4 具有奇异拉格朗日函数的场

4.1 约束条件和正则方程

现在转到相对论性场论, 本章从本节起 (以及本书在第十章 §8 以及往后), 按照场论著作的习惯采用 $c=\hbar=1$ 的自然单位制. 设场函数为 $\phi_a(\boldsymbol{x},t)$，其中 a 取若干种分立值, 它们相当于有限自由度系统的坐标 $q_j(t)$, 即是说, $(a,\boldsymbol{x})$ 起着自由度标号的作用. 拉氏函数是 $\phi_a(\boldsymbol{x},t)$ 和 $\partial_\mu\phi_a(\boldsymbol{x},t)$ 的泛函，这里再假定它不显含时间，于是 $L(\phi(t),\partial\phi(t)) = \displaystyle\int \mathrm{d}^3x\mathcal{L}(\phi(\boldsymbol{x},t),\partial\phi(\boldsymbol{x},t))$. 其中 $\mathcal{L}$ 是拉氏函数密度. 拉氏运动方程可写成

$$\frac{\mathrm{d}}{\mathrm{d}t}\frac{\delta L}{\delta\dot{\phi}_a(\boldsymbol{x},t)} = \frac{\delta L}{\delta\phi_a(\boldsymbol{x},t)}, \tag{41}$$

或

$$\partial_\mu\frac{\partial\mathcal{L}}{\partial(\partial_\mu\phi_a(x))} = \frac{\partial\mathcal{L}}{\partial\phi_a(x)}. \tag{41$'$}$$

能量动量张量为

$$T_{\mathrm{c}}^{\mu\nu} = \frac{\partial\mathcal{L}}{\partial(\partial_\mu\phi_a(x))}\partial^\nu\phi_a(x) - g^{\mu\nu}\mathcal{L}\,, \tag{42}$$

相应于 $\phi_a(\boldsymbol{x},t)$ 的正则动量 $\Pi^a(\boldsymbol{x},t)$ 由下式定义

$$\Pi^a(\boldsymbol{x},t)=\frac{\delta L}{\delta\dot{\phi}_a(\boldsymbol{x},t)}=\frac{\partial\mathcal{L}}{\partial\dot{\phi}_a(\boldsymbol{x},t)}\,. \tag{43}$$

与 (4) 式相当的 $H_{\rm c}$ 由 $T_{\rm c}^{00}$ 的积分给出

$$H_{\rm c}(\phi,\Pi)=\int{\rm d}^3xT_{\rm c}^{00}=\int{\rm d}^3x''\Pi^a(\boldsymbol{x}'',t)\dot{\phi}_a(\boldsymbol{x}'',t)-L. \tag{44}$$

按假定，拉氏函数是奇异的，即根据方程组 (43) 不能唯一地用 ϕ,Π 及 $\nabla\phi$, $\nabla\Pi$ 表示出 $\dot{\phi}_a$，这意味着这个方程组含有初约束条件. 设全部独立的初约束条件可表示为

$$F_m\big(\phi(x),\Pi(x),\nabla\phi(x),\nabla\Pi(x)\big)\approx 0,\quad m=1,2,\cdots,M. \tag{45}$$

对每种 $\boldsymbol{x}$ 值，都有 M 个条件，故 (45) 式代表 $3M$ 重连续无限多的约束条件.

根据 (41) 及 (44) 式有

$$\begin{aligned}&\delta H_{\rm c}(\phi(t),\Pi(t))\\&\quad=\int{\rm d}^3x''\{\delta\Pi^a(\boldsymbol{x}'',t)\dot{\phi}_a(\boldsymbol{x}'',t)-\delta\phi_a(\boldsymbol{x}'',t)\dot{\Pi}^a(\boldsymbol{x}'',t)\}\\&\quad=\int{\rm d}^3x''\left\{\delta\Pi^a(\boldsymbol{x}'',t)\frac{\delta H_{\rm c}(\phi(t),\Pi(t))}{\delta\Pi^a(\boldsymbol{x}'',t)}\right\}\\&\qquad+\int{\rm d}^3x''\left\{\delta\phi_a(\boldsymbol{x}'',t)\frac{\delta H_{\rm c}(\phi(t),\Pi(t))}{\delta\phi_a(\boldsymbol{x}'',t)}\right\}.\end{aligned}$$

借助拉氏乘子法考虑 (5) 式中的约束条件，可把运动方程表示成

$$\begin{aligned}\dot{\phi}_a(\boldsymbol{x},t)=&[\phi_a(\boldsymbol{x},t),H_{\rm c}(t)]_c\\&+\int{\rm d}^3x'u_m(\boldsymbol{x}',t)[\phi_a(\boldsymbol{x},t),F_m(\boldsymbol{x}',t)]_c\,,\end{aligned} \tag{46a}$$

$$\begin{aligned}\dot{\Pi}^a(\boldsymbol{x},t)=&[\Pi^a(\boldsymbol{x},t),H_{\rm c}(t)]_c\\&+\int{\rm d}^3x'u_m(\boldsymbol{x}',t)[\Pi^a(\boldsymbol{x},t),F_m(\boldsymbol{x}',t)]_c\,,\end{aligned} \tag{46b}$$

$$F_m\big(\phi(\boldsymbol{x},t),\Pi(\boldsymbol{x},t),\nabla\phi(\boldsymbol{x},t),\,\nabla\Pi(\boldsymbol{x},t)\big)\approx 0\,, \tag{46c}$$

其中 $u_m(\boldsymbol{x},t)$ 是拉氏乘子，带有下标“ c ”的方括号代表以 (ϕ,Π) 作为基本变量按下式定义的泊松括号：

$$\begin{aligned}&[F(\phi(t),\Pi(t)),G(\phi(t),\Pi(t))]_c\\&\quad\equiv\int{\rm d}^3x''\Big\{\frac{\delta F(t)}{\delta\phi_a(\boldsymbol{x}'',t)}\frac{\delta G(t)}{\delta\Pi^a(\boldsymbol{x}'',t)}-\frac{\delta F(t)}{\delta\Pi^a(\boldsymbol{x}'',t)}\frac{\delta G(t)}{\delta\phi_a(\boldsymbol{x}'',t)}\Big\}.\end{aligned} \tag{47}$$

这里 $F(t)$ 与 $G(t)$ 是当作 (ϕ, Π) 的泛函看待的，例如对于 ϕ_a 与 Π^b 有

$$[\phi_a(\boldsymbol{x},t), \Pi^b(\boldsymbol{x}',t)]_c = \int \mathrm{d}^3x'' \left\{ \frac{\delta\phi_a(\boldsymbol{x},t)}{\delta\phi_c(\boldsymbol{x}'',t)} \frac{\delta\Pi^b(\boldsymbol{x},t)}{\delta\Pi^c(\boldsymbol{x}'',t)} \right\}$$

$$= \int \mathrm{d}^3x'' \delta_{ca}\delta_{cb}\delta(\boldsymbol{x}-\boldsymbol{x}'')\delta(\boldsymbol{x}'-\boldsymbol{x}'') .$$

因此 ϕ, Π 之间的泊松括号为

$$[\phi_a(\boldsymbol{x},t), \Pi^b(\boldsymbol{x}',t)]_c = \delta_{ab}\delta(\boldsymbol{x}-\boldsymbol{x}'), \tag{48}$$

$$[\phi_a(\boldsymbol{x},t), \phi_b(\boldsymbol{x}',t)]_c = 0, \tag{49}$$

$$[\Pi^a(\boldsymbol{x},t), \Pi^b(\boldsymbol{x}',t)]_c = 0. \tag{50}$$

把初约束条件与运动方程结合起来，注意每个约束都有相应的自洽性条件，可找出所有次约束，设全部独立的次约束条件可表示为

$$G_l\big(\phi(\boldsymbol{x},t), \Pi(\boldsymbol{x},t), \nabla\phi(\boldsymbol{x},t), \nabla\Pi(\boldsymbol{x},t)\big) \approx 0, \quad l = 1, 2, \cdots, L, \tag{51}$$

于是 (45) 及 (51) 式代表全部独立的约束条件. 第一类量和第二类量可以和有限自由度的情形一样地定义：与每个约束构成的泊松括号都弱等于零的量称为第一类的，否则称为第二类的. 相应地，一个约束如果又是第一类量就称为第一类约束，否则称为第二类约束. 如果 (45) 及 (51) 式中的第二类约束的某些线性组合能够变成第一类，则用独立的线性式代替它们，使尽可能多的约束归到第一类，于是剩下的第二类约束的独立线性式就不会变成第一类. 现在把经过这样整理之后的全部独立的约束条件记为

$$\psi_\alpha^{(1)}\big(\phi(\boldsymbol{x},t), \Pi(\boldsymbol{x},t), \nabla\phi(\boldsymbol{x},t), \nabla\Pi(\boldsymbol{x},t)\big) \approx 0 , \quad \alpha = 1, 2, \cdots, I , \tag{52}$$

$$\psi_\beta^{(2)}\big(\phi(\boldsymbol{x},t), \Pi(\boldsymbol{x},t), \nabla\phi(\boldsymbol{x},t), \nabla\Pi(\boldsymbol{x},t)\big) \approx 0 , \quad \beta = 1, 2, \cdots, K , \tag{53}$$

其中 $\psi_\alpha^{(1)}$ 代表第一类约束，$\psi_\beta^{(2)}$ 代表第二类约束.

在从拉氏方程过渡到正则方程时，可以把全部约束当作附加条件，由此得到相当于 (18) 式的广义正则方程如下：

$$\dot{\phi}_a(\boldsymbol{x},t) = [\phi_a(\boldsymbol{x},t), H(t)]_c, \tag{54a}$$

$$\dot{\Pi}^a(\boldsymbol{x},t) = [\Pi^a(\boldsymbol{x},t), H(t)]_c, \tag{54b}$$

$$\psi_\alpha^{(1)}\big(\phi(\boldsymbol{x},t), \Pi(\boldsymbol{x},t), \nabla\phi(\boldsymbol{x},t), \nabla\Pi(\boldsymbol{x},t)\big) \approx 0, \tag{54c}$$

$$\psi_\beta^{(2)}\big(\phi(\boldsymbol{x},t), \Pi(\boldsymbol{x},t), \nabla\phi(\boldsymbol{x},t), \nabla\Pi(\boldsymbol{x},t)\big) \approx 0, \tag{54d}$$

其中 $H(t)$ 是广义哈密顿量

$$H(t) = H_c(t) + \int d^3x \lambda_\alpha^{(1)}(\boldsymbol{x},t)\psi_\alpha^{(1)}\big(\phi(\boldsymbol{x},t), \Pi(\boldsymbol{x},t), \nabla\phi(\boldsymbol{x},t), \cdots\big)$$
$$+ \int d^3x \lambda_\beta^{(2)}(\boldsymbol{x},t)\psi_\beta^{(2)}\big(\phi(\boldsymbol{x},t), \Pi(\boldsymbol{x},t), \nabla\phi(\boldsymbol{x},t), \cdots\big), \tag{55}$$

$\lambda_\alpha^{(1)}$ 及 $\lambda_\beta^{(2)}$ 是拉氏乘子，前者是任意的，后者满足条件

$$[\psi_\beta^{(2)}(\boldsymbol{x},t), H_c(t)]_c + \int d^3x' \lambda_{\beta'}^{(2)}(\boldsymbol{x}',t)[\psi_\beta^{(2)}(\boldsymbol{x},t), \psi_{\beta'}^{(2)}(\boldsymbol{x}',t)]_c = 0, \tag{56}$$

其中 $\psi_\beta^{(2)}(\boldsymbol{x},t)$ 代表 $\psi_\beta^{(2)}\big(\phi(\boldsymbol{x},t), \Pi(\boldsymbol{x},t), \nabla\phi(\boldsymbol{x},t), \nabla\Pi(\boldsymbol{x},t)\big)$. 按下式定义以 $(\beta\boldsymbol{x})$ 为行列指标的矩阵 C

$$C_{\beta\beta'}(\boldsymbol{x},\boldsymbol{x}',t) \equiv [\psi_\beta^{(2)}(\boldsymbol{x},t), \psi_{\beta'}^{(2)}(\boldsymbol{x}',t)]_c, \tag{57}$$

则方程组 (56) 变为

$$\int d^3x' C_{\beta\beta'}(\boldsymbol{x},\boldsymbol{x}',t)\lambda_{\beta'}^{(2)}(\boldsymbol{x}',t) + [\psi_\beta^{(2)}(\boldsymbol{x},t), H_c(t)]_c = 0, \tag{58}$$

由此求 $\lambda_\beta^{(2)}(\boldsymbol{x},t)$ 的问题可归结为求矩阵 C 的逆. 把 C^{-1} 的 $(\beta\boldsymbol{x}, \beta'\boldsymbol{x}')$ 元素写成 $C_{\beta\beta'}^{-1}(\boldsymbol{x},\boldsymbol{x}',t)$，则

$$\int d^3x_1 C_{\beta\beta_1}(\boldsymbol{x},\boldsymbol{x}_1,t)C_{\beta_1\beta'}^{-1}(\boldsymbol{x}_1,\boldsymbol{x}',t) = \delta_{\beta\beta'}\delta(\boldsymbol{x}-\boldsymbol{x}'). \tag{59}$$

$C_{\beta\beta'}(\boldsymbol{x},\boldsymbol{x}',t)$ 对于 $(\beta\boldsymbol{x})$ 与 $(\beta'\boldsymbol{x}')$ 的交换是反对称的，所以 (59) 式也包含着

$$\int d^3x_1 C_{\beta\beta_1}^{-1}(\boldsymbol{x},\boldsymbol{x}_1,t)C_{\beta_1\beta'}(\boldsymbol{x}_1,\boldsymbol{x}',t) = \delta_{\beta\beta'}\delta(\boldsymbol{x}-\boldsymbol{x}'). \tag{60}$$

根据 Dirac 证明的前面所说的定理，$C_{\beta\beta'}^{-1}(\boldsymbol{x},\boldsymbol{x}',t)$ 是存在的，不过与有限自由度的情形不同，从方程组 (59) 或 (60) 求 $C_{\beta\beta'}^{-1}(\boldsymbol{x},\boldsymbol{x}',t)$ 时，除反对称条件外，还要给出正确的边条件.

在确定了 $C_{\beta\beta'}^{-1}(\boldsymbol{x},\boldsymbol{x}',t)$ 之后，$\lambda_\beta^{(2)}(\boldsymbol{x},t)$ 可表示为与 (17) 式相当的形式：

$$\lambda_\beta^{(2)}(\boldsymbol{x},t) = \int d^3x' C_{\beta'\beta}^{-1}(\boldsymbol{x},\boldsymbol{x}',t)[\psi_{\beta'}^{(2)}(\boldsymbol{x}',t), H_c(t)]_c. \tag{61}$$

4.2 Dirac 括号

与有限自由度数的情形相似，借助 $C_{\beta\beta'}^{-1}(\boldsymbol{x},\boldsymbol{x}',t)$ 以及普通的泊松括号可以定义 Dirac 括号. 设 $A(\boldsymbol{x},t)$ 及 $B(\boldsymbol{x},t)$ 是由 $\phi(\boldsymbol{x},t)$，$\Pi(\boldsymbol{x},t)$ 及它们的空间微商构成的量，则它们之间的 Dirac 括号为

$$
\begin{aligned}
[A(\boldsymbol{x},t),B(\boldsymbol{x}',t)]_D \equiv\ & [A(\boldsymbol{x},t),B(\boldsymbol{x}',t)]_c \\
& -\int \mathrm{d}^3x_1\mathrm{d}^3x_2[A(\boldsymbol{x},t),\psi^{(2)}_{\beta_1}(\boldsymbol{x}_1,t)]_c C^{-1}_{\beta_1\beta_2}(\boldsymbol{x}_1,\boldsymbol{x}_2,t)[\psi^{(2)}_{\beta_2}(\boldsymbol{x}_2,t),B(\boldsymbol{x}',t)]_c\,,
\end{aligned}
\tag{62}
$$

其中的 $(\boldsymbol{x},t)$ 是 $\{\phi(\boldsymbol{x},t),\Pi(\boldsymbol{x},t),\nabla\phi(\boldsymbol{x},t),\nabla\Pi(\boldsymbol{x},t)\}$ 的简写. 这样定义的 Dirac 括号仍然具有在 §2 中列举的各项性质. 特别是

$$
[g(\boldsymbol{x},t),\psi^{(2)}_{\beta}(\boldsymbol{x}',t)]_D=0, \tag{63}
$$

其中 $g(\boldsymbol{x},t)$ 是由 $\phi_a(\boldsymbol{x},t)$, $\Pi^b(\boldsymbol{x},t)$ 和它们的空间微商构成的任意量, 即是说, 在 Dirac 括号下可把第二类约束条件看作强方程. 当两个量 g,f 中有一个是第一类量时, 它们之间的 Dirac 括号弱等于普通的泊松括号. 由此及 (63) 式, 可从方程组 (54) 得出

$$
\dot g(\boldsymbol{x},t)=\left[g(\boldsymbol{x},t),\ H_{\mathrm{c}}(t)+\int \mathrm{d}^3x'\lambda^{(1)}_{\alpha}(\boldsymbol{x}',t)\psi^{(1)}_{\alpha}(\boldsymbol{x}',t)\right]_D, \tag{64a}
$$

$$
\psi^{(1)}_{\alpha}(\boldsymbol{x},t)\approx 0, \tag{64b}
$$

$$
\psi^{(2)}_{\beta}(\boldsymbol{x},t)=0, \tag{64c}
$$

这是用 Dirac 括号表示的正则方程.

4.3 量子化

上一节说明的方法可直接推广到场的情形. 如果存在第一类约束, 原则上可以变为只有第一类约束的问题来处理, 或者直接引入补充条件变为只有第二类约束的问题来处理. 当只存在第二类约束, 或变为只有第二类约束的问题处理时, 原则上可根据约束条件引进独立的正则变量, 这时 H_{c} 是用独立变量表示的哈密顿量. Dirac 括号 $[g(\boldsymbol{x},t),H_{\mathrm{c}}(t)]_D$ 等于用独立变量定义的泊松括号, 因此不管是否选出了独立变量, 都能够肯定它在 Schrödinger 绘景的量子力学算符等于 g 与 $H_{\mathrm{c}}(\mathrm{t})$ 的算符的对易关系式除以 i(已经令 $\hbar=1$) :

$$
\left\{[g(\boldsymbol{x},t),H_{\mathrm{c}}(t)]_D\right\}_{\mathrm{QM}}=\frac{1}{\mathrm{i}}\left(\widehat{g}(\boldsymbol{x})\left\{H_{\mathrm{c}}\right\}_{\mathrm{QM}}-\left\{H_{\mathrm{c}}\right\}_{\mathrm{QM}}\widehat{g}(\boldsymbol{x})\right), \tag{65}
$$

每个实的量的算符当然都是厄米的, ϕ_a 与 Π^b 在 Schrödinger 绘景的算符与时间无关, 并且满足如下的对易关系

$$
[\widehat{\phi}_a(\boldsymbol{x}),\widehat{\phi}_b(\boldsymbol{x}')]=\mathrm{i}\left\{[\phi_a(\boldsymbol{x},t),\phi_b(\boldsymbol{x}',t)]_D\right\}_{\mathrm{QM}}, \tag{66}
$$

$$
[\widehat{\Pi}^a(\boldsymbol{x}),\widehat{\Pi}^b(\boldsymbol{x}')]=\mathrm{i}\left\{[\Pi^a(\boldsymbol{x},t),\Pi^b(\boldsymbol{x}',t)]_D\right\}_{\mathrm{QM}}, \tag{67}
$$

$$[\widehat{\phi}_a(\boldsymbol{x}), \widehat{\Pi}^b(\boldsymbol{x}')] = \mathrm{i}\big\{[\phi_a(\boldsymbol{x},t), \Pi^b(\boldsymbol{x}',t)]_D\big\}_{\mathrm{QM}} \,. \tag{68}$$

如果这些式子的右边含有场算符，则一般是不便于运用的．例如，在 §6 讨论在库仑规范下将非阿贝尔规范场量子化的问题时就会遇到这种类型的不便运用的对易关系式．

§ 5　Dirac 方法对自由电磁场的应用

5.1　规范不变性与约束条件

电磁场的拉氏函数当矢量势 $A^\mu(x)$ 作任意规范变换时保持不变，所以在 A^μ 及 $\dot{A}^\mu$ 的一定初值下，根据运动方程只能把 $A^\mu(x)$ 决定到一个在初始时刻为恒等变换的任意规范变换，这说明拉氏函数是奇异的而且会产生第一类约束，各种非阿贝尔规范场也是这样．本节说明 Dirac 方法对电磁场的应用．

电磁场的拉氏函数可写成

$$L = \int \mathrm{d}^3 x \mathcal{L} \,, \tag{69}$$

其中

$$\mathcal{L} = -\frac{1}{4} F^{\mu\nu} F_{\mu\nu} \,, \tag{70}$$

$$F^{\mu\nu} \equiv \partial^\mu A^\nu - \partial^\nu A^\mu \,. \tag{71}$$

拉氏方程为

$$\frac{\mathrm{d}}{\mathrm{d}t}\frac{\partial \mathcal{L}}{\partial \dot{A}_\nu} + \partial_k \frac{\partial \mathcal{L}}{\partial(\partial_k A_\nu)} = 0 \,. \tag{72}$$

由 (70) 式得

$$\frac{\partial \mathcal{L}}{\partial(\partial_\mu A_\nu)} = -F^{\mu\nu} \,, \tag{73}$$

故 (72) 式给出

$$\dot{F}^{0\nu} + \partial_k F^{k\nu} = 0 \,. \tag{74}$$

用 $A^0(\boldsymbol{x},t)$ 及 $A(\boldsymbol{x},t)$ 写出来就是

$$\nabla \cdot (\nabla A^0 + \dot{\boldsymbol{A}}\ ) = 0 \,, \tag{75}$$

$$\ddot{\boldsymbol{A}}\ - \nabla^2 \boldsymbol{A} + \nabla(\dot{A}^0 + \nabla \cdot \boldsymbol{A}) = 0 \,. \tag{76}$$

(75) 式即是拉氏方程组包含的约束条件．

用 $\Pi^\mu(x,t)$ 代表相应于 $A_\mu(x,t)$ 的正则动量，则

$$\Pi^\mu(x,t) = \frac{\partial \mathcal{L}}{\partial \dot{A}_\mu(\boldsymbol{x},t)} = -F^{0\mu} \ . \tag{77}$$

即

$$\Pi^0(x,t) = 0 \ , \tag{78}$$

$$\vec{\Pi}(\boldsymbol{x},t) = -(\nabla A^0 + \dot{\boldsymbol{A}}\ ) \ . \tag{79}$$

(78) 式代表 Dirac 方法中的初约束条件，它的自洽性要求与 (74) 式结合产生如下的次约束条件

$$\nabla \cdot \vec{\Pi}(\boldsymbol{x},t) = 0 \ , \tag{80}$$

这正是 (75) 式，它和 (78) 式代表了由拉氏函数自动产生的全部约束条件. 以 A^μ，Π^μ 为基本变量的泊松括号可借助如下的基本括号确定

$$[A^\mu(\boldsymbol{x},t),\ A^\nu(\boldsymbol{x}',t)]_c = 0 \ , \quad [\Pi^\mu(\boldsymbol{x},t),\ \Pi^\nu(\boldsymbol{x}',t)]_c = 0 \ ,$$
$$[A^\mu(\boldsymbol{x},t),\ \Pi^\nu(\boldsymbol{x}',t)]_c = \delta_{\mu\nu}\delta(\boldsymbol{x}-\boldsymbol{x}') \ .$$

由此计算约束之间的泊松括号可得

$$[\Pi^0(\boldsymbol{x},t),\ \Pi^0(\boldsymbol{x}',t)]_c = 0 \ ,$$
$$[\Pi^0(\boldsymbol{x},t),\ \nabla' \cdot \vec{\Pi}(\boldsymbol{x}',t)]_c = \nabla' \cdot [\Pi^0(\boldsymbol{x},t),\ \vec{\Pi}(\boldsymbol{x}',t)]_c = 0 \ ,$$
$$[\nabla \cdot \vec{\Pi}(\boldsymbol{x},t),\ \nabla' \cdot \vec{\Pi}(\boldsymbol{x}',t)]_c = 0 \ .$$

这说明只存在第一类约束.

由能量动量张量的表达式得出

$$\begin{aligned} H_c(A,\Pi) &= \int \mathrm{d}^3x \frac{\partial \mathcal{L}}{\partial \dot{A}_\mu} \dot{A}_\mu(\boldsymbol{x},t) - L \\ &= \int \mathrm{d}^3x \left\{ \frac{1}{2}\vec{\Pi} \cdot \vec{\Pi} + \frac{1}{4}F^{kl}F_{kl} - A^0 \nabla \cdot \vec{\Pi} \right\} \ . \end{aligned} \tag{81}$$

容易验证，$H_c(A,\Pi)$ 与每个约束的泊松括号都弱等于零，因此它是第一类量. 正则方程可表示为

$$\dot{A}^\mu(\boldsymbol{x},t) = [A^\mu(\boldsymbol{x},t), H(t)]_c, \tag{82a}$$

$$\dot{\Pi}^\mu(\boldsymbol{x},t) = [\Pi^\mu(\boldsymbol{x},t), H(t)]_c, \tag{82b}$$

$$\Pi^0(\boldsymbol{x},t) \approx 0, \tag{82c}$$

$$\nabla \cdot \vec{\Pi}(\boldsymbol{x},t) \approx 0 \ , \tag{82d}$$

其中哈密顿量 H 为

$$H(t)=h(t)+\int \mathrm{d}^3xu(\boldsymbol{x},t)\Pi^0(\boldsymbol{x},t)+\int \mathrm{d}^3xv(\boldsymbol{x},t)\nabla\cdot\vec{\Pi}(\boldsymbol{x},t), \tag{83}$$

其中

$$h(t)=\int \mathrm{d}^3x\left\{\frac{1}{2}\vec{\Pi}(\boldsymbol{x},t)\cdot\vec{\Pi}(\boldsymbol{x},t)+\frac{1}{4}F^{kl}(\boldsymbol{x},t)F_{kl}(\boldsymbol{x},t)\right\}. \tag{84}$$

h 是第一类量，$u(\boldsymbol{x},t)$ 及 $v(\boldsymbol{x},t)$ 都是完全任意的量.

5.2 在库仑规范下的正则方程和量子化

(1) 补充约束条件

现在选取库仑规范进行讨论. 规范条件为

$$\nabla\cdot\boldsymbol{A}=0\,, \tag{85}$$

这种外加的约束条件与运动方程是相容的，而且在规定 A^μ 在无穷远处足够快地趋于零后，由规范变换造成的任意性已经完全被消除，(85) 式所要求的自洽性条件如下：

$$\nabla\cdot\dot{\boldsymbol{A}}=0\,,$$

由此及 (79) 和 (80) 式得出

$$\nabla^2A^0(\boldsymbol{x},t)=0\,,$$

这个方程式和上述边条件确定了 $A^0(\boldsymbol{x},t)$, 即

$$A^0(\boldsymbol{x},t)=0\,. \tag{86}$$

(85) 及 (86) 式代表在库仑规范下的全部补充约束条件，把它们和 (78),(80) 式合并起来，得到四组约束条件

$$\psi_1(\boldsymbol{x},t)\equiv\Pi^0(\boldsymbol{x},t)\approx0, \tag{87a}$$

$$\psi_2(\boldsymbol{x},t)\equiv\nabla\cdot\vec{\Pi}(\boldsymbol{x},t)\approx0, \tag{87b}$$

$$\psi_3(\boldsymbol{x},t)\equiv A^0(\boldsymbol{x},t)\approx0, \tag{87c}$$

$$\psi_4(\boldsymbol{x},t)\equiv\nabla\cdot\boldsymbol{A}(\boldsymbol{x},t)\approx0. \tag{87d}$$

对于 (87) 式中的全部约束而言，不再存在第一类约束，这些约束的线性式也不会变成第一类，因此由 $[\psi_\beta(\boldsymbol{x},t),\ \psi_{\beta'}(\boldsymbol{x}',t)]_c$ 形成的矩阵是非奇异的，

同时, H_c 和 h 也不再是第一类量，正则方程可以表示为

$$\dot{A}^\mu(\boldsymbol{x},t)=[A^\mu(\boldsymbol{x},t),H'(t)]_c, \tag{88a}$$

$$\dot{\Pi}^\mu(\boldsymbol{x},t)=[\Pi^\mu(\boldsymbol{x},t)H'(t)]_c, \tag{88b}$$

$$\psi_\beta(\boldsymbol{x},t)\approx 0, \tag{88c}$$

其中

$$H'(t)=h(t)+\int \mathrm{d}^3x\lambda_\beta(\boldsymbol{x},t)\psi_\beta(\boldsymbol{x},t), \tag{89}$$

$$\lambda_\beta(\boldsymbol{x},t)=\int \mathrm{d}^3x' C^{-1}_{\beta'\beta}(\boldsymbol{x}',\boldsymbol{x},t)[\psi_{\beta'}(\boldsymbol{x}',t),h(t)]_c. \tag{90}$$

式中的 $C^{-1}_{\beta'\beta}(\boldsymbol{x}',\boldsymbol{x},t)$ 是矩阵 C 的逆矩阵的 $(\beta'\boldsymbol{x}',\beta\boldsymbol{x})$ 元素，而 C 的 $(\beta\boldsymbol{x},\beta'\boldsymbol{x}')$ 元素由下式定义

$$C_{\beta'\beta}(\boldsymbol{x},\boldsymbol{x}',t)\equiv[\psi_\beta(\boldsymbol{x},t),\psi_{\beta'}(\boldsymbol{x}',t)]_c. \tag{91}$$

(2) Dirac 括号

由于 $C_{\beta\beta'}(\boldsymbol{x},\boldsymbol{x}',t)$ 对于双指标 $(\beta\boldsymbol{x})$ 与 $(\beta'\boldsymbol{x})$ 的交换是反对称的，并且 C_{12}, C_{14}, C_{23} 及 C_{34} 显然等于零，按 (β,β') 把矩阵 C 划分成 16 个子矩阵有

$$C=\begin{pmatrix}0 & 1\\ -1 & 0\end{pmatrix}\otimes\begin{pmatrix}C_{13} & 0\\ 0 & C_{24}\end{pmatrix}, \tag{92}$$

其中 C_{13} 及 C_{24} 由 C 的如下元素构成

$$C_{13}(\boldsymbol{x},\boldsymbol{x}',t)=[\Pi^0(\boldsymbol{x},t),A^0(\boldsymbol{x}',t)]_c=-\delta(\boldsymbol{x}-\boldsymbol{x}'), \tag{93}$$

$$C_{24}(\boldsymbol{x},\boldsymbol{x}',t)=[\nabla\cdot\overrightarrow{\Pi}(\boldsymbol{x},t),\nabla'\cdot\boldsymbol{A}(\boldsymbol{x}',t)]_c=-\nabla^2\delta(\boldsymbol{x}-\boldsymbol{x}'). \tag{94}$$

可见， $C_{\beta\beta'}(\boldsymbol{x},\boldsymbol{x}',t)$ 与 t 无关，它是 $(\boldsymbol{x}-\boldsymbol{x}')$ 的偶函数． $C^{-1}_{\beta\beta'}(\boldsymbol{x},\boldsymbol{x}',t)$ 也应该如此，并且 C^{-1} 也具有 (92) 式的形式

$$C^{-1}=\begin{pmatrix}0 & 1\\ -1 & 0\end{pmatrix}\otimes\begin{pmatrix}C^{-1}_{13} & 0\\ 0 & C^{-1}_{24}\end{pmatrix}. \tag{95}$$

其中 C^{-1}_{13} 及 C^{-1}_{24} 分别是由 C^{-1} 的元素 $C^{-1}_{13}(\boldsymbol{x},\boldsymbol{x}'),C^{-1}_{24}(\boldsymbol{x},\boldsymbol{x}')$ 构成的矩阵，这些元素满足如下的条件

$$\int \mathrm{d}^3x'' C^{-1}_{13}(\boldsymbol{x},\boldsymbol{x}'')C_{13}(\boldsymbol{x}'',\boldsymbol{x}')=-\delta(\boldsymbol{x}-\boldsymbol{x}'),$$

$$\int \mathrm{d}^3x'' C^{-1}_{24}(\boldsymbol{x},\boldsymbol{x}'')C_{24}(\boldsymbol{x}'',\boldsymbol{x}')=-\delta(\boldsymbol{x}-\boldsymbol{x}').$$

由此和 (93),(94) 式得出

$$C_{13}^{-1}(\boldsymbol{x},\boldsymbol{x}')=\delta(\boldsymbol{x}-\boldsymbol{x}'),\tag{96}$$

$$\nabla^2 C_{24}^{-1}(\boldsymbol{x},\boldsymbol{x}')=\delta(\boldsymbol{x}-\boldsymbol{x}').\tag{97}$$

不过为了决定 Dirac 括号，不需要完全知道 $C_{24}^{-1}(\boldsymbol{x},\boldsymbol{x}')$. 根据 (62) 式，$\xi(\boldsymbol{x},t)$, $\eta(\boldsymbol{x}',t)$ 之间的 Dirac 括号为

$$\begin{aligned}[\xi(\boldsymbol{x},t),\eta(\boldsymbol{x}',t)]_D&=[\xi(\boldsymbol{x},t),\eta(\boldsymbol{x}',t)]_c\\&\quad-\int \mathrm{d}^3x_1\mathrm{d}^3x_2[\xi(\boldsymbol{x},t),\psi_{\beta_1}(\boldsymbol{x}_1,t)]_c C_{\beta_1\beta_2}^{-1}(\boldsymbol{x}_1,\boldsymbol{x}_2)[\psi_{\beta_2}(\boldsymbol{x}_2,t),\eta(\boldsymbol{x}',t)]_c\,.\end{aligned}$$

对于 $A^\mu(\boldsymbol{x},t),\Pi^\nu(\boldsymbol{x}',t)$ 有

$$\begin{aligned}&[A^\mu(\boldsymbol{x},t),A^\nu(\boldsymbol{x}',t)]_D=0\,,\qquad [\Pi^\mu(\boldsymbol{x},t),\Pi^\nu(\boldsymbol{x}',t)]_D=0\,,\\&[A_\mu(\boldsymbol{x},t),\Pi^\nu(\boldsymbol{x}',t)]_D=\delta_{\mu\nu}\delta(\boldsymbol{x}-\boldsymbol{x}')\\&\quad-\int \mathrm{d}^3x_1\mathrm{d}^3x_2[A_\mu(\boldsymbol{x},t),\Pi^0(\boldsymbol{x}_1,t)]_c C_{13}^{-1}(\boldsymbol{x}_1,\boldsymbol{x}_2)[A_0(\boldsymbol{x}_2,t),\Pi^\nu(\boldsymbol{x}',t)]_c\\&\quad-\int \mathrm{d}^3x_1\mathrm{d}^3x_2[A_\mu(\boldsymbol{x},t),\nabla_1\cdot\Pi(\boldsymbol{x}_1,t)]_c C_{24}^{-1}(\boldsymbol{x}_1,\boldsymbol{x}_2)[\nabla_2\cdot\boldsymbol{A}(\boldsymbol{x}_2,t),\Pi^\nu(\boldsymbol{x}',t)]_c\,.\end{aligned}$$

最后的式子化简后为

$$\begin{aligned}&[A_\mu(\boldsymbol{x},t),\Pi^\nu(\boldsymbol{x}',t)]_D\\&\quad=\delta_{\mu\nu}\delta(\boldsymbol{x}-\boldsymbol{x}')-\delta_{\mu0}\delta_{\nu0}C_{13}^{-1}(\boldsymbol{x},\boldsymbol{x}')+\delta_{l\mu}\delta_{j\nu}\partial_l\partial_j' C_{24}^{-1}(\boldsymbol{x},\boldsymbol{x}')\,,\end{aligned}\tag{98}$$

其中 ∂_l 及 ∂_j' 分别代表对 $\boldsymbol{x}$ 及 $\boldsymbol{x}'$ 的微商. 由于 A_0 及 Π^0 都是约束，在 Dirac 括号下可直接看作零，因此在 (98) 式中只要 μ 或 ν 是零，结果就等于零，由此可导出 (96) 式. 已知 $C_{24}^{-1}(\boldsymbol{x},\boldsymbol{x}')$ 是 $(\boldsymbol{x}-\boldsymbol{x}')$ 的函数，故 (98) 式给出

$$[A_\mu(\boldsymbol{x},t),\Pi^\nu(\boldsymbol{x}',t)]_D=(\delta_{\mu\nu}-\delta_{\mu0}\delta_{\nu0})\delta(\boldsymbol{x}-\boldsymbol{x}')-\delta_{l\mu}\delta_{j\nu}\partial_l\partial_j C_{24}^{-1}(\boldsymbol{x}-\boldsymbol{x}')\,.\tag{98'}$$

这说明，只要知道 $\partial_l\partial_j C_{24}^{-1}(\boldsymbol{x},\boldsymbol{x}')$ 的表达式就完全决定了 Dirac 括号. 这个量的方程式也可从 (98′) 式求出，或者从 (97) 式求出：

$$\nabla^2\partial_l\partial_j C_{24}^{-1}(\boldsymbol{x}-\boldsymbol{x}')=\partial_l\partial_j\delta(\boldsymbol{x}-\boldsymbol{x}').\tag{99}$$

现在只需要提出 $\partial_i\partial_j C_{24}^{-1}(\boldsymbol{x},\boldsymbol{x}')$ 的边条件，考虑到它在 (98′) 式中的地位，我们要求它可表示为

$$\partial_l\partial_j C_{24}^{-1}(\boldsymbol{x}-\boldsymbol{x}')=\int \mathrm{d}^3k f_{lj}(\boldsymbol{k})\mathrm{e}^{\mathrm{i}\boldsymbol{k}\cdot(\boldsymbol{x}-\boldsymbol{x}')}.$$

于是

$$
\begin{aligned}
f_{lj}(\boldsymbol{k}) &= \frac{1}{(2\pi)^3}\int \mathrm{d}^3x \mathrm{e}^{-\mathrm{i}\boldsymbol{k}\cdot\boldsymbol{x}} \partial_l\partial_j C_{24}^{-1}(\boldsymbol{x}) \\
&= \frac{-1}{(2\pi)^3}\int \mathrm{d}^3x \frac{1}{k^2}\mathrm{e}^{-\mathrm{i}\boldsymbol{k}\cdot\boldsymbol{x}} \nabla^2\partial_l\partial_j C_{24}^{-1}(\boldsymbol{x}) = \frac{1}{(2\pi)^3}\frac{k_l k_j}{k^2},
\end{aligned}
$$

其中 k 代表 $\boldsymbol{k}$ 的长度，因此

$$
\begin{aligned}
\partial_l\partial_j C_{24}^{-1}(\boldsymbol{x}-\boldsymbol{x}') &= \frac{1}{(2\pi)^3}\int \mathrm{d}^3k \frac{k_l k_j}{k^2}\mathrm{e}^{\mathrm{i}\boldsymbol{k}\cdot(\boldsymbol{x}-\boldsymbol{x}')} \\
&= -\partial_l\partial_j \int \mathrm{d}^3k \frac{1}{k^2}\frac{1}{(2\pi)^3}\mathrm{e}^{\mathrm{i}\boldsymbol{k}\cdot(\boldsymbol{x}-\boldsymbol{x}')} = \partial_l\partial_j\frac{1}{\nabla^2}\delta(\boldsymbol{x}-\boldsymbol{x}'). \qquad (100)
\end{aligned}
$$

这里约定：算子 $1/\nabla^2$ 的意义借助被其作用的量的傅氏展开来确定，最后得到 A^μ, Π^ν 之间的 Dirac 括号的表达式如下：

$$
[A^\mu(\boldsymbol{x},t), A^\nu(\boldsymbol{x}',t)]_D = 0, \qquad (101)
$$

$$
[\Pi^\mu(\boldsymbol{x},t), \Pi^\nu(\boldsymbol{x}',t)]_D = 0, \qquad (102)
$$

$$
\begin{aligned}
[A_\mu(\boldsymbol{x},t), \Pi^\nu(\boldsymbol{x}',t)]_D = &(\delta_{\mu\nu}-\delta_{\mu0}\delta_{\nu0})\delta(\boldsymbol{x}-\boldsymbol{x}') \\
&-\delta_{\mu l}\delta_{\nu j}\partial_l\partial_j\frac{1}{(\nabla^2)}\delta(\boldsymbol{x}-\boldsymbol{x}'). \qquad (103)
\end{aligned}
$$

借助 Dirac 括号可把运动方程表达为

$$
\dot{A}^\mu(\boldsymbol{x},t) = [A^\mu(\boldsymbol{x},t), h(t)]_D, \qquad (104a)
$$

$$
\dot{\Pi}^\mu(\boldsymbol{x},t) = [\Pi^\mu(\boldsymbol{x},t), h(t)]_D, \qquad (104b)
$$

$$
\psi_\beta(\boldsymbol{x},t) = 0, \qquad (104c)
$$

其中 (104c) 式当作强方程看待.

(3) 用 A, Π 表达的量子条件

根据方程组 (104), h 就是系统的哈密顿量，A^μ 及 Π^ν 的算符 (在 Schrödinger 绘景) 满足如下的条件

$$
\widehat{A}^\mu(\boldsymbol{x})^\dagger = \widehat{A}^\mu(\boldsymbol{x}), \qquad (105)
$$

$$
\widehat{\Pi}^\mu(\boldsymbol{x})^\dagger = \widehat{\Pi}^\mu(\boldsymbol{x}), \qquad (106)
$$

$$
\frac{\mathrm{d}}{\mathrm{d}t}\widehat{A}^\mu(\boldsymbol{x}) = \frac{\mathrm{d}}{\mathrm{d}t}\widehat{\Pi}^\mu(\boldsymbol{x}) = 0, \qquad (107)
$$

$$
[\widehat{A}^\mu(\boldsymbol{x}), \widehat{A}^\nu(\boldsymbol{x}')] = 0, \qquad (108a)
$$

$$[\widehat{\Pi}^{\mu}(\boldsymbol{x}), \widehat{\Pi}^{\nu}(\boldsymbol{x}')] = 0, \tag{108b}$$

$$\begin{aligned}[\widehat{A}_{\mu}(\boldsymbol{x}), \widehat{\Pi}^{\nu}(\boldsymbol{x}')] = &\mathrm{i}(\delta_{\mu\nu} - \delta_{\mu 0}\delta_{\nu 0})\delta(\boldsymbol{x} - \boldsymbol{x}') \\ &- \mathrm{i}\delta_{\mu l}\delta_{\nu j}\partial_l\partial_j \frac{1}{(\nabla^2)}\delta(\boldsymbol{x} - \boldsymbol{x}'),\end{aligned} \tag{109}$$

$$\widehat{\Pi}^0(\boldsymbol{x}) = 0, \tag{110a}$$

$$\nabla \cdot \left(\overrightarrow{\Pi}(\boldsymbol{x})\right)_{\mathrm{QM}} = 0, \tag{110b}$$

$$\widehat{A}^0(\boldsymbol{x}) = 0, \tag{110c}$$

$$\nabla \cdot \widehat{A}(\boldsymbol{x}) = 0. \tag{110d}$$

$\widehat{A}^0(\boldsymbol{x})$ 及 $\widehat{\Pi}^0(\boldsymbol{x})$ 可根据约束条件从对易关系和各种物理量的表达式中取消，剩下的 $\boldsymbol{A}(\boldsymbol{x})$ 及 $\overrightarrow{\Pi}(\boldsymbol{x})$ 的算符满足如下的条件

$$[\widehat{A}^l(\boldsymbol{x}), \widehat{A}^j(\boldsymbol{x}')] = 0, \tag{111a}$$

$$[\widehat{\Pi}^l(\boldsymbol{x}), \widehat{\Pi}^j(\boldsymbol{x}')] = 0, \tag{111b}$$

$$\begin{aligned}[\widehat{A}^l(\boldsymbol{x}), \widehat{\Pi}^j(\boldsymbol{x}')] = &\mathrm{i}\delta_{lj}\delta(\boldsymbol{x} - \boldsymbol{x}') \\ &- \mathrm{i}\partial_l\partial_j \frac{1}{(\nabla^2)}\delta(\boldsymbol{x} - \boldsymbol{x}'),\end{aligned} \tag{111c}$$

$$\nabla \cdot \widehat{\boldsymbol{A}}(\boldsymbol{x}) = 0, \tag{112a}$$

$$\nabla \cdot \left(\overrightarrow{\Pi}(\boldsymbol{x})\right)_{\mathrm{QM}} = 0. \tag{112b}$$

(4) 引用独立变量的方法

为了便于与通常的方法对比，再引用一种独立变量作简略的讨论. 回到方程组 (104)，按照约束条件把 A^0, Π^0 取消后得到

$$\dot{\boldsymbol{A}}\ (\boldsymbol{x}, t) = [\boldsymbol{A}(\boldsymbol{x}, t), h(t)]_D, \tag{113a}$$

$$\dot{\overrightarrow{\Pi}}(\boldsymbol{x}, t) = [\overrightarrow{\Pi}(\boldsymbol{x}, t), h(t)]_D, \tag{113b}$$

$$\nabla \cdot \overrightarrow{\Pi}(\boldsymbol{x}, t) = 0, \tag{113c}$$

$$\nabla \cdot \boldsymbol{A}(\boldsymbol{x}, t) = 0. \tag{113d}$$

定义如下的复变量 $\overrightarrow{\Phi}(\boldsymbol{x}, t)$:

$$\overrightarrow{\Phi}(\boldsymbol{x}, t) = \frac{1}{\sqrt{2}}\left\{(-\nabla^2)^{1/4}\boldsymbol{A}(\boldsymbol{x}, t) - \mathrm{i}(-\nabla^2)^{-1/4}\overrightarrow{\Pi}(\boldsymbol{x}, t)\right\}, \tag{114}$$

则

$$\boldsymbol{A}(\boldsymbol{x},t)=\frac{1}{\sqrt{2}}(-\nabla^2)^{-1/4}\{\overrightarrow{\varPhi}(\boldsymbol{x},t)+\overrightarrow{\varPhi}^*(\boldsymbol{x},t)\}, \tag{115}$$

$$\overrightarrow{\varPi}(\boldsymbol{x},t)=\frac{1}{\sqrt{2}}(-\nabla^2)^{1/4}\{\overrightarrow{\varPhi}(\boldsymbol{x},t)-\overrightarrow{\varPhi}^*(\boldsymbol{x},t)\}, \tag{116}$$

$\overrightarrow{\varPhi}(\boldsymbol{x},t)$, $\overrightarrow{\varPhi}^*(\boldsymbol{x},t)$ 之间的 Dirac 括号可借助 (101)—(103) 式求出：

$$[\varPhi^j(\boldsymbol{x},t),\varPhi^l(\boldsymbol{x}',t)]_D=0\,, \tag{117}$$

$$[\varPhi^j(\boldsymbol{x},t),\varPhi^{l*}(\boldsymbol{x}',t)]_D=-\mathrm{i}\delta_{lj}\delta(\boldsymbol{x}-\boldsymbol{x}')+\mathrm{i}\partial_l\partial_j\frac{1}{(\nabla^2)}\delta(\boldsymbol{x}-\boldsymbol{x}')\,. \tag{118}$$

考虑了条件 (113c) 及 (113d) 之后，可把 $\overrightarrow{\varPhi}(\boldsymbol{x},t)$ 表示为

$$\overrightarrow{\varPhi}(\boldsymbol{x},t)=\frac{1}{(2\pi)^{3/2}}\int\mathrm{d}^3k\,\overrightarrow{\varepsilon}(\boldsymbol{k},\lambda)a_\lambda(\boldsymbol{k},t)\mathrm{e}^{\mathrm{i}\boldsymbol{k}\cdot\boldsymbol{x}}\,, \tag{119}$$

其中 $\overrightarrow{\varepsilon}(\boldsymbol{k},\lambda)$ 代表两个互相正交的横向单位矢量，并且约定

$$\overrightarrow{\varepsilon}(\boldsymbol{k},1)\times\overrightarrow{\varepsilon}(\boldsymbol{k},2)=\boldsymbol{k}/k\,,$$

$$\overrightarrow{\varepsilon}(-\boldsymbol{k},1)=-\overrightarrow{\varepsilon}(\boldsymbol{k},1)\,,$$

$$\overrightarrow{\varepsilon}(-\boldsymbol{k},2)=-\overrightarrow{\varepsilon}(\boldsymbol{k},2)\,.$$

因此 (119) 式的逆变换给出

$$a_\lambda(\boldsymbol{k},t)=\frac{1}{(2\pi)^{3/2}}\int\mathrm{d}^3x\mathrm{e}^{-\mathrm{i}\boldsymbol{k}\cdot\boldsymbol{x}}\overrightarrow{\varPhi}(\boldsymbol{x},t)\cdot\overrightarrow{\varepsilon}(\boldsymbol{k},\lambda)\,. \tag{120}$$

由此及 (117),(118) 式可求出 $a_\lambda(\boldsymbol{k},t)$, $a^*_\lambda(\boldsymbol{k}',t)$ 之间的 Dirac 括号

$$[a_\lambda(\boldsymbol{k},t),a_{\lambda'}(\boldsymbol{k}',t)]_D=0, \tag{121}$$

$$[a_\lambda(\boldsymbol{k},t),a^*_{\lambda'}(\boldsymbol{k}',t)]_D=-\mathrm{i}\delta_{\lambda\lambda'}\delta(\boldsymbol{k}-\boldsymbol{k}')\,, \tag{122}$$

借助 $a_\lambda(\boldsymbol{k},t)$, $a^*_\lambda(\boldsymbol{k}',t)$ 表示的运动方程可写成如下的形式

$$\dot{a}_\lambda(\boldsymbol{k},t)=[a_\lambda(\boldsymbol{k},t),h(a^*(t),a(t)]_D, \tag{123}$$

其中

$$h(a^*(t),a(t))=\int\mathrm{d}^3k\{ka^*_\lambda(\boldsymbol{k},t)a_\lambda(\boldsymbol{k},t)\}. \tag{124}$$

借助 (121) 及 (122) 式又可把 (123) 式重写成

$$\mathrm{i}\dot{a}_\lambda(\boldsymbol{k},t)=\frac{\delta h(a^*(t),a(t))}{\delta a_\lambda^*(\boldsymbol{k},t)}. \tag{125}$$

这是我们已经熟悉的正则形式的运动方程，根据 (121)—(123) 式建立量子条件的方法当然就与通常的方法没有差别了. Schrödinger 绘景的量子条件和哈密顿量算符为

$$\begin{aligned}
&a_\lambda(\boldsymbol{k})\to\widehat{a}_\lambda(\boldsymbol{k}),\\
&a_\lambda^*(\boldsymbol{k})\to\widehat{a}_\lambda^\dagger(\boldsymbol{k}),\\
&\frac{\mathrm{d}}{\mathrm{d}t}\widehat{a}_\lambda(\boldsymbol{k})=\frac{\mathrm{d}}{\mathrm{d}t}\widehat{a}_\lambda^\dagger(\boldsymbol{k})=0,\\
&[\widehat{a}_\lambda(\boldsymbol{k}),\widehat{a}_{\lambda'}(\boldsymbol{k}')]=0,\\
&[\widehat{a}_\lambda(\boldsymbol{k}),\widehat{a}_{\lambda'}^\dagger(\boldsymbol{k}')]=\delta_{\lambda\lambda'}\delta(\boldsymbol{k}-\boldsymbol{k}'),\\
&\widehat{h}=\int\mathrm{d}^3k\,k\,\widehat{a}_\lambda^\dagger(\boldsymbol{k})\widehat{a}_\lambda(\boldsymbol{k}),
\end{aligned}$$

其中 $\widehat{a}_\lambda^\dagger(\boldsymbol{k})$ 即是产生一个动量为 $\boldsymbol{k}$ 的光子的算符，$\widehat{a}_\lambda(\boldsymbol{k})$ 是相应的湮灭算符. 再求出动量和角动量算符，则可看出，由 $a_\lambda^\dagger(\boldsymbol{k})$ 产生的光子的动量为 $\boldsymbol{k}$，极化状态为 λ.

§ 6 Dirac 方法对 SU_3 规范场的应用

6.1 SU_3 规范场的拉氏函数及正则方程

SU_3 规范场是有重要作用的非阿贝尔规范场. 非阿贝尔规范场的理论是推广电磁场的理论而构成的，电磁场的势函数 $A_\mu(x)$ 是一个洛伦兹矢量，其运动方程对于如下的规范变换保持不变：

$$A_\mu(x)\to A'_\mu(x)=A_\mu(x)-\frac{1}{e}\partial_\mu\theta(x),$$

其中 $\theta(x)$ 是可微实函数. 这个变换也可表示为

$$\mathrm{i}eA_\mu(x)\to\mathrm{e}^{\mathrm{i}\theta(x)}\mathrm{i}eA_\mu(x)\mathrm{e}^{-\mathrm{i}\theta(x)}+\mathrm{e}^{\mathrm{i}\theta(x)}\partial_\mu\mathrm{e}^{-\mathrm{i}\theta(x)}. \tag{126}$$

在每个时空点 x，全体 $\mathrm{e}^{\mathrm{i}\theta(x)}$ 构成 $U(1)$ 群，$\theta(x)$ 是群参量. 由于变换 (126) 允许 $\theta(x)$ 是任意可微的实函数，它被称为局域 $U(1)$ 变换，属于阿贝尔规范变换，

电磁场是阿贝尔规范场. 所谓 SU_3 规范场包含 8 种洛伦兹矢量场, 势函数为

$$A_{a\mu}(x), \quad a=1,2,\cdots,8.$$

在每种 a 值下, $A_{a\mu}(x)$ 代表一个洛伦兹矢量场, 它们的运动方程对于如下的局域规范变换保持不变

$$A_{a\mu}(x)t_a \longrightarrow$$

$$A'_{a\mu}(x)t_a = \Omega(x)A_{a\mu}(x)t_a\Omega^{-1}(x) + \frac{1}{\mathrm{i}g}\Omega(x)\partial_\mu\Omega^{-1}(x), \tag{127}$$

其中 g 是实常量, 它取代了 (126) 式中的 e. $\Omega(x)$ 是 3×3 幺模幺正矩阵. 在每个时空点 x, 全体 $\Omega(x)$ 构成 SU_3 群的基础表示, $(t_1, t_2, \cdots, t_8)$ 是这个表示的生成元. 借助这些矩阵可把 $\Omega(x)$ 写成

$$\Omega(x) = \exp\{\theta_a(x)t_a\}, \tag{128}$$

其中 $(\theta_1, \theta_2, \cdots, \theta_8)$ 代表群参量. 由于变换 (127) 允许 $\theta_a(x)$ 是任意可微实函数, 被称为局域 SU_3 变换. 我们把 t_a 选定为

$$t_a = \frac{\mathrm{i}}{2}\lambda_a \quad (a=1,2,\cdots,8), \tag{129}$$

其中 λ_a 代表 8 个 Gell-Mann 矩阵:

$$\lambda_{1,2,3} = \left(\begin{array}{cc|c} \multicolumn{2}{c|}{\boldsymbol{\sigma}} & \begin{matrix}0\\0\end{matrix} \\ \hline 0 & 0 & 0 \end{array}\right), \quad \lambda_4 = \left(\begin{array}{cc|c} \multicolumn{2}{c|}{0} & \begin{matrix}1\\0\end{matrix} \\ \hline 1 & 0 & 0 \end{array}\right), \quad \lambda_5 = \left(\begin{array}{cc|c} \multicolumn{2}{c|}{0} & \begin{matrix}-\mathrm{i}\\0\end{matrix} \\ \hline \mathrm{i} & 0 & 0 \end{array}\right),$$

$$\lambda_6 = \left(\begin{array}{cc|c} \multicolumn{2}{c|}{0} & \begin{matrix}0\\1\end{matrix} \\ \hline 0 & 1 & 0 \end{array}\right), \quad \lambda_7 = \left(\begin{array}{cc|c} \multicolumn{2}{c|}{0} & \begin{matrix}0\\-\mathrm{i}\end{matrix} \\ \hline 0 & \mathrm{i} & 0 \end{array}\right), \quad \lambda_8 = \frac{1}{\sqrt{3}}\left(\begin{array}{cc|c} \multicolumn{2}{c|}{\boldsymbol{I}} & \begin{matrix}0\\0\end{matrix} \\ \hline 0 & 0 & -2 \end{array}\right),$$

在矩阵 λ_8 的表达式中的 $\boldsymbol{I}$ 代表 2×2 单位矩阵. 各个 t_a 都是反厄米无迹矩阵, 并且满足

$$\mathrm{tr}\,(t_a t_b) = -\frac{1}{2}\delta_{ab}, \tag{130}$$

$$[t_a, t_b] = C_{abc}t_c, \tag{131}$$

$$C_{abc} = -2\mathrm{tr}\,([t_a, t_b]t_c). \tag{132}$$

C_{abc} 是实数, 对于 a, b, c 是全反对称的, 其基本分量的值如下

abc	123	147	156	246	257	345	367	458	678
C_{abc}	-1	$-\frac{1}{2}$	$\frac{1}{2}$	$-\frac{1}{2}$	$-\frac{1}{2}$	$-\frac{1}{2}$	$\frac{1}{2}$	$-\frac{\sqrt{3}}{2}$	$-\frac{\sqrt{3}}{2}$

场的拉氏函数是由 $A_{a\mu}$ 和它们的不高于两次微商构成的局域 SU_3 不变的洛伦兹标量，其表达式是

$$L=\int \mathrm{d}^3x\,\mathcal{L}, \tag{133}$$

$$\mathcal{L}=-\frac{1}{2}\mathrm{tr}\left(F^{\mu\nu}F_{\mu\nu}\right), \tag{134}$$

其中

$$\begin{aligned}F^{\mu\nu}(x)=&\partial^\mu\mathcal{A}^\nu(x)-\partial^\nu\mathcal{A}^\mu(x)\\&+\ \mathrm{i}g\left\{\mathcal{A}^\mu(x)\mathcal{A}^\nu(x)-\mathcal{A}^\nu(x)\mathcal{A}^\mu(x)\right\},\end{aligned} \tag{135}$$

$$\begin{aligned}F_{\mu\nu}(x)=&\partial_\mu\mathcal{A}_\nu(x)-\partial_\nu\mathcal{A}_\mu(x)\\&+\ \mathrm{i}g\left\{\mathcal{A}_\mu(x)\mathcal{A}_\nu(x)-\mathcal{A}_\nu(x)\mathcal{A}_\mu(x)\right\},\end{aligned} \tag{136}$$

$$\mathcal{A}^\mu(x)\equiv A_a^\mu(x)\frac{1}{2}\lambda_a, \tag{137}$$

$$\mathcal{A}_\mu(x)\equiv A_{a\mu}(x)\frac{1}{2}\lambda_a, \tag{138}$$

$$A_{a\mu}(x)=g_{\mu\nu}A_a^\nu(x). \tag{139}$$

(139) 式中的 $g_{\mu\nu}$ 是闵可夫斯基空间的度规张量 ($g_{00}=1$, $g_{11}=g_{22}=g_{33}=-1$). 利用 (131) 式可以把 (135) 及 (136) 式写成

$$F^{\mu\nu}(x)=F_a^{\mu\nu}(x)\frac{1}{2}\lambda_a, \tag{140}$$

$$F_{\mu\nu}(x)=F_{a\mu\nu}(x)\frac{1}{2}\lambda_a, \tag{141}$$

其中

$$F_a^{\mu\nu}(x)=\partial^\mu A_a^\nu(x)-\partial^\nu A_a^\mu(x)-gC_{abc}A_b^\nu(x)A_c^\mu(x), \tag{142}$$

$$F_{a\mu\nu}(x)=\partial_\mu A_{a\nu}(x)-\partial_\nu A_{a\mu}(x)-gC_{abc}A_{b\nu}(x)A_{c\mu}(x). \tag{143}$$

由此可把 (134) 式表示为

$$\mathcal{L}=-\frac{1}{4}F_a^{\mu\nu}(x)F_{a\mu\nu}(x). \tag{144}$$

当 $\mathcal{A}_\mu$ 按 (127) 式变换时，$F^{\mu\nu}$ 具有如下的简单变换性质：

$$F_a'^{\mu\nu}(x)\frac{1}{2}\lambda_a=\varOmega(x)F_a^{\mu\nu}\frac{1}{2}\lambda_a\varOmega^{-1}(x), \tag{145}$$

$$F'_{a\mu\nu}(x)\frac{1}{2}\lambda_a = \Omega(x)F_{a\mu\nu}\frac{1}{2}\lambda_a\Omega^{-1}(x), \tag{146}$$

左边的 $F'^{\mu\nu}_a(x)$ 及 $F'_{a\mu\nu}(x)$ 即是在 $F^{\mu\nu}_a(x)$ 及 $F_{a\mu\nu}(x)$ 中把各个 $A_{a\mu}(x)$ 换成 $A'_{a\mu}(x)$ 的结果. 由此看到, $\mathcal{L}$ 确是局域 SU_3 不变量 (当然是洛伦兹标量). 拉氏函数的局域 SU_3 不变性意味着它是奇异的, 而且由于 $F^{\mu\nu}$ 含有 $\mathcal{A}$ 的二次项, 导致规范场的自作用. 非阿贝尔规范场的动力学的各种特点都与这种自作用有关.

下面我们按照 Dirac 的方法建立 SU_3 规范场的正则方程. 根据 (144) 式有

$$\frac{\partial\mathcal{L}}{\partial(\partial_\mu A_{a\mu\nu})} = -F^{\mu\nu}_a, \tag{147}$$

$$\frac{\partial\mathcal{L}}{\partial A_{a\nu}} = gC_{abc}F^{\nu\nu'}_b A_{c\nu'}. \tag{148}$$

故拉氏方程可写成

$$\dot{F}^{0\nu}_a + \partial_k F^{k\nu}_a + gC_{abc}F^{\nu\nu'}A_{c\nu'} = 0. \tag{149}$$

按 $\nu=0$ 及 $\nu=1,2,3$ 写出就是

$$\partial_k F^{k0}_a + gC_{abc}F^{0k}_b A_{ck} = 0, \tag{150a}$$

$$\dot{F}^{0j}_a + \partial_k F^{kj}_a + gC_{abc}F^{j\nu'}_b A_{c\nu'} = 0. \tag{150b}$$

(150a) 式是在拉氏方程中包含的约束条件.

用 $\Pi^\mu_a(\boldsymbol{x},t)$ 代表相应于 $A_{a\mu}(\boldsymbol{x},t)$ 的正则动量, 则

$$\Pi^\mu_a(\boldsymbol{x},t) = \frac{\partial\mathcal{L}}{\partial\dot{A}_{a\mu}(\boldsymbol{x},t)} = -F^{0\mu}, \tag{151}$$

即

$$\Pi^0_a(\boldsymbol{x},t) = 0, \tag{152}$$

$$\Pi^k_a(\boldsymbol{x},t) = -F^{0k}_a. \tag{153}$$

(152) 式即是 Dirac 方法中的初约束条件, 把它的自洽性要求与 (149) 式结合起来得出如下的次约束条件

$$\partial_k\Pi^k_a - gC_{abc}\Pi^k_b A_{ck} = 0. \tag{154}$$

这即是 (150a) 式, 它和 (152) 式代表了由拉氏函数产生的全部约束条件, 记为

$$\psi_{(a)1}(\boldsymbol{x},t) \equiv \Pi^0_a(\boldsymbol{x},t) = 0, \tag{155a}$$

$$\psi_{(a)2}(\boldsymbol{x},t) \equiv \partial_k \Pi_a^k(\boldsymbol{x},t) - gC_{abc}\Pi_b^k(\boldsymbol{x},t)A_{ck}(\boldsymbol{x},t) = 0\,. \tag{155b}$$

以 A_a^μ, Π_b^ν 作为基本变量的泊松括号可借助如下的基本括号求出

$$[A_a^\mu(\boldsymbol{x},t), A_b^\nu(\boldsymbol{x}',t)]_c = 0\,, \tag{156a}$$

$$[\Pi_a^\mu(\boldsymbol{x},t), \Pi_b^\nu(\boldsymbol{x}',t)]_c = 0\,, \tag{156b}$$

$$[A_{a\mu}(\boldsymbol{x},t), \Pi_b^\nu(\boldsymbol{x}',t)]_c = \delta_{ab}\delta_{\mu\nu}\delta(\boldsymbol{x}-\boldsymbol{x}')\,. \tag{156c}$$

由此得出

$$[\psi_{(a)1}(\boldsymbol{x},t), \psi_{(b)1}(\boldsymbol{x}',t)]_c = 0, \tag{157a}$$

$$[\psi_{(a)1}(\boldsymbol{x},t), \psi_{(b)2}(\boldsymbol{x}',t)]_c = 0, \tag{157b}$$

$$[\psi_{(a)2}(\boldsymbol{x},t), \psi_{(b)2}(\boldsymbol{x}',t)]_c = gC_{abc}\delta(\boldsymbol{x}-\boldsymbol{x}')\psi_{(c)2}(\boldsymbol{x})\,. \tag{157c}$$

所以约束之间的泊松括号弱等于零，即不存在第二类约束.

能量动量张量的表达式是

$$T_{\rm c}^{\mu\nu}(x) = \frac{\partial \mathcal{L}}{\partial(\partial_\mu A_{a\rho}(x))}\partial^\nu A_{a\rho}(x) - g^{\mu\nu}\mathcal{L} = -F_a^{\mu\rho}\partial^\nu A_{a\rho}(x) - g^{\mu\nu}\mathcal{L}\,, \tag{158}$$

故

$$\begin{aligned} H_{\rm c} &= \int {\rm d}^3x T_{\rm c}^{00}(\boldsymbol{x},t) = \int {\rm d}^3x\Big\{\Pi_a^k(\boldsymbol{x},t)\dot{A}_{ak}(\boldsymbol{x},t) + \frac{1}{4}F_a^{\mu\nu}(\boldsymbol{x},t)F_{a\mu\nu}(\boldsymbol{x},t)\Big\} \\ &= \int {\rm d}^3x\Big\{\frac{1}{2}\overrightarrow{\Pi}_a(\boldsymbol{x},t)\cdot\overrightarrow{\Pi}_a(\boldsymbol{x},t) + \frac{1}{4}F_a^{kl}F_{akl} - A_a^0\psi_{(a)2}(\boldsymbol{x},t)\Big\}\,, \end{aligned}$$

即

$$H_{\rm c} = h(\boldsymbol{A},\overrightarrow{\Pi}) - \int {\rm d}^3x A_a^0(\boldsymbol{x},t)\psi_{(a)2}(\boldsymbol{x},t), \tag{159}$$

$$h(\boldsymbol{A},\overrightarrow{\Pi}) = \int {\rm d}^3x\Big\{\frac{1}{2}\overrightarrow{\Pi}_a(\boldsymbol{x},t)\cdot\overrightarrow{\Pi}_a(\boldsymbol{x},t) + \frac{1}{4}F_a^{kl}F_{akl}\Big\}\,. \tag{160}$$

容易验证，$h(\boldsymbol{A},\overrightarrow{\Pi})$ 与 (155a) 及 (155b) 式中每个约束的泊松括号都弱等于 0，即它是第一类量. 正则方程可表示为

$$\dot{A}_a^\mu(\boldsymbol{x},t) = [A_a^\mu(\boldsymbol{x},t), H(t)]_c, \tag{161a}$$

$$\dot{\Pi}_a^\mu(\boldsymbol{x},t) = [\Pi_a^\mu(\boldsymbol{x},t), H(t)]_c, \tag{161b}$$

$$\psi_{(a)1}(\boldsymbol{x},t) \approx 0, \tag{161c}$$

$$\psi_{(b)2} \approx 0, \tag{161d}$$

其中

$$H(t) = h(\boldsymbol{A}(t), \overrightarrow{\Pi}(t)) + \int \mathrm{d}^3 x u_a(\boldsymbol{x}, t)\psi_{(a)1}(\boldsymbol{x}, t)$$

$$+ \int \mathrm{d}^3 x v_a(\boldsymbol{x}, t)\psi_{(a)2}(\boldsymbol{x}, t), \tag{162}$$

式中的拉氏乘子 u_a 及 v_a 是完全任意的.

6.2 在库仑规范下的量子化 (略述)

对于非阿贝尔规范场，选取轴规范 ($A_a^3 = 0$) 比库仑规范更容易按照 Dirac 的方法进行量子化，不过库仑规范更为直观，这里将采用库仑规范进行扼要的讨论但不作完全的处理，在下章再用路径积分方法来处理 SU_3 规范场的量子化.

在加入规范条件 $\nabla \cdot \boldsymbol{A}_a = 0$ 后，应保证相应的自洽性条件 $\nabla \cdot \dot{\boldsymbol{A}}_a = 0$ 成立. 因此 (153) 式的散度给出

$$\partial_k \Pi_a^k = \partial_k \partial^k A_a^0 - g C_{abc} \partial_k (A_b^0 A_c^k),$$

利用 (155b) 式消去 $\partial_k \Pi_a^k$，得

$$\nabla^2 A_a^0 + g C_{abc} (\nabla A_b^0) \cdot \boldsymbol{A}_c - g C_{abc} \overrightarrow{\Pi}_b \cdot \boldsymbol{A}_c = 0. \tag{163}$$

由此可用 $\boldsymbol{A}$ 及 $\overrightarrow{\Pi}$ 表示出 A_a^0:

$$A_a^0 = f_a(\boldsymbol{A}, \overrightarrow{\Pi}). \tag{164}$$

这组新的约束条件和规范条件一起组成全部的外加约束条件

$$\psi_{(a)3} \equiv A_a^0 - f_a(\boldsymbol{A}, \overrightarrow{\Pi}) \approx 0, \tag{165}$$

$$\psi_{(a)4} \equiv \nabla \cdot \boldsymbol{A}_a \approx 0. \tag{166}$$

$\psi_{(a)1}$, $\psi_{(a)2}$, $\psi_{(a)3}$, $\psi_{(a)4}$ 代表全部独立的第二类约束 (不再存在第一类约束), 借此可建立 Dirac 括号，从而将方程组 (161) 表示为

$$\dot{A}_b^\mu(\boldsymbol{x}, t) = [A_b^\mu(\boldsymbol{x}, t), h(\boldsymbol{A}, \overrightarrow{\Pi})]_D, \tag{167a}$$

$$\dot{\Pi}_b^\mu(\boldsymbol{x}, t) = [\Pi_b^\mu(\boldsymbol{x}, t), h(\boldsymbol{A}, \overrightarrow{\Pi})]_D, \tag{167b}$$

$$\psi_{(b)\beta} = 0, \quad \beta = 1, 2, 3, 4. \tag{167c}$$

这时所有约束条件都可看作强方程. 由于全部动力学变量都包含在 $\{\boldsymbol{A}, \overrightarrow{\Pi}\}$ 中, 运动方程可归结为

$$\dot{\boldsymbol{A}}_b(\boldsymbol{x},t) = [\boldsymbol{A}_b(\boldsymbol{x},t), h(\boldsymbol{A},\overrightarrow{\Pi})]_D, \tag{168a}$$

$$\dot{\overrightarrow{\Pi}}_b(\boldsymbol{x},t) = [\overrightarrow{\Pi}_b(\boldsymbol{x},t), h(\boldsymbol{A},\overrightarrow{\Pi})]_D, \tag{168b}$$

$$\nabla\cdot\overrightarrow{\Pi}_a(\boldsymbol{x},t) + gC_{abc}\overrightarrow{\Pi}_b(\boldsymbol{x},t)\cdot\boldsymbol{A}_c(\boldsymbol{x},t) = 0, \tag{168c}$$

$$\nabla\cdot\boldsymbol{A}_a(\boldsymbol{x},t) = 0. \tag{168d}$$

定义如下的复变量

$$\overrightarrow{\Phi}_b(\boldsymbol{x},t) = \frac{1}{\sqrt{2}}\{(-\nabla^2)^{1/4}\boldsymbol{A}_b(\boldsymbol{x},t) - \mathrm{i}(-\nabla^2)^{-1/4}\overrightarrow{\Pi}_b(\boldsymbol{x},t)\}, \tag{169}$$

于是

$$\boldsymbol{A}_b(\boldsymbol{x},t) = \frac{1}{\sqrt{2}}(-\nabla^2)^{-1/4}\{\overrightarrow{\Phi}_b(\boldsymbol{x},t) + \overrightarrow{\Phi}^*_b(\boldsymbol{x},t)\}, \tag{170}$$

$$\overrightarrow{\Pi}_b(\boldsymbol{x},t) = \frac{\mathrm{i}}{\sqrt{2}}(-\nabla^2)^{-1/4}\{\overrightarrow{\Phi}_b(\boldsymbol{x},t) - \overrightarrow{\Phi}^*_b(\boldsymbol{x},t)\}. \tag{171}$$

设 $\overrightarrow{\varepsilon}(\boldsymbol{k}, 1)$ 及 $\overrightarrow{\varepsilon}(\boldsymbol{k}, 2)$ 是上节说明过的横向单位矢量, 而 $\overrightarrow{\varepsilon}(\boldsymbol{k}, 3)$ 是纵向单位矢量, 即

$$\overrightarrow{\varepsilon}(\boldsymbol{k},3) = \boldsymbol{k}/k, \tag{172}$$

$$\overrightarrow{\varepsilon}(\boldsymbol{k},1)\times\overrightarrow{\varepsilon}(\boldsymbol{k},2) = \overrightarrow{\varepsilon}(\boldsymbol{k},3), \tag{173}$$

$$\overrightarrow{\varepsilon}(-\boldsymbol{k},\lambda) = (-1)^\lambda\overrightarrow{\varepsilon}(\boldsymbol{k},\lambda)\quad(\lambda = 1,2,3). \tag{174}$$

借助 $\overrightarrow{\varepsilon}(\boldsymbol{k}, \lambda)$ 可把 $\overrightarrow{\Phi}_b(\boldsymbol{x},t)$ 的傅氏展开式写成

$$\overrightarrow{\Phi}_b(\boldsymbol{x},t) = \frac{1}{(2\pi)^{\frac{3}{2}}}\int \mathrm{d}^3k\, a_{(b)\lambda}(\boldsymbol{k},t)\overrightarrow{\varepsilon}(\boldsymbol{k},\lambda)\mathrm{e}^{\mathrm{i}\,\boldsymbol{k}\cdot\boldsymbol{x}}, \tag{175}$$

因此

$$\boldsymbol{A}_b(\boldsymbol{x},t) = \frac{1}{(2\pi)^{\frac{3}{2}}}\int \mathrm{d}^3k\frac{1}{\sqrt{2k}}\overrightarrow{\varepsilon}(\boldsymbol{k},\lambda)\Big\{a_{(b)\lambda}(\boldsymbol{k},t)\mathrm{e}^{\mathrm{i}\,\boldsymbol{k}\cdot\boldsymbol{x}} + a^*_{(b)\lambda}(\boldsymbol{k},t)\mathrm{e}^{-\mathrm{i}\,\boldsymbol{k}\cdot\boldsymbol{x}}\Big\}, \tag{176}$$

$$\overrightarrow{\Pi}_b(\boldsymbol{x},t) = \frac{\mathrm{i}}{(2\pi)^{\frac{3}{2}}}\int \mathrm{d}^3k\sqrt{\frac{k}{2}}\overrightarrow{\varepsilon}(\boldsymbol{k},\lambda)\Big\{a_{(b)\lambda}(\boldsymbol{k},t)\mathrm{e}^{\mathrm{i}\,\boldsymbol{k}\cdot\boldsymbol{x}} - a^*_{(b)\lambda}(\boldsymbol{k},t)\mathrm{e}^{-\mathrm{i}\,\boldsymbol{k}\cdot\boldsymbol{x}}\Big\}. \tag{177}$$

借助 (a,a^*) 可以引入如下的实变量 (q,p) 来代替变量 $(\boldsymbol{A},\overrightarrow{\Pi})$,

$$q_{(b)\lambda}(\boldsymbol{k},t) = \frac{1}{\sqrt{2k}}\{a^*_{(b)\lambda}(\boldsymbol{k},t) + a_{(b)\lambda}(\boldsymbol{k},t)\},$$

$$p_{(b)\lambda}(\boldsymbol{k},t)=\mathrm{i}\sqrt{\frac{k}{2}}\{a^*_{(b)\lambda}(\boldsymbol{k},t)-a_{(b)\lambda}(\boldsymbol{k},t)\},$$

根据 (156a)—(156c) 式，这些量的泊松括号为

$$[q_{(a)\lambda}(\boldsymbol{k},t),q_{(b)\lambda'}(\boldsymbol{k}',t)]_c=0\,,\quad [p_{(a)\lambda}(\boldsymbol{k},t),p_{(b)\lambda'}(\boldsymbol{k}',t)]_c=0\,,$$

$$[q_{(a)\lambda}(\boldsymbol{k},t),p_{(b)\lambda'}(\boldsymbol{k}',t)]_c=\delta_{ab}\delta_{\lambda\lambda'}\delta(\boldsymbol{k}-\boldsymbol{k}').$$

现在把 $\lambda=1$ 及 $\lambda=2$ 时的 (q,p) 看作真正的独立变量，把由这些量和约束条件 (168c),(168d) 确定的 $\lambda=3$ 的 (q,p) 记为 $q^0_{(b)3}(\boldsymbol{k},t)$, $p^0_{(b)3}(\boldsymbol{k},t)$, 令

$$\phi^0_b(\boldsymbol{x},t)=\frac{1}{(2\pi)^{\frac{3}{2}}}\int\mathrm{d}^3k\frac{1}{\sqrt{2k}}\left\{a^0_{(b)3}(\boldsymbol{k},t)\mathrm{e}^{\mathrm{i}\boldsymbol{k}\cdot\boldsymbol{x}}+a^{0*}_{(b)3}(\boldsymbol{k},t)\mathrm{e}^{-\mathrm{i}\boldsymbol{k}\cdot\boldsymbol{x}}\right\},$$

$$G^0_b(\boldsymbol{x},t)=\frac{\mathrm{i}}{(2\pi)^{\frac{3}{2}}}\int\mathrm{d}^3k\sqrt{\frac{k}{2}}\left\{a^0_{(b)3}(\boldsymbol{k},t)\mathrm{e}^{\mathrm{i}\boldsymbol{k}\cdot\boldsymbol{x}}-a^{0*}_{(b)3}(\boldsymbol{k},t)\mathrm{e}^{-\mathrm{i}\boldsymbol{k}\cdot\boldsymbol{x}}\right\},$$

于是

$$G^0_b(\boldsymbol{x},t)=\nabla\cdot\boldsymbol{A}_b(\boldsymbol{x},t)=0\,,\quad \nabla\phi^0_b(\boldsymbol{x},t)=\overrightarrow{\varPi}_{b(\mathrm{L})}(\boldsymbol{x},t)\,,$$

$$\boldsymbol{A}_b(\boldsymbol{x},t)=\boldsymbol{A}^{(\mathrm{T})}_b(\boldsymbol{x},t)+\frac{1}{(\nabla^2)}\nabla G^0_b(\boldsymbol{x},t)=\boldsymbol{A}^{(\mathrm{T})}_b(\boldsymbol{x},t),$$

其中的记号 (L) 及 (T) 分别代表横向分量及纵向分量. 条件 (168c) 可看作 $\phi^0_b(\boldsymbol{x},t)$ 的微分方程组

$$\nabla^2\phi^0_a(\boldsymbol{x},t)+gC_{abc}(\nabla\phi^0_b(\boldsymbol{x},t)\cdot\boldsymbol{A}^{(\mathrm{T})}_c(\boldsymbol{x},t)$$
$$+gC_{abc}\overrightarrow{\varPi}_{b(\mathrm{T})}(\boldsymbol{x},t)\cdot\boldsymbol{A}^{(\mathrm{T})}_c(\boldsymbol{x},t)=0\,.$$

因此，$\overrightarrow{\varPi}_{(\mathrm{L})}(\boldsymbol{x},t)$ 被 $(\boldsymbol{A}^{(\mathrm{T})},\overrightarrow{\varPi}_{(\mathrm{T})})$ 决定，运动方程可归结为横向变量的方程

$$\dot{\boldsymbol{A}}{}^{(\mathrm{T})}_b(\boldsymbol{x},t)=\left[\boldsymbol{A}^{(\mathrm{T})}_b(\boldsymbol{x},t),h^{(*)}\left(\boldsymbol{A}^{(\mathrm{T})}(t),\overrightarrow{\varPi}_{(\mathrm{T})}(t)\right)\right]_D,\tag{178a}$$

$$\dot{\overrightarrow{\varPi}}_{b(\mathrm{T})}(\boldsymbol{x},t)=\left[\overrightarrow{\varPi}_{b(\mathrm{T})}(\boldsymbol{x},t),h^{(*)}\left(\boldsymbol{A}^{(\mathrm{T})}(t),\overrightarrow{\varPi}_{(\mathrm{T})}(t)\right)\right]_D,\tag{178b}$$

其中 $h^{(*)}(\boldsymbol{A}^{(\mathrm{T})}(t),\overrightarrow{\varPi}_{(\mathrm{T})}(t))$ 是在 $h(\boldsymbol{A}(t),\overrightarrow{\varPi}(t))$ 中把 $\boldsymbol{A}_a$ 及 $\overrightarrow{\varPi}_{a(\mathrm{L})}$ 分别换为 $\boldsymbol{A}^{(\mathrm{T})}_a$ 及 $\nabla\phi^0_a$ 的结果. 用独立的 (q,p) 表示出方程组 (178) 得到

$$\dot{q}_{(b)\lambda}(\boldsymbol{k},t)=[q_{(b)\lambda}(\boldsymbol{k},t),h^{(*)}(q,p)]_D\quad(\lambda=1,2)\,,\tag{179a}$$

$$\dot{p}_{(b)\lambda}(\boldsymbol{k},t)=[p_{(b)\lambda}(\boldsymbol{k},t),h^{(*)}(q,p)]_D\quad(\lambda=1,2)\,.\tag{179b}$$

由直接计算可证明，独立变量之间的 Dirac 括号如下：

$$[q_{(a)\lambda}(\boldsymbol{k},t), q_{(b)\lambda'}(\boldsymbol{k}',t)]_D = 0, \tag{180a}$$

$$[p_{(a)\lambda}(\boldsymbol{k},t), p_{(b)\lambda'}(\boldsymbol{k}',t)]_D = 0, \tag{180b}$$

$$[q_{(a)\lambda}(\boldsymbol{k},t), p_{(b)\lambda'}(\boldsymbol{k}',t)]_D = \delta_{ab}\delta_{\lambda\lambda'}\delta(\boldsymbol{k}-\boldsymbol{k}'). \tag{180c}$$

可见，(179) 式即是通常形式的正则方程

$$\dot{q}_{(b)\lambda}(\boldsymbol{k},t) = \frac{\delta h^{(*)}(q,p)}{\delta p_{(b)\lambda}(\boldsymbol{k},t)}, \quad \dot{p}_{(b)\lambda}(\boldsymbol{k},t) = -\frac{\delta h^{(*)}(q,p)}{\delta q_{(b)\lambda}(\boldsymbol{k},t)},$$

其中 $h^{(*)}(q,p)$ 即是表示成 (q,p) 的函数的 $h^{(*)}(\boldsymbol{A}^{(\mathrm{T})}, \vec{\varPi}_{(\mathrm{T})})$, 这个方程组也可用复变量 $a_{(b)\lambda}(\boldsymbol{k},t), a^*_{(b)\lambda}(\boldsymbol{k},t)$ 重写为

$$\mathrm{i}\dot{a}_{(b)\lambda}(\boldsymbol{k},t) = \frac{\delta h^{(*)}(a^*,a)}{\delta a^*_{(b)\lambda}(\boldsymbol{k},t)}.$$

因此，过渡到量子理论 (Schrödinger 绘景) 就得到

$$a_{(b)\lambda}(\boldsymbol{k}) \to \widehat{a}_{(b)\lambda}(\boldsymbol{k}),$$

$$a^*_{(b)\lambda}(\boldsymbol{k}) \to \widehat{a}^\dagger_{(b)\lambda}(\boldsymbol{k}),$$

$$\frac{\mathrm{d}\widehat{a}_{(b)\lambda}(\boldsymbol{k})}{\mathrm{d}t} = \frac{\mathrm{d}\widehat{a}^\dagger_{(b)\lambda}(\boldsymbol{k})}{\mathrm{d}t} = 0,$$

$$[\widehat{a}_{(b)\lambda}(\boldsymbol{k}),\ \widehat{a}_{(c)\lambda'}(\boldsymbol{k}')] = 0,$$

$$[\widehat{a}_{(b)\lambda}(\boldsymbol{k}),\ \widehat{a}^\dagger_{(c)\lambda'}(\boldsymbol{k}')] = \delta_{bc}\delta_{\lambda\lambda'}\delta(\boldsymbol{k}-\boldsymbol{k}'),$$

$$h^{(*)}(a^*,a) \to h^{(*)}(\widehat{a}^\dagger,\widehat{a}).$$

为了真正实现在库仑规范下的量子化，需要求出 $h^{(*)}(a^*,a)$, 这里不作进一步的讨论. 另外，在选择规范条件时会遇到所谓 Gribov 不定性问题，但这只发生在场的值很大的情形，对于建立微扰论没有影响.

§ 7　将 Dirac 方法用于光前坐标下的 Dirac 场

Dirac 量子化方法原来只用于受约束的玻色场和粒子系统，而不是用于费米场. 在光前坐标下的 Dirac 场是受约束费米场的重要实例，通常的处理方法见文献 [9, 10]. 本节将依照文献 [11] 的论述，将 Dirac 方法用于光前坐标下

的 Dirac 场. 即是针对自由 Dirac 场, 把场函数的独立的和非独立的分量设想为广义坐标, 并引进相应的共轭动量, 证明所有的约束都是第二类的. 进一步通过消除多余的变量, 用场函数的独立分量表示出哈密顿量和运动方程. 最后, 借助于这种形式的运动方程构成量子条件. 在通常时空坐标下的 Dirac 场被看成场的坐标时, 也可以理解为受约束的费米场, 这种情形比较简单, 除在下面顺便提及外, 不必特别研究.

自由 Dirac 场的拉氏函数是

$$\mathcal{L}=\overline{\psi}(\mathrm{i}\gamma^\mu\partial_\mu-m)\psi=\mathrm{i}\psi_\lambda^*\dot{\psi}_\lambda+\overline{\psi}(\mathrm{i}\gamma^k\partial_k-m)\psi\,,$$

其中 ψ_λ 代表四个分量. 在通常的时空坐标下的 Dirac 方程为

$$(\mathrm{i}\gamma^\mu\partial_\mu-m)\psi=0\,,$$

如第八章所说, 由于它是线性地依赖于时间的一次微商的运动方程, 场函数 $\{\psi_\alpha\}$ 构成了描述状态的完整变量, 相当于包含了广义坐标以及广义动量. 既然如此, 如果又将场函数设想为广义坐标, 而定义相应的共轭动量

$$\Pi_\lambda=\frac{\partial\mathcal{L}}{\partial\dot{\psi}_\lambda^*}=-\mathrm{i}\psi_\lambda^*\,,$$

就出现多余的变量. 这时可以按照 Dirac 方法引入并消除初级约束, 而剩下原来的变量, 并返回到原来的运动方程, 在文献中被说成是兜了一个圈子. 不过在这样的理解下设想 Dirac 场函数为坐标是行得通的.

在光前坐标下, 可将拉氏函数表示成

$$\begin{aligned}\mathcal{L}=&\frac{1}{\sqrt{2}}\{\psi_{+(\alpha)}^*\mathrm{i}\dot{\psi}_{+(\alpha)}-\dot{\psi}_{+(\alpha)}^*\mathrm{i}\psi_{+(\alpha)}\}+\sqrt{2}\psi_{-(\beta)}^*\mathrm{i}\partial_-\psi_{-(\beta)}\\&+\overline{\psi}(\mathrm{i}\gamma^1\partial_1+\mathrm{i}\gamma^2\partial_2-m)\psi\,,\end{aligned}\tag{181}$$

其中 $\dot{\psi}_+$ 代表 $\partial_+\psi_+$, 而光前时间和其他量的定义是:

$$\begin{aligned}&x^+=\frac{1}{\sqrt{2}}(x^0+x^3)\,,\quad x^-=\frac{1}{\sqrt{2}}(x^0-x^3)\,,\quad x^\perp=(x^1,x^2)\,,\\&\partial_+=\frac{\partial}{\partial x^+}=\frac{1}{\sqrt{2}}\Big(\frac{\partial}{\partial x^0}+\frac{\partial}{\partial x^3}\Big)\,,\\&\partial_-=\frac{\partial}{\partial x^-}=\frac{1}{\sqrt{2}}\Big(\frac{\partial}{\partial x^0}-\frac{\partial}{\partial x^3}\Big)\,,\\&\gamma^+=\frac{1}{\sqrt{2}}(\gamma^0+\gamma^3)\,,\quad \gamma^-=\frac{1}{\sqrt{2}}(\gamma^0-\gamma^3)\,,\\&\psi_\pm=\Lambda_\pm\psi\,,\quad \Lambda_\pm=\frac{1}{2}\gamma^\mp\gamma^\pm\,.\end{aligned}$$

为了方便，选取矩阵 γ^μ 的如下表示：

$$\gamma^1 = \begin{pmatrix} -\mathrm{i}\sigma^1 & 0 \\ 0 & \mathrm{i}\sigma^1 \end{pmatrix}, \quad \gamma^2 = \begin{pmatrix} -\mathrm{i}\sigma^2 & 0 \\ 0 & \mathrm{i}\sigma^2 \end{pmatrix},$$

$$\gamma^3 = \begin{pmatrix} 0 & \mathrm{i} \\ \mathrm{i} & 0 \end{pmatrix}, \qquad \gamma^0 = \begin{pmatrix} 0 & -\mathrm{i} \\ \mathrm{i} & 0 \end{pmatrix},$$

其中每一个矩阵元本身是 2×2 矩阵，而 σ^1, σ^2 代表泡利矩阵. 因此 Λ_+ 和 Λ_- 的矩阵是

$$\Lambda_+ = \begin{pmatrix} 1 & 0 \\ 0 & 0 \end{pmatrix}, \quad \Lambda_- = \begin{pmatrix} 0 & 0 \\ 0 & 1 \end{pmatrix}.$$

可见 ψ_+ 只含前两个分量 ψ_1, ψ_2，而 ψ_- 只含后两个分量 ψ_3, ψ_4.

现在将场函数设想为广义坐标，它们的共轭定义如下：

$$\mathcal{P}_{+(\alpha)} = \frac{\partial \mathcal{L}}{\partial \dot{\psi}_{+(\alpha)}} = -\frac{\mathrm{i}}{\sqrt{2}}\psi^*_{+(\alpha)} \quad (\alpha = 1, 2), \tag{182}$$

$$\Pi_{+(\alpha)} = \frac{\partial \mathcal{L}}{\partial \dot{\psi}^*_{+(\alpha)}} = -\mathcal{P}^*_{+(\alpha)} = -\frac{\mathrm{i}}{\sqrt{2}}\psi_{+(\alpha)}, \tag{183}$$

$$\mathcal{P}_{-(\beta)} = \frac{\partial \mathcal{L}}{\partial \dot{\psi}_{-(\beta)}} = 0 \quad (\beta = 3, 4), \tag{184}$$

$$\Pi_{-(\beta)} = \frac{\partial \mathcal{L}}{\partial \dot{\psi}^*_{-(\beta)}} = 0. \tag{185}$$

这些是初始约束条件，哈密顿量可以表示为：

$$\begin{aligned} H = h &+ \int \mathrm{d}x^- \mathrm{d}x^\perp \left(u^{(1)}_\alpha \varPhi^{(1)}_\alpha + u^{(2)}_\alpha \varPhi^{(2)}_\alpha\right) \\ &+ \int \mathrm{d}x^- \mathrm{d}x^\perp \left(u^{(3)}_\beta \varPhi^{(3)}_\beta + u^{(4)}_\beta \varPhi^{(4)}_\beta\right), \end{aligned} \tag{186}$$

$$\begin{aligned} h = &- \int \mathrm{d}x^- \mathrm{d}x^\perp \left\{\sqrt{2}\psi^*_{-(\beta)} \mathrm{i}\partial_- \psi_{-(\beta)}\right) \\ &- \int \mathrm{d}x^- \mathrm{d}x^\perp \left\{\overline{\psi}\left(\mathrm{i}\gamma^1\partial_1 + \mathrm{i}\gamma^2\partial_2 - m\right)\psi\right\}, \end{aligned} \tag{187}$$

其中 $u^{(1)}_\alpha, u^{(2)}_\alpha, u^{(3)}_\beta$ 和 $u^{(4)}_\beta$ 是拉氏乘子. 运动方程是

$$\dot{\psi}_{+(\alpha)} = -\frac{\delta H}{\delta \mathcal{P}_{+(\alpha)}}, \tag{188}$$

$$\dot{\mathcal{P}}_{+(\alpha)} = -\frac{\delta H}{\delta \psi_{+(\alpha)}}, \tag{189}$$

$$\dot{\psi}^*_{+(\alpha)} = -\frac{\delta H}{\delta \Pi_{+(\alpha)}}, \tag{190}$$

$$\dot{\Pi}_{+(\alpha)} = -\frac{\delta H}{\delta \psi^*_{+(\alpha)}}, \tag{191}$$

$$\dot{\psi}_{-(\beta)} = -\frac{\delta H}{\delta \mathcal{P}_{-(\beta)}}, \tag{192}$$

$$\dot{\mathcal{P}}_{-(\beta)} = -\frac{\delta H}{\delta \psi_{-(\beta)}}, \tag{193}$$

$$\dot{\psi}^*_{-(\beta)} = -\frac{\delta H}{\delta \Pi_{-(\beta)}}, \tag{194}$$

$$\dot{\Pi}_{-(\beta)} = -\frac{\delta H}{\delta \psi^*_{-(\beta)}}, \tag{195}$$

而

$$\Phi^{(1)}_{\alpha} = \mathcal{P}_{+(\alpha)} + \frac{\mathrm{i}}{\sqrt{2}}\psi^*_{+(\alpha)} \approx 0, \tag{196}$$

$$\Phi^{(2)}_{\alpha} = -\Phi^{(1)*}_{\alpha} = \Pi_{+(\alpha)} + \frac{\mathrm{i}}{\sqrt{2}}\psi_{+(\alpha)} \approx 0, \tag{197}$$

$$\Phi^{(3)}_{\beta} = \mathcal{P}_{-(\beta)} \approx 0, \tag{198}$$

$$\Phi^{(4)}_{\beta} = -\Phi^{(3)*}_{\beta} = \Pi_{-(\beta)} \approx 0, \tag{199}$$

其中 $\Phi^{(1)}_{\alpha},\Phi^{(2)}_{\alpha}$, $\Phi^{(3)}_{\beta},\Phi^{(4)}_{\beta}$ 代表初始约束. 记号 $\approx$ 表明方程式是弱的. 为了保证 H 是实的量，我们规定

$$u^{(2)}_{\alpha} = u^{(1)*}_{\alpha}, \quad u^{(4)}_{\beta} = u^{(3)*}_{\beta}.$$

运动方程必须保证各约束的时间微商弱等于零 (自洽条件)，即

$$\dot{\Phi}^{(1)}_{\alpha} = \dot{\mathcal{P}}_{+(\alpha)} + \frac{\mathrm{i}}{\sqrt{2}}\dot{\psi}^*_{+(\alpha)} \approx 0, \tag{200}$$

$$\dot{\Phi}^{(2)}_{\alpha} = \dot{\Pi}_{+(\alpha)} + \frac{\mathrm{i}}{\sqrt{2}}\dot{\psi}_{+(\alpha)} \approx 0, \tag{201}$$

以及

$$\dot{\Phi}^{(3)}_{\beta} = \dot{\mathcal{P}}_{-(\beta)} \approx 0, \tag{202}$$

$$\dot{\Phi}^{(4)}_{\beta} = \dot{\Pi}_{-(\beta)} \approx 0. \tag{203}$$

如 Dirac 所阐明的，如果自洽性方程不是已知约束和运动方程的推论，则它们或者提供拉氏乘子所满足的条件，或者给出新的约束 (次级约束). 如果新的约束确实存在，我们就应该重复上面的步骤，要求这些新的约束在任何时间都成立. 如此继续进行下去，直到找出所有独立的约束，以及拉氏乘子所满足的全部条件. 现在，方程式 (22) 和 (23) 不包含拉氏乘子，并给出如下的次级约束条件：

$$\mathrm{i}\sqrt{2}\partial_-\psi_{-(\beta)} + \big([\mathrm{i}\gamma^0\gamma^1]_{\beta\alpha}\partial_1 + [\mathrm{i}\gamma^0\gamma^2]_{\beta\alpha}\partial_2 - m\gamma^0_{\beta\alpha}\big)\psi_{+(\alpha)} \approx 0\,, \tag{204}$$

$$\mathrm{i}\sqrt{2}\partial_-\psi^*_{-(\beta)} + \big([\mathrm{i}\gamma^0\gamma^1]_{\beta\alpha}\partial_1 - [\mathrm{i}\gamma^0\gamma^2]_{\beta\alpha}\partial_2 - m\gamma^0_{\beta\alpha}\big)\psi^*_{+(\alpha)} \approx 0\,. \tag{205}$$

由于这些约束条件不再通过它们的自洽性方程产生新的约束，它们代表了全部的次级约束条件. 现在假定在适当的边界条件的帮助下，用 $\big(\psi_{+(\alpha)}, \psi^*_{+(\alpha)}\big)$ 表示出 $\big(\psi_{-(\beta)}, \psi^*_{-(\beta)}\big)$：

$$\psi_{-(\beta)}(x) = f_{-(\beta)}\big(\psi_+, x\big)\,, \tag{206}$$

$$\psi^*_{-(\beta)}(x) = g_{-(\beta)}\big(\psi^*_+, x\big)\,. \tag{207}$$

这样就能够将次级约束写成

$$\Phi^{(5)}_\beta = \psi_{-(\beta)} - f_{-(\beta)}\big(\psi_+\big) \approx 0\,, \tag{208}$$

$$\Phi^{(6)}_\beta = -\Phi^{(5)*}_\beta = -\psi^*_{-(\beta)} + g_{-(\beta)}\big(\psi^*_+\big) \approx 0\,. \tag{209}$$

找出了全部的独立约束，就可以在这些约束条件下将运动方程改写为：

$$\dot{\psi}_{+(\alpha)} = -\frac{\delta\overline{H}}{\delta\mathcal{P}_{+(\alpha)}} = \lambda^{(1)}_\alpha\,, \tag{210}$$

$$\dot{\mathcal{P}}_{+(\alpha)} = -\frac{\delta\overline{H}}{\delta\psi_{+(\alpha)}} = -\frac{\delta h}{\delta\psi_{+(\alpha)}} + \frac{\mathrm{i}}{\sqrt{2}}\lambda^{(2)}_\alpha - \lambda^{(5)}_\beta\frac{\delta f_\beta}{\delta\psi_{+(\alpha)}}\,, \tag{211}$$

$$\dot{\psi}^*_{+(\alpha)} = -\frac{\delta\overline{H}}{\delta\Pi_{+(\alpha)}} = \lambda^{(2)}_\alpha\,, \tag{212}$$

$$\dot{\Pi}_{+(\alpha)} = -\frac{\delta\overline{H}}{\delta\psi^*_{+(\alpha)}} = -\frac{\delta h}{\delta\psi^*_{+(\alpha)}} + \frac{\mathrm{i}}{\sqrt{2}}\lambda^{(1)}_\alpha + \lambda^{(6)}_\beta\frac{\delta g_\beta}{\delta\psi^*_{+(\alpha)}}\,, \tag{213}$$

$$\dot{\psi}_{-(\beta)} = -\frac{\delta\overline{H}}{\delta\mathcal{P}_{-(\beta)}} = \lambda^{(3)}_\beta\,, \tag{214}$$

$$\dot{\mathcal{P}}_{-(\beta)} = -\frac{\delta\overline{H}}{\delta\psi_{-(\beta)}} = -\frac{\delta h}{\delta\psi_{-(\beta)}} + \lambda^{(5)}_\beta\,, \tag{215}$$

$$\dot{\psi}^*_{-(\beta)} = -\frac{\delta\overline{H}}{\delta\Pi_{-(\beta)}} = \lambda^{(4)}_\beta\,, \tag{216}$$

$$\dot{\Pi}_{-(\beta)} = -\frac{\delta\overline{H}}{\delta\psi^*_{-(\beta)}} = -\frac{\delta h}{\delta\psi^*_{-(\beta)}} - \lambda^{(6)}_\beta\,, \tag{217}$$

而

$$\begin{aligned}\overline{H} = h &+ \left\{\lambda^{(1)}_\alpha\varPhi^{(1)}_\alpha + \lambda^{(2)}_\alpha\varPhi^{(2)}_\alpha + \lambda^{(3)}_\beta\varPhi^{(3)}_\beta\right\} \\ &+ \left\{\lambda^{(4)}_\beta\varPhi^{(4)}_\beta + \lambda^{(5)}_\beta\varPhi^{(5)}_\beta + \lambda^{(6)}_\beta\varPhi^{(6)}_\beta\right\},\end{aligned} \tag{218}$$

在上面各式中约定,对于 α 或 β 求和时也包括对于 $(x^-, x^\perp)$ 的积分. $\lambda^{(1)}_\alpha, \lambda^{(2)}_\alpha, \cdots$ 是拉氏乘子，它们满足：

$$\lambda^{(2)}_\alpha = \lambda^{(1)*}_\alpha\,, \quad \lambda^{(4)}_\beta = \lambda^{(3)*}_\beta\,, \quad \lambda^{(6)}_\beta = \lambda^{(5)*}_\beta\,.$$

下面是约束条件的自洽性方程给出的由拉氏乘子所满足的条件：

$$-\frac{\delta h}{\delta\psi_{+(\alpha)}} + \mathrm{i}\sqrt{2}\lambda^{(2)}_\alpha - \lambda^{(5)}_\beta\frac{\delta f_\beta}{\delta\psi_{+(\alpha)}} = 0\,,$$

$$-\frac{\delta h}{\delta\psi^*_{+(\alpha)}} + \mathrm{i}\sqrt{2}\lambda^{(1)}_\alpha + \lambda^{(6)}_\beta\frac{\delta g_\beta}{\delta\psi^*_{+(\alpha)}} = 0\,,$$

$$-\frac{\delta h}{\delta\psi_{-(\beta)}} + \lambda^{(5)}_\beta = 0\,, \quad \frac{\delta h}{\delta\psi^*_{-(\beta)}} + \lambda^{(6)}_\beta = 0\,,$$

$$\lambda^{(3)}_\beta - \lambda^{(1)}_\alpha\frac{\delta f_\beta}{\delta\psi_{+(\alpha)}} = 0\,, \quad \lambda^{(4)}_\beta - \lambda^{(2)}_\alpha\frac{\delta g_\beta}{\delta\psi^*_{+(\alpha)}} = 0\,.$$

由此可得出

$$\mathrm{i}\sqrt{2}\lambda^{(1)}_\alpha = \frac{\delta h}{\delta\psi^*_{+(\alpha)}} + \frac{\delta h}{\delta\psi^*_{-(\beta)}}\frac{\delta g_\beta}{\delta\psi^*_{+(\alpha)}}\,, \tag{219}$$

$$\mathrm{i}\sqrt{2}\lambda^{(2)}_\alpha = \frac{\delta h}{\delta\psi_{+(\alpha)}} + \frac{\delta h}{\delta\psi_{-(\beta)}}\frac{\delta f_\beta}{\delta\psi_{+(\alpha)}}\,, \tag{220}$$

$$\lambda^{(3)}_\beta = \lambda^{(1)}_\alpha\frac{\delta f_\beta}{\delta\psi_{+(\alpha)}}\,, \tag{221}$$

$$\lambda^{(4)}_\beta = \lambda^{(2)}_\alpha\frac{\delta g_\beta}{\delta\psi^*_{+(\alpha)}}\,, \tag{222}$$

$$\lambda_\beta^{(5)} = \frac{\delta h}{\delta \psi_{-(\beta)}}, \tag{223}$$

$$\lambda_\beta^{(6)} = -\frac{\delta h}{\delta \psi^*_{-(\beta)}}. \tag{224}$$

既然每个拉氏乘子 $(\lambda_\alpha^{(1)}, \lambda_\alpha^{(2)}, \lambda_\beta^{(3)}, \lambda_\beta^{(4)}, \lambda_\beta^{(5)}, \lambda_\beta^{(6)})$ 都能被确定，也就表明所有的约束都是第二类的．这样，我们就能够求出独立的变量满足的运动方程，即

$$\mathrm{i}\sqrt{2}\dot{\psi}_{+(\alpha)} = \frac{\delta \overline{h}}{\delta \psi^*_{+(\alpha)}}, \tag{225}$$

$$\mathrm{i}\sqrt{2}\dot{\psi}^*_{+(\alpha)} = \frac{\delta \overline{h}}{\delta \psi_{+(\alpha)}}, \tag{226}$$

其中 $\overline{h}$ 是在 h 中用 $(f_\beta(\psi_{+(\alpha)}), g_\beta(\psi^*_{+(\alpha)}))$ 代替 $(\psi_{-(\beta)}, \psi^*_{-(\beta)})$ 而得到的．至此应该认为 $\psi_{+(\alpha)}$ (或者 $\psi^*_{+(\alpha)}$) 代表独立的坐标和动量.

$\overline{h}[\psi_{+(\alpha)}, \psi^*_{+(\alpha)}]$ 是用独立变量表达的哈密顿量, 因此根据方程组 (225),(226) 以及构造量子条件的原则 (量子力学中的 Heisenberg 方程应该具有与经典运动方程相似的形式), 可得如下的量子条件，即

$$\begin{aligned}\{\psi_{+(\alpha)}(x), \psi^\dagger_{+(\alpha')}(y)\}|_{x^+=y^+} \\ = \frac{1}{\sqrt{2}}\delta_{\alpha\alpha'}\delta(x^- - y^-)\delta^2(x^\perp - y^\perp),\end{aligned} \tag{227}$$

以及

$$\{\psi_{+(\alpha)}(x), \psi_{+(\alpha')}(y)\}|_{x^+=y^+} = 0. \tag{228}$$

参考文献

[1] DIRAC P A M. Phys. Rev., 1948, 73: 1092.

[2] DIRAC P A M. Rev. Mod. Phys., 1949, 21: 392.

[3] DIRAC P A M. Canad. J. Math., 1950, 2: 129.

[4] DIRAC P A M. Canad. J. Math., 1951, 3: 1.

[5] DIRAC P A M. Proc. Roy. Soc., 1958, A246: 326.

[6] DIRAC P A M. Lectures on quantum mechanics. New York: Belfer Graduate School of Science, Yeshiva University, 1964.

[7] FADDEEV L D, SLAVNOV A A. Gauge fields, introduction to quantum theory. New York: Benjamin, 1980.

[8] HANSON A H, REGGE T, TEITELBOIM C. Constrained hamiltonian systems. Rome: Academia Nazionale dei Lincei, 1976.

[9] FADDEEV L, JACKIW R. Phys. Rev. Lett., 1988, 60: 1692.

[10] WILSON K G, WALHOUT T S, HAARINDRANATH A, ZHANG WEI-MIN, PERRY R J. Phys. Rev., 1994, D49: 6720.

[11] YANG ZESEN(杨泽森),LIU PENG(刘鹏), LI XIANHUI(李先卉), ZHOU ZHINING(周治宁). Commun. Theor. Phys., 2002, 37: 55.

第十章　路径积分

量子力学的动力学理论通常是用态矢量或算符的运动方程来表述的. 即是建立基本变量的量子条件, 用这种变量的算符表示出哈密顿量和其他力学量, 以确立运动方程和整个算符描述. 路径积分是另一种重要的表述形式, 其基本环节是借助经典作用量经过对于位形空间或相空间中的路径的积分, 构成转移概率幅和格林函数生成泛函. 从经典理论向量子理论过渡的这种途径, 也称为路径积分量子化. 路径积分的观点起源于 Dirac 在 1933 年提出的建议, 又由 R. P. Feynman 加以发展, 并首先沿着这一途径为量子电动力学建立了一种自洽和明显相对论协变的微扰论. 推广到费米子系统的工作是由 A. Beresin 在 1965 年完成的.

路径积分方法直接用经典作用量表述量子理论, 容易显示系统原有的对称性, 在理论研究和实际应用中都有重要的优点. 它已被广泛地应用到各个领域. 特别是 L. D. Faddeev 和 V. N. Popov 在 1967 年从路径积分的途径完成了非阿贝尔规范理论的量子化, 对于规范场理论的发展发挥了重大的作用. 各种便于贯彻正则量子化的理论可参照正则量子化的结果来建立路径积分表述, 两类理论形式互相配合可增强灵活性. 当经典拉氏函数比较复杂, 使正则量子化遇到困难时, 路径积分方法的实施需要作专门的研究.

本章将讲述路径积分的基本内容和方法. 在非相对论理论的情形, 基本问题是建立转移概率幅的路径积分. 在场论的情形, 则以旋量电动力学和色动力学为例, 建立协变形式的格林函数生成泛函的路径积分.

§ 1　在有限维位形空间的路径积分. 虚时间方法

1.1　转移概率幅的路径积分

设无自旋单粒子的经典拉氏函数为

$$L(x,y,z,\dot{x},\dot{y},\dot{z})=\frac{1}{2}m(\dot{x}^2+\dot{y}^2+\dot{z}^2)-V(x,y,z)\,. \tag{1}$$

在经典力学中，粒子从 t_0 时刻的位置 x_0, y_0, z_0 到 t_{f} 时刻的位置 $x_{\mathrm{f}}, y_{\mathrm{f}}, z_{\mathrm{f}}$ 的运动轨道由作用量泛函

$$I[\text{path}] = \int_{t_0}^{t_{\mathrm{f}}} L(\boldsymbol{r}(t), \dot{\boldsymbol{r}}(t))\mathrm{d}t$$

取极小值的条件决定. 这个积分的值取决于函数 $\boldsymbol{r}(t)$, 所以即是路径的泛函. 而经典力学轨道的贡献与邻近所有轨道相比对应于 I 的极小值.

在量子力学中，粒子从 $(t_0, \boldsymbol{r}_0)$ 沿何种轨道到达 $(t_{\mathrm{f}}, \boldsymbol{r}_{\mathrm{f}})$ 的问题，只在适当的极限情形才有意义. 一般地应将这个问题换成：粒子从 t_0 时刻的状态 $|\boldsymbol{r}_0\rangle$ 出发演化到 t_{f} 被发现于点 $\boldsymbol{r}_{\mathrm{f}}$ 的概率幅是什么？这个概率幅亦即 t_{f} 时刻的波函数 $\Psi(\boldsymbol{r}, t_{\mathrm{f}})$ 在点 $\boldsymbol{r}_{\mathrm{f}}$ 的值，而波函数满足初条件 $\Psi(\boldsymbol{r}, t_0) = \delta^3(\boldsymbol{r} - \boldsymbol{r}_0)$. 这样的 $\Psi(\boldsymbol{r}_{\mathrm{f}}, t_{\mathrm{f}})$ 又称为从 $(t_0, \boldsymbol{r}_0)$ 到 $(t_{\mathrm{f}}, \boldsymbol{r}_{\mathrm{f}})$ 的转移概率幅，记为 $K(\boldsymbol{r}_{\mathrm{f}} t_{\mathrm{f}}, \boldsymbol{r}_0 t_0)$. 在 t_0 附近的时刻 $t_0 + \varepsilon(\varepsilon \to 0^+)$ 有

$$\Psi(\boldsymbol{r}, t_0 + \varepsilon) = K(\boldsymbol{r} t_0 + \varepsilon, \boldsymbol{r}_0 t_0)\,.$$

这个波函数的值并不集中在一点，而是分布在 $\boldsymbol{r}_0$ 附近一定范围内，这个范围的所有点的值对于下一时刻 $t_0 + 2\varepsilon$ 的波函数都有贡献，故

$$\Psi(\boldsymbol{r}, t_0 + 2\varepsilon) = \int \mathrm{d}\boldsymbol{r}_1 K(\boldsymbol{r} t_0 + 2\varepsilon, \boldsymbol{r}_1 t_0 + \varepsilon)\Psi(\boldsymbol{r}_1, t_0 + \varepsilon)\,, \tag{2}$$

其中对 $\boldsymbol{r}_1$ 的积分体现着叠加原理，即 $\Psi(\boldsymbol{r}, t_0 + 2\varepsilon)$ 由空间各点的 $\Psi(\boldsymbol{r}_1, t_0 + \varepsilon)$ 产生的贡献叠加而成. 积分遍及全空间，有效范围由 $\Psi(\boldsymbol{r}, t_0 + \varepsilon)$ 控制. 一般地从 $t_0 + n\varepsilon$ 演化到 $t_0 + n\varepsilon + \varepsilon$ 有

$$\Psi(\boldsymbol{r}, t_0 + n\varepsilon + \varepsilon) = \int \mathrm{d}\boldsymbol{r}_n K(\boldsymbol{r} t_0 + n\varepsilon + \varepsilon, \boldsymbol{r}_n t_0 + n\varepsilon)\Psi(\boldsymbol{r}_n, t_0 + n\varepsilon).$$

因此，可以 t_0 时刻的 $\boldsymbol{r}_0$ 及 t_{f} 时刻的 $\boldsymbol{r}_{\mathrm{f}}$ 为两端作一切路径，而将转移概率幅 $K(\boldsymbol{r}_{\mathrm{f}} t_{\mathrm{f}}, \boldsymbol{r}_0 t_0)$ 看成是所有路径的贡献的叠加. 这里强调所有路径都有贡献. Feynman 提出，每条路径的贡献都由 $I[\text{path}]/\hbar$ 值决定，而且通过 $\exp\{\mathrm{i}I[\text{path}]/\hbar\}$ 出现，即

$$K(\boldsymbol{r}_{\mathrm{f}} t_{\mathrm{f}}, \boldsymbol{r}_0 t_0) \propto \sum_{\text{path}} \exp\{\mathrm{i}I[\text{path}]/\hbar\}\,. \tag{3}$$

以 $I[\text{path}]/\hbar$ 作为基本量是考虑到，经典的和量子的动力学理论实际上都取决于系统的作用量. 对路径求和反映叠加原理. 不同路径是连续过渡的，所以求和理解为对路径的积分. 让 $I[\text{path}]/\hbar$ 出现在相角中，是认为所有路径以相同的概率起作用. 从这种表示来说明经典力学极限是很方便的. 在经典力学

极限下，对应于经典路径的极小值 I_c 以及 I_c 与邻近的所有路径的 I 值之差都甚大于 $\hbar$, 对路径进行积分时，除经典路径以及与它无限接近者外，其他路径的贡献相互抵消了.

下面将这种表示写成能够进行运算的公式，并与正则量子化的结果作一对比. 将时间间隔 $t_f - t_0$ 分割成 N 个小间隔，令

$$\varepsilon = \frac{t_f - t_0}{N}, \quad N \to \infty,$$

$$t_n = t_0 + n\varepsilon, \quad n = 0, 1, 2, \cdots, N \quad (t_N = t_f),$$

于是一定的路径 $\boldsymbol{r}(t)$ 由两个端点 $\boldsymbol{r}(t_0), \boldsymbol{r}(t_N)$ 以及 $N-1$ 个中间点 $\boldsymbol{r}(t_n)$ $(n = 1, 2, \cdots, N-1)$ 代表. 所谓路径积分就看作 $(N-1)\times 3$ 重积分在 $N \to \infty$ 时的极限

$$K(\boldsymbol{r}_f t_f, \boldsymbol{r}_0 t_0) \propto \int \prod_{n=1}^{N-1} \Big(\frac{\mathrm{d}x_n}{A}\frac{\mathrm{d}y_n}{A}\frac{\mathrm{d}z_n}{A}\Big) \exp\Big\{\frac{\mathrm{i}}{\hbar}\sum_{n=0}^{N-1} \varepsilon L_n\Big\}, \tag{4}$$

其中 A 是具有长度量纲的常数. 于是比例系数具有 $\delta^3(\boldsymbol{r} - \boldsymbol{r}_0)$ 的量纲，亦即 A^{-3} 的量纲. L_n 是在 $L(\boldsymbol{r}, \dot{\boldsymbol{r}})$ 中将 $\boldsymbol{r}, \dot{\boldsymbol{r}}$ 分别换成如下定义的 $\overline{\boldsymbol{r}}_n$ 及 $\boldsymbol{v}_n$ 的结果:

$$\overline{\boldsymbol{r}}_n = \frac{1}{2}(\boldsymbol{r}_{n+1} + \boldsymbol{r}_n), \quad \boldsymbol{v}_n = \frac{1}{\varepsilon}(\boldsymbol{r}_{n+1} - \boldsymbol{r}_n),$$

其中 $\boldsymbol{r}_n$ 代表 $\boldsymbol{r}(t_n)$. 因此

$$\sum_{n=0}^{N-1} \varepsilon L_n = \sum_{n=0}^{N-1} \varepsilon\Big\{\frac{m}{2}(\boldsymbol{v}_n)^2 - V\Big(\frac{\boldsymbol{r}_{n+1} + \boldsymbol{r}}{2}\Big)\Big\}, \tag{5}$$

而 $(\boldsymbol{v}_n)^2$ 即是

$$\Big(\frac{\boldsymbol{r}_{n+1} - \boldsymbol{r}_n}{\varepsilon}\Big)^2.$$

如果 L 还显含时间，则认为 L_n 对应于时间 $\bar{t}_n = (t_{n+1} + t_n)/2$.

用 t 代表 $t_0 + n\varepsilon$, 由上式知道波函数从 t 到 $t + \varepsilon$ 的时间演化

$$\begin{aligned} \Psi(\boldsymbol{r}, t+\varepsilon) &= \int \mathrm{d}\boldsymbol{r}' K(\boldsymbol{r}t+\varepsilon, \boldsymbol{r}', t)\Psi(\boldsymbol{r}', t) \\ &= B\int \mathrm{d}\boldsymbol{r}' \exp\Big\{\frac{\mathrm{i}\varepsilon}{\hbar}\Big[\frac{m}{2}\Big(\frac{\boldsymbol{r} - \boldsymbol{r}'}{\varepsilon}\Big)^2 - V\Big(\frac{\boldsymbol{r} + \boldsymbol{r}'}{2}, t\Big)\Big]\Big\}\Psi(\boldsymbol{r}', t) \\ &= B\int \mathrm{d}\boldsymbol{r}' \exp\Big\{-\frac{\mathrm{i}\varepsilon}{\hbar}V\Big(\frac{\boldsymbol{r} + \boldsymbol{r}'}{2}\Big)\Big\}\exp\Big\{\frac{\mathrm{i}m}{2\hbar\varepsilon}(\boldsymbol{r} - \boldsymbol{r}')^2\Big\}\Psi(\boldsymbol{r}', t), \end{aligned}$$

其中 B 是待定常数. 由于 $\varepsilon \to 0^+$, 被积函数中因子 $\exp\Big\{\frac{\mathrm{i}m}{2\hbar\varepsilon}[(\boldsymbol{r} - \boldsymbol{r}')^2]\Big\}$ 将 x', y', z' 分别限制在 x, y, z 附近正比于 $\sqrt{\varepsilon}$ 的范围内，式中的 $\varepsilon V(\frac{\boldsymbol{r}+\boldsymbol{r}'}{2})$ 可直接换成 $\varepsilon V(\boldsymbol{r}, t)$. 将 $\Psi(\boldsymbol{r}', t)$ 在 $\boldsymbol{r}$ 点附近展开，只需取到二阶微商项. 令

$$\eta_1 = x' - x\,,\quad \eta_2 = y' - y\,,\quad \eta_3 = z' - z\,,$$

注意

$$\int_{-\infty}^{\infty} \mathrm{d}\eta\eta \mathrm{e}^{\frac{\mathrm{i}m}{2\hbar\varepsilon}\eta^2} = 0\,,$$

在 $\Psi(\boldsymbol{r}',t)$ 的展开式中，一次项 $\eta_1 \frac{\partial}{\partial x}\Psi(\boldsymbol{r},t)$ 及交叉项

$$\eta_1\eta_2 \frac{\partial^2}{\partial x \partial y}\Psi(\boldsymbol{r},t)$$

等对于积分没有贡献，故

$$\begin{aligned}B^{-1}\Psi(\boldsymbol{r},t+\varepsilon) = &\exp\Big\{-\frac{\mathrm{i}\varepsilon}{\hbar}V(\boldsymbol{r},t)\Big\}\int\int\int \mathrm{d}\eta_1\mathrm{d}\eta_2\mathrm{d}\eta_3 \mathrm{e}^{\frac{\mathrm{i}m}{2\hbar\varepsilon}(\eta_1^2+\eta_2^2+\eta_3^2)}\\ &\times\Big\{\Psi(\boldsymbol{r},t) + \frac{1}{2}\Big(\eta_1^2\frac{\partial^2}{\partial x^2} + \eta_2^2\frac{\partial^2}{\partial y^2} + \eta_3^2\frac{\partial^2}{\partial z^2}\Big)\Psi(\boldsymbol{r},t)\Big\}.\end{aligned}$$

令

$$R(\varepsilon) \equiv \int_{-\infty}^{\infty} \mathrm{d}\eta \mathrm{e}^{\frac{\mathrm{i}m}{2\hbar\varepsilon}\eta^2}\,,$$

则

$$\int_{-\infty}^{\infty} \mathrm{d}\eta\eta^2 \mathrm{e}^{\frac{\mathrm{i}m}{2\hbar\varepsilon}\eta^2} = \frac{\mathrm{i}\hbar\varepsilon}{m}R(\varepsilon)\,,$$

$$\begin{aligned}\Psi(\boldsymbol{r},t+\varepsilon) &= B\Big\{1 - \frac{\mathrm{i}\varepsilon}{\hbar}V(\boldsymbol{r},t)\Big\}\big(R(\varepsilon)\big)^3\Big\{\Psi(\boldsymbol{r},t) + \frac{\mathrm{i}\hbar\varepsilon}{2m}\Big(\frac{\partial^2}{\partial x^2} + \frac{\partial^2}{\partial y^2} + \frac{\partial^2}{\partial z^2}\Big)\Psi(\boldsymbol{r},t)\Big\}\\ &= B\big(R(\varepsilon)\big)^3\Big\{\Big(\Psi(\boldsymbol{r},t) - \frac{\mathrm{i}\varepsilon}{\hbar}V(\boldsymbol{r},t)\Psi(\boldsymbol{r},t)\Big) + \frac{\mathrm{i}\hbar\varepsilon}{2m}\Big(\frac{\partial^2}{\partial x^2} + \frac{\partial^2}{\partial y^2} + \frac{\partial^2}{\partial z^2}\Big)\Psi(\boldsymbol{r},t)\Big\}.\end{aligned}$$

可见，应该令 $B(R(\varepsilon))^3$ 等于 1, 因而与正则量子化的结果完全一致. 根据 $B = (R(\varepsilon))^{-3}$ 得出：

$$K(\boldsymbol{r}t+\varepsilon,\boldsymbol{r}'t) = \frac{1}{\big(R(\varepsilon)\big)^3}\exp\Big\{\frac{\mathrm{i}\varepsilon}{\hbar}\Big[\frac{m}{2}\Big(\frac{\boldsymbol{r}-\boldsymbol{r}'}{\varepsilon}\Big)^2 - V\Big(\frac{\boldsymbol{r}+\boldsymbol{r}'}{2},t\Big)\Big]\Big\}. \qquad (6)$$

将这个表达式用于每一段无限小时间间隔，注意

$$\begin{aligned}K(\boldsymbol{r}_\mathrm{f}t_\mathrm{f},\boldsymbol{r}_0t_0) = &\int \mathrm{d}\boldsymbol{r}_{N-1}\mathrm{d}\boldsymbol{r}_{N-2}\cdots\mathrm{d}\boldsymbol{r}_1 K(\boldsymbol{r}_\mathrm{f}t_\mathrm{f},\boldsymbol{r}_{N-1}t_{N-1})\\ &\times K(\boldsymbol{r}_{N-1}t_{N-1},\boldsymbol{r}_{N-2}t_{N-2})\cdots K(\boldsymbol{r}_1t_1,\boldsymbol{r}_0t_0)\,,\end{aligned}$$

即得所需的路径积分公式：

$$
\begin{aligned}
&K(\boldsymbol{r}_{\mathrm{f}}t_{\mathrm{f}},\boldsymbol{r}_0t_0)\\
&=\frac{1}{(R(\varepsilon))^3}\int\prod_{n=1}^{N-1}\Big(\frac{\mathrm{d}x_n}{R(\varepsilon)}\frac{\mathrm{d}y_n}{R(\varepsilon)}\frac{\mathrm{d}z_n}{R(\varepsilon)}\Big)\exp\Big\{\frac{\mathrm{i}}{\hbar}\int_{t_0}^{t_{\mathrm{f}}}L(t)\mathrm{d}t\Big\}\,,
\end{aligned}\tag{7}
$$

其中 $N\to\infty$，$\int_{t_0}^{t_{\mathrm{f}}}L(t)\mathrm{d}t$ 代表 $\sum\limits_{n=0}^{N-1}\varepsilon L_n$. 借助这样的路径积分公式，可以用经典作用量表示量子力学理论，这即是路径积分量子化.

根据正则量子化的结果当然也能够推导出转移概率幅的路径积分公式. 按照正则量子化的观点，转移概率幅即是如下的矩阵元：

$$
K(\boldsymbol{r}_{\mathrm{f}}t_{\mathrm{f}},\boldsymbol{r}_0t_0)=\langle\boldsymbol{r}_{\mathrm{f}}|Q(t_{\mathrm{f}},t_0)|\boldsymbol{r}_0\rangle\,,\tag{8}
$$

其中 $Q(t_{\mathrm{f}},t_0)$ 是 Schrödinger 绘景的时间演化算符，满足

$$
\mathrm{i}\hbar\frac{\partial}{\partial t}Q(t,t_0)=HQ(t,t_0)\,,\qquad Q(t_0,t_0)=1\,,
$$

$$
Q(t,t_1)Q(t_1,t_0)=Q(t,t_0)\,,
$$

可以形式地将它表示为

$$
Q(t,t_0)=\mathcal{T}\exp\Big\{-\frac{\mathrm{i}}{\hbar}\int_{t_0}^{t}H(t')\mathrm{d}t'\Big\}\,,\tag{9}
$$

其中 H 是哈密顿量算符，$\mathcal{T}$ 是时间编序算符 (简称时序算符). 这种表达式对于显含时间的哈密顿量算符也是适用的. 按照从 t_0 到 t_{f} 的 N 段无限短时间的次序写成 N 个因子的积，有

$$
Q(t_{\mathrm{f}},t_0)\approx\mathrm{e}^{-\frac{\mathrm{i}}{\hbar}\varepsilon H(\bar{t}_{N-1})}\mathrm{e}^{-\frac{\mathrm{i}}{\hbar}\varepsilon H(\bar{t}_{N-2})}\cdots\mathrm{e}^{-\frac{\mathrm{i}}{\hbar}\varepsilon H(\bar{t}_0)}\,,
$$

其中 $\bar{t}_n$ 代表 $(t_{n+1}+t_n)/2$. 因此

$$
\begin{aligned}
K(\boldsymbol{r}_{\mathrm{f}}t_{\mathrm{f}},\boldsymbol{r}_0t_0)=&\int\mathrm{d}\boldsymbol{r}_{N-1}\mathrm{d}\boldsymbol{r}_{N-2}\cdots\mathrm{d}\boldsymbol{r}_1\langle\boldsymbol{r}_f|\mathrm{e}^{-\frac{\mathrm{i}}{\hbar}\varepsilon H(\bar{t}_{N-1})}|\boldsymbol{r}_{N-1}\rangle\\
&\times\langle\boldsymbol{r}_{N-1}|\mathrm{e}^{-\frac{\mathrm{i}}{\hbar}\varepsilon H(\bar{t}_{N-2})}|\boldsymbol{r}_{N-2}\rangle\cdots\langle\boldsymbol{r}_1|\mathrm{e}^{-\frac{\mathrm{i}}{\hbar}\varepsilon H(\bar{t}_0)}|\boldsymbol{r}_0\rangle\,.
\end{aligned}
$$

我们来计算从 $t=n\varepsilon$ 到 $t+\varepsilon$ 的转移概率幅：

$$
\begin{aligned}
&K(\boldsymbol{r}_{\mathrm{f}}t+\varepsilon,\boldsymbol{r}'t)=\langle\boldsymbol{r}|\exp\Big\{-\frac{\mathrm{i}}{\hbar}\varepsilon H(\bar{t})\Big\}|\boldsymbol{r}'\rangle\\
&\quad\approx\exp\Big\{-\frac{\mathrm{i}\varepsilon}{\hbar}V\Big(\frac{\boldsymbol{r}+\boldsymbol{r}'}{2},t\Big)\Big\}\langle\boldsymbol{r}|\exp\Big\{\frac{-\mathrm{i}\varepsilon}{2\hbar m}(\widehat{p}_x^2+\widehat{p}_y^2+\widehat{p}_z^2)\Big\}|\boldsymbol{r}'\rangle\,.
\end{aligned}
$$

最右边的因子是

$$\langle \boldsymbol{r}|\exp\left\{\frac{-\mathrm{i}\varepsilon}{2\hbar m}(\widehat{p}_x^2+\widehat{p}_y^2+\widehat{p}_z^2)\right\}|\boldsymbol{r}'\rangle$$
$$=\frac{1}{(2\pi\hbar)^3}\int\int\int \mathrm{d}p_x\mathrm{d}p_y\mathrm{d}p_z \mathrm{e}^{-\frac{\mathrm{i}\varepsilon}{2\hbar m}(p_x^2+p_y^2+p_z^2)}\mathrm{e}^{\mathrm{i}\boldsymbol{p}\cdot(\boldsymbol{r}-\boldsymbol{r}')/\hbar}.$$

利用

$$\int_{-\infty}^{\infty}\mathrm{d}p\mathrm{e}^{\mathrm{i}\frac{a}{2}p^2+\mathrm{i}bp}=\mathrm{e}^{-\mathrm{i}\frac{b^2}{2a}}\int_{-\infty}^{\infty}\mathrm{d}p\mathrm{e}^{\mathrm{i}\frac{a}{2}p^2},$$

得

$$\int_{-\infty}^{\infty}\mathrm{d}p_x\mathrm{e}^{-\frac{\mathrm{i}\varepsilon}{2\hbar m}p_x^2}\mathrm{e}^{\mathrm{i}p_x(x-x')/\hbar}=\mathrm{e}^{\mathrm{i}\frac{m}{2\hbar\varepsilon}(x-x')^2}\int_{-\infty}^{\infty}\mathrm{d}p\mathrm{e}^{-\frac{\mathrm{i}\varepsilon}{2\hbar m}p^2},$$

故

$$K(\boldsymbol{r}_\mathrm{f}t+\varepsilon,\boldsymbol{r}'t)\left(\int_{-\infty}^{\infty}\frac{\mathrm{d}p}{2\pi\hbar}\mathrm{e}^{-\frac{\mathrm{i}\varepsilon}{2\hbar m}p^2}\right)^{-3}$$
$$=\exp\left\{\frac{\mathrm{i}\varepsilon}{\hbar}\left[\frac{m}{2}\left(\frac{\boldsymbol{r}-\boldsymbol{r}'}{\varepsilon}\right)^2-V\left(\frac{\boldsymbol{r}+\boldsymbol{r}'}{2},t\right)\right]\right\}. \tag{10}$$

注意

$$\int_{-\infty}^{\infty}\frac{\mathrm{d}p}{2\pi\hbar}\mathrm{e}^{-\frac{\mathrm{i}\varepsilon}{2\hbar m}p^2}=\frac{1}{R(\varepsilon)},$$

即得出前面的结果

$$K(\boldsymbol{r}_\mathrm{f}t_\mathrm{f},\boldsymbol{r}_0t_0)=\frac{1}{(R(\varepsilon))^3}\int\prod_{n=1}^{N-1}\left(\frac{\mathrm{d}x_n}{R(\varepsilon)}\frac{\mathrm{d}y_n}{R(\varepsilon)}\frac{\mathrm{d}z_n}{R(\varepsilon)}\right)\exp\left\{\frac{\mathrm{i}}{\hbar}\sum_{n=0}^{N-1}\varepsilon L_n\right\}\quad(N\to\infty),$$

其中的积分变量 $\boldsymbol{r}_1,\boldsymbol{r}_2,\cdots,\boldsymbol{r}_{N-1}$ 的一种值连同端点 $\boldsymbol{r}_0,\boldsymbol{r}_\mathrm{f}$ 被看作一条路径 $\boldsymbol{r}(t)$ 上的 $N+1$ 个位置，满足

$$\boldsymbol{r}(t_0+n\varepsilon)=\boldsymbol{r}_n\qquad(\boldsymbol{r}_N=\boldsymbol{r}_\mathrm{f}).$$

1.2 由拉氏函数描述波函数的时间演化的公式

对于上一小节讨论的单粒子运动的情形，转移概率幅的路径积分公式表明，Schrödinger 波函数随时间的演化可用下式表示

$$\Psi(\boldsymbol{r},t+\varepsilon)\approx\frac{1}{(R(\varepsilon))^3}\int\mathrm{d}\boldsymbol{r}'\Psi(\boldsymbol{r}',t)\exp\left\{\frac{\mathrm{i}\varepsilon}{\hbar}\left[\frac{m}{2}\left(\frac{\boldsymbol{r}-\boldsymbol{r}'}{2}\right)^2-V\left(\frac{\boldsymbol{r}+\boldsymbol{r}'}{2},t\right)\right]\right\}.$$

再考虑稍为复杂一点的拉氏函数，即第三章 §8 讨论过的情形：

$$L(q,\dot{q},t)=\frac{1}{2}\sum_{lj}M_{lj}(q,t)\dot{q}_l\dot{q}_j+\sum_{l}\dot{q}_lG_l(q,t)-V(q,t)\,, \tag{11}$$

其中 (q) 及 $(\dot{q})$ 分别代表广义坐标和广义速度，与此相应的哈密顿量算符 $\widehat{H}(q,\widehat{p},t)$ 可按第三章的方法求出．为了确定起见，我们选取 $|M(q,t)|^{1/2}$ 作为时刻 t 的权重函数（$|M(q,t)|$ 是矩阵 $M(q,t)$ 的行列式)，这时能够证明

$$\frac{F(q,t,\varepsilon)}{R(q,t,\varepsilon)}\approx\Psi(q,t)+\frac{\varepsilon}{\mathrm{i}\hbar}\widehat{H}(q,\widehat{p},t)\Psi(q,t)\,, \tag{12}$$

其中

$$F(q,t,\varepsilon)=\int|M(q',t)|^{1/2}\mathrm{d}^sq'\Psi(q',t)\exp\left\{\frac{\mathrm{i}\varepsilon}{\hbar}L\left(\frac{q+q'}{2},\frac{q-q'}{\varepsilon},t\right)\right\}, \tag{13}$$

$$\begin{aligned}L\Big(\frac{q+q'}{2},\frac{q-q'}{\varepsilon},t\Big)=&\frac{1}{2}\sum_{lj}M_{lj}\Big(\frac{q+q'}{2},t\Big)\Big(\frac{q_l-q'_j}{\varepsilon}\Big)\Big(\frac{q_j-q'_j}{\varepsilon}\Big)\\&+\sum_{l}\Big(\frac{q_l-q'_l}{\varepsilon}\Big)G_l\Big(\frac{q+q'}{2},t\Big)-V\Big(\frac{q+q'}{2},t\Big),\end{aligned} \tag{14}$$

$$\begin{aligned}R(q,t,\varepsilon)=&\int|M(q',t)|^{1/2}\mathrm{d}^sq'\\&\times\exp\left\{\frac{\mathrm{i}\varepsilon}{\hbar}\left[\frac{1}{2}\sum_{lj}M_{lj}\Big(\frac{q+q'}{2},t\Big)\Big(\frac{q_l-q'_l}{\varepsilon}\Big)\Big(\frac{q_j-q'_j}{\varepsilon}\Big)\right]\right\}.\end{aligned} \tag{15}$$

当 $|M(q,t)|$ 确是依赖于时间时，$\Psi(q,t)$ 的运动方程为 (第三章 §7)

$$\mathrm{i}\hbar\frac{\partial}{\partial t}(|M(q,t)|^{1/4}\Psi(q,t))=\widehat{H}(q,\widehat{p},t)\Psi(q,t)\,,$$

故

$$|M(q,t+\varepsilon)|^{1/4}\Psi(q,t+\varepsilon)\approx|M(q,t)|^{1/4}\Psi(q,t)+\frac{\varepsilon}{\mathrm{i}\hbar}\widehat{H}(q,\widehat{p},t)\Psi(q,t)\,.$$

最后得到

$$\begin{aligned}&|M(q,t+\varepsilon)|^{1/4}\Psi(q,t+\varepsilon)\\&\quad\approx\frac{|M(q,t)|^{1/4}}{R(q,t,\varepsilon)}\int|M(q',t)|^{1/2}\mathrm{d}^sq'\Psi(q',t)\exp\left\{\frac{\mathrm{i}\varepsilon}{\hbar}L\Big(\frac{q+q'}{2},\frac{q-q'}{\varepsilon},t\Big)\right\}.\end{aligned} \tag{16}$$

应当记住，我们选择了 $|M(q,t)|^{1/2}$ 作为时刻 t 的权重函数，因此时刻 $t+\varepsilon$ 的权重函数是 $|M(q,t+\varepsilon)|^{1/2}$.

例题 设一维运动的拉氏函数为

$$L(x,\dot{x},t)=\frac{1}{2}m\dot{x}^2+\dot{x}G(x,t)-V(x,t)\,, \tag{17}$$

证明用下式描述波函数的时间演化与正则量子化的结果一致.

$$\psi(x,t+\varepsilon)\approx\frac{1}{R(\varepsilon)}\int_{-\infty}^{\infty}\mathrm{d}x'\psi(x',t)\exp\Big\{\frac{\mathrm{i}\varepsilon}{\hbar}\Big[\frac{m}{2}\Big(\frac{x-x'}{\varepsilon}\Big)^2+\Big(\frac{x-x'}{\varepsilon}\Big)G\Big(\frac{x+x'}{2},t\Big)-V\Big(\frac{x+x'}{2},t\Big)\Big]\Big\}, \tag{18}$$

其中 $R(\varepsilon)$ 和前面一样，即

$$R(\varepsilon)=\int_{-\infty}^{\infty}\mathrm{d}x'\exp\Big\{\frac{\mathrm{i}\varepsilon}{\hbar}\Big[\frac{m}{2}\Big(\frac{x-x'}{\varepsilon}\Big)^2\Big]\Big\}.$$

令

$$F(x,t,\varepsilon)=\int_{-\infty}^{\infty}\mathrm{d}x'\psi(x',t)\exp\Big\{\frac{\mathrm{i}\varepsilon}{\hbar}\Big[\frac{m}{2}\Big(\frac{x-x'}{\varepsilon}\Big)^2+\Big(\frac{x-x'}{\varepsilon}\Big)G\Big(\frac{x+x'}{2},t\Big)-V\Big(\frac{x+x'}{2},t\Big)\Big]\Big\}.$$

当 $\varepsilon\to0$ 时，此式中的 $\psi(x',t)$ 以及含 G,V 的项只当 x' 取 x 附近一个正比于 $\sqrt{\varepsilon}$ 的小间隔内的值时才对积分有贡献，$\varepsilon V((x+x')/2,t)$ 可直接换成 $\varepsilon V(x,t)$, 在 x 处把 $G((x+x')/2,t)$ 及 $\psi(x',t)$ 展开，令 $\eta=x'-x$, 则

$$\begin{aligned}
&\exp\Big\{\frac{\mathrm{i}\varepsilon}{\hbar}V(x,t)\Big\}F(x,t,\varepsilon)\\
&\approx\int_{-\infty}^{\infty}\mathrm{d}\eta\exp\Big\{\frac{\mathrm{i}m}{2\hbar\varepsilon}\eta^2\Big\}\Big\{1-\frac{\mathrm{i}}{\hbar}\eta G\Big(x+\frac{\eta}{2}\Big)-\frac{1}{2\hbar^2}G^2(x,t)\Big\}\\
&\qquad\times\Big\{\psi(x,t)+\eta\frac{\partial\psi}{\partial x}+\frac{\eta^2}{2}\frac{\partial^2\psi}{\partial x^2}\Big\}\\
&\approx\int_{-\infty}^{\infty}\mathrm{d}\eta\exp\Big\{\frac{\mathrm{i}m}{2\hbar\varepsilon}\eta^2\Big\}\Big\{\psi(x,t)+\frac{\eta^2}{2}\frac{\partial^2\psi}{\partial x^2}-\frac{\mathrm{i}}{\hbar}\eta^2G(x,t)\frac{\partial\psi}{\partial x}\\
&\qquad-\frac{\mathrm{i}}{2\hbar}\eta^2\frac{\partial G}{\partial x}\psi-\frac{\eta^2}{2\hbar^2}G^2\psi\Big\},
\end{aligned}$$

注意

$$\int_{-\infty}^{\infty} \mathrm{e}^{\frac{\mathrm{i}m}{2\hbar\varepsilon}\eta^2}\eta\mathrm{d}\eta = 0\,, \qquad \int_{-\infty}^{\infty} \mathrm{e}^{\frac{\mathrm{i}m}{2\hbar\varepsilon}\eta^2}\eta^2\mathrm{d}\eta = \frac{\mathrm{i}\hbar\varepsilon}{m}R(\varepsilon)\,,$$

得

$$\exp\left\{\frac{\mathrm{i}\varepsilon}{\hbar}V(x,t)\right\}F(x,t,\varepsilon) \approx R(\varepsilon)\left\{\psi(x,t) + \frac{\varepsilon}{\mathrm{i}\hbar}\frac{1}{2m}\left(-\mathrm{i}\hbar\frac{\partial}{\partial x} - G(x,t)\right)^2\psi(x,t)\right\}.$$

或

$$\frac{F(x,t,\varepsilon)}{R(\varepsilon)} \approx \psi(x,t) + \frac{\varepsilon}{\mathrm{i}\hbar}\left\{\frac{1}{2m}\left(-\mathrm{i}\hbar\frac{\partial}{\partial x} - G(x,t)\right)^2 + V(x,t)\right\}\psi(x,t)\,. \tag{19}$$

花括号内的算子正是与 (17) 式的拉氏函数相应的哈密顿量算符 (作用于 $\psi(x,t)$)，所以此式右边即是

$$\psi(x,t) + \varepsilon\frac{\partial\psi(x,t)}{\partial t} \approx \psi(x,t+\varepsilon)\,.$$

1.3 $K(xt_{\mathrm{f}}, x_0t_0)$ 的精确计算的简单例子．高斯积分

计算时间演化算符的矩阵元的精确表达式相当于在特定初条件下求 Schrödinger 方程的精确解，这只是在一些很特殊的情形才能做到，这里处理几个对于路径积分方法的运用十分重要的例子．在这些例子中，拉氏函数都是坐标和速度的二次式，因此可以根据路径积分公式进行计算，有兴趣的读者可以试做这种演算，或者查阅本章末所引的 Feynman 和 Hibbs 合著的书《量子力学和路径积分》．这里则用较简单的方法求出最后结果．

例题 1 一维自由运动

作一维自由运动的粒子的拉氏函数为

$$L(x,\dot{x}) = \frac{1}{2}m\dot{x}^2\,,$$

故

$$K(xt_{\mathrm{f}}, x_0t_0) = \int\mathcal{D}[x(t)]\exp\left\{\frac{\mathrm{i}}{\hbar}\int_{t_0}^{t_{\mathrm{f}}}\frac{m}{2}\dot{x}(t)^2\mathrm{d}t\right\}.$$

我们可以根据 (7) 式在 $\varepsilon\to 0$ 之前直接计算 $(N-1)$ 重积分，其中每次都是所谓高斯积分，即被积函数是二次式的指数函数．但是这里将借助稳定路径 (即经典路径) $x_{\mathrm{cl}}(t)$ 来计算．令

$$x(t) = x_{\mathrm{cl}}(t) + y(t)\,,$$

于是

$$I[x(t)] = \int_{t_0}^{t_f} \frac{1}{2}m(\dot{x}(t))^2 \mathrm{d}t = I_{\mathrm{cl}} + \int_{t_0}^{t_f} \frac{1}{2}m(\dot{y}(t))^2 \mathrm{d}t + \int_{t_0}^{t_f} m\dot{x}_{\mathrm{cl}}(t)\dot{y}(t)\mathrm{d}t\,,$$

其中 I_{cl} 即是沿经典路径的作用量. $x_{\mathrm{cl}}(t)$ 代表符合如下的端点条件的等速运动

$$x_{\mathrm{cl}}(t_0) = x_0\,, \quad x_{\mathrm{cl}}(t_f) = x\,.$$

因此

$$x_{\mathrm{cl}}(t) = x_0 + \frac{x - x_0}{t_f - t_0}(t - t_0)\,.$$

$y(t)$ 的端点条件是 $y(t_0) = y(t_f) = 0$，故

$$\int_{t_0}^{t_f} m\dot{x}_{\mathrm{cl}}(t)\dot{y}(t)\mathrm{d}t = -\int_{t_0}^{t_f} m\ddot{x}_{\mathrm{cl}}(t)y(t)\mathrm{d}t\,,$$

$$K(xt_f, x_0t_0) = K(0t_f, 0t_0)\exp\left\{\frac{\mathrm{i}}{\hbar}I_{\mathrm{cl}}\right\}. \tag{20}$$

如果粒子在时刻 t_0 的波函数 $\psi(x_0, t_0)$ 是常数，那么它自由地演变到时刻 t 仍然是这个常数，因此

$$\int_{-\infty}^{\infty} K(xt_f, x_0t_0)\mathrm{d}x_0 = 1\,,$$

即

$$K(0t_f, 0t_0)\int_{-\infty}^{\infty} \exp\left\{\frac{\mathrm{i}}{\hbar}I_{\mathrm{cl}}\right\}\mathrm{d}x_0 = 1\,.$$

利用 I_{cl} 的表达式

$$I_{\mathrm{cl}} = \frac{m}{2}\int_{t_0}^{t_f} (\dot{x}_{\mathrm{cl}}(t))^2 \mathrm{d}t = \frac{m}{2}\left(\frac{x - x_0}{t_f - t_0}\right)^2,$$

最后得到

$$K(xt_f, x_0t_0) = \frac{1}{R(t_f - t_0)}\exp\left\{\frac{\mathrm{i}m}{2\hbar}\frac{(x - x_0)^2}{(t_f - t_0)}\right\}, \tag{21}$$

其中

$$R(t_{\mathrm{f}}-t_0)=\int_{-\infty}^{\infty}\mathrm{d}x_0\exp\Big\{\frac{\mathrm{i}m}{2\hbar}\frac{(x-x_0)^2}{(t_{\mathrm{f}}-t_0)}\Big\}=\int_{-\infty}^{\infty}\mathrm{d}\eta\exp\Big\{\frac{\mathrm{i}m}{2\hbar}\frac{\eta^2}{(t_{\mathrm{f}}-t_0)}\Big\},$$

即

$$R(t_{\mathrm{f}}-t_0)=\begin{cases}\mathrm{e}^{\mathrm{i}\frac{\pi}{4}}\sqrt{\frac{2\pi\hbar|t_{\mathrm{f}}-t_0|}{m}}, & 当\ t_{\mathrm{f}}-t_0>0,\\[2ex] \mathrm{e}^{-\mathrm{i}\frac{\pi}{4}}\sqrt{\frac{2\pi\hbar|t_{\mathrm{f}}-t_0|}{m}}, & 当\ t_{\mathrm{f}}-t_0<0.\end{cases}$$

例题 2　一维简谐振动

拉氏函数为

$$L(x,\dot{x})=\frac{m}{2}\dot{x}^2-\frac{m}{2}\omega^2x^2. \tag{22}$$

这时也可以直接按高斯型积分求 $K(xt_{\mathrm{f}},x_0t_0)$，但是我们仍然借助于稳定路径进行计算，令

$$x(t)=x_{\mathrm{cl}}(t)+y(t),$$

则

$$L(x,\dot{x})=L(x_{\mathrm{cl}},\dot{x}_{\mathrm{cl}})\left(\frac{\partial L}{\partial x}\right)_{\mathrm{cl}}y+\left(\frac{\partial L}{\partial \dot{x}}\right)_{\mathrm{cl}}\dot{y}+\frac{m}{2}\dot{y}^2-\frac{m}{2}\omega^2y^2.$$

故

$$\begin{aligned}I[x(t_{\mathrm{f}})]&=I_{\mathrm{cl}}+\int_{t_0}^{t_{\mathrm{f}}}\left(\frac{\partial L}{\partial x}-\frac{d}{\mathrm{d}t}\frac{\partial L}{\partial \dot{x}}\right)_{\mathrm{cl}}y\mathrm{d}t+\int_{t_0}^{t_{\mathrm{f}}}L(y(t),\dot{y}(t))\mathrm{d}t\\&=I_{\mathrm{cl}}+\int_{t_0}^{t_{\mathrm{f}}}L(y(t),\dot{y}(t))\mathrm{d}t,\end{aligned}$$

$$K(xt_{\mathrm{f}},x_0t_0)=F(t_{\mathrm{f}},t_0)\exp\{\mathrm{i}I_{\mathrm{cl}}/\hbar\}, \tag{23}$$

其中

$$F(t_{\mathrm{f}},t_0)=\int\mathcal{D}[y(t)]\exp\left\{\frac{\mathrm{i}}{\hbar}\int_{t_0}^{t_{\mathrm{f}}}\left[\frac{m}{2}(\dot{y}(t))^2-\frac{m}{2}\omega^2(\dot{y}(t))^2\right]\mathrm{d}t\right\}=K(0t_{\mathrm{f}},0t_0).$$

具有 (22) 式的拉氏函数的粒子如果在时刻 t_0 的波函数是 (不管归一因子)

$$\exp\Big\{-\frac{m\omega}{2\hbar}x^2\Big\},$$

那么在时刻 t 的波函数就是

$$\exp\Big\{-\frac{\mathrm{i}}{2}\omega(t-t_0)-\frac{m\omega}{2\hbar}x^2\Big\},$$

因此有

$$\exp\Big\{-\frac{\mathrm{i}}{2}\omega(t-t_0)-\frac{m\omega}{2\hbar}x^2\Big\}=F(t,t_0)\int_{-\infty}^{\infty}\mathrm{d}x_0\exp\Big\{\frac{\mathrm{i}}{\hbar}I_{\mathrm{cl}}(tx,t_0x_0)-\frac{m\omega}{2\hbar}x_0^2\Big\}.$$

令 $x=0$，则

$$F(t,t_0)=\frac{1}{f(t,t_0)},$$

其中

$$f(t,t_0)=\exp\Big\{\mathrm{i}\frac{1}{2}\omega(t-t_0)\Big\}\int_{-\infty}^{\infty}\mathrm{d}x_0\exp\Big\{\frac{\mathrm{i}}{\hbar}I_{\mathrm{cl}}(tx,t_0x_0)-\frac{m\omega}{2\hbar}x_0^2\Big\}.$$

由经典解 (用 t 代替 t_{f})

$$x_{\mathrm{cl}}(t')=x_0\cos\omega(t'-t_0)+\frac{x-x_0\cos\omega(t-t_0)}{\sin\omega(t-t_0)}\sin\omega(t'-t_0),$$

得

$$I_{\mathrm{cl}}(t)=\frac{m\omega}{2\sin\omega(t-t_0)}\{(x^2+x_0^2)\cos\omega(t-t_0)-2xx_0\},$$

故

$$f(t,t_0)=\exp\Big\{\mathrm{i}\frac{1}{2}\omega(t-t_0)\Big\}\int_{-\infty}^{\infty}\mathrm{d}x_0\exp\Big\{\frac{\mathrm{i}}{\hbar}\frac{m\omega\cos\omega(t-t_0)}{2\sin\omega(t-t_0)}x_0^2\Big\}\exp\Big\{-\frac{m\omega}{2\hbar}x_0^2\Big\}.$$

求时间微商可得

$$\frac{\mathrm{d}f}{\mathrm{d}t}=\frac{\omega}{2}\frac{\cos\omega(t-t_0)}{\sin\omega(t-t_0)}f.$$

作变换

$$z=\frac{1}{\omega}\sin\omega(t-t_0),$$

则

$$\frac{\mathrm{d}f}{\mathrm{d}z}=\frac{1}{2z}f.$$

注意

$$\frac{\mathrm{d}R(t-t_0)}{\mathrm{d}t}=\frac{1}{2(t-t_0)}R(t-t_0),\qquad \lim_{\omega\to 0}f(t,t_0)=R(t-t_0),$$

得到

$$f(t,t_0)=R(z)=\int_{-\infty}^{\infty}\mathrm{e}^{-\frac{m\omega}{2\hbar}\eta^2}\mathrm{d}\eta\,,$$

故

$$F(t_{\mathrm{f}},t_0)=\frac{1}{R\left(\frac{\sin\omega(t_{\mathrm{f}}-t_0)}{\omega}\right)}\,. \tag{24}$$

例题 3 在含时间的外力作用下的振子

设拉氏函数为

$$L(x,\dot{x},t)=\frac{m}{2}\dot{x}^2-\frac{1}{2}m\omega^2x^3-J(t)x\,.$$

这时仍然有

$$K(xt_{\mathrm{f}},x_0t_0)=K(0t_{\mathrm{f}},0t_0)\mathrm{e}^{\mathrm{i}I_{\mathrm{cl}}/\hbar}\,, \tag{25}$$

其中

$$I_{\mathrm{cl}}=\int_{t_0}^{t_{\mathrm{f}}}\left\{\frac{m}{2}(\dot{x}_{\mathrm{cl}}(t)^2-J(t)x_{\mathrm{cl}}(t)\right\}\mathrm{d}t\,.$$

$K(0t_{\mathrm{f}},0t_0)$ 的计算不像前面那样简单了，但是可以借助例题 2 的结果作简单的变换求出本例的答案. 为此回到公式

$$K(xt_{\mathrm{f}},x_0t_0)=\langle x|T(t_{\mathrm{f}},t_0)|x_0\rangle\,,$$

其中 $T(t,t_0)$ 是 Schrödinger 绘景的时间演化算符，相应的哈密顿量算符为

$$\widehat{H}(t)=\widehat{H}_0+J(t)\widehat{x}\,,\qquad \widehat{H}_0=\frac{1}{2m}\widehat{p}^2+\frac{1}{2}m\omega^2\widehat{x}^2\,.$$

故

$$T(t,t_0)=\mathrm{e}^{-\frac{\mathrm{i}}{\hbar}\widehat{H}_0t}U(t,t_0)\mathrm{e}^{\frac{\mathrm{i}}{\hbar}\widehat{H}_0t_0}\,,$$

其中 $U(t,t_0)$ 可以借助编时算符 $\mathcal{T}$ 表示为

$$U(t,t_0)=\mathcal{T}\exp\left\{-\frac{\mathrm{i}}{\hbar}\int_{t_0}^{t_{\mathrm{f}}}\mathrm{d}t'V(t')\right\},$$

而

$$\begin{aligned}&V(t')=J(t')\widehat{x}(t'),\\&\widehat{x}(t')=\exp\Big\{\frac{\mathrm{i}}{\hbar}\widehat{H}_0t'\Big\}\widehat{x}\exp\Big\{-\frac{\mathrm{i}}{\hbar}\widehat{H}_0t'\Big\}=\widehat{x}\cos\omega t'+\widehat{p}\frac{\sin\omega t'}{m\omega}.\end{aligned}$$

我们暂且假定 $t_{\mathrm{f}}-t_0>0$, 令

$$\varepsilon=\frac{t_{\mathrm{f}}-t_0}{N}\quad(N\to\infty),$$

则

$$\begin{aligned}U(t_{\mathrm{f}},t_0)\approx&\,U(t_{\mathrm{f}},t_{\mathrm{f}}-\varepsilon)U(t_{\mathrm{f}}-\varepsilon,t_{\mathrm{f}}-2\varepsilon)\cdots U(t_0+\varepsilon,t_0)\\&\approx\exp\Big\{-\frac{\mathrm{i}\varepsilon}{\hbar}V(t_0-N\varepsilon-\varepsilon)\Big\}\exp\Big\{-\frac{\mathrm{i}\varepsilon}{\hbar}V(t_0-N\varepsilon-2\varepsilon)\Big\}\\&\times\cdots\exp\Big\{-\frac{\mathrm{i}\varepsilon}{\hbar}V(t_0)\Big\}.\end{aligned}$$

注意 $[V(t'),V(t'')]$ 是常数，有

$$\begin{aligned}&\exp\Big\{-\frac{\mathrm{i}\varepsilon}{\hbar}V(t')\Big\}\exp\Big\{-\frac{\mathrm{i}\varepsilon}{\hbar}V(t'')\Big\}\\&\quad=\exp\Big\{-\frac{\mathrm{i}\varepsilon}{\hbar}(V(t')+V(t''))\Big\}\exp\Big\{\frac{1}{2}\Big[\frac{-\mathrm{i}\varepsilon}{\hbar}V(t'),\frac{-\mathrm{i}\varepsilon}{\hbar}V(t'')\Big]\Big\},\end{aligned}$$

故

$$\begin{aligned}U(t_{\mathrm{f}},t_0)\approx&\exp\Big\{-\frac{\mathrm{i}}{\hbar}\int_{t_0}^{t_{\mathrm{f}}}\mathrm{d}t'V(t')\Big\}\exp\Big\{-\frac{1}{2}\sum_{k>l=0}^{N-1}\Big[\frac{-\mathrm{i}\varepsilon}{\hbar}V(t'),\frac{-\mathrm{i}\varepsilon}{\hbar}V(t'')\Big]\Big\}\\&\longrightarrow\exp\Big\{-\frac{\mathrm{i}}{\hbar}\int_{t_0}^{t_{\mathrm{f}}}\mathrm{d}t'V(t')\Big\}\exp\Big\{-\frac{1}{2\hbar^2}\int_{t_0}^{t_{\mathrm{f}}}\mathrm{d}t'\int_{t_0}^{t'}\mathrm{d}t''\Big[V(t'),V(t'')\Big]\Big\}\\&=\mathrm{e}^{\mathrm{i}\alpha/\hbar}\exp\Big\{-\frac{\mathrm{i}}{\hbar}\int_{t_0}^{t_{\mathrm{f}}}\mathrm{d}t'V(t')\Big\},\end{aligned}$$

其中

$$\alpha=\frac{1}{2m\omega}\int_{t_0}^{t_{\mathrm{f}}}\mathrm{d}t'\int_{t_0}^{t_{\mathrm{f}}}\mathrm{d}t''\eta(t'-t'')J(t')J(t'')\sin\omega(t'-t''),$$

$$\eta(t'-t'')=\begin{cases}1, & 当\ t'-t''>0,\\ 0, & 当\ t'-t''<0.\end{cases}$$

令

$$\begin{aligned}\widehat{x}(t',t_0)&=\exp\Big\{\frac{\mathrm{i}}{\hbar}H_0(t'-t_0)\Big\}\widehat{x}\exp\Big\{-\frac{\mathrm{i}}{\hbar}H_0(t'-t_0)\Big\}\\&=\widehat{x}\cos\omega(t'-t_0)+\widehat{p}\frac{\sin\omega(t'-t_0)}{m\omega},\end{aligned}$$

则

$$\begin{aligned}T(t_\mathrm{f},t_0)&=\mathrm{e}^{\frac{\mathrm{i}\alpha}{\hbar}}\exp\Big\{-\frac{\mathrm{i}}{\hbar}\widehat{H}_0(t_\mathrm{f}-t_0)\Big\}\exp\Big\{\frac{\mathrm{i}}{\hbar}\int_{t_0}^{t_\mathrm{f}}\mathrm{d}t'J(t')\widehat{x}(t',t_0)\Big\}\\&=\mathrm{e}^{-\frac{\mathrm{i}}{\hbar}\beta}\exp\Big\{-\frac{\mathrm{i}}{\hbar}\widehat{H}_0(t_\mathrm{f}-t_0)\Big\}\mathrm{e}^{-\frac{\mathrm{i}\alpha_1}{\hbar}\widehat{p}}\mathrm{e}^{-\frac{\mathrm{i}\alpha_2}{\hbar}\widehat{x}},\\ \alpha_1&=\frac{1}{m\omega}\int_{t_0}^{t_\mathrm{f}}\mathrm{d}t'J(t')\sin\omega(t'-t_0),\quad \alpha_2=\int_{t_0}^{t_\mathrm{f}}\mathrm{d}t'J(t')\cos\omega(t'-t_0),\\ \beta&=\frac{1}{2}\alpha_1\alpha_2-\alpha\\&=\frac{1}{m\omega}\int_{t_0}^{t_\mathrm{f}}\int_{t_0}^{t_\mathrm{f}}\mathrm{d}t'\mathrm{d}t''\eta(t'-t'')J(t')J(t'')\cos\omega(t'-t_0)\sin\omega(t''-t_0).\end{aligned}$$

因此，当 $t_\mathrm{f}>t_0$ 时有

$$\langle x|T(t_\mathrm{f},t_0)|x_0\rangle=\langle x|\exp\Big\{-\frac{\mathrm{i}}{\hbar}\widehat{H}_0(t_\mathrm{f}-t_0)\Big\}|x_0+\alpha_1\rangle\exp\Big\{-\frac{\mathrm{i}}{\hbar}(\beta+\alpha_2x_0)\Big\},\tag{26}$$

其中第一个因子可从例题 2 的结果中将 x_0 换成 $(x_0+\alpha_1)$ 而求出．令 x 及 x_0 等于零，得 (当 $t_\mathrm{f}>t_0$)

$$\begin{aligned}&K(0t_\mathrm{f},0t_0)\\&\quad=\langle x\to 0|\exp\Big\{-\frac{\mathrm{i}}{\hbar}\widehat{H}_0(t_\mathrm{f}-t_0)\Big\}|x_0\to\alpha_1\rangle\mathrm{e}^{-\frac{\mathrm{i}}{\hbar}\beta}\\&\quad=F(t_\mathrm{f},t_0)\mathrm{e}^{-\frac{\mathrm{i}}{\hbar}\beta}\exp\Big\{\frac{\mathrm{i}m\omega\alpha_1^2}{2\hbar\sin\omega(t_\mathrm{f}-t_0)}\cos\omega(t_\mathrm{f}-t_0)\Big\},\end{aligned}\tag{27}$$

其中 $F(t_\mathrm{f},t_0)$ 即是例题 2 中由同一记号代表的量．

为了求出经典作用量，需要根据如下的拉氏方程和边条件决定经典解 $x_{\mathrm{cl}}(t)$:

$$\ddot{x}_{\mathrm{cl}}(t) = -\omega^2 x_{\mathrm{cl}}(t) - J(t)/m\,, \quad x_{\mathrm{cl}}(t_0) = x_0\,, \ \ x_{\mathrm{cl}}(t_{\mathrm{f}}) = x\,.$$

结果可表示为

$$x_{\mathrm{cl}}(t) = x_0 \cos\omega(t-t_0) + B\sin\omega(t-t_0) - \frac{1}{m\omega}\int_{t_0}^{t_{\mathrm{f}}} \mathrm{d}t' J(t') \sin\omega(t-t')\,,$$

其中

$$B = \frac{1}{\sin\omega(t_{\mathrm{f}}-t_0)}\left\{x - x_0\cos\omega(t_{\mathrm{f}}-t_0) + \frac{1}{m\omega}\int_{t_0}^{t_{\mathrm{f}}} \mathrm{d}t' J(t')\sin\omega(t_{\mathrm{f}}-t')\right\}.$$

1.4 虚时间方法

前一小节的讨论也适用于 H 显含时间的情形，现在则假定哈密顿量不显含时间，具有最低本征值 E_0. 令 $\overline{H} = H - E_0$, 于是 $\overline{H}$ 的本征值是正数或零. 这时 $\mathrm{e}^{-\alpha\overline{H}t/\hbar}$ 当 $t>0$ 时在 α 的右半平面是解析的. 同样，当 $t<0$ 时，在 α 的左半平面是解析的. 因此借助于解析延拓，当 $t>0$ 时，可将 $\mathrm{e}^{-\mathrm{i}\overline{H}t/\hbar}$ 换为 $\mathrm{e}^{-\alpha\overline{H}t/\hbar}$, 其中 α 为正实数. 在完成计算后再令 α 趋于 $0^+ + \mathrm{i}$. 类似地，当 $t<0$ 时，也可将 $\mathrm{e}^{-\mathrm{i}\overline{H}t/\hbar}$ 换为 $\mathrm{e}^{-\alpha\overline{H}t/\hbar}$ 而让 α 为负实数. 在完成计算后再令 α 趋于 $0^- + \mathrm{i}$. 在 α 为实数的情况下，用 $\mathrm{e}^{-\alpha\overline{H}t/\hbar}$ 顶替 $\mathrm{e}^{-\mathrm{i}\overline{H}t/\hbar}$, 亦即将原来的 t 换成虚时间 $-\mathrm{i}\alpha t$, 这只是使用解析函数的一种技巧.（在保持 αt 为正实数时，$\mathrm{e}^{-\alpha\overline{H}t/\hbar}$ 与统计物理中的统计算符具有同样的结构. 因此，虚时间的路径积分方法还可以直接用于统计物理学.）

现在对于 $t_{\mathrm{f}} - t_0 > 0$ 的情形，将 $\langle \boldsymbol{r}_{\mathrm{f}}|\mathrm{e}^{-\alpha\overline{H}(t_{\mathrm{f}}-t_0)/\hbar}|\boldsymbol{r}_0\rangle$ 表示为路径积分. 其中 α 是正常数. 为此，只需求出 $\varepsilon\sim 0^+$ 时 $\langle\boldsymbol{r}|\mathrm{e}^{-\alpha\overline{H}\varepsilon/\hbar}|\boldsymbol{r}'\rangle$ 的相应表达式. 与前一小节的情形相似，有

$$\begin{aligned}
\langle\boldsymbol{r}|\exp\Big\{-\alpha\overline{H}\varepsilon/\hbar\Big\}|\boldsymbol{r}'\rangle &\approx \exp\Big\{-\frac{\alpha\varepsilon}{\hbar}\overline{V}\Big(\frac{\boldsymbol{r}+\boldsymbol{r}'}{2}\Big)\Big\} \\
&\quad\times\langle\boldsymbol{r}|\exp\Big\{\frac{-\alpha\varepsilon}{2\hbar m}\Big(\widehat{p}_x^2+\widehat{p}_y^2+\widehat{p}_z^2\Big)\Big\}|\boldsymbol{r}'\rangle \\
&\approx \exp\Big\{-\frac{\alpha\varepsilon}{\hbar}\overline{V}\Big(\frac{\boldsymbol{r}+\boldsymbol{r}'}{2}\Big)\Big\}\frac{1}{(2\pi\hbar)^3}\int\!\!\int\!\!\int \mathrm{d}p_x\mathrm{d}p_y\mathrm{d}p_z \\
&\quad\times\exp\Big\{\frac{-\alpha\varepsilon}{2\hbar m}\Big(p_x^2+p_y^2+p_z^2\Big)+\mathrm{i}\boldsymbol{p}\cdot(\boldsymbol{r}-\boldsymbol{r}')/\hbar\Big\},
\end{aligned}$$

其中 $\overline{V}=V-E_0$. 利用

$$\int_{-\infty}^{\infty}\mathrm{d}p\mathrm{e}^{-\frac{1}{2}\alpha p^2+\mathrm{i}bp}=\mathrm{e}^{-\frac{b^2}{2\alpha}}\int_{-\infty}^{\infty}\mathrm{d}p\mathrm{e}^{-\frac{1}{2}\alpha p^2},$$

得

$$\langle\boldsymbol{r}|\exp\Big\{-\alpha\overline{H}\varepsilon/\hbar\Big\}|\boldsymbol{r}'\rangle\approx\frac{1}{(R'(\varepsilon))^3}\exp\Big\{-\frac{\alpha\varepsilon}{\hbar}V\Big(\frac{\boldsymbol{r}+\boldsymbol{r}'}{2}\Big)+\frac{\varepsilon}{\alpha\hbar}\frac{m}{2}\Big(\frac{\boldsymbol{r}-\boldsymbol{r}'}{\varepsilon}\Big)^2\Big\},\tag{28}$$

其中

$$\frac{1}{R'(\varepsilon)}=\int_{-\infty}^{\infty}\frac{\mathrm{d}p}{2\pi\hbar}\mathrm{e}^{-\frac{\alpha\varepsilon}{2\hbar m}p^2}=\sqrt{\frac{m}{2\pi\hbar\varepsilon\alpha}}.$$

因此

$$\begin{aligned}&\langle\boldsymbol{r}_\mathrm{f}|\exp\Big\{-\alpha\overline{H}(t_\mathrm{f}-t_0)/\hbar\Big\}|\boldsymbol{r}_0\rangle\\&=\frac{1}{(R'(\varepsilon))^3}\int\prod_{n=1}^{N-1}\Big(\frac{\mathrm{d}x_n}{R'(\varepsilon)}\frac{\mathrm{d}y_n}{R'(\varepsilon)}\frac{\mathrm{d}z_n}{R'(\varepsilon)}\Big)\exp\Big\{\frac{\alpha}{\hbar}\sum_{n=0}^{N-1}\varepsilon L_n(\alpha)\Big\},\end{aligned}\tag{29}$$

而

$$-L_n(\alpha)=\frac{m}{2\alpha^2}(\boldsymbol{v}_n)^2+\overline{V}\Big(\frac{\boldsymbol{r}_{n+1}+\boldsymbol{r}}{2}\Big).$$

将这种表达式延拓到 α 的右半平面, 然后令 α 趋于

$$0^++\mathrm{i}=\mathrm{e}^{\mathrm{i}\frac{\pi}{2}},$$

就得到实时间方法的结果, 这是虚时间方法的用法之一. 我们将这种手续简记为

$$\begin{aligned}&\langle\boldsymbol{r}_\mathrm{f}|\exp\Big\{-\mathrm{i}\overline{H}(t_\mathrm{f}-t_0)/\hbar\Big\}|\boldsymbol{r}_0\rangle\\&=\lim_{\alpha\to0^++\mathrm{i}}\frac{1}{(R'(\varepsilon))^3}\int\prod_{n=1}^{N-1}\Big(\frac{\mathrm{d}x_n}{R'(\varepsilon)}\frac{\mathrm{d}y_n}{R'(\varepsilon)}\frac{\mathrm{d}z_n}{R'(\varepsilon)}\Big)\exp\Big\{\frac{\alpha}{\hbar}\sum_{n=0}^{N-1}\varepsilon L_n(\alpha)\Big\}.\end{aligned}\tag{30}$$

出现在等号两边的因子 $\exp\{\mathrm{i}E_0(t_\mathrm{f}-t_0)/\hbar\}$ 可以消去. 这种解析延拓和取极限的手续也包含着计算 $R(\varepsilon)$ 的方法

$$R(\varepsilon)=\lim_{\alpha\to0^++\mathrm{i}}\sqrt{\frac{2\pi\hbar\varepsilon\alpha}{m}}=\sqrt{\frac{2\pi\hbar\varepsilon}{m}}\mathrm{e}^{\mathrm{i}\frac{\pi}{4}},$$

即是将函数 $\sqrt{\alpha}$ 延拓到 α 的右半平面, 然后令 α 趋于

$$0^++\mathrm{i}=\mathrm{e}^{\mathrm{i}\frac{\pi}{2}},$$

因此 $\sqrt{\alpha}$ 趋于 $\mathrm{e}^{\mathrm{i}\frac{\pi}{4}}$.

借助虚时间和解析延拓的方法可以使路径积分的数学表述更为明确. 在实际运用中既可直接贯彻这种方法, 也可根据这种观点作出适当的约定之后使用实时间的路径积分公式 (见后面一些实例).

1.5 格林函数及其生成泛函的路径积分

为了便于后面的参考, 我们来求一类特别的格林函数及其生成泛函的路径积分表示. 这类格林函数在正则量子化方法中定义为:

$$\langle\Psi_0|\mathcal{T}\left(\widehat{x}^{\mathrm{h}}(t_1)\cdots\widehat{x}^{\mathrm{h}}(t_{n_1})\widehat{y}^{\mathrm{h}}(t_{n_1+1})\cdots\widehat{y}^{\mathrm{h}}(t_{n_1+n_2})\widehat{z}^{\mathrm{h}}(t_{n_1+n_2+1})\cdots\widehat{z}^{\mathrm{h}}(t_{n_1+n_2+n_3})\right)|\Psi_0\rangle\,,$$

这里将其记作 $G_{n_1n_2n_3}(t_1,t_2,t_3,\cdots)$. $\widehat{x}^{\mathrm{h}}(t),\widehat{y}^{\mathrm{h}}(t),\widehat{z}^{\mathrm{h}}(t)$ 是 Heisenberg 绘景的坐标算符, Ψ_0 代表基态. n_1,n_2,n_3 分别代表出现在这个被平均的算符积中 $\widehat{x},\widehat{y},\widehat{z}$ 的数目. $\mathcal{T}$ 是时序算符. 下面用 $n_1=n_2=n_3=1$ 的情形来作说明. 设 $\langle\Psi_0|\Psi_0\rangle$ 等于 1, 当 α 是正实数或在右半平面时, 对任意状态 $|\Psi_A\rangle,|\Psi_B\rangle$ 都有:

$$\lim_{t_{\mathrm{f}}\to\infty}\langle\Psi_A|\mathrm{e}^{-\alpha\overline{H}t_{\mathrm{f}}/\hbar}=\langle\Psi_A|\Psi_0\rangle\langle\Psi_0|\,,$$

$$\lim_{t_{\mathrm{f}}\to-\infty}\mathrm{e}^{\alpha\overline{H}t_0/\hbar}|\Psi_B\rangle=|\Psi_0\rangle\langle\Psi_0|\Psi_B\rangle\,,$$

$$\lim_{\substack{t_0\to-\infty\\ t_{\mathrm{f}}\to\infty}}\langle\Psi_A|\mathrm{e}^{-(\alpha t_{\mathrm{f}}-\alpha' t_0)\overline{H}/\hbar}|\Psi_B\rangle=\langle\Psi_A|\Psi_0\rangle\langle\Psi_0|\Psi_B\rangle\,,\tag{31}$$

$$\begin{aligned}&\lim_{\substack{t_0\to-\infty\\ t_{\mathrm{f}}\to\infty}}\langle\Psi_A|\mathrm{e}^{-\alpha\overline{H}t_{\mathrm{f}}/\hbar}\mathcal{T}\left\{\widehat{x}^{\mathrm{h}}(t_1)\widehat{y}^{\mathrm{h}}(t_2)\widehat{z}^{\mathrm{h}}(t_3)\right\}\mathrm{e}^{\alpha'\overline{H}t_0/\hbar}|\Psi_B\rangle\\ &\quad=\langle\Psi_0|\mathcal{T}\left\{\widehat{x}^{\mathrm{h}}(t_1)\widehat{y}^{\mathrm{h}}(t_2)\widehat{z}^{\mathrm{h}}(t_3)\right\}|\Psi_0\rangle\langle\Psi_A|\Psi_0\rangle\langle\Psi_0|\Psi_A\rangle\,.\end{aligned}\tag{32}$$

因此, $G_{111}(t_1,t_2,t_3)$ 可以表示为

$$\begin{aligned}&G_{111}(t_1,t_2,t_3)\\ &=\frac{\displaystyle\lim_{\substack{t_0\to-\infty\\ t_{\mathrm{f}}\to\infty}}\langle\Psi_A|\mathrm{e}^{-\alpha\overline{H}t_{\mathrm{f}}/\hbar}\mathcal{T}\left\{\widehat{x}^{\mathrm{h}}(t_1)\widehat{y}^{\mathrm{h}}(t_2)\widehat{z}^{\mathrm{h}}(t_3)\right\}\mathrm{e}^{\alpha'\overline{H}t_0/\hbar}|\Psi_B\rangle}{\displaystyle\lim_{\substack{t_0\to-\infty\\ t_{\mathrm{f}}\to\infty}}\langle\Psi_A|\mathrm{e}^{-(\alpha t_{\mathrm{f}}-\alpha' t_0)\overline{H}/\hbar}|\Psi_B\rangle}\,.\end{aligned}\tag{33}$$

注意最后结果不依赖于 α,α' 的值, 也不依赖于 Ψ_A,Ψ_B. 为了写成路径积分形式, 我们令 $|\Psi_A\rangle$ 及 $|\Psi_B\rangle$ 为 $|\boldsymbol{r}_{\mathrm{f}}\rangle,|\boldsymbol{r}_0\rangle$. 首先考虑 $t_1\geqslant t_2\geqslant t_3$ 的情形. 这时有

$$G_{111}(t_1,t_2,t_3)=\frac{g_{111}(t_1,t_2,t_3)}{\displaystyle\lim_{\substack{t_0\to-\infty\\ t_{\mathrm{f}}\to+\infty}}\langle\boldsymbol{r}_{\mathrm{f}}|\mathrm{e}^{-(\alpha t_{\mathrm{f}}-\alpha' t_0)\overline{H}/\hbar}|\boldsymbol{r}_0\rangle}\,,\tag{34}$$

而

$$g_{111}(t_1,t_2,t_3) = \lim_{\substack{t_0\to-\infty \\ t_f\to+\infty}} \langle \boldsymbol{r}_f|e^{-\alpha\overline{H}t_f/\hbar}e^{\overline{H}t_1/\hbar}\widehat{x}e^{-i\overline{H}(t_1-t_2)/\hbar}\widehat{y}e^{-i\overline{H}(t_2-t_3)/\hbar}\widehat{z}e^{-i\overline{H}t_3/\hbar}e^{\alpha'\overline{H}t_3/\hbar}|\boldsymbol{r}_0\rangle,$$

其中 $\widehat{x},\widehat{y},\widehat{z}$ 是 Schrödinger 绘景的坐标算符．在此式中令 α 及 α' 从右半平面趋于 $0^+ + i$, 可将其改写为

$$g_{111}(t_1,t_2,t_3) = \lim_{\substack{\alpha\to0^++i \\ \alpha'\to0^++i}} \lim_{\substack{t_0\to-\infty \\ t_f\to+\infty}} \langle \boldsymbol{r}_f|e^{-\alpha\overline{H}(t_f-t_1)/\hbar}\widehat{x}e^{-i\overline{H}(t_1-t_2)/\hbar}\widehat{y}e^{-i\overline{H}(t_2-t_3)/\hbar}\widehat{z}e^{\alpha'\overline{H}(t_3-t_0)/\hbar}|\boldsymbol{r}_0\rangle.$$

在算符 $\widehat{x},\widehat{y},\widehat{z}$ 的位置分别插入完备组 $\{|\boldsymbol{r}_1\rangle\},\{|\boldsymbol{r}_2\rangle\}$ 及 $\{|\boldsymbol{r}_3\rangle\}$ 并将 $\boldsymbol{r}_1,\boldsymbol{r}_2,\boldsymbol{r}_3$ 的一种值看作是路径 $\boldsymbol{r}(t)$ 上对应于时刻 t_1,t_2,t_3 的点，利用

$$\widehat{x}|\boldsymbol{r}_1\rangle = x(t_1)|\boldsymbol{r}_1\rangle, \quad \widehat{y}|\boldsymbol{r}_2\rangle = y(t_2)|\boldsymbol{r}_2\rangle, \quad \widehat{x}|\boldsymbol{r}_3\rangle = z(t_3)|\boldsymbol{r}_3\rangle,$$

得到

$$\begin{aligned} g_{111}(t_1,t_2,t_3) = &\lim_{\substack{\alpha\to0^++i \\ \alpha'\to0^++i}} \lim_{\substack{t_0\to-\infty \\ t_f\to+\infty}} \int\int\int d\boldsymbol{r}_1 d\boldsymbol{r}_2 d\boldsymbol{r}_3 \\ &\times\langle \boldsymbol{r}_f|e^{-\alpha\overline{H}(t_f-t1)/\hbar}|\boldsymbol{r}_1\rangle x(t_1)\langle \boldsymbol{r}_1|e^{-i\overline{H}(t_1-t_2)/\hbar}|\boldsymbol{r}_2\rangle y(t_2) \\ &\times\langle \boldsymbol{r}_2|e^{-i\overline{H}(t_2-t_3)/\hbar}|\boldsymbol{r}_3\rangle z(t_3)\langle \boldsymbol{r}_3|e^{\alpha'\overline{H}(t_3-t_0)/\hbar}|\boldsymbol{r}_0\rangle. \end{aligned}$$

如果把其中的 $x(t_1),y(t_2),z(t_3)$ 都换成 1, 就变成 (34) 式中分母的表达式，即

$$\begin{aligned} &\lim_{\substack{\alpha\to0^++i \\ \alpha'\to0^++i}} \lim_{\substack{t_0\to-\infty \\ t_f\to+\infty}} \int\int\int d\boldsymbol{r}_1 d\boldsymbol{r}_2 d\boldsymbol{r}_3 \langle \boldsymbol{r}_f|e^{-\alpha\overline{H}(t_f-t_1)/\hbar}|\boldsymbol{r}_1\rangle \\ &\times\langle \boldsymbol{r}_1|e^{-i\overline{H}(t_1-t_2)/\hbar}|\boldsymbol{r}_2\rangle\langle \boldsymbol{r}_2|e^{-i\overline{H}(t_2-t_3)/\hbar}|\boldsymbol{r}_3\rangle\langle \boldsymbol{r}_3|e^{\alpha'\overline{H}(t_3-t_0)/\hbar}|\boldsymbol{r}_0\rangle. \end{aligned}$$

将各个因子的路径积分表达式代进 (34) 式，注意分子、分母中的所有 $R'(\varepsilon)$ 因子都相消了．由 E_0 引起的因子也相消了，故

$$G_{111}(t_1,t_2,t_3) = \frac{\lim\limits_{\alpha\to0^++i} \int \mathcal{D}[\boldsymbol{r}]x(t_1)y(t_2)z(t_3)\exp\{\frac{\alpha}{\hbar}\int_{-\infty}^{+\infty} dtL(\boldsymbol{r}(t),\dot{\boldsymbol{r}}(t),\alpha)\}}{\lim\limits_{\alpha\to0^++i} \int \mathcal{D}[\boldsymbol{r}]\exp\{\frac{\alpha}{\hbar}\int_{-\infty}^{+\infty} dtL(\boldsymbol{r}(t),\dot{\boldsymbol{r}}(t),\alpha)\}}. \tag{35}$$

其中 $\mathcal{D}[\boldsymbol{r}]$ 是路径积分元, 它是分割时间间隔 $(t_\mathrm{f}-t_1),(t_1-t_2)$ 及 (t_3-t_0) 时形成的分立积分元的积的极限形式, 其中包含着时刻 t_1,t_2,t_3 的积分元 $\mathrm{d}\boldsymbol{r}_1,\mathrm{d}\boldsymbol{r}_2,\mathrm{d}\boldsymbol{r}_3$. 通常也将 $\mathcal{D}[\boldsymbol{r}]$ 简写成 $\prod_t \mathrm{d}\boldsymbol{r}(t)$. 由于 E_0 引起的因子已经消去, $L(\boldsymbol{r}(t),\dot{\boldsymbol{r}}(t),\alpha)$ 即是将 $L(\boldsymbol{r}(t),\dot{\boldsymbol{r}}(t))$ 中的 $\dot{\boldsymbol{r}}$ 换成 $\frac{1}{(-\mathrm{i}\alpha)}\dot{\boldsymbol{r}}$ 的结果:

$$L(\boldsymbol{r}(t),\dot{\boldsymbol{r}}(t),\alpha)=L(\boldsymbol{r},\dot{\boldsymbol{r}})|_{\dot{\boldsymbol{r}}\to\frac{1}{(-\mathrm{i}\alpha)}\dot{\boldsymbol{r}}}\,. \tag{36}$$

虽然在推导过程中约定了 $t_1\geqslant t_2\geqslant t_3$, 实际上所得到的路径积分对于 t_1,t_2,t_3 的其他顺序依然正确. 对于一般的 n_1,n_2,n_3 有

$$\begin{aligned}&G_{n_1n_2n_3}(t_1,t_2,\cdots)\\&\quad=\frac{\lim\limits_{\alpha\to0^++\mathrm{i}}\int\mathcal{D}[\boldsymbol{r}]\prod_j x(t_j)\prod_l y(t_l)\prod_s z(t_s)\exp\left\{\frac{\alpha}{\hbar}I(\alpha)\right\}}{\lim\limits_{\alpha\to0^++\mathrm{i}}\int\mathcal{D}[\boldsymbol{r}]\exp\left\{\frac{\alpha}{\hbar}I(\alpha)\right\}},\end{aligned} \tag{37}$$

其中

$$I(\alpha)=\int_{-\infty}^{+\infty}\mathrm{d}tL(\boldsymbol{r},\dot{\boldsymbol{r}},\alpha)\,,$$

$$\prod_j(x_j)=\prod_{j=1}^{j=n_1}x(t_j)\,,$$

$$\prod_l(y_l)=\prod_{l=n_1+1}^{l=n_1+n_2}y(t_l)\,,$$

$$\prod_s(z_s)=\prod_{s=n_1+n_2+1}^{n_1+n_2+n_3}z(t_s)\,.$$

这类格林函数可用如下的生成泛函来产生

$$Z[J]=\frac{\lim\limits_{\alpha\to0^++\mathrm{i}}\int\mathcal{D}[\boldsymbol{r}]\exp\left\{\frac{\alpha}{\hbar}(I(\alpha)+I_\mathrm{s})\right\}}{\lim\limits_{\alpha\to0^++\mathrm{i}}\int\mathcal{D}[\boldsymbol{r}]\exp\left\{\frac{\alpha}{\hbar}I(\alpha)\right\}}, \tag{38}$$

其中 I_s 是源项贡献的作用量

$$I_\mathrm{s}=\int_{-\infty}^{+\infty}\mathrm{d}t[J_1(t)x(t)+J_2(t)y(t)+J_3(t)z(t)]\,.$$

例如

$$G_{111}(t_1,t_2,t_3)=\frac{\delta}{\mathrm{i}\delta J_1(t_1)}\frac{\delta}{\mathrm{i}\delta J_2(t_2)}\frac{\delta}{\mathrm{i}\delta J_3(t_3)}Z[J]|_{J_1=J_2=J_3=0}\,.$$

这里写出的虚时间形式的路径积分表示对于更为复杂的系统也有参考价值. 由于时间演化算符中的 $\mathrm{i}t$ 被换成了 αt, 或者说 t 被换成了 $-\mathrm{i}\alpha t$, 在构成路径积分后, 相应于原来实时间方法中伴随着作用量的因子 i 被换成了 α. 而 $L(\boldsymbol{r}(t),\dot{\boldsymbol{r}}(t),\alpha)$ 中的 α 则来源于实时间方法中的 $\frac{\boldsymbol{r}_{n+1}-\boldsymbol{r}_n}{\varepsilon}$ 被换成 $\frac{\boldsymbol{r}_{n+1}-\boldsymbol{r}_n}{-\mathrm{i}\alpha\varepsilon}$. 顺便指出, 将 $L(\boldsymbol{r}(t),\dot{\boldsymbol{r}}(t),\alpha)$ 反号并令其中的 α 等于 1, 结果就是所谓欧氏拉氏函数, 即

$$L^{\mathrm{E}}(\boldsymbol{r},\dot{\boldsymbol{r}})=-L(\boldsymbol{r},\dot{\boldsymbol{r}},\alpha)|_{\alpha=1}=-L(\boldsymbol{r},\dot{\boldsymbol{r}})|_{\dot{\boldsymbol{r}}\to\frac{1}{(-\mathrm{i})}\dot{\boldsymbol{r}}}\,.$$

通常习惯于记住解析延拓和 $\alpha\to0^++\mathrm{i}$ 的极限过程, 而将 $Z[J]$ 及 $G_{n_1n_2n_3}(t_1,t_2,\cdots)$ 的路径积分表达式写成实时间形式

$$Z[J]=\frac{\int\mathcal{D}[\boldsymbol{r}]\exp\{\frac{\mathrm{i}}{\hbar}(I+I_{\mathrm{s}})\}}{\int\mathcal{D}[\boldsymbol{r}]\exp\{\frac{\mathrm{i}}{\hbar}I\}}\,, \tag{39}$$

$$G_{n_1n_2n_3}(t_1,\cdots)=\frac{\int\mathcal{D}[\boldsymbol{r}]\prod_j x(t_j)\prod_l y(t_l)\prod_s z(t_s)\exp\{\frac{\mathrm{i}}{\hbar}I\}}{\int\mathcal{D}[\boldsymbol{r}]\exp\{\frac{\mathrm{i}}{\hbar}I\}}\,, \tag{40}$$

其中

$$I=\int_{-\infty}^{+\infty}\mathrm{d}tL(\boldsymbol{r},\dot{\boldsymbol{r}}).$$

这种实时间形式也可用来进行运算, 但要有适当的约定 (亦见后面的实例).

§ 2　在有限维相空间的路径积分

为了简便, 只考虑笛卡儿坐标, 并规定构成波函数内积时的权重函数恒等于 1. 设 $\Psi(x,t)$ 和 $\widehat{H}(\widehat{x},\widehat{p},t)$ 分别是时刻 t 的波函数和哈密顿量算符, 于是当时间改变一个无穷小量 ε 时有

$$\Psi(x,t+\varepsilon)\approx\Psi(x,t)+\frac{\varepsilon}{\mathrm{i}\hbar}\widehat{H}(\widehat{x},\widehat{p},t)\Psi(x,t)\,, \tag{41}$$

设 $\psi_{p_1p_2\cdots p_s}(x_1,x_2,\cdots,x_s)$ 代表动量 $\widehat{p}_1,\cdots,\widehat{p}_s$ 的本征值为 $p_1,\cdots,p_s$ 的共同本征函数, 即

$$\psi_{p_1p_2\cdots p_s}(x)=\prod_l\left(\frac{\mathrm{e}^{\mathrm{i}p_lx_l/\hbar}}{\sqrt{2\pi\hbar}}\right)\,. \tag{42}$$

把 $\widehat{H}(\widehat{x},\widehat{p},t)$ 按照坐标动量的对易关系式改写成 $H_{\mathrm{R}}(\widehat{x},\widehat{p},t)$，使得每一项中的 $\widehat{p}_j$ 都在 $\widehat{x}_j$ 的右方，于是

$$\widehat{H}(\widehat{x},\widehat{p},t)\psi_{p_1p_2\cdots p_s}(x)=H_{\mathrm{R}}(x,p,t)\psi_{p_1p_2\cdots p_s}(x)\,,$$

其中 $H_{\mathrm{R}}(x,p,t)$ 是在 $H_{\mathrm{R}}(\widehat{x},\widehat{p},t)$ 中把 $\widehat{x}_j,\widehat{p}_l$ 直接换成 x_j,p_l 的结果. 把 $\Psi(x,t)$ 写成 (42) 式中的波函数的叠加有

$$\begin{aligned}\Psi(x,t)&=\int \mathrm{d}^s p\psi_{p_1p_2\cdots p_s}(x)\int \mathrm{d}^s x'\psi^*_{p_1p_2\cdots p_s}(x')\Psi(x',t)\\&=\int\frac{\mathrm{d}^s x'\mathrm{d}^s p}{(2\pi\hbar)^s}\exp\Big\{\mathrm{i}\sum_l p_l(x_l-x_l')/\hbar\Big\}\Psi(x',t)\,,\end{aligned}$$

因此

$$\widehat{H}(\widehat{x},\widehat{p},t)\Psi(x,t)=\int\frac{\mathrm{d}^s x'\mathrm{d}^s p}{(2\pi\hbar)^s}\exp\Big\{\mathrm{i}\sum_l p_l(x_l-x_l')/\hbar\Big\}H_{\mathrm{R}}(x',p,t)\Psi(x',t)\,.$$

(41) 式可写成

$$\Psi(x,t+\varepsilon)\approx\int\frac{\mathrm{d}^s x'\mathrm{d}^s p}{(2\pi\hbar)^s}\exp\Big\{\mathrm{i}\sum_l p_l(x_l-x_l')/\hbar\Big\}\Big\{1-\frac{\mathrm{i}\varepsilon}{\hbar}H_{\mathrm{R}}(x,p,t)\Big\}\Psi(x',t)\,,$$

或

$$\Psi(x,t+\varepsilon)\approx\int\frac{\mathrm{d}^s x'\mathrm{d}^s p}{(2\pi\hbar)^s}\exp\Big\{\frac{\mathrm{i}\varepsilon}{\hbar}\Big[\sum_l p_l\Big(\frac{x_l-x_l'}{\varepsilon}\Big)-H_{\mathrm{R}}(x,p,t)\Big]\Big\}\Psi(x',t)\,.\quad(43)$$

对于单个自由度的情形有

$$\Psi(x,t+\varepsilon)\approx\int\frac{\mathrm{d}x'\mathrm{d}p}{2\pi\hbar}\exp\Big\{\frac{\mathrm{i}\varepsilon}{\hbar}\Big[p\Big(\frac{x-x'}{\varepsilon}\Big)-H_{\mathrm{R}}(x,p,t)\Big]\Big\}\Psi(x',t)\,.\quad(44)$$

在曲线坐标下的公式也可用类似的方法求出，这里从略.

如果 $H_{\mathrm{R}}(x,p,t)$ 确是和经典哈密顿量相同，那么只要知道经典哈密顿量或拉氏函数，就可以用 (43) 式描述波函数的时间演化；但是 $H_{\mathrm{R}}(x,p,t)$ 按定义是借助坐标动量之间的对易关系式，把哈密顿量算符加以整理，使各项的 $\widehat{p}_l$ 处在 $\widehat{x}_l$ 的右方再把 $\widehat{x}_l,\widehat{p}_l$ 换为 x_l,p_l 而成的，一般不是经典哈密顿量. 如果只知道经典哈密顿量而不知道怎样确定它的算符，就不完全知道 $H_{\mathrm{R}}(x,p,t)$，因而也就不知道如何完全准确地应用公式 (43).

当拉氏函数不含广义速度的三次项或更高次项时，哈密顿量算符能够完全确定下来. 在这种情况下，在 (43) 式中完成对于 $\{p_l\}$ 的积分后，应该给出

前节的用拉氏函数表达的公式. 作为例子, 我们回到 (17) 式的拉氏函数来证明这一点, 这时哈密顿量算符是

$$\widehat{H}(\widehat{p},t)=\frac{1}{2m}\big(\widehat{p}-G(\widehat{x},t)\big)^2+V(\widehat{x},t)\,,$$

故

$$\begin{aligned}
&H_{\mathrm{R}}(x,p,t)=\frac{1}{2m}\Big\{p^2-2G(x,t)p+G^2(x,t)+\mathrm{i}\hbar\frac{\partial G(x,t)}{\partial x}\Big\}+V(x,t)\,,\\
&p\Big(\frac{x-x'}{\varepsilon}\Big)-H_{\mathrm{R}}(x,p,t)+V(x,t)-\frac{m}{2}\Big(\frac{x-x'}{\varepsilon}\Big)^2\\
&\qquad=\Big(\frac{x-x'}{\varepsilon}\Big)G(x,t)-\frac{\mathrm{i}\hbar}{2m}\Big\{\frac{\partial}{\partial x}G(x,t)\Big\}-\frac{1}{2m}(p-p_0)^2\,,
\end{aligned}$$

其中

$$p_0=m\Big(\frac{x-x'}{\varepsilon}\Big)+G(x,t)\,.$$

由此得

$$\begin{aligned}
&\int\frac{\mathrm{d}p}{2\pi\hbar}\exp\Big\{\frac{\mathrm{i}\varepsilon}{\hbar}\Big[p\Big(\frac{x-x'}{\varepsilon}\Big)-H_{\mathrm{R}}(x,p,t)\Big]\Big\}\\
&\quad=\frac{1}{R(\varepsilon)}\exp\Big\{\frac{\mathrm{i}\varepsilon}{\hbar}\Big[\frac{m}{2}\Big(\frac{x-x'}{\varepsilon}\Big)^2-V(x,t)\Big]\Big\}\\
&\qquad\qquad\times\exp\Big\{\frac{\mathrm{i}\varepsilon}{\hbar}\Big[\Big(\frac{x-x'}{\varepsilon}\Big)G(x,t)-\frac{\mathrm{i}\hbar}{2m}\frac{\partial G(x,t)}{\partial t}\Big]\Big\}.
\end{aligned}\tag{45}$$

这里用到 $\int\limits_{-\infty}^{\infty}\exp\Big\{-\frac{\mathrm{i}\varepsilon}{2\hbar m}y^2\Big\}\mathrm{d}y=\frac{2\pi\hbar}{R(\varepsilon)}$. 把 (45) 式代入 (44) 式, 得

$$\begin{aligned}
\Psi(x,t+\varepsilon)\approx\frac{1}{R(\varepsilon)}\int\limits_{-\infty}^{\infty}\mathrm{d}x'\psi(x',t)\exp\Big\{\frac{\mathrm{i}\varepsilon}{\hbar}\Big[\frac{m}{2}\Big(\frac{x-x'}{\varepsilon}\Big)^2\Big]\Big\}\\
\times\exp\Big\{\frac{\mathrm{i}\varepsilon}{\hbar}\Big[-V(x,t)+\Big(\frac{x-x'}{\varepsilon}\Big)G(x,t)-\frac{\mathrm{i}\hbar}{2m}\frac{\partial G(x,t)}{\partial x}\Big]\Big\}.
\end{aligned}$$

保留到 ε 的一次项时, 此式中的 $V(x,t)$ 可换成 $V(\frac{x+x'}{2},t)$, 而 $(1/\varepsilon)(x-x')G(x,t)$ 可换成

$$\frac{x-x'}{\varepsilon}G(\frac{x+x'}{2},t)+\frac{(x-x')^2}{2\varepsilon}\frac{\partial G(x,t)}{\partial x}\,,$$

因此

$$\begin{aligned}\Psi(x,t+\varepsilon) &\approx \frac{1}{R(\varepsilon)}\int \mathrm{d}x'\Psi(x',t)\exp\Big\{\frac{\mathrm{i}\varepsilon}{\hbar}L\Big(\frac{x+x'}{2},\frac{x-x'}{\varepsilon},t\Big)\Big\} \\ &\qquad\times\exp\Big\{\Big[\frac{\varepsilon}{2m}+\frac{\mathrm{i}(x-x')^2}{2\hbar}\Big]\frac{\partial G(x,t)}{\partial x}\Big\} \\ &\approx \frac{1}{R(\varepsilon)}\int \mathrm{d}x'\Psi(x',t)\exp\Big\{\frac{\mathrm{i}\varepsilon}{\hbar}L\Big(\frac{x+x'}{2},\frac{x-x'}{\varepsilon},t\Big)\Big\} \\ &\quad+\frac{1}{R(\varepsilon)}\Psi(x,t)\frac{\partial G(x,t)}{\partial x}\int_{-\infty}^{\infty}\mathrm{d}x'\exp\Big\{\frac{\mathrm{i}m}{2\varepsilon\hbar}(x-x')^2\Big\}\Big\{\frac{\varepsilon}{2m}+\frac{\mathrm{i}(x-x')^2}{2\hbar}\Big\}.\end{aligned}$$

末项中的积分可以算出，结果等于零，因此得出 (18) 式.

为了用 (44) 式描述波函数经历有限时间 $(t_{\mathrm{f}}-t_0)$ 的演变，应把 $t_{\mathrm{f}}-t_0$ 分割为一系列无穷小的时间间隔，令

$$\varepsilon=\frac{t_{\mathrm{f}}-t_0}{N}\quad(N\to\infty),$$

$$t_n=t_0+n\varepsilon\quad(t_N=t_{\mathrm{f}}).$$

用 (x_n,p_n) 代表按照 (44) 式描述波函数从时刻 t_n 到 $t_n+\varepsilon$ 的演变时采用的积分变量，则

$$\Psi(x,t_{\mathrm{f}})=\lim_{\varepsilon\to 0}\int\frac{\mathrm{d}x_0\mathrm{d}p_0}{2\pi\hbar}\frac{\mathrm{d}x_1\mathrm{d}p_1}{2\pi\hbar}\cdots\frac{\mathrm{d}x_{N-1}\mathrm{d}p_{N-1}}{2\pi\hbar}\exp\Big\{\frac{\mathrm{i}}{\hbar}\sum_{n=0}^{N-1}\varepsilon\overline{L}_n\Big\}\Psi(x_0,t_0),\tag{46}$$

其中

$$\begin{aligned}\overline{L}_n&=p_n\dot{x}_n-H_{\mathrm{R}}(\overline{x}_n,p_n,t_n),\\ \overline{x}_n&=\frac{1}{2}(x_{n+1}+x_n),\\ \dot{x}_n&=\frac{1}{\varepsilon}(x_{n+1}-x_n).\end{aligned}$$

$H_{\mathrm{R}}(\overline{x}_n,p_n,t_n)$ 即是在 $H_{\mathrm{R}}(x,p,t)$ 中将 (x,p,t) 换成 $(\overline{x}_n,p_n,t_n)$ 的结果. 由 (46) 式得到 $K(xt_{\mathrm{f}},x_0t_0)$ 的如下表达式

$$K(xt_{\mathrm{f}},x_0t_0)=\lim_{\varepsilon\to 0}\int\frac{\mathrm{d}x_0\mathrm{d}p_0}{2\pi\hbar}\frac{\mathrm{d}x_1\mathrm{d}p_1}{2\pi\hbar}\cdots\frac{\mathrm{d}x_{N-1}\mathrm{d}p_{N-1}}{2\pi\hbar}\exp\Big\{\frac{\mathrm{i}}{\hbar}\sum_{n=0}^{N-1}\varepsilon\overline{L}_n\Big\}.\tag{47}$$

现在把这个公式中的积分变量 $p_0,(x_1,p_1),\cdots,(x_{N-1},p_{N-1})$ 的每一种值连同 x_0,x 看成相空间中的路径 $(x(t),p(t))$ 上的 x,p 值，使得

$$x(t_n)=x_n\quad(x_N\equiv x),$$

$$p(t_n)=p_n,$$

于是给定一条路径，就决定了作用量 $\sum\limits_{n=0}^{N-1}\varepsilon\overline{L}_n$ 沿这条路径的值

$$\sum_{n=0}^{N-1}\varepsilon\overline{L}_n \longrightarrow \int_{t_0}^{t_\mathrm{f}}\{p(t)\dot{x}(t)-H_\mathrm{R}(x(t),p(t),t)\mathrm{d}t$$

$$=\overline{I}(xt_\mathrm{f},x_0t_0[x(t)],[p(t)])\,.$$

这样，(47) 式就可以看作对于具有给定 (x_0,x) 的一切路径的贡献求和，将其简记为

$$K(xt_\mathrm{f},x_0t_0)=\int\mathcal{D}[x(t),p(t)]\exp\Big\{\frac{\mathrm{i}}{\hbar}\overline{I}(xt_\mathrm{f},x_0t_0,[x(t)],[p(t)])\Big\}\,, \tag{48}$$

这就是 $K(xt_\mathrm{f},x_0t_0)$ 在相空间的路径积分公式，其中 $\mathcal{D}[x,p]$ 代表由

$$\frac{\mathrm{d}p_0}{2\pi\hbar}\sum_{n=0}^{N-1}\Big(\frac{\mathrm{d}x_n\mathrm{d}p_n}{2\pi\hbar}\Big)$$

形成的路径积分元. 用同样的方法可求出多维情形的相应公式，而且只要把 x,p 理解为 $x_1,x_2,\cdots x_s$ 及 $p_1,p_2,\cdots p_s$, 则形式仍然和 (48) 式一样.

下面说明一下，当哈密顿量是 x,p 的二次式时，如何用相空间的经典路径表示 $K(xt_\mathrm{f},x_0t_0)$. 设哈密顿量为 $H(x,p,t)$，考虑如下的运动方程和边条件

$$\dot{x}=\frac{\partial H}{\partial p}\,,$$

$$\dot{p}=-\frac{\partial H}{\partial x}\,,$$

$$x(t_0)=x_0\,,\quad x(t_\mathrm{f})=x\,.$$

由此唯一地确定相空间中的一条经典路径，记为 $x_\mathrm{cl}(t),p_\mathrm{cl}(t)$. 令

$$x(t)=x_\mathrm{cl}(t)+y(t)\,,$$

$$p(t)=p_\mathrm{cl}(t)+z(t)\,.$$

由于 $H(x,p,t)$ 是 x,p 的二次式，而且 $y(t_0)=y(t_\mathrm{f})=0$, 有

$$\overline{I}(xt_\mathrm{f},x_0t_0,[x(t)],[p(t)])=\overline{I}_\mathrm{cl}+\int_{t_0}^{t_\mathrm{f}}\Big\{-\dot{p}_\mathrm{cl}(t)-\Big(\frac{\partial H}{\partial x}\Big)_\mathrm{cl}\Big\}y(t)\mathrm{d}t$$

$$+\int_{t_0}^{t_\mathrm{f}}\Big\{\dot{x}_\mathrm{cl}(t)-\Big(\frac{\partial H}{\partial p}\Big)_\mathrm{cl}\Big\}z(t)\mathrm{d}t+\int_{t_0}^{t_\mathrm{f}}\{z(t)\dot{y}(t)-H(y,z,t)\}\mathrm{d}t\,,$$

其中第四项对 $K(xt_{\mathrm{f}},x_0t_0)$ 贡献一个因子 $K(0t_{\mathrm{f}},0t_0)$, 第二、第三项等于零，第一项为

$$\overline{I}_{\mathrm{cl}}(xt_{\mathrm{f}},x_0t_0)=\int_{t_0}^{t_{\mathrm{f}}}\{p_{\mathrm{cl}}(t)\dot{x}_{\mathrm{cl}}(t)-H(x_{\mathrm{cl}},p_{\mathrm{cl}},t)\}\mathrm{d}t\,. \tag{49}$$

因此由 (48) 式得

$$K(xt_{\mathrm{f}},x_0t_0)=K(0t_{\mathrm{f}},0t_0)\exp\Big\{\frac{\mathrm{i}}{\hbar}\overline{I}_{\mathrm{cl}}\Big\}. \tag{50}$$

这就是所需要的公式. 前面的 (20),(23) 和 (25) 式都是这种类型的公式，因为经典轨道保证 $p\dot{x}-H(x,p,t)$ 等于 $L(x,\dot{x},t)$.

§ 3　在 a^* 表象的路径积分

设 (q_j,p_j) 是正则变量，可以取任意实数值. 已经知道，当它们被复变量 a_j 代替时，正则方程变为

$$\mathrm{i}\hbar\dot{a}_j=\frac{\partial\mathcal{H}_{\mathrm{c}}(a^*,a,t)}{\partial a_j^*}, \tag{51}$$

其中

$$a_j=\frac{1}{\sqrt{2}}\Big(\beta_jq_j+\frac{\mathrm{i}}{\beta_j\hbar}p_j\Big),\quad a_j^*=\frac{1}{\sqrt{2}}\Big(\beta_jq_j-\frac{\mathrm{i}}{\beta_j\hbar}p_j\Big).$$

β_j 是使 β_jq_j 成为无量纲量的正数, $\mathcal{H}_{\mathrm{c}}(a^*,a,t)$ 是用 (a^*,a) 表示的哈密顿量. 微商记号的意义已在前面说明过，简单地说，就是使 $F(a^*,a)$ 的一级改变量可表示为

$$\delta F(a^*,a)=\sum_j\delta a_j^*\frac{\partial F}{\partial a_j^*}+\sum_j\delta a_j\frac{\partial F}{\partial a_j}.$$

由此仍然可以把运动方程表示为所谓修正的哈密顿原理的形式，即

$$\delta\int_{t_1}^{t_2}\Big\{-\mathrm{i}\hbar\sum_j\dot{a}_j^*a_j-\mathcal{H}_{\mathrm{c}}(a^*,a,t)\Big\}\mathrm{d}t=0. \tag{52}$$

在变分时 $a(t_1)$ 及 $a(t_2)$ 是固定的，而且它们必须代表真实的经典路径的端点. 此式也可写成

$$\delta\int_{t_1}^{t_2}\Big\{\frac{\mathrm{i}\hbar}{2}\sum_j(a_j^*\dot{a}_j-\dot{a}_j^*a_j)-\mathcal{H}_{\mathrm{c}}(a^*,a,t)\Big\}\mathrm{d}t=0. \tag{53}$$

利用这种复变量可以建立量子力学的一种特别的表象，称为 a^* 表象，意思是以 $\{a_j^*\}$ 作为波函数的自变量. 为此要给出这种波函数的内积的适当定义. 内积 (f_A, f_B) 应当由

$$(f_A(a^*))^* f_B(a^*)$$

经过对于 (q,p) 的积分来构成，即

$$(f_A, f_B) = \int \frac{\mathrm{d}^s q \mathrm{d}^s p}{(2\pi\hbar)^s} W(a^*, a)(f_A(a^*))^* f_B(a^*)\,, \tag{54}$$

其中的常数因子是为了后面的方便而引进的，$W(a^*, a)$ 是权重函数. 根据正则量子化的结果，a_j^*, a_l 的算符满足如下的对易关系

$$\begin{aligned} &\widehat{a}_j^\dagger \widehat{a}_l^\dagger - \widehat{a}_l^\dagger \widehat{a}_j^\dagger = \widehat{a}_j \widehat{a}_l - \widehat{a}_l \widehat{a}_j = 0\,, \\ &\widehat{a}_j \widehat{a}_l^\dagger - \widehat{a}_l^\dagger \widehat{a}_j = \delta_{jl}\,. \end{aligned}$$

系统的态矢量可用 $\{\widehat{a}_l^\dagger\}$ 作用于满足如下条件的态矢量 $|0\rangle$ 来构成

$$\widehat{a}_j |0\rangle = 0\,, \quad \langle 0|0\rangle = 1\,.$$

波函数的内积当然必须等于态矢量空间中对应的内积，而且适当选择权重函数，必定能够使波函数为 $f(a^*)$ 的态矢量 $|\varPsi_\mathrm{f}\rangle$ 被 $\widehat{a}_j^\dagger$ 及 $\widehat{a}_j$ 作用之后，分别变成波函数是 $\widehat{a}_j^* f(a^*)$ 及 $\frac{\partial}{\partial a_j^*} f(a^*)$ 的态矢量. 记为

$$\widehat{a}_j^\dagger |\varPsi_\mathrm{f}\rangle \longleftrightarrow a_j^* f(a^*)\,, \tag{55}$$

$$\widehat{a}_j |\varPsi_\mathrm{f}\rangle \longleftrightarrow \frac{\partial}{\partial a_j^*} f(a^*)\,. \tag{56}$$

即是说，$\widehat{a}_j^\dagger$ 及 $\widehat{a}_j$ 在 a^* 表象的算子分别是 a_j^* 及 $\partial/\partial a_j^*$. 我们就以此作为选择 $W(a^*, a)$ 的标准条件. 把波函数为 $f_A(a^*)$ 及 $f_B(a^*)$ 的态矢量分别简记为 $\varPsi_A$ 及 $\varPsi_B$，由

$$(\widehat{a}_j^\dagger \varPsi_A, \varPsi_B) = (\varPsi_A, \widehat{a}_j \varPsi_B)\,, \qquad \frac{\partial a_k}{\partial a_j^*} = 0\,,$$

得出

$$\begin{aligned} \int \frac{\mathrm{d}^s q \mathrm{d}^s p}{(2\pi\hbar)^s} W(a^*, a)(a_j^* f_A(a^*))^* f_B(a^*) &= \int \frac{\mathrm{d}^s q \mathrm{d}^s p}{(2\pi\hbar)^s} W(a^*, a)(f_A(a^*))^* \frac{\partial}{\partial a_j^*} f_B(a^*) \\ &= -\int \frac{\mathrm{d}^s q \mathrm{d}^s p}{(2\pi\hbar)^s} \frac{\partial W(a^*, a)}{\partial a_j^*} (f_A(a^*))^* f_B(a^*) \\ &\quad + \int \frac{\mathrm{d}^s q \mathrm{d}^s p}{(2\pi\hbar)^s} \frac{\partial}{\partial a_j^*} \{W(a^*, a)(f_A(a^*))^* f_B(a^*)\}\,, \end{aligned}$$

其中的最末项应该像通常的内积中的积分一样等于零. 因此

$$\int \frac{\mathrm{d}^s q \mathrm{d}^s p}{(2\pi\hbar)^s} W(a^*, a)(f_A(a^*))^* \left\{ a_j + \frac{1}{W(a^*, a)} \frac{\partial W(a^*, a)}{\partial a_j^*} \right\} f_B(a^*) = 0 \, .$$

这要求

$$\frac{\partial}{\partial a_j^*} W(a^*, a) = -a_j W(a^*, a) \, ,$$

其解为

$$W(a^*, a) \propto \exp\left\{ -\sum_j a_j^* a_j \right\} .$$

比例因子是正常数, 可归并到波函数中, 故可把 $W(a^*, a)$ 选为

$$W(a^*, a) = \exp\left\{ -\sum_j a_j^* a_j \right\} . \tag{57}$$

这个权重函数确是保证了 a_j^* 与 $\partial/\partial a_j^*$ 是互为厄米共轭的算子.

在 a^* 表象下, $\hat{a}_j^\dagger \hat{a}_j$ 的微分算子是 $a_j^* \partial/\partial a_j^*$, $(a_j^*)^n$ 是它的本征函数. 限制 n 为非负整数, 用 (57) 式中的权重函数直接计算可知, $\frac{1}{\sqrt{n!}}(a_j^*)^n$ 是归一的, 因此 $\{\hat{a}_j^\dagger \hat{a}_j\}$ 在 a^* 表象的共同本征函数为

$$f_{n_1 n_2 \cdots n_s}(a^*) = \prod_{j=1}^{s} \frac{(a_j^*)^{n_j}}{\sqrt{n_j!}} \, . \tag{58}$$

它们满足如下的正交归一条件

$$(f_{n_1 n_2 \cdots n_s}, f_{n_1' n_2' \cdots n_s'}) = \delta_{n_1 n_1'} \delta_{n_2 n_2'} \cdots \delta_{n_s n_s'} \, . \tag{59}$$

另一方面, 已经知道, $\{\hat{a}_j^\dagger \hat{a}_j\}$ 在态矢量空间的共同本征矢量是

$$|\Psi_{n_1 n_2 \cdots n_s}\rangle = f_{n_1 n_2 \cdots n_s}(\hat{a}^\dagger)|0\rangle \, . \tag{60}$$

它们的内积是

$$(\Psi_{n_1 n_2 \cdots n_s}, \Psi_{n_1' n_2' \cdots n_s'}) = \delta_{n_1 n_1'} \delta_{n_2 n_2'} \cdots \delta_{n_s n_s'} \, .$$

因此, $f_{n_1 n_2 \cdots n_s}(a^*)$ 即是态矢量 $|\Psi_{n_1 n_2 \cdots n_s}\rangle$ 在 a^* 表象的波函数, 我们把这种对应关系记为

$$f_{n_1 n_2 \cdots n_s}(a^*) \longleftrightarrow f_{n_1 n_2 \cdots n_s}(\hat{a}^\dagger)|0\rangle \, . \tag{61}$$

由于 $f_{n_1 n_2 \cdots n_s}(\widehat{a}^\dagger)|0\rangle$ 构成态矢量的完备组，故 $f_{n_1 n_2 \cdots n_s}(a^*)$ 构成 a^* 表象波函数的完备组，可见每个波函数 $f(a^*)$ 都是 $\{a_j^*\}$ 的解析函数，可表示为

$$f(a^*) = \sum_{n_1 n_2 \cdots n_s} f_{n_1 n_2 \cdots n_s}(a^*)(f_{n_1 n_2 \cdots n_s}, f)\,. \tag{62}$$

因此，与 $f(a^*)$ 相应的态矢量是

$$|\Psi_{\rm f}\rangle = \sum_{n_1 n_2 \cdots n_s} f_{n_1 n_2 \cdots n_s}(\widehat{a}^\dagger)|0\rangle(f_{n_1 n_2 \cdots n_s}, f) = f(\widehat{a}^\dagger)|0\rangle\,, \tag{63}$$

即

$$f(a^*) \longleftrightarrow f(\widehat{a}^\dagger)|0\rangle\,. \tag{64}$$

如果完成 (62) 式中的求和，则给出解析函数 f 的恒等式

$$f(a^*) = \int \frac{\mathrm{d}^s q \mathrm{d}^s p}{(2\pi\hbar)^s} \exp\Big\{\sum_l (a_l^* - a_l'^*) a_l'\Big\} f(a'^*)\,. \tag{65}$$

在确定了 (64) 式的对应关系之后, (55) 及 (56) 式变成如下的显然结果

$$\widehat{a}_j^\dagger f(\widehat{a}^\dagger)|0\rangle \longleftrightarrow a_j^* f(a^*)\,, \tag{66}$$

$$\widehat{a}_j f(\widehat{a}^\dagger)|0\rangle \longleftrightarrow \frac{\partial}{\partial \widehat{a}_j^*} f(a^*)\,. \tag{67}$$

对于一般的算符 $Q(\widehat{a}^\dagger, \widehat{a})$，则有

$$Q(\widehat{a}^\dagger, \widehat{a}) f(\widehat{a}^\dagger)|0\rangle \longleftrightarrow Q\Big(a^*, \frac{\partial}{\partial a^*}\Big) f(a^*)\,, \tag{68}$$

其中 $Q(a^*, \partial/\partial a^*)$ 是在 $Q(\widehat{a}^\dagger, \widehat{a})$ 中把各个 $\widehat{a}_l^\dagger$ 及 $\widehat{a}_j$ 换成 a_l^* 及 $\partial/\partial a_j^*$ 的结果，它就是 $Q(\widehat{a}^\dagger, \widehat{a})$ 在 a^* 表象的算子. 改写 $Q(a^*, \partial/\partial a^*)$ 使

$$Q\Big(a^*, \frac{\partial}{\partial a^*}\Big) = Q_{\rm R}\Big(a^*, \frac{\partial}{\partial a^*}\Big)\,.$$

而在 $Q_{\rm R}(a^*, \partial/\partial a^*)$ 的每一项中，$\partial/\partial a_l^*$ 都处在 a_l^* 的右方，则作用于波函数 $\exp\{\sum\limits_j a_j^* a_j'\}$ 时得到

$$Q\Big(a^*, \frac{\partial}{\partial a^*}\Big)\exp\Big\{\sum_j a_j^* a_j'\Big\} = Q_{\rm R}(a^*, a')\exp\Big\{\sum_j a_j^* a_j'\Big\} = Q_{\rm K}(a^*, a')\,, \tag{69}$$

其中 $Q_{\mathrm{K}}(a^*,a')$ 及 $Q_{\mathrm{R}}(a^*,a')$ 分别称为算子 $Q(a^*,\partial/\partial a^*)$ 或算符 $Q(\widehat{a}^\dagger,\widehat{a})$ 的核和正规核，它们也可以表示为

$$Q_{\mathrm{K}}(a^*,a')=\langle 0|\exp\Big\{\sum_l a_l^*\widehat{a}_l\Big\}Q(\widehat{a}^\dagger,\widehat{a})\exp\Big\{\sum_j a_j'\widehat{a}_j^\dagger\Big\}|0\rangle, \tag{70}$$

$$Q_{\mathrm{R}}(a^*,a')=\frac{Q_{\mathrm{K}}(a^*,a')}{\langle 0|\exp\{\sum\limits_l a_l^*\widehat{a}_l\}\exp\{\sum\limits_j a_j'\widehat{a}_j^\dagger\}|0\rangle}. \tag{71}$$

对于一般的波函数 $f(a^*)$，由 (65), (69) 式有

$$Q\Big(a^*,\frac{\partial}{\partial a^*}\Big)f(a^*)=\int\frac{\mathrm{d}^sq'\mathrm{d}^sp'}{(2\pi\hbar)^s}\exp\Big\{\sum_l(a_l^*-a'^*_l)a_l'\Big\}Q_{\mathrm{R}}(a^*,a')f(a'^*), \tag{72}$$

或

$$Q\Big(a^*,\frac{\partial}{\partial a^*}\Big)f(a^*)=\int\frac{\mathrm{d}^sq'\mathrm{d}^sp'}{(2\pi\hbar)^s}\exp\Big\{-\sum_l a'^*_l a_l'\Big\}Q_{\mathrm{K}}(a^*,a')f(a'^*). \tag{73}$$

(69) 式也表明,算子 Q^A,Q^B 的积 Q^AQ^B 的核 $(Q^AQ^B)_{\mathrm{K}}(a^*,a')$ 等于 $Q^A(a^*,\partial/\partial a^*)$ 作用于 $Q_{\mathrm{K}}^B(a^*,a')$ 的结果，故根据 (73) 式得

$$(Q^AQ^B)_{\mathrm{K}}(a^*,a')=\int\frac{\mathrm{d}^sq''\mathrm{d}^sp''}{(2\pi\hbar)^s}\exp\Big\{-\sum_l a_l''^*a_l''\Big\}Q_{\mathrm{K}}^A(a^*,a'')Q_{\mathrm{K}}^B(a''^*,a'). \tag{74}$$

即是说，Q^AQ^B 的核是 Q^A 的核与 Q^B 的核的卷积.

设系统的哈密顿量算符是 $\mathcal{H}(\widehat{a}^\dagger,\widehat{a},t)$, 它的正规积表达式是 $\mathcal{H}_{\mathrm{R}}(\widehat{a}^\dagger,\widehat{a},t)$, 即在 $\mathcal{H}_{\mathrm{R}}(\widehat{a}^\dagger,\widehat{a},t)$ 的每一项，$\widehat{a}_l^\dagger$ 都处在 $\widehat{a}_l$ 的左方，而且

$$\mathcal{H}_{\mathrm{R}}(\widehat{a}^\dagger,\widehat{a},t)=\mathcal{H}(\widehat{a}^\dagger,\widehat{a},t).$$

当 $\varepsilon\approx 0$ 时，有

$$\begin{aligned}f(a^*,t+\varepsilon)-f(a^*,t)&\approx\frac{\varepsilon}{\mathrm{i}\hbar}\mathcal{H}\Big(a^*,\frac{\partial}{\partial a^*},t\Big)f(a^*,t)\\&=\frac{\varepsilon}{\mathrm{i}\hbar}\int\frac{\mathrm{d}^sq'\mathrm{d}^sp'}{(2\pi\hbar)^s}\exp\Big\{\sum_l(a_l^*-a'^*_l)a_l'\Big\}\mathcal{H}_{\mathrm{R}}(a^*,a',t)f(a'^*,t),\end{aligned}$$

即

$$\begin{aligned}&f(a^*,t+\varepsilon)\\&\quad\approx\int\frac{\mathrm{d}^sq'\mathrm{d}^sp'}{(2\pi\hbar)^s}\exp\Big\{\frac{\mathrm{i}\varepsilon}{\hbar}\Big[-\mathrm{i}\hbar\sum_l\Big(\frac{a_l^*-a'^*_l}{\varepsilon}\Big)a_l'-\mathcal{H}_{\mathrm{R}}(a^*,a',t)\Big]\Big\}f(a'^*,t). \end{aligned}\tag{75}$$

这是与上节 (43) 式相似的公式. 如果 $\mathcal{H}_{\mathrm{R}}(a^*,a,t)$ 正好是经典哈密顿量, 那么只要知道经典哈密顿量就可以借助这个公式描述波函数的时间演化; 如果不是这样而又不完全知道如何确定哈密顿量算符, 也就不知道如何完全准确地应用这个公式.

以下令自由度数等于 1, 以便简化记号. 这时 (75) 式给出

$$f(a^*,t+\varepsilon)\approx\int\frac{\mathrm{d}q'\mathrm{d}p'}{2\pi\hbar}\exp\Big\{(a^*-a'^*)a'-\frac{\mathrm{i}\varepsilon}{\hbar}\mathcal{H}_{\mathrm{R}}(a^*,a',t)\Big\}f(a'^*,t)\,. \tag{76}$$

因此波函数从 t_0 到 t_{f} 的演变由下式决定

$$\begin{aligned}f(a^*,t_{\mathrm{f}})=\lim_{\varepsilon\to0}\int&\frac{\mathrm{d}q_0\mathrm{d}p_0}{(2\pi\hbar)}\frac{\mathrm{d}q_1\mathrm{d}p_1}{(2\pi\hbar)}\cdots\frac{\mathrm{d}q_{N-1}\mathrm{d}p_{N-1}}{(2\pi\hbar)}f(a_0^*,t_0)\\&\times\exp\Big\{\sum_{n=0}^{N-1}\Big[(a_{n+1}^*-a_n^*)a_n-\frac{\mathrm{i}\varepsilon}{\hbar}\mathcal{H}_{\mathrm{R}}(a_{n+1}^*,a_n,t_n)\Big]\Big\},\end{aligned} \tag{77}$$

其中

$$\varepsilon=\frac{t_{\mathrm{f}}-t_0}{N}\quad(N\to\infty),$$
$$t_n=t_0+n\varepsilon\quad(t_N=t_{\mathrm{f}}).$$

(q_n,p_n) 是按照 (76) 式描述波函数从时刻 t_n 到 $t_n+\varepsilon$ 演变时的积分变量, a_n,a_n^* 按下式决定

$$a_n=\frac{1}{\sqrt2}\Big(\beta q_n+\frac{\mathrm{i}}{\beta\hbar}p_n\Big),$$
$$a_n^*=\frac{1}{\sqrt2}\Big(\beta q_n-\frac{\mathrm{i}}{\beta\hbar}p_n\Big),$$
$$a_N^*=a^*\,.$$

设 $T(t,t_0)$ 是系统的时间演化算符, 于是由 (73) 式有

$$f(a^*,t_{\mathrm{f}})=\int\frac{\mathrm{d}q_0\mathrm{d}p_0}{(2\pi\hbar)}\exp\{-a_0^*a_0\}T_{\mathrm{K}}(a^*t_{\mathrm{f}},a_0t_0)f(a_0^*,t_0)\,, \tag{78}$$

其中 $T_{\mathrm{K}}(a^*t_{\mathrm{f}},a_0t_0)$ 即是 $T(t_{\mathrm{f}},t_0)$ 在 a^* 表象的核, 根据 (70) 式可把它表示为

$$T_{\mathrm{K}}(a^*t_{\mathrm{f}},a_0t_0)=\langle0|\exp\{a^*\widehat{a}\}T(t_{\mathrm{f}},t_0)\exp\{a_0\widehat{a}^\dagger\}|0\rangle\,. \tag{79}$$

比较 (77) 与 (78) 式得到

$$\begin{aligned}T_{\mathrm{K}}(a^*t_{\mathrm{f}},a_0t_0)=\lim_{\varepsilon\to0}\int&\frac{\mathrm{d}q_1\mathrm{d}p_1}{(2\pi\hbar)}\frac{\mathrm{d}q_2\mathrm{d}p_2}{(2\pi\hbar)}\cdots\frac{\mathrm{d}q_{N-1}\mathrm{d}p_{N-1}}{(2\pi\hbar)}\\&\times\exp\Big\{\sum_{n=0}^{N-1}a_{n+1}^*a_n-\sum_{n=0}^{N-1}a_n^*a_n-\frac{\mathrm{i}\varepsilon}{\hbar}\sum_{n=0}^{N-1}\mathcal{H}_{\mathrm{R}}(a_{n+1}^*,a_n,t_N)\Big\}.\end{aligned} \tag{80}$$

又可写成

$$T_{\mathrm{K}}(a^*t_{\mathrm{f}},a_0t_0)=\lim_{\varepsilon\to 0}\int\frac{\mathrm{d}q_1\mathrm{d}p_1}{(2\pi\hbar)}\cdots\frac{\mathrm{d}q_{N-1}\mathrm{d}p_{N-1}}{(2\pi\hbar)}$$
$$\times\exp\left\{\frac{1}{2}(a^*a+a_0^*a_0)\right\}\exp\left\{\frac{\mathrm{i}}{\hbar}I'\right\},\tag{81}$$

其中

$$\exp\left\{\frac{\mathrm{i}}{\hbar}I'\right\}=\exp\left\{\frac{1}{2}\sum_{n=0}^{N-1}[(a_n^*-a_{n-1}^*)a_{n-1}-a_n^*(a_n-a_{n-1})]\right\}$$
$$\times\exp\left\{-\frac{\mathrm{i}\varepsilon}{\hbar}\sum_{n=0}^{N-1}\mathcal{H}_{\mathrm{R}}(a_{n+1}^*,a_n,t_n)\right\}.\tag{82}$$

相应的路径积分公式为

$$T_{\mathrm{K}}(a^*t_{\mathrm{f}},a_0t_0)\int\mathcal{D}[a^*,a]\exp\left\{\frac{1}{2}(a^*a+a_0^*a_0)\right\}\exp\left\{\frac{\mathrm{i}}{\hbar}I'(t_{\mathrm{f}}t_0,[a(t)])\right\}.\tag{83}$$

这是对于满足条件 $a(t_0)=a_0,a^*(t_{\mathrm{f}})=a^*$ 的一切路径 $a(t)$ 的贡献求和，$\mathcal{D}[a^*,a]$ 是由

$$\prod_{n=1}^{N-1}\frac{\mathrm{d}q_n\mathrm{d}p_n}{2\pi\hbar}$$

形成的路径积分元. $I'(t_{\mathrm{f}}t_0,[a(t)])$ 按下式决定

$$I'(t_{\mathrm{f}}t_0,[a(t)])=\int_{t_0}^{t_{\mathrm{f}}}\mathrm{d}t\left\{\frac{\mathrm{i}\hbar}{2}(a^*(t)a(t)-\dot{a}^*(t)a(t))-\mathcal{H}_{\mathrm{R}}(a^*(t),a(t),t)\right\}.$$

(83) 式即是 $T_{\mathrm{K}}(a^*t_{\mathrm{f}},a_0t_0)$ 在 a^* 表象的路径积分公式，多自由度情形的公式可按照同样的方法求出.

下面讨论一些简单例子，并借此显示 a^* 表象的路径积分的某些特点. 首先计算一维简谐振子的 $T_{\mathrm{K}}(a^*t_{\mathrm{f}},a_0t_0)$. 设哈密顿量算符为

$$H(\widehat{a}^\dagger,\widehat{a})=\hbar\omega\widehat{a}^\dagger\widehat{a},$$

其中

$$\widehat{a}=\sqrt{\frac{m\omega}{2\hbar}}\widehat{x}+\frac{\mathrm{i}\widehat{p}}{\sqrt{2m\hbar\omega}},\quad \widehat{a}^\dagger=\sqrt{\frac{m\omega}{2\hbar}}\widehat{x}-\frac{\mathrm{i}\widehat{p}}{\sqrt{2m\hbar\omega}},$$

$H(\widehat{a}^\dagger,\widehat{a})$ 的正规核是 $H_{\rm R}(a^*,a')=\hbar\omega a^*a'$. 故 $T_{\rm K}(a^*t_{\rm f},a_0t_0)$ 的路径积分形式为

$$T_{\rm K}(a^*t_{\rm f},a_0t_0)=\int\mathcal{D}[a^*,a]\exp\Big\{\frac{1}{2}(a^*a+a_0^*a_0)\Big\}\exp\Big\{\frac{{\rm i}I'}{\hbar}\Big\},$$

$$I'(t_{\rm f}t_0,[a(t)])=\int_{t_0}^{t_{\rm f}}\Big\{\frac{{\rm i}\hbar}{2}(a^*\dot{a}-\dot{a}^*a)-\hbar\omega a^*a\Big\}{\rm d}t\,.$$

回到公式 (80) 可直接进行积分计算，因为 $\mathcal{H}_{\rm R}(a^*,a')$ 是 a^*,a' 的二次式，每一次积分都是高斯积分，所以能够在 $\varepsilon\to 0$ 之前完成积分. 不过也可以作如下的简单运算求出最后结果. 由

$$T_{\rm K}(a^*t_{\rm f},a_0t_0)=\langle 0|\exp\{a^*\widehat{a}\}\exp\{-{\rm i}\omega\widehat{a}^\dagger\widehat{a}(t_{\rm f}-t_0)\}\exp\{a_0\widehat{a}^\dagger\}|0\rangle\,,$$

以及

$$\begin{aligned}&\exp\{-{\rm i}\omega\widehat{a}^\dagger\widehat{a}(t_{\rm f}-t_0)\}\exp\{a_0\widehat{a}^\dagger\}|0\rangle\\&\quad=\exp\{-{\rm i}\omega\widehat{a}^\dagger\widehat{a}(t_{\rm f}-t_0)\}\exp\{a_0\widehat{a}^\dagger\}\exp\{{\rm i}\omega\widehat{a}^\dagger\widehat{a}(t_{\rm f}-t_0)\}|0\rangle\\&\quad=\exp\{a_0A^\dagger\}|0\rangle\,,\\A^\dagger&=\exp\{-{\rm i}\omega\widehat{a}^\dagger\widehat{a}(t_{\rm f}-t_0)\}\widehat{a}^\dagger\exp\{{\rm i}\omega\widehat{a}^\dagger\widehat{a}(t_{\rm f}-t_0)\}\\&=\exp\{-{\rm i}\omega(t_{\rm f}-t_0)\}\widehat{a}^\dagger\,,\end{aligned}$$

得

$$T_{\rm K}(a^*t_{\rm f},a_0t_0)=\exp\{a^*a_0\exp\{-{\rm i}\omega(t_{\rm f}-t_0)\}\}\,.\tag{84}$$

如果要借助经典路径来计算，就要注意，一条经典路径 $a(t')$ 被运动方程及一个时刻的值完全决定 (因为运动方程是时间的一阶微分方程)，因此一般不能满足在初时刻和末时刻独立给定的两个端点条件. 如果分别地考虑端点条件而决定两条经典路径 $a(t')$ 及 $a'(t')$，设它们满足

$$a^*(t)|_{t'=t}=a^*\,,\qquad a'(t')|_{t'=t_0}=a_0\,,$$

那么容易验证，借助这样的路径可把 $T_{\rm K}(a^*t,a_0t_0)$ 表示为

$$\begin{aligned}T_{\rm K}(a^*t,a_0t_0)=&\exp\Big\{\frac{a^*a'(t)+a^*(t_0)a_0}{2}\Big\}\\&\times\exp\Big\{\frac{\rm i}{\hbar}\int_{t_0}^{t}{\rm d}t'\Big[\frac{{\rm i}\hbar}{2}(a^*\dot{a}'-\dot{a}^*a')-H_{\rm R}(a^*,a',t')\Big]\Big\}.\end{aligned}\tag{85}$$

由哈密顿量知道, $a(t')$ 及 $a'(t')$ 的时间因子都是 $\exp\{-\mathrm{i}\omega t'\}$, 因此

$$\begin{aligned}a(t') &= a\exp\{-\mathrm{i}\omega(t'-t)\}\,,\\ a'(t') &= a_0\exp\{-\mathrm{i}\omega(t'-t_0)\}\,,\\ a^*(t') &= a^*\exp\{-\mathrm{i}\omega(t-t')\}\,,\end{aligned}$$

以此代入 (85) 式, 并把 t 换为 t_{f}, 即得出 (84) 式.

再考虑耦合振子的例子. 设哈密顿量算符为

$$H(\widehat{a}^\dagger,\widehat{a},t)=\hbar\omega\widehat{a}^\dagger\widehat{a}-F(t)\widehat{a}^\dagger-F^*(t)\widehat{a}\,, \tag{86}$$

故

$$H_{\mathrm{R}}(a^*,a',t)=\hbar\omega a^*a'-F(t)a^*-F^*(t)a'\,, \tag{87}$$

$$T_{\mathrm{K}}(a^*t,a_0t_0)=\int\mathcal{D}[a^*,a]\exp\left\{\frac{1}{2}(a^*a+a_0^*a_0)\right\}\exp\left\{\frac{\mathrm{i}I'}{\hbar}\right\}, \tag{88}$$

其中

$$I'(t,t_0[a(t')])=\int_{t_0}^{t}\mathrm{d}t'\left\{\frac{\mathrm{i}\hbar}{2}(a^*\dot{a}-\dot{a}^*a)-H_{\mathrm{R}}(a^*,a,t')\right\}. \tag{89}$$

由于 $H_{\mathrm{R}}(a^*,a',t)$ 仍然是 a^*,a' 的二次式, 可以借助高斯积分计算 $T_{\mathrm{K}}(a^*t,a_0t_0)$. 但这里将采用类似于 1.3 小节例题 3 的方法. 记住

$$\begin{aligned}T(t,t_0)&=\exp\{-\mathrm{i}\omega t\,\widehat{a}^\dagger\widehat{a}\}\,U(t,t_0)\exp\{\mathrm{i}\omega t_0\,\widehat{a}^\dagger\widehat{a}\}\,,\\ U(t,t_0)&=\mathcal{T}\exp\left\{-\frac{\mathrm{i}}{\hbar}\int_{t_0}^{t}\mathrm{d}t'\,V(t')\right\},\end{aligned}$$

而

$$\begin{aligned}V(t')&=\exp\{\mathrm{i}\omega t'\,\widehat{a}^\dagger\widehat{a}\}\{-F(t')\widehat{a}^\dagger-F^*(t')\widehat{a}\}\exp\{-\mathrm{i}\omega t'\,\widehat{a}^\dagger\widehat{a}\}\\ &=-F(t')\exp\{\mathrm{i}\omega t'\}\widehat{a}^\dagger-F^*(t')\exp\{-\mathrm{i}\omega t'\}\widehat{a}\,.\end{aligned} \tag{90}$$

暂且假定 $t_{\mathrm{f}}>t_0$, 令 $\varepsilon=(t-t_0)/N\,(N\to\infty)$, 则

$$U(t,t_0)\approx\exp\left\{-\frac{\mathrm{i}\varepsilon}{\hbar}V(t-\varepsilon)\right\}\exp\left\{-\frac{\mathrm{i}\varepsilon}{\hbar}V(t-2\varepsilon)\right\}\cdots\times\exp\left\{-\frac{\mathrm{i}\varepsilon}{\hbar}V(t_0)\right\}$$

$$\longrightarrow \exp\left\{-\frac{\mathrm{i}}{\hbar}\int_{t_0}^{t}\mathrm{d}t'V(t')\right\}\times\exp\left\{\frac{-1}{2\hbar^2}\int_{t_0}^{t}\mathrm{d}t'\int_{t_0}^{t'}\mathrm{d}t''[V(t'),V(t'')]\right\}. \tag{91}$$

由

$$\frac{-\mathrm{i}}{\hbar}\int_{t_0}^{t}\mathrm{d}t'V(t') = \frac{\mathrm{i}}{\hbar}\int_{t_0}^{t}\mathrm{d}t'F(t')\exp\{\mathrm{i}\omega t'\}\widehat{a}^\dagger + \frac{\mathrm{i}}{\hbar}\int_{t_0}^{t}\mathrm{d}t'F^*(t')\exp\{-\mathrm{i}\omega t'\}\widehat{a},$$

$$[V(t'),V(t'')] = -F(t')F^*(t'')\exp\{\mathrm{i}\omega(t'-t'')\} + F^*(t')F(t'')\exp\{-\mathrm{i}\omega(t'-t'')\},$$

有

$$\exp\left\{\frac{-\mathrm{i}}{\hbar}\int_{t_0}^{t}\mathrm{d}t'V(t')\right\} = \exp\left\{\frac{-1}{2\hbar^2}\int_{t_0}^{t}\int_{t_0}^{t'}\mathrm{d}t'\mathrm{d}t''F(t')F^*(t'')\exp\{-\mathrm{i}\omega(t'-t'')\}\right\}$$
$$\times\exp\left\{\frac{\mathrm{i}}{\hbar}\int_{t_0}^{t}\mathrm{d}t'F(t')\exp\{\mathrm{i}\omega t'\}\widehat{a}^\dagger\right\}\exp\left\{\frac{\mathrm{i}}{\hbar}\int_{t_0}^{t}\mathrm{d}t''F^*(t'')\exp\{-\mathrm{i}\omega t''\}\widehat{a}\right\}, \tag{92}$$

$$U(t,t_0) = \exp\{f\}\exp\left\{\frac{\mathrm{i}}{\hbar}\int_{t_0}^{t}\mathrm{d}t'F(t')\exp\{\mathrm{i}\omega t'\}\widehat{a}^\dagger\right\}\exp\left\{\frac{\mathrm{i}}{\hbar}\int_{t_0}^{t}\mathrm{d}t''F^*(t'')\exp\{-\mathrm{i}\omega t''\}\widehat{a}\right\}, \tag{93}$$

其中

$$f = -\frac{1}{\hbar^2}\int_{t_0}^{t}\mathrm{d}t'\int_{t_0}^{t}\mathrm{d}t''\eta(t'-t'')F^*(t')F(t'')\exp\{-\mathrm{i}\omega(t'-t'')\}.$$

公式 (93) 给出了本例中相互作用绘景的时间演化算符 (以 V 为相互作用项) 的正规形式. 因此, 这个算符在 a^* 表象的正规核是

$$U_{\mathrm{R}}(a^*t,a_0t_0) = \exp\{f\}\exp\left\{\frac{\mathrm{i}}{\hbar}\int_{t_0}^{t}\mathrm{d}t'F(t')\exp\{\mathrm{i}\omega t'\}a^*\right\}$$
$$+\exp\{f\}\exp\left\{\frac{\mathrm{i}}{\hbar}\int_{t_0}^{t}\mathrm{d}t''F^*(t'')\exp\{-\mathrm{i}\omega t''\}a_0\right\}. \tag{94}$$

将它乘以因子 $\exp(a^*a_0)$, 就得到 $U_{\mathrm{K}}(a^*t,a_0t_0)$. 注意

$$\exp\{\mathrm{i}\omega t_0\widehat{a}^\dagger\widehat{a}\}\exp\{a_0\widehat{a}^\dagger\}|0\rangle = \exp\{a_0\exp\{\mathrm{i}\omega t_0\}\widehat{a}^\dagger\}|0\rangle, \tag{95}$$

$$\langle 0|\exp\{a^*\widehat{a}\}\exp\{-\mathrm{i}\omega t\widehat{a}^\dagger\widehat{a}\} = \langle 0|\exp\{a^*\exp\{-\mathrm{i}\omega t\}\widehat{a}\}, \tag{96}$$

可见，只要在 $U_{\mathrm{K}}(a^*t, a_0t_0)$ 中把 a_0 与 a^* 分别换为 $a_0\exp\{\mathrm{i}\omega t_0\}$ 与 $a^*\exp\{-\mathrm{i}\omega t\}$，就得到 $T(t,t_0)$ 的核，即

$$\begin{aligned}T_{\mathrm{K}}(a^*t, a_0t_0) &= \exp\{f + a^*a_0\exp\{-\mathrm{i}\omega(t-t_0)\}\}\\ &\quad\times\exp\left\{\frac{\mathrm{i}}{\hbar}\int_{t_0}^{t}\mathrm{d}t' F(t')\exp\{-\mathrm{i}\omega(t-t')\}a^*\right\}\\ &\quad\times\exp\left\{\frac{\mathrm{i}}{\hbar}\int_{t_0}^{t}\mathrm{d}t'' F^*(t'')\exp\{-\mathrm{i}\omega(t''-t_0)\}a_0\right\}.\end{aligned}\tag{97}$$

这个结果也可以借助两条经典路径由 (85) 式求出．经典路径的方程式及边条件是

$$\begin{cases}\mathrm{i}\hbar\dot{a}'(t') = \hbar\omega a'(t') - F(t'),\\ a'(t_0) = a_0;\end{cases}$$

$$\begin{cases}-\mathrm{i}\hbar\dot{a}^*(t') = \hbar\omega a^*(t') - F^*(t'),\\ a^*(t) = a^*.\end{cases}$$

由此得出

$$\begin{aligned}a'(t') &= a_0\exp\{-\mathrm{i}\omega(t'-t_0)\} + \frac{\mathrm{i}}{\hbar}\int_{t_0}^{t'}\mathrm{d}t'' F(t'')\exp\{-\mathrm{i}\omega(t'-t'')\},\\ a^*(t') &= a^*\exp\{-\mathrm{i}\omega(t-t')\} + \frac{\mathrm{i}}{\hbar}\int_{t'}^{t}\mathrm{d}t'' F^*(t'')\exp\{-\mathrm{i}\omega(t''-t')\}.\end{aligned}$$

§4 在非相对论二次量子化理论中的玻色 $\varPhi$ 场的路径积分

沿用第四章 §4 的记号，设 $\varPhi_{\mathrm{c}}(\xi,t)$ 是场函数，$\{\phi_j(\xi)\}$ 是一组正交归一和完备的单体波函数．按下式定义变量 $\{a_j(t)\}$

$$\varPhi_{\mathrm{c}}(\xi,t) = \sum_j a_j(t)\psi_j(\xi),\tag{98}$$

则经典运动方程为

$$\mathrm{i}\hbar\dot{a}_j=\frac{\partial\mathcal{H}_{\mathrm{c}}(a^*,a)}{\partial a_j^*}\,,\tag{99}$$

其中

$$\begin{aligned}\mathcal{H}_{\mathrm{c}}(a^*,a)=&\int\mathrm{d}\xi\varPhi_{\mathrm{c}}^*(\xi,t)(\widehat{h})\varPhi_{\mathrm{c}}(\xi,t)\\&+\frac{1}{2}\int\int\mathrm{d}\xi_1\mathrm{d}\xi_2\varPhi_{\mathrm{c}}^*(\xi_1,t)\varPhi_{\mathrm{c}}^*(\xi_2,t)w(1,2)\varPhi_{\mathrm{c}}(\xi_2,t)\varPhi_{\mathrm{c}}(\xi_1,t)\,.\end{aligned}$$

$\widehat{h}$ 是在通常的理论形式下的单体动能和势场的和，$w(1,2)$ 是两体作用势，微商记号的意义和以前一样.

上节建立 a^* 表象和路径积分的方法可以直接推广到现在的系统 ($\varPhi$ 场). 波函数之间的内积定义如下

$$(f_A,f_B)=\int\prod_j\frac{\mathrm{d}q_j\mathrm{d}p_j}{2\pi\hbar}\exp\left\{-\sum_l a_l^*a_l\right\}(f_A(a^*))^*f_B(a^*)\,,\tag{100}$$

其中

$$q_j=\frac{1}{\sqrt{2}}(a_j^*+a_j)\,,\qquad p_j=\frac{\mathrm{i}\hbar}{\sqrt{2}}(a_j^*-a_j)\,.$$

设 $f_{n_1n_2\cdots}(a^*)$ 代表如下的多项式波函数 (n_j 是非负整数)

$$f_{n_1n_2\cdots}(a^*)=\prod_j\frac{1}{\sqrt{n_j!}}(a_j^*)^{n_j}\,,\tag{101}$$

于是 $(f_{n_1n_2\cdots},f_{n_1'n_2'\cdots})=\delta_{n_1n_1'}\delta_{n_2n_2'}\cdots$. 这种波函数与由 $\{\widehat{a}_j^\dagger\}$ 表达的态矢量之间的对应关系如下

$$f_{n_1n_2\cdots}(a^*)\longleftrightarrow f_{n_1n_2\cdots}(\widehat{a}^\dagger)|0\rangle\,,$$

其中 $\widehat{a}_l^\dagger$ 是 a_l^* 的算符，$|0\rangle$ 满足

$$\widehat{a}_l|0\rangle=0\,,\qquad\langle 0|0\rangle=1\,.$$

一般的波函数 $f(a^*)$ 可表示为多项式波函数的叠加，并对应于如下的态矢量：

$$|\varPsi\rangle=f(\widehat{a}^\dagger)|0\rangle\,.\tag{102}$$

由于 $f(a^*)$ 是解析函数，§3 的恒等式 (65) 可推广为

$$f(a^*)=\int\prod_j\frac{\mathrm{d}q_j'\mathrm{d}p_j'}{2\pi\hbar}\exp\left\{\sum_l(a_l^*-a'^*_l)a_l'\right\}f(a'^*)\,.\tag{103}$$

算符 $Q(\widehat{a}^\dagger,\widehat{a})$ 在 a^* 表象的算子是 $Q(a^*,\partial/\partial a^*)$, 它是在 $Q(\widehat{a}^\dagger,\widehat{a})$ 中把 $\widehat{a}_l^\dagger,\widehat{a}_j$ 分别换成 a_l^* 及 $\partial/\partial a_j^*$ 的结果. §3 中的其他定义和公式也可以相应地转移过来.

值得注意的是, 如第四章 §4 指出的, $\varPhi$ 场的量子化有一个很特别的规则: 在经典哈密顿量 $\mathcal{H}_c(a^*,a)$ 的各项中, 把 a_j^* 排在 a_j 的左边, 再把 a_j^*,a_l 分别换成算符 $\widehat{a}_j^\dagger$ 及 $\widehat{a}_l$, 就得到正确的哈密顿量算符. 因此, 用现在的术语来说, $\mathcal{H}_c(a^*,a')$ 是哈密顿量算符在 a^* 表象的正规核. 既然如此, 只要知道 $\mathcal{H}_c(a^*,a)$, 就可以按照如下的公式描述波函数随时间的演变

$$
\begin{aligned}
&f(a^*,t+\epsilon)\\
&\quad\approx\int\prod_j\frac{\mathrm{d}q_j'\mathrm{d}p_j'}{2\pi\hbar}\exp\left\{\frac{\mathrm{i}\epsilon}{\hbar}\left[-\mathrm{i}\hbar\sum_l\frac{(a_l^*-a'^*_l)a_l'}{\epsilon}-\mathcal{H}_c(a^*,a')\right]\right\}f(a'^*,t). \quad (104)
\end{aligned}
$$

由此构成时间演化算符 $T(t_f,t_0)$ 的核的路径积分公式, 得到

$$
T_K(a^*t_f,a_0t_0)=\int\mathcal{D}[a^*,a]\exp\left\{\frac{1}{2}\sum_j(a_j^*a_j+a_{(0)j}^*a_{(0)j}\right\}\exp\left\{\frac{\mathrm{i}}{\hbar}I'\right\}, \quad (105)
$$

$$
I'(t_ft_0,[a(t)])=\int_{t_0}^{t_f}\mathrm{d}t\left\{\frac{\mathrm{i}\hbar}{2}\sum_j(a_j^*(t)\dot{a}_j(t)-\dot{a}_j^*(t)a_j(t))-\mathcal{H}_c(a^*(t),a(t))\right\}.
$$

在 (105) 式中, $a_{(0)j}$ 及 a_j 是给定的量, 路径 $a(t)$ 要满足条件 $a_j(t_0)=a_{(0)j}$ 及 $a_j(t_f)=a_j$, $\mathcal{D}[a^*,a]$ 是由 $\prod_{n=1}^{N-1}\left(\prod_j\frac{\mathrm{d}q_j\mathrm{d}p_j}{2\pi}\right)_n$ 形成的路径积分元.

§5 对 c 数费米变量的积分

所谓 c 数 (c-number) 是相对于量子力学算符 (q-number) 而言的, 包括玻色型和费米型两类. 玻色型 c 数是通常的数. 但费米型 c 数是 Grassmann 代数的生成元, 是互相反对易的. 正则量子化方法中的玻色场和费米场在量子化之前分别是 c 数玻色场和 c 数费米场. 以前用过的源 $J^\nu(x)$ 是玻色 c 数, 而 $\overline{\eta}(x),\eta(x)$ 则是费米 c 数. 在路径积分方法中使用 c 数场函数作为积分变量 (x 是区别变量的指标).

为了方便, 这里借助有限维 Grassmann 代数的情形说明对费米变量积分的概念和运算规则. 设 $X_1,X_2,\cdots,X_n$ 是一个 Grassmann 代数的全体生成元 (代数的维数是 2^n), 满足

$$
X_jX_l+X_lX_j=0, \quad (106)
$$

算子 $\frac{\partial}{\partial X_1}, \frac{\partial}{\partial X_2}, \cdots, \frac{\partial}{\partial X_n}$ 也是互相反对易的：

$$\frac{\partial}{\partial X_j}\frac{\partial}{\partial X_l} + \frac{\partial}{\partial X_l}\frac{\partial}{\partial X_j} = 0\,. \tag{107}$$

微商规则当然要与反对易规则相一致，例如

$$\left(\frac{\partial}{\partial X_1}X_1X_2\right) = X_2\,,$$
$$\left(\frac{\partial}{\partial X_1}X_2X_1\right) = -\left(\frac{\partial}{\partial X_1}X_1X_2\right) = -X_2\,.$$

这里用括号强调 $\frac{\partial}{\partial X_1}$ 只对括号内的量施行作用.

关于积分运算，规定了如下的规则：

$$\int \mathrm{d}X_j\{1\} = 0\,, \tag{108}$$

$$\int \mathrm{d}X_j\{X_j\} = 1\,, \tag{109}$$

积分元是互相反对易的，$\mathrm{d}X_j$ 与 X_l 也互相反对易. 还承认积分线性依赖于被积函数，(108) 式表示以 1 为被积函数对 $\mathrm{d}X_j$ 积分的结果等于 0. (109) 式表示以 X_j 为被积函数对 $\mathrm{d}X_j$ 积分的结果等于 1. 任何函数 $F(X_1, X_2, \cdots, X_n)$ 含 X_j 的幂次都不超过 1, 所以根据这组规则能够计算任意的积分. 这组规则又可以叙述如下：任意函数 $F(X_1, X_2, \cdots, X_n)$ 对 $\mathrm{d}X_j$ 积分的结果等于对 X_j 求微商，即

$$\int \mathrm{d}X_j\{F(X_1, X_2, \cdots, X_n)\} = \frac{\partial}{\partial X_j}F(X_1, X_2, \cdots, X_n)\,.$$

应当注意，当变量经受变换时，新的变量也遵从同样的积分规则. 这意味着积分元的变换规则与通常 (玻色变量) 情形完全不同. 例如，对于新变量

$$Y_l = \sum_{l'} A_{ll'}X_{l'} \quad (A_{ll'}\text{是通常的常数}),$$

由

$$\int \mathrm{d}Y_j\{Y_{j'}\} = \delta_{jj'}\,,$$

有

$$\begin{aligned}&\int \mathrm{d}Y_j\{F(X_1(y), X_2(y), \cdots, X_n(y)\}\\&= \frac{\partial}{\partial Y_j}F(X(Y)) = \sum_l \frac{\partial X_l}{\partial Y_j}\frac{\partial}{\partial X_l}F(X) = \sum_l \frac{\partial X_l}{\partial Y_j}\int \mathrm{d}X_l F(X)\,.\end{aligned}$$

这表明积分元的变换规则是

$$\mathrm{d}Y_j = \sum_l \frac{\partial X_l}{\partial Y_j}\mathrm{d}X_l\,. \tag{110}$$

利用

$$X_l = \sum_j (A^{-1})_{lj} Y_j\,,$$

得

$$\mathrm{d}Y_j = \sum_l (A^{-1})_{lj}\mathrm{d}X_l = \sum_l (\widetilde{A}^{-1})_{jl}\mathrm{d}X_l\,, \tag{111}$$

其中 $\widetilde{A}$ 代表矩阵 A 的转置. 由此又知道，总的积分体元的变换式为

$$\mathrm{d}Y_1\mathrm{d}Y_2\cdots\mathrm{d}Y_n = \frac{1}{\det(A)}\mathrm{d}X_1\mathrm{d}X_2\cdots\mathrm{d}X_n\,. \tag{112}$$

即是说，积分体元的雅可比式 (Jacobian) 正好是玻色变量情形的倒数.

下面做两个例题.

例题 1 设 n 是偶数 $2m$, 用 X'_m 代表 X_{m+l}, 于是 $X_1,\cdots,X_n$ 写作

$$X_1, X_2, \cdots, X_m, X'_1, X'_2, \cdots, X'_m\,.$$

我们来计算

$$\begin{aligned} I(B) &= \int\cdots\int\prod_{l=1}^{m}(\mathrm{d}X'_l\mathrm{d}X_l)\mathrm{e}^{-\sum\limits_{j'j} X'_{j'}B_{j'j}X_j} \\ &= \int\cdots\int\prod_{l=1}^{m}(\mathrm{d}X_{l'}\mathrm{d}X_l)\mathrm{e}^{-\widetilde{X'}BX}\,, \end{aligned}$$

其中 B 是非奇异矩阵. 将 B 写成积 $C'\Lambda C$, 其中 C', Λ 及 C 都是非奇异矩阵，而 Λ 是对角矩阵，于是

$$\widetilde{X'}BX = \widetilde{X'}C'\Lambda CX = \widetilde{Y'}\Lambda Y\,,$$

其中

$$Y = CX\,, \quad \widetilde{Y'} = \widetilde{X'}C'\,,$$

即

$$Y_l = \sum_j C_{lj}X_j\,, \quad Y'_l = \sum_{j'} C'_{lj'}X'_{j'}\,.$$

故

$$\prod_{l=1}^{m} \mathrm{d}X_l' \mathrm{d}X_l = \mathrm{d}X_1' \cdots \mathrm{d}X_n' \mathrm{d}X_n \mathrm{d}X_1 = \det(C'C) \prod_{l=1}^{m} \mathrm{d}Y_l' \mathrm{d}Y_l ,$$

$$\begin{aligned}
I(B) &= \det(C'C) \int \cdots \int \prod_{l=1}^{m} \mathrm{d}Y_l' \mathrm{d}Y_l \exp\Big\{ - \sum_j Y_j' \Lambda_j Y_j \Big\} \\
&= \det(C'C) \prod_{l=1}^{m} \int \int \mathrm{d}Y_l' \mathrm{d}Y_l \mathrm{e}^{Y_l \Lambda_l Y_l'} \\
&= \det(C'C) \prod_{l=1}^{m} \int \int \mathrm{d}Y_l' \mathrm{d}Y_l \{ Y_l \Lambda_l Y_l' \} \\
&= \det(C'C) \det \Lambda = \det(B) .
\end{aligned}$$

例题 2 求

$$I(M, \eta', \eta) = \int \cdots \int \prod_{l=1}^{m} (\mathrm{d}X_l' \mathrm{d}X_l) \mathrm{e}^{\mathrm{i}X'MX} \mathrm{e}^{\mathrm{i}[\widetilde{\eta}' X + \widetilde{X}' \eta]} ,$$

其中 M 是非奇异矩阵，$(\eta_1, \eta_2, \cdots, \eta_m)$ 及 $(\eta_1', \eta_2', \cdots, \eta_m')$ 是费米 c 数. 令

$$X = Y - M^{-1}\eta, \quad X' = Y' - (\widetilde{M})^{-1}\eta' ,$$

于是

$$\begin{aligned}
\widetilde{X'} M X &= \widetilde{Y'} M Y + \widetilde{\eta}' M^{-1} \eta - \widetilde{Y'} \eta - \widetilde{\eta}' Y , \\
\widetilde{\eta}' X + \widetilde{X'} \eta &= \widetilde{\eta}' Y + \widetilde{Y'} \eta - 2 \widetilde{\eta}' M^{-1} \eta ,
\end{aligned}$$

$$\begin{aligned}
I(M, \eta', \eta) &= \int \cdots \int \prod_{l=1}^{m} (\mathrm{d}X_l' \mathrm{d}X_l) \mathrm{e}^{\mathrm{i}\widetilde{Y'} M Y} \mathrm{e}^{-\mathrm{i}\widetilde{\eta}' M^{-1} \eta} \\
&= \int \cdots \int \prod_{l} (\mathrm{d}Y_l' \mathrm{d}Y_l) \mathrm{e}^{\mathrm{i}\widetilde{Y'} M Y} \mathrm{e}^{-\mathrm{i}\widetilde{\eta}' M^{-1} \eta} \\
&= \mathrm{e}^{-\mathrm{i}\widetilde{\eta}' M^{-1} \eta} I(M, 0, 0) .
\end{aligned}$$

§ 6 相同费米子系统的 b^* 表象

对于由相同费米子组成的系统，可以建立一种特别的表象，使得系统的波函数可以表示为 c 数费米变量的多项式. 在用这种波函数经过积分来构造内积时，会自然地引出对费米变量积分的规则. 现在对此作一说明.

为了方便，设分立的单粒子态 $\{\psi_j\}$ 构成单体正交归一的完备组，$\widehat{b}_j^\dagger$ 是产生一个处在状态 ψ_j 的粒子的产生算符，$\widehat{b}_j$ 为相应的湮灭算符，$|0\rangle$ 为没有粒子的态，它们满足：

$$\widehat{b}_j^\dagger\widehat{b}_l^\dagger+\widehat{b}_l^\dagger\widehat{b}_j^\dagger=\widehat{b}_l\widehat{b}_j+\widehat{b}_j\widehat{b}_l=0\,, \tag{113}$$

$$\widehat{b}_j\widehat{b}_l^\dagger+\widehat{b}_l^\dagger\widehat{b}_j=\delta_{jl}\,, \tag{114}$$

$$\widehat{b}_l|0\rangle=0\,, \tag{115}$$

$$\langle 0|0\rangle=1\,. \tag{116}$$

系统的任意状态可以表示为 $f(\widehat{b}^\dagger)|0\rangle$，其中 $f(\widehat{b}^\dagger)$ 是 $\widehat{b}_1^\dagger,\widehat{b}_2^\dagger,\cdots$ 的各种积或者这种积的线性组合，$f\equiv 1$ 的情形也包括在内.

所谓 $\widehat{b}^*$ 表象，是使态矢量 $f(\widehat{b}^\dagger)|0\rangle$ 在此表象的波函数是

$$\Psi_{\rm f}(b_1^*,b_2^*,\cdots)=\langle 0|{\rm e}^{\sum_j b_j^*\widehat{b}_j}f(\widehat{b}^\dagger)|0\rangle\,. \tag{117}$$

变量 $b_1^*,b_2^*,b_3^*,\cdots$ 以及它们的共轭 $b_1,b_2,b_3,\cdots$ 是 c 数费米变量，满足

$$b_j^*b_l^*+b_l^*b_j^*=b_lb_j+b_jb_l=0\,,$$

$$b_jb_l^*+b_l^*b_j=0\,,$$

$$(b_jb_l^*)^*=b_lb_j^*\,,$$

$$(b_jb_l)^*=b_l^*b_j^*\,,$$

$$b_j\widehat{b}_l+\widehat{b}_lb_j=b_j\widehat{b}_l^\dagger+\widehat{b}_l^\dagger b_j=0\,,$$

$$(b_j\widehat{b}_l)^\dagger=\widehat{b}_l^\dagger b_j^*\,,$$

$$(b_j^*\widehat{b}_l)^\dagger=\widehat{b}_l^\dagger b_j\,.$$

根据以上规则直接计算可得

$$\Psi_{\rm f}(b_1^*,b_2^*,\cdots)=f(\widehat{b}^\dagger)|_{\widehat{b}_l^\dagger\to b_l^*}=f(b^*)\,. \tag{118}$$

即是说，将 $f(\widehat{b}^\dagger)$ 中的每个算符 $\widehat{b}_l^\dagger$ 都换成 c 数 b_l^* 就得出 $f(\widehat{b}^\dagger)|0\rangle$ 在 b^* 表象的波函数. 由这样的对应关系知道，状态 $\widehat{b}_l^\dagger f(\widehat{b}^\dagger)|0\rangle$ 和 $\widehat{b}_jf(\widehat{b}^\dagger)|0\rangle$ 的波函数分别是 $b_l^*\Psi_{\rm f}(b^*)$ 和 $\frac{\partial}{\partial b_j^*}\Psi_{\rm f}(b^*)$. 或者说，在 b^* 表象，算符 $\widehat{b}_l^\dagger$ 及 $\widehat{b}_j$ 分别由 b_l^* 及 $\frac{\partial}{\partial b_j^*}$ 代表，$\widehat{b}_l$ 与 $\widehat{b}_j$ 之间以及 $\widehat{b}_l^\dagger$ 与 $\widehat{b}_j$ 之间的反对易关系则被表示为

$$\frac{\partial}{\partial b_l^*}\frac{\partial}{\partial b_j^*}+\frac{\partial}{\partial b_j^*}\frac{\partial}{\partial b_l^*}=0\,,$$

$$b_l^* \frac{\partial}{\partial b_j^*} + \frac{\partial}{\partial b_j^*} b_l^* = \delta_{lj}\,.$$

现在要将 $f_A(\widehat{b}^\dagger)|0\rangle$ 与 $f_B(\widehat{b}^\dagger)|0\rangle$ 的内积表示为对 $(b_1^*,\cdots,b_1,\cdots)$ 的积分：

$$\langle 0|f_A(\widehat{b}^\dagger)^\dagger f_B(\widehat{b}^\dagger)|0\rangle = \int\prod_j (\mathrm{d}b_j^*\mathrm{d}b_j) W(b^*,b)(f_A(b^*))^* f_B(b^*)\,, \qquad (119)$$

其中 $W(b^*,b)$ 是待定的权重函数，它应当是玻色型的量并满足

$$(W(b^*,b))^* = W(b^*,b)\,,$$

$$f(b^*)\neq 0 \longrightarrow \int\prod_j(\mathrm{d}b_j^*\mathrm{d}b_j)(f(b^*))^* W(b^*,b) f(b^*) > 0\,.$$

由

$$\langle 0|\widehat{b}_l^\dagger f_A(\widehat{b}^\dagger)^\dagger f_B(\widehat{b}^\dagger)|0\rangle = \langle 0|f_A(\widehat{b}^\dagger)^\dagger\ \widehat{b}_l\, f_B(\widehat{b}^\dagger)|0\rangle\,,$$

有

$$\int\prod_j(\mathrm{d}b_j^*\mathrm{d}b_j)W(b^*,b)(b_l^* f_A(b^*))^* f_B(b^*)$$
$$= \int\prod_j(\mathrm{d}b_j^*\mathrm{d}b_j)W(b^*,b)(f_A(b^*))^*\frac{\partial}{\partial b_l^*} f_B(b^*)\,.$$

此式等号右边应当像通常内积中的积分一样可以写为 (理解为对权重函数的要求)

$$-\int\prod_j(\mathrm{d}b_j^*\mathrm{d}b_j)\Big\{\frac{\partial}{\partial b_l^*}W(b^*,b)(f_A(-b^*))^*\Big\} f_B(b^*)\,,$$

其中 $(f_A(b^*))^*$ 中的 b^* 被换成 $-b^*$，是因为 $\frac{\partial}{\partial b_l^*}$ 与所有 b_j 都反对易. 注意

$$\frac{\partial b_j}{\partial b_l^*} = 0\,,$$

有

$$\frac{\partial}{\partial b_l^*}\{W(b^*,b)(f_A(-b^*))^*\} = (f_A(b^*))^*\Big\{\frac{\partial}{\partial b_l^*}W(b^*,b)\Big\}\,,$$

这样就得到

$$\int\prod_j(\mathrm{d}b_j^*\mathrm{d}b_j)(f(b^*))^*\Big\{b_l W(b^*,b) + \frac{\partial}{\partial b_l^*}W(b^*,b)\Big\} f(b^*) = 0\,.$$

这对于任意的状态 $f_A(\widehat{b}^\dagger)|0\rangle$ 和 $f_B(\widehat{b}^\dagger)|0\rangle$ 都成立，故有

$$\frac{\partial}{\partial b_l^*}W(b^*,b)=-b_lW(b^*,b)\,,\tag{120}$$

由此求得

$$W(b^*,b)=\mathrm{e}^{\sum_l b_lb_l^*}=\mathrm{e}^{-\sum_l b_l^*b_l}\,.\tag{121}$$

还可以乘上一个正常数因子，但这种因子可以吸收到积分体元中．这样，内积公式就变为

$$\langle 0|f_A(\widehat{b}^\dagger)^\dagger f_B(\widehat{b}^\dagger)|0\rangle=\int\prod_j(\mathrm{d}b_j^*\mathrm{d}b_j)(f_A(b^*))^*\mathrm{e}^{\sum_l b_lb_l^*}f_B(b^*)\,,\tag{122}$$

这当然是依靠适当的积分运算来维持的．由

$$\widehat{b}_1^\dagger\widehat{b}_2^\dagger\cdots\widehat{b}_m^\dagger|0\rangle$$

等的正交归一性有

$$\int\prod_j(\mathrm{d}b_j^*\mathrm{d}b_j)\left\{\mathrm{e}^{\sum_l b_lb_l^*}\right\}=1\,,$$

$$\int\prod_j(\mathrm{d}b_j^*\mathrm{d}b_j)\left\{b_mb_{m-1}\cdots b_1b_1^*\cdots b_{m'}^*\mathrm{e}^{\sum_l b_lb_l^*}\right\}=\delta_{mm'}\,,$$

其中包含着

$$\int\int\mathrm{d}b_j^*\mathrm{d}b_j\left\{\mathrm{e}^{b_jb_j^*}\right\}=1\,,$$

$$\int\prod_j\left(\mathrm{d}b_j^*\mathrm{d}b_j\mathrm{e}^{b_jb_j^*}\right)b_lb_l^*=1\,,$$

$$\int\prod_j\left(\mathrm{d}b_j^*\mathrm{d}b_j\mathrm{e}^{b_jb_j^*}\right)b_l=0\,,$$

$$\int\prod_j\left(\mathrm{d}b_j^*\mathrm{d}b_j\mathrm{e}^{b_jb_j^*}\right)b_l^*=0\,.$$

注意

$$\mathrm{e}^{b_jb_j^*}=1+b_jb_j^*\,,$$

即可看出这些要求自然地引导到前节所说的规则：

$$\int\mathrm{d}b_j^*\{1\}=\int\mathrm{d}b_j\{1\}=0\,,\tag{123}$$

$$\int\mathrm{d}b_j^*\{b_j^*\}=\int\mathrm{d}b_j\{b_j\}=1\,.\tag{124}$$

§7 在非相对论二次量子化理论中的费米 Φ 场的路径积分

仍然采用第四章的记号，由“经典”场函数 $\Phi_c(\xi,t)$ 定义如下的 $a_j(t)$

$$\Phi_c(\xi,t)=\sum_j a_j(t)\psi_j(\xi), \tag{125}$$

则“经典”运动方程的形式仍可写成与玻色场情形相似的形式，即

$$i\hbar\dot{a}_j=\frac{\partial\mathcal{H}_c(a^*,a)}{\partial a_j^*}, \tag{126}$$

其中

$$\begin{aligned}\mathcal{H}_c(a^*,a)=&\int d\xi\Phi_c^*(\xi,t)(\widehat{h})\Phi_c(\xi,t)\\&+\frac{1}{2}\int\int d\xi_1 d\xi_2\Phi_c^*(\xi_1,t)\Phi_c^*(\xi_2,t)w(1,2)\Phi_c(\xi_2,t)\Phi_c(\xi_1,t).\end{aligned}$$

a_j^*,a_l 是互相反对易的量，关于这种量的微商的含义也在以前说明了，即是使 $F(a^*,a)$ 的一级改变量可表示为

$$\delta F(a^*,a)=\sum_j\delta a_j^*\frac{\partial F}{\partial a_j^*}+\sum_j\delta a_j\frac{\partial F}{\partial a_j}, \tag{127}$$

其中 $\delta a_j,\delta a_j^*$ 之间，以及它们与 a_l,a_j^* 之间都是互相反对易的．由此可得出如下的规则：

$$\frac{\partial}{\partial a_j^*}\frac{\partial}{\partial a_l^*}+\frac{\partial}{\partial a_l^*}\frac{\partial}{\partial a_j^*}=0,$$

$$\frac{\partial}{\partial a_j^*}a_l^*+a_l^*\frac{\partial}{\partial a_j^*}=\delta_{lj}.$$

还要注意，对 a_l^*,a_j 的函数的积取复共轭时，有

$$(FG)^*=G^*F^*.$$

为了建立 a^* 表象的路径积分，可借助对于费米变量的积分运算将波函数之间的内积表示为

$$(f_A,f_B)=\int\prod_j(da_j^*da_j)\exp\left\{-\sum_l a_l^*a_l\right\}(f_A(a^*))^*f_B(a^*), \tag{128}$$

或

$$(f_A, f_B) = \int \prod_j (\mathrm{d}a_j^* \mathrm{d}a_j') \exp\Big\{ -\sum_l a_l^* a_l' \Big\} (f_A(a'^*))^* f_B(a^*) . \tag{129}$$

波函数 $f_{n_1 n_2 \cdots}(a^*) = \prod\limits_j (a^*)^{n_j}$ 是归一的，它们是 $\{a_j^* \frac{\partial}{\partial a_j^*}\}$ 的共同本征函数，并对应于如下的态矢量：

$$|\Psi_{n_1 n_2 \cdots}\rangle = f_{n_1 n_2 \cdots}(\widehat{a}^\dagger)|0\rangle . \tag{130}$$

一般的波函数 $f(a^*)$ 可表示为 $f_{n_1 n_2 \cdots}(a^*)$ 的叠加，故

$$f(a^*) = \sum_{n_1 n_2 \cdots} f_{n_1 n_2 \cdots}(a^*)(f_{n_1 n_2 \cdots}, f) . \tag{131}$$

因此，对应于 $f(a^*)$ 的态矢量是

$$|\Psi_\mathrm{f}\rangle = \sum_{n_1 n_2 \cdots} f_{n_1 n_2 \cdots}(\widehat{a}^\dagger)|0\rangle (f_{n_1 n_2 \cdots}, f) = f(\widehat{a}^\dagger)|0\rangle . \tag{132}$$

完成 (131) 式中的求和，又可得到

$$f(a^*) = \int \prod_j (\mathrm{d}{a'}_j^* \mathrm{d}a_j') \exp\Big\{ \sum_l (a_l^* - {a'}_l^*) a_l' \Big\} f(a'^*) . \tag{133}$$

§3 及 §4 的其他公式和定义也可转移过来，由于现在的积分的特殊含义，需要略加重述. 算符 $Q(\widehat{a}^\dagger, \widehat{a})$ 在 a^* 表象的算子是 $Q(a^*, \partial/\partial a^*)$，它是在 $Q(\widehat{a}^\dagger, \widehat{a})$ 中把各个 $\widehat{a}_l^\dagger$ 及 $\widehat{a}_j$ 换成 a_l^* 及 $\partial/\partial a_j^*$ 的结果. 如果改写 $Q(a^*, \partial/\partial a^*)$，使

$$Q\Big(a^*, \frac{\partial}{\partial a^*}\Big) = Q_\mathrm{R}\Big(a^*, \frac{\partial}{\partial a^*}\Big),$$

而在 $Q_\mathrm{R}(a^*, \partial/\partial a^*)$ 的每一项中，$\partial/\partial a_l^*$ 都处在 a_l^* 的右方，则作用于波函数 $\exp\{\sum\limits_j a_j^* a_j'\}$ 时得到

$$Q\Big(a^*, \frac{\partial}{\partial a^*}\Big) \exp\Big\{ \sum_j a_j^* a_j' \Big\} = Q_\mathrm{R}\Big(a^*, \frac{\partial}{\partial a^*}\Big) \exp\Big\{ \sum_j a_j^* a_j' \Big\} = Q_\mathrm{K}(a^*, a') , \tag{134}$$

其中 $Q_\mathrm{K}(a^*, a')$ 及 $Q_\mathrm{R}(a^*, a')$ 分别称为算子 $Q(a^*, \partial/\partial a^*)$ 或算符 $Q(\widehat{a}^\dagger, \widehat{a})$ 的核及正规核，它们可以表示为

$$Q_\mathrm{K}(a^*, a') = \langle 0|\exp\Big\{ \sum_l a_l^* \widehat{a}_l \Big\} Q(\widehat{a}^\dagger, \widehat{a}) \exp\Big\{ \sum_j a_j' \widehat{a}_j^\dagger \Big\}|0\rangle , \tag{135}$$

$$Q_\mathrm{R}(a^*, a') = \frac{Q_\mathrm{K}(a^*, a')}{\langle 0|\exp\{ \sum\limits_l a_l^* \widehat{a}_l \} \exp\{ \sum\limits_j a_j' \widehat{a}_j^\dagger \}|0\rangle} . \tag{136}$$

对于一般的波函数 $f(a^*)$, 由 (133) 及 (134) 式有

$$Q\Big(a^*,\frac{\partial}{\partial a^*}\Big)f(a^*)=\int\prod_j(\mathrm{d}a'^*_j\mathrm{d}a'_j)\exp\Big\{\sum_l(a^*_l-a'^*_l)a'_l\Big\}Q_{\mathrm{R}}(a^*,a')f(a'^*)\,,\tag{137}$$

或

$$Q\Big(a^*,\frac{\partial}{\partial a^*}\Big)f(a^*)=\int\prod_j(\mathrm{d}a'^*_j\mathrm{d}a'_j)\exp\Big\{\sum_l-a'^*_la'_l\Big\}Q_{\mathrm{K}}(a^*,a')f(a'^*)\,.\tag{138}$$

在第四章 §4 已经指出, 费米 Φ 场的量子化也遵守一个特别的规则, 用现在的术语来说就是: 哈密顿量算符在 a^* 表象的正规核是 $\mathcal{H}_{\mathrm{c}}(a^*,a')$, 而 $\mathcal{H}_{\mathrm{c}}(a^*,a)$ 是“经典”哈密顿量. 因此, 波函数随时间的变化可用下式描述:

$$\begin{aligned}f(a^*,t+\epsilon)\approx&\int\prod_j(\mathrm{d}a'^*_j\mathrm{d}a'_j)\\&\times\exp\Big\{\frac{\mathrm{i}\epsilon}{\hbar}\Big[-\mathrm{i}\hbar\sum_l\frac{(a^*_l-a'^*_l)a'_l}{\epsilon}-\mathcal{H}_{\mathrm{c}}(a^*,a')\Big]\Big\}f(a'^*,t)\,.\end{aligned}\tag{139}$$

设 $T(t,t_0)$ 是系统的时间演化算符, 于是波函数从时刻 t_0 到 t_{f} 的演变可以表示为

$$f(a^*,t_{\mathrm{f}})=\int\prod_j(\mathrm{d}a'^*_j\mathrm{d}a'_j)\exp\Big\{-\sum_la'^*_la'_l\Big\}T_{\mathrm{K}}(a^*t_{\mathrm{f}},a't_0)f(a'^*,t_0)\,,\tag{140}$$

其中 $T_{\mathrm{K}}(a^*t_{\mathrm{f}},a't_0)$ 是 $T(t_{\mathrm{f}},t_0)$ 在 a^* 表象的核, 写成 (135) 式的形式, 即是

$$T_{\mathrm{K}}(a^*t_{\mathrm{f}},a't_0)=\langle0|\exp\Big\{\sum_la^*_l\widehat{a}_l\Big\}T(t_{\mathrm{f}},t_0)\exp\Big\{\sum_ja'_j\widehat{a}^\dagger_j\Big\}|0\rangle\,.\tag{141}$$

根据 (140) 式构成 $T_{\mathrm{K}}(a^*t_{\mathrm{f}},a't_0)$ 的路径积分, 得到

$$T_{\mathrm{K}}(a^*t_{\mathrm{f}},a_0t_0)=\int\mathcal{D}[a^*,a]\exp\Big\{\frac{1}{2}\sum_j(a^*_ja_j+a^*_{(0)j}a_{(0)j})\Big\}\exp\Big\{\frac{\mathrm{i}}{\hbar}I'\Big\}\,,\tag{142}$$

其中 $I'(t_{\mathrm{f}}t_0,[a(t)])$ 代表

$$\int_{t_0}^{t_{\mathrm{f}}}\mathrm{d}t\Big\{\frac{\mathrm{i}\hbar}{2}\sum_j(a^*_j(t)\dot{a}_j(t)-\dot{a}^*_j(t)a_j(t))-\mathcal{H}_{\mathrm{c}}(a^*(t),a(t))\Big\}\,.$$

在 (142) 式中, $a_{(0)j}$ 及 a_j 是给定的量, 路径 $a(t)$ 要满足条件 $a_j(t_0)=a_{(0)j}$ 及 $a_j(t_{\mathrm{f}})=a_j$, $\mathcal{D}[a^*,a]$ 是由 $\prod\limits_{n=1}^{N-1}\big(\prod\limits_j\mathrm{d}a^*_j\mathrm{d}a_j\big)_n$ 形成的路径积分元.

§8 自由电子场格林函数生成泛函的路径积分

前面说过，本书在本节及往后，一律采用 $c=\hbar=1$ 的自然单位制．本节至第十节将讲述旋量电动力学格林函数生成泛函的路径积分，这里首先讨论自由电子场．拉氏函数 (密度) 如下：

$$\mathcal{L}_{\mathrm{e}}=\overline{\psi}(\mathrm{i}\gamma^{\mu}\partial_{\mu}-m)\psi\,, \tag{143}$$

与 Dirac 场有关的记号也见第八章．在正则量子化方法中，格林函数定义为 Heisenberg 场算符的时序积在真空态的平均值．例如，传播函数为

$$\mathrm{i}S_{\alpha\beta}(x-y)=\langle\,0\,|\mathcal{T}\psi_{\alpha}(x)\overline{\psi}_{\beta}(y)|\,0\,\rangle\,. \tag{144}$$

若 $y_0<x_0$, 则

$$\mathrm{i}S_{\alpha\beta}(x-y)=\langle\,0\,|\psi_{\alpha}(x)\exp\{-\mathrm{i}H_0(x_0-y_0)\}\overline{\psi}_{\beta}(y)|\,0\,\rangle\,, \tag{145}$$

即描述电子的自由演化，H_0 是场的哈密顿量算符．若 $y_0>x_0$, 则

$$\mathrm{i}S_{\alpha\beta}(x-y)=-\langle\,0\,|\overline{\psi}_{\beta}(y)\exp\{-\mathrm{i}H_0(y_0-x_0)\}\psi_{\alpha}(x)|\,0\,\rangle\,, \tag{146}$$

即描述正电子的自由演化．将由 $\mathrm{i}S_{\alpha\beta}(x-y)$ 排成的矩阵 $\mathrm{i}S(x-y)$ 作四维傅氏展开有

$$\mathrm{i}S(x-y)=\int\frac{\mathrm{d}^4p}{(2\pi)^4}\mathrm{i}S(p)\exp\{-\mathrm{i}p(x-y)\}\,, \tag{147}$$

其中的 $\mathrm{i}S(p)$ 称为动量表象的自由传播函数，其宗量 p 是四维傅氏展开中的积分变量，并不限制在质壳上，被理解为所谓虚粒子的动量．所以 $\mathrm{i}S(p)$ 描述动量为 p 的虚电子或虚正电子的传播．利用 ψ 及 $\overline{\psi}$ 的算符表达式可求得

$$\mathrm{i}S(x-y)=\int\frac{\mathrm{d}^4p}{(2\pi)^4}\frac{\mathrm{i}}{\gamma^{\mu}p_{\mu}-m+\mathrm{i}\epsilon}\exp\{-\mathrm{i}p(x-y)\}\,, \tag{148}$$

$$\mathrm{i}S(p)=\frac{\mathrm{i}}{\gamma^{\mu}p_{\mu}-m+\mathrm{i}\epsilon}\,. \qquad (\epsilon=0^+) \tag{149}$$

格林函数生成泛函由下式定义：

$$\mathcal{Z}_{\mathrm{e}}[\overline{\eta},\eta]=\langle\,0\,|\mathcal{T}\exp\left\{-\mathrm{i}\int\mathrm{d}^4x[\overline{\eta}(x)\psi(x)+\overline{\psi}(x)\eta(x)]\right\}|\,0\,\rangle\,, \tag{150}$$

其中 $\eta(x),\overline{\eta}(x)$ 是费米型源函数，它们的值是四分量费米 c 数，并且与场算符 $\psi,\overline{\psi}$ 也互相反对易. 根据

$$\left\{\frac{\delta}{\mathrm{i}\delta\overline{\eta}_\alpha(x)}\frac{\delta}{(-\mathrm{i})\delta\eta_\beta(y)}\mathcal{Z}_\mathrm{e}[\overline{\eta},\eta]\right\}_{\overline{\eta}=0,\eta=0}=\mathrm{i}S_{\alpha\beta}(x-y)\,, \tag{151}$$

$$\frac{\delta}{\mathrm{i}\delta\overline{\eta}_\alpha(x)}\mathcal{Z}_\mathrm{e}[\overline{\eta},\eta]=\int\mathrm{d}^4y\langle\,0\,|\mathcal{T}\psi_\alpha(x)\overline{\psi}(y)|\,0\,\rangle\mathrm{i}\eta(y)\mathcal{Z}_\mathrm{e}[\overline{\eta},\eta]\,, \tag{152}$$

可解出

$$\mathcal{Z}_\mathrm{e}[\overline{\eta},\eta]=\exp\left\{-\int\int\mathrm{d}^4x\mathrm{d}^4y\overline{\eta}(x)\mathrm{i}S(x-y)\eta(y)\right\}. \tag{153}$$

现在来证明，这个泛函可用虚时间的路径积分公式表示为

$$\mathcal{Z}_\mathrm{e}[\overline{\eta},\eta]=\lim_{\alpha\to(0^++\mathrm{i})}\mathcal{Z}_\mathrm{e}^{(\alpha)}[\overline{\eta},\eta]\,, \tag{154}$$

$$\mathcal{Z}_\mathrm{e}^{(\alpha)}[\overline{\eta},\eta]=\frac{1}{N_\mathrm{e}^{(\alpha)}}\int\mathcal{D}[\overline{\psi},\psi]\exp\{\alpha(I_\mathrm{e}^{(\alpha)}+I_\mathrm{s}^F)\}\,, \tag{155}$$

其中 $\mathcal{D}[\overline{\psi},\psi]$ 代表 $\mathcal{D}[\overline{\psi}]\mathcal{D}[\psi]$, I_s^F 是源项贡献的作用量

$$I_\mathrm{s}^F=\int\mathrm{d}^4x[\overline{\eta}(x)\psi(x)+\overline{\psi}(x)\eta(x)]\,,$$

$I_\mathrm{e}^{(\alpha)}$ 及 $N_\mathrm{e}^{(\alpha)}$ 分别为

$$I_\mathrm{e}^{(\alpha)}=\int\mathrm{d}^4x\mathcal{L}_\mathrm{e}(x,\alpha)\,,\qquad N_\mathrm{e}^{(\alpha)}=\int\mathcal{D}[\overline{\psi},\psi]\exp\{\alpha I_\mathrm{e}^{(\alpha)}\}\,.$$

$\mathcal{L}_\mathrm{e}(x,\alpha)$ 由下式定义:

$$\mathcal{L}_\mathrm{e}(\alpha,x)=\left\{\mathcal{L}_\mathrm{e}(x)\right\}_{\dot{\psi}\to\frac{\mathrm{i}}{\alpha}\dot{\psi}}=\overline{\psi}(x)(\mathrm{i}\gamma^\mu\widetilde{\partial}_\mu-m)\psi(x)\,,$$

记号 $\widetilde{\partial}_\mu$ 与 ∂_μ 的差别只在于 $\widetilde{\partial}_0$ 代表 $\frac{\mathrm{i}}{\alpha}\partial_0$. 上面的极限的意思是在 α 保持为正数时进行计算，然后延拓到 α 的右半平面，再令

$$\alpha\to0^++\mathrm{i}\,.$$

由

$$I_\mathrm{e}^{(\alpha)}=\int\mathrm{d}^4x\int\mathrm{d}^4y\overline{\psi}(x)(\mathrm{i}\gamma^\mu\widetilde{\partial}_\mu-m)\delta^4(x-y)\psi(y)\,,$$

有

$$\mathcal{Z}_{\mathrm{e}}^{(\alpha)}[\overline{\eta},\eta]=\frac{1}{\int\mathcal{D}[\overline{\psi},\psi]\exp\{\alpha\int\int \mathrm{d}^4x\mathrm{d}^4y\overline{\psi}(x)\mathcal{M}(x,y,\alpha)\psi(y)\}}$$
$$\times\int\mathcal{D}[\overline{\psi},\psi]\exp\left\{\alpha\int \mathrm{d}^4x\mathrm{d}^4y\overline{\psi}(x)\mathcal{M}(x,y,\alpha)\psi(y)\right.$$
$$\left.+\alpha\int \mathrm{d}^4x[\overline{\eta}(x)\psi(x)+\overline{\psi}(x)\eta(x)]\right\}, \tag{156}$$

其中

$$\begin{aligned}\mathcal{M}(x,y,\alpha)&=(\mathrm{i}\gamma^{\mu}\widetilde{\partial}_{\mu}-m)\delta^4(x-y)\\&=\left\{\int\frac{\mathrm{d}^4p}{(2\pi)^4}\exp\{-\mathrm{i}p(x-y)\}(\gamma^{\mu}p_{\mu}-m)\right\}_{p_0\to\frac{\mathrm{i}}{\alpha}p_0}.\end{aligned}$$

作变量变换

$$\psi(x)\to\psi(x)-\int\mathcal{M}^{-1}(x,y,\alpha)\eta(y)\mathrm{d}^4y,$$
$$\overline{\psi}(x)\to\overline{\psi}(x)-\int\mathrm{d}^4y\overline{\eta}(y)\mathcal{M}^{-1}(y,x,\alpha).$$

其中 $\mathcal{M}^{-1}(x,y,\alpha)$ 满足

$$\int\mathrm{d}^4z\mathcal{M}(x,z,\alpha)\mathcal{M}^{-1}(z,y,\alpha)=\delta^4(x-y),$$

即可求得

$$\mathcal{Z}_{\mathrm{e}}^{(\alpha)}[\overline{\eta},\eta]=\exp\left\{-\alpha\int\mathrm{d}^4x\mathrm{d}^4y\overline{\eta}(x)\mathcal{M}^{-1}(x,y,\alpha)\eta(y)\right\}. \tag{157}$$

作傅氏展开

$$\mathcal{M}^{-1}(x,y,\alpha)=\int\frac{\mathrm{d}^4p}{(2\pi)^4}\exp\{-\mathrm{i}p(x-y)\}\mathcal{M}^{-1}(p,\alpha),$$

则 $\mathcal{M}^{-1}(p,\alpha)$ 满足

$$(\gamma^{\mu}\widetilde{p}_{\mu}-m)\mathcal{M}^{-1}(p,\alpha)=1.$$

故

$$\mathcal{M}^{-1}(p,\alpha)=\frac{1}{\gamma^{\mu}\widetilde{p}_{\mu}-m},$$

其中 $\widetilde{p}_\mu$ 与 p_μ 的差别只在于 $\widetilde{p}_0$ 等于 $\frac{\mathrm{i}}{\alpha}p_0$, 因此

$$\mathcal{M}^{-1}(p,\alpha)=\frac{1}{\gamma^0 p_0\frac{\mathrm{i}}{\alpha}+\gamma^l p_l-m}=\frac{-\mathrm{i}\alpha}{\gamma^0 p_0-\mathrm{i}\alpha\gamma^l p_l+\mathrm{i}\alpha m}\,.$$

当 $\alpha\to 0^+ + \mathrm{i}$ 时，奇异性由分母中的 $\mathrm{i}0^+$ 控制，故

$$\lim \mathcal{M}^{-1}(p,\alpha)=\frac{1}{\gamma^\mu p_\mu-m+\mathrm{i}0^+}=S(p)\,,$$

$$\lim \mathcal{M}^{-1}(x,y,\alpha)=S(x-y)\,.$$

可见路径积分公式 (154), (155) 是正确的.

为了将 (154), (155) 式写成实时间形式，我们首先由 (156) 式写出

$$\begin{aligned}\mathcal{Z}_\mathrm{e}[\overline{\eta},\eta]=&\frac{1}{\int\mathcal{D}[\overline{\psi},\psi]\exp\{\mathrm{i}\int\int \mathrm{d}^4x\mathrm{d}^4y\overline{\psi}(x)\mathcal{M}(x,y)\psi(y)\}}\\&\times\int\mathcal{D}[\overline{\psi},\psi]\exp\bigg\{\mathrm{i}\int \mathrm{d}^4x\mathrm{d}^4y\overline{\psi}(x)\mathcal{M}(x,y)\psi(y)\\&+\mathrm{i}\int\mathrm{d}^4x[\overline{\eta}(x)\psi(x)+\overline{\psi}(x)\eta(x)]\bigg\}\,,\end{aligned}\tag{158}$$

其中

$$\mathcal{M}(x,y)=S^{-1}(x-y)=\int\frac{\mathrm{d}^4p}{(2\pi)^4}(\gamma^\mu p_\mu-m+\mathrm{i}\epsilon)\exp\{-\mathrm{i}p(x-y)\}\,.$$

公式 (158) 本身也可直接验证. 将 $\mathcal{M}(x,y)$ 表示为

$$\mathcal{M}(x,y)=(\mathrm{i}\gamma^\mu\partial_\mu-m+\mathrm{i}\epsilon)\delta^4(x-y)\,,$$

即得

$$\mathcal{Z}_\mathrm{e}[\overline{\eta},\eta]=\frac{1}{N_\mathrm{e}}\int\mathcal{D}[\overline{\psi},\psi]\exp\{\mathrm{i}(I_\mathrm{e}+I_\mathrm{s}^F)\}\,,\tag{159}$$

其中 I_e 是作用量泛函

$$\int\mathrm{d}^4x\mathcal{L}_\mathrm{e}(x)\,,$$

N_e 为

$$N_\mathrm{e}=\int\mathcal{D}[\overline{\psi},\psi]\exp\{\mathrm{i}I_\mathrm{e}\}\,.$$

在格林函数生成泛函的这种实时间形式中,按习惯省写了附加到 $\mathcal{L}_\mathrm{e}$ 中的 $\mathrm{i}\epsilon\overline{\psi}\psi$.

§9 自由电磁场格林函数生成泛函的路径积分

自由电磁场的拉氏函数是

$$\mathcal{L}_{\mathrm{A}} = -\frac{1}{4} F_{\mu\nu} F^{\mu\nu} ,$$

其中

$$F_{\mu\nu} = \partial_\mu A_\nu - \partial_\nu A_\mu .$$

自由电磁场理论的阿贝尔规范对称性，是指拉氏函数 $\mathcal{L}_{\mathrm{A}}$ 在如下的规范变换下保持不变：

$$A_\mu(x) \to A_\mu(x) - \frac{1}{e} \partial_\mu \theta(x) ,$$

其中 $\theta(x)$ 是 x 的实函数．这里把电子的“裸电荷” e(负数) 也写出来，只是为了与下节的符号一致．这种变换实际上是 U_1 群变换，$\theta(x)$ 是群参量．将群元写作

$$\Omega(x) = \mathrm{e}^{\mathrm{i}\theta(x)} ,$$

可将变换式写成

$$\mathrm{i}eA_\mu(x) \to \mathrm{i}eA_\mu(x) + \Omega(x)\partial_\mu \Omega^{-1}(x) .$$

格林函数与规范有关．根据第九章在库仑规范量子化的结果，可用场算符 $\widehat{A}_j (j = 1, 2, 3)$ 来定义格林函数：

$$\langle 0|\mathcal{T} \widehat{A}_{j_1}(x_1) \widehat{A}_{j_2}(x_2) \cdots |0\rangle ,$$

传播函数是

$$\begin{aligned} &\mathrm{i}D^{(\mathrm{tr})}_{jl}(x - y) \\ &\qquad = \langle 0|\mathcal{T} A_j(x) A_l(y)|0\rangle = \int \frac{\mathrm{d}^4 k}{(2\pi)^4} \mathrm{e}^{-\mathrm{i}k(x-y)} \mathrm{i}D^{(\mathrm{tr})}_{jl}(k) , \end{aligned}$$

而

$$\mathrm{i}D^{(\mathrm{tr})}_{jl}(k) = \frac{\mathrm{i}}{k^2 + \mathrm{i}\epsilon} \sum_{\lambda=1}^{2} \varepsilon_j(\boldsymbol{k}, \lambda) \varepsilon_l(\boldsymbol{k}, \lambda) \quad (\epsilon = 0^+) .$$

$\overrightarrow{\varepsilon}(\boldsymbol{k}, 1)$, $\overrightarrow{\varepsilon}(\boldsymbol{k}, 2)$ 是以前定义的横向单位矢量，它们与 $\boldsymbol{k}$ 互相垂直，并满足

$$\overrightarrow{\varepsilon}(\boldsymbol{k}, 1) \times \overrightarrow{\varepsilon}(\boldsymbol{k}, 2) = \frac{\boldsymbol{k}}{|\boldsymbol{k}|} .$$

$\mathrm{i}D_{jl}^{(\mathrm{tr})}(k)$ 即是动量表象的传播函数，描写动量为 (k^0,k^1,k^2,k^3) 的虚光子的自由传播．容易证明，$\mathrm{i}D_{jl}^{(\mathrm{tr})}(x-y)$ 可写成如下的路径积分形式：

$$\mathrm{i}D_{jl}^{(\mathrm{tr})}(x-y)=\frac{1}{C_{\mathrm{A}}}\int\mathcal{D}[\mathcal{A}]\delta_{\mathrm{C}}(A)A_j(x)A_l(y)\exp\{\mathrm{i}I_{\mathrm{A}}\}\,, \tag{160}$$

其中 $\mathcal{D}[A]$ 是路径积分元 $\prod\limits_x \mathrm{d}A_0\mathrm{d}A_1\mathrm{d}A_2\mathrm{d}A_3$, I_{A} 是作用量泛函：

$$I_{\mathrm{A}}=\int\mathrm{d}^4x\mathcal{L}_{\mathrm{A}}(x)\,,$$

而

$$\delta_{\mathrm{C}}(A)=\prod_x\delta(\nabla\cdot\boldsymbol{A}(x))\,,\qquad C_{\mathrm{A}}=\int\mathcal{D}[\mathcal{A}]\delta_{\mathrm{C}}(A)\exp\{\mathrm{i}I_{\mathrm{A}}\}\,.$$

在传播函数的这种表达式中，省写了附加到 $\mathcal{L}_{\mathrm{A}}$ 的 $\mathrm{i}\epsilon$ 项．计算这种路径积分的方法可以从后面的讨论中找到．

如果规范条件是洛伦兹条件，则不能像第九章那样按 Dirac 方法量子化，因为 $\mathcal{L}_{\mathrm{A}}$ 不含 $\dot{A}_0$, 按 Dirac 方法定义正则动量时，$\varPi^0$ 等于零，这使洛伦兹条件不能用正则变量表示出来．要在此规范下进行量子化和保持理论的协变形式，Gupta-Bleuler 的不定度规方法是可行的，但为了现在的目的不一定要首先完成正则量子化．我们要从路径积分的观点来构成格林函数生成泛函．由于拉氏函数所含场的时间微商的二次项具有常数系数，而且不含时间微商的更高次项，在位形空间的路径积分与通常形式的差别只能来自理论的规范对称性．这种对称性要求任何物理结果都是规范不变的，所以在每个时空点由一切局域规范变换联系起来的场形成一个规范等价类，当我们选取一种规范时，就是从每个规范等价类中挑选符合规范条件的场，只考虑它们的贡献，这样做不会影响任何物理结果．(160) 式表明，它与路径积分公式的普遍形式的差别，在于被积函数中出现了代表规范条件的 δ 函数．采用洛伦兹规范，就是从各点场函数的规范等价类中选取符合洛伦兹条件者，只计它们的贡献，因此传播函数的路径积分应该是

$$\mathrm{i}\overline{D}_{\mu\nu}(x-y)=\frac{1}{N_0}\int\mathcal{D}[\mathcal{A}]\varDelta[\mathcal{A}]\delta_L(\mathcal{A})A_\mu(x)A_\nu(y)\exp\{\mathrm{i}I_{\mathrm{A}}\}\,, \tag{161}$$

其中 $\delta_L(\mathcal{A})$ 代表 $\prod_x\delta\left(\partial^\lambda A_\lambda(x)\right)$, 而

$$N_0=\int\mathcal{D}[\mathcal{A}]\varDelta[\mathcal{A}]\delta_L(\mathcal{A})\exp\{\mathrm{i}I_{\mathrm{A}}\}\,,$$

式中 $\Delta[\mathcal{A}]$ 是为了反映规范条件的作用所需要的因子. 若将式中的 $A_\mu(x)A_\nu(y)$ 换成任意的 $G(\mathcal{A})$, 就得到一般的格林函数的路径积分公式. 既然在 (161) 式以及在一般的格林函数的路径积分公式中, 因子 $\Delta[\mathcal{A}]\ \delta_L(\mathcal{A})$ 的作用是保证只计及每点场的规范等价类中满足规范条件者, $\Delta[\mathcal{A}]$ 当然是规范不变量, 而且应当满足如下的要求: 对任何规范不变量 $N(\mathcal{A})$, 都有

$$\int \mathcal{D}[\mathcal{A}]\mathcal{N}(\mathcal{A})\exp\{\mathrm{i}I_{\mathrm{A}}\} = \left(\int\prod_y \mathrm{d}\Omega(y)\right)\int \mathcal{D}[\mathcal{A}]\Delta[\mathcal{A}]\delta_L(\mathcal{A})\mathcal{N}(\mathcal{A})\exp\{\mathrm{i}I_{\mathrm{A}}\}, \tag{162}$$

其中 $\Omega(y)$ 代表在时空点 y 的规范群的元素, $\mathrm{d}\Omega(y)$ 代表 y 处的群积分元. 在此式的左边, 对每个时空点的一切场函数都求积分, 即包括了所有点的规范等价类中所有场的贡献, 每个点都产生一个因子 $\int \mathrm{d}\Omega$(群体积), 故最后含有因子 $\int\prod_y \mathrm{d}\Omega(y)$. 此式的意思是要求在被积函数中引入代表规范条件的因子之后, 正好将 $\int\prod_y \mathrm{d}\Omega(y)$ 分离出来. $\Delta[\mathcal{A}]$ 还可以乘其他常数因子, 但这无关重要, 所以就用 (162) 式来求它. 由于 $\mathcal{D}[\mathcal{A}]$, $\Delta[\mathcal{A}]$, $\mathcal{N}(\mathcal{A})$ 以及 $\mathcal{L}_{\mathrm{A}}$ 都是规范不变的, 对任意 $\Omega(x)$ 都有

$$\begin{aligned}&\int \mathcal{D}[\mathcal{A}]\Delta[\mathcal{A}]\left\{\prod_x \delta(\partial^\lambda A^\Omega_\lambda(x))\right\}\mathcal{N}(\mathcal{A})\exp\{\mathrm{i}I_{\mathrm{A}}\}\\ &= \int \mathcal{D}[\mathcal{A}]\Delta[\mathcal{A}]\left\{\prod_x \delta(\partial^\lambda A_\lambda(x))\right\}\mathcal{N}(\mathcal{A})\exp\{\mathrm{i}I_{\mathrm{A}}\},\end{aligned}$$

其中 $A^\Omega_\lambda(x)$ 代表 $A_\lambda(x)$ 经受由 $\Omega(x)$ 确定的规范变换的结果. 因此 (162) 式可改写为

$$\int\mathcal{D}[\mathcal{A}]\mathcal{N}(\mathcal{A})\exp\{\mathrm{i}I_{\mathrm{A}}\} = \int\mathcal{D}[\mathcal{A}]\Delta[\mathcal{A}]\int\prod_y \mathrm{d}\Omega(y)\left\{\prod_x \delta(\partial^\lambda A^\Omega_\lambda(x))\right\}\mathcal{N}(\mathcal{A})\exp\{\mathrm{i}I_{\mathrm{A}}\},$$

故

$$\Delta[\mathcal{A}]\int\prod_y \mathrm{d}\Omega(y)\prod_x \delta\left(\partial^\lambda A^\Omega_\lambda(x)\right) = 1\,. \tag{163}$$

这是求 $\Delta[\mathcal{A}]$ 的 Faddeev-Popov 条件的特殊形式. 由此条件求 $\Delta[\mathcal{A}]$ 的方法将在以后给出 (本章 §11). 现在只需记住, 在电磁场的洛伦兹规范的情形, $\Delta[\mathcal{A}]$ 与场函数无关, 从格林函数的公式中消失了, 因此有

$$\mathrm{i}\overline{D}_{\mu\nu}(x-y) = \frac{1}{N_0'}\int \mathcal{D}[\mathcal{A}]\delta_L(\mathcal{A})A_\mu(x)A_\nu(y)\exp\{\mathrm{i}I_{\mathrm{A}}\}, \tag{164}$$

其中

$$N_0' = \int \mathcal{D}[\mathcal{A}]\delta_L(\mathcal{A})\exp\{\mathrm{i}I_\mathrm{A}\}\,.$$

相应的 (完全) 格林函数生成泛函是

$$\mathcal{Z}_0[J] = \frac{1}{N_0'}\int \mathcal{D}[\mathcal{A}]\delta_L(\mathcal{A})\exp\{\mathrm{i}(I_\mathrm{A}+I_\mathrm{s}^\mathrm{A})\}\,, \tag{165}$$

其中 I_s^A 是如下的源项：

$$I_\mathrm{s}^\mathrm{A} = \int \mathrm{d}^4x J^\mu(x)A_\mu(x)\,, \tag{166}$$

$J^\mu(x)$ 是源函数. 当我们按照这种定义计算规范不变量 $\mathcal{N}(\mathcal{A})$ 的格林函数时，就有

$$\frac{\int \mathcal{D}[\mathcal{A}]\delta_L(\mathcal{A})\mathcal{N}(\mathcal{A})\exp\{\mathrm{i}I_\mathrm{A}\}}{\int \mathcal{D}[\mathcal{A}]\delta_L(\mathcal{A})\exp\{\mathrm{i}I_\mathrm{A}\}} = \frac{\int \mathcal{D}[\mathcal{A}]\mathcal{N}(\mathcal{A})\exp\{\mathrm{i}I_\mathrm{A}\}}{\int \mathcal{D}[\mathcal{A}]\exp\{\mathrm{i}I_\mathrm{A}\}}\,,$$

这个结果当然是合理的. 这时似乎无需选择规范或者采取其他类似措施. 问题在于，将右边的表达式放在现在的连续时空理论中进行计算，会引起麻烦.

如果用与 A_μ 无关的实函数 $p(x)$ 将规范条件改为所谓推广的洛伦兹条件

$$\partial^\lambda A_\lambda(x) - p(x) = 0\,,$$

那么与 (162) 式相当的公式变为

$$\int \mathcal{D}[\mathcal{A}]\mathcal{N}(\mathcal{A})\exp\{\mathrm{i}I_\mathrm{A}\} = \left(\int\prod_y \mathrm{d}\Omega(y)\right)\int \mathcal{D}[\mathcal{A}]\Delta'[\mathcal{A}]\delta_L'(\mathcal{A})\mathcal{N}(\mathcal{A})\exp\{\mathrm{i}I_\mathrm{A}\}\,, \tag{167}$$

其中

$$\delta_L'(\mathcal{A}) = \prod_x \delta(\partial^\lambda A_\lambda(x) - p(x))\,.$$

故

$$\Delta'[\mathcal{A}]\int\prod_y \mathrm{d}\Omega(y)\prod_x \delta(\partial^\lambda A_\lambda^\Omega(x) - p(x)) = 1\,. \tag{168}$$

实际上 $\Delta'[\mathcal{A}]$ 与 $\Delta[\mathcal{A}]$ 相同. (167) 式等号左右边当然不依赖于 $p(x)$，如果将此式对 $p(x)$ 作权重平均，就可以去掉右边的 δ 函数. 通常选取 $\mathrm{e}^{-\frac{\mathrm{i}}{2\xi}p^2(x)}$ 作为权重函数，其中 ξ 是实参量，平均后得

$$\int \mathcal{D}[\mathcal{A}]\mathcal{N}(\mathcal{A})\exp\{\mathrm{i}I_\mathrm{A}\} = \frac{\left\{\int\prod_y \mathrm{d}\Omega(y)\right\}}{\prod_x\int \mathrm{d}p(x)\mathrm{e}^{-\frac{\mathrm{i}}{2\xi}p^2(x)}}\int \mathcal{D}[\mathcal{A}]\Delta[\mathcal{A}\mathcal{N}(\mathcal{A})\exp\{\mathrm{i}I_{\mathrm{A,eff}}\}\,, \tag{169}$$

其中

$$I_{\mathrm{A,eff}} = \int \mathrm{d}^4 x \mathcal{L}_{\mathrm{A,eff}}(x)\,,$$
$$\mathcal{L}_{\mathrm{A,eff}}(x) = \mathcal{L}_{\mathrm{A}}(x) + \mathcal{L}_{\mathrm{gf}}(x)\,,$$
$$\mathcal{L}_{\mathrm{gf}}(x) = -\frac{1}{2\xi}\left(\partial^\lambda A_\lambda(x)\right)^2\,.$$

(169) 式可以看作是对于左边的量的另一种改写方式，即是在被积函数中引入因子

$$\Delta[\mathcal{A}]\mathrm{exp}\left\{\mathrm{i}\int \mathrm{d}^4 x \mathcal{L}_{\mathrm{gf}}(x)\right\},$$

也能够发挥类似于引用规范条件的作用．当 $\xi \to 0$ 时即回到洛伦兹规范的公式，当 $\xi \to \infty$ 时，则等于没有进行改写．虽然当 ξ 不为 0 时，这种改写不对应于原来意义下的任何一种规范，但是改写后的结构可用来构成格林函数的另一种表达式，即

$$\frac{1}{N_{\mathrm{A}}}\int \mathcal{D}[\mathcal{A}]G[\mathcal{A}]\mathrm{exp}\{\mathrm{i}I_{\mathrm{A,eff}}\}\,,$$

其中

$$N_{\mathrm{A}} = \int \mathcal{D}[\mathcal{A}]\mathrm{exp}\{\mathrm{i}I_{\mathrm{A,eff}}\}\,.$$

这是一种新的定义，也是最为常用的定义，有时称为 ξ 规范的格林函数．$\mathcal{L}_{\mathrm{gf}}$ 称为拉氏函数中的所谓规范确定项．相应的格林函数生成泛函为

$$\mathcal{Z}_{\mathrm{A}}^{(\xi)}[J] = \frac{1}{N_{\mathrm{A}}}\int \mathcal{D}[\mathcal{A}]\mathrm{exp}\{\mathrm{i}(I_{\mathrm{A,eff}} + I_{\mathrm{s}}^{\mathrm{A}})\}\,. \tag{170}$$

有一种习惯术语，$\xi \to 0$ 和 $\xi = 1$ 的情形分别称为 Landau 规范和 Feynman 规范．注意

$$\lim_{\beta\approx 0} \mathrm{e}^{-\mathrm{i}x^2/\beta} = \begin{cases} \mathrm{e}^{-\mathrm{i}\pi/4}\sqrt{\pi|\beta|}\,\delta(x) & \text{当}\,\beta > 0, \\ \mathrm{e}^{\mathrm{i}\pi/4}\sqrt{\pi|\beta|}\,\delta(x) & \text{当}\,\beta < 0. \end{cases}$$

有

$$\lim_{\xi\to 0} \mathcal{Z}_{\mathrm{A}}^{(\xi)}[J] = \mathcal{Z}_{\mathrm{A}}[J]\,. \tag{171}$$

下面扼要给出计算 $\mathcal{Z}_{\mathrm{A}}^{(\xi)}[J]$ 的步骤．我们用前面说明过的虚时间方法．为此，引用正参量 α 在 $\mathcal{L}_{\mathrm{A}}$ 和 $\mathcal{L}_{\mathrm{gf}}$ 中将 $\dot{A}_\mu$ 换作 $\frac{\mathrm{i}}{\alpha}\dot{A}_\mu$，定义

$$\mathcal{L}_{\mathrm{A}}(x,\alpha) = -\frac{1}{4}(\widetilde{\partial}_\lambda A_\sigma - \widetilde{\partial}_\sigma A_\lambda)(\widetilde{\partial}^\lambda A^\sigma - \widetilde{\partial}^\sigma A^\lambda)\,,$$

$$\mathcal{L}_{\rm gf}(x,\alpha) = -\frac{1}{2\xi}(\widetilde{\partial}^\lambda A_\lambda(x))^2\,,$$

其中 $\widetilde{\partial}^\lambda$ 和 ∂^λ 的差别只在于 $\widetilde{\partial}^0$ 代表 $\frac{\rm i}{\alpha}\partial^0$, $\widetilde{\partial}^\lambda$ 则代表 $g_{\lambda\sigma}\widetilde{\partial}^\sigma$. 再令

$$I_{\rm A,eff}^{(\alpha)} = \int {\rm d}^4x\mathcal{L}_{\rm A}(x,\alpha) + \int {\rm d}^4x\mathcal{L}_{\rm gf}(x,\alpha)\,,$$

以及

$$\mathcal{Z}_{\rm A}^{(\xi,\alpha)}[J] = \frac{\int \mathcal{D}[\mathcal{A}]\exp\big\{\alpha\big(I_{\rm A,eff}^{(\alpha)} + I_{\rm s}^{\rm A}\big)\big\}}{\int \mathcal{D}[\mathcal{A}]\exp\big\{\alpha I_{\rm A,eff}^{(\alpha)}\big\}}\,.$$

将 $\mathcal{Z}_{\rm A}^{(\xi,\alpha)}[J]$ 延拓到 α 的右半平面，取极限 $\alpha\to 0^+ + {\rm i}$ 将得到 $\mathcal{Z}_{\rm A}^{(\xi)}[J]$. 由

$$\int {\rm d}^4x\mathcal{L}_{\rm A}(x,\alpha) \int {\rm d}^4x[A_\mu(x)g^{\mu\nu}\widetilde{\partial}_\lambda\widetilde{\partial}^\lambda A_\nu(x) - A_\mu(x)\widetilde{\partial}^\mu\widetilde{\partial}^\nu A_\nu(x)]\,,$$

和

$$\int {\rm d}^4x\mathcal{L}_{\rm gf}(x,\alpha) = \frac{1}{2\xi}\int {\rm d}^4xA_\mu(x)\widetilde{\partial}^\mu\widetilde{\partial}^\nu A_\nu(x)\,,$$

得

$$\begin{aligned}\mathcal{Z}_{\rm A}^{(\xi,\alpha)}[J] = &\frac{1}{\int \mathcal{D}[\mathcal{A}]\exp\big\{\frac{\alpha}{2}\int {\rm d}^4x\int {\rm d}^4yA_\mu(x)M^{\mu\nu}(x-y)A_\nu(y)\big\}}\\ &\times \int \mathcal{D}[\mathcal{A}]\exp\bigg\{\frac{\alpha}{2}\int {\rm d}^4x\int {\rm d}^4yA_\mu(x)M^{\mu\nu}(x-y)A_\nu(y)\bigg\}\\ &\times \exp\bigg\{\alpha\int {\rm d}^4xJ^\lambda(x)A_\lambda(x)\bigg\}\,,\end{aligned}$$

其中

$$M^{\mu\nu}(x-y) = g^{\mu\nu}\widetilde{\partial}_\lambda\widetilde{\partial}^\lambda\delta^4(x-y) + \Big(\frac{1}{\xi}-1\Big)\widetilde{\partial}^\mu\widetilde{\partial}^\nu\delta^4(x-y)\,,$$

微分算子 $\widetilde{\partial}_\lambda$ 等是对于 x 而言的. 仿照有限维积分，作变量替换

$$A_\mu(x)\to A_\mu - \int {\rm d}^4zM_{\mu\nu}^{-1}(x-z)J^\lambda(z)\,,$$

其中 $M_{\mu\lambda}^{-1}(x-z)$ 由如下条件决定

$$\int {\rm d}^4zM_{\mu\lambda}^{-1}(x-z)M^{\lambda\nu}(z-y) = g_\mu^\nu\delta^4(x-y)\,, \tag{172}$$

则积分的结果是

$$\mathcal{Z}_{\rm A}^{(\xi,\alpha)}[J] = \exp\bigg\{-\frac{\alpha}{2}\int {\rm d}^4x\int {\rm d}^4yJ^\mu(x)M_{\mu\nu}^{-1}(x-y)J^\nu(y)\bigg\}\,. \tag{173}$$

作傅氏展开

$$\delta^4(x-y)=\int\frac{\mathrm{d}^4k}{(2\pi)^4}\mathrm{e}^{-\mathrm{i}k(x-y)},$$

$$M^{\mu\nu}(x-y)=\int\frac{\mathrm{d}^4k}{(2\pi)^4}M^{\mu\nu}(k)\mathrm{e}^{-\mathrm{i}k(x-y)},$$

$$M^{-1}_{\rho\lambda}(x-y)=\int\frac{\mathrm{d}^4k}{(2\pi)^4}M_{\rho\lambda}(k)\mathrm{e}^{-\mathrm{i}k(x-y)},$$

则方程组 (172) 变为

$$M^{-1}_{\mu\lambda}(k)M^{\lambda\nu}(k)=g^{\nu}_{\mu},\tag{174}$$

其中 $\widetilde{k}^{\lambda}$ 和 k^{λ} 的差别只在于 $\widetilde{k}^0$ 代表 $\frac{\mathrm{i}}{\alpha}k^0$, $\widetilde{k}_{\lambda}$ 还是代表 $g^{\sigma}_{\lambda}\widetilde{k}^{\sigma}$. 这里顺便提一下，如果试令 $\xi\to\infty$, 而使规范确定项消失，则 $M^{-1}_{\mu\lambda}(k)$ 不存在. 对有限的 ξ, 从 (174) 式求得

$$M^{-1}_{\mu\nu}(k)=-\frac{1}{\widetilde{k}_{\lambda}\widetilde{k}^{\lambda}}g_{\mu\nu}+(1-\xi)\frac{\widetilde{k}_{\mu}\widetilde{k}_{\nu}}{(\widetilde{k}_{\lambda}\widetilde{k}^{\lambda})^2}.$$

当 α 从右半平面趋于 i 时，分母中的 $\widetilde{k}_{\lambda}\widetilde{k}^{\lambda}$ 可换成 $k^2+\mathrm{i}\epsilon\quad(\epsilon=0^+)$. 因此

$$M^{-1}_{\mu\nu}(k)\longrightarrow\frac{-1}{k^2+\mathrm{i}\epsilon}\Big\{g_{\mu\nu}+(\xi-1)\frac{k_{\mu}k_{\nu}}{k^2+\mathrm{i}\epsilon}\Big\}.$$

由 (173) 式看出， $\mathrm{i}M^{-1}_{\mu\nu}(x-y)$ 的极限即是传播函数，故

$$\mathrm{i}D_{\mu\nu}(x-y)=\int\frac{\mathrm{d}^4k}{(2\pi)^4}\mathrm{i}D_{\mu\nu}(k)\mathrm{e}^{-\mathrm{i}k(x-y)},$$

$$\mathrm{i}D_{\mu\nu}(k)=\frac{-\mathrm{i}}{k^2+\mathrm{i}\epsilon}\Big\{g_{\mu\nu}+(\xi-1)\frac{k_{\mu}k_{\nu}}{k^2+\mathrm{i}\epsilon}\Big\}.$$

采用 $\mathcal{Z}^{(\xi)}_{\mathrm{A}}[J]$ 作为格林函数生成泛函，等于以 $\mathcal{L}_{\mathrm{A,eff}}$ 代替 $\mathcal{L}_{\mathrm{A}}$ 作为有效拉氏函数，这是理论的阿贝尔规范对称性容许的定义格林函数的一种方法. 如果以 $\mathcal{L}_{\mathrm{A,eff}}$ 为拉氏函数形式地完成量子化，也可以用算符方法计算 $\mathcal{Z}^{(\xi)}_{\mathrm{A}}[J]$.

§ 10 旋量电动力学格林函数生成泛函的路径积分

仍用 $\psi,\overline{\psi}$ 及 A_{μ} 分别代表电子场及电磁场，总拉氏函数为

$$\mathcal{L}=\overline{\psi}(\mathrm{i}\gamma^{\mu}\partial_{\mu}-m)\psi-e\overline{\psi}\gamma^{\mu}\psi A_{\mu}-\frac{1}{4}(\partial_{\mu}A_{\nu}-\partial_{\nu}A_{\mu})(\partial^{\mu}A^{\nu}-\partial^{\nu}A^{\mu}).\tag{175}$$

其中的参量 m, e 被称为电子的裸质量和裸电荷，不代表电子质量和电荷的观察值．理论的规范对称性是指 $\mathcal{L}$ 在下式表示的规范变换下保持不变：

$$\psi(x) \longrightarrow \psi'(x) = \varOmega(x)\psi(x), \quad \varOmega(x) = \mathrm{e}^{\mathrm{i}\theta(x)}, \tag{176}$$

$$A_\mu(x) \longrightarrow A'_\mu(x) = A_\mu(x) - \frac{1}{e}\partial_\mu\theta(x)\,. \tag{177}$$

这是以 $\varOmega(x)$ 为群元的局域 U_1 群变换．这组变换式可简写为

$$\varOmega(x)\left(\partial_\mu + \mathrm{i}eA_\mu(x)\right)\psi(x) = \varOmega(x)\left(\partial_\mu + \mathrm{i}eA'_\mu(x)\right)\psi'(x)\,. \tag{178}$$

我们要解决的问题是构成协变格林函数生成泛函的路径积分．由于 $\mathcal{L}$ 所含电磁势时间微商的二次项仍然带有常数系数，也不包含时间微商的更高次项，电子场的时间微商项与自由场情形相同，在位形空间的路径积分与通常形式的差别仍然只能来自理论的规范对称性．这种对称性要求一切物理结果都是规范不变的，因而允许借助一定的规范，从各时空点的场函数的规范等价类中挑选符合规范条件者，只计及它们的贡献．而规范条件对于路径积分的被积函数的影响应该用相应的 δ 函数表示．因此，在洛伦兹规范的电磁场和电子场的完全传播函数应由如下的公式定义：

$$\mathrm{i}\overline{D}_{\mu\nu}(x-y) = \frac{1}{N_1}\int \mathcal{D}[\mathcal{A},\overline{\psi},\psi]\varDelta[\mathcal{A}]\delta_L(\mathcal{A})A_\mu(x)A_\nu(y)\exp\{\mathrm{i}I\}\,, \tag{179}$$

$$\mathrm{i}\overline{S}(x-y) = \frac{1}{N_1}\int \mathcal{D}[\mathcal{A},\overline{\psi},\psi]\varDelta[\mathcal{A}]\delta_L(\mathcal{A})\psi(x)\overline{\psi}(y)\exp\{\mathrm{i}I\}\,, \tag{180}$$

其中 I 是作用量泛函

$$I = \int \mathrm{d}^4x\mathcal{L}(x)\,, \tag{181}$$

而

$$N_1 = \int \mathcal{D}[\mathcal{A},\overline{\psi},\psi]\varDelta[\mathcal{A}]\delta_L(\mathcal{A})\exp\{\mathrm{i}I\}\,,$$

$\delta_L(\mathcal{A})$ 与上节一样，代表 $\prod_x \delta\left(\partial^\lambda A_\lambda(x)\right)$．称 (179),(180) 式表示的传播函数为完全传播函数是因为已经包括了相互作用．一般的完全格林函数也按同样的方式定义．式中 $\mathcal{D}[\mathcal{A},\overline{\psi},\psi]$ 代表路径积分元 $\mathcal{D}[\mathcal{A}]\mathcal{D}[\overline{\psi},\psi]$．$\varDelta[\mathcal{A}]$ 与 δ 函数因子一起描写规范条件的影响．还有一个附加到 $\mathcal{L}$ 中的 $\mathrm{i}\epsilon$ 项

$$-\frac{\mathrm{i}}{2}\epsilon A_\mu A^\mu + \mathrm{i}\epsilon\overline{\psi}\psi \qquad (\epsilon = 0^+)\,,$$

现在被省写了. 因子 $\varDelta[\mathcal{A}]\ \delta_L(\mathcal{A})$ 的作用正是从各时空点的场函数的规范等价类中挑选符合洛伦兹条件者, 因此 $\varDelta[\mathcal{A}]$ 是规范不变的, 而且对于任意的规范不变量 $\mathcal{N}\left(\mathcal{A},\psi,\overline{\psi}\right)$, 应当保证下式成立:

$$\int\mathcal{D}[\mathcal{A},\overline{\psi},\psi]\mathcal{N}\left(\mathcal{A},\psi,\overline{\psi}\right)\exp\{\mathrm{i}\,I\}$$
$$=\left(\int\prod_y \mathrm{d}\varOmega(y)\right)\int\mathcal{D}[\mathcal{A},\overline{\psi},\psi]\varDelta[\mathcal{A}]\delta_L(\mathcal{A})\mathcal{N}(\mathcal{A},\psi,\overline{\psi})\exp\{\mathrm{i}I\}\,. \tag{182}$$

这是借助洛伦兹规范实现的对左边的积分的改写. 建立此式的论据和上节一样, $\varOmega(y)$ 也是在点 y 处的规范群的元素, $\mathrm{d}\varOmega(y)$ 是 y 处的群积分体元. 由此知道, $\varDelta[\mathcal{A}]$ 满足与上节一样的 Faddeev-Popov 条件:

$$\varDelta[\mathcal{A}]\int\prod_y \mathrm{d}\varOmega(y)\prod_x \delta\left(\partial^\lambda A_\lambda^\varOmega(x)\right)=1\,, \tag{183}$$

所以 $\varDelta[\mathcal{A}]$ 与自由场的情形相同, 不依赖于场函数. 因此 (179),(180) 式化简为

$$\mathrm{i}\overline{D}_{\mu\nu}(x-y)=\frac{1}{N_2}\int\mathcal{D}[\mathcal{A},\overline{\psi},\psi]\delta_L(\mathcal{A})A_\mu(x)A_\nu(y)\exp\{\mathrm{i}I\}\,, \tag{184}$$

$$\mathrm{i}\overline{S}(x-y)=\frac{1}{N_2}\int\mathcal{D}[\mathcal{A},\overline{\psi},\psi]\delta_L(\mathcal{A})\psi(x)\overline{\psi}(y)\exp\{\mathrm{i}I\}\,, \tag{185}$$

其中

$$N_2=\int\mathcal{D}[\mathcal{A},\overline{\psi},\psi]\delta_L(\mathcal{A})\exp\{\mathrm{i}I\}\,.$$

相应的 (完全) 格林函数生成泛函是

$$\mathcal{Z}[\overline{\eta},\eta,J]=\frac{1}{N_2}\int\mathcal{D}[\mathcal{A},\overline{\psi},\psi]\delta_L(\mathcal{A})\exp\{\mathrm{i}(I+I_{\mathrm{s}})\}\,, \tag{186}$$

其中

$$I_{\mathrm{s}}=\int\mathrm{d}^4x\mathcal{L}_{\mathrm{s}}(x)\,. \tag{187}$$

$\mathcal{L}_{\mathrm{s}}$ 是如下的源项:

$$\mathcal{L}_{\mathrm{s}}(x)=\overline{\eta}(x)\psi(x)+\overline{\psi}(x)\eta(x)+J^\mu(x)A_\mu(x)\,,$$

$\overline{\eta}(x),\eta(x),J^\mu(x)$ 是源函数.

如果采用广义的洛伦兹条件

$$\partial^\lambda A_\lambda(x)-p(x)=0\,, \tag{188}$$

那么相应的 $\Delta[\mathcal{A}]$ 仍与原来一样，因此下式对于任意的规范不变量 $\mathcal{N}\left(\mathcal{A},\psi,\overline{\psi}\right)$ 都成立：

$$\begin{aligned}&\int\mathcal{D}[\mathcal{A},\overline{\psi},\psi]\mathcal{N}(\mathcal{A},\psi,\overline{\psi})\exp\{\mathrm{i}I\}\\&\quad=\left(\int\prod_{y}\mathrm{d}\Omega(y)\right)\int\mathcal{D}[\mathcal{A},\overline{\psi},\psi]\Delta[\mathcal{A}]\delta_L'(\mathcal{A})\mathcal{N}\big(\mathcal{A},\psi,\overline{\psi}\big)\exp\{\mathrm{i}I\},\end{aligned}\tag{189}$$

其中 $\delta_L'(\mathcal{A})$ 也与上节相同，即代表 $\prod_x\delta\left(\partial^\lambda A_\lambda(x)-p(x)\right)$.

像上节一样处理得

$$\begin{aligned}\int\mathcal{D}[\mathcal{A},\overline{\psi},\psi]\mathcal{N}(\mathcal{A},\psi,\overline{\psi})\exp\{\mathrm{i}I\}&=\frac{\left(\int\prod_y\mathrm{d}\Omega(y)\right)}{\int\prod_y\mathrm{d}p(y)\exp\left\{-\frac{\mathrm{i}}{2\xi}\int\mathrm{d}^4xp^2(x)\right\}}\\&\quad\times\int\mathcal{D}[\mathcal{A},\overline{\psi},\psi]\Delta[\mathcal{A}]\mathcal{N}\left(\mathcal{A},\psi,\overline{\psi}\right)\exp\{\mathrm{i}(I+I_{\mathrm{gf}})\},\end{aligned}\tag{190}$$

其中 I_{gf} 是所谓规范确定项 $\mathcal{L}_{\mathrm{gf}}$ 贡献的作用量，即

$$I_{\mathrm{gf}}=\int\mathrm{d}^4x\mathcal{L}_{\mathrm{gf}}(x)\,,$$

$$\mathcal{L}_{\mathrm{gf}}(x)=-\frac{1}{2\xi}\left(\partial^\lambda A_\lambda(x)\right)^2\,.$$

公式 (190) 右边是对于左边积分的另一种改写. 即通过在拉氏函数中加入规范确定项也能够起到类似于引入规范条件的作用. 按照右边的结构可构造格林函数的新定义. 这时，传播函数为

$$\mathrm{i}\overline{D}_{\mu\nu}(x-y)=\frac{1}{N}\int\mathcal{D}[\mathcal{A},\overline{\psi},\psi]A_\mu(x)A_\nu(y)\exp\{\mathrm{i}I_{\mathrm{eff}}\}\,,\tag{191}$$

$$\mathrm{i}\overline{S}(x-y)=\frac{1}{N}\int\mathcal{D}[\mathcal{A},\overline{\psi},\psi]\psi(x)\overline{\psi}(y)\exp\{\mathrm{i}I_{\mathrm{eff}}\}\,,\tag{192}$$

其中 $N=\int\mathcal{D}[\mathcal{A},\overline{\psi},\psi]\exp\{\mathrm{i}I_{\mathrm{eff}}\}$，而

$$I_{\mathrm{eff}}=\int\mathrm{d}^4x\mathcal{L}_{\mathrm{eff}}^{(\xi)}(x)\,,\qquad\mathcal{L}_{\mathrm{eff}}^{(\xi)}=\mathcal{L}+\mathcal{L}_{\mathrm{gf}}\,.\tag{193}$$

相应的格林函数生成泛函是

$$\mathcal{Z}^{(\xi)}[\overline{\eta},\eta,J]=\frac{1}{N}\int\mathcal{D}[\mathcal{A},\overline{\psi},\psi]\exp\{\mathrm{i}(I_{\mathrm{eff}}+I_{\mathrm{s}})\}\,.\tag{194}$$

这正是通常广泛采用的形式. 洛伦兹规范的公式对应于 $\xi\to0$.

采用 $\mathcal{Z}^{(\xi)}[\overline{\eta},\eta,J]$ 作为格林函数生成泛函，相当于以 $\mathcal{L}_{\text{eff}}^{(\xi)}$ 代替 $\mathcal{L}$ 作为一种有效拉氏函数，这是理论的阿贝尔规范对称性容许的定义格林函数的一种方法. 但是格林函数只是计算工具，一般不代表物理观察量. 而且在电动力学理论中存在发散，必须完成重正化才能用来构成计算物理观察量的完整方案.

§ 11 色动力学格林函数生成泛函的路径积分

色动力学是以夸克为物质元，色 SU_3 规范场为媒介的强作用理论. 总拉氏函数为

$$\mathcal{L}=\sum_f\overline{\psi}_f(\mathrm{i}\gamma^\mu\partial_\mu-m_f)\psi_f-g\sum_f\overline{\psi}_f\gamma^\mu\frac{\lambda_a}{2}\psi_fA_{a\mu}+\mathcal{L}_{\mathrm{A}}\,,\tag{195}$$

其中 $\mathcal{L}_{\mathrm{A}}$ 是规范场的拉氏函数. f 是夸克的味指标，即代表 u,d,s,c,b,t. ψ_f 及 $\overline{\psi}_f$ 是味为 f 的夸克场函数，m_f 被称为裸夸克质量，g 被称为裸耦合常数. 夸克场的三个色分量 $\psi_{f1},\psi_{f2},\psi_{f3}$ 构成色 $SU(3)$ 群的基础表示，λ_a 是这个表示的 Gell-Mann 矩阵，满足

$$\left[\frac{\lambda_a}{2},\frac{\lambda_b}{2}\right]=\mathrm{i}f_{abc}\frac{\lambda_c}{2}\,.\tag{196}$$

f_{abc} 即是第九章 §6 的 $-C_{abc}$，对于 a,b,c 的交换是反对称的. $\lambda_a\psi_f$ 代表

$$[\lambda_a]\begin{pmatrix}\psi_{f1}\\\psi_{f2}\\\psi_{f3}\end{pmatrix},$$

而 $\gamma^\mu\psi_f$ 则理解为

$$\begin{pmatrix}\gamma^\mu\psi_{f1}\\\gamma^\mu\psi_{f2}\\\gamma^\mu\psi_{f3}\end{pmatrix}.$$

规范场 (称为胶子场) 共包含八种矢量场，其场函数记作 $A_{a\mu}$. 规范场的拉氏函数是：

$$\mathcal{L}_{\mathrm{A}}=\frac{1}{4}F_{a\mu\nu}F_a^{\mu\nu}\,,\tag{197}$$

其中

$$F_{a\mu\nu}=\partial_\mu A_\nu-\partial_\nu A_\mu-gf_{abc}A_{b\mu}A_{c\nu}\,.\tag{198}$$

理论的规范对称性是指 $\mathcal{L}$ 在如下的局域色 $SU(3)$ 变换下保持不变：

$$\psi_f(x) \longrightarrow \psi'_f(x) = \Omega(x)\psi_f(x)\,, \tag{199}$$

$$A_{a\mu}(x)\frac{\lambda_a}{2} \longrightarrow A'_{a\mu}(x)\frac{\lambda_a}{2} = \Omega(x)A_{a\mu}(x)\frac{\lambda_a}{2}\Omega^{-1}(x) + \frac{1}{\mathrm{i}g}\Omega(x)\partial_\mu\Omega^{-1}(x)\,, \tag{200}$$

其中 $\Omega(x)$ 是色 $SU(3)$ 的元素在基础表示中的矩阵，可写成

$$\Omega(x) = \exp\Big\{\mathrm{i}\theta_a(x)\frac{\lambda_a}{2}\Big\}. \tag{201}$$

$\{\theta_1(x), \cdots, \theta_8(x)\}$ 是在点 x 的群参量. 注意，即使在整体色 $SU(3)$ 变换下 (θ_a 与 x 无关的变换), $A_{a\mu}$ 也要改变. 所以胶子场对于色流是有贡献的 (色流是指 $\mathcal{L}$ 在整体色 $SU(3)$ 变换下的不变性导致的守恒流), 或者说，胶子是带色的. 变换式 (176), (177) 可以简写为

$$\Omega(x)\Big(\partial_\mu + \mathrm{i}gA_{a\mu}(x)\frac{\lambda_a}{2}\Big)\psi_f(x) = \Omega(x)\Big(\partial_\mu + \mathrm{i}gA'_{a\mu}(x)\frac{\lambda_a}{2}\Big)\psi'_f(x)\,, \tag{202}$$

其中 $\left(\partial_\mu + \mathrm{i}gA_{a\mu}(x)\frac{\lambda_a}{2}\right)\psi_f(x)$ 称为 $\psi_f(x)$ 的协变微商，这个公式即是这种协变微商的规范变换式.

由于非阿贝尔规范场的自作用项含有场函数的时间微商，想要进行正则量子化又保持理论的洛伦兹协变形式是困难的. Faddeev 和 Popov 在 1967 年从路径积分的途径完成了非阿贝尔规范理论的量子化，保持理论的协变形式的问题也解决了. 本节的目的是建立色动力学的洛伦兹协变格林函数生成泛函的路径积分. 考虑到本节的内容比较复杂，如果与前两节作详细的对照，则会变得易于掌握. 因此在论证上将不省略与前面相似的部分. $\mathcal{L}$ 所含胶子场时间微商的二次项仍然带有常数系数，也不包含时间微商的更高次项，夸克场的时间微商项与自由场情形相同，因此在位形空间的路径积分与通常形式的差别仍然只能来自理论的规范对称性. 这种对称性要求一切物理结果都是规范不变的，因而允许借助一定的规范，从各时空点的场函数的规范等价类中挑选符合规范条件者，只计及它们的贡献. 在前面两节已经指出，规范条件对于路径积分的被积函数的影响应该用相应的 δ 函数表示. 因此，在洛伦兹规范的胶子场和夸克场的完全传播函数应由如下的公式定义：

$$\mathrm{i}\overline{D}^{ab}_{\mu\nu}(x-y) = \frac{1}{N_\delta}\int \mathcal{D}[\mathcal{A}, \overline{\psi}, \psi]\Delta_L[\mathcal{A}]\delta_L(\mathcal{A})A_{a\mu}(x)A_{b\nu}(y)\exp\{\mathrm{i}I\}\,, \tag{203}$$

$$\mathrm{i}\overline{S}_f(x-y) = \frac{1}{N_\delta}\int \mathcal{D}[\mathcal{A}, \overline{\psi}, \psi]\Delta_L[\mathcal{A}]\delta_L(\mathcal{A})\psi_f(x)\overline{\psi}_f(y)\exp\{\mathrm{i}I\}. \tag{204}$$

一般的格林函数也按同样的方式定义. 式中 $\mathcal{D}[\mathcal{A},\overline{\psi},\psi]$ 是路径积分元 $\mathcal{D}[\mathcal{A}]\mathcal{D}[\overline{\psi},\psi]$, I 是作用量:

$$I=\int \mathrm{d}^4x\mathcal{L}(x)\,. \tag{205}$$

$\delta_L(\mathcal{A})$ 和 N_δ 分别是

$$\delta_L(\mathcal{A})=\prod_{c,x}\delta\left(\partial^\lambda A_{c,\lambda}(x)\right)\,,$$

$$N_\delta=\int\mathcal{D}[\mathcal{A},\overline{\psi},\psi]\varDelta_L[\mathcal{A}]\delta_L(\mathcal{A})\exp\{\mathrm{i}\,I\}\,.$$

被省写的附加到 $\mathcal{L}$ 中的 $\mathrm{i}\epsilon$ 项是

$$-\frac{\mathrm{i}}{2}\epsilon A_{a\mu}A_a^\mu+\mathrm{i}\epsilon\sum_f\overline{\psi}_f\psi_f\,.$$

因子 $\varDelta_L[\mathcal{A}]\delta_L(\mathcal{A})$ 的作用正是从各时空点的场函数的规范等价类中挑选符合洛伦兹条件者, 因此 $\varDelta_L[\mathcal{A}]$ 是规范不变的, 而且对于任意的规范不变量 $\mathcal{N}\left(\mathcal{A},\psi,\overline{\psi}\right)$, 应保证下式成立:

$$\begin{aligned}&\int\mathcal{D}[\mathcal{A},\overline{\psi},\psi]\mathcal{N}\left(\mathcal{A},\psi,\overline{\psi}\right)\exp\{\mathrm{i}I\}\\&=\left(\int\prod_y\mathrm{d}\varOmega(y)\right)\int\mathcal{D}[\mathcal{A},\overline{\psi},\psi]\varDelta_L[\mathcal{A}]\delta_L(\mathcal{A})\mathcal{N}\left(\mathcal{A},\psi,\overline{\psi}\right)\exp\{\mathrm{i}I\}\,.\end{aligned} \tag{206}$$

这是借助洛伦兹规范实现的对于左边的积分的一种改写. 其中 $\mathrm{d}\varOmega(y)$ 是 y 处的群积分体元. 在此式的左方, 对每个时空点的一切场函数都求积分, 即包括了所有点的规范等价类中所有场的贡献. 每个点都产生一个因子 $\int\mathrm{d}\varOmega$, 故最后含有因子 $\int\prod_y\mathrm{d}\varOmega(y)$. 此公式的意思是要求在被积函数中引入代表规范条件的因子之后, 正好将 $\int\prod_y\mathrm{d}\varOmega(y)$ 分离出来. $\varDelta_L[\mathcal{A}]$ 还可以乘其他常数因子, 这无关重要. 由于 $\mathcal{D}[\mathcal{A},\overline{\psi},\psi]$, $\varDelta_L[\mathcal{A}]$, $\mathcal{N}\left(\mathcal{A},\psi,\overline{\psi}\right)$ 以及 $\mathcal{L}$ 都是规范不变的, 对任意 $\varOmega(x)$ 都有

$$\begin{aligned}&\int\mathcal{D}[\mathcal{A},\overline{\psi},\psi]\varDelta_L[\mathcal{A}]\delta_L(\mathcal{A}^\varOmega)\mathcal{N}\left(\mathcal{A},\psi,\overline{\psi}\right)\exp\{\mathrm{i}I\}\\&=\int\mathcal{D}[\mathcal{A},\overline{\psi},\psi]\varDelta_L[\mathcal{A}]\delta_L(\mathcal{A})\mathcal{N}\left(\mathcal{A},\psi,\overline{\psi}\right)\exp\{\mathrm{i}I\}\,,\end{aligned} \tag{207}$$

其中

$$\delta_L(\mathcal{A}^\varOmega)=\prod_{a,x}\delta\left(\partial^\lambda A^\varOmega_{a\lambda}(x)\right)\,,$$

$A_{a\lambda}^{\Omega}(x)$ 代表 $A_{a\lambda}(x)$ 经受由 $\Omega(x)$ 确定的规范变换的结果. 因此 (206) 式可写作

$$\int \mathcal{D}[\mathcal{A},\overline{\psi},\psi]\mathcal{N}\left(\mathcal{A},\psi,\overline{\psi}\right)\exp\{\mathrm{i}I\}$$
$$= \int \mathcal{D}[\mathcal{A},\overline{\psi},\psi]\Delta_L[\mathcal{A}]\delta_L(\mathcal{A}^{\Omega})\mathcal{N}\left(\mathcal{A},\psi,\overline{\psi}\right)\exp\{\mathrm{i}I\}\,, \tag{208}$$

故

$$\Delta_L[\mathcal{A}]\int\prod_y \mathrm{d}\Omega(y)\delta_L(\mathcal{A}^{\Omega}) = 1\,. \tag{209}$$

即

$$\Delta_L[\mathcal{A}]\int\prod_y \mathrm{d}\Omega(y)\prod_{a,x}\delta\left(\partial^{\lambda}A_{a\lambda}^{\Omega}(x)\right) = 1\,. \tag{210}$$

这是在洛伦兹规范下的 $\Delta_L[\mathcal{A}]$ 满足的 Faddeev-Popov 条件.

现在计算 $\Delta_L[\mathcal{A}]$ 的表达式. 注意群积分体元的不变性, 有

$$\int\prod_y \mathrm{d}\Omega(y)\delta_L(\mathcal{A}^{\Omega}) = \int\prod_y \mathrm{d}\Omega(y)\delta_L\left([\mathcal{A}^{\Omega_1}]^{\Omega}\right).$$

这说明 $\Delta_L[\mathcal{A}]$ 等于 $\Delta_L[\mathcal{A}^{\Omega_1}]$, 即是说它的规范不变性自动地包含在条件 (210) 之中. 在计算 $\int\prod_y \mathrm{d}\Omega(y)\delta_L(\mathcal{A}^{\Omega})$ 时, 可约定 $A_{a\lambda}(x)$ 已经满足洛伦兹条件, 故因子 $\delta_L(\mathcal{A}^{\Omega})$ 将 $A_{a\lambda}^{\Omega}$ 限制为 $A_{a\lambda}$ 的无穷小规范变换. 对于无穷小的群参量 $\theta_a(x)$, 有

$$\Omega(x) \approx 1 + \mathrm{i}\theta_a(x)\frac{\lambda_a}{2}\,, \tag{211}$$

$$\Omega^{-1}(x) \approx 1 - \mathrm{i}\theta_a(x)\frac{\lambda_a}{2}\,, \tag{212}$$

$$A_{a\lambda}^{\Omega}(x) \approx A_{a\lambda}(x) - \frac{1}{g}\partial_{\lambda}\theta_a(x) - f_{abc}\theta_b(x)A_{c\lambda}(x)\,, \tag{213}$$

$$\partial^{\lambda}A_{a\lambda}^{\Omega}(x) \approx -\frac{1}{g}\partial^{\lambda}\partial_{\lambda}\theta_a(x) - f_{abc}\partial^{\lambda}\{\theta_b(x)A_{c\lambda}(x)\}\,. \tag{214}$$

故

$$\int\prod_y \mathrm{d}\Omega(y)\delta_L(\mathcal{A}^{\Omega}) = \int\prod_y \mathrm{d}\Omega(y)\prod_{a,x}\delta\left(\frac{1}{g}\partial^{\lambda}\partial_{\lambda}\theta_a(x) + f_{abc}\partial^{\lambda}[\theta_b(x)A_{c\lambda}(x)]\right)$$

$$\propto \int \prod_{c,x'} \mathrm{d}\theta_c(x') \prod_{a,x} \delta\left(\int \mathrm{d}^4 y \mathcal{M}_{ab}(x,y)\theta_b(y)\right),$$

这里不必管比例系数.此式中的 $\prod_y \mathrm{d}\Omega(y)$ 在与 δ 函数相乘时正比于 $\prod_{c,x'} \mathrm{d}\theta_c(x')$，而 $\mathcal{M}_{ab}(x,y)$ 为

$$\mathcal{M}_{ab}(x,y) = \delta_{ab}\partial^\lambda\partial_\lambda\delta^4(x-y) + gf_{abc}A_{c\lambda}(y)\partial^\lambda\delta^4(x-y). \tag{215}$$

由此看到，对于阿贝尔规范理论来说 (第二项不存在), $\Delta[\mathcal{A}]$ 是常数. 这个结论已在前面两节用过. 现在看一个 s 重的积分

$$\int \mathrm{d}\theta_1 \cdots \int \mathrm{d}\theta_s \prod_l \delta\left(\sum_{j=1}^s c_{lj}\theta_j\right).$$

令 $t_l = \sum_{j=1}^s c_{lj}\theta_j$，于是 $\mathrm{d}t_1\mathrm{d}t_2\cdots\mathrm{d}t_s$ 等于 $|\det(C)|\ \mathrm{d}\theta_1\mathrm{d}\theta_2\cdots\mathrm{d}\theta_s$，可见积分的结果等于 $|\det(C)|$ 的倒数. 将 $\mathcal{M}_{ab}(x,y)$ 看作矩阵 $\mathcal{M}$ 的 (a,x) 行 (b,y) 列的元素，$\det(\mathcal{M})$ 代表 $\mathcal{M}$ 的行列式，则

$$\int \prod_y \mathrm{d}\Omega(y)\delta_L(\mathcal{A}^\Omega) \propto \frac{1}{|\det(\mathcal{M})|}. \tag{216}$$

即是说，$\Delta_L[\mathcal{A}]$ 正比于 $|\det(\mathcal{M})|$. 由此得到，洛伦兹规范的传播函数的路径积分公式为

$$\mathrm{i}\overline{D}^{ab}_{\mu\nu}(x-y) = \frac{1}{N'_\delta}\int \mathcal{D}[\mathcal{A},\overline{\psi},\psi]\det(\mathcal{M})\delta_L(\mathcal{A})A_{a\mu}(x)A_{b\nu}(y)\exp\{\mathrm{i}I\}, \tag{217}$$

$$\mathrm{i}\overline{S}_\mathrm{f}(x-y) = \frac{1}{N'_\delta}\int \mathcal{D}[\mathcal{A},\overline{\psi},\psi]\det(\mathcal{M})\delta_L(\mathcal{A})\psi_\mathrm{f}(x)\overline{\psi}_f(y)\exp\{\mathrm{i}I\}. \tag{218}$$

其中

$$N'_\delta = \int \mathcal{D}[\mathcal{A},\overline{\psi},\psi]\det(\mathcal{M})\delta_L(\mathcal{A})\exp\{\mathrm{i}I\}.$$

相应的格林函数生成泛函是

$$\mathcal{Z}[\overline{\eta},\eta,J] = \frac{1}{N'_\delta}\int \mathcal{D}[\mathcal{A},\overline{\psi},\psi]\det(\mathcal{M})\delta_L(\mathcal{A})\exp\left\{\mathrm{i}(I+I_\mathrm{s}^\mathrm{F}+I_\mathrm{s}^\mathrm{A})\right\}, \tag{219}$$

其中 $I_\mathrm{s}^\mathrm{F}, I_\mathrm{s}^\mathrm{A}$ 是源项的贡献

$$I_\mathrm{s}^F = \int \mathrm{d}^4x\left[\sum_f \overline{\eta}_f(x)\psi_f(x) + \sum_f \overline{\psi}_f(x)\eta_f(x)\right],$$

$$I_{\mathrm{s}}^{\mathrm{A}} = \int \mathrm{d}^4 x [J_a^\mu(x) A_{a\mu}(x)] .$$

如果采用广义的洛伦兹条件

$$\partial^\lambda A_{a\lambda}(x) - p_a(x) = 0 , \tag{220}$$

那么相应的因子 $\Delta'_L[\mathcal{A}]$ 应满足

$$\Delta'_L[\mathcal{A}] \int \prod_y \mathrm{d}\Omega(y) \prod_{a,x} \delta\left(\partial^\lambda A_{a\lambda}^\Omega(x) - p_a(x)\right) = 1 . \tag{221}$$

重复以上计算将会发现 $\Delta'_L[\mathcal{A}]$ 等于 $\Delta_L[\mathcal{A}]$, 因此类似于 (206) 式，对于任意规范不变量 $\mathcal{N}\left(\mathcal{A}, \psi, \overline{\psi}\right)$, 有

$$\begin{aligned} \int \mathcal{D}[\mathcal{A}, \overline{\psi}, \psi] \mathcal{N}\left(\mathcal{A}, \psi, \overline{\psi}\right) \exp\{\mathrm{i} I\} = & \left(\int \prod_y \mathrm{d}\Omega(y)\right) \\ \times \int \mathcal{D}[\mathcal{A}, \overline{\psi}, \psi] \Delta_L[\mathcal{A}] & \prod_{a,x'} \delta\left(\partial^\lambda A_{a\lambda}(x') - p_a(x')\right) \mathcal{N}(\mathcal{A}, \psi, \overline{\psi}) \exp\{\mathrm{i}\, I\}. \end{aligned} \tag{222}$$

像以前一样处理，选取 $\exp\{-\frac{\mathrm{i}}{2\xi}\sum_a p_a^2(x)\}$ 作为权重函数将此式对 $p_a(x)$ 作平均得到

$$\begin{aligned} \int \mathcal{D}[\mathcal{A}, \overline{\psi}, \psi] \mathcal{N}\left(\mathcal{A}, \psi, \overline{\psi}\right) \exp\{\mathrm{i}\, I\} = & \frac{\left(\int \prod_y \mathrm{d}\Omega(y)\right)}{\int \prod_{by} \mathrm{d}p_b(y) \exp\{-\frac{\mathrm{i}}{2\xi} \int \mathrm{d}^4 x \sum_a p_a^2(x)\}} \\ & \times \int \mathcal{D}[\mathcal{A}, \overline{\psi}, \psi] \Delta[\mathcal{A}] \mathcal{N}(\mathcal{A}, \psi, \overline{\psi}) \exp\{\mathrm{i}(I + I_{\mathrm{gf}})\}, \end{aligned} \tag{223}$$

其中 I_{gf} 是规范确定项 $\mathcal{L}_{\mathrm{gf}}$ 的贡献，即

$$I_{\mathrm{gf}} = \int \mathrm{d}^4 x [\mathcal{L}(x) + \mathcal{L}_{\mathrm{gf}}(x)] ,$$

$$\mathcal{L}_{\mathrm{gf}}(x) = -\frac{1}{2\xi} \sum_a \left(\partial^\lambda A_{a\lambda}(x)\right)^2 .$$

即是说，在公式 (206) 左边积分的被积函数中引入因子 $\Delta[\mathcal{A}]$, 并在拉氏函数中加入规范确定项也能够起到类似于引入规范条件的作用，由此又可以构成格林函数的一种新定义. 或者说，按下式定义新的格林函数生成泛函

$$\mathcal{Z}^{(\xi)}[\overline{\eta}, \eta, J] = \frac{1}{N_m} \int \mathcal{D}[\mathcal{A}, \overline{\psi}, \psi] \det(\mathcal{M}) \exp\left\{\mathrm{i}\left(I + I_{\mathrm{gf}} + I_{\mathrm{s}}^{\mathrm{F}} + I_{\mathrm{s}}^{\mathrm{A}}\right)\right\} , \tag{224}$$

其中

$$N_{\mathrm{m}}=\int\mathcal{D}[\mathcal{A},\overline{\psi},\psi]\det(\mathcal{M})\exp\{\mathrm{i}(I+I_{\mathrm{gf}})\}\,. \tag{225}$$

当 $\xi\to 0$ 时, (224) 式变为洛伦兹规范的公式 (219).

在前两节的阿贝尔规范理论的情形, 将规范确定项 $\mathcal{L}_{\mathrm{gf}}$ 加到拉氏函数后, 就可以作为计算 ξ 规范格林函数的有效拉氏函数, 现在不行. 因为在 $\mathcal{Z}[\overline{\eta},\eta,J]$ 的路径积分公式 (224) 的被积函数中, 还有一个与规范场有关的因子 $\det(\mathcal{M})$, 这相当于要求在有效拉氏函数中引入非局域相互作用. 为了能够采用局域性有效拉氏函数, Faddeev 和 Popov 引入了与规范场相耦合的辅助费米场

$$\omega_a(x),\ \overline{\omega}_a(x),$$

这种费米场却是洛伦兹标量, 被称为 Faddeev-Popov 鬼场. 不管常系数, $\det(\mathcal{M})$ 可用费米场的路径积分表示为 (见本章 §5):

$$\int\mathcal{D}[\overline{\omega}_a,\omega_a]\exp\Big\{\mathrm{i}\int\mathrm{d}^4x\mathrm{d}^4y\,\overline{\omega}_a(x)\mathcal{M}_{ab}(x,y)\omega_b(y)\Big\},$$

其中 $\mathcal{D}[\overline{\omega},\omega]$ 是积分元 $\prod_{a,x}\mathrm{d}\overline{\omega}_a(x)\mathrm{d}\omega_a(x)$. 代入 $\mathcal{M}_{ab}(x,y)$ 的表达式, 并完成对于 y 的积分得到

$$\det(\mathcal{M})\propto\int\mathcal{D}[\overline{\omega},\omega]\exp\Big\{\mathrm{i}\int\mathrm{d}^4x\mathcal{L}_{\omega}(x)\Big\}\,, \tag{226}$$

其中

$$\mathcal{L}_{\omega}(x)=-\partial^{\lambda}\overline{\omega}_a(x)\partial_{\lambda}\omega_a(x)+gf_{abc}(\partial^{\lambda}\overline{\omega}_a(x))\omega_b(x)A_{c\lambda}(x)\,. \tag{227}$$

这样, 就可以用如下的局域性有效拉氏函数来计算 ξ 规范的格林函数:

$$\mathcal{L}_{\mathrm{eff}}=\mathcal{L}+\mathcal{L}_{\mathrm{gf}}+\mathcal{L}_{\omega}(x)\,. \tag{228}$$

$\mathcal{L}_{\omega}$ 即是鬼场的拉氏函数 (包括鬼场 - 规范场耦合). 由于鬼场被假定为标量场, 所以 $\mathcal{L}_{\mathrm{eff}}$ 仍然是洛伦兹不变的. 将路径积分元 $\mathcal{D}[\mathcal{A},\overline{\psi},\psi]\mathcal{D}[\overline{\omega},\omega]$ 简写为

$$\mathcal{D}[\mathcal{A},\overline{\psi},\psi,\overline{\omega},\omega],$$

并且用 I_{eff} 代表如下的有效作用量

$$I_{\mathrm{eff}}=\int\mathrm{d}^4x\mathcal{L}_{\mathrm{eff}}(x)\,, \tag{229}$$

则传播函数的公式是

$$\mathrm{i}\overline{D}^{ab}_{\mu\nu}(x-y)=\frac{1}{N}\int\mathcal{D}[\mathcal{A},\overline{\psi},\psi,\overline{\omega},\omega]A_{a\mu}(x)A_{b\nu}(y)\exp\{\mathrm{i}I_{\mathrm{eff}}\}\,,\tag{230}$$

$$\mathrm{i}\overline{S}_{\mathrm{f}}(x-y)=\frac{1}{N}\int\mathcal{D}[\mathcal{A},\overline{\psi},\psi,\overline{\omega},\omega]\psi_{\mathrm{f}}(x)\overline{\psi}_{\mathrm{f}}(y)\exp\{\mathrm{i}I_{\mathrm{eff}}\}\,.\tag{231}$$

其中

$$N=\int\mathcal{D}[\mathcal{A},\overline{\psi},\psi,\overline{\omega},\omega]\exp\{\mathrm{i}I_{\mathrm{eff}}\}\,.$$

鬼场的传播函数也按同样的方法定义

$$\mathrm{i}\overline{G}_{\mathrm{f}}(x-y)=\frac{1}{N}\int\mathcal{D}[\mathcal{A},\overline{\psi},\psi,\overline{\omega},\omega]\omega_a(x)\overline{\omega}_b(y)\exp\{\mathrm{i}I_{\mathrm{eff}}\}\,.\tag{232}$$

为了能够计算涉及鬼场的格林函数，当然要引入相应的源函数将格林函数生成泛函写成

$$\mathcal{Z}[\overline{\eta},\eta,J,\overline{\lambda},\lambda]=\frac{1}{N}\int\mathcal{D}[\mathcal{A},\overline{\psi},\psi,\overline{\omega},\omega]\exp\{\mathrm{i}(I_{\mathrm{eff}}+I_{\mathrm{s}})\}\,.\tag{233}$$

I_{s} 代表源项 $I_{\mathrm{s}}=\int\mathrm{d}^4x[\mathcal{L}_{\mathrm{s}}(x)]$，其中

$$\begin{aligned}\mathcal{L}_{\mathrm{s}}(x)=&\sum_f\overline{\eta}_f(x)\psi_f(x)+\sum_f\overline{\psi}_f(x)\eta_f(x)+J^\mu_a(x)A_{a\mu}(x)\\&+\overline{\lambda}_a(x)\omega_a(x)+\overline{\omega}_a(x)\lambda_a(x)\,,\end{aligned}\tag{234}$$

$\overline{\lambda}_a(x)$ 及 $\lambda_a(x)$ 是费米型源函数．这时，附加到 $\mathcal{L}_{\mathrm{eff}}$ 中的 $\mathrm{i}\epsilon$ 项是

$$-\frac{\mathrm{i}}{2}\epsilon A_{a\mu}A^\mu_a+\mathrm{i}\epsilon\sum_f\overline{\psi}_f\psi_f+\mathrm{i}\,\epsilon\,\overline{\omega}_a\omega_a\,.$$

虚时间方法也和以前一样．即引用正参量 α 将 $\mathcal{L}_{\mathrm{eff}}(x)$ 中所有场函数 (包括鬼场) 的时间微商乘以 $\frac{\mathrm{i}}{\alpha}$ 来构成 $\mathcal{L}_{\mathrm{eff}}(x,\alpha)$，并定义如下的泛函：

$$\mathcal{Z}^{(\alpha)}[\overline{\eta},\eta,J,\overline{\lambda},\lambda]=\frac{1}{N_\alpha}\int\mathcal{D}[\mathcal{A},\overline{\psi},\psi,\overline{\omega},\omega]\exp\Big\{\alpha\big(I^{(\alpha)}_{\mathrm{eff}}+I_{\mathrm{s}}\big)\Big\}\,,\tag{235}$$

其中

$$\begin{aligned}N_\alpha&=\int\mathcal{D}[\mathcal{A},\overline{\psi},\psi,\overline{\omega},\omega]\exp\Big\{\alpha I^{(\alpha)}_{\mathrm{eff}}\Big\}\,,\\I^{(\alpha)}_{\mathrm{eff}}&=\int\mathrm{d}^4x\big[\mathcal{L}_{\mathrm{eff}}(x,\alpha)\big]\,.\end{aligned}$$

将这个泛函延拓到 α 的右半平面，则它在 α 趋于 i 时的极限即是 $\mathcal{Z}[\overline{\eta}, \eta, J, \overline{\lambda}, \lambda]$.

采用 $\mathcal{L}_{\text{eff}}$ 作为有效拉氏函数来定义格林函数，是与理论的非阿贝尔规范对称性相一致的. 正是 Faddeev-Popov 鬼场的引进解决了非阿贝尔规范理论的量子化问题并且促成重正化理论的发展.

参考文献

[1] DIRAC P A M. Physikalische Zeitschrift der Sowjetunion, 1933, 3: 64.

[2] FEYNMAN R P. Rev. Mod. Phys., 1948, 20: 267.

[3] FEYNMAN R P, HIBBS A R. Quantum mechanics and path integrals. New York: McGraw-Hill, 1965.

[4] BEREZIN F A. The method of second quantization. New York: Academic Press, 1966.

[5] FADDEEV L D, POPOV V N. Phys. Lett., 1967, B25: 29.

[6] FADDEEV L D, SLAVNOV A A. Gauge fields, introduction to quantum theory. New York: Benjamin, 1980.

[7] ITZYKSON C, ZUBER J-B. Quantum field theory. New York: McGraw-Hill, 1980.

第十一章　量子电动力学

本章针对电磁场 - 电子场系统讲述量子电动力学理论的重正化以及散射矩阵的微扰展开. 众所周知 (参看 [1, 2] 和所列有关文献), Bogoliubov 和合作者不采用拉氏函数, 也不涉及传统的渐近理论, 而是借助质量和电荷参量代表观察值的自由电子和光子的场算符, 根据一般的不变性条件构造散射算矩阵. 他们所求得电动力学的散射算符的普遍表达式可以从一种含有几类抵消项的有效哈密顿量算符来理解. 根据 Bogoliubov-Parasiuk 定理, 能够借助这些抵消项进行 R 减除消除散射矩阵 (准至任何圈级) 的微扰展开中的紫外发散, 而这样的有效哈密顿量是不能由通常的拉氏函数进行正则量子化直接得出的. 按照已经被广泛接受的 BPHZ 重正化方法 (包括用于非阿贝尔规范理论), 仍然是从通常的拉氏函数出发, 用"重正化场函数"改写拉氏函数 (指拉氏函数密度, 下同) 和划分出非算符形式的重正化抵消项, 以及定义重正化格林函数的路径积分, 借助这种抵消项消除格林函数微扰展开中的紫外发散.

如本版前言所述, 我们延续第三版的构想, 采用原始拉氏函数和含有任意实参量 ξ 的规范确定项, 按照 BPHZ 方法讲述格林函数的重正化, 以及借助 Feynman 规范 ($\xi=1$) 的重正化格林函数生成泛函构造有效哈密顿量算符和散射矩阵 (不涉及传统的渐近理论), 并且根据近期的工作①, 对全章主要内容和方法进行全面的改写. 这里将理论和方法的要点概述一下:

(1) 依照 BPHZ 方法用"重正化场函数" $\psi, \overline{\psi}, A_\mu$ 和代表观察值的质量和电荷参量 m, e, 将原始拉氏函数划分为自由场部分与包含电磁耦合项和规范不变形式的抵消项的微扰部分, 使自由场部分等于 $-\frac{1}{4}F_{\mu\nu}F^{\mu\nu}$ 与电子场的 Dirac 拉氏函数之和. 再加入规范确定项 $-\frac{1}{2\xi}(\partial^\nu A_\nu)^2$, 形成有效拉氏函数 $\mathcal{L}_{\text{eff}}$, 其无微扰部分 $\mathcal{L}_{\text{eff}}^{(00)}$ 即是自由场的有效拉氏函数. 以"重正化场函数"作为基本变量, 根据 $\mathcal{L}_{\text{eff}}$ 定义的格林函数, 借助 $\mathcal{L}_{\text{eff}}$ 所包含的抵消项 (以及适当的正规化方法) 在给定的重正化方案下进行 R 减除消除微扰展开中的紫外发散后, 即是重正化格林函数. 也可以说, 默认抵消项用于 R 减除, 以便保证微扰展开

① 杨泽森、王正行和陈晓林合作的论文, 待发表.

准至任意有限圈级没有紫外发散，就可以说这样定义的格林函数是重正化格林函数，称相应的生成泛函为重正化格林函数生成泛函.

(2) 以“重正化场函数”为基本变量推导包含抵消项的 Dyson-Schwinger 积分方程，阐明运用这种方程式进行 R 减除的方法. 也简略说明如何扩充文献 [7] 的方法，找出包含各类抵消项贡献的电子 - 光子三点顶角的所有骨架图.

(3) 为了根据 Feynman 规范的重正化格林函数生成泛函的路径积分方法构造有效总哈密顿量算符 H 和散射矩阵，首先借助 $\xi=1$ 的自由有效拉氏函数对电磁场进行 Gupta-Bleuler 量子化，确定自由电磁场的有效哈密顿量算符 H_{A} 、动量算符以及物理态条件，以便于用自由 Dirac 场的哈密顿量算符 H_{D} 与 H_{A} 之和 (即总有效哈密顿量算符的无微扰项 H_0) 的适当物理本征态代表散射初末态，以及借助这种物理本征态的态矢量的线性组合构成物理态空间.

用 $\widehat{\psi}(x),\widehat{\overline{\psi}}(x),\widehat{A}_\mu(x)$ 代表自由场函数的 Heisenberg 算符，$|0\rangle$ 满足 $H_0|0\rangle=0$, $\langle 0|0\rangle=1$, 于是自由场的格林函数生成泛函可以表示成

$$\mathcal{Z}_0^R[\overline{\eta},\eta,J]=\langle 0|\mathcal{T}\exp\left\{\mathrm{i}\int \mathrm{d}^4x\Big(\overline{\eta}(x)\widehat{\psi}(x)+\widehat{\overline{\psi}}(x)\eta(x)+J^\mu(x)\widehat{A}_\mu(x)\Big)\right\}|0\rangle.$$

其中 $\mathcal{T}$ 是时间编序算符， $\eta(x)$ 和 $\overline{\eta}(x)$ 是四分量费米型源函数， $J^\mu(x)$ 是玻色型源函数.

(4) 借助自由场 Feynman 规范格林函数生成泛函的算符表达式求出此规范的重正化格林函数生成泛函的算符表达式, 从而推导出有效哈密顿量算符 H, 并且证实由 H 和 H_0 定义的相互作用绘景的时间演化算符的极限 $U(\pm\infty,\mp\infty)$ 作用于物理态矢量的结果仍然是物理态矢量.

以“重正化场函数”作为基本变量的算符描述中的算符和以“原始场函数”作为基本变量的算符描述中的算符作用于不同的态矢量空间，不应该根据经典的“重正化场函数”与原始场函数之间的关系，断定来自这两类算符描述的 Heisenberg 场算符也存在比例关系.

(5) 借助 $U(\infty,-\infty)$ 和物理态空间构造散射矩阵. 我们以 H_0 和总动量的满足标准正交归一条件的物理本征态 $\{|\varPhi_\alpha\rangle\}$ 作为物理态空间的基, 求出在这种基下的散射矩阵元用截腿重正化格林函数表示的一般公式.

在理论方法的讲解以及实际演算各有关部分，与 Bogoliubov 等人的著作一起，还参考了 [5—13] 的量子场论著作以及 [14—26] 的论文.

§1 经典场的能量动量和角动量

设 $\psi_\alpha(x),\psi_\beta^*(x)$ 和 $A^\mu(x)$ 分别代表经典电子场和电磁场的场函数，于是

在习惯约定的 $c=\hbar=1$ 的单位制下，原始的拉氏函数密度为

$$\mathcal{L}=\mathcal{L}_{\mathrm{A}}+\mathcal{L}_{\psi}+\mathcal{L}_{\mathrm{A}\psi}\,, \tag{1}$$

其中

$$\mathcal{L}_{\mathrm{A}}=-\frac{1}{4}F_{\mu\nu}F^{\mu\nu}\,, \tag{2}$$

$$\mathcal{L}_{\psi}=\overline{\psi}(\mathrm{i}\gamma^{\mu}\partial_{\mu}-m)\psi\,, \tag{3}$$

$$\mathcal{L}_{\mathrm{A}\psi}=-e\overline{\psi}\gamma^{\mu}\psi A_{\mu}\,. \tag{4}$$

电荷参量 e 代表 $-|e|$, $\overline{\psi}$ 和下标 α,β 等记号的含义与前面一样. 应该记住, $\psi_{\alpha}(x)$ 和 $\psi^{*}_{\beta}(x)$ 作为经典场函数看待时 (例如在进行正则量子化之前或者出现在路径积分中) 已经是费米量. 我们还约定，所有对于费米变量的微商都是左微商.

为了简便，在本节中常将 $A^{\mu}(x)$,$\psi_{\alpha}(x)$,$\psi^{*}_{\beta}(x)$ 记为 $\phi_{r}(x)$, 于是经典拉氏运动方程可写成

$$\partial_{\mu}\frac{\partial\mathcal{L}}{\partial(\partial_{\mu}\phi_{r}(x))}=\frac{\partial\mathcal{L}}{\partial\phi_{r}(x)}\,.$$

设参考系作无限小的平移，使坐标为 x^{μ} 的点相对于新参考系的坐标变为

$$x'^{\mu}\approx x^{\mu}+\epsilon^{\mu}\,,$$

其中 ϵ^{μ} 为无限小实常数. 由于时空平移不改变场函数 $\phi_{r}(x)$ 的下标，故对于新参考系而言的场函数 ϕ'_{r} 满足

$$\phi'_{r}(x')=\phi_{r}(x)\,. \tag{5}$$

$\mathcal{L}$ 的时空平移不变性意味着

$$\mathcal{L}\big(\phi'(x'),\partial'\phi'(x')\big)=\mathcal{L}\big(\phi(x),\partial\phi(x)\big)\,.$$

将 x' 的函数 $\mathcal{L}\big(\phi'(x'),\partial'\phi'(x')\big)$ 在 x 附近展开，取到 ϵ^{μ} 的一级项，得到

$$\mathcal{L}\big(\phi'(x'),\partial'\phi'(x')\big)\approx\mathcal{L}\big(\phi'(x),\partial\phi'(x)\big)+\epsilon^{\mu}\partial_{\mu}\mathcal{L}\big(\phi(x),\partial\phi(x)\big)\,.$$

由 (5) 式有

$$\phi'_{r}(x^{\mu}+\epsilon^{\mu})=\phi_{r}(x^{\mu})\,,$$

$$\phi'_{r}(x)\approx\phi_{r}(x)-\epsilon^{\mu}\partial_{\mu}\phi_{r}(x)\,,$$

$$\partial_{\nu}\phi'_{r}(x)\approx\partial_{\nu}\phi_{r}(x)-\epsilon^{\mu}\partial_{\mu}\partial_{\nu}\phi_{r}(x)\,.$$

故

$$\mathcal{L}\big(\phi'(x'),\partial'\phi'(x')\big)\approx\mathcal{L}\big(\phi(x),\partial\phi(x)\big)+\epsilon^{\mu}\partial_{\mu}\mathcal{L}$$
$$-\epsilon^{\mu}\partial_{\mu}\phi_{r}(x)\frac{\partial\mathcal{L}}{\partial\phi_{r}(x)}-\epsilon^{\mu}\big(\partial_{\mu}\partial_{\nu}\phi_{r}(x)\big)\frac{\partial\mathcal{L}}{\partial(\partial_{\nu}\phi_{r}(x))}\,.$$

可见

$$\epsilon^{\mu}\partial_{\mu}\phi_{r}(x)\frac{\partial\mathcal{L}}{\partial\phi_{r}(x)}+\epsilon^{\mu}\big(\partial_{\mu}\partial_{\nu}\phi_{r}(x)\big)\frac{\partial\mathcal{L}}{\partial(\partial_{\nu}\phi_{r}(x))}-\epsilon^{\mu}\partial_{\mu}\mathcal{L}=0\,.$$

利用运动方程得出

$$\epsilon^{\mu}\partial_{\mu}\phi_{r}(x)\partial_{\nu}\Big(\frac{\partial\mathcal{L}}{\partial(\partial_{\nu}\phi_{r}(x))}\Big)+\epsilon^{\mu}\partial_{\nu}\partial_{\mu}\phi_{r}(x)\frac{\partial\mathcal{L}}{\partial(\partial_{\nu}\phi_{r}(x))}-\epsilon^{\mu}\partial_{\mu}\mathcal{L}=0\,.$$

即

$$\epsilon^{\mu}\partial_{\nu}\Big(\partial_{\mu}\phi_{r}(x)\frac{\partial\mathcal{L}}{\partial(\partial_{\nu}\phi_{r}(x))}\Big)-\epsilon^{\mu}\partial_{\mu}\mathcal{L}=0\,.$$

或

$$\partial_{\nu}T^{\mu\nu}=0\,,$$

其中

$$T^{\mu\nu}=\partial^{\mu}\phi_{r}(x)\frac{\partial\mathcal{L}}{\partial(\partial_{\nu}\phi_{r}(x))}-g^{\mu\nu}\mathcal{L}\,,\tag{6}$$

这表明 $\int\mathrm{d}^{3}xT^{\mu 0}$ 是守恒量，亦即动量 P^{μ}：

$$P^{\mu}=\int\mathrm{d}^{3}x\Big\{\partial^{\mu}\phi_{r}(x)\frac{\partial\mathcal{L}}{\partial(\dot{\phi}_{r}(x))}-g^{\mu 0}\mathcal{L}\Big\}.\tag{7}$$

由于 $\mathcal{L}$ 不含 $\dot{\psi}^{*}_{\alpha}$, 而 $\dot{A}^{\nu}$ 只出现在 $\mathcal{L}_{\mathrm{A}}$ 中，有

$$P^{l}=\int\mathrm{d}^{3}x\Big\{\partial^{l}A^{\nu}\frac{\partial\mathcal{L}_{\mathrm{A}}}{\partial(\dot{A}^{\nu})}+\partial^{l}\psi_{\alpha}\frac{\partial\mathcal{L}_{\psi}}{\partial(\dot{\psi}_{\alpha})}\Big\},$$
$$P^{0}=\int\mathrm{d}^{3}x\Big\{\dot{A}^{\nu}\frac{\partial\mathcal{L}_{\mathrm{A}}}{\partial(\dot{A}^{\nu})}+\dot{\psi}_{\alpha}\frac{\partial\mathcal{L}_{\psi}}{\partial(\dot{\psi}_{\alpha})}-\mathcal{L}\Big\}.$$

而

$$\frac{\partial\mathcal{L}_{\psi}}{\partial(\dot{\psi}_{\alpha})}=\frac{\partial}{\partial(\dot{\psi}_{\alpha})}\big(\psi^{*}_{\beta}\,\mathrm{i}\,\dot{\psi}_{\beta}\big)=-\mathrm{i}\,\psi^{*}_{\alpha}\,.$$

故

$$P^l = \int \mathrm{d}^3x \Big\{ \partial^l A^\nu \frac{\partial \mathcal{L}_\mathrm{A}}{\partial(\dot{A}^\nu)} + \psi_\alpha^* \,\mathrm{i}\, \partial^l \psi_\alpha \Big\}, \tag{8}$$

$$P^0 = \int \mathrm{d}^3x \Big\{ \dot{A}^\nu \frac{\partial \mathcal{L}_\mathrm{A}}{\partial(\dot{A}^\nu)} - \mathcal{L}_\mathrm{A} - \mathcal{L}_{\mathrm{A}\psi} + \overline{\psi}(-\mathrm{i}\gamma^l \partial_l + m)\psi \Big\}. \tag{9}$$

再设参考系作无限小的齐次洛伦兹变换，使坐标为 x_μ 的点相对于新参考系的坐标变为

$$x'_\mu \approx x_\mu + \epsilon_{\mu\nu} x^\nu ,$$

其中 $\epsilon_{\mu\nu}$ 为无限小实常数，满足 $\epsilon_{\mu\nu} + \epsilon_{\nu\mu} = 0$. 对于新参考系而言的场函数 $A', \psi', \overline{\psi'}$ 满足

$$A'_\mu(x') \approx A_\mu(x) + \epsilon_{\mu\nu} A^\nu ,$$

$$A'^\mu(x') \approx A^\mu(x) + \epsilon^\mu_\nu A^\nu ,$$

$$\psi'(x') = S\psi(x), \quad \overline{\psi'}(x') = \overline{\psi}(x) S^{-1} ,$$

其中 $\epsilon^\mu_\nu = g^{\mu\lambda}\epsilon_{\lambda\nu}$, 而

$$S \approx 1 + \frac{1}{8}\epsilon_{\mu\nu}\{\gamma^\mu\gamma^\nu - \gamma^\nu\gamma^\mu\} ,$$

$$S^{-1} \approx 1 - \frac{1}{8}\epsilon_{\mu\nu}\{\gamma^\mu\gamma^\nu - \gamma^\nu\gamma^\mu\} .$$

或

$$\psi'_\alpha(x') = S_{\alpha\beta}\psi_\beta(x) , \tag{10}$$

$$\psi'^*_\alpha(x') = S^*_{\alpha\beta}\psi^*_\beta(x) . \tag{11}$$

我们将这种变换式简写为

$$\phi'_r(x') = L_{rs}\phi_s(x) , \tag{12}$$

$$L_{rs} \approx \delta_{rs} + \frac{1}{2}\epsilon_{\mu\nu}\Sigma^{\mu\nu}_{rs} , \tag{13}$$

其中 $\Sigma^{\mu\nu}_{rs}$ 对于 $\mu\nu$ 的交换是反对称的.

在 x 附近将 $\mathcal{L}\big(\phi'(x'), \partial'\phi'(x')\big)$ 展开，取到 $\epsilon_{\mu\nu}$ 的一级项，得

$$\mathcal{L}\big(\phi'(x'), \partial'\phi'(x')\big) \approx \mathcal{L}\big(\phi(x'), \partial\phi(x')\big) + \epsilon_{\mu\lambda} x^\lambda \partial^\mu \mathcal{L}\big(\phi(x'), \partial\phi(x')\big) .$$

由 (12) 式有

$$\phi'_r(x_\mu+\epsilon_{\mu\nu}x^\nu)=L_{rs}\phi_s(x_\mu)\,,$$
$$\phi'_r(x)\approx L_{rs}\phi_s(x)-\epsilon_{\mu\nu}x^\nu L_{rs}\partial^\mu\phi_s(x)\,.$$

因此

$$\phi'_r(x)\approx\phi_r(x)+\frac{1}{2}\epsilon_{\mu\nu}\Sigma^{\mu\nu}_{rs}\phi_s(x)-\epsilon_{\mu\lambda}x^\lambda\partial^\mu\phi_r(x)\,,$$
$$\partial^\nu\phi'_r(x)\approx\partial^\nu\phi_r(x)+\frac{1}{2}\epsilon_{\mu\lambda}\Sigma^{\mu\lambda}_{rs}\,\partial^\nu\phi_s(x)-\epsilon_{\mu\lambda}\partial^\nu\big(x^\lambda\partial^\mu\phi_r(x)\big)\,.$$

故

$$\begin{aligned}\mathcal{L}\big(\phi'(x'),\partial'\phi'(x')\big)\approx{}&\mathcal{L}\big(\phi(x),\partial\phi(x)\big)+\epsilon_{\mu\lambda}x^\lambda\partial^\mu\mathcal{L}\\&+\big\{\tfrac{1}{2}\epsilon_{\mu\lambda}\Sigma^{\mu\lambda}_{rs}\phi_s(x)-\epsilon_{\mu\lambda}x^\lambda\partial^\mu\phi_r(x)\big\}\frac{\partial\mathcal{L}}{\partial\phi_r(x)}\\&+\big\{\tfrac{1}{2}\epsilon_{\mu\lambda}\Sigma^{\mu\lambda}_{rs}\,\partial^\nu\phi_s(x)-\epsilon_{\mu\lambda}\partial^\nu\big(x^\lambda\partial^\mu\phi_r(x)\big)\big\}\frac{\partial\mathcal{L}}{\partial(\partial^\nu\phi_r(x))}\,.\end{aligned}$$

由此和 $\mathcal{L}$ 的洛伦兹不变性以及利用运动方程可得

$$\partial^\nu\Big\{\big(\tfrac{1}{2}\epsilon_{\mu\lambda}\Sigma^{\mu\lambda}_{rs}\phi_s(x)-\epsilon_{\mu\lambda}x^\lambda\partial^\mu\phi_r(x)\big)\frac{\partial\mathcal{L}}{\partial(\partial^\nu\phi_r(x))}\Big\}+\epsilon_{\mu\lambda}x^\lambda\partial^\mu\mathcal{L}=0\,.$$

注意 $\epsilon_{\mu\lambda}$ 对于 μ,λ 的交换是反对称的，即得

$$\partial_\nu\mathcal{M}^{\nu\mu\lambda}=0\,,\tag{14}$$

其中

$$\mathcal{M}^{\nu\mu\lambda}=x^\mu T^{\lambda\nu}-x^\lambda T^{\mu\nu}+\Sigma^{\mu\lambda}_{rs}\phi_s(x)\frac{\partial\mathcal{L}}{\partial(\partial^\nu\phi_r(x))}\,.$$

(14) 式表明，$\int\mathrm{d}^3x\mathcal{M}^{0\mu\lambda}$ 是守恒量. 当 μ 和 λ 限制为 1, 2, 3 时，只有三个独立分量，它们即是角动量的分量：

$$M^{kl}=\int\mathrm{d}^3x\Big\{x^kT^{l0}-x^lT^{k0}+\Sigma^{kl}_{rs}\phi_s(x)\frac{\partial\mathcal{L}}{\partial(\dot{\phi}_r(x))}\Big\}.\tag{15}$$

由于 $\mathcal{L}_{\mathrm{A}\psi}$ 不含 $\dot{\phi}_r$, M^{kl} 来自 $\mathcal{L}_\mathrm{A}$ 和 $\mathcal{L}_\psi$, 可表示为

$$M^{kl}=M^{kl}_A+M^{kl}_\psi\,,\tag{16}$$

$$M^{kl}_\mathrm{A}=\int\mathrm{d}^3x\Big\{\big(x^k\partial^l\phi_r-x^l\partial^k\phi_r+\Sigma^{kl}_{rs}\phi_s\big)\frac{\partial\mathcal{L}_\mathrm{A}}{\partial(\dot{\phi}_r(x))}\Big\},\tag{17}$$

$$M^{kl}_\psi=\int\mathrm{d}^3x\Big\{\big(x^k\partial^l\phi_r-x^l\partial^k\phi_r+\Sigma^{kl}_{rs}\phi_s(x)\big)\frac{\partial\mathcal{L}_\psi}{\partial(\dot{\phi}_r(x))}\Big\}.\tag{18}$$

现在来写出这些公式中包含 Σ^{kl}_{rs} 的项. 先看电子场的部分. 在 (15) 式中, 由于 $\mathcal{L}_\psi$ 不含 $\dot{\psi}^*_\alpha, \phi_r$ 只能是 ψ 的分量. 既然如此, ϕ_s 也必定是 ψ 的分量 (因为洛伦兹变换不能使 ψ_β 与 ψ^*_α 混合), 所以 Σ^{kl}_{rs} 应该按 (7) 式决定. 于是 (18) 式右边的最末项可写成

$$\Sigma^{kl}_{rs}\phi_s(x)\frac{\partial\mathcal{L}_\psi}{\partial(\dot{\phi}_r(x))} = \mathrm{i}\,\psi^*_\alpha\,\Sigma^{kl}_{\alpha\beta}\psi_\beta\,, \quad \Sigma^{kl}_{\alpha\beta} = \frac{1}{4}(\gamma^k\gamma^l - \gamma^l\gamma^k)_{\alpha\beta}\,. \tag{19}$$

对于电磁场的情形, (12) 式即是

$$A'^\sigma(x') = L^\sigma_\lambda A^\lambda(x) \approx A^\sigma(x) + \epsilon_{\mu\nu}g^\nu_\lambda g^{\sigma\mu}A^\lambda(x)\,.$$

故 (13) 式变为

$$L^\sigma_\lambda = g^\sigma_\lambda + \frac{1}{2}\epsilon_{\mu\nu}\Sigma^{\mu\nu\sigma}_\lambda\,, \tag{20}$$

$$\Sigma^{\mu\nu\sigma}_\lambda = g^{\sigma\mu}g^\nu_\lambda - g^{\sigma\nu}g^\mu_\lambda\,. \tag{21}$$

这样, 由 (17) 和 (18) 式得

$$M^{kl}_\mathrm{A} = \int \mathrm{d}^3x\Big\{\frac{\partial\mathcal{L}_\mathrm{A}}{\partial\dot{A}^\lambda}\big(x^k\partial^l A^\sigma - x^l\partial^k A^\sigma + \Sigma^{kl\sigma}_\lambda A^\lambda\big)\Big\}, \tag{22}$$

$$M^{kl}_\psi = \int \mathrm{d}^3x\big\{\psi^*_\alpha\,\mathrm{i}\,\big(x^k\partial^l\psi_\alpha - x^l\partial^k\psi_\alpha\big) + \mathrm{i}\,\psi^*_\alpha\Sigma^{kl}_{\alpha\beta}\psi_\beta\big\}\,. \tag{23}$$

在存在耦合项 $\mathcal{L}_{\mathrm{A}\psi}$ 的情形, 仍然可以由电子场的运动方程证明电磁流 $j^\mu = \overline{\psi}\gamma^\mu\psi$ 是守恒流. 实际上其守恒性质来自 $\mathcal{L}$ 对于如下的变换的不变性

$$\psi_\alpha(x) \to \psi'_\alpha(x) \approx \psi_\alpha(x) + \mathrm{i}\,\delta\phi\psi_\alpha(x)\,,$$

$$\psi^*_\beta(x) \to \psi'^*_\beta(x) \approx \psi^*_\beta(x) - \mathrm{i}\,\delta\phi\psi^*_\beta(x)\,,$$

其中 $\delta\phi$ 是任意无穷小实数. 由

$$\mathcal{L}\big(A, \partial A, \psi, \partial\psi, \overline{\psi}\big) = \mathcal{L}\big(A, \partial A, \psi', \partial\psi', \overline{\psi'}\big)\,,$$

得

$$\psi_\alpha(x)\frac{\partial\mathcal{L}}{\partial\psi_\alpha(x)} + \partial_\mu\psi_\alpha(x)\frac{\partial\mathcal{L}}{\partial(\partial_\mu\psi_\alpha(x))} - \psi^*_\beta(x)\frac{\partial\mathcal{L}}{\partial\psi^*_\beta(x)} = 0\,.$$

利用运动方程有

$$\partial_\mu\Big(\psi_\alpha(x)\frac{\partial\mathcal{L}}{\partial(\partial_\mu\psi_\alpha(x))}\Big) = 0\,,$$

或

$$\partial_\mu j^{\mu}(x) = 0\,.$$

相应的守恒量 $\int \mathrm{d}^3x\, e j^{0}(x)$ 即是电荷：

$$eQ = \int \mathrm{d}^3x\, e\, \psi_\alpha^*(x)\psi_\alpha(x)\,. \tag{24}$$

最后，简略地提一下理论的电荷共轭不变性. 在第八章已经说明，电子场 $\psi(x)$,$\overline{\psi}(x)$ 的电荷共轭变换为

$$\begin{aligned}
&\psi(x) \to \psi^C(x) = \eta_c C\widetilde{\overline{\psi}}(x)\,,\\
&\overline{\psi}(x) \to \overline{\psi}^C(x) = -\eta_c^*\,\widetilde{\psi}(x)C^{-1}\,,\\
&C = \mathrm{i}\gamma^2\gamma^0\,, \quad \eta_c^*\,\eta_c = 1\,.
\end{aligned}$$

注意 $C^{-1}\gamma^\mu C$ 等于 $-\widetilde{\gamma^\mu}$, 有

$$\begin{aligned}
&\overline{\psi}^C(x)\psi^C(x) = -\widetilde{\psi}(x)\widetilde{\overline{\psi}}(x) = -\psi_\alpha(x)\overline{\psi}_\alpha(x)\,,\\
&\overline{\psi}^C(x)\gamma^\mu\psi^C(x) = -\widetilde{\psi}(x)C^{-1}\gamma^\mu C\widetilde{\overline{\psi}}(x) = \widetilde{\psi}(x)\widetilde{\gamma^\mu}\widetilde{\overline{\psi}}(x) = \psi_\beta(x)\gamma^\mu_{\alpha\beta}\overline{\psi}_\alpha(x)\,,\\
&\overline{\psi}^C(x)\gamma^\mu\partial_\mu\psi^C(x) = \psi_\beta(x)\gamma^\mu_{\alpha\beta}\partial_\mu\overline{\psi}_\alpha(x) = -\{\partial_\mu\overline{\psi}(x)\}\gamma^\mu\partial_\mu\psi(x)\,,\\
&\{\partial_\mu\overline{\psi}^C(x)\}\gamma^\mu\partial_\mu\psi^C(x) = \{\partial_\mu\psi_\alpha(x)\}\widetilde{\gamma^\mu}_{\alpha\beta}\overline{\psi}_\beta(x)\,.
\end{aligned}$$

由于 Dirac 场函数在量子化之前是非算符的费米量,在电荷共轭变换下 $\overline{\psi}(x)\psi(x)$ 和 $\overline{\psi}(x)\gamma^\mu\partial_\mu\psi(x) - \{\partial_\mu\overline{\psi}(x)\}\gamma^\mu\psi(x)$ 保持不变， $\overline{\psi}(x)\gamma^\mu\psi(x)$ 则反号. 因此拉氏函数的纯电子场部分在不计一个散度项时是电荷共轭不变的，经典电磁流可以表示为

$$j^{\mu}(x) = \frac{1}{2}\{\overline{\psi}\gamma^\mu\psi - \overline{\psi}^C(x)\gamma^\mu\psi^C(x)\}\,. \tag{25}$$

由此和电磁场的运动方程也看到，$A_\mu(x)$ 在电荷共轭变换下反号. 所以，耦合项 $\mathcal{L}_{\mathrm{A}\psi}$ 也是电荷共轭不变的.

§ 2 作为基本变量的“重正化场函数”

如果将 (1)—(4) 式的质量参量和电荷参量看成观察值，以其中的电磁耦合项作为微扰项而用该式其余部分描述散射过程初末态的自由粒子，那么格林函数以及形式地定义的所谓散射矩阵包含发散困难，无法合理地进行超出初级微扰的计算. 通常所谓重正化主要对付的发散，是量子电动力学等可重

正化理论的格林函数内线动量的积分在上限趋于无穷大时的“紫外”发散，电动力学的“红外”发散属于较简单的方法问题．

关于本书用以表述电动力学的重正化以及构造散射矩阵的理论和方法，已经在本章开头简略说明．本节的内容是：(1) 用“重正化场函数”以及代表观察值的质量和电荷参量将原始拉氏函数改写成微扰项与无微扰的自由项之和，使微扰项包括电磁耦合项和规范不变形式的抵消项．并且引用含有参量 ξ 的常用规范确定项构成有效拉氏函数，即是微扰项与有效的自由项之和，从而建立重正化格林函数及其生成泛函的路径积分．(2) 推导 $-\mathrm{i}\,\Sigma$ 和 $\mathrm{i}\,e^2\Pi^{\rho\lambda}$ 的 Dyson-Schwinger 方程．

以后用 $\psi^{[\mathrm{b}]}(x),\overline{\psi}^{[\mathrm{b}]}(x)$ 和 $A_\mu^{[\mathrm{b}]}(x)$ 代表原始的场函数，并将 (1) 式写成

$$\mathcal{L}^{[\mathrm{b}]}(x)=\overline{\psi}^{[\mathrm{b}]}(\mathrm{i}\gamma^\mu\partial_\mu-m_\mathrm{b})\psi^{[\mathrm{b}]}-e_\mathrm{b}\,\overline{\psi}^{[\mathrm{b}]}\gamma^\mu\psi^{[\mathrm{b}]}A_\mu^{[\mathrm{b}]}-\frac{1}{4}F_{\mu\nu}^{[\mathrm{b}]}F^{[\mathrm{b}]\mu\nu}\,, \quad (26)$$

其中 $m_\mathrm{b},e_\mathrm{b}$ 是电子的原始质量电荷参量．

“重正化场函数” $\psi(x),\overline{\psi}(x)$ 和 $A_\mu(x)$ 则正比于原始的场函数：

$$\psi^{[\mathrm{b}]}(x)=\sqrt{Z_2}\,\psi(x)\,,\quad \overline{\psi}^{[\mathrm{b}]}(x)=\sqrt{Z_2}\,\overline{\psi}(x)\,,\quad A_\mu^{[\mathrm{b}]}(x)=\sqrt{Z_3}\,A_\mu(x)\,, \quad (27)$$

其中无量纲的常数 Z_1,Z_2 和 Z_3 是正实数，称为重正化常数．于是 (26) 式可以用“重正化场函数”和新的质量电荷参量 m,e 改写成

$$\mathcal{L}(x)=Z_2\overline{\psi}(x)(\mathrm{i}\gamma^\mu\partial_\mu-m+\delta m)\psi(x)-Z_1\,e\,\overline{\psi}(x)\gamma^\mu\psi(x)A_\mu(x)-Z_3\frac{1}{4}F_{\mu\nu}F^{\mu\nu}\,. \quad (28)$$

为了保持此式是规范不变的，应有 $Z_1=Z_2$. 新的质量电荷参量等也称为重正化参量，这些参量与相应的原始参量的关系是：

$$m_\mathrm{b}=m-\delta m\,,\quad e_\mathrm{b}=\frac{Z_1}{Z_2}\frac{1}{\sqrt{Z_3}}\,e\,. \quad (29)$$

如果只考虑基本变量的变换，则“重正化场函数”和“抵消项”等都只是借用的术语．前面已经说明默认抵消项用于 R 减除，保证微扰展开没有紫外发散，以“重正化场函数”作为基本变量根据 (28) 式和规范确定项定义的格林函数即是重正化格林函数，因此可将其生成泛函表示为：

$$\mathcal{Z}^R[\overline{\eta},\eta,J]=\frac{1}{\mathcal{N}}\int\mathcal{D}[\overline{\psi},\psi,A]\exp\Big\{\mathrm{i}\int\mathrm{d}^4x\big(\mathcal{L}_{\mathrm{eff}}(x)$$
$$+\overline{\eta}(x)\psi(x)+\overline{\psi}(x)\eta(x)+J^\mu(x)A_\mu(x)\big)\Big\}\,. \quad (30)$$

其中 $\mathcal{N}$ 保证 $\mathcal{Z}^R[0,0,0]=1$, $\mathcal{L}_{\text{eff}}(x)$ 是用 "重正化场函数" 和重正化参量表示的有效拉氏函数:

$$\mathcal{L}_{\text{eff}}(x)=\mathcal{L}(x)-\frac{1}{2\xi}(\partial^\mu A_\mu)^2\,. \tag{31}$$

以前也已经说明, $\overline{\eta}_\alpha(x),\eta_\beta(x)$ 和 $J^\mu(x)$ 称为源, 它们都是非算符函数, $\overline{\eta}(x)$ 和 $\eta(x)$ 是费米型的, $J^\mu(x)$ 是玻色型的. 因此泛函微商算子 $\frac{\delta}{\delta\overline{\eta}_\alpha}$ 与 $\frac{\delta}{\delta\eta_\beta}$ 之间以及它们与电子场函数之间互相反对易.

由 (31) 式划分出如下的无微扰有效拉氏函数

$$\mathcal{L}_{\text{eff}}^{(0\,0)}(x)=\overline{\psi}(x)(\mathrm{i}\gamma^\mu\partial_\mu-m)\psi(x)-\frac{1}{4}F_{\mu\nu}F^{\mu\nu}-\frac{1}{2\xi}(\partial^\mu A_\mu(x))^2\,, \tag{32}$$

使得微扰项包含基本的耦合项 $-e\,\overline{\psi}(x)\gamma^\mu\psi(x)A_\mu(x)$ 以及各种抵消项, 而抵消项的总和是

$$\begin{aligned}\Delta\mathcal{L}(x)=&\big(Z_2-1\big)\overline{\psi}(x)(\mathrm{i}\gamma^\mu\partial_\mu-m)\psi(x)+Z_2\,\delta m\,\overline{\psi}(x)\psi(x)\\&-\big(Z_1-1\big)\,e\,\overline{\psi}(x)\gamma^\mu\psi(x)A_\mu(x)-(Z_3-1)\frac{1}{4}F_{\mu\nu}F^{\mu\nu}\,.\end{aligned} \tag{33}$$

于是 $\mathcal{L}_{\text{eff}}(x)$ 就被分解为基本项 $\mathcal{L}^{[0]}$ 与抵消项的和:

$$\mathcal{L}_{\text{eff}}=\mathcal{L}_{\text{eff}}^{[0]}+\Delta\mathcal{L}\,, \tag{34}$$

其中 $\mathcal{L}_{\text{eff}}^{[0]}$ 保持着无抵消项的有效拉氏函数的结构, 而所有参量都理解为重正化参量, 即

$$\mathcal{L}_{\text{eff}}^{[0]}=\overline{\psi}(\mathrm{i}\gamma^\mu\partial_\mu-m)\psi-e\overline{\psi}\gamma^\mu\psi A_\mu-\frac{1}{4}F_{\mu\nu}F^{\mu\nu}-\frac{1}{2\xi}(\partial^\mu A_\mu)^2\,. \tag{35}$$

用原始的场函数和参量表示 (31) 式的有效拉氏函数, 则是

$$\begin{aligned}&\mathcal{L}_{\text{eff}}^{[\text{b}]}(x)=\mathcal{L}^{[\text{b}]}(x)-\frac{1}{2\xi_{\text{b}}}(\partial^\mu A_\mu^{[\text{b}]}(x))^2\,,\\&\xi_{\text{b}}=Z_3\,\xi\,.\end{aligned}$$

以原始场函数作为基本变量, 根据这样的有效拉氏函数定义的格林函数也采用文献中用过的名称 "未重正化格林函数", 并且附以上指标 b. 例如, 用 $\mathrm{i}\,\overline{S}_{\alpha\beta}\,,\mathrm{i}\,\overline{D}_{\mu\nu}$ 代表重正化完全传播函数, 而相应的 "未重正化传播函数" 记作 $\mathrm{i}\,\overline{S}^{[\text{b}]}_{\alpha\beta}\,,\ \mathrm{i}\,\overline{D}^{[\text{b}]}_{\mu\nu}$. $\mathrm{i}\,S_{\alpha\beta}\,,\mathrm{i}\,D_{\mu\nu}$ 则代表重正化自由传播函数. 在第十章已经给出 "未重正化格林函数" 的生成泛函的表达式, 按照现在的记号即是

$$\begin{aligned}\mathcal{Z}^{[\text{b}]}[\overline{\eta},\eta,J]=&\frac{1}{\mathcal{N}}\int\mathcal{D}[\overline{\psi^{[\text{b}]}},\psi^{[\text{b}]}A^{[\text{b}]}]\exp\Big\{\mathrm{i}\int\mathrm{d}^4x\big(\mathcal{L}_{\text{eff}}^{[\text{b}]}(x)\\&+\overline{\eta}(x)\psi^{[\text{b}]}(x)+\overline{\psi}^{[\text{b}]}(x)\eta(x)+J^\mu(x)A_\mu^{[\text{b}]}(x)\big)\Big\}\,.\end{aligned} \tag{36}$$

现在看看重正化格林函数与“未重正化格林函数”的关系. 在不造成误解时可以将重正化格林函数简称为格林函数, 一般的完全格林函数可以表示成

$$G_{\alpha_1\alpha_2\cdots\beta_1\beta_2\cdots\nu_1\nu_2\cdots}(x_1,x_2,\cdots,y_1,y_2,\cdots,z_1,z_2,\cdots)=\frac{\delta}{\mathrm{i}\delta\overline{\eta}_{\alpha_1}(x_1)}\frac{\delta}{\mathrm{i}\delta\overline{\eta}_{\alpha_2}(x_2)}\cdots$$
$$\times\frac{\delta}{(-\mathrm{i})\delta\eta_{\beta_1}(y_1)}\frac{\delta}{(-\mathrm{i})\delta\eta_{\beta_2}(y_2)}\cdots\frac{\delta}{\mathrm{i}\delta J^{\nu_1}(z_1)}\cdots\mathcal{Z}^R[\overline{\eta},\eta,J]\Big|_{(\overline{\eta},\eta,J)=0}. \tag{37}$$

例如完全传播函数为

$$\mathrm{i}\overline{S}(x-y)=\frac{1}{N}\int\mathcal{D}[\mathcal{A},\overline{\psi},\psi]\psi(x)\overline{\psi}(y)\exp\{\mathrm{i}\int\mathrm{d}^4x(\mathcal{L}_{\mathrm{eff}}(x)\}, \tag{38a}$$

$$\mathrm{i}\overline{D}_{\mu\nu}(x-y)=\frac{1}{N}\int\mathcal{D}[\mathcal{A},\overline{\psi},\psi]A_\mu(x)A_\nu(y)\exp\{\mathrm{i}\int\mathrm{d}^4x(\mathcal{L}_{\mathrm{eff}}(x)\}. \tag{38b}$$

由于有效拉氏函数在时空平移下不变, 这些量是 $(x-y)$ 的函数. 按照 (27) 和 (29) 式对 (38a), (38b) 式右边进行参量以及积分变量的替换即可看出：

$$\mathrm{i}\,\overline{S}_{\alpha\beta}(x-y)={Z_2}^{-1}\mathrm{i}\,\overline{S}^{[\mathrm{b}]}_{\alpha\beta}(x-y), \tag{39}$$
$$\mathrm{i}\,\overline{D}_{\mu\nu}(x-y)={Z_3}^{-1}\mathrm{i}\,\overline{D}^{[\mathrm{b}]}_{\mu\nu}(x-y). \tag{40}$$

又如, 三点完全格林函数 $G_{\alpha\beta\nu}(x,y,z)$ 等于相应的“未重正化”格林函数除以 $Z_2\sqrt{Z_3}$:

$$G_{\alpha\beta\nu}(x,y,z)=\frac{\delta}{\mathrm{i}\delta\overline{\eta}_\alpha(x)}\frac{\delta}{(-\mathrm{i})\delta\eta_\beta(y)}\frac{\delta}{\mathrm{i}\delta J^\nu(z)}\mathcal{Z}^R[\overline{\eta},\eta,J]\Big|_{(\overline{\eta},\eta,J)=0}$$
$$={Z_2}^{-1}{Z_3}^{-1/2}G^{[\mathrm{b}]}_{\alpha\beta\nu}(x,y,z). \tag{41}$$

一般的完全格林函数 $G_{\alpha_1\cdots\alpha_l\beta_1\cdots\beta_l\nu_1\cdots\nu_n}(x_1,\cdots,y_1,\cdots,z_1,\cdots)$ 等于是相应的“未重正化格林函数”除以 ${Z_2}^l{Z_3}^{n/2}$. 这样的 $(2l+n)$ 点格林函数也称为 $2l$ 电子 -n 光子格林函数.

由于有效拉氏函数的时空平移不变性, 坐标空间的多点格林函数只依赖于一个点与其他点的时空坐标之差. 或者说, 动量空间格林函数的宗量受到守恒条件的限制. 因此 (37) 式的格林函数可以表示为

$$G_{\alpha_1\alpha_2\cdots\beta_1\beta_2\cdots\nu_1\nu_2\cdots}(x_1,x_2,\cdots,y_1,y_2,\cdots,z_1,z_2,\cdots)$$
$$=\int\frac{\mathrm{d}^4p_1}{(2\pi)^4}\int\frac{\mathrm{d}^4p_1'}{(2\pi)^4}\int\frac{\mathrm{d}^4k_1}{(2\pi)^4}\cdots\mathrm{e}^{-\mathrm{i}\sum_j p_jx_j}\mathrm{e}^{\mathrm{i}\sum_j p_j'y_j}\mathrm{e}^{-\mathrm{i}\sum_j k_jz_j}$$
$$\times G_{\alpha_1\alpha_2\cdots\beta_1\beta_2\cdots\nu_1\nu_2\cdots}(p_1,p_2,\cdots,p_1',p_2',\cdots,k_1,k_2,\cdots)$$
$$\times(2\pi)^4\delta^4(\sum_j p_j-\sum_j p_j'+\sum_j k_j), \tag{42}$$

在此式右边的坐标因子中，我们特别选取 $p_j x_j$ 和 $p'_j y_j$ 前的正负号，以便于与微扰展开的 Feynman 图中外电子线的方向相应， $k_j z_j$ 前的正负号 (对应于外光子线方向) 可以有不同的选择. 函数

$$G_{\alpha_1\alpha_2\cdots\beta_1\beta_2\cdots\nu_1\nu_2\cdots}(p_1, p_2, \cdots, p'_1, p'_2, \cdots, k_1, k_2, \cdots)$$

在向内的外线动量之和等于向外的外线动量之和的条件下代表动量空间的格林函数.

传播函数只有一个独立动量，可以根据 (42) 式写成

$$\mathrm{i}\,\overline{S}_{\alpha\beta}(x-y) = \int \frac{\mathrm{d}^4 p}{(2\pi)^4}\,\mathrm{i}\,\overline{S}_{\alpha\beta}(p)\mathrm{e}^{-\mathrm{i}p(x-y)}\,, \tag{43}$$

$$\mathrm{i}\,\overline{D}_{\mu\nu}(x-y) = \int \frac{\mathrm{d}^4 k}{(2\pi)^4}\,\mathrm{i}\,\overline{D}_{\mu\nu}(k)\mathrm{e}^{-\mathrm{i}k(x-y)}\,, \tag{44}$$

$\mathrm{i}\,\overline{S}_{\alpha\beta}(p), \mathrm{i}\,\overline{D}_{\mu\nu}(k)$ 称为动量空间的完全传播函数.

三点完全格林函数 $G_{\alpha\beta\nu}(x,y,z)$ 可表示成：

$$\begin{aligned} G_{\alpha\beta\nu}(x,y,z) = \iiint \frac{\mathrm{d}^4 p_1}{(2\pi)^4}\frac{\mathrm{d}^4 p_2}{(2\pi)^4}\frac{\mathrm{d}^4 k}{(2\pi)^4}\mathrm{e}^{-\mathrm{i}p_1 x}\mathrm{e}^{\mathrm{i}p_2 y}\mathrm{e}^{-\mathrm{i}kz} \\ \times G_{\alpha\beta\nu}(p_1,p_2,k)\times(2\pi)^4\delta^4(p_1-p_2+k)\,. \end{aligned} \tag{45}$$

在 $p_1 - p_2 + k = 0$ 的限制下按照下式定义动量空间的电子光子顶角函数 $-\mathrm{i}\,e\Gamma^{\mu}_{\alpha'\beta'}(p_1,p_2)$:

$$G_{\alpha\beta\nu}(p_1,p_2,k) = \mathrm{i}\,\overline{S}_{\alpha\alpha'}(p_1)\Big(-\mathrm{i}\,e\Gamma^{\mu}_{\alpha'\beta'}(p_1,p_2)\Big)\,\overline{S}_{\beta'\beta}(p_2)\,\mathrm{i}\,\overline{D}_{\nu\mu}(k)\,. \tag{46}$$

相应的坐标空间的电子光子顶角函数是

$$-\mathrm{i}\,e\Gamma^{\mu}_{\alpha\beta}(x,y,z) = \iint \frac{\mathrm{d}^4 p_1}{(2\pi)^4}\frac{\mathrm{d}^4 p_2}{(2\pi)^4}\mathrm{e}^{-\mathrm{i}p_1(x-z)}\mathrm{e}^{\mathrm{i}p_2(y-z)}\big\{-\mathrm{i}\,e\Gamma^{\mu}_{\alpha\beta}(p_1,p_2)\big\}\,. \tag{47}$$

借此可将 $G_{\alpha\beta\nu}(x,y,z)$ 写成

$$\begin{aligned} G_{\alpha\beta\nu}(x,y,z) = \iiint \mathrm{d}^4x'\mathrm{d}^4y'\mathrm{d}^4z'\,\mathrm{i}\,\overline{S}_{\alpha\alpha'}(x-x') \\ \times(-\mathrm{i}\,e)\Gamma^{\mu}_{\alpha'\beta'}(x',y',z')\,\overline{S}_{\beta'\beta}(y'-y)\,\mathrm{i}\,\overline{D}_{\nu\mu}(z-z'). \end{aligned} \tag{48}$$

按习惯经常将 $\overline{S}_{\alpha\beta}$, $G_{\alpha\beta\nu}$ 和 $\Gamma^{\mu}_{\alpha\beta}$ 等看成 4 行 4 列矩阵的 $(\alpha\beta)$ 元素，例如 $G_{\alpha\beta\nu}(x,y,z)$ 可以表示为

$$\begin{aligned} G_{\nu}(x,y,z) = \iiint \frac{\mathrm{d}^4 p_1}{(2\pi)^4}\frac{\mathrm{d}^4 p_2}{(2\pi)^4}\frac{\mathrm{d}^4 k}{(2\pi)^4}\mathrm{e}^{-\mathrm{i}p_1 x}\mathrm{e}^{\mathrm{i}p_2 y}\mathrm{e}^{-\mathrm{i}kz}\,\mathrm{i}\,\overline{S}(p_1)\,(-\mathrm{i}\,e) \\ \times\Gamma^{\mu}(p_1,p_2)\,\mathrm{i}\,\overline{S}(p_2)\,\mathrm{i}\,\overline{D}_{\nu\mu}(k)\times(2\pi)^4\delta^4(p_1-p_2+k). \end{aligned} \tag{49}$$

将“未重正化”的 $G_{\nu}^{[\mathrm{b}]}(x,y,z)$ 写成 (49) 的形式，可由 (39)—(41) 式看出

$$-\mathrm{i}\,e\,\Gamma^{\mu}(p_1,p_2)=Z_2\sqrt{Z_3}\,\big\{-\mathrm{i}\,e_{\mathrm{b}}\,\Gamma^{[\mathrm{b}]\mu}(p_1,p_2)\big\}\,. \tag{50}$$

亦即

$$\Gamma^{\mu}(p_1,p_2)=Z_1\,\Gamma^{[\mathrm{b}]\mu}(p_1,p_2)\,. \tag{51}$$

由 $\Lambda^{[\mathrm{b}]\mu}(p_1,p_2)=\Gamma^{[\mathrm{b}]\mu}(p_1,p_2)-\gamma^{\mu}$ 以及按下式定义的 $\Lambda^{\mu}(p_1,p_2)$:

$$\Lambda^{\mu}(p_1,p_2)=\Gamma^{\mu}(p_1,p_2)-\gamma^{\mu}\,, \tag{52}$$

得到

$$\Lambda^{\mu}(p_1,p_2)=(Z_1-1)\,\gamma^{\mu}+\,Z_1\,\Lambda^{[\mathrm{b}]\mu}(p_1,p_2)\,. \tag{53}$$

$[\mathrm{i}\,\overline{S}(p)]^{-1}$ 也是一种顶角函数 (见 §5), 它与已知函数 $[\mathrm{i}\,S(p)]^{-1}$ 的差用 $-\mathrm{i}\,\Sigma(p)$ 代表：

$$-\mathrm{i}\,\Sigma(p)=[\mathrm{i}\,S(p)]^{-1}-[\mathrm{i}\,\overline{S}(p)]^{-1}\,. \tag{54}$$

于是

$$\mathrm{i}\,\overline{S}(p)=\frac{1}{[\mathrm{i}\,S(p)]^{-1}+\mathrm{i}\,\Sigma(p)}\,. \tag{55}$$

或者

$$\mathrm{i}\,\overline{S}(p)=\mathrm{i}\,S(p)+\mathrm{i}\,\overline{S}(p)\{-\mathrm{i}\,\Sigma(p)\}\mathrm{i}\,S(p)\,. \tag{56}$$

也可以按 $S(p)$ 的幂次展开成

$$\begin{aligned}\mathrm{i}\,\overline{S}(p)=&\,\mathrm{i}\,S(p)+\mathrm{i}\,S(p)\{-\mathrm{i}\,\Sigma(p)\}\mathrm{i}\,S(p)\\&+\mathrm{i}\,S(p)\{-\mathrm{i}\,\Sigma(p)\}\mathrm{i}\,S(p)\{-\mathrm{i}\,\Sigma(p)\}\mathrm{i}\,S(p)+\cdots\,.\end{aligned} \tag{57}$$

由 (54) 式和“未重正化”量的相应公式得出

$$-\mathrm{i}\,\Sigma(p)-Z_2\,\big\{-\mathrm{i}\,\Sigma^{[\mathrm{b}]}(p)\big\}=[\mathrm{i}\,S(p)]^{-1}-Z_2\,[\,\mathrm{i}\,S^{[\mathrm{b}]}(p)]^{-1}\,.$$

$S(p)$ 的表达式可从第十章查到，即 $S(p)=1/(\gamma^{\mu}p_{\mu}-m+\mathrm{i}\epsilon)$, 而且它随着 m 换为 m_{b} 变成 $S^{[\mathrm{b}]}(p)$, 故

$$-\mathrm{i}\,\Sigma(p)=\mathrm{i}\,(Z_2-1)(\gamma^{\mu}p_{\mu}-m)+\mathrm{i}\,Z_2\,\delta m+Z_2\,\big\{-\mathrm{i}\,\Sigma^{[\mathrm{b}]}(p)\big\}\,. \tag{58}$$

由此以及 (52) 式，注意 $Z_1 = Z_2$, 又得出

$$\begin{aligned}&\Sigma(p') - \Sigma(p) + (p'-p)_\mu \Lambda^\mu(p',p)\\&\qquad = Z_1\left\{\Sigma^{[\mathrm{b}]}(p') - \Sigma^{[\mathrm{b}]}(p) + (p'-p)_\mu \Lambda^{[\mathrm{b}]\mu}(p',p)\right\}.\end{aligned}$$

将 $D_{\mu\nu}(k)$ 和 $\overline{D}_{\mu\nu}(k)$ 分别看成 4 行 4 列矩阵 $\mathcal{D}(k)$ 和 $\overline{\mathcal{D}}(k)$ 的元素，令

$$-\mathrm{i}\,e^2\mathcal{P}(k) = [\mathrm{i}\,\overline{D}(p)]^{-1} - [\mathrm{i}\,D(p)]^{-1}. \tag{59}$$

于是

$$\mathrm{i}\,\overline{\mathcal{D}}(k) = \frac{1}{[\mathrm{i}\,\mathcal{D}(k)]^{-1} - \mathrm{i}e^2\mathcal{P}(k)}. \tag{60}$$

矩阵 $\mathcal{P}(k)$ 的 $(\rho\lambda)$ 元素 $\Pi^{\rho\lambda}(k)$ 称为真空极化张量. 此式也可以写成 $\mathrm{i}\,\overline{\mathcal{D}}(k)$ 的方程式

$$\mathrm{i}\,\overline{\mathcal{D}}(k) = \mathrm{i}\mathcal{D}(k) + \mathrm{i}\,\mathcal{D}(k)\{\mathrm{i}e^2\mathcal{P}(k)\}\mathrm{i}\,\overline{\mathcal{D}}(k). \tag{61}$$

故 $\mathrm{i}\,\overline{D}_{\mu\nu}(k)$ 可以展开成

$$\mathrm{i}\,\overline{D}_{\mu\nu}(k) = \mathrm{i}\,D_{\mu\nu}(k) + \mathrm{i}\,D_{\mu\rho}(k)\{\mathrm{i}e^2\,\Pi^{\rho\lambda}(k)\}\mathrm{i}\,D_{\lambda\nu}(k) + \cdots. \tag{62}$$

由 (59) 式和“未重正化”量的相应公式得出

$$\begin{aligned}&\mathrm{i}e^2\,\Pi^{\rho\lambda}(k) - Z_3\left\{\mathrm{i}e_{\mathrm{b}}^2\,\Pi^{[\mathrm{b}]\rho\lambda}(k)\right\}\\&\qquad = \mathrm{i}\,Z_3\,[(D^{[\mathrm{b}]}(k))^{-1}]^{\rho\lambda} - \mathrm{i}\,[D(k)^{-1}]^{\rho\lambda}.\end{aligned}$$

从第十章 §9 可查到：

$$\begin{aligned}D_{\mu\nu}(k) &= \frac{-1}{k^2+\mathrm{i}\,\epsilon}\left\{g_{\mu\nu} + (\xi-1)\frac{k_\mu k\nu}{k^2+\mathrm{i}\,\epsilon}\right\},\\ [D(k)^{-1}]^{\nu\nu'}(k) &= -k^2\,g^{\nu\nu'} + (1-1/\xi)\,k^\nu k^{\nu'}.\end{aligned}$$

而且 $D(k)$ 随着 ξ 换为 ξ_{b} 变成 $D^{[\mathrm{b}]}(k)$, 故

$$\mathrm{i}\,e^2\,\Pi^{\rho\lambda}(k) = \mathrm{i}\,(Z_3-1)(k^\rho k^\lambda - k^2\,g^{\rho\lambda}) + Z_3\left\{\mathrm{i}\,e_{\mathrm{b}}^2\,\Pi^{[\mathrm{b}]\rho\lambda}(k)\right\}. \tag{63}$$

由此以及 $Z_1 = Z_2$, 又得出

$$k_\rho\,\Pi^{\rho\lambda}(k) = k_\rho\,\Pi^{[\mathrm{b}]\rho\lambda}(k).$$

现在推导 $-\mathrm{i}\,\Sigma$ 和 $\mathrm{i}\,e^2\Pi^{\rho\lambda}$ 的 Dyson-Schwinger 方程. 将 (30) 式的被积函数换成它对于 $\overline{\psi}_\alpha(x)$ 的微商得出

$$0=\int\mathcal{D}[\overline{\psi},\psi,A]\frac{\delta}{\delta\overline{\psi}_\alpha(x)}\exp\Big\{\mathrm{i}\int\mathrm{d}^4z\big(\mathcal{L}_{\mathrm{eff}}(z)$$
$$+\overline{\eta}(z)\psi(z)+\overline{\psi}(z)\eta(z)+J^\mu(z)A_\mu(z)\big)\Big\}. \tag{64}$$

而 $\frac{\delta}{\delta\overline{\psi}_\alpha(x)}\int\mathrm{d}^4z\,\mathcal{L}_{\mathrm{eff}}(z)$ 等于

$$Z_2\big(\mathrm{i}\,\gamma^\mu_{\alpha\beta}\,\psi_\beta(x)-(m-\delta m)\psi_\alpha(x)\big)-Z_1\,e\,\gamma^\mu_{\alpha\beta}\,\psi_\beta(x)\,A_\mu(x),$$

故

$$0=\Big\{\eta_\alpha(x)+Z_2\left(\mathrm{i}\,\gamma^\mu_{\alpha\beta}\,\partial_\mu\frac{\delta}{\mathrm{i}\delta\overline{\eta}_\beta(x)}-(m-\delta m)\,\frac{\delta}{\mathrm{i}\delta\overline{\eta}_\alpha(x)}\right)$$
$$-Z_1\,e\,\gamma^\mu_{\alpha\beta}\,\frac{\delta}{\mathrm{i}\delta\overline{\eta}_\beta(x)}\frac{\delta}{\mathrm{i}\delta J^\mu(x)}\Big\}\,\mathcal{Z}^R[\overline{\eta},\eta,J]. \tag{65}$$

以 $\frac{\delta}{\mathrm{i}\delta\eta_{\alpha'}(y)}$ 作用，再令 $(\overline{\eta},\eta,J)$ 趋于零，得出

$$\mathrm{i}\,\delta^4(x-y)=Z_2\left(\mathrm{i}\,\gamma^\mu\,\frac{\partial}{\partial x^\mu}[\mathrm{i}\,\overline{S}(x-y)]-(m-\delta m)[\mathrm{i}\,\overline{S}(x-y)]\right)$$
$$-Z_1\,e\,\gamma^\mu\,G_\mu(x,y,x).$$

将其中的传播函数和三点格林函数的傅氏展开式代入加以整理即得

$$-\mathrm{i}\,\Sigma(p)=\mathrm{i}\,(Z_2-1)(\gamma^\mu p_\mu-m)+\mathrm{i}\,Z_2\,\delta m$$
$$+\,Z_1\!\int\frac{\mathrm{d}^4k}{(2\pi)^4}(-\mathrm{i}\,e\,\gamma^\mu)\,\mathrm{i}\,\overline{S}(p-k)\,\Big(-\mathrm{i}\,e\,\Gamma^\nu(p-k,p)\Big)\,\mathrm{i}\,\overline{D}_{\nu\mu}(k). \tag{66}$$

类似于 (64) 式有

$$0=\int\mathcal{D}[\overline{\psi},\psi,A]\frac{\delta}{\delta A_\mu(x)}\exp\Big\{\mathrm{i}\int\mathrm{d}^4z\big(\mathcal{L}_{\mathrm{eff}}(z)$$
$$+\overline{\eta}(z)\psi(z)+\overline{\psi}(z)\eta(z)+J^\mu(z)A_\mu(z)\big)\Big\}.$$

而

$$\frac{\delta}{\delta A_\mu(x)}\int\!\mathrm{d}^4z\,\Big\{-\frac{1}{4}F^{\rho\lambda}(z)\,F_{\rho\lambda}(z)\Big\}=\partial^\rho\partial_\rho\,A_\mu(x)-\partial^\mu(\partial^\rho\,A_\rho(x)),$$
$$\frac{\delta}{\delta A_\mu(x)}\int\mathrm{d}^4z\,\Big\{-\frac{1}{2\xi}\big(\partial^\lambda A_\lambda(z)\big)^2\Big\}=\frac{1}{\xi}\partial^\mu\big(\partial^\nu A_\nu(x)\big),$$
$$\frac{\delta}{\delta A_\mu(x)}\int\mathrm{d}^4z\,\Big\{-e\,\overline{\psi}(z)\gamma^\nu\,A_\nu(z)\psi(z)\Big\}=e\,\overline{\psi}(x)\gamma^\mu\,\psi(x).$$

故

$$0=\Big\{J^{\mu}(x)+\Big[Z_3\left(g^{\mu\nu}\,\partial^{\rho}\partial_{\rho}-\partial^{\mu}\partial^{\nu}\right)+\frac{1}{\xi}\partial^{\mu}\partial^{\nu}\Big]\frac{\delta}{\mathrm{i}\delta J^{\nu}(x)}$$
$$+Z_1\,e\,\gamma^{\mu}_{\alpha\beta}\,\frac{\delta}{\mathrm{i}\delta\overline{\eta}_{\beta}(x)}\frac{\delta}{(-\mathrm{i})\delta\eta_{\alpha}(x)}\Big\}\,\mathcal{Z}^{R}[\overline{\eta},\eta,J]\,. \tag{67}$$

以 $\frac{\delta}{\mathrm{i}\delta J^{\lambda}(y)}$ 作用，再令 $(\overline{\eta},\eta,J)$ 趋于零，得出

$$\mathrm{i}\,g^{\mu}_{\lambda}\,\delta^4(x-y)=\Big[Z_3\left(g^{\mu\nu}\,\partial^{\rho}\partial_{\rho}-\partial^{\mu}\partial^{\nu}\right)+\frac{1}{\xi}\,\partial^{\mu}\partial^{\nu}\Big]\,\mathrm{i}\,\overline{D}_{\nu\lambda}(x-y)$$
$$+\,Z_1\,e\,\gamma^{\mu}_{\alpha\beta}\,G_{\beta\alpha\lambda}(x,x,y)\,.$$

将其中的传播函数和三点格林函数的傅氏展开式代入加以整理即得

$$\mathrm{i}\,e^2\,\varPi^{\rho\lambda}(k)=\mathrm{i}\,(Z_3-1)(k^{\rho}k^{\lambda}-k^2\,g^{\rho\lambda})$$
$$-Z_1\!\int\frac{\mathrm{d}^4p}{(2\pi)^4}\mathrm{tr}\Big\{(-\mathrm{i}\,e\,\gamma^{\lambda})\,\mathrm{i}\,\overline{S}(p)\,\Big(-\,\mathrm{i}\,e\,\varGamma^{\rho}(p,p{+}k)\Big)\,\mathrm{i}\,\overline{S}(p+k)\Big\}. \tag{68}$$

(66) 和 (68) 式即是根据“重正化传播函数”定义的 $-\mathrm{i}\,\varSigma$ 和 $\mathrm{i}\,e^2\varPi^{\rho\lambda}$ 的 Dyson-Schwinger 方程. 在讲述 Feynman 图的部分知识后，还将推导电子光子顶角的积分方程以及其他基本公式.

例题 Furry 定理

按照习惯，也将“$2l$电子-n光子”格林函数称为电子外腿数为 $2l$ 而光子外腿数是 n 的格林函数. Furry 定理的内容可叙述如下：没有电子外腿而光子外腿数是奇数的格林函数不存在. 如 §1 末所说，将经典 Dirac 场当成费米场时，经典电磁场的场函数 $A_{\mu}(x)$ 在电荷共轭变换下变号，从而保持有效拉氏函数不变. 可见在电荷共轭变换下， $\int\mathcal{D}[\overline{\psi},\psi,A]\Big\{A_{\mu_1}(x_1)\cdots A_{\mu_n}(x_n)\Big\}\exp\left(\mathrm{i}\int\mathrm{d}^4x\mathcal{L}_{\mathrm{eff}}(x)\right)$ 等于其自身乘以 $(-1)^n$. 所以 Furry 定理成立，它是电动力学理论的电荷共轭不变性的推论.

§ 3 Feynman 图

3.1 线段

Feynman 图方法在微扰理论中有广泛的作用. 这种图一般由线段以及作为若干线段的汇合点的顶点组成. 特殊的图形可以是一根线段或一个顶点. 只有一端与顶点连接的线段称为外线，两端都与顶点连接的线段称为内线.

本节讲述用于格林函数的微扰展开的 Feynman 图方法的要点，这类图形的简单线段代表自由传播函数. 后面还用到其他 Feynman 图，其内线仍然代表自由传播函数，但是外线有另外的含义. 例如，在场算符的正规积的图形表示中，外线代表场算符. 在散射矩阵元的图形中则用外线描述散射过程中初态粒子的消失或者末态粒子的产生. 另外，在许多重要场合采用的是截腿图，这时标明外腿只是为了显示顶点的类别. 这些都有明确的规定.

电子场的自由传播函数 $\mathrm{i}\,S(x-y)$ 的 Feynman 图是一根有向的实线段:

$$\mathrm{i}\,S(x-y)=\frac{1}{N_0}\int\mathcal{D}[\mathcal{A},\overline{\psi},\psi]\psi(x)\overline{\psi}(y)\exp\{\mathrm{i}I_{\text{eff}}^{(0\,0)}\}$$

$$= \quad x \longleftarrow y$$

$N_0=\int\mathcal{D}[\mathcal{A},\overline{\psi},\psi]\exp\{\mathrm{i}I_{\text{eff}}^{(0\,0)}\}$, 而 $I_{\text{eff}}^{(0\,0)}=\int\mathrm{d}^4x\mathcal{L}_{\text{eff}}^{(0\,0)}(x)$, 线段的方向是从 $\overline{\psi}$ 指向 ψ. $\mathrm{i}\,S_{\alpha\beta}(x-y)$ 则图示为

$$\mathrm{i}S_{\alpha\beta}(x-y)=\frac{1}{N_0}\int\mathcal{D}[\mathcal{A},\overline{\psi},\psi]\psi_\alpha(x)\overline{\psi}_\beta(y)\exp\{\mathrm{i}I_{\text{eff}}^{(0\,0)}\}$$

$$= \quad \underset{x}{\overset{\alpha}{}} \longleftarrow \underset{y}{\overset{\beta}{}}$$

如果约定时间的流向是自下而上，可以用图形

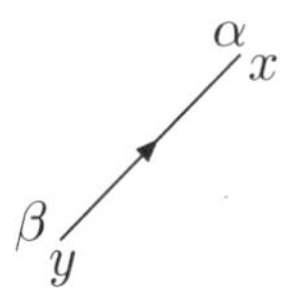

表示 $y^0<x^0$ 的 $\mathrm{i}\,S_{\alpha\beta}(x-y)$, 它描述电子的自由演化 (例如，参看 9.2 小节). 反之，下图表示 $x^0<y^0$ 的 $\mathrm{i}\,S_{\alpha\beta}(x-y)$,

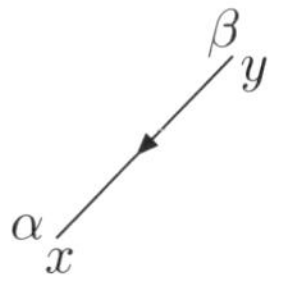

它描述正电子的自由演化.

电磁场的自由传播函数用波浪线段表示:

$$\mathrm{i}\,D_{\mu\nu}(x-y)=\frac{1}{N_0}\int\mathcal{D}[\mathcal{A},\overline{\psi},\psi]A_\mu(x)A_\nu(y)\exp\{\mathrm{i}I_{\text{eff}}^{(0\,0)}\}$$

$$= \quad \underset{x}{\overset{\mu}{}} \sim\sim\sim\sim \underset{y}{\overset{\nu}{}}$$

依照习惯也说它描述光子的自由演化. 顾及时间流向的图形为

μ x ν y $(y^0 < x^0)$

和

ν y μ x $(x^0 < y^0)$

如前所述，由 $\mathrm{i}\,S_{\alpha\beta}(x-y)$ 和 $\mathrm{i}\,D_{\mu\nu}(x-y)$ 如下的傅氏展开定义的 $\mathrm{i}\,S_{\alpha\beta}(p)$ 和 $\mathrm{i}\,D_{\mu\nu}(k)$ 称为动量空间的自由传播函数：

$$\mathrm{i}\,S_{\alpha\beta}(x-y) = \int \frac{\mathrm{d}^4 p}{(2\pi)^4}\mathrm{i}S_{\alpha\beta}(p)\mathrm{e}^{-\mathrm{i}p(x-y)},$$

$$\mathrm{i}\,D_{\mu\nu}(x-y) = \int \frac{\mathrm{d}^4 k}{(2\pi)^4}\mathrm{i}D_{\mu\nu}(k)\mathrm{e}^{-\mathrm{i}k(x-y)}.$$

其中

$$\mathrm{i}\,S_{\alpha\beta}(p) = \left\{\frac{\mathrm{i}}{\gamma^\mu p_\mu - m + \mathrm{i}\epsilon}\right\}_{\alpha\beta},$$

$$\mathrm{i}D_{\mu\nu}(k) = \frac{-\mathrm{i}}{k^2+\mathrm{i}\epsilon}\left\{g_{\mu\nu} + (\xi-1)\frac{k_\mu k_\nu}{k^2+\mathrm{i}\epsilon}\right\}.$$

它们被图示为

$\mathrm{i}\,S_{\alpha\beta}(p) \;=\;$ α —— p ←—— β

$\mathrm{i}\,D_{\mu\nu}(p) \;=\;$ μ ∿∿ k ∿∿ ν

这里的 p 和 k 被理解为所谓虚粒子的动量，记住它们作为 $\mathrm{i}\,S_{\alpha\beta}(x-y)$ 和 $\mathrm{i}\,D_{\mu\nu}(x-y)$ 的傅氏展开的积分变量，不限制在质壳上. $\mathrm{i}\,S_{\alpha\beta}(p)$ 描述动量为 p 的虚电子的传播, $\mathrm{i}\,D_{\mu\nu}(k)$ 描述动量为 k 的虚光子的传播. 电子线的方向可按照坐标空间的图形确定，单独的光子线没有明确的方向，后面会说明在复杂图形中标示光子线方向的含义.

3.2 顶点

顶点来自 (34) 式中的电磁耦合项以及几类抵消项. 电磁耦合项和带系数 (Z_1-1) 的抵消项是场函数的三重积 $\overline{\psi}\psi A$, 其顶点都只连接着两根电子线和一根光子线. 带系数 (Z_2-1) 以及带系数 $Z_2\,\delta m$ 的抵消项顶点都只连接着两根电子线. 带系数 (Z_3-1) 的抵消项顶点只连接着两根光子线. 抵消项是用来逐级抵消理论的紫外发散的, 所以其顶点还要按级别加以区分. 根据 (46),(51) 式以及 (57),(62) 式, 电子光子三点格林函数 $G_{\alpha\beta\mu}(x_1,x_2,x_3)$ 按自由传播函数展开式中每图只含一个顶点的项是

$$\iiint\frac{\mathrm{d}^4p_1}{(2\pi)^4}\frac{\mathrm{d}^4p_2}{(2\pi)^4}\mathrm{d}^4k\,\mathrm{e}^{-\mathrm{i}p_1x_1+\mathrm{i}p_2x_2-\mathrm{i}kx_3}\,\mathrm{i}\,S_{\alpha\alpha'}(p_1)\\ \times\big(-\mathrm{i}\,Z_1\,e\,\gamma^\nu_{\alpha'\beta'}\big)\,\mathrm{i}\,S_{\beta'\beta}(p_2)\,\mathrm{i}\,D_{\mu\nu}(k)\,\delta^4(p_1+k-p_2)\,. \tag{69}$$

其中来自电磁耦合项的部分可图示为

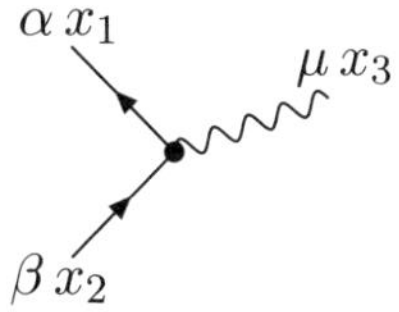

$$=\iiint\frac{\mathrm{d}^4p_1}{(2\pi)^4}\frac{\mathrm{d}^4p_2}{(2\pi)^4}\,\mathrm{d}^4k\,\mathrm{e}^{-\mathrm{i}p_1x_1+\mathrm{i}p_2x_2-\mathrm{i}kx_3}\\ \times\delta^4(p_1+k-p_2)\Big\{\text{动量空间图形}\Big\},$$

而动量空间的图形及其表达式是:

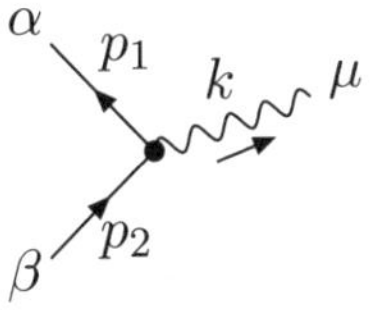

$$=\ \mathrm{i}\,S_{\alpha\alpha'}(p_1)\big(-\mathrm{i}e\gamma^\nu_{\alpha'\beta'}\big)\mathrm{i}\,S_{\beta'\beta}(p_2)\mathrm{i}\,D_{\mu\nu}(k)\,. \tag{70}$$

这种图形包含一个顶点以及汇合于它的两根电子线和一根光子线. 两根电子线具有连贯的方向, 是由于电磁耦合项保持电荷守恒. 这种顶点的表达式是 $-\mathrm{i}\,e\,\gamma^\nu_{\alpha'\beta'}$, 也称为电子光子顶点. 它作为图形的一个组件常记为

$$-\mathrm{i}\,e\,\gamma^\nu\quad= \tag{71}$$

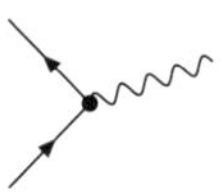

图中所附线段只是用来表明顶点的性质. 将 (70) 式的图形与它的表达式对比, 容易记住由图形写表达式的规则, 即是逆着电子线的方向依次写出电子线段和顶点的表达式, 顶点因子中的洛伦兹指标和矩阵指标都是求和指标.

在 (70) 式的图形中给光子线标明方向是为了便于显示动量守恒条件 $(p_1+k-p_2=0)$. 在动量空间的复杂图形中也是如此. 电子线的方向按照坐标空间的图形确定, 光子线的方向则用来表明: 汇合于一个顶点的离开线段的动量之和等于进入线段的动量之和. 还要注意动量守恒条件的写法与所考虑格

林函数在坐标空间的表达式的傅氏展开的写法的关系. 在没有特别声明的情况下, 我们约定仿照 (42) 式的写法. 反之, 如果不遵守这种约定, 例如将 (69) 式的积分变量 k 换成 $-k$, 就应该将 (70) 式的图形中的光子线反向 ($D_{\mu\nu}(k) = D_{\mu\nu}(-k)$).

(69) 式中来自抵消项 $-\mathrm{i}\,(Z_1-1)\,e\,\overline{\psi}\gamma^\mu\psi A_\mu$ 的部分是

$$\iiint\frac{\mathrm{d}^4p_1}{(2\pi)^4}\frac{\mathrm{d}^4p_2}{(2\pi)^4}\mathrm{d}^4k\,\mathrm{e}^{-\mathrm{i}p_1x_1+\mathrm{i}p_2x_2-\mathrm{i}kx_3}\,\mathrm{i}\,S_{\alpha\alpha'}(p_1)$$
$$\times\big(-\mathrm{i}\,(Z_1-1)\,e\,\gamma^\nu_{\alpha'\beta'}\big)\,\mathrm{i}\,S_{\beta'\beta}(p_2)\,\mathrm{i}\,D_{\mu\nu}(k)\,\delta^4(p_1+k-p_2)\,.$$

所以 $-\mathrm{i}\,(Z_1-1)\,e\,\gamma^\nu$ 是抵消项 $-\mathrm{i}\,(Z_1-1)\,e\,\overline{\psi}\gamma^\mu\psi A_\mu$ 的顶点的表达式. 可图示如下

$$-\mathrm{i}\,(Z_1-1)\,e\,\gamma^\nu \quad = \tag{72}$$

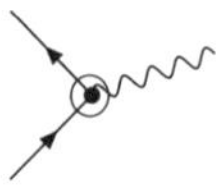

记住, 在表示顶点的图形中, 不计外腿的贡献.

在 $\mathrm{i}\,\overline{S}(p)$ 和 $\mathrm{i}\,\overline{D}_{\mu\nu}(k)$ 按自由传播函数展开式中, 每图只含一个顶点的项分别是

$$\mathrm{i}\,S(p)\,\big\{\mathrm{i}\,(Z_2-1)(\not{p}-m)\big\}\,\mathrm{i}\,S(p)+\mathrm{i}\,S(p)\,\big(\mathrm{i}\,Z_2\,\delta m\big)\,\mathrm{i}\,S(p)\,,$$

以及

$$\mathrm{i}\,D_{\mu\rho}(k)\big\{\mathrm{i}\,(Z_3-1)\,(k^\rho k^\lambda-k^2\,g^{\rho\lambda})\big\}\,\mathrm{i}\,D_{\lambda\nu}(k)\,.$$

所以也将 $\mathrm{i}\,(Z_2-1)\,(\not{p}-m)$, $\mathrm{i}\,Z_2\,\delta m$ 和 $\mathrm{i}\,(Z_3-1)\,(k^\rho k^\lambda-k^2\,g^{\rho\lambda})$ 看成相应抵消项的顶点因子, 可图示为

$$\mathrm{i}\,(Z_2-1)\,(\not{p}-m) \quad = \tag{73}$$

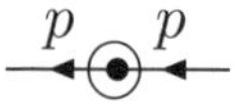

p p

$$\mathrm{i}\,Z_2\,\delta m \quad = \tag{74}$$

$$\mathrm{i}\,(Z_3-1)\,(k^\rho k^\lambda-k^2\,g^{\rho\lambda}) \quad = \tag{75}$$

k k

为了用抵消项消除微扰论的紫外发散, 需要区分抵消项顶点的级别, 这里列出分级别的抵消项顶点的表达式, 以便于后面引用. 设 b_n,δ_n, c_n 和 f_n 是 n 圈

级实常数，满足

$$b_1 + b_2 + b_3 + \cdots = Z_2 - 1\,, \tag{76}$$

$$\delta_1 + \delta_2 + \delta_3 + \cdots = Z_2\,\delta m\,, \tag{77}$$

$$c_1 + c_2 + c_3 + \cdots = Z_1 - 1\,, \tag{78}$$

$$f_1 + f_2 + f_3 + \cdots = Z_3 - 1\,. \tag{79}$$

重正化理论应该保证 $c_n = b_n$, 使 Z_1 和 Z_2 在任何级别都相等. 各抵消项的顶点因子则是一圈级以及所有更高级别的顶点因子之和：

$$\mathrm{i}\,(Z_2 - 1)\,(\not p - m) \quad = \quad \sum_n \tag{80}$$

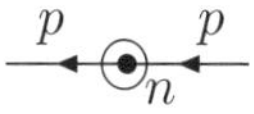

$$\mathrm{i}\,Z_2\,\delta m \quad = \quad \sum_n \tag{81}$$

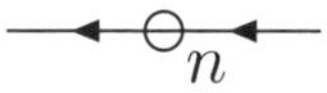

$$-\mathrm{i}\,(Z_1 - 1)\,e\,\gamma^\nu \quad = \quad \sum_n \tag{82}$$

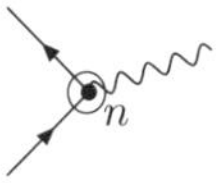

$$\mathrm{i}\,(Z_3 - 1)\,(k^\rho k^\lambda - k^2\,g^{\rho\lambda}) \quad = \sum_n \tag{83}$$

对 n 的求和遍及全部正整数，其中各分项是

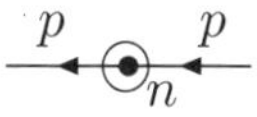

$$= \quad \mathrm{i}\,b_n\,(\not p - m)\,, \tag{84}$$

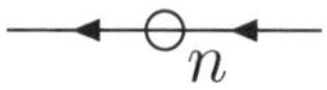

$$= \quad \mathrm{i}\,\delta_n\,, \tag{85}$$

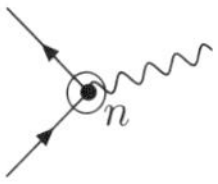

$$= \quad -\mathrm{i}\,e\,c_n\,\gamma^\nu\,, \tag{86}$$

$$= \quad \mathrm{i}\,f_n\,(k^\rho k^\lambda - k^2\,g^{\rho\lambda})\,. \tag{87}$$

相应地，可以将有效拉氏函数中的抵消项 $\Delta\mathcal{L}$(上节 (33) 式) 表示成

$$\Delta\mathcal{L} = \sum_n \left(\Delta\mathcal{L}\right)_n\,,$$

其中 $(\Delta\mathcal{L})_n$ 是 n 圈级抵消项：

$$(\Delta\mathcal{L})_n(x) = b_n\,\overline{\psi}(x)(\mathrm{i}\gamma^\mu\partial_\mu - m)\psi(x) + \delta_n\,\overline{\psi}(x)\psi(x) \\ -c_n\,e\,\overline{\psi}(x)\gamma^\mu\psi(x)A_\mu(x) - f_n\,\frac{1}{4}F_{\mu\nu}F^{\mu\nu}\,. \tag{88}$$

旋量电动力学理论的发散可以归结于 $-\mathrm{i}\,\Sigma$, $\mathrm{i}\,e^2\,\Pi^{\rho\lambda}$ 和 $-\mathrm{i}\,e\,\Lambda^\mu$ 的发散 (见后). 下面浏览一下这些量的单圈级图形和略微提及如何用抵消项消除其中的紫外发散. $-\mathrm{i}\,\Sigma$ 准至一圈级的表达式可根据 (66) 式求得：

$$-\mathrm{i}\,\Sigma^{[1]}(p) = -\mathrm{i}\,\Sigma^{[1]}_{[0]}(p) + \mathrm{i}\,b_1\,(\gamma^\mu p_\mu - m) + \mathrm{i}\,\delta_1\,. \tag{89}$$

其中 $-\mathrm{i}\,\Sigma^{[1]}_{[0]}(p)$ 的下标表示是由不含抵消项的有效拉氏函数 $\mathcal{L}^{[0]}_{\mathrm{eff}}$ 决定的量，即

$$-\mathrm{i}\,\Sigma^{[1]}_{[0]}(p) = \int\frac{\mathrm{d}^4k}{(2\pi)^4}(-\mathrm{i}\,e\,\gamma^\mu)\,\mathrm{i}\,S(p-k)\,(-\mathrm{i}\,e\,\gamma^\nu)\,\mathrm{i}\,D_{\nu\mu}(k)$$

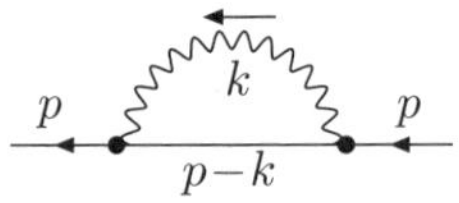

$$= \quad [\text{图}] \tag{90}$$

这个圈图中电子内线的方向已经由所附外腿指明. 光子线的指向保证了每个顶点进入线段的动量之和等于离开线段的动量之和. 只含两根电子外腿而无光子外腿的连接图称为电子自能图. 此式中的圈图以及抵消项顶点都是截腿电子自能图 (不计外腿的贡献).

通常称圈图的表达式中对独立内线动量的积分为圈积分或 Feynman 积分. (90) 式的 Feynman 积分其实是发散的. 用正常数 λ 乘积分变量 k, 于是当 λ 很大时，被积函数按 $\lambda^{-1}\lambda^{-2}$ 变化，整个积分按 λ^1 变化，所以就说是其表观发散度是 1. 对于单圈 Feynman 积分的情形，正的表观发散度也可能高于真实的发散度. 如果表观发散度是负的，则肯定没有紫外发散. 设想对于 $-\mathrm{i}\,\Sigma^{[1]}_{[0]}(p)$ 进行一种减除运算，例如在 $p^\mu=0$ 处作泰勒展开，于是只有 p^μ 的零次项和一次项包含紫外发散 (其余部分的表观发散度是负的), 因此可以选择 (89) 式中的 b_1 和 δ_1 将发散部分消除. 但是要对发散积分施行减除运算，首先要用一些辅助参量将该积分改写成一种不发散的正规化表达式，保证当辅助参量趋于设定的极限时代表原来的积分，当然也要保证用同一方法将不发散的积分正规化不会产生错误结果. 关于 Pauli-Villars 正规化方法和维数正规化方法的简要说明见 §6. 减除运算应该对正规化表达式进行，在完成了减除而且不需要为了随后的运算保持正规化表达式时，当然要过渡到极限形式.

$\mathrm{i}\,e^2\,\Pi^{\rho\lambda}$ 准至一圈级的表达式可根据 (68) 式求得：

$$\mathrm{i}\,e^2\,\Pi^{[1]\rho\lambda}(k) = \mathrm{i}\,e^2\,\Pi^{[1]\rho\lambda}_{[0]}(k) + \mathrm{i}\,f_1\,(k^\rho k^\lambda - k^2\,g^{\rho\lambda})\,, \tag{91}$$

其中

$$
\mathrm{i}\,e^2\,\Pi^{[1]\rho\lambda}_{[0]}(k) = -\int \frac{\mathrm{d}^4 p}{(2\pi)^4}\mathrm{tr}\Big\{(-\mathrm{i}\,e\,\gamma^{\lambda}\,\mathrm{i}\,S(p)\,(-\mathrm{i}\,e\,\gamma^{\rho})\,\mathrm{i}\,S(p+k)\Big\}
$$

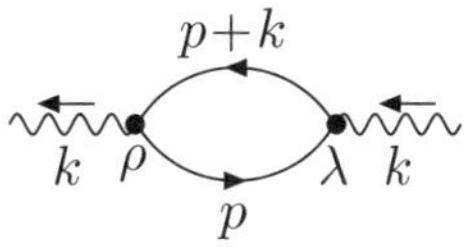

$$
= \tag{92}
$$

下标“ [0] ”的含义已经在前面说明. 只含两根光子外腿而无电子外腿的连接图称为光子自能图. 现在的圈图以及抵消项顶点都是截腿光子自能图. 由于这个圈图是电子线的闭合圈, 除了逆着电子线的方向写表达式的规则外, 还要遵守关于这种闭合圈的附加规定, 即是每个电子线闭合圈产生一个负号. 按照上面的说明, 现在的圈图的的表观发散度是 2. 将其 Feynman 积分正规化后, 在 $k^{\mu}=0$ 处作泰勒展开, 于是只有 k 的零次至二次项包含紫外发散 (其余部分的表观发散度是负的). 又由于零次和一次项不能存在 (见后面), 可以选择 (91) 式中的 f_1 项消除其紫外发散.

以后也要求出电子 - 光子顶角函数的积分方程, 证实 $-\mathrm{i}\,e\,\Lambda^{[1]\mu}$ 准至一圈级的表达式是

$$
-\mathrm{i}\,e\,\Lambda^{[1]\mu}(p_1,p_2) = -\mathrm{i}\,e\,\Lambda^{[1]\mu}_{[0]}(p_1,p_2) - \mathrm{i}\,c_1\,e\,\gamma^{\mu}, \tag{93}
$$

其中

$$
\begin{aligned}
-\mathrm{i}\,e\,\Lambda^{[1]\mu}_{[0]}(p_1,p_2) = \int \frac{\mathrm{d}^4 q}{(2\pi)^4}&(-\mathrm{i}\,e\,\gamma^{\rho})\,\mathrm{i}\,S(p_1+q)\,(-\mathrm{i}\,e\,\gamma^{\mu}) \\
&\times \mathrm{i}\,S(p_2+q)\,(-\mathrm{i}\,e\,\gamma^{\nu})\,\mathrm{i}\,D_{\rho\nu}(q)
\end{aligned}
$$

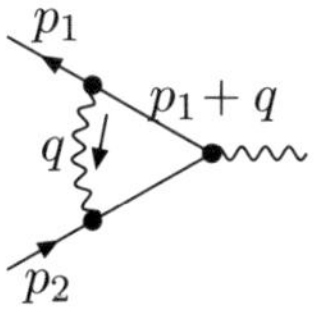

$$
= \tag{94}
$$

只含两根电子外腿和一根光子外腿的连接圈图称为顶角修正图, 此式的圈图以及抵消项顶点都是截腿顶角修正图, 该圈图的表观发散度是 0. 将其 Feynman 积分正规化后, 可以用式中的 c_1 项消除其紫外发散.

在结束本小节时, 再提一下写图形表达式的规则. 要记住逆着电子线的方向写表达式. 对于含有电子线的闭合圈的图形, 还要遵循关于这种闭合圈的附加规定, 即每一个圈产生一个负号. 如果一个图形含有若干组互不连接的电子线, 可先写任何一连接部分的贡献, 再写其余部分的贡献, 次序不论.

含有若干互不连接的部分的图形的表达式是各部分的贡献的积 (这时应该将 $S, \gamma^\mu, \Gamma^\mu$ 等写成它们或其积的矩阵元，以免受到矩阵的不对易性质的影响．有了正确的表达式，当然可以按照矩阵的运算规则进行改写)．在动量空间的图形中，每一个顶点产生一个因子 $(2\pi)^4$ 和一个动量守恒条件：离开一个顶点的线段的动量之和等于进入该顶点的线段的动量之和．对内线动量的积分被这种动量守恒条件限制为对于独立的内线动量的积分．想要将动量空间和坐标空间的表达式联系起来，可仿照 (42) 式的约定，根据外腿的方向确定傅氏展开式中对应于外点的坐标因子：在坐标空间的图形中坐标为 x 的外点如果在动量空间的图形中成为动量为 p 的外腿指着的点，则在形如 (42) 式的傅氏展开中对应于坐标因子 $\mathrm{e}^{-\mathrm{i}px}$．反之，如果成为与动量为 p' 的外腿相背离的点，则对应于因子 $\mathrm{e}^{\mathrm{i}p'x}$．

§ 4　正规图形和正规顶角函数．Ward-Takahashi 恒等式

4.1　连接格林函数、截腿格林函数和一般的顶角函数

格林函数的微扰展开一般都包含连接 Feynman 图和不连接图的贡献，微扰展开只包含连接图的贡献的格林函数称为连接格林函数．在 (37) 式定义的 n 点完全格林函数的微扰展开中只计 n 点连接图的贡献就确定了由下式表示的 n 点连接格林函数 (证明省略)

$$\frac{\delta}{\mathrm{i}\delta\overline{\eta}_{\alpha_1}(x_1)}\frac{\delta}{\mathrm{i}\delta\overline{\eta}_{\alpha_2}(x_2)}\cdots\frac{\delta}{(-\mathrm{i})\delta\eta_{\beta_1}(y_1)} \times\frac{\delta}{(-\mathrm{i})\delta\eta_{\beta_2}(y_2)}\cdots\frac{\delta}{\mathrm{i}\delta J^{\nu_1}(z_1)}\cdots\mathrm{i}\,\mathcal{W}^R[\overline{\eta},\eta,J]\Big|_{(\overline{\eta},\eta,J)=0},$$

其中 $\mathcal{W}^R[\overline{\eta},\eta,J]$ 是由下式确定的连接格林函数生成泛函：

$$\mathcal{Z}^R[\overline{\eta},\eta,J]=\mathrm{e}^{\mathrm{i}\,\mathcal{W}^R[\overline{\eta},\eta,J]}, \tag{95}$$

例如一点格林函数等于零

$$\begin{aligned}
\frac{\delta}{\delta\overline{\eta}_\alpha(x)}\,\mathcal{Z}^R[\overline{\eta},\eta,J]\Big|_{(\overline{\eta},\eta,J)=0}&=\frac{\delta}{\delta\overline{\eta}_\alpha(x)}\,\mathcal{W}^R[\overline{\eta},\eta,J]\Big|_{(\overline{\eta},\eta,J)=0}=0,\\
\frac{\delta}{\delta\eta_\beta(y)}\,\mathcal{Z}^R[\overline{\eta},\eta,J]\Big|_{(\overline{\eta},\eta,J)=0}&=\frac{\delta}{\delta\eta_\beta(y)}\,\mathcal{W}^R[\overline{\eta},\eta,J]\Big|_{(\overline{\eta},\eta,J)=0}=0,\\
\frac{\delta}{\delta J^\nu(z)}\,\mathcal{Z}^R[\overline{\eta},\eta,J]\Big|_{(\overline{\eta},\eta,J)=0}&=\frac{\delta}{\delta J^\nu(z)}\,\mathcal{W}^R[\overline{\eta},\eta,J]\Big|_{(\overline{\eta},\eta,J)=0}=0,
\end{aligned}$$

而

$$
\begin{aligned}
\mathrm{i}\,\overline{S}_{\alpha\beta}(x-y) &= \frac{\delta}{\mathrm{i}\delta\overline{\eta}_\alpha(x)}\frac{\delta}{(-\mathrm{i})\delta\eta_\beta(y)}\mathrm{i}\,\mathcal{W}^R[\overline{\eta},\eta,J]\Big|_{(\overline{\eta},\eta,J)=0}\,,\\
\mathrm{i}\,\overline{D}_{\mu\nu}(z_1-z_2) &= \frac{\delta}{\mathrm{i}\delta J^\mu(z_1)}\frac{\delta}{\mathrm{i}\delta J^\nu(z_2)}\mathrm{i}\,\mathcal{W}^R[\overline{\eta},\eta,J]\Big|_{(\overline{\eta},\eta,J)=0}\,,\\
G_{\alpha\beta\nu}(x,y,z) &= \frac{\delta}{\mathrm{i}\delta\overline{\eta}_\alpha(x)}\frac{\delta}{(-\mathrm{i})\delta\eta_\beta(y)}\frac{\delta}{\mathrm{i}\delta J^\nu(z)}\mathrm{i}\,\mathcal{W}^R[\overline{\eta},\eta,J]\Big|_{(\overline{\eta},\eta,J)=0}\,.
\end{aligned}
$$

完全传播函数和电子光子三点格林函数 $G_{\alpha\beta\nu}$ 本来就是连接格林函数，即它们的微扰展开只包含连接图.

对于四光子格林函数，则有

$$
\begin{aligned}
&\frac{\delta}{\mathrm{i}\delta J^{\mu_1}(x_1)}\frac{\delta}{\mathrm{i}\delta J^{\mu_2}(x_2)}\frac{\delta}{\mathrm{i}\delta J^{\mu_3}(x_3)}\frac{\delta}{\mathrm{i}\delta J^{\mu_4}(x_4)}\mathcal{Z}^R[\overline{\eta},\eta,J]\Big|_{(\overline{\eta},\eta,J)=0}\\
&=\frac{\delta}{\mathrm{i}\delta J^{\mu_1}(x_1)}\frac{\delta}{\mathrm{i}\delta J^{\mu_2}(x_2)}\frac{\delta}{\mathrm{i}\delta J^{\mu_3}(x_3)}\frac{\delta}{\mathrm{i}\delta J^{\mu_4}(x_4)}\mathrm{i}\,\mathcal{W}^R[\overline{\eta},\eta,J]\Big|_{(\overline{\eta},\eta,J)=0}\\
&\qquad+\mathrm{i}\,\overline{D}_{\mu_1\mu_2}(x_1-x_2)\mathrm{i}\,\overline{D}_{\mu_3\mu_4}(x_3-x_4)\\
&\qquad+\mathrm{i}\,\overline{D}_{\mu_1\mu_3}(x_1-x_3)\mathrm{i}\,\overline{D}_{\mu_2\mu_4}(x_2-x_4)\\
&\qquad+\mathrm{i}\,\overline{D}_{\mu_1\mu_4}(x_1-x_4)\mathrm{i}\,\overline{D}_{\mu_2\mu_3}(x_2-x_3)\,.
\end{aligned}
\tag{96}
$$

右边第一项即是四光子连接格林函数. 一般情形也与此相似， $\mathcal{Z}[\overline{\eta},\eta,J]$ 对于 $(\overline{\eta}_\alpha,\eta_\beta,J^\mu)$ 的 n 次微商在所有源趋于零时归结为 $\mathcal{W}^R[\overline{\eta},\eta,J]$ 的微商的极限，其中来自 $\mathcal{W}^R[\overline{\eta},\eta,J]$ 的 n 次微商的项给出 n 点连接格林函数，其余项都是外点数较低的连接格林函数的积. 故关于格林函数的研究可归结为连接格林函数的研究.

将格林函数 $G_{\alpha_1\cdots\beta_1\cdots\nu_1\cdots}(x_1,\cdots y_1,\cdots z_1,\cdots)$ “截去”所有外腿之后，称为相应的截腿格林函数，记作

$$
G^{[\mathrm{trunc}]\nu_1\nu_2\cdots}_{\alpha_1\cdots\beta_1\cdots}(x_1,\cdots,y_1,\cdots,z_1\cdots)\,,
$$

用公式表示即是：

$$
\begin{aligned}
&G_{\alpha_1\cdots\beta_1\cdots\nu_1\cdots}(x_1,\cdots,y_1,\cdots,z_1,\cdots)\\
&\quad=\int\cdots\int \mathrm{d}^4x_1'\mathrm{d}^4x_2'\cdots\mathrm{d}^4y_1'\cdots\mathrm{d}^4z_1'\mathrm{d}^4z_2'\cdots\Big\{\mathrm{i}\,\overline{S}_{\alpha_1\alpha_1'}(x_1-x_1')\\
&\qquad\times\mathrm{i}\,\overline{S}_{\alpha_2\alpha_2'}(x_2-x_2')\cdots G^{[\mathrm{trunc}]\nu_1'\nu_2'\cdots}_{\alpha_1'\cdots\beta_1'\cdots}(x_1'x_2'\cdots y_1'\cdots z_1'z_2'\cdots)\\
&\qquad\times\mathrm{i}\,\overline{S}_{\beta_1'\beta_1}(y_1'-y_1)\mathrm{i}\,\overline{S}_{\beta_2'\beta_2}(y_2'-y_2)\cdots\\
&\qquad\times\mathrm{i}\,\overline{D}_{\nu_1'\nu_1}(z_1'-z_1)\mathrm{i}\,\overline{D}_{\nu_2'\nu_2}(z_2'-z_2)\cdots\Big\}\,.
\end{aligned}
\tag{97}
$$

动量空间的相应公式为

$$
\begin{aligned}
& G_{\alpha_1\alpha_2\cdots\beta_1\beta_2\cdots\nu_1\nu_2\cdots}(p_1,p_2,\cdots,p_1',p_2',\cdots,k_1,k_2,\cdots) \\
&\quad = \mathrm{i}\,\overline{S}_{\alpha_1\alpha_1'}(p_1)\times\mathrm{i}\,\overline{S}_{\alpha_2\alpha_2'}(p_2)\cdots G^{[\text{trunc}]\nu_1'\nu_2',\cdots}_{\alpha_1'\cdots\beta_1'\cdots}(p_1\cdots p_1'\cdots k_1',\cdots) \\
&\qquad \times\mathrm{i}\,\overline{S}_{\beta_1'\beta_1}(p_1')\mathrm{i}\,\overline{S}_{\beta_2'\beta_2}(p_2')\cdots\times\mathrm{i}\,\overline{D}_{\nu_1'\nu_1}(k_1)\mathrm{i}\,\overline{D}_{\nu_2'\nu_2}(k_2)\cdots\ . \qquad (98)
\end{aligned}
$$

例如电子光子三点格林函数 $G_{\alpha\beta\nu}$ 的截腿函数 $G^{[\text{trunc}]\mu}_{\alpha'\beta'}$ 即是其顶角函数 $-\mathrm{i}e\Gamma^{\mu}_{\alpha'\beta'}$. 将完全传播函数写成 (97) 式的形式得到

$$
\begin{aligned}
\mathrm{i}\,\overline{S}_{\alpha\beta}(x-y) &= \int \mathrm{d}^4x'\int\mathrm{d}^4y'\mathrm{i}\,\overline{S}_{\alpha\alpha'}(x-x') \\
&\qquad \times\mathrm{i}\,\overline{S}^{[\text{trunc}]}_{\alpha'\beta'}(x'-y')\mathrm{i}\,\overline{S}_{\beta'\beta}(y'-y)\,, \qquad (99)\\
\mathrm{i}\,\overline{D}_{\mu\nu}(z_1-z_2) &= \int\mathrm{d}^4z_1'\int\mathrm{d}^4z_2'\mathrm{i}\,\overline{D}_{\mu\mu'}(z_1-z_1') \\
&\qquad \times\mathrm{i}\,\overline{D}^{[\text{trunc}]\mu'\nu'}(z_1'-z_2')\mathrm{i}\,\overline{D}_{\nu'\nu}(z_2'-z_2)\,. \qquad (100)
\end{aligned}
$$

以及

$$
\begin{aligned}
\mathrm{i}\,\overline{S}^{[\text{trunc}]}_{\alpha'\beta'}(y) &= \int\frac{\mathrm{d}^4p}{(2\pi)^4}\mathrm{i}\,\overline{S}^{[\text{trunc}]}_{\alpha'\beta'}(p)\mathrm{e}^{-\mathrm{i}py}\,, \\
\mathrm{i}\,\overline{D}^{[\text{trunc}]\mu'\nu'}(y) &= \int\frac{\mathrm{d}^4k}{(2\pi)^4}\mathrm{i}\,\overline{D}^{[\text{trunc}]\mu'\nu'}(k)\mathrm{e}^{-\mathrm{i}ky}\,.
\end{aligned}
$$

故

$$
\begin{aligned}
\mathrm{i}\,\overline{S}_{\alpha\alpha'}(p)\mathrm{i}\,\overline{S}^{[\text{trunc}]}_{\alpha'\beta}(p) &= \delta_{\alpha\beta}\,, \\
\mathrm{i}\,\overline{D}_{\mu\mu'}(k)\mathrm{i}\,\overline{D}^{[\text{trunc}]\mu'\nu}(k) &= g^{\nu}_{\mu}\,.
\end{aligned}
$$

或

$$
\mathrm{i}\,\overline{S}^{[\text{trunc}]}(p) = [\mathrm{i}\,\overline{S}(p)]^{-1} = [\mathrm{i}\,S(p)]^{-1}+\mathrm{i}\,\overline{\Sigma}(p)\,. \qquad (101)
$$

$$
\mathrm{i}\,\overline{\mathcal{D}}^{[\text{trunc}]}(k) = [\mathrm{i}\,\overline{\mathcal{D}}(k)]^{-1} = [\mathrm{i}\,\mathcal{D}(k)]^{-1}-\mathrm{i}e^2\mathcal{P}(k)\,. \qquad (102)
$$

也可以采用下式定义截腿格林函数生成泛函

$$
X^R[\overline{\eta},\eta,J] = \mathcal{Z}^R[\overline{\eta}',\eta',J']\,, \qquad (103)
$$

使得

$$
\begin{aligned}
& G^{[\text{trunc}]\nu_1\nu_2\cdots}_{\alpha_1\cdots\beta_1\cdots}(x_1,x_2,\cdots,y_1,y_2,\cdots,z_1,z_2,\cdots) \\
&\quad = \frac{\delta}{\mathrm{i}\delta\overline{\eta}_{\alpha_1}(x_1)}\frac{\delta}{\mathrm{i}\delta\overline{\eta}_{\alpha_2}(x_2)}\cdots\frac{\delta}{(-\mathrm{i})\delta\eta_{\beta_1}(y_1)}\frac{\delta}{(-\mathrm{i})\delta\eta_{\beta_2}(y_2)}\cdots \\
&\qquad \times\frac{\delta}{\mathrm{i}\delta J_{\nu_1}(z_1)}\frac{\delta}{\mathrm{i}\delta J_{\nu_2}(z_2)}\cdots X^R[\overline{\eta},\eta,J]\Big|_{(\overline{\eta},\eta,J)=0}\ . \qquad (104)
\end{aligned}
$$

其中

$$\overline{\eta}'_{\alpha}(x) = \int \mathrm{d}^4 x' \, \overline{\eta}_{\alpha'}(x') \, \mathrm{i} \, \overline{S}^{[\mathrm{trunc}]}_{\alpha'\alpha}(x'-x) \,, \tag{105}$$

$$\eta'_{\beta}(y) = \int \mathrm{d}^4 y' \, \mathrm{i} \, \overline{S}^{[\mathrm{trunc}]}_{\beta\beta'}(y-y') \, \eta_{\beta'}(y') \,, \tag{106}$$

$$J'^{\mu}(z) = \int \mathrm{d}^4 z' \, J_{\lambda}(z') \, \mathrm{i} \, \overline{D}^{[\mathrm{trunc}]\lambda\mu}(z'-z) \,. \tag{107}$$

连接格林函数的截腿函数通称为顶角函数，所以任意多点的连接格林函数 (包括完全传播函数) 都有相应的顶角函数．

4.2　正规顶角函数

一个连接 Feynman 图如果在剪断任何一根内线后都仍然保持为连接的，就称为单粒子不可约的或者正规的图形．正规图形的重要性可以这样来体会：一个连接 Feynman 图如果在剪断某一根内线后变成不连接的，那么在动量空间的表达式中不包含对相应内线动量的积分 (因为此内线的动量已被一些外线的动量决定)．可见一个连接 Feynman 图的表达式如果发散，必定是由正规子图的发散引起的．一个连接格林函数如果其微扰展开只包含正规图的贡献，则其截腿函数称为正规顶角函数，也简称 1PI 顶角函数．完全传播函数的截腿函数以及电子三点格林函数的截腿函数都是正规顶角函数．

正规顶角函数的生成泛函可以借助连接格林函数生成泛函的 Legendre 变换来构成．为此定义如下的一组 c 数函数：

$$\psi^{[\mathrm{c}]}_{\alpha}(x) = \frac{\delta}{\mathrm{i}\delta\overline{\eta}_{\alpha}(x)} \, \mathrm{i} \, \mathcal{W}^R[\overline{\eta}, \eta, J] \,, \tag{108}$$

$$\overline{\psi}^{[\mathrm{c}]}_{\beta}(x) = \frac{\delta}{(-\mathrm{i})\delta\eta_{\beta}(x)} \, \mathrm{i} \, \mathcal{W}^R[\overline{\eta}, \eta, J] \,, \tag{109}$$

$$A^{[\mathrm{c}]}_{\mu}(x) = \frac{\delta}{\mathrm{i}\delta J^{\mu}(x)} \, \mathrm{i} \, \mathcal{W}^R[\overline{\eta}, \eta, J] \,. \tag{110}$$

它们被称为“唯象场”．这里用带方括号的 c 作为这些函数的上标，以免和其他量混淆．记住 $\psi^{[\mathrm{c}]}_{\alpha}(x)$ 和 $\overline{\psi}^{[\mathrm{c}]}_{\beta}(x)$ 是费米场，而 $A^{[\mathrm{c}]}_{\mu}(x)$ 是玻色场．当 $(\overline{\eta}, \eta, J)$ 趋于零时，由

$$\left. \frac{\delta}{\delta\overline{\eta}_{\alpha}(x)} \mathcal{W}^R \right|_{(\overline{\eta}, \eta, J)=0} = 0 \,, \tag{111}$$

$$\left. \frac{\delta}{\delta\eta_{\beta}(x)} \mathcal{W}^R \right|_{(\overline{\eta}, \eta, J)=0} = 0 \,, \tag{112}$$

$$\left. \frac{\delta}{\delta J^{\nu}(x)} \mathcal{W}^R \right|_{(\overline{\eta}, \eta, J)=0} = 0 \,. \tag{113}$$

可见 $(\overline{\eta},\eta,J)=0$ 对应于 $(\psi^{[c]},\overline{\psi}^{[c]},A^{[c]})=0$. 借助于 (108)—(110) 式将 $(\overline{\eta},\eta,J)$ 看作 $(\psi_\alpha^{[c]},\overline{\psi}_\beta^{[c]},A_\mu^{[c]})$ 的函数，定义如下的泛函：

$$\begin{aligned}\mathcal{G}^R[\psi^{[c]},\overline{\psi}^{[c]},A^{[c]}]=&\mathcal{W}^R[\overline{\eta},\eta,J]\\&-\int \mathrm{d}^4x\{\overline{\psi}_\alpha^{[c]}(x)\eta_\alpha(x)+\overline{\eta}_\beta(x)\psi_\beta^{[c]}(x)+J^\mu(x)A_\mu^{[c]}(x)\}\,.\end{aligned}\tag{114}$$

这即是进行泛函形式的 Legendre 变换，类似于利用拉氏函数定义正则动量，从而构成哈密顿量. $\mathcal{G}^R[\psi^{[c]},\overline{\psi}^{[c]},A^{[c]}]$ 作为 $(\psi^{[c]},\overline{\psi}^{[c]},A^{[c]})$ 的泛函，就是正规顶角函数的生成泛函. 即是说，正规顶角函数可用它在 $(\psi^{[c]},\overline{\psi}^{[c]},A^{[c]})$ 等于零处的微商代表.

按照对隐函数求微商的方法 (记住对于费米变量的微商是左微商), 得

$$\begin{aligned}\frac{\delta}{\delta A_\mu^{[c]}(x)}\mathcal{G}^R\ =&\ -J^\mu(x)+\int \mathrm{d}^4z\Big\{\frac{\delta J^\nu(z)}{\delta A_\mu^{[c]}(x)}\frac{\delta\mathcal{G}^R}{\delta J^\nu(z)}\Big\}\\&+\int \mathrm{d}^4z\Big\{\frac{\delta\eta_\alpha(z)}{\delta A_\mu^{[c]}(x)}\frac{\delta\mathcal{G}^R}{\delta\eta_\alpha(z)}+\frac{\delta\overline{\eta}_\alpha(z)}{\delta A_\mu^{[c]}(x)}\frac{\delta\mathcal{G}^R}{\delta\overline{\eta}_\alpha(z)}\Big\},\end{aligned}$$

注意 $\frac{\delta\mathcal{G}^R}{\delta J^\nu(z)},\frac{\delta\mathcal{G}^R}{\delta\eta_\alpha(z)}$ 和 $\frac{\delta\mathcal{G}^R}{\delta\overline{\eta}_\alpha(z)}$ 等于零，以及类似的结果得到

$$J^\mu(x)=-\frac{\delta}{\delta A_\mu^{[c]}(x)}\mathcal{G}^R\,,\tag{115}$$

$$\eta_\alpha(x)=-\frac{\delta}{\delta\overline{\psi}_\alpha^{[c]}(x)}\mathcal{G}^R,\quad \overline{\eta}_\alpha(x)=\frac{\delta}{\delta\psi_\alpha^{[c]}(x)}\mathcal{G}^R\,.\tag{116}$$

下面将 $\mathrm{i}\,\overline{\eta}_\alpha(x),-\mathrm{i}\,\eta_\beta(x)$ 和 $\mathrm{i}\,J^\mu(x)$ 简记为 $v_s(x)$, 而将相应的 $\psi_\alpha^{[c]}(x)$, $\overline{\psi}_\beta^{[c]}(x)$ 和 $A_\mu^{[c]}(x)$ 记为 $p_s(x)$, 以便于说明借助生成泛函 $\mathcal{G}^R$ 推导连接格林函数的正规顶角函数的一般方法. 于是 (108)—(110) 和 (114) 式可写成

$$p_s=\frac{\delta\,\mathrm{i}\,\mathcal{W}^R[v]}{\delta v_s(x)}\,,\tag{117}$$

$$\mathrm{i}\,\mathcal{G}^R[p]=\mathrm{i}\,\mathcal{W}^R[v]-\int \mathrm{d}^4x\,v_s(x)p_s(x)\,.\tag{118}$$

根据两类变量 $v_s(x), p_r(y)$ 之间的函数关系，可得

$$\delta v_s(x) = \int \mathrm{d}^4 y\, \delta p_r(y)\, \frac{\delta v_s(x)}{\delta p_r(y)}\,,$$
$$\delta p_r(x) = \int \mathrm{d}^4 y\, \delta v_s(y)\, \frac{\delta p_r(x)}{\delta v_s(y)}\,,$$
$$\delta\, \mathrm{i}\, \mathcal{W}^R[v] = \int \mathrm{d}^4 x\, \delta v_s(x)\, p_s(x)\,,$$
$$\delta\, \mathrm{i}\, \mathcal{G}^R[p] = \delta\, \mathrm{i}\, \mathcal{W}^R[v] - \delta \int \mathrm{d}^4 x\, v_s(x)\, p_s(x)\,.$$

故

$$\delta\, \mathrm{i}\, \mathcal{G}^R[v] = -\int \mathrm{d}^4 x\, v_s(x)\, \delta p_s(x)\,. \tag{119}$$

可见

$$\frac{\delta\, \mathrm{i}\, \mathcal{G}^R}{\delta\, p_s(x)} = v_s(x)\,, (\text{当 } s \text{ 标记费米量}) \tag{120}$$
$$\frac{\delta\, \mathrm{i}\, \mathcal{G}^R}{\delta\, p_s(x)} = -v_s(x)\,. (\text{当 } s \text{ 标记玻色量}) \tag{121}$$

以 (sx, ry) 为“行列指标”的矩阵 $[\frac{\delta\, p_r(y)}{\delta\, v_s(x)}]$ 满足

$$\int \mathrm{d}^4 y\, \frac{\delta\, p_r(y)}{\delta\, v_s(x)}\, \frac{\delta\, v_{s'}(x')}{\delta\, p_r(y)} = \delta_{ss'}\, \delta(x - x')\,, \tag{122}$$
$$\int \mathrm{d}^4 y\, \frac{\delta\, v_r(y)}{\delta\, p_s(x)}\, \frac{\delta\, p_{s'}(x')}{\delta\, v_r(y)} = \delta_{ss'}\, \delta(x - x')\,. \tag{123}$$

由此又有

$$\frac{\delta\, p_{s'}(x')}{\delta\, v_{r'}(y')} = \iint \mathrm{d}^4 x\, \mathrm{d}^4 y\, \frac{\delta\, p_s(x)}{\delta\, v_{r'}(y')}\, \frac{\delta\, v_r(y)}{\delta\, p_s(x)}\, \frac{\delta\, p_{s'}(x')}{\delta\, v_r(y)}\,. \tag{124}$$

亦即

$$\begin{aligned}\frac{\delta}{\delta\, v_{r'}(y')}\frac{\delta\, \mathrm{i}\, \mathcal{W}^R}{\delta\, v_{s'}(x')} = &\iint \mathrm{d}^4 x\, \mathrm{d}^4 y\, \Big(\frac{\delta}{\delta\, v_{r'}(y')}\frac{\delta\, \mathrm{i}\, \mathcal{W}^R}{\delta\, v_s(x)}\Big) \\ &\times \Big(\frac{\delta\, v_r(y)}{\delta\, p_s(x)}\Big)\Big(\frac{\delta}{\delta\, v_r(y)}\frac{\delta\, \mathrm{i}\, \mathcal{W}^R}{\delta\, v_{s'}(x')}\Big)\,.\end{aligned} \tag{125}$$

此式左边是 $\mathrm{i}\mathcal{W}^R$ 对于源的二阶泛函微商，如果当所有的源趋于零时的极限不是零，则是传播函数. 右边除类似的量之外，中间的因子是 $\mathrm{i}\mathcal{G}^R$ 对于唯象场

的二阶泛函微商，如果当所有的源趋于零时的极限不是零，则是传播函数的(正规) 顶角函数等玻色量．传播函数只有两类，因此由 (125) 式的极限得出

$$\begin{aligned}\mathrm{i}\,\overline{S}_{\alpha\beta}(y'-x') = \iint \mathrm{d}^4x\mathrm{d}^4y\,\mathrm{i}\,\overline{S}_{\alpha\alpha'}(y'-x)\\ \times\Big(\frac{\delta}{\delta\overline{\psi}^{[\mathrm{c}]}_{\alpha'}(x)}\frac{\delta\,\mathrm{i}\,\mathcal{G}^R}{\delta\psi^{[\mathrm{c}]}_{\beta'}(y)}\Big)_0\,\mathrm{i}\,\overline{S}_{\beta'\beta}(y-x'),\end{aligned} \tag{126}$$

$$\begin{aligned}\mathrm{i}\,\overline{D}_{\mu\nu}(y'-x') = \iint \mathrm{d}^4x\mathrm{d}^4y\,\mathrm{i}\,\overline{D}_{\mu\mu'}(y'-x)\\ \times\Big(-\frac{\delta}{\delta A^{[\mathrm{c}]}_{\mu'}(x)}\frac{\delta\,\mathrm{i}\,\mathcal{G}^R}{\delta A^{[\mathrm{c}]}_{\nu'}(y)}\Big)_0\,\mathrm{i}\,\overline{D}_{\nu'\nu}(y-x').\end{aligned} \tag{127}$$

可见

$$\Big(\frac{\delta}{\delta\overline{\psi}^{[\mathrm{c}]}_{\alpha}(x)}\frac{\delta}{\delta\psi^{[\mathrm{c}]}_{\beta}(y)}\,\mathrm{i}\,\mathcal{G}^R\Big)_0 = \mathrm{i}\,\overline{S}^{[\mathrm{trunc}]}_{\alpha\beta}(x-y), \tag{128}$$

$$-\Big(\frac{\delta}{\delta A^{[\mathrm{c}]}_{\mu}(x)}\frac{\delta}{\delta A^{[\mathrm{c}]}_{\nu}(y)}\,\mathrm{i}\,\mathcal{G}^R\Big)_0 = \mathrm{i}\,\overline{D}^{[\mathrm{trunc}]\mu\nu}(x-y). \tag{129}$$

如前所述，传播函数截去外腿即是其 (正规) 顶角函数．

再由互逆矩阵 A 与 B 的变分之间的关系 $\delta A=-A(\delta B)A$ 得

$$\delta\,\frac{\delta\,p_{s_1}(x_1)}{\delta\,v_{s_2}(x_2)} = -\iint \mathrm{d}^4x_1'\,\mathrm{d}^4x_2'\,\frac{\delta\,p_{s_2'}(x_2')}{\delta\,v_{s_2}(x_2)}\Big(\delta\,\frac{\delta\,v_{s_1'}(x_1')}{\delta\,p_{s_2'}(x_2')}\Big)\frac{\delta\,p_{s_1}(x_1)}{\delta\,v_{s_1'}(x_1')}. \tag{130}$$

将两边的变分写成

$$\delta\,\frac{\delta\,p_{s_1}(x_1)}{\delta\,v_{s_2}(x_2)} = \int \mathrm{d}^4x_3\,\delta v_{s_3}(x_3)\frac{\delta}{\delta\,v_{s_3}(x_3)}\frac{\delta\,p_{s_1}(x_1)}{\delta\,v_{s_2}(x_2)}, \tag{131}$$

$$\begin{aligned}\delta\,\frac{\delta\,v_{s_1'}(x_1')}{\delta\,p_{s_2'}(x_2')} &= \int \mathrm{d}^4x_3'\,\delta p_{s_3'}(x_3')\frac{\delta}{\delta\,p_{s_3'}(x_3')}\frac{\delta\,v_{s_1'}(x_1')}{\delta\,p_{s_2'}(x_2')}\\ &= -\iint \mathrm{d}^4x_3\,\mathrm{d}^4x_3'\,\delta v_{s_3}(x_3)\frac{\delta\,p_{s_3'}(x_3')}{\delta\,v_{s_3}(x_3)}\frac{\delta}{\delta\,p_{s_3'}(x_3')}\frac{\delta\,v_{s_1'}(x_1')}{\delta\,p_{s_2'}(x_2')},\end{aligned} \tag{132}$$

于是

$$\begin{aligned}\delta v_{s_3}(x_3)\frac{\delta}{\delta\,v_{s_3}(x_3)}\frac{\delta\,p_{s_1}(x_1)}{\delta\,v_{s_2}(x_2)} = -\iiint \mathrm{d}^4x_1'\,\mathrm{d}^4x_2'\,\mathrm{d}^4x_3'\,\frac{\delta\,p_{s_2'}(x_2')}{\delta\,v_{s_2}(x_2)}\\ \times\delta v_{s_3}(x_3)\frac{\delta\,p_{s_3'}(x_3')}{\delta\,v_{s_3}(x_3)}\Big(\frac{\delta}{\delta\,p_{s_3'}(x_3')}\frac{\delta\,v_{s_1'}(x_1')}{\delta\,p_{s_2'}(x_2')}\Big)\frac{\delta\,p_{s_1}(x_1)}{\delta\,v_{s_1'}(x_1')}.\end{aligned} \tag{133}$$

当所有源都趋于零时，各泛函微商的极限或者等于零，或者是玻色量，故得

$$\Big(\frac{\delta}{\delta\,v_{s_3}(x_3)}\frac{\delta\,p_{s_1}(x_1)}{\delta\,v_{s_2}(x_2)}\Big)_0=-\iiint \mathrm{d}^4x_1'\,\mathrm{d}^4x_2'\,\mathrm{d}^4x_3'\,\Big(\frac{\delta\,p_{s_2'}(x_2')}{\delta\,v_{s_2}(x_2)}\Big)_0 \\ \times\Big(\frac{\delta\,p_{s_3'}(x_3')}{\delta\,v_{s_3}(x_3)}\Big)_0\Big(\frac{\delta}{\delta\,p_{s_3'}(x_3')}\frac{\delta\,v_{s_1'}(x_1')}{\delta\,p_{s_2'}(x_2')}\Big)_0\Big(\frac{\delta\,p_{s_1}(x_1)}{\delta\,v_{s_1'}(x_1')}\Big)_0. \tag{134}$$

此式左边如果不是零，则是三点完全格林函数．右边除传播函数外，有一个因子是 $\mathcal{G}^R$ 对于经典场的二阶泛函微商在源趋于零时的极限，它如果不是零，则是顶角函数．按照 Furry 定理 (见 §2 例题)，没有电子外腿而光子外腿是奇数的格林函数等于零．于是三点完全格林函数只能是 $G_{\alpha\beta\nu}(x,y,z)$，故得出

$$G_{\alpha\beta\nu}(x,y,z)=-\iiint \mathrm{d}^4x'\mathrm{d}^4y'\mathrm{d}^4z'\,\mathrm{i}\,\overline{S}_{\alpha\alpha'}(x-x')\,\mathrm{i}\,\overline{D}_{\nu\nu'}(z-z') \\ \times\Big(\frac{\delta}{\delta\overline{\psi}^{[\mathrm{c}]}_{\alpha'}(x')}\frac{\delta}{\delta\psi^{[\mathrm{c}]}_{\beta'}(y')}\frac{\delta\,\mathrm{i}\,\mathcal{G}^R}{\delta A^{[\mathrm{c}]}_{\nu'}(z')}\Big)_0\overline{S}_{\beta'\beta}(y'-y)\,. \tag{135}$$

可见

$$-\Big(\frac{\delta}{\delta\overline{\psi}^{[\mathrm{c}]}_{\alpha'}(x')}\frac{\delta}{\delta\psi^{[\mathrm{c}]}_{\beta'}(y')}\frac{\delta\,\mathrm{i}\,\mathcal{G}^R}{\delta A^{[\mathrm{c}]}_{\nu'}(z')}\Big)_0=-\mathrm{i}\,e\,\Gamma^{\nu'}_{\alpha'\beta'}(x',y',z')\,. \tag{136}$$

借助 $\delta\,\frac{\delta\,p_{s_1}(x_1)}{\delta\,v_{s_2}(x_2)}$ 的变分，又可以将类似的方法用于四点连接格林函数．由

$$\delta\left\{\delta\,\frac{\delta\,p_{s_1}(x_1)}{\delta\,v_{s_2}(x_2)}\right\}=\int \mathrm{d}^4x_3\,\delta v_{s_3}(x_3)\delta\Big\{\frac{\delta}{\delta\,v_{s_3}(x_3)}\frac{\delta\,p_{s_1}(x_1)}{\delta\,v_{s_2}(x_2)}\Big\} \\ =\int \mathrm{d}^4x_4\int \mathrm{d}^4x_3\,\delta v_{s_3}(x_3)\,\delta v_{s_4}(x_4)\frac{\delta}{\delta\,v_{s_4}(x_4)}\frac{\delta}{\delta\,v_{s_3}(x_3)}\frac{\delta\,p_{s_1}(x_1)}{\delta\,v_{s_2}(x_2)}\,, \tag{137}$$

此式第二行中的泛函微商在源趋于零时如果不是零就代表四点连接格林函数．第一行的右边可以根据 (133) 式的变分表示为

$$\int \mathrm{d}^4x_3\,\delta v_{s_3}(x_3)\delta\Big\{\frac{\delta}{\delta\,v_{s_3}(x_3)}\frac{\delta\,p_{s_1}(x_1)}{\delta\,v_{s_2}(x_2)}\Big\} \\ =-\delta\iiiint \mathrm{d}^4x_3\,\mathrm{d}^4x_1'\,\mathrm{d}^4x_2'\,\mathrm{d}^4x_3'\,\Big(\frac{\delta\,p_{s_2'}(x_2')}{\delta\,v_{s_2}(x_2)}\Big) \\ \times\delta v_{s_3}(x_3)\Big(\frac{\delta\,p_{s_3'}(x_3')}{\delta\,v_{s_3}(x_3)}\Big)\Big(\frac{\delta}{\delta\,p_{s_3'}(x_3')}\frac{\delta\,v_{s_1'}(x_1')}{\delta\,p_{s_2'}(x_2')}\Big)\Big(\frac{\delta\,p_{s_1}(x_1)}{\delta\,v_{s_1'}(x_1')}\Big). \tag{138}$$

此式右边被变分的被积函数中由大括号标示的四个因子的变分可分别写成：

$$\delta\,\frac{\delta\,p_{s_2'}(x_2')}{\delta\,v_{s_2}(x_2)}=\int \mathrm{d}^4x_4\,\delta v_{s_4}(x_4)\frac{\delta}{\delta\,v_{s_4}(x_4)}\frac{\delta}{\delta\,v_{s_2}(x_2)}\frac{\delta\,\mathrm{i}\,\mathcal{W}^R}{\delta\,v_{s_2'}(x_2')}\,,$$

$$\delta\,\frac{\delta\,p_{s_3'}(x_3')}{\delta\,v_{s_3}(x_3)}=\int \mathrm{d}^4x_4\,\delta v_{s_4}(x_4)\frac{\delta}{\delta\,v_{s_4}(x_4)}\frac{\delta}{\delta\,v_{s_3}(x_3)}\frac{\delta\,\mathrm{i}\,\mathcal{W}^R}{\delta\,v_{s_3'}(x_3')}\,,$$

$$\delta\,\frac{\delta\,p_{s_1}(x_1)}{\delta\,v_{s_1'}(x_1')}=\int \mathrm{d}^4x_4\,\delta v_{s_4}(x_4)\frac{\delta}{\delta\,v_{s_4}(x_4)}\frac{\delta}{\delta\,v_{s_1'}(x_1')}\frac{\delta\,\mathrm{i}\,\mathcal{W}^R}{\delta\,v_{s_1}(x_1)}\,,$$

以及

$$\begin{aligned}\delta\,\frac{\delta}{\delta p_{s_3'}(x_3')}\frac{\delta\,p_{s_1'}(x_1')}{\delta\,v_{s_2'}(x_2')}=&\iint \mathrm{d}^4x_4\mathrm{d}^4x_4'\,\delta\,v_{s_4}(x_4)\\&\times\frac{\delta\,p_{s_4'}(x_4')}{\delta\,v_{s_4}(x_4)}\frac{\delta}{\delta\,p_{s_4'}(x_4')}\frac{\delta}{\delta\,p_{s_3'}(x_3')}\frac{\delta\,v_{s_1'}(x_1')}{\delta\,p_{s_2'}(x_2')}.\end{aligned}$$

相应地得出

$$\Big(\frac{\delta}{\delta\,v_{s_4}(x_4)}\frac{\delta}{\delta\,v_{s_3}(x_3)}\frac{\delta\,p_{s_1}(x_1)}{\delta\,v_{s_2}(x_2)}\Big)_0=M_1+M_2+M_3+M_4\,. \tag{139}$$

其中 M_1 是

$$\begin{aligned}M_1=-\frac{\delta v_{s_3}(x_3)\,\delta v_{s_4}(x_4)}{\delta v_{s_4}(x_4)\,\delta v_{s_3}(x_3)}&\iiint \mathrm{d}^4x_1'\,\mathrm{d}^4x_2'\,\mathrm{d}^4x_3'\\&\times\Big(\frac{\delta}{\delta\,v_{s_4}(x_4)}\frac{\delta}{\delta\,v_{s_2}(x_2)}\frac{\delta\,\mathrm{i}\,\mathcal{W}^R}{\delta\,v_{s_2'}(x_2')}\Big)_0\Big(\frac{\delta\,p_{s_3'}(x_3')}{\delta\,v_{s_3}(x_3)}\Big)_0\\&\times\Big(\frac{\delta}{\delta\,p_{s_3'}(x_3')}\frac{\delta\,v_{s_1'}(x_1')}{\delta\,p_{s_2'}(x_2')}\Big)_0\Big(\frac{\delta\,p_{s_1}(x_1)}{\delta\,v_{s_1'}(x_1')}\Big)_0\,.\end{aligned} \tag{140}$$

M_2 是

$$\begin{aligned}M_2=-\iiint \mathrm{d}^4x_1'\,\mathrm{d}^4x_2'\,\mathrm{d}^4x_3'&\Big(\frac{\delta\,p_{s_2'}(x_2')}{\delta\,v_{s_2}(x_2)}\Big)_0\\&\times\Big(\frac{\delta}{\delta\,v_{s_4}(x_4)}\frac{\delta}{\delta\,v_{s_3}(x_3)}\frac{\delta\,\mathrm{i}\,\mathcal{W}^R}{\delta\,v_{s_3'}(x_3')}\Big)_0\\&\times\Big(\frac{\delta}{\delta\,p_{s_3'}(x_3')}\frac{\delta\,v_{s_1'}(x_1')}{\delta\,p_{s_2'}(x_2')}\Big)_0\Big(\frac{\delta\,p_{s_1}(x_1)}{\delta\,v_{s_1'}(x_1')}\Big)_0\,.\end{aligned} \tag{141}$$

M_3, M_4 是

$$\begin{aligned}M_3=-\iiint \mathrm{d}^4x_1'\,\mathrm{d}^4x_2'\,\mathrm{d}^4x_3'&\Big(\frac{\delta\,p_{s_2'}(x_2')}{\delta\,v_{s_2}(x_2)}\Big)_0\Big(\frac{\delta\,p_{s_3'}(x_3')}{\delta\,v_{s_3}(x_3)}\Big)_0\\&\times\Big(\frac{\delta}{\delta\,p_{s_3'}(x_3')}\frac{\delta\,v_{s_1'}(x_1')}{\delta\,p_{s_2'}(x_2')}\Big)_0\Big(\frac{\delta}{\delta\,v_{s_4}(x_4)}\frac{\delta}{\delta\,v_{s_1'}(x_1')}\frac{\delta\,\mathrm{i}\,\mathcal{W}^R}{\delta\,v_{s_1}(x_1)}\Big)_0\,,\end{aligned} \tag{142}$$

$$\begin{aligned}M_4=-\iiiint \mathrm{d}^4x_1'\,\mathrm{d}^4x_2'\,\mathrm{d}^4x_3'\,\mathrm{d}^4x_4'&\Big(\frac{\delta\,p_{s_2'}(x_2')}{\delta\,v_{s_2}(x_2)}\Big)_0\Big(\frac{\delta\,p_{s_3'}(x_3')}{\delta\,v_{s_3}(x_3)}\Big)_0\\&\times\Big(\frac{\delta\,p_{s_4'}(x_4')}{\delta\,v_{s_4}(x_4)}\Big)_0\Big(\frac{\delta}{\delta\,p_{s_4'}(x_4')}\frac{\delta}{\delta\,p_{s_3'}(x_3')}\frac{\delta\,v_{s_1'}(x_1')}{\delta\,p_{s_2'}(x_2')}\Big)_0\Big(\frac{\delta\,p_{s_1}(x_1)}{\delta\,v_{s_1'}(x_1')}\Big)_0.\end{aligned} \tag{143}$$

从 (139)—(143) 式看到，如果 $\left(\frac{\delta}{\delta\, v_{s_4}(x_4)}\frac{\delta}{\delta\, v_{s_3}(x_3)}\frac{\delta\, p_{s_1}(x_1)}{\delta\, v_{s_2}(x_2)}\right)_0$ 是真正存在的四点连接格林函数，则 $\left(-\frac{\delta}{\delta\, p_{s_4'}(x_4')}\frac{\delta}{\delta\, p_{s_3'}(x_3')}\frac{\delta\, v_{s_1'}(x_1')}{\delta\, p_{s_2'}(x_2')}\right)_0$ 是相应的正规顶角函数，它借助四个完全传播函数与外点 s_1x_1,s_2x_2,s_3x_3 以及 s_4x_4 相接而形成 (143) 式. 而在 (140),(141) 和 (142) 式中，由一个三点 (正规) 顶角函数和一个三点连接格林函数以及两个完全传播函数与外点相接. 当然也可以写成由一个完全传播函数连接着的两个三点顶角函数借助四个完全传播函数与外点相接.

上述方法可以延伸于有更多外点的连接格林函数.

4.3 电子光子顶角函数的积分方程

首先推导电子光子顶角函数通过四电子连接格林函数表示的公式. 将本章 §2 (67) 式的 $\mathcal{Z}^R$ 换成 $\mathrm{e}^{\mathrm{i}\mathcal{W}^R}$ 得出

$$J^\mu(x) + Z_3\Big(\partial_\rho\partial^\rho A^{[c]\mu}(x) - \partial^\mu\partial^\rho A^{[c]}_\rho(x)\Big) + \frac{1}{\xi}\,\partial^\mu\partial^\rho A^{[c]}_\rho(x)$$
$$+Z_1\, e\,\gamma^\mu_{\alpha'\beta'}\Big(\psi^{[c]}_{\beta'}(x)\overline{\psi}^{[c]}_{\alpha'}(x) + \frac{\delta}{\delta\mathrm{i}\,\overline{\eta}_{\beta'}(x)}\frac{\delta\,\mathrm{i}\,\mathcal{W}^R}{(-\mathrm{i})\delta\eta_{\alpha'}(x)}\Big) = 0\,.$$

以 $\frac{\delta}{\delta\psi^{[c]}_{\beta_1'}(y)}$ 作用之，记住 $J^\mu(x) = -\frac{\delta}{\delta A^{[c]}_\mu(x)}\mathcal{G}^R$ 得

$$\frac{\delta}{\delta\psi^{[c]}_{\beta_1'}(y)}\frac{\delta}{\delta A^{[c]}_\mu(z)}\mathcal{G}^R = Z_1\, e\,\gamma^\mu_{\alpha'\beta_1'}\overline{\psi}_{\alpha'}(y)\delta^4(y-z)$$
$$+\frac{\delta}{\delta\psi^{[c]}_{\beta_1'}(y)}\, Z_1\, e\,\gamma^\mu_{\alpha'\beta'}\Big(\frac{\delta}{\mathrm{i}\delta\overline{\eta}_{\beta'}(z)}\frac{\delta\,\mathrm{i}\,\mathcal{W}^R}{(-\mathrm{i})\delta\eta_{\alpha'}(z)}\Big) - \mathrm{i}\,\frac{\delta}{\delta\overline{\psi}^{[c]}_\gamma(x)}\frac{\delta}{\delta\psi^{[c]}_\delta(y)}\frac{\delta}{\delta A^{[c]}_\mu(z)}\mathcal{G}^R$$
$$= Z_1\,\big(-\mathrm{i}\, e\,\gamma^\mu_{\gamma\delta}\big)\,\delta^4(x-z)\delta^4(y-z)$$
$$+\frac{\delta}{\delta\overline{\psi}^{[c]}_\gamma(x)}\frac{\delta}{\delta\psi^{[c]}_\delta(y)}\, Z_1\big(-\mathrm{i}\, e\,\gamma^\mu_{\alpha\beta}\big)\Big(\frac{\delta}{\mathrm{i}\delta\overline{\eta}_\beta(z)}\frac{\delta\,\mathrm{i}\,\mathcal{W}^R}{(-\mathrm{i})\delta\eta_\alpha(z)}\Big).$$

再由

$$\frac{\delta}{\delta\psi^{[c]}_\delta(y)} = \int \mathrm{d}^4 z_1\,\frac{\delta v_{\beta_1}(z_1)}{\psi^{[c]}_\delta(y)}\frac{\delta}{\delta v_{\beta_1}(z_1)}\,,$$
$$\frac{\delta}{\delta\overline{\psi}^{[c]}_\gamma(x)} = \int \mathrm{d}^4 z_0\,\frac{\delta v_{\beta_0}(z_0)}{\psi^{[c]}_\gamma(x)}\frac{\delta}{\delta v_{\beta_0}(z_0)}\,,$$

可以证实，当源趋于零时得出

$$-\mathrm{i}\,e\,\Gamma^{\mu}_{\gamma\delta}(x,y,z)=Z_1(-\mathrm{i}\,e\,\gamma^{\mu}_{\gamma\delta})\,\delta^4(x-z)\,\delta^4(y-z)$$
$$+Z_1(-\mathrm{i}\,e\,\gamma^{\mu}_{\alpha\beta})\int \mathrm{d}^4z_1(-\mathrm{i}\,e\,\Gamma^{\nu}_{\gamma\delta}(x,y,z_1))\Big(\frac{\delta}{\mathrm{i}\delta\overline{\eta}_\beta(z)}\frac{\delta}{(-\mathrm{i})\delta\eta_\alpha(z)}\frac{\delta\mathrm{i}\,\mathcal{W}^R}{\mathrm{i}\delta J^\nu(z_1)}\Big)_0$$
$$+Z_1(\mathrm{i}\,e\,\gamma^{\mu}_{\alpha\beta})\iint \mathrm{d}^4z_1\mathrm{d}^4z_0\,\mathrm{i}\,\overline{S}^{[\mathrm{trunc}]}_{\gamma\beta_0}(x-z_0)\mathrm{i}\,\overline{S}^{[\mathrm{trunc}]}_{\beta_1\delta}(z_1-y)$$
$$\times\Big(\frac{\delta}{\mathrm{i}\delta\overline{\eta}_\beta(z)}\frac{\delta}{\mathrm{i}\delta\overline{\eta}_{\beta_0}(z_0)}\frac{\delta}{(-\mathrm{i})\delta\eta_{\beta_1}(z_1)}\frac{\delta\mathrm{i}\,\mathcal{W}^R}{(-\mathrm{i})\delta\eta_\alpha(z)}\Big)_0.$$

此式右边第二项与来自四电子连接格林函数中的 M_3 部分相消了．M_2 对 $\Gamma^{\mu}_{\gamma\delta}$ 没有贡献．结果为

$$-\mathrm{i}\,e\,\Gamma^{\mu}_{\gamma\delta}(x,y,z)=Z_1(-\mathrm{i}\,e\,\gamma^{\mu}_{\gamma\delta})\,\delta^4(x-z)\,\delta^4(y-z)$$
$$+Z_1(-\mathrm{i}\,e\,\gamma^{\mu}_{\alpha\beta})\iiint \mathrm{d}^4z_1\mathrm{d}^4x_1'\mathrm{d}^4x_2'\,\mathrm{i}\,\overline{S}^{[\mathrm{trunc}]}_{\gamma_0\,\delta}(z_1-y)$$
$$\times G_{\beta\gamma_0\,\nu}(z,z_1,x_2')(-\mathrm{i}\,e\,\Gamma^{\nu}_{\gamma s_1'}(x,x_1',x_2'))\,\mathrm{i}\,\overline{S}_{s_1'\alpha}(x_1'-z)$$
$$+Z_1(-\mathrm{i}\,e\,\gamma^{\mu}_{\alpha\beta})\iiint \mathrm{d}^4z_1'\mathrm{d}^4x_1'\mathrm{d}^4x_4'\,\mathrm{i}\,\overline{S}_{\beta\,s_4'}(z-x_4')$$
$$\times\Big(\frac{\delta}{\delta\overline{\psi}^{[\mathrm{c}]}_{s_4'}(x_4')}\frac{\delta}{\delta\psi^{[\mathrm{c}]}_{s_1'}(x_1')}\frac{\delta}{\delta\psi^{[\mathrm{c}]}_{\delta}(y)}\frac{\delta\,\mathrm{i}\,\mathcal{G}^R}{\delta\overline{\psi}^{[\mathrm{c}]}_{\gamma}(x)}\Big)_0\mathrm{i}\,\overline{S}_{s_1'\alpha}(x_1'-z).\tag{144}$$

设相应的动量空间的电子光子顶角函数是 $-\mathrm{i}e\Gamma^{\mu}_{\gamma\delta}(p',p)$, 于是 (见 (47) 式)

$$-\mathrm{i}\,e\Gamma^{\mu}_{\gamma\delta}(x,y,z)=\iint\frac{\mathrm{d}^4p'}{(2\pi)^4}\frac{\mathrm{d}^4p}{(2\pi)^4}\mathrm{e}^{-\mathrm{i}p'(x-z)}\mathrm{e}^{\mathrm{i}p(y-z)}\big\{-\mathrm{i}\,e\Gamma^{\mu}_{\gamma\delta}(p',p)\big\}.$$

(144) 式中的正规顶角函数可以像

$$\Big(\frac{\delta}{\mathrm{i}\,\delta\overline{\eta}_{s_4'}(x_4')}\frac{\delta}{(-\mathrm{i})\,\delta\eta_{s_1'}(x_1')}\frac{\delta}{(-\mathrm{i})\,\delta\eta_\delta(y)}\frac{\delta\,\mathrm{i}\,\mathcal{W}^R}{\mathrm{i}\,\delta\overline{\eta}_\gamma(x)}\Big)_0$$

的截腿函数一样作傅氏展开，即

$$\Big(\frac{\delta}{\delta\overline{\psi}^{[\mathrm{c}]}_{s_4'}(x_4')}\frac{\delta}{\delta\psi^{[\mathrm{c}]}_{s_1'}(x_1')}\frac{\delta}{\delta\psi^{[\mathrm{c}]}_{\delta}(y)}\frac{\delta\mathrm{i}\,\mathcal{G}^R}{\delta\overline{\psi}^{[\mathrm{c}]}_{\gamma}(x)}\Big)_0$$
$$=\iiiint\frac{\mathrm{d}^4p_4'}{(2\pi)^4}\frac{\mathrm{d}^4p_1'}{(2\pi)^4}\frac{\mathrm{d}^4p}{(2\pi)^4}\frac{\mathrm{d}^4p'}{(2\pi)^4}\mathcal{G}_{s_4's_1',\delta\,\gamma}(p_4',p_1',p,p')$$
$$\times\mathrm{e}^{-\mathrm{i}p_4'x_4'}\mathrm{e}^{\mathrm{i}p_1'x_1'}\mathrm{e}^{\mathrm{i}py}\mathrm{e}^{-\mathrm{i}p'x}(2\pi)^4\,\delta^4\,(p_4'+p'-p_1'-p)\,.\tag{145}$$

由此可以将 (144) 式的第三项写成

$$\iint \frac{\mathrm{d}^4p'}{(2\pi)^4}\frac{\mathrm{d}^4p}{(2\pi)^4}\mathrm{e}^{-\mathrm{i}p'(x-z)}\mathrm{e}^{\mathrm{i}p(y-z)}\Big\{\int\frac{\mathrm{d}^4q}{(2\pi)^4} \times\big[\mathrm{i}\,\overline{S}(p'+q)(-\mathrm{i}\,Z_1\,e\,\gamma^\mu)\,\mathrm{i}\,\overline{S}(p+q)\big]_{s_4's_1'}\,\mathcal{G}_{s_1's_4',\delta\,\gamma}(p+q,p'+q,p,p')\Big\}.$$

(144) 式第二项中的量都是熟识的，这项以及 (144) 式可以写成

$$\iint \frac{\mathrm{d}^4p'}{(2\pi)^4}\frac{\mathrm{d}^4p}{(2\pi)^4}\mathrm{e}^{-\mathrm{i}p'(x-z)}\mathrm{e}^{\mathrm{i}p(y-z)}\Big\{\int\frac{\mathrm{d}^4q}{(2\pi)^4}\big[-\mathrm{i}\,e\,\Gamma^\rho(p',p'+q) \times\mathrm{i}\,\overline{S}(p'+q)(-\mathrm{i}\,Z_1\,e\,\gamma^\mu)\,\mathrm{i}\,\overline{S}(p+q)\big(-\mathrm{i}\,e\,\Gamma^\nu(p+q,p)\big)\big]_{\gamma\delta}\,\mathrm{i}\,\overline{D}_{\rho\nu}(q)\Big\},$$

$$\begin{aligned}-\mathrm{i}\,e\,\Gamma^\mu_{\gamma\delta}(p',p) &= -\mathrm{i}\,Z_1\,e\,\gamma^\mu_{\gamma\delta}\\ &\quad+\int\frac{\mathrm{d}^4q}{(2\pi)^4}\big[-\mathrm{i}\,e\,\Gamma^\rho(p',p'+q)\,\mathrm{i}\,\overline{S}(p'+q)\\ &\qquad\times(-\mathrm{i}\,Z_1\,e\,\gamma^\mu)\,\mathrm{i}\,\overline{S}(p+q)\big(-\mathrm{i}\,e\,\Gamma^\nu(p+q,p)\big)\big]_{\gamma\delta}\,\mathrm{i}\,\overline{D}_{\rho\nu}(q)\\ &\quad+\int\frac{\mathrm{d}^4q}{(2\pi)^4}\,\big[\mathrm{i}\,\overline{S}(p'+q)(-\mathrm{i}\,Z_1\,e\,\gamma^\mu)\,\mathrm{i}\,\overline{S}(p+q)\big]_{s_4's_1'}\\ &\qquad\times\mathcal{G}_{s_1's_4',\delta\,\gamma}(p+q,p'+q,p,p')\,.\end{aligned}\tag{146}$$

由此也可以看出

$$\mathcal{G}_{s_1's_4',\delta\,\gamma}(p+q,p'+q,p,p') = (Z_2)^2\,\mathcal{G}^{[\mathrm{b}]}_{s_1's_4',\delta\,\gamma}(p+q,p'+q,p,p').\tag{147}$$

(146) 式即是我们所说的顶角函数的积分方程. 也可以将它写成

$$\begin{aligned}-\mathrm{i}\,e\,\Gamma^\mu_{\gamma\delta}(p',p) = -\mathrm{i}\,Z_1\,e\,\gamma^\mu_{\gamma\delta}+\int\frac{\mathrm{d}^4q}{(2\pi)^4}&\big[\mathrm{i}\overline{S}\,(p'+q)(-\mathrm{i}\,e\,Z_1\gamma^\mu)\\ &\times\mathrm{i}\overline{S}\,(p+q)\big]_{s_4's_1'}\,\mathcal{F}_{s_1's_4',\delta\gamma}(p+q,p'+q,p,p'),\end{aligned}\tag{148}$$

其中

$$\begin{aligned}\mathcal{F}_{s_1's_4',\delta\gamma}(p+q,p'+q,p,p') &= \mathcal{G}_{s_1's_4',\delta\gamma}(p+q,p'+q,p,p')\\ &\quad+\big[-\mathrm{i}\,e\,\Gamma^\nu(p,p+q)\big]_{s_1'\delta}\big[-\mathrm{i}\,e\,\Gamma^\rho(p',p'+q)\big]_{\gamma s_4'}\,\mathrm{i}\,\overline{D}_{\rho\nu}(q).\end{aligned}\tag{149}$$

在这里不必写成 Dyson-Schwinger 方程的形式，不过仍然沿用这个名称.

4.4 Ward-Takahashi 恒等式

Ward-Takahashi 恒等式已经成为一个内容十分广泛的术语，这里将推导后面用到的一些 Ward-Takahashi 恒等式 (简称 W-T 恒等式). 首先推导用格林

函数生成泛函和正规顶角函数生成泛函表示的 W-T 恒等式，为此在路径积分下令场函数作如下的规范变换

$$\begin{aligned}\psi(x) &\to \psi'(x) = \mathrm{e}^{\mathrm{i}\,\Lambda(x)}\,\psi(x)\,,\\ \overline{\psi}(x) &\to \overline{\psi'}(x) = \mathrm{e}^{-\mathrm{i}\,\Lambda(x)}\,\overline{\psi}(x)\,,\\ A_\mu(x) &\to A'_\mu(x) = \mathrm{e}^{\mathrm{i}\,\Lambda(x)}\,A_\mu(x)\,.\end{aligned}$$

其中限制 $\Lambda(x)$ 在 $(|t|,|\boldsymbol{x}|)$ 无限增大时趋于零. 将一个路径积分的场变量 $\psi,\overline{\psi},A_\mu$ 换成 $\psi',\overline{\psi'},A'_\mu$，当然对于这个路径积分没有影响. 电磁场的路径积分体元当然保持不变. 其次，由 (见第十章)

$$\begin{aligned}\int \mathrm{d}\,\overline{\psi'}_\alpha(x)\{\overline{\psi'}_\alpha(x)\} &= \int \mathrm{d}\,\overline{\psi}_\alpha(x)\{\overline{\psi}_\alpha(x)\}\,,\\ \int \mathrm{d}\psi'_\alpha(x)\{\psi'_\alpha(x)\} &= \int \mathrm{d}\psi_\alpha(x)\{\psi_\alpha(x)\}\,,\end{aligned}$$

可见

$$\mathrm{d}\,\overline{\psi'}_\alpha(x) = \big(\mathrm{d}\overline{\psi}_\alpha(x)\big)\,\mathrm{e}^{\mathrm{i}\,\Lambda(x)}\,,\quad \mathrm{d}\psi'_\alpha(x) = \mathrm{e}^{-\mathrm{i}\,\Lambda(x)}\,\mathrm{d}\psi_\alpha(x)\,,$$

所以电子场的路径积分体元也保持不变. 有效拉氏函数 $\mathcal{L}_{\text{eff}}$ 除规范确定项外是规范不变的，而当 Λ 接近于零时，有

$$\begin{aligned}\big(\partial^\nu A'_\nu(x)\big)^2 &\approx \big(\partial^\nu A_\nu(x)\big)^2 - \frac{2}{e}\,\big(\partial^\nu A_\nu(x)\big)\Box\,\Lambda(x)\,,\\ \mathcal{L}_{\text{eff}}(x) &\to \mathcal{L}_{\text{eff}}(x) + \frac{1}{e\,\xi}\,\big(\partial^\nu A_\nu(x)\big)\Box\,\Lambda(x)\,.\end{aligned}$$

由于 $\Lambda(x)$ 在 $(|t|,|\boldsymbol{x}|)$ 无限增大时趋于零，又有

$$\begin{aligned}&\int \mathrm{d}^4x\big(\partial^\nu A_\nu(x)\big)\Box\,\Lambda(x) = \int \mathrm{d}^4x\big(\Box\,\partial^\nu A_\nu(x)\big)\,\Lambda(x)\,,\\ &\int \mathrm{d}^4y\,J^\mu(y)A'_\mu(y) = \int \mathrm{d}^4xy\,J^\mu(y)A_\mu(y) + \int \mathrm{d}^4y\frac{1}{e}\big(\partial_\nu J^\nu(y)\big)\,\Lambda(y)\,.\end{aligned}$$

因此

$$\begin{aligned}&\int \mathcal{D}[\overline{\psi},\psi,A]\exp\left\{\mathrm{i}\int \mathrm{d}^4x\Big(\mathcal{L}_{\text{eff}}(x) + \overline{\eta}(x)\psi(x) + \overline{\psi}(x)\eta(x) + J^\mu(x)A_\mu(x)\Big)\right\}\\ &\quad = \int \mathcal{D}[\overline{\psi},\psi,A]\exp\Big\{\mathrm{i}\int \mathrm{d}^4x\Big(\mathcal{L}_{\text{eff}}(x) + \frac{1}{e\,\xi}\,\big(\Box\,\partial^\nu A_\nu(x)\big)\,\Lambda(x)\\ &\qquad\qquad + \overline{\eta}(x)\psi'(x) + \overline{\psi'}(x)\eta(x) + J^\mu(x)A'_\mu(x)\Big)\Big\}.\end{aligned} \tag{150}$$

此式右边 (对于无穷小的 Λ) 可以写成

$$\int \mathcal{D}[\overline{\psi}, \psi, A] \exp\left\{\mathrm{i}\int \mathrm{d}^4x\Big(\mathcal{L}_{\text{eff}}(x) + \overline{\eta}(x)\psi(x) + \overline{\psi}(x)\eta(x) + J^\mu(x)A_\mu(x)\right.$$
$$\left.+\Lambda(x)\Big[\frac{1}{e\,\xi}\,\Box\,\partial^\nu A_\nu(x) + \frac{1}{e}\partial_\mu J^\mu(x) + \mathrm{i}\overline{\eta}(x)\psi(x) - \mathrm{i}\overline{\psi}(x)\eta(x)\Big]\Big)\right\}.$$

将其中 x 换成 z, 以 $\frac{\delta}{\delta\Lambda(x)}$ 作用后令 $\Lambda = 0$ 得出

$$\int \mathcal{D}[\overline{\psi}, \psi, A]\Big[\frac{1}{e\,\xi}\,\Box\,\partial^\nu A_\nu(x) + \frac{1}{e}\partial_\mu J^\mu(x) + \mathrm{i}\overline{\eta}(x)\psi(x) - \mathrm{i}\overline{\psi}(x)\eta(x)\Big]$$
$$\times \exp\left\{\mathrm{i}\int \mathrm{d}^4xz\Big(\mathcal{L}_{\text{eff}}(z) + \overline{\eta}(z)\psi(z) + \overline{\psi}(z)\eta(z) + J^\mu(z)A_\mu(z)\Big)\right\} = 0.$$

亦即

$$\frac{1}{e\,\xi}\,\Box\,\partial^\nu \frac{\delta}{\mathrm{i}\delta J^\nu(x)}\mathcal{Z}^R[\overline{\eta}, \eta, J] + \mathrm{i}\,\overline{\eta}_\alpha(x)\frac{\delta}{\mathrm{i}\delta\overline{\eta}_\alpha(x)}\mathcal{Z}^R[\overline{\eta}, \eta, J]$$
$$+\frac{1}{e}\partial_\mu J^\mu(x)\mathcal{Z}^R[\overline{\eta}, \eta, J] + \mathrm{i}\,\eta_\alpha(x)\frac{\delta}{(-\mathrm{i})\delta\eta_\alpha(x)}\mathcal{Z}^R[\overline{\eta}, \eta, J] = 0. \tag{151}$$

这是用格林函数生成泛函表达的 W-T 恒等式.

用连接格林函数生成泛函 $\mathrm{i}\,\mathcal{W}^R[\overline{\eta}, \eta, J]$ 表达的 W-T 恒等式是

$$\frac{1}{\xi}\,\Box\,\partial^\nu \frac{\delta}{\mathrm{i}\delta J^\nu(x)}\mathrm{i}\,\mathcal{W}^R[\overline{\eta}, \eta, J] + e\,\mathrm{i}\,\overline{\eta}_\alpha(x)\frac{\delta}{\mathrm{i}\delta\overline{\eta}_\alpha(x)}\mathrm{i}\,\mathcal{W}^R[\overline{\eta}, \eta, J]$$
$$+\partial_\mu J^\mu(x) + e\,\mathrm{i}\,\eta_\alpha(x)\frac{\delta}{(-\mathrm{i})\delta\eta_\alpha(x)}\mathrm{i}\,\mathcal{W}^R[\overline{\eta}, \eta, J] = 0. \tag{152}$$

借助本章 §4 的 (108)—(110) 和 (115), (116) 式，即

$$\psi_\alpha^{[\mathrm{c}]}(x) = \frac{\delta}{\mathrm{i}\delta\overline{\eta}_\alpha(x)}\,\mathrm{i}\,\mathcal{W}^R[\overline{\eta}, \eta, J], \quad \overline{\psi}_\beta^{[\mathrm{c}]}(x) = \frac{\delta}{(-\mathrm{i})\delta\eta_\beta(x)}\,\mathrm{i}\,\mathcal{W}^R[\overline{\eta}, \eta, J],$$
$$A_\mu^{[\mathrm{c}]}(x) = \frac{\delta}{\mathrm{i}\delta J^\mu(x)}\,\mathrm{i}\,\mathcal{W}^R[\overline{\eta}, \eta, J],$$
$$\eta_\alpha(x) = -\frac{\delta}{\delta\overline{\psi}_\alpha^{[\mathrm{c}]}(x)}\mathcal{G}^R, \quad \overline{\eta}_\alpha(x) = \frac{\delta}{\delta\psi_\alpha^{[\mathrm{c}]}(x)}\mathcal{G}^R,$$
$$J^\mu(x) = -\frac{\delta}{\delta A_\mu^{[\mathrm{c}]}(x)}\mathcal{G}^R,$$

可将公式 (152) 写成

$$\frac{1}{\xi}\,\Box\,\partial^\nu A_\nu^{[\mathrm{c}]}(x) - e\,\mathrm{i}\,\psi_\alpha^{[\mathrm{c}]}(x)\frac{\delta}{\delta\psi_\alpha^{[\mathrm{c}]}(x)}\mathcal{G}^R$$
$$-\partial_\mu\frac{\delta}{\delta A_\mu^{[\mathrm{c}]}(x)}\mathcal{G}^R + e\,\mathrm{i}\,\overline{\psi}_\alpha^{[\mathrm{c}]}(x)\frac{\delta}{\delta\overline{\psi}_\alpha^{[\mathrm{c}]}(x)}\mathcal{G}^R = 0\,. \tag{153}$$

这是用正规顶角函数生成泛函表达的 W-T 恒等式.

现在来推导通常形式的 W-T 恒等式. 对 (153) 式求微商 $\frac{\delta}{\delta\overline{A}^{[c]}_{\alpha'}(x')}\ \frac{\delta}{\delta A^{[c]}_{\beta'}(y)}$ 后令所有唯象场趋于零, 得出

$$-\partial_\mu\Big(\frac{\delta}{\delta\overline{A}^{[c]}_{\alpha'}(x')}\frac{\delta}{\delta A^{[c]}_{\beta'}(y)}\frac{\delta\mathcal{G}^R}{\delta A^{[c]}_\mu(x)}\Big)_0-\mathrm{i}\,e\Big(\frac{\delta}{\delta\overline{A}^{[c]}_{\alpha'}(x')}\frac{\delta\mathcal{G}^R}{\delta A^{[c]}_{\beta'}(y)}\Big)_0\delta^4(x-y)$$
$$+\mathrm{i}\,e\Big(\frac{\delta}{\delta\overline{A}^{[c]}_{\alpha'}(x')}\frac{\delta\mathcal{G}^R}{\delta A^{[c]}_{\beta'}(y)}\Big)_0\delta^4(x'-x)=0\,.$$

亦即

$$-\partial_\mu\Gamma(x',y,x)-\mathrm{i}\,\overline{S}^{[\mathrm{trunc}]}(x'-x)\delta^4(x-y)+\mathrm{i}\,\overline{S}^{[\mathrm{trunc}]}(x-y)\delta^4(x'-x)=0\,.$$

或

$$0=\iint\frac{\mathrm{d}^4p_1}{(2\pi)^4}\frac{\mathrm{d}^4p_2}{(2\pi)^4}\mathrm{e}^{-\mathrm{i}\,p_1(x'-x)}\,\mathrm{e}^{-\mathrm{i}\,p_2(y-x)}$$
$$\times\Big(-\mathrm{i}\,(p_1-p_2)_\mu\,\Gamma^\mu(p_1,p_2)-\mathrm{i}\,\overline{S}^{[\mathrm{trunc}]}(p_1)+\mathrm{i}\,\overline{S}^{[\mathrm{trunc}]}(p_2)\Big).$$

故

$$(p_1-p_2)_\mu\,\Gamma^\mu(p_1,p_2)=[\overline{S}(p_1)]^{-1}-[\overline{S}(p_2)]^{-1}\,. \tag{154}$$

这是略微推广了的 Ward 等式. 当 (p_1-p_2) 趋于零时即得出 Ward 最初给出的公式:

$$\frac{\partial}{\partial p_\mu}\,\Sigma(p)=-\Lambda^\mu(p,p)\,. \tag{155}$$

再来证明真空极化张量是横向的. 对 (153) 式求微商 $\frac{\delta}{\delta A^{[c]}_\lambda(y)}$ 后令所有唯象场趋于零, 得出

$$\frac{1}{\xi}\,\Box\,\partial^\lambda\delta^4(x-y)-\partial_\mu\Big(\frac{\delta}{\delta A^{[c]}_\mu(x)}\frac{\delta\mathcal{G}^R}{\delta A^{[c]}_\lambda(y)}\Big)_0=0\,.$$

即

$$k_\mu[(\overline{D}(k))^{-1}]^{\mu\lambda}=-\frac{1}{\xi}\,k^2\,k^\lambda=k_\mu[(D(k))^{-1}]^{\mu\lambda}\,.$$

因此

$$k_\mu\,\Pi^{\mu\lambda}(k)=0\,. \tag{156}$$

最后推导四光子正规顶角函数满足的横向性条件. 对 (153) 式求微商 $\frac{\delta}{\delta A_{\nu_2}^{[c]}(x_2)}\frac{\delta}{\delta A_{\nu_3}^{[c]}(x_3)}\frac{\delta}{\delta A_{\nu_4}^{[c]}(x_4)}$ 后令所有唯象场趋于零, 得出

$$\frac{\partial}{\partial x_1^{\nu_1}}\Big(\frac{\delta}{\delta A_{\nu_1}^{[c]}(x_1)}\frac{\delta}{\delta A_{\nu_2}^{[c]}(x_2)}\frac{\delta}{\delta A_{\nu_3}^{[c]}(x_3)}\frac{\delta}{\delta A_{\nu_4}^{[c]}(x_4)}\mathcal{G}^R\Big)_0 = 0\,. \tag{157}$$

这是坐标空间的四光子正规顶角函数满足的条件.

由 Furry 定理知道, 四光子连接格林函数是单粒子不可约的, 其截腿函数是正规顶角函数 (也见 (139) 式). 因此按照下式确定的 $G^{[c,\,\text{trunc}]\nu_1\nu_2\nu_3\nu_4}(k_1,k_2,k_3,k_4)$ 在 $k_1+k_2+k_3+k_4=0$ 的限制下代表在动量空间的四光子正规顶角函数:

$$\begin{aligned}
&\Big(\frac{\delta}{\mathrm{i}\,\delta J^{\mu_1}(x_1)}\frac{\delta}{\mathrm{i}\,\delta J^{\mu_2}(x_2)}\frac{\delta}{\mathrm{i}\,\delta J^{\mu_3}(x_3)}\frac{\delta\,\mathrm{i}\,\mathcal{W}^R}{\mathrm{i}\,\delta J^{\mu_4}(x_4)}\Big)_0\\
&\qquad= \iiiint \frac{\mathrm{d}^4k_1}{(2\pi)^4}\frac{\mathrm{d}^4k_2}{(2\pi)^4}\frac{\mathrm{d}^4k_3}{(2\pi)^4}\frac{\mathrm{d}^4k_4}{(2\pi)^4}\mathrm{e}^{-\mathrm{i}k_1x_1-\mathrm{i}k_2x_2-\mathrm{i}k_3x_3-\mathrm{i}k_4x_4}\\
&\qquad\qquad\times\mathrm{i}\,\overline{D}_{\mu_1\nu_1}(k_1)\mathrm{i}\,\overline{D}_{\mu_2\nu_2}(k_2)\mathrm{i}\,\overline{D}_{\mu_3\nu_3}(k_3)\mathrm{i}\,\overline{D}_{\mu_4\nu_4}(k_4)(2\pi)^4\\
&\qquad\qquad\times\delta^4(k_1+k_2+k_3+k_4)G^{[C,\,\text{trunc}]\nu_1\nu_2\nu_3\nu_4}(k_1,k_2,k_3,k_4)\,,
\end{aligned}$$

即是说

$$\begin{aligned}
&\Big(\frac{\delta}{\delta A_{\nu_1}^{[c]}(x_1)}\frac{\delta}{\delta A_{\nu_2}^{[c]}(x_2)}\frac{\delta}{\delta A_{\nu_3}^{[c]}(x_3)}\frac{\delta}{\delta A_{\nu_4}^{[c]}(x_4)}\mathcal{G}^R\Big)_0\\
&\qquad\propto \iiiint \frac{\mathrm{d}^4k_1}{(2\pi)^4}\frac{\mathrm{d}^4k_2}{(2\pi)^4}\frac{\mathrm{d}^4k_3}{(2\pi)^4}\frac{\mathrm{d}^4k_4}{(2\pi)^4}\mathrm{e}^{-\mathrm{i}k_1x_1-\mathrm{i}k_2x_2-\mathrm{i}k_3x_3-\mathrm{i}k_4x_4}\\
&\qquad\qquad\times\delta^4(k_1+k_2+k_3+k_4)G^{[c,\,\text{trunc}]\nu_1\nu_2\nu_3\nu_4}(k_1,k_2,k_3,k_4)\,,
\end{aligned}$$

故 (155) 式表明, 在 $k_1+k_2+k_3+k_4=0$ 的限制下有

$$k_{1\nu_1}G^{[c,\,\text{trunc}]\nu_1\nu_2\nu_3\nu_4}(k_1,k_2,k_3,k_4)=0\,. \tag{158}$$

对于 k_2, k_3 和 k_4 也有类似的横向性条件.

§ 5 重 正 化

5.1 Feynman **积分的表观发散度**. Bogoliubov-Parasiuk **定理**

一个正规 Feynman 图 G 在动量空间的表达式, 归结为对于独立的内线动量的积分 (独立内线动量的数目亦即独立圈的数目), 即图 G 的 Feynman 积分. 一个不连接的, 或者虽然连接但是单粒子可约的图形, 在动量空间的表达

式则包含若干 Feynman 积分因子，每个因子都来自一个正规子图. 某图形的子图是指由该图形的一部分顶点和它的所有两端都连接着这些顶点的内线构成的图形. 现在针对正规 Feynman 图 (可以是正规子图) 定义表观发散度. 假定有效拉氏函数含有若干类微扰项，其中第 j 类微扰项包含 F_j 个费米场和 B_j 个玻色场以及 Δ_j 次时空微商. 在正规 Feynman 图 G 的 Feynman 积分 $F(G)$ 中，用一个共同因子 λ 乘所有内线动量，则当 λ 趋向无穷大时有 $F(G) \sim \lambda^D$. 这个总幂次 D 称为 $F(G)$ 的表观发散度，也说是图 G 的表观发散度. 当 D 不是负数时，积分一般是紫外发散的. 当 D 是负数时，有些子积分可能发散.

在 $c = \hbar = 1$ 的自然单位制下，可以用质量作为基本量，使长度和时间的量纲都是 M^{-1}, 亦即量纲指数是 -1. 能量和动量的量纲是 M^1, 拉氏函数密度 $\mathcal{L}$ 的量纲是 M^4. 本书按照量子场论中的习惯，在以下将这样确定的量纲指数称为量纲. 因此长度和时间的量纲是 -1, 质量、能量和动量的量纲是 1, $\mathcal{L}$ 的量纲是 4. 玻色场和费米场的场函数的量纲分别是 1 和 $\frac{3}{2}$. 但是在规范理论中的 Faddeev-Popov 鬼场的量纲是 1, 这种鬼场在幂次计算中当作“玻色场”看待. 在动量空间的玻色场传播函数和费米场传播函数的量纲分别是 -2 和 -1, 这正是两类自由传播函数在动量趋向无穷大时的动量幂次. 设连接图 G 的独立内线动量数是 L, 内玻色子线和内费米子线的数目分别是 I_B 和 I_F, 外玻色子线和外费米子线的数目分别是 E_B 和 E_F. 既然每根内玻色子线贡献幂次 λ^{-2}, 每根内费米子线贡献幂次 λ^{-1}, 每个独立动量的积分元贡献幂次 λ^4, 应有

$$D(G) = 4L - I_F - 2I_B + D_V\,,$$

其中 D_V 来自图形的顶点的时空微商. 设代表第 j 类微扰项的顶点在图 G 中出现的次数是 v_j, 则

$$D_V = \sum_j v_j \Delta_j\,, \quad E_F + 2I_F = \sum_j v_j F_j\,, \quad E_B + 2I_B = \sum_j v_j B_j\,.$$

其次，相应于 $\sum_j v_j$ 个顶点的动量守恒条件除一个归结为外线动量的守恒条件外，即是对于 $I_F + I_B$ 个内线动量的限制. 因此独立内线动量的数目是

$$L = I_F + I_B - \Big(\sum_j v_j - 1\Big).$$

由此消去 L 以及利用 $3I_F = \frac{3}{2}\sum_j v_j F_j - \frac{3}{2}E_F$ 和 $2I_B = \sum_j v_j B_j - E_B$, 得

$$D(G) = 4 - \frac{3}{2}E_F - E_B + \sum_j v_j(d_j - 4)\,, \tag{159}$$

$$d_j = \frac{3}{2}F_j + B_j + \Delta_j\,. \tag{160}$$

所以，只要外线颇多，而所有 d_j 都不大于 4，$D(G)$ 就是负数. 为了方便，将 d_j 称为第 j 类顶点的 d 值. 注意一个顶点的 d 值即是 $\mathcal{L}_{\rm eff}$ 中产生该顶点的项在未计及其系数时的量纲. 因此，只有 $\mathcal{L}_{\rm eff}$ 中所有微扰项的系数都具有非负的量纲，才能使所有图形的每个顶点的 d 值都不大于 4.

一种场论，在 $\mathcal{L}_{\rm eff}$ 的自由项中不含质量以外的有量纲系数的情况下，如果自由传播函数当动量趋向无穷大时具有通常的动量幂次，而耦合项的系数都具有非负的量纲，就说它是数幂可重正的理论 (这是区分理论的类型，不是代替可重正性的证明). 所以量子电动力学是数幂可重正的. 显然，只要原始拉氏函数中的耦合项的系数的量纲是非负的，那么按照上一小节的方法分离出基本部分和抵消项之后，基本部分和抵消项的系数也都具有非负的量纲. 如果一种场论中所有的微扰项的系数都具有正的量纲，就称为超可重正的，不过这种理论没有显示出有什么实际意义. 如果理论中有的耦合项的系数具有负的量纲，就说是数幂不可重正的. 在这种情况下，不管图形的外线数目如何，D 值总是随着这类耦合项的顶点的增多而增大，因此任何顶角函数都包含 D 值任意大的图形的贡献. 这种理论的发散无法借助从原来的有效拉氏函数的分解得出的极为有限的几类抵消项来消除.

对于数幂可重正的场论，由 (159) 式有

$$D(G) \leqslant 4 - \frac{3}{2}E_F - E_B\,. \tag{161}$$

注意 $(4 - \frac{3}{2}E_F - E_B)$ 被外线决定，而且此式表明，不管没有外线的情形，能够有非负 D 值的正规图 Feynman 图只有少数几类：

$$(E_F, E_B) = (0,1),\ (2,0),\ (0,2),\ (2,1),\ (0,3),\ (0,4)\,.$$

按照 Bogoliubov 和 Parasiuk 在 1957 年建立的 Bogoliubov-Parasiuk 定理 [1]，能够在微扰项中加入适当的抵消项来实现一种 R 减除运算而逐阶地消除紫外发散. K. Hepp 对于这一定理的证明也有重要贡献 [3]，故又称 Bogoliubov-Parasiuk-Hepp 定理. 原来的减除运算是对经过正规化的 Feynman 积分进行的，后来由 Zimmerman 改变成对于 Feynman 积分的被积函数进行减除 [4]，又称 BPHZ 减除运算. 设 G 是不包含抵消项顶点的正规 Feynman 图，I_G 是它的 Feynman 积分的被积函数. 再设 g 是图 G 的正规子图，其 Feynman 积分的被积函数是 I_g. 如果它是表观发散的 ($D(g)$ 非负)，就说这个子图是 G 的一个重正化部分. 两个正规子图如果没有共同的顶点和线段就说是互不相交的. 当 $g_1, g_2, \cdots, g_s$ 是 G 的 s 个互不相交的重正化部分时，就用记号 $\{g_1, g_2, \cdots, g_s\}$ 表示，而 $I_{G/\{g_1, g_2, \cdots, g_s\}}$ 则表示在 I_G 的表达式中将 $g_1, g_2, \cdots, g_s$ 所贡献的因子

都换成 1(图形上是让这些子图都缩成一点), 于是有

$$I_g I_{G/\{g\}} = I_G\,,\quad I_{g_1} I_{g_2} \cdots I_{g_s} I_{G/\{g_1,g_2,\cdots,g_s\}} = I_G\,.$$

此外，按下式定义 $\overline{R}_G$:

$$\overline{R}_G = I_G + \widetilde{\sum}_{\{g_1,\cdots,g_s\}} I_{G/\{g_1,g_2,\cdots,g_s\}} \big(-t^{g_1}\overline{R}_{g_1}\big)\big(-t^{g_2}\overline{R}_{g_2}\big)\cdots\big(-t^{g_s}\overline{R}_{g_s}\big)\,. \quad (162)$$

其中求和遍及构成 G 的不相交的重正化部分 $\{g_1,\cdots,g_s\}$ 所有不同方式，包括 s 是 1 的情形，但是不包括以 G 本身作为重正化部分的项. $t^g\overline{R}_g$ 代表 $\overline{R}_g$ 作为独立外动量的函数围绕一个减除点作泰勒展开，取到 $D(g)$ 阶微商项. 例如按照原来的定义，在所有粒子的质量都大于零的情形，将 $\overline{R}_g$ 当作它的独立外动量的函数作 Maclaurin 展开，取到 $D(g)$ 阶微商项，就是 $t^g\overline{R}_g$. (162) 式是一种递推公式，出现在它右方的 $\overline{R}_{g_i}$ 也是借助 g_i 的 Feynman 积分的被积函数按同样的公式来定义. 既然 $g_1, g_2, \cdots, g_s$ 中没有 G, 按照这样的公式进行递推，确是可以求出 $\overline{R}_G$(以及各个 $\overline{R}_{g_i}$). 对 G 的 Feynman 积分进行 R 减除运算的意思是：当表观发散度 $D(G)$ 为负时，用 $\overline{R}_G$ 替换 I_G 作为被积函数，而当 $D(G)$ 为非负时，则用 $(1-t^G)\overline{R}_G$ 作为被积函数. 对不包含抵消项顶点的单粒子可约的或者不连接 Feynman 图的发散表达式施行 R 减除运算，即是对它的每一个 Feynman 积分因子都进行减除.

例题 1 设

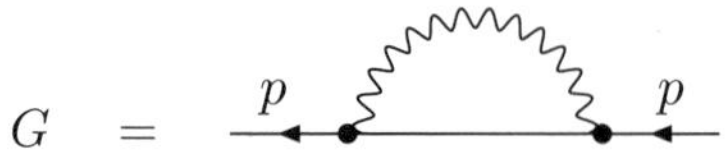

G = (Feynman diagram with external momenta p, p)

在它的内部，不存在重正化部分，故

$$\overline{R}_G = I_G\,,$$

即只有整体发散，用 $(1-t^G)\overline{R}_G$ 作为新的被积函数就不再发散.

例题 2 设

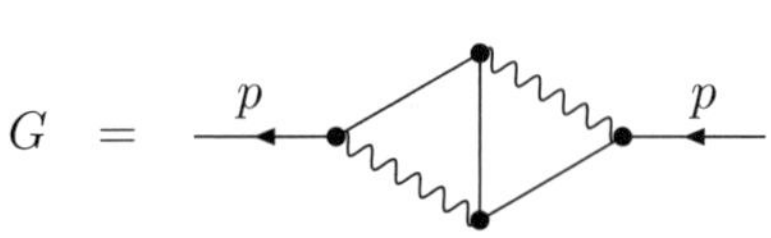

G = (Feynman diagram with external momenta p, p)

它含有两个重正化部分 g_1 和 g_2, 如虚线方框所示：

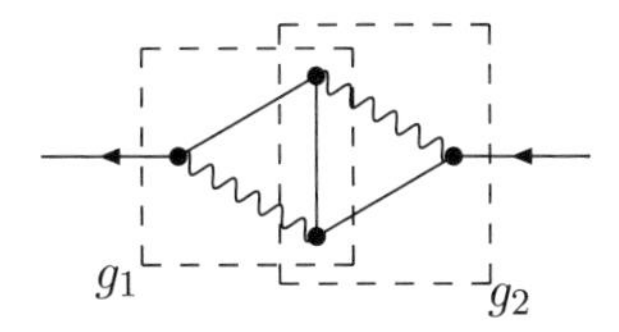

由于 g_1 和 g_2 是相交的，故

$$\overline{R}_G = I_G + I_{G/\{g_1\}}\big(-t^{g_1}\overline{R}_{g_1}\big) + I_{G/\{g_2\}}\big(-t^{g_2}\overline{R}_{g_2}\big).$$

在其中代入

$$\begin{aligned}&\overline{R}_{g_1} = I_{g_1}, \quad \overline{R}_{g_2} = I_{g_2},\\ &I_{g_1}I_{G/\{g_1\}} = I_G, \quad I_{g_2}I_{G/\{g_2\}} = I_G,\end{aligned}$$

有

$$\begin{aligned}\overline{R}_G &= I_G + I_{G/\{g_1\}}\big(-t^{g_1}I_{g_1}\big) + I_{G/\{g_2\}}\big(-t^{g_2}I_{g_2}\big)\\ &= \big(1 - t^{g_1} - t^{g_2}\big)I_G.\end{aligned}$$

用 $(1-t^G)\overline{R}_G$ 作为被积函数就不再发散.

例题 3 设

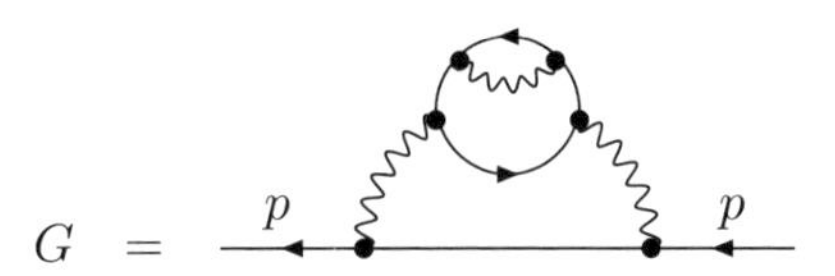

它含有不相交的重正化部分 g_1 和 g_2, 如下面的虚线方框所示：

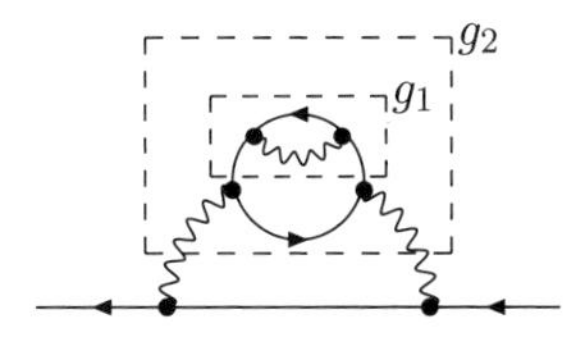

由于 g_2 包含 g_1, 有

$$\overline{R}_G = I_G + I_{G/\{g_1\}}\big(-t^{g_1}\overline{R}_{g_1}\big) + I_{G/\{g_2\}}\big(-t^{g_2}\overline{R}_{g_2}\big).$$

在其中代入

$$
\begin{aligned}
\overline{R}_{g_1} &= I_{g_1}\,, \\
\overline{R}_{g_2} &= I_{g_2} + I_{g_2/\{g_1\}}\big(-t^{g_1}\overline{R}_{g_1}\big) \\
&= I_{g_2} + I_{g_2/\{g_1\}}\big(-t^{g_1}I_{g_1}\big) = \big(1-t^{g_1}\big)I_{g_2}\,,
\end{aligned}
$$

有

$$
\begin{aligned}
\overline{R}_G &= I_G + I_{G/\{g_2\}}\big(-t^{g_2}\big)\big(1-t^{g_1}\big)I_{g_2} + \big(-t^{g_1}\big)I_G \\
&= I_G + \big(-t^{g_2}\big)\big(1-t^{g_1}\big)I_G + \big(-t^{g_1}\big)I_G \\
&= \big(1-t^{g_2}\big)\big(1-t^{g_1}\big)I_G\,.
\end{aligned}
$$

用 $(1-t^G)\overline{R}_G$ 作为被积函数就不再发散.

例题 4 设

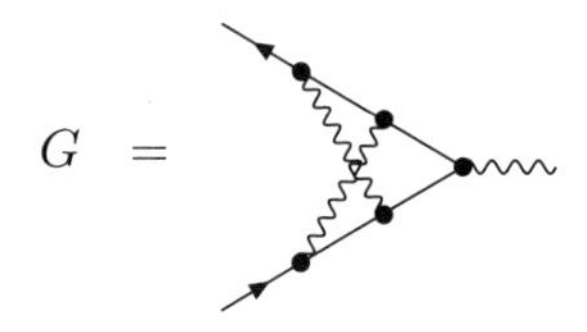

在它的内部不存在重正化部分. 例如, 在下面由虚线方框所示的正规子图, 表观发散度是负的:

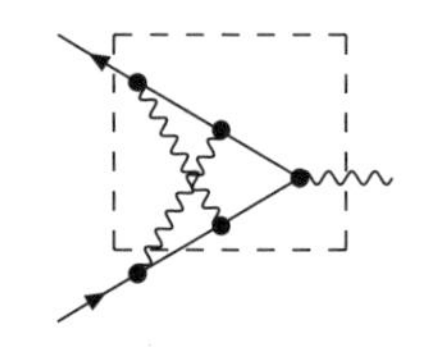

其他正规子图也是如此. 故 $\overline{R}_G = I_G$. 用 $(1-t^G)\overline{R}_G$ 作为被积函数就不再发散.

5.2 运用 Dyson-Schwinger 积分方程进行 R 减除的方法简述

根据 Bogoliubov-Parasiuk 定理和 R 减除的规则, 在借助抵消项进行 R 减除时, 从不含抵消项顶点的正规图形 G 的 Feynman 积分的被积函数 I_G 决定 $\overline{R}_G$ 的步骤, 是由级别低于 G 的独立圈数的抵消项完成的. 例如, 出现在 $\overline{R}_G$ 的表达式中的 $(-t^{g_1})\overline{R}_{g_1}$ 是由级别等于重正化部分 g_1 的独立圈数的抵消项贡献的. 如果 G 不是表观发散的, $\overline{R}_G$ 就是新的被积函数. 反之, 如果 G 是表观发散的，则还有由级别等于 G 的独立圈数的抵消项贡献的附加项 $(-t^G)\overline{R}_G$，从而使新被积函数成为 $(1-t^G)\overline{R}_G$. 如前所述，量子电动力学的正规 Feynman 图的表观发散度由外线的数目 E_F 和 E_B 决定，而表观发散的正规图形只可能是在上一小节列出的少数几类. 相应地，也就只有这几类正规顶角函数能够含有由表观发散正规图代表的项. 其次，四光子正规图形的有效表观发散度是负的 (例如参看文献 [6]). 而且由 Furry 定理知道，$(2n+1)$- 光子正规图形对于任何格林函数都没有贡献. 所以任何格林函数的 (紫外) 发散都可以归结于 (E_F, E_B) 值为 $(2,0)$,$(0,2)$,$(2,1)$ 的正规顶角函数的发散.

下面阐述运用前面以“重正化场函数”为基本变量推导的 Dyson-Schwinger 积分方程进行 R 减除的方法. 记住参量 ξ 是任意实数, 减除点的选取保证 (m,e) 代表电子质量和电荷的观察值, 光子的质量等于零. 关于消除红外发散问题, 可以借助假想的光子质量来处理.

根据 (66),(68) 和 (146) 式，可将 $-\mathrm{i}\,\Sigma$, $\mathrm{i}\,e^2\,\Pi^{\rho\lambda}$ 和 $-\mathrm{i}\,e\,\Lambda^\mu$ 的 n 圈级部分表示成

$$\begin{aligned}-\mathrm{i}\,\Sigma^{[n]}(p) = {}& \mathrm{i}\,b_n\,(\gamma^\mu p_\mu - m) + \mathrm{i}\,\delta_n \\ & + \left\{\int \frac{\mathrm{d}^4 k}{(2\pi)^4}(-\mathrm{i}\,e\,Z_1\gamma^\mu)\mathrm{i}\,\overline{S}(p-k)\big(-\mathrm{i}\,e\Gamma^\nu(p-k,p)\big)\mathrm{i}\,\overline{D}_{\nu\mu}(k)\right\}^{[n]},\end{aligned} \tag{163}$$

$$\begin{aligned}\mathrm{i}\,e^2\,\Pi^{[n]\rho\lambda}(k) = {}& \mathrm{i}\,f_n\,(k^\rho k^\lambda - k^2\,g^{\rho\lambda}) \\ & - \left\{\int \frac{\mathrm{d}^4 p}{(2\pi)^4}\mathrm{tr}\Big((-\mathrm{i}\,e\,Z_1\gamma^\lambda)\mathrm{i}\overline{S}(p)\big(-\mathrm{i}\,e\Gamma^\rho(p,p+k)\big)\mathrm{i}\overline{S}(p+k)\Big)\right\}^{[n]},\end{aligned} \tag{164}$$

$$\begin{aligned}-\mathrm{i}\,e\,\Lambda^{[n]\mu}_{\gamma\delta}(p_1,p_2) = {}& -\mathrm{i}\,c_n\,e\,\gamma^\mu_{\gamma\delta} + \left\{\int \frac{\mathrm{d}^4 q}{(2\pi)^4}\big[\mathrm{i}\overline{S}\,(p_1+q)(-\mathrm{i}\,e\,Z_1\gamma^\mu)\right. \\ & \left.\times\,\mathrm{i}\overline{S}\,(p_2+q)\big]_{s_4' s_1'}\mathcal{F}_{s_1' s_4',\delta\gamma}(p_2+q,p_1+q,p_2,p_1)\right\}^{[n]},\end{aligned} \tag{165}$$

其中

$$\begin{aligned}\mathcal{F}_{s_1' s_4',\delta\gamma}(p_2+q,p_1+q,p_2,p_1) = {}& \mathcal{G}_{s_1' s_4',\delta\gamma}(p_2+q,p_1+q,p_2,p_1) \\ & + \big[-\mathrm{i}\,e\,\Gamma^\nu(p_2,p_2+q)\big]_{s_1'\delta}\big[-\mathrm{i}\,e\,\Gamma^\rho(p_1,p_1+q)\big]_{\gamma s_4'}\,\mathrm{i}\,\overline{D}_{\rho\nu}(q).\end{aligned} \tag{166}$$

在本章 §3 已经提及一圈 R 减除. (163)—(165) 式在 $n=1$ 时即是 (89), (91) 和 (93) 式：

$-\mathrm{i}\,\Sigma^{[1]}(p)\ =$ 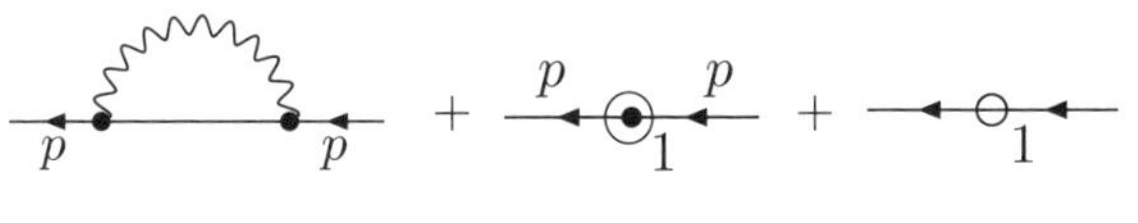

,

$$\mathrm{i}e^2\Pi^{[1]\rho\lambda}(k) \quad = \quad (k,\ k) \quad + \quad (k,\ k,\ 1) \,,$$

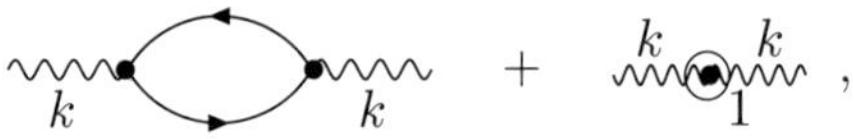

$$-\mathrm{i}e\Lambda^{[1]\mu}(p_1,p_2) \quad = \quad (p_1,\ p_2) \quad + \quad (1)$$

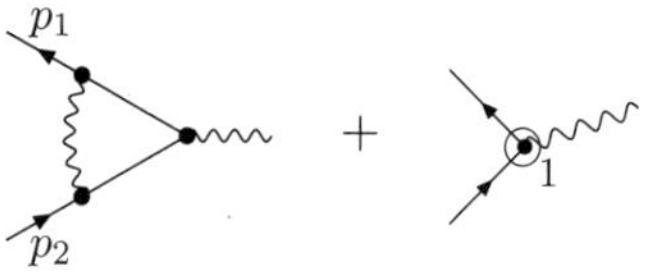

其中的圈图代表 $-\mathrm{i}\,\Sigma^{[1]}_{[0]}(p)$, $\mathrm{i}e^2\Pi^{[1]\rho\lambda}_{[0]}(k)$ 和 $-\mathrm{i}e\Lambda^{[1]\mu}_{[0]}(p_1,p_2)$. 记住对这些发散积分和多圈 Feynman 积分的 R 减除都是理解为对其正规化表达式进行的，而下标 [0] 表示是由不包含抵消项的有效拉氏函数 $\mathcal{L}^{[0]}_{\rm eff}$ 决定的量. 在独立外动量的质壳值进行一圈 R 减除要求 b_1, δ_1 和 c_1 满足

$$\mathrm{i}\,b_1\,(\gamma^\mu p_\mu - m) + \mathrm{i}\,\delta_1 = \left\{\mathrm{i}\,\Sigma^{[1]}_{[0]}(p)\right\}_{\not p=m} + \mathrm{i}(\not p - m)\Big(\frac{\partial}{\partial \not p}\Sigma^{[1]}_{[0]}(p)\Big)_{\not p=m} \,,$$
$$-\mathrm{i}\,c_1\,e\,\gamma^\mu = \mathrm{i}e\Big(\Lambda^{[1]\mu}_{[0]}(p,p)\Big)_{\not p=m} \,.$$

即

$$b_1 = \Big(\frac{\partial}{\partial \not p}\Sigma^{[1]}_{[0]}(p)\Big)_{\not p=m} \,,$$
$$\delta_1 = \left\{\Sigma^{[1]}_{[0]}(p)\right\}_{\not p=m} \,,$$
$$c_1\gamma^\mu = -\Big(\Lambda^{[1]\mu}_{[0]}(p,p)\Big)_{\not p=m} \,.$$

再由横向性条件 (156) 有

$$\Pi^{[1]\rho\lambda}_{[0]}(k) = \Pi^{[1]}_{[0]}(k)\big(k^\rho k^\lambda - k^2 g^{\rho\lambda}\big) \,.$$

因此它在 k 的质壳值的泰勒展开的零次项和一次项不存在. 故进行 R 减除要求 f_1 满足

$$\mathrm{i}\,f_1\,(k^\rho k^\lambda - k^2\,g^{\rho\lambda}) = -\frac{1}{2}k^\mu k^\nu\Big\{\frac{\partial^2}{\partial k^\mu \partial k^\nu}\big(\mathrm{i}\,e^2\,\Pi^{[1]\rho\lambda}_{[0]}(k)\big)\Big\}_0$$
$$= -\mathrm{i}e^2\,\Pi^{[1]}_{[0]}(0)\big(k^\rho k^\lambda - k^2 g^{\rho\lambda}\big) \,.$$

可见应该将 f_1 选择成

$$f_1 = -e^2\,\Pi^{[1]}_{[0]}(0) \,.$$

按照以上方法选择的抵消项可以称为真实抵消项.

由于不含抵消项的拉氏函数具有原始拉氏函数的形式，可以选择正规化方法保持 $\Sigma^{[1]}_{[0]}(p)$ 满足

$$\frac{\partial}{\partial p_\mu}\Sigma^{[1]}_{[0]}(p) = -\Lambda^{[1]\mu}_{[0]}(p,p) \,, \tag{167}$$

$\Sigma(p)$ 是通过 $\not p=\gamma^\mu p_\mu$ 依赖于 p_μ 的 (例如参看文献 [2]), 故

$$\left(\frac{\partial}{\partial p_\mu}\Sigma^{[1]}_{[0]}(p)\right)_{\not p=m}=\gamma^\mu\left(\frac{\partial}{\partial \not p}\Sigma^{[1]}_{[0]}(p)\right)_{\not p=m},$$

可知

$$c_1=b_1\,. \tag{168}$$

这也保证一圈级抵消项是规范不变的.

容易验证

$$\begin{aligned}&\Sigma^{[1]}(p)\big|_{\not p=m}=0\,,\quad \big(\frac{\partial}{\partial p_\nu}\Sigma^{[1]}(p)\big)\big|_{\not p=m}=0\,,\\&\Pi^{[1]\rho\lambda}(k)\big|_{k=0}=0\,,\quad \frac{1}{k^2}\Pi^{[1]\rho\lambda}(k)\big|_{k=0}=0\,.\end{aligned}$$

如果在完成一圈级 R 减除后, 用包含一圈真实抵消项的有效拉氏函数计算 $-\mathrm{i}\Sigma$, $\mathrm{i}e^2\,\Pi^{\rho\lambda}$ 和 $-\mathrm{i}\,e\,\Lambda^\mu$ 的二圈级部分, 将结果记为 $-\mathrm{i}\,\Sigma^{[2]}_{[1]}(p)$, $\mathrm{i}\,e^2\,\Pi^{[2]\rho\lambda}_{[1]}(k)$ 和 $-\mathrm{i}\,e\,\Lambda^{[2]\mu}_{[1]\gamma\delta}(p_1,p_2)$, 那么由 (163)—(165) 式知道

$$-\mathrm{i}\,\Sigma^{[2]}(p)=-\mathrm{i}\,\Sigma^{[2]}_{[1]}(p)+\mathrm{i}\,b_2\,(\gamma^\mu p_\mu-m)+\mathrm{i}\,\delta_2\,, \tag{169}$$

$$\mathrm{i}\,e^2\,\Pi^{[2]\rho\lambda}(k)=\mathrm{i}\,e^2\,\Pi^{[2]\rho\lambda}_{[1]}(k)+\mathrm{i}\,f_2\,(k^\rho k^\lambda-k^2\,g^{\rho\lambda})\,, \tag{170}$$

$$-\mathrm{i}\,e\,\Lambda^{[2]\mu}(p_1,p_2)=-\mathrm{i}\,e\,\Lambda^{[2]\mu}_{[1]}(k)(p_1,p_2)\,-\mathrm{i}\,c_2\,e\,\gamma^\mu\,, \tag{171}$$

以及

$$-\mathrm{i}\,\Sigma^{[2]}_{[1]}(p)=\left\{\int\frac{\mathrm{d}^4k}{(2\pi)^4}(-\mathrm{i}\,e\,Z_1\gamma^\mu)\mathrm{i}\,\overline{S}(p-k)\big(-\mathrm{i}\,e\Gamma^\nu(p-k,p)\big)\mathrm{i}\,\overline{D}_{\nu\mu}(k)\right\}^{[2]}, \tag{172}$$

$$\mathrm{i}\,e^2\,\Pi^{[2]\rho\lambda}_{[1]}(k)=-\left\{\int\frac{\mathrm{d}^4p}{(2\pi)^4}\mathrm{tr}\Big((-\mathrm{i}\,e\,Z_1\gamma^\lambda)\mathrm{i}\overline{S}(p)\big(-\mathrm{i}\,e\Gamma^\rho(p,p+k)\big)\mathrm{i}\overline{S}(p+k)\Big)\right\}^{[2]}, \tag{173}$$

$$\begin{aligned}-\mathrm{i}\,e\,\Lambda^{[2]\mu}_{[1]\gamma\delta}(p_1,p_2)=\Big\{\int\frac{\mathrm{d}^4q}{(2\pi)^4}&\big[\mathrm{i}\overline{S}\,(p_1+q)(-\mathrm{i}\,e\,Z_1\gamma^\mu)\\&\times\mathrm{i}\overline{S}(p_2+q)\big]_{s_4's_1'}\mathcal{F}_{s_1's_4',\delta\gamma}(p_2+q,p_1+q,p_2,p_1)\Big\}^{[2]}.\end{aligned} \tag{174}$$

这些量不能含有紫外发散的子积分. 因为已经完成一圈的 R 减除, 使得 $-\mathrm{i}\,\Sigma$, $\mathrm{i}\,e^2\,\Pi^{\rho\lambda}$ 和 $-\mathrm{i}\,e\,\Lambda^\mu$ 的一圈级部分没有紫外发散. 所以借助 Pauli-Villars 正规化方法保持 W-T 恒等式和 $\Pi^{\rho\lambda}(k)$ 的横向性条件, 将这些量的正规化表达式在动量质壳值作泰勒展开, 依照表观发散度让二圈级抵消项消除这些量的紫外发散项, 即完成二圈 R 减除. 现在以此为范例, 给出比较详细的说明, 然后求出适用于任意圈 R 减除的公式.

(172) 式可以写成如下的四项之和：

$$
\begin{aligned}
-\mathrm{i}\,\Sigma_{[1]}^{[2]}(p) =& \int \frac{\mathrm{d}^4 k}{(2\pi)^4}(-\mathrm{i}\,e\,c_1\gamma^\mu)\,\mathrm{i}\,S(p-k)(-\mathrm{i}\,e\gamma^\nu)\,\mathrm{i}\,D_{\nu\mu}(k) \\
&+ \int \frac{\mathrm{d}^4 k}{(2\pi)^4}(-\mathrm{i}\,e\,\gamma^\mu)\,\mathrm{i}\,\overline{S}^{[1]}(p-k)(-\mathrm{i}\,e\,\gamma^\nu)\,\mathrm{i}\,D_{\nu\mu}(k) \\
&+ \int \frac{\mathrm{d}^4 k}{(2\pi)^4}(-\mathrm{i}\,e\,\gamma^\mu)\,\mathrm{i}\,S(p-k)\big(-\mathrm{i}\,e\Gamma^{[1]\nu}(p-k,p)\big)\,\mathrm{i}\,D_{\nu\mu}(k) \\
&+ \int \frac{\mathrm{d}^4 k}{(2\pi)^4}(-\mathrm{i}\,e\,\gamma^\mu)\,\mathrm{i}\,S(p-k)(-\mathrm{i}\,e\,\gamma^\nu)\,\mathrm{i}\,\overline{D}_{\nu\mu}^{[1]}(k),
\end{aligned} \tag{175}
$$

为了便于用图形方法说明这样的表达式的结构，我们将这四项的八个图形排成三行：

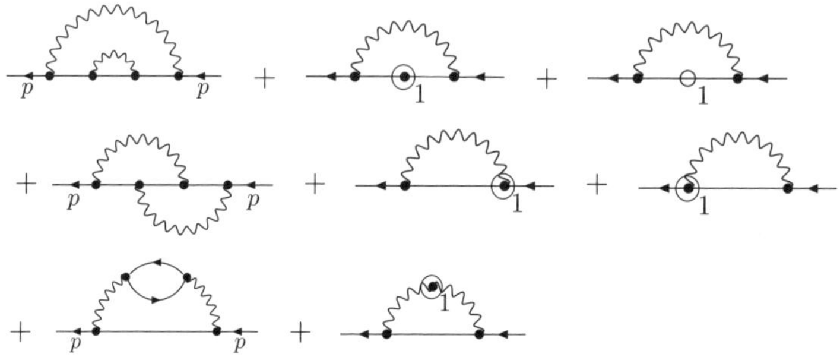

将这些图形与 (91) 式所示 $-\mathrm{i}\,\Sigma_{[0]}^{[1]}(p)$ 的图形进行对比是有益的．后者被称为 $-\mathrm{i}\,\Sigma(p)$ 的圈图的骨架．将一个圈图的所有自能插入去掉 (即是将挂在任何一根线段上的自能图换为原来的线段)，也将图形中所有顶角插入去掉 (即是将顶角修正换成电磁耦合顶点)，就得出该圈图的骨架．$-\mathrm{i}\,\Sigma(p)$ 的圈图的骨架只有一种．这里第一行的三个图的和代表 (175) 式的第二项，可理解为将所说的骨架图 $-\mathrm{i}\,\Sigma_{[0]}^{[1]}(p)$ 的电子内线换成三个一圈级电子自能图的和．第二行的前两个图的和代表 (175) 式的第三项，可以理解为将该骨架图的右顶点换成两个一圈级顶角修正图的和．这行中的第三个图代表 (175) 式的第一项，是将该骨架图的左顶点中的 e 换成 $e\,c_1$ 的结果．第三行两个图的和代表 (175) 式的第四项，可理解为将该骨架图的光子内线换成两个一圈级光子自能图的和．这八个图形中有三个不包含抵消项贡献，它们的和即是 $-\mathrm{i}\,\Sigma_{[0]}^{[2]}(p)$，当然其中每个图的重正化部分都是单圈图．在完成一圈 R 减除后，$-\mathrm{i}\,\Sigma_{[1]}^{[2]}(p)$ 中由 $-\mathrm{i}\,\Sigma_{[0]}^{[2]}(p)$ 的重正化部分引起的紫外发散已经被消除，只含整体发散．这种整体发散可用二圈级抵消项来消除，为此应令 $\mathrm{i}\,b_2\,(\gamma^\mu p_\mu - m) + \mathrm{i}\,\delta_2$ 等于

$$
\big\{\mathrm{i}\,\Sigma_{[1]}^{[2]}(p)\big\}_{\not p=m} + \mathrm{i}(\not p - m)\Big(\frac{\partial}{\partial \not p}\Sigma_{[1]}^{[2]}(p)\Big)_{\not p=m}.
$$

从而得出

$$b_2 = \left(\frac{\partial}{\partial \not{p}} \Sigma_{[1]}^{[2]}(p)\right)_{\not{p}=m}, \quad \delta_2 = \left\{\Sigma_{[1]}^{[2]}(p)\right\}_{\not{p}=m}.$$

(173) 式可以写成

$$\begin{aligned}
\mathrm{i}e^2 \Pi_{[1]}^{[2]\rho\lambda}(k) = & -\int \frac{\mathrm{d}^4 p}{(2\pi)^4} \operatorname{tr}\Big\{(-\mathrm{i}\,e\,c_1\gamma^\lambda)\,\mathrm{i}\,S(p)\,(-\mathrm{i}\,e\,\gamma^\rho)\,\mathrm{i}\,S(p+k)\Big\} \\
& -\int \frac{\mathrm{d}^4 p}{(2\pi)^4} \operatorname{tr}\Big\{(-\mathrm{i}\,e\,\gamma^\lambda)\,\mathrm{i}\,\overline{S}^{[1]}(p)\,(-\mathrm{i}\,e\,\gamma^\rho)\,\mathrm{i}\,S(p+k)\Big)\Big\} \\
& -\int \frac{\mathrm{d}^4 p}{(2\pi)^4} \operatorname{tr}\Big\{(-\mathrm{i}\,e\,\gamma^\lambda)\,\mathrm{i}\,S(p)\,\big(-\mathrm{i}\,e\,\Gamma^{[1]\rho}(p, p+k)\big)\,\mathrm{i}\,S(p+k)\Big\} \\
& -\int \frac{\mathrm{d}^4 p}{(2\pi)^4} \operatorname{tr}\Big\{(-\mathrm{i}\,e\,\gamma^\lambda)\,\mathrm{i}\,S(p)\,(-\mathrm{i}\,e\,\gamma^\rho)\,\mathrm{i}\,\overline{S}^{[1]}(p+k)\Big\}.
\end{aligned} \tag{176}$$

我们将这四项的九个图形排成三行：

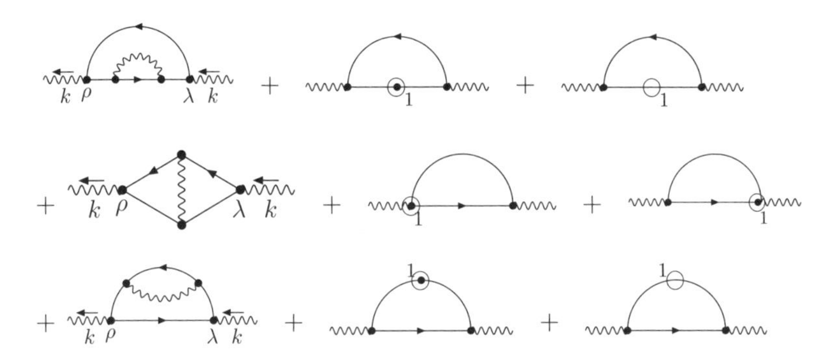

再将这些图形与 (92) 式所示 $\mathrm{i}e^2 \Pi_{[0]}^{[1]\rho\lambda}(k)$ 的图形对比一下，后者是 $\mathrm{i}e^2 \Pi^{\rho\lambda}(k)$ 的圈图的唯一的骨架图．第一行的三个图代表 (176) 式的第二项，可理解为将所说骨架图中代表 $\mathrm{i}\,S(p)$ 的电子内线换成三个一圈级电子自能图的和．第二行的前两个图代表 (176) 式的第三项，可以理解为将该骨架图的左顶点换成两个一圈级顶角修正图的和．这行中的第三个图代表 (176) 式的第二项，是将该骨架图的右顶点中的 e 换成 $e\,c_1$ 的结果．第三行的三个图代表 (176) 式的第四项，可以理解为将该骨架图中代表 $\mathrm{i}\,S(p+k)$ 的电子内线换成三个一圈级电子自能图的和．这九个图形中有三个不包含抵消项贡献．它们的和即是 $\mathrm{i}e^2 \Pi_{[0]}^{[2]\rho\lambda}(k)$，当然其中每个图的重正化部分都是单圈图．在完成一圈 R 减除后，$\mathrm{i}e^2 \Pi_{[1]}^{[2]\rho\lambda}(k)$ 中由 $\mathrm{i}e^2 \Pi_{[0]}^{[2]\rho\lambda}(k)$ 的重正化部分引起的紫外发散已经被消除，只含整体发散．这种整体发散可以用二圈级抵消项来消除．由于不含抵消项的拉氏函数具有原始拉氏函数的形式，而且 $c_1 = b_1$，可以约定正规化方

法保证 $\mathrm{i}\,e^2\Pi^{[2]\rho\lambda}_{[1]}(k)$ 是横向的. 应该根据如下公式选择二圈级抵消项的 f_2:

$$\begin{aligned}&\mathrm{i}\,f_2\,(k^\rho k^\lambda - k^2\,g^{\rho\lambda}) = -\frac{1}{2}k^\mu k^\nu\Big\{\frac{\partial^2}{\partial k^\mu\partial k^\nu}\big(\mathrm{i}\,e^2\Pi^{[2]\rho\lambda}_{[1]}(k)\big)\Big\}_0\,,\\ &\mathrm{i}\,e^2\Pi^{[2]\rho\lambda}_{[0]}(k) = (k^\rho k^\lambda - k^2\,g^{\rho\lambda})\mathrm{i}\,e^2\Pi^{[2]\rho\lambda}_{[1]}(0)\,.\end{aligned}$$

得出

$$f_2 = -e^2\Pi^{[2]}_{[1]}(0)\,.$$

公式 (174) 可以写成

$$\begin{aligned}&-\mathrm{i}\,e\,\Lambda^{[2]\mu}_{[1]\gamma\delta}(p_1,p_2) =\\ &\quad\int\frac{\mathrm{d}^4q}{(2\pi)^4}\big[\mathrm{i}\,S(p_1+q)(-\mathrm{i}\,e\,c_1\gamma^\mu)\,\mathrm{i}\,S(p_2+q)\big]_{s'_4s'_1}\mathcal{F}^{[0]}_{s'_1s'_4,\delta\gamma}(p_2+q,p_1+q,p_2,p_1)\\ &\quad+\int\frac{\mathrm{d}^4q}{(2\pi)^4}\,\big[\mathrm{i}\,\overline{S}\,(p_1+q)(-\mathrm{i}\,e\,\gamma^\mu)\,\mathrm{i}\,\overline{S}\,(p_2+q)\big]^{[1]}_{s'_4s'_1}\mathcal{F}^{[0]}_{s'_1s'_4,\delta\gamma}(p_2+q,p_1+q,p_2,p_1)\\ &\quad+\int\frac{\mathrm{d}^4q}{(2\pi)^4}\,\big[\mathrm{i}\,S(p_1+q)(-\mathrm{i}\,e\,\gamma^\mu)\,\mathrm{i}\,S(p_2+q)\big]_{s'_4s'_1}\mathcal{F}^{[1]}_{s'_1s'_4,\delta\gamma}(p_2+q,p_1+q,p_2,p_1)\,,\\ &\mathcal{F}^{[0]}_{s'_1s'_4,\delta\gamma}(p_2+q,p_1+q,p_2,p_1) = (-\mathrm{i}\,e\,\gamma^\nu)_{s'_1\delta}\,(-\mathrm{i}\,e\,\gamma^\rho)_{\gamma s'_4}\,\mathrm{i}\,D_{\rho\nu}(q)\,,\\ &\mathcal{F}^{[1]}_{s'_1s'_4,\delta\gamma}(p_2+q,p_1+q,p_2,p_1) = \mathcal{G}^{[1]}_{s'_1s'_4,\delta\gamma}(p_2+q,p_1+q,p_2,p_1)\\ &\qquad\qquad+\Big\{\big[(-\mathrm{i}\,e\,\Gamma^\nu(p_2+q,p_2)\big]_{s'_1\delta}\,\big[(-\mathrm{i}\,e\,\Gamma^\rho)\big]_{\gamma s'_4}(p_1,p_1+q)\,\mathrm{i}\,\overline{D}_{\rho\nu}(q)\Big\}^{[1]}\,.\end{aligned}$$

化简后得到

$$\begin{aligned}&-\mathrm{i}\,e\,\Lambda^{[2]\mu}_{[1]\gamma\delta}(p_1,p_2) =\\ &\qquad\int\frac{\mathrm{d}^4q}{(2\pi)^4}\big[(-\mathrm{i}e\gamma^\rho)\mathrm{i}S(p_1+q)(-\mathrm{i}ec_1\gamma^\mu)\mathrm{i}S(p_2+q)(-\mathrm{i}e\gamma^\nu)\big]_{\gamma\delta}\mathrm{i}D_{\rho\nu}(q)\\ &\qquad+\int\frac{\mathrm{d}^4q}{(2\pi)^4}\big[(-\mathrm{i}e\gamma^\rho)\mathrm{i}\,\overline{S}^{[1]}(p_1+q)(-\mathrm{i}e\gamma^\mu)\mathrm{i}S(p_2+q)(-\mathrm{i}e\gamma^\nu)\big]_{\gamma\delta}\mathrm{i}D_{\rho\nu}(q)\\ &\qquad+\int\frac{\mathrm{d}^4q}{(2\pi)^4}\big[(-\mathrm{i}e\gamma^\rho)\mathrm{i}S(p_1+q)(-\mathrm{i}e\gamma^\mu)\mathrm{i}\,\overline{S}^{[1]}(p_2+q)(-\mathrm{i}e\gamma^\nu)\big]_{\gamma\delta}\mathrm{i}D_{\rho\nu}(q)\\ &\qquad+\int\frac{\mathrm{d}^4q}{(2\pi)^4}\big[(-\mathrm{i}e\gamma^\rho)\mathrm{i}S(p_1+q)(-\mathrm{i}e\gamma^\mu)\mathrm{i}S(p_2+q)(-\mathrm{i}e\gamma^\nu)\big]_{\gamma\delta}\mathrm{i}\,\overline{D}^{[1]}_{\rho\nu}(q)\\ &\qquad+\int\frac{\mathrm{d}^4q}{(2\pi)^4}\big[\big(-\mathrm{i}\,e\,\Gamma^{[1]\rho}(p_1,p_1+q)\big)\mathrm{i}\,S(p_1+q)(-\mathrm{i}\,e\,\gamma^\mu)\\ &\qquad\qquad\times\mathrm{i}\,S(p_2+q)(-\mathrm{i}\,e\,\gamma^\nu)\big]_{\gamma\delta}\,\mathrm{i}\,D_{\rho\nu}(q)\end{aligned}$$

$$
\begin{aligned}
&+\int\frac{\mathrm{d}^4q}{(2\pi)^4}\big[(-\mathrm{i}\,e\,\gamma^\rho)\mathrm{i}S(p_1+q)(-\mathrm{i}\,e\,\gamma^\mu)\,\mathrm{i}\,S(p_2+q)\\
&\qquad\qquad\qquad\times\big(-\mathrm{i}\,e\,\Gamma^{[1]\nu}(p_2+q,p_2)\big)\big]_{\gamma\delta}\,\mathrm{i}\,D_{\rho\nu}(q)\\
&+\int\frac{\mathrm{d}^4q}{(2\pi)^4}\big[\mathrm{i}\,S(p_1+q)(-\mathrm{i}\,e\,\gamma^\mu)\,\mathrm{i}\,S(p_2+q)\big]_{s_4's_1'}\\
&\qquad\qquad\qquad\times\mathcal{G}^{[1]}_{s_1's_4',\delta\gamma}(p_2+q,p_1+q,p_2,p_1)\,. \qquad (177)
\end{aligned}
$$

我们将此式中的十五个图形排成六行：

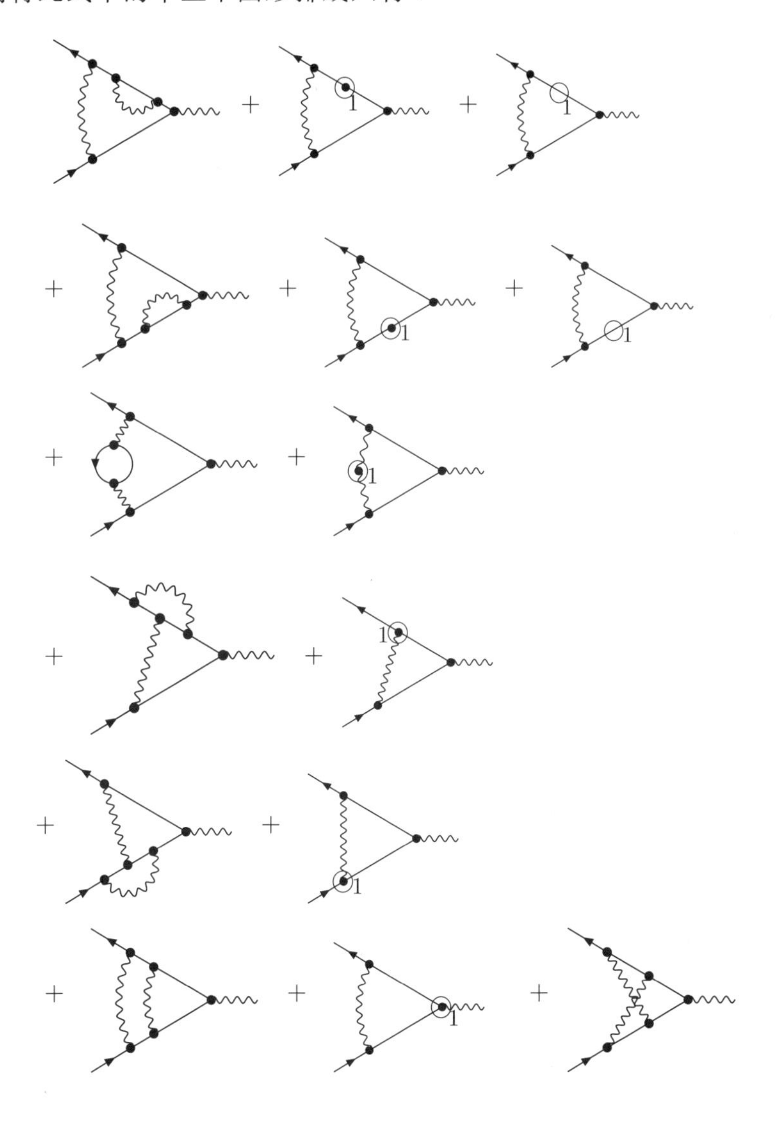

再将这些图形与 (94) 式所示 $-\mathrm{i}e\Lambda^{[1]\mu}_{[0]}(p_1,p_2)$ 的图形对比一下，后者是 $-\mathrm{i}e\Lambda^{\mu}(p_1,p_2)$ 的圈图的骨架之一. 注意这个骨架图中的电子内线 $\mathrm{i}S(p_1+q)$ 和 $\mathrm{i}S(p_2+q)$ 的位置. 第一行的三个图代表 (177) 式的第二项，可理解为将所说骨架图中 $\mathrm{i}S(p_1+q)$ 的电子内线换成三个一圈级电子自能图的和. 第二行的三个图代表 (177) 式的第三项，可理解为将所说骨架图中 $\mathrm{i}S(p_2+q)$ 的电子内线换成三个一圈级电子自能图的和. 第三行的两个图代表 (177) 式的第四项，可理解成将所说骨架图中的光子内线换成换两个一圈级光子自能图的和. 第四行的两个图代表 (177) 式的第六项，可理解成将所说骨架图中的光子内线与 $\mathrm{i}S(p_1+q)$ 的电子内线的汇合点换成两个一圈级顶角修正图的和. 第五行的两个图代表 (174) 式的第七项，可理解成将所说骨架图中的光子内线与 $\mathrm{i}S(p_2+q)$ 的电子内线的汇合点换成两个一圈级顶角修正图的和. 第六行中的第二个图代表 (177) 式的第一项，是将该骨架图含光子外线的顶点中的 e 换成 $e\,c_1$ 的结果. 第六行中的第一个图与第三个图的和代表 (177) 式的第七项. 第六行的第三个图是 $-\mathrm{i}e\Lambda^{\mu}(p_1,p_2)$ 的双圈骨架. 这 15 个图形中有 7 个不包含抵消项贡献. 它们的和即是 $-\mathrm{i}e\Lambda^{[2]\mu}_{[0]}(p_1,p_2)$, 当然其中每个图的重正化部分都是单圈图. 在完成一圈 R 减除后， $-\mathrm{i}e\Lambda^{[2]\mu}_{[1]}(p_1,p_2)$ 中由 $-\mathrm{i}e\Lambda^{[2]\mu}_{[0]}(p_1,p_2)$ 的重正化部分引起的发散已经被消除，只含整体发散. 这种整体发散. 可以用二圈级抵消项来消除，为此应令

$$c_2\,e\,\gamma^{\mu} = -\Big(\Lambda^{[2]\mu}_{[1]}(p,p)\Big)_{\not p=m} .$$

由于不含抵消项的拉氏函数具有原始拉氏函数的形式，而且 $c_1=b_1$, 可以约定正规化方法保证

$$\frac{\partial}{\partial p_{\mu}}\Sigma^{[2]}_{[1]}(p) = -\Lambda^{[2]\mu}_{[1]}(p,p),$$

从而得到 $c_2=b_2$, 这也保证二圈级真实抵消项是规范不变的.

值得注意，代表电子自能或者光子自能的圈图只有一种骨架，但是在骨架图形中加上顶角修正时，除非仅仅是将一个指定顶点的 e 换成 $Z_1 e$, 则要借助于 Dyson-Schwinger 方程才能确定是对哪个顶角的修正. 我们按照方程式 (163) 和 (164) 的写法，约定 : 在电子自能骨架图形 (91) 左顶点的顶角插入，只限于将该顶点的 e 换成 $(Z_1-1)e$. 在右顶点的顶角插入则不受限制 (因为 (163) 式中的 $-\mathrm{i}e\Gamma$ 是完全顶角函数). 反之，在光子自能骨架图形 (93) 右顶点的顶角插入，只限于将该顶点的 e 换成 $(Z_1-1)e$. 在右顶点的顶角插入不受限制 (因为 (163) 式中的 $-\mathrm{i}e\Gamma$ 是完全顶角函数). 另一方面， $-\mathrm{i}e\Lambda^{\mu}(p_1,p_2)$ 的圈图有无限多种骨架，而且能够唯一地确定在骨架图形中的顶角和自能插入

的方式. 在 $-\mathrm{i}\,e\,\Lambda^{\mu}(p_1,p_2)$ 的骨架图形中的顶角和自能插入当然不受限制, 因为 $-\mathrm{i}\,e\,\Lambda^{\mu}(p_1,p_2)$ 与 $-\mathrm{i}\,e\,\gamma^{\mu}$ 的和是完全顶角函数. 如果知道 $-\mathrm{i}\,e\,\Lambda^{\mu}(p_1,p_2)$ 所有的骨架图形, 就可以借助骨架图, 加上顶角和自能修正来构成 $-\mathrm{i}\,e\,\Lambda^{\mu}(p_1,p_2)$ 的全部圈图. 有趣的是, $-\mathrm{i}\,e\,\Lambda^{[n]\mu}$ 的圈图的骨架图, 总是能够从同级别的某个 $-\mathrm{i}\,e\,\Sigma^{[n]}_{[0]}$ 图形的一根 (适当的) 电子内线上植入一根光子外线来构成. 例如在电子自能骨架图的电子内线上植入一根光子外线, 形状上就变成了 $-\mathrm{i}\,e\,\Lambda^{\mu}$ 的单圈骨架图. 又如, 在代表 (172) 式的三行图形第二行第一个图最居中的电子内线上植入一根光子外线, 形状上就变成了 $-\mathrm{i}\,e\,\Lambda^{\mu}$ 的双圈骨架, 亦即代表 (174) 式的六行图形中最后一个图.

现在假定借助 Pauli-Villars 正规化方法保持 W-T 恒等式和 $\Pi^{\rho\lambda}(k)$ 的横向性成立, 用一圈级至 n 圈级抵消项逐圈完成直到 n 圈的 R 减除 $(n\geqslant 1)$, 使得 $-\mathrm{i}\,\Sigma$, $\mathrm{i}\,e^2\,\Pi^{\rho\lambda}$ 和 $-\mathrm{i}\,e\,\Lambda^{\mu}$ 直至 n 圈级没有紫外发散. 而用包含一圈级至 n 圈级真实抵消项的有效拉氏函数计算 $-\mathrm{i}\,\Sigma$, $\mathrm{i}\,e^2\,\Pi^{\rho\lambda}$ 和 $-\mathrm{i}\,e\,\Lambda^{\mu}$ 的 $n+1$ 圈级部分, 将结果记为 $-\mathrm{i}\,\Sigma^{[n+1]}_{[1-n]}(p)$ 、 $\mathrm{i}\,e^2\,\Pi^{[n+1]\rho\lambda}_{[1-n]}(k)$ 和 $-\mathrm{i}\,e\,\Lambda^{[n+1]\mu}_{[1-n]}(p_1,p_2)$, 那么由 (163)—(165) 式知道

$$-\mathrm{i}\,\Sigma^{[n+1]}(p)=-\mathrm{i}\,\Sigma^{[n+1]}_{[1-n]}(p)+\mathrm{i}\,b_{n+1}\,(\gamma^{\mu}p_{\mu}-m)+\mathrm{i}\,\delta_{n+1}\,, \tag{178}$$

$$\mathrm{i}\,e^2\,\Pi^{[n+1]\rho\lambda}(k)=\mathrm{i}\,e^2\,\Pi^{[n+1]\rho\lambda}_{[1-n]}(k)+\mathrm{i}\,f_{n+1}\,(k^{\rho}k^{\lambda}-k^2\,g^{\rho\lambda})\,, \tag{179}$$

$$-\mathrm{i}\,e\,\Lambda^{[n+1]\mu}(p_1,p_2)=-\mathrm{i}\,e\,\Lambda^{[n+1]\mu}_{[1-n]}(p_1,p_2)-\mathrm{i}\,c_{n+1}\,e\,\gamma^{\mu}\,. \tag{180}$$

以及

$$-\mathrm{i}\,\Sigma^{[n+1]}_{[1-n]}(p)=\left\{\int\frac{\mathrm{d}^4k}{(2\pi)^4}(-\mathrm{i}\,e\,Z_1\gamma^{\mu})\mathrm{i}\,\overline{S}(p-k)\big(-\mathrm{i}\,e\Gamma^{\nu}(p-k,p)\big)\mathrm{i}\,\overline{D}_{\nu\mu}(k)\right\}^{[n+1]}, \tag{181}$$

$$\mathrm{i}\,e^2\,\Pi^{[n+1]\rho\lambda}_{[1-n]}(k)=-\left\{\int\frac{\mathrm{d}^4p}{(2\pi)^4}\mathrm{tr}\Big((-\mathrm{i}\,e\,Z_1\gamma^{\lambda})\mathrm{i}\overline{S}(p)\big(-\mathrm{i}\,e\Gamma^{\rho}(p,p+k)\big)\mathrm{i}\overline{S}(p+k)\Big)\right\}^{[n+1]}, \tag{182}$$

$$\begin{aligned}-\mathrm{i}\,e\,\Lambda^{[n+1]\mu}_{[1-n]}(p_1,p_2)=\Bigg\{\int\frac{\mathrm{d}^4q}{(2\pi)^4}&\big[\mathrm{i}\overline{S}\,(p_1+q)(-\mathrm{i}\,e\,Z_1\gamma^{\mu})\\&\times\mathrm{i}\overline{S}\,(p_2+q)\big]_{s'_4s'_1}\mathcal{F}_{s'_1s'_4,\delta\gamma}(p_2+q,p_1+q,p_2,p_1)\Bigg\}^{[n+1]}.\end{aligned} \tag{183}$$

这些量不能含有紫外发散的子积分. 因为已经完成一圈至 n 圈 R 减除使得 $-\mathrm{i}\,\Sigma$, $\mathrm{i}\,e^2\,\Pi^{\rho\lambda}$ 和 $-\mathrm{i}\,e\,\Lambda^{\mu}$ 直至 n 圈级没有紫外发散. 所以借助 Pauli-Villars 正规化方法保持 W-T 恒等式和 $\Pi^{\rho\lambda}(k)$ 的横向性条件, 将这些量的正规化表达式在动量质壳值作泰勒展开, 根据表观发散度按照下面公式选择 $n+1$ 圈级真实抵消项的 b_{n+1}, δ_{n+1},f_{n+1} 和 c_{n+1}, 就保证 $-\mathrm{i}\,\Sigma$, $\mathrm{i}\,e^2\,\Pi^{\rho\lambda}$ 以及 $-\mathrm{i}\,e\,\Lambda^{\mu}$ 的 $n+1$

圈级部分没有紫外发散：

$$
\begin{aligned}
&\mathrm{i}b_{n+1}(\gamma^\mu p_\mu - m)+\mathrm{i}\delta_{n+1}=\left\{\mathrm{i}\Sigma^{[n+1]}_{[1-n]}(p)\right\}_{\not p=m}+\mathrm{i}(\not p-m)\left(\frac{\partial}{\partial \not p}\Sigma^{[n+1]}_{[1-n]}(p)\right)_{\not p=m},\\
&\mathrm{i}\,f_{n+1}\,(k^\rho k^\lambda - k^2\,g^{\rho\lambda}) = -\frac{1}{2}k^\mu k^\nu\left\{\frac{\partial^2}{\partial k^\mu \partial k^\nu}\left(\mathrm{i}\,e^2\Pi^{[n+1]\rho\lambda}_{[1-n]}(k)\right)\right\}_0\\
&\qquad\qquad = -\mathrm{i}e^2\Pi^{[n+1]}_{[1-n]}(0)\left(k^\rho k^\lambda - k^2 g^{\rho\lambda}\right),\\
&-\mathrm{i}\,c_{n+1}\,e\,\gamma^\mu = \mathrm{i}e\left(\Lambda^{[n+1]\mu}_{[1-n]}(p,p)\right)_{\not p=m}.
\end{aligned}
$$

由此求得

$$
\begin{aligned}
b_{n+1} &= \left(\frac{\partial}{\partial \not p}\Sigma^{[n+1]}_{[1-n]}(p)\right)_{\not p=m}, \quad \delta_{n+1} = \left\{\Sigma^{[n+1]}_{[1-n]}(p)\right\}_{\not p=m},\\
c_{n+1}\gamma^\mu &= -\left(\Lambda^{[n+1]\mu}_{[1-n]}(p,p)\right)_{\not p=m}, \quad f_{n+1} = -e^2\Pi^{[n+1]}_{[1-n]}(0).
\end{aligned}
$$

由于一圈级至 n 圈级真实抵消项是规范不变的， Pauli-Villars 正规化方法保持 $\Sigma^{[n+1]}_{[1-n]}(p)$ W-T 恒等式

$$
\frac{\partial}{\partial p_\mu}\Sigma^{[n+1]}_{[1-n]}(p) = -\Lambda^{[n+1]\mu}_{[1-n]}(p,p), \tag{184}
$$

由此并注意 $\left(\frac{\partial}{\partial p_\mu}\Sigma^{[n+1]}_{[1-n]}(p)\right)_{\not p=m} = \gamma^\mu\left(\frac{\partial}{\partial \not p}\Sigma^{[1]}_{[1-n]}(p)\right)_{\not p=m}$，可知

$$
c_{n+1} = b_{n+1}, \tag{185}
$$

故 $n+1$ 圈级真实抵消项是

$$
\begin{aligned}
\left(\Delta\mathcal{L}\right)_{n+1}(x) = b_{n+1}\,\overline{\psi}(x)(\mathrm{i}\gamma^\mu\partial_\mu - m)\psi(x) + \delta_{n+1}\,\overline{\psi}(x)\psi(x)\\
-c_{n+1}\,e\,\overline{\psi}(x)\gamma^\mu\psi(x)A_\mu(x) - f_{n+1}\,\frac{1}{4}F_{\mu\nu}F^{\mu\nu}.
\end{aligned} \tag{186}
$$

已经知道以上一般公式适用于一圈和二圈 R 减除的情形，因此也适用于任意圈 R 减除.

也容易验证，逐圈进行一圈至任意圈 R 减除后，所得的完全传播函数和电子光子三点顶角函数在减除点趋于自由场的结果，只是需要设想光子有一种假想的质量. 即

$$
\mathrm{i}\,\overline{S}(p)\big|_{\not p\to m} = \frac{\mathrm{i}}{\not p - m + \mathrm{i}\epsilon}, \tag{187}
$$

$$
\mathrm{i}\,\overline{D}_{\mu\nu}(k)\big|_{k\to 0} = \frac{1}{k^2 - \Delta^2 + \mathrm{i}\epsilon}\times\left\{-g_{\mu\nu} + (1-\xi)\frac{k_\mu k_\nu}{k^2 - \xi\Delta^2 + \mathrm{i}\epsilon}\right\}, \tag{188}
$$

$$
-\mathrm{i}e\Gamma^\mu(p,p)\big|_{\not p\to m} = -\mathrm{i}e\gamma^\mu. \tag{189}
$$

这称为在质壳上减除的重正化的归一条件，$\varDelta$ 是假想的光子质量. 引入假想的光子质量是将红外发散正规化的方法之一(见后面), 当没有必要保留 $\varDelta$ 时就令它等于零. 如果采用所谓维数正规化方法, 除了将紫外发散正规化之外, 也会将红外发散正规化 (不求助于光子的假想的质量). 这样的归一条件表示当 $\not{p}\to m$ 而 $k\to 0$ 时, $\mathrm{i}\,\overline{S}(p)$ 和 $\mathrm{i}\,\overline{D}_{\mu\nu}(k)$ 的行为与自由场的情形一样, $-\mathrm{i}e\varGamma^{\mu}(p,p)$ 等于微扰展开最低级的结果. 这与如下的解释相符：参量 m 代表电子的物理质量, 光子没有质量, 参量 e 是电子电荷的实验值.

§ 6　Pauli-Villars 正规化和维数正规化

6.1　Pauli-Villars 正规化方法. 单圈重正化常数

如前所述, 正规化即是将发散的积分定义成适当的有限表达式的极限, 而将这种有限的表达式看成该发散积分的正规化形式, 以便于进行各种运算. 在完成所设定的运算和取极限的手续之后, 用来进行正规化的参量也就消失了. 光子的假想质量将用于红外发散的正规化, 在不需要时就令其趋于 0^+. Pauli-Villars 正规化方是量子电动力学中常用的传统方法 [14], 它顾及理论原有的阿贝尔规范对称性, 能够保持量子电动力学的 Ward-Takahashi 恒等式真正成立. 而维数正规化方法则适用于阿贝尔规范理论和非阿贝尔规范理论.

Pauli-Villars 正规化方法包含两项独立的内容, 即电子闭合圈的正规化以及光子传播函数的替换. 例如电子圈

$$\int\frac{\mathrm{d}^4p}{(2\pi)^4}\,\mathrm{tr}\left(\frac{1}{\not{p}-m+\mathrm{i}\epsilon}\gamma^{\mu_1}\frac{1}{\not{p}-\not{q}_1-m+\mathrm{i}\epsilon}\cdots\gamma^{\mu_{2n}}\right),$$

被换成相当于最小耦合到电磁流的质量为 M_s 若干种旋量场的贡献之和

$$I=\sum_{s=0}^{S}C_s\int\frac{\mathrm{d}^4p}{(2\pi)^4}\,\mathrm{tr}\left(\frac{1}{\not{p}-M_s+\mathrm{i}\epsilon}\gamma^{\mu_1}\frac{1}{\not{p}-\not{q}_1-M_s+\mathrm{i}\epsilon}\cdots\gamma^{\mu_{2n}}\right),$$

其中 $q_1,q_2,\cdots$ 是进入圈图的动量, $s=0$ 代表原来的项, 因此 $C_0=1, M_0=m$, 而 $M_1,M_2,\cdots$ 是一些辅助质量, 约定它们和 C_s 满足

$$\sum_{s=0}^{S}C_s=0,\quad \sum_{s=0}^{S}C_sM_s^2=0.$$

这样就能够使得 I 不含紫外发散, 而附加的项会随辅助质量趋于无穷大而消失. 关于 C_s 和 M_s 的条件实际上可以用归结为一个截断参量 $\overline{\varLambda}$ 的两个辅助

质量来实现，例如：

$$
\begin{aligned}
&M_1^2 = m^2 + 4\overline{\Lambda}^2\,, \quad M_2^2 = m^2 + 2\overline{\Lambda}^2\,,\\
&C_1 = 1\,, \quad C_2 = -2\,.
\end{aligned}
$$

当 $\overline{\Lambda}^2$ 充分大时, I 就是原来的表达式的正规化形式. 在完成减除后，最终当然令 $\overline{\Lambda}^2$ 趋于无穷大.

光子自由传播函数

$$
\mathrm{i}\,D_{\mu\nu}(k,\Delta) = \frac{-\mathrm{i}}{k^2-\Delta^2+\mathrm{i}\epsilon}\left\{g_{\mu\nu} + (\xi-1)\frac{k_\mu k_\nu}{k^2-\xi\Delta^2+\mathrm{i}\epsilon}\right\},
$$

则被换为：

$$
\begin{aligned}
\mathrm{i}\,D_{\mu\nu}(k,\Delta) - \mathrm{i}\,D_{\mu\nu}(k,\Lambda_1) = &\frac{-\mathrm{i}}{k^2-\Delta^2+\mathrm{i}\epsilon}\left\{g_{\mu\nu} + (\xi-1)\frac{k_\mu k_\nu}{k^2-\xi\Delta^2+\mathrm{i}\epsilon}\right\}\\
&+\frac{\mathrm{i}}{k^2-\Lambda_1^2+\mathrm{i}\epsilon}\left\{g_{\mu\nu} + (\xi-1)\frac{k_\mu k_\nu}{k^2-\xi\Lambda_1^2+\mathrm{i}\epsilon}\right\}.
\end{aligned}
$$

其中光子的假想质量用于红外发散的正规化，在不需要时就令其趋于 0^+, Λ_1 是最终趋于无穷大的辅助质量. 以上方案也可以用一种所谓正规化的拉氏函数来陈述，例如见文献 [6].

于是 $-\mathrm{i}\,\Sigma_{[0]}^{[1]}(p)$, $\Pi_{[0]}^{[1]\rho\lambda}(k)$ 和 $\Lambda_{[0]}^{[1]\mu}(p_1,p_2)$ 的正规化形式可以写成

$$
\begin{aligned}
-\mathrm{i}\,\Sigma_{[0]}^{[1]}(p) &= \frac{e^2}{(2\pi)^4}\int \mathrm{d}^4 k \frac{\gamma^\mu(\not{p}-\not{k}+m)\gamma^\nu}{[(p-k)^2-m^2+\mathrm{i}\epsilon]}\left\{D_{\mu\nu}(k,\Delta) - D_{\mu\nu}(k,\Lambda_1)\right\},\\
\mathrm{i}\,e^2\Pi_{[0]}^{[1]\rho\lambda}(k) &= -\frac{e^2}{(2\pi)^4}\int \mathrm{d}^4 p\ \mathrm{tr}\left\{\frac{\gamma^\rho(\not{p}+\not{k}+m)\gamma^\lambda}{[(p+k)^2-m^2+\mathrm{i}\epsilon]}\frac{(\not{p}+m)}{(p^2-m^2+\mathrm{i}\epsilon)}\right\}\\
&\quad -\frac{e^2}{(2\pi)^4}\sum_{s=1}^{S} C_s\int \mathrm{d}^4 p\ \mathrm{tr}\left\{\frac{\gamma^\rho(\not{p}+\not{k}+M_s)\gamma^\lambda}{[(p+k)^2-M_s^2+\mathrm{i}\epsilon]}\frac{(\not{p}+M_s)}{(p^2-M_s^2+\mathrm{i}\epsilon)}\right\},\\
-\mathrm{i}\,\Lambda_{[0]}^{[1]\mu}(p_1,p_2) &= \frac{e^2}{(2\pi)^4}\int \mathrm{d}^4 l \frac{\gamma^\sigma(\not{p}_1-\not{l}+m)\gamma^\mu}{[(p_1-l)^2-m^2+\mathrm{i}\epsilon]}\\
&\quad \times\frac{(\not{p}_2-\not{l}+m)\gamma^\lambda}{[(p_2-l)^2-m^2+\mathrm{i}\epsilon]}\left\{D_{\sigma\lambda}(l,\Delta) - D_{\sigma\lambda}(l,\Lambda_1)\right\}.
\end{aligned}
$$

按照以前的约定,这些量的上指标 [1] 表示一圈级部分,下指标 [0] 表示未计及抵消项的贡献. 下面以 $-\mathrm{i}\,\Sigma_{[0]}^{[1]}(p)$,$\Pi_{[0]}^{[1]\rho\lambda}(k)$ 为例进行一些练习性的演算, 并求出在这种正规化方法下的单圈重正化常数. 由 $\gamma^\mu\not{p}\gamma_\mu = -2\not{p}$ 和 $\not{k}\not{p}\not{k} = 2kp\not{k} - \not{p}k^2$, 可将 $-\mathrm{i}\,\Sigma_{[0]}^{[1]}(p)$ 表示为

$$
-\mathrm{i}\,\Sigma_{[0]}^{[1]}(p) = -\mathrm{i}\,\Sigma_{[0]}^{[1]}(F,p) - \mathrm{i}\,\Sigma_{[0]}^{[1]}(\xi,p)\,, \tag{190}
$$

其中 $-\mathrm{i}\,\Sigma_{[0]}^{[1]}(F,p)$ 代表 $\xi=1$ 的部分，$-\mathrm{i}\,\Sigma_{[0]}^{[1]}(\xi,p)$ 是含有因子 $(1-\xi)$ 的部分，而

$$
\begin{aligned}
-\mathrm{i}\,\Sigma_{[0]}^{[1]}(F,p)=&\frac{e^2}{(2\pi)^4}\int \mathrm{d}^4k\frac{2(\not{p}-\not{k})-4m}{[(p-k)^2-m^2+\mathrm{i}\epsilon](k^2-\Delta^2+\mathrm{i}\epsilon)}\\
&-\{\Delta\to\Lambda_1\},
\end{aligned}\tag{191}
$$

$$
\begin{aligned}
-\mathrm{i}\,\Sigma_{[0]}^{[1]}(\xi,p)=&(1-\xi)\frac{e^2}{(2\pi)^4}\int \mathrm{d}^4k\frac{2pk\,\not{k}+(m-\not{p}-\not{k})k^2}{[(p-k)^2-m^2+\mathrm{i}\epsilon]}\\
&\times\frac{1}{(k^2-\Delta^2+\mathrm{i}\epsilon)(k^2-\xi\Delta^2+\mathrm{i}\epsilon)}\\
&-\{\Delta\to\Lambda_1\},
\end{aligned}\tag{192}
$$

将 $-\mathrm{i}\,\Sigma_{[0]}^{[1])}(F,p)$ 中的分母表示为积分

$$
\begin{aligned}
\frac{\mathrm{i}}{[(p-k)^2-m^2+\mathrm{i}\epsilon]}&=\int_0^\infty \mathrm{d}\alpha_1\exp\left\{\mathrm{i}\alpha_1[(p-k)^2-m^2+\mathrm{i}\epsilon]\right\},\\
\frac{\mathrm{i}}{(k^2-\Delta^2+\mathrm{i}\epsilon)}&=\int_0^\infty \mathrm{d}\alpha_2\exp\left\{\mathrm{i}\alpha_2[k^2-\Delta^2+\mathrm{i}\epsilon]\right\},
\end{aligned}
$$

可得

$$
\begin{aligned}
-\mathrm{i}\,\Sigma_{[0]}^{[1]}(F,p)=&-\frac{e^2}{(2\pi)^4}\int_0^\infty\int_0^\infty \mathrm{d}\alpha_1\mathrm{d}\alpha_2\int \mathrm{d}^4k(2\not{p}-4m-2\not{k})\\
&\times\exp\left\{\mathrm{i}\alpha_1[(p-k)^2-m^2+\mathrm{i}\epsilon]+\mathrm{i}\alpha_2[k^2-\Delta^2+\mathrm{i}\epsilon]\right\}\\
&-\{\Delta^2\to\Lambda_1^2\},
\end{aligned}
$$

再引用辅助的四分量矢量 z, 通过对它的分量的微商表示出 $\not{k}$, 可将此式写成

$$
\begin{aligned}
-\mathrm{i}\,\Sigma_{[0]}^{[1]}(F,p)=&-\frac{e^2}{(2\pi)^4}\int_0^\infty\int_0^\infty \mathrm{d}\alpha_1\mathrm{d}\alpha_2\int \mathrm{d}^4k\Big(2\not{p}-4m+2\gamma^\mu\mathrm{i}\frac{\partial}{\partial z^\mu}\Big)\\
&\times\exp\left\{\mathrm{i}\alpha_1[(p-k)^2-m^2+\mathrm{i}\epsilon]+\mathrm{i}\alpha_2[k^2-\Delta^2+\mathrm{i}\epsilon]+\mathrm{i}kz\right\}\Big|_{z=0}\\
&-\{\Delta\to\Lambda_1\},
\end{aligned}
$$

完成对 k 的积分，注意

$$
\int \mathrm{d}^4k\exp\left\{\mathrm{i}(\alpha_1+\alpha_2)k^2\right\}=\mathrm{e}^{\mathrm{i}\pi/4}\{\mathrm{e}^{-\mathrm{i}\pi/4}\}^3\Big(\frac{\pi}{\alpha_1+\alpha_2}\Big)^2,
$$

得到

$$
\begin{aligned}
-\mathrm{i}\,\Sigma_{[0]}^{[1]}(F,p)=&-\frac{\mathrm{i}e^2}{8\pi^2}\int_0^\infty\int_0^\infty\frac{\mathrm{d}\alpha_1\mathrm{d}\alpha_2}{(\alpha_1+\alpha_2)^2}(2m-\frac{\alpha_2}{\alpha_1+\alpha_2}\not{p})\\
&\times\Big[\exp\left\{\mathrm{i}\frac{\alpha_1\alpha_2}{\alpha_1+\alpha_2}p^2-\mathrm{i}\alpha_1m^2-\mathrm{i}\alpha_2\Delta^2-\epsilon(\alpha_1+\alpha_2)\right\}\\
&-\exp\left\{\mathrm{i}\frac{\alpha_1\alpha_2}{\alpha_1+\alpha_2}p^2-\mathrm{i}\alpha_1m^2-\mathrm{i}\alpha_2\Lambda_1^2-\epsilon(\alpha_1+\alpha_2)\right\}\Big],
\end{aligned}
$$

在被积函数中引入因子 $1=\int_0^\infty \mathrm{d}y\delta(y-\alpha_1-\alpha_2)$, 再将 α_1, α_2 换成 $x_1=\alpha_1/y$ 和 $x_2=\alpha_2/y$ 可将此式改写成

$$-\mathrm{i}\,\Sigma_{[0]}^{[1]}(F,p)=-\frac{\mathrm{i}e^2}{8\pi^2}\int_0^1 \mathrm{d}x_1\int_0^1 \mathrm{d}x_2\delta(1-x_1-x_2)(2m-x_2\not{p})$$
$$\times\int_0^\infty \frac{\mathrm{d}y}{y}\Big[\exp\big\{\mathrm{i}y(x_1x_2p^2-x_1m^2-x_2\Delta^2+\mathrm{i}\epsilon)\big\}$$
$$-\exp\big\{\mathrm{i}y(x_1x_2p^2-x_1m^2-x_2\Lambda_1^2+\mathrm{i}\epsilon)\big\}\Big],$$

在其中代入

$$\int_0^\infty \frac{\mathrm{d}y}{y}\Big[\exp\big\{\mathrm{i}y(z_1+\mathrm{i}\epsilon)\big\}-\exp\big\{\mathrm{i}y(z_2+\mathrm{i}\epsilon)\big\}=\ln\frac{z_2}{z_1},$$

得到

$$-\mathrm{i}\,\Sigma_{[0]}^{[1]}(F,p)=-\frac{\mathrm{i}e^2}{8\pi^2}\int_0^1 \mathrm{d}x\,\big[2m+(x-1)\not{p}\big]$$
$$\times\ln\Big(\frac{(1-x)\Lambda_1^2+x^2p^2+x(m^2-p^2)}{(1-x)\Delta^2+x^2p^2+x(m^2-p^2)}\Big).$$

当 Λ_1 充分大时变成

$$-\mathrm{i}\,\Sigma_{[0]}^{[1]}(F,p)=-\frac{\mathrm{i}e^2}{8\pi^2}\int_0^1 \mathrm{d}x\,\big[2m+(x-1)\not{p}\big]$$
$$\times\ln\Big(\frac{(1-x)\Lambda_1^2}{(1-x)\Delta^2+x^2p^2+x(m^2-p^2)}\Big).$$

在质壳减除方案下，这个量被减去的首项是

$$-\mathrm{i}\,\Sigma_{[0]}^{[1]}(F,p)\big|_{\not{p}=m}=-\frac{\mathrm{i}e^2}{8\pi^2}\int_0^1 \mathrm{d}x(1+x)m\,\ln\Big(\frac{(1-x)\Lambda_1^2}{(1-x)\Delta^2+x^2m^2}\Big).$$

其中不含红外发散，Δ 无须保留，令它为零即得

$$-\mathrm{i}\,\Sigma_{[0]}^{[1]}(F,p)\big|_{\not{p}=m}=-\frac{\mathrm{i}e^2}{8\pi^2}(\frac{3m}{2})\Big(\ln\frac{\Lambda_1^2}{m^2}+\frac{1}{2}\Big). \tag{193}$$

应该被减去的下一项是 $(\not{p}-m)$ 与 $-\mathrm{i}\frac{\partial}{\partial\not{p}}\Sigma_{[0]}^{[1]}(F,p)\big|_{\not{p}=m}$ 的积，而

$$-\mathrm{i}\frac{\partial}{\partial\not{p}}\Sigma_{[0]}^{[1]}(F,p)=\frac{\mathrm{i}e^2}{8\pi^2}\int_0^1 \mathrm{d}x\,(1-x)\,\ln\Big(\frac{(1-x)\Lambda_1^2}{(1-x)\Delta^2+x^2p^2+x(m^2-p^2)}\Big)$$
$$-\frac{\mathrm{i}e^2}{8\pi^2}\int_0^1 \mathrm{d}x\Big(\frac{2x(1-x)\not{p}[2m+(x-1)\not{p}]}{(1-x)\Delta^2+x^2p^2+x(m^2-p^2)}\Big).$$

由此得

$$-\mathrm{i}\frac{\partial}{\partial \not p}\Sigma^{[1]}_{[0]}(F,p)\big|_{\not p=m} = \frac{\mathrm{i}e^2}{8\pi^2}\int_0^1 \mathrm{d}x\,(1-x)\,\ln\Big(\frac{(1-x)\Lambda_1^2}{(1-x)\Delta^2+x^2m^2}\Big)$$
$$-\frac{\mathrm{i}e^2}{8\pi^2}\int_0^1 \mathrm{d}x\Big(\frac{2x(1-x)(1+x)m^2}{(1-x)\Delta^2+x^2m^2}\Big).$$

其中第一项只含紫外发散，第二项只含红外发散，它们分别等于

$$\frac{\mathrm{i}e^2}{8\pi^2}\Big(\frac{1}{2}\ln\frac{\Lambda_1^2}{m^2}+\frac{5}{4}\Big),\qquad \frac{\mathrm{i}e^2}{8\pi^2}\Big(\ln\frac{\Delta^2}{m^2}+1\Big),$$

故

$$-\mathrm{i}\frac{\partial}{\partial \not p}\Sigma^{[1]}_{[0]}(F,p)\big|_{\not p=m} = \frac{\mathrm{i}e^2}{8\pi^2}\Big(\frac{1}{2}\ln\frac{\Lambda_1^2}{m^2}+\ln\frac{\Delta^2}{m^2}+\frac{9}{4}\Big). \tag{194}$$

在 $-\mathrm{i}\,\Sigma^{[1]}_{[0]}(\xi,p)$ 的表达式 (192) 中，利用

$$\frac{2pk\,\not k+(m-\not p-\not k)k^2}{[(p-k)^2-m^2+\mathrm{i}\epsilon]} = \frac{(p^2-m^2)\not k-(\not p-m)k^2}{[(p-k)^2-m^2+\mathrm{i}\epsilon]}-\not k,$$

抛弃对 k 的积分没有贡献的末项得

$$-\mathrm{i}\,\Sigma^{[1]}_{[0]}(\xi,p) = -(1-\xi)\frac{e^2}{(2\pi)^4}(\not p-m)\int \mathrm{d}^4k\frac{k^2}{[(p-k)^2-m^2+\mathrm{i}\epsilon]}$$
$$\times\frac{1}{(k^2-\Delta^2+\mathrm{i}\epsilon)(k^2-\xi\Delta^2+\mathrm{i}\epsilon)}$$
$$-\{\Delta^2\to\Lambda_1^2\}$$
$$+(1-\xi)\frac{e^2}{(2\pi)^4}(p^2-m^2)\int \mathrm{d}^4k\frac{\not k}{[(p-k)^2-m^2+\mathrm{i}\epsilon]}$$
$$\times\frac{1}{(k^2-\Delta^2+\mathrm{i}\epsilon)(k^2-\xi\Delta^2+\mathrm{i}\epsilon)},$$

其中后一部分只含红外发散，相应的 Δ^2 项不起作用. 对此式被积函数中的因子作如下的改写：

$$\frac{(1-\xi)k^2}{[(p-k)^2-m^2+\mathrm{i}\epsilon](k^2-\Delta^2+\mathrm{i}\epsilon)(k^2-\xi\Delta^2+\mathrm{i}\epsilon)}$$
$$=\Big(\frac{1}{[(p-k)^2-m^2+\mathrm{i}\epsilon](k^2-\Delta^2+\mathrm{i}\epsilon)}-\frac{\xi}{[(p-k)^2-m^2+\mathrm{i}\epsilon](k^2-\xi\Delta^2+\mathrm{i}\epsilon)}\Big),$$

以及

$$\frac{(1-\xi)\Delta^2}{[(p-k)^2-m^2+\mathrm{i}\epsilon](k^2-\Delta^2+\mathrm{i}\epsilon)(k^2-\xi\Delta^2+\mathrm{i}\epsilon)}$$
$$=\Big(\frac{1}{[(p-k)^2-m^2+\mathrm{i}\epsilon](k^2-\Delta^2+\mathrm{i}\epsilon)}-\frac{1}{[(p-k)^2-m^2+\mathrm{i}\epsilon](k^2-\xi\Delta^2+\mathrm{i}\epsilon)}\Big).$$

利用参量 α_1,α_2 改写其中的分母，经过和前面相似的处置可得

$$\begin{aligned}
&\int \mathrm{d}^4k\left\{\frac{k^2}{[(p-k)^2-m^2+\mathrm{i}\epsilon](k^2-\Delta^2+\mathrm{i}\epsilon)(k^2-\xi\Delta^2+\mathrm{i}\epsilon)}-\{\Delta^2\to\Lambda_1^2\}\right\}\\
&\quad=\frac{1}{1-\xi}\,\mathrm{i}\pi^2\int_0^1\mathrm{d}x\ \ln\left[\frac{(1-x)\Lambda_1^2}{(1-x)\Delta^2+x^2p^2+x(m^2-p^2)}\right]\\
&\quad\quad-\frac{\xi}{1-\xi}\,\mathrm{i}\pi^2\int_0^1\mathrm{d}x\ \ln\left[\frac{(1-x)\xi\Lambda_1^2}{(1-x)\xi\Delta^2+x^2p^2+x(m^2-p^2)}\right],\\
&\int \mathrm{d}^4k\frac{\not k}{[(p-k)^2-m^2+\mathrm{i}\epsilon](k^2-\Delta^2+\mathrm{i}\epsilon)(k^2-\xi\Delta^2+\mathrm{i}\epsilon)}\\
&\quad=\frac{\mathrm{i}\pi^2\not p}{(1-\xi)\Delta^2}\int_0^1\mathrm{d}x\,(1-x)\ \ln\left[\frac{(1-x)\xi\Delta^2+x^2p^2+x(m^2-p^2)}{(1-x)\Delta^2+x^2p^2+x(m^2-p^2)}\right].
\end{aligned}$$

这两个等式的右边对于 ξ 的依赖关系当然是来源于未正规化的表达式对于 Δ^2 与 $\xi\Delta^2$ 互换的不变性（$1/(1-\xi),\xi/(1-\xi)$ 代表 $\Delta^2/(\Delta^2-\xi\Delta^2),\xi\Delta^2/(\Delta^2-\xi\Delta^2)$），这也使附加的 Λ_1^2 部分对于 Λ_1^2 与 $\xi\Lambda_1^2$ 互换保持不变（其中的 $1/(1-\xi),\xi/(1-\xi)$ 代表 $\Lambda_1^2/(\Lambda_1^2-\xi\Lambda_1^2),\xi\Lambda_1^2/(\Lambda_1^2-\xi\Lambda_1^2)$）. 另外，第二个等式右边的因子 $1/\{(1-\xi)\Delta^2\}$ 可以经过分部积分消去.

$-\mathrm{i}\,\Sigma_{[0]}^{[1]}(\xi,p)$ 在质壳上等于零，至于 $-\mathrm{i}\frac{\partial}{\partial\not p}\Sigma_{[0]}^{[1]}(\xi,p)\big|_{\not p=m}$，来自上述两部分的贡献分别是

$$\begin{aligned}
&-(1-\xi)\frac{\mathrm{i}e^2}{16\pi^2}\left\{\frac{1}{1-\xi}\ln\frac{\Lambda_1^2}{m^2}-\frac{\xi}{1-\xi}\ln\frac{\xi\Lambda_1^2}{m^2}+1\right\},\\
&(1-\xi)\frac{\mathrm{i}e^2}{16\pi^2}\left\{\frac{1}{2}\ln\frac{\Delta^2}{m^2}+\frac{1}{2}\ln\frac{\xi\Delta^2}{m^2}+1\right\},
\end{aligned}$$

即

$$\begin{aligned}
-\mathrm{i}\frac{\partial}{\partial\not p}\Sigma_{[0]}^{[1]}(\xi,p)\big|_{\not p=m}&=\frac{\mathrm{i}e^2}{16\pi^2}\left\{\xi\ln\frac{\xi\Lambda_1^2}{m^2}-\ln\frac{\Lambda_1^2}{m^2}\right\}\\
&\quad+(1-\xi)\frac{\mathrm{i}e^2}{16\pi^2}\left\{\frac{1}{2}\ln\frac{\Delta^2}{m^2}+\frac{1}{2}\ln\frac{\xi\Delta^2}{m^2}\right\}.
\end{aligned}\tag{195}$$

$\mathrm{i}e^2\Pi_{[0]}^{[1]\rho\lambda}(k)$ 的正规化表达式可以写成

$$\begin{aligned}
\mathrm{i}e^2\Pi_{[0]}^{[1]\rho\lambda}(k)=&\frac{4e^2}{(2\pi)^4}\int_0^\infty\int_0^\infty\mathrm{d}\alpha_1\mathrm{d}\alpha_2\int\mathrm{d}^4p\\
&\times\left\{p^\rho(p^\lambda+k^\lambda)+(p^\rho+k^\rho)p^\lambda-g^{\rho\lambda}(p^2+kp-m^2)\right\}\\
&\times\exp\left\{\mathrm{i}\alpha_1[p^2-m^2+\mathrm{i}\epsilon]+\mathrm{i}\alpha_2[(p+k)^2-m^2+\mathrm{i}\epsilon]\right\}\\
&+\sum_{s=1}^{S}C_s\{m\to M_s\}.
\end{aligned}$$

故

$$
\begin{aligned}
\mathrm{i}e^2\Pi_{[0]}^{[1]\rho\lambda}(k) = -\frac{4e^2}{(2\pi)^4}\int_0^\infty\int_0^\infty \mathrm{d}\alpha_1\mathrm{d}\alpha_2\int \mathrm{d}^4p \\
\times\Big\{\frac{\partial}{\partial z_{1\rho}}\frac{\partial}{\partial z_{2\lambda}} + \frac{\partial}{\partial z_{1\lambda}}\frac{\partial}{\partial z_{2\rho}} - g^{\rho\lambda}\big(\frac{\partial}{\partial z_1}\cdot\frac{\partial}{\partial z_2} + m^2\big)\Big\} \\
\times\exp\Big\{\mathrm{i}\alpha_1[p^2 - m^2 + \mathrm{i}\epsilon]\Big\} \\
\times\exp\Big\{\mathrm{i}\alpha_2[(p+k)^2 - m^2 + \mathrm{i}\epsilon] + \mathrm{i}z_1p + \mathrm{i}z_2p\Big\}\Big|_{(z_1,z_2)=0} \\
+\sum_{s=1}^{S} C_s\{m\to M_s\}.
\end{aligned}
$$

其中 z_1 和 z_2 是辅助的四分量矢量. 完成对 k 的积分以及对 z_1, z_2 的微商, 作适当的整理可得

$$
\begin{aligned}
\mathrm{i}e^2\Pi_{[0]}^{[1]\rho\lambda}(k) = \frac{\mathrm{i}e^2}{4\pi^2}\int_0^\infty\int_0^\infty \mathrm{d}\alpha_1\mathrm{d}\alpha_2\frac{2\alpha_1\alpha_2}{(\alpha_1+\alpha_2)^4}\Big(k^\rho k^\lambda - k^2 g^{\rho\lambda}\Big) \\
\times\sum_{s=0}^{S} C_s\exp\Big\{-\mathrm{i}(\alpha_1+\alpha_2)(M_s^2 - \mathrm{i}\epsilon) + \mathrm{i}\frac{\alpha_1\alpha_2 k^2}{(\alpha_1+\alpha_2)}\Big\} \\
+\frac{e^2}{4\pi^2}g^{\rho\lambda}\int_0^\infty\int_0^\infty \mathrm{d}\alpha_1\mathrm{d}\alpha_2\frac{\mathrm{d}\alpha_1\mathrm{d}\alpha_2}{(\alpha_1+\alpha_2)^3}\beta\frac{\partial}{\partial\beta}\frac{1}{\beta} \\
\times\sum_{s=0}^{S} C_s\exp\Big\{\mathrm{i}\beta\Big[-(\alpha_1+\alpha_2)(M_s^2 - \mathrm{i}\epsilon) + \frac{\alpha_1\alpha_2 k^2}{(\alpha_1+\alpha_2)}\Big]\Big\},
\end{aligned}
$$

其中 $C_0 = 1, M_0 = m$. 由于规定 $\sum_{s=0}^{S} C_s$ 和 $\sum_{s=0}^{S} C_s M^2$ 都等于零, 紫外发散已被正规化, 即是避免了积分在 α_1, α_2 趋于零时的发散. 基于同样的理由, 可以将此式第二部分的 $\beta\frac{\partial}{\partial\beta}$ 移到积分号外, 但是这时被微商的量不依赖于 β, 因此微商后等于零. 故

$$
\begin{aligned}
\mathrm{i}e^2\Pi_{[0]}^{[1]\rho\lambda}(k) = \frac{\mathrm{i}e^2}{4\pi^2}\int_0^\infty\int_0^\infty \mathrm{d}\alpha_1\mathrm{d}\alpha_2\frac{2\alpha_1\alpha_2}{(\alpha_1+\alpha_2)^4}\Big(k^\rho k^\lambda - k^2 g^{\rho\lambda}\Big) \\
\times\sum_{s=0}^{S} C_s\exp\Big\{-\mathrm{i}(\alpha_1+\alpha_2)(M_s^2 - \mathrm{i}\epsilon) + \mathrm{i}\frac{\alpha_1\alpha_2 k^2}{(\alpha_1+\alpha_2)}\Big\}.
\end{aligned}
$$

与前面类似, 在被积函数中引入因子 $1 = \int_0^\infty \mathrm{d}y\delta(y - \alpha_1 - \alpha_2)$, 再将 α_1, α_2 换

成 $x_1 = \alpha_1/y$ 和 $x_2 = \alpha_2/y$ 可将此式写成

$$\mathrm{i}e^2 \varPi_{[0]}^{[1]\rho\lambda}(k) = \frac{\mathrm{i}e^2}{2\pi^2}\left(k^\rho k^\lambda - k^2 g^{\rho\lambda}\right)\int_0^1\int_0^1 \mathrm{d}x_1 \mathrm{d}x_2\, \delta(1-x_1-x_2)\, x_1 x_2 \times \int_0^\infty \frac{\mathrm{d}y}{y}\sum_{s=0}^{S} C_s \exp\left\{\mathrm{i}y[-M_s^2 + x_1 x_2 k^2 + \mathrm{i}\epsilon]\right\},$$

即

$$\mathrm{i}e^2 \varPi_{[0]}^{[1]\rho\lambda}(k) = \left(k^\rho k^\lambda - k^2 g^{\rho\lambda}\right)\mathrm{i}e^2 \varPi_{[0]}^{[1]}(k), \tag{196}$$

$$\mathrm{i}e^2 \varPi_{[0]}^{[1]}(k) = \frac{\mathrm{i}e^2}{2\pi^2}\int_0^1 \mathrm{d}x\, x(1-x)\int_0^\infty \frac{\mathrm{d}y}{y}\sum_{s=0}^{S} C_s \exp\left\{\mathrm{i}y[-M_s^2 + x(1-x)\,k^2 + \mathrm{i}\epsilon]\right\}. \tag{197}$$

现在利用前面所说的截断参量 $\overline{\varLambda}$ 来表示 M_1^2, M_2^2 以及令 $S=2$, 而 C_1 和 C_2 分别为 1 和 -2, 于是有

$$\int_0^\infty \frac{\mathrm{d}y}{y}\sum_{s=0}^{2} C_s \exp\left\{\mathrm{i}y[-M_s^2 + x(1-x)\,k^2 + \mathrm{i}\epsilon]\right\} = \ln\left[\frac{m^2 + 2\overline{\varLambda}^2 - x(1-x)\,k^2 - \mathrm{i}\epsilon}{m^2 - x(1-x)\,k^2 - \mathrm{i}\epsilon}\right] + \ln\left[\frac{m^2 + 2\overline{\varLambda}^2 - x(1-x)\,k^2 - \mathrm{i}\epsilon}{m^2 + 4\overline{\varLambda}^2 - x(1-x)\,k^2 - \mathrm{i}\epsilon}\right],$$

当 $\overline{\varLambda}^2$ 充分大时，变为

$$\ln\frac{\overline{\varLambda}^2}{m^2} + \ln\left[\frac{m^2}{m^2 - x(1-x)\,k^2 - \mathrm{i}\epsilon}\right],$$

故

$$\mathrm{i}e^2 \varPi_{[0]}^{[1]}(k) = \frac{\mathrm{i}e^2}{2\pi^2}\int_0^1 \mathrm{d}x\, x(1-x)\ln\left[\frac{m^2}{m^2 - x(1-x)\,k^2 - \mathrm{i}\epsilon}\right] + \frac{\mathrm{i}e^2}{12\pi^2}\ln\frac{\overline{\varLambda}^2}{m^2}. \tag{198}$$

在质壳减除方案下，$\mathrm{i}e^2 \varPi_{[0]}^{[1])\rho\lambda}(k)$ 被减去的量是

$$\left(k^\rho k^\lambda - k^2 g^{\rho\lambda}\right)\mathrm{i}e^2 \varPi_{[0]}^{[1]}(0),$$

上式给出

$$\mathrm{i}e^2 \varPi_{[0]}^{[1]}(0) = \frac{\mathrm{i}e^2}{12\pi^2}\ln\frac{\overline{\varLambda}^2}{m^2}. \tag{199}$$

关于 $\Lambda_{[0]}^{[1]\mu}(p_1,p_2)$, 在后面计算电子的反常磁矩时将在 p_1, p_2 的质壳值上求出其近似表达式. 这里特别看看正规化的 $\Lambda_{[0]}^{[1]\mu}(p,p)$ 与 $\frac{\partial}{\partial p_\mu}\Sigma_{[0]}^{[1]}(p)$ 的关系. 由 $-\mathrm{i}\,\Lambda_{[0]}^{[1]\mu}(p,p)$ 的表达式

$$\frac{e^2}{(2\pi)^4}\int \mathrm{d}^4 l\,\frac{\gamma^\sigma(\not p-\not l+m)\gamma^\mu(\not p-\not l+m)\gamma^\lambda}{[(p-l)^2-m^2+\mathrm{i}\epsilon]^2}\times\Big\{D_{\sigma\lambda}(l,\Delta)-D_{\sigma\lambda}(l,\Lambda_1)\Big\},$$

利用

$$\frac{\gamma^\sigma(\not p-\not l+m)\gamma^\mu(\not p-\not l+m)\gamma^\lambda}{[(p-l)^2-m^2+\mathrm{i}\epsilon]^2}=-\frac{\partial}{\partial p_\mu}\frac{\gamma^\sigma(\not p-\not l+m)\gamma^\lambda}{[(p-l)^2-m^2+\mathrm{i}\epsilon]},$$

得到

$$-\mathrm{i}\,\Lambda_{[0]}^{[1]\mu}(p,p)=-\frac{e^2}{(2\pi)^4}\int \mathrm{d}^4 l\,\frac{\partial}{\partial p_\mu}\frac{\gamma^\sigma(\not p-\not l+m)\gamma^\lambda}{[(p-l)^2-m^2+\mathrm{i}\epsilon]}\Big\{D_{\sigma\lambda}(l,\Delta)-D_{\sigma\lambda}(l,\Lambda_1)\Big\}.$$

这是对于正规化形式的 $\mathrm{i}\,\Sigma_{[0]}^{[1]}(p)$ 的被积函数求微商，允许将 $\frac{\partial}{\partial p_\mu}$ 移到积分号的外面，故

$$\Lambda_{[0]}^{[1]\mu}(p,p)=-\frac{\partial}{\partial p_\mu}\Sigma_{[0]}^{[1]}(p)\,. \tag{200}$$

根据 $\Sigma_{[0]}^{[1]}(p), \frac{\partial}{\partial \not p}\Sigma_{[0]}^{[1]}(p)$ 等在外动量的质壳上的值得出，在质壳减除方案下的单圈重正化常数和抵消项的表达式如下：

$$Z_1=Z_2\approx 1+b_1\,, \tag{201}$$

$$Z_3\approx 1+f_1\,, \tag{202}$$

$$Z_2\,\delta m\approx\delta_1\,, \tag{203}$$

$$\begin{aligned}\Delta\mathcal{L}_1(x)=&\ b_1\,\overline{\psi}(x)(\mathrm{i}\gamma^\mu\partial_\mu-m)\psi(x)\ +\ \delta_1\,\overline{\psi}(x)\psi(x)\\ &-e\,b_1\,\overline{\psi}(x)\gamma^\mu\psi(x)A_\mu(x)\ -\frac{1}{4}f_1\,F_{\mu\nu}(x)F^{\mu\nu}(x)\,,\end{aligned} \tag{204}$$

其中

$$\begin{aligned}b_1=&-\frac{e^2}{16\pi^2}\Big\{\ln\frac{\Lambda_1^2}{m^2}+2\ln\frac{\Delta^2}{m^2}+\frac{9}{2}\Big\}-\frac{e^2}{32\pi^2}(1+\xi)\ln\xi\\ &+(1-\xi)\frac{e^2}{16\pi^2}\Big\{\ln\frac{\Lambda_1^2}{m^2}-\ln\frac{\Delta^2}{m^2}\Big\},\end{aligned} \tag{205}$$

$$\delta_1=\frac{e^2 m}{16\pi^2}\Big\{3\ln\frac{\Lambda_1^2}{m^2}+\frac{3}{2}\Big\}, \tag{206}$$

$$f_1=-\frac{e^2}{12\pi^2}\Big\{\ln\frac{\Lambda^2}{m^2}\Big\}. \tag{207}$$

6.2 维数正规化

由 $'$t Hooft 等人发展的维数正规化方法 [15,16] 是在规范理论中 (包括非阿贝尔规范理论) 被广泛采用的方法. 由于物理的时空是四维的, 即一个时间维度和三个空间维度, 在 Feynman 积分中对于每个独立内动量的积分都是四重的. 如果用一个参量 D 代表时空的维度 (不要与表观发散度混淆), 其中包含一个时间维度和 $D-1$ 个空间维度, 从而将对于每个独立内动量的积分表示为 D 重的, 就能够使积分的性质随 D 值的变化而有所改变. 在维数正规化方法中, 首先将 D 看成正整数, 在假定 Feynman 积分满足收敛条件时求出积分的表达式 (D 保持为参量), 然后将得到的表达式延拓至 D 的复平面, 以构造原来的 Feynman 积分的正规化形式, 从而将它在 D 趋于 4 时的极限当作原来的 Feynman 积分的定义. 如果原来的 Feynman 积分并不发散, 则这样的极限当然就代表原来的积分. 这里要注意, 当 D 保持为时空维数时, 坐标、动量、 A_ν 和 γ^ν 等的指标 ν 的值是 $0,1,2,\cdots,D-1$, 度规张量有 D^2 个分量, 其中非零的分量是

$$g_{00}=1,\quad g_{11}=g_{22}=\cdots=g_{D-1D-1}=-1\,, \tag{208}$$

$$g^{00}=1,\quad g^{11}=g^{22}=\cdots=g^{D-1D-1}=-1\,. \tag{209}$$

并且规定

$$\gamma^\mu\gamma^\nu+\gamma^\nu\gamma^\mu=2g^{\mu\nu}\,. \tag{210}$$

因此又有

$$g_{\mu\nu}\gamma^\mu\gamma^\nu=\gamma_\mu\gamma^\nu=D\,. \tag{211}$$

关于 γ^ν 的形式和阶数, 不必做明确的规定. 它们的奇数重积仍然是无迹矩阵, 二重积的迹则直接取最终的值. 即

$$\mathrm{tr}\,\{\gamma^\mu\gamma^\nu\}=4g^{\mu\nu}\,. \tag{212}$$

对于包含轴矢流的理论, 需要有特别的规则处理 γ_5, 这里从略.

按照维数正规化方法, 坐标和动量的质量量纲仍然是 -1 和 1. 拉氏函数 (密度) 的量纲当然是 D, 可见 A_ν 和 ψ 的量纲分别是 $(D-2)/2$ 和 $(D-1)/2$. 由此又知道, $\overline{\psi}\gamma^\nu\psi A_\nu$ 的量纲是 $D-\varepsilon$, 其中 $\varepsilon\equiv 2-D/2$. 所以电子的电荷应该换成量纲为 ε 的常数, 通常写作 $e\mu^\varepsilon$. 原来的电荷 e 没有量纲, μ 是维数正规化方法中引进的量纲为 1 的参量.

维数正规化方法不破坏理论的规范不变性，原来形式地求出的 Ward-Takahashi 恒等式能够真正成立. 例如 $-\mathrm{i}\,\Sigma_{[0]}^{[1]}(p)$,$\mathrm{i}e^2\Pi_{[0]}^{[1]\rho\lambda}(k)$ 和 $-\mathrm{i}\,\Lambda_{[0]}^{[1]\mu}(p_1,p_2)$, 当时空的维数是 $1+(D-1)$ 时被表示成

$$-\mathrm{i}\,\Sigma_{[0]}^{[1]}(p) = e^2\mu^{2\varepsilon}\int\frac{\mathrm{d}^D k}{(2\pi)^D}(-\mathrm{i}\gamma^\mu)\mathrm{i}\,S(p-k)(-\mathrm{i}\gamma^\nu)\mathrm{i}\,D_{\nu\mu}(k)$$
$$= \frac{e^2\mu^{2\varepsilon}}{(2\pi)^D}\int \mathrm{d}^D k\frac{\gamma^\mu(\not p-\not k+m)\gamma^\nu}{[(p-k)^2-(m-\mathrm{i}\epsilon)^2](k^2+\mathrm{i}\epsilon)}\Big[-g_{\mu\nu}+(1-\xi)\frac{k_\mu k_\nu}{k^2+\mathrm{i}\epsilon}\Big], \quad (213)$$

$$\mathrm{i}e^2\Pi_{[0]}^{[1]\rho\lambda}(k) = -e^2\mu^{2\varepsilon}\int\frac{\mathrm{d}^D p}{(2\pi)^D}\,\mathrm{tr}\Big\{(-\mathrm{i}\gamma^\rho)\mathrm{i}\,S(p+k)(-\mathrm{i}\gamma^\lambda)\mathrm{i}\,S(p)\Big\}$$
$$= -\frac{e^2\mu^{2\varepsilon}}{(2\pi)^D}\int \mathrm{d}^D p\;\mathrm{tr}\Big\{\frac{\gamma^\rho(\not p+\not k+m)\gamma^\lambda(\not p+m)}{[(p+k)^2-(m-\mathrm{i}\epsilon)^2]}\Big\}\frac{1}{(p^2-(m-\mathrm{i}\epsilon)^2)}, \quad (214)$$

$$-\mathrm{i}\,\Lambda_{[0]}^{[1]\mu}(p_1,p_2) = e^2\mu^{2\varepsilon}\int\frac{\mathrm{d}^D l}{(2\pi)^D}(-\mathrm{i}\gamma^\sigma)\mathrm{i}\,S(p_1-l)(-\mathrm{i}\gamma^\mu)\mathrm{i}\,S(p_2-l)(-\mathrm{i}\gamma^\lambda)\mathrm{i}\,D_{\sigma\lambda}(l)$$
$$= \frac{e^2\mu^{2\varepsilon}}{(2\pi)^D}\int \mathrm{d}^D l\frac{\gamma^\sigma(\not p_1-\not l+m)\gamma^\mu}{[(p_1-l)^2-(m-\mathrm{i}\epsilon)^2]}\frac{(\not p_2-\not l+m)\gamma^\lambda}{[(p_2-l)^2-(m-\mathrm{i}\epsilon)^2]}$$
$$\times\frac{1}{l^2+\mathrm{i}\epsilon}\Big[-g_{\sigma\lambda}+(1-\xi)\frac{l_\sigma l_\lambda}{l^2+\mathrm{i}\epsilon}\Big]. \quad (215)$$

在按照维数正规化的观点理解这些积分时，可以直接对它们求微商以及在积分号内移动积分变量. 因此

$$-\mathrm{i}\frac{\partial\Sigma_{[0]}^{[1]}(p)}{\partial p_\mu} = \frac{e^2\mu^{2\varepsilon}}{(2\pi)^D}\int \mathrm{d}^D k\frac{\gamma^\sigma\gamma^\mu[(p-k)^2-m^2]\gamma^\lambda}{[(p-k)^2-(m-\mathrm{i}\epsilon)^2]^2(k^2+\mathrm{i}\epsilon)}\Big[-g_{\sigma\lambda}+(1-\xi)\frac{k_\sigma k_\lambda}{k^2+\mathrm{i}\epsilon}\Big]$$
$$-\frac{e^2\mu^{2\varepsilon}}{(2\pi)^D}\int \mathrm{d}^D k\frac{\gamma^\sigma(\not p-\not k+m)2(p^\mu-k^\mu)\gamma^\lambda}{[(p-k)^2-(m-\mathrm{i}\epsilon)^2]^2(k^2+\mathrm{i}\epsilon)}\Big[-g_{\sigma\lambda}+(1-\xi)\frac{k_\sigma k_\lambda}{k^2+\mathrm{i}\epsilon}\Big],$$

注意 $2(p^\mu-k^\mu)=(\not p-\not k-m)\gamma^\mu+\gamma^\mu(\not p-\not k+m)$, 得出

$$\frac{\partial\Sigma_{[0]}^{[1]}(p)}{\partial p_\mu} = -\Lambda_{[0]}^{[1]\mu}(p,p).$$

再由

$$\mathrm{i}e^2k_\rho\Pi_{[0]}^{[1]\rho\lambda}(k) = -\frac{e^2\mu^{2\varepsilon}}{(2\pi)^D}\int \mathrm{d}^D p\;\mathrm{tr}\Big\{\not k\frac{1}{\not p+\not k-m+\mathrm{i}\epsilon}\gamma^\lambda\frac{1}{\not p-m+\mathrm{i}\epsilon}\Big\},$$

$$\mathrm{tr}\Big\{\not k\frac{1}{\not p+\not k-m+\mathrm{i}\epsilon}\gamma^\lambda\frac{1}{\not p-m+\mathrm{i}\epsilon}\Big\} = \mathrm{tr}\Big\{\gamma^\lambda\frac{1}{\not p-m+\mathrm{i}\epsilon}-\gamma^\lambda\frac{1}{\not p+\not k-m+\mathrm{i}\epsilon}\Big\},$$

得

$$k_\rho \Pi^{[1]\rho\lambda}_{[0]}(k) = 0\,. \tag{216}$$

在 Feynman 积分的计算中，经常利用如下的公式：

$$\frac{1}{A^{n_1}B^{n_2}} = \frac{\Gamma(n_1+n_2)}{\Gamma(n_1)\Gamma(n_2)}\int_0^1 \mathrm{d}x \frac{x^{n_1-1}(1-x)^{n_2-1}}{[Ax+B(1-x)]^{n_1+n_2}}\,,$$

$$\frac{1}{A^{n_1}B^{n_2}C^{n_3}} = \frac{\Gamma(n_1+n_2+n_3)}{\Gamma(n_1)\Gamma(n_2)\Gamma(n_3)} \times \int_0^1 \mathrm{d}x \int_0^1 y\mathrm{d}y \frac{(xy)^{n_1-1}[(1-x)y]^{n_2-1}(1-y)^{n_3-1}}{\{[Ax+B(1-x)]y+C(1-y)\}^{n_1+n_2+n_3}}\,.$$

更加普遍的公式是：

$$\frac{1}{A_1^{n_1}\cdots A_k^{n_k}} = \frac{\Gamma(n_1+\cdots+n_k)}{\Gamma(n_1)\cdots\Gamma(n_k)}\int_0^1 \mathrm{d}x_1 \int_0^{x_1}\mathrm{d}x_2 \cdots \int_0^{x_{k-2}}\mathrm{d}x_{k-1} \times \frac{[x_{k-1}^{n_1-1}(x_{k-2}-x_{k-1})^{n_2-1}\cdots(1-x_1)^{n_k-1}]}{\{A_1x_{k-1}+A_2(x_{k-2}-x_{k-1})+\cdots+A_k(1-x_1)\}^{n_1+\cdots+n_k}}\,.$$

下面以 $-\mathrm{i}\,\Sigma^{[1]}_{[0]}(p)$ 等为例，进一步说明单圈 Feynman 积分的正规化方法的要点和若干技巧，并且求出单圈重正化常数的表达式．关于多圈 Feynman 积分的正规化，可参看例如文献 [12]，一些附加的约定也可查阅有关文献．由 $\gamma^\mu\gamma^\nu\gamma_\mu = (2-D)\gamma^\nu$，以及 $\not{k}\gamma^\nu\not{k} = 2k^\nu\not{k} - \gamma^\nu k^2$，可将 $-\mathrm{i}\,\Sigma^{[1]}_{[0]}(p)$ 表示为

$$-\mathrm{i}\,\Sigma^{[1]}_{[0]}(p) = -\mathrm{i}\,\Sigma^{[1]}_{[0]}(F,p) - \mathrm{i}\,\Sigma^{[1]}_{[0]}(\xi,p)\,, \tag{217}$$

$$-\mathrm{i}\,\Sigma^{[1]}_{[0]}(F,p) = \frac{e^2\mu^{2\varepsilon}}{(2\pi)^D}\int \mathrm{d}^D k \frac{2(1-\varepsilon)(\not{p}-\not{k}) - 2m(2-\varepsilon)}{[(p-k)^2-(m-\mathrm{i}\epsilon)^2](k^2+\mathrm{i}\epsilon)}\,, \tag{218}$$

$$-\mathrm{i}\,\Sigma^{[1]}_{[0]}(\xi,p) = (1-\xi)\frac{e^2\mu^{2\varepsilon}}{(2\pi)^D}\int \mathrm{d}^D k \frac{2pk\not{k} + (m-\not{p}-\not{k})k^2}{[(p-k)^2-(m-\mathrm{i}\epsilon)^2](k^2+\mathrm{i}\epsilon)^2}\,. \tag{219}$$

利用

$$\frac{2pk\,\not{k} + (m-\not{p}-\not{k})k^2}{[(p-k)^2-m^2+\mathrm{i}\epsilon](k^2+\mathrm{i}\epsilon)^2} = \frac{(m-\not{p})}{[(p-k)^2-m^2+\mathrm{i}\epsilon](k^2+\mathrm{i}\epsilon)} + \frac{(p^2-m^2)\not{k}}{[(p-k)^2-m^2+\mathrm{i}\epsilon](k^2+\mathrm{i}\epsilon)^2} - \frac{\not{k}}{(k^2+\mathrm{i}\epsilon)^2}\,,$$

抛弃对 k 的积分没有贡献的末项得

$$-\mathrm{i}\,\Sigma^{[1]}_{[0]}(\xi,p) = (1-\xi)\frac{e^2\mu^{2\varepsilon}}{(2\pi)^D}(m-\not{p})\int \mathrm{d}^D k \frac{1}{[(p-k)^2-m^2+\mathrm{i}\epsilon](k^2+\mathrm{i}\epsilon)} + (1-\xi)\frac{e^2\mu^{2\varepsilon}}{(2\pi)^D}(p^2-m^2)\int \mathrm{d}^D k \frac{\not{k}}{[(p-k)^2-m^2+\mathrm{i}\epsilon]}\frac{1}{(k^2+\mathrm{i}\epsilon)^2}\,. \tag{220}$$

将各项的分母改写后得到

$$-\mathrm{i}\,\Sigma^{[1]}_{[0]}(F,p)=\frac{e^2\mu^{2\varepsilon}}{(2\pi)^D}\int_0^1\mathrm{d}x\int\mathrm{d}^Dk\frac{2(1-\varepsilon)(\not p-\not k)-2m(2-\varepsilon)}{(k^2-2kP_\Sigma-Q_\Sigma+\mathrm{i}\epsilon)^2}\,,\quad(221)$$

以及

$$\begin{aligned}-\mathrm{i}\,\Sigma^{[1]}_{[0]}(\xi,p)=&(1-\xi)\frac{e^2\mu^{2\varepsilon}}{(2\pi)^D}((m-\not p)\int_0^1\mathrm{d}x\int\mathrm{d}^Dk\frac{1}{(k^2-2kP_\Sigma-Q_\Sigma+\mathrm{i}\epsilon)^2}\\&+(1-\xi)\frac{e^2\mu^{2\varepsilon}}{(2\pi)^D}\int_0^1\mathrm{d}x\int\mathrm{d}^Dk\frac{2(1-x)\not k}{(k^2-2kP_\Sigma-Q_\Sigma+\mathrm{i}\epsilon)^3}\,,\end{aligned}\quad(222)$$

其中

$$P_\Sigma=px\,,\quad(223)$$

$$Q_\Sigma=(m^2-p^2)x\,.\quad(224)$$

再由 $\mathrm{tr}\left(\gamma^\rho\gamma^\mu\gamma^\lambda\gamma^\nu\right)=4g^{\rho\mu}g^{\lambda\nu}-4g^{\rho\lambda}g^{\mu\nu}+4g^{\rho\nu}g^{\mu\lambda}$ 以及

$$\mathrm{tr}\,\{\gamma^\rho(\not p+\not k+m)\gamma^\lambda(\not p+m)\}=4g^{\rho\lambda}(m^2-p^2-kp)+8p^\rho p^\lambda+4p^\rho k^\lambda+4k^\rho p^\lambda\,,$$

可将 $\mathrm{i}e^2\Pi^{[1]\rho\lambda}_{[0]}(k)$ 写成

$$\begin{aligned}&\mathrm{i}e^2\Pi^{[1]\rho\lambda}_{[0]}(k)\\&\quad=-\frac{4e^2\mu^{2\varepsilon}}{(2\pi)^D}\int_0^1\mathrm{d}x\int\mathrm{d}^Dp\frac{2p^\rho p^\lambda+p^\rho k^\lambda+k^\rho p^\lambda-g^{\rho\lambda}(-m^2+p^2+kp)}{(p^2-2pK_\Pi-Q_\Pi+\mathrm{i}\epsilon)^2}\,,\end{aligned}\quad(225)$$

$$K_\Pi=-kx\,,\quad(226)$$

$$Q_\Pi=m^2-k^2x\,.\quad(227)$$

类似地，由

$$\begin{aligned}&(\not p_1-\not l+m)\gamma^\mu(\not p_2-\not l+m)\\&\qquad=\not l\gamma^\mu\not l-(\not p_1+m)\gamma^\mu\not l-\not l\gamma^\mu(\not p_2+m)+(\not p_1+m)\gamma^\mu(\not p_2+m)\,,\\&\not l(\not p_1-\not l+m)\gamma^\mu(\not p_2-\not l+m)\not l\\&\qquad=l^4\gamma^\mu-\not l(\not p_1+m)\gamma^\mu l^2-\gamma^\mu(\not p_2+m)\not l l^2+\not l(\not p_1+m)\gamma^\mu(\not p_2+m)\not l\,,\end{aligned}$$

可将 $-\mathrm{i}\,\Lambda_{[0]}^{[1]\mu}(p_1,p_2)$ 写成

$$-\mathrm{i}\,\Lambda_{[0]}^{[1]\mu}(p_1,p_2)=\frac{e^2\mu^{2\varepsilon}}{(2\pi)^D}\int_0^1\mathrm{d}x\int_0^1 2y\mathrm{d}y\int\mathrm{d}^D l$$
$$\times\Big\{\frac{-\gamma_\lambda\{\not l\gamma^\mu\not l-(\not p_1+m)\gamma^\mu\not l-\not l\gamma^\mu(\not p_2+m)\}\gamma^\lambda}{(l^2-2lP_\Lambda-Q_\Lambda+\mathrm{i}\epsilon)^3}$$
$$+\frac{-\gamma_\lambda\{(\not p_1+m)\gamma^\mu(\not p_2+m)\}\gamma^\lambda}{(l^2-2lP_\Lambda-Q_\Lambda+\mathrm{i}\epsilon)^3}$$
$$+(1-\xi)\frac{l^2\gamma^\mu-\not l\not p_1\gamma^\mu-\gamma^\mu\not p_2\not l-2ml^\mu}{(l^2-2lP_\Lambda-Q_\Lambda+\mathrm{i}\epsilon)^3}$$
$$+3(1-\xi)(1-y)\frac{\not l(\not p_1+m)\gamma^\mu(\not p_2+m)\not l}{(l^2-2lP_\Lambda-Q_\Lambda+\mathrm{i}\epsilon)^4}\Big\},\tag{228}$$

其中

$$P_\Lambda=p_1xy+p_2(1-x)y\,,\tag{229}$$

$$Q_\Lambda=m^2y-p_1^2xy-p_2^2(1-x)y\,.\tag{230}$$

现在考查如下形式的收敛积分

$$J=\int\mathrm{d}^D l\,\frac{l_0^{\lambda_0}l_1^{\lambda_1}\cdots l_{D-1}^{\lambda_{D-1}}}{[l^2\;-2lP-Q+\mathrm{i}\epsilon]^\alpha}\,,\tag{231}$$

并说明如何将积分的结果用于 Feynman 积分的正规化. 记号 $l_0,l_1,\cdots,l_{D-1}$ 代表矢量 l 的 D 个分量, Q 以及矢量 P 的分量是任意的实常数. 此积分收敛的条件是

$$\lambda_0>-1\,,\lambda_1>-1\,,\cdots,\lambda_{D-1}>-1\,,$$
$$D+\Lambda-2\alpha<0\,,$$
$$\Lambda\equiv\lambda_0+\Lambda_1+\cdots+\lambda_{D-1}\,.$$

在这样的条件下对 l 的各分量作分部积分，注意

$$\frac{\partial}{\partial l_0}l_0+\frac{\partial}{\partial l_1}l_1+\cdots+\frac{\partial}{\partial l_{D-1}}l_{D-1}=1\,,$$

有

$$J=\int\mathrm{d}^D l\frac{l}{D}\sum_{k=0}^{D-1}\big(\frac{\partial}{\partial l_k}l_k\big)\frac{l_0^{\lambda_0}l_1^{\lambda_1}\cdots l_{D-1}^{\lambda_{D-1}}}{[l^2\;-2lP-Q+\mathrm{i}\epsilon]^\alpha}$$
$$=-\int\mathrm{d}^D l\frac{l}{D}\sum_{k=0}^{D-1}l_k\frac{\partial}{\partial l_k}\Big\{\frac{l_0^{\lambda_0}l_1^{\lambda_1}\cdots l_{D-1}^{\lambda_{D-1}}}{[l^2\;-2lP-Q+\mathrm{i}\epsilon]^\alpha}\Big\}.$$

算子 $\sum_{k=0}^{D-1} l_k \frac{\partial}{\partial l_k}$ 作用于 $l_0^{\lambda_0} l_1^{\lambda_1} \cdots l_{D-1}^{\lambda_{D-1}}$ 时等于后者乘常数 Λ，而作用于 $(l^2 - 2lP - Q + \mathrm{i}\epsilon)$ 时得到 $(2l^2 - 2lP)$，由此可得

$$J = \frac{2\alpha}{D + \Lambda - 2\alpha} \int \mathrm{d}^D l \frac{l_0^{\lambda_0} l_1^{\lambda_1} \cdots l_{D-1}^{\lambda_{D-1}} (Q + lP)}{[l^2 - 2lP - Q + \mathrm{i}\epsilon]^{\alpha+1}}, \tag{232}$$

右边的积分的收敛条件变成

$$\lambda_0 > -1\,, \lambda_1 > -1\,, \cdots, \lambda_{D-1} > -1\,,$$
$$D + \Lambda - 2\alpha < 1\,.$$

即是说，新的表达式除了 $D + \Lambda - 2\alpha$ 等于零的极点，收敛域被扩大了．像这样通过分部积分而使原来收敛的积分扩大其收敛域的操作被称为“偏 p”操作．继续进行这一操作，可以使 J 的新表达式对于任意的 α 和大于 -1 的 $\lambda_0, \cdots, \lambda_{D-1}$ 都有意义，只是 $D + \Lambda - 2\alpha$ 等于 $0, 1, 2, \cdots$ 的极点除外．既然如此，如果在 D, α 以及 $\lambda_0, \cdots, \lambda_{D-1}$ 保持为参量而假定收敛条件被满足时求出 J 的明显表达式，那么可以将这种表达式看成是定义在 D 的复平面上的半纯函数，即除了在正整数 $D = 2\alpha - \Lambda$, $2\alpha - \Lambda + 1$, $2\alpha - \Lambda + 2, \cdots$ 处有极点之外，是解析函数．下面求一种最基本的积分的明显表达式，即是：

$$J(D, \alpha) = \int \mathrm{d}^D l \frac{1}{[l^2 - 2lP - Q + \mathrm{i}\epsilon]^{\alpha}}. \tag{233}$$

然后又可以推出其他积分的达式，例如可以方便地表达如下的量：

$$J_\mu(D, \alpha) = \int \mathrm{d}^D l \frac{l_\mu}{[l^2 - 2lP - Q + \mathrm{i}\epsilon]^{\alpha}}, \tag{234}$$

$$J_{\mu\nu}(D, \alpha) = \int \mathrm{d}^D l \frac{l_\mu l_\nu}{[l^2 - 2lP - Q + \mathrm{i}\epsilon]^{\alpha}}, \tag{235}$$

$$J_{\mu\nu\rho}(D, \alpha) = \int \mathrm{d}^D l \frac{l_\mu l_\nu l_\rho}{[l^2 - 2lP - Q + \mathrm{i}\epsilon]^{\alpha}}, \tag{236}$$

$$J_{\mu\nu\rho\sigma}(4, \alpha) = \int \mathrm{d}^D l \frac{l_\mu l_\nu l_\rho l_\sigma}{[l^2 - 2lP - Q + \mathrm{i}\epsilon]^{\alpha}}. \tag{237}$$

由于这些积分被假定是收敛的，对积分变量作平移或者在积分号下对 P^μ 求微商等操作都是允许的．由积分变量的平移得

$$J(D, \alpha) = \int \mathrm{d}^D l \frac{1}{[l^2 - P^2 - Q + \mathrm{i}\epsilon]^{\alpha}}. \tag{238}$$

对 P 的分量求微商可得

$$J_\mu(D, \alpha) = P_\mu J(0, \alpha)\,, \tag{239}$$

$$J_{\mu\nu}(D, \alpha) = P_\mu P_\nu J(0, \alpha) + \frac{g_{\mu\nu}}{2(\alpha - 1)} J(0, \alpha - 1)\,, \tag{240}$$

以及

$$J_{\mu\nu\rho}(D,\alpha)=P_\mu P_\nu P_\rho J(0,\alpha)+\frac{(P_\mu g_{\nu\rho}+P_\nu g_{\rho\mu}+P_\rho g_{\mu\nu})}{2(\alpha-1)}J(0,\alpha-1)\,, \tag{241}$$

$$\begin{aligned}J_{\mu\nu\rho\sigma}(D,\alpha)=&P_\mu P_\nu P_\rho P_\sigma J(0,\alpha)+\frac{G_{\mu\nu\rho\sigma}}{2(\alpha-1)}J(0,\alpha-1)\\&+\frac{(g_{\mu\nu}g_{\rho\sigma}+g_{\mu\rho}g_{\nu\sigma}+g_{\mu\sigma}g_{\nu\rho})}{4(\alpha-1)(\alpha-2)}J(0,\alpha-2)\,,\end{aligned} \tag{242}$$

$$G_{\mu\nu\rho\sigma}=\big(g_{\mu\nu}P_\rho+g_{\mu\rho}P_\nu+g_{\nu\rho}P_\mu\big)P_\sigma+g_{\mu\sigma}P_\nu P_\rho+g_{\nu\sigma}P_\mu P_\rho+g_{\rho\sigma}P_\mu P_\nu. \tag{243}$$

为了方便，改写一下 $J(D,\alpha)$ 中对于 l_0 的积分

$$\int_{-\infty}^{\infty}\mathrm{d}l_0\frac{1}{[l_0^2-\boldsymbol{l}^2-P^2-Q+\mathrm{i}\epsilon]^\alpha}\,,$$

其中已经将 l^2 写成 $l_0^2-\boldsymbol{l}^2$. 当 ϵ 保持为正数时，不论 $\boldsymbol{l}^2-P^2-Q$ 是正的或是负的，被积函数在 l_0 平面的第一和第三象限以及实轴和虚轴上是解析的，因为它的极点总是在第二和第四象限的内部. 因此有

$$\int_{-\infty}^{\infty}\mathrm{d}l_0\frac{1}{[l_0^2-\boldsymbol{l}^2-P^2-Q+\mathrm{i}\epsilon]^\alpha}=\int_{-\mathrm{i}\infty}^{\mathrm{i}\infty}\mathrm{d}l_0\frac{1}{[l_0^2-\boldsymbol{l}^2-P^2-Q+\mathrm{i}\epsilon]^\alpha}\,.$$

这样就把沿着 l_0 平面实轴的积分改写为沿着虚轴的积分，这种改写被称作施行 Wick 转动. 在此式右边用实变量 $L_0=-\mathrm{i}\,l_0$ 作为新的积分变量，得到

$$\int_{-\infty}^{\infty}\mathrm{d}l_0\frac{1}{[l_0^2-\boldsymbol{l}^2-P^2-Q+\mathrm{i}\epsilon]^\alpha}=\mathrm{i}(-1)^\alpha\int_{-\infty}^{\infty}\mathrm{d}L_0\frac{1}{[L^2+P^2+Q-\mathrm{i}\epsilon]^\alpha}, \tag{244}$$

其中

$$L^2=L_0^2+\boldsymbol{l}^2=L_0^2+l_1^2+\cdots+l_{D-1}^2\,. \tag{245}$$

因此 $J(D,\alpha)$ 被表示成在 D 维欧氏空间的积分：

$$J(D,\alpha)=\mathrm{i}(-1)^\alpha\int\mathrm{d}^DL\,\frac{1}{[L^2+P^2+Q-\mathrm{i}\epsilon]^\alpha}\,. \tag{246}$$

在 D 维欧氏空间的积分体元 d^DL 可以用极坐标 $(L,\theta_1,\cdots,\theta_{D-1})$ 表示为

$$\mathrm{d}^DL=L^{D-1}\mathrm{d}L\mathrm{d}\Omega\,, \tag{247}$$

$$\mathrm{d}\Omega=(\sin\theta_{D-1})^{D-2}\mathrm{d}\theta_{D-1}(\sin\theta_{D-2})^{D-3}\mathrm{d}\theta_{D-2}\cdots\sin\theta_2\mathrm{d}\theta_2\mathrm{d}\theta_1\,. \tag{248}$$

对各坐标积分的范围是：

$$0\leqslant L\,,\quad 0\leqslant(\theta_2,\cdots,\theta_{D-1})<\pi\,,\quad 0\leqslant\theta_1<2\pi\,.$$

改写后的 $J(D,\alpha)$ 的被积函数与 $\theta_1,\cdots,\theta_{D-1}$ 无关，对这些角度以及对 L 的积分可以分别用以下的公式完成：

$$\int_0^\pi (\sin\theta)^n \mathrm{d}\theta = \sqrt{\pi}\,\frac{\Gamma([n+1]/2)}{\Gamma([n+2]/2)}, \qquad \int \mathrm{d}\Omega = \frac{2(\sqrt{\pi})^D}{\Gamma(D/2)},$$
$$\int_0^\infty \mathrm{d}t\,\frac{t^\beta}{(t^2+C)^\alpha} = \frac{\Gamma([\beta+1]/2)\Gamma(\alpha-[\beta+1]/2)}{2\Gamma(\alpha)}\frac{1}{C^{(\alpha-[\beta+1]/2)}},$$

故

$$J(D,\alpha) = \mathrm{i}\,(-1)^\alpha(\sqrt{\pi})^D\frac{\Gamma(\alpha-D/2)}{\Gamma(\alpha)}\frac{1}{(P^2+Q-\mathrm{i}\epsilon)^{\alpha-D/2}}. \tag{249}$$

由此并注意 Γ 函数满足 $z\Gamma(z)=\Gamma(z+1)$, 又得到

$$J_\mu(D,\alpha) = \mathrm{i}\,(-1)^\alpha(\sqrt{\pi})^D\frac{\Gamma(\alpha-D/2)}{\Gamma(\alpha)}\frac{P_\mu}{(P^2+Q-\mathrm{i}\epsilon)^{\alpha-D/2}}, \tag{250}$$

$$\begin{aligned}J_{\mu\nu}(D,\alpha) &= \mathrm{i}\,(-1)^\alpha(\sqrt{\pi})^D\frac{\Gamma(\alpha-D/2)}{\Gamma(\alpha)}\frac{P_\mu P_\nu}{(P^2+Q-\mathrm{i}\epsilon)^{\alpha-D/2}}\\ &\quad+\mathrm{i}\,(-1)^{\alpha-1}(\sqrt{\pi})^D\frac{\Gamma(\alpha-1-D/2)}{2\Gamma(\alpha)}\frac{g_{\mu\nu}}{(P^2+Q-\mathrm{i}\epsilon)^{\alpha-1-D/2}},\end{aligned} \tag{251}$$

$$\begin{aligned}J_{\mu\nu\rho}(D,\alpha) &= \mathrm{i}\,(-1)^\alpha(\sqrt{\pi})^D\frac{\Gamma(\alpha-D/2)}{\Gamma(\alpha)}\frac{P_\mu P_\mu P_\lambda}{(P^2+Q-\mathrm{i}\epsilon)^{\alpha-D/2}}\\ &\quad+\mathrm{i}\,(-1)^{\alpha-1}(\sqrt{\pi})^D\frac{\Gamma(\alpha-1-D/2)}{2\Gamma(\alpha)}\frac{(P_\mu g_{\nu\lambda}+P_\nu g_{\lambda\mu}+P_\lambda g_{\mu\nu})}{(P^2+Q-\mathrm{i}\epsilon)^{\alpha-1-D/2}},\end{aligned} \tag{252}$$

以及

$$\begin{aligned}J_{\mu\nu\rho\sigma}(D,\alpha) &= \mathrm{i}\,(-1)^\alpha(\sqrt{\pi})^D\frac{\Gamma(\alpha-D/2)}{\Gamma(\alpha)}\frac{P_\mu P_\nu P_\rho P_\sigma}{(P^2+Q-\mathrm{i}\epsilon)^{\alpha-D/2}}\\ &\quad+\mathrm{i}\,(-1)^{\alpha-1}(\sqrt{\pi})^D\frac{\Gamma(\alpha-1-D/2)}{\Gamma(2\alpha)}\frac{G_{\mu\nu\rho\sigma}}{(P^2+Q-\mathrm{i}\epsilon)^{\alpha-1-D/2}}\\ &\quad+\mathrm{i}\,(-1)^{\alpha}(\sqrt{\pi})^D\frac{\Gamma(\alpha-2-D/2)}{\Gamma(4\alpha)}\frac{(g_{\mu\nu}g_{\rho\sigma}+g_{\mu\rho}g_{\nu\sigma}+g_{\mu\sigma}g_{\nu\rho})}{(P^2+Q-\mathrm{i}\epsilon)^{\alpha-2-D/2}}.\end{aligned} \tag{253}$$

将这样的表达式延拓至 D 的复平面就成为半纯函数，即除了一些孤立极点之外是解析函数，因此可以在 D 充分接近于 4 时用于构造单圈 Feynman 积分的正规化形式.

由上述方法得到

$$-\mathrm{i}\,\Sigma_{[0]}^{[1]}(F,p) = \frac{\mathrm{i}e^2}{16\pi^2}(4\pi\mu^2)^\varepsilon\,\Gamma(\varepsilon)\int_0^1 \mathrm{d}x\frac{2(1-\varepsilon)(1-x)\not{p}-2m(2-\varepsilon)}{[x^2p^2+x(m^2-p^2)-\mathrm{i}\epsilon]^\varepsilon}, \tag{254}$$

$$-\mathrm{i}\,\Sigma_{[0]}^{[1]}(\xi,p)=(1-\xi)\frac{\mathrm{i}e^2}{16\pi^2}(4\pi\mu^2)^{\varepsilon}\,\Gamma(\varepsilon)\int_0^1\mathrm{d}x\frac{(m-\not{p})}{[x^2p^2+x(m^2-p^2)-\mathrm{i}\epsilon]^{\varepsilon}}$$
$$-(1-\xi)\frac{\mathrm{i}e^2}{16\pi^2}(4\pi\mu^2)^{\varepsilon}\,\Gamma(1+\varepsilon)\int_0^1\mathrm{d}x\frac{x(1-x)(p^2-m^2)\not{p}}{[x^2p^2+x(m^2-p^2)-\mathrm{i}\epsilon]^{\varepsilon+1}},\tag{255}$$

$$\mathrm{i}\,e^2\Pi_{[0]}^{[1]\rho\lambda}(k)=(k^\rho k^\lambda-k^2g^{\rho\lambda})\mathrm{i}e^2\Pi_{[0]}^{(1)}(k)$$
$$=(k^\rho k^\lambda-k^2g^{\rho\lambda})\frac{\mathrm{i}e^2}{2\pi^2}(4\pi\mu^2)^{\varepsilon}\,\Gamma(\varepsilon)\int_0^1\mathrm{d}x\frac{x(1-x)}{[m^2-x(1-x)k^2-\mathrm{i}\epsilon]^{\varepsilon}},\tag{256}$$

$$-\mathrm{i}\,\Lambda_{[0]}^{[1]\mu}(p_1,p_2)=-\mathrm{i}\,\Lambda_{[0]F}^{[1]\mu}(p_1,p_2)-\mathrm{i}\,\Lambda_{[0]\xi}^{[1]\mu}(p_1,p_2),\tag{257}$$

其中

$$-\mathrm{i}\,\Lambda_{[0]F}^{[1]\mu}(p_1,p_2)=-\frac{\mathrm{i}e^2}{16\pi^2}(4\pi\mu^2)^{\varepsilon}\,\Gamma(\varepsilon)\frac{1}{2}\int_0^1\mathrm{d}x\int_0^1\mathrm{d}y\,y\frac{\gamma_\sigma\gamma_\rho\gamma^\mu\gamma^\rho\gamma^\sigma}{(P_\Lambda^2+Q_\Lambda-\mathrm{i}\epsilon)^{\varepsilon}}$$
$$+\frac{\mathrm{i}e^2}{16\pi^2}(4\pi\mu^2)^{\varepsilon}\,\Gamma(1+\varepsilon)\int_0^1\mathrm{d}x\int_0^1\mathrm{d}y\,y$$
$$\times\frac{\gamma_\rho\{\not{P}_\Lambda\gamma^\mu\not{P}_\Lambda-(\not{p}_1+m)\gamma^\mu\not{P}_\Lambda-\not{P}_\Lambda\gamma^\mu(\not{p}_2+m)\}\gamma^\rho}{(P_\Lambda^2+Q_\Lambda-\mathrm{i}\epsilon)^{\varepsilon+1}}$$
$$+\frac{\mathrm{i}e^2}{16\pi^2}(4\pi\mu^2)^{\varepsilon}\,\Gamma(1+\varepsilon)\int_0^1\mathrm{d}x\int_0^1\mathrm{d}y\,y\frac{\gamma_\rho(\not{p}_1+m)\gamma^\mu(\not{p}_2+m)\gamma^\rho}{(P_\Lambda^2+Q_\Lambda-\mathrm{i}\epsilon)^{\varepsilon+1}},$$

$$-\mathrm{i}\,\Lambda_{[0]\xi}^{[1]\mu}(p_1,p_2)=\frac{\mathrm{i}e^2}{16\pi^2}(4\pi\mu^2)^{\varepsilon}(1-\xi)\,\Gamma(\varepsilon)\int_0^1\mathrm{d}x\int_0^1\mathrm{d}y\,y\frac{(2-\varepsilon)\gamma^\mu}{(P_\Lambda^2+Q_\Lambda-\mathrm{i}\epsilon)^{\varepsilon}}$$
$$+\frac{\mathrm{i}e^2}{16\pi^2}(4\pi\mu^2)^{\varepsilon}(1-\xi)\,\Gamma(1+\varepsilon)\int_0^1\mathrm{d}x\int_0^1\mathrm{d}y\,y\frac{\not{P}_\Lambda\not{p}_1\gamma^\mu+\gamma^\mu\not{p}_2\not{P}_\Lambda+2mP_\Lambda^\mu-P_\Lambda^2\gamma^\mu}{(P_\Lambda^2+Q_\Lambda-\mathrm{i}\epsilon)^{\varepsilon+1}}$$
$$-\frac{\mathrm{i}e^2}{16\pi^2}(4\pi\mu^2)^{\varepsilon}(1-\xi)\,\Gamma(1+\varepsilon)\frac{1}{2}\int_0^1\mathrm{d}x\int_0^1\mathrm{d}y\,y(1-y)\frac{\gamma_\rho(\not{p}_1+m)\gamma^\mu(\not{p}_2+m)\gamma^\rho}{(P_\Lambda^2+Q_\Lambda-\mathrm{i}\epsilon)^{\varepsilon+1}}$$
$$+\frac{\mathrm{i}e^2}{16\pi^2}(4\pi\mu^2)^{\varepsilon}(1-\xi)\,\Gamma(2+\varepsilon)\int_0^1\mathrm{d}x\int_0^1\mathrm{d}y\,y(1-y)\frac{\not{P}_\Lambda(\not{p}_1+m)\gamma^\mu(\not{p}_2+m)\not{P}_\Lambda}{(P_\Lambda^2+Q_\Lambda-\mathrm{i}\epsilon)^{\varepsilon+2}},$$

这些表达式在 ε 保持有限而充分接近于 0 时即是维数正规化形式. 这时有

$$\Gamma(\varepsilon)\approx\frac{1}{\varepsilon}-\gamma,\tag{258}$$

$$\Gamma(1+\varepsilon)\approx1-\gamma\varepsilon,\tag{259}$$

$$\Gamma(2+\varepsilon)=(1+\varepsilon)\Gamma(1+\varepsilon)\approx1-\gamma\varepsilon+\varepsilon,\tag{260}$$

$$(4\pi\mu^2)^{\varepsilon}\approx1+\varepsilon\ln(4\pi\mu^2).\tag{261}$$

其中 $\gamma\approx0.577\cdots$ 是 Euler 常数. 紫外发散是由 $\Gamma(\varepsilon)$ 在 ε 趋于零时的极点显示的, 可借助 R 减除运算来消除. 另一方面, 当减除点处在外动量的“质壳”

上时，那些含有红外发散的项会由于合成分母的过高幂次产生如下的因子：

$$\int_0^1 \mathrm{d}x \, \frac{1}{x^{2\varepsilon+1}} = -\frac{1}{2\varepsilon_{\mathrm{L}}} \,, \tag{262}$$

这时特别地约定 ε 是接近于 0 的负数，并且将它记为 ε_{L}, 以便标记红外发散.

将 $\mathrm{i}e^2\varPi_{[0]}^{[1]\rho\lambda}(k)$ 的上述表达式化简可得

$$\begin{aligned}\mathrm{i}e^2\varPi_{[0]}^{[1]}(k) = {} & \frac{\mathrm{i}e^2}{2\pi^2}\int_0^1 \mathrm{d}x\, x(1-x)\ln\left[\frac{m^2}{m^2 - x(1-x)\,k^2 - \mathrm{i}\epsilon}\right] \\ & + \frac{\mathrm{i}e^2}{12\pi^2}\left\{\frac{1}{\varepsilon} - \gamma - \ln\frac{m^2}{4\pi\mu^2}\right\}.\end{aligned} \tag{263}$$

这等于用 $1/\varepsilon - \gamma - \ln(m^2/4\pi\mu^2)$ 代替相应的 Pauli-Villars 正规化公式中的 $\ln(\overline{\varLambda}^2/m^2)$. 在质壳减除方案下, $\mathrm{i}e^2\varPi_{[0]}^{[1]\rho\lambda}(k)$ 被减去的量是

$$\begin{aligned}&\Big(k^\rho k^\lambda - k^2 g^{\rho\lambda}\Big)\mathrm{i}e^2\varPi_{[0]}^{[1]}(0)\,, \\ &\mathrm{i}e^2\varPi_{[0]}^{[1]}(0) = \frac{\mathrm{i}e^2}{12\pi^2}\left\{\frac{1}{\varepsilon} - \gamma - \ln\frac{m^2}{4\pi\mu^2}\right\}.\end{aligned} \tag{264}$$

对 p 的“质壳”值，计算 $-\mathrm{i}\,\varSigma_{[0]}^{[1]}(p)$ 和它的微商得

$$-\mathrm{i}\,\varSigma_{[0]}^{[1]}(p)\Big|_{\not p=m} = -\mathrm{i}\,\varSigma_{[0]}^{[1]}(F,p)\Big|_{\not p=m} = -\frac{\mathrm{i}e^2 m}{16\pi^2}\left\{\frac{3}{\varepsilon} - 3\gamma - 3\,\ln\frac{m^2}{4\pi\mu^2} + 4\right\}, \tag{265}$$

$$-\mathrm{i}\frac{\partial}{\partial\not p}\varSigma_{[0]}^{[1]}(F,p)\Big|_{\not p=m} = \frac{\mathrm{i}e^2}{16\pi^2}\left\{\frac{1}{\varepsilon} + \frac{2}{\varepsilon_{\mathrm{L}}} - 3\gamma - 3\,\ln\frac{m^2}{4\pi\mu^2} + 4\right\}, \tag{266}$$

以及

$$-\mathrm{i}\frac{\partial}{\partial\not p}\varSigma_{[0]}^{[1]}(\xi,p)\Big|_{\not p=m} = (1-\xi)\frac{\mathrm{i}e^2}{16\pi^2}\left\{\frac{1}{\varepsilon_{\mathrm{L}}} - \frac{1}{\varepsilon}\right\}. \tag{267}$$

此外，直接计算 $-\mathrm{i}\,\varLambda_{[0]}^{[1]\mu}(p,p)\Big|_{\not p=m}$, 也可以求得

$$\varLambda_{[0]}^{[1]\mu}(p,p)\Big|_{\not p=m} = -\frac{\partial}{\partial p_\mu}\varSigma_{[0]}^{[1]}(p)\Big|_{\not p=m}. \tag{268}$$

根据以上结果，在“质壳”减除方案下的单圈重正化常数和抵消项的表达式如下：

$$Z_1 = Z_2 \approx 1 + b_1\,, \tag{269}$$

$$Z_3 \approx 1 + f_1\,, \tag{270}$$

$$Z_2\,\delta m \approx \delta_1\,, \tag{271}$$

$$\Delta\mathcal{L}_1(x) = b_1\,\overline{\psi}(x)(\mathrm{i}\gamma^\mu\partial_\mu - m)\psi(x) \;+\; \delta_1\,\overline{\psi}(x)\psi(x) \\ -e\,b_1\,\overline{\psi}(x)\gamma^\mu\psi(x)A_\mu(x) \;-\; \frac{1}{4}f_1\,F_{\mu\nu}(x)F^{\mu\nu}(x)\,, \tag{272}$$

其中

$$b_1 = -\frac{e^2}{16\pi^2}\Big\{\frac{1}{\varepsilon} + \frac{2}{\varepsilon_{\mathrm{L}}} - 3\gamma - 3\,\ln\frac{m^2}{4\pi\mu^2} + 4\Big\} + (1-\xi)\frac{e^2}{16\pi^2}\Big\{\frac{1}{\varepsilon} - \frac{1}{\varepsilon_{\mathrm{L}}}\Big\}, \tag{273}$$

$$\delta_1 = \frac{e^2 m}{16\pi^2}\Big\{\frac{3}{\varepsilon} - 3\gamma - 3\,\ln\frac{m^2}{4\pi\mu^2} + 4\Big\}, \tag{274}$$

$$f_1 = -\frac{e^2}{12\pi^2}\Big\{\frac{1}{\varepsilon} - \gamma - \ln\frac{m^2}{4\pi\mu^2}\Big\}. \tag{275}$$

§ 7 散射初末态. 物理态矢量空间

本小节在 Feynman 形式的规范确定项下 ($\xi = 1$), 根据本章 (32) 式所示的无微扰有效拉氏函数 $\mathcal{L}_{\mathrm{eff}}^{(0\,0)}$, 按照 Gupta-Bleuler 方案, 确定自由电磁场的有效哈密顿量算符 H_{A} 和物理态条件, 以便于用自由 Dirac 场的哈密顿量算符 H_{D} 与 H_{A} 之和的物理本征态 (或近似的物理本征态) 代表散射初末态, 并且借助这种物理态的态矢量的线性组合构成物理态矢量空间 (简称物理态空间).

7.1 自由电磁场的 Gupta-Bleuler 量子化. 物理态条件

用 $\mathcal{L}_{\mathrm{A,eff}}^{(0\,0)}(x)$ 代表无微扰有效拉氏函数的自由电磁场部分, 即

$$\mathcal{L}_{\mathrm{A,eff}}^{(0\,0)}(x) = -\frac{1}{4}F_{\mu\nu}F^{\mu\nu} - \frac{1}{2\xi}(\partial^\mu A_\mu(x))^2\,, \tag{276}$$

求经典拉氏运动方程得到

$$\partial^\nu\partial_\nu\,A_\mu(x) = \big(1-\frac{1}{\xi}\big)\partial_\mu(\partial^\nu A_\nu(x))\,. \tag{277}$$

共轭于 A_μ 的正则动量是

$$\Pi_0 = -\dot{A}_0 + \big(1-\tfrac{1}{\xi}\big)\partial^\nu A_\nu\,,$$
$$\Pi_l = -\dot{A}_l\,.$$

故

$$\dot{A}_0 = -\xi\Pi_0 + (\xi-1)\partial^l A_l\,,$$
$$\dot{A}_l = -\Pi_l\,.$$

动量、角动量和哈密顿量是

$$P_{\mathrm{A}}^{l}=\int \mathrm{d}^{3}x\{\Pi_{\mu}\partial^{l}A^{\mu}\},$$

$$M_{\mathrm{A}}^{kl}=\int \mathrm{d}^{3}x\Pi_{\sigma}\{x^{k}\partial^{l}A^{\sigma}-x^{l}\partial^{k}A^{\sigma}+\Sigma_{\lambda}^{kl\sigma}A^{\lambda}\},$$

$$H_{\mathrm{A}}=\int \mathrm{d}^{3}x\Big\{\frac{1}{2}(1-\xi)(\Pi_{0}-\partial^{l}A_{l})^{2}-\frac{1}{2}\Pi_{\mu}\Pi^{\mu}+\frac{1}{2}(\partial_{l}A_{\nu})(\partial^{l}A^{\nu})\Big\}.$$

将 A^{μ},Π_{ν} 的经典运动方程写成正则形式有

$$\dot{A}^{\mu}(\boldsymbol{x},t)=\frac{\delta}{\delta\Pi_{\mu}(\boldsymbol{x},t)}H_{\mathrm{A}},\tag{278}$$

$$\dot{\Pi}_{\nu}(\boldsymbol{x},t)=-\frac{\delta}{\delta A^{\nu}(\boldsymbol{x},t)}H_{\mathrm{A}}.\tag{279}$$

所以在 Schrödinger 绘景的量子条件是

$$\big[A^{\mu}(\boldsymbol{x}),\Pi_{\nu}(\boldsymbol{y})\big]=\mathrm{i}\,g_{\nu}^{\mu}\,\delta^{3}(\boldsymbol{x}-\boldsymbol{y}),\tag{280}$$

$$\big[A^{\mu}(\boldsymbol{x}),A^{\nu}(\boldsymbol{y})\big]=\big[\Pi_{\mu}(\boldsymbol{x}),\Pi_{\nu}(\boldsymbol{y})\big]=0,\tag{281}$$

其中 $A_{\mu}(\boldsymbol{x})$ 和 $\Pi_{\mu}(\boldsymbol{x})$ 是与时间无关的厄米算符:

$$A_{\mu}^{\dagger}(\boldsymbol{x})=A_{\mu}(\boldsymbol{x}),\quad \Pi_{\mu}^{\dagger}(\boldsymbol{x})=\Pi_{\mu}(\boldsymbol{x}).\tag{282}$$

Heisenberg 绘景的相应算符是

$$A_{\mu}(x)=\mathrm{e}^{\mathrm{i}H_{\mathrm{A}}t}A_{\mu}(\boldsymbol{x})\mathrm{e}^{-\mathrm{i}H_{\mathrm{A}}t},\quad \Pi_{\nu}(y)=\mathrm{e}^{\mathrm{i}H_{\mathrm{A}}t}\Pi_{\nu}(\boldsymbol{y})\mathrm{e}^{-\mathrm{i}H_{\mathrm{A}}t}.$$

这里用经典场函数的记号和哈密顿量代表场算符和哈密顿量算符, 应该不会造成误解.

我们来比较一下 A_{μ},Π_{ν} 的 Heisenberg 运动方程与经典运动方程的形式. 由

$$\dot{A}_{\mu}(x)=\mathrm{i}\,\mathrm{e}^{\mathrm{i}H_{\mathrm{A}}t}[H_{\mathrm{A}},A_{\mu}(\boldsymbol{x})]\mathrm{e}^{-\mathrm{i}H_{\mathrm{A}}t},$$

$$\dot{\Pi}_{\mu}(x)=\mathrm{i}\,\mathrm{e}^{\mathrm{i}H_{\mathrm{A}}t}[H_{\mathrm{A}},\Pi_{\mu}(\boldsymbol{x})]\mathrm{e}^{-\mathrm{i}H_{\mathrm{A}}t},$$

利用 (280), (281) 式得出

$$\dot{A}_{0}(x)=-\xi\Pi_{0}(x)+(\xi-1)\partial^{l}A_{l}(x),$$

$$\dot{A}_{l}(x)=-\Pi_{l}(x),$$

$$\dot{\Pi}_{0}(x)-\partial^{l}\partial_{l}A_{0}(x)=0,$$

$$\dot{\Pi}_{l}(x)-\partial^{j}\partial_{j}A_{l}(x)+(1-\xi)\partial_{l}\big(\Pi_{0}(x)-\partial^{j}A_{j}(x)\big)=0.$$

由此可证实 $A_\mu(x)$ 满足经典运动方程 (277). 即是说，量子条件保证 Heisenberg 场算符的运动方程与经典运动方程的形式一致.

正如经典的拉氏方程 (277) 能够与洛伦兹条件 $\partial^\mu A_\mu = 0$ 联立而成为代表自由电磁场的 Maxwell 理论的方程组，可以将这样的联立方程组进行 Gupta-Bleuler 量子化来构成相应的量子理论. 如上所述，我们采用 $\xi = 1$ 的规范确定项，按照 Gupta-Bleuler 方案进行量子化和建立物理态条件. 于是 $\Pi_\mu(x) =-\dot{A}_\mu(x)$, 而 H_{A} 变成

$$H_{\mathrm{A}} = \int \mathrm{d}^3 x \Big\{ -\frac{1}{2}\Pi_\mu \Pi^\mu + \frac{1}{2}\big(\partial_l A_\nu\big)\big(\partial^l A^\nu\big)\Big\}. \tag{283}$$

将 $A_\mu(\boldsymbol{x}), \Pi_\mu(\boldsymbol{x})$ 展开成

$$A_\mu(\boldsymbol{x}) = \int \frac{\mathrm{d}^3 k}{\sqrt{2\omega(2\pi)^3}}\Big(a_\mu(\boldsymbol{k})\mathrm{e}^{\mathrm{i}\boldsymbol{k}\cdot\boldsymbol{x}} + a_\mu^\dagger(\boldsymbol{k})\mathrm{e}^{-\mathrm{i}\boldsymbol{k}\cdot\boldsymbol{x}}\Big), \tag{284}$$

$$\Pi_\mu(\boldsymbol{x}) = \int \frac{\mathrm{i}\,\mathrm{d}^3 k}{\sqrt{(2\pi)^3}}\sqrt{\frac{\omega}{2}}\Big(a_\mu(\boldsymbol{k})\mathrm{e}^{\mathrm{i}\boldsymbol{k}\cdot\boldsymbol{x}} - a_\mu^\dagger(\boldsymbol{k})\mathrm{e}^{-\mathrm{i}\boldsymbol{k}\cdot\boldsymbol{x}}\Big), \tag{285}$$

$$\omega(k) = |\boldsymbol{k}|,$$

则

$$a_\mu^\dagger(\boldsymbol{k}) = \int \mathrm{d}^3 x \frac{1}{\sqrt{(2\pi)^3}}\mathrm{e}^{\mathrm{i}\boldsymbol{k}\cdot\boldsymbol{x}}\Big\{\sqrt{\frac{\omega}{2}}A_\mu(\boldsymbol{x}) + \frac{\mathrm{i}}{\sqrt{2\omega}}\Pi_\mu(\boldsymbol{x})\Big\}, \tag{286}$$

$$a_\mu(\boldsymbol{k}) = \int \mathrm{d}^3 x \frac{1}{\sqrt{(2\pi)^3}}\mathrm{e}^{-\mathrm{i}\boldsymbol{k}\cdot\boldsymbol{x}}\Big\{\sqrt{\frac{\omega}{2}}A_\mu(\boldsymbol{x}) - \frac{\mathrm{i}}{\sqrt{2\omega}}\Pi_\mu(\boldsymbol{x})\Big\}, \tag{287}$$

利用 (280), (281) 式所示的对易关系可得出

$$[a_\mu(\boldsymbol{k}), a_\nu^\dagger(\boldsymbol{k}')] = -g_{\mu\nu}\delta^3(\boldsymbol{k} - \boldsymbol{k}'), \tag{288}$$

$$[a_\mu(\boldsymbol{k}), a_\nu(\boldsymbol{k}')] = [a_\mu^\dagger(\boldsymbol{k}), a_\nu^\dagger(\boldsymbol{k}')] = 0, \tag{289}$$

$$[k^\mu a_\mu(\boldsymbol{k}), k'^\nu a_\nu^\dagger(\boldsymbol{k}')] = 0. \tag{290}$$

算符 H_{A} 去掉一个相加常数可写成

$$H_{\mathrm{A}} = -g^{\mu\nu}\int \mathrm{d}^3 k \left\{|\boldsymbol{k}|\, a_\mu^\dagger(\boldsymbol{k})\, a_\nu(\boldsymbol{k})\right\}. \tag{291}$$

动量算符也是对角化的

$$\widehat{\boldsymbol{P}}_{\mathrm{A}} = -g^{\mu\nu}\int \mathrm{d}^3 k \left\{\boldsymbol{k}\, a_\mu^\dagger(\boldsymbol{k})\, a_\nu(\boldsymbol{k})\right\}. \tag{292}$$

设 $|0\rangle$ 是满足 $a_\nu(\boldsymbol{k})|0\rangle=0$ 的态矢量，于是

$$
\begin{aligned}
&H_{\mathrm{A}}|0\rangle=0\,,\quad \widehat{\boldsymbol{P}}_{\mathrm{A}}|0\rangle=0\,,\\
&H_{\mathrm{A}}\,a_\mu^\dagger(\boldsymbol{k})|0\rangle=\omega(k)\,a_\mu^\dagger(\boldsymbol{k})|0\rangle\,,\\
&\widehat{\boldsymbol{P}}_{\mathrm{A}}\,a_\mu^\dagger(\boldsymbol{k})|0\rangle=\boldsymbol{k}\,a_\mu^\dagger(\boldsymbol{k})|0\rangle\,,\\
&\langle 0|a_\mu(\boldsymbol{k})\,a_\nu^\dagger(\boldsymbol{k})'|0\rangle=-g_{\mu\nu}\,\delta^3(\boldsymbol{k}-\boldsymbol{k}')\,.
\end{aligned}
$$

H_{A} 和动量算符也可以用“正规积”记号 :: 表示成

$$
H_{\mathrm{A}}=\int\mathrm{d}^3x\,:\,\frac{1}{2}\Big\{-\varPi_\mu(\boldsymbol{x})\varPi^\mu(\boldsymbol{x})+\big(\partial_l A_\nu(\boldsymbol{x})\big)\big(\partial^l A^\nu(\boldsymbol{x})\big)\Big\}\,:\,, \tag{293}
$$

$$
\widehat{P}_{\mathrm{A}}^l=\int\mathrm{d}^3x\,:\,\big\{\varPi_\mu(\boldsymbol{x})\partial^l A^\mu(\boldsymbol{x})\big\}\,:\,. \tag{294}
$$

所谓“正规积”，即是将对于裸真空态 $|0\rangle$ 而言的湮灭算符排在产生算符的右边，而且在正规积记号下的玻色型产生算符和湮灭算符互相对易．

关于自旋算符，这里简略讨论一下它沿动量方向的分量，实际上即是总角动量沿动量方向的分量，所以也代表一个守恒量．按照 (22) 式，自旋算符的分量由下式确定

$$
S^{ll'}=\int\mathrm{d}^3x\,:\,\Big\{\varPi^l(\boldsymbol{x})\,A^{l'}(\boldsymbol{x})-\varPi^{l'}(\boldsymbol{x})\,A^l(\boldsymbol{x})\Big\}\,:\,.
$$

由此以及 (284), (285) 式求得

$$
S^{ll'}=-\mathrm{i}\int\mathrm{d}^3k\Big\{a_l^\dagger(\boldsymbol{k})\,a_{l'}(\boldsymbol{k})-a_{l'}^\dagger(\boldsymbol{k})\,a_l(\boldsymbol{k})\Big\}\,. \tag{295}
$$

故

$$
\begin{aligned}
\boldsymbol{S}=&-\mathrm{i}\int\mathrm{d}^3k\Big\{a_2^\dagger(\boldsymbol{k})\,a_3(\boldsymbol{k})-a_3^\dagger(\boldsymbol{k})\,a_2(\boldsymbol{k})\Big\}\boldsymbol{j}_1\\
&-\mathrm{i}\int\mathrm{d}^3k\Big\{a_3^\dagger(\boldsymbol{k})\,a_1(\boldsymbol{k})-a_1^\dagger(\boldsymbol{k})\,a_3(\boldsymbol{k})\Big\}\boldsymbol{j}_2\\
&-\mathrm{i}\int\mathrm{d}^3k\Big\{a_1^\dagger(\boldsymbol{k})\,a_2(\boldsymbol{k})-a_2^\dagger(\boldsymbol{k})\,a_1(\boldsymbol{k})\Big\}\boldsymbol{j}_3\,.
\end{aligned} \tag{296}
$$

其中 $\boldsymbol{j}_1$, $\boldsymbol{j}_2$ 和 $\boldsymbol{j}_3$ 代表沿坐标轴正向的三个单位矢量． $\boldsymbol{S}\cdot\widehat{\boldsymbol{P}}_{\mathrm{A}}$ 作用于单体态 $a_\nu(\boldsymbol{k})|0\rangle=0$ 的结果可以表示成

$$
\boldsymbol{S}\cdot\widehat{\boldsymbol{P}}_{\mathrm{A}}\,a_\nu^\dagger(\boldsymbol{k})|0\rangle=S_p\,a_\nu^\dagger(\boldsymbol{k})|0\rangle\,, \tag{297}
$$

$$
\begin{aligned}
S_p=-\mathrm{i}\int\mathrm{d}^3k\Big\{&\,k^1\Big(a_2^\dagger(\boldsymbol{k})\,a_3(\boldsymbol{k})-a_3^\dagger(\boldsymbol{k})\,a_2(\boldsymbol{k})\Big)\\
&+k^2\Big(a_3^\dagger(\boldsymbol{k})\,a_1(\boldsymbol{k})-a_1^\dagger(\boldsymbol{k})\,a_3(\boldsymbol{k})\Big)\\
&+k^3\Big(a_1^\dagger(\boldsymbol{k})\,a_2(\boldsymbol{k})-a_2^\dagger(\boldsymbol{k})\,a_1(\boldsymbol{k})\Big)\Big\}\,.
\end{aligned} \tag{298}
$$

$\partial^\mu A_\mu$ 的算符 (Schrödinger 绘景) 是

$$\partial^l A_l(\boldsymbol{x}) - \Pi_0(\boldsymbol{x}) = \int \frac{\mathrm{i}\,\mathrm{d}^3k}{\sqrt{2\omega(2\pi)^3}}\Big(\big[-|\boldsymbol{k}|a_0(\boldsymbol{k}) - k^l\,a_l(\boldsymbol{k})\big]\mathrm{e}^{\mathrm{i}\boldsymbol{k}\cdot\boldsymbol{x}} + \big[|\boldsymbol{k}|a_0^\dagger(\boldsymbol{k}) + k^l\,a_l^\dagger(\boldsymbol{k})\big]\mathrm{e}^{-\mathrm{i}\boldsymbol{k}\cdot\boldsymbol{x}}\Big).$$

再用 k^0 代表 $|\boldsymbol{k}|$, 物理态的条件可以表示为

$$k^\mu a_\mu(\boldsymbol{k})\,|\Psi_{\rm ph}\rangle = 0\,. \tag{299}$$

全部独立的物理态矢量的线性组合形成自由电磁场的物理态矢量空间，后面也用这样的公式表示电磁场和电子场总系统的物理态条件.

由于 $[k^\mu a_\mu(\boldsymbol{k})\,, k'^\nu a_\nu^\dagger(\boldsymbol{k}')] = 0$, 物理态条件表明，算符 $\partial^\mu A_\mu$ 及其多重积在物理态之间的矩阵元等于零. 各种 $\boldsymbol{k}$ 下的 $k^\nu a_\nu^\dagger(\boldsymbol{k})$ 或多重积作用于符合物理态条件的态矢量的结果仍然符合物理态条件，不过这种“态矢量”正交于所有符合物理态条件的态矢量. 例如，单体态矢量 $f^\mu(\boldsymbol{k})a_\mu^\dagger(\boldsymbol{k})\,|0\rangle$, 如果它符合物理态条件，而 $F^\mu(\boldsymbol{k}) = f^\mu(\boldsymbol{k}) + k^\mu\,g(\boldsymbol{k})$, 于是 $F^\mu(\boldsymbol{k})a_\mu^\dagger(\boldsymbol{k})\,|0\rangle$ 仍然符合物理态条件，而且这两种态矢量与所有符合物理态条件的态矢量的内积都相同，即是在物理上等效. $\partial^\mu A_\mu(\boldsymbol{x})$ 作用于任何物理态矢量的结果都等效于零矢量，或者说，算符形式的洛伦兹条件在物理态空间内是成立的. 因此一个线性算符如果使被作用的物理态保持为物理态 (可以是由一些不符合这种条件的算符构成的符合条件者), 就可以用其在物理态的矩阵元计算概率幅. 一个线性厄米算符如果使被作用的物理态保持为物理态并且其全部独立的物理本征态构成物理态完备组，就可以在物理态空间中对角化，而且用其在物理态的本征值代表观察值.

根据 (288)—(292) 式以及 (296) 式可求得

$$\big[k^\mu a_\mu(\boldsymbol{k}), H_{\rm A}\big] = k^0\,k^\mu a_\mu(\boldsymbol{k})\,, \tag{300}$$

$$\big[k^\mu a_\mu(\boldsymbol{k}), \widehat{\boldsymbol{P}}_{\rm A}\big] = \boldsymbol{k}\,k^\mu a_\mu(\boldsymbol{k})\,, \tag{301}$$

$$\big[k^\mu a_\mu(\boldsymbol{k}), \boldsymbol{S}_p\big] = 0\,. \tag{302}$$

$H_{\rm A}$, $\widehat{\boldsymbol{P}}_{\rm A}$ 和 $\boldsymbol{S}\cdot\widehat{\boldsymbol{P}}_{\rm A}$ 都具有非物理本征态，但是这些算符作用于物理态矢量的结果仍然是物理态矢量.

现在对每种 $\boldsymbol{k}$ 定义四种极化矢量 $\varepsilon^\mu(\boldsymbol{k}\Lambda)(\Lambda = 0, 1, 2, 3)$, 将 $a_\mu^\dagger(\boldsymbol{k})$ 表示成四种极化光子的产生算符的组合

$$a_\mu^\dagger(\boldsymbol{k}) = \sum_\Lambda \varepsilon_\mu(\boldsymbol{k}\Lambda)\,a^\dagger(\boldsymbol{k}\Lambda)\,, \tag{303}$$

其中 $\varepsilon^{\mu}(\boldsymbol{k}\Lambda)=\varepsilon^{\mu *}(\boldsymbol{k}\Lambda)$, $\varepsilon_{\mu}(\boldsymbol{k}\Lambda)=g_{\mu\nu}\,\varepsilon^{\nu}(\boldsymbol{k}\Lambda)$, 并满足

$$g_{\mu\nu}\varepsilon^{\mu}(\boldsymbol{k}\Lambda)\,\varepsilon^{\nu}(\boldsymbol{k}\Lambda')=g_{\Lambda\Lambda'}\,, \tag{304}$$

$$\sum_{\Lambda\Lambda'}g_{\Lambda\Lambda'}\varepsilon^{\mu}(\boldsymbol{k}\Lambda)\,\varepsilon^{\nu}(\boldsymbol{k}\Lambda')=g^{\mu\nu}\,, \tag{305}$$

以及

$$k_{\mu}\varepsilon^{\mu}(\boldsymbol{k}1)=k_{\mu}\varepsilon^{\mu}(\boldsymbol{k}2)=0\,, \tag{306}$$

$$|\boldsymbol{k}|\,\varepsilon^{\mu}(\boldsymbol{k}0)+|\boldsymbol{k}|\,\varepsilon^{\mu}(\boldsymbol{k}3)=k^{\mu}\,. \tag{307}$$

于是

$$\varepsilon^{\mu}(\boldsymbol{k}\Lambda)\,a_{\mu}^{\dagger}(\boldsymbol{k})=\sum_{\Lambda'}g_{\Lambda\Lambda'}\,a^{\dagger}(\boldsymbol{k}\Lambda')\,, \tag{308}$$

$$\left[a^{\dagger}(\boldsymbol{k}\Lambda)\,,a^{\dagger}(\boldsymbol{k}'\Lambda')\right]=0\,, \tag{309}$$

$$\left[a(\boldsymbol{k}\Lambda)\,,a^{\dagger}(\boldsymbol{k}'\Lambda')\right]=-g_{\Lambda\Lambda'}\delta(\boldsymbol{k}-\boldsymbol{k}')\,. \tag{310}$$

为了给出极化矢量的一种比较明显的表达式，设 θ,φ 代表 $\boldsymbol{k}$ 在固定坐标系的极角和方位角，即 $\boldsymbol{k}=|\boldsymbol{k}|(\sin\theta\cos\varphi\,,\sin\theta\sin\varphi\,,\cos\theta)$. 用 $\boldsymbol{j}_1$, $\boldsymbol{j}_2$ 和 $\boldsymbol{j}_3$ 代表沿坐标轴正向的三个单位矢量，因此

$$\boldsymbol{k}/|\boldsymbol{k}|=g(\boldsymbol{j}_3,\varphi)g(\boldsymbol{j}_2,\theta)\,\boldsymbol{j}_3\,,$$

其中 $g(\boldsymbol{j}_3,\varphi)g(\boldsymbol{j}_2,\theta)=g_0$ 代表将 $\boldsymbol{j}_3$ 变到 $\boldsymbol{k}$ 方向的转动，其矩阵可以在第五章查到. 令

$$\begin{aligned}
\overrightarrow{e}(\boldsymbol{k},1)&=g_0\,\boldsymbol{j}_1=(\cos\theta\cos\varphi\,,\cos\theta\sin\varphi\,,-\sin\theta)\,,\\
\overrightarrow{e}(\boldsymbol{k},2)&=g_0\,\boldsymbol{j}_2=(-\sin\varphi\,,\cos\varphi\,,0)\,,\\
\overrightarrow{e}(\boldsymbol{k},3)&=g_0\,\boldsymbol{j}_3=\boldsymbol{k}/|\boldsymbol{k}|\,,
\end{aligned}$$

则 $\varepsilon^{\mu}(\boldsymbol{k}\Lambda)$ 的表达式可以约定为

$$\begin{aligned}
\varepsilon^{\mu}(\boldsymbol{k}0)&=(1\,,0\,,0\,,0)\,,\\
\varepsilon^{\mu}(\boldsymbol{k}1)&=(0\,,\overrightarrow{e}(\boldsymbol{k},1))=(0\,,\cos\theta\cos\varphi\,,\cos\theta\sin\varphi\,,-\sin\theta)\,,\\
\varepsilon^{\mu}(\boldsymbol{k}2)&=(0\,,\overrightarrow{e}(\boldsymbol{k},2))=(0\,,-\sin\varphi\,,\cos\varphi\,,0)\,,\\
\varepsilon^{\mu}(\boldsymbol{k}3)&=(0\,,\overrightarrow{e}(\boldsymbol{k},3))=(0,\boldsymbol{k}/|\boldsymbol{k}|)\,.
\end{aligned}$$

显然 $\vec{e}(\boldsymbol{k},1), \vec{e}(\boldsymbol{k},2)$ 与 $\vec{e}(\boldsymbol{k},3)$ 互相垂直，而且满足

$$\vec{e}(\boldsymbol{k},1)\times\vec{e}(\boldsymbol{k},2)=\vec{e}(\boldsymbol{k},3)\,,$$
$$\vec{e}(\boldsymbol{k},2)\times\vec{e}(\boldsymbol{k},3)=\vec{e}(\boldsymbol{k},1)\,,$$
$$\vec{e}(\boldsymbol{k},3)\times\vec{e}(\boldsymbol{k},1)=\vec{e}(\boldsymbol{k},2)\,.$$

根据 (303), (304), (307) 和 (308) 式可求得

$$k^{\mu}\,a_{\mu}(\boldsymbol{k})=|\boldsymbol{k}|\,\varepsilon^{\mu}(\boldsymbol{k}0)\,a_{\mu}(\boldsymbol{k})+|\boldsymbol{k}|\,\varepsilon^{\mu}(\boldsymbol{k}3)\,a_{\mu}(\boldsymbol{k})=|\boldsymbol{k}|\,\big(a(\boldsymbol{k}0)-a(\boldsymbol{k}3)\big)\,,\tag{311}$$

$$\begin{aligned}&g^{\mu\nu}\,a_{\mu}^{\dagger}(\boldsymbol{k})\,a_{\nu}(\boldsymbol{k})\\&\quad=\sum_{\Lambda\Lambda'}g^{\mu\nu}\,\varepsilon_{\mu}(\boldsymbol{k}\Lambda)\,\varepsilon_{\nu}(\boldsymbol{k}\Lambda')a^{\dagger}(\boldsymbol{k}\Lambda)\,a(\boldsymbol{k}\Lambda')=\sum_{\Lambda\Lambda'}g_{\Lambda\Lambda'}\,a^{\dagger}(\boldsymbol{k}\Lambda)\,a(\boldsymbol{k}\Lambda')\,.\end{aligned}\tag{312}$$

因此物理态条件以及 $H_{\rm A}$, $\widehat{\boldsymbol{P}}_{\rm A}$ 可表示为

$$\big(a(\boldsymbol{k}0)-a(\boldsymbol{k}3)\big)\,|\Psi_{\rm ph}\rangle=0\,,\tag{313}$$

$$H_{\rm A}=-\sum_{\Lambda\Lambda'}g_{\Lambda\Lambda'}\int{\rm d}^3k\,\Big\{|\boldsymbol{k}|\,a^{\dagger}(\boldsymbol{k}\Lambda)\,a(\boldsymbol{k}\Lambda')\Big\}\,,\tag{314}$$

$$\widehat{\boldsymbol{P}}_{\rm A}=-\sum_{\Lambda\Lambda'}g_{\Lambda\Lambda'}\int{\rm d}^3k\,\Big\{\boldsymbol{k}\,a^{\dagger}(\boldsymbol{k}\Lambda)\,a(\boldsymbol{k}\Lambda')\Big\}\,.\tag{315}$$

所以在能量动量值为 $(|\boldsymbol{k}|,\boldsymbol{k})$ 的四种单体态中，只有两种独立的横极化态代表真正的物理态. 所谓标量极化和纵极化态矢量的一种特别的组合 $\{a^{\dagger}(\boldsymbol{k}0)-a^{\dagger}(\boldsymbol{k}3)\}|0\rangle$ 虽然符合物理态条件，但是与零矢量等效. 横极化光子态矢量 $a^{\dagger}(\boldsymbol{k}1)|0\rangle$ 和 $a^{\dagger}(\boldsymbol{k}2)|0\rangle$ 在 $\boldsymbol{S}\cdot\widehat{\boldsymbol{P}}_{\rm A}$ 作用下变成：

$$\boldsymbol{S}\cdot\widehat{\boldsymbol{P}}_{\rm A}\,a^{\dagger}(\boldsymbol{k}1)\,|0\rangle={\rm i}\,a^{\dagger}(\boldsymbol{k}2)\,|0\rangle\,|\boldsymbol{k}|\,,\tag{316}$$

$$\boldsymbol{S}\cdot\widehat{\boldsymbol{P}}_{\rm A}\,a^{\dagger}(\boldsymbol{k}2)\,|0\rangle=-{\rm i}\,a^{\dagger}(\boldsymbol{k}1)\,|0\rangle\,|\boldsymbol{k}|\,.\tag{317}$$

如下的线性组合代表右旋和左旋横极化态

$$|\boldsymbol{k}R\,\rangle=\frac{1}{\sqrt{2}}\Big(a^{\dagger}(\boldsymbol{k}1)+{\rm i}\,a^{\dagger}(\boldsymbol{k}2)\Big)\,|0\rangle\,,\qquad|\boldsymbol{k}L\,\rangle=\frac{1}{\sqrt{2}}\Big(a^{\dagger}(\boldsymbol{k}2)-{\rm i}\,a^{\dagger}(\boldsymbol{k}1)\Big)\,|0\rangle\,.$$

亦即光子的螺旋性为 ±1 的状态：

$$\Big\{\boldsymbol{S}\cdot\widehat{\boldsymbol{P}}_{\rm A}/|\boldsymbol{k}|\Big\}\,|\boldsymbol{k}R\,\rangle=+|\boldsymbol{k}R\,\rangle\,,\tag{318}$$

$$\Big\{\boldsymbol{S}\cdot\widehat{\boldsymbol{P}}_{\rm A}/|\boldsymbol{k}|\Big\}\,|\boldsymbol{k}L\,\rangle=-|\boldsymbol{k}R\,\rangle\,.\tag{319}$$

下面写出用算符方法表示的自由电磁场的格林函数及其生成泛函．自由电磁场的 Heisenberg 绘景的场算符 $A_\mu(x)$ 可写成

$$A_\mu(x)=\int\frac{\mathrm{d}^3k}{\sqrt{2\omega(2\pi)^3}}\Big(a_\mu(\boldsymbol{k})\mathrm{e}^{-\mathrm{i}kx}+a_\mu^\dagger(\boldsymbol{k})\mathrm{e}^{\mathrm{i}kx}\Big).\tag{320}$$

在算符方法中，自由电磁场的传播函数是 $A_\mu(x)$ 和 $A_\nu(y)$ 的时序积在真空态的平均值：

$$\mathrm{i}\,D^F_{\mu\nu}(x-y)=\langle 0|\mathcal{T}\big(A_\mu(x)A_\nu(y)\big)|0\rangle\,.\tag{321}$$

其中 $\mathcal{T}$ 是时间编序算符．这里不涉及物理态条件．$\mathrm{i}\,D^F_{\mu\nu}$ 等同于在路径积分方法中用 Feynman 形式的规范确定项定义的传播函数．将 $A_\mu(x)$ 的正频部分 (湮灭算符) 和负频部分 (产生算符) 分别记作 $A_\mu^{(+)}(x))$ 和 $A_\mu^{(-)}(x)$:

$$A_\mu^{(+)}(x)=\int\frac{\mathrm{d}^3k}{\sqrt{2\omega(2\pi)^3}}\,a_\mu(\boldsymbol{k})\mathrm{e}^{-\mathrm{i}kx}=\int\frac{\mathrm{d}^3k}{\sqrt{2\omega(2\pi)^3}}\Big(\sum_\Lambda\varepsilon_\mu(\boldsymbol{k}\Lambda)\,a(\boldsymbol{k}\Lambda)\mathrm{e}^{-\mathrm{i}kx}\Big),\tag{322}$$

$$A_\mu^{(-)}(x)=\int\frac{\mathrm{d}^3k}{\sqrt{2\omega(2\pi)^3}}\,a_\mu^\dagger(\boldsymbol{k})\mathrm{e}^{\mathrm{i}kx}=\int\frac{\mathrm{d}^3k}{\sqrt{2\omega(2\pi)^3}}\Big(\sum_\Lambda\varepsilon_\mu(\boldsymbol{k}\Lambda)\,a^\dagger(\boldsymbol{k}\Lambda)\mathrm{e}^{\mathrm{i}kx}\Big).\tag{323}$$

于是

$$\begin{aligned}\mathrm{i}\,D^F_{\mu\nu}(x-y)=&\,\theta(x^0-y^0)\langle 0|(A_\mu^{(+)}(x)\,A_\nu^{(-)}(y)|0\rangle\\&+\theta(y^0-x^0)\langle 0|A_\nu^{(+)}(y)\,A_\mu^{(-)}(x)|0\rangle\,.\end{aligned}\tag{324}$$

其中第一项

$$\theta(x^0-y^0)(-g_{\mu\nu})\int\frac{\mathrm{d}^3k}{2\omega(2\pi)^3}\mathrm{e}^{-\mathrm{i}k(x-y)}$$

代表在 $(\boldsymbol{y},y^0)$ 产生一个光子而在迟些时间消失的振幅．第二项

$$\theta(y^0-x^0)(-g_{\mu\nu})\int\frac{\mathrm{d}^3k}{2\omega(2\pi)^3}\mathrm{e}^{-\mathrm{i}k(y-x)}$$

代表在 $(\boldsymbol{x},x^0)$ 产生一个光子而在迟些时间消失的振幅．利用

$$\frac{\theta(x^0-y^0)}{2\omega}\,\mathrm{e}^{-\mathrm{i}\,\omega(x^0-y^0)}+\frac{\theta(y^0-x^0)}{2\omega}\,\mathrm{e}^{\mathrm{i}\,\omega(x^0-y^0)}=\frac{\mathrm{i}}{2\pi}\int_{-\infty}^{\infty}\mathrm{d}k^0\,\frac{\mathrm{e}^{-\mathrm{i}\,k^0(x^0-y^0)}}{(k_0)^2-\omega^2+\mathrm{i}\,\epsilon},$$

得出

$$\mathrm{i}\,D^F_{\mu\nu}(x-y)=\int\frac{\mathrm{d}^4k}{(2\pi)^4}\,\mathrm{i}\,D_{\mu\nu}(k)\mathrm{e}^{-\mathrm{i}\,k(x-y)}\,,\tag{325}$$

$$\mathrm{i}\,D^F_{\mu\nu}(k)=\frac{-\mathrm{i}\,g_{\mu\nu}}{k^2+\mathrm{i}\,\epsilon}\,.\tag{326}$$

由 $\frac{\delta}{\mathrm{i}\delta J^{\mu}(x)}\frac{\delta}{\mathrm{i}\delta J^{\nu}(y)}\mathcal{Z}_0^F[J]\Big|_{J=0}=\langle 0|\mathcal{T}\big(A_\mu(x)A_\nu(y)\big)|0\rangle$, 容易看出，参量 ξ 等于 1 的自由电磁场的格林函数生成泛函可以表示成

$$\mathcal{Z}_0^F[J]=\langle 0|\mathcal{T}\exp\left\{\mathrm{i}\int \mathrm{d}^4x\Big(J^\mu(x)A_\mu(x)\Big)\right\}|0\rangle\,. \tag{327}$$

现在看看如下的算符变换：

$$A_\mu(x)\to A'_\mu(x)=A_\mu(x)-\partial_\mu\chi(x)\,, \tag{328}$$

$$\chi(x)=\int\frac{(-\mathrm{i})\mathrm{d}^3k}{\sqrt{2\omega(2\pi)^3}}\Big(F(\omega)k^\lambda a_\lambda(\boldsymbol{k})\,\mathrm{e}^{-\mathrm{i}kx}-F(\omega)k^\lambda a^\dagger_\lambda(\boldsymbol{k})\,\mathrm{e}^{\mathrm{i}kx}\Big), \tag{329}$$

其中 $F(\omega)$ 是 ω 的任意实函数，因此 $\chi(x)$ 是满足 $\partial^\mu\partial_\mu\chi(x)=0$ 的厄米算符，$A'_\mu(x)$ 可写成

$$\begin{aligned}A'_\mu(x)&=\int\frac{\mathrm{d}^3k}{\sqrt{2\omega(2\pi)^3}}\Big(a'_\mu(\boldsymbol{k})\,\mathrm{e}^{-\mathrm{i}kx}+a'^\dagger_\mu(\boldsymbol{k})\,\mathrm{e}^{\mathrm{i}kx}\Big)\,,\\ a'_\mu(\boldsymbol{k})&=a_\mu(\boldsymbol{k})+k_\mu F(\omega)\,k^\lambda\,a_\lambda(\boldsymbol{k})\,,\\ a'^\dagger_\mu(\boldsymbol{k})&=a^\dagger_\mu(\boldsymbol{k})+k_\mu F(\omega)\,k^\lambda\,a^\dagger_\lambda(\boldsymbol{k})\,.\end{aligned}$$

下面所列公式多数是显而易见的，或者是容易验证的，末尾一式的证明见本小节习题.

$$\begin{aligned}&\chi^\dagger(x)=\chi(x)\,,\quad \partial^\mu\partial_\mu\chi(x)=0\,,\quad F'_{\mu\nu}(x)=F_{\mu\nu}(x)\,,\\ &a'_\mu(\boldsymbol{k})\,|0\rangle=0\,,\quad k^\mu a'_\mu(\boldsymbol{k})=k^\mu a_\mu(\boldsymbol{k})\,,\quad \partial^\mu A'_\mu(x)=\partial^\mu A_\mu(x)\,,\\ &g^{\mu\nu}\;a'^\dagger_\mu(\boldsymbol{k})\,a'_\mu(\boldsymbol{k})=g^{\mu\nu}a^\dagger_\mu(\boldsymbol{k})\,a_\mu(\boldsymbol{k})\,,\\ &H'_{\mathrm{A}}=H_{\mathrm{A}}\,,\quad \widehat{P}'^{l}_{\mathrm{A}}=\widehat{P}^{l}_{\mathrm{A}}\,,\quad \boldsymbol{S}'\cdot\widehat{\boldsymbol{P}}'_{\mathrm{A}}=\boldsymbol{S}\cdot\widehat{\boldsymbol{P}}_{\mathrm{A}}\,.\\ &\langle 0|\mathcal{T}\big(A'_\mu(x)A'_\nu(y)\big)|0\rangle=\mathrm{i}\,D^F_{\mu\nu}(x-y)+\int\frac{\mathrm{d}^4k}{(2\pi)^4}\,\mathrm{e}^{-\mathrm{i}\,k(x-y)}\,\frac{(-\mathrm{i})}{k^2+\mathrm{i}\epsilon}\{2F(\omega)\,k_\mu\,k_\nu\}\,.\end{aligned}$$

习题 1 根据 $[[A,B],A]=[[A,B],B]=0$ 时的公式 $\mathrm{e}^A\,\mathrm{e}^B=\mathrm{e}^{A+B+[A,B]/2}$ 证明 (327) 式.

解 将算符 $\mathcal{T}\exp\{\mathrm{i}\int\mathrm{d}^4x\,J^\mu(x)A_\mu(x)\}$ 表示为

$$\mathcal{T}\exp\left\{\int_{t_0}^{t_\mathrm{f}}\mathrm{d}tB(t)\right\}\qquad(t_0\to-\infty\,,t_\mathrm{f}\to\infty)\,,$$

其中

$$B(t)=\mathrm{i}\int\mathrm{d}^3xJ^\mu(x)A_\mu(x)\,.$$

令 $\delta t=(t_{\rm f}-t_0)/N$ 而 $N\to\infty$, 于是

$$
\begin{aligned}
&\mathcal{T}\exp\Big\{\int_{t_0}^{t_{\rm f}}{\rm d}tB(t)\Big\}\\
&\quad\approx\exp\big\{\delta tB(t_0+N\delta t-\delta t)\big\}\exp\big\{\delta tB(t_0+N\delta t-2\delta t)\big\}\cdots\exp\big\{\delta tB(t_0)\big\}\,.
\end{aligned}
$$

由于 $[B(t_1),B(t_2)]$ 不再是算符，此式右边即是

$$
\exp\Big\{\sum_l\delta tB(l)\Big\}\exp\Big\{\tfrac{1}{2}\sum_{n>l}[\delta tB(n),\delta tB(l)]\Big\}\,,
$$

其中 $B(l)$ 代表 $B(t_0+l\delta t)$. 可见

$$
\begin{aligned}
\mathcal{T}\exp\Big\{{\rm i}\int{\rm d}^4xJ^\mu(x)A_\mu(x)\Big\}&=\exp\Big\{{\rm i}\int{\rm d}^4xJ^\mu(x)A_\mu(x)\Big\}\\
&\quad\times\exp\Big\{-\frac{1}{2}\iint{\rm d}^4x{\rm d}^4y\,\theta(x^0-y^0)J^\mu(x)[A_\mu(x),A_\nu(y)]J^\nu(y)\Big\}\,.
\end{aligned}
$$

用 $A_\mu(x)$ 的正频部分和负频部分写出 $\exp\Big\{{\rm i}\int{\rm d}^4xJ^\mu(x)A_\mu(x)\Big\}$ 得

$$
\begin{aligned}
&\exp\Big\{{\rm i}\int{\rm d}^4xJ^\mu(x)A_\mu(x)\Big\}\\
&\quad=\exp\Big\{{\rm i}\int{\rm d}^4xJ^\mu(x)A_\mu^{(-)}(x)\Big\}\exp\Big\{{\rm i}\int{\rm d}^4xJ^\mu(x)A_\mu^{(+)}(x)\Big\}\\
&\qquad\times\exp\Big\{\frac{1}{2}\iint{\rm d}^4x{\rm d}^4yJ^\mu(x)[A_\mu^{(-)}(x),A_\nu^{(+)}(y)]J^\nu(y)\Big\}\,.
\end{aligned}
$$

$[A_\mu(x),A_\nu(y)]$ 和 $[A_\mu^{(-)}(x),A_\nu^{(+)}(y)]$ 不再是算符因而等于在 $|0\rangle$ 的平均值. 故

$$
\begin{aligned}
&[A_\mu(x),A_\nu(y)]=\langle 0|[A_\mu(x),A_\nu(y)]|0\rangle\,,\\
&[A_\mu^{(+)}(x),A_\nu^{(-)}(y)]=\langle 0|A_\mu(x)A_\nu(y)|0\rangle\,,\\
&\theta(x^0-y^0)[A_\mu(x),A_\nu(y)]+[A_\mu^{(+)}(x),A_\nu^{(-)}(y)]=\langle 0|\mathcal{T}\big(A_\mu(x)A_\nu(y)\big)|0\rangle\,.
\end{aligned}
$$

最后得到

$$
\begin{aligned}
&\mathcal{T}\exp\Big\{{\rm i}\int{\rm d}^4xJ^\mu(x)A_\mu(x)\Big\}\\
&\quad=\exp\Big\{{\rm i}\int{\rm d}^4xJ^\mu(x)A_\mu^{(-)}(x)\Big\}\exp\Big\{{\rm i}\int{\rm d}^4xJ^\mu(x)A_\mu^{(+)}(x)\Big\}\\
&\qquad\times\exp\Big\{-\frac{1}{2}\iint{\rm d}^4x{\rm d}^4yJ^\mu(x)\langle 0|\mathcal{T}\big(A_\mu(x)A_\nu(y)\big)|0\rangle J^\nu(y)\Big\}\,.
\end{aligned}
$$

求两边在裸真空态 $|0\rangle$ 的平均值，则右边等于 $\mathcal{Z}_0^F[J]$, 亦即得出 (327) 式.

习题 2 求 $\langle 0|\mathcal{T}\big(A'_\mu(x)A'_\nu(y)\big)|0\rangle$ 的表达式.

解 根据 $a'_\mu(\boldsymbol{k})$ 的表达式可求得

$$\langle 0|a'_\mu(\boldsymbol{k})a'^\dagger_\nu(\boldsymbol{k})|0\rangle = -g_{\mu\nu}\,\delta^3(\boldsymbol{k}-\boldsymbol{k}') - 2F(\omega)\,k_\mu k_\nu\,\delta^3(\boldsymbol{k}-\boldsymbol{k}')\,.$$

为了便于在下一步用 k_0 代表积分变量，将这里的 k_μ 和 k_ν 写成 $k_{\overline{\mu}}$ 和 $k_{\overline{\nu}}$，理解为 $k_{\overline{0}}=\omega$，其余分量照旧. 于是

$$\langle 0|A'_\mu(x)A'_\nu(y)|0\rangle = \int\frac{\mathrm{d}^3k}{\sqrt{(2\pi)^3 2\omega}}\big\{-g_{\mu\nu} - 2F(\omega)\,k_{\overline{\mu}}\,k_{\overline{\nu}}\big\} \times \mathrm{e}^{-\mathrm{i}\,\omega(x_0-y_0)}\mathrm{e}^{\mathrm{i}\,\boldsymbol{k}\cdot(\boldsymbol{x}-\boldsymbol{y})}\,,$$

$$\langle 0|A'_\mu(x)A'_\nu(y)|0\rangle = \int\frac{\mathrm{d}^3k}{\sqrt{(2\pi)^3 2\omega}}\big\{-g_{\mu\nu} - 2F(\omega)\,k_{\overline{\mu}}\,k_{\overline{\nu}}\big\} \times \mathrm{e}^{-\mathrm{i}\,\omega(y_0-x_0)}\mathrm{e}^{\mathrm{i}\,\boldsymbol{k}\cdot(\boldsymbol{y}-\boldsymbol{x})}\,.$$

由 $\int_{-\infty}^{\infty}\mathrm{d}k_0\mathrm{e}^{-\mathrm{i}\,k_0(x_0-y_0)}\frac{k_\mu\,k_\nu}{k_0-\omega+\mathrm{i}\epsilon} = \big(k_{\overline{\mu}}\,k_{\overline{\nu}}\big)\int_{-\infty}^{\infty}\mathrm{d}k_0\frac{\mathrm{e}^{-\mathrm{i}\,k_0(x_0-y_0)}}{k_0-\omega+\mathrm{i}\epsilon}$，得出

$$\theta(x_0-y_0)\langle 0|A'_\mu(x)A'_\nu(y)|0\rangle = \int\frac{(-\mathrm{i})\mathrm{d}^4k}{(2\pi)^4\,2\omega}\mathrm{e}^{\mathrm{i}\,\boldsymbol{k}\cdot(\boldsymbol{x}-\boldsymbol{y})} \times\mathrm{e}^{-\mathrm{i}\,k_0(x_0-y_0)}\frac{1}{k_0-\omega+\mathrm{i}\epsilon}\big\{-g_{\mu\nu} - 2F(\omega)\,k_\mu\,k_\nu\big\}\,,$$

$$\theta(y_0-x_0)\langle 0|A'_\mu(y)A'_\nu(x)|0\rangle = \int\frac{(-\mathrm{i})\mathrm{d}^4k}{(2\pi)^4\,2\omega}\mathrm{e}^{\mathrm{i}\,\boldsymbol{k}\cdot(\boldsymbol{y}-\boldsymbol{x})} \times\mathrm{e}^{-\mathrm{i}\,k_0(y_0-x_0)}\frac{1}{k_0-\omega+\mathrm{i}\epsilon}\big\{-g_{\mu\nu} - 2F(\omega)\,k_\mu\,k_\nu\big\}\,.$$

在最后面的公式中令 $(k_0,\boldsymbol{k})$ 变号，再与其前面的公式相加即得

$$\langle 0|\mathcal{T}\big(A_\mu(x)A_\nu(y)\big)|0\rangle = \frac{(-\mathrm{i})}{(2\pi)^4}\int\frac{\mathrm{d}^4k}{2\omega}\,\mathrm{e}^{-\mathrm{i}\,k(x-y)} \times\big\{-g_{\mu\nu} - 2F(\omega)\,k_\mu\,k_\nu\big\}\Big\{\frac{1}{k_0-\omega+\mathrm{i}\epsilon} + \frac{1}{-k_0-\omega+\mathrm{i}\epsilon}\Big\}\,,$$

即

$$\langle 0|\mathcal{T}\big(A_\mu(x)A_\nu(y)\big)|0\rangle = \int\frac{\mathrm{d}^4k}{(2\pi)^4}\,\mathrm{e}^{-\mathrm{i}\,k(x-y)}\,\frac{(-\mathrm{i})}{k^2+\mathrm{i}\epsilon}\big\{g_{\mu\nu} + 2F(\omega)\,k_\mu\,k_\nu\big\}\,.$$

7.2　自由 Dirac 场的场算符和部分公式

按照本章 (32) 式，自由 Dirac 场的拉氏函数是

$$\mathcal{L}_{\mathrm{D}}^{(0\,0)}(x) = \overline{\psi}(x)(\mathrm{i}\gamma^\mu\partial_\mu - m)\psi(x)\,.$$

根据这样的拉氏函数对于自由 Dirac 场进行正则量子化的方法已经在第八章讲过．现在将 Schrödinger 绘景的电子场算符表示成

$$\psi(\boldsymbol{x}) = \int \frac{\mathrm{d}^3 p}{\sqrt{(2\pi)^3}} \sum_\lambda \Big(b_{1\lambda}(\boldsymbol{p}) U_\lambda(\boldsymbol{p}) \mathrm{e}^{\mathrm{i}\boldsymbol{p}\cdot\boldsymbol{x}} + b^\dagger_{-1\lambda}(\boldsymbol{p}) V_\lambda(\boldsymbol{p}) \mathrm{e}^{-\mathrm{i}\boldsymbol{p}\cdot\boldsymbol{x}} \Big), \tag{330}$$

$$\overline{\psi}(\boldsymbol{x}) = \int \frac{\mathrm{d}^3 p}{\sqrt{(2\pi)^3}} \sum_\lambda \Big(b^\dagger_{1\lambda}(\boldsymbol{p}) \overline{U}_\lambda(\boldsymbol{p}) \mathrm{e}^{-\mathrm{i}\boldsymbol{p}\cdot\boldsymbol{x}} + b_{-1\lambda}(\boldsymbol{p}) \overline{V}_\lambda(\boldsymbol{p}) \mathrm{e}^{\mathrm{i}\boldsymbol{p}\cdot\boldsymbol{x}} \Big). \tag{331}$$

记住 $\overline{U}_\lambda$,$\overline{V}_\lambda$ 和 $\overline{\psi}$ 分别是 $U^\dagger\gamma^0$, $V^\dagger\gamma^0$ 和 $\psi^\dagger\gamma^0$, 但是 $\psi^\dagger\gamma^0$ 还包括对于产生和湮灭算符取厄米共轭．电子和正电子的产生算符记作 $b^\dagger_{1\lambda}(\boldsymbol{p})$ 和 $b^\dagger_{-1\lambda}(\boldsymbol{p})$, 它们产生动量为 $\boldsymbol{p}$, 螺旋性为 λ 的电子和正电子，与湮灭算符 $b_{1\lambda}(\boldsymbol{p})$ 和 $b_{-1\lambda}(\boldsymbol{p})$ 满足通常的反对易关系：

$$b_{q\,\lambda}(\boldsymbol{p})\, b^\dagger_{q'\lambda'}(\boldsymbol{p}') + b^\dagger_{q'\lambda'}(\boldsymbol{p}')\, b_{q\,\lambda}(\boldsymbol{p}) = \delta_{qq'}\, \delta_{\lambda\lambda'} \delta(\boldsymbol{p} - \boldsymbol{p}')\,, \tag{332}$$

$$b_{q\,\lambda}(\boldsymbol{p})\, b_{q'\lambda'}(\boldsymbol{p}') + b_{q'\lambda'}(\boldsymbol{p}')\, b_{q\,\lambda}(\boldsymbol{p}) = 0\,. \tag{333}$$

用 $|0\rangle$ 代表电子场的裸真空态的归一态矢量，于是

$$\langle 0|0\rangle = 1\,, \quad b_{1\lambda}(\boldsymbol{p})|0\rangle = 0\,, \quad b_{-1\lambda}(\boldsymbol{p})|0\rangle = 0\,. \tag{334}$$

按照 $U_\lambda(\boldsymbol{p})$ 和 $V_\lambda(\boldsymbol{p})$ 的分量写出 $\psi(\boldsymbol{x})$ 的分量，又可以将量子条件表示为

$$\psi_s(\boldsymbol{x})\, \psi^\dagger_{s'}(\boldsymbol{x}') + \psi^\dagger_{s'}(\boldsymbol{x}')\, \psi_s(\boldsymbol{x}) = \delta_{ss'} \delta(\boldsymbol{x} - \boldsymbol{x}')\,, \tag{335}$$

$$\psi_s(\boldsymbol{x})\, \psi_{s'}(\boldsymbol{x}') + \psi_{s'}(\boldsymbol{x}')\, \psi_s(\boldsymbol{x}) = 0\,. \tag{336}$$

$U_\lambda(\boldsymbol{p})$ 和 $V_\lambda(\boldsymbol{p})$ 分别相应于第八章 §11 的 u_λ 和 $\varGamma_0\, u^*_\lambda$, 只是调节了 $V_\lambda(\boldsymbol{p})$ 的相因子，现在重写作

$$U_\lambda(\boldsymbol{p}) = \frac{1}{\sqrt{2E(E+m)}} \begin{pmatrix} (E+m)\chi_\lambda(\boldsymbol{p}) \\ (\boldsymbol{\sigma}\cdot\boldsymbol{p})\chi_\lambda(\boldsymbol{p}) \end{pmatrix}, \tag{337}$$

$$V_\lambda(\boldsymbol{p}) = \varGamma_0\, U^*_\lambda(\boldsymbol{p}) = (\mathrm{i}\,\gamma^2)\, U^*_\lambda(\boldsymbol{p})\,, \tag{338}$$

$$E = \omega_p = \sqrt{|\boldsymbol{p}|^2 + m^2}\,.$$

$\{U_\lambda(\boldsymbol{k})\psi_{\boldsymbol{p}}(\boldsymbol{p})\}$ 和 $\{V_\lambda(\boldsymbol{p})\psi^*_{\boldsymbol{p}}(\boldsymbol{x})\}$ 的正交归一和完备性意味着

$$U^\dagger_\lambda(\boldsymbol{p})\, U_{\lambda'}(\boldsymbol{p}) = V^\dagger_\lambda(\boldsymbol{p})\, V_{\lambda'}(\boldsymbol{p}) = \delta_{\lambda\lambda'}\,, \tag{339}$$

$$U^\dagger_\lambda(\boldsymbol{p})\, V_{\lambda'}(-\boldsymbol{p}) = V^\dagger_\lambda(\boldsymbol{p})\, U_{\lambda'}(-\boldsymbol{p}) = 0\,, \tag{340}$$

$$\sum_\lambda U_\lambda(\boldsymbol{p})\, U^\dagger_\lambda(\boldsymbol{p}) + \sum_\lambda V_\lambda(-\boldsymbol{p})\, V^\dagger_\lambda(-\boldsymbol{p}) = I_4\,, \tag{341}$$

其中 I_4 是 4×4 单位矩阵. (337) 和 (338) 式也可以写成

$$U_\lambda(\boldsymbol{p})=\frac{1}{\sqrt{2E(E+m)}}(E+m\gamma^0+\boldsymbol{\alpha}\cdot\boldsymbol{p})\begin{pmatrix}\chi_\lambda(\boldsymbol{p})\\0\end{pmatrix}, \tag{342}$$

$$V_\lambda(\boldsymbol{p})=\frac{1}{\sqrt{2E(E+m)}}(E-m\gamma^0+\boldsymbol{\alpha}\cdot\boldsymbol{p})\varGamma_0\begin{pmatrix}\chi_\lambda^*(\boldsymbol{p})\\0\end{pmatrix}. \tag{343}$$

由此以及

$$\sum_\lambda\begin{pmatrix}\chi_\lambda(\boldsymbol{p})\\0\end{pmatrix}\begin{pmatrix}\chi_\lambda(\boldsymbol{p})\\0\end{pmatrix}^\dagger=\frac{1}{2}(I_4+\gamma^0),$$

容易求得

$$\sum_\lambda U_\lambda(\boldsymbol{p})\overline{U}_\lambda(\boldsymbol{p})=\frac{1}{2\omega_p}(\gamma^\mu p_\mu+m), \tag{344}$$

$$\sum_\lambda V_\lambda(\boldsymbol{p})\overline{V}_\lambda(\boldsymbol{p})=\frac{1}{2\omega_p}(\gamma^\mu p_\mu-m). \tag{345}$$

守恒荷、哈密顿量和动量的算符是：

$$Q=\sum_\lambda\int \mathrm{d}^3p\, e\left\{b^\dagger(\boldsymbol{p}\lambda)b(\boldsymbol{p}\lambda)-d^\dagger(\boldsymbol{p}\lambda)d(\boldsymbol{p}\lambda)\right\} \tag{346}$$

$$=\int \mathrm{d}^3x\ :e\,\psi^\dagger(\boldsymbol{x})\,\psi(\boldsymbol{x}):, \tag{347}$$

$$H_{\mathrm{D}}=\sum_\lambda\int \mathrm{d}^3p\ \omega_p\left\{b_{1\lambda}^\dagger(\boldsymbol{p})b_{1\lambda}(\boldsymbol{p})+b_{-1\lambda}^\dagger(\boldsymbol{p})b_{-1\lambda}(\boldsymbol{p})\right\} \tag{348}$$

$$=\int \mathrm{d}^3x\ :\overline{\psi}(\boldsymbol{x})(-\mathrm{i}\gamma^l\partial_l+m)\psi(\boldsymbol{x}):, \tag{349}$$

$$\left(\omega_p=(m^2+p^2)^{1/2}\right)$$

$$\widehat{\boldsymbol{P}}_{\mathrm{D}}=\sum_\lambda\int \mathrm{d}^3p\,\boldsymbol{p}\left\{b_{1\lambda}^\dagger(\boldsymbol{p})b_{1\lambda}(\boldsymbol{p})+b_{-1\lambda}^\dagger(\boldsymbol{p})b_{-1\lambda}(\boldsymbol{p})\right\} \tag{350}$$

$$=\int \mathrm{d}^3x\ :\psi^\dagger(\boldsymbol{x})(-\mathrm{i}\,\nabla)\psi(\boldsymbol{x}):. \tag{351}$$

角动量的算符是

$$\widehat{\boldsymbol{G}}_{\mathrm{D}}=\int \mathrm{d}^3x\psi^\dagger(\boldsymbol{x})\Big(-\mathrm{i}\hbar\boldsymbol{x}\times\nabla+\frac{1}{2}\overrightarrow{\Sigma}\Big)\psi(\boldsymbol{x}), \tag{352}$$

这里也用记号 :: 表示相对于裸真空态 $|0\rangle$ 定义的"正规积", 亦即将对于裸真空态而言的湮灭算符排在产生算符的右边, 但是在正规积记号下的费米型产生算符和湮灭算符互相反对易.

根据 (330) 和 (348) 式可以将 Heisenberg 绘景的自由场算符分解为正频部分 (湮灭算符) 与负频部分 (产生算符) 之和:

$$\psi(x) = \psi^{(+)}(x) + \psi^{(-)}(x), \tag{353}$$

$$\psi^{(+)}(x) = \int \frac{\mathrm{d}^3 p}{\sqrt{(2\pi)^3}} \sum_{\lambda} b_{1\lambda}(\boldsymbol{p}) U_\lambda(\boldsymbol{p}) \mathrm{e}^{-\mathrm{i}px}, \tag{354}$$

$$\psi^{(-)}(x) = \int \frac{\mathrm{d}^3 p}{\sqrt{(2\pi)^3}} \sum_{\lambda} b^{\dagger}_{-1\lambda}(\boldsymbol{p}) V_\lambda(\boldsymbol{p}) \mathrm{e}^{\mathrm{i}px}, \tag{355}$$

$$p^0 = \omega_p = (m^2 + |\boldsymbol{p}|^2)^{1/2}, \quad px = \omega_p x^0 - \boldsymbol{p}\cdot\boldsymbol{x}.$$

相应地有

$$\overline{\psi}(x) = \overline{\psi}^{(+)}(x) + \overline{\psi}^{(-)}(x), \tag{356}$$

$$\overline{\psi}^{(+)}(x) = \int \frac{\mathrm{d}^3 p}{\sqrt{(2\pi)^3}} \sum_{\lambda} b_{-1\lambda}(\boldsymbol{p}) \overline{V}_\lambda(\boldsymbol{p}) \mathrm{e}^{-\mathrm{i}px}, \tag{357}$$

$$\overline{\psi}^{(-)}(x) = \int \frac{\mathrm{d}^3 p}{\sqrt{(2\pi)^3}} \sum_{\lambda} b^{\dagger}_{1\lambda}(\boldsymbol{p}) \overline{U}_\lambda(\boldsymbol{p}) \mathrm{e}^{\mathrm{i}px}. \tag{358}$$

下面说明表示格林函数及其生成泛函的算符方法. 在算符方法中, 自由 Dirac 场的传播函数是 $\psi(x)$ 和 $\overline{\psi}(y)$ 的时序积的真空平均值:

$$\mathrm{i}\,S(x-y) = \langle 0|\mathcal{T}\big(\psi(x)\,\overline{\psi}(y)\big)|0\rangle. \tag{359}$$

这是 4 行 4 列矩阵, 其矩阵元表达式是 (注意在时序积中的费米型场算符互相反对易)

$$\begin{aligned}\langle 0|\mathcal{T}\big(\psi_\alpha(x)\,\overline{\psi}_\beta(y)\big)|0\rangle = {}& \theta(x^0-y^0)\,\langle 0|\psi_\alpha(x)\,\overline{\psi}_\beta(y)|0\rangle \\ & -\theta(y^0-x^0)\,\langle 0|\psi_\alpha(y)\,\overline{\psi}_\beta(x)|0\rangle.\end{aligned} \tag{360}$$

整理后再返回矩阵形式得出

$$\begin{aligned}\langle 0|\mathcal{T}\big(\psi(x)\,\overline{\psi}(y)\big)|0\rangle = {}& \theta(x^0-y^0)\int \frac{\mathrm{d}^3 p}{(2\pi)^3}\mathrm{e}^{-\mathrm{i}p(x-y)} \sum_\lambda U_\lambda(\boldsymbol{p})\overline{U}_\lambda(\boldsymbol{p}) \\ & -\theta(y^0-x^0)\int \frac{\mathrm{d}^3 p}{(2\pi)^3}\mathrm{e}^{-\mathrm{i}p(y-x)} \sum_\lambda V_\lambda(\boldsymbol{p})\overline{V}_\lambda(\boldsymbol{p}),\end{aligned}$$

其中右边第一部分代表在 $(\boldsymbol{y},y^0)$ 产生一个电子而在迟些时间消失的振幅. 第二部分代表在 $(\boldsymbol{x},x^0)$ 产生一个正电子而在迟些时间消失的振幅. 借助前面的公式 (344) 和 (345) 化简此式并且将其写成四维傅氏积分得到

$$\langle 0|\mathcal{T}\big(\psi(x)\,\overline{\psi}(y)\big)|0\rangle = \int_{-\infty}^{\infty}\frac{\mathrm{d}^4 p}{(2\pi)^4}\,\mathrm{i}\,S(p)\mathrm{e}^{-\mathrm{i}\,p(x-y)}\,, \tag{361}$$

$$\mathrm{i}\,S(p) = \frac{\mathrm{i}}{\gamma^\mu p_\mu - m + \mathrm{i}\,\epsilon}\qquad (\epsilon = 0^+)\,. \tag{362}$$

自由 Dirac 场的格林函数生成泛函按照 (30) 式写出其路径积分表示即是

$$\mathcal{Z}_0[\overline{\eta},\eta] = \frac{1}{\mathcal{N}}\int\mathcal{D}[\overline{\psi},\psi]\exp\Big\{\mathrm{i}\int\mathrm{d}^4x\big(\mathcal{L}_D^{0\,0}(x) + \overline{\eta}(x)\psi(x) + \overline{\psi}(x)\eta(x)\big)\Big\}. \tag{363}$$

其明显表达式也可以从上一章查到, 结果是

$$\mathcal{Z}_0[\overline{\eta},\eta] = \exp\Big\{-\iint\mathrm{d}^4x\,\mathrm{d}^4y\,\overline{\eta}(x)\,\mathrm{i}\,S(x-y)\,\eta(y)\Big\}. \tag{364}$$

用算符方法表示则是 (参看本小节的习题)

$$\mathcal{Z}_0[\overline{\eta},\eta] = \langle 0|\mathcal{T}\exp\Big\{\mathrm{i}\int\mathrm{d}^4x\Big(\overline{\eta}(x)\,\psi(x) + \overline{\psi}(x)\,\eta(x)\Big)\Big\}|0\rangle\,. \tag{365}$$

习题 根据 (365) 式做代数运算证明其等同于 (364) 式.

解 类似上小节习题, 将 $\mathcal{T}\exp\{\mathrm{i}\int\mathrm{d}^4x\big(\overline{\eta}(x)\,\psi(x) + \overline{\psi}(x)\,\eta(x)\big)\}$ 表示为

$$\mathcal{T}\exp\Big\{\int_{t_0}^{t_\mathrm{f}}\mathrm{d}t\,F(t)\Big\}\qquad (t_0\to-\infty\,, t_\mathrm{f}\to\infty)\,,$$

其中 $F(t) = \mathrm{i}\int\mathrm{d}^3x\big(\overline{\eta}(x)\psi(x) + \overline{\psi}(x)\eta(x)\big)$. 令 $\delta t = (t_f - t_0)/N$ 而 $N\to\infty$, 于是

$$\mathcal{T}\exp\Big\{\int_{t_0}^{t_\mathrm{f}}\mathrm{d}tF(t)\Big\} \approx \exp\big\{\delta tF(t_0 + N\delta t - \delta t)\big\}$$
$$\times\exp\big\{\delta tF(t_0 + N\delta t - 2\delta t)\big\}\cdots\exp\big\{\delta tF(t_0)\big\}\,.$$

由于 $[F(t_1),F(t_2)]$ 等不再包含场算符, 此式右边即是

$$\exp\big\{\sum_l\delta tF(l)\big\}\exp\big\{\tfrac{1}{2}\sum_{n>l}[\delta tF(n),\delta tF(l)]\big\}\,,$$

其中 $F(l)$ 代表 $F(t_0 + l\delta t)$. 可见

$$\mathcal{T}\exp\Big\{\mathrm{i}\int\mathrm{d}^4x\big(\overline{\eta}\,\psi(x) + \overline{\psi}(x)\,\eta(x)\big)\Big\}$$
$$= \exp\Big\{\mathrm{i}\int\mathrm{d}^4x\big(\overline{\eta}\,\psi(x) + \overline{\psi}(x)\,\eta(x)\big)\Big\}\exp\Big\{-\frac{1}{2}\iint\mathrm{d}^4x\mathrm{d}^4y\,\theta(x^0 - y^0)$$
$$\times\langle 0|\Big[\big(\overline{\eta}(x)\,\psi(x) + \overline{\psi}(x)\,\eta(x)\big)\,,\big(\overline{\eta}(y)\,\psi(y) + \overline{\psi}(y)\,\eta(y)\big)\Big]|0\rangle\Big\}.$$

再由

$$\begin{aligned}
&\exp\left\{\mathrm{i}\int \mathrm{d}^4x\big(\overline{\eta}\,\psi(x)+\overline{\psi}(x)\,\eta(x)\big)\right\}\\
&=\exp\left\{\mathrm{i}\int \mathrm{d}^4x\big(\overline{\eta}\,\psi^{(-)}(x)+\overline{\psi}^{(-)}(x)\,\eta(x)\big)\right\}\exp\left\{\mathrm{i}\int \mathrm{d}^4x\big(\overline{\eta}\,\psi^{(+)}(x)+\overline{\psi}^{(+)}(x)\,\eta(x)\big)\right\}\\
&\quad\times\exp\left\{\frac{1}{2}\iint \mathrm{d}^4x\mathrm{d}^4y\,\langle 0|\Big[\big(\overline{\eta}(x)\,\cdots\big),\big(\overline{\eta}(y)\,\cdots\big)\Big]|0\rangle\right\},\\
&\Big[\big(\overline{\eta}(x)\,\cdots\big),\big(\overline{\eta}(y)\,\cdots\big)\Big]\\
&\qquad=\Big[\big(\overline{\eta}(x)\,\psi^{(-)}(x)+\overline{\psi}^{(-)}(x)\,\eta(x)\big),\big(\overline{\eta}(y)\,\psi^{(+)}(y)+\overline{\psi}^{(+)}(y)\,\eta(y)\big)\Big].
\end{aligned}$$

最后得到

$$\begin{aligned}
&\mathcal{T}\exp\left\{\mathrm{i}\int \mathrm{d}^4x\,\big(\overline{\eta}_\alpha(x)\psi_\alpha(x)+\overline{\psi}_\alpha(x)\eta_\alpha(x)\big)\right\}\\
&\quad=:\,\exp\left\{\mathrm{i}\int \mathrm{d}^4x\big(\overline{\eta}_\alpha(x)\psi_\alpha(x)+\overline{\psi}_\alpha(x)\eta_\alpha(x)\big)\right\}:\\
&\qquad\qquad\qquad\qquad\times\exp\left\{-\iint \mathrm{d}^4x\mathrm{d}^4y\,\overline{\eta}_\alpha(x)\,\mathrm{i}\,S_{\alpha\beta}(x-y)\,\eta_\beta(y)\right\}.
\end{aligned}$$

要记住，电子场算符在正规积记号下是互相反对易的．而它们与源 $\overline{\eta}_\alpha$，η_β 本来就互相反对易．求此式在裸真空态的平均值即得所需要的结果．

7.3 用算符方法表示的 $\mathcal{Z}_0^R[\overline{\eta},\eta,J]$

以后用 $|0\rangle$ 代表自由电子场和自由电磁场总系统的裸真空态，满足

$$\langle 0|0\rangle=1\,,\quad a_\mu(\boldsymbol{k})|0\rangle=a(\boldsymbol{k}\Lambda)|0\rangle=0\,,\quad b_{\pm\lambda}(\boldsymbol{p})|0\rangle=0\,.$$

前面两小节进行的演算和写出的公式无须修改，公式中的 $|0\rangle$ 可以理解成电子场和电磁场的裸真空态，并相应地将正规积记号看成是相对于这样的裸真空态定义的．总系统的物理态条件也仍然表示为

$$k^\mu a_\mu(\boldsymbol{k})\,|\varPsi_{\rm ph}\rangle=\big(a(\boldsymbol{k}0)-a(\boldsymbol{k}3)\big)\,|\varPsi_{\rm ph}\rangle=0\,.$$

由 $H_0=H_{\rm A}+H_{\rm D}$ 的物理本征态的态矢量张成的子空间即是我们所说的物理态空间．物理态条件也可以表示为 $\partial^\mu A_\mu^{(+)}(x)|\varPsi_{\rm ph}\rangle=0$．由于 $\partial^\mu A_\mu^{(+)}(x)$ 与 $\partial^\nu A_\nu^{(+)}(y)$ 对易，$\partial^\mu A_\mu(x)|\varPsi_{\rm ph}\rangle$ 符合物理态条件，不过与任何物理态矢量的内积都等于零．即是说，算符形式的洛伦兹条件在物理态矢量空间中是成立的．

设 $\mathcal{Z}_0^R[\overline{\eta},\eta,J]$ 是由 $\xi=1$ 的有效自由拉氏函数 $\mathcal{L}_{\rm eff}^{(0\,0)}$ 确定的格林函数生成泛函，由路径积分公式可以直接看出，这个生成泛函等于 $\mathcal{Z}_0[\overline{\eta},\eta]$ 与 $\mathcal{Z}_0[J]$ 的

积. 而根据所说的有效自由拉氏函数进行正则量子化决定的有效自由哈密顿量算符当然是 H_0, 场函数的算符的时间演化可以表示成 :

$$\left.\begin{aligned}\psi(x)&=\mathrm{e}^{\mathrm{i}H_0t}\psi(\boldsymbol{x})\mathrm{e}^{-\mathrm{i}H_0t},\\ \overline{\psi}(x)&=\mathrm{e}^{\mathrm{i}H_0t}\overline{\psi}(\boldsymbol{x})\mathrm{e}^{-\mathrm{i}H_0t},\\ A_\mu(x)&=\mathrm{e}^{\mathrm{i}H_0t}A_\mu(\boldsymbol{x})\mathrm{e}^{-\mathrm{i}H_0t},\\ \Pi_\mu(x)&=\mathrm{e}^{\mathrm{i}H_0t}\Pi_\mu(\boldsymbol{x})\mathrm{e}^{-\mathrm{i}H_0t}.\end{aligned}\right\}\tag{366}$$

它们自然满足通常的等时对易 - 反对易关系. 容易推知所需要的公式是

$$\mathcal{Z}_0^R[\overline{\eta},\eta,J]=\langle 0|\mathcal{T}\exp\Big\{\mathrm{i}\int\mathrm{d}^4x\Big(\overline{\eta}(x)\,\psi(x)+\overline{\psi}(x)\,\eta(x)+J^\mu A_\mu(x)\Big)\Big\}|0\rangle.\tag{367}$$

因为 $\psi(x)$, $\overline{\psi}(x)$ 的时间演化实际上由 H_D 决定, $A_\mu(x)$ 的时间演化由 H_A 决定, 所以此式右边正是 $\mathcal{Z}_0[\overline{\eta},\eta]$ 与 $\mathcal{Z}_0[J]$ 的积.

§8 以“重正化场函数”为基本变量的算符描述

8.1 用算符方法表示的重正化格林函数生成泛函

设 $\Delta\mathcal{L}\Big(\frac{\delta}{\mathrm{i}\delta\overline{\eta}(z)},\cdots\Big)$ 是将抵消项 $\Delta\mathcal{L}$ 中的 $\psi_\alpha(z)$, $\overline{\psi}_\beta(z)$ 和 $A_\nu(z)$ 分别换成 $\frac{\delta}{\mathrm{i}\delta\overline{\eta}_\alpha(z)}$, $\frac{\delta}{(-\mathrm{i})\delta\eta_\beta(z)}$ 和 $\frac{\delta}{\mathrm{i}\delta J^\nu(z)}$ 的结果, 而 $\mathcal{L}_{\mathrm{A}\psi}\Big(\frac{\delta}{\mathrm{i}\delta\overline{\eta}(z)},\cdots\Big)$ 是根据 $\mathcal{L}^{[0]}$ 中的电磁耦合项 $\mathcal{L}_{\mathrm{A}\psi}$ 按照下式定义的微商算子

$$\mathrm{i}\,\mathcal{L}_{\mathrm{A}\psi}\Big(\frac{\delta}{\mathrm{i}\delta\overline{\eta}(z)},\cdots\Big)=-\mathrm{i}\,e\gamma^\mu_{\alpha\beta}\frac{\delta}{(-\mathrm{i})\delta\eta_\alpha(z)}\frac{\delta}{\mathrm{i}\delta\overline{\eta}_\beta(z)}\frac{\delta}{\mathrm{i}\delta J^\mu(z)},$$

于是有

$$\begin{aligned}\mathcal{Z}^R[\overline{\eta},\eta,J]=N'\exp\Big\{\mathrm{i}\int\mathrm{d}^4z\mathcal{L}_{A\psi}\Big(\frac{\delta}{\mathrm{i}\delta\overline{\eta}(z)},\cdots\Big)\Big\}&\\ \times\exp\Big\{\mathrm{i}\int\mathrm{d}^4z\Delta\mathcal{L}\Big(\frac{\delta}{\mathrm{i}\delta\overline{\eta}(z)},\cdots\Big)\Big\}\mathcal{Z}_0^R[\overline{\eta},\eta,J]&,\end{aligned}\tag{368}$$

比例系数 N' 与源无关, 并保证 $\mathcal{Z}^R[0,0,0]=1$. $\mathcal{Z}_0^R[\overline{\eta},\eta,J]$ 是由 $\xi=1$ 的有效自由拉氏函数 $\mathcal{L}_{\mathrm{eff}}^{(0\,0)}$ 确定的格林函数的生成泛函. 在上节已经用算符方法将其

表示成 (367) 式. 以该式代入 (368) 式右边，完成对于源的微商即得出

$$\begin{aligned}\mathcal{Z}^R[\overline{\eta},\eta,J]=&\frac{1}{\langle 0|\mathcal{T}\Big(\exp\Big\{\int\mathrm{d}^4x(-\mathrm{i})\mathcal{H}_\mathrm{I}(x)\Big\}\Big)|0\rangle}\\&\times\langle 0|\mathcal{T}\Big(\exp\Big\{\mathrm{i}\int\mathrm{d}^4z\big(\overline{\eta}(z)\psi(z)+\overline{\psi}(z)\eta(z)+J^\mu(z)A_\mu(z)\big)\Big\}\\&\qquad\times\exp\Big\{\int\mathrm{d}^4x(-\mathrm{i})\mathcal{H}_\mathrm{I}(x)\Big\}\Big)|0\rangle\,,\end{aligned}\tag{369}$$

$-\mathcal{H}_\mathrm{I}(x)$ 是从经典量 $\mathcal{L}_{\mathrm{A}\psi}+\Delta\mathcal{L}$ 中将场函数换成 (366) 式所示的算符 $\psi(x),\overline{\psi}(x)$, $A_\mu(x)$ 的结果，包括写成厄米形式并且对于 H_0 的真空态 $|0\rangle$ 取正规积部分. 例如，$\Delta\mathcal{L}$ 中的 $\overline{\psi}(x)\mathrm{i}\gamma^\mu\partial_\mu\psi(x)$ 应过渡到

$$\frac{1}{2}:\overline{\psi}(x)\mathrm{i}\gamma^\mu\partial_\mu\psi(x):-\frac{1}{2}:\big(\partial_\mu\overline{\psi}(x)\big)\mathrm{i}\gamma^\mu\psi(x):.$$

因此，包含电磁耦合项和抵消项的算符 $\mathcal{H}_\mathrm{I}(x)$ 是

$$\mathcal{H}_\mathrm{I}(x)=e:\overline{\psi}(x)\gamma^\mu\psi(x)A_\mu(x):+\Delta\mathcal{H}_\mathrm{I}(x)\,,\tag{370}$$

$$\begin{aligned}\Delta\mathcal{H}_\mathrm{I}(x)=&-\big(Z_2-1\big)\frac{1}{2}:\overline{\psi}(x)\big(\mathrm{i}\gamma^\mu\partial_\mu-m\big)\psi(x):\\&+\big(Z_2-1\big)\frac{1}{2}\big\{:\big(\partial_\mu\overline{\psi}(x)\big)\mathrm{i}\gamma^\mu\psi(x):+:\overline{\psi}(x)m\psi(x):\big\}\\&-Z_2\,\delta m:\overline{\psi}(x)\psi(x):+\big(Z_1-1\big)e:\overline{\psi}(x)\gamma^\mu\psi(x)A_\mu(x):\\&+\big(Z_3-1\big)\frac{1}{4}:F_{\mu\nu}F^{\mu\nu}:.\end{aligned}\tag{371}$$

这样就用算符方法表示出 $\xi=1$ 的“重正化格林函数”的生成泛函 $\mathcal{Z}^R[\overline{\eta},\eta,J]$. m, e 代表电子质量和电荷的观察值，正常数 Z_1, $Z_2(=Z_1)$ 和 Z_3 在按照质壳减除方案将理论重正化时即是相应的重正化常数. 从 (370) 和 (371) 式看到，$\mathcal{H}_\mathrm{I}(x)$ 中的电磁耦合项以及各类抵消项的算符与 Bogoliubov 及其合作者根据一般的不变性条件求出的结果具有相同的结构 (见文献 [2]). 由于拉氏函数中的抵消项包含时间微商，不能借助正则量子化过渡到 (371) 式的算符形式.

(369) 式分子中的 $\exp\Big\{\int\mathrm{d}^4x(-\mathrm{i})\mathcal{H}_\mathrm{I}(x)\Big\}$ 处在时序积之内，可换成时序积

$$\mathcal{T}\big(\exp\big\{\int\mathrm{d}^4x(-\mathrm{i})\mathcal{H}_\mathrm{I}(x)\big\}\big)=U(\infty,-\infty)\,.$$

于是 (369) 式可以写成

$$\begin{aligned}\mathcal{Z}^R[\overline{\eta},\eta,J]=&\frac{1}{\langle 0|U(\infty,-\infty)|0\rangle}\\&\times\langle 0|\mathcal{T}\Big(U(\infty,-\infty)\exp\Big\{\mathrm{i}\int\mathrm{d}^4z\big(\overline{\eta}(z)\psi(z)+\overline{\psi}(z)\eta(z)+J^\mu(z)A_\mu(z)\big)\Big\}\Big)|0\rangle.\end{aligned}\tag{372}$$

由于 $\mathcal{H}_{\rm I}(x)$ 中的电磁耦合项以及各类抵消项的算符与 Bogoliubov 及其合作者根据一般的不变性条件求出的相应算符具有相同的结构，他们对于文献 [2] 的散射算符 $S(1)$ 的幺正性及其在如下变换下的不变性的证明，也适用于算符 $U(\infty,-\infty)$：

$$A_\mu(x)\to A'_\mu(x)=A_\mu(x)+\partial_\mu f\,. \tag{373}$$

重正化格林函数 $G_{\alpha_1,\cdots,\alpha_l,\beta_1,\cdots,\beta_l,\nu_1,\cdots,\nu_n}(x_1,\cdots,x_l,y_1,\cdots,y_l,z_1,\cdots,z_n)$ 可以表示为

$$\begin{aligned}&\frac{\delta}{\mathrm{i}\delta\overline{\eta}_{\alpha_1}(x_1)}\cdots\frac{\delta}{\mathrm{i}\delta\overline{\eta}_{\alpha_l}(x_l)}\frac{\delta}{(-\mathrm{i})\delta\eta_{\beta_1}(y_1)}\cdots\\&\qquad\times\frac{\delta}{(-\mathrm{i})\delta\eta_{\beta_l}(y_l)}\frac{\delta}{\mathrm{i}\delta J^{\nu_1}(z_1)}\cdots\frac{\delta}{\mathrm{i}\delta J^{\nu_l}(z_l)}\mathcal{Z}^R[\overline{\eta},\eta,J]\Big|_{(\overline{\eta},\eta,J)=0}\\&=\frac{1}{\langle 0|U(\infty,-\infty)|0\rangle}\langle 0|\mathcal{T}\{U(\infty,-\infty)\psi_{\alpha_1}(x_1)\cdots\psi_{\alpha_l}(x_l)\\&\qquad\times\overline{\psi}_{\beta_1}(y_1)\cdots\overline{\psi}_{\beta_l}(y_l)A_{\nu_1}(z_1)\cdots A_{\nu_n}(z_n)\}|0\rangle\,.\end{aligned} \tag{374}$$

$U(\infty,-\infty)$ 即是算符 $U(t,t_0)=\mathrm{e}^{\mathrm{i}\,H_0t}\mathrm{e}^{-\mathrm{i}\,H(t-t_0)}\mathrm{e}^{-\mathrm{i}\,H_0t_0}$ 的极限，其中

$$H=H_0+\int\mathrm{d}^3x\,\mathcal{H}_{\rm I}(x)\,. \tag{375}$$

H 与 $\mathcal{Z}^R[\overline{\eta},\eta,J]$ 的关系表明，H 是有效总哈密顿量算符. $\psi(x)$, $\overline{\psi}(x)$, 和 $A_\mu(x)$ 是由 H 和 (有效) 自由哈密顿量 H_0 形成的相互作用绘景的场算符，$U(t,t_0)$ 是这样的相互作用绘景的时间演化算符. 相应的 Heisenberg 绘景的场算符是

$$\psi^{\rm h}(x)=\mathrm{e}^{\mathrm{i}\,Ht}\psi(\boldsymbol{x})\mathrm{e}^{-\mathrm{i}\,Ht}=\mathrm{e}^{\mathrm{i}\,Ht}\mathrm{e}^{-\mathrm{i}\,H_0t}\psi(x)\mathrm{e}^{\mathrm{i}\,H_0t}\mathrm{e}^{-\mathrm{i}\,Ht}\,, \tag{376}$$

$$\overline{\psi}^{\rm h}(x)=\mathrm{e}^{\mathrm{i}\,Ht}\overline{\psi}(\boldsymbol{x})\mathrm{e}^{-\mathrm{i}\,Ht}=\mathrm{e}^{\mathrm{i}\,Ht}\mathrm{e}^{-\mathrm{i}\,H_0t}\overline{\psi}(x)\mathrm{e}^{\mathrm{i}\,H_0t}\mathrm{e}^{-\mathrm{i}\,Ht}\,, \tag{377}$$

$$A^{\rm h}_\mu(x)=\mathrm{e}^{\mathrm{i}\,Ht}A_\mu(\boldsymbol{x})\mathrm{e}^{-\mathrm{i}\,Ht}=\mathrm{e}^{\mathrm{i}\,Ht}\mathrm{e}^{-\mathrm{i}\,H_0t}A_\mu(x)\mathrm{e}^{\mathrm{i}\,H_0t}\mathrm{e}^{-\mathrm{i}\,Ht}\,, \tag{378}$$

$$\Pi^{\rm h}_\mu(x)=\mathrm{e}^{\mathrm{i}\,Ht}\Pi_\mu(\boldsymbol{x})\mathrm{e}^{-\mathrm{i}\,Ht}=\mathrm{e}^{\mathrm{i}\,Ht}\mathrm{e}^{-\mathrm{i}\,H_0t}\Pi_\mu(x)\mathrm{e}^{\mathrm{i}\,H_0t}\mathrm{e}^{-\mathrm{i}\,Ht}\,. \tag{379}$$

我们将证实 $U(\infty,-\infty)$ 作用于物理态矢量的结果仍然是物理态矢量，并且阐明借助它和物理态空间构造散射矩阵的方法，以及求出用截腿重正化格林函数表示散射矩阵元的一般公式.

8.2 场算符和态矢量的 $\mathscr{C}$, $\mathscr{P}$, $\mathscr{T}$ 变换

经典量 $\psi,\overline{\psi}$ 和 A_μ 的正反粒子共轭和空间反射变换的表达式，能够方便地过渡到量子场论的算符形式，时间反演变换则不是这样. 这里重写一下过渡到量子场算符之前的变换式，以便于对比.

正反粒子共轭　由 $\psi(x),\overline{\psi}(x)$ 和 $A_\mu(x)$ 随 t 的变化描写的运动过程在正反粒子共轭下变为 $\psi^C(x),\overline{\psi}^C(x)$ 和 $A_\mu^C(x)$ 描写的运动过程，而

$$\psi^C(x)=\eta_c C\widetilde{\overline{\psi}}(x)\,,\quad \overline{\psi}^C(x)=-\eta_c^*\widetilde{\psi}(x)C^{-1}\,,\quad A_\mu^C(x)=-A_\mu(x)\,.$$

其中系数 η_c 可以限制为相因子：$\eta_c^*\eta_c=1$，而 $C=\mathrm{i}\gamma^2\gamma^0$.

空间反射　原参考系 K 的三个坐标轴反向变成参考系 K' 的坐标轴，使得在 K 中坐标为 x 的点在 K' 中坐标为

$$x'^0=x^0,\ \ x'^k=-x^k\,.$$

假设在 K 中由 $\psi,\overline{\psi}$ 和 A_μ 描写的运动过程在 K' 中由 $\psi',\overline{\psi'}$ 和 A'_ν 描写，则在相同时空点的变换式为

$$\psi'(x')=\eta_p\gamma^0\psi(x)\,,\quad \overline{\psi'}(x')=\overline{\psi}(x)\gamma^0\eta_p^*\,,\quad A'_\mu(x')=A^\mu(x)\,.$$

其中系数 η_p 也可以限制为相因子：$\eta_p^*\eta_p=1$.

时间反演　参考系 K 中坐标为 x 的点在时间反演形成的参考系 K' 中坐标为

$$x'^0=-x^0,\ \ x'^k=x^k\,.$$

设在 K 中由 $\psi,\overline{\psi}$ 和 A_μ 描写的运动过程在 K' 中由 $\psi',\overline{\psi'}$ 和 A'_ν 描写，则

$$\psi'(x')=U^*\psi^*(x)\,,\quad \overline{\psi'}(x')=\widetilde{\psi}(x)\widetilde{U}\gamma^0\,,\quad A'_\mu(x')=A^\mu(x)\,,$$

其中

$$U=\lambda_u\gamma^1\gamma^3,\quad \lambda_u^*\lambda_u=1\,.$$

在上面的叙述中，$\psi(x),\overline{\psi}(x)$ 和 $A_\mu(x)$ 是经典场函数，不要与相互作用绘景的场算符混淆.

在量子场论的情形，按照本章的记号，将 Heisenberg 绘景的场算符记为 $\psi^{\mathrm{h}}(x),\overline{\psi}^{\mathrm{h}}(x)$ 和 $A_\mu^{\mathrm{h}}(x)$，其中 $\overline{\psi}^{\mathrm{h}}(x)$ 代表 $\{\psi^{\mathrm{h}}(x)\}^\dagger\gamma^0$. 不带指标 h 时是相互作用绘景的场算符，而 $\psi(\boldsymbol{x})$, $\overline{\psi}(\boldsymbol{x})$ 和 $A_\mu(\boldsymbol{x})$ 则是 Schrödinger 绘景的算符. 故

$$\psi^{\mathrm{h}}(x)=\mathrm{e}^{\mathrm{i}Ht}\psi(\boldsymbol{x})\,\mathrm{e}^{-\mathrm{i}Ht}\,,\quad \overline{\psi}^{\mathrm{h}}(x)=\mathrm{e}^{\mathrm{i}Ht}\overline{\psi}(\boldsymbol{x})\,\mathrm{e}^{-\mathrm{i}Ht}\,,\quad A_\mu^{\mathrm{h}}(x)=\mathrm{e}^{\mathrm{i}Ht}A_\mu(\boldsymbol{x})\,\mathrm{e}^{-\mathrm{i}Ht}\,.$$

以及

$$\psi(x)=\mathrm{e}^{\mathrm{i}H_0t}\psi(\boldsymbol{x})\,\mathrm{e}^{-\mathrm{i}H_0t}\,,\quad \overline{\psi}(x)=\mathrm{e}^{\mathrm{i}H_0t}\overline{\psi}(\boldsymbol{x})\,\mathrm{e}^{-\mathrm{i}H_0t}\,,\quad A_\mu(x)=\mathrm{e}^{\mathrm{i}H_0t}A_\mu(\boldsymbol{x})\,\mathrm{e}^{-\mathrm{i}H_0t}\,.$$

其中 H 是总哈密顿量算符, H_0 即是用于描述散射过程的初末态的自由粒子的哈密顿量算符.

首先考虑相互作用绘景. 正反粒子共轭和空间反射都是幺正变换, 将态矢量的变换算符分别记为 $\mathscr{C}$ 和 $\mathscr{P}$, 则 (参看文献 [7])

$$\mathscr{C}^\dagger = \mathscr{C}^{-1} = \mathscr{C}\,, \tag{380}$$

$$\mathscr{C}\psi(x)\mathscr{C}^{-1} = C\,\widetilde{\overline{\psi}}(x) = C\,\widetilde{\gamma^0}\;\widetilde{\psi}^\dagger(x)\,, \tag{381}$$

$$\mathscr{C}\overline{\psi}(x)\mathscr{C}^{-1} = -\widetilde{\psi}(x)C^{-1}\,, \tag{382}$$

$$\mathscr{C}A_\mu(x)\mathscr{C}^{-1} = -A_\mu(x)\,. \tag{383}$$

以及

$$\mathscr{P}^\dagger = \mathscr{P}^{-1} = \mathscr{P}\,, \tag{384}$$

$$\mathscr{P}\,\psi(x')\mathscr{P}^{-1} = \eta_p\gamma^0\psi(x)\,, \tag{385}$$

$$\mathscr{P}\,\overline{\psi}(x')\mathscr{P}^{-1} = \overline{\psi}(x)\gamma^0\eta_p^*\,, \tag{386}$$

$$\mathscr{P}\,A_\mu(x')\mathscr{P}^{-1} = A^\mu(x)\,. \tag{387}$$

$$({x'}^0 = x^0, \quad {x'}^k = -x^k\,)$$

时间反演变换是反幺正的, 态矢量的变换可以按照 Wigner 或者 Schwinger 的方法来定义, 这里采用 Wigner 的方法, 即是 ket 矢 $|\Psi\rangle$ 在时间反演下变成的 $\mathscr{T}|\Psi\rangle$ 仍然是 ket 矢. 考虑到 A_μ 和 $:\overline{\psi}\gamma^\mu\psi:$ 应当像经典电磁势、电磁流那样变换, $\mathscr{T}$ 被规定为如下的反幺正算符 (也见文献 [7])

$$\mathscr{T}\;\mathrm{i} = -\mathrm{i}\;\mathscr{T}\,, \tag{388}$$

$$\overline{\mathscr{T}|\Psi_1\rangle}\cdot\mathscr{T}|\Psi_2\rangle = \langle\Psi_2|\Psi_1\rangle = \left\{\overline{|\Psi_1\rangle}\cdot|\Psi_2\rangle\right\}^*\,, \tag{389}$$

$$\mathscr{T}\,\psi(x')\,\mathscr{T}^{-1} = T\,\psi(x)\,, \tag{390}$$

$$\mathscr{T}\,\overline{\psi}(x')\,\mathscr{T}^{-1} = \overline{\psi}(x)T^\dagger\,, \tag{391}$$

$$\mathscr{T}\,A_\mu(x')\mathscr{T}^{-1} = A^\mu(x)\,, \tag{392}$$

$$({x'}^0 = -x^0, \quad {x'}^k = x^k\,)$$

其中的 T 不是第八章 §6 同一记号代表的量, 而是

$$T = \mathrm{i}\gamma^1\gamma^3\,. \tag{393}$$

记住, 下式对于作用于态矢量空间的任意线性算符 $\mathcal{Q}$ 都成立

$$\left\{\mathscr{T}\,\mathcal{Q}\mathscr{T}^{-1}\right\}^\dagger = \mathscr{T}\,\mathcal{Q}^\dagger\mathscr{T}^{-1}\,.$$

这在第五章 §1 已经说明，用这里的记号表示即是

$$
\begin{aligned}
\langle\Psi_A|\{\mathscr{T}\,Q\mathscr{T}^{-1}\}^{\dagger}|\Psi_B\rangle &= \overline{\mathscr{T}\,Q\mathscr{T}^{-1}|\Psi_A\rangle}\cdot|\Psi_B\rangle \\
&= \left\{\overline{Q\mathscr{T}^{-1}|\Psi_A\rangle}\cdot\mathscr{T}^{-1}|\Psi_B\rangle\right\}^{*} = \left\{\overline{\mathscr{T}^{-1}|\Psi_A\rangle}\cdot Q^{\dagger}\,\mathscr{T}^{-1}|\Psi_B\rangle\right\}^{*} \\
&= \langle\Psi_A|\,\mathscr{T}Q^{\dagger}\,\mathscr{T}^{-1}|\Psi_B\rangle\,.
\end{aligned}
$$

由于 H_0,$\psi(x)$,$\overline{\psi}(x)$ 和 $A_\mu(x)$ 是以 $\mathcal{L}^{(00)}$ 为拉氏函数经过正则量子化确定的哈密顿量算符和场算符，不妨认定 H_0 是与 $\mathscr{C}$,$\mathscr{P}$,$\mathscr{T}$ 对易的 (可以验证，也见文献 [7])，于是 $\mathscr{C}$,$\mathscr{P}$,$\mathscr{T}$ 也即是 Schrödinger 绘景中的变换算符.

现在来求出总哈密顿量 H 的耦合项和抵消项中相应于以下几种量的厄米算符的变换式：

$$
\begin{aligned}
&\overline{\psi}(x)\gamma^\mu\psi(x)A_\mu(x)\,,\qquad \overline{\psi}(x)\psi(x)\,,\\
&\overline{\psi}(x)\mathrm{i}\gamma^\mu\partial_\mu\psi(x)\;-\;\left\{\partial_\mu\overline{\psi}(x)\right\}\mathrm{i}\gamma^\mu\psi(x)\,,\\
&F_{\mu\nu}F^{\mu\nu}\,,\qquad \left(\partial^\mu A_\mu(x)\right)^2.
\end{aligned}
$$

如本章 8.1 小节所述，H 的耦合项和抵消项是用这些量的算符的正规积经过空间坐标积分来构成的.

在 $\mathscr{C}$ 变换下，有

$$
\begin{aligned}
\mathscr{C}\,\overline{\psi}(x)\psi(x)\,\mathscr{C}^{-1} &= -\psi_\alpha(x)\overline{\psi}_\alpha(x)\\
&=:\,\overline{\psi}(x)\psi(x)\,:\,+\langle 0|\mathscr{C}\,\overline{\psi}(x)\psi(x)\,\mathscr{C}^{-1}|0\rangle\,,
\end{aligned}
$$

而 $|0\rangle$ 代表所谓裸真空状态，是 $\mathscr{C}$ 不变的 (也是 $\mathscr{P}$,$\mathscr{T}$ 不变的)，可见

$$
\mathscr{C}\,\overline{\psi}(x)\psi(x)\,\mathscr{C}^{-1} = \overline{\psi}(x)\psi(x)\,.
$$

其次，借助 $C^{-1}\gamma^\mu C = -\widetilde{\gamma^\mu}$，有

$$
\begin{aligned}
\mathscr{C}\,\overline{\psi}(x)\gamma^\mu\psi(x)\,\mathscr{C}^{-1} &= \psi_\beta(x)\gamma^\mu_{\alpha\beta}\overline{\psi}_\alpha(x)\\
&= -\;:\,\overline{\psi}(x)\gamma^\mu\psi(x)\,:\,+\langle 0|\,\overline{\psi}(x)\gamma^\mu\psi(x)\,|0\rangle\,,
\end{aligned}
$$

故

$$
\mathscr{C}\,\overline{\psi}(x)\gamma^\mu\psi(x)\mathscr{C}^{-1} = \overline{\psi}(x)\gamma^\mu\psi(x) - 2:\,\overline{\psi}(x)\gamma^\mu\psi(x):\,.
$$

类似地，由

$$
\begin{aligned}
&\mathscr{C}\,\overline{\psi}(x)\gamma^\mu\partial_\mu\psi(x)\,\mathscr{C}^{-1} = \psi_\alpha(x)\gamma^\mu_{\beta\alpha}\partial_\mu\overline{\psi}_\beta(x)\,,\\
&\mathscr{C}\,\left\{\partial_\mu\overline{\psi}(x)\right\}\gamma^\mu\psi(x)\,\mathscr{C}^{-1} = \partial_\mu\psi_\alpha(x)\gamma^\mu_{\beta\alpha}\overline{\psi}_\beta(x)(x)\,,
\end{aligned}
$$

改写为

$$\begin{aligned}&\mathscr{C}\,\overline{\psi}(x)\gamma^\mu\partial_\mu\psi(x)\,\mathscr{C}^{-1}\\&\qquad=-:\{\partial_\mu\overline{\psi}(x)\}\gamma^\mu\partial_\mu\psi(x):+\langle 0|\,\overline{\psi}(x)\gamma^\mu\partial_\mu\psi(x)\,|0\rangle\,,\\&\mathscr{C}\,\{\partial_\mu\overline{\psi}(x)\}\gamma^\mu\partial_\mu\psi(x)\,\mathscr{C}^{-1}\\&\qquad=-:\overline{\psi}(x)\gamma^\mu\partial_\mu\psi(x):+\langle 0|\,\{\partial_\mu\overline{\psi}(x)\}\gamma^\mu\partial_\mu\psi(x)|0\rangle\,,\end{aligned}$$

可看出

$$\begin{aligned}&\mathscr{C}\,\overline{\psi}(x)\gamma^\mu\partial_\mu\psi(x)\,\mathscr{C}^{-1}-\mathscr{C}\,\{\partial_\mu\overline{\psi}(x)\}\gamma^\mu\partial_\mu\psi(x)\,\mathscr{C}^{-1}\\&\qquad=\overline{\psi}(x)\gamma^\mu\partial_\mu\psi(x)\;-\;\{\partial_\mu\overline{\psi}(x)\}\gamma^\mu\partial_\mu\psi(x)\,,\end{aligned}$$

这样也就知道:

$$\begin{aligned}&\mathscr{C}:\overline{\psi}(x)\psi(x):\mathscr{C}^{-1}=:\overline{\psi}(x)\psi(x):,\\&\mathscr{C}:\overline{\psi}(x)\gamma^\mu\psi(x):\mathscr{C}^{-1}=-:\overline{\psi}(x)\gamma^\mu\psi(x):,\\&\mathscr{C}:\overline{\psi}(x)\mathrm{i}\gamma^\mu\partial_\mu\psi(x):\mathscr{C}^{-1}-\mathscr{C}:\{\partial_\mu\overline{\psi}(x)\}\mathrm{i}\gamma^\mu\partial_\mu\psi(x):\mathscr{C}^{-1}\\&\qquad=:\overline{\psi}(x)\mathrm{i}\gamma^\mu\partial_\mu\psi(x):-:\{\partial_\mu\overline{\psi}(x)\}\mathrm{i}\gamma^\mu\partial_\mu\psi(x):,\\&\mathscr{C}:\overline{\psi}(x)\gamma^\mu\psi(x):A_\mu(x)\,\mathscr{C}^{-1}=:\overline{\psi}(x)\gamma^\mu\psi(x):A_\mu(x)\,.\end{aligned}$$

至于 $F_{\mu\nu}F^{\mu\nu}$ 和 $\left(\partial^\mu A_\mu(x)\right)^2$, 显然是 $\mathscr{C}$ 不变的. 在 $\mathscr{P}$ 变换下, 可求得

$$\begin{aligned}&\mathscr{P}\,\overline{\psi}(x)\psi(x)\,\mathscr{P}^{-1}=\overline{\psi}(x)\psi(x)\big|_{\boldsymbol{x}\to-\boldsymbol{x}}\,,\\&\mathscr{P}\,\overline{\psi}(x)\gamma^\mu\psi(x)\,\mathscr{P}^{-1}=\overline{\psi}(x)\gamma^\mu\psi(x)\big|_{\boldsymbol{x}\to-\boldsymbol{x}}\,,\\&\mathscr{P}\,\overline{\psi}(x)\gamma^\mu\partial_\mu\psi(x)\,\mathscr{P}^{-1}=\overline{\psi}(x)\gamma^\mu\partial_\mu\psi(x)\big|_{\boldsymbol{x}\to-\boldsymbol{x}}\,,\\&\mathscr{P}\,\{\partial_\mu\overline{\psi}(x)\}\gamma^\mu\partial_\mu\psi(x)\,\mathscr{P}^{-1}=\{\partial_\mu\overline{\psi}(x)\}\gamma^\mu\partial_\mu\psi(x)\big|_{\boldsymbol{x}\to-\boldsymbol{x}}\,,\\&\mathscr{P}\,F_{\mu\nu}(x)F^{\mu\nu}(x)\,\mathscr{P}^{-1}=F_{\mu\nu}(x)F^{\mu\nu}(x)\big|_{\boldsymbol{x}\to-\boldsymbol{x}}\,,\\&\mathscr{P}\left(\partial^\mu A_\mu(x)\right)^2\mathscr{P}^{-1}=\left(\partial^\mu A_\mu(x)\right)^2\big|_{\boldsymbol{x}\to-\boldsymbol{x}}\,.\end{aligned}$$

在 $\mathscr{T}$ 变换下, 注意 $\mathscr{T}\mathrm{i}\gamma^\mu\mathscr{T}^{-1}=-\mathrm{i}(\gamma^\mu)^*, T^\dagger(\gamma^\mu)^*T=\gamma^0\gamma^\mu\gamma^0$, 有

$$\begin{aligned}&\mathscr{T}\,\overline{\psi}(x)\psi(x)\,\mathscr{T}^{-1}=\overline{\psi}(x)\psi(x)\big|_{t\to-t}\,,\\&\mathscr{T}\,\overline{\psi}(x)\gamma^\mu\psi(x)\,\mathscr{T}^{-1}=\overline{\psi}(x)\gamma_\mu\psi(x)\big|_{t\to-t}\,,\\&\mathscr{T}\,\overline{\psi}(x)\mathrm{i}\gamma^\mu\partial_\mu\psi(x)\,\mathscr{T}^{-1}=\overline{\psi}(x)\mathrm{i}\gamma^\mu\partial_\mu\psi(x)\big|_{t\to-t}\,,\\&\mathscr{T}\,\{\partial_\mu\overline{\psi}(x)\}\mathrm{i}\gamma^\mu\partial_\mu\psi(x)\,\mathscr{T}^{-1}=\{\partial_\mu\overline{\psi}(x)\}\mathrm{i}\gamma^\mu\partial_\mu\psi(x)\big|_{t\to-t}\,,\\&\mathscr{T}:F_{\mu\nu}(x)F^{\mu\nu}(x)\,\mathscr{T}^{-1}=F_{\mu\nu}(x)F^{\mu\nu}(x)\big|_{t\to-t}\,,\\&\mathscr{T}\left(\partial^\mu A_\mu(x)\right)^2\mathscr{T}^{-1}=\left(\partial^\mu A_\mu(x)\right)^2\big|_{t\to-t}\,.\end{aligned}$$

根据 §8.1 所示的 H 的一般形式和以上结果可证实 $\mathscr{C},\mathscr{P},\mathscr{T}$ 与 H 对易:

$$\mathscr{C}\,H\,\mathscr{C}^{-1}=H\,, \tag{394}$$

$$\mathscr{P}\,H\,\mathscr{P}^{-1}=H\,, \tag{395}$$

$$\mathscr{T}\,H\,\mathscr{T}^{-1}=H\,. \tag{396}$$

可见它们也是 Heisenberg 绘景中表示反粒子共轭、空间反射和时间反演变换的算符, 即

$$\mathscr{T}\,\psi^{\mathrm{h}}(x')\,\mathscr{T}^{-1}=T\,\psi^{\mathrm{h}}(x)\,, \tag{397}$$

$$\mathscr{T}\,\overline{\psi}^{\mathrm{h}}(x')\,\mathscr{T}^{-1}=\overline{\psi}^{\mathrm{h}}(x)T^{\dagger}\,, \tag{398}$$

$$\mathscr{T}\,A^{\mathrm{h}}_{\mu}(x')\mathscr{T}^{-1}=A^{\mu\mathrm{h}}(x)=g^{\mu\nu}A^{\mathrm{h}}_{\nu}(x)\,. \tag{399}$$

$$(x'^{0}=-x^{0},\quad x'^{k}=x^{k}\,)$$

由此又知道, $\mathscr{C},\mathscr{P},\mathscr{T}$ 与 H 对易表明量子电动力学理论在正反粒子共轭、空间反射和时间反演下保持不变.

再看算符 $U(t,t_0)$ 的变换, 由 $U(t,t_0)=\mathrm{e}^{\mathrm{i}\,H_0t}\mathrm{e}^{-\mathrm{i}\,H(t-t_0)}\mathrm{e}^{-\mathrm{i}\,H_0t_0}$ 看出, 它与 $\mathscr{C}$, $\mathscr{P}$ 是可对易的, 但是 $\mathscr{T}\,U(t,t_0)\mathscr{T}^{-1}=U(-t,-t_0)$ 等于 $U(-t,-t_0)$, 特别是 $\mathscr{T}\,U(\infty,-\infty)\mathscr{T}^{-1}=U(-\infty,\infty)=\{U(\infty,-\infty)\}^{\dagger}$.

下面说明散射初末态粒子的产生和湮灭算符的 $\mathscr{C},\mathscr{P},\mathscr{T}$ 变换. 由变换式 (381), (383) 和描述初末态的场算符的表达式得 (注意物理态空间在 $U(\infty,-\infty)$ 作用下保持不变, 见下节):

$$\begin{aligned}&\int\frac{\mathrm{d}^3p}{\sqrt{(2\pi)^3}}\sum_{\lambda}\mathscr{C}\,b_{1\lambda}(\boldsymbol{p})\mathscr{C}^{-1}U_{\lambda}(\boldsymbol{p})\mathrm{e}^{-\mathrm{i}px}+\int\frac{\mathrm{d}^3p}{\sqrt{(2\pi)^3}}\sum_{\lambda}\mathscr{C}\,b^{\dagger}_{-1\lambda}(\boldsymbol{p})\mathscr{C}^{-1}V_{\lambda}(\boldsymbol{p})\mathrm{e}^{\mathrm{i}px}\\&\quad=C\int\frac{\mathrm{d}^3p}{\sqrt{(2\pi)^3}}\sum_{\lambda}\Big\{b^{\dagger}_{1\lambda}(\boldsymbol{p})\gamma^0U^{*}_{\lambda}(\boldsymbol{p})\mathrm{e}^{\mathrm{i}px}+b_{-1\lambda}(\boldsymbol{p})\gamma^0V^{*}_{\lambda}(\boldsymbol{p})\mathrm{e}^{-\mathrm{i}px}\Big\}.\end{aligned}$$

以及

$$\begin{aligned}&\int\frac{\mathrm{d}^3k}{\sqrt{2\omega(2\pi)^3}}\sum_{\varLambda=1,2}\varepsilon_{\mu}(\boldsymbol{k}\varLambda)\Big\{\mathscr{C}\,a(\boldsymbol{k}\varLambda)\mathscr{C}^{-1}\,\mathrm{e}^{-\mathrm{i}kx}+\mathscr{C}\,a^{\dagger}(\boldsymbol{k}\varLambda)\mathscr{C}^{-1}\mathrm{e}^{\mathrm{i}kx}\Big\}\\&\quad=-\int\frac{\mathrm{d}^3k}{\sqrt{2\omega(2\pi)^3}}\sum_{\varLambda=1,2}\varepsilon_{\mu}(\boldsymbol{k}\varLambda)\Big\{a(\boldsymbol{k}\varLambda)\mathrm{e}^{-\mathrm{i}kx}+a^{\dagger}(\boldsymbol{k}\varLambda)\mathrm{e}^{\mathrm{i}kx}\Big\}.\end{aligned}$$

注意 $C\gamma^0 = \Gamma_0$, 故 $C\gamma^0 U_\lambda^*(\boldsymbol{p}) = V_\lambda(\boldsymbol{p})$, $C\gamma^0 V_\lambda^*(\boldsymbol{p}) = U_\lambda(\boldsymbol{p})$, 得出

$$\begin{aligned}
\mathscr{C} b_{-1\lambda}^\dagger(\boldsymbol{p})\mathscr{C}^{-1} &= b_{1\lambda}^\dagger(\boldsymbol{p}),\\
\mathscr{C} b_{1\lambda}^\dagger(\boldsymbol{p})\mathscr{C}^{-1} &= b_{-1\lambda}^\dagger(\boldsymbol{p}),\\
\mathscr{C} a^\dagger(\boldsymbol{k}\Lambda)\mathscr{C}^{-1} &= -a^\dagger(\boldsymbol{k}\Lambda).
\end{aligned}$$

故

$$\begin{aligned}
\mathscr{C} b_{-1\lambda}^\dagger(\boldsymbol{p})|0\rangle &= b_{1\lambda}^\dagger(\boldsymbol{p})|0\rangle,\\
\mathscr{C} b_{1\lambda}^\dagger(\boldsymbol{p})|0\rangle &= b_{-1\lambda}^\dagger(\boldsymbol{p})|0\rangle,\\
\mathscr{C} a^\dagger(\boldsymbol{k}\Lambda)|0\rangle &= -a^\dagger(\boldsymbol{k}\Lambda)|0\rangle.
\end{aligned}$$

所以 $\mathscr{C}$ 使电子、正电子互相变换而 $\boldsymbol{p}$ 和 λ 保持不变. 单光子态是 $\mathscr{C}$ 的奇本征态 (本征值为 -1), 也说光子具有奇的 $\mathscr{C}$ 宇称, 没有正反粒子的差别.

再由 (385) 式得

$$\begin{aligned}
&\int\frac{\mathrm{d}^3p}{\sqrt{(2\pi)^3}}\sum_\lambda \mathscr{P} b_{1\lambda}(\boldsymbol{p})\mathscr{P}^{-1}U_\lambda(\boldsymbol{p})\mathrm{e}^{-\mathrm{i}px} + \int\frac{\mathrm{d}^3p}{\sqrt{(2\pi)^3}}\sum_\lambda \mathscr{P} b_{-1\lambda}^\dagger(\boldsymbol{p})\mathscr{P}^{-1}V_\lambda(\boldsymbol{p})\mathrm{e}^{\mathrm{i}px}\\
&= \eta_p\int\frac{\mathrm{d}^3p}{\sqrt{(2\pi)^3}}\sum_\lambda\left\{b_{1\lambda}(\boldsymbol{p})\gamma^0U_\lambda(\boldsymbol{p})\mathrm{e}^{-\mathrm{i}px}\big|_{\boldsymbol{x}\to-\boldsymbol{x}} + b_{-1\lambda}^\dagger(\boldsymbol{p})\gamma^0V_\lambda(\boldsymbol{p})\mathrm{e}^{\mathrm{i}px}\big|_{\boldsymbol{x}\to-\boldsymbol{x}}\right\},
\end{aligned}$$

从 $\chi_\lambda(\boldsymbol{p})$ 的表达式看出, $\chi_\lambda(-\boldsymbol{p}) = \mathrm{i}\,\chi_{-\lambda}(\boldsymbol{p})$, 故此式右边即是

$$\eta_p\int\frac{\mathrm{d}^3p}{\sqrt{(2\pi)^3}}\sum_\lambda\left\{b_{1\lambda}(-\boldsymbol{p})\gamma^0U_\lambda(-\boldsymbol{p})\,\mathrm{e}^{-\mathrm{i}px} + b_{-1\lambda}^\dagger(-\boldsymbol{p})\gamma^0V_\lambda(-\boldsymbol{p})\,\mathrm{e}^{\mathrm{i}px}\right\}.$$

再注意 $\gamma^0\,U\lambda(-\boldsymbol{p}) = \mathrm{i}U_{-\lambda}(\boldsymbol{p})$ 以及 $\gamma^0\,V\lambda(-\boldsymbol{p}) = -\mathrm{i}\,V_{-\lambda}(\boldsymbol{p})$, 得到

$$\begin{aligned}
&\int\frac{\mathrm{d}^3p}{\sqrt{(2\pi)^3}}\sum_\lambda \mathscr{P} b_{1\lambda}(\boldsymbol{p})\mathscr{P}^{-1}U_\lambda(\boldsymbol{p})\mathrm{e}^{-\mathrm{i}px} + \int\frac{\mathrm{d}^3p}{\sqrt{(2\pi)^3}}\sum_\lambda \mathscr{P} b_{-1\lambda}^\dagger(\boldsymbol{p})\mathscr{P}^{-1}V_\lambda(\boldsymbol{p})\mathrm{e}^{\mathrm{i}px}\\
&= \mathrm{i}\,\eta_p\int\frac{\mathrm{d}^3p}{\sqrt{(2\pi)^3}}\sum_\lambda\left\{b_{1-\lambda}(-\boldsymbol{p})U_\lambda(\boldsymbol{p})\,\mathrm{e}^{-\mathrm{i}px} - b_{-1-\lambda}^\dagger(-\boldsymbol{p})V_\lambda(\boldsymbol{p})\,\mathrm{e}^{\mathrm{i}px}\right\}.
\end{aligned}$$

因此

$$\begin{aligned}
\mathscr{P} b_{1\lambda}(\boldsymbol{p})\mathscr{P}^{-1} &= \mathrm{i}\,\eta_p\, b_{1-\lambda}(-\boldsymbol{p}),\\
\mathscr{P} b_{1\lambda}^\dagger(\boldsymbol{p})\mathscr{P}^{-1} &= -\mathrm{i}\,\eta_p^*\, b_{1-\lambda}^\dagger(-\boldsymbol{p}),\\
\mathscr{P} b_{-1\lambda}^\dagger(\boldsymbol{p})\mathscr{P}^{-1} &= -\mathrm{i}\,\eta_p\, b_{-1-\lambda}^\dagger(-\boldsymbol{p}),\\
\mathscr{P} b_{-1\lambda}(\boldsymbol{p})\mathscr{P}^{-1} &= \mathrm{i}\,\eta_p^*\, b_{-1-\lambda}(-\boldsymbol{p}).
\end{aligned}$$

可见

$$\begin{aligned}
\mathscr{P}\, b^{\dagger}_{1\lambda}(\boldsymbol{p})|0\rangle &= -\mathrm{i}\,\eta_p^*\, b^{\dagger}_{1-\lambda}(-\boldsymbol{p})|0\rangle\,,\\
\mathscr{P}\, b^{\dagger}_{-1\lambda}(\boldsymbol{p})|0\rangle &= -\mathrm{i}\,\eta_p\, b^{\dagger}_{-1-\lambda}(-\boldsymbol{p})|0\rangle\,,\\
\mathscr{P}\, b^{\dagger}_{1\lambda}(\boldsymbol{p})\, b^{\dagger}_{-1\lambda'}(\boldsymbol{p}')|0\rangle &= -\, b^{\dagger}_{1-\lambda}(-\boldsymbol{p})\, b^{\dagger}_{-1-\lambda}(-\boldsymbol{p}')|0\rangle\,,
\end{aligned}$$

所以在空间反射下，电子、正电子的 $\lambda, \boldsymbol{p}$ 都反号. 至于电子或正电子的内禀宇称并无确切的含义，但是可以说正负电子对的内禀宇称是奇的.

其次由 (387) 式以及本章 §3 约定的 $\varepsilon^{\mu}(-\boldsymbol{k}\Lambda)=(-1)^{\Lambda-1}\varepsilon_{\mu}(\boldsymbol{k}\Lambda)$ 得到

$$\begin{aligned}
&\int \frac{\mathrm{d}^3k}{\sqrt{2\omega(2\pi)^3}} \sum_{\Lambda=1,2} \varepsilon_{\mu}(\boldsymbol{k}\Lambda)\Big\{\mathscr{P}\, a(\boldsymbol{k}\Lambda)\mathscr{P}^{-1}\,\mathrm{e}^{-\mathrm{i}kx} + \mathscr{P}\, a^{\dagger}(\boldsymbol{k}\Lambda)\mathscr{P}^{-1}\mathrm{e}^{\mathrm{i}kx}\Big\}\\
&= \int \frac{\mathrm{d}^3k}{\sqrt{2\omega(2\pi)^3}} \sum_{\Lambda=1,2} (-1)^{\Lambda-1}\varepsilon_{\mu}(\boldsymbol{k}\Lambda)\Big\{a(-\boldsymbol{k}\Lambda)\mathrm{e}^{-\mathrm{i}kx} + a^{\dagger}(-\boldsymbol{k}\Lambda)\mathrm{e}^{\mathrm{i}kx}\Big\}\,.
\end{aligned}$$

$$\begin{aligned}
\mathscr{P}\, a(\boldsymbol{k}\Lambda)\mathscr{P}^{-1} &= (-1)^{\Lambda-1}a(-\boldsymbol{k}\Lambda)\,,\\
\mathscr{P}\, a^{\dagger}(\boldsymbol{k}\Lambda)\mathscr{P}^{-1} &= (-1)^{\Lambda-1}a^{\dagger}(-\boldsymbol{k}\Lambda)\,,\\
\mathscr{P}\, a^{\dagger}(\boldsymbol{k}\Lambda)|0\rangle &= (-1)^{\Lambda-1}a^{\dagger}(-\boldsymbol{k}\Lambda)|0\rangle\,.
\end{aligned}$$

再看 $\mathscr{T}$ 变换的情形. 由 (390) 式得

$$\begin{aligned}
&\int \frac{\mathrm{d}^3p}{\sqrt{(2\pi)^3}} \sum_{\lambda} \Big\{\mathscr{T}\, b_{1\lambda}(\boldsymbol{p})\mathscr{T}^{-1}U_{\lambda}^*(\boldsymbol{p})\mathrm{e}^{\mathrm{i}px} + \mathscr{T}\, b^{\dagger}_{-1\lambda}(\boldsymbol{p})\mathscr{T}^{-1}V_{\lambda}^*(\boldsymbol{p})\mathrm{e}^{-\mathrm{i}px}\Big\}\\
&= \int \frac{\mathrm{d}^3p}{\sqrt{(2\pi)^3}} \sum_{\lambda} \Big\{b_{1\lambda}(-\boldsymbol{p})T\,U_{\lambda}(-\boldsymbol{p})\mathrm{e}^{\mathrm{i}px} + b^{\dagger}_{-1\lambda}(-\boldsymbol{p})T\,V_{\lambda}(-\boldsymbol{p})\mathrm{e}^{-\mathrm{i}px}\Big\}.
\end{aligned}$$

这里应该注意

$$\begin{aligned}
T\,U_{\lambda}(-\boldsymbol{p}) &= \mathrm{i}\,T\gamma^0 U_{-\lambda} = \lambda\, U_{\lambda}^*(\boldsymbol{p})\,,\\
T\,V_{\lambda}(-\boldsymbol{p}) &= -\mathrm{i}\,T\gamma^0 V_{-\lambda}(\boldsymbol{p}) = \lambda\, V_{\lambda}^*(\boldsymbol{p})\,.
\end{aligned}$$

(392) 式给出

$$\begin{aligned}
&\int \frac{\mathrm{d}^3k}{\sqrt{2\omega(2\pi)^3}} \sum_{\Lambda=1,2} \varepsilon_{\mu}(\boldsymbol{k}\Lambda)\Big\{\mathscr{T}\, a(\boldsymbol{k}\Lambda)\mathscr{T}^{-1}\,\mathrm{e}^{\mathrm{i}kx} + \mathscr{T}\, a^{\dagger}(\boldsymbol{k}\Lambda)\mathscr{T}^{-1}\mathrm{e}^{-\mathrm{i}kx}\Big\}\\
&= \int \frac{\mathrm{d}^3k}{\sqrt{2\omega(2\pi)^3}} \sum_{\Lambda=1,2} \varepsilon_{\mu}(\boldsymbol{k}\Lambda)(-1)^{\Lambda-1}\Big\{a(-\boldsymbol{k}\Lambda)\mathrm{e}^{\mathrm{i}kx} + a^{\dagger}(-\boldsymbol{k}\Lambda)\mathrm{e}^{-\mathrm{i}kx}\Big\}\,,
\end{aligned}$$

这样就得出

$$\begin{aligned}
&\mathscr{T} b_{1\lambda}^{\dagger}(\boldsymbol{p})\mathscr{T}^{-1} = \lambda b_{1\lambda}^{\dagger}(-\boldsymbol{p}), \quad \mathscr{T} b_{1\lambda}(\boldsymbol{p})\mathscr{T}^{-1} = \lambda b_{1\lambda}(-\boldsymbol{p}),\\
&\mathscr{T} b_{-1\lambda}^{\dagger}(\boldsymbol{p})\mathscr{T}^{-1} = \lambda b_{-1\lambda}^{\dagger}(-\boldsymbol{p}), \quad \mathscr{T} b_{-1\lambda}(\boldsymbol{p})\mathscr{T}^{-1} = \lambda b_{-1\lambda}(-\boldsymbol{p}),\\
&\mathscr{T} a^{\dagger}(\boldsymbol{k}\varLambda)\mathscr{T}^{-1} = (-1)^{\varLambda-1}a^{\dagger}(-\boldsymbol{k}\varLambda), \quad \mathscr{T} a(\boldsymbol{k}\varLambda)\mathscr{T}^{-1} = (-1)^{\varLambda-1}a(-\boldsymbol{k}\varLambda),\\
&\mathscr{T} b_{1\lambda}^{\dagger}(\boldsymbol{p})|0\rangle = \lambda b_{1\lambda}^{\dagger}(-\boldsymbol{p})|0\rangle, \quad \mathscr{T} b_{-1\lambda}^{\dagger}(\boldsymbol{p})|0\rangle = \lambda b_{-1\lambda}^{\dagger}(-\boldsymbol{p})|0\rangle,\\
&\mathscr{T} a^{\dagger}(\boldsymbol{k}\varLambda)|0\rangle = (-1)^{\varLambda-1}a^{\dagger}(-\boldsymbol{k}\varLambda)|0\rangle.
\end{aligned}$$

对于 $\mathscr{C},\mathscr{P},\mathscr{T}$ 变换分别保持不变是量子电动力学理论的特性，而 $\mathscr{C}\mathscr{P}\mathscr{T}$ 不变性则是在相对论局域场论中的一个普遍定理.

§9 散射矩阵

9.1 物理态空间在 $U(\infty,-\infty)$ 作用下的不变性

注意裸真空态 $|0\rangle$ 满足 $H_0|0\rangle = \widehat{\boldsymbol{P}}|0\rangle = 0$, 设 $\{|\varPhi_\alpha\rangle\}$ 代表由 H_0 和总动量的共同物理本征态矢量构成的物理态空间的完备组，满足标准的正交归一条件

$$\langle\varPhi_\alpha|\varPhi_\beta\rangle = \delta(\alpha,\beta).$$

其中 $|\varPhi_\alpha\rangle$ 的 H_0 值是 E_α, 动量值省写.

算符 $U(0,-\infty)$ 可以表示成 (例如参看第七章 §1)

$$\begin{aligned}
U(0,-\infty) &= 1-\mathrm{i}\int_{-\infty}^{0}\mathrm{d}t\,\mathrm{e}^{\mathrm{i}Ht}(H-H_0)\,\mathrm{e}^{-\mathrm{i}H_0t}\\
&= 1-\mathrm{i}\int_{-\infty}^{\infty}\mathrm{d}t\,\theta(-t)\mathrm{e}^{\mathrm{i}Ht}(H-H_0)\,\mathrm{e}^{-\mathrm{i}H_0t}.
\end{aligned}$$

故

$$U(0,-\infty)|\varPhi_\alpha\rangle = \Big\{1-\mathrm{i}\int_{-\infty}^{\infty}\mathrm{d}t\,\theta(-t)\mathrm{e}^{\mathrm{i}(H-E_\alpha)t}(H-E_\alpha)\Big\}|\varPhi_\alpha\rangle.$$

代入

$$\theta(-t)\mathrm{e}^{\mathrm{i}Ht} = \frac{\mathrm{i}}{2\pi}\int_{-\infty}^{\infty}\mathrm{d}E\frac{\mathrm{e}^{\mathrm{i}Et}}{E-H+\mathrm{i}\epsilon}, \qquad (\epsilon=0^+)$$

得出

$$U(0,-\infty)|\varPhi_\alpha\rangle = \frac{\mathrm{i}\,\epsilon}{E_\alpha-H+\mathrm{i}\,\epsilon}|\varPhi_\alpha\rangle. \tag{400}$$

类似地

$$U(0,\infty)|\Phi_\alpha\rangle = \frac{-\mathrm{i}\,\epsilon}{E_\alpha - H - \mathrm{i}\,\epsilon}|\Phi_\alpha\rangle\,. \tag{401}$$

所以 $U(0,-\infty)|\Phi_\alpha\rangle$ 和 $U(0,\infty)|\Phi_\alpha\rangle$ 都代表 H 和总动量的共同本征态，H 值是 E_α, 并保持着 $|\Phi_\alpha\rangle$ 的动量值. 这两组态矢量分别满足标准的正交归一条件

$$\langle\Phi_\alpha|U(-\infty,0)U(0,-\infty)|\Phi_\beta\rangle = \delta(\alpha,\beta)\,,$$
$$\langle\Phi_\alpha|U(\infty,0)U(0,\infty)|\Phi_\beta\rangle = \delta(\alpha,\beta)\,,$$

而且属于其中一组的任一态矢量都可以表示成另一组的态矢量的线性组合(可以由理论的时间反演不变性推知):

$$U(0,-\infty)|\Phi_\alpha\rangle = \sum_\beta U(0,\infty)|\Phi_\beta\rangle\langle\Phi_\beta|U(\infty,-\infty)|\Phi_\alpha\rangle\,, \tag{402}$$

$$U(0,\infty)|\Phi_\alpha\rangle = \sum_\beta U(0,-\infty)|\Phi_\beta\rangle\langle\Phi_\beta|U(-\infty,\infty)|\Phi_\alpha\rangle\,. \tag{403}$$

故

$$U(\infty,-\infty)|\Phi_\alpha\rangle = \sum_\beta |\Phi_\beta\rangle\langle\Phi_\beta|U(\infty,-\infty)|\Phi_\alpha\rangle\,, \tag{404}$$

$$U(-\infty,\infty)|\Phi_\alpha\rangle = \sum_\beta |\Phi_\beta\rangle\langle\Phi_\beta|U(-\infty,\infty)|\Phi_\alpha\rangle\,. \tag{405}$$

可见物理态空间在 $U(\infty,-\infty)$ (和 $U(-\infty,\infty)$) 作用下保持不变.

在 $|\Phi_\alpha\rangle$ 是 $|0\rangle$ 的情形，由 (402)—(405) 式得出

$$U(0,-\infty)|0\rangle = U(0,\infty)|0\rangle\langle 0|U(\infty,-\infty)|0\rangle\,, \tag{406}$$

$$U(0,\infty)|0\rangle = U(0,-\infty)|0\rangle\langle 0|U(-\infty,\infty)|0\rangle\,. \tag{407}$$

以及

$$U(\infty,-\infty)|0\rangle = |0\rangle\langle 0|U(\infty,-\infty)|0\rangle\,, \tag{408}$$

$$U(-\infty,\infty)|0\rangle = |0\rangle\langle 0|U(-\infty,\infty)|0\rangle\,. \tag{409}$$

(408) 和 (409) 式表明，$|0\rangle$ 代表 $U(\infty,-\infty)$ 和 $U(-\infty,\infty)$ 的本征态，本征值分别是 $\langle 0|U(\infty,-\infty)|0\rangle$ 和它的复共轭 $\langle 0|U(-\infty,\infty)|0\rangle$. 由于 $U(\infty,-\infty)$ 是幺正算符，得

$$\langle 0|U(\infty,-\infty)|0\rangle\langle 0|U(-\infty,\infty)|0\rangle = 1\,.$$

令 $|0\rangle\!\rangle = U(0,-\infty)|0\rangle$, 于是

$$\begin{aligned} &H\,|0\rangle\!\rangle = 0\,, \quad \langle\!\langle 0|0\rangle\!\rangle = 1\,, \\ &U(0,\infty)|0\rangle = |0\rangle\!\rangle\langle 0|U(-\infty,\infty)|0\rangle\,. \end{aligned} \tag{410}$$

由此可以将 (372) 式表示的重正化格林函数生成泛写成

$$\begin{aligned} \mathcal{Z}[\overline{\eta},\eta,J] = \langle\!\langle 0|\mathcal{T}\exp\Big\{\mathrm{i}\int \mathrm{d}^4x\Big(&\overline{\eta}_\alpha(x)\psi^{\mathrm{h}}_\alpha(x) \\ &+\overline{\psi}^{\mathrm{h}}_\beta(x)\eta_\beta(x) + J^\mu(x)A^{\mathrm{h}}_\mu(x)\Big)\Big\}|0\rangle\!\rangle\,. \end{aligned} \tag{411}$$

相应地，重正化格林函数可表示成 Heisenberg 场算符的时序积在严格真空态 $|0\rangle\!\rangle$ 的平均值：

$$\begin{aligned} &G_{\alpha_1\alpha_2\cdots\beta_1\beta_2\cdots\nu_1\nu_2\cdots}(x_1x_2,\cdots,y_1y_2,\cdots,z_1z_2,\cdots) \\ &= \frac{\delta}{\mathrm{i}\delta\overline{\eta}_{\alpha_1}(x_1)}\frac{\delta}{\mathrm{i}\delta\overline{\eta}_{\alpha_2}(x_2)}\cdots\frac{\delta}{(-\mathrm{i})\delta\eta_{\beta_1}(y_1)} \\ &\qquad\times\frac{\delta}{(-\mathrm{i})\delta\eta_{\beta_2}(y_2)}\cdots\frac{\delta}{\mathrm{i}\delta J^{\nu_1}(z_1)}\cdots\mathcal{Z}[\overline{\eta},\eta,J]\Big|_{(\overline{\eta},\eta,J)=0} \\ &= \langle\!\langle 0|\mathcal{T}\{\psi^{\mathrm{h}}_{\alpha_1}(x_1)\psi^{\mathrm{h}}_{\alpha_2}(x_2)\cdots \\ &\qquad\times\overline{\psi}^{\mathrm{h}}_{\beta_1}(y_1)\overline{\psi}^{\mathrm{h}}_{\beta_2}(y_2)\cdots A^{\mathrm{h}}_{\nu_1}(z_1)A^{\mathrm{h}}_{\nu_2}(z_2)\cdots\}|0\rangle\!\rangle\,. \end{aligned} \tag{412}$$

9.2　Wick 定理. $U(\infty,-\infty)/\langle 0|U(\infty,-\infty)|0\rangle$ 的正规积示例

本节讲述 Wick 定理和简略讨论 $U(\infty,-\infty)/\langle 0|U(\infty,-\infty)|0\rangle$ 的正规积的微扰展开的示例. 通常形式的 Wick 定理可以从已知的如下公式来阐明：

$$\begin{aligned} &\mathcal{T}\exp\Big\{\mathrm{i}\int \mathrm{d}^4x\Big(\overline{\eta}_\alpha(x)\psi_\alpha(x) + \overline{\psi}_\alpha(x)\eta_\alpha(x) + J^\mu(x)A_\mu(x)\Big)\Big\} \\ &\quad =:\exp\Big\{\mathrm{i}\int \mathrm{d}^4x\Big(\overline{\eta}_\alpha(x)\psi_\alpha(x) + \overline{\psi}_\alpha(x)\eta_\alpha(x) + J^\mu(x)A_\mu(x)\Big)\Big\}:\mathcal{Z}_0[\overline{\eta},\eta,J]. \end{aligned} \tag{413}$$

记住 $\mathcal{N}\{\}$ 或者 :: 都是相对于自由电子场和自由电磁场总系统的裸真空态 $|0\rangle$ 取正规积的记号，即是在包含 $\overline{\psi}_\alpha$, ψ_β 和 A_μ 的积的各项中把所有产生算符移到所有湮灭算符的左边，而在移动时电子场算符看作是互相反对易的，它们与源 $\overline{\eta}_\alpha$,η_β 也是互相反对易的. 在正规积中的电磁场算符看作是互相对易的，它们与电子场算符以及所有的源当然也是互相对易的. 如前所述，公式 (413) 可以由下面的两个公式相乘得出：

$$\begin{aligned} \mathcal{T}\exp\Big\{\mathrm{i}\int \mathrm{d}^4xJ^\mu(x)A_\mu(x)\Big\} &=:\exp\Big\{\mathrm{i}\int \mathrm{d}^4xJ^\mu(x)A_\mu(x)\Big\}: \\ &\times\exp\Big\{-\frac{1}{2}\iint \mathrm{d}^4x\mathrm{d}^4yJ^\mu(x)\langle 0|\mathcal{T}\big(A_\mu(x)A_\nu(y)\big)|0\rangle J^\nu(y)\Big\}, \end{aligned} \tag{414}$$

$$
\begin{aligned}
&\mathcal{T}\exp\left\{\mathrm{i}\int \mathrm{d}^4x\big(\overline{\eta}_\alpha(x)\psi_\alpha(x)+\overline{\psi}_\alpha(x)\eta_\alpha(x)\big)\right\}\\
&\qquad =:\exp\left\{\mathrm{i}\int \mathrm{d}^4x\big(\overline{\eta}_\alpha(x)\psi_\alpha(x)+\overline{\psi}_\alpha(x)\eta_\alpha(x)\big)\right\}:\\
&\qquad\quad \times\exp\left\{-\iint \mathrm{d}^4x\mathrm{d}^4y\overline{\eta}_\alpha(x)\langle 0|\mathcal{T}\big(\psi_\alpha(x)\overline{\psi}_\beta(y)\big)|0\rangle\eta_\beta(y)\right\}. \qquad (415)
\end{aligned}
$$

设 $X,Y,Z,\cdots$ 代表场算符 $A_\mu,\psi_\alpha,\overline{\psi}_\alpha$ 或场算符的线性组合，定义

$$
\dot{X}(x_1)\,\dot{Y}(x_2)=\mathcal{T}\big(X(x_1)Y(x_2)\big)-:X(x_1)Y(x_2):.
$$

这个量 (有时也记为 $\overset{\otimes}{X}(x_1)\,\overset{\otimes}{Y}(x_2)$ 等) 称为 $X(x_1)$ 与 $Y(x_2)$ 的“收缩”. 由 (413) 式对于源 $(\eta,\overline{\eta},J^\mu)$ 微商两次后令其趋于零即得

$$
\begin{aligned}
&\dot{A}_\mu(x)\,\dot{A}_\nu(y)=\dot{A}_\nu(y)\,\dot{A}_\mu(x)=\langle 0|\mathcal{T}\big(A_\mu(x)A_\nu(y)\big)|0\rangle,\\
&\dot{\psi}_\alpha(x)\,\dot{\overline{\psi}}_\beta(y)=-\dot{\overline{\psi}}_\beta(y)\,\dot{\psi}_\alpha(x)=\langle 0|\mathcal{T}\big(\psi_\alpha(x)\overline{\psi}_\beta(y)\big)|0\rangle,\\
&\dot{\psi}_\alpha(x)\,\dot{\psi}_\beta(y)=\dot{\overline{\psi}}_\alpha(x)\,\dot{\overline{\psi}}_\beta(y)=0,\\
&\dot{A}_\mu(x)\,\dot{\psi}_\alpha(y)=\dot{\psi}_\alpha(y)\,\dot{A}_\mu(x)=0.
\end{aligned}
$$

所以一对场算符收缩后就变成非算符的玻色量. 此外，在 $\dot{X}\dot{Y}$ 与其他场算符形成的积中，也允许移动 $\dot{X}$ 与 $\dot{Y}$, 使它们互相分开，但是要求 $\dot{X}$ 或 $\dot{Y}$ 中的电磁场算符与其他的收缩或者未收缩的场算符对易，而其中的电子场算符与电磁场算符对易，与电子场算符反对易. 例如

$$
\begin{aligned}
&\dot{A}_\mu(x)\,\dot{A}_\nu(y)\,\mathring{\psi}_\alpha(z_1)\,\mathring{\overline{\psi}}_\beta(z_2)=\dot{A}_\mu(x)\,\mathring{\psi}_\alpha(z_1)\,\dot{A}_\nu(y)\,\mathring{\overline{\psi}}_\beta(z_2)\\
&=\mathring{\psi}_\alpha(z_1)\,\mathring{\overline{\psi}}_\beta(z_2)\,\dot{A}_\mu(x)\,\dot{A}_\nu(y)=-\mathring{\overline{\psi}}_\beta(z_2)\,\dot{A}_\mu(x)\,\dot{A}_\nu(y)\,\mathring{\psi}_\alpha(z_1),
\end{aligned}
$$

或者

$$
\dot{\psi}_\alpha(x)\,\dot{\overline{\psi}}_\beta(y)\,\mathring{\psi}_{\alpha'}(z_1)\,\mathring{\overline{\psi}}_{\beta'}(z_2)=-\dot{\psi}_\alpha(x)\,\mathring{\overline{\psi}}_{\alpha'}(z_1)\,\dot{\psi}_\alpha(y)\,\mathring{\overline{\psi}}_{\beta'}(z_2),
$$

又如

$$
\begin{aligned}
\dot{A}_\mu(x)\,\dot{A}_\nu(y)\psi_\alpha(z_1)\overline{\psi}_\beta(z_2)&=\dot{A}_\mu(x)\psi_\alpha(z_1)\,\dot{A}_\nu(y)\overline{\psi}_\beta(z_2)\\
&=\psi_\alpha(z_1)\overline{\psi}_\beta(z_2)\,\dot{A}_\mu(x)\,\dot{A}_\nu(y).
\end{aligned}
$$

再将 (414) 式按源 J^μ 的幂次展开，取 n 次项得

$$\begin{aligned}
&\mathcal{T}\Big\{\int \mathrm{d}^4 z J^\mu(z)A_\mu(z)\Big\}^n \\
&\quad=\sum_{l=0}^{[n/2]}\frac{(n)!(2l-1)!!}{(n-2l)!(2l)!}:\Big\{\int \mathrm{d}^4 z J^\mu(z)A_\mu(z)\Big\}^{(n-2l)}: \\
&\qquad\qquad\times\Big\{\iint \mathrm{d}^4 x\,\mathrm{d}^4 y J^\mu(x)\overset{\bullet}{A}_\mu(x)\overset{\bullet}{A}_\nu(y)J^\nu(y)\Big\}^l,
\end{aligned}$$

其中 $[n/2]$ 表示 $n/2$ 的整数部分. 注意，使 $2l$ 重积

$$J^\mu(x_1)A_\mu(x_1)\cdots J^\mu(x_{2l})A_\mu(x_{2l})$$

完全收缩的方式共有 $(2l-1)!!$ 种，每一种完全收缩都贡献一项

$$\Big\{\int\int \mathrm{d}^4 x\,\mathrm{d}^4 y J^\mu(x)\overset{\bullet}{A}_\mu(x)\overset{\bullet}{A}_\nu(y)J^\nu(y)\Big\}^l.$$

而 $\frac{(n)!}{(n-2l)!(2l)!}$ 是从 n 个因子取 $2l$ 个的组合数，因此这个等式又可以写成

$$\begin{aligned}
&\int \mathrm{d}^4 x_1\cdots\int \mathrm{d}^4 x_n \mathcal{T}\big\{J^{\mu_1}(x_1)A_{\mu_1}(x_1)\cdots J^{\mu_n}(x_n)A_\mu(x_n)\big\} \\
&\qquad=\int \mathrm{d}^4 x_1\cdots\sum_{l=0}^{[n/2]}:\sum_{l\text{ 对收缩}}\big\{J^\mu(x_1)A_\mu(x_1)\cdots J^\mu(x_n)A_\mu(x_n)\big\}:.
\end{aligned}$$

这也表明

$$\mathcal{T}\big\{A_{\mu_1}(x_1)A_{\mu_2}(x_2)\cdots A_{\mu_n}(x_n)\big\}=\sum_{l=0}^{[n/2]}:\sum_{l\text{ 对收缩}}\big\{A_{\mu_1}(x_1)\cdots A_{\mu_n}(x_n)\big\}:.\tag{416}$$

这即是关于电磁场算符的 Wick 定理的最基本的内容.

通常还需要处理含有正规积的时序积，例如，考虑

$$\mathcal{T}\Big\{A_{\mu_1}(x_1)\cdots A_{\mu_n}(x_n):\big\{A_{\nu_1}(y_1)\cdots A_{\nu_m}(y_m)\big\}:\Big\}.\tag{417}$$

将 (414) 式看成用时序积表示正规积的公式，有

$$\begin{aligned}
&\exp\Big\{\mathrm{i}\int \mathrm{d}^4 x J^\mu(x)A_\mu(x)\Big\}: \\
&\quad=\mathcal{T}\exp\Big\{\mathrm{i}\int \mathrm{d}^4 x J^\mu(x)A_\mu(x)\Big\}\exp\Big\{\frac{1}{2}\iint \mathrm{d}^4 x\mathrm{d}^4 y J^\mu(x)\overset{\bullet}{A}_\mu(x)\overset{\bullet}{A}_\nu(y)J^\nu(y)\Big\}.
\end{aligned}$$

按源 J^μ 的幂次展开，取 m 次项得

$$:\left\{\int \mathrm{d}^4 z J^\mu(z) A_\mu(z))\right\}^m := \sum_{l=0}^{[m/2]} \frac{(m)!(2l-1)!!}{(m-2l)!(2l)!} \mathcal{T}\left\{\int \mathrm{d}^4 z J^\mu(z) A_\mu(z)\right\}^{(m-2l)}$$
$$\times\left\{-\iint \mathrm{d}^4 x\, \mathrm{d}^4 y J^\mu(x) \overset{\bullet}{A}_\mu(x) \overset{\bullet}{A}_\nu(y) J^\nu(y)\right\}^l,$$

因此有

$$:\left\{A_{\nu_1}(y_1)\cdots A_{\nu_m}(y_m)\right\}:=\sum_{l=0}^{[m/2]}(-1)^l \mathcal{T} \sum_{l\text{ 对收缩}}\left\{A_{\nu_1}(y_1)\cdots A_{\nu_m}(y_m)\right\}. \tag{418}$$

以此代入 (417) 式即可借助 (416) 式改写成正规积. 最后的结果相当于不管内部的正规积记号写出各项，但是剔除表示该正规积内的场算符发生收缩的所有项. 我们记之为

$$\mathcal{T}\left\{A_{\mu_1}(x_1)\cdots A_{\mu_n}(x_n):\left\{A_{\nu_1}(y_1)\cdots A_{\nu_m}(y_m)\right\}:\right\}$$
$$=\sum_{l=0}^{[(n+m)/2]}:\widetilde{\sum}_{l\text{ 对收缩}}\left\{A_{\mu_1}(x_1)\cdots A_{\mu_n}(x_n)A_{\nu_1}(y_1)\cdots A_{\nu_m}(y_m)\right\}:. \tag{419}$$

其中，记号 $\widetilde{\sum}$ 表示选择性求和，即不允许 $A_{\nu_1}(y_1)A_{\nu_2}(y_2)\cdots A_{\nu_m}(y_m)$ 中的任何一对算符发生收缩. 在时序积内含有多个正规积因子时，仍然可以用这样的方法改写为正规积的和. 即：按照没有内部正规积因子的情形写出各项，但是不允许原来属于同一个正规积因子的场算符发生收缩.

对于电子场，也可以作相应的讨论. 由 (415) 式，可得

$$\mathcal{T}\left\{\int \mathrm{d}^4 z\, F(z)\right\}^n=\sum_{l=0}^{[n/2]} \frac{(n)!(2l-1)!!}{(n-2l)!(2l)!}:\left\{\int \mathrm{d}^4 z\, F(z)\right\}^{(n-2l)}:$$
$$\times\left\{\iint \mathrm{d}^4 x\, \mathrm{d}^4 y \overline{\eta}_\alpha(x) \overset{\bullet}{\psi}_\alpha(x) \overset{\bullet}{\overline{\psi}}_\beta(y) \eta_\eta(y)\right\}^l,$$

其中

$$F(z)=\overline{\eta}_\alpha(z)\psi_\alpha(z)+\overline{\psi}_\alpha(z)\eta_\alpha(z).$$

由于源 $\eta_\alpha,\overline{\eta}_\beta$ 是费米量，而电子场算符在时序积或者正规积内互相反对易，与 (416) 式相应的公式是

$$\mathcal{T}\left\{\psi_{\alpha_1}(x_1)\cdots\psi_{\alpha_m}(x_m)\overline{\psi}_{\beta_1}(y_1)\cdots\overline{\psi}_{\beta_2}(y_n)\right\}$$
$$=\sum_l\{\pm\}:\sum_{l\text{ 对收缩}}\left\{\psi_{\alpha_1}(x_1)\cdots\psi_{\alpha_m}(x_m)\overline{\psi}_{\beta_1}(y_1)\cdots\overline{\psi}_{\beta_2}(y_n)\right\}:, \tag{420}$$

其中右边每一项的正负号取决于收缩和未收缩的场算符混排的顺序，当排成左边的标准顺序时取正号，$\sum_l$ 表示对于有贡献的所有 l 值求和．当时序积内含有多个正规积因子时，仍然可以按照没有这种因子的情形写出各项，但是不允许原来属于同一个正规积因子的场算符发生收缩．即

$$\mathcal{T}\left\{\psi_{\alpha_1}(x_1)\cdots\psi_{\alpha_m}(x_m)\overline{\psi}_{\beta_1}(y_1)\cdots\overline{\psi}_{\beta_2}(y_n)\Big|_{\text{可含正规积因子}}\right\}$$
$$=\sum_l\{\pm\}:\widetilde{\sum}_{l\text{ 对收缩}}\{\psi_{\alpha_1}(x_1)\cdots\overline{\psi}_{\beta_1}(y_1)\cdots\overline{\psi}_{\beta_2}(y_n)\}:, \quad (421)$$

其中，记号 $\widetilde{\sum}$ 仍然是表示不允许原来属于同一个正规积的场算符发生收缩．

更加复杂的时序积既含有若干个正规积因子，又兼有电子场和电磁场的场算符．但是由于这两类场算符本来就是互相对易的，它总是等于两个时序积的积，其中一个只包含电子场算符，另一个只包含电磁场算符．所以，不管 $X,Y,Z,\cdots W$ 等代表电子场算符或者电磁场算符，可以一般地将 Wick 定理表示为

$$\mathcal{T}\left\{X(x_1)Y(x_2)Z(x_3)\cdots W(x_m)\Big|_{\text{可含正规积因子}}\right\}$$
$$=\sum_{l=0}\{\pm\}:\widetilde{\sum}_{l\text{ 对收缩}}\{X(x_1)Y(x_2)Z(x_3)\cdots W(x_m)\}:, \quad (422)$$

其中右边每一项的正负号取决于收缩和未收缩的电子场算符混排的顺序，当排成左边的标准顺序时取正号．

为了用图形表示 $U^{(n)}(\infty,-\infty)$ 中的正规积，除了前面说明过的顶点以及代表自由传播函数的线段外，还规定用外线段代表场算符．将 $U(\infty,-\infty)$ 展开成：

$$U(\infty,-\infty)=1+\sum_{n=1}^{\infty}U^{(n)}(\infty,-\infty), \quad (423)$$

$$U^{(n)}(\infty,-\infty)=\frac{1}{n!}\int\mathrm{d}^4x_1\int\mathrm{d}^4x_2\cdots\int\mathrm{d}^4x_n$$
$$\times\mathcal{T}\left\{(-\mathrm{i})\mathcal{H}_\mathrm{I}(x_1)(-\mathrm{i})\mathcal{H}_\mathrm{I}(x_2)\cdots(-\mathrm{i})\mathcal{H}_\mathrm{I}(x_n)\right\}. \quad (424)$$

其中的时序积可以借助 Wick 定理改写为正规积．作为示例不计抵消项，则 $\mathcal{H}_\mathrm{I}(x)$ 只含电磁耦合项：$\{\overline{\psi}(x)e\gamma^\mu\psi(x)\}:A_\mu(x)$.

零次项 $U^{(0)}(\infty,-\infty)(=1)$ 是单位算符．一次项 $U^{(1)}(\infty,-\infty)$ 的被积函数

$(-\mathrm{i})\mathcal{H}_{\mathrm{I}}(x)$ 已经是正规积形式. 这种简单的正规积被图示为

$$:\left\{\overline{\psi}_\alpha(x)\big(-\mathrm{i}e\gamma^\mu_{\alpha\beta}\big)\psi_\beta(x)\right\}:A_\mu(x)\quad=$$

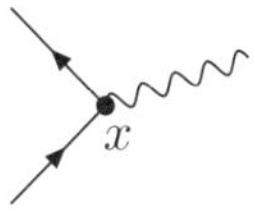

此图形包含一个电子光子顶点以及汇合于该顶点的三根外线段, 顶点的坐标 x 是 $U^{(1)}(\infty,-\infty)$ 中的积分变量, 顶点因子 $(-\mathrm{i}e\gamma^\mu_{\alpha\beta})$ 中的指标都是求和指标. 波浪线代表算符 $A_\mu(x)$, 从顶点向外的实线段代表 $\overline{\psi}_\alpha(x)$, 进入顶点的实线段代表 $\psi_\beta(x)$. 从图形写表达式时, 逆着电子线的方向写出各因子, 再写出波浪线代表的 $A_\mu(x)$ 即可, 最后要写上正规积记号. 记住光子内线代表 Feynman 规范的自由传播函数.

再看

$$U^{(2)}(\infty,-\infty)=\frac{1}{2}\int\mathrm{d}^4x_1\int\mathrm{d}^4x_2\mathcal{T}\Big\{(-\mathrm{i})\mathcal{H}_{\mathrm{I}}(x_1)(-\mathrm{i})\mathcal{H}_{\mathrm{I}}(x_2)\Big\}.$$

考虑了所有允许的收缩方式后, 知道 $\mathcal{T}\Big\{(-\mathrm{i})\mathcal{H}_{\mathrm{I}}(x_1)(-\mathrm{i})\mathcal{H}_{\mathrm{I}}(x_2)\Big\}$ 等于八项的和. 不含闭合圈的项是:

$$(1)\ :\overline{\psi}_\alpha(x_1)\big(-\mathrm{i}e\gamma^\mu_{\alpha\beta}\big)\psi_\beta(x_1)A_\mu(x_1)\overline{\psi}_{\alpha'}(x_2)\big(-\mathrm{i}e\gamma^\nu_{\alpha'\beta'}\big)\psi_{\beta'}(x_2)A_\nu(x_2):,$$

$$\begin{aligned}(2)\ &:\overline{\psi}_\alpha(x_1)\big(-\mathrm{i}e\gamma^\mu_{\alpha\beta}\big)\psi_\beta(x_1)\dot{A}_\mu(x_1)\overline{\psi}_{\alpha'}(x_2)\big(-\mathrm{i}e\gamma^\nu_{\alpha'\beta'}\big)\psi_{\beta'}(x_2)\dot{A}_\nu(x_2):\\&=:\overline{\psi}_\alpha(x_1)\big(-\mathrm{i}e\gamma^\mu_{\alpha\beta}\big)\psi_\beta(x_1)\overline{\psi}_{\alpha'}(x_2)\big(-\mathrm{i}e\gamma^\nu_{\alpha'\beta'}\big)\psi_{\beta'}(x_2):\dot{A}_\mu(x_1)\dot{A}_\nu(x_2),\end{aligned}$$

$$\begin{aligned}(3)\ &:\overline{\psi}_\alpha(x_1)\big(-\mathrm{i}e\gamma^\mu_{\alpha\beta}\big)\dot{\psi}_\beta(x_1)A_\mu(x_1)\dot{\overline{\psi}}_{\alpha'}(x_2)\big(-\mathrm{i}e\gamma^\nu_{\alpha'\beta'}\big)\psi_{\beta'}(x_2)A_\nu(x_2):\\&=:\overline{\psi}_\alpha(x_1)\big(-\mathrm{i}e\gamma^\mu_{\alpha\beta}\big)\dot{\psi}_\beta(x_1)\dot{\overline{\psi}}_{\alpha'}(x_2)\big(-\mathrm{i}e\gamma^\nu_{\alpha'\beta'}\big)\psi_{\beta'}(x_2)A_\mu(x_1)A_\nu(x_2):,\end{aligned}$$

$$\begin{aligned}(4)\ &:\dot{\overline{\psi}}_\alpha(x_1)\big(-\mathrm{i}e\gamma^\mu_{\alpha\beta}\big)\psi_\beta(x_1)A_\mu(x_1)\overline{\psi}_{\alpha'}(x_2)\big(-\mathrm{i}e\gamma^\nu_{\alpha'\beta'}\big)\dot{\psi}_{\beta'}(x_2)A_\nu(x_2):\\&=:\overline{\psi}_{\alpha'}(x_2)\big(-\mathrm{i}e\gamma^\mu_{\alpha'\beta'}\big)\dot{\psi}_{\beta'}(x_2)\dot{\overline{\psi}}_\alpha(x_1)\big(-\mathrm{i}e\gamma^\nu_{\alpha\beta}\big)\psi_\beta(x_1)A_\mu(x_1)A_\nu(x_2):,\end{aligned}$$

按照逆着电子线的方向写表达式的规则, 它们可以图示如下:

(1) =　　(2) =

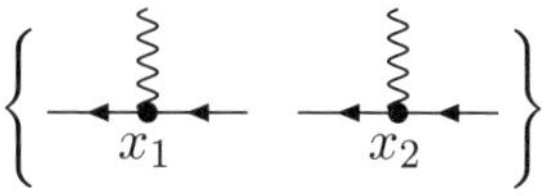

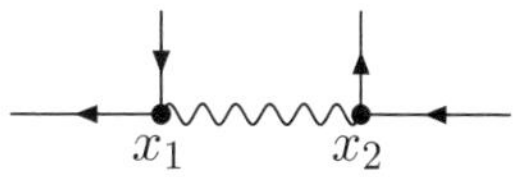

(3) 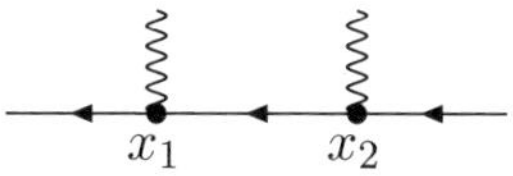 =　　(4) =

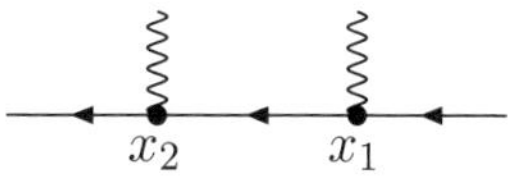

第 (1) 项的图形包含两个不连接的部分, 代表两个独立因子的积. 第 (3) 和第 (4) 项的图形在交换两个顶点的序号时互相变成对方, 所以它们对于 $U(\infty,-\infty)$ 的贡献相同.

含有闭合圈但不是电子线闭合圈的项为

$$
\begin{aligned}
(5):&\ \overline{\psi}_\alpha(x_1)\big(-\mathrm{i}e\gamma^\mu_{\alpha\beta}\big)\overset{\otimes}{\psi}_\beta(x_1)\overset{\bullet}{A}_\mu(x_1)\overset{\otimes}{\overline{\psi}}_{\alpha'}(x_2)\big(-\mathrm{i}e\gamma^\nu_{\alpha'\beta'}\big)\psi_{\beta'}(x_2)\overset{\bullet}{A}_\nu(x_2):\\
&=:\overline{\psi}_\alpha(x_1)\big(-\mathrm{i}e\gamma^\mu_{\alpha\beta}\big)\overset{\otimes}{\psi}_\beta(x_1)\overset{\otimes}{\overline{\psi}}_{\alpha'}(x_2)\big(-\mathrm{i}e\gamma^\nu_{\alpha'\beta'}\big)\psi_{\beta'}(x_2):\overset{\bullet}{A}_\mu(x_1)\overset{\bullet}{A}_\nu(x_2),\\
(6):&\ \overset{\circ}{\overline{\psi}}_\alpha(x_1)\big(-\mathrm{i}e\gamma^\mu_{\alpha\beta}\big)\psi_\beta(x_1)\overset{\bullet}{A}_\mu(x_1)\overline{\psi}_{\alpha'}(x_2)\big(-\mathrm{i}e\gamma^\nu_{\alpha'\beta'}\big)\overset{\circ}{\psi}_{\beta'}(x_2)\overset{\bullet}{A}_\nu(x_2):\\
&=:\overline{\psi}_{\alpha'}(x_2)\big(-\mathrm{i}e\gamma^\mu_{\alpha'\beta'}\big)\overset{\circ}{\psi}_{\beta'}(x_2)\overset{\circ}{\overline{\psi}}_\alpha(x_1)\big(-\mathrm{i}e\gamma^\nu_{\alpha\beta}\big)\psi_\beta(x_1):\overset{\bullet}{A}_\mu(x_1)\overset{\bullet}{A}_\nu(x_2),
\end{aligned}
$$

其图形是：

(5) = x_1 x_2 (6) = x_2 x_1

这两项的图形在交换两个顶点的序号时互相变成对方，故它们对 $U(\infty,-\infty)$ 的贡献相同.

第 (7) 和第 (8) 项是：

$$
\begin{aligned}
(7):&\ \overset{\circ}{\overline{\psi}}_\alpha(x_1)\big(-\mathrm{i}e\gamma^\mu_{\alpha\beta}\big)\overset{\otimes}{\psi}_\beta(x_1)A_\mu(x_1)\overset{\otimes}{\overline{\psi}}_{\alpha'}(x_2)\big(-\mathrm{i}e\gamma^\nu_{\alpha'\beta'}\big)\overset{\circ}{\psi}_{\beta'}(x_2)A_\nu(x_2):\\
&=\overset{\circ}{\overline{\psi}}_\alpha(x_1)\big(-\mathrm{i}e\gamma^\mu_{\alpha\beta}\big)\overset{\otimes}{\psi}_\beta(x_1)\overset{\otimes}{\overline{\psi}}_{\alpha'}(x_2)\big(-\mathrm{i}e\gamma^\nu_{\alpha'\beta'}\big)\overset{\circ}{\psi}_{\beta'}(x_2):A_\mu(x_1)A_\nu(x_2):,\\
(8)&\ \overset{\circ}{\overline{\psi}}_\alpha(x_1)\big(-\mathrm{i}e\gamma^\mu_{\alpha\beta}\big)\overset{\otimes}{\psi}_\beta(x_1)\overset{\bullet}{A}_\mu(x_1)\overset{\otimes}{\overline{\psi}}_{\alpha'}(x_2)\big(-\mathrm{i}e\gamma^\nu_{\alpha'\beta'}\big)\overset{\circ}{\psi}_{\beta'}(x_2)\overset{\bullet}{A}_\nu(x_2)\\
&=\overset{\circ}{\overline{\psi}}_\alpha(x_1)\big(-\mathrm{i}e\gamma^\mu_{\alpha\beta}\big)\overset{\otimes}{\psi}_\beta(x_1)\overset{\otimes}{\overline{\psi}}_{\alpha'}(x_2)\big(-\mathrm{i}e\gamma^\nu_{\alpha'\beta'}\big)\overset{\circ}{\psi}_{\beta'}(x_2)\overset{\bullet}{A}_\mu(x_1)\overset{\bullet}{A}_\nu(x_2).
\end{aligned}
$$

现在看看这两项中的

$$
\overset{\circ}{\overline{\psi}}_\alpha(x_1)\big(-\mathrm{i}e\gamma^\mu_{\alpha\beta}\big)\overset{\otimes}{\psi}_\beta(x_1)\overset{\otimes}{\overline{\psi}}_{\alpha'}(x_2)\big(-\mathrm{i}e\gamma^\nu_{\alpha'\beta'}\big)\overset{\circ}{\psi}_{\beta'}(x_2), \tag{425}
$$

它来自 $:\overline{\psi}_\alpha(x_1)(-\mathrm{i}e\gamma^\mu_{\alpha\beta})\psi_\beta(x_1):$ 与 $:\overline{\psi}_{\alpha'}(x_2)(-\mathrm{i}e\gamma^\nu_{\alpha'\beta'})\psi_{\beta'}(x_2):$ 的完全收缩. 由于电子场是费米场，有

$$
\begin{aligned}
&\overset{\circ}{\overline{\psi}}_\alpha(x_1)\big(-\mathrm{i}e\gamma^\mu_{\alpha\beta}\big)\overset{\otimes}{\psi}_\beta(x_1)\overset{\otimes}{\overline{\psi}}_{\alpha'}(x_2)\big(-\mathrm{i}e\gamma^\nu_{\alpha'\beta'}\big)\overset{\circ}{\psi}_{\beta'}(x_2)\\
&\quad=-\overset{\circ}{\psi}_{\beta'}(x_2)\overset{\circ}{\overline{\psi}}_\alpha(x_1)\big(-\mathrm{i}e\gamma^\mu_{\alpha\beta}\big)\overset{\otimes}{\psi}_\beta(x_1)\overset{\otimes}{\overline{\psi}}_{\alpha'}(x_2)\big(-\mathrm{i}e\gamma^\nu_{\alpha'\beta'}\big)\\
&\quad=-\mathrm{tr}\Big\{\mathrm{i}\,S(x_2-x_1)\big(-\mathrm{i}e\gamma^\mu\big)\mathrm{i}\,S(x_1-x_2)\big(-\mathrm{i}e\gamma^\nu\big)\Big\}.
\end{aligned}
$$

前面已经说过，tr 表示求矩阵迹，在场论中一般地规定，Feynman 图中的每一个费米子圈都贡献一个负号，因此第 (7) 项和第 (8) 项就被图示如下：

显然，第 (1), 第 (2) 以及第 (7), 第 (8) 项的图形在交换两个顶点的序号时，都是各自变成自己.

$U(\infty,-\infty)$ 的高次项的图示方法也是相似的. 再强调一下，正规积图形中的内线代表自由传播函数，外线代表相互作用绘景的场算符. 要逆着电子线的方向写表达式，一个闭合的电子圈产生一个负号. 如果一个图形在其顶点的序号被置换时能够产生 m 个不同的图形，则这组图形对于 $U(\infty,-\infty)$ 的贡献等于一个图形的贡献的 m 倍.

以后有必要时，就用 $\mathcal{U}$ 代表 $U(\infty,-\infty)/\langle 0|U(\infty,-\infty)|0\rangle$. $U(\infty,-\infty)$ 的微扰展开的全部正规积中只是 $U^{(0)}(\infty,-\infty)$ 和无外线的图形对 $\langle 0|U(\infty,-\infty)|0\rangle$ 有贡献. 其次 (例如参看 [9] 中的证明), $U(\infty,-\infty)$ 的微扰展开的正规积中，只保留 1 以及有外线的图形的贡献就得到 $\mathcal{U}$ 的正规积.

9.3　散射矩阵

我们已经根据 $\xi=1$ 的重正化格林函数生成泛函的算符表达式求出有效哈密顿量算符 H, 证实由 H 和 H_0 定义的相互作用绘景的时间演化算符的极限 $U(\pm\infty,\mp\infty)$ 作用于物理态矢量的结果仍然是物理态矢量. 本小节要阐明借助 $U(\infty,-\infty)$ 和物理态空间构造散射矩阵的方法以及求出用 $\xi=1$ 的重正化截腿格林函数表示散射矩阵元的一般公式. 要记住，重正化是逐圈进行的，对于出现在演算或者一般公式中的重正化格林函数之类的量都应该理解为可以逐圈地进行重正化形成准至任意级别的微扰展开，而不讨论整个级数的收敛性问题.

按照前面的记号，设 $\{|\Phi_\alpha\rangle\}$ 是 H_0 和总动量的满足标准的正交归一条件的全部独立物理本征态，则在物理态空间的这种基下的散射矩阵的元素是

$$S_{fi}=\frac{\langle f|U(\infty,-\infty)|i\rangle}{\langle 0|U(\infty,-\infty)|0\rangle}, \tag{426}$$

其中分别代表初态和末态的 $|i\rangle, |f\rangle$ 即是 $|\Phi_i\rangle, |\Phi_f\rangle$. 由于 $U(\infty,-\infty)$ 是幺正算符，被相因子 $\langle 0|U(\infty,-\infty)|0\rangle$ 除后仍然如此. 因此以 S_{fi} 为元素的矩阵是幺正的. 和上小节一样，在 $U(\infty,-\infty)$ 的微扰展开式的正规积中，只保留零次项以

及图形的任何部分至少与一根外线连通的项，即是 $U(\infty,-\infty)/\langle 0|U(\infty,-\infty)|0\rangle$ 的微扰展开．这里限于考虑不存在外场的情形，于是理论是时空平移不变的 (包含外场的例子见后面)．在现在的具有确定动量的初态和末态下，S_{fi} 含有代表总的 4 分量动量守恒的 δ 函数因子：

$$S_{fi}=\langle f|1|i\rangle-(2\pi)^4(i)\delta^4(P_f-P_i)R_{fi}\,,\tag{427}$$

其中 P_i 是初态粒子的动量之和，P_f 是末态粒子的动量之和．此式右边第一部分表示没有发生相互作用，第二部分的模平方代表从 $|i\rangle$ 到 $|f\rangle$ 的相对跃迁概率：

$$\left|-(2\pi)^4(\mathrm{i})\delta^4(P_f-P_i)R_{fi}\right|^2=(2\pi)^4\delta^4(0)(2\pi)^4\delta^4(P_f-P_i)|R_{fi}|^2\,,$$

R_{fi} 称为跃迁振幅矩阵元，因子 $(2\pi)^4\delta^4(0)$ 可理解为

$$(2\pi)^4\delta^4(0)=\int \mathrm{d}^4x=VT\,.$$

出现无限大时间 T 是由于从 $t=-\infty$ 到 ∞ 经历了无限长的时间，而单位时间的跃迁概率在初末态是 H_0 的本征态的情形不依赖于时间，所以不需要经过求时间微商的步骤就可以求得单位时间的相对跃迁概率的表达式：

$$\Delta w_{i,f}=(2\pi)^4\delta^4(P_f-P_i)V|R_{fi}|^2\,.\tag{428}$$

这样的跃迁概率的相对性质可以归因于极限形式的初态不能真正归一，在表示观察量时，会给出与初态的归一方法无关的结果．例如，考虑初态为 $|i\rangle=a^\dagger(\boldsymbol{k}\Lambda)b^\dagger_{1\lambda}(\boldsymbol{p})|0\rangle$ 的散射，注意 $a^\dagger(\boldsymbol{k}\Lambda)|0\rangle, b^\dagger_{1\lambda}(\boldsymbol{p})|0\rangle$ 的模平方都是 $V^2/(2\pi)^6$，所以 $[(2\pi)^6/V^2]\ \Delta w_{i,f}$ 是相应于初态的另一种归一方法的单位时间的相对跃迁概率 $\Delta w'_{i,f}$，即是保证在体积 V 内发现初态光子的概率是 1, 在 V 内发现初态电子的概率也是 1．或者说，保证初态光子的概率密度以及初态电子的概率密度都是 $1/V$．$\Delta w'_{i,f}$ 当然正比于入射光子的概率流密度 J．在电子的动量为零的坐标系中，由 $J=1/V$(记住光速 c 等于 1)，得出散射到在给定范围的末态的截面是

$$\Delta\sigma=\sum(2\pi)^4\delta^4(P_f-P_i)|R_{fi}|^2(2\pi)^6\,,\tag{429}$$

其中的求和记号也包括对于所涉及的连续变量的积分．通常还对于初态粒子的 Λ,λ 求平均．关于由散射矩阵元表示散射截面的方法，可参看文献 [5] 的更详细的说明．

记住物理态空间在 $U(\infty,-\infty)$ 作用下不变，而散射矩阵是算符 $\mathcal{U}$ 在物理基 $\{|\Phi_\alpha\rangle\}$ 的矩阵. 显然 $\mathcal{U}$ 的正规积中无外线部分是单位算符 (根据 (408) 式). 其次它的正规积中凡是外线含有自能插入者，对于散射矩阵元都没有贡献. 设想抛弃该算符正规积中外线含有自能插入的部分，将其余部分记作 $\widetilde{S}$ 而暂且称有效散射算符，于是 (426) 式可以写成

$$S_{fi} = \langle f|\,\widetilde{S}\,|i\rangle\,.$$

根据 (97) 式，如果用 $\widetilde{S}$ 顶替 (374) 式中的 $U(\infty,-\infty)/\langle 0|U(\infty,-\infty)|0\rangle$ 计算重正化格林函数，那么结果当然是将截腿重正化格林函数装上由自由传播函数代表的外腿，即：

$$\begin{aligned}
&\langle 0|\mathcal{T}\{\widetilde{S}\,\psi_{\alpha_1}(x_1)\cdots\psi_{\alpha_l}(x_l)\overline{\psi}_{\beta_1}(y_1)\cdots\overline{\psi}_{\beta_l}(y_l)A_{\nu_1}(z_1)\cdots A_{\nu_n}(z_n)\}|0\rangle\\
&\quad=\int\cdots\int \mathrm{d}^4x_1'\cdots\mathrm{d}^4y_1'\cdots\mathrm{d}^4z_1'\cdots\mathrm{d}^4z_n'\Big\{\mathrm{i}\,S_{\alpha_1\alpha_1'}(x_1-x_1')\cdots\\
&\qquad\times\mathrm{i}\,S_{\alpha_l\alpha_l'}(x_l-x_l')G^{[\mathrm{trunc}]\nu_1'\cdots\nu_n'}_{\alpha_1'\cdots\alpha_l'\beta_1'\cdots\beta_l'}(x_1',\cdots,y_1',\cdots,y_l',z_1',\cdots,z_n')\\
&\qquad\times\mathrm{i}\,S_{\beta_1'\beta_1}(y_1'-y_1)\cdots\mathrm{i}\,S_{\beta_l'\beta_l}(y_l'-y_l)\\
&\qquad\times\mathrm{i}\,D_{\nu_1'\nu_1}(z_1'-z_1)\cdots\mathrm{i}\,D_{\nu_n'\nu_n}(z_n'-z_n)\Big\}\,.
\end{aligned}\tag{430}$$

这样也就知道 $\widetilde{S}$ 可以表示成

$$\widetilde{S} = \sum_{l\,n}\widetilde{S}(l,n)\,,\tag{431}$$

其中

$$\begin{aligned}
\widetilde{S}(l,n) = \int\cdots\int &\mathrm{d}^4x_1'\cdots\mathrm{d}^4x_l'\,\mathrm{d}^4y_1'\cdots\mathrm{d}^4y_l'\,\mathrm{d}^4z_1'\cdots\mathrm{d}^4z_n'\\
&\times F(l,n)\;:\;\Big\{\overline{\psi}_{\alpha_1'}(x_1')\cdots\overline{\psi}_{\alpha_l'}(x_l')\\
&\times G^{[\mathrm{trunc}]\nu_1'\cdots\nu_n'}_{\alpha_1'\cdots\alpha_l'\beta_1'\cdots\beta_l'}(x_1',\cdots,x_l',y_1',\cdots,y_l',z_1',\cdots,z_n')\\
&\times\psi_{\beta_1'}(y_1')\cdots\psi_{\beta_l'}(y_l')\,A_{\nu_1'}(z_1')\cdots A_{\nu_n'}(z_n')\Big\}\;:\;\;.
\end{aligned}\tag{432}$$

$\widetilde{S}(l,n)$ 代表 $\widetilde{S}$ 的电子外腿数是 $2l$ 而光子外腿数是 n 的项. 公式 (431) 的求和遍及 l 和 n 的非负整数值. $F(l,n)$ 可以借助 (430) 式确定.

为了便于推导 $F(l,n)$ 的表达式，可根据 (431), (432) 以及 (104) 式写出

$$
\begin{aligned}
&\langle 0|\mathcal{T}\{\widetilde{S}\,\psi_{\alpha_1}(x_1)\cdots\psi_{\alpha_l}(x_l)\overline{\psi}_{\beta_1}(y_1)\cdots\overline{\psi}_{\beta_l}(y_l)A_{\nu_1}(z_1)\cdots A_{\nu_n}(z_n)\}|0\rangle \\
&= F(l,n)\int\cdots\int \mathrm{d}^4x_1'\cdots\mathrm{d}^4x_l'\,\mathrm{d}^4y_1'\cdots\mathrm{d}^4y_l'\,\mathrm{d}^4z_1'\cdots\mathrm{d}^4z_n' \\
&\qquad\times\langle 0|\mathcal{T}\Big\{\psi_{\alpha_1}(x_1)\cdots\psi_{\alpha_l}(x_l)\overline{\psi}_{\beta_1}(y_1)\cdots\overline{\psi}_{\beta_l}(y_l)\ :\ \overline{\psi}_{\alpha_1'}(x_1')\cdots\overline{\psi}_{\alpha_l'}(x_l') \\
&\qquad\times\psi_{\beta_1'}(y_1')\cdots\psi_{\beta_l'}(y_l')\,\frac{\delta}{\mathrm{i}\delta\overline{\eta}_{\alpha_1'}(x_1')}\cdots\frac{\delta}{\mathrm{i}\delta\overline{\eta}_{\alpha_l'}(x_l')}\,\frac{\delta}{(-\mathrm{i})\delta\eta_{\beta_1'}(y_1')} \\
&\qquad\cdots\frac{\delta}{(-\mathrm{i})\delta\eta_{\beta_l'}(y_l')}\,\frac{\delta}{\mathrm{i}\delta J_{\nu_1'}(z_1')}\cdots\frac{\delta}{\mathrm{i}\delta J_{\nu_n'}(z_n')}\,A_{\nu_1'}(z_1')\cdots A_{\nu_n}(z_n')\ : \\
&\qquad\times A_{\nu_1}(z_1)\cdots A_{\nu_n}(z_n)\Big\}|0\rangle\,X^R[\overline{\eta},\eta,J]\Big|_{(\overline{\eta},\eta,J)=0}\ .
\end{aligned}\tag{433}
$$

移动正规积内的泛函微商算子 (顾及所属玻色或费米类型), 使其与有相同标记的场算符处在同一个括号内，可将此式右边改写成

$$
\begin{aligned}
&F(l,n)\int\cdots\int \mathrm{d}^4x_1'\cdots\mathrm{d}^4x_l'\,\mathrm{d}^4y_1'\cdots\mathrm{d}^4y_l'\,\mathrm{d}^4z_1'\cdots\mathrm{d}^4z_n' \\
&\qquad\times\langle 0|\mathcal{T}\Big\{\psi_{\alpha_1}(x_1)\cdots\psi_{\alpha_l}(x_l)\overline{\psi}_{\beta_1}(y_1)\cdots\overline{\psi}_{\beta_l}(y_l) \\
&\qquad\times\ :\ \Big(\overline{\psi}_{\alpha_1'}(x_1')\frac{\delta}{\mathrm{i}\delta\overline{\eta}_{\alpha_1'}(x_1')}\Big)\cdots\Big(\overline{\psi}_{\alpha_l'}(x_l')\frac{\delta}{\mathrm{i}\delta\overline{\eta}_{\alpha_l'}(x_l')}\Big)\times\Big(\frac{\delta}{(-\mathrm{i})\delta\eta_{\beta_1'}(y_1')}\psi_{\beta_1'}(y_1')\Big) \\
&\qquad\cdots\Big(\frac{\delta}{(-\mathrm{i})\delta\eta_{\beta_l'}(y_l')}\psi_{\beta_l'}(y_l')\Big)\times\Big(\frac{\delta}{\mathrm{i}\delta J_{\nu_1'}(z_1')}A_{\nu_n}(z_1')\Big)\cdots\Big(\frac{\delta}{\mathrm{i}\delta J_{\nu_n'}(z_n')}A_{\nu_n}(z_n')\Big)\ : \\
&\qquad\times A_{\nu_1}(z_1)\cdots A_{\nu_n}(z_n)\Big\}|0\rangle\,X^R[\overline{\eta},\eta,J]\Big|_{(\overline{\eta},\eta,J)=0}\ .
\end{aligned}\tag{434}
$$

于是其中的正规积按所说的括号形成了玻色量. 根据 Wick 定理，此式右边被积函数中的时序积求真空平均的结果等于所有场算符成对收缩的 $l!\,l!\,n!$ 项的贡献之和. 也容易证实各项在对坐标 $(x_1',\cdots,x_l',y_1',\cdots,y_l',z_1',\cdots,z_n')$ 积分后并无差别. 试从此式取出如下的项：

$$
\begin{aligned}
&F(l,n)\int\cdots\int \mathrm{d}^4x_1'\cdots\mathrm{d}^4x_l'\,\mathrm{d}^4y_1'\cdots\mathrm{d}^4y_l'\,\mathrm{d}^4z_1'\cdots\mathrm{d}^4z_n' \\
&\qquad\times\Big(\overline{\psi_{\alpha_1}(x_1)\overline{\psi}_{\alpha_1'}(x_1')}\frac{\delta}{\mathrm{i}\delta\overline{\eta}_{\alpha_1'}(x_1')}\Big)\cdots\Big(\overline{\psi_{\alpha_l}(x_l)\overline{\psi}_{\alpha_l'}(x_l')}\frac{\delta}{\mathrm{i}\delta\overline{\eta}_{\alpha_l'}(x_l')}\Big) \\
&\qquad\times\Big(\frac{\delta}{(-\mathrm{i})\delta\eta_{\beta_1'}(y_1')}\overline{\psi_{\beta_1'}(y_1')\overline{\psi}_{\beta_1}(y_1)}\Big)\cdots\Big(\frac{\delta}{(-\mathrm{i})\delta\eta_{\beta_l'}(y_l')}\overline{\psi_{\beta_l'}(y_l')\overline{\psi}_{\beta_l}(y_l)}\Big) \\
&\qquad\times\Big(\frac{\delta}{\mathrm{i}\delta J_{\nu_1'}(z_1')}\overline{A_{\nu_1'}(z_1')A_{\nu_1}(z_1)}\Big)\cdots\Big(\frac{\delta}{\mathrm{i}\delta J_{\nu_n'}(z_n')}\overline{A_{\nu_n'}(z_n')A_{\nu_n}(z_n)}\Big) \\
&\qquad\times X^R[\overline{\eta},\eta,J]\Big|_{(\overline{\eta},\eta,J)=0}\ .
\end{aligned}\tag{435}
$$

其中采用横线段表示其下面的两个场算符形成收缩对. 如果令第二行中的 l 个玻色量 $\left(\overline{\psi}_{\alpha'_j}(x'_j)\,\frac{\delta}{\mathrm{i}\,\delta\overline{\eta}_{\alpha'_j}(x'_j)}\right)$ 互相交换, 第三行中的 l 个玻色量 $\left(\frac{\delta}{(-\mathrm{i})\delta\eta_{\beta'_j}(y'_j)}\psi_{\beta'_j}(y'_j)\right)$ 互相交换, 第四行中的 n 个玻色量 $\left(\frac{\delta}{\mathrm{i}\delta J_{\nu'_j}(z'_j)}A_{\nu'_j}(z'_j)\right)$ 互相交换, 就正好得出 (435) 式的 $l!\,l!\,n!$ 项. 由于求和指标和积分变量的名称可以随意改变, 这 $l!\,l!\,n!$ 项是相等的 (都是 $F(l,n)$ 与 (431) 式代表的量的积). 例如令现在的 (435) 式第二行中的 $\left(\overline{\psi}_{\alpha'_2}(x'_2)\frac{\delta}{\mathrm{i}\,\delta\overline{\eta}_{\alpha'_2}(x'_2)}\right)$ 和 $\left(\overline{\psi}_{\alpha'_j}(x'_j)\frac{\delta}{\mathrm{i}\,\delta\overline{\eta}_{\alpha'_j}(x'_j)}\right)$ 对换, 效果等同于将 (α'_2,x'_2) 和 (α'_j,x'_j) 的名称对换. 可见

$$F(l,n)=\frac{1}{l!\,l!\,n!}\,. \tag{436}$$

知道 $F(l,n)$ 的表达式之后, 就可以根据 (432) 式将重正化格林函数的外腿换成相互作用绘景的场算符而确定算符 $\widetilde{S}(l,n)$, 以及求出用重正化截腿格林函数表示散射矩阵元的一般公式, 即:

$$\begin{aligned}\widetilde{S}(l,n)=&\int\cdots\int \mathrm{d}^4x_1\cdots\mathrm{d}^4x_l\,\mathrm{d}^4y_1\cdots\mathrm{d}^4y_l\,\mathrm{d}^4z_1\cdots\mathrm{d}^4z_n\\&\times\frac{1}{l!\,l!\,n!}:\Big\{\overline{\psi}_{\alpha_1}(x_1)\cdots\overline{\psi}_{\alpha_l}(x_l)\\&\times\psi_{\beta_1}(y_1)\cdots\psi_{\beta_l}(y_l)\,A_{\nu_1}(z_1)\cdots A_{\nu_n}(z_n)\Big\}:\\&\times\frac{\delta}{\mathrm{i}\delta\overline{\eta}_{\alpha_1}(x_1)}\cdots\frac{\delta}{\mathrm{i}\delta\overline{\eta}_{\alpha_l}(x_l)}\,\frac{\delta}{(-\mathrm{i})\delta\eta_{\beta_1}(y_1)}\cdots\frac{\delta}{(-\mathrm{i})\delta\eta_{\beta_l}(y_l)}\\&\times\frac{\delta}{\mathrm{i}\delta J_{\nu_1}(z_1)}\cdots\frac{\delta}{\mathrm{i}\delta J_{\nu_n}(z_n)}\,X^R[\overline{\eta},\eta,J]\Big|_{(\overline{\eta},\eta,J)=0}\,.\end{aligned}\tag{437}$$

$$\begin{aligned}S_{fi}=&\int\cdots\int \mathrm{d}^4x_1\cdots\mathrm{d}^4x_l\,\mathrm{d}^4y_1\cdots\mathrm{d}^4y_l\,\mathrm{d}^4z_1\cdots\mathrm{d}^4z_n\\&\times\sum_{l\,n}\frac{1}{l!\,l!\,n!}\langle f|:\Big\{\overline{\psi}_{\alpha_1}(x_1)\cdots\overline{\psi}_{\alpha_l}(x_l)\\&\times\psi_{\beta_1}(y_1)\cdots\psi_{\beta_l}(y_l)\,A_{\nu_1}(z_1)\cdots A_{\nu_n}(z_n)\Big\}:|i\rangle\\&\times\frac{\delta}{\mathrm{i}\delta\overline{\eta}_{\alpha_1}(x_1)}\cdots\frac{\delta}{\mathrm{i}\delta\overline{\eta}_{\alpha_l}(x_l)}\,\frac{\delta}{(-\mathrm{i})\delta\eta_{\beta_1}(y_1)}\cdots\frac{\delta}{(-\mathrm{i})\delta\eta_{\beta_l}(y_l)}\\&\times\frac{\delta}{\mathrm{i}\delta J_{\nu_1}(z_1)}\cdots\frac{\delta}{\mathrm{i}\delta J_{\nu_n}(z_n)}\,X^R[\overline{\eta},\eta,J]\Big|_{(\overline{\eta},\eta,J)=0}\,.\end{aligned}\tag{438}$$

令 $[\psi]=\int \mathrm{d}^4y\,\frac{\delta}{(-\mathrm{i})\delta\eta_\beta(y)}\psi_\beta(y)$, 以及 $[\overline{\psi}]=\int \mathrm{d}^4x\,\overline{\psi}_\alpha(x)\frac{\delta}{\mathrm{i}\delta\overline{\eta}_\alpha(x)}$, 这些都是玻色量,

可将 (438) 式写成

$$S_{fi}=\sum_{l\,n}\frac{1}{l!\,l!\,n!}\langle f|:\left\{\,[\overline{\psi}]^{l}\,[\psi]^{l}[A]^{n}\right\}:|i\rangle X^{R}[\overline{\eta},\eta,J]\,|_{(\overline{\eta},\eta,J)=0}\,, \tag{439}$$

或者写成

$$S_{fi}=\langle f|:\exp\Big\{\Big([\overline{\psi}]+[\psi]+[A]\Big)\Big\}:|i\rangle\,X^{R}[\overline{\eta},\eta,J]\,|_{(\overline{\eta},\eta,J)=0}\,. \tag{440}$$

因为此式右边是 $\sum_{l\,l'\,n}\frac{1}{l!\,l'!\,n!}\langle f|:\left\{[\overline{\psi}]^{l}[\psi]^{l'}[A]^{n}\right\}:|i\rangle X^{R}[\overline{\eta},\eta,J]\,|_{(\overline{\eta},\eta,J)=0}$，而 $l\neq l'$ 的项没有贡献.

我们根据包含 A_μ 全部分量的拉氏函数，在 Feynman 规范确定项下进行量子化，使算符形式的洛伦兹条件在物理态矢量空间成立，而且物理态矢量空间在 $U(\pm\infty,\mp\infty)$ 和 H_0 等算符作用下保持不变. 所以按照 (426) 式定义散射矩阵，能够使理论的物理内容与规范无关，这与经典电磁理论的情形是类似的.

还可以借助 (328) 和 (329) 式所示的变换说明散射矩阵元的微扰展开的一种重要性质. 这种变换是 (373) 式所示变换的一种特别形式，即

$$\begin{aligned}&A_\mu(x)\to A'_\mu(x)\,,\\&A'_\mu(x)=A_\mu(x)\partial_\mu\!\int\frac{(-\mathrm{i})\mathrm{d}^3k}{\sqrt{2\omega(2\pi)^3}}\Big(F(\omega)k^\lambda a_\lambda(\boldsymbol{k})\,\mathrm{e}^{-\mathrm{i}kx}-F(\omega)k^\lambda a^\dagger_\lambda(\boldsymbol{k})\,\mathrm{e}^{\mathrm{i}kx}\Big).\end{aligned}$$

在这样的变换下， $U(-\infty,\infty)$ 保持不变，物理态矢量也不变，因而散射矩阵元不变. 可是在用变换后的 $U'(-\infty,\infty)$(由 A'_μ 表示) 确定的散射矩阵元微扰展开式中，光子自由传播函数变成

$$\frac{(-\mathrm{i})}{k^2+\mathrm{i}\,\epsilon}g_{\mu\nu}+\frac{(-\mathrm{i})}{k^2+\mathrm{i}\,\epsilon}\Big(2F(\omega)k_\mu k_\mu\Big)\,.$$

注意 $F(\omega)$ 是 $\omega(=|\boldsymbol{k}|)$ 的任意实函数. 这表明，在散射矩阵元微扰展开式中光子自由传播函数可以有 $k_\mu k_\mu$ 项，也可以没有或者根据方便来进行选择. 例如采用如下的表达式也行

$$\begin{aligned}\mathrm{i}\,D^{(\mathrm{tr})}_{\mu\nu}(k)&=\frac{(-\mathrm{i})}{k^2+\mathrm{i}\,\epsilon}\Big(g_{\mu\nu}-\frac{k_\mu k_\mu}{k^2+\mathrm{i}\,\epsilon}\Big),\\\mathrm{i}\,D_{\mu\nu}(k)&=\frac{(-\mathrm{i})}{k^2+\mathrm{i}\,\epsilon}\Big(g_{\mu\nu}+(d^0_l-1)\frac{k_\mu k_\mu}{k^2+\mathrm{i}\,\epsilon}\Big),\end{aligned}$$

其中的 d^0_l 是像常用的 ξ 一样的实参量.

§ 10 简单初末态之间的散射矩阵元及其 Feynman 图

由于散射初末态的粒子是物理粒子，(438) 式正规积中的电磁场算符只需要保留 $\Lambda=1,2$ 部分，记作

$$\widetilde{A}_\mu(x)=\int\frac{\mathrm{d}^3k}{\sqrt{2\omega(2\pi)^3}}\sum_{\Lambda=1,2}\varepsilon_\mu(\boldsymbol{k}\Lambda)\Big\{a(\boldsymbol{k}\Lambda)\mathrm{e}^{-\mathrm{i}kx}+a^\dagger(\boldsymbol{k}\Lambda)\mathrm{e}^{\mathrm{i}kx}\Big\}. \quad (441)$$

再将电子场算符 $\psi(x)$ 和 $\overline{\psi}(x)$ 的表达式 (353)—(358) 重写成

$$\psi(x)=\int\frac{\mathrm{d}^3p}{\sqrt{(2\pi)^3}}\sum_\lambda\Big(b_{1\lambda}(\boldsymbol{p})U_\lambda(\boldsymbol{p})\mathrm{e}^{-\mathrm{i}px}+b^\dagger_{-1\lambda}(\boldsymbol{p})V_\lambda(\boldsymbol{p})\mathrm{e}^{\mathrm{i}px}\Big), \quad (442)$$

$$\overline{\psi}(x)=\int\frac{\mathrm{d}^3p}{\sqrt{(2\pi)^3}}\sum_\lambda\Big(b_{-1\lambda}(\boldsymbol{p})\overline{V}_\lambda(\boldsymbol{p})\mathrm{e}^{-\mathrm{i}px}+b^\dagger_{1\lambda}(\boldsymbol{p})\overline{U}_\lambda(\boldsymbol{p})\mathrm{e}^{\mathrm{i}px}\Big). \quad (443)$$

其中的记号都已经在前面说明. 即 $b^\dagger_{1\lambda}(\boldsymbol{p})$ 和 $b^\dagger_{-1\lambda}(\boldsymbol{p})$ 分别代表电子和正电子的产生算符, 它们产生动量为 $\boldsymbol{p}$ 、螺旋性为 λ 的电子和正电子. $b_{1\lambda}(\boldsymbol{p})$ 和 $b_{-1\lambda}(\boldsymbol{p})$ 是相应的湮灭算符. $U_\lambda(\boldsymbol{p})$ 和 $V_\lambda(\boldsymbol{p})$ 见 (337), (338) 式. $\overline{U}_\lambda, \overline{V}_\lambda$ 和 $\overline{\psi}$ 分别是 $U^\dagger\gamma^0, V^\dagger\gamma^0$ 和 $\psi^\dagger\gamma^0$. 要特别注意 $\psi^\dagger\gamma^0$ 还包括对产生和湮灭算符取厄米共轭. 截腿格林函数的微扰展开可以用截腿 Feynman 图来表示，而在 (438) 式中的算符 $\psi, \overline{\psi}$ 和 $\widetilde{A}_\mu$ 与初末态粒子缩并形成的 $\langle 0|\psi b^\dagger_{1\lambda}(\boldsymbol{p})|0\rangle$, $\langle 0|a(\boldsymbol{k}\Lambda)\widetilde{A}_\mu|0\rangle$ 等，正好可以看成散射矩阵元的外线的贡献. 即是说，散射矩阵元的微扰展开可以用重正化的截腿格林函数的图形装配上这种新的外线所成的图形来表示.

下面将康普顿散射和电子正电子散射的散射矩阵元的公式稍加化简. 康普顿散射的初态和末态是：

$$|i\rangle=a^\dagger(\boldsymbol{k}\Lambda)b^\dagger_{1\lambda}(\boldsymbol{p})|0\rangle\,,\quad |f\rangle=a^\dagger(\boldsymbol{k}'\Lambda')b^\dagger_{1\lambda'}(\boldsymbol{p}')|0\rangle\,,$$

令

$$[\psi^{(\mp)}]=\int\mathrm{d}^4y\frac{\delta}{(-\mathrm{i})\delta\eta_\beta(y)}\psi^{(\mp)}_\beta(y),\quad [\overline{\psi}^{(\mp)}]=\int\mathrm{d}^4x\,\overline{\psi}^{(\mp)}_\alpha(x)\frac{\delta}{\mathrm{i}\delta\overline{\eta}_\alpha(x)},$$

$$[\widetilde{A}^{(\mp)}]=\int\mathrm{d}^4z\frac{\delta}{\mathrm{i}\delta J_\nu(z)}\widetilde{A}^{(\mp)}_\nu(z).$$

由 (439) 式得出

$$\begin{aligned}S_{fi}-\langle f|i\rangle&=\frac{1}{2}\langle f|:\{[\overline{\psi}]\,[\psi][\widetilde{A}]^2\}:|i\rangle X^R[\overline{\eta},\eta,J]\,|_{(\overline{\eta},\eta,J)=0}\\&=\langle f|\big([\widetilde{A}^{(-)}]\,[\overline{\psi}^{(-)}]\,[\psi^{(+)}][\widetilde{A}^{(+)}]\big)|i\rangle X^R[\overline{\eta},\eta,J]\,|_{(\overline{\eta},\eta,J)=0}\quad,\end{aligned}$$

亦即

$$\begin{aligned}S_{fi}-\langle f|i\rangle=&\iiiint \mathrm{d}^4x\mathrm{d}^4y\mathrm{d}^4z_1\mathrm{d}^4z_2\langle 0|b_{1\lambda'}(\boldsymbol{p}')\overline{\psi}_\alpha(x)|0\rangle\\&\times\langle 0|\psi_\beta(y)b^\dagger_{1\lambda}(\boldsymbol{p})|0\rangle\langle 0|a(\boldsymbol{k}'\Lambda')\widetilde{A}_{\mu_1}(z_1)|0\rangle\langle 0|\widetilde{A}_{\mu_2}(z_2)a^\dagger(\boldsymbol{k}\Lambda)|0\rangle\\&\times\frac{\delta}{\mathrm{i}\delta\overline{\eta}_\alpha(x)}\frac{\delta}{(-\mathrm{i})\delta\eta_\beta(y)}\frac{\delta}{\mathrm{i}\delta J_{\mu_1}(z_1)}\frac{\delta}{\mathrm{i}\delta J_{\mu_2}(z_2)}X^R[\overline{\eta},\eta,J]\,|_{(J,\overline{\eta},\eta)=0}\,,\end{aligned}$$

对于电子正电子散射，$|i\rangle=b^\dagger_{1\lambda_1}(\boldsymbol{p}_1)b^\dagger_{-1\lambda_2}(\boldsymbol{p}_2)|0\rangle$, $|f\rangle=b^\dagger_{1\lambda_1'}(\boldsymbol{p}_1')b^\dagger_{-1\lambda_2'}(\boldsymbol{p}_2')|0\rangle$, 故

$$\begin{aligned}S_{fi}-\langle f|i\rangle&=\frac{1}{4}\langle f|\,:\,\{\,[\overline{\psi}]^2\,[\psi]^2\}:|i\rangle X^R[\overline{\eta},\eta,J]\,|_{(J,\overline{\eta},\eta)=0}\\&=\langle f|\,\{\,[\overline{\psi}^{(-)}]^2\,[\psi^{(+)}]^2\}|i\rangle X^R[\overline{\eta},\eta,J]\,|_{(J,\overline{\eta},\eta)=0}\,.\end{aligned}$$

即

$$\begin{aligned}S_{fi}-\langle f|i\rangle=&\iiiint \mathrm{d}^4x_1\mathrm{d}^4x_2\mathrm{d}^4y_1\mathrm{d}^4y_2\langle 0|b_{1\lambda_1'}(\boldsymbol{p}_1')\overline{\psi}_{\alpha_1}(x_1)|0\rangle\\&\times\langle 0|\overline{\psi}_{\alpha_2}(x_2)b^\dagger_{-1\lambda_2}(\boldsymbol{p}_2)|0\rangle\langle 0|\psi_{\beta_1}(y_1)b^\dagger_{1\lambda_1}(\boldsymbol{p}_1)|0\rangle\\&\times\langle 0|b_{-1\lambda_2'}(\boldsymbol{p}_2')\psi_{\beta_2}(y_2)|0\rangle\frac{\delta}{\mathrm{i}\delta\overline{\eta}_{\alpha_1}(x_1)}\frac{\delta}{\mathrm{i}\delta\overline{\eta}_{\alpha_2}(x_2)}\\&\times\frac{\delta}{(-\mathrm{i})\delta\eta_{\beta_1}(y_1)}\frac{\delta}{(-\mathrm{i})\delta\eta_{\beta_2}(y_2)}X^R[\overline{\eta},\eta,J]\,|_{(J,\overline{\eta},\eta)=0}\,.\end{aligned}$$

在定义散射矩阵元 Feynman 图外线的表达式时，要注意一根实外线与在它连接的顶点遇到的另一实线段具有一致的方向. 内线和顶点的意义以及由图形写表达式的方法，都保持和从前一样. 此外，表示散射矩阵元的图形要结合时间的流向来理解. 初态和末态的时间当然是最早 (无限的过去) 和最晚 (无限的未来). 约定时间的流向为自下而上，则在坐标空间的图形可以包含的外线有如下几类：

(1) $\langle 0|\psi(x)b^\dagger_{1\lambda}(\boldsymbol{p})|0\rangle$ 即 $\langle 0|\psi^{(+)}(x)b^\dagger_{1\lambda}(\boldsymbol{p})|0\rangle$ 被表示为从下方连接到图形中 x 点、方向与时间的流向一致 (朝上) 的有向实线段，在其下端标明相应的初态电子的 λ 和 p, 其中 p^0 理解为 $\sqrt{\boldsymbol{p}^2+m^2}$, 记为 E(现在不再需要写成 $|E|$). 通常也说这样的外线描述散射过程中初态电子的消失.

(2) $\langle 0|\overline{\psi}(x)b^\dagger_{-1\lambda}(\boldsymbol{p})|0\rangle$ 即 $\langle 0|\overline{\psi}^{(+)}(x)b^\dagger_{-1\lambda}(\boldsymbol{p})|0\rangle$ 被表示为从下方连接到图形中 x 点、方向与时间的流向相反 (朝下) 的有向实线段，在其下端标明相应的初态正电子的 λ 和 p, 其中 p^0 理解为 $E=\sqrt{\boldsymbol{p}^2+m^2}$. 它描述散射过程中初态正电子的消失.

(3) $\langle 0|\widetilde{A}_\mu(x)a^\dagger(\boldsymbol{k}\Lambda)|0\rangle$ 即 $\langle 0|\widetilde{A}_\mu^{(+)}(x)a^\dagger(\boldsymbol{k}\Lambda)|0\rangle$ 被表示为从下方连接到图形中 x 点的波浪线段，它描述散射过程中初态光子的消失．指标 μ 与 x 处顶点的指标缩并．在线段下端标明相应的初态光子的 Λ 和 k, 其中 k^0 理解为 $\omega(k)$.

(4) $\langle 0|b_{1\lambda}(\boldsymbol{p})\overline{\psi}(x)|0\rangle$ 即 $\langle 0|b_{1\lambda}(\boldsymbol{p})\overline{\psi}^{(-)}(x)|0\rangle$ 被表示为从上方连接到图形中 x 点、方向与时间的流向一致的有向实线段，描述散射过程中末态电子的产生．在其上端标明相应的末态电子的 λ 和 p, p^0 理解为 $E=\sqrt{\boldsymbol{p}^2+m^2}$.

(5) $\langle 0|b_{-1\lambda}(\boldsymbol{p})\psi(x)|0\rangle$ 即 $\langle 0|b_{-1\lambda}(\boldsymbol{p})\psi^{(-)}(x)|0\rangle$ 被表示为从上方连接到图形中 x 点、方向与时间的流向相反的有向实线段，描述散射过程中末态正电子的产生．在其上端标明相应的末态电子的 λ 和 p, p^0 理解为 $E=\sqrt{\boldsymbol{p}^2+m^2}$.

(6) $\langle 0|a(\boldsymbol{k}\Lambda)\widetilde{A}_\mu(x)|0\rangle$ 即 $\langle 0|a(\boldsymbol{k}\Lambda)\widetilde{A}_\mu^{(-)}(x)|0\rangle$ 被表示为从上方连接到图形中 x 点的波浪线段，描述散射过程中末态光子的产生．指标 μ 与 x 处顶点的指标缩并．在线段上端标明相应的末态光子的 Λ 和 k, k^0 理解为 $\omega(k)=|\boldsymbol{k}|$.

由前面给出的 $\psi,\overline{\psi}$ 和 $\widetilde{A}$ 的公式得

$$\langle 0|\psi(x)b_{1\lambda}^\dagger(\boldsymbol{p})|0\rangle=(\sqrt{2\pi})^{-3}\,U_\lambda(\boldsymbol{p})\mathrm{e}^{-\mathrm{i}px}\,, \tag{444}$$

$$\langle 0|\overline{\psi}^{(+)}(x)b_{-1\lambda}^\dagger(\boldsymbol{p})|0\rangle=(\sqrt{2\pi})^{-3}\,\overline{V}_\lambda(\boldsymbol{p})\mathrm{e}^{-\mathrm{i}px}\,, \tag{445}$$

$$\langle 0|\widetilde{A}_\mu(x)a^\dagger(\boldsymbol{k}\Lambda)|0\rangle=(\sqrt{2\pi})^{-3}(\sqrt{2\omega})^{-1}\,\varepsilon_\mu(\boldsymbol{k}\Lambda)\mathrm{e}^{-\mathrm{i}kx}\,, \tag{446}$$

$$\langle 0|b_{1\lambda}(\boldsymbol{p})\overline{\psi}(x)|0\rangle=(\sqrt{2\pi})^{-3}\,\overline{U}_\lambda(\boldsymbol{p})\mathrm{e}^{\mathrm{i}px}\,, \tag{447}$$

$$\langle 0|b_{-1\lambda}(\boldsymbol{p})\psi(x)|0\rangle=(\sqrt{2\pi})^{-3}\,V_\lambda(\boldsymbol{p})\mathrm{e}^{\mathrm{i}px}\,, \tag{448}$$

$$\langle 0|a(\boldsymbol{k}\Lambda)\widetilde{A}_\mu(x)|0\rangle=(\sqrt{2\pi})^{-3}(\sqrt{2\omega})^{-1}\,\varepsilon_\mu^*(\boldsymbol{k}\Lambda)\mathrm{e}^{\mathrm{i}kx}\,. \tag{449}$$

所以，由坐标空间的重正化的截腿格林函数和外线因子表达的散射矩阵元在对各外线因子的时空坐标积分之后，正好使原来的重正化的截腿格林函数变换到动量空间，并使外线缺少了依赖时空坐标的指数因子．即是说，散射矩阵元的微扰展开可以用动量空间的重正化的截腿格林函数的图形装配上适当定义的外线来表示．为此，应当使外线也具有其线段动量，以保证在图形中与外线连接的顶点也符合通常形式的动量守恒条件，即离开一个顶点的线段的动量之和等于进入该顶点的线段的动量之和．由此以及参考坐标空间的外线的定义，将动量空间图形的外线的确切含义规定如下 (仍然设时间的流向为自下而上)：

(1) 线段动量是 p 的、从下方顺着时间的流向连接到图形中的有向实外线代表 $U_\lambda(\boldsymbol{p})$, 描述散射过程中一个螺旋度为 λ 、动量为 p 的初态电子的消失．通常在其下端标出 λ. p^0 理解为 $E=\sqrt{\boldsymbol{p}^2+m^2}$.

(2) 线段动量是 $-p$ 的、从下方逆着时间的流向连接到图形中的有向实外线代表 $\overline{V}_\lambda(\boldsymbol{p})$, 描述一个螺旋度为 λ 、动量为 p 的初态正电子的消失．通常在

其下端标出 λ. p^0 理解为 $E=\sqrt{\boldsymbol{p}^2+m^2}$.

(3) 线段动量是 k 的、从下方顺着时间的流向连接到图形中的波浪外线代表 $\varepsilon_\mu(\boldsymbol{k}\Lambda)$, 描述具有确定 Λ 而动量为 k 的初态光子的消失. k^0 理解为 $\omega(k)$. 指标 μ 与所连接顶点的指标缩并. 通常在线段下端标出 Λ.

(4) 线段动量是 p 的、从上方顺着时间的流向连接到图形中的有向实外线代表 $\overline{U}_\lambda(\boldsymbol{p})$, 描述一个螺旋度为 λ、动量为 p 的末态电子的产生. 通常在其下端标出 λ. p^0 理解为 $E=\sqrt{\boldsymbol{p}^2+m^2}$.

(5) 线段动量是 $-p$ 的、从上方逆着时间的流向连接到图形中的有向实外线代表 $V_\lambda(\boldsymbol{p})$, 描述一个螺旋度为 λ、动量为 p 的末态正电子的产生. 通常在其下端标出 λ. p^0 理解为 $E=\sqrt{\boldsymbol{p}^2+m^2}$.

(6) 线段动量是 k 的、从上方顺着时间的流向连接到图形中的波浪外线代表 $\varepsilon^*_\mu(\boldsymbol{k}\Lambda)$, 描述具有确定 Λ 而动量为 k 的末态光子的产生. k^0 理解为 $\omega(k)$. 指标 μ 与所连接顶点的指标缩并. 通常在线段下端标出 Λ.

按照这样的规定, 在用动量空间的图形表示散射矩阵元时, 也可以不标出光子外线 (波浪外线) 的方向, 只需要记住它们的方向总是与时间的流向一致.

为了推导简单初末态散射矩阵元的低级近似表达式, 从 $\mathcal{U}$ 的正规积出发也很方便. 例如在康普顿散射的情形, 准至树图级时, $S_{fi}-\langle f|1|i\rangle$ 来自该算符的微扰展开中如下的正规积 (见 §9.2):

$$\frac{1}{2}\iint \mathrm{d}^4x_1\mathrm{d}^4x_2\ :\ A_\mu(x_1)A_\nu(x_2)\ ::\ \overline{\psi}(x_1)(-\mathrm{i}e\gamma^\mu)\mathrm{i}\,S(x_1-x_2)(-\mathrm{i}e\gamma^\nu)\psi(x_2)\ :,$$

故

$$S_{fi}-\langle f|1|i\rangle\approx(2\pi)^4\delta^4(p'+k'-p-k)B_C\{C_1+C_2\}, \tag{450}$$

$$B_C=\frac{1}{2}\frac{1}{\sqrt{(2\omega)(2\omega')(2\pi)^{12}}}, \tag{451}$$

其中

$$C_1=\overline{U}_{\lambda'}(\boldsymbol{p}')(-\mathrm{i}e\gamma^\mu)\mathrm{i}\,S(l)(-\mathrm{i}e\gamma^\nu)U_\lambda(\boldsymbol{p})\varepsilon^*_\mu(\boldsymbol{k}'\Lambda')\varepsilon_\nu(\boldsymbol{k}\Lambda)$$

=

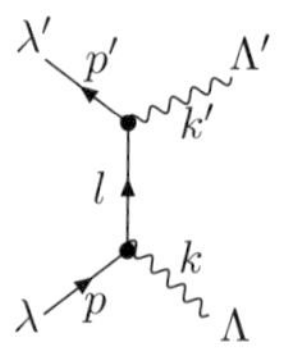

而

$$C_2=\overline{U}_{\lambda'}(\boldsymbol{p}')(-\mathrm{i}e\gamma^\mu)\mathrm{i}\,S(q)(-\mathrm{i}e\gamma^\nu)U_\lambda(\boldsymbol{p})\varepsilon^*_\nu(\boldsymbol{k}'\Lambda')\varepsilon_\mu(\boldsymbol{k}\Lambda)$$

$=$

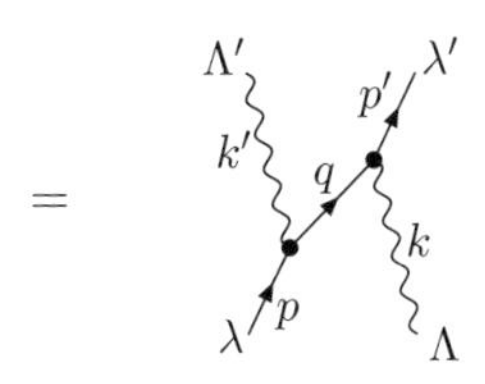

这两个图形中的 l 和 q 不是独立内动量，它们分别为

$$l = p + k = p' + k', \quad q = p - k' = p' - k.$$

在电子正电子散射的情形，$U(\infty, -\infty)/\langle 0|U(\infty, -\infty)|0\rangle$ 准至树图级的微扰展开的有贡献的正规积是

$$\frac{1}{2}\iint \mathrm{d}^4x_1\mathrm{d}^4x_2\,\mathrm{i}\,D_{\mu\nu}(x_1 - x_2)\,:\overline{\psi}(x_1)(-\mathrm{i}e\gamma^{\mu})\psi(x_1)\overline{\psi}(x_2)(-\mathrm{i}e\gamma^{\nu})\psi(x_2):,$$

故

$$S_{fi} - \langle f|1|i\rangle \approx (2\pi)^4\delta^4(p_1' + p_2' - p_1 - p_2)B_F\{F_1 - F_2\},$$
$$B_F = \frac{1}{\sqrt{(2\pi)^{12}}},$$

其中

$$F_1 = \overline{U}_{\lambda_1'}(\boldsymbol{p}_1')(-\mathrm{i}e\gamma^{\mu})V_{\lambda_2'}(\boldsymbol{p}_2')\overline{V}_{\lambda_2}(\boldsymbol{p}_2)(-\mathrm{i}e\gamma^{\nu})U_{\lambda_1}(\boldsymbol{p}_1)\mathrm{i}\,D_{\mu\nu}(k)$$

$=$

而

$$F_2 = \overline{U}_{\lambda_1'}(\boldsymbol{p}_1')(-\mathrm{i}e\gamma^{\mu})U_{\lambda_1}(\boldsymbol{p}_1)\overline{V}_{\lambda_2}(\boldsymbol{p}_2)(-\mathrm{i}e\gamma^{\nu})V_{\lambda_2'}(\boldsymbol{p}_2')\mathrm{i}\,D_{\mu\nu}(k')$$

$=$

这两个图形中光子内线可以 (随意地) 指定为向下的，于是动量守恒条件给出

$$k = -p_1 - p_2 = -p_1' - p_2', \quad k' = p_1' - p_1 = p_2 - p_2'.$$

在一圈级近似下，借助 $\mathcal{H}_\mathrm{I}$ 中的抵消项由 $\langle f|U(\infty,-\infty)|i\rangle/\langle 0|U(\infty,-\infty)|0\rangle$ 直接计算也很方便. 将这部分抵消项记为 $\Delta\mathcal{H}_{I,1}$. 它是 8.1 小节的 $\Delta\mathcal{H}_\mathrm{I}$ 中一圈级部分，即

$$\begin{aligned}\Delta\mathcal{H}_{I,1}(x) = &-b_1 : \overline{\psi}(x)(\mathrm{i}\gamma^\mu\partial_\mu - m)\psi(x) : - \delta_1 : \overline{\psi}(x)\psi(x) : \\ &+ e\,c_1 : \overline{\psi}(x)\gamma^\mu\psi(x)A_\mu(x) : + \frac{1}{4}f_1 : F_{\mu\nu}(x)F^{\mu\nu}(x) : .\end{aligned}$$

当然也可以用算符方法或路径积分方法求出所需要的重正化截腿格林函数(准至一圈级), 以确定 S_{fi} 的表达式. 这里略去中间步骤，而用动量空间的图形将康普顿散射的公式表示为：

$$S_{fi} - \langle f|1|i\rangle \approx (2\pi)^4\delta^4(p'+k'-p-k)\,B_C\big\{C_1 + C_2 + \delta C_1 + \delta C_2\big\}\,,\tag{452}$$

其中 C_1 和 C_2 已经在前面写出，δC_1 是：

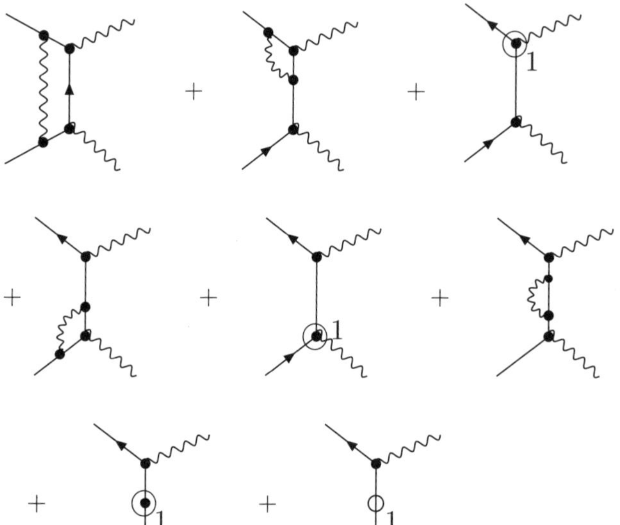

+ + + + + + + 1 1 1 1

而 δC_2 是：

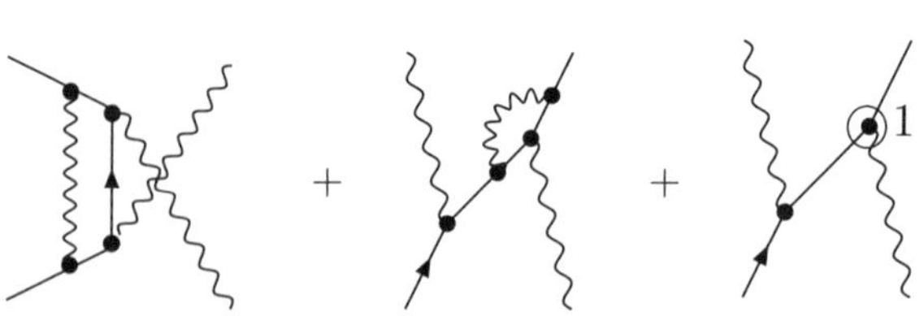

+ + 1

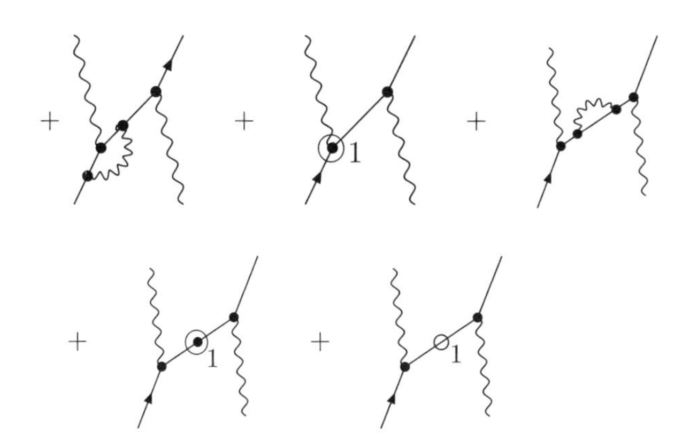

这样的表达式几乎是自明的，省去的记号可以从 C_1 和 C_2 的图形看出. 紫外发散的 Feynman 积分应理解为适当的正规化形式，独立的内动量是积分变量，相应的 4 维积分体元带有因子 $(2\pi)^{-4}$. 式中每个不含抵消项顶点的紫外发散的图形与随后的含抵消项顶点的图形相加的结果都是紫外有限的. 这些图形中抵消项的顶点都是一圈级的，亦即是在 Feynman 形式的规范确定项下 ($\xi=1$) 抵消项的顶点 $\mathrm{i}\,(Z_2-1)\,(\not p-m)$, $\mathrm{i}\,Z_2\,\delta m$, $-\mathrm{i}\,(Z_1-1)\,e\,\gamma^\mu$ 和 $\mathrm{i}\,(Z_3-1)\,(k^\mu k^\nu-k^2 g^{\mu\nu})$ 的一圈级表达式.

在理论的实际运用中当然还要适当处理红外发散，§12 有简略的讨论.

§ 11　电子的反常磁矩

在第八章已经说明 Dirac 方程能够正确地解释电子的自旋，而且预言电子的固有磁矩等于一个玻尔磁子，其他遵从 Dirac 方程的带电粒子也是如此. 实验结果表明，电子的固有磁矩与一个玻尔磁子有微小的差别 (称为反常磁矩). 在量子电动力学中，考虑电子被经典弱外场 A^{c}_μ 的散射，而用微扰论计算散射矩阵元. 于是在线性地依赖于外场的项中，近似地将包含圈图和抵消项的部分归结为对于单电子 Dirac 方程的辐射修正，就可以辨认出反常磁矩，由此能够对实验结果作出非常精确的解释. 所谓辐射修正是指在重正化基础上求得的来源于量子化电磁场 - 电子场的耦合的贡献，本节计算由单圈辐射修正贡献的反常磁矩.

在算符 $U(\infty,-\infty)$ 的 $:\overline{\psi}\gamma^\mu\psi A_\mu:$ 中加入 A^{c} 项 $:\overline{\psi}\gamma^\mu\psi:A^{\mathrm{c}}_\mu$, 由

$$|i\rangle=b^\dagger_{1\lambda}(\boldsymbol{p})|0\rangle\,,\quad |f\rangle=b^\dagger_{1\lambda'}(\boldsymbol{p}')|0\rangle\,,$$

根据 $U(\infty,-\infty)/\langle 0|U(\infty,-\infty)|0\rangle$ 的微扰展开直接计算 $S_{fi}-\langle f|i\rangle$, 不管抵消项

而算至一圈级时，线性依赖于外场的部分是

$$\begin{aligned}
&\int \mathrm{d}^4x\langle 0|b_{1\lambda'}(\boldsymbol{p}')\overline{\psi}(x)|0\rangle(-\mathrm{i}e\gamma^{\mu})A^{\mathrm{c}}_{\mu}(x)\langle 0|\psi(x)b^{\dagger}_{1\lambda}(\boldsymbol{p})|0\rangle\\
&+\iiint \mathrm{d}^4x_1\mathrm{d}^4x_2\mathrm{d}^4x_3\langle 0|b_{1\lambda'}(\boldsymbol{p}')\overline{\psi}(x_2)|0\rangle(-\mathrm{i}e\gamma^{\mu_2})\\
&\quad\times\mathrm{i}S(x_2-x_3)(-\mathrm{i}e\gamma^{\mu_3})\mathrm{i}S(x_3-x_1)(-\mathrm{i}e\gamma^{\mu_1})\\
&\quad\times\langle 0|\psi(x_1)b^{\dagger}_{1\lambda}(\boldsymbol{p})|0\rangle\mathrm{i}D_{\mu_2\mu_1}(x_2-x_1)A^{\mathrm{c}}_{\mu_3}(x_3)\\
&-\iiint \mathrm{d}^4x_1\mathrm{d}^4x_2\mathrm{d}^4x_3\langle 0|b_{1\lambda'}(\boldsymbol{p}')\overline{\psi}(x_1)|0\rangle(-\mathrm{i}e\gamma^{\mu_1})\\
&\quad\times\langle 0|\psi(x_1)b^{\dagger}_{1\lambda}(\boldsymbol{p})|0\rangle\mathrm{i}D_{\mu_1\mu_2}(x_1-x_2)A^{\mathrm{c}}_{\mu_3}(x_3)\\
&\quad\times\mathrm{tr}\left[(-\mathrm{i}e\gamma^{\mu_2})\mathrm{i}S(x_2-x_3)(-\mathrm{i}e\gamma^{\mu_3})\mathrm{i}S(x_3-x_2)\right].
\end{aligned}\tag{453}$$

其中 Feynman 积分理解为适当的正规化形式. 根据

$$\begin{aligned}
&\langle 0|b_{1\lambda'}(\boldsymbol{p}')\overline{\psi}(x)|0\rangle=\langle 0|b_{1\lambda'}(\boldsymbol{p}')\overline{\psi}(0)|0\rangle\mathrm{e}^{\mathrm{i}\,p'x},\\
&\langle 0|\psi(x)b^{\dagger}_{1\lambda}(\boldsymbol{p})|0\rangle=\langle 0|\psi(0)b^{\dagger}_{1\lambda}(\boldsymbol{p})|0\rangle\mathrm{e}^{-\mathrm{i}\,px},\\
&A^{\mathrm{c}}_{\mu}(x)=\int\frac{\mathrm{d}^4q}{(2\pi)^4}A^{\mathrm{c}}_{\mu}(q)\mathrm{e}^{-\mathrm{i}\,qx},
\end{aligned}\tag{454}$$

完成 (453) 式各项的坐标积分并且完成在质壳上的减除，得出

$$\begin{aligned}
S_{fi}-\langle f|i\rangle\approx\;&\langle 0|b_{1\lambda'}(\boldsymbol{p}')\overline{\psi}(0)|0\rangle(-\mathrm{i}e\gamma^{\mu})A^{\mathrm{c}}_{\mu}(p'-p)\langle 0|\psi(0)b^{\dagger}_{1\lambda}(\boldsymbol{p})|0\rangle\\
&+\langle 0|b_{1\lambda'}(\boldsymbol{p}')\overline{\psi}(0)|0\rangle\big(-\mathrm{i}e\varLambda^{(1)\mu}_{[1]}(p',p)\big)A^{\mathrm{c}}_{\mu}(p'-p)\langle 0|\psi(0)b^{\dagger}_{1\lambda}(\boldsymbol{p})|0\rangle\\
&+\langle 0|b_{1\lambda'}(\boldsymbol{p}')\overline{\psi}(0)|0\rangle(-\mathrm{i}e\gamma^{\nu})\langle 0|\psi(0)b^{\dagger}_{1\lambda}(\boldsymbol{p})|0\rangle\\
&\quad\times\mathrm{i}D_{\nu\rho}(p'-p)(\mathrm{i}e^2)\varPi^{(1)\rho\mu}_{[1]}(p'-p)A^{\mathrm{c}}_{\mu}(p'-p).
\end{aligned}\tag{455}$$

其中第二项的贡献等于在第一项的简单顶点 $-\mathrm{i}e\gamma^{\mu}$ 中加入 $-\mathrm{i}e\varLambda^{[1]\mu}_{[1]}$, 第三项的效果则是在其中加入 $-\mathrm{i}e\gamma^{\nu}\,\mathrm{i}\,D_{\nu\rho}(p'-p)(\mathrm{i}e^2)\varPi^{[1]\rho\mu}_{[1]}(p'-p)$. 由 §6 (198) 和 (199) 式相减得到 $\varPi^{[1]\rho\mu}_{[1]}(q)=\Big(q^{\rho}q^{\mu}-q^2g^{\rho\mu}\Big)\varPi^{[1]}_{[1]}(q)$, 而

$$\varPi^{[1]}_{[1]}(q)=\frac{1}{2\pi^2}\int_0^1\mathrm{d}x\,x(1-x)\ln\left[\frac{m^2}{m^2-x(1-x)\,q^2}\right].$$

由于 A^{c}_{μ} 随时空坐标的变化很缓慢, $A^{\mathrm{c}}_{\mu}(q)$ 只当 q 接近于零时不显著为零. 这时有

$$\varPi^{[1]}_{[1]}(q)\approx\frac{1}{2\pi^2}\int_0^1\mathrm{d}x\,x^2(1-x)^2\frac{q^2}{m^2}=\frac{1}{60\pi^2}\frac{q^2}{m^2}.$$

在积分区间内 $x(1-x)$ 不超过 1/4, 此式在 q^2 远小于 $4m^2$ 时成立. 因此当 $(p'-p)^2$ 远小于 $4m^2$ 时，有

$$\Pi_{[1]}^{[1]}(p'-p) \approx \frac{1}{60\pi^2}\frac{(p'-p)^2}{m^2}\,. \tag{456}$$

由此以及 $\overline{U}_{\lambda'}(\boldsymbol{p}')(\not{p}'-\not{p})U_\lambda(\boldsymbol{p})=0$, 可在 (455) 式第三项中作如下的改写：

$$-\mathrm{i}e\gamma^\nu\,\mathrm{i}\,D_{\nu\rho}(p'-p)(-\mathrm{i}e^2)\Pi_{[1]}^{[1]\rho\mu}(p'-p) \to \mathrm{i}e\gamma^\mu\frac{e^2}{60\pi^2}\frac{(p'-p)^2}{m^2}\,.$$

(455) 式第二项中的 $\Lambda_{[1]}^{[1]\mu}(p',p)$ 是 $\Lambda_{[0]}^{[1]\mu}(p',p)$ 减去其质壳值的结果，而 $\Lambda_{[0]}^{[1]\mu}(p',p)$ 的 $(1-\xi)$ 部分正比于

$$\int \mathrm{d}^4k\frac{(1-\xi)}{(k^2-\Delta^2+\mathrm{i}\epsilon)(\xi\,k^2-\Delta^2+\mathrm{i}\epsilon)}\left(\not{k}\frac{1}{\not{p}'-\not{k}-m+\mathrm{i}\epsilon}\gamma^\mu\frac{1}{\not{p}-\not{k}-m+\mathrm{i}\epsilon}\not{k}\right).$$

其中右边的 $\not{k}$ 作用于 $U_\lambda(\boldsymbol{p})$, 因而可以换成 $\not{k}-\not{p}+m$. 类似地，左边的 $\not{k}$ 向左作用于 $\overline{U}_{\lambda'}(\boldsymbol{p}')$, 因而可以换成 $\not{k}-\not{p}'+m$. 可见，这个 $(1-\xi)$ 部分的贡献与 $\not{p}'$, $\not{p}$ 无关，在减除后就消失了，$\Lambda_{[0]}^{[1]\mu}(p',p)$ 的其余部分的正规化表达式，在 $p^2=(p')^2=m^2$ 时可以写成

$$\begin{aligned}\Lambda_{[0]}^{[1]\mu}(F,p',p) = -\frac{\mathrm{i}e^2}{(2\pi)^4}\int \mathrm{d}^4k\frac{\gamma^\sigma(\not{p}'-\not{k}+m)\gamma^\mu(\not{p}-\not{k}+m)\gamma_\sigma}{(k^2-2p'k+\mathrm{i}\epsilon)(k^2-2p\,k+\mathrm{i}\epsilon)}\\ \times\left(\frac{1}{k^2-\Delta^2+\mathrm{i}\epsilon}-\frac{1}{k^2-\Lambda_1^2+\mathrm{i}\epsilon}\right),\end{aligned}$$

其中被积函数的第二个因子可以表示为

$$\frac{1}{k^2-\Delta^2+\mathrm{i}\epsilon}-\frac{1}{k^2-\Lambda_1^2+\mathrm{i}\epsilon}=\int_{\Delta^2}^{\Lambda_1^2}\frac{\mathrm{d}L}{k^2-L+\mathrm{i}\epsilon}.$$

这里只给出当 $(p'-p)^2$ 远小于 $4m^2$ 时的计算结果，完成减除后得到：

$$\Lambda_{[1]}^{[1]\mu}(p',p) \approx \gamma^\mu\frac{e^2}{12\pi^2}\frac{(p'-p)^2}{m^2}\left(\ln\frac{m}{\Delta}-\frac{3}{8}\right)+\frac{e^2}{32\pi^2 m}(p'-p)_\nu\left(\gamma^\nu\gamma^\mu-\gamma^\mu\gamma^\nu\right). \tag{457}$$

其中的红外发散项在本节可以暂且不管.

为了进一步改写所得的结果，利用

$$\begin{aligned}&A_\mu^{\mathrm{c}}(p'-p)=\int \mathrm{d}^4x\,A_\mu^{\mathrm{c}}(x)\mathrm{e}^{\mathrm{i}\,(p'-p)x}\,,\\ &(p'-p)_\nu\,A_\mu^{\mathrm{c}}(p'-p)=\mathrm{i}\int \mathrm{d}^4x\,\left(\partial_\nu A_\mu^{\mathrm{c}}(x)\right)\mathrm{e}^{\mathrm{i}\,(p'-p)x}\,,\\ &(p'-p)^2\,A_\mu^{\mathrm{c}}(p'-p)=-\int \mathrm{d}^4x\,\left(\partial_\nu\partial^\nu A_\mu^{\mathrm{c}}(x)\right)\mathrm{e}^{\mathrm{i}\,(p'-p)x}\,,\end{aligned}$$

于是

$$
\begin{aligned}
S_{fi}-\langle f|i\rangle \approx &\int \mathrm{d}^4x\langle f|:\overline{\psi}(x)(-\mathrm{i}e\gamma^\mu)\psi(x):|i\rangle A_\mu^{\mathrm{c}}(x)\\
&+\int \mathrm{d}^4x\langle f|:\overline{\psi}(x)e(\gamma^\nu\gamma^\mu-\gamma^\mu\gamma^\nu)\psi(x):|i\rangle\frac{e^2}{32\pi^2 m}\big(\partial_\nu A_\mu^{\mathrm{c}}(x)\big)\\
&-\int \mathrm{d}^4x\langle f|:\overline{\psi}(x)(-\mathrm{i}e\gamma^\mu)\psi(x):|i\rangle\partial_\nu\partial^\nu A_\mu^{\mathrm{c}}(x)\\
&\times\frac{e^2}{12\pi^2 m^2}\Big(\ln\frac{m}{\varDelta}-\frac{3}{8}-\frac{1}{5}\Big).
\end{aligned}
\tag{458}
$$

这又可以理解为遵守 Dirac 方程的单电子运动的贡献，只是在单电子的 Dirac 哈密顿量中包含一些新的耦合项，总的耦合项变成：

$$
\begin{aligned}
&\gamma^0(e\gamma^\mu)A_\mu^{\mathrm{c}}(x)+\mathrm{i}\,\gamma^0 e(\gamma^\nu\gamma^\mu-\gamma^\mu\gamma^\nu)\frac{e^2}{32\pi^2 m}\big(\partial_\nu A_\mu^{\mathrm{c}}(x)\big)\\
&-\gamma^0(e\,\gamma^\mu)\frac{e^2}{12\pi^2 m^2}\Big(\ln\frac{m}{\varDelta}-\frac{3}{8}-\frac{1}{5}\Big)\,\partial_\nu\partial^\nu A_\mu^{\mathrm{c}}(x)\,,
\end{aligned}
\tag{459}
$$

第二行与当前的问题没有关系. 第一行第一项导致泡利方程包含来自固有磁矩的作用能 (第八章), 这行的第二项即是 $\mathrm{i}\,\gamma^0\,e\,(\gamma^\nu\gamma^\mu-\gamma^\mu\gamma^\nu)\frac{e^2}{64\pi^2 m}F_{\nu\mu}^{\mathrm{c}}(x)$. 对于固有磁矩有影响的是其中只含 A_μ^{c} 的空间微商的部分，即

$$
+\mathrm{i}\,\gamma^0\,e\,(\gamma^j\gamma^k-\gamma^k\gamma^j)\,\frac{e^2}{64\pi^2 m}F_{jk}^{\mathrm{c}}(x)=-\Big(\frac{e^2}{8\pi^2}\Big)\frac{e}{2m}\gamma^0\,\vec{\varSigma}\cdot\vec{\mathcal{H}}\,,
$$

其中 $\vec{\mathcal{H}}$ 代表外磁场强度. 这会使泡利方程中来自固有磁矩的作用能发生如下的改变：

$$
-\frac{e}{2m}\boldsymbol{\sigma}\cdot\vec{\mathcal{H}}\to-(1+a)\frac{e}{2m}\boldsymbol{\sigma}\cdot\vec{\mathcal{H}}\,,
\tag{460}
$$

其中 $a=e^2/(8\pi^2)=\alpha/(2\pi)\approx 11614\times10^{-7}$, 而 $\alpha=\frac{e^2}{4\pi}$. 即是说，由单圈辐射修正给出的反常磁矩值是 $ae/(2m)$, 这个结果最初是由 Schwinger 在 1948 年求出的，它被精确的实验结果所证实. 包括更高级的修正后，还能够使符合实验的程度获得很大的提高 (参看文献 [6] 中的说明).

§ 12　红外发散的消除

量子电动力学中的红外发散，并不造成实质性困难，这里将用简单的例子说明这一点. 由于光子没有质量，重正化的格林函数和散射矩阵含有来自动量甚低的虚光子的发散. 另一方面，当电子被散射时，总是伴随着光子的

发射，也是由于光子没有质量，还能够发射探测不到的所谓软光子 (能量、动量近乎零). 考虑到实验误差的限制，能量不超过某个值的光子都是探测不到的. 所以，只是软光子的能量或数目不同的状态，并不能从实验上区分开来. 理论上可以计算包含发射软光子的散射过程的概率，例如，问不发射光子而散射的概率，不发射硬光子但是发射一个能量不超过 $\omega_{\rm m}$ 的软光子而散射电子的概率，不发射硬光子但是发射两个或者更多这样的软光子而散射的概率等，分别看待时属于没有实际意义的提问，在计算中会出现由虚光子和软的实光子引起的红外发散 (借助于光子的假想质量或者其他办法使得计算能够进行). 而重要的是整个事件系列的概率的总和 (代表不发射能量超过 $\omega_{\rm m}$ 的光子而散射电子的概率) 在 $\omega_{\rm m}$ 不为零时并不发散，即是说，发散项互相抵消了，所以没有造成真正的“红外灾难”. 如果这些发散项没有互相抵消，那将是严重问题. 因为问不发射可探测的光子而散射电子的概率多大是有意义的提问，而上述概率的总和在约定能量超过 $\omega_{\rm m}$ 的光子不再是软光子时正是有意义的量. 类似地，考虑某一不发射软光子的散射过程，以及差别只在于发射不同数目的能量不超过 $\omega_{\rm m}$ 的软光子的事件所形成的系列，则系列中所有事件的概率的总和不发散.

下面分析电子被点电荷为 $Z|e|$ 的固定原子核的库仑场散射的例子，$A^{\rm c}_{\mu}(x)$ 只有 μ 为零的分量，而 e 代表电子的电荷 (负数)，假定 Z 充分小. 采用使原子核处在原点的坐标系，引入只在中间步骤使用的屏蔽因子 ${\rm e}^{-\delta r}$ 后，有

$$A^{\rm c}_0(x)=\frac{Z|e|}{4\pi r}{\rm e}^{-\delta r}=-\frac{Ze}{4\pi r}{\rm e}^{-\delta r}\qquad(\delta\to 0^+)\,. \tag{461}$$

其中 $r=\sqrt{x_1^2+x_2^2+x_3^2}$. 如上节所述，电子在外场 $A^{\rm c}_{\mu}(x)$ 作用下从 $(\lambda,\boldsymbol{p})$ 散射到 $(\lambda',\boldsymbol{p}')$ 的最低级 $S_{fi}-\langle f|i\rangle$ (第一级 Born 近似) 是

$$\begin{aligned}S_{fi}({\rm B1})&=\int{\rm d}^4x\langle 0|b_{1\lambda'}(\boldsymbol{p}')\overline{\psi}(x)|0\rangle(-{\rm i}e\gamma^{\mu})\langle 0|\psi(x)b^{\dagger}_{1\lambda}(\boldsymbol{p})|0\rangle A^{\rm c}_{\mu}(x)\\&=\frac{1}{\sqrt{(2\pi)^6}}\overline{U}_{\lambda'}(\boldsymbol{p}')(-{\rm i}e\gamma^{\mu})\,U_{\lambda}(\boldsymbol{p})A^{\rm c}_{\mu}(p'-p)\,,\end{aligned} \tag{462}$$

而

$$A^{\rm c}_{\mu}(q)=\int{\rm d}^4x\,{\rm e}^{{\rm i}\,q\,x}\,A^{\rm c}_{\mu}(x)\,,$$

在已有的规则下，可以采用如下的图形表示：

$$\text{[diagram: } \lambda,\,p \to \bullet \leftarrow A(p'-p);\ \bullet\to \lambda',\,p'\text{]}\quad=\quad\overline{U}_{\lambda'}(\boldsymbol{p}')(-{\rm i}e\gamma^{\mu})\,U_{\lambda}(\boldsymbol{p})A^{\rm c}_{\mu}(p'-p)\,,$$

其中用指向顶点的双重线段代表 $A_\mu^{\rm c}$，指标 μ 与该顶点的指标缩并. 双重线段的方向又用于表示 $A_\mu^{\rm c}(q)$ 的宗量所满足的动量守恒条件 (现在是 $(p'-p)+p=p'$).

由

$$A_0^{\rm c}(p'-p) = -2\pi\delta(E-E')\frac{Ze}{\boldsymbol{q}^2+\delta^2} \qquad (\boldsymbol{q}=\boldsymbol{p}'-\boldsymbol{p}), \tag{463}$$

$$S_{fi}-\langle f|i\rangle \approx \frac{\rm i}{\pi}\delta(E-E')\frac{Z\alpha}{\boldsymbol{q}^2}\overline{U}_{\lambda'}(\boldsymbol{p}')\gamma^0 U_\lambda(\boldsymbol{p}), \tag{464}$$

有

$$\left|S_{fi}-\langle f|i\rangle\right|^2 \approx \frac{4}{(2\pi)^3}[2\pi\delta(0)]\,\delta(E-E')\left(\frac{Z\alpha}{\boldsymbol{q}^2}\right)^2\left|\overline{U}_{\lambda'}(\boldsymbol{p}')\gamma^0 U_\lambda(\boldsymbol{p})\right|^2, \tag{465}$$

可知在这一级近似下，每单位时间散射到 $(\lambda',\boldsymbol{p}')$ 而动量值处于 $\mathrm{d}\boldsymbol{p}'$ 内的相对概率是

$$\mathcal{W}_{\boldsymbol{p}'\lambda'}\,\mathrm{d}\boldsymbol{p}' = \frac{4}{(2\pi)^3}\delta(E-E')\left(\frac{Z\alpha}{\boldsymbol{q}^2}\right)^2\left|\overline{U}_{\lambda'}(\boldsymbol{p}')\gamma^0 U_\lambda(\boldsymbol{p})\right|^2\mathrm{d}\boldsymbol{p}'. \tag{466}$$

入射电子的概率流密度是 $v/(2\pi)^3$, 故电子散射到 λ' 和一定方位的微分截面为

$$\mathrm{d}\sigma_{\lambda\lambda'}(\mathrm{B1}) = \frac{(2\pi)^3}{v}\mathrm{d}\Omega\int_0^\infty \mathcal{W}_{\boldsymbol{p}'\lambda'}\,|\boldsymbol{p}'|^2\mathrm{d}|\boldsymbol{p}'|. \tag{467}$$

这与第七章的截面公式相似，但是速度 v 满足 $\boldsymbol{p}^2=v^2m^2/(1-v^2)=v^2E^2$, 故

$$v=\frac{|\boldsymbol{p}|}{E}. \tag{468}$$

由此以及 $|\boldsymbol{p}'|\mathrm{d}|\boldsymbol{p}'|=E'\mathrm{d}E'$, 完成对 E' 的积分得出

$$\mathrm{d}\sigma_{\lambda\lambda'}(\mathrm{B1}) = \mathrm{d}\Omega\left(\frac{4E^2Z^2\alpha^2}{\boldsymbol{q}^4}\right)\left|\overline{U}_{\lambda'}(\boldsymbol{p}')\gamma^0 U_\lambda(\boldsymbol{p})\right|^2, \tag{469}$$

其中 $|\boldsymbol{p}'|$ 被能量守恒条件限定为 $|\boldsymbol{p}|$, $\mathrm{d}\Omega$ 即是在以散射中心为原点的大球面上而位置矢量平行于 $\boldsymbol{p}'$ 的小面元相对于该中心的立体角. 再将 $\mathrm{d}\sigma_{\lambda\lambda'}(\mathrm{B1})$ 对 λ 求平均以及对 λ' 求和，就得到 Mott 截面公式：

$$\mathrm{d}\sigma_{\mathrm{Mott}} = \mathrm{d}\Omega\left(\frac{4E^2Z^2\alpha^2}{\boldsymbol{q}^4}\right)\frac{1}{2}\sum_{\lambda\lambda'}\left|\overline{U}_{\lambda'}(\boldsymbol{p}')\gamma^0 U_\lambda(\boldsymbol{p})\right|^2. \tag{470}$$

用 θ 代表散射角，于是

$$\boldsymbol{p}'\cdot\boldsymbol{p}=\boldsymbol{p}^2\cos\theta, \tag{471}$$

$$|\boldsymbol{q}|=2|\boldsymbol{p}|\sin\frac{\theta}{2}, \tag{472}$$

$$\frac{1}{2}\sum_{\lambda\lambda'}\left|\overline{U}_{\lambda'}(\boldsymbol{p}')\gamma^0 U_\lambda(\boldsymbol{p})\right|^2 = 1-v^2\sin^2\frac{\theta}{2}. \tag{473}$$

因此

$$\mathrm{d}\sigma_{\mathrm{Mott}} = \mathrm{d}\Omega\Big(\frac{Z^2\alpha^2}{4|\boldsymbol{p}|^2 v^2\,\sin^4\,\frac{\theta}{2}}\Big)\big(1 - v^2\sin^2\,\tfrac{\theta}{2}\big)\,. \tag{474}$$

这是不发射光子而散射电子的最低级截面，在这一级计算中，辐射修正没有贡献. 至于软光子发射，当然也没有 α^2 级贡献.

当计算准至下一级的不发射光子而散射的截面时，散射矩阵元要计算到 α^2 级，这包括第二级 Born 近似 $S_{fi}(\mathrm{B2})$ 以及单圈辐射修正 $S_{fi}(\mathrm{L1})$ 的贡献，即

$$S_{fi} - \langle f|i\rangle \;\approx\; S_{fi}(\mathrm{B1}) + S_{fi}(\mathrm{B2}) + S_{fi}(\mathrm{L1})\,. \tag{475}$$

$\sqrt{(2\pi)^6}\,S_{fi}(\mathrm{B2})$ 可表示为

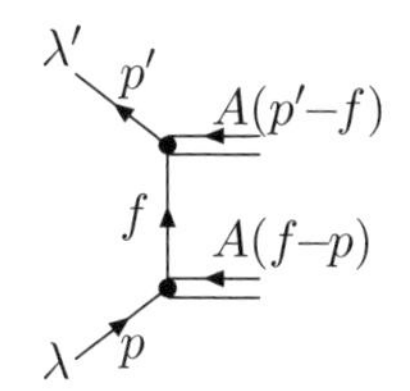

这即是

$$\begin{aligned}&\int \frac{\mathrm{d}^4 f}{(2\pi)^4}\overline{U}_{\lambda'}(\boldsymbol{p}')(-\mathrm{i}e\gamma^{\mu})\,\mathrm{i}\,S(f)(-\mathrm{i}e\gamma^{\nu})\,U_{\lambda}(\boldsymbol{p})A^{\mathrm{c}}_{\mu}(p'-f)A^{\mathrm{c}}_{\nu}(f-p)\\ &= -4\,\mathrm{i}\,\delta(E-E')(Z^2\,\alpha^2)\int\!\mathrm{d}^3 f\,\frac{\overline{U}_{\lambda'}(\boldsymbol{p}')(\gamma^0 E - \gamma^j f_j + m)\,U_{\lambda}(\boldsymbol{p})}{[(\boldsymbol{p}'-\boldsymbol{f})^2+\delta^2][(\boldsymbol{p}-\boldsymbol{f})^2+\delta^2][\boldsymbol{p}^2-\boldsymbol{f}^2+\mathrm{i}\epsilon]}.\end{aligned} \tag{476}$$

定义如下的 I_1 和 I_2:

$$\int \mathrm{d}^3 f\,\frac{1}{[(\boldsymbol{p}'-\boldsymbol{f})^2+\delta^2][(\boldsymbol{p}-\boldsymbol{f})^2+\delta^2][\boldsymbol{p}^2-\boldsymbol{f}^2+\mathrm{i}\epsilon]} = I_1\,, \tag{477}$$

$$\int \mathrm{d}^3 f\,\frac{\boldsymbol{f}}{[(\boldsymbol{p}'-\boldsymbol{f})^2+\delta^2][(\boldsymbol{p}-\boldsymbol{f})^2+\delta^2][\boldsymbol{p}^2-\boldsymbol{f}^2+\mathrm{i}\epsilon]} = \frac{1}{2}I_2(\boldsymbol{p}+\boldsymbol{p}')\,, \tag{478}$$

第二个式子的左边是三维空间的矢量，而且对称地包含 $\boldsymbol{p}$ 和 $\boldsymbol{p}'$, 因而能够表示成右边的形式. 这样 $S_{fi}(\mathrm{B2})$ 可表示为

$$S_{fi}(\mathrm{B2}) = -4\,\mathrm{i}\delta(E-E')\frac{Z^2\,\alpha^2}{(2\pi)^3}\overline{U}_{\lambda'}(\boldsymbol{p}')\big[E\gamma^0(I_1+I_2) + m(I_1-I_2)\big]\,U_{\lambda}(\boldsymbol{p})\,. \tag{479}$$

$S_{fi}(\mathrm{L1})$ 的一般公式是 (见上节 (455) 式)：

$$\begin{aligned}S_{fi}(\mathrm{L1}) = \frac{1}{(2\pi)^3}\Big\{&\overline{U}_{\lambda'}(\boldsymbol{p}')(-\mathrm{i}e)\Lambda^{(1)\mu}_{[1]}(p',p)\,U_{\lambda}(\boldsymbol{p})A^{\mathrm{c}}_{\mu}(q)\\ &+\overline{U}_{\lambda'}(\boldsymbol{p}')(-\mathrm{i}e\gamma^{\nu})\,U_{\lambda}(\boldsymbol{p})\mathrm{i}\,D_{\nu\rho}(q)(\mathrm{i}e^2)\Pi^{(1)\rho\mu}_{[1]}(q)A^{\mathrm{c}}_{\mu}(q)\Big\}\,.\end{aligned}$$

其中 $q = p' - p$. 为了简便，也和上节一样限于考虑 $|(p'-p)^2| \ll 4m^2$ 的情形，由于能量守恒，也即是非相对论条件 $|\boldsymbol{p}|^2 \ll m^2$. 这时有

$$
\begin{aligned}
S_{fi}(\mathrm{L1}) \approx & \frac{\mathrm{i}}{\pi}\delta(E-E')\frac{Z\alpha}{\boldsymbol{q}^2}\overline{U}_{\lambda'}(\boldsymbol{p}')\gamma^0 U_\lambda(\boldsymbol{p})\Big(-\frac{\alpha\boldsymbol{q}^2}{3\pi m^2}\Big)\Big(\ln\frac{m}{\varDelta}-\frac{3}{8}-\frac{1}{5}\Big) \\
& +\frac{\mathrm{i}}{\pi}\delta(E-E')\frac{Z\alpha}{\boldsymbol{q}^2}\Big\{\overline{U}_{\lambda'}(\boldsymbol{p}')\frac{\alpha}{2\pi m}(m\gamma^0-E)U_\lambda(\boldsymbol{p})\Big\}. \qquad (480)
\end{aligned}
$$

将 $S_{fi}(\mathrm{B2}), S_{fi}(\mathrm{L1})$ 也写成和 $S_{fi}(\mathrm{B1})$ 相似的形式，得到

$$
S_{fi} - \langle f|i\rangle \approx \frac{\mathrm{i}}{\pi}\delta(E-E')\frac{Z\alpha}{\boldsymbol{q}^2}\overline{U}_{\lambda'}(\boldsymbol{p}')\gamma^0 M U_\lambda(\boldsymbol{p}). \qquad (481)
$$

其中

$$
\begin{aligned}
M = & 1-\Big(\frac{\alpha\boldsymbol{q}^2}{3\pi m^2}\Big)\Big(\ln\frac{m}{\varDelta}-\frac{3}{8}-\frac{1}{5}\Big)+\frac{\alpha}{2\pi m}(m-E\gamma^0) \\
& + \text{第二级 Born 近似的贡献}. \qquad (482)
\end{aligned}
$$

和上面一样，由 $\big|S_{fi} - \langle f|i\rangle\big|^2$ 去掉因子 $2\pi\delta(0)$ 乘以 $\mathrm{d}\boldsymbol{p}'$ 即是每单位时间散射到 $(\lambda', \boldsymbol{p}')$—$(\lambda', \boldsymbol{p}'+\mathrm{d}\boldsymbol{p}')$ 的相对概率，再乘 $(2\pi)^3/v$, 并在 $\delta(E-E')$ 的限制下完成对 $|\boldsymbol{p}'|$ 的积分，就得到微分截面公式，结果当然等于在 $\mathrm{d}\sigma_{\lambda\lambda'}(\mathrm{B1})$ 的公式 (470) 中将 γ^0 换成 $\gamma^0 M$, 即：

$$
\mathrm{d}\sigma_{\lambda\lambda'} = \mathrm{d}\varOmega\Big(\frac{4E^2Z^2\alpha^2}{\boldsymbol{q}^4}\Big)\big|\overline{U}_{\lambda'}(\boldsymbol{p}')\gamma^0 M U_\lambda(\boldsymbol{p})\big|^2, \qquad (483)
$$

其中右边只保留到 α^3 项，所以在这一级近似下，截面中只是由第一级 Born 近似和单圈辐射修正交叉贡献的部分 $\mathrm{d}\sigma_{\mathrm{B1}L1}$ 包含红外发散. 将 $\mathrm{d}\sigma_{\lambda\lambda'}$ 对 λ 求平均以及对 λ' 求和，取出这一部分得：

$$
\begin{aligned}
\mathrm{d}\sigma_{\mathrm{B1}L1} = & \mathrm{d}\sigma_{\mathrm{Mott}}\Big\{-\Big(\frac{2\alpha\boldsymbol{q}^2}{3\pi m^2}\Big)\Big(\ln\frac{m}{\varDelta}-\frac{3}{8}-\frac{1}{5}\Big)\Big\} \\
& + \text{不含 } \varDelta \text{ 的项}. \qquad (484)
\end{aligned}
$$

我们要看看在考虑了软光子发射的同级贡献之后，发散是否互相抵消.

电子从 $|i\rangle$ 散射到 (λ', p') 而发射一个动量为 k 、极化为 $\varepsilon_\mu(\boldsymbol{k}\varLambda)$ 的光子的

最低级散射矩阵元是:

$$
\begin{aligned}
S_{f'i} \approx & \iint \mathrm{d}^4 x_1 \mathrm{d}^4 x_2 \langle 0|a_\Lambda(\boldsymbol{k}) \widetilde{A}_\mu(x_2)|0\rangle \langle 0|b_{1\lambda'}(\boldsymbol{p}') \overline{\psi}(x_2)|0\rangle \\
& \times(-\mathrm{i}e\gamma^\mu)\mathrm{i}\, S(x_2 - x_1)(-\mathrm{i}e\gamma^\nu) A_\nu^{\mathrm{c}}(x_1)\langle 0|\psi(x_1) b_{1\lambda}^\dagger(\boldsymbol{p})|0\rangle \\
& + \iint \mathrm{d}^4 x_1 \mathrm{d}^4 x_2 \langle 0|a_\Lambda(\boldsymbol{k}) \widetilde{A}_\mu(x_1)|0\rangle \langle 0|b_{1\lambda'}(\boldsymbol{p}') \overline{\psi}(x_2)|0\rangle \\
& \times(-\mathrm{i}e\gamma^\nu)\mathrm{i}\, S(x_2 - x_1)(-\mathrm{i}e\gamma^\mu) A_\nu^{\mathrm{c}}(x_2)\langle 0|\psi(x_1) b_{1\lambda}^\dagger(\boldsymbol{p})|0\rangle .
\end{aligned}
\tag{485}
$$

于是 $\sqrt{2\omega(2\pi)^9} S_{f'i}$ 可表示为

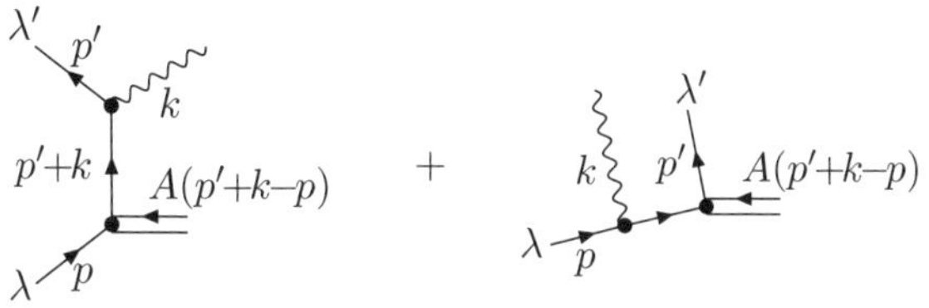

这即是

$$
\overline{U}_{\lambda'}(\boldsymbol{p}')(-\mathrm{i}e\gamma^\mu)\,\mathrm{i}\, S(p'+k)(-\mathrm{i}e\gamma^\nu)\, U_\lambda(\boldsymbol{p})\varepsilon_\mu^*(\boldsymbol{k}\Lambda) A_\nu^{\mathrm{c}}(p'+k-p)
$$

$$
+\overline{U}_{\lambda'}(\boldsymbol{p}')(-\mathrm{i}e\gamma^\mu)\,\mathrm{i}\, S(p-k)(-\mathrm{i}e\gamma^\nu)\, U_\lambda(\boldsymbol{p}) A_\mu^{\mathrm{c}}(p'+k-p)\varepsilon_\nu^*(\boldsymbol{k}\Lambda) .
$$

现在感兴趣的是发射软光子 $(k \approx 0)$ 的情形. 这时也是在中间步骤假想光子具有很小的质量 $\varDelta$,k^0 理解为 $\omega = \sqrt{\boldsymbol{k}^2 + \varDelta^2}$, 而

$$
\begin{aligned}
S(p'+k) &= \frac{\not{p}' + \not{k} + m}{(p'+k)^2 - m^2 + \mathrm{i}\epsilon} \approx \frac{\not{p}' + m}{2p'k + \varDelta^2}, \\
S(p-k) &\approx -\frac{\not{p} + m}{2pk - \varDelta^2} .
\end{aligned}
$$

由于

$$
\begin{aligned}
&\overline{U}_{\lambda'}(\boldsymbol{p}')(-\mathrm{i}e\gamma^\mu)\,\mathrm{i}\, S(p'+k)\varepsilon_\mu^*(\boldsymbol{k}\Lambda) \\
&\quad = \overline{U}_{\lambda'}(\boldsymbol{p}') \frac{e}{2p'k + \varDelta^2} \not{\varepsilon}^*(\boldsymbol{k}\Lambda)(\not{p}' + m) = \overline{U}_{\lambda'}(\boldsymbol{p}') \frac{e\, p'\varepsilon^*(\boldsymbol{k}\Lambda)}{p'k + \varDelta^2/2},
\end{aligned}
$$

上面第一个图简化为 $\sqrt{(2\pi)^6} S_{fi}(\mathrm{B1})$ 的图形乘 $e\, p'\varepsilon^*(\boldsymbol{k}\Lambda)/(p'k + \varDelta^2/2)$. 类似地, 由于

$$
\begin{aligned}
&\mathrm{i}\, S(p-k)(-\mathrm{i}e\gamma^\nu)\, U_\lambda(\boldsymbol{p})\varepsilon_\nu^*(\boldsymbol{k}\Lambda) \\
&\quad = -\frac{e}{2pk - \varDelta^2}(\not{p} + m)\not{\varepsilon}^*(\boldsymbol{k}\Lambda)\, U_\lambda(\boldsymbol{p}) = -\frac{e\, p\,\varepsilon^*(\boldsymbol{k}\Lambda)}{pk - \varDelta^2/2}\, U_\lambda(\boldsymbol{p}),
\end{aligned}
$$

上面第二个图简化为 $\sqrt{(2\pi)^6}S_{fi}(\mathrm{B1})$ 的图形乘 $-e\,p\,\varepsilon^*(\boldsymbol{k}\Lambda)/(pk-\Delta^2/2)$. 因此

$$S_{f'i} \Rightarrow S_{fi}(\mathrm{B1})\frac{1}{\sqrt{2\omega(2\pi)^3}}\Big(\frac{e\,p'\varepsilon^*(\boldsymbol{k}\Lambda)}{p'k+\Delta^2/2}-\frac{e\,p\,\varepsilon^*(\boldsymbol{k}\Lambda)}{pk-\Delta^2/2}\Big)\,. \tag{486}$$

在分母中与 $p'k,pk$ 相加的 $\pm\Delta^2/2$ 可以略去 (例如参看文献 [5]), 所以电子从 $(\lambda,\boldsymbol{p})$ 散射到 $(\lambda',\boldsymbol{p}',\mathrm{d}\Omega)$ 而发射一个能量不超过 ω_{m} 的软光子的截面是

$$\mathrm{d}\sigma_{\lambda\lambda'}(\mathrm{soft})=\beta\,\mathrm{d}\sigma_{\lambda\lambda'}(\mathrm{B1})\,, \tag{487}$$

其中

$$\beta=\sum_{\Lambda}\int_{|\boldsymbol{k}|\leqslant\omega_{\mathrm{m}}}\frac{\mathrm{d}^3k}{(2\pi)^3}\frac{e^2}{2\omega}\Big|\Big(\frac{p'\varepsilon^*(\boldsymbol{k}\Lambda)}{p'k}-\frac{p\,\varepsilon^*(\boldsymbol{k}\Lambda)}{pk}\Big)\Big|^2,$$

对 λ 求平均以及对 λ' 求和后变成:

$$\mathrm{d}\sigma(\mathrm{soft})=\beta\,\mathrm{d}\sigma_{\mathrm{Mott}}\,. \tag{488}$$

其次, 既然假想软光子具有质量 Δ, 就应该认为它也有纵极化, 而

$$\sum_{\Lambda}\varepsilon^*_{\mu}(\boldsymbol{k}\Lambda)\varepsilon_{\nu}(\boldsymbol{k}\Lambda)=-g_{\mu\nu}+\frac{k_{\mu}k_{\nu}}{\Delta^2}\,.$$

由此完成对 Λ 的求和得到:

$$\mathrm{d}\sigma(\mathrm{soft})=-\,\mathrm{d}\sigma_{\mathrm{Mott}}\int_{|\boldsymbol{k}|\leqslant\omega_{\mathrm{m}}}\frac{\mathrm{d}^3k}{(2\pi)^3}\frac{e^2}{2\omega}\Big(\frac{p'}{p'k}-\frac{p}{pk}\Big)^2. \tag{489}$$

下面求出在非相对论近似下的明显表达式. 由

$$\frac{p'}{p'k}-\frac{p}{pk}=\frac{q}{p'k}+p\,\frac{\boldsymbol{q}\cdot\boldsymbol{k}}{(p'k)(pk)}\,,$$

有

$$\Big(\frac{p'}{p'k}-\frac{p}{pk}\Big)^2=-\frac{\boldsymbol{q}^2}{(p'k)^2}+\frac{m^2\,(\boldsymbol{q}\cdot\boldsymbol{k})^2}{(p'k)^2(pk)^2}+2pq\frac{\boldsymbol{q}\cdot\boldsymbol{k}}{(p'k)^2(pk)}\,,$$

这时可在右边的分母中令 $(p'k)$,(pk) 等于最低级近似值 $m\,\omega$, 即

$$\Big(\frac{p'}{p'k}-\frac{p}{pk}\Big)^2\Rightarrow-\frac{\boldsymbol{q}^2}{m^2\,\omega^2}+\frac{(\boldsymbol{q}\cdot\boldsymbol{k})^2}{m^2\,\omega^4}-\frac{2(\boldsymbol{p}\cdot\boldsymbol{q})(\boldsymbol{q}\cdot\boldsymbol{k})}{m^3\,\omega^3}\,,$$

在对 $\boldsymbol{k}$ 的方向积分时, $\boldsymbol{q}\cdot\boldsymbol{k}$ 的一次项没有贡献, 结果为

$$-\frac{4\pi\,\boldsymbol{q}^2}{m^2\,\omega^2}\Big(1-\frac{\boldsymbol{k}^2}{3\,\omega^2}\Big),$$

故

$$\mathrm{d}\sigma(\mathrm{soft}) = \mathrm{d}\sigma_{\mathrm{Mott}} \left(\frac{\alpha\,\boldsymbol{q}^2}{3\pi m^2}\right) \int_0^{\omega_{\mathrm{m}}} \mathrm{d}|\boldsymbol{k}| \left(\frac{2}{\omega} - \frac{\varDelta^2}{\omega^3} - \frac{\varDelta^4}{\omega^5}\right).$$

ω_{m} 是有限的正数，而 $\varDelta$ 在适当时候就趋于零. 注意

$$\frac{\mathrm{d}x}{\sqrt{1+x^2}} = \mathrm{d}\ln\left(x + \sqrt{1+x^2}\right),$$

$$\frac{\mathrm{d}x}{(1+x^2)^{3/2}} = \mathrm{d}\left(\frac{x}{\sqrt{1+x^2}}\right),$$

$$\frac{\mathrm{d}x}{(1+x^2)^{5/2}} = \frac{1}{3}\mathrm{d}\left(\frac{x}{(1+x^2)^{3/2}}\right) + \frac{2}{3}\frac{\mathrm{d}x}{(1+x^2)^{3/2}},$$

当 $\varDelta \ll \omega_{\mathrm{m}}$ 时得到

$$\int_0^{\omega_{\mathrm{m}}} \mathrm{d}|\boldsymbol{k}| \left(\frac{2}{\omega} - \frac{\varDelta^2}{\omega^3} - \frac{\varDelta^4}{\omega^5}\right) = 2\ln\frac{2\,\omega_{\mathrm{m}}}{\varDelta} - 1 - \frac{2}{3},$$

$$\mathrm{d}\sigma(\mathrm{soft}) = \mathrm{d}\sigma_{\mathrm{Mott}} \left(\frac{2\alpha\,\boldsymbol{q}^2}{3\pi m^2}\right)\left(\ln\frac{2\,\omega_{\mathrm{m}}}{\varDelta} - \frac{5}{6}\right). \tag{490}$$

由此可见，一并顾及来自动量甚低的虚光子和实的软光子的贡献，则红外发散互相抵消. 在准至 α^3 级时，应该将电子弹性散射的观察截面理解为上述 Born 第一、第二级近似以及单圈辐射修正、软光子发射的贡献的和，这时软光子发射截面的参量 ω_{m} 根据实验的精度选定.

关于消除红外发散的一般论述，见文献 [17]—[19]. 另外，就量子电动力学而言，将散射过程的初末态的定义加以修改，使其以适当的方式包含一切数目的软光子，就能够让“有实际意义”的散射矩阵元不含红外发散，见文献 [20], [21] 中采用的相干态方法.

§ 13 类氢原子能级的 Lamb 移位

由 W. E. Lamb 等人在 1947—1953 年间进行的实验表明，氢原子的 $2\,\mathrm{P}_{1/2}$ 能级比 $2\,\mathrm{S}_{1/2}$ 能级略低，而不是像 Dirac 方程预言那样完全重合，被称为 Lamb 移位，这一发现对于量子电动力学的发展起着重要作用. Dayhoff,Triebwasse 和 Lamb 在 1953 年测得的能级差是 [22]

$$\Delta E = 1057.8 \pm 0.1\,\mathrm{MHz}.$$

1976 年由 D. A. Andrews 和 G. Newton 测得的值是 [23]

$$\Delta E = 1057.862 \pm 0.020\,\mathrm{MHz}.$$

H. A. Bethe 在 1947 年首次成功地将 Lamb 移位解释为受核场束缚的电子与量子化的电磁场相互作用的结果 [24], 后来又有不少研究者改进计算方法并且考虑了高次修正，使得理论值很精确地与实验结果相符 (参看文献 [6] 中的说明). 在这里将扼要说明计算低次修正的方法和结果.

按照上节的记号，类氢原子的核库仑场为

$$A_0^{\mathrm{c}}(x) = A_0^{\mathrm{c}}(\boldsymbol{x}) = -\frac{Ze}{4\pi r}\mathrm{e}^{-\delta r} \quad (\delta \to 0^+)\,.$$

用 $W(nj)$ 代表电子能级 (nj) 的能量值 (不含电子的静止能量), 也可以将 $W(nj)$ 简写为 W_S, 而且下标 S 除了代表 (nj), 必要时也用来表示电子的确定状态. 假定 Z 充分小，设 $\delta W_S^{(\mathrm{I})}$ 表示由于电子与 $|\boldsymbol{k}|$ 值大于 K 的虚光子的相互作用引起的 W_S 的改变，而 K 甚大于电子在原子中的束缚能，但是甚小于电子的静止质量，即：

$$mZ^2\alpha^2 \ll K \ll m\,, \tag{491}$$

再设 $\delta W_S^{(\mathrm{II})}$ 是由电子与 $|\boldsymbol{k}|$ 值不大于 K 的虚光子的相互作用引起的改变. 于是总的改变量为

$$\delta W_S = \delta W_S^{(\mathrm{I})} + \delta W_S^{(\mathrm{II})}\,, \tag{492}$$

参量 K 允许在适当的区间内改变，如果两部分的计算方法都是合理的，则它们具有相交的有效范围，$\delta W(nlj)$ 当然与 K 无关. 电子在与 $|\boldsymbol{k}|$ 值大于 K 的虚光子相互作用时，微弱的束缚能没有什么影响，而且在光子被放出接着被吸收的过程中，电子被库仑场散射两次或更多次的可能性不大，在前一节求得的描述自由电子被外场散射的等效势经过适当的修改，可以用来决定 Dirac 方程的微扰项从而计算 $\delta W_S^{(\mathrm{I})}$. 在计算 $\delta W_S^{(\mathrm{II})}$ 时，不能忽略束缚能的影响，也不能忽略 $A_0^{\mathrm{c}}(x)$ 的高阶贡献，后面再作说明.

前一节考虑电子被外场散射的单圈辐射修正而散射矩阵准至外场的线性项时得到的等效势，在现在的库仑场以及非相对论近似下，可以表示为：

$$A_0^{\mathrm{eff}}(x) = A_0^{\mathrm{c}}(x) + \frac{\alpha}{3\pi m^2}\Big(\ln\frac{m}{\varDelta} - \frac{3}{8} - \frac{1}{5}\Big)\Delta A_0^{\mathrm{c}}(x) - \frac{\mathrm{i}\,\alpha}{4\pi m}\gamma^j\,\partial_j A_0^{\mathrm{c}}(x)\,. \tag{493}$$

其中 $\Delta A_0^{\mathrm{c}}(x)$ 代表 $-\partial^j\partial_j A_0^{\mathrm{c}}(x)$. 这一等效势包含着电子与 $|\boldsymbol{k}|$ 值甚低的虚光子的相互作用并且因此导致红外发散，为了用于计算 $\delta W^{(\mathrm{I})}$, 需要剔除 $|\boldsymbol{k}| \leqslant k$ 的虚光子的贡献. 这样处置的结果 (例如见文献 [5]) 相当于将 $A_0^{\mathrm{eff}}(\boldsymbol{x})$ 换成一个新的等效势：

$$\widetilde{A}_0^{\mathrm{eff}}(x) = A_0^{\mathrm{c}}(x) + \frac{\alpha}{3\pi m^2}\Big(\ln\frac{m}{2K} + \frac{11}{24} - \frac{1}{5}\Big)\Delta A_0^{\mathrm{c}}(x) - \frac{\mathrm{i}\,\alpha}{4\pi m}\gamma^j\,\partial_j A_0^{\mathrm{c}}(x)\,. \tag{494}$$

这即是我们说的修改. 应该注意, 如果用这一新的等效势进行一级微扰计算准至 α^3 的散射截面, 那么从上节可知, 在计算伴随地发射一个实的软光子的截面时, 也要剔除 $|\boldsymbol{k}| \leqslant K$ 的贡献, 即只计 $|\boldsymbol{k}| > K$ 的贡献 (这时当然不让 K 超过软光子的最大能量). 也可以认为剔除 $|\boldsymbol{k}| \leqslant K$ 的虚光子和实光子的贡献是另外一种红外截断方法, 而采用不同的截断方法不应改变有观察意义的截面的计算结果, 按照这样的论据也能够借助原来的等效势确定新的等效势.

从 $\widetilde{A}_0^{\text{eff}}(x)$ 得出的在 Dirac 方程中的微扰哈密顿量是

$$\begin{aligned}\delta V &= e\,\widetilde{A}_0^{\text{eff}}(x) - e\,A_0^{\text{c}}(x) \\ &= \frac{e\,\alpha}{3\pi m^2}\Big(\ln\frac{m}{2K} + \frac{11}{24} - \frac{1}{5}\Big)\Delta A_0^{\text{c}}(x) - \frac{\mathrm{i}e\,\alpha}{4\pi m}\gamma^j\,\partial_j A_0^{\text{c}}(x)\,.\end{aligned} \tag{495}$$

因此

$$\delta W_S^{(\text{I})} \approx \int \mathrm{d}^3x\;\widetilde{\psi}_S^*(\boldsymbol{x})\,\delta V(\boldsymbol{x})\,\psi_S(\boldsymbol{x})\,, \tag{496}$$

其中 $\psi_S(\boldsymbol{x})$ 是四分量 Dirac 波函数. 用 Ψ 和 χ 分别代表 Dirac 波函数在非相对论近似下的大分量和小分量, 从量级的考虑得出

$$\begin{aligned}\delta W_S^{(\text{I})} \approx{}& \frac{e\,\alpha}{3\pi m^2}\Big(\ln\frac{m}{2K} + \frac{11}{24} - \frac{1}{5}\Big)\int \mathrm{d}^3x\;\widetilde{\Psi}_S^*(\boldsymbol{x})\,\big\{\Delta A_0^{\text{c}}(\boldsymbol{x})\big\}\,\Psi_S(\boldsymbol{x}) \\ &+ \frac{e\,\alpha}{4\pi m}\int \mathrm{d}^3x\;\widetilde{\Psi}_S^*(\boldsymbol{x})\,\boldsymbol{\sigma}\cdot\big\{-\mathrm{i}\,\nabla A_0^{\text{c}}(\boldsymbol{x})\big\}\,\chi_S(\boldsymbol{x}) \\ &+ \frac{e\,\alpha}{4\pi m}\int \mathrm{d}^3x\;\widetilde{\chi}_S^*(\boldsymbol{x})\,\boldsymbol{\sigma}\cdot\big\{\mathrm{i}\,\nabla A_0^{\text{c}}(\boldsymbol{x})\big\}\,\Psi_S(\boldsymbol{x})\,,\end{aligned} \tag{497}$$

记住花括号内的算子 Δ 和 ∇ 只是作用于 $A_0^{\text{c}}(\boldsymbol{x})$. 现在 χ_S 只需取最低级近似:

$$\chi_S = \frac{1}{2m}\boldsymbol{\sigma}\cdot(-\mathrm{i}\,\nabla)\,\Psi_S(\boldsymbol{x})\,,$$

这里的 $-\mathrm{i}\,\nabla$ 则代表电子的动量算符. 于是 (497) 式后面两项变成

$$\begin{aligned}&\frac{e\,\alpha}{8\pi m^2}\int \mathrm{d}^3x\;\widetilde{\Psi}_S^*(\boldsymbol{x})\,\boldsymbol{\sigma}\cdot\big\{-\mathrm{i}\,\nabla A_0^{\text{c}}(\boldsymbol{x})\big\}\,\boldsymbol{\sigma}\cdot(-\mathrm{i}\,\nabla)\,\Psi_S(\boldsymbol{x}) \\ &\quad+ \frac{e\,\alpha}{8\pi m^2}\int \mathrm{d}^3x\;\widetilde{\Psi}_S^*(\boldsymbol{x})\,\boldsymbol{\sigma}\cdot(-\mathrm{i}\,\nabla)\,\boldsymbol{\sigma}\cdot\big\{\mathrm{i}\,\nabla A_0^{\text{c}}(\boldsymbol{x})\big\}\,\Psi_S(\boldsymbol{x}) \\ &\qquad= \frac{e\,\alpha}{8\pi m^2}\int \mathrm{d}^3x\;\widetilde{\Psi}_S^*(\boldsymbol{x})\,\big[\boldsymbol{\sigma}\cdot\nabla\,,\,\boldsymbol{\sigma}\cdot\big\{\nabla A_0^{\text{c}}(\boldsymbol{x})\big\}\big]\,\Psi_S(\boldsymbol{x})\,,\end{aligned}$$

将其中的对易关系式化简得

$$\big[\boldsymbol{\sigma}\cdot\nabla\,,\,\boldsymbol{\sigma}\cdot\big\{\nabla A_0^{\text{c}}(\boldsymbol{x})\big\}\big] = \Delta A_0^{\text{c}}(\boldsymbol{x}) + \frac{2}{r}\frac{\partial A_0^{\text{c}}}{\partial r}\boldsymbol{\sigma}\cdot\boldsymbol{l}\,,$$

故

$$\delta W_S^{(\text{I})} \approx \frac{e\,\alpha}{3\pi m^2}\Big(\ln\frac{m}{2K}+\frac{19}{30}\Big)\int \mathrm{d}^3x\ \widetilde{\Psi}_S^*(\boldsymbol{x})\left\{\Delta A_0^{\text{c}}(\boldsymbol{x})\right\}\Psi_S(\boldsymbol{x}) + \frac{e\,\alpha}{4\pi m^2}\int \mathrm{d}^3x\ \widetilde{\Psi}_S^*(\boldsymbol{x})\left(\frac{1}{r}\frac{\partial A_0^{\text{c}}}{\partial r}\boldsymbol{\sigma}\cdot\boldsymbol{l}\right)\Psi_S(\boldsymbol{x})\,. \tag{498}$$

关于 $\delta W_S^{(\text{II})}$, 考虑到它来自电子与 $|\boldsymbol{k}|$ 值不大于 K 的虚光子的相互作用, 而 K 甚小于电子的静止能量, 因此可以按照非相对论方法描述电子的状态, 并且在中间态光子的 $|\boldsymbol{k}|$ 值不大于 K 的限制下进行微扰计算. 现在省略中间步骤直接写出二级微扰计算的如下表达式 (例如参看文献 [6]) :

$$\delta W_S^{(\text{II})} \approx \frac{2\alpha}{3\pi m^2}\sum_{S'}(W_{S'}-W_S)\big|\langle\Psi_S|\boldsymbol{p}_{\text{op}}|\Psi_{S'}\rangle\big|^2\ln\frac{K}{|W_S-W_{S'}|}\,, \tag{499}$$

这也正是 Bethe 最初针对氢原子给出的公式 (文献 [24]), $\boldsymbol{p}_{\text{op}}$ 是电子的动量算符, 即

$$\langle\Psi_S|\boldsymbol{p}_{\text{op}}|\Psi_{S'}\rangle = \int \mathrm{d}^3x\ \widetilde{\Psi}_S^*(\boldsymbol{x})\left\{-\mathrm{i}\nabla\right\}\Psi_{S'}(\boldsymbol{x})\,.$$

其次, 在非相对论近似下, $\sum_{S'}(W_{S'}-W_S)\big|\langle\Psi_S|\boldsymbol{p}_{\text{op}}|\Psi_{S'}\rangle\big|^2$ 被化简为 (也见文献 [6]) :

$$\sum_{S'}(W_{S'}-W_S)\big|\langle\Psi_S|\boldsymbol{p}_{\text{op}}|\Psi_{S'}\rangle\big|^2 \to \frac{e}{2}\int \mathrm{d}^3x\ \widetilde{\Psi}_S^*(\boldsymbol{x})\left\{\Delta A_0^{\text{c}}(\boldsymbol{x})\right\}\Psi_S(\boldsymbol{x})\,,$$

故

$$\delta W_S^{(\text{II})} \approx \frac{e\alpha}{3\pi m^2}\left(\ln\frac{2K}{m}\right)\int \mathrm{d}^3x\ \widetilde{\Psi}_S^*(\boldsymbol{x})\left\{\Delta A_0^{\text{c}}(\boldsymbol{x})\right\}\Psi_S(\boldsymbol{x}) + \frac{2\alpha}{3\pi m^2}\sum_{S'}(W_{S'}-W_S)\big|\langle\Psi_S|\boldsymbol{p}_{\text{op}}|\Psi_{S'}\rangle\big|^2\ln\frac{m}{2|W_S-W_{S'}|}\,. \tag{500}$$

可见, 在 $\delta W_S^{(\text{I})}+\delta W_S^{(\text{II})}$ 中, 参量 K 消失了, 最后得到

$$\delta W_S \approx \frac{19}{30}\Big(\frac{e\,\alpha}{3\pi m^2}\Big)\int \mathrm{d}^3x\ \widetilde{\Psi}_S^*(\boldsymbol{x})\left\{\Delta A_0^{\text{c}}(\boldsymbol{x})\right\}\Psi_S(\boldsymbol{x}) + \frac{e\,\alpha}{4\pi m^2}\int \mathrm{d}^3x\ \widetilde{\Psi}_S^*(\boldsymbol{x})\left(\frac{1}{r}\frac{\partial A_0^{\text{c}}}{\partial r}\boldsymbol{\sigma}\cdot\boldsymbol{l}\right)\Psi_S(\boldsymbol{x}) + \frac{2\alpha}{3\pi m^2}\sum_{S'}(W_{S'}-W_S)\big|\langle\Psi_S|\boldsymbol{p}_{\text{op}}|\Psi_{S'}\rangle\big|^2\ln\frac{m}{2|W_S-W_{S'}|}\,. \tag{501}$$

值得指出, 按照这样的公式计算氢原子的 $2\text{P}_{1/2}$ 与 $2\text{S}_{1/2}$ 的能级间隔, 结果也只比实验值小几个 MHz. 更为精确的计算方法和结果见文献 [25], [26] 以及其中所引文献.

参考文献

[1] BOGOLIUBOV N N, PARASIUK O S. Acta Math., 1957, 97: 227.

[2] BOGOLIUBOV N N, SHIRKOV D V. Introduction to the theory of quantized fields. 3rd ed. New York: Johon Wiley & Sons,Inc., 1980.

[3] HEPP H. Comm. Math. Phys., 1966, 2: 301.

[4] ZIMMERMANN W. Comm. Math. Phys., 1969, 15: 208.

[5] LIFSHITZ E M, PITAEVSKII L P. Relativistic quantum theory: Part 2. Oxford: Pergamon Press, 1974.

[6] ITZYKSON C, ZUBER J-B. Quantum field theory. New York: McGraw-Hill, 1980.

[7] BJORKEN J D, DRELL S D. Relativistic quantum fields. New York: McGraw-Hill, 1965.

[8] KAKU M. Quantum field theory: a modern introduction. New York: Oxford University Press, 1993.

[9] HAMILTON J. The theory of elementary particles. Oxford: Clarendon Press, 1959.

[10] 朱洪元．量子场论．北京：科学出版社， 1960.

[11] 杨炳麟．量子场论导引：下册．北京：科学出版社， 1988.

[12] 戴元本．相互作用的规范理论．第二版．北京：科学出版社， 2005.

[13] 黄涛．量子场论导论．北京：北京大学出版社， 2015.

[14] PAULI W, VILLARS F. Rev. Mod. Phys., 1949, 21: 434.

[15] 'T HOOFT G, VELTMAN M. Nucl. Phys., 1972, B44: 189.

[16] 'T HOOFT G. Nucl. Phys., 1973, B61: 455.

[17] BLOCH F, NORDSIECK A. Phys. Rev.,1937, 52: 54.

[18] YENNIE D R, FRANTSCHI S C, SUURA H. Ann. Phys.(N.Y.),1961,13: 379.

[19] GRAMMER G, YENNIE D R. Phys. Rev., 1973,D8: 4332.

[20] CHUNG V. Phys. Rev., 1965, 140B:1110.

[21] KIBBLE T W B. Phys. Rev., 1968, 175: 1624.

[22] TRIEBWASSER S, DAYOFF E S, LAMB W E. Phys. Rev., 1953, 89: 98.

[23] ANDREWS D A, NEWTON G. Phys. Rev. Lett., 1976, 37: 1254.

[24] BETHE H A. Phys. Rev., 1947, 72: 339.

[25] ERICKSON G W. Phys. Rev. Lett., 1971, 27: 780.

[26] MOHR J. Phys. Rev. Lett., 1975, 34: 1050.